JACOB STEINER'S VORLESUNGEN ÜBER SYNTHETISCHE GEOMETRIE

THEIL 2

Elibron Classics
www.elibron.com

Elibron Classics series.

ISBN 0-543-96644-5 (paperback)
ISBN 0-543-96643-7 (hardcover)

This Elibron Classics Replica Edition is an unabridged facsimile of the edition published in 1876 by B. G. Teubner, Leipzig.

JACOB STEINER'S

VORLESUNGEN

ÜBER

SYNTHETISCHE GEOMETRIE.

ZWEITER THEIL:

DIE THEORIE DER KEGELSCHNITTE,

GESTÜTZT AUF

PROJECTIVISCHE EIGENSCHAFTEN.

ZWEITE AUFLAGE.

LEIPZIG,

DRUCK UND VERLAG VON B. G. TEUBNER.

1876.

DIE

THEORIE DER KEGELSCHNITTE,

GESTÜTZT AUF

PROJECTIVISCHE EIGENSCHAFTEN.

AUF GRUND VON UNIVERSITÄTSVORTRÄGEN UND MIT BENUTZUNG HINTERLASSENER MANUSCRIPTE JACOB STEINER'S

BEARBEITET

VON

DR. HEINRICH SCHRÖTER,

PROFESSOR DER MATHEMATIK AN DER UNIVERSITÄT ZU BRESLAU.

„Durch gehörige Aneignung der wenigen Grundbeziehungen macht man sich zum Herrn des ganzen Gegenstandes; es tritt Ordnung in das Chaos ein, und man sieht, wie alle Theile naturgemäss in einander greifen, in schönster Ordnung sich in Reihen stellen und verwandte zu wohlbegrenzten Gruppen sich vereinigen."

Steiner.

ZWEITE AUFLAGE.

MIT 107 HOLZSCHNITTEN IM TEXT.

LEIPZIG,

DRUCK UND VERLAG VON B. G. TEUBNER.

1876.

Vorwort zur ersten Auflage.

Das für die synthetische Geometrie bahnbrechende Werk *Jacob Steiner's*: *„Systematische Entwickelung der Abhängigkeit geometrischer Gestalten von einander“* Berlin 1832, enthält in seiner Vorrede einen vollständigen Plan, nach welchem der berühmte Verfasser die Resultate seiner Forschungen in fünf einander folgenden Theilen niederzulegen gedachte. Von diesen ist nur der erste, allerdings wichtigste Theil erschienen, welcher die Principien enthält, auf denen die synthetische Geometrie in ihrem heutigen Standpunkte beruht. Indessen wurde Vieles von dem Inhalte des fünften Theiles, welcher eine *„ausführliche und umfassende Behandlung der Curven und Flächen zweiten Grades durch Construction und gestützt auf projectivische Eigenschaften“* enthalten sollte, in den Vorlesungen, welche *Steiner* während einer Reihe von Jahren an der Berliner Universität gehalten hat, vorgetragen; Einiges ist in *Crelle's Journal für reine und angewandte Mathematik*, sowie schon früher in den *Annales de mathématiques par M. Gergonne* veröffentlicht worden. Jene geistreichen und zur eigenen Forschung anregenden mündlichen Vorträge, denen sich der grosse Geometer mit besonderer Liebe unterzog, kamen indess nur wenigen Jüngern der Wissenschaft zu Gute, und die in diesen Vorlesungen auseinandergesetzten, hinsichtlich ihrer Anschaulichkeit und Fruchtbarkeit unübertroffenen synthetischen Methoden und Betrachtungen scheinen nachgerade der Gefahr nahe, vergessen oder von der immer weiter sich ausbreitenden allmächtigen analytischen Methode in den Hintergrund gedrängt zu werden; es erscheint daher als eine Pflicht deutscher Wissenschaft, dies zu verhüten und die Wege, welche der schöpferische Geist des grössten Geometers seiner Zeit den unmittelbaren Schülern zeigte, der Nachwelt zu erhalten, um dadurch den zahlreichen Entdeckungen auf die Spur zu kommen, welche noch heute Räthsel sind für die wissenschaftliche Welt. Hierzu gesellt sich für den Herausgeber noch die besondere Pflicht dankbarer Pietät gegen seinen hochverehrten Lehrer. Im Wintersemester 1852/53 hatte ich das Glück, eine von *Steiner* unter dem Titel: *„Ueber die neueren Methoden der syn-*

thetischen Geometrie" angekündigte Universitätsvorlesung zu hören und zugleich durch persönlichen Verkehr mit dem grossen Meister in den Ideengang seiner Schöpfungen eingeführt zu werden. Die damalige, wenn auch mangelhafte, doch sorgfältig ausgearbeitete Nachschrift liegt der heutigen Bearbeitung zu Grunde. Durch die Güte des Herrn Dr. *C. F. Geiser*, Docenten am Eidgenössischen Polytechnikum zu Zürich, welcher als Neffe des verstorbenen *Steiner* testamentarisch mit der Veröffentlichung seines wissenschaftlichen Nachlasses beauftragt ist, wurde mir die Bearbeitung dieses Abschnittes bereitwilligst überlassen und der Theil der hinterlassenen Manuscripte *Steiner's*, welcher sich auf „*die geometrischen Gestalten*" bezieht, zur Verfügung gestellt; aus diesem reichen Schatze habe ich Alles, was in den vorgeschriebenen Gang der Darstellung gehörte, mit Gewissenhaftigkeit aufgenommen und aus unvollendeten Aufzeichnungen zu ergänzen oder herzustellen versucht. Dass es schon früh in *Steiner's* Absicht gelegen hat, diesen auf die Kegelschnitte bezüglichen fünften Abschnitt seines grossen Werkes vollständiger, als es im ersten Theil geschehen konnte, und abweichend von der dortigen Behandlung allein von den Grundprincipien aus darzustellen, zeigt die vollständig erhaltene Einleitung zu einer nicht vollendeten Abhandlung; die erstere ist in einem Convolut von Papieren unter der Aufschrift „*Aufklärungs-Broschüre* 1833/34" enthalten und lautet folgendermassen:

„Ueber einige merkwürdige Lehren der neueren synthetischen Geometrie. In dieser Abhandlung werde ich zunächst die Betrachtungen über projectivische Gerade und Strahlbüschel, welche im ersten Theile der von mir verfassten Schrift: „Systematische Entwickelung der Abhängigkeit geometrischer Gestalten von einander", enthalten sind, kurz wiederholen und sodann die naturgemässe Erzeugung der Kegelschnitte aus jenen Gebilden ableiten, sowie ferner den Ursprung verschiedener merkwürdiger Eigenschaften, wie z. B. der sogenannten Involution und der théorie des polaires reciproques etc. aus denselben nachweisen.

In der genannten Schrift wurden der alt-hergebrachten Weise zu Liebe die Kegelschnitte aus dem Kegel, der einen Kreis zur Basis hat, hergeleitet. Obwohl ich die Unzweckmässigkeit dieses Verfahrens schon damals deutlich fühlte, so glaubte ich doch, um nicht zu sehr von dem gewöhnlichen Gange abzuweichen, demselben folgen zu müssen. Allein der Umstand, dass man gezwungen ist, die Umkehrung eines Satzes zu behaupten (§. 38, II), der sich durch die Elementargeometrie nicht befriedigend beweisen lässt — nämlich des Satzes, dass jeder Kegel zweiten Grades von einer Ebene in einem Kreise geschnitten werden kann — zeigte die Nothwendigkeit, jene Darstellungsweise zu verlassen und eine dem Gegenstande angemessenere aufzufinden. Die hier folgende genügt dieser Forderung im höchsten Grade, indem sie die Erzeugung der Kegelschnitte durch projectivische Gerade und Strahlbüschel als eine unmittelbare, systematisch nothwendige offenbart und dieselbe rein synthetisch auf die möglichst einfache Weise bewerkstelligt. Ebenso wird das wahre Wesen der Involution und der théorie des polaires reciproques durch besondere Eigenschaften der genannten projectivischen Gebilde geoffenbart, indem ihre nothwendige Entstehung auf überraschende Weise aus diesen Eigenschaften sich nachweisen lässt und zugleich ihr inniger Zusammenhang sich kund giebt, was übrigens in der mehrerwähnten Schrift bereits angedeutet worden (§. 45). Die Schwierigkeit, die hierbei in Rücksicht auf die Kegelschnitte zu überwinden war, bestand darin, *zu beweisen, dass das durch zwei schiefliegende projectivische Gerade hervorgebrachte Erzeugniss identisch sei mit dem Erzeugniss zweier projectivischen Strahlbüschel, die sich in schiefer Lage befinden.* Diese Schwierigkeit ist jetzt nicht nur sehr leicht, sondern ich möchte sagen, sie ist auf die einfachste Weise gehoben, nämlich durch consequentes Festhalten der geringsten Anzahl von Elementen, durch welche die Projectivität jener Gebilde bestimmt wird, und zwar durch diejenigen Elemente, welche sich sowohl in Hinsicht der Gebilde, als in Bezug auf den Kegelschnitt am bemerkbarsten machen. Dadurch können nun zugleich alle übrigen Lehren, welche den Gegenstand des ersten Theiles der genannten Schrift bilden, zweckmässiger entwickelt werden, weil nunmehr die Betrachtungen in der Ebene sich bis zu ihrer Vollendung ausführen lassen, ohne dass es nöthig wird, den Büschel im Raume, der ihr entgegensteht, zu Hülfe zu nehmen. Die Eigenschaften des letzteren lassen sich dann umgekehrt leicht aus jenen der Ebene ableiten, was der natürlichere Gang ist. Der Kegel zweiten Grades erhält dabei eine allgemeinere Erklärung, die nicht mehr an seine besondere Eigenschaft, an seine Kreisschnitte, geknüpft ist; und nicht allein die verschiedenen Eigenschaften aller seiner ebenen Schnitte, sondern auch die Eigenschaften, welche ihm im Ganzen zukommen, seine zwei Erzeugungsarten durch projectivische Gebilde sind dann mit seiner Entstehung zugleich bekannt. Auch führt die gegenwärtige Erzeugungsweise der Kegelschnitte schneller und directer als jene frühere Betrachtungsweise in ihre innere Natur hinein und schliesst uns am unmittelbarsten den organischen

Zusammenhang ihrer zahlreichen Eigenschaften und Geheimnisse auf. Ich bemerke hier noch, dass die Betrachtung projectivischer Geraden und Strahlbüschel sich so vereinfachen lässt, dass sie ohne Hülfe trigonometrischer Ausdrücke durchgeführt werden kann, wodurch sie geeignet wird, der Elementargeometrie einverleibt zu werden und darin manche zweckmässige Verbesserung zu bewirken, indem zu ihrem trocknen Inhalt die belebenden Porismen, die Theorie der Transversalen und besonders die vollständige Lehre von den Kegelschnitten hinzutritt, dergestalt, dass alle diese Gegenstände sich ebenso leicht und einfach behandeln lassen, als nach der bisherigen Methode der Kreis. Dass in meiner mehrerwähnten Schrift trigonometrische Ausdrücke eingeführt worden, ist kein Irrthum oder Mangel in der Darstellung, wie man beim ersten Anblick leicht wähnen möchte, sondern die Entwickelungen der folgenden Theile bedürfen derselben, um zu der allseitig vollendeten Ausbildung zu gelangen, der sie fähig sind."

„Den 24. Mai 1836."

Diese vor dreissig Jahren geschriebene Einleitung habe ich geglaubt der gegenwärtigen Bearbeitung ungekürzt vorausschicken zu dürfen, weil ich bemüht gewesen bin, in dem hier ausgesprochenen Sinne die Lehre von den Kegelschnitten darzustellen. Von der versprochenen Abhandlung selbst finden sich unter den Papieren nur Bruchstücke, welche vorzugsweise die Theorie der Involution (das Punkt- und Strahlsystem) behandeln, ferner den erwähnten Beweis von der Identität der beiden Erzeugnisse projectivischer Geraden und projectivischer Strahlbüschel und einige Notizen über Involutions-Netze enthalten. Unter den übrigen, mir zur Einsicht gestatteten Manuscripten, welche aus den verschiedensten Zeitepochen herrühren, fanden sich zur Verwerthung für den vorliegenden Zweck Untersuchungen über Kegelschnitt-Büschel und -Schaaren, insbesondere über „conjugirte Kegelschnittbüschel" und „harmonisch-zugeordnete Kegelschnitte", manche schwer zu enträthselnde kurze Aufzeichnungen und viele Bemerkungen, die vermuthlich den Vorlesungen ihren Ursprung verdanken. Alles, was über die Ebene hinausging und sich grösstentheils auf Oberflächen zweiter Ordnung bezog, musste für jetzt unberücksichtigt bleiben. Der Anfang einer beabsichtigten Darstellung der Lehre von den Kegelschnitten, wie sie *Steiner* in seinen Vorlesungen vorzutragen pflegte, findet sich noch an einer späteren Stelle, welche mit den charakteristischen Worten beginnt:

„Juni 1849. Der veränderte Gang, der nach §. 18 (Syst. Entw. d. A. g. G.) eintritt, ist seit Jahren in den Vorlesungen verbessert und einige Mal sogar mit Begeisterung vorgetragen worden, musste aber jedesmal mit saurer Mühe wieder erst neu hergestellt werden, was in der neuesten Zeit bei Abnahme an Eifer und Gedächtniss stets schwieriger wurde. Es wird nun kaum möglich sein, die in einzelnen Perioden in günstigen Licht-Momenten vorgetragenen Sätze und Beweise wieder hervorzurufen, um den besten Gang der Betrachtung endlich festzustellen . . .“

Hierauf folgen verschiedene Aufzeichnungen aus den Vorträgen im Sommersemester 1849, die aber zum grössten Theil Wiederholungen sind und nur bis zu dem erwähnten Identitätsbeweise reichen.

Hinsichtlich der Vertheilung und Behandlung des Stoffes habe ich mir nur wenig Abweichungen von der zu Grunde liegenden Ausarbeitung der *Steiner*'schen Vorlesung erlaubt, während die Menge desselben erheblich vergrössert ist; auch die *Steiner*'sche Terminologie habe ich bis auf wenige Ausnahmen festgehalten; der Gebrauch der Bezeichnung „Punktreihe“ anstatt „Gerade“ (als continuirliche Aufeinanderfolge sämmtlicher Punkte einer unendlich-langen geraden Linie) ist schon so üblich geworden, dass er keiner Entschuldigung bedarf. *Der erste Abschnitt* (projectivische Beziehung gerader Punktreihen und ebener Strahlbüschel auf einander) enthält eine kurze Wiederholung der ersten in der syst. Entw. niedergelegten Principien; hier wie in der Folge habe ich die von *Moebius* in die Geometrie eingeführte Auffassung entgegengesetzter Grössen (Strecken und Winkel) durch Berücksichtigung des Richtungs- und Drehungs-Sinnes festgehalten, wonach z. B., wenn $\mathfrak{a}$ und $\mathfrak{b}$ zwei Punkte bezeichnen, „$\mathfrak{ab}$“ nicht blos den absoluten Abstand beider Punkte, sondern die in dem Sinne von $\mathfrak{a}$ nach $\mathfrak{b}$ durchlaufene Strecke bedeutet, so dass also $\mathfrak{ab} + \mathfrak{ba} = 0$ ist. Die ebenfalls von *Moebius* herrührenden Beziehungen zwischen den 24 möglichen Werthen eines Doppelverhältnisses habe ich aufgenommen. Sodann ist die Bestimmung der doppelten Systeme entsprechender gleicher Strecken und Winkel bei zwei projectivischen Punktreihen und Strahlbüscheln und eine ausführliche Behandlung der Involution (des Punkt- und Strahlsystems) hinzugekommen. *Der zweite Abschnitt* (der Kegelschnitt als Erzeugniss projectivischer Gebilde) definirt den Kegelschnitt auf doppelte Art und weist die Identität beider Erzeugnisse nach. Der *Pascal*'sche (und *Brianchon*'sche) Satz erscheint nur als ein etwas veränderter Ausdruck der Projectivität zweier gleichartiger Gebilde. Die Eintheilung der Kegelschnitte geschieht durch Berücksichtigung der unendlich-entfernten Punkte. Zu den Kriterien für die Erzeugung der verschiedenen Kegelschnitte durch zwei projectivische Punktreihen ist das für die gleichseitige Hyperbel hinzugekommen, welches ich nirgends gefunden habe. Die *Steiner*'sche Erweiterung des berühmten *hexagrammum mysticum* schien mir, obwohl sie etwas von dem Gange der Untersuchung abführt, doch mitzutheilen erlaubt, zumal ich das hier zusammengestellte Tableau der 60 Sechsecke, aus deren Gruppirung die Lage der *Pascal*'schen Linien, *Steiner*'schen Punkte und Geraden in der von *Hesse* angegebenen Weise am anschaulichsten hervortritt, anderswo vermisst habe. Das naturgemässe Auftreten des Punkt- und Strahlsystems beim Kegelschnitt führt zu den Polareigenschaften desselben, welche möglichst vollständig auseinandergesetzt sind. Als besondere Fälle dieser allgemeinen Beziehungen ergeben sich dann die Eigenschaften der conjugirten Durchmesser, der Axen des Kegelschnitts und der Brennpunkte. Die metrischen Beziehungen treten dabei ungezwungen und fast ohne Rechnung hervor. Auf die Focaleigenschaften wird dann noch weiter eingegangen, um die Brücke vollständig herzustellen, welche die hier durchgeführte Auffassung der Kegelschnitte mit der mehr elementaren Behandlung derselben verbindet, bei der die metrischen Eigenschaften der Brennpunkte den Ausgangspunkt bilden. Der Schluss dieses Abschnitts über den Krümmungshalbmesser der Kegelschnitte ist mehr als ein Anhang zu betrachten, bestimmt, die Nützlichkeit des Princips der projectivischen Beziehung an einem besonderen Beispiel vor Augen zu führen.

Der dritte Abschnitt ist dem Kegelschnittbüschel und der Kegelschnittschaar gewidmet. Von den drei mitgetheilten Entstehungsarten dieser Gebilde ist die erste (*Steiner*'sche) die anschaulichste, erfordert aber die Realität der vier Grundpunkte des Büschels; bei der zweiten können auch zwei von diesen Punkten imaginär sein; die dritte ist die allgemeinste und liefert auch das Kegelschnittbüschel mit vier imaginären Grundpunkten durch reelle Construction. Die charakteristische Eigenschaft des Kegelschnittbüschels, jede Gerade in den Punktpaaren eines Punktsystems zu treffen, tritt bei allen drei Entstehungsarten unmittelbar hervor. Die Untersuchung der verschiedenen Arten von Kegelschnitten, welche in einem Büschel und einer Schaar vorkommen, und wie sich dieselben in Gruppen vertheilen, lässt, wie mir scheint, den Vorzug der synthetischen Methoden recht deutlich erkennen; hieran knüpfen sich die Polar-Eigenschaften dieser Gebilde und einige besondere Fälle. Einen neuen oder doch wenig bekannten Gegenstand: „drei conjugirte Kegelschnittbüschel“ behandelt ein besonderer Paragraph. Endlich werden die gemeinschaftlichen Punkte und Tangenten zweier beliebig gegebenen Kegelschnitte ermittelt und die verschiedenen Fälle, welche hinsichtlich der Realität dieser Elemente eintreten können, genauer discutirt. Der letzte Paragraph dieses Abschnittes behandelt einen bisher wenig untersuchten Gegenstand: Die harmonisch-zugeordneten oder sich polar selbst-entsprechenden Kegelschnitte, mit denen im Zusammenhange die Aufgabe gelöst wird: „Zu zwei gegebenen Kegelschnitten einen solchen dritten zu finden, in Bezug auf welchen als Basis der eine die Polarfigur des andern ist.“ Hier tritt schon *der imaginäre Kegelschnitt* auf und verlangt eine Erweiterung des Begriffes, welche in *dem vierten Abschnitt* durch das Involutions-Netz (Polarsystem) gegeben wird. Die Polareigenschaften eines Kegelschnitts werden unabhängig von demselben aufgefasst und liefern ein stets reelles Gebilde, das Involutions-Netz, welches, je nachdem es hyperbolisch oder elliptisch ist, einen reellen oder imaginären Kegelschnitt vertritt, ebenso wie das Punktsystem auf einer Geraden ein reelles Punktpaar (Asymptotenpunkte) oder ein imaginäres vertritt. Von den verschiedenen Bestimmungsarten des Netzes, deren Zahl durch Hinzunahme anderer Elemente leicht beträchtlich vermehrt werden kann, ist die allgemeinste vermittelst fünf beliebiger Paare conjugirter Punkte durch eine zwar umständliche aber lineare Construction bewerkstelligt. Die folgenden Paragraphen enthalten zum Theil eine Wiederholung früherer Betrachtungen auf der allgemeineren Grundlage, indem die ausgezeichneten Elemente des Netzes: Durchmesser, Mittelpunkt, Axen, Brennpunkte mit ihren hervorragendsten Eigenschaften für das Netz ähnlich, wie für den reellen Kegelschnitt ermittelt werden. Die Annahme zweier beliebig in der Ebene gegebenen Netze führt zum Netz-Büschel und zur Netz-Schaar; dadurch werden die früheren Gebilde des Kegelschnitt-Büschels und der Kegelschnitt-Schaar vervollständigt, indem auch die imaginären Kegelschnitte, welche ihnen angehören können, zum Vorschein kommen. Der letzte Paragraph untersucht das aus drei beliebig angenommenen Netzen oder Kegelschnitten gebildete Kegelschnitt-Netz und die Tripelcurve und bildet somit den Uebergang zur Theorie der Curven dritten Grades.

Aus der vorstehenden Inhaltsangabe und bei einer genaueren Durchsicht des Buches wird der kundige Leser erkennen, dass ich manche Resultate aufzunehmen mir gestattet habe, welche im Laufe der Zeit hinzugekommen sind und von denen ich nicht mehr ermitteln konnte, ob *Steiner* sie früher als Andere gefunden hat, oder nicht, wenn sie sich eben in dem systematischen Entwicklungsgange naturgemäss darboten und der *Steiner*'schen Anschauungsweise ungezwungen anschlossen. Ich glaube, dass dies nicht zum Nachtheil eines Buches geschehen ist, welches seines ganz elementaren Charakters wegen vorzugsweise bestimmt ist, als Lehrbuch zur Einführung der studirenden Jugend in die synthetische Geometrie zu dienen. Aus diesem Grunde lag mir auch weniger daran, die in Anwendung gebrachten Methoden bis zur äussersten Grenze auszubeuten und die in unerschöpflicher Menge sich darbietenden Sätze und Eigenschaften mit möglichster Vollständigkeit aufzureihen, als vielmehr die fruchtbaren Betrachtungen selbst, welche zu jenen führen, in das klarste Licht zu setzen; dem Leser sollte auch noch Etwas zu thun übrig bleiben, und überall da z. B., wo nach dem in der Natur des Gegenstandes begründeten Princip der Dualität einer Betrachtung sich die polar gegenüberstehende anschloss, ist diese entweder blos angedeutet, oder es sind die abweichenden Punkte allein ausgeführt; möchte der Leser daher noch recht viel Stoff zur Ergänzung und Erweiterung und besonders die Aufmunterung zur eigenen Forschung aus dem Vorgetragenen entnehmen.

Was meinen eigenen bescheidenen Antheil an diesem Buche betrifft, so verzichte ich selbstverständlich in Anbetracht der Entstehung desselben auf jeden Anspruch, wie auf jede Priorität, ohne darum die Verantwortlichkeit für Dasjenige, was etwa Irriges in demselben vorkommen sollte, von mir abzulehnen. Ich halte meine Arbeit für hinreichend belohnt, wenn dadurch das Studium der *Steiner*'schen Schriften erleichtert, das Interesse für synthetisch-geometrische Forschungen von Neuem angeregt und insbesondere die studirende Jugend zu einem der interessantesten und fruchtbarsten Felder mathematischer Speculation hingeführt wird.

Schliesslich bleibt mir noch übrig, Herrn Dr. *Geiser* hiermit öffentlich meinen Dank auszusprechen für die freundlichst gestattete Einsicht in die *Steiner*'schen Manuscripte und das bereitwillige Abtreten seines Anrechtes zur Veröffentlichung dieser Vorlesung.

Breslau, im September 1866.

Heinrich Schröter.

Vorwort zur zweiten Auflage.

Die in zweiter Auflage vorliegende „*Theorie der Kegelschnitte, gestützt auf projectivische Eigenschaften*“ hat hinsichtlich der Anordnung und Behandlung des Stoffes keine wesentliche Aenderung erfahren. Hinzugekommen ist im ersten Abschnitt die Einführung des äquianharmonischen Systems von fünf Elementen, im zweiten Abschnitt (§. 37) eine zusammenhängende Darstellung des Normalenproblems, welches bei der ersten Auflage nur in einer Anmerkung beiläufige Erwähnung fand, im vierten Abschnitt die Untersuchung der Lage und Realität der Wendepunkte einer Curve 3. O., sowie an vielen Stellen Ergänzungen und Bemerkungen, die eine wiederholte Betrachtung des Gegenstandes an die Hand gab. Ferner sind jedem der drei ersten Abschnitte eine Anzahl von *Aufgaben und Sätzen* hinzugefügt, welche den Zweck haben, den Leser zur selbständigen Forschung aufzufordern und ihm Gelegenheit zu geben, die in dem Buche vorgetragenen Methoden und Betrachtungen anzuwenden. Eine solche selbstthätige Uebung entspricht durchaus dem Sinne *Steiner's*, wie der seinem ursprünglichen Werke (Syst. Entw. d. Abh. geom. Gest.) beigefügte Anhang von Aufgaben und Lehrsätzen zeigt, welche denselben Zweck haben. Dass die von mir gewählten Aufgaben und Sätze nicht durchweg neu sind, kann nach der Natur des Gegenstandes nicht befremden; viele schliessen sich unmittelbar dem im Buche Vorgetragenen an und sind daraus hervorgegangen oder späteren Mittheilungen *Steiner's* entnommen; andere fanden sich anderswo und sind ohne streng-pädagogische Reihenfolge lose aneinandergereiht. Eine Angabe der Quelle, wo dieser oder jener Satz gelegentlich oder zuerst ausgesprochen ist, würde dem Zweck dieser Uebungen geradezu widersprochen haben. Ich führe daher an dieser Stelle die Namen derjenigen Geometer an, denen, soweit es mir bekannt ist, das eine oder das andere Resultat zukommt; es sind folgende: *Bauer, Cayley, Chasles, Faure, Heilermann, Hesse, Joachimsthal, Kirkman, Möbius, Salmon, P. Serret, Steiner, R. Sturm* u. A.

Möglichst grosse Aufmerksamkeit ist auf Correctheit und Deutlichkeit der Darstellung gerichtet worden, und eine sorgfältige redactionelle Durchsicht hat an vielen Stellen Mängel der ersten Auflage im Satzbau, in der Wortstellung, Rechtschreibung und Interpunction zu bessern gesucht; auch schien die Veränderung einiger Bezeichnungen geboten; so ist durchweg anstatt Kreissystem — circulares Strahlsystem, anstatt Kreisschaar — Kreisbüschel, anstatt Mittelpunkte — Grundpunkte des Kegelschnittbüschels, anstatt Tripel conjugirter Punkte und Strahlen öfters kürzer — Polardreieck u. a. m. gesetzt worden, Ausdrücke, die sich selbst rechtfertigen.

Diese durchgehenden Aenderungen, sowie manche Zusätze und Verbesserungen, welche im Laufe der Zeit entstanden und sich mitunter erst bei der Correctur aufdrängten, haben den Druck des Buches nicht selten erschwert; ich fühle mich der Verlagshandlung für ihr bereitwilliges Entgegenkommen in dieser Beziehung zu aufrichtigem Danke verpflichtet. Ebenso spreche ich einigen wissenschaftlichen Freunden, den Herren Director *Killmann*, Dr. *Gärtner* und Dr. *Rosenow* für ihre hülfreiche Unterstützung bei der Correctur meinen besten Dank aus. Dadurch ist es gelungen, den Druck dieser Auflage fast fehlerfrei herzustellen.

Breslau, im April 1876.

H. S.

Inhaltsverzeichniss.

Erster Abschnitt.

Projectivische Beziehung gerader Punktreihen und ebener Strahlbüschel auf einander.

Zweiter Abschnitt.

Der Kegelschnitt als Erzeugniss projectivischer Gebilde.

Dritter Abschnitt.

Kegelschnittbüschel und Kegelschnittschaar.

Vierter Abschnitt.

Netze.

Das Involutions-Netz (Polarsystem) und das Kegelschnitt-Netz.

Erster Abschnitt.

Projectivische Beziehung gerader Punktreihen und ebener Strahlbüschel auf einander.

---

§. 1. Grundgebilde.

Die sämmtlichen auf einander folgenden Punkte einer (unendlich langen) geraden Linie nennt man eine *gerade Punktreihe* oder schlechtweg Punktreihe, wenn nur von geraden Punktreihen die Rede ist. Die Gerade selbst, deren Punkte aufgefasst werden, soll der *Träger* der Punktreihe heissen. Die sämmtlichen durch einen Punkt in einer Ebene gehenden Strahlen (unendlich lange gerade Linien) nennt man ein *ebenes Strahlbüschel* oder schlechtweg Strahlbüschel, wenn nur von ebenen Strahlbüscheln die Rede ist. Der Punkt, durch welchen sämmtliche Strahlen gehen, heisst der *Mittelpunkt* des Strahlbüschels. Die Punkte der Punktreihe und die Strahlen des Strahlbüschels heissen *Elemente* dieser *geometrischen Gebilde.*

§. 2. Projectivische Beziehung der Grundgebilde auf einander.

Fig. 1.

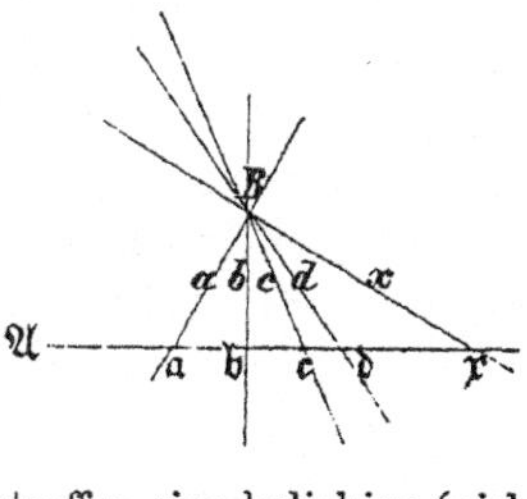

Diese beiden einfachsten geometrischen Gebilde (Punktreihe und Strahlbüschel) sind von gleicher Mächtigkeit und einfacher Unendlichkeit, d. h. es giebt ebenso viel Punkte auf einer Geraden, als Strahlen durch einen Punkt. Dies erkennen wir, indem wir die beiden Gebilde zu einander in Beziehung setzen. Sämmtliche durch einen Punkt B, den Mittelpunkt eines Strahlbüschels gehende Strahlen $a, b, c, d \ldots x \ldots$ treffen eine beliebige (nicht durch B gehende) Gerade 𝔄 in den gleichnamigen Punkten 𝔞 𝔟 𝔠 𝔡 . . . . 𝔵 . . (Fig. 1) und stellen eine derartige Beziehung zwischen den Elementen beider Gebilde her, dass jeder Strahl des Strahlbüschels durch den gleichnamigen Punkt der Punktreihe geht und umgekehrt jeder Punkt der Punktreihe auf dem gleichnamigen Strahl des Strahlbüschels liegt. Zwei solche zusammenliegende Elemente heissen *entsprechende Elemente* und diese Lage der beiden Gebilde, bei welcher jeder Strahl des Strahlbüschels durch den entsprechenden Punkt der Punktreihe geht, nennt man die *perspectivische Lage.* Die durch die perspectivische Lage beider Gebilde hergestellte eindeutige Beziehung der Elemente auf einander kann nun festgehalten werden, während die perspectivische Lage aufgehoben wird (etwa dadurch, dass das Strahlbüschel B und die Punktreihe $\mathfrak{A}$ beliebig in der Ebene verschoben werden), aber die entsprechenden Elemente in irgend einer Weise, z. B. durch Bezeichnung mit gleichlautenden Buchstaben, fixirt werden. Die auf diese Art von der perspectivischen Lage unabhängig gemachte eindeutige Beziehung der Elemente beider Gebilde auf einander heisst *projectivische Beziehung,* und die Gebilde selbst heissen *projectivisch,* wenn ihre entsprechenden Elemente so liegen, dass jene in perspectivische Lage gebracht werden können.

§. 3. Unendlich-entfernter Punkt der Punktreihe und Parallelstrahl des Strahlbüschels.

Die Zusammengehörigkeit entsprechender Elemente lässt sich bei der perspectivischen Lage der beiden Grundgebilde auch so auffassen, dass man einen veränderlichen Strahl x des Strahlbüschels um den Mittelpunkt B dreht, wodurch sein Schnittpunkt $\mathfrak{x}$ mit dem Träger $\mathfrak{A}$ auf demselben fortrückt. Dabei tritt nun einmal der besondere Fall ein, dass der Strahl x in parallele Lage zu dem Träger $\mathfrak{A}$ gelangt und dadurch der Schnittpunkt $\mathfrak{x}$, welcher sonst immer eine bestimmte angebbare Lage auf $\mathfrak{A}$ hatte, der Wahrnehmung entschwindet oder, wie man sich ausdrückt, ins Unendliche rückt. Betrachten wir den Strahl x kurz vor und kurz nach dieser parallelen Lage, so wird der entsprechende Punkt $\mathfrak{x}$ einmal nach der einen Seite und das andere Mal nach der andern Seite hin sehr weit entfernt liegen, während es bei der parallelen Lage selbst unentschieden bleibt, ob er nach der einen oder nach der andern Seite hin liegt. Trotzdem nehmen wir der Uebereinstimmung wegen an, dass auch der *Parallelstrahl* den Träger $\mathfrak{A}$ nur in *einem* Punkte treffe, und nennen diesen (obwohl er sich der Wahrnehmung entzieht) *den unendlich-entfernten Punkt* der Punktreihe, den wir uns sowohl nach der einen Seite als auch nach der andern Seite hin liegend vorstellen können. Der unendlich-entfernte Punkt der Geraden $\mathfrak{A}$ ist ein ausgezeichneter und bei Verrückung derselben unveränderlicher Punkt, welcher die charakteristische Eigenschaft besitzt, dass jeder nach ihm hingehende Strahl mit der Geraden parallel ist.

Der unendlich entfernte Punkt verbindet gewissermassen die nach entgegengesetzten Seiten hin verlaufenden Enden der geraden Linie und stellt eine Continuität her entsprechend der continuirlichen Drehung des Strahles im Strahlbüschel.

§. 4. Uebereinstimmung der Aufeinanderfolge der Strahlen des Strahlbüschels mit den entsprechenden Punkten der Punktreihe.

Aus der eben betrachteten zusammengehörigen Bewegung: der Drehung des Strahles x um B und dem Fortrücken des entsprechenden Punktes $\mathfrak{x}$ auf $\mathfrak{A}$ ergiebt sich zugleich eine Uebereinstimmung der Aufeinanderfolge entsprechender Elemente oder des Drehungssinnes mit dem Richtungssinn. Der Strahl x kann sich um den Mittelpunkt B entweder in dem einen oder entgegengesetzten Drehungssinne herumbewegen (↷ ↶ entweder wie der Zeiger einer Uhr, auf welche man sieht, oder entgegengesetzt); dem entsprechend muss der Punkt $\mathfrak{x}$ entweder in dem einen (von rechts nach links) oder in dem entgegengesetzten Richtungssinne (von links nach rechts) auf dem Träger $\mathfrak{A}$ fortrücken. Sind a und b zwei besondere Lagen des sich drehenden Strahles x, so kann x auf doppelte Weise aus der Lage a in die Lage b übergeführt werden, entweder in dem einen oder entgegengesetzten Drehungssinne. Diese Zweideutigkeit hört aber auf, sobald wir drei besondere Lagen abc annehmen und verlangen, der veränderliche Strahl solle von a durch b nach c gelangen (ohne indessen, während er sich von a nach b bewegt, in die Lage von c gekommen zu sein). Durch die Aufeinanderfolge abc ist der Drehungssinn von x mitbestimmt (Fig. 2).

Fig. 2.

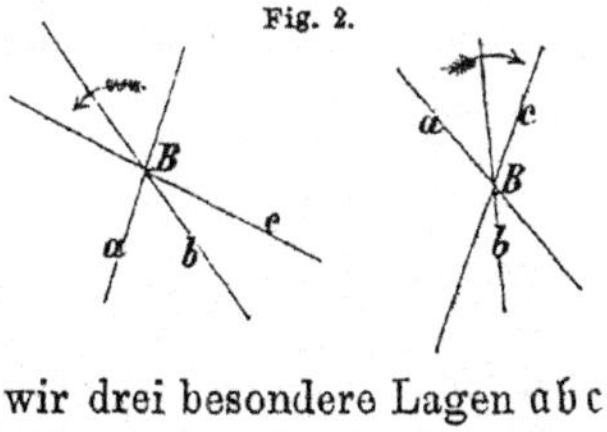

Sind $\mathfrak{a}$ und $\mathfrak{b}$ zwei besondere Lagen des fortrückenden Punktes $\mathfrak{x}$, so kann $\mathfrak{x}$ von $\mathfrak{a}$ nach $\mathfrak{b}$ auf doppelte Weise gelangen, entweder direct oder durch den unendlich-entfernten Punkt (§ 3). Diese beiden Wege haben entgegengesetzten Richtungssinn. Die Zweideutigkeit hört aber auf, sobald wir drei besondere Lagen $\mathfrak{abc}$ annehmen und festsetzen, der Punkt $\mathfrak{x}$ solle von $\mathfrak{a}$ durch $\mathfrak{b}$ nach $\mathfrak{c}$ gelangen (ohne auf dem Wege von $\mathfrak{a}$ nach $\mathfrak{b}$ die Lage $\mathfrak{c}$ eingenommen zu haben); durch die Aufeinanderfolge $\mathfrak{abc}$ ist der Richtungssinn von

$\mathfrak{x}$ mitbestimmt (Fig. 3). Da nun abc und $\mathfrak{abc}$ entsprechende Elemente der beiden projectivischen Gebilde sind, so wird, sobald durch die Aufeinanderfolge abc der Drehungssinn des Strahlbüschels festgestellt ist, durch die zugehörige Aufeinanderfolge $\mathfrak{abc}$ der Richtungssinn der Punktreihe unzweideutig mitbestimmt, und nehmen wir im Strahlbüschel den entgegengesetzten Drehungssinn durch die Aufeinanderfolge acb, so wird durch die Aufeinanderfolge $\mathfrak{acb}$ auch der zugehörige Richtungssinn in der Punktreihe entgegengesetzt. Durch diese Bemerkung wird später jede Zweideutigkeit hinsichtlich der Lage entsprechender Elemente aufgehoben.

Fig. 3.

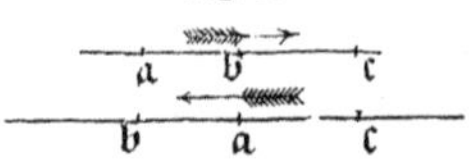

§. 5. Doppelverhältniss. (Anharmonische Function.)

Um die gegenseitige Abhängigkeit der Elemente der beiden Grundgebilde, welche durch die perspectivische Lage derselben hervorgerufen wird, unabhängig von letzterer darzustellen, suchen wir Beziehungen auf zwischen den Abständen beliebiger Punkte der Punktreihe und den Winkeln, welche die entsprechenden Strahlen mit einander bilden, solchergestalt, dass diese Beziehungen von der Lage der beiden Gebilde zu einander unabhängig sind.

Seien $\mathfrak{abcd}\ldots$ beliebige Punkte der Punktreihe $\mathfrak{A}$, so soll nach dem Vorgange von *Möbius* durch die Nebeneinanderstellung der Buchstaben

$$\mathfrak{ab}$$

nicht allein die Strecke zwischen den Punkten $\mathfrak{a}$ und $\mathfrak{b}$ (ihr Abstand) bezeichnet werden, sondern auch der Richtungssinn, in welchem die Strecke von $\mathfrak{a}$ nach $\mathfrak{b}$ hin auf *directem* Wege durchlaufen wird, so dass also

$$\text{I.} \quad \mathfrak{ab} + \mathfrak{ba} = 0\,,\ \text{d. h.}\ \mathfrak{ba} = -\,\mathfrak{ab}$$

ist, wonach dann für irgend drei Punkte $\mathfrak{abc}$ der Geraden die Gültigkeit der Gleichung

$$\text{II.} \quad \mathfrak{ab} + \mathfrak{bc} = \mathfrak{ac} \ \text{oder}\ \mathfrak{ab} + \mathfrak{bc} + \mathfrak{ca} = 0$$

allgemein stattfindet, mag der Punkt $\mathfrak{c}$ zwischen $\mathfrak{a}$ und $\mathfrak{b}$ oder ausserhalb der Strecke liegen, und für irgend vier auf der Geraden befindliche Punkte $\mathfrak{abcd}$ nachfolgende Beziehungen gelten, die wir anführen, weil wir später von ihnen Gebrauch machen werden; da nämlich

$$\begin{aligned} \mathfrak{ab} + \mathfrak{bc} &= \mathfrak{ac} \\ \mathfrak{ad} \quad &= \mathfrak{ab} + \mathfrak{bd}, \end{aligned}$$

so folgt:

$$\mathfrak{ab}\,.\,\mathfrak{ad}+\mathfrak{bc}\,.\,\mathfrak{ad}=\mathfrak{ac}\,.\,\mathfrak{ab}+\mathfrak{ac}\,.\,\mathfrak{bd}$$

$$\mathfrak{ab}\,\{\mathfrak{ad}-\mathfrak{ac}\}=\mathfrak{ac}\,.\,\mathfrak{bd}-\mathfrak{bc}\,.\,\mathfrak{ad}$$

$$\text{III.}\qquad \mathfrak{ab}\,.\,\mathfrak{cd}+\mathfrak{bc}\,.\,\mathfrak{ad}+\mathfrak{ca}\,.\,\mathfrak{bd}=0\,,$$

oder auch so geschrieben: $\dfrac{\mathfrak{da}}{\mathfrak{ba}\,.\,\mathfrak{ca}}+\dfrac{\mathfrak{db}}{\mathfrak{cb}\,.\,\mathfrak{ab}}+\dfrac{\mathfrak{dc}}{\mathfrak{ac}\,.\,\mathfrak{bc}}=0\,.$

Eine weitere Beziehung zwischen vier Punkten einer Geraden folgt aus den beiden vorigen; da

$$\mathfrak{ab}\,.\,\mathfrak{cd}=\mathfrak{ac}\,.\,\mathfrak{bd}+\mathfrak{cb}\,.\,\mathfrak{ad}$$

$$\mathfrak{bc}+\mathfrak{cd}=\mathfrak{bd}$$

$$\mathfrak{ab}\,.\,\mathfrak{bc}\,.\,\mathfrak{cd}+\mathfrak{ab}\,.\,(\mathfrak{cd})^2=\mathfrak{ac}\,.\,(\mathfrak{bd})^2+\mathfrak{ad}\,.\,\mathfrak{db}\,.\,\mathfrak{bc}\,,$$

und hieraus

$$\begin{aligned}\mathfrak{ab}\,.\,(\mathfrak{cd})^2+\mathfrak{ca}\,(\mathfrak{bd})^2&=\mathfrak{bc}\,\{\mathfrak{ad}\,.\,\mathfrak{db}+\mathfrak{ab}\,.\,\mathfrak{dc}\}\\&=\mathfrak{bc}\,\{\mathfrak{ad}\,(\mathfrak{da}+\mathfrak{ab})+\mathfrak{ab}\,.\,\mathfrak{dc}\}\\&=\mathfrak{cb}\,.\,(\mathfrak{ad})^2+\mathfrak{bc}\,.\,\mathfrak{ab}\,.\,\mathfrak{ac}\,,\end{aligned}$$

oder

$$\text{IV.}\qquad \frac{(\mathfrak{da})^2}{\mathfrak{ba}\,.\,\mathfrak{ca}}+\frac{(\mathfrak{db})^2}{\mathfrak{cb}\,.\,\mathfrak{ab}}+\frac{(\mathfrak{dc})^2}{\mathfrak{ac}\,.\,\mathfrak{bc}}=1\,.$$

Seien nun *abcd* ... die entsprechenden Strahlen des mit der Punktreihe $\mathfrak{abcd}$ .. perspectivisch liegenden Strahlbüschels B, und bezeichne

$$(ab)$$

den Winkel zwischen den beiden Strahlen a und b von einem veränderlichen Strahl x in demjenigen Drehungssinne von a nach b hin beschrieben, welcher übereinstimmt mit dem Richtungssinne der Strecke $\mathfrak{ab}$ (§. 4), dann lassen sich leicht Beziehungen ermitteln zwischen den Winkeln des Strahlbüschels und den entsprechenden Abschnitten auf der Punktreihe, indem man nach bekannten Sätzen der Elementargeometrie die Fläche des Dreiecks $B\mathfrak{ab}$ auf doppelte Weise ausdrückt; das aus B auf $\mathfrak{A}$ gefällte Perpendikel treffe in $\mathfrak{p}$, dann wird

Fig. 4.

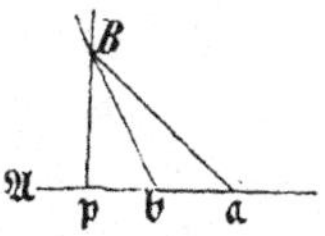

$$B\mathfrak{a}\,.\,B\mathfrak{b}\,.\,\sin(ab)=B\mathfrak{p}\,.\,\mathfrak{ab}\,,$$

oder

$$1)\qquad \frac{\mathfrak{ab}}{\sin(ab)}=\frac{B\mathfrak{a}\,.\,B\mathfrak{b}}{B\mathfrak{p}}\,.$$

Nimmt man ein drittes Paar c und $\mathfrak{c}$ entsprechender Elemente hinzu, so treten in gleicher Weise zwei neue Relationen hinzu:

$$2)\qquad \frac{\mathfrak{ac}}{\sin(ac)}=\frac{B\mathfrak{a}\,.\,B\mathfrak{c}}{B\mathfrak{p}}\,;\quad \frac{\mathfrak{bc}}{\sin(bc)}=\frac{B\mathfrak{b}\,.\,B\mathfrak{c}}{B\mathfrak{p}}\,.$$

Nur die rechten Seiten dieser Beziehungen enthalten Stücke, welche von der perspectivischen Lage beider Gebilde abhängen, während die linken Seiten frei davon sind; es gelingt aber nicht, aus diesen drei Gleichungen 1) und 2) jene Stücke zu eliminiren; wir ziehen daher noch ein viertes Paar entsprechender Elemente d und $\mathfrak{d}$ in die Betrachtung und erhalten drei neue Relationen:

$$3)\qquad \frac{\mathfrak{a}\mathfrak{d}}{\sin(ad)} = \frac{B\mathfrak{a}\,.\,B\mathfrak{d}}{B\mathfrak{p}}\,;\quad \frac{\mathfrak{b}\mathfrak{d}}{\sin(bd)} = \frac{B\mathfrak{b}\,.\,B\mathfrak{d}}{B\mathfrak{p}}\,;\quad \frac{\mathfrak{c}\mathfrak{d}}{\sin(cd)} = \frac{B\mathfrak{c}\,.\,B\mathfrak{d}}{B\mathfrak{p}}\,.$$

Aus diesen 6 Relationen 1) 2) 3) können wir nun in mehrfacher Weise andere ableiten, die unabhängig sind von den Stücken $B\mathfrak{a}$, $B\mathfrak{b}$, $B\mathfrak{c}$, $B\mathfrak{d}$, $B\mathfrak{p}$, also bestehen bleiben, wenn die perspectivische Lage aufgehoben wird; es folgt nämlich u. a. die Beziehung:

$$4)\qquad \frac{\mathfrak{a}\mathfrak{c}}{\mathfrak{b}\mathfrak{c}} : \frac{\mathfrak{a}\mathfrak{d}}{\mathfrak{b}\mathfrak{d}} = \frac{\sin(ac)}{\sin(bc)} : \frac{\sin(ad)}{\sin(bd)}\,,$$

und, wenn wir in irgend einer Weise die vier Punkte $\mathfrak{a}\mathfrak{b}\mathfrak{c}\mathfrak{d}$, in derselben Weise aber auch $abcd$ permutiren, so ergeben sich ähnliche Relationen.

Der Ausdruck $\frac{\mathfrak{a}\mathfrak{c}}{\mathfrak{b}\mathfrak{c}} : \frac{\mathfrak{a}\mathfrak{d}}{\mathfrak{b}\mathfrak{d}}$, welchen wir der Kürze wegen mit

$$(\mathfrak{a}\mathfrak{b}\mathfrak{c}\mathfrak{d})$$

bezeichnen wollen, heisst das *Doppelverhältniss* (oder das anharmonische Verhältniss, die anharmonische Function) von vier Punkten, und um die Bildungsweise desselben leichter zu übersehen, nennen wir $\mathfrak{a}$ und $\mathfrak{b}$ ein Paar *zugeordneter* Punkte, $\mathfrak{c}$ und $\mathfrak{d}$ das andere Paar zugeordneter Punkte; dann sind zur Bildung des Doppelverhältnisses die einfachen Verhältnisse der Abstände jedes Punktes des einen Paares zugeordneter Punkte von den beiden Punkten des anderen Paares: $\frac{\mathfrak{a}\mathfrak{c}}{\mathfrak{b}\mathfrak{c}}$ und $\frac{\mathfrak{a}\mathfrak{d}}{\mathfrak{b}\mathfrak{d}}$ durch einander zu theilen; welche von den vier Punkten übrigens auf diese Weise einander zugeordnet werden, ist an sich gleichgültig, nur sollen bei der Bezeichnung $(\mathfrak{a}\mathfrak{b}\mathfrak{c}\mathfrak{d})$ die beiden ersten und die beiden letzten als zugeordnete Punktenpaare festgehalten werden. Ebenso heisst der Ausdruck:

$$\frac{\sin(ac)}{\sin(bc)} : \frac{\sin(ad)}{\sin(bd)}\,,$$

welchen wir mit $(abcd)$ bezeichnen, das Doppelverhältniss von vier Strahlen des Strahlbüschels, und es werden dabei ebenfalls a und b, c und d als zugeordnete aufgefasst.

Die gefundene Beziehung (4) sagt also aus:

Bei zwei projectivischen Gebilden: einer Punktreihe und einem Strahlbüschel findet zwischen irgend vier entsprechenden Elementenpaaren $\mathfrak{a}\mathfrak{b}\mathfrak{c}\mathfrak{d}$ *und* $abcd$ *immer die Gleichheit der Doppelverhältnisse statt:*

$$(\mathfrak{a}\mathfrak{b}\mathfrak{c}\mathfrak{d}) = (abcd)\,.$$

§. 6. Verschiedene Werthe eines Doppelverhältnisses durch Vertauschung der Elemente.

Ehe wir aus dem gefundenen Resultat Folgerungen ziehen, wollen wir untersuchen, in welchem Zusammenhange die 24 Werthe des Doppelverhältnisses mit einander stehen, welche wir erhalten, wenn wir die Elemente desselben auf alle möglichen Arten unter einander vertauschen. Sei der Werth des Doppelverhältnisses:

$$\frac{\mathfrak{ac}}{\mathfrak{bc}} : \frac{\mathfrak{ad}}{\mathfrak{bd}} = (\mathfrak{abcd}) = k,$$

so erkennen wir zunächst aus der Bildungsweise desselben, dass

$$1) \quad (\mathfrak{ab}\,\mathfrak{cd}) = (\mathfrak{badc}) = (\mathfrak{cd}\,\mathfrak{ab}) = (\mathfrak{dcba}) \quad \text{ist;}$$

ferner, da

$$\frac{\mathfrak{ac}}{\mathfrak{bc}} : \frac{\mathfrak{ad}}{\mathfrak{bd}} = \frac{1}{\dfrac{\mathfrak{ad}}{\mathfrak{bd}} : \dfrac{\mathfrak{ac}}{\mathfrak{bc}}}, \quad \text{so ist}$$

$$2) \quad (\mathfrak{abcd}) . (\mathfrak{abdc}) = 1 .$$

Endlich giebt die Relation III. in §. 5 zwischen irgend vier Punkten einer Geraden:

$$\mathfrak{ab} . \mathfrak{cd} + \mathfrak{bc} . \mathfrak{ad} + \mathfrak{ca} . \mathfrak{bd} = 0$$

folgende Beziehung zwischen Doppelverhältnissen:

$$\frac{\mathfrak{ac}}{\mathfrak{bc}} : \frac{\mathfrak{ad}}{\mathfrak{bd}} + \frac{\mathfrak{ab}}{\mathfrak{cb}} : \frac{\mathfrak{ad}}{\mathfrak{cd}} = 1$$

oder:

$$3) \quad (\mathfrak{abcd}) + (\mathfrak{acbd}) = 1,$$

und hieraus lassen sich die Werthe des Doppelverhältnisses für alle 24 möglichen Vertauschungen folgendermassen durch einen Werth k desselben ausdrücken:

$$\left\{\begin{aligned}
(\mathfrak{abcd}) &= (\mathfrak{badc}) = (\mathfrak{cdab}) = (\mathfrak{dcba}) = k \\
(\mathfrak{abdc}) &= (\mathfrak{bacd}) = (\mathfrak{cdba}) = (\mathfrak{dcab}) = \frac{1}{k} \\
(\mathfrak{acbd}) &= (\mathfrak{bdac}) = (\mathfrak{cadb}) = (\mathfrak{dbca}) = 1 - k \\
(\mathfrak{acdb}) &= (\mathfrak{bdca}) = (\mathfrak{cabd}) = (\mathfrak{dbac}) = \frac{1}{1-k} \\
(\mathfrak{adbc}) &= (\mathfrak{bcad}) = (\mathfrak{cbda}) = (\mathfrak{dacb}) = \frac{k-1}{k} \\
(\mathfrak{adcb}) &= (\mathfrak{bcda}) = (\mathfrak{cbad}) = (\mathfrak{dabc}) = \frac{k}{k-1} .
\end{aligned}\right.$$

Dieselben Beziehungen ergeben sich für das Doppelverhältniss von vier Strahlen $(abcd)$ aus der in § 5 nachgewiesenen Gleichheit der Doppelverhältnisse:

$$(\mathfrak{abcd}) = (abcd) .$$

Sind fünf Punkte auf einer Geraden gegeben, so lassen sich zwischen denselben mehrere Doppelverhältnisse bilden, die in einfachem Zusammenhange mit einander stehen; da nämlich

$$(\mathfrak{abcd}) = \frac{\mathfrak{ac}}{\mathfrak{bc}} : \frac{\mathfrak{ad}}{\mathfrak{bd}}$$

$$(\mathfrak{abce}) = \frac{\mathfrak{ac}}{\mathfrak{bc}} : \frac{\mathfrak{ae}}{\mathfrak{be}} \qquad \text{ist, so folgt:}$$

$$\frac{(\mathfrak{abcd})}{(\mathfrak{abce})} = \frac{\mathfrak{ae}}{\mathfrak{be}} : \frac{\mathfrak{ad}}{\mathfrak{bd}} = (\mathfrak{abed}) ,$$

also haben wir die Relation:

$$(\mathfrak{abcd}) . (\mathfrak{abde}) . (\mathfrak{abec}) = 1.^{*)}$$

Aus dieser Relation ergiebt sich der Werth eines Doppelverhältnisses, dessen vier Elemente gegeben sind durch die Werthe der vier Doppelverhältnisse, welche sie mit drei anderen (Fundamental-)Elementen bilden; wenn nämlich

$$(\mathfrak{abcd}_1) = k_1 , \ (\mathfrak{abcd}_2) = k_2 \quad \text{ist,}$$

so wird nach dem vorigen Satze:

$$(\mathfrak{abd}_1\mathfrak{d}_2) = \frac{k_2}{k_1}$$

Ist $(\mathfrak{abcd}_3) = k_3$, so folgt $(\mathfrak{ad}_1\mathfrak{d}_2\mathfrak{b}) . (\mathfrak{ad}_1\mathfrak{bd}_3) . (\mathfrak{ad}_1\mathfrak{d}_3\mathfrak{d}_2) = 1$ d. h.

$$\frac{k_1}{k_1-k_2} \cdot \frac{k_1-k_3}{k_1} \cdot (\mathfrak{ad}_1\mathfrak{d}_3\mathfrak{d}_2) = 1$$

$$(\mathfrak{ad}_1\mathfrak{d}_2\mathfrak{d}_3) = \frac{k_1-k_3}{k_1-k_2} .$$

Ist endlich $(\mathfrak{abcd}_4) = k_4$, so haben wir $(\mathfrak{d}_1\mathfrak{d}_2\mathfrak{d}_3\mathfrak{a}) . (\mathfrak{d}_1\mathfrak{d}_2\mathfrak{ad}_4)(\mathfrak{d}_1\mathfrak{d}_2\mathfrak{d}_4\mathfrak{d}_3)$ $= 1$ d. h.

$$\frac{k_1-k_3}{k_2-k_3} \cdot \frac{k_2-k_4}{k_1-k_4} (\mathfrak{d}_1\mathfrak{d}_2\mathfrak{d}_4\mathfrak{d}_3) = 1$$

$$(\mathfrak{d}_1\mathfrak{d}_2\mathfrak{d}_3\mathfrak{d}_4) = \frac{k_1-k_3}{k_1-k_4} \cdot \frac{k_2-k_4}{k_2-k_3} .$$

§. 7. Veränderung des Werthes eines Doppelverhältnisses bei der Bewegung eines seiner Elemente.

Für die Folge ist es nützlich zu wissen, wie sich der Werth eines Doppelverhältnisses verändert, wenn eines seiner Elemente alle möglichen Lagen annimmt, während die drei andern festgehalten

*) Der barycentrische Calcul von A. F. Moebius, Leipzig 1827. S. 250.

werden. Nehmen wir das Doppelverhältniss von vier Punkten ($\mathfrak{abcd}$) und lassen den Punkt $\mathfrak{d}$ sich bewegen, so bleibt von dem Doppelverhältnisse $\frac{\mathfrak{ac}}{\mathfrak{bc}} : \frac{\mathfrak{ad}}{\mathfrak{bd}}$ das erste Verhältniss unverändert, und es variirt nur das zweite. Untersuchen wir daher zunächst, *wie sich das Verhältniss* $\frac{\mathfrak{ax}}{\mathfrak{bx}}$ *verändert, während* $\mathfrak{x}$ *alle möglichen Lagen auf der Geraden* $\mathfrak{ab}$ *einnimmt.* Es treten hierbei zwei wesentlich verschiedene Fälle ein: entweder liegt $\mathfrak{x}$ auf der endlichen Strecke zwischen $\mathfrak{ab}$, oder auf einer der beiden unendlichen Strecken ausserhalb $\mathfrak{ab}$; im ersten Falle haben die Strecken $\mathfrak{ax}$ und $\mathfrak{bx}$ entgegengesetzten, im zweiten Falle gleichen Richtungssinn (§ 5); wir nehmen daher im ersten Falle den absoluten Werth des Verhältnisses $\frac{\mathfrak{ax}}{\mathfrak{bx}}$ mit dem negativen Vorzeichen ($-$), im zweiten Falle mit dem positiven Vorzeichen ($+$) und unterscheiden durch das entgegengesetzte Vorzeichen des Verhältnisses die beiden Gebiete auf der geraden Linie, in welchen der Punkt $\mathfrak{x}$ liegen kann. Wenn nun $\mathfrak{x}$ mit $\mathfrak{a}$ zusammenfällt, so ist der Werth des Verhältnisses $\frac{\mathfrak{ax}}{\mathfrak{bx}}$ gleich 0; er bleibt negativ, so lange sich $\mathfrak{x}$ von $\mathfrak{a}$ nach $\mathfrak{b}$ hin bewegt; er wird $= -1$, wenn $\mathfrak{x}$ in die Mitte $\mathfrak{m}$ zwischen $\mathfrak{a}$ und $\mathfrak{b}$ fällt, wächst (absolut genommen), während $\mathfrak{x}$ von $\mathfrak{m}$ nach $\mathfrak{b}$ geht, und wird, wenn $\mathfrak{x}$ in $\mathfrak{b}$ hineinfällt, unendlich gross (∞); dabei liegen die absoluten Werthe des Verhältnisses $\frac{\mathfrak{ax}}{\mathfrak{bx}}$, während $\mathfrak{x}$ zwischen $\mathfrak{a}$ und $\mathfrak{m}$ liegt, zwischen 0 und 1; während $\mathfrak{x}$ zwischen $\mathfrak{m}$ und $\mathfrak{b}$ liegt, zwischen 1 und ∞, und keine zwei gleichen Werthe können vorkommen; das Verhältniss nimmt also alle negativen Werthe von 0 bis ∞ und jeden nur einmal an; geht $\mathfrak{x}$ weiter, über $\mathfrak{b}$ hinaus, so wird $\frac{\mathfrak{ax}}{\mathfrak{bx}}$ positiv und nimmt ab von dem Werth ∞ an, welchen es in $\mathfrak{b}$ hatte; je weiter $\mathfrak{x}$ gelangt, desto mehr nähert sich der Werth des Verhältnisses dem Werthe $+1$, da $\frac{\mathfrak{ax}}{\mathfrak{bx}} = 1 + \frac{\mathfrak{ab}}{\mathfrak{bx}}$; für den unendlich entfernten Punkt selbst wird daher das Verhältniss den Grenzwerth $+1$ annehmen; gehen wir durch den unendlich entfernten Punkt auf die andere Seite der Geraden über (§. 3), so wird der Werth des Verhältnisses $\frac{\mathfrak{ax}}{\mathfrak{bx}} < 1$, weil jetzt $\mathfrak{b}$ von $\mathfrak{x}$ entfernter liegt als $\mathfrak{a}$, während es vorher umgekehrt war; nähert sich $\mathfrak{x}$ mehr und mehr dem Punkte $\mathfrak{a}$, so nimmt der Werth $\frac{\mathfrak{ax}}{\mathfrak{bx}}$ immer mehr ab bis zum Werthe 0, der dann eintritt, wenn $\mathfrak{x}$ wieder mit $\mathfrak{a}$ zusammenfällt. Für das ganze Gebiet ausserhalb der Strecke $\mathfrak{ab}$, welches durch den unendlich entfernten Punkt in zwei Abschnitte zerfällt, ist demnach der Werth des Verhältnisses positiv und zwar auf dem einen Abschnitte > 1 (nimmt von ∞ bis 1 ab), auf dem andern Abschnitte < 1 (nimmt von 1 bis 0 ab), für den unendlich entfernten Punkt selbst $+ 1$; jeder positive Werth des Verhältnisses kommt aber nur einmal vor. Im Ganzen nimmt also das Verhältniss $\frac{\mathfrak{a}\mathfrak{x}}{\mathfrak{b}\mathfrak{x}}$ bei der Bewegung von $\mathfrak{x}$ alle positiven und alle negativen Werthe von ± 0 bis $\pm \infty$ und jeden nur einmal an. Will man vom Vorzeichen absehen und nur den absoluten Werth des Verhältnisses auffassen, so tritt ein solcher immer zweimal auf, einmal für eine bestimmte Lage zwischen $\mathfrak{a}\mathfrak{b}$, das andere Mal ausserhalb $\mathfrak{a}\mathfrak{b}$; die Punkte gruppiren sich demgemäss paarweise, wie z. B. der Mittelpunkt $\mathfrak{m}$ und der unendlich entfernte Punkt dem Werthe 1 entspricht; durch das hinzugefügte Vorzeichen wird aber diese Zweideutigkeit aufgehoben.

Hieraus ergiebt sich nun auch die Veränderung des Doppelverhältnisses $(\mathfrak{a}\mathfrak{b}\mathfrak{c}\mathfrak{d})$, wenn eines seiner Elemente sich bewegt. Sei $\mathfrak{d}$ dies veränderliche Element, so wird in dem Doppelverhältnisse $\frac{\mathfrak{a}\mathfrak{c}}{\mathfrak{b}\mathfrak{c}} : \frac{\mathfrak{a}\mathfrak{d}}{\mathfrak{b}\mathfrak{d}}$ allein das Verhältniss $\frac{\mathfrak{a}\mathfrak{d}}{\mathfrak{b}\mathfrak{d}}$ sich ändern und alle positiven und negativen Werthe durchlaufen; die mit dem constanten Werthe $\frac{\mathfrak{a}\mathfrak{c}}{\mathfrak{b}\mathfrak{c}}$ multiplicirten reciproken Werthe dieses Verhältnisses werden daher auch alle positiven und negativen Werthe in stetiger Aufeinanderfolge annehmen und jeden nur einmal. Wie die positiven und negativen Werthe mit der Veränderung von $\mathfrak{d}$ einander folgen, hängt von dem Werthe des Verhältnisses $\frac{\mathfrak{a}\mathfrak{c}}{\mathfrak{b}\mathfrak{c}}$ ab, welcher positiv oder negativ ist, je nachdem $\mathfrak{c}$ ausserhalb $\mathfrak{a}\mathfrak{b}$ oder zwischen $\mathfrak{a}\mathfrak{b}$ liegt:

1) Liegen $\mathfrak{a}\mathfrak{b}\mathfrak{c}$ der Art: 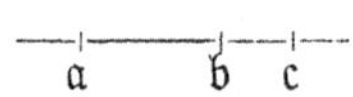

, so ist $\frac{\mathfrak{a}\mathfrak{c}}{\mathfrak{b}\mathfrak{c}}$ positiv, und der Werth des Doppelverhältnisses $(\mathfrak{a}\mathfrak{b}\mathfrak{c}\mathfrak{d})$

wird für $\mathfrak{d}$ im Unendlichen	$\frac{\mathfrak{a}\mathfrak{c}}{\mathfrak{b}\mathfrak{c}} = +$
während $\mathfrak{d}$ von ∞ bis $\mathfrak{a}$ geht	$+$
wenn $\mathfrak{d}$ in $\mathfrak{a}$ hineinfällt	$= \infty$
während $\mathfrak{d}$ von $\mathfrak{a}$ bis $\mathfrak{b}$ geht	$-$
wenn $\mathfrak{d}$ in $\mathfrak{b}$ hineinfällt	$= 0$
während $\mathfrak{d}$ von $\mathfrak{b}$ bis $\mathfrak{c}$ geht	$+$
wenn $\mathfrak{d}$ in $\mathfrak{c}$ hineinfällt	$= + 1$
während $\mathfrak{d}$ von $\mathfrak{c}$ bis ins Unendl. geht	$+$.

2) Liegen $\mathfrak{a}\mathfrak{b}\mathfrak{c}$ der Art: 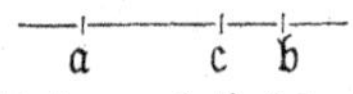

, so ist $\frac{\mathfrak{a}\mathfrak{c}}{\mathfrak{b}\mathfrak{c}}$ negativ, und der Werth des Doppelverhältnisses $(\mathfrak{a}\mathfrak{b}\mathfrak{c}\mathfrak{d})$

wird für $\mathfrak{d}$ im Unendlichen	$\frac{\mathfrak{ac}}{\mathfrak{bc}}$	$=$	$-$
während $\mathfrak{d}$ von ∞ bis $\mathfrak{a}$ geht			$-$
wenn $\mathfrak{d}$ in $\mathfrak{a}$ hineinfällt		$=$	∞
während $\mathfrak{d}$ von $\mathfrak{a}$ bis $\mathfrak{c}$ geht			$+$
wenn $\mathfrak{d}$ in $\mathfrak{c}$ hineinfällt		$=$	$+1$
während $\mathfrak{d}$ von $\mathfrak{c}$ bis $\mathfrak{b}$ geht			$+$
wenn $\mathfrak{d}$ in $\mathfrak{b}$ hineinfällt		$=$	0
während $\mathfrak{d}$ von $\mathfrak{b}$ bis ∞ geht			$-$.

Die beiden zugeordneten Punkte $\mathfrak{a}$ und $\mathfrak{b}$, für welche, wenn $\mathfrak{d}$ hineinfällt, das Doppelverhältniss die Werthe ∞ und 0 annimmt, bilden die Uebergänge von den positiven zu den negativen Werthen desselben; ausserdem tritt einmal der besondere Werth $+1$ auf, wenn $\mathfrak{d}$ in $\mathfrak{c}$ hineinfällt, also das andere Paar zugeordneter Punkte zusammenfällt, und für den unendlich entfernten Punkt geht das Doppelverhältniss in das einfache Verhältniss $\frac{\mathfrak{ac}}{\mathfrak{bc}}$ über.

Aus der Gleichheit der Doppelverhältnisse zwischen irgend vier Paaren entsprechender Elemente einer Punktreihe und eines mit ihr projectivischen Strahlbüschels können wir auf einen ganz gleichen Verlauf des Werthes von $(abcd)$ schliessen, wenn von den vier Strahlen drei fest bleiben und der vierte d sich um den Mittelpunkt drehend das ganze Strahlbüschel durchläuft.

§. 8. Harmonische Elemente.

Unter allen Werthen, welche ein Doppelverhältniss annehmen kann, giebt es einen, welcher seines häufigen Vorkommens wegen von besonderer Wichtigkeit ist; ehe wir daher in den allgemeinen Betrachtungen fortfahren, wollen wir diesen besonderen Fall näher ins Auge fassen. Dieser wichtigste specielle Werth eines Doppelverhältnisses ist -1, und wenn das Doppelverhältniss von vier Punkten

$$(\mathfrak{abcd}) = -1$$

ist, so heissen diese *vier harmonische Punkte*, und zwar $\mathfrak{a}$ und $\mathfrak{b}$ *zugeordnete* harmonische Punkte, ebenso $\mathfrak{c}$ und $\mathfrak{d}$ *zugeordnete*; da das Doppelverhältniss von vier harmonischen Punkten -1 ist, so folgt (§. 7), dass, wenn $\mathfrak{c}$ zwischen $\mathfrak{a}$ und $\mathfrak{b}$ liegt, nothwendig $\mathfrak{d}$ ausserhalb $\mathfrak{ab}$ liegen muss und umgekehrt, dass also bei vier harmonischen Punkten ein Paar zugeordneter Punkte durch das andere Paar *getrennt* wird und zwischen ihren Abständen die Bedingung stattfindet:

$$\text{I.} \quad \frac{\mathfrak{ac}}{\mathfrak{bc}} + \frac{\mathfrak{ad}}{\mathfrak{bd}} = 0 \text{ oder } \frac{\mathfrak{ca}}{\mathfrak{da}} + \frac{\mathfrak{cb}}{\mathfrak{db}} = 0,$$

oder die Verhältnisse $\frac{ac}{bc}$ und $\frac{ad}{bd}$ haben gleichen, aber entgegengesetzten Werth. Aus den Beziehungen in §. 6 ergiebt sich für $k = -1$, dass, wenn

$$(abcd) = -1 \qquad \text{ist,}$$

$$(abcd) = (abdc) = (badc) = (bacd)$$
$$= (cdab) = (cdba) = (dcab) = (dcba) = -1 \text{ wird.}$$

Man kann also sowohl ein Paar zugeordneter harmonischer Punkte unter sich, als auch mit dem andern Paar vertauschen, ohne die harmonische Eigenschaft aufzuheben. Ferner ergiebt sich aus §. 7, dass, wenn man irgend drei Punkte abc auf einer Geraden willkürlich annimmt und zwei z. B. a und b als zugeordnet auffasst, nur ein einziger bestimmter vierter dem c zugeordneter harmonischer Punkt d existirt, welcher, wenn c zwischen ab liegt, ausserhalb ab liegen muss und umgekehrt; eine einfache Construction desselben allein mittels des Lineals ergiebt sich später (§. 9). Hier erwähnen wir nur noch einige metrische Beziehungen, welche aus dem besonderen Werthe -1 des Doppelverhältnisses folgen.

Wenn nämlich

$$(abcd) = -1\,,$$

so ist (§. 6)

$$(acdb) = \frac{1}{2}\,,$$

das heisst:

$$\frac{ad}{cd} = \frac{1}{2}\,\frac{ab}{cb}.$$

Schreiben wir diese Beziehung dergestalt:

$$\frac{ac + cd}{cd} = \frac{1}{2}\,\frac{ac + cb}{cb}\,,$$

so folgt:

$$\text{II.} \qquad \frac{1}{cd} = \frac{1}{2}\left\{\frac{1}{ca} + \frac{1}{cb}\right\}$$

d. h. *der reciproke Werth des Abstandes eines Punktes von dem zugeordneten harmonischen Punkte ist gleich dem arithmetischen Mittel aus den reciproken Werthen der Abstände des ersten von den beiden andern zugeordneten Punkten.*

Ferner führen wir die Mitte m zwischen zwei zugeordneten Punkten ab ein, also

$$am = \frac{1}{2}\,ab = mb\,,$$

dann wird die vorige Relation:

$$\frac{ad}{cd} = \frac{am}{cb} = \frac{mb}{cb}\,,$$

woraus folgt:

$$\frac{\mathfrak{ma}}{\mathfrak{ad}} = \frac{\mathfrak{bc}}{\mathfrak{cd}}$$

und durch Vertauschung von $\mathfrak{a}$ und $\mathfrak{b}$:

$$\frac{\mathfrak{mb}}{\mathfrak{bd}} = \frac{\mathfrak{ac}}{\mathfrak{cd}} = \frac{\mathfrak{ma}}{\mathfrak{db}};$$

aus den beiden Beziehungen:

$$\frac{\mathfrak{ma}}{\mathfrak{ad}} = \frac{\mathfrak{bc}}{\mathfrak{cd}}, \quad \frac{\mathfrak{ma}}{\mathfrak{ac}} = \frac{\mathfrak{db}}{\mathfrak{cd}}$$

folgt durch Hinzufügung von 1 auf beiden Seiten:

$$\frac{\mathfrak{md}}{\mathfrak{ad}} = \frac{\mathfrak{bd}}{\mathfrak{cd}}, \quad \frac{\mathfrak{mc}}{\mathfrak{ac}} = \frac{\mathfrak{cb}}{\mathfrak{cd}},$$

und hieraus folgt:

$$\text{III.} \quad (\mathfrak{ma})^2 = (\mathfrak{mb})^2 = \mathfrak{mc} \,.\, \mathfrak{md}$$

$$\text{IV.} \quad \frac{\mathfrak{mc}}{\mathfrak{md}} = \left(\frac{\mathfrak{bc}}{\mathfrak{bd}}\right)^2 = \left(\frac{\mathfrak{ac}}{\mathfrak{ad}}\right)^2.$$

Auch kann u. A. noch die Relation bemerkt werden:

$$\text{V.} \quad \begin{cases} \mathfrak{ca} \,.\, \mathfrak{cb} = \mathfrak{cd} \,.\, \mathfrak{cm} \\ \mathfrak{da} \,.\, \mathfrak{db} = \mathfrak{dc} \,.\, \mathfrak{dm}, \end{cases}$$

woraus durch Addition beider Gleichungen folgt:

$$\text{VI.} \quad \mathfrak{ca} \,.\, \mathfrak{cb} + \mathfrak{da} \,.\, \mathfrak{db} = (\mathfrak{cd})^2,$$

welche alle sich leicht in Worten ausdrücken lassen; ähnliche metrische Relationen ergeben sich, wenn wir die Mitte $\mathfrak{n}$ zwischen den beiden andern zugeordneten Punkten $\mathfrak{c}$ und $\mathfrak{d}$ einführen.

Von besonderem Interesse ist die Beziehung III. für vier harmonische Punkte: *das Quadrat des Abstandes der Mitte zwischen zwei zugeordneten Punkten von einem derselben ist gleich dem Rechteck aus den Abständen derselben Mitte von den beiden andern zugeordneten Punkten.*

Halten wir bei vier harmonischen Punkten ein Paar zugeordneter Punkte $\mathfrak{ab}$ fest, so bleibt auch deren Mitte $\mathfrak{m}$ unverändert; bewegen wir dann $\mathfrak{c}$, so verändert sich mit ihm der vierte harmonische Punkt $\mathfrak{d}$ in der Weise, dass das Rechteck $\mathfrak{mc} \,.\, \mathfrak{md}$ constant bleibt. Wir können hierdurch, während wir von vier harmonischen Punkten das eine Paar zugeordneter Punkte festhalten, das ganze System von Paaren zugeordneter Punkte verfolgen, welche mit den beiden festen harmonisch liegen, und merken insbesondere zwei specielle Fälle: 1) wenn $\mathfrak{c}$ in $\mathfrak{m}$ liegt, so liegt $\mathfrak{d}$ im Unendlichen, d. h. *zwei beliebige Punkte einer Geraden, die Mitte zwischen ihnen und der unendlich ent-*

fernte Punkt sind immer vier harmonische Punkte und zwar die beiden ersten zugeordnet, die beiden letzten zugeordnet; 2) wenn $\mathfrak{c}$ in $\mathfrak{b}$ oder in $\mathfrak{a}$ hineinfällt, so muss auch $\mathfrak{d}$ hineinfallen, d. h. *wenn von vier harmonischen Punkten ein Paar zugeordnete zusammenfallen, so muss in diesem Punkte auch einer des andern Paares zugeordneter Punkte liegen,* oder: vier harmonische Punkte können insbesondere so liegen, dass drei zusammenfallen und einer abgesondert ist. Weil endlich $\mathfrak{m}\mathfrak{c} \cdot \mathfrak{m}\mathfrak{d} = (\mathfrak{m}\mathfrak{a})^2$ positiv ist, so müssen $\mathfrak{m}\mathfrak{c}$ und $\mathfrak{m}\mathfrak{d}$ gleichen Richtungssinn haben, d. h. $\mathfrak{c}$ und $\mathfrak{d}$ immer auf derselben Seite von $\mathfrak{m}$ liegen; während also $\mathfrak{c}$ von $\mathfrak{m}$ nach $\mathfrak{a}$ fortschreitet, geht der vierte harmonische Punkt $\mathfrak{d}$ vom Unendlichen im entgegengesetzten Richtungssinne nach $\mathfrak{a}$ (denn je grösser von dem constanten Rechteck die eine Seite wird, desto kleiner muss die andere werden), und wenn $\mathfrak{c}$ von $\mathfrak{m}$ nach $\mathfrak{b}$ fortrückt, bewegt sich $\mathfrak{d}$ vom unendlich entfernten Punkt ebenfalls nach $\mathfrak{b}$ hin [vergl. §. 7]*).

Dieselben Betrachtungen können wir leicht übertragen auf vier Strahlen, deren Doppelverhältniss den Werth -1 hat. Solche vier Strahlen $abcd$ eines Strahlbüschels, für welche

$$(abcd) = -1$$

ist, heissen *vier harmonische Strahlen* und zwar *ab zugeordnete, cd zugeordnete Strahlen*; der Werth des Doppelverhältnisses zwischen den Sinus der Winkel liefert die Beziehung:

$$1. \quad \frac{\sin(ac)}{\sin(bc)} + \frac{\sin(ad)}{\sin(bd)} = 0\,.$$

---

*) Die Erweiterung dieser Betrachtung führt zu dem für geometrische Betrachtungen nützlichen *Princip der Transformation durch reciproke Radien.* Bezeichnen wir die beiden von einander abhängigen veränderlichen Punkte $\mathfrak{c}$ und $\mathfrak{d}$ besser durch x und ξ, ihre feste Mitte durch m, so wird vermittelst der Relation:

$$mx \cdot m\xi = \text{const.}$$

auf dem geradlinigen Träger jeder Punkt x in einen neuen Punkt ξ transformirt, oder die ganze gerade Linie wird auf sich selbst abgebildet. Denken wir uns nun diesen Träger um den festen Punkt m gedreht durch 180^0, so dass er die ganze Ebene durchstreift und seine Punkte x und ξ dieselbe doppelt bedecken, dann ist dadurch die ganze Ebene auf sich selbst abgebildet d. h. jedem Punkte x der Ebene entspricht ein bestimmter Punkt ξ auf dem Strahle mx vermöge der obigen Relation. Irgend einer Figur, welche der Punkt x in der Ebene beschreibt, entspricht eine transformirte Figur, die der Punkt ξ beschreibt z. B. einer geraden Linie ein Kreis, einem Kreise im Allgemeinen wieder ein Kreis u. s. f. Aus metrischen und Lagen-Verhältnissen der ersten Figur entspringen neue Beziehungen der transformirten Figur und bilden eine reiche Quelle geometrischer Forschung. (Vgl. Einleitung in die synthetische Geometrie von *C. F. Geiser* S. 159.)

Aus der Gleichheit der Doppelverhältnisse (§. 5) folgt, dass, *wenn man irgend vier harmonische Punkte mit einem Punkt B durch Strahlen verbindet, diese vier harmonische Strahlen sind*, und *wenn man irgend vier harmonische Strahlen durch eine beliebige Gerade schneidet, die vier Schnittpunkte vier harmonische Punkte sind*, zugleich auch zugeordnete Strahlen die zugeordneten Punkte enthalten und umgekehrt.

Hiernach ergiebt sich die relative Lage von vier harmonischen Strahlen aus der von vier harmonischen Punkten. Zwei zugeordnete Strahlen ab theilen nämlich die ganze Ebene in vier Winkelräume, von denen zwei und zwei (Scheitelwinkelräume) gleich sind; das andere Paar zugeordneter Strahlen kann nun nicht in dieselben Scheitelwinkelräume fallen, sondern wenn der Strahl c in das eine Paar Scheitelräume fällt, so muss der zugeordnete d in das andere Paar Neben-Scheitelräume fallen, oder wie man sich kürzer ausdrückt: bei vier harmonischen Strahlen wird ein Paar zugeordneter Strahlen durch das andere Paar *getrennt*. Ferner giebt es zu drei beliebig gewählten Strahlen nur einen bestimmten vierten harmonischen, der, wenn zwei als zugeordnet festgesetzt sind, dem dritten zugeordnet ist. Ebenso übertragen sich die metrischen Relationen II. III. IV. auf vier harmonische Strahlen:

Da

$$\frac{\sin(da)}{\sin(ca)} + \frac{\sin(db)}{\sin(cb)} = 0 \qquad \text{ist}$$

und

$$(da) = (dc) + (ca); \quad (db) = (dc) + (cb)$$

bei festgehaltenem Drehungssinn, so ergiebt sich durch Auflösung der sin der Summen:

$$2. \quad \operatorname{cotg}(cd) = \frac{1}{2}\{\operatorname{cotg}(ca) + \operatorname{cotg}(cb)\}.$$

Auch die übrigen metrischen Beziehungen zwischen vier harmonischen Strahlen, analog III. und IV. ergeben sich, wenn man mit m einen Halbirungsstrahl des Winkels (ab) bezeichnet, also

$$(am) = (mb) = -(bm) = -(ma);$$

die Relation 1. lässt sich dann so schreiben:

$$\frac{\sin\{(am)+(mc)\}}{\sin\{(bm)+(mc)\}} + \frac{\sin\{(am)+(md)\}}{\sin\{(bm)+(md)\}} = 0$$

und giebt aufgelöst mit Berücksichtigung der vorigen Relationen:

$$\frac{\operatorname{tg}(mc) - \operatorname{tg}(ma)}{\operatorname{tg}(mc) + \operatorname{tg}(ma)} + \frac{\operatorname{tg}(md) - \operatorname{tg}(ma)}{\operatorname{tg}(md) + \operatorname{tg}(ma)} = 0,$$

$$\frac{\operatorname{tg}(mc)}{\operatorname{tg}(ma)} = \frac{\operatorname{tg}(ma)}{\operatorname{tg}(md)}.$$

$$3. \quad \operatorname{tg}^2(ma) = \operatorname{tg}^2(mb) = \operatorname{tg}(mc) \cdot \operatorname{tg}(md).$$

Ferner:

$$\sin\{(am) + (mc)\} + \sin\{(bm) + (mc)\} = \sin(ac) + \sin(bc)$$

aufgelöst:

$$2\cos(am) \cdot \sin(mc) = \sin(ac) + \sin(bc);$$

ebenso:

$$2\cos(am) \cdot \sin(md) = \sin(ad) + \sin(bd);$$

anderseits:

$$2\sin(am)\cos(mc) = \sin(ac) - \sin(bc);$$
$$2\sin(am)\cos(md) = \sin(ad) - \sin(bd).$$

Es folgt aber aus 1.:

$$\frac{\sin(ac) + \sin(bc)}{\sin(bd) - \sin(ad)} = \frac{\sin(bc)}{\sin(bd)}; \quad \frac{\sin(ad) + \sin(bd)}{\sin(bc) - \sin(ac)} = \frac{\sin(bd)}{\sin(bc)},$$

woraus dann folgt:

$$4. \quad \frac{\sin 2(mc)}{\sin 2(md)} = \left\{\frac{\sin(bc)}{\sin(bd)}\right\}^2 = \left\{\frac{\sin(ac)}{\sin(ad)}\right\}^2.$$

Weitere Beziehungen zwischen vier harmonischen Strahlen siehe unter „Aufgaben und Sätze“ am Ende des ersten Abschnitts.

Die Beziehung 3. lässt ähnlich wie III. die Abhängigkeit eines Paares zugeordneter Strahlen von dem andern und der Halbirungslinie ihres Winkels erkennen; halten wir ab und also auch die Halbirungslinie m des Winkels (ab) fest und verändern c, so wird auch der vierte harmonische Strahl d sich bewegen, aber das Product $\operatorname{tg}(mc) \,.\, \operatorname{tg}(md)$ constant bleiben; fällt insbesondere c auf m, so muss $\operatorname{tg}(md) = \infty$ werden, also d zu m senkrecht stehen, oder was dasselbe sagt: d wird der Halbirungsstrahl des Nebenwinkels von (ab). Wir schliessen also: *Wenn zwei Strahlen den Winkel und Nebenwinkel zweier andern halbiren, so bilden sie mit jenen vier harmonische Strahlen und sind einander zugeordnet*; aber auch umgekehrt: *Wenn von vier harmonischen Strahlen zwei zugeordnete zu einander rechtwinklig sind, so halbiren sie die Winkel der beiden andern zugeordneten Strahlen.* (Wir erkennen ferner leicht, dass dieselbe Relation 3. bestehen bleibt, wenn wir statt der einen Halbirungslinie m des Winkels (ab) die andere, zu ihr senkrechte Halbirungslinie des Nebenwinkels setzen.) Fällt zweitens bei der Bewegung von c dieser Strahl auf a oder b, so muss auch d auf denselben fallen, also: *Wenn von vier harmonischen Strahlen ein Paar zugeordneter zusammenfallen, so muss auch einer des andern Paares hineinfallen*, oder: vier harmonische Strahlen können die besondere Lage haben, dass drei zusammenfallen und der vierte abgesondert liegt. Hinsichtlich der Bewegung sehen wir endlich, dass, während c das Gebiet zweier Scheitelräume des Winkels (ab) durchstreift, der zugeordnete Strahl d das Gebiet der beiden andern Neben-Scheitelräume in entgegengesetztem Drehungssinne durchstreift, und dass beide einmal auf a, das andere Mal auf b zusammenfallen.

§. 9. Vorkommen harmonischer Elemente beim vollständigen Viereck und Vierseit.

Harmonische Punkte und Strahlen bieten sich bei sehr vielen geometrischen Untersuchungen dar; des Folgenden wegen müssen wir auf ihr Vorkommen beim vollständigen Viereck und Vierseit aufmerksam machen. Sind nämlich $\mathfrak{c}\mathfrak{d}\,\mathfrak{c}_1\,\mathfrak{d}_1$ irgend vier Punkte der Ebene (Fig. 5) (ein vollständiges Viereck), so giebt es drei Paare Verbindungslinien je zweier derselben (drei Seitenpaare) nämlich:

Fig. 5.

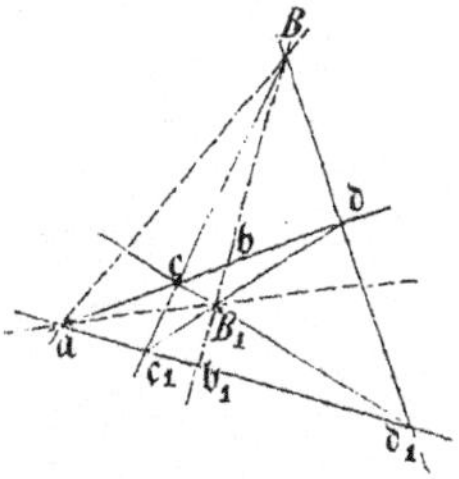

$\mathfrak{c}\mathfrak{d}$ $\mathfrak{c}_1\mathfrak{d}_1$, die sich in $\mathfrak{a}$ treffen mögen
$\mathfrak{c}\mathfrak{c}_1$ $\mathfrak{d}\mathfrak{d}_1$, - - - B - -
$\mathfrak{c}\mathfrak{d}_1$ $\mathfrak{c}_1\mathfrak{d}$, - - - B_1 - -

Diese drei Schnittpunkte bilden das Diagonaldreieck des vollständigen Vierecks, und die drei Seiten desselben heissen die drei *Diagonalen* des vollständigen Vierecks, die drei Ecken die *Diagonalpunkte* desselben; ziehen wir BB_1, welche Linie $\mathfrak{c}\mathfrak{d}$ und $\mathfrak{c}_1\mathfrak{d}_1$ resp. in $\mathfrak{b}$ und $\mathfrak{b}_1$ treffe, so ist, weil die vier Strahlen $B\mathfrak{a}$, $B\mathfrak{b}$, $B\mathfrak{c}$, $B\mathfrak{d}$ die Gerade $\mathfrak{c}_1\mathfrak{d}_1$ resp. in $\mathfrak{a}\mathfrak{b}_1\mathfrak{c}_1\mathfrak{d}_1$ treffen, das Doppelverhältniss der vier Strahlen einmal gleich $(\mathfrak{a}\mathfrak{b}\mathfrak{c}\mathfrak{d})$ und zweitens gleich $(\mathfrak{a}\mathfrak{b}_1\mathfrak{c}_1\mathfrak{d}_1)$ (§. 5), mithin

$$(\mathfrak{a}\mathfrak{b}\mathfrak{c}\mathfrak{d}) = (\mathfrak{a}\mathfrak{b}_1\mathfrak{c}_1\mathfrak{d}_1).$$

Die vier Strahlen $B_1\mathfrak{a}$, $B_1\mathfrak{b}_1$, $B_1\mathfrak{c}_1$, $B_1\mathfrak{d}_1$ treffen aber die Gerade $\mathfrak{c}\mathfrak{d}$ in den resp. Punkten $\mathfrak{a}\mathfrak{b}\mathfrak{d}\mathfrak{c}$ und $\mathfrak{c}_1\mathfrak{d}_1$ in $\mathfrak{a}\mathfrak{b}_1\mathfrak{c}_1\mathfrak{d}_1$, mithin ist

$$(\mathfrak{a}\mathfrak{b}_1\mathfrak{c}_1\mathfrak{d}_1) = (\mathfrak{a}\mathfrak{b}\mathfrak{d}\mathfrak{c});$$

folglich auch

$$(\mathfrak{a}\mathfrak{b}\mathfrak{c}\mathfrak{d}) = (\mathfrak{a}\mathfrak{b}\mathfrak{d}\mathfrak{c}).$$

Allgemein aber ist (§. 6, 2):

$$(\mathfrak{a}\mathfrak{b}\mathfrak{c}\mathfrak{d}) \cdot (\mathfrak{a}\mathfrak{b}\mathfrak{d}\mathfrak{c}) = 1, \text{ folglich}$$

$$(\mathfrak{a}\mathfrak{b}\mathfrak{c}\mathfrak{d})^2 = 1,$$

$(\mathfrak{a}\mathfrak{b}\mathfrak{c}\mathfrak{d})$ selbst also $+1$ oder -1; den Werth $+1$ kann dies Doppelverhältniss nach §. 7 nicht haben, weil derselbe nur dann auftritt, wenn zwei zugeordnete Punkte zusammenfallen, was hier offenbar nicht der Fall ist, mithin muss

$$(\mathfrak{a}\mathfrak{b}\mathfrak{c}\mathfrak{d}) = -1$$

sein, d. h. (§. 8) die vier Punkte $\mathfrak{a}\mathfrak{b}\mathfrak{c}\mathfrak{d}$ sind harmonisch gelegen, ebenso $\mathfrak{a}\mathfrak{b}_1\mathfrak{c}_1\mathfrak{d}_1$; folglich sind auch die vier von B ausgehenden Strahlen vier harmonische Strahlen und ebenso die vier durch B_1 laufenden Strahlen; da von den letzteren sowohl die Gerade $\mathfrak{c}\mathfrak{c}_1$ als auch $\mathfrak{d}\mathfrak{d}_1$ in vier harmonischen Punkten getroffen wird, durch welche die vier von $\mathfrak{a}$ ausgehenden Strahlen laufen, so sind auch die letzteren vier harmonische Strahlen. Wir können daher folgenden Satz aussprechen:

Beim vollständigen Viereck bilden in jedem der drei Diagonalpunkte die beiden Seiten und die beiden Diagonalen, welche durch denselben gehen, vier harmonische Strahlen und zwar enthält jedes Paar zwei zugeordnete.

Dieselbe Figur lässt sich auch anders auffassen: Wir können die vier Verbindungslinien $\mathfrak{c}\mathfrak{d}$, $\mathfrak{c}_1\mathfrak{d}_1$, $\mathfrak{c}\mathfrak{c}_1$, $\mathfrak{d}\mathfrak{d}_1$ als vier beliebige Gerade in der Ebene, ein vollständiges Vierseit, ansehen; diese vier Geraden schneiden sich in drei Punktenpaaren, den sechs Ecken des vollständigen Vierseits oder den drei Paar Gegenecken, nämlich B und $\mathfrak{a}$, $\mathfrak{c}$ und $\mathfrak{d}_1$, $\mathfrak{d}$ und $\mathfrak{c}_1$; die drei Verbindungslinien dieser drei Paare Gegenecken heissen *Diagonalen* des vollständigen Vierseits, ihre Schnittpunkte *Diagonalpunkte.* Hiernach lautet der vorige Satz:

Beim vollständigen Vierseit bilden auf jeder der drei Diagonalen die beiden Ecken des Vierseits und die Schnittpunkte der beiden andern Diagonalen vier harmonische Punkte und zwar besteht jedes Paar aus zwei zugeordneten.

Es folgt hieraus leicht eine Construction sowohl des vierten harmonischen Punktes, als auch Strahles zu drei gegebenen allein mit Hülfe des Lineals, wenn zwei als zugeordnete angenommen sind:

1) Sind auf einer Geraden drei Punkte $\mathfrak{a}\mathfrak{b}\mathfrak{c}$ gegeben, und soll der vierte harmonische dem $\mathfrak{c}$ zugeordnete Punkt $\mathfrak{d}$ gefunden werden, während $\mathfrak{a}$ und $\mathfrak{b}$ das eine Paar zugeordneter Punkte ist, so ziehe man durch $\mathfrak{c}$ einen beliebigen Strahl und nehme zwei beliebige Punkte x und y auf demselben, verbinde $x\mathfrak{a}$, $x\mathfrak{b}$, $y\mathfrak{a}$, $y\mathfrak{b}$ und bestimme die Schnittpunkte:

$$(x\mathfrak{a},\ y\mathfrak{b}) \text{ und } (x\mathfrak{b},\ y\mathfrak{a}),$$

deren Verbindungslinie die Gerade in dem gesuchten Punkte $\mathfrak{d}$ trifft.

2) Sind drei durch einen Punkt O gehende Strahlen abc gegeben, und man soll den vierten harmonischen dem c zugeordneten Strahl d finden, während ab das andere Paar zugeordneter Strahlen ist, so ziehe man durch einen beliebigen Punkt von c irgend zwei Gerade, welche a und b resp. in $\mathfrak{a}\mathfrak{b}$ und $\mathfrak{a}_1\mathfrak{b}_1$ treffen; dann giebt der Schnittpunkt $(\mathfrak{a}\mathfrak{b}_1,\ \mathfrak{b}\mathfrak{a}_1)$ mit O verbunden den gesuchten vierten harmonischen Strahl d.

§. 10. Allgemeine Folgerungen aus der Gleichheit der Doppelverhältnisse. Construction entsprechender Elemente zweier projectivischer Gebilde.

Die am Ende des §. 5 bewiesene Gleichheit der Doppelverhältnisse zwischen irgend vier Punkten einer Geraden und vier Strahlen eines Strahlbüschels, welche durch jene gehen:

$$(\mathfrak{a}\mathfrak{b}\mathfrak{c}\mathfrak{d}) = (abcd)$$

liefert zuvörderst zwei allgemeine Sätze, deren specielle Fälle für harmonische Punkte und Strahlen wir bereits angewendet haben, nämlich:

1) *Zieht man durch ein beliebiges Strahlbüschel von vier Strahlen $abcd$ irgend welche Gerade (Transversalen), die jene resp. in den Punkten $\mathfrak{a}\mathfrak{b}\mathfrak{c}\mathfrak{d}$ treffen, so ist der Werth des Doppelverhältnisses* $(\mathfrak{a}\mathfrak{b}\mathfrak{c}\mathfrak{d})$ *immer derselbe*

$$(\mathfrak{a}\mathfrak{b}\mathfrak{c}\mathfrak{d}) = \text{const.},$$

welches auch die Lage der hindurchgehenden Transversale sei, nämlich gleich dem Werthe des Doppelverhältnisses der vier Strahlen $(abcd)$.

2) *Verbindet man irgend vier Punkte $\mathfrak{a}\mathfrak{b}\mathfrak{c}\mathfrak{d}$ einer Geraden mit beliebigen Punkten der Ebene durch je vier Strahlen $abcd$, so haben diese Strahlbüschel immer dasselbe Doppelverhältniss*

$$(abcd) = \text{const.},$$

welches auch die Lage ihres Mittelpunktes sei, nämlich das Doppelverhältniss der vier Punkte $(\mathfrak{a}\mathfrak{b}\mathfrak{c}\mathfrak{d})$.

Da ferner diese Gleichheit der Doppelverhältnisse zwischen entsprechenden Elementen der beiden in perspectivischer Lage befindlichen Gebilde ganz unabhängig ist von der perspectivischen Lage, indem sie nur die Abstände der Punkte von einander und die Winkel zwischen den entsprechenden Strahlen enthält, so bleibt sie auch bestehen, wenn die perspectivische Lage aufgehoben wird, und enthält das allgemeine *Gesetz für die projectivische Beziehung* (§. 2) eines Strahlbüschels und einer Punktreihe auf einander. Wenn wir also die Strahlen eines Strahlbüschels und die Punkte einer Punktreihe projectivisch auf einander beziehen wollen, so dürfen wir drei Paare von Elementen abc und $\mathfrak{a}\mathfrak{b}\mathfrak{c}$ willkürlich als entsprechende annehmen (Fig. 6), weil erst zwischen vier Paaren die Bedingung obwaltet:

Fig. 6.

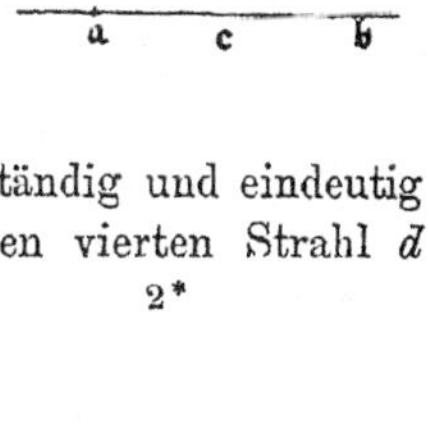

$$(abcd) = (\mathfrak{a}\mathfrak{b}\mathfrak{c}\mathfrak{d}).$$

Durch jene drei Paare ist aber die Beziehung vollständig und eindeutig bestimmt; denn nehmen wir jetzt einen beliebigen vierten Strahl d

des Strahlbüschels, so ist der Werth von $(abcd)$ gegeben, und da $(\mathfrak{abcd})$ denselben gegebenen Werth hat, so giebt es nur einen bestimmten Punkt $\mathfrak{d}$ (§. 7), welcher diesen Werth liefert, wofern man auch das Vorzeichen des Werthes von $(\mathfrak{abcd})$ berücksichtigt. (Will man von dem Vorzeichen absehen, so würde durch die vorige Gleichung das Verhältniss $\frac{\mathfrak{ad}}{\mathfrak{bd}}$ nur seinem absoluten Werthe nach gegeben sein, und die Lage des Punktes $\mathfrak{d}$ wäre dann zweideutig; ob aber $\mathfrak{d}$ zwischen $\mathfrak{ab}$ oder ausserhalb $\mathfrak{ab}$ liegt, entscheidet alsdann die Uebereinstimmung des Drehungssinnes mit dem Richtungssinn in beiden projectivischen Gebilden, und diese gestattet nur *eine* Lage von $\mathfrak{d}$; siehe §. 4.) Demnach gehört zu jedem Strahle d nur ein einziger entsprechender Punkt $\mathfrak{d}$ und auch umgekehrt; lassen wir den Strahl d das ganze Strahlbüschel durchstreifen, so wird der entsprechende Punkt die ganze Punktreihe durchlaufen. Wir können also den *allgemeinen Satz* aussprechen:

Sämmtliche Paare entsprechender Elemente zweier projectivischer Gebilde (eines Strahlbüschels und einer Punktreihe) sind vollständig bestimmt durch drei Paare entsprechender Elemente, welche willkührlich angenommen werden können; zu jedem vierten Element des einen Gebildes kann das entsprechende Element des andern aus der Gleichheit der Doppelverhältnisse

$$(abcx) = (\mathfrak{abcx})$$

unzweideutig ermittelt werden und die beiden Gebilde lassen sich dadurch, wenn sie in beliebiger (allgemeiner) Lage sich befinden, in ihre ursprüngliche perspectivische Lage zurückbringen.

Wir werden bald Constructionen ermitteln, um entsprechende Elemente bei allgemeiner Lage der Gebilde allein mittels des Lineals zu erhalten. (Siehe Ende des §.)

Die beiden im Anfange dieses §. ausgesprochenen Sätze lassen sich in dem Sinne erweitern, dass man an Stelle von vier Strahlen und vier Punkten das ganze Strahlbüschel und die ganze Punktreihe treten lässt und an Stelle der Gleichheit der Doppelverhältnisse die durch dieselbe gegebene projectivische Beziehung entsprechender Elemente zweier Gebilde.

Wir sagen, zwei Punktreihen $\mathfrak{abcd} \ldots \mathfrak{x} \ldots$ und $\mathfrak{a}_1 \mathfrak{b}_1 \mathfrak{c}_1 \mathfrak{d}_1 \ldots \mathfrak{x}_1 \ldots$ befinden sich in perspectivischer Lage, wenn sie sich in demselben Strahlbüschel B befinden, d. h. die Verbindungslinien entsprechender Punkte $\mathfrak{aa}_1$, $\mathfrak{bb}_1 \ldots \mathfrak{xx}_1$ sämmtlich durch einen Punkt B laufen

(Fig. 7); der Punkt B heisst dabei *Projectionspunkt*, die sämmtlichen Strahlen $\mathfrak{a}\mathfrak{a}_1$, $\mathfrak{b}\mathfrak{b}_1$, $\mathfrak{c}\mathfrak{c}_1 \ldots$ *Projectionsstrahlen*, diejenigen Punkte, welche auf demselben Projectionsstrahle liegen, *entsprechende Punkte*. Diese Beziehung entsprechender Punkte der beiden Punktreihen ist demselben Gesetze unterworfen, wie die früher betrachtete Beziehung zwischen Strahlbüschel und Punktreihe, derart, dass für irgend vier Paare entsprechender Elemente die Gleichheit der Doppelverhältnisse stattfindet:

$$(\mathfrak{a}\mathfrak{b}\mathfrak{c}\mathfrak{x}) = (\mathfrak{a}_1\mathfrak{b}_1\mathfrak{c}_1\mathfrak{x}_1)$$

nach §. 10, *1*).

Fig. 7.

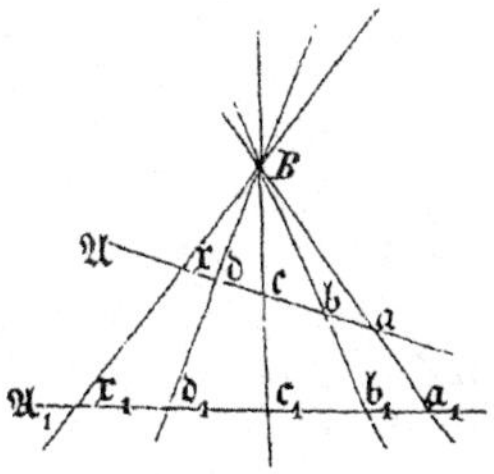

Diese Beziehung bleibt also bestehen, auch wenn die perspectivische Lage aufgehoben wird, und heisst für die allgemeine Lage der beiden Punktreihen die *projectivische* Beziehung derselben, oder die Gebilde selbst heissen projectivisch. Der vorhin für Strahlbüschel und Punktreihe ausgesprochene allgemeine Satz gilt jetzt in ganz gleicher Weise für zwei projectivische Punktreihen. Anderseits sagen wir, zwei Strahlbüschel $abcd \ldots x \ldots$ und $a_1 b_1 c_1 d_1 \ldots x_1 \ldots$ befinden sich in perspectivischer Lage, wenn ihre Strahlen durch die Punkte derselben Punktreihe gehen oder die Schnittpunkte entsprechender Strahlen (aa_1) (bb_1) (cc_1) .. (xx_1) auf derselben Geraden $\mathfrak{A}$ liegen (Fig. 8); diese Gerade heisst alsdann der *perspectivische Durchschnitt* der beiden Strahlbüschel, und immer zwei solche Strahlen heissen *entsprechende*, welche durch denselben Punkt des perspectivischen Durchschnitts gehen. Diese Beziehung entsprechender Strahlen der beiden Strahlbüschel auf einander ist demselben Gesetze unterworfen, wie die früher untersuchte Beziehung zwischen Strahlbüschel und Punktreihe, derart, dass für irgend vier Paare entsprechender Elemente die Gleichheit der Doppelverhältnisse:

Fig. 8.

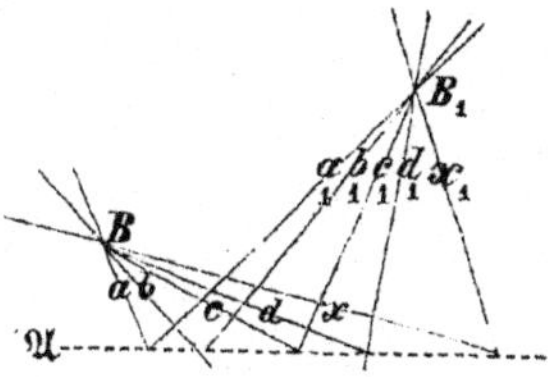

$$(abcx) = (a_1 b_1 c_1 x_1)$$

stattfindet (nach §. 10, *2*); sie bleibt also bestehen, auch wenn die perspectivische Lage aufgehoben wird, und heisst ebenfalls für die allgemeine Lage zweier Strahlbüschel *projectivische* Beziehung derselben, oder die Gebilde selbst heissen projectivisch. Der vorhin für Strahlbüschel und Punktreihe ausgesprochene allgemeine Satz gilt jetzt in ganz gleicher Weise für zwei projectivische Strahlbüschel.

Wir haben hiedurch eine eindeutige gegenseitige Abhängigkeit der Elemente zweier Gebilde, mögen diese 1) Strahlbüschel und Punktreihe oder 2) zwei Punktreihen oder 3) zwei Strahlbüschel sein, aus der perspectivischen Lage derselben abgeleitet und durch die Gleichheit der Doppelverhältnisse zwischen irgend vier entsprechenden Elementenpaaren unabhängig von der perspectivischen Lage ausgedrückt, so dass wir auch umgekehrt schliessen können:

Wenn die Elemente zweier Gebilde in der Weise einander entsprechen, dass zwischen irgend vieren des einen Gebildes und den entsprechenden des andern die Gleichheit der Doppelverhältnisse stattfindet, zugleich aber auch Uebereinstimmung des Drehungssinnes und (oder) Richtungssinnes (§. 4) *herrscht, dann sind die beiden Gebilde projectivisch d. h. können in perspectivische Lage gebracht werden.*

Hieraus folgt ein allgemeiner sehr häufig zur Anwendung kommender Satz:

Wenn eine beliebige Anzahl von Gebilden (Punktreihen oder Strahlbüschel) in der Verbindung mit einander steht, dass das erste mit dem zweiten, das zweite mit dem dritten, das dritte mit dem vierten u. s. f. das vorletzte mit dem letzten projectivisch ist, so ist auch das letzte mit dem ersten projectivisch.

Wir können hievon eine nützliche Anwendung machen zur Construction entsprechender Elemente bei zwei projectivischen Gebilden, deren Beziehung durch drei willkürlich gewählte Elementenpaare bestimmt wird:

Fig. 9.

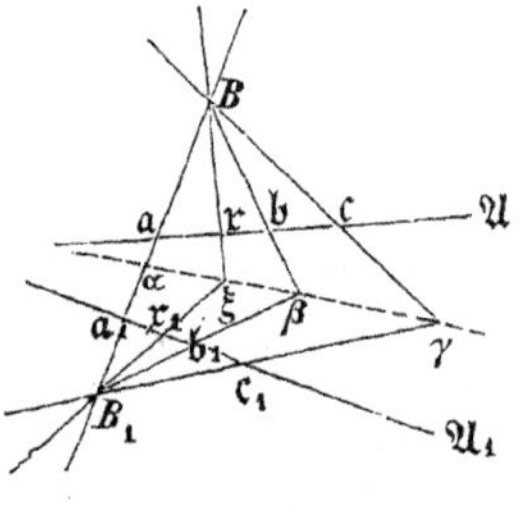

a) Sind auf zwei Geraden $\mathfrak{A}\mathfrak{A}_1$ drei Paare von Punkten $\mathfrak{abc}$ und $\mathfrak{a}_1\mathfrak{b}_1\mathfrak{c}_1$ willkürlich gegeben und sollen diese entsprechende Punktenpaare zweier projectivischen Punktreihen $\mathfrak{A}\mathfrak{A}_1$ sein, so ist durch sie die ganze projectivische Beziehung vollständig bestimmt, und es können beliebig viele andere Paare entsprechender Punkte allein mittels des Lineals in folgender Weise construirt werden: Man ziehe $\mathfrak{a}\mathfrak{a}_1$ und nehme in diesem Strahl zwei beliebige Punkte B und B_1 an (Fig. 9), dann treffen sich $B\mathfrak{b}$ und $B_1\mathfrak{b}_1$ in β, ferner $B\mathfrak{c}$ und $B_1\mathfrak{c}_1$ in γ; man ziehe $\beta\gamma$ und verbinde irgend einen Punkt ξ dieser Linie einmal mit B und das andere Mal mit B_1; wo diese Strahlen $\mathfrak{A}$ und $\mathfrak{A}_1$ treffen, hat man allemal zwei entsprechende Punkte $\mathfrak{x}$ und $\mathfrak{x}_1$ der beiden Punktreihen; bewegt man ξ auf der Geraden $\beta\gamma$, so erhält man dadurch sämmtliche Paare entsprechender Punkte. Die Richtigkeit dieser Construction ist mit Hülfe des vorigen Satzes evident, denn bezeichnen wir noch den Schnittpunkt von $\beta\gamma$ mit $\mathfrak{a}\mathfrak{a}_1$ durch α, so ist die Punktreihe $\mathfrak{a}\mathfrak{b}\mathfrak{c}\mathfrak{x}$ projectivisch mit der Punktreihe $\alpha\beta\gamma\xi$, weil beide perspectivisch liegen (im Strahlbüschel B), ferner $\alpha\beta\gamma\xi$ projectivisch mit $\mathfrak{a}_1\mathfrak{b}_1\mathfrak{c}_1\mathfrak{x}_1$, weil beide perspectivisch liegen (im Strahlbüschel B_1), folglich auch $\mathfrak{a}\mathfrak{b}\mathfrak{c}\mathfrak{x}$ projectivisch mit $\mathfrak{a}_1\mathfrak{b}_1\mathfrak{c}_1\mathfrak{x}_1$ w. z. b. w.

Zweite Construction. (Fig. 10.) Man nehme in dem Strahle $\mathfrak{a}\mathfrak{a}_1$ einen beliebigen Punkt B an und ziehe durch $\mathfrak{a}_1$ eine beliebige Gerade, welche von $B\mathfrak{b}$ und $B\mathfrak{c}$ resp. in β und γ getroffen wird; dann mögen sich $\beta\mathfrak{b}_1$ und $\gamma\mathfrak{c}_1$ in B_1 treffen; verbindet man irgend einen Punkt $\mathfrak{x}$ der ersten Punktreihe mit B und trifft $B\mathfrak{x}$ in ξ die Gerade $\beta\gamma$, so wird $B_1\xi$ die zweite Punktreihe in dem gesuchten entsprechenden Punkte $\mathfrak{x}_1$ treffen.

Fig. 10.

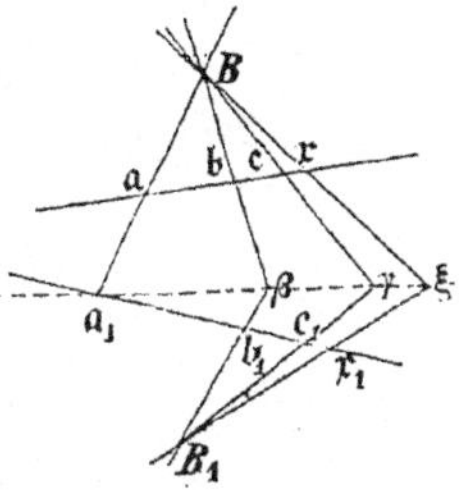

Dritte Construction. Man nehme zwei willkürliche Punkte B und B_1 an und bestimme den Schnittpunkt:

$$(B\mathfrak{a},\ B_1\mathfrak{a}_1) = \alpha\,,$$

ziehe durch α zwei beliebige Gerade $\mathfrak{L}$ und $\mathfrak{L}_1$ und bezeichne die Schnittpunkte auf denselben:

$$(B\mathfrak{b},\ \mathfrak{L}) = \beta\,;\quad (B_1\mathfrak{b}_1,\ \mathfrak{L}_1) = \beta_1\,;$$
$$(B\mathfrak{c},\ \mathfrak{L}) = \gamma\,;\quad (B_1\mathfrak{c}_1,\ \mathfrak{L}_1) = \gamma_1\,;$$

endlich bestimme man den Schnittpunkt:

$$(\beta\gamma,\ \beta_1\gamma_1) = O$$

dann wird irgend ein Strahl durch O die Geraden $\mathfrak{L}$ und $\mathfrak{L}_1$ in ξ und ξ_1 treffen; $B\xi$ und $B_1\xi_1$ schneiden aber auf den gegebenen Trägern allemal zwei entsprechende Punkte $\mathfrak{x}$ und $\mathfrak{x}_1$ aus.

b) Sind durch die Mittelpunkte B und B_1 drei Strahlenpaare abc und $a_1b_1'c_1$ willkürlich gezogen, und sollen dieselben entsprechende Strahlen zweier projectivischer Strahlbüschel B und B_1 sein, so ist durch sie die ganze projectivische Beziehung vollkommen bestimmt, und es können beliebig viele andere Paare entsprechender Strahlen allein mittels des Lineals in folgender Weise construirt werden: Durch den Schnittpunkt $(a,\ a_1)$ ziehe man zwei beliebige Gerade $\mathfrak{A}$ und $\mathfrak{A}_1$ und bestimme die Schnittpunkte $(\mathfrak{A}b) = \mathfrak{b}$, $(\mathfrak{A}c) = \mathfrak{c}$, $(\mathfrak{A}_1b_1) = \mathfrak{b}_1$, $(\mathfrak{A}_1c_1) = \mathfrak{c}_1$; $(\mathfrak{b}\mathfrak{b}_1,\ \mathfrak{c}\mathfrak{c}_1) = O$. Jeder durch O gehende Strahl trifft $\mathfrak{A}$ und $\mathfrak{A}_1$ in zwei solchen Punkten $\mathfrak{x}$ und $\mathfrak{x}_1$, dass dieselben mit B und

B_1 verbunden zwei entsprechende Strahlen xx_1 der beiden Strahlbüschel liefern und wir erhalten durch die Drehung der Geraden um O die sämmtlichen Paare entsprechender Strahlen. Der Nachweis der Richtigkeit dieser Construction sowie die Uebertragung der anderen im vorigen Falle a) angegebenen Constructionen wird für den Leser ohne Schwierigkeit sein.

c) Sind drei Strahlen abc eines Strahlbüschels B und drei Punkte $\mathfrak{a}_1\mathfrak{b}_1\mathfrak{c}_1$ einer Geraden $\mathfrak{A}_1$ willkürlich gegeben und sollen diese entsprechende Elemente zweier projectivischen Gebilde B, $\mathfrak{A}_1$ sein, so ist durch sie die ganze projectivische Beziehung vollständig bestimmt und es können beliebig viele andere Paare entsprechender Elemente allein mittels des Lineals in doppelter Weise construirt werden: entweder man schneide das Strahlbüschel B durch eine beliebige Transversale, wodurch man drei Schnittpunkte $\mathfrak{abc}$ auf derselben erhält, suche nach a) zu $\mathfrak{abc}$ und $\mathfrak{a}_1\mathfrak{b}_1\mathfrak{c}_1$ beliebig viele Elementenpaare $\mathfrak{x}\mathfrak{x}_1$ und ziehe $B\mathfrak{x}$, dann ist dieses der jedesmal entsprechende Strahl zu $\mathfrak{x}_1$; oder man verbinde einen beliebigen Punkt B_1 mit $\mathfrak{a}_1\mathfrak{b}_1\mathfrak{c}_1$ durch drei Strahlen $a_1b_1c_1$, suche nach b) zu abc und $a_1b_1c_1$ beliebig viele Paare entsprechender Strahlen xx_1; der Schnittpunkt von x_1 mit $\mathfrak{A}_1$ liefert denjenigen Punkt $\mathfrak{x}_1$, welcher dem Strahle x entsprechend ist.

§. 11. Bedingung für die perspectivische Lage zweier projectivischer Gebilde.

Zwei projectivische Gebilde: ein Strahlbüschel und eine Punktreihe befinden sich dann in perspectivischer Lage, wenn jeder Strahl des Strahlbüschels durch den ihm entsprechenden Punkt der Punktreihe geht (§. 2) oder jeder Punkt der Punktreihe auf dem ihm entsprechenden Strahl des Strahlbüschels liegt. Dies ist der Fall für jedes Elementenpaar, sobald es nur für irgend drei Paare entsprechender Elemente stattfindet, weil durch diese drei Paare die ganze projectivische Beziehung bestimmt wird. Hat man daher ein Strahlbüschel und eine mit ihm projectivische Punktreihe in irgend welcher Lage, so dürfte es höchstens zweimal vorkommen, dass Strahlen durch die ihnen entsprechenden Punkte gehen; denn käme es dreimal vor, so müssten sämmtliche Strahlen durch die ihnen entsprechenden Punkte gehen und die beiden Gebilde lägen perspectivisch.

Zwei projectivische Punktreihen befinden sich in perspectivischer Lage, wenn die Verbindungsstrahlen sämmtlicher Paare entsprechender Punkte (Projectionsstrahlen) durch einen und denselben Punkt (Projectionspunkt) gehen (§. 10); dies wird auch hier für sämmtliche Paare der Fall sein, sobald es für irgend drei Paare stattfindet, weil durch drei Paare die ganze projectivische Beziehung bestimmt ist. Derjenige Projectionsstrahl, welcher bei der perspectivischen Lage der beiden Punktreihen nach dem Schnittpunkte ihrer Träger hingeht, trifft sie in zwei zusammenliegenden, im Schnittpunkte vereinigten Punkten, welche entsprechende Punkte sind; umgekehrt: wenn im Schnittpunkte der Träger beider Punktreihen zwei entsprechende Punkte vereinigt sind, so wird der sie verbindende Projectionsstrahl seiner Richtung nach unbestimmt oder kann jede Gerade sein, die durch diesen Schnittpunkt geht; suchen wir daher den Schnittpunkt zweier beliebiger anderer Projectionsstrahlen auf und verbinden ihn mit dem Schnittpunkte der Träger, so können wir sagen, dass durch ihn drei Projectionsstrahlen gehen, dass also die beiden Punktreihen perspectivisch liegen; wir können daher für die perspectivische Lage zweier Punktreihen folgende einfachere Bedingung setzen:

I. *Wenn zwei projectivische Punktreihen so liegen, dass in dem Schnittpunkte ihrer Träger zwei entsprechende Punkte vereinigt sind, so befinden sie sich in perspectivischer Lage, d. h. die Verbindungslinien sämmtlicher Paare entsprechender Punkte laufen durch einen Punkt.*

In gleicher Weise verhält es sich mit der perspectivischen Lage zweier projectivischer Strahlbüschel; dieselbe findet dann statt, wenn die Schnittpunkte sämmtlicher Paare entsprechender Strahlen auf derselben Geraden liegen, und dies ist der Fall, sobald drei von diesen Schnittpunkten in einer Geraden liegen; diese Bedingung wird aber dadurch erfüllt, dass auf der Verbindungslinie der Mittelpunkte zwei entsprechende Strahlen zusammenfallen, weil deren Schnittpunkt jeder beliebige ihrer Punkte sein kann; die Verbindungslinie der Schnittpunkte zweier beliebiger anderer Strahlenpaare enthält dann also drei solcher Punkte und die Gebilde liegen somit perspectivisch; also:

II. *Wenn zwei projectivische Strahlbüschel so liegen, dass in der Verbindungslinie ihrer Mittelpunkte zwei entsprechende Strahlen vereinigt sind, so befinden sie sich in perspectivischer Lage, d. h. die Schnittpunkte sämmtlicher Paare entsprechender Strahlen liegen auf einer Geraden.*

Diese beiden Sätze werden in der Folge die häufigste Anwendung finden; beispielsweise wollen wir einen geometrischen Satz aus ihnen ableiten:

Werden zwei Gerade, die sich in α treffen, von drei durch einen Punkt B gehenden Strahlen in den Punkten $ab\gamma$ und $a_1 b_1 \gamma_1$ getroffen (Fig. 11), und nehmen wir auf $\gamma\gamma_1$ zwei beliebige Punkte cc_1 an, so werden, weil die Punkte $\alpha ab\gamma$ und $\alpha a_1 b_1 \gamma_1$ perspectivisch liegen, wenn wir c mit den ersteren und c_1 mit den letzteren verbinden, in c und c_1 zwei projectivische Strahlbüschel von je vier Strahlen entstehen; diese haben aber, weil $c\gamma$ und $c_1\gamma_1$ in cc_1 vereinigt sind, nothwendig perspectivische Lage (II), mithin liegen die drei Schnittpunkte $(ca,\ c_1a_1)$ $(cb,\ c_1b_1)$ und α oder $(ab,\ a_1b_1)$ in einer Geraden d. h.

Fig. 11.

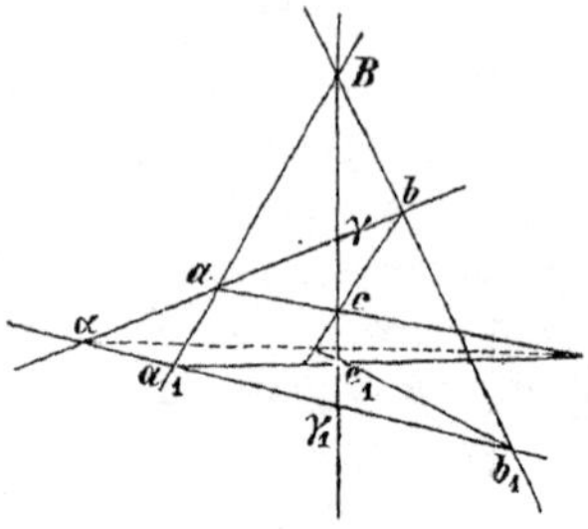

Wenn zwei Dreiecke abc und $a_1b_1c_1$ so liegen, dass die Verbindungslinien ihrer Ecken aa_1, bb_1, cc_1 durch einen Punkt laufen, dann liegen die Schnittpunkte ihrer correspondirenden Seiten:

$$(ab,\ a_1b_1)\ (bc,\ b_1c_1)\ (ca,\ c_1a_1)$$

auf einer Geraden.

Der in derselben Weise abzuleitende gegenüberstehende Satz ist zugleich der umgekehrte von diesem:

Wenn zwei Dreiecke abc und $a_1b_1c_1$ so liegen, dass die drei Schnittpunkte ihrer Seiten (ab, a_1b_1) (bc, b_1c_1) und (ca, c_1a_1) auf einer Geraden sich finden, so laufen die Verbindungslinien ihrer correspondirenden Ecken aa_1, bb_1, cc_1 durch einen Punkt).*

Denkt man sich noch ein drittes Dreieck $a_2b_2c_2$ so gelegen (perspectivisch), dass aa_1a_2, bb_1b_2, cc_1c_2 in je einer durch den Punkt B gehenden Geraden liegen, so kommt der vorige Satz dreimal zur Anwendung und die Schnittpunkte correspondirender Seitenpaare liegen dreimal zu je dreien auf einer Geraden; diese drei Geraden laufen wieder durch einen Punkt; bezeichnen wir nämlich diese Schnittpunkte in mehr symmetrischer Weise:

$$\begin{array}{lll}(b_1c_1,\ b_2c_2)=\alpha & (b_2c_2,\ bc)=\alpha_1 & (bc,\ b_1c_1)=\alpha_2 \\ (c_1a_1,\ c_2a_2)=\beta & (c_2a_2,\ ca)=\beta_1 & (ca,\ c_1a_1)=\beta_2 \\ (a_1b_1,\ a_2b_2)=\gamma & (a_2b_2,\ ab)=\gamma_1 & (ab,\ a_1b_1)=\gamma_2,\end{array}$$

so liegen nach dem vorigen Satze sowohl $\alpha\beta\gamma$ als auch $\alpha_1\beta_1\gamma_1$ und $\alpha_2\beta_2\gamma_2$ in je einer Geraden; fassen wir nun die beiden Dreiecke $\alpha\alpha_1\alpha_2$ und $\beta\beta_1\beta_2$ auf, so ergiebt sich aus dem Schema, dass

$\alpha\ \alpha_1$ identisch ist mit	b_2c_2	$\beta\ \beta_1$ identisch mit	c_2a_2
$\alpha_1\alpha_2$ - - -	$b\ c$	$\beta_1\beta_2$ - -	$c\ a$
$\alpha_2\alpha$ - - -	b_1c_1	$\beta_2\beta$ - -	c_1a_1

*) Die hieran sich knüpfende Frage „*ob zwei Dreiecke gleichzeitig auf mehr als eine Art perspectivisch liegen können*“ ist von *Rosanes* und *Schröter* in den Math. Annalen Bd. II. S. 549 u. 553 beantwortet worden.

folglich der Schnittpunkt:

$$(\alpha\,\alpha_1,\ \beta\,\beta_1) \text{ identisch mit } c_2,$$
$$(\alpha_1\alpha_2,\ \beta_1\beta_2) \quad - \quad - \quad c,$$
$$(\alpha_2\alpha,\ \beta_2\beta) \quad - \quad - \quad c_1.$$

Da nun $c c_1 c_2$ in einer Geraden liegen, so müssen nach dem vorigen Satze $\alpha\beta$, $\alpha_1\beta_1$, $\alpha_2\beta_2$ sich in einem Punkte treffen. Wir haben daher folgenden Satz:

Wenn auf drei durch einen Punkt O gehenden Strahlen die Ecken von drei Dreiecken abc, $a_1b_1c_1$, $a_2b_2c_2$ so gelegen sich vorfinden, dass aa_1a_2, bb_1b_2, cc_1c_2 in je einem Strahle liegen, dann werden von den Schnittpunkten correspondirender Seiten:

$$(b_1c_1,\ b_2c_2) = \alpha \quad (b_2c_2,\ bc) = \alpha_1 \quad (bc,\ b_1c_1) = \alpha_2$$
$$(c_1a_1,\ c_2a_2) = \beta \quad (c_2a_2,\ ca) = \beta_1 \quad (ca,\ c_1a_1) = \beta_2$$
$$(a_1b_1,\ a_2b_2) = \gamma \quad (a_2b_2,\ ab) = \gamma_1 \quad (ab,\ a_1b_1) = \gamma_2$$

die Punkte: $\alpha\beta\gamma$, $\alpha_1\beta_1\gamma_1$, $\alpha_2\beta_2\gamma_2$ in je einer Geraden liegen und diese drei Geraden durch einen Punkt Q laufen.

Diese Figur liefert ein eigenthümliches Arrangement von 15 Geraden und 20 Punkten in der Art, dass immer 4 von den 20 Punkten auf einer der 15 Geraden liegen und immer drei von den 15 Geraden durch einen der 20 Punkte laufen. Die 20 Punkte entsprechen sich ferner paarweise in der Art, dass, wenn man von irgend einem ausgeht, die drei durch ihn gehenden Geraden und die auf letzteren gelegenen Ecken dreier Dreiecke aufsucht, die angegebene Construction zu einem bestimmten anderen Punkte des Systems führt, ebenso wie man von O zu Q gelangt.*) (Siehe die Figur am Ende von §. 28).

§. 12. Besondere Elemente bei zwei projectivischen Punktreihen. Doppeltes System entsprechender gleicher Strecken.

Unter allen Paaren entsprechender Punkte bei zwei projectivischen Punktreihen giebt es einige von besonderer Eigenthümlichkeit, welche ihrer Bedeutung wegen näher untersucht werden sollen; bei jeder Geraden ist der unendlich entfernte Punkt von besonderem Interesse, weil er seine Eigenthümlichkeit nicht verliert, wenn die Gerade irgendwie ihre Lage verändert (§. 3). Nennen wir bei zwei projectivischen Punktreihen $\mathfrak{A}\mathfrak{A}_1$ den unendlich entfernten Punkt der einen $\mathfrak{q}^\infty$, den der andern $\mathfrak{r}_1^\infty$, so werden die ihnen entsprechenden Punkte $\mathfrak{q}_1$ und

*) Auf diese Figur hat zuerst *Hesse* (im *Crelle*schen Journal für reine und angewandte Mathematik Bd. 41 Seite 270) aufmerksam gemacht und gezeigt, dass dieselbe bei der *Steiner*schen Erweiterung des *Pascal*schen Satzes auftritt (§. 28).

$\mathfrak{r}$ im Allgemeinen eine bestimmte Lage im Endlichen haben. Denken wir uns die beiden Punktreihen in perspectivische Lage gebracht, wodurch die unendlich entfernten Punkte sich nicht ändern, und sei B der Projectionspunkt für die perspectivische Lage (Fig. 12), so treffen die durch B zu den Trägern der beiden Punktreihen gezogenen Parallelen jene in den beiden Punkten $\mathfrak{r}$ und $\mathfrak{q}_1$. Die durch diese Buchstaben $\mathfrak{r}$, $\mathfrak{q}_1$ sanctionirten ausgezeichneten Punkte heissen daher die *Durchschnittspunkte der Parallelstrahlen* und sind nichts anderes, als *die den unendlich entfernten Punkten entsprechenden Punkte;* sie bleiben unverändert, wenn die perspectivische Lage aufgehoben wird, weil die unendlich entfernten Punkte $\mathfrak{q}^\infty$ und $\mathfrak{r}_1^\infty$ selbst sich nicht ändern.

Fig. 12.

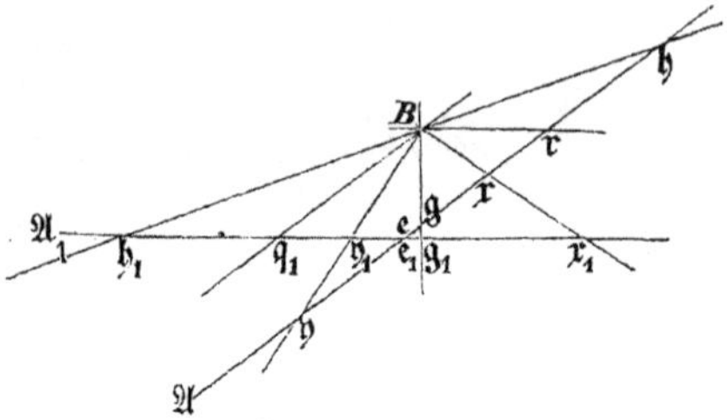

Es könnte scheinen, als ob das bei der perspectivischen Lage in dem Schnittpunkt der beiden Träger vereinigte Paar $\mathfrak{e}\mathfrak{e}_1$ ein ausgezeichnetes Paar entsprechender Punkte wäre; dies ist aber nicht der Fall, weil es seine Eigenthümlichkeit mit der Aufhebung der perspectivischen Lage verliert und jedes andere Paar entsprechender Punkte vereinigt ebenfalls perspectivische Lage hervorruft. Nehmen wir irgend zwei Paare entsprechender Punkte $\mathfrak{x}\mathfrak{x}_1$ und $\mathfrak{y}\mathfrak{y}_1$ und die besonderen Paare $\mathfrak{r}\mathfrak{r}_1^\infty$, $\mathfrak{q}^\infty\mathfrak{q}_1$, so ist wegen der Gleichheit der Doppelverhältnisse:

$$(\mathfrak{x}\mathfrak{y}\mathfrak{r}\mathfrak{q}^\infty) = (\mathfrak{x}_1\mathfrak{y}_1\mathfrak{r}_1^\infty\mathfrak{q}_1)$$

$$\frac{\mathfrak{x}\mathfrak{r}}{\mathfrak{y}\mathfrak{r}} : \frac{\mathfrak{x}\mathfrak{q}^\infty}{\mathfrak{y}\mathfrak{q}^\infty} = \frac{\mathfrak{x}_1\mathfrak{r}_1^\infty}{\mathfrak{y}_1\mathfrak{r}_1^\infty} : \frac{\mathfrak{x}_1\mathfrak{q}_1}{\mathfrak{y}_1\mathfrak{q}_1};$$

da nun $\mathfrak{q}^\infty$ der unendlich-entfernte Punkt der ersten Geraden ist und allgemein

$$\frac{\mathfrak{x}\mathfrak{q}}{\mathfrak{y}\mathfrak{q}} = \frac{\mathfrak{x}\mathfrak{y}}{\mathfrak{y}\mathfrak{q}} + 1,$$

so wird für $\mathfrak{q} = \mathfrak{q}^\infty$; $\mathfrak{y}\mathfrak{q}^\infty = \infty$ und

$$\frac{\mathfrak{x}\mathfrak{q}^\infty}{\mathfrak{y}\mathfrak{q}^\infty} = 1, \text{ ebenso } \frac{\mathfrak{x}_1\mathfrak{r}_1^\infty}{\mathfrak{y}_1\mathfrak{r}_1^\infty} = 1,$$

mithin

$$\frac{\mathfrak{x}\mathfrak{r}}{\mathfrak{y}\mathfrak{r}} = \frac{\mathfrak{y}_1\mathfrak{q}_1}{\mathfrak{x}_1\mathfrak{q}_1},$$

oder

$$\mathfrak{r}\mathfrak{x} \cdot \mathfrak{q}_1\mathfrak{x}_1 = \mathfrak{r}\mathfrak{y} \cdot \mathfrak{q}_1\mathfrak{y}_1;$$

halten wir also ein Paar $\mathfrak{y}\mathfrak{y}_1$ fest und verändern das andere Paar $\mathfrak{x}\mathfrak{x}_1$, so bleibt dieses Rechteck constant:

$$\mathfrak{r}\mathfrak{x} \cdot \mathfrak{q}_1\mathfrak{x}_1 = \text{const.},$$

und wir sehen das ganze System entsprechender Punkte vermittelst der Durchschnittspunkte der Parallelstrahlen durch eine viel einfachere Relation mit einander verbunden, als es die Gleichheit der Doppelverhältnisse war, denn es gilt der Satz:

Bei zwei projectivischen Punktreihen ist das Rechteck aus den Abständen irgend eines Paares entsprechender Punkte von den Durchschnittspunkten der Parallelstrahlen unveränderlich.

Dieses constante Rechteck soll „*Potenz der projectivischen Beziehung*“ genannt werden.

Sobald man also zu irgend einem Punkte $\mathfrak{x}$ den entsprechenden Punkt $\mathfrak{x}_1$ bestimmen will, wird man nur nöthig haben, die andere Seite eines Rechtecks, dessen eine $\mathfrak{r}\mathfrak{x}$ ist und dessen Inhalt durch die Potenz der projectivischen Beziehung gegeben ist, zu ermitteln und dieselbe von $\mathfrak{q}_1$ auf die andere Gerade $= \mathfrak{q}_1\mathfrak{x}_1$ abzutragen; es entsteht dabei aber noch die Zweideutigkeit, ob diese Strecke nach der einen oder andern Seite hin abzutragen sei oder welcher von den beiden so erhaltenen Endpunkten der wirklich dem $\mathfrak{x}$ entsprechende Punkt $\mathfrak{x}_1$ sein wird. Diese Zweideutigkeit wird gehoben durch die Nothwendigkeit der Uebereinstimmung des Richtungssinnes bei zwei projectivischen Punktreihen. Die Punkte $\mathfrak{r}$ und $\mathfrak{q}_1$ theilen nämlich jeder seinen Träger in zwei unendlich lange Hälften, welche einzeln einander entsprechen; dies erkennen wir, indem wir von der perspectivischen Lage ausgehend um den Projectionspunkt B einen veränderlichen Strahl drehen, welcher immer zwei entsprechende Punkte auf den beiden Trägern fixirt (Fig. 13); während also $\mathfrak{x}$ die eine Hälfte $\mathfrak{A}$ von $\mathfrak{r}$ bis $\mathfrak{q}^\infty$ durchläuft, muss $\mathfrak{x}_1$ eine bestimmte Hälfte $\mathfrak{A}_1$ des zweiten Trägers von $\mathfrak{r}_1^\infty$ bis $\mathfrak{q}_1$ durchlaufen, und wenn $\mathfrak{x}$ die zweite Hälfte $\mathfrak{B}$ von $\mathfrak{q}^\infty$ bis $\mathfrak{r}$ durchläuft, wird $\mathfrak{x}_1$ die andere entsprechende Hälfte von $\mathfrak{q}_1$ bis $\mathfrak{r}_1^\infty$ durchlaufen; diese Hälften entsprechen einander so, dass Punkte, die auf der Hälfte $\mathfrak{A}$ liegen, ihre entsprechenden *nur* auf der Hälfte $\mathfrak{A}_1$ haben (nicht auf der andern), und Punkte, die auf der Hälfte $\mathfrak{B}$ liegen, ihre entsprechenden nur auf $\mathfrak{B}_1$ haben. Die vorhin aufgetretene Zweideutigkeit ist dadurch gehoben, und es bleibt nur noch zu bestimmen, wie die ent-

Fig. 13.

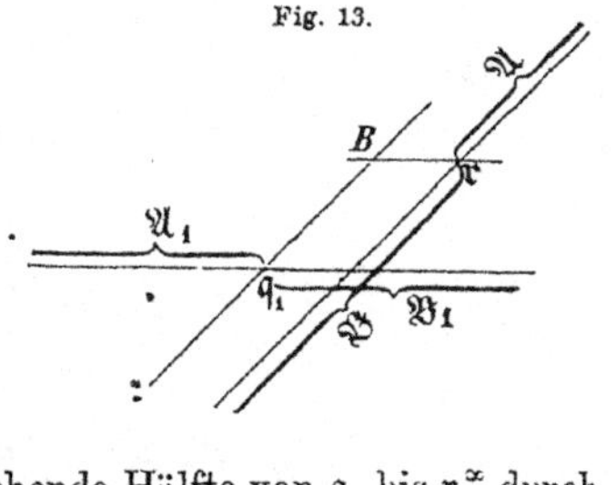

sprechenden Hälften aus der gegebenen projectivischen Beziehung zu ermitteln sind bei nicht perspectivischer Lage. Die ganze Beziehung ist bestimmt, sobald $\mathfrak{r}\mathfrak{q}_1$ und irgend ein Paar entsprechender Punkte $\mathfrak{x}\mathfrak{x}_1$ gegeben sind, denn diese vertreten in der That drei Paare entsprechender Punkte $\mathfrak{r}\mathfrak{r}_1^\infty$, $\mathfrak{q}^\infty\mathfrak{q}_1$, $\mathfrak{x}\mathfrak{x}_1$, die zur Bestimmung der projectivischen Beziehung erforderlich sind (§. 10); verfolgen wir nun den unzweideutig bestimmten Richtungssinn (§. 4) von $\mathfrak{r}$ durch $\mathfrak{x}$ nach $\mathfrak{q}^\infty$ und nennen diese Hälfte $\mathfrak{A}$, so ist dadurch der Richtungssinn von $\mathfrak{r}_1^\infty$ durch $\mathfrak{x}_1$ nach $\mathfrak{q}_1$ unzweideutig mitbestimmt, also die entsprechende Hälfte $\mathfrak{A}_1$ gefunden; die beiden andern Hälften sind dann natürlich auch entsprechende $\mathfrak{B}$ und $\mathfrak{B}_1$; oder kürzer, diejenigen Hälften, auf welchen das eine gegebene Paar $\mathfrak{x}\mathfrak{x}_1$ liegt, sind entsprechende.

Das Rechteck mit constantem Inhalt und veränderlichen Seiten kann insbesondere ein Quadrat werden, und die Seite dieses Quadrates, auf die entsprechenden Hälften von $\mathfrak{r}$ und von $\mathfrak{q}_1$ aus aufgetragen, liefert zwei besondere Punktenpaare, welche wir *Potenzpunkte* nennen und durch die Buchstaben

$$\mathfrak{g} \text{ und } \mathfrak{g}_1, \ \mathfrak{h} \text{ und } \mathfrak{h}_1$$

(Fig. 12) bezeichnen wollen; es ist also:

$$\mathfrak{r}\mathfrak{g} = \mathfrak{q}_1\mathfrak{g}_1 = \mathfrak{h}\mathfrak{r} = \mathfrak{h}_1\mathfrak{q}_1\,,$$
$$\mathfrak{r}\mathfrak{x}\,.\,\mathfrak{q}_1\mathfrak{x}_1 = (\mathfrak{r}\mathfrak{g})^2 = (\mathfrak{r}\mathfrak{h})^2\,.$$

Selbstverständlich behalten die Potenzpunkte $\mathfrak{g}\mathfrak{g}_1$ und $\mathfrak{h}\mathfrak{h}_1$ ihre Eigenthümlichkeit bei Aufhebung der perspectivischen Lage und sind daher ebenso wie $\mathfrak{r}$ und $\mathfrak{q}_1$ ausgezeichnete Elemente; ihre Construction ist in elementarer Weise mittels eines Kreises leicht zu bewerkstelligen.

Aus der Eigenschaft des constanten Rechtecks ergiebt sich für irgend zwei Paare entsprechender Punkte:

$$\mathfrak{r}\mathfrak{x}\cdot\mathfrak{q}_1\mathfrak{x}_1 = \mathfrak{r}\mathfrak{y}\cdot\mathfrak{q}_1\mathfrak{y}_1$$

die Proportion:

$$\frac{\mathfrak{r}\mathfrak{x}}{\mathfrak{r}\mathfrak{y}} = \frac{\mathfrak{q}_1\mathfrak{y}_1}{\mathfrak{q}_1\mathfrak{x}_1} \text{ oder } \frac{\mathfrak{x}\mathfrak{r}}{\mathfrak{r}\mathfrak{y}} = \frac{\mathfrak{y}_1\mathfrak{q}_1}{\mathfrak{q}_1\mathfrak{x}_1}\,,$$

woraus durch Hinzufügung von 1 auf beiden Seiten folgt:

$$\frac{\mathfrak{x}\mathfrak{y}}{\mathfrak{x}_1\mathfrak{y}_1} = \frac{\mathfrak{r}\mathfrak{y}}{\mathfrak{x}_1\mathfrak{q}_1} = \frac{\mathfrak{r}\mathfrak{x}}{\mathfrak{y}_1\mathfrak{q}_1}\,;$$

und dies führt zu einem bemerkenswerthen Verhalten von Paaren entsprechender Punkte. Es lassen sich nämlich hiernach *gleiche* entsprechende Strecken auf den Trägern der beiden Punktreihen finden; in der That, damit $\mathfrak{x}\mathfrak{y} = \mathfrak{x}_1\mathfrak{y}_1$ sei, ist es nur nothwendig, dass

$$\mathfrak{r}\mathfrak{x} = \mathfrak{y}_1\mathfrak{q}_1 ,$$

also auch

$$\mathfrak{r}\mathfrak{y} = \mathfrak{x}_1\mathfrak{q}_1$$

sei, d. h. wenn wir eine Strecke von beliebiger Grösse von $\mathfrak{r}$ aus abtragen $= \mathfrak{r}\mathfrak{x}$ und dieselbe Strecke von $\mathfrak{q}_1$ aus auf dem zweiten Träger $= \mathfrak{q}_1\mathfrak{y}_1$, alsdann zu $\mathfrak{x}$ und $\mathfrak{y}_1$ die entsprechenden Punkte $\mathfrak{x}_1$ und $\mathfrak{y}$ bestimmen, so ist die Strecke

$$\mathfrak{x}\mathfrak{y} = \mathfrak{x}_1\mathfrak{y}_1 .$$

Wegen der willkürlichen Grösse der Strecke $\mathfrak{r}\mathfrak{x}$ und in Folge der Zweideutigkeit, vermöge deren dieselbe Strecke nach entgegengesetzten Richtungen hin abgetragen werden kann, erhalten wir auf den beiden projectivischen Punktreihen *ein doppeltes System entsprechender gleicher Strecken*; tragen wir nämlich eine Strecke von beliebiger Länge auf die erste Gerade von $\mathfrak{r}$ aus nach beiden Seiten hin auf:

$$\mathfrak{a}\mathfrak{r} = \mathfrak{r}\mathfrak{b}$$

und dieselbe Strecke auf die zweite Gerade von $\mathfrak{q}_1$ aus:

$$\mathfrak{c}_1\mathfrak{q}_1 = \mathfrak{q}_1\mathfrak{d}_1 = \mathfrak{r}\mathfrak{a} = \mathfrak{b}\mathfrak{r} ,$$

und bestimmen die vier entsprechenden Punkte $\mathfrak{a}_1\mathfrak{b}_1\mathfrak{c}\mathfrak{d}$, so ist nicht nur:

$$1) \quad \begin{cases} \mathfrak{a}\mathfrak{c} = \mathfrak{a}_1\mathfrak{c}_1 \\ \mathfrak{b}\mathfrak{d} = \mathfrak{b}_1\mathfrak{d}_1 , \end{cases}$$

sondern auch:

$$2) \quad \begin{cases} \mathfrak{b}\mathfrak{c} = \mathfrak{c}_1\mathfrak{b}_1 \\ \mathfrak{a}\mathfrak{d} = \mathfrak{d}_1\mathfrak{a}_1 . \end{cases}$$

Fig. 14.

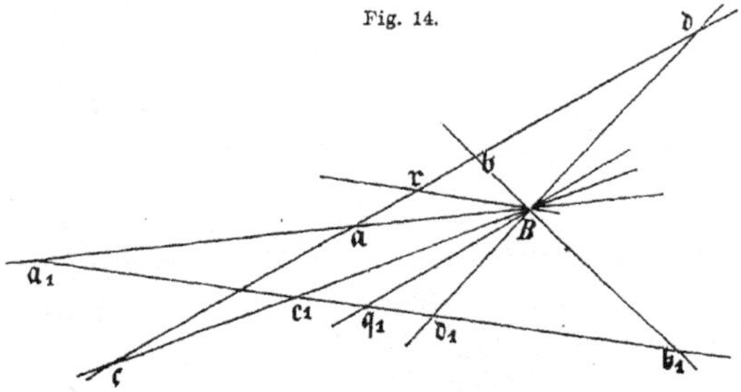

Weil nämlich $(\mathfrak{c}_1\mathfrak{d}_1\mathfrak{q}_1\mathfrak{r}_1^\infty) = -1$, dies also vier harmonische Punkte sind, da $\mathfrak{q}_1$ die Mitte von $\mathfrak{c}_1\mathfrak{d}_1$ und $\mathfrak{r}_1^\infty$ im Unendlichen ist (§. 8), so muss auch $(\mathfrak{c}\mathfrak{d}\mathfrak{q}^\infty\mathfrak{r}) = -1$, also, da $\mathfrak{q}^\infty$ im Unendlichen liegt, $\mathfrak{r}$ die Mitte von $\mathfrak{c}\mathfrak{d}$ sein; aus gleichem Grunde ist $\mathfrak{q}_1$ die Mitte von $\mathfrak{a}_1\mathfrak{b}_1$; wir haben nun:

$$\begin{aligned} \mathfrak{ca} &= \mathfrak{bd} = \mathfrak{b}_1\mathfrak{d}_1 \\ \mathfrak{ar} &= \mathfrak{d}_1\mathfrak{q}_1 \\ \mathfrak{rb} &= \mathfrak{q}_1\mathfrak{c}_1 \quad \text{folglich} \\ \hline \mathfrak{cb} &= \mathfrak{b}_1\mathfrak{c}_1 \end{aligned}$$

und auf gleiche Weise:

$$\mathfrak{da} = \mathfrak{a}_1\mathfrak{d}_1\,,$$

und verändern wir die willkürlich angenommene Länge $\mathfrak{ra}$, so erhalten wir das ganze doppelte System entsprechender gleicher Strecken. Fassen wir das gewonnene Resultat zusammen:

Bei zwei projectivischen Punktreihen giebt es zwei Systeme von Paaren entsprechender gleicher Strecken; jedes Paar des einen Systems hat seine beiden Endpunkte auf denselben entsprechenden Hälften der beiden Träger (schliesst also die Punkte $\mathfrak{r}$ *und* $\mathfrak{q}_1$ *aus); die Potenzpunkte* $\mathfrak{g}$ *und* $\mathfrak{g}_1$ *repräsentiren zwei gleiche entsprechende Strecken von dem Werthe* 0, *ebenso* $\mathfrak{h}$ *und* $\mathfrak{h}_1$; *die Strecken* $\mathfrak{rq}^\infty$ *und* $\mathfrak{r}_1^\infty\mathfrak{q}_1$ *haben den Werth* ∞; *die entsprechenden gleichen Strecken dieses Systems nehmen also alle Werthe von* 0 *bis* ∞ *an; jedes Paar des andern Systems hat dagegen seine beiden Endpunkte auf entgegengesetzten Hälften der beiden Träger (schliesst also die Punkte* $\mathfrak{r}$ *und* $\mathfrak{q}_1$ *ein), und die entsprechenden Strecken dieses Systems nehmen nur Werthe an zwischen* $\mathfrak{gh} = \mathfrak{h}_1\mathfrak{g}_1$ *und* $\mathfrak{rq}^\infty = \mathfrak{q}_1\mathfrak{r}_1^\infty = \infty$. *Jeder Punkt einer Punktreihe ist ein Endpunkt für zwei Paare entsprechender gleicher Strecken, deren eines dem einen, das andere dem andern Systeme angehört, und deren Construction oben angegeben ist.*

Wir werden später eine wichtige Anwendung hiervon zu machen haben (§. 16).

§. 13. Besondere Elemente bei zwei projectivischen Strahlbüscheln. Doppeltes System entsprechender gleicher Winkel.

Unter den unendlich vielen Paaren entsprechender Strahlen bei zwei projectivischen Strahlbüscheln giebt es einige von besonderem Interesse und von ähnlicher Bedeutung, wie bei zwei projectivischen Punktreihen die Punkte $\mathfrak{rr}_1^\infty$, $\mathfrak{q}^\infty\mathfrak{q}_1$, $\mathfrak{gg}_1$ und $\mathfrak{hh}_1$ (§. 12); das ganze Doppelsystem entsprechender gleicher Strecken findet sich hier wieder als System entsprechender gleicher Winkel, und so wie dort die unendlichen Strecken $\mathfrak{rq}^\infty$ und $\mathfrak{r}_1^\infty\mathfrak{q}_1$ von besonderer Wichtigkeit sind, so sind es hier die *Schenkel entsprechender rechter Winkel;* denken wir uns nämlich die beiden projectivischen Strahlbüschel BB_1 in perspectivische Lage gebracht, so giebt es im Allgemeinen in dem ersten Strahlbüschel nur zwei besondere zu einander rechtwinklige Strahlen

s, t von solcher Beschaffenheit, dass die entsprechenden Strahlen $s_1 t_1$ auch zu einander rechtwinklig sind; diese heissen die Schenkel der entsprechenden rechten Winkel und können bei der perspectivischen Lage so ermittelt werden, dass wir uns einen Kreis durch B und B_1 gelegt denken, welcher auf dem perspectivischen Durchschnitt der beiden Strahlbüschel seinen Durchmesser hat, dessen Mittelpunkt also der Punkt sein würde, in welchem die in der Mitte von BB_1 auf dieser Verbindungslinie errichtete Senkrechte den perspectivischen Durchschnitt trifft; es giebt daher im Allgemeinen nur einen solchen Kreis (ausser wenn der perspectivische Durchschnitt selbst in der Mitte von BB_1 auf dieser Verbindungslinie senkrecht stände). Dieser Kreis trifft den perspectivischen Durchschnitt in zwei Punkten $\mathfrak{s}$ und $\mathfrak{t}$, welche mit B und B_1 verbunden diese besonderen Strahlenpaare ss_1 und tt_1 liefern (Fig. 15). Da diese Eigenschaft der besonderen Paare ss_1 und tt_1

Fig. 15.

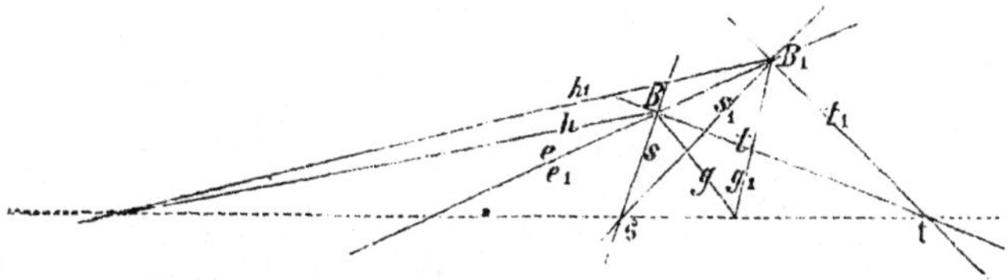

unabhängig von der perspectivischen Lage ist, so giebt es auch bei zwei projectivischen Strahlbüscheln in allgemeiner Lage nur ein Paar entsprechender rechter Winkel, deren Schenkel eben durch die Buchstaben st und $s_1 t_1$ bezeichnet werden.

Um noch zu zeigen, dass in der That, wie auch die perspectivische Lage herbeigeführt werde, immer nur dieselben entsprechenden rechtwinkligen Strahlenpaare st und $s_1 t_1$ aus der Construction hervorgehen, weisen wir direct nach, dass solche Paare nur *einmal* vorkommen können; denn träten zu den Paaren:

$$st \text{ und } s_1 t_1$$

noch zwei andere Paare:

$$uv \text{ und } u_1 v_1$$

von gleicher Beschaffenheit, so dass nämlich die Winkel:

$$(st) = (s_1 t_1) = (uv) = (u_1 v_1) = 90^0$$

wären, so würde aus der Projectivität der Gebilde die Gleichheit der Doppelverhältnisse folgen:

$$(stuv) = (s_1 t_1 u_1 v_1),$$

und hieraus würde mit Berücksichtigung der obigen Werthe weiter folgen, dass auch die Winkel:

$$(su) = (s_1 u_1) \text{ u. s. w.}$$

sein müssten, d. h. die beiden projectivischen Strahlbüschel müssten überhaupt gleich sein, was bei allgemeiner Annahme derselben nicht der Fall ist.

Die rechtwinkligen entsprechenden Strahlenpaare st und $s_1 t_1$ kommen also nur *einmal* vor*).

Nehmen wir irgend zwei Paare entsprechender Strahlen xx_1 und yy_1, so wird sich wegen der besonderen Eigenthümlichkeit der Schenkel entsprechender rechter Winkel die Gleichheit der Doppelverhältnisse

$$(stxy) = (s_1 t_1 x_1 y_1)$$

wesentlich vereinfachen:

$$\frac{\sin(sx)}{\sin(tx)} : \frac{\sin(sy)}{\sin(ty)} = \frac{\sin(s_1 x_1)}{\sin(t_1 x_1)} : \frac{\sin(s_1 y_1)}{\sin(t_1 y_1)}$$

$$(sx) = (st) + (tx) = 90^0 + (tx)$$

$$\frac{\operatorname{tg}(ty)}{\operatorname{tg}(tx)} = \frac{\operatorname{tg}(t_1 y_1)}{\operatorname{tg}(t_1 x_1)} = \frac{\operatorname{tg}(s_1 x_1)}{\operatorname{tg}(s_1 y_1)} = \frac{\operatorname{tg}(sx)}{\operatorname{tg}(sy)};$$

also:

$$\operatorname{tg}(tx) \cdot \operatorname{tg}(s_1 x_1) = \operatorname{tg}(ty) \cdot \operatorname{tg}(s_1 y_1) \cdot$$

Hieraus folgt, dass, wenn wir das Paar yy_1 festhalten und das andere Paar entsprechender Strahlen der projectivischen Beziehung gemäss verändern, das Product der Tangenten constant bleibt:

$$\operatorname{tg}(tx) \cdot \operatorname{tg}(s_1 x_1) = \text{const.}$$

d. h. bei zwei projectivischen Strahlbüscheln ist das Product aus den Tangenten derjenigen Winkel, welche irgend zwei entsprechende Strahlen mit den ungleichnamigen Schenkeln der entsprechenden rechten Winkel (ts_1 oder auch st_1) bilden, von unveränderlichem Werthe. Dieser Werth ist

---

*) Die Construction der Schenkel entsprechender rechter Winkel lässt sich auch ohne Zuhülfenahme der perspectivischen Lage bewerkstelligen. Ihr Beweis folgt allerdings erst aus späteren Betrachtungen. Sie lautet so:

In dem Strahlbüschel B ziehe man Paare rechtwinkliger Strahlen a und α, b und β etc., die entsprechenden Strahlen im Strahlbüschel B_1 seien a_1 und α_1, b_1 und β_1 etc.; sie werden im Allgemeinen nicht rechtwinklige Paare sein; legt man aber durch B_1 einen Kreis (m), so schneiden diese Strahlenpaare Sehnen im Kreise aus, welche sämmtlich durch einen festen Punkt o laufen; die Sehne om (ein Durchmesser des Kreises) trifft ihn in zwei solchen Punkten, welche mit B_1 verbunden das gesuchte Paar $s_1 t_1$ liefern, dessen entsprechende Strahlen im Strahlbüschel B, st sind, die ebenfalls auf einander senkrecht stehen.

in dem einen Falle der reciproke von dem im andern Falle, weil

$$\operatorname{tg}(tx) \,.\, \operatorname{tg}(s_1 x_1) = \frac{1}{\operatorname{tg}(sx) \cdot \operatorname{tg}(t_1 x_1)} \text{ ist.}$$

Durch dieses constante Product (die *Potenz* der projectivischen Beziehung), welches an Stelle der Gleichheit der Doppelverhältnisse tritt, wird mit Hülfe der Schenkel der entsprechenden rechten Winkel eine einfachere Relation zwischen entsprechenden Strahlen der beiden projectivischen Strahlbüschel hergestellt, und es liesse sich leicht eine einfache Construction entsprechender Strahlen daraus ableiten, wenn man noch die Uebereinstimmung des Drehungssinnes berücksichtigte. Ohne hierauf näher einzugehen, bemerken wir nur noch, dass, wenn die Factoren des einen sowohl wie des andern constanten Productes einander gleich werden, das Product in ein Quadrat übergeht; es giebt aber zwei besondere Strahlenpaare:

$$g \text{ und } g_1\,,\; h \text{ und } h_1\,,$$

für welche dieser Fall eintritt:

$$\begin{aligned} \operatorname{tg}(tx) \cdot \operatorname{tg}(s_1 x_1) &= \operatorname{tg}^2(tg) = \operatorname{tg}^2(s_1 g_1) \\ &= \operatorname{tg}^2(th) = \operatorname{tg}^2(s_1 h_1)\,. \end{aligned}$$

Für diese besonderen Strahlenpaare, welche *Potenzstrahlen* heissen sollen, wird:

$$\begin{aligned} (sg) &= (t_1 g_1) = (hs) = (h_1 t_1) \\ (tg) &= (s_1 g_1) = (ht) = (h_1 s_1) \quad \text{(Fig. 15).} \end{aligned}$$

Endlich giebt es auch bei zwei projectivischen Strahlbüscheln ein *doppeltes System von entsprechenden gleichen Winkeln,* zu welchen uns eine analoge Betrachtung wie in §. 12 führt. Aus der allgemeinen Relation folgt nämlich:

$$\frac{\operatorname{tg}(ty)}{\operatorname{tg}(xt)} = \frac{\operatorname{tg}(x_1 s_1)}{\operatorname{tg}(s_1 y_1)} \text{ und hieraus } \frac{\operatorname{tg}(xt) + \operatorname{tg}(ty)}{\operatorname{tg}(xt)} = \frac{\operatorname{tg}(x_1 s_1) + \operatorname{tg}(s_1 y_1)}{\operatorname{tg}(s_1 y_1)},$$

also

$$\operatorname{tg}(xy) \left\{ \frac{1 - \operatorname{tg}(xt) \cdot \operatorname{tg}(ty)}{\operatorname{tg}(xt)} \right\} = \operatorname{tg}(x_1 y_1) \left\{ \frac{1 - \operatorname{tg}(x_1 s_1)\operatorname{tg}(s_1 y_1)}{\operatorname{tg}(s_1 y_1)} \right\}$$

$$\frac{\operatorname{tg}(x_1 y_1)}{\operatorname{tg}(xy)} = \frac{\operatorname{tg}(s_1 y_1)}{\operatorname{tg}(xt)} \cdot \frac{1 - \operatorname{tg}(xt) \cdot \operatorname{tg}(ty)}{1 - \operatorname{tg}(x_1 s_1) \cdot \operatorname{tg}(s_1 y_1)}\,.$$

Sollen nun zwei Strahlen xy des einen Strahlbüschels dieselben Winkel einschliessen, als die entsprechenden $x_1 y_1$ des andern, so muss die linke Seite der letzten Gleichung 1 sein, d. h.

$$\operatorname{tg}(s_1 y_1) - \operatorname{tg}(xt) \,.\, \operatorname{tg}(ty) \,.\, \operatorname{tg}(s_1 y_1) = \operatorname{tg}(xt) - \operatorname{tg}(s_1 y_1) \,.\, \operatorname{tg}(xt) \,.\, \operatorname{tg}(x_1 s_1),$$

woraus folgt, weil

$$\operatorname{tg}(ty) \,.\, \operatorname{tg}(s_1 y_1) = \operatorname{tg}(tx) \,.\, \operatorname{tg}(s_1 x_1) \text{ ist,}$$

$$\begin{cases} \operatorname{tg}(s_1 y_1) = \operatorname{tg}(xt) \\ \operatorname{tg}(ty) \;\; = \operatorname{tg}(x_1 s_1) \end{cases} \text{also auch} \begin{cases} \operatorname{tg}(sy) \;\; = \operatorname{tg}(x_1 t_1) \\ \operatorname{tg}(t_1 y_1) = \operatorname{tg}(xs). \end{cases}$$

Hieraus ergiebt sich nun eine einfache Construction solcher Paare von Strahlen und ihrer entsprechenden, welche gleiche Winkel einschliessen; man trage, nachdem man die Schenkel der entsprechenden rechten Winkel ss_1 tt_1 bestimmt hat, einen Winkel von beliebiger Grösse an den Strahl s sowohl nach einer wie auch nach der andern Drehrichtung hin an und erhält dadurch zwei Strahlen a und b; denselben Winkel trage man zweitens an den Strahl t_1 nach beiden Seiten an und erhält dadurch c_1 und d_1; sucht man alsdann die entsprechenden Strahlen $a_1 b_1 c d$ zu jenen vieren, so bilden folgende Paare gleiche Winkel:

$$1) \quad \begin{cases} (ac) = (a_1 c_1) \\ (bd) = (b_1 d_1) \end{cases}$$

$$2) \quad \begin{cases} (bc) = (c_1 b_1) \\ (ad) = (d_1 a_1). \end{cases}$$

Verändert man die willkürlich angenommene Grösse des anzutragenden Winkels, so liefern 1) und 2) zwei Systeme von Paaren entsprechender gleicher Winkel, deren eines die Eigenschaft hat, dass beide Schenkel des einen Winkels und ebenso die beiden Schenkel des entsprechenden gleichen Winkels innerhalb desselben Winkelraumes (st) und $(s_1 t_1)$ liegen; (st) und $(s_1 t_1)$ gehören selbst diesem Systeme an; ebenso (gg) und $(g_1 g_1)$, welche den Winkel 0 oder 180^0 repräsentiren, auch (hh) und $(h_1 h_1)$, während das andere System die Eigenschaft hat, dass die beiden Schenkel eines Winkels und auch die des entsprechenden gleichen Winkels durch die Strahlen s und t, anderseits durch s_1 und t_1 getrennt werden; in diesem Systeme nimmt kein Paar entsprechender gleicher Winkel den Werth 0 an, vielmehr schwanken die Werthe zwischen

$$(gh) = (h_1 g_1) \text{ und } (st) = (t_1 s_1) = 90^0 \,.$$

Diese mit den im vorigen Paragraphen abgeleiteten vollständig analogen Resultate ausführlicher zu entwickeln, können wir um so mehr unterlassen, als wir hier ein zweites sehr einfaches Mittel haben, die beiden Systeme entsprechender gleicher Winkel anzuschauen. Denken wir uns nämlich, was bekanntlich immer auf unendlich viele Arten zulässig ist (§. 11), die beiden projectivischen Strahlbüschel in perspectivische Lage gebracht, so können wir auf dieselbe Weise, wie wir die Schenkel entsprechender rechter Winkel bestimmt haben, überhaupt die Schenkel irgend eines Paares entsprechender gleicher Winkel dadurch ermitteln, dass wir durch die Mittelpunkte BB_1 der beiden Strahlbüschel irgend einen Kreis legen, welcher den perspectivischen Durchschnitt in zwei Punkten $\mathfrak{x}$ und $\mathfrak{y}$ trifft; aus der bekannten Eigenschaft des Kreises, dass Peripheriewinkel auf gleichem Bogen gleich sind, folgt, dass die von B und B_1 nach $\mathfrak{x}$ und $\mathfrak{y}$ gezogenen Strahlenpaare gleiche Winkel einschliessen:

$$(xy) = (x_1 y_1) .$$

Verändern wir den durch B und B_1 gelegten Kreis, wodurch wir ein Kreisbüschel (sämmtliche durch zwei Punkte gehende Kreise) erhalten, so liefert dasselbe ein System von entsprechenden gleichen Winkeln, aber nur *eines* der beiden Systeme. Das andere System wird aber durch ein zweites Kreisbüschel bestimmt; denken wir uns nämlich aus B ein Perpendikel auf den perspectivischen Durchschnitt gefällt und um sich selbst bis B^1 verlängert, so dass B^1 das Spiegelbild von B in Bezug auf den perspectivischen Durchschnitt ist, so wird irgend ein durch B^1 und B_1 gelegter Kreis den perspectivischen Durchschnitt in zwei solchen Punkten $\mathfrak{x}$ und $\mathfrak{y}$ treffen, dass $B^1\mathfrak{x}$ und $B^1\mathfrak{y}$ dieselben Winkel (oder Nebenwinkel) mit einander bilden, wie $B_1\mathfrak{x}$ und $B_1\mathfrak{y}$; $B^1\mathfrak{x}$ und $B^1\mathfrak{y}$ bilden aber auch dieselben Winkel mit einander wie $B\mathfrak{x}$ und $B\mathfrak{y}$, folglich ist der Winkel:

Fig. 16.

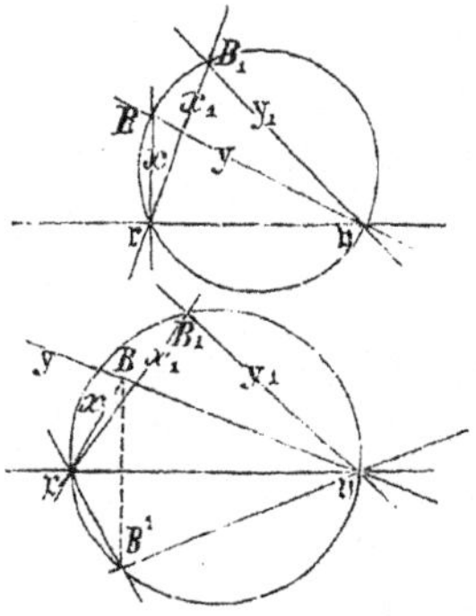

$$(yx) = (x_1 y_1) \quad \text{(Fig. 16.)}$$

Wir erhalten also, indem wir durch B^1B_1 das ganze Kreisbüschel legen, das zweite System entsprechender gleicher Winkel. Es ist einleuchtend, dass, wenn wir statt B_1 sein Spiegelbild B_1^1 in Bezug auf den perspectivischen Durchschnitt nehmen, das durch BB_1^1 gelegte Kreisbüschel dasselbe System, das durch $B^1B^1_1$ gelegte Kreisbüschel aber wieder das erste System liefert. Das eine der beiden Kreisbüschel, welche die Systeme entsprechender gleicher Winkel liefern, hat allemal seine beiden Schnittpunkte (BB_1) auf derselben Seite vom perspectivischen Durchschnitt, das andere (B^1B_1) aber nothwendig auf entgegengesetzten Seiten, so dass in dem einen Kreisbüschel zwei (leicht zu ermittelnde) Kreise sich vorfinden, welche den perspectivischen Durchschnitt berühren, in dem andern aber keine solche Berührungskreise vorhanden sind. Die nach den Berührungspunkten hin gehenden entsprechenden Strahlen sind g und g_1, h und h_1; die ihnen zugehörigen gleichen entsprechenden Winkel haben den Werth Null.

Fig. 17.

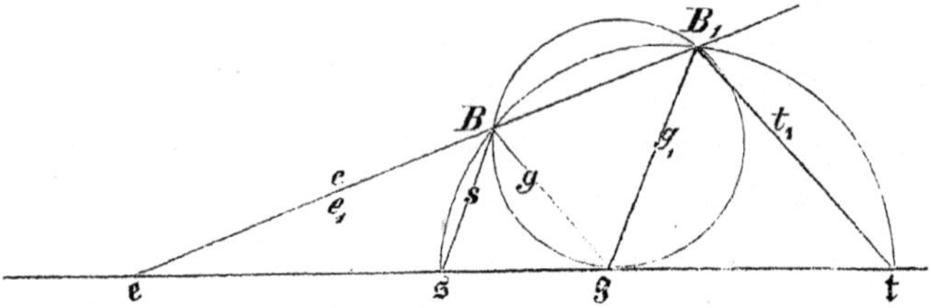

In der That, (s. Fig. 17) wenn ein Berührungskreis des Büschels (BB_1) den perspectivischen Durchschnitt in $\mathfrak{g}$ berührt, so ist in dem Dreieck $B\mathfrak{s}\,\mathfrak{g}$ der Aussenwinkel:

$$\angle B\mathfrak{s}\mathfrak{e} = \angle(sg) + \angle B\mathfrak{g}\mathfrak{s}$$

weil aber $\mathfrak{s}\mathfrak{g}$ Tangente ist, so wird:

$$\angle B\mathfrak{g}\mathfrak{s} = \angle BB_1\mathfrak{g}$$

und im Kreisviereck:

$$\angle B\mathfrak{s}\mathfrak{e} = \angle BB_1\mathfrak{g} + \angle(g_1t_1)$$

sein, woraus folgt:

$$\angle(sg) = \angle(g_1t_1) \text{ w. z. b. w.}$$

§. 14. Auf einander liegende projectivische Gebilde. Doppelelemente.

Wie wir in §. 11 gesehen haben, kommt es bei allgemeiner (nicht perspectivischer) Lage eines Strahlbüschels und einer mit ihm projectivischen Punktreihe nicht dreimal vor, dass Strahlen durch die ihnen entsprechenden Punkte gehen oder Punkte auf den ihnen entsprechenden Strahlen liegen, weil dann dieses Zusammenliegen bei allen Elementenpaaren stattfindet oder die Gebilde perspectivisch liegen; ob aber bei allgemeiner Lage weniger als drei (etwa zwei oder eines oder keines) entsprechende Elementepaare zusammenliegen, ist eine Cardinalfrage für die Theorie, die wir in doppelter Weise auffassen können. Seien $abc\ldots$ die Strahlen des Strahlbüschels B und $\mathfrak{a}_1\mathfrak{b}_1\mathfrak{c}_1\ldots$ die entsprechenden Punkte der mit ihm projectivischen Punktreihe $\mathfrak{A}_1$, dann wird das Strahlbüschel B den Träger $\mathfrak{A}_1$ selbst, den wir uns noch einmal als einen neuen Träger $\mathfrak{A}$ denken können, in einer neuen Punktreihe $\mathfrak{a}\mathfrak{b}\mathfrak{c}\ldots$ treffen, und die vorige Frage reducirt sich auf folgende:

Fallen bei zwei beliebig auf einander liegenden projectivischen Punktreihen entsprechende Punkte zusammen, und wie viel Paare?

Oder wir können andererseits den Punkt B mit den Punkten $\mathfrak{a}_1 \mathfrak{b}_1 \mathfrak{c}_1 \dots$ durch neue Strahlen $a_1 b_1 c_1 \dots$ verbinden und erhalten in B zwei concentrische projectivische Strahlbüschel B und B_1; die obige Frage coincidirt daher mit folgender:

Fallen bei zwei auf einander liegenden (concentrischen) projectivischen Strahlbüscheln entsprechende Strahlen zusammen, und wie viel Paare?

Es ist einleuchtend, dass mit der einen Frage die andere mitbeantwortet wird, und wir wollen uns daher zunächst mit der ersten Frage beschäftigen.

Sind bei zwei gegebenen projectivischen Punktreihen die Durchschnittspunkte der Parallelstrahlen $\mathfrak{r}$ und $\mathfrak{q}_1$ und die entsprechenden Hälften $\mathfrak{A}\mathfrak{B}$ und $\mathfrak{A}_1\mathfrak{B}_1$ (§. 12, Fig. 13) ermittelt, und denken wir uns die Träger der beiden Punktreihen irgend wie auf einander gelegt, so können zwei Fälle eintreten: entweder fallen Theile entsprechender Hälften zwischen $\mathfrak{r}$ und $\mathfrak{q}_1$ über einander oder nicht, d. h. die Abschnitte von $\mathfrak{r}$ bis ∞ und $\mathfrak{q}_1$ bis ∞ enthalten Theile entsprechender Hälften über einander oder nicht; diese beiden Fälle lassen sich noch kürzer dadurch von einander unterscheiden, dass in dem ersten Fall der Richtungssinn in beiden Punktreihen derselbe, im zweiten Fall entgegengesetzt ist, was wir leicht erkennen (Fig. 18), wenn wir auf entsprechenden Hälften von $\mathfrak{r}$ nach $\mathfrak{q}^\infty$ und von $\mathfrak{r}_1^\infty$ nach $\mathfrak{q}_1$ gehen. Wir nennen daher in dem ersten Falle die Punktreihen *gleichlaufend*, im zweiten Falle *ungleichlaufend* und können, sobald die beiden auf einander liegenden projectivischen Punktreihen durch irgend drei Paare entsprechender Punkte gegeben sind, sofort entscheiden, ob sie gleichlaufend oder ungleichlaufend sind, indem wir ihren Richtungssinn vergleichen (§. 4). Hieraus folgt, dass, wenn die auf einander liegenden Punktreihen *gleichlaufend* sind, der Werth der Potenz $(\mathfrak{r}\mathfrak{x} \cdot \mathfrak{q}_1\mathfrak{x}_1)$ *negativ* sein muss, weil die Strecken $\mathfrak{r}\mathfrak{x}$ und $\mathfrak{q}_1\mathfrak{x}_1$ entgegengesetzten Richtungssinn haben; wenn dagegen die Punktreihen *ungleichlaufend* sind, der Werth der Potenz *positiv* ist.

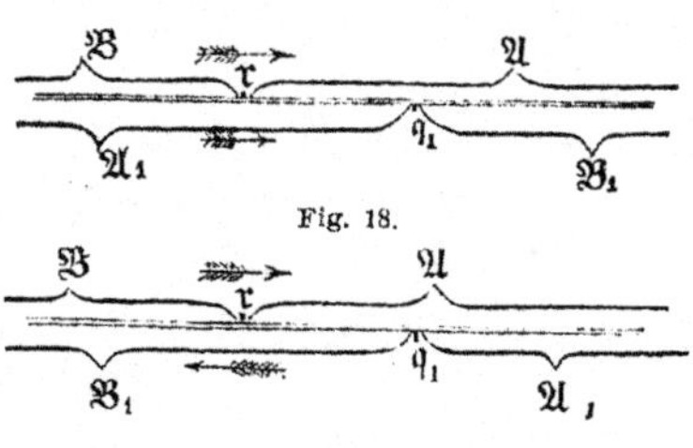

Fig. 18.

Ob nun zusammenfallende entsprechende Punkte vorkommen, das wird in dem zweiten Fall, wenn die Punktreihen ungleichlaufend sind, sofort zu entscheiden sein; da nämlich nur entsprechende Hälften entsprechende Punkte enthalten, so werden in diesem Fall zusammenfallende entsprechende Punkte nur ausserhalb der Strecke $\mathfrak{r}\mathfrak{q}_1$ zu suchen sein; dort müssen sie aber nothwendig vorkommen; denn während ein Punkt $\mathfrak{x}$ der ersten Punktreihe die Hälfte $\mathfrak{A}$ von $\mathfrak{r}$ bis $\mathfrak{q}^{\infty}$ durchläuft, geht der entsprechende Punkt $\mathfrak{x}_1$ auf der Hälfte $\mathfrak{A}_1$ in entgegengesetzter Richtung von $\mathfrak{r}_1^{\infty}$ bis $\mathfrak{q}_1$ und erst dann, wenn $\mathfrak{x}$ bis ins Unendliche gekommen ist, gelangt $\mathfrak{x}_1$ nach $\mathfrak{q}_1$; sie laufen sich also entgegen und überholen sich, müssen sich mithin nothwendig irgendwo getroffen haben; dasselbe findet statt, wenn wir die Punkte $\mathfrak{x}$ und $\mathfrak{x}_1$ die andern Hälften $\mathfrak{B}$ und $\mathfrak{B}_1$ in dem Sinne, welchen die projectivische Beziehung angiebt, durchlaufen lassen; es kommt daher nothwendig zweimal (auf jeder der unendlichen Strecken ausserhalb $\mathfrak{r}\mathfrak{q}_1$ einmal) vor, dass entsprechende Punkte zusammenfallen, und von diesen beiden *Doppelpunkten* der auf einander liegenden projectivischen Punktreihen steht der eine so weit von $\mathfrak{r}$ ab, wie der andere von $\mathfrak{q}_1$, wegen der Eigenschaft der constanten Potenz $(\mathfrak{r}\mathfrak{x} \cdot \mathfrak{q}_1\mathfrak{x}_1)$. Es werden sich hieraus die Doppelpunkte in elementarer Weise construiren lassen; hat man nämlich die Potenzpunkte $\mathfrak{g}$ und $\mathfrak{g}_1$ (oder $\mathfrak{h}$ und $\mathfrak{h}_1$) bestimmt, für welche:

$$\mathfrak{r}\mathfrak{x} \cdot \mathfrak{q}_1\mathfrak{x}_1 = \mathfrak{r}\mathfrak{g}^2 \text{ ist,}$$

so wird man nur nöthig haben, in $\mathfrak{r}$ (oder $\mathfrak{q}_1$) eine Senkrechte auf den zusammenliegenden Trägern der beiden Punktreihen zu errichten, auf dieser zwei Stücke $= \mathfrak{r}\mathfrak{g} = \mathfrak{h}\mathfrak{r}$ zu beiden Seiten von $\mathfrak{r}$ abzutragen und durch die Endpunkte der abgetragenen Stücke einen Kreis zu legen, welcher seinen Mittelpunkt in der Mitte zwischen $\mathfrak{r}\mathfrak{q}_1$ hat; dieser Kreis geht durch die Doppelelemente der beiden Punktreihen, wie sich aus bekannten Elementarsätzen ergiebt; denn wäre $\mathfrak{x}$ ein ausserhalb $\mathfrak{r}\mathfrak{q}_1$ liegender Punkt von solcher Beschaffenheit, dass in ihm zwei entsprechende Punkte über einander lägen, so hätte man zur Bestimmung von $\mathfrak{x}$ die Relationen:

$$\mathfrak{x}\mathfrak{q}_1 - \mathfrak{x}\mathfrak{r} = \mathfrak{r}\mathfrak{q}_1$$
$$\mathfrak{x}\mathfrak{q}_1 \cdot \mathfrak{x}\mathfrak{r} = (\mathfrak{r}\mathfrak{g})^2,$$

also ein Rechteck zu construiren, dessen Inhalt und Differenz der Seiten gegeben sind; ein solches Rechteck lässt sich aber auf die angegebene Weise immer construiren, weil, wenn wir die Differenz der Seiten festhalten, durch Veränderung der Seiten selbst dem Inhalte des Rechtecks jeder beliebige Werth zuertheilt werden kann.

Anders verhält es sich im ersten Falle, wenn die auf einander liegenden projectivischen Punktreihen gleichlaufend sind; hier fallen nur innerhalb der Strecke $\mathfrak{r}\mathfrak{q}_1$ Theile entsprechender Hälften über einander; wenn daher zusammenfallende entsprechende Punkte vorkommen, so können sie nur innerhalb der Strecke $\mathfrak{r}\mathfrak{q}_1$ enthalten sein. Wenn nun zwischen $\mathfrak{r}\mathfrak{q}_1$ ein Paar entsprechender Punkte $\mathfrak{x}\mathfrak{x}_1$ übereinander fiele, etwa in den Punkt $\mathfrak{x}$, so müsste

$$\mathfrak{r}\mathfrak{x} + \mathfrak{x}\mathfrak{q}_1 = \mathfrak{r}\mathfrak{q}_1 \quad \text{und}$$
$$\mathfrak{r}\mathfrak{x} \cdot \mathfrak{x}\mathfrak{q}_1 = (\mathfrak{r}\mathfrak{g})^2 \text{ sein;}$$

wir hätten also zur Bestimmung des Punktes $\mathfrak{x}$ ein Rechteck zu construiren, für welches der Inhalt und die Summe der Seiten gegeben sind. Wenn aber die Summe der Seiten gegeben ist, so kann man aus ihr *nicht* Rechtecke von jedem beliebigen Inhalt machen, sondern der Inhalt des grössten Rechtecks, welches man herstellen kann, ist der des Quadrates, dessen Seite gleich der Hälfte der gegebenen Summe ist*); wenn daher der Abstand der Punkte $\mathfrak{r}\mathfrak{q}_1$ kleiner ist als die doppelte Seite des Quadrates, d. h. $2\mathfrak{r}\mathfrak{g}$ oder $\mathfrak{h}\mathfrak{g}$, so giebt es kein Rechteck von der verlangten Beschaffenheit, oder wenn

$$\mathfrak{r}\mathfrak{q}_1 < \mathfrak{g}\mathfrak{h} \text{ (oder } \mathfrak{g}_1\mathfrak{h}_1),$$

so giebt es keine Doppelpunkte; wenn dagegen

$$\mathfrak{r}\mathfrak{q}_1 > \mathfrak{g}\mathfrak{h},$$

so giebt es ein Rechteck von der verlangten Beschaffenheit, dessen Seiten von $\mathfrak{r}$ oder $\mathfrak{q}_1$ aus zwischen $\mathfrak{r}\mathfrak{q}_1$ abgetragen, zwei solche Endpunkte liefern, in deren jedem zwei entsprechende Punkte der beiden Punktreihen über einander liegen; es giebt also in diesem Fall wieder zwei Doppelpunkte; ist insbesondere

$$\mathfrak{r}\mathfrak{q}_1 = \mathfrak{g}\mathfrak{h},$$

so wird das construirte Rechteck selbst ein Quadrat; die beiden zwischen $\mathfrak{r}$ und $\mathfrak{q}_1$ liegenden Doppelpunkte, von denen der eine so

*) Um uns in elementarer Weise davon zu überzeugen, dass unter allen Rechtecken, welche dieselbe Summe der Seiten haben, das Quadrat den grössten Inhalt besitzt, können wir folgendermassen verfahren:

Fig. 19.

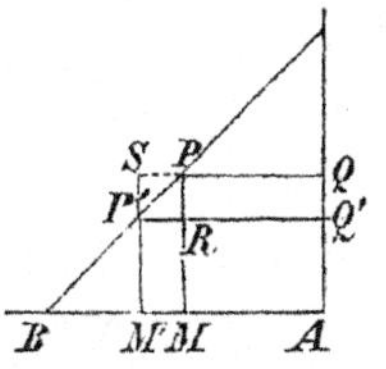

Sei AB die gegebene Summe der Seiten und M die Mitte von AB; ferner $AMPQ$ das Quadrat über der Seite AM; ziehen wir BP und fällen aus irgend einem Punkte P' dieser Linie die Perpendikel $P'M'$ und $P'Q'$ auf AM und AQ, so hat das Rechteck $AM'P'Q'$ offenbar dieselbe Summe der Seiten; es ist aber, wenn sich $M'P'$ und PQ in S, $P'Q'$ und PM in R treffen, das Rechteck $MM'SP$ gleich dem Rechteck $PQQ'R$ (congruent), folglich $MM'P'R$ kleiner als $PQQ'R$, mithin das Rechteck $AM'P'Q'$ kleiner als das Quadrat $AMPQ$; da dasselbe von jedem andern in gleicher Weise construirten Rechteck gilt, so ist das Quadrat das grösste unter allen Rechtecken von gleichem Umfang.

weit von $\mathfrak{r}$ wie der andere von $\mathfrak{q}_1$ absteht, fallen zusammen; es giebt also in diesem Grenzfalle nur *einen* Doppelpunkt oder vielmehr zwei zusammenfallende.

Auch in diesem Falle zweier gleichlaufenden projectivischen Punktreihen können die Doppelpunkte durch elementare Construction gefunden werden: Man beschreibe über $\mathfrak{r}\mathfrak{q}_1$ als Durchmesser einen Kreis und trage in $\mathfrak{r}$ (oder $\mathfrak{q}_1$) auf der Tangente dieses Kreises nach beiden Seiten hin Stücke

$$= \mathfrak{r}\mathfrak{g} = \mathfrak{h}\mathfrak{r} \text{ (oder } \mathfrak{q}_1\mathfrak{g}_1 = \mathfrak{h}_1\mathfrak{q}_1)$$

ab; die durch die Endpunkte der abgetragenen Stücke zu dem Träger der Punktreihen gezogenen Parallelen treffen den Kreis in solchen Punkten, dass die von ihnen auf den Träger herabgelassenen Perpendikel zu Fusspunkten die gesuchten Doppelpunkte haben. Diese Construction, deren Richtigkeit einleuchtet, enthält auch das vorhin angegebene Kriterium, ob die Doppelpunkte reell vorhanden sind oder nicht; wenn nämlich $\mathfrak{r}\mathfrak{g} < \frac{1}{2}\mathfrak{r}\mathfrak{q}_1$ (der Radius des Kreises), so schneidet die Parallele den Kreis in zwei reellen Punkten, es giebt also zwei Doppelpunkte; wenn dagegen $\mathfrak{r}\mathfrak{g} > \frac{1}{2}\mathfrak{r}\mathfrak{q}_1$, so trifft die Parallele den Kreis nicht, es giebt also keine Doppelpunkte; wenn endlich $\mathfrak{r}\mathfrak{g} = \frac{1}{2}\mathfrak{r}\mathfrak{q}_1$, so berührt die Parallele den Kreis, es giebt also nur einen Doppelpunkt.

Das gewonnene Resultat lässt sich, wie folgt, zusammenfassen:

Bei zwei auf einander liegenden projectivischen Punktreihen giebt es im Allgemeinen zweimal zwei zusammenfallende entsprechende Punkte (Doppelpunkte); diese sind immer reell vorhanden, wenn die beiden Punktreihen ungleichlaufend sind, und liegen ausserhalb des Abstandes der Punkte $\mathfrak{r}$ *und* $\mathfrak{q}_1$ *symmetrisch zu diesen; sind dagegen die Punktreihen gleichlaufend, so sind die Doppelpunkte nur dann reell vorhanden, wenn der Abstand*

$$\mathfrak{r}\mathfrak{q}_1 > \mathfrak{g}\mathfrak{h} \text{ (oder } \mathfrak{g}_1\mathfrak{h}_1),$$

und liegen zwischen $\mathfrak{r}\mathfrak{q}_1$ *symmetrisch zu diesen Punkten; ist*

$$\mathfrak{r}\mathfrak{q}_1 = \mathfrak{g}\mathfrak{h},$$

so giebt es nur einen Doppelpunkt (oder vielmehr: die beiden Doppelpunkte fallen selbst zusammen); dieser liegt in der Mitte zwischen $\mathfrak{r}\mathfrak{q}_1$ *und enthält als zusammenfallende Punkte eines der besonderen Paare* $\mathfrak{g}\mathfrak{g}_1$ *oder* $\mathfrak{h}\mathfrak{h}_1$*; ist endlich*

$$\mathfrak{r}\mathfrak{q}_1 < \mathfrak{g}\mathfrak{h},$$

so liegt kein Paar entsprechender Punkte zusammen (oder, wie man sich ausdrückt, die beiden Doppelpunkte sind imaginär).

Sind die Punktreihen gleichlaufend und wir bestimmen die ausgezeichneten Punkte $\mathfrak{g}\mathfrak{h}$ und $\mathfrak{h}_1\mathfrak{g}_1$, so werden bei dem Aufeinanderliegen der Punktreihen *Doppelelemente nur dann vorhanden sein, wenn die Strecken* $\mathfrak{g}\mathfrak{h}$ *und* $\mathfrak{h}_1\mathfrak{g}_1$ *sich in keinem ihrer Theile decken (ganz ausser einander liegen); sobald* $\mathfrak{g}\mathfrak{h}$ *und* $\mathfrak{h}_1\mathfrak{g}_1$ *ein Stück gemeinschaftlich haben, giebt es keine Doppelpunkte.* Den Uebergang bildet der Fall, wenn diese Strecken mit ihren Endpunkten entweder mit $\mathfrak{g}$ und $\mathfrak{g}_1$ oder mit $\mathfrak{h}_1$ und $\mathfrak{h}$ an einander stossen; hieraus können wir, wenn wir die in sich festgehaltenen Punktreihen auf einander verschieben, den Spielraum erkennen, innerhalb dessen keine Doppelelemente vorhanden sind. Eine andere Art, die Doppelelemente zweier vereinigter Gebilde zu ermitteln, siehe in „Aufgaben und Sätze“ zu diesem Abschnitt.

Es wäre nun übrig, die analoge Untersuchung für zwei auf einander liegende (concentrische) projectivische Strahlbüschel auf demselben Wege durchzuführen; statt dessen können wir das Resultat dieser an sich nicht schwierigeren Untersuchung sofort aus dem vorhin erlangten ableiten und ziehen diesen kürzeren Weg vor. Schneiden wir nämlich die beiden concentrischen Strahlbüschel durch eine beliebige Transversale, welche wir uns doppelt denken als den Träger zweier Punktreihen $\mathfrak{A}\mathfrak{A}_1$, deren eine durch das eine, die andere durch das andere Strahlbüschel fixirt wird, so haben wir die beiden concentrischen Strahlbüschel in perspectivischer Lage mit zwei auf einander liegenden Punktreihen; durch die Doppelpunkte der letzteren gehen offenbar die Doppelstrahlen der ersteren; die Construction jener liefert also auch diese; sind die beiden ausgeschnittenen Punktreihen gleichlaufend hinsichtlich ihres Richtungssinnes, so sind es auch die beiden Strahlbüschel hinsichtlich ihres Drehungssinnes; sind jene aber ungleichlaufend, so sind es auch die Strahlbüschel; wir haben daher aus dem Vorigen zunächst das Resultat: Bei zwei auf einander liegenden projectivischen Strahlbüscheln giebt es, wenn sie ungleichlaufend sind, immer zweimal zwei reelle zusammenfallende entsprechende Strahlen (Doppelstrahlen); sind dagegen die beiden Strahlbüschel gleichlaufend, so können wir das dem obigen analoge Kriterium, wann Doppelstrahlen vorhanden sind, dadurch ableiten, dass wir die beiden concentrischen Strahlbüschel durch eine besondere Transversale schneiden, welche parallel läuft einer der beiden Richtungen, die den Winkel (st_1), also auch (ts_1) halbiren; diese Transversale besitzt nämlich die Eigenschaft, dass die beiden auf ihr ausgeschnittenen projectivischen

Punktreihen ihre Potenzpunkte $\mathfrak{g}\mathfrak{g}_1\mathfrak{h}\mathfrak{h}_1$ gerade in denjenigen Punkten haben, durch welche Potenzstrahlen $gg_1\,hh_1$ der beiden concentrischen Strahlbüschel gehen, so dass dann also das obige von den Punkten $\mathfrak{g}\mathfrak{h}\mathfrak{g}_1\mathfrak{h}_1$ abhängige Kriterium sich direct übertragen hat. In der That, bei der angegebenen Lage der Transversale werden die Strahlen gh, deren Winkel durch die Strahlen st halbirt werden, und die Strahlen h_1g_1, deren Winkel durch t_1s_1 halbirt werden, mit der Transversale paarweise gleiche Winkel bilden und mit Rücksicht darauf, dass die Strahlbüschel BB_1 gleichlaufend sind, so liegen, wie sie Fig. 20 dar-

Fig. 20.

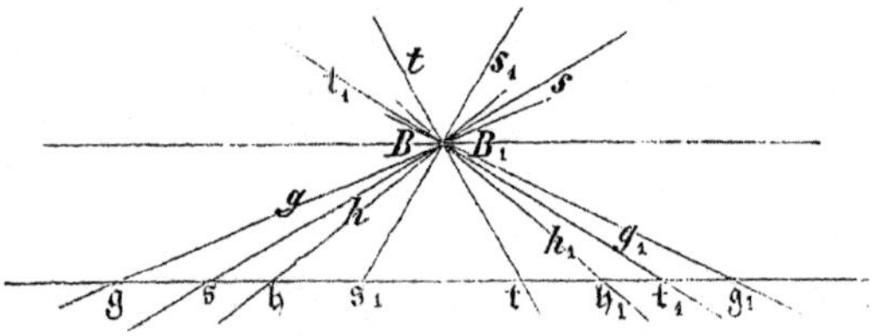

stellt. Für irgend zwei entsprechende Strahlen xx_1 gilt nun die Relation:

$$\operatorname{tg}(sx)\cdot\operatorname{tg}(x_1t_1) = \operatorname{tg}^2(sg)\,,$$

und hieraus wird der Winkel (x_1t_1) leicht bestimmt durch (sx), wenn man die (§. 8, 3) für harmonische Strahlen gefundene ganz gleichlautende Relation in Betracht zieht; bestimmt man nämlich zu gh und x den vierten harmonischen, dem x zugeordneten Strahl ξ, so ist $(s\xi) = (x_1t_1)$; was nun die Lage von x_1 anbetrifft, so erkennen wir mit Rücksicht auf die entsprechenden Quadranten zwischen den Schenkeln der entsprechenden rechten Winkel, dass x_1 und ξ mit der Transversale ein gleichschenkliges Dreieck bilden müssen; wir können jetzt zu irgend einem Strahl x den entsprechenden x_1 in der einfachen Weise ermitteln, dass wir zuerst x in die symmetrische Lage zur Transversale uns gebracht denken nach ξ_1, d. h. so dass x dieselben Winkel mit der Transversale bildet wie ξ_1, und dann zu $g_1h_1\xi_1$ den vierten harmonischen, dem ξ_1 zugeordneten Strahl bestimmen, welcher x_1 sein wird. Wenn nun die Strahlen $gh\ldots x$ und $g_1h_1\ldots x_1$ der beiden concentrischen Strahlbüschel BB_1 die Transversale in den Punkten $\mathfrak{g}\mathfrak{h}\ldots\mathfrak{x}$ und $\mathfrak{g}_1\mathfrak{h}_1\ldots\mathfrak{x}_1$ zweier auf einander liegender Punktreihen begegnen, und die Mitte zwischen $\mathfrak{g}\mathfrak{h}$ mit $\mathfrak{r}$, die Mitte zwischen $\mathfrak{g}_1\mathfrak{h}_1$ mit $\mathfrak{q}_1$ bezeichnet wird, so erhalten wir den entsprechenden Strahl zu $B\mathfrak{r}$, indem wir zu g_1h_1 und $B\mathfrak{q}_1$ den vierten harmonischen suchen; dieser ist aber nach §. 8 der Parallelstrahl, folglich ist $\mathfrak{r}$ in der That der dem unendlich entfernten $\mathfrak{r}_1^\infty$ entsprechende, ebenso $\mathfrak{q}_1$ der dem unendlich entfernten $\mathfrak{q}^\infty$ der anderen Punktreihe entsprechende; aus der vorigen Construction entsprechender Punkte $\mathfrak{x}\mathfrak{x}_1$ und der bekannten Eigenschaft harmonischer Punkte (§. 8) ergiebt sich ferner:

$$\mathfrak{r}\mathfrak{x} \cdot \mathfrak{x}_1\mathfrak{q}_1 = (\mathfrak{r}\mathfrak{g})^2 = (\mathfrak{q}_1\mathfrak{g}_1)^2,$$

woraus denn folgt, dass in der That die mit $\mathfrak{g}\mathfrak{h}\mathfrak{g}_1\mathfrak{h}_1$ bezeichneten Punkte jene Potenzpunkte sind.

Nunmehr sind wir berechtigt, das vorhin für zwei auf einander liegende projectivische Punktreihen ausgesprochene Resultat auf zwei concentrische projectivische Strahlbüschel folgendermassen zu übertragen:

Bei zwei auf einander liegenden (concentrischen) projectivischen Strahlbüscheln giebt es im Allgemeinen zweimal zwei zusammenfallende entsprechende Strahlen (Doppelstrahlen); diese sind immer reell vorhanden, wenn die beiden Strahlbüschel ungleichlaufend sind; sind sie dagegen gleichlaufend, so werden die beiden Doppelstrahlen nur dann vorhanden sein, wenn die besonderen Strahlen gh durch die Strahlen h_1g_1 nicht getrennt werden; werden dagegen gh durch h_1g_1 getrennt (d. h. fällt g_1 in einen Winkelraum zwischen (gh) und h_1 in den Nebenwinkelraum), so giebt es keine reellen Doppelstrahlen; den Uebergang bildet der Fall, wenn die Winkel (gh) und (h_1g_1) an einander stossen, so dass entweder gg_1 oder hh_1 zusammenfallen; in diesem Falle giebt es nur einen Doppelstrahl (d. h. die beiden Doppelstrahlen fallen selbst zusammen).

§. 15. Construction der Doppelelemente mittelst eines festen Kreises.

Die im vorigen Paragraphen angegebenen Constructionen der Doppelpunkte und darnach auch der Doppelstrahlen setzen die Kenntniss der besonderen Elemente $\mathfrak{r}\mathfrak{q}_1\mathfrak{g}\mathfrak{g}_1\mathfrak{h}\mathfrak{h}_1$ voraus; es giebt aber eine andere viel einfachere Auflösung der Aufgabe:

Wenn zwei auf einander liegende projectivische Punktreihen durch irgend drei Paare entsprechender Elemente $\mathfrak{a}\mathfrak{a}_1\ \mathfrak{b}\mathfrak{b}_1\ \mathfrak{c}\mathfrak{c}_1$ gegeben sind, die Doppelpunkte zu finden, wobei nur das Lineal und ein fester in der Ebene als gezeichnet angenommener Kreis benutzt wird.

Diese von *Steiner* angegebene Construction beruht auf der elementaren Eigenschaft des Kreises, dass Peripheriewinkel auf gleichem Bogen gleich sind. Verbinden wir irgend zwei Punkte BB_1 einer Kreisperipherie mit zwei andern Punkten derselben $\alpha\beta$ durch die Strahlen ab und a_1b_1, so ist entweder der Winkel (ab) gleich dem Winkel (a_1b_1) oder gleich seinem Nebenwinkel; jedenfalls also $\sin(ab) = \sin(a_1b_1)$;

lassen wir jetzt einen veränderlichen Punkt ξ die Kreisperipherie durchlaufen und verbinden ihn mit B und B_1 durch die Strahlen xx_1, so beschreiben dieselben zwei projectivische Strahlbüschel, weil die Doppelverhältnisse zwischen irgend vier Strahlen des einen und den entsprechenden des andern Strahlbüschels offenbar gleich sind (da die Factoren dieser Doppelverhältnisse einzeln einander gleich sind).

Haben wir nun auf den zusammen liegenden Trägern zweier Punktreihen $\mathfrak{A}\mathfrak{A}_1$ drei Paare entsprechender Punkte $\mathfrak{a}\mathfrak{a}_1$ $\mathfrak{b}\mathfrak{b}_1$ $\mathfrak{c}\mathfrak{c}_1$ willkürlich angenommen, und ist irgend ein Kreis in der Ebene gezeichnet, so verbinden wir einen beliebigen Peripheriepunkt desselben, den wir uns doppelt denken als den Mittelpunkt zweier Strahlbüschel BB_1, mit den Punkten $\mathfrak{a}\mathfrak{b}\mathfrak{c}$ $\mathfrak{a}_1\mathfrak{b}_1\mathfrak{c}_1$ durch Strahlen $abc\ a_1b_1c_1$, welche die Peripherie des Kreises resp. in $\alpha\beta\gamma\ \alpha_1\beta_1\gamma_1$ treffen (Fig. 21). Bewegen

Fig. 21.

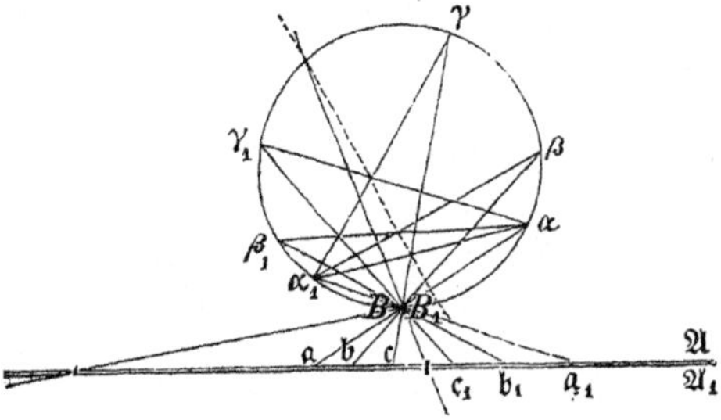

wir nun zwei entsprechende Punkte $\mathfrak{x}\mathfrak{x}_1$ der durch die angenommenen drei Paar Elemente vollständig bestimmten projectivischen Punktreihen $\mathfrak{A}\mathfrak{A}_1$, so beschreiben xx_1, ihre Verbindungsstrahlen mit BB_1, zwei concentrische projectivische Strahlbüschel und $\xi\xi_1$, die Schnittpunkte mit der Kreisperipherie, zwei krumme projectivische Punktreihen; so oft daher zwei entsprechende Punkte $\mathfrak{x}\mathfrak{x}_1$ zusammenfallen, müssen auch zwei entsprechende Strahlen xx_1 zusammenfallen und folglich auch zwei entsprechende Punkte $\xi\xi_1$ und umgekehrt. Nehmen wir irgend ein Punktpaar $\alpha\alpha_1$ auf dem Kreise und verbinden α mit $\alpha_1\beta_1\gamma_1 \ldots \xi_1$, anderseits α_1 mit $\alpha\beta\gamma \ldots \xi$, so müssen die um α und α_1 als Mittelpunkte erhaltenen Strahlbüschel auch projectivisch sein, denn das Strahlbüschel (α) ist mit dem Strahlbüschel (B_1) projectivisch wegen der oben angegebenen Eigenschaft des Kreises, ebenso (α_1) mit (B); da nun (B) und (B_1) projectivisch sind, so sind es auch (α) und (α_1) (§. 10); diese beiden Strahlbüschel haben aber in der Verbindungslinie ihrer Mittelpunkte zwei entsprechende Strahlen vereinigt: folglich liegen sie perspectivisch (§. 11), also die Schnittpunkte sämmtlicher Paare entsprechender Strahlen liegen auf einer Geraden (ihrem perspectivischen Durchschnitt); dieser Ort des Schnittpunktes $(\alpha \xi_1, \alpha_1 \xi)$ ist schon bestimmt durch die beiden Schnittpunkte:

$$(\alpha\beta_1, \alpha_1\beta) \text{ und } (\alpha\gamma_1, \alpha_1\gamma);$$

jeder Punkt dieser Geraden mit α und α_1 verbunden liefert zwei Strahlen, welche den Kreis in zwei entsprechenden Punkten $\xi \xi_1$ treffen; diese Gerade wird daher selbst den Kreis in solchen zwei Punkten treffen, in deren jedem zwei entsprechende Punkte $\xi \xi_1$ zusammenfallen; diese Punkte mit B (B_1) verbunden bestimmen auf $\mathfrak{A}\mathfrak{A}_1$ die gesuchten Doppelpunkte, deren Construction sich also in folgender einfachen Weise gestaltet:

Man verbinde die gegebenen Punktpaare $\mathfrak{a}\mathfrak{a}_1$ $\mathfrak{b}\mathfrak{b}_1$ $\mathfrak{c}\mathfrak{c}_1$ *mit irgend einem Peripheriepunkte* B (B_1) *eines festen Kreises durch Strahlen, welche die Peripherie zum zweiten Male in* $\alpha\alpha_1$ $\beta\beta_1 . \gamma\gamma_1$ *treffen, bestimme die Schnittpunkte:*

$$(\alpha\beta_1, \alpha_1\beta) \; (\alpha\gamma_1, \alpha_1\gamma)$$

und ihre Verbindungslinie $\mathfrak{L}$; *die Schnittpunkte der letzteren mit dem Kreise verbinde man mit* B *durch Strahlen, welche die Träger der gegebenen auf einander liegenden Punktreihen in den gesuchten Doppelpunkten treffen.*

Da die Gerade $\mathfrak{L}$ den Kreis im Allgemeinen in zwei Punkten trifft, so giebt es im Allgemeinen zwei Doppelpunkte; geht die Gerade $\mathfrak{L}$ aber vorbei, ohne den Kreis zu treffen, so giebt es keine Doppelpunkte; berührt sie den Kreis, so giebt es nur einen Doppelpunkt (zwei zusammenfallende). Das Resultat des §. 14 findet sich also durch diese Construction bestätigt, und es würde nicht schwer sein, die dort gefundenen Kriterien aus ihr von Neuem herzuleiten. Wir unterlassen dies, ebenso wie die Auflösung der analogen Aufgabe, die Doppelstrahlen zweier concentrischer projectivischer Strahlbüschel zu finden, da diese durch die vorige gleichzeitig gelöst ist.

Die Gerade $\mathfrak{L}$ muss auch durch den Punkt $(\beta\gamma_1, \gamma\beta_1)$ gehen, was wir daraus erkennen, dass nothwendig dieselben Doppelpunkte, also auch dieselbe Gerade $\mathfrak{L}$ hervorgehen würde, wenn wir bei der Construction anstatt des Paares $\alpha\alpha_1$ das Paar $\beta\beta_1$ gesetzt hätten. Wir gelangen daher beiläufig zu einem interessanten Satze vom Kreise:

Hat man irgend sechs Punkte eines Kreises $\alpha\beta\gamma$ $\alpha_1\beta_1\gamma_1$, *so liegen die drei Schnittpunkte:*

$$(\alpha\beta_1, \beta\alpha_1) \; (\beta\gamma_1, \gamma\beta_1) \; (\gamma\alpha_1, \alpha\gamma_1)$$

auf einer Geraden.

Dieser Satz, dessen allgemeine Gültigkeit für jeden Kegelschnitt wir später darthun werden, lässt sich auch so aussprechen, wie ihn *Pascal* gefunden hat:

Verbindet man irgend sechs Punkte eines Kreises zu einem einfachen Sechseck in der Reihenfolge: $\alpha\beta_1\gamma\alpha_1\beta\gamma_1$, *so treffen sich die gegenüberliegenden Seiten desselben (die erste und vierte, zweite und fünfte, dritte und sechste) in drei Punkten, welche auf einer Geraden liegen.*

Das obige Raisonnement würde seine beweisende Kraft verlieren, wenn die Gerade $\mathfrak{L}$ den Kreis nicht träfe; die Richtigkeit des Satzes ergiebt sich aber auf folgende Weise:

Die beiden von α und β ausgehenden Büschel sind projectivisch gleich:

$$\alpha\,(\gamma\alpha_1\beta_1\gamma_1) = \beta\,(\gamma\alpha_1\beta_1\gamma_1)$$

wegen der bekannten Grundeigenschaft des Kreises; das erste Büschel trifft die Gerade $\gamma\alpha_1$ in den vier Punkten:

$$\gamma \quad \alpha_1 \quad (\gamma\alpha_1\,,\,\alpha\beta_1) \quad (\alpha\gamma_1\,,\,\gamma\alpha_1)\,.$$

Das zweite Büschel trifft die Gerade $\gamma\beta_1$ in den vier Punkten:

$$\gamma \quad (\beta\alpha_1\,,\,\gamma\beta_1) \quad \beta_1 \quad (\beta\gamma_1\,,\,\gamma\beta_1)\,.$$

Diese beiden Punktreihen liegen perspectivisch, weil in ihrem Schnittpunkte, γ, entsprechende Punkte vereinigt sind; folglich treffen sich die drei Verbindungsstrahlen der übrigen entsprechenden Punkte in einem Punkte; die Verbindungslinie des ersten Paares entsprechender Punkte ist $\alpha_1\beta$, die des zweiten $\alpha\beta_1$, die des dritten die Verbindungslinie der beiden Punkte:

$$(\alpha\gamma_1\,,\,\gamma\alpha_1) \quad (\beta\gamma_1\,,\,\gamma\beta_1)$$

folglich liegt der Punkt $(\alpha\beta_1\,,\,\beta\alpha_1)$ auf derselben Geraden w. z. b. w.

Wenn bei zwei auf einander liegenden projectivischen Punktreihen *ein* Doppelpunkt bekannt ist, so bedarf es nicht mehr der vorigen Construction mit Hülfe des festen Kreises, um den andern Doppelpunkt zu finden, der dann nothwendig immer reell vorhanden ist, sondern dieser lässt sich mittelst des Lineals allein construiren auf folgende Art:

Sei $\mathfrak{e}\mathfrak{e}_1$ der bekannte Doppelpunkt der beiden projectivischen auf einander liegenden Punktreihen und seien $\mathfrak{a}\mathfrak{a}_1$, $\mathfrak{b}\mathfrak{b}_1$ irgend zwei Paare entsprechender Punkte, wodurch die ganze projectivische Beziehung bestimmt ist, so ziehe man durch $\mathfrak{e}\mathfrak{e}_1$ einen beliebigen Strahl und nehme in demselben irgend zwei Punkte BB_1 willkürlich an; die Schnittpunkte $(B\mathfrak{a},\ B_1\mathfrak{a}_1)$ und $(B\mathfrak{b},\ B_1\mathfrak{b}_1)$ verbunden, bestimmen eine Gerade, welche den Träger der beiden zusammenliegenden Punktreihen in dem gesuchten zweiten Doppelpunkte trifft. Die Richtigkeit dieser Construction erhellt aus der Construction auf Seite 22.

§. 16. Punktsystem (Involution von Punktpaaren).

Es giebt einen ausgezeichneten speciellen Fall zweier auf einander liegender projectivischer Punktreihen, welcher in der Folge eine besondere Wichtigkeit erlangt; dieser besteht darin, dass der Abstand der beiden Punkte $\mathfrak{r}$ und $\mathfrak{q}_1$ Null wird, oder dass die Punkte $\mathfrak{r}$ und $\mathfrak{q}_1$ zusammenfallen. Wenn zwei projectivische Punktreihen so auf einander liegen, dass die besonderen Punkte $\mathfrak{r}$ und $\mathfrak{q}_1$ auf einander fallen, so fallen sämmtliche entsprechende gleiche Strecken des einen oder des andern Systems (§. 12) verkehrt auf einander, so dass, wenn $\mathfrak{x}\mathfrak{y}$ und $\mathfrak{x}_1\mathfrak{y}_1$ zwei entsprechende gleiche Strecken sind, $\mathfrak{x}$ auf $\mathfrak{y}_1$ und zugleich $\mathfrak{y}$ auf $\mathfrak{x}_1$ fällt, und zwar wird das eine oder das andere System entsprechender gleicher Strecken verkehrt auf einander fallen, je nachdem die Punktreihen gleichlaufend oder ungleichlaufend sind, d. h. je nachdem entsprechende Hälften über einander liegen: $\mathfrak{A}$ auf $\mathfrak{A}_1$ und $\mathfrak{B}$ auf $\mathfrak{B}_1$ (dann sind die Punktreihen ungleichlaufend, Fig. 18), oder nicht entsprechende Hälften: $\mathfrak{A}$ auf $\mathfrak{B}_1$ und $\mathfrak{B}$ auf $\mathfrak{A}_1$ (dann sind die Punktreihen gleichlaufend); in dem ersten Falle existiren zwei Doppelpunkte; es fallen nämlich die Punkte $\mathfrak{g}$ und $\mathfrak{g}_1$ auf einander und die Punkte $\mathfrak{h}$ und $\mathfrak{h}_1$; im zweiten Falle existiren keine Doppelpunkte nach dem obigen Kriterium (S. 42); es fällt insbesondere $\mathfrak{g}$ auf $\mathfrak{h}_1$ und $\mathfrak{h}$ auf $\mathfrak{g}_1$.

Es findet aber auch das Umgekehrte statt: *Wenn bei zwei auf einander liegenden projectivischen Punktreihen irgend ein Paar entsprechender gleicher Strecken verkehrt zusammen fällt,* d. h. $\mathfrak{x}\mathfrak{y}$ *auf* $\mathfrak{y}_1\mathfrak{x}_1$, *so fallen sämmtliche entsprechende gleiche Strecken desjenigen Systems, welchem jenes Paar angehört, verkehrt auf einander, insbesondere auch* $\mathfrak{r}$ *auf* $\mathfrak{q}_1$.

In der That, denken wir uns (Fig. 22) in den beiden auf einander liegenden Trägern der Punktreihen $\mathfrak{A}\mathfrak{A}_1$ die Punkte $\mathfrak{x}\mathfrak{x}_1$ und $\mathfrak{y}\mathfrak{y}_1$ so liegend, dass $\mathfrak{x}$ auf $\mathfrak{y}_1$ und $\mathfrak{y}$ auf $\mathfrak{x}_1$ liegt, und nehmen wir ein beliebiges drittes Paar entsprechender Punkte $\mathfrak{z}\mathfrak{z}_1$ (wodurch die projectivische Beziehung vollständig bestimmt wird) an, so wird der Punkt $\mathfrak{z}$ der ersten Punktreihe auf einem gewissen Punkte $\mathfrak{t}_1$

Fig. 22.

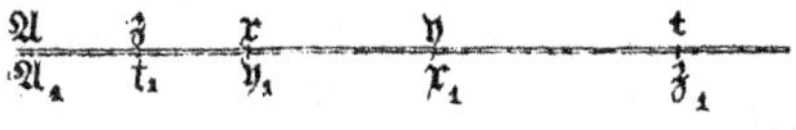

der zweiten liegen, und der ihm entsprechende Punkt $\mathfrak{t}$ der ersten Punktreihe wird bestimmt durch die Gleichheit der Doppelverhältnisse:

$$(\mathfrak{x}\mathfrak{y}\mathfrak{z}\mathfrak{t}) = (\mathfrak{x}_1\mathfrak{y}_1\mathfrak{z}_1\mathfrak{t}_1)\,.$$

Es ist aber identisch: (Seite 7)

$$(\mathfrak{x}_1\mathfrak{y}_1\mathfrak{z}_1\mathfrak{t}_1) = (\mathfrak{y}_1\mathfrak{x}_1\mathfrak{t}_1\mathfrak{z}_1)$$

also:

$$(\mathfrak{x}\mathfrak{y}\mathfrak{z}\mathfrak{t}) = (\mathfrak{y}_1\mathfrak{x}_1\mathfrak{t}_1\mathfrak{z}_1)$$

und, wenn wir für $\mathfrak{y}_1\mathfrak{x}_1\mathfrak{t}_1$ die darüber stehenden Namen derselben Punkte setzen, $= (\mathfrak{x}\mathfrak{y}\mathfrak{z}\mathfrak{z}_1)$; da also

$$(\mathfrak{x}\mathfrak{y}\mathfrak{z}\mathfrak{t}) = (\mathfrak{x}\mathfrak{y}\mathfrak{z}\mathfrak{z}_1)$$

wird, so muss $\mathfrak{t}$ mit $\mathfrak{z}_1$ zusammenfallen, d. h. die Strecke $\mathfrak{z}\mathfrak{t}$ fällt verkehrt auf die ihr gleiche entsprechende Strecke $\mathfrak{t}_1\mathfrak{z}_1$; dies gilt hiernach von sämmtlichen Paaren entsprechender gleicher Strecken; weil insbesondere die beiden unendlich-entfernten Punkte $\mathfrak{r}_1^\infty$ und $\mathfrak{q}^\infty$ der beiden Punktreihen auf einander fallen, so müssen auch die ihnen entsprechenden $\mathfrak{r}$ und $\mathfrak{q}_1$ auf einander fallen.

Ein solches Doppelgebilde zweier in dieser eigenthümlichen Weise aufeinander liegenden projectivischen Punktreihen, so dass die Punkte $\mathfrak{r}$ und $\mathfrak{q}_1$ auf einander fallen und zugleich die entsprechenden gleichen Strecken des einen ganzen Systems verkehrt auf einander liegen, heisst ein *Punktsystem* (oder nach der von *Desargues* eingeführten Bezeichnung eine *Involution* von Punktpaaren) und die Endpunkte eines solchen Paares auf einander fallender gleicher Strecken *ein Paar conjugirter Punkte* des Punktsystems; der dem unendlich entfernten Punkte conjugirte Punkt, in welchem $\mathfrak{r}$ und $\mathfrak{q}_1$ auf einander liegen, heisst der *Mittelpunkt* des Punktsystems; wenn die das Punktsystem erzeugenden Punktreihen gleichlaufend sind, so heisst das Punktsystem ein *elliptisches*; es liegt dann ein Paar conjugirter Punkte immer auf entgegengesetzten Seiten vom Mittelpunkte, und bezeichnen wir mit o den Mittelpunkt, mit $x\xi$ irgend ein Paar conjugirter Punkte, so werden sämmtliche Paare conjugirter Punkte durch die Relation zusammengehalten:

$$ox\,.\,o\xi = \text{const.}\,;$$

denn x und ξ treten an die Stelle zweier entsprechender Punkte $\mathfrak{x}$ und $\mathfrak{x}_1$ der beiden projectivischen Punktreihen, und in o liegen $\mathfrak{r}$ und $\mathfrak{q}_1$ vereinigt, also gilt die Eigenschaft der constanten Potenz $\mathfrak{r}\mathfrak{x}\,.\,\mathfrak{q}_1\mathfrak{x}_1 = \text{const.}$ (§. 12); Doppelpunkte können in diesem Fall nicht vorkommen, wohl aber zeichnet sich *ein* Paar conjugirter Punkte vor den andern aus, dasjenige nämlich, welches gleich weit vom Mittelpunkte nach entgegengesetzten Richtungen hin absteht, für welches also das constante

Rechteck ein Quadrat wird; es sind dies offenbar die Punkte $\mathfrak{g}$ und $\mathfrak{g}_1$ oder $\mathfrak{h}_1$ und $\mathfrak{h}$, indem $\mathfrak{g}$ auf $\mathfrak{h}_1$ und $\mathfrak{g}_1$ auf $\mathfrak{h}$ fällt; dieses besondere Paar wollen wir wiederum die *Potenzpunkte* des elliptischen Punktsystems nennen, das constante Rechteck aber *die Potenz des Punktsystems*.

Wenn dagegen die das Punktsystem erzeugenden Punktreihen ungleichlaufend sind, also die entsprechenden gleichen Strecken des andern Systems verkehrt auf einander fallen, so heisst das Punktsystem ein *hyperbolisches*; es liegt ein Paar conjugirter Punkte immer auf derselben Seite vom Mittelpunkte aus und sämmtliche Paare conjugirter Punkte werden wiederum durch die Relation zusammengehalten:

$$ox \cdot o\xi = \text{const.};$$

es fallen insbesondere zweimal zwei conjugirte Punkte zusammen (wenn nämlich das constante Rechteck ein Quadrat wird); dies geschieht für die Punkte $\mathfrak{g}\mathfrak{g}_1$ auf der einen Seite von o und für $\mathfrak{h}\mathfrak{h}_1$ auf der andern Seite; diese besonderen zusammenfallenden Punktpaare des Punktsystems heissen die *Doppelpunkte* oder *Asymptotenpunkte* des Punktsystems, welche nur beim hyperbolischen Punktsystem auftreten; sie liegen nach entgegengesetzten Seiten in gleichem Abstande von o. Bezeichnen wir sie mit g und h, so drückt die Relation:

$$ox \cdot o\xi = (og)^2 = (oh)^2$$

zugleich ein merkwürdiges Verhalten sämmtlicher Paare conjugirter Punkte zu den Asymptotenpunkten des Punktsystems aus, indem $x\xi$ ein Paar zugeordnet-harmonischer Punkte zu g und h sind (Seite 14), also:

Sämmtliche Paare conjugirter Punkte eines hyperbolischen Punktsystems sind zugeordnet-harmonische Punkte zu den beiden Asymptotenpunkten desselben, und auch umgekehrt: *Sämmtliche Paare zugeordnet-harmonischer Punkte zu zwei festen Punkten einer Geraden bilden ein hyperbolisches Punktsystem, dessen beide Asymptotenpunkte die beiden festen Punkte sind.* Beim elliptischen Punktsystem findet dieses Verhalten nicht statt trotz der Eigenschaft des constanten Rechtecks, weil dort zwei conjugirte Punkte $x\xi$ immer auf entgegengesetzten Seiten von o liegen und die angezogene Eigenschaft harmonischer Punkte ausserdem erfordert, dass zwei zugeordnete Punkte auf derselben Seite vom Mittelpunkt aus gelegen seien.

Es mag hier noch ein besonderer Fall des Punktsystems erwähnt werden, welcher den Uebergang zwischen dem elliptischen und hyperbolischen Punktsystem bildet und daher das *parabolische* Punktsystem heisst; dieser tritt dann auf, wenn die beiden Asymptotenpunkte eines hyperbolischen Punktsystems zusammenfallen; alsdann fallen die allen

Punkten des Trägers conjugirten Punkte im Punktsystem in denselben einzigen Punkt hinein, in welchem die beiden Asymptotenpunkte vereinigt sind, weil (S. 14), wenn von vier harmonischen Punkten zwei zugeordnete zusammenfallen, auch einer des andern Paares zugeordneter Punkte in diesen hineinfallen muss. Wir haben also das einseitige Verhalten beim parabolischen Punktsystem, dass die allen Punkten conjugirten Punkte in einem einzigen vereinigt sind und zu diesem wiederum jeder beliebige Punkt des Trägers als conjugirt angesehen werden muss.

Rücksichtlich der Potenz der Punktsystems ist noch zu bemerken, dass für das *elliptische Punktsystem* die Potenz eine *negative*, für das *hyperbolische* eine *positive* Grösse ist, weil im ersten Fall je zwei conjugirte Punkte auf entgegengesetzter, im letzteren auf derselben Seite vom Mittelpunkt liegen; für das *parabolische Punktsystem* ist die Potenz *Null*.

Ein besonders einfacher Fall tritt beim hyperbolischen Punktsystem auf, wenn einer der beiden Asymptotenpunkte im Unendlichen liegt; in diesem Fall wird die Strecke zwischen je zwei conjugirten Punkten durch den andern im Endlichen befindlichen Asymptotenpunkt halbirt, und wir erhalten folgendes sehr einfache Doppelgebilde: alle Paare von Punkten $x\xi$ einer Geraden, welche zu einem festen Punkte g symmetrisch liegen. Ein solches Punktsystem nennt man ein *gleichseitig-hyperbolisches Punktsystem*; wie ersichtlich ist, kann es nur entstanden sein durch Aufeinanderlegen zweier projectivisch-gleicher Punktreihen, die ungleichlaufend aufeinander gelegt sind; sie haben einen Doppelpunkt im Unendlichen, der zugleich der Mittelpunkt dieses gleichseitig-hyperbolischen Punktsystems ist; der andere Doppelpunkt ist das Centrum der symmetrisch liegenden Paare.

Wegen des häufigen Auftretens von Punktsystemen bei geometrischen Untersuchungen heben wir die Grundeigenschaft eines solchen Doppelgebildes, dass es nämlich in sich projectivisch ist, noch besonders hervor:

Wenn wir bei einem Punktsystem von Punktpaaren, aus jedem Paare einen nehmen und diese als eine Reihe auffassen $abc\ldots$, *so bilden die conjugirten Punkte* $\alpha\beta\gamma\ldots$ *eine mit der ersten Reihe projectivische Punktreihe, und die beiden Punktreihen liegen in der oben angegebenen eigenthümlichen Weise auf einander.* Es ist einleuchtend, dass wir dabei die conjugirten Punkte eines Paares mit einander vertauschen können, ohne die projectivische Beziehung zu alteriren, denn da die Endpunkte eines solchen Paares $\mathfrak{x}$ $(\mathfrak{y}_1)$ und $\mathfrak{x}_1$ $(\mathfrak{y})$ sind, so können wir es sowohl als $\mathfrak{x}\mathfrak{x}_1$ auffassen, wie auch als $\mathfrak{y}_1\mathfrak{y}$. Es folgt ferner, dass Punktsysteme dieselbe allgemeine Eigenschaft der Projectivität besitzen, wie einfache Punktreihen selbst, d. h. wenn wir ein Punktsystem $a\alpha$, $b\beta$, $c\gamma$... mit irgend einem Punkte B durch Strahlenpaare verbinden, welche eine beliebige andere Transversale in den neuen Punktpaaren $a^1\alpha^1$, $b^1\beta^1$, $c^1\gamma^1$... treffen, so bilden diese ebenfalls ein Punktsystem; denn es bilden $a^1b^1c^1$... und $\alpha^1\beta^1\gamma^1$... zwei projectivische Punktreihen, welche sich in der eigenthümlichen Lage befinden, dass dem Punkt a^1 der ersten Punktreihe der Punkt α^1 der zweiten entspricht, aber auch gleichzeitig dem Punkt α^1, als der ersten Punktreihe angehörig betrachtet, der Punkt a^1 der zweiten Punktreihe entspricht; da also ein Paar entsprechender gleicher Strecken verkehrt auf einander fallen, so bilden auch $a^1\alpha^1$, $b^1\beta^1$, $c^1\gamma^1$... ein Punktsystem.

Aus der Eigenschaft der constanten Potenz:

$$ox \, . \, o\xi = \text{const.}$$

können wir uns ein leichtes Verfahren ableiten, Punktsysteme in ihrem ganzen Verlaufe herzustellen. Legen wir nämlich durch zwei conjugirte Punkte $a\alpha$ einen beliebigen Kreis und durch ein zweites Paar conjugirter Punkte $b\beta$ irgend einen zweiten Kreis, welcher den ersten in den Punkten P und Q treffe, so wird ein dritter Kreis, welcher durch PQ und x geht, nothwendig durch ξ gehen müssen, weil, wenn PQ den Träger des Punktsystems in o trifft, $oP \, . \, oQ = oa \, . \, o\alpha = ob \, . \, o\beta = ox \, . \, o\xi$ sein muss. Sämmtliche durch die Punkte PQ gelegten Kreise (Kreisbüschel) bestimmen also sämmtliche Punktpaare $x\xi$ eines Punktsystems, das mit dem angenommenen identisch ist, dessen Mittelpunkt durch die gemeinschaftliche Secante PQ des Kreisbüschels (oder denjenigen Kreis des Büschels, dessen Radius unendlich gross ist) bestimmt wird. Liegt der Punkt o ausserhalb der Strecke PQ, so liegt er auch ausserhalb jeder Strecke $x\xi$, ausserhalb aller Kreise des Büschels, das Punktsystem ist hyperbolisch; liegt o zwischen PQ, so liegt es auch innerhalb jeder Strecke $x\xi$, innerhalb sämmtlicher Kreise des Büschels, das Punktsystem ist elliptisch. Wir schliessen zugleich umgekehrt: *Ein Kreisbüschel mit zwei (reellen) gemeinschaftlichen Punkten PQ wird von einer beliebigen Transversale immer in einem Punktsysteme geschnitten, dessen Paare conjugirter Punkte die Schnittpunkte mit je einem Kreise des Büschels sind; das Punktsystem ist elliptisch, wenn die Transversale die Punkte P und Q trennt, d. h. auf entgegengesetzten Seiten von sich hat, hyperbolisch, wenn P und Q auf derselben Seite von der Transversale liegen.* Im letzteren Fall giebt es zwei besondere Kreise des Büschels, welche die Transversale berühren;

die Berührungspunkte sind die Asymptotenpunkte des Punktsystems. Aus dieser Construction eines Punktsystems vermittelst des Kreisbüschels geht schon hervor, dass *ein Punktsystem vollständig bestimmt ist durch zwei Paare* (willkürlich anzunehmender) *conjugirter Punkte;* dies folgt aber auch aus der ursprünglichen Entstehung des Punktsystems, denn nehmen wir $a\alpha$, $b\beta$ als zwei Paare conjugirter Punkte willkürlich an, so vertritt $a\alpha$ die Stelle von zwei Paaren $\mathfrak{a}\mathfrak{a}_1$ und $\mathfrak{b}_1\mathfrak{b}$, $b\beta$ die Stelle von zwei andern Paaren $\mathfrak{c}\mathfrak{c}_1$ und $\mathfrak{d}_1\mathfrak{d}$ entsprechender Punkte zweier projectivischer Punktreihen $\mathfrak{a}\mathfrak{b}\mathfrak{c}\mathfrak{d}$ und $\mathfrak{a}_1\mathfrak{b}_1\mathfrak{c}_1\mathfrak{d}_1$; es scheint also, als ob durch diese vier Paar entsprechender Punkte die projectivische Beziehung überbestimmt sei, da doch drei Paare entsprechender Elemente zur Bestimmung der projectivischen Beziehung nothwendig und ausreichend sind; dieser Scrupel verschwindet aber, da diese vier Paare so eigenthümlich liegen, dass das vierte nur eine Folge der drei andern ist, dass also kein Widerspruch eintritt, und in der That die projectivische Beziehung durch sie gerade bestimmt wird. Es liegen nämlich $\mathfrak{a}\mathfrak{b}_1$ zusammen in a, ebenso $\mathfrak{b}\mathfrak{a}_1$ zusammen in α, ferner $\mathfrak{c}\mathfrak{d}_1$ in b und $\mathfrak{d}\mathfrak{c}_1$ in β; folglich ist identisch:

$$(\mathfrak{a}\mathfrak{b}\mathfrak{c}\mathfrak{d}) = (\mathfrak{b}_1\mathfrak{a}_1\mathfrak{d}_1\mathfrak{c}_1),$$

und da (Seite 7) allgemein:

$$(\mathfrak{b}_1\mathfrak{a}_1\mathfrak{d}_1\mathfrak{c}_1) = (\mathfrak{a}_1\mathfrak{b}_1\mathfrak{c}_1\mathfrak{d}_1) \text{ ist},$$

so folgt:

$$(\mathfrak{a}\mathfrak{b}\mathfrak{c}\mathfrak{d}) = (\mathfrak{a}_1\mathfrak{b}_1\mathfrak{c}_1\mathfrak{d}_1).$$

Diese vier Paare entsprechender Elemente vertreten also nur drei Paare und bestimmen vollständig die projectivische Beziehung, also auch das ganze Punktsystem. Zwischen drei Paaren conjugirter Punkte eines Punktsystems muss daher eine Bedingung bestehen, welche unmittelbar hervorgeht aus der Gleichheit der Doppelverhältnisse; fügen wir nämlich noch ein drittes Paar conjugirter Punkte $c\gamma$ den vorigen hinzu und denken uns dieses als $\mathfrak{e}$ und $\mathfrak{e}_1$ oder $\mathfrak{f}_1$ und $\mathfrak{f}$ (Fig. 23), so ist:

$$(\mathfrak{a}\mathfrak{b}\mathfrak{c}\mathfrak{e}) = (\mathfrak{a}_1\mathfrak{b}_1\mathfrak{c}_1\mathfrak{e}_1)$$

Fig. 23.

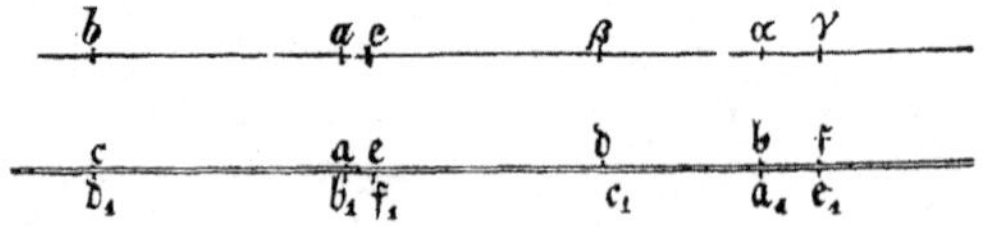

oder durch die Bezeichnung der conjugirten Punkte des Punktsystems ausgedrückt:

$$(a\alpha bc) = (\alpha a\beta\gamma),$$

das heisst:

$$\frac{ab}{\alpha b} : \frac{ac}{\alpha c} = \frac{\alpha\beta}{a\beta} : \frac{\alpha\gamma}{a\gamma}.$$

Dies lässt sich in mehr symmetrischer Gestalt so schreiben:

$$\text{I.}\quad \begin{cases} \dfrac{ab\,.\,a\beta}{\alpha b\,.\,\alpha\beta} = \dfrac{ac\,.\,a\gamma}{\alpha c\,.\,\alpha\gamma} \quad \text{und in gleicher Weise:} \\ \dfrac{bc\,.\,b\gamma}{\beta c\,.\,\beta\gamma} = \dfrac{ba\,.\,b\alpha}{\beta a\,.\,\beta\alpha} \\ \dfrac{ca\,.\,c\alpha}{\gamma a\,.\,\gamma\alpha} = \dfrac{cb\,.\,c\beta}{\gamma b\,.\,\gamma\beta}. \end{cases}$$

Ferner können wir folgende Gleichheit der Doppelverhältnisse ansetzen:

$$(\mathfrak{a}\mathfrak{c}\mathfrak{b}\mathfrak{f}) = (\mathfrak{a}_1\mathfrak{c}_1\mathfrak{b}_1\mathfrak{f}_1)$$

oder in der andern Bezeichnung:

$$(ab\alpha\gamma) = (\alpha\beta ac),$$

das heisst:

$$\frac{a\alpha}{b\alpha} : \frac{a\gamma}{b\gamma} = \frac{\alpha a}{\beta a} : \frac{\alpha c}{\beta c};$$

da nun $(a\alpha) = -(\alpha a)$, so hebt sich ein Factor fort und es bleibt die Relation:

$$\text{II.}\quad \begin{cases} a\beta\cdot b\gamma\cdot c\alpha = a\gamma\cdot b\alpha\cdot c\beta & \text{und durch Vertau-} \\ a\beta\cdot bc\cdot\gamma\alpha = ac\cdot b\alpha\cdot\gamma\beta & \text{schung je eines der} \\ b\gamma\cdot ca\cdot\alpha\beta = ba\cdot c\beta\cdot\alpha\gamma & \text{drei Paar conjugirter} \\ c\alpha\cdot ab\cdot\beta\gamma = cb\cdot a\gamma\cdot\beta\alpha. & \text{Punkte:} \end{cases}$$

Diese 7 Relationen zwischen drei Paaren conjugirter Punkte eines Punktsystems hängen natürlich alle von einer unter ihnen ab; sie sind von *Desargues* aufgestellt, der solche sechs Punkte, welche diesen Bedingungen genügen, „*sechs Punkte in Involution*" nannte.

Es ist für die Folge wichtig, ein Kriterium zu besitzen, welches sofort entscheidet, ob ein durch zwei Paare conjugirter Punkte gegebenes Punktsystem elliptisch oder hyperbolisch ist; dies erkennen wir unmittelbar aus der oben gefundenen Eigenschaft, dass beim hyperbolischen Punktsystem jedes Paar conjugirter Punkte auf derselben Seite vom Mittelpunkt liegt, also wenn $a\alpha$ und $b\beta$ irgend zwei Paare sind, entweder die Strecke $a\alpha$ ganz ausserhalb der Strecke $b\beta$ oder ganz innerhalb derselben oder endlich die Strecke $b\beta$ ganz innerhalb $a\alpha$ liegt, d. h. die Punkte $a\alpha$ werden durch die Punkte $b\beta$ nicht getrennt (liegt b innerhalb $a\alpha$, so liegt auch β innerhalb $a\alpha$, liegt b

ausserhalb $a\alpha$, so liegt auch β ausserhalb $a\alpha$); während beim elliptischen Punktsystem ein Paar conjugirter Punkte immer auf entgegengesetzten Seiten vom Mittelpunkte liegt, d. h. $a\alpha$ durch $b\beta$ und umgekehrt getrennt wird; das gesuchte Kriterium ist also folgendes:

Wenn ein Punktsystem durch irgend zwei Paare conjugirter Punkte $a\alpha$ und $b\beta$ gegeben ist, so wird es ein elliptisches oder hyperbolisches sein, je nachdem die Punkte $a\alpha$ durch $b\beta$ und zugleich $b\beta$ durch $a\alpha$ getrennt werden oder nicht.

Hieraus entspringt folgende Betrachtung: Nehmen wir auf einer Geraden vier beliebige Punkte $abcd$ an, so lassen sich dieselben auf dreifache Weise zu Paaren ordnen, nämlich:

$$ab,\ cd \mid ac,\ bd \mid ad,\ bc\,.$$

Bei jeder dieser Zuordnungen wird durch die zwei Punktpaare, welche als conjugirte aufgefasst werden, ein Punktsystem bestimmt, und von diesen drei Punktsystemen ist immer eines elliptisch, die beiden andern hyperbolisch, nämlich nach dem vorigen Kriterium z. B.

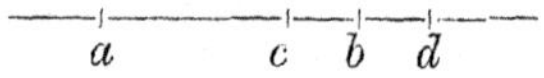

$ab,\ cd$	$ac,\ bd$	$ad,\ bc$
elliptisch (e)	hyperbolisch (h)	hyperbolisch (h_1).

Nehmen wir von einem beliebigen Punkte p des Trägers den conjugirten Punkt rücksichtlich dieser drei Punktsysteme und bezeichnen wir ihn beziehlich durch:

$$\pi_e \qquad \pi_h \qquad \pi_{h_1}\,,$$

so bieten diese Punkte eine leicht erkennbare Eigenschaft dar; es findet nämlich wegen der Grundeigenschaft der Punktsysteme die Gleichheit folgender Doppelverhältnisse statt:

$$\begin{cases} (abcp) = (bad\pi_e) \\ (acdp) = (cab\pi_h) \\ (adcp) = (dab\pi_{h_1})\,. \end{cases}$$

Die letzte Gleichheit lässt sich auch so schreiben:

$$(acdp) = (dba\pi_{h_1})$$

und zeigt, mit der vorletzten verglichen, dass

$$(cab\pi_h) = (dba\pi_{h_1})$$

oder

$$(abc\pi_h) = (bad\pi_{h_1}) \text{ wird}$$

folglich sind π_h und π_{h_1} ein Paar conjugirter Punkte des Punktsystems (e), gleicherweise π_e und π_h ein Paar conjugirter Punkte des Punktsystems (h_1), endlich π_e und π_{h_1} ein Paar conjugirter Punkte des Punktsystems (h). Hiernach gilt folgender Satz:

Vier beliebige Punkte in einer Geraden als zwei Paare conjugirter Punkte aufgefasst bestimmen drei verschiedene Punktsysteme, von denen immer eines elliptisch (e) *und die beiden andern hyperbolisch sind* (h) *und* (h_1). *Nimmt man von irgend einem Punkte* p *in der Geraden den conjugirten Punkt in Bezug auf jedes dieser drei Punktsysteme und heissen dieselben beziehlich* $\pi_e \pi_h \pi_{h_1}$, *so sind* π_h *und* π_{h_1} *ein Paar conjugirter Punkte in dem Systeme* (e), π_e *und* π_{h_1} *ein Paar conjugirter Punkte in dem Systeme* (h) *und* π_e *und* π_h *ein Paar conjugirter Punkte in dem Systeme* (h_1).

Auch zeigt sich das eigenthümliche reciproke Verhalten, dass *die vier Punkte* $p \pi_e \pi_h \pi_{h_1}$ *zu den vier angenommenen Punkten* $abcd$ *genau dieselbe Beziehung haben, wie diese zu jenen,* d. h. wenn man von $p \pi_e \pi_h \pi_{h_1}$ ausgeht und zu a die drei conjugirten sucht, erhält man bcd, was aus der Projectivität der Punktreihen hervorgeht:

$$\left.\begin{array}{l} abcdp \quad \pi_e\, \pi_h\, \pi_{h_1} \\ badc\pi_e \quad p\, \pi_{h_1}\, \pi_h \end{array}\right\} (e)$$

$$\left.\begin{array}{l} abcdp \quad \pi_e\, \pi_h\, \pi_{h_1} \\ cdab\pi_h \quad \pi_{h_1}\, p\, \pi_e \end{array}\right\} (h)$$

$$\left.\begin{array}{l} abcd\,p \quad \pi_e\, \pi_h\, \pi_{h_1} \\ dcba\,\pi_{h_1}\, \pi_h\, \pi_e\, p \end{array}\right\} (h_1)$$

Schliesslich möge noch eine Frage erörtert werden, welche sich bei geometrischen Untersuchungen öfters darbietet: *Ereignet es sich bei zwei beliebig auf einander gelegten Punktsystemen, dass ein Paar conjugirter Punkte des einen auf ein Paar des andern Punktsystems zu liegen kommt?* Um diese Frage zu entscheiden, müssen wir die drei möglichen Fälle von einander trennen: ob 1) beide Punktsysteme elliptisch sind oder 2) eines elliptisch und das andere hyperbolisch, oder 3) beide hyperbolisch sind. Denken wir uns bei einem Punktsystem jedes Paar conjugirter Punkte als Durchmesser eines Kreises, so erhalten wir nach dem Obigen ein Kreisbüschel und zwar mit zwei reellen Schnittpunkten, wenn das Punktsystem ein elliptisches ist, dagegen mit einer ideellen gemeinschaftlichen Secante (Linie der gleichen Potenzen), wenn das Punktsystem ein hyperbolisches ist. Sind nun ad 1) die beiden auf einander liegenden Punktsysteme elliptisch, so haben die beiden zugehörigen Kreisbüschel reelle Schnittpunkte PQ und $P_1 Q_1$, welche gleich weit abstehen von der gemeinschaftlichen Centrale und symmetrisch liegen zu derselben. Es giebt offenbar einen Kreis durch die vier Punkte PQP_1Q_1, welcher beiden Kreisbüscheln angehört, also die Centrale in einem Punktpaar trifft, welches beiden Punktsystemen gemeinschaftlich ist; dies ist das einzige und immer vorhandene. Ist ferner ad 2) das eine Punktsystem elliptisch, das andere aber hyperbolisch, so hat das eine Kreisbüschel zwei reelle Punkte PQ, das andere keine. Es giebt aber immer einen einzigen leicht zu ermittelnden Kreis des letzteren, welcher durch P und Q geht und dadurch gefunden werden kann, dass man durch P (oder Q) und die beiden Asymptotenpunkte gh des hyperbolischen Punktsystems (Grenzpunkte des Kreisbüschels) einen Kreis legt und einen andern Kreis construirt, der diesen in P und Q rechtwinklig schneidet; letzterer gehört beiden Kreisbüscheln an und bestimmt also auf der Centrale das einzige und immer vorhandene Paar conjugirter Punkte, welches beiden Punktsystemen gemeinschaftlich ist. Sind endlich ad 3) beide auf einander liegenden Punktsysteme hyperbolisch, so haben beide Kreisbüschel ideelle gemeinschaftliche Secanten; seien gh und g_1h_1 die Asymptotenpunkte des einen und andern Punktsystems, und beschreibt man über ihnen als Durchmesser zwei Kreise, so kommt es darauf an zu entscheiden, ob ein Kreis existirt, welcher seinen Mittelpunkt in der Centrale hat und beide zuletzt construirten Kreise rechtwinklig schneidet. Dieser ist nie vorhanden, wenn das eine Paar Asymptotenpunkte durch das andere getrennt wird, also gh einen und nur einen der Punkte g_1h_1 zwischen sich hat. Wenn dagegen das eine Paar durch das andere nicht getrennt wird, also entweder gh ganz ausserhalb g_1h_1 oder ganz zwischen g_1h_1 liegt oder umgekehrt, so giebt es einen einzigen bestimmten Kreis von der verlangten Beschaffenheit, welcher leicht zu ermitteln ist. Dieser bestimmt auf der Centrale das einzige beiden Punktsystemen gemeinschaftliche Paar conjugirter Punkte. Das Resultat dieser mit Hülfe von Kreisbüscheln durchgeführten Untersuchung lässt sich nun unabhängig hiervon so aussprechen:

Zwei auf einander liegende Punktsysteme haben immer ein gemeinschaftliches Paar conjugirter Punkte, sobald sie beide elliptisch sind oder eines elliptisch und das andere hyperbolisch ist. Wenn aber beide hyperbolisch sind, so haben sie nur dann ein reelles Paar conjugirter Punkte gemeinschaftlich, wenn die Asymptotenpunkte des einen Punktsystems durch die des andern nicht getrennt werden; werden sie getrennt (d. h. liegt von den beiden Asymptotenpunkten des einen Punktsystems der eine zwischen, der andere ausserhalb der beiden Asymptotenpunkte des andern Punktsystems), *so existirt kein gemeinschaftliches Paar conjugirter Punkte.* Dass im Allgemeinen nicht zwei Paare conjugirter

Punkte den beiden Punktsystemen gemeinschaftlich sein können, ist an sich klar, weil sonst die Punktsysteme identisch sein müssten. (Vergl. §. 31.)

Hieraus ergiebt sich insbesondere folgende Eigenschaft des elliptischen Punktsystems: *In einem elliptischen Punktsystem giebt es allemal zu einem beliebig gegebenen Paare conjugirter Punkte* $a\alpha$ *ein einziges und bestimmtes anderes Paar* $a^1\alpha^1$, *welches durch das erstere harmonisch getrennt wird*, d. h. so liegt, dass $a\alpha a^1\alpha^1$ vier harmonische Punkte sind, und zwar $a\alpha$, ebenso $a^1\alpha^1$ zugeordnet. Beim hyperbolischen Punktsystem ist dies nicht möglich.

Hat man ein elliptisches Punktsystem, bei dem $a\alpha$ und $a^1\alpha^1$ zwei solche Paare conjugirter Punkte sind, die harmonisch durch einander getrennt werden, so steht der Mittelpunkt o des Punktsystems in eigenthümlicher Beziehung zu den Mittelpunkten der Strecken $a\alpha$ und $a^1\alpha^1$, welche $\mathfrak{m}$ und $\mathfrak{m}^1$ heissen mögen; es sind nämlich $\mathfrak{m}$ und $\mathfrak{m}^1$ ein Paar conjugirter Punkte des gegebenen Punktsystems selbst, und der vierte harmonische Punkt zu $a\alpha o$ ist $\mathfrak{m}^1$, der vierte harmonische zu $a^1\alpha^1 o$ ist $\mathfrak{m}$, also $(a\alpha o\mathfrak{m}^1) = -1$ und $(a^1\alpha^1 o\mathfrak{m}) = -1$. Dies folgt leicht aus elementaren Sätzen, wenn man über $a\alpha$ und $a^1\alpha^1$ als Durchmesser zwei Kreise beschreibt, die sich rechtwinklig schneiden u. s. w.

§. 17. Strahlsystem (Involution von Strahlenpaaren).

Der im vorigen Paragraphen durchgeführten Betrachtung steht eine gleichlaufende zur Seite für zwei in der Weise auf einander liegende (concentrische) projectivische Strahlbüschel, dass die entsprechenden gleichen Winkel des einen oder des anderen System verkehrt auf einander fallen. Da diese Betrachtung der vorigen ohne Schwierigkeit nachgebildet werden kann, so genüge es, nur die Resultate anzuführen, welche auch unmittelbar durch perspectivische Projection aus den vorigen abgeleitet werden können:

Liegen zwei projectivische concentrische Strahlbüschel in der Weise auf einander, dass die Schenkel der entsprechenden rechten Winkel st, s_1t_1 *verkehrt auf einander fallen:* s *auf* t_1 *und* t *auf* s_1, *so fallen die Schenkel sämmtlicher Paare des einen oder andern Systems entsprechender gleicher Winkel* $(xy) = (x_1y_1)$ *oder* $(xy) = (y_1x_1)$ (S. 37) *verkehrt auf einander, nämlich* x *auf* y_1 *und* y *auf* x_1 *und zwar findet dieses für das eine oder andere System statt, je nachdem die Strahlbüschel gleichlaufend oder ungleichlaufend sind.*

Wenn bei zwei concentrischen projectivischen Strahlbüscheln die Schenkel *irgend eines Paares entsprechender gleicher Winkel verkehrt auf einander fallen, xy auf $y_1 x_1$, so fallen sämmtliche Paare von Schenkeln entsprechender gleicher Winkel desjenigen Systems, welchem jenes Paar angehört, verkehrt auf einander.*

Nur bei den Schenkeln der entsprechenden rechten Winkel st, $s_1 t_1$, welche beiden Systemen gemeinschaftlich angehören, kann sowohl das eine, wie das andere System in der angegebenen Weise zur Deckung gebracht werden, indem man die Strahlbüschel einmal gleichlaufend, das andere Mal ungleichlaufend so auf einander legt, dass s auf t_1 und t auf s_1 fällt. Ein solches Doppelgebilde heisst ein *Strahlsystem* (oder eine *Involution von Strahlenpaaren*), die Schenkel irgend eines Paares verkehrt auf einander fallender entsprechender gleicher Winkel *ein Paar conjugirter Strahlen* des Strahlsystems, die Schenkel der auf einander fallenden entsprechenden rechten Winkel $s(t_1)$ und $t(s_1)$ *die Axen des Strahlsystems.* Wenn die das Strahlsystem erzeugenden Strahlbüschel gleichlaufend sind, so heisst dasselbe ein *elliptisches,* wenn sie ungleichlaufend sind, ein *hyperbolisches*; im letzteren Fall liegen die besonderen Strahlen gg_1 auf einander und ebenfalls hh_1; diese beiden Doppelstrahlen heissen die *Asymptoten* des hyperbolischen Strahlsystems; ihre Winkel werden gehälftet durch die Axen; im ersten Fall giebt es keine Doppelstrahlen, es fallen indessen g auf h_1 und h auf g_1, und diese besonderen Strahlen heissen *Potenzstrahlen.*

Sind $x\xi$ irgend ein Paar conjugirter Strahlen des Strahlsystems, m und μ die Axen, so ist immer:

$$\operatorname{tg}(mx) \cdot \operatorname{tg}(m\xi) = \text{const.},$$

also auch:

$$\operatorname{tg}(\mu x) \cdot \operatorname{tg}(\mu\xi) = \text{const.};$$

doch liegt beim elliptischen Strahlsystem ein Paar conjugirter Strahlen $x\xi$ immer so, dass, wenn x in einem Quadranten $(m\mu)$ liegt, ξ in dem nebenliegenden Quadranten sich findet, während beim hyperbolischen Strahlsystem jedes Paar $x\xi$ in demselben Quadranten sich findet, also beim elliptischen Strahlsystem jedes Paar $x\xi$ durch die Axen $m\mu$ getrennt wird, beim hyperbolischen keines; daraus folgt, dass *sämmtliche Paare conjugirter Strahlen eines hyperbolischen Strahlsystems zugeordnet-harmonische Strahlen sind zu den beiden Asymptoten*, und auch umgekehrt: *Alle Paare zugeordnet-harmonischer Strahlen zu zwei festen Strahlen bilden ein hyperbolisches Strahlsystem, dessen beide Asymptoten die beiden festen Strahlen sind.* Beim elliptischen Strahlsystem findet dieses Verhalten nicht statt.

Ein Strahlsystem ist ein in sich projectivisches Doppelgebilde in der Art, dass, wenn man aus jedem Paare conjugirter Strahlen einen herausnimmt und diese als ein Strahlbüschel $abc\ldots$ auffasst, die conjugirten Strahlen $\alpha\beta\gamma\ldots$ ein mit dem ersten projectivisches Strahlbüschel bilden und diese beiden Strahlbüschel in der angegebenen eigenthümlichen Weise auf einander liegen. Wir können dabei die conjugirten Strahlen eines Paares mit einander vertauschen, ohne jene projectivische Beziehung zu alteriren, denn da die Strahlen eines solchen Paares nach der ursprünglichen Entstehung des Strahlsystems als $x(y_1)$ und $x_1(y)$ aufgefasst werden müssen, so können sie sowohl als xx_1 gelten, wie auch als $y_1 y$. Das Strahlsystem besitzt die allgemeine Eigenschaft der Projectivität, dass es auf jeder beliebigen Transversale ein Punktsystem ausschneidet, dessen Paare conjugirter Punkte durch die Paare conjugirter Strahlen fixirt werden, und umgekehrt, jedes Punktsystem mit irgend einem Punkte der Ebene durch Strahlen verbunden liefert ein Strahlsystem.

Ein Strahlsystem ist vollständig bestimmt durch zwei Paare (willkürlich anzunehmender) conjugirter Strahlen; zwischen drei Strahlenpaaren $a\alpha$, $b\beta$, $c\gamma$ finden die aus der Gleichheit der Doppelverhältnisse entspringenden Relationen statt:

$$\text{I}^1.\quad \begin{cases} \dfrac{\sin(ab)\,.\,\sin(a\beta)}{\sin(\alpha b)\,.\,\sin(\alpha\beta)} = \dfrac{\sin(ac)\,.\,\sin(a\gamma)}{\sin(\alpha c)\,.\,\sin(\alpha\gamma)} \\[2ex] \dfrac{\sin(bc)\,.\,\sin(b\gamma)}{\sin(\beta c)\,.\,\sin(\beta\gamma)} = \dfrac{\sin(ba)\,.\,\sin(b\alpha)}{\sin(\beta a)\,.\,\sin(\beta\alpha)} \\[2ex] \dfrac{\sin(ca)\,.\,\sin(c\alpha)}{\sin(\gamma a)\,.\,\sin(\gamma\alpha)} = \dfrac{\sin(cb)\,.\,\sin(c\beta)}{\sin(\gamma b)\,.\,\sin(\gamma\beta)}. \end{cases}$$

$$\text{II}^1.\quad \begin{cases} \sin(a\beta)\cdot\sin(b\gamma)\cdot\sin(c\alpha) = \sin(a\gamma)\cdot\sin(b\alpha)\cdot\sin(c\beta) \\ \sin(a\beta)\cdot\sin(bc)\cdot\sin(\gamma\alpha) = \sin(ac)\cdot\sin(b\alpha)\cdot\sin(\gamma\beta) \\ \sin(b\gamma)\cdot\sin(ca)\cdot\sin(\alpha\beta) = \sin(ba)\cdot\sin(c\beta)\cdot\sin(\alpha\gamma) \\ \sin(c\alpha)\cdot\sin(ab)\cdot\sin(\beta\gamma) = \sin(cb)\cdot\sin(a\gamma)\cdot\sin(\beta\alpha). \end{cases}$$

Es gilt folgendes leicht anzuwendendes Kriterium, um zu erkennen, ob ein Strahlsystem, welches durch zwei gegebene Paare conjugirter Strahlen $a\alpha$, $b\beta$ bestimmt wird, ein elliptisches oder hyperbolisches ist: *Wird das eine Strahlenpaar $a\alpha$ durch das andere $b\beta$ getrennt, also auch umgekehrt (d. h. fällt b in einen Winkelraum $a\alpha$ und β in den Nebenwinkelraum), so ist das Strahlsystem elliptisch; wird dagegen das eine Strahlenpaar durch das andere nicht getrennt, so ist das Strahlsystem hyperbolisch.*

Ein eigenthümliches Auftreten des Strahlsystems (oder Punktsystems) zeigt sich bei folgender Betrachtung: Sind drei beliebige durch einen Punkt gehende Strahlen abc gegeben, so kann man zwei derselben in dreifacher Weise als zugeordnete Strahlen auffassen und zu dem jedesmaligen dritten den zugeordneten vierten harmonischen Strahl construiren; seien b und c zugeordnete und der vierte harmonische zu a zugeordnete: α; anderseits c und a zugeordnete und der vierte harmonische zu b zugeordnete: β, endlich a und b zugeordnete und der vierte harmonische zu c zugeordnete: γ; dann ist:

$$(cba\alpha) = -1 \qquad (acb\beta) = -1 \qquad (bac\gamma) = -1.$$

Aus der Gleichheit der Doppelverhältnisse:

$$(acb\beta) = (abc\gamma)$$

folgt, dass b und c als ein Paar, β und γ als ein zweites Paar conjugirter Strahlen eines Strahlsystems genommen werden dürfen, welches a zu einer Asymptote haben muss; die andere Asymptote ist aber α, weil es zu a der vierte harmonische Strahl ist, während b und c das andere Paar zugeordneter Strahlen sind; mithin müssen auch a und α harmonisch liegen zu β und γ, also:

$$(\gamma\beta\alpha a) = -1, \text{ ebenso } (\alpha\gamma\beta b) = -1 \text{ und } (\beta\alpha\gamma c) = -1.$$

Es findet daher zwischen den 6 Strahlen $abc\alpha\beta\gamma$ das eigenthümliche reciproke Verhalten statt, dass *die drei ersten von den drei letzten ebenso abhängen, wie die drei letzten von den ersten.*

Aus der Relation:

$$(cba\alpha) = (\gamma\beta\alpha a)$$

folgt sodann, dass $a\alpha$, $b\beta$, $c\gamma$ *drei Paare conjugirter Strahlen eines Strahlsystems* oder sechs Strahlen in Involution sind; ebenso bilden aber auch $a\alpha$, $b\gamma$, $c\beta$ eine Involution, $a\gamma$, $b\beta$, $c\alpha$ eine neue und endlich $a\beta$, $b\alpha$, $c\gamma$; von diesen vier Involutionen ist die erste elliptisch, die drei andern sind hyperbolisch; ihre Asymptoten bilden selbst eine elliptische Involution, welche mit der ersteren zusammenfällt.

Obwohl wir sehen, dass die durch die drei Elementenpaare $a\alpha$, $b\beta$, $c\gamma$ bestimmte Involution eine elliptische ist, so können wir doch im algebraischen Sinne nach den Doppelelementen derselben: ii_1 fragen, welche sowohl durch $a\alpha$, als auch durch $b\beta$ und durch $c\gamma$ harmonisch getrennt werden müssen; da aber auch bc durch $a\alpha$ harmonisch getrennt werden, so gehören ii_1 und bc einer Involution an, deren eines Doppelelement a ist; wir haben demnach folgende projectivische Reihen:

$$(ii_1abc) = (i_1iacb) \quad \text{und ebenso wegen } b\beta$$
$$(ii_1abc) = (i_1icba) \quad \text{und } c\gamma.$$
$$(ii_1abc) = (i_1ibac)$$

und hieraus folgt:

$$(ii_1ab) = (ii_1ca) = (ii_1bc) \quad \text{oder}$$
$$(ii_1abc) = (ii_1bca) = (ii_1cab) \,.$$

Hieraus ergeben sich die Werthe der Doppelverhältnisse $(iabc)$ und (i_1abc); setzen wir $(iabc) = x$, so folgt aus den Gleichheiten:

$$(iabc) = (ibca) = (icab)$$

$$x = \frac{1}{1-x} = \frac{x-1}{x}$$

d. h. die quadratische Gleichung:

$$x^2 - x + 1 = 0 = \frac{x^3+1}{x+1}$$

deren beide imaginäre Wurzeln:

$$\frac{1+\sqrt{-3}}{2} \text{ und } \frac{1-\sqrt{-3}}{2}$$

die Werthe der Doppelverhältnisse:

$$(iabc) \text{ und } (i_1abc)$$

sind, d. h. die imaginären cubischen Wurzeln der negativen Einheit. Ein solches System von 5 Elementen $abcii_1$, von denen die beiden letzten imaginär sind, nennt man ein *äquianharmonisches System von 5 Elementen**), weil zu drei willkürlichen Elementen abc das vierte i dadurch bestimmt wird, dass von den Werthen, welche das Doppelverhältniss $(iabc)$ durch Vertauschung der Elemente überhaupt annehmen kann, die drei verschiedenen:

$$\frac{1}{x} \qquad 1-x \qquad \frac{x}{x-1}$$

einander *gleich* werden; diese Bedingung erfüllen die beiden imaginären Elemente ii_1; aus der vorigen Betrachtung ergeben sie sich als die beiden imaginären Doppelelemente einer elliptischen Involution: $a\alpha$, $b\beta$, $c\gamma$. Wir erkennen sie aber auch als die Doppelelemente zweier in anderer Weise auf einander liegender projectivischer Gebilde: wenn wir die Projectivität zweier auf einander liegender Gebilde dadurch bestimmen, dass wir die 3 Paare von Elementen sich entsprechen lassen: $\left\{\begin{matrix} abc \\ bca \end{matrix}\right\}$, so sind die Doppelelemente ii_1; dieselben Doppelelemente gehen hervor, wenn wir sich entsprechen lassen: $\left\{\begin{matrix} abc \\ cab \end{matrix}\right\}$, oder beide Fälle vereinigt, wenn wir die Elemente abc cyclisch fortschreiten lassen; daher werden die in solcher Weise auf einander liegenden Gebilde auch *cyclisch-projectivisch* genannt. (Vgl. Aufgaben und Sätze am Ende dieses Abschnitts.)

---

*) Siehe: *Cremona:* Introduzione ad una teoria geometrica delle curve piane, Bologna 1862, Seite 21.

Endlich müssen wir noch zwei besondere Fälle eines Strahlsystems erwähnen, in welchen dieses einen sehr einfachen Charakter annimmt.

Im Allgemeinen giebt es in jedem Strahlsystem nur *ein* Paar zu einander rechtwinkliger conjugirter Strahlen, die Axen des Strahlsystems, weil es im Allgemeinen bei zwei projectivischen Strahlbüscheln nur ein Paar entsprechender rechter Winkel giebt. Andererseits dürfen wir aber zur Bestimmung des Strahlsystems zwei Paare conjugirter Strahlen willkürlich annehmen, und es steht uns frei, diese Paare $a\alpha$, $b\beta$ so anzunehmen, dass nicht allein a und α zu einander rechtwinklig sind, sondern auch b und β, also ein Strahlsystem zu bilden, welches zwei Paare rechtwinkliger conjugirter Strahlen hat; ein solches Strahlsystem muss natürlich ein elliptisches sein, weil zwei rechte Winkel, die denselben Scheitel haben, einander nothwendig trennen; betrachten wir $a\alpha$ als die Axen dieses Strahlsystems, so ist:

$$\operatorname{tg}(ax)\cdot\operatorname{tg}(a\xi) = \text{const} = \operatorname{tg}(ab)\cdot\operatorname{tg}(a\beta)\,,$$

weil aber

$$(a\beta) = (ab) + 90^0 \text{ und } \operatorname{tg}(a\beta) = -\frac{1}{\operatorname{tg}(ab)} \text{ ist, so folgt:}$$

$$\operatorname{tg}(ax)\cdot\operatorname{tg}(a\xi) = -1\,,$$

und hieraus ergiebt sich wieder, dass der Strahl ξ auf dem conjugirten Strahl x senkrecht stehen muss, *also sämmtliche Paare conjugirter Strahlen bilden rechte Winkel.* Ein solches besonderes Strahlsystem, welches nur aus rechten Winkeln besteht, die denselben Scheitel haben, welches also nicht nur *ein* Axenpaar, sondern unendlich viele Axenpaare hat, soll ein *circulares Strahlsystem* heissen und ist ein specieller Fall eines elliptischen Strahlsystems. Wir schliessen also: *Wenn ein Strahlsystem zwei Paare rechtwinkliger conjugirter Strahlen hat, so sind sämmtliche Paare conjugirter Strahlen rechtwinklig zu einander und das Strahlsystem ist ein circulares Strahlsystem.*

Zweitens wissen wir, dass jedes Paar conjugirter Strahlen eines hyperbolischen Strahlsystems zugeordnet-harmonische Strahlen zu den Asymptoten sind; nehmen wir nun insbesondere die beiden Asymptoten, welche zwei (zusammenfallende) Strahlenpaare vertreten, also zur Bestimmung des Strahlsystems gerade ausreichen, auf einander rechtwinklig an, so muss jedes Paar $x\xi$ mit ihnen gleiche Winkel bilden (S. 16); hieraus geht ein Strahlsystem besonders einfacher Art hervor, welches ein *gleichseitig-hyperbolisches Strahlsystem* heisst und die charakteristische Eigenschaft besitzt, dass seine Asymptoten zu einander rechtwinklig sind, also mit den Axen Winkel von 45^0 bilden; wir können auch sagen: Alle durch einen Punkt gehenden Strahlenpaare, welche zu einem festen Strahl gleich geneigt sind, bilden ein gleichseitig-hyperbolisches Strahlsystem.

Die involutorische Lage zweier projectivischer Gebilde tritt nicht allein bei gleichartigen Gebilden auf, deren Träger zusammenfallen, also bei zwei aufeinander liegenden Punktreihen und bei zwei concentrischen Strahlbüscheln, sondern kann auch bei zwei verschiedenartigen Gebilden: einem Strahlbüschel und einer Punktreihe, deren Träger beliebig in der Ebene liegen und die in projectivischer Beziehung stehen, vorkommen. Dies ist der Fall, wenn die beiden Gebilde $B\,(abc\ldots x\ldots)$ und $\mathfrak{A}_1\,(\mathfrak{a}_1\mathfrak{b}_1\mathfrak{c}_1\ldots\mathfrak{x}_1\ldots)$ derartig liegen, dass jeder Strahl x des Strahlbüschels durch einen Punkt $\mathfrak{y}_1$ der Punktreihe geht, dessen entsprechender Strahl y den dem Strahle x entsprechenden Punkt $\mathfrak{x}_1$ enthält. Dies tritt immer ein, sobald es nur *einmal* eintritt, und es bilden alsdann die Strahlenpaare xy ein Strahlsystem, die Punktpaare $\mathfrak{y}_1\mathfrak{x}_1$ ein Punktsystem; dieses liegt mit jenem perspectivisch. Wir sagen daher Strahlbüschel (B) und Punktreihe $(\mathfrak{A}_1)$ liegen *involutorisch*, ein Verhalten, welches sich nicht selten bei geometrischen Untersuchungen darbietet z. B. bei Pol und Polare eines Kegelschnitts (§. 30).

§. 18. Vorkommen von Punktsystemen und Strahlsystemen beim vollständigen Viereck und Vierseit. Die Hauptsätze der Theorie der Transversalen.

Punktsysteme und Strahlsysteme treten bei sehr vielen geometrischen Untersuchungen auf; zuerst wurden sie bemerkt bei der Figur des vollständigen Vierecks und Vierseits. Sei $ABCD$ ein vollständiges Viereck, und mögen sich die drei Seitenpaare:

BC, DA in x,
CA, DB in y;
AB, DC in z,

Fig. 24.

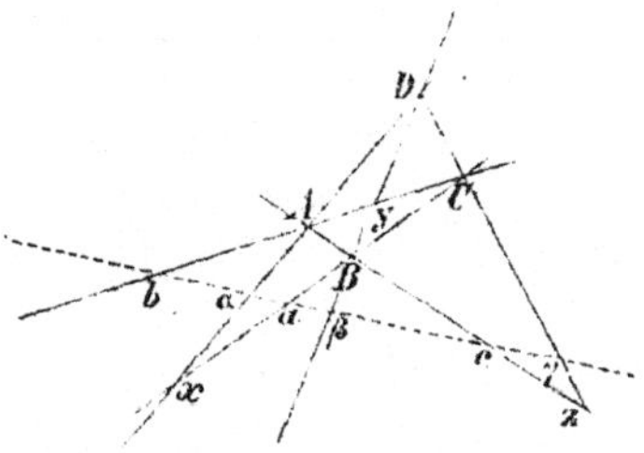

den drei Diagonalpunkten, treffen; schneiden wir diese sechs Seiten des vollständigen Vierecks durch irgend eine Transversale (beliebige gerade Linie in der Ebene) und bezeichnen (Fig. 24) die Schnittpunkte

des Seitenpaars BC, DA auf ihr mit a und α,
- - CA, DB - - - b - β,
- - AB, DC - - - c - γ,

so ist zunächst identisch das Doppelverhältniss:

$$(axCB) = (xaBC) \qquad \text{(Seite 7).}$$

Die vier Punkte links $axCB$ von A aus auf die Transversale projicirt und rechts $xaBC$ von D aus projicirt liefern die Gleichheit der Doppelverhältnisse:

$$(a\alpha bc) = (\alpha a\beta\gamma);$$

auf der Transversale finden sich also vier Paare entsprechender Punkte zweier projectivischer Punktreihen dergestalt, dass die entsprechenden gleichen Strecken $a\alpha$ und αa verkehrt auf einander fallen; die Punktreihen bilden also (Seite 49) ein Punktsystem, d. h. $a\alpha$, $b\beta$, $c\gamma$ sind drei Paare conjugirter Punkte eines Punktsystems oder sechs Punkte in Involution; also gilt der Satz:

Werden die drei Seitenpaare eines vollständigen Vierecks durch eine beliebige Transversale geschnitten, so bilden die Schnittpunkte drei Paare conjugirter Punkte eines Punktsystems (oder sind sechs Punkte in Involution).

Dieser Satz enthält als speciellen Fall in sich die harmonische Eigenschaft des vollständigen Vierseits (S. 18), denn geht die beliebige Transversale insbesondere durch zwei Diagonalpunkte xy, so werden diese die Asymptotenpunkte des Punktsystems (zusammenfallende conjugirte Punkte) und die Schnittpunkte des dritten Seitenpaares müssen zu den Asymptotenpunkten harmonisch liegen (S. 51). Der Satz selbst ist aber wiederum nur ein specieller Fall eines allgemeineren, den wir später finden werden und bei welchem das ganze Punktsystem zum Vorschein kommt (§. 40). Aus dieser Eigenschaft des vollständigen Vierecks ergiebt sich eine lineare *Construction* beliebig vieler Punktpaare eines Punktsystems, von welchem zwei Paare conjugirter Punkte $a\alpha$ und $b\beta$ gegeben sind; um nämlich zu irgend einem Punkte c des Trägers den conjugirten γ zu finden, ziehe man durch c eine beliebige Gerade und nehme auf ihr zwei beliebige Punkte A und B an; verbindet man A und B mit a und α, b und β und suche die Schnittpunkte $(Aa, Bb) = P$ und $(A\beta, B\alpha) = Q$ auf, dann geht PQ durch den gesuchten Punkt γ, weil $ABPQ$ ein Viereck ist, dessen drei Seitenpaare in sechs Punkten der Involution getroffen werden.

Es drängt sich hierbei die Frage auf, wann für verschiedene Lagen der Transversale das Punktsystem elliptisch und wann es hyperbolisch wird. Nach dem auf S. 55 angegebenen Kriterium brauchen wir bei der Bewegung der Transversale nur zwei Paare conjugirter Punkte $a\alpha$, $b\beta$ zu verfolgen und nachzusehen, ob das eine Paar durch das andere getrennt wird oder nicht; hierbei stellt sich nun das leicht erkennbare Verhalten heraus: *Sobald von den vier Ecken des vollständigen*

Vierecks eine gerade Anzahl zu beiden Seiten der Transversale liegt (zwei oder vier auf der einen und zwei oder keine auf der andern), ist das Punktsystem hyperbolisch; liegt aber eine ungerade Anzahl zu beiden Seiten der Transversale (also eine oder drei Ecken auf einer Seite und drei oder eine auf der andern), so ist das Punktsystem elliptisch.

Dieses Kriterium gilt indessen nur dann, wenn die vier Ecken des vollständigen Vierecks so liegen, dass jede ausserhalb des von den drei andern gebildeten Dreiecks sich befindet (Fig. 24); liegen sie dagegen so, dass eine innerhalb des von den drei andern gebildeten Dreiecks sich befindet, so tritt gerade das umgekehrte Verhalten ein: *Liegt eine gerade Anzahl von Ecken zu beiden Seiten der Transversale, so ist das Punktsystem elliptisch, liegt eine ungerade Anzahl von Ecken zu beiden Seiten derselben, so ist das Punktsystem hyperbolisch*).*

Ein besonderer Fall der Eigenschaft des vollständigen Vierecks führt zu einem Hauptsatze der sogenannten *Transversalen-Theorie.* Denken wir uns nämlich eine der vier Ecken des vollständigen Vierecks ins Unendliche gerückt, es sei D, so werden die drei Strahlen DA, DB, DC parallel und es bleibt nur das Dreieck ABC im Endlichen, dessen Seiten von einer Transversale in den Punkten abc geschnitten werden, während drei durch die Ecken ABC in beliebiger Richtung gezogene Parallelen die Transversale in $\alpha\beta\gamma$ treffen (Fig. 25). Fassen wir nun die in §. 16 gefundene Relation II. für sechs Punkte einer Involution:

Fig. 25.

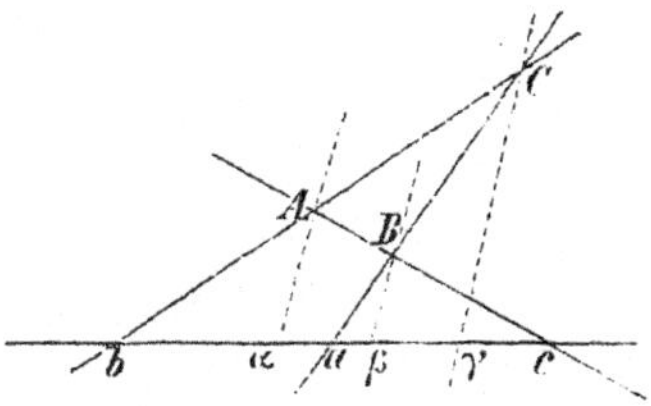

$$a\beta \,.\, b\gamma \,.\, c\alpha = a\gamma \,.\, b\alpha \,.\, c\beta$$

*) Ein Punktsystem tritt auch bei beliebig auf einander gelegten Trägern zweier projectivischer Punktreihen auf, deren Doppelpunkte reell sind; seien nämlich $\mathfrak{a}\mathfrak{a}_1$ und $\mathfrak{b}\mathfrak{b}_1$ irgend zwei Paare entsprechender Punkte zweier projectivischer Punktreihen, deren Träger zusammen liegen, und $\mathfrak{g}$ und $\mathfrak{h}$ die Doppelpunkte, so findet die Gleichheit der Doppelverhältnisse statt:

$$(\mathfrak{g}\mathfrak{h}\mathfrak{a}\mathfrak{b}) = (\mathfrak{g}\mathfrak{h}\mathfrak{a}_1\mathfrak{b}_1)$$
$$= (\mathfrak{h}\mathfrak{g}\mathfrak{b}_1\mathfrak{a}_1) \quad \text{(Seite 7)},$$

und da die Strecke $\mathfrak{g}\mathfrak{h}$ verkehrt auf die Strecke $\mathfrak{h}\mathfrak{g}$ fällt, so bilden (Seite 55) $\mathfrak{a}\mathfrak{b}_1$, $\mathfrak{a}_1\mathfrak{b}$ und $\mathfrak{g}\mathfrak{h}$ ein Punktsystem oder sind 6 Punkte in Involution, also:

Sind bei zwei beliebig auf einander liegenden projectivischen Punktreihen $\mathfrak{a}$ *und* $\mathfrak{a}_1$, $\mathfrak{b}$ *und* $\mathfrak{b}_1$ *zwei Paare entsprechender Punkte und* $\mathfrak{g}$ *und* $\mathfrak{h}$ *die Doppelpunkte, so sind immer die drei Punktpaare* $\mathfrak{a}\mathfrak{b}_1$, $\mathfrak{b}\mathfrak{a}_1$ *und* $\mathfrak{g}\mathfrak{h}$ *drei Paare conjugirter Punkte eines Punktsystems oder sechs Punkte in Involution.*

Hieraus folgt insbesondere:

ins Auge und ersetzen wegen der Parallelität die Verhältnisse der Abschnitte auf der Transversale durch die analogen Verhältnisse der Abschnitte auf den Dreieckseiten:

$$\frac{a\beta}{a\gamma} = \frac{aB}{aC}; \quad \frac{b\gamma}{b\alpha} = \frac{bC}{bA}; \quad \frac{c\alpha}{c\beta} = \frac{cA}{cB};$$

d. h. ersetzen wir die Buchstaben $\alpha\beta\gamma$ durch ABC, so finden wir:

$$Ab \cdot Bc \cdot Ca = Ac \cdot Ba \cdot Cb,$$

d. h.: *Werden die Seiten eines Dreiecks ABC durch eine Gerade (Transversale) in den Punkten abc getroffen, so bestimmt jeder Schnittpunkt auf der betreffenden Seite zwei Abschnitte: aB und aC, bC und bA, cA und cB; das Product dreier nicht zusammenstossender Abschnitte ist gleich dem Product der drei übrigen nicht zusammenstossenden Abschnitte.*

Fassen wir die vorige Relation in der Gestalt auf:

1. $$\frac{aB}{aC} \cdot \frac{bC}{bA} \cdot \frac{cA}{cB} = 1,$$

so drückt jeder Factor das Verhältniss der beiden Abschnitte aus, welche der Schnittpunkt der Transversale und je einer Seite auf dieser bildet, und die Bedingung dafür, dass die drei Punkte abc in gerader Linie liegen, ist die, dass das Product dieser drei Verhältnisse $= 1$ sei; es giebt aber auf jeder Seite des Dreiecks noch einen zweiten Theilpunkt, welcher absolut genommen dasselbe Verhältniss der Abschnitte darbietet, seiner Lage nach aber das entgegengesetzte (S. 10), nämlich den jedesmaligen vierten harmonischen Punkt, welcher dem Schnittpunkt mit der Transversale zugeordnet ist, während die beiden Ecken der Dreiecksseite das andere Paar zugeordneter Punkte sind; bezeichnen wir diese vierten harmonischen Punkte entsprechend mit $a_1 b_1 c_1$ (Fig. 26), so haben wir:

2. $$\frac{aB}{aC} + \frac{a_1 B}{a_1 C} = 0; \quad \frac{bC}{bA} + \frac{b_1 C}{b_1 A} = 0; \quad \frac{cA}{cB} + \frac{c_1 A}{c_1 B} = 0 \text{ (Seite 12).}$$

Fig. 26.

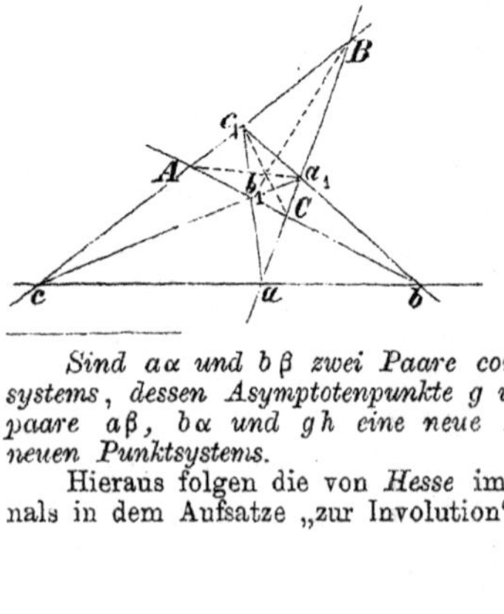

Was nun die Lage der Punkte $a_1 b_1 c_1$ betrifft, so sind sie leicht zu construiren nach §. 8; man verbinde den Schnittpunkt (Aa, Bb) mit C, so schneidet ihre Verbindungslinie die Gerade AB in c_1 wegen der Eigenschaft des vollständigen Vierecks $AaBb$.

Sind $a\alpha$ und $b\beta$ zwei Paare conjugirter Punkte eines hyperbolischen Punktsystems, dessen Asymptotenpunkte g und h sind, so bilden immer die drei Punktpaare $a\beta$, $b\alpha$ und gh eine neue Involution oder sind drei Punktpaare eines neuen Punktsystems.

Hieraus folgen die von *Hesse* im 63. Bande des Crelle-Borchardt'-schen Journals in dem Aufsatze „zur Involution“ Seite 179 angegebenen Sätze.

Es schneiden sich also Aa, Bb, Cc_1 in einem Punkte,
ebenso Bb, Cc, Aa_1 - - - ,
- Cc, Aa, Bb_1 - - - .

Ferner liegen cb_1a_1 in einer geraden Linie, weil die vier von c nach bCb_1A gehenden Strahlen vier harmonische sind und daher auch die Gerade CB in vier harmonischen Punkten treffen müssen; von diesen sind drei aCB, der vierte harmonische dem a zugeordnete ist a_1, folglich muss der vierte Strahl cb_1 durch a_1 gehen, also liegen

$c\,b_1\,a_1$ in einer Geraden,
ebenso $a\,c_1\,b_1$ - - - ,
- $b\,a_1\,c_1$ - - - ;

endlich schneiden sich auch

$$Aa_1\quad Bb_1\quad Cc_1$$

in einem Punkte wegen der harmonischen Eigenschaft des vollständigen Vierecks ABa_1b_1.

Führen wir in die Relation 1. die Punkte $a_1b_1c_1$ ein vermittelst der Beziehungen 2., so ergiebt sich:

$$\text{I.}\quad\begin{cases} \dfrac{aB}{aC}\cdot\dfrac{bC}{bA}\cdot\dfrac{cA}{cB}=1 & (a\,b\,c \text{ in gerader Linie}) \\[2ex] \dfrac{aB}{aC}\cdot\dfrac{b_1C}{b_1A}\cdot\dfrac{c_1A}{c_1B}=1 & (a\,b_1c_1\ \text{- - -}) \\[2ex] \dfrac{a_1B}{a_1C}\cdot\dfrac{bC}{bA}\cdot\dfrac{c_1A}{c_1B}=1 & (a_1b\,c_1\ \text{- - -}) \\[2ex] \dfrac{a_1B}{a_1C}\cdot\dfrac{b_1C}{b_1A}\cdot\dfrac{cA}{cB}=1 & (a_1b_1c\ \text{- - -}) \end{cases}$$

$$\text{II.}\quad\begin{cases} \dfrac{a_1B}{a_1C}\cdot\dfrac{b_1C}{b_1A}\cdot\dfrac{c_1A}{c_1B}=-1 & (Aa_1,\ Bb_1,\ Cc_1 \text{ schneiden sich in 1 Punkte}) \\[2ex] \dfrac{a_1B}{a_1C}\cdot\dfrac{bC}{bA}\cdot\dfrac{cA}{cB}=-1 & (Aa_1,\ Bb,\ Cc\ \text{- - - - -}) \\[2ex] \dfrac{aB}{aC}\cdot\dfrac{b_1C}{b_1A}\cdot\dfrac{cA}{cB}=-1 & (Aa,\ Bb_1,\ Cc\ \text{- - - - -}) \\[2ex] \dfrac{aB}{aC}\cdot\dfrac{bC}{bA}\cdot\dfrac{c_1A}{c_1B}=-1 & (Aa,\ Bb,\ Cc_1\ \text{- - - - -}). \end{cases}$$

Da (Seite 9) der Werth eines solchen Verhältnisses $\frac{xA}{xB}$ positiv oder negativ ist, je nachdem der Theilungspunkt x ausserhalb der Strecke AB oder zwischen A und B liegt, und das Product dreier solcher Factoren nur positiv sein kann, wenn keiner oder zwei von ihnen negativ sind, dagegen negativ ist, wenn einer oder alle drei negativ sind, so folgt aus I., dass, wenn eine gerade Linie die Seiten eines Dreiecks trifft, von den Schnittpunkten entweder keiner oder zwei zwischen den Dreiecksecken liegen müssen, aus II., dass, wenn drei durch einen Punkt und die Ecken eines Dreiecks gehende Strahlen die Seiten desselben in drei Punkten treffen, entweder nur einer oder alle drei zwischen den Dreiecksecken liegen müssen, und dass in beiden Fällen von den sechs durch die Theilungspunkte auf den Seiten gebildeten Abschnitten das Product dreier nicht zusammenstossender gleich dem Product der drei andern ist.

Diese Erweiterung des vorigen Satzes gestattet jetzt die Umkehrung desselben, welche folgendermassen lautet: *Wenn in den Seiten eines Dreiecks (oder deren Verlängerungen) ABC sich drei Punkte abc finden, von solcher Beschaffenheit, dass von den sechs Abschnitten, welche auf den Dreiecksseiten durch die Punkte abc gebildet werden: aB, aC, bC, bA, cA, cB, das (absolut genommene) Product dreier nicht zusammenstossender gleich dem Product der drei andern nicht zusammenstossenden Abschnitte ist, so liegen entweder die drei Punkte abc in gerader Linie* $\left(\frac{aB}{aC}\cdot\frac{bC}{bA}\cdot\frac{cA}{cB}=+1\right)$, *sobald von ihnen keiner oder zwei zwischen den Dreiecksecken liegen; oder die drei Verbindungslinien Aa, Bb, Cc schneiden sich in einem Punkte* $\left(\frac{aB}{aC}\cdot\frac{bC}{bA}\cdot\frac{cA}{cB}=-1\right)$, *sobald von den Punkten abc einer oder alle drei zwischen den Dreiecksecken liegen.* In dieser Gestalt liefert der Satz ein nützliches und oft angewendetes Kriterium, um zu erkennen, ob gewisse drei Punkte in gerader Linie liegen oder gewisse drei Linien sich in einem Punkte schneiden, und ist das Fundament einer umfangreichen und vorzüglich von französischen Geometern (*Carnot*, *Brianchon*, *Poncelet* u. A.) ausgebildeten Theorie (théorie des transversales). Die umgekehrten Sätze sind seit langer Zeit bekannt und stammen von Menelaos und de Céva her. Zugleich ergiebt sich beiläufig der Satz:

Werden die Seiten eines Dreiecks durch eine Transversale geschnitten und die zu den Schnittpunkten und je zwei Dreiecksecken zugeordneten vierten harmonischen Punkte auf den Dreiecksseiten mit den gegenüberliegenden Ecken verbunden, so laufen diese drei Linien durch einen Punkt, und umgekehrt: *Verbindet man einen Punkt in der Ebene eines Dreiecks mit den Ecken desselben und construirt zu diesen drei Strahlen den jedesmaligen vierten harmonisch-zugeordneten Strahl, indem je zwei Dreiecksseiten das andere Paar zugeordneter Strahlen sind, so treffen die so construirten drei Strahlen die gegenüberliegenden Dreiecksseiten in drei Punkten, welche in einer Geraden liegen.*

Dieser Satz ist von besonderem Interesse darum, weil er eine eigenthümliche (reciproke) Zuordnung von sämmtlichen Geraden einer

Ebene zu den Punkten derselben hervorruft, worauf hier näher einzugehen der Raum nicht gestattet. Es bleibt noch übrig, die analoge Betrachtung für das vollständige Vierseit, d. h. vier beliebige in der Ebene liegende gerade Linien anzustellen; da der Gang der Untersuchung aber genau derselbe ist, so genüge es, die Resultate anzugeben:

Werden die drei Paar Gegenecken eines vollständigen Vierseits d. h. wenn 𝔄𝔅ℭ𝔇 die Seiten des vollständigen Vierseits, vier beliebige unendlich lange Gerade in der Ebene, bedeuten, die Schnittpunktpaare:

(𝔄, 𝔅) und (ℭ, 𝔇)
(𝔄, ℭ) - (𝔅, 𝔇)
(𝔄, 𝔇) - (𝔅, ℭ)

mit irgend einem Punkte der Ebene durch gerade Linien verbunden, so bilden dieselben drei Paare conjugirter Strahlen eines Strahlsystems oder sind sechs Strahlen in Involution.

Wenden wir das oben gegebene Kriterium (Seite 61) an, um zu entscheiden, wann das Strahlsystem ein elliptisches und wann es ein hyperbolisches wird, so finden wir für die Lage des Punktes in dem einen oder andern Falle verschiedene Regionen der Ebene. Durch die vier geraden Linien 𝔄𝔅ℭ𝔇 wird nämlich die ganze unendliche Ebene in elf Gebiete zerschnitten, von denen drei einen endlichen, die andern acht einen unendlich grossen Inhalt haben; von diesen elf Räumen sind fünf von solcher Beschaffenheit, dass, wenn in ihnen der Punkt liegt, sein Strahlsystem hyperbolisch wird (wir haben diese Räume in Fig. 27 mit h bezeichnet), die andern sechs Räume aber liefern für jeden in ihnen enthaltenen Punkt ein elliptisches Strahlsystem. Die Seiten des vollständigen Vierseits trennen die Räume (h) von den Räumen (e).

Die fünf Räume h sind gerade diejenigen, in welche die drei Diagonalen des vollständigen Vierseits hineinfallen, während die sechs Räume e von den Diagonalen nicht getroffen werden.

Fig. 27.

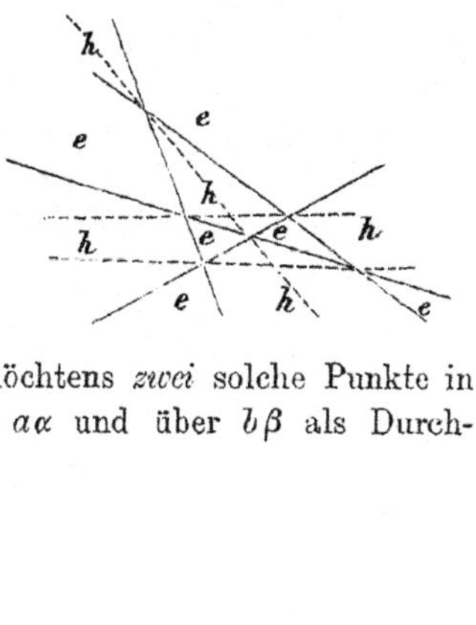

Insbesondere kann man nach solchen Punkten P in der Ebene fragen, für welche das Strahlsystem, welches nach den drei Paar Gegenecken des vollständigen Vierseits $a\alpha$, $b\beta$, $c\gamma$ geht, ein *circulares* wird. Es giebt im Allgemeinen und höchtens *zwei* solche Punkte in der Ebene; denn beschreibt man über $a\alpha$ und über $b\beta$ als Durchmesser zwei Kreise, so schneiden sich dieselben in den gesuchten Punkten P und P'; es muss also auch der Kreis, welcher über $c\gamma$ als Durchmesser beschrieben wird, durch dieselben beiden Punkte P und P' gehen, weil alle Paare conjugirter Strahlen eines circularen Strahlsystems auf einander rechtwinklig sind; hieraus folgt, dass *die Mitten der drei Diagonalen $a\alpha$, $b\beta$, $c\gamma$ eines vollständigen Vierseits auf einer Geraden liegen müssen.* Diese Eigenschaft bleibt erhalten, auch wenn die Kreise über $a\alpha$ und $b\beta$ als Durchmesser sich nicht treffen, also die Punkte P und P' nicht reell sind. (Siehe §. 45.)

Fragt man nach solchen Punkten P in der Ebene des vollständigen Vierseits, für welche das zugehörige Strahlsystem ein *gleichseitig-hyperbolisches* wird, so ergiebt sich als Ort derselben eine Curve dritten Grades von besonderer Art*).

Lassen wir *eine* von den vier Geraden (sei es $\mathfrak{D}$) in die Unendlichkeit rücken dadurch, dass wir zwei ihrer Schnittpunkte ins Unendliche versetzen, womit die ganze gerade Linie ins Unendliche geht, also auch ihr dritter Schnittpunkt, so bleibt nur ein Dreiseit $\mathfrak{A}\mathfrak{B}\mathfrak{C}$ im Endlichen zurück; die drei Diagonalen werden die durch die Ecken des Dreiseits zu den Seiten gezogenen Parallelen; verbinden wir einen beliebigen Punkt P der Ebene mit den Ecken des Dreiseits und ziehen durch ihn Parallele zu den gegenüberliegenden Dreiecksseiten, so erhalten wir in P sechs Strahlen in Involution; bezeichnen wir mit $\mathfrak{a}\mathfrak{b}\mathfrak{c}$ die ersteren drei Strahlen und mit $\alpha\beta\gamma$ die letzteren, so gilt nach §. 17 II[1]. die Relation:

$$\sin(\mathfrak{a}\beta)\sin(\mathfrak{b}\gamma)\sin(\mathfrak{c}\alpha) = \sin(\mathfrak{a}\gamma)\sin(\mathfrak{b}\alpha)\sin(\mathfrak{c}\beta);$$

weil aber $\alpha\beta\gamma$ resp. parallel laufen $\mathfrak{A}\mathfrak{B}\mathfrak{C}$, so können wir auch schreiben:

$$\frac{\sin(\mathfrak{a}\mathfrak{B})}{\sin(\mathfrak{a}\mathfrak{C})}\cdot\frac{\sin(\mathfrak{b}\mathfrak{C})}{\sin(\mathfrak{b}\mathfrak{A})}\cdot\frac{\sin(\mathfrak{c}\mathfrak{A})}{\sin(\mathfrak{c}\mathfrak{B})} = 1$$

und erhalten den Satz:

Verbindet man bei einem Dreiseit $\mathfrak{A}\mathfrak{B}\mathfrak{C}$ die Ecken desselben ($\mathfrak{A}$, $\mathfrak{B}$) ($\mathfrak{B}$, $\mathfrak{C}$) ($\mathfrak{C}$, $\mathfrak{A}$) *mit einem beliebigen Punkte der Ebene durch Strahlen* $\mathfrak{c}$, $\mathfrak{a}$, $\mathfrak{b}$, *so zerfällt jeder Winkel des Dreiseits durch je einen dieser Strahlen in zwei Theilwinkel:* ($\mathfrak{c}\mathfrak{A}$), ($\mathfrak{c}\mathfrak{B}$), ($\mathfrak{a}\mathfrak{B}$), ($\mathfrak{a}\mathfrak{C}$), ($\mathfrak{b}\mathfrak{C}$), ($\mathfrak{b}\mathfrak{A}$); *das Product der sinus dreier solcher Theilwinkel, deren Schenkel nicht an einander stossen, ist gleich dem Product der sinus der drei übrigen.*

Die Vervollständigung und Umkehrung dieses Satzes lautet, analog dem Obigen, wie folgt:

Wenn durch die Ecken eines Dreiseits $\mathfrak{A}\mathfrak{B}\mathfrak{C}$ drei Strahlen $\mathfrak{a}\mathfrak{b}\mathfrak{c}$ von

---

*) S. Math. Annalen. Bd. V. Seite 50.

solcher Beschaffenheit gehen, dass von den sechs Theilwinkeln, in welche die Winkel des Dreiseits durch die Strahlen zerfallen: (𝔞𝔅) (𝔞ℭ), (𝔟ℭ) (𝔟𝔄), (𝔠𝔄) (𝔠𝔅) *das Product* (absolut genommen) *der sinus dreier, die keinen gemeinschaftlichen Schenkel haben, gleich dem Product der sinus der drei andern Theilwinkel ist, so schneiden sich 1) entweder die drei Strahlen* 𝔞 𝔟 𝔠 *in einem Punkte, nämlich sobald von den Schnittpunkten* (𝔄, 𝔞) (𝔅, 𝔟) (ℭ, 𝔠) *der Strahlen mit den gegenüberliegenden Seiten des Dreiseits einer oder alle drei zwischen den Ecken des Dreiseits liegen, oder 2) diese drei Schnittpunkte der Strahlen* 𝔞 𝔟 𝔠 *mit den gegenüberliegenden Seiten* 𝔄 𝔅 ℭ *liegen in einer geraden Linie, sobald von ihnen keiner oder zwei zwischen die Ecken des Dreiseits fallen.*

Es liegt nicht in unserer Absicht, auf die mannichfachen Anwendungen dieser Fundamentalsätze der Transversalentheorie einzugehen, vielmehr kam es nur darauf an, den Zusammenhang derselben mit der Involution anzudeuten und dadurch auch jene Theorie auf die gemeinsame Quelle projectivischer Beziehungen zurückzuführen.

§. 19. Besondere Fälle projectivischer Beziehung: Aehnlichkeit, Gleichheit.

Die perspectivische Lage zweier Gebilde gestattet einige besondere Annahmen, welche zu besonderen Fällen projectivischer Beziehung führen und hier noch erörtert werden müssen.

a) Es kann bei der perspectivischen Lage eines Strahlbüschels und einer Punktreihe der in §. 2 ausgeschlossene besondere Fall eintreten, dass der Mittelpunkt *B* des Strahlbüschels in dem Träger 𝔄 der Punktreihe selbst liegt; es treffen alsdann alle durch *B* gehende Strahlen die Punktreihe 𝔄 in einem einzigen Punkte, dem Punkte *B* selbst, mit Ausnahme eines einzigen durch *B* gehenden Strahls, desjenigen nämlich, welcher mit dem Träger 𝔄 der Punktreihe zusammenfällt; jeder Punkt der Punktreihe darf als ein Schnittpunkt dieses besonderen Strahles mit dem Träger der Punktreihe angesehen werden, und die projectivische Beziehung beider Gebilde gestaltet sich in der eigenthümlichen Weise, dass allen Strahlen des Strahlbüschels ein einziger Punkt der Punktreihe entsprechend ist mit Ausnahme eines Strahls, welchem sämmtliche Punkte der Punktreihe entsprechen. Es ist wichtig, auch ein solches Verhalten, welches bei geometrischen Untersuchungen sich öfters darbietet, als projectivische Beziehung aufzufassen.

Ebenso kann es bei der perspectivischen Lage zweier Pnuktreihen vorkommen, dass der Projectionspunkt (§. 10) in eine der beiden Geraden selbst zu liegen kommt; in diesem Fall werden die allen Punkten der andern Geraden entsprechenden Punkte in einem

Punkte der ersteren (dem Projectionspunkte) vereinigt sein mit Ausnahme eines Punktes, des Schnittpunktes beider Träger, welchem wiederum alle Punkte der ersten Geraden als entsprechend angesehen werden müssen. Ebenso ist es bei der perspectivischen Lage zweier Strahlbüschel, wenn der perspectivische Durchschnitt (Seite 21) durch einen der Mittelpunkte selbst hindurchgeht; in diesem Fall entspricht allen Strahlen des einen Strahlbüschels ein einziger Strahl des andern mit Ausnahme eines einzigen Strahls, dem wiederum sämmtliche Strahlen des andern Strahlbüschels entsprechen; diese beiden isolirt stehenden Strahlen sind der perspectivische Durchschnitt und die Verbindungslinie der Mittelpunkte. Wir werden später diesem sogenannten *parabolischen* Fall projectivischer Beziehung öfters begegnen.

b) Wenn der Mittelpunkt eines Strahlbüschels in die Unendlichkeit rückt, so geht das Strahlbüschel in ein Büschel von Parallellinien über, welche dieselbe Richtung haben; ein solches Gebilde ist ebenfalls als ein *Strahlbüschel* von Parallelstrahlen anzusehen. Das Doppelverhältniss von irgend vier Strahlen $abcd$ eines solchen Strahlbüschels wird (obgleich die Winkel zwischen je zweien sämmtlich 0 sind) gleich dem von den vier Schnittpunkten irgend einer Transversale mit ihnen sein, und insbesondere, wenn man durch (xy) den Abstand zweier Parallelen xy bezeichnet,

$$(abcd) = \frac{ac}{bc} : \frac{ad}{bd},$$

wo also die Abstände an Stelle der sinus der Winkel treten.

Wenn zwei Punktreihen in perspectivischer Lage ihren Projectionspunkt im Unendlichen haben, also sämmtliche Projectionsstrahlen parallel laufen, so gehen die besonderen Punkte $\mathfrak{r}$ und $\mathfrak{q}_1$ selbst ins Unendliche, denn ein Projectionsstrahl, welcher durch den unendlich entfernten Punkt $\mathfrak{q}^\infty$ der ersten Punktreihe und durch den unendlich entfernten Projectionspunkt geht, fällt ganz ins Unendliche, trifft also auch die andere Punktreihe in dem entsprechenden Punkte $\mathfrak{q}_1$, der im Unendlichen liegen muss; es fallen also $\mathfrak{r}$ und $\mathfrak{q}^\infty$ zusammen, ebenso wie $\mathfrak{r}_1^\infty$ und $\mathfrak{q}_1$, oder *die unendlich-entfernten Punkte beider Punktreihen sind entsprechende*; die Gleichheit der Doppelverhältnisse vereinfacht sich in diesem Fall, weil die entsprechenden Punkte $\mathfrak{q}^\infty$ und $\mathfrak{q}_1^\infty$ beide unendlich entfernt sind; das Doppelverhältniss:

$$(\mathfrak{a}\mathfrak{b}\mathfrak{c}\mathfrak{q}^\infty) = (\mathfrak{a}_1\mathfrak{b}_1\mathfrak{c}_1\mathfrak{q}_1^\infty)$$

geht über in:

$$\frac{\mathfrak{a}\mathfrak{c}}{\mathfrak{b}\mathfrak{c}} = \frac{\mathfrak{a}_1\mathfrak{c}_1}{\mathfrak{b}_1\mathfrak{c}_1},$$

d. h. irgend zwei Abschnitte auf einer Punktreihe haben dasselbe Verhältniss zu einander, wie die entsprechenden Abschnitte der andern, was denn auch bei der perspectivischen Lage aus bekannten Elementarsätzen der Aehnlichkeit folgt. Aus diesem Grunde heissen zwei solche projectivische Punktreihen, bei denen entsprechende Strecken in constantem Verhältniss zu einander stehen, *projectivisch-ähnliche Punktreihen* und haben die charakteristische Eigenschaft, dass ihre unendlich entfernten Punkte entsprechende Punkte sind; auch umgekehrt sind zwei projectivische Punktreihen immer projectivisch-ähnlich, sobald ihre unendlich entfernten Punkte entsprechende sind. Die Beziehung zweier projectivisch-ähnlichen Punktreihen ist schon durch *zwei* willkürlich als entsprechend angenommene Punktpaare vollständig bestimmt, weil die unendlich-entfernten Punkte als das dritte Paar entsprechender Punkte eo ipso gegeben sind. Es ist ferner zu bemerken, dass, weil bei zwei projectivisch-ähnlichen Punktreihen die unendlich-entfernten Punkte selbst entsprechende sind, jedem endlichen Punkte der einen Reihe immer ein endlicher der andern entsprechen muss. Entsprechende gleiche Strecken kann es bei zwei projectivisch-ähnlichen Punktreihen im Allgemeinen niemals geben, weil das Verhältniss irgend zweier entsprechender Strecken immer dasselbe constante ist. Dies ist nur ein scheinbarer Widerspruch zu unserm allgemeinen Resultat, dass es bei zwei projectivischen Punktreihen unendlich viele entsprechende gleiche Strecken giebt, denn da hier die unendlich-entfernten Punkte $\mathfrak{q}^\infty$ und $\mathfrak{q}_1^\infty$ entsprechend sind, so giebt es auch hier in gewissem Sinne entsprechende Strecken: $\mathfrak{q}^\infty\mathfrak{x}$ und $\mathfrak{q}_1^\infty\mathfrak{x}_1$, die beide unendlich gross als gleich angesehen werden können.

Es kann aber vorkommen, dass insbesondere das constante Verhältniss bei zwei projectivisch-ähnlichen Punktreihen $= 1$ wird, dann werden alle entsprechenden Strecken einander gleich sein:

$$\mathfrak{a}\mathfrak{b} = \mathfrak{a}_1\mathfrak{b}_1;$$

in diesem Fall heissen die Punktreihen *projectivisch-gleich.* Zwei projectivisch-gleiche Punktreihen sind also solche, bei denen je zwei entsprechende Strecken einander gleich sind. Für die perspectivische Lage und bei beliebiger Lage der Träger muss der Projectionspunkt nicht nur im Unendlichen liegen, sondern einer derjenigen beiden unendlich-entfernten Punkte sein, welche in den Richtungen der Halbirungslinien der Winkel zwischen den Trägern liegen, was aus bekannten Elementarsätzen der Congruenz folgt. Die Beziehung zweier projectivisch-gleicher Punktreihen ist durch *ein einziges* willkürlich als entsprechend angenommenes Punktpaar vollständig bestimmt, weil sie ausserdem die unendlich-entfernten Punkte als zweites Paar entsprechender Punkte haben und irgend ein drittes Paar durch den Werth 1 des constanten Verhältnisses entsprechender Strecken erhalten wird, $\mathfrak{a}\mathfrak{x} = \mathfrak{a}_1\mathfrak{x}_1$, wobei es allerdings zweifelhaft bleibt, ob der dem $\mathfrak{x}$ entsprechende Punkt $\mathfrak{x}_1$ nach der einen oder entgegengesetzten Seite von $\mathfrak{a}_1$ liegt, was durch die alleinige Annahme des Paares $\mathfrak{a}\mathfrak{a}_1$ noch nicht bestimmt wird.

Werden zwei projectivisch-ähnliche Punktreihen beliebig auf einander gelegt, so giebt es immer ausser dem schon vorhandenen unendlich-entfernten Doppelpunkte noch einen bestimmten zweiten Doppelpunkt, dessen Construction auf S. 48 angegeben ist; die beiden Doppelpunkte sind also bei projectivisch-ähnlichen Punktreihen, welche auf einander liegen, immer reell, mögen die Punktreihen gleichlaufend oder ungleichlaufend sein.

Werden zwei projectivisch-gleiche Punktreihen beliebig auf einander gelegt und sind sie gleichlaufend, so fällt auch der zweite Doppelpunkt in die Unendlichkeit, was sich aus der Construction desselben ergiebt, und keine zwei entsprechende Punkte fallen im Endlichen zusammen, aber es kann auch vorkommen, dass alle Paare entsprechender Punkte über einander fallen; dies tritt immer ein, sobald irgend ein Paar entsprechender Punkte, ausser den unendlich-entfernten, zusammenfällt. Sind dagegen die projectivisch-gleichen Punktreihen, welche auf einander liegen, ungleichlaufend, so giebt es ausser dem unendlich-entfernten Punkte noch einen Doppelpunkt im Endlichen, welcher in der Mitte liegt zwischen allen Paaren entsprechender Punkte. Zwei solche auf einander liegende projectivisch-gleiche Punktreihen, welche ungleichlaufend sind, constituiren daher immer ein Doppel-Gebilde, wie es bereits oben (S. 52) als gleichseitig-hyperbolisches Punktsystem bezeichnet worden ist.

Zwei projectivisch-ähnliche Punktreihen können nie so auf einander gelegt werden, dass sie ein Punktsystem bilden, weil es bei ihnen keine entsprechende gleiche Strecken von endlicher Länge giebt.

Durch besondere Annahme für die Lage des Projectionspunktes bei beliebiger Lage der Träger zweier perspectivischer Punktreihen kamen wir zu den angegebenen besonderen Fällen ähnlicher und gleicher Punktreihen; lassen wir den Projectionspunkt beliebig und nehmen für die Träger besondere Lagen an, so erhalten wir dieselben speciellen Fälle; wenn nämlich die Träger der beiden Punktreihen einander parallel laufen, so werden die auf ihnen entstehenden Punktreihen bei beliebiger Annahme des Projectionspunktes projectivisch-ähnlich, weil die unendlich-entfernten Punkte entsprechende werden;

liegt der Projectionspunkt zwischen den beiden Trägern, so werden die Punktreihen ungleichlaufend sein (ihr Richtungssinn entgegengesetzt); liegt er aber auf derselben Seite von beiden Trägern, so werden die Punktreihen gleichlaufend sein. Liegt endlich bei parallelen Trägern der Projectionspunkt im Unendlichen, so werden die Punktreihen projectivisch-gleich; es können aber auch projectivisch-gleiche Punktreihen bei parallelen Trägern dadurch hervorgerufen werden, dass der Projectionspunkt zwischen beiden Trägern gleich weit von ihnen abstehend angenommen wird.

c) Die perspectivische Lage zweier Strahlbüschel kann nur dadurch eine besondere Vereinfachung erlangen, dass der perspectivische Durchschnitt in die Unendlichkeit rückt, dadurch werden je zwei entsprechende Strahlen parallel; die Strahlbüschel heissen *projectivisch-gleich*, weil je zwei entsprechende Winkel gleich sind:

$$(ab) = (a_1 b_1) .$$

Die Strahlbüschel haben gleichen Drehungssinn, sind gleichlaufend; aber auch bei endlicher Annahme des perspectivischen Durchschnitts können wir projectivisch-gleiche Strahlbüschel erhalten, wenn wir nämlich den perspectivischen Durchschnitt in der Mitte zwischen den Mittelpunkten BB_1 beider Strahlbüschel auf ihrer Verbindungslinie senkrecht annehmen; dann haben sie aber entgegengesetzten Drehungssinn, sind ungleichlaufend. Zwei projectivisch-gleiche Strahlbüschel sind durch *ein einziges* willkürlich angenommenes Paar entsprechender Strahlen vollständig bestimmt, sobald noch hinzugefügt wird, dass sie gleichlaufend oder ungleichlaufend sein sollen, was sonst unentschieden bleibt. Haben zwei gleichlaufende projectivisch-gleiche Strahlbüschel irgend ein Paar entsprechender Strahlen parallel, so sind sämmtliche Paare entsprechender Strahlen parallel, ihre Schnittpunkte liegen also alle im Unendlichen. Die Verbindungslinie der Mittelpunkte enthält aber bei dieser Lage zwei entsprechende Strahlen, die zusammenfallen, folglich sind die beiden Strahlbüschel in perspectivischer Lage (Seite 25). Da nun bei der perspectivischen Lage zweier Strahlbüschel im Allgemeinen immer die Schnittpunkte entsprechender Strahlen auf einer Geraden liegen, so halten wir dies consequenter Weise auch für diesen ausgezeichneten Fall fest. Wir sagen daher: *„alle unendlich entfernten Punkte der Ebene liegen in einer Geraden“*, und nennen diese Gerade G_∞, *die unendlich-entfernte Gerade*; sie bedeutet uns nichts anderes, als den perspectivischen Durchschnitt zweier gleichlaufender projectivisch-gleicher Strahlbüschel in perspectivischer Lage. Werden zwei projectivisch-gleiche Strahlbüschel concentrisch gelegt, so fallen, wenn sie gleichlaufend sind, entweder gar keine entsprechenden Strahlen auf einander, oder es fallen sämmtliche Paare entsprechender Strahlen auf einander, so dass also die Strahlbüschel identisch liegen.

Stehen irgend zwei entsprechende Strahlen bei zwei concentrisch liegenden projectivisch-gleichen Strahlbüscheln, welche gleichlaufend sind, auf einander senkrecht, so stehen alle Paare entsprechender Strahlen auf einander senkrecht, und dies Doppelgebilde fällt zusammen mit dem oben (Seite 64) angegebenen circularen Strahlsystem.

Wenn die beiden Strahlbüschel dagegen ungleichlaufend sind, so fallen zwei Paare entsprechender Strahlen auf einander; diese Doppelstrahlen sind zu einander rechtwinklig und zwar die Halbirungslinien der Winkel irgend eines Paares entsprechender Strahlen (xx_1). Zwei solche concentrische projectivisch-gleiche Strahlbüschel constituiren daher immer ein Doppel-Gebilde, wie es bereits oben (S. 64) als gleichseitig-hyperbolisches Strahlsystem bezeichnet worden ist.

Ein circulares Strahlsystem schneidet die unendlich entfernte Gerade G_∞ in einem Punktsystem von ausgezeichneter Art und unveränderlicher Natur; es ist elliptisch, weil das circulare Strahlsystem elliptischer Art ist, und hat also imaginäre Doppelelemente. Dieses ausgezeichnete Punktsystem ist völlig unabhängig von der Lage des circularen Strahlsystems, durch welches wir es uns hervorgerufen dachten. Es besteht aus *sämmtlichen Paaren unendlich-entfernter Punkte, die in je zwei zu einander rechtwinkligen Richtungen liegen*, und seine beiden imaginären Doppelpunkte heissen *die beiden imaginären Kreispunkte im Unendlichen.* Obwohl sie nicht reell vorhanden sind, so ist das Punktsystem auf G_∞, als dessen Doppelpunkte sie erscheinen, völlig reell construirbar. Da dies häufig bei geometrischen Fragen sich darbietet, so bedient man sich auch häufig der abkürzenden Bezeichnung der beiden imaginären Kreispunkte im Unendlichen.

Aufgaben und Sätze.

1. Es sind gegeben eine gerade Punktreihe 𝔄 (𝔞𝔟𝔠 . . .) und ein mit derselben projectivisches Strahlbüschel B $(abc\ldots)$; es soll

   a) eine Transversale in der Ebene gezogen werden, welche das Büschel in einer mit der gegebenen gleichen Punktreihe schneidet.

   b) ein Punkt in der Ebene gefunden werden, so dass ein von ihm aus durch die Punktreihe gelegtes Strahlbüschel mit dem gegebenen (B) gleich sei.

c) die Anzahl der möglichen Lösungen und ihre Beziehung zu einander untersucht werden.

2. Sind vier harmonische Strahlen $abcd$ gegeben, also das Doppelverhältniss:

$$(abcd) = -1,$$

und ist m ein Halbirungsstrahl des Winkels (a, b) zwischen zwei zugeordneten Strahlen, so gelten ausser den bekannten Relationen noch folgende andere:

$$\sin(ca) \cdot \sin(cb) = \frac{1}{2} \operatorname{tg}(cd) \cdot \sin 2(cm)$$

$$\sin(da) \cdot \sin(db) = \frac{1}{2} \operatorname{tg}(dc) \cdot \sin 2(dm)$$

$$\sin(ca) \sin(cb) + \sin(da) \sin(db) = \sin^2(cd) \cdot \cos(ab)$$

$$\frac{\sin(mc)\ \sin(md)}{\sin^2(ma)} = \frac{\cos(mc)\ \cos(md)}{\cos^2(ma)} = \cos(cd)$$

$$\sin(ab) \cdot \sin(cd) = 2 \cdot \sin(cb)\ \sin(ad)$$

Halbirt der Strahl m den Winkel (ab) und der Strahl n den Winkel (cd), so gilt die Relation:

$$\cos(ab) . \cos(cd) = \cos 2(mn) .$$

3. Ist ein Dreieck ABC gegeben und ein beliebiger Punkt P der Ebene, so bestimmen die Durchschnittspunkte:

$$(PA, BC) = A_1 \qquad (PB, CA) = B_1 \qquad (PC, AB) = C_1$$

ein neues Dreieck $A_1 B_1 C_1$; nimmt man einen beliebigen neuen Punkt P_1 an und bestimmt die Schnittpunkte:

$$(P_1 A_1, B_1 C_1) = A_2 \quad (P_1 B_1, C_1 A_1) = B_2 \quad (P_1 C_1, A_1 B_1) = C_2 ,$$

dann liegt das Dreieck $A_2 B_2 C_2$ mit dem anfänglichen ABC perspectivisch, d. h. es schneiden sich AA_2, BB_2, CC_2 in einem Punkte.

4. Sind irgend 5 Punkte in der Ebene gegeben: $abcde$ und man bestimmt die Schnittpunkte:

$$(cd, be) = \alpha , \quad (ad, ce) = \beta , \quad (bd, ae) = \gamma ,$$

so schneiden sich die drei Strahlen $a\alpha$, $b\beta$, $c\gamma$ in einem Punkte o. Durch Vertauschung der gegebenen fünf Punkte unter einander erhält man mehrere solche neue Punkte o, deren Lage zu untersuchen ist.

5. Sind die 3 Paar Gegenecken eines vollständigen Vierseits $a\alpha$, $b\beta$, $c\gamma$, so besteht zwischen den Entfernungen derselben von einander folgende involutorische Relation:

$$\frac{ab \cdot a\beta}{\alpha b \cdot \alpha\beta} = \frac{ac \cdot a\gamma}{\alpha c \cdot \alpha\gamma} .$$

6. Sind $a\alpha$, $b\beta$, $c\gamma$ irgend drei Paare conjugirter Punkte eines geraden Punktsystems (einer Involution), so gilt folgende Beziehung zwischen Doppelverhältnissen:

$$(\alpha abc)\cdot(\beta bca)\cdot(\gamma cab) = -1$$
$$(a\alpha\beta\gamma)\cdot(b\beta\gamma\alpha)\cdot(c\gamma\alpha\beta) = -1\,.$$

7. Sind irgend 5 Gerade in der Ebene gegeben: $abcde$, so wird jede durch die vier übrigen in vier Punkten geschnitten, welche ein bestimmtes Doppelverhältniss besitzen; bezeichnen wir ein solches durch die Zusammenstellung der Buchstaben der vier schneidenden Geraden, indem wir die geschnittene Gerade fortlassen, so gilt die Beziehung:

$$(abcd)\,.\,(abde)\,.\,(abec) = 1$$

und ähnliche, welche aus der Vertauschung der Geraden unter einander hervorgehen. Geht eine der Geraden a oder b in die Unendlichkeit, so giebt diese Beziehung den bekannten Satz der Transversalentheorie von Menelaos.

8. Ist ein beliebiges Punktsystem $(x,\ \xi)$ gegeben, und man nimmt von irgend einem festen Punkte o des Trägers allemal den zugeordneten vierten harmonischen Punkt $\mathfrak{x}$ zu x und ξ, dann erhält man eine einfache Punktreihe $(\mathfrak{x})$; für verschiedene Annahmen von o erhält man verschiedene Punktreihen, die alle mit einander projectivisch sind, insbesondere auch, wenn o in die Unendlichkeit verlegt wird, projectivisch mit der von den Mitten zwischen sämmtlichen Paaren conjugirter Punkte gebildeten Punktreihe.

9. Werden zwei feste Kreise von einem veränderlichen dritten rechtwinklig geschnitten, so ist das Doppelverhältniss zwischen den vier Schnittpunkten auf dem schneidenden Kreise von constantem Werthe. (Unter Doppelverhältniss von vier Punkten eines Kreises versteht man das Doppelverhältniss eines Strahlbüschels, dessen Mittelpunkt in die Peripherie des Kreises hineinverlegt wird und dessen Strahlen nach den vier Peripheriepunkten des Kreises hingehen.) Welche geometrische Bedeutung hat der Werth dieses constanten Doppelverhältnisses?

10. Werden zwei projectivische Punktreihen $\mathfrak{A}$ und $\mathfrak{A}_1$ mit ihren Trägern beliebig auf einander gelegt, so ist jeder Punkt der beiden vereinigten Träger doppelt aufzufassen als $\mathfrak{x}$ und $\mathfrak{y}_1$, dem einen und dem andern Träger angehörig; in diesem doppelten Sinne entsprechen ihm zwei verschiedene Punkte $\mathfrak{x}_1$ und $\mathfrak{y}$; man bestimme zu diesen dreien den vierten harmonischen, dem anfänglichen $\mathfrak{x}$ $(\mathfrak{y}_1)$ zugeordneten Punkt ξ; dann beschreiben, während der erste Punkt

den ganzen Träger durchläuft, die Punkte $\mathfrak{x}$ und ξ ein Punktsystem, dessen Asymptotenpunkte zusammenfallen mit den Doppelpunkten der beiden aufeinander liegenden projectivischen Punktreihen. Hierdurch wird die Ermittelung der Doppelpunkte bei zwei beliebig auf einander gelegten projectivischen Punktreihen zurückgeführt auf die Ermittelung der Doppelpunkte (Asymptotenpunkte) eines Punktsystems. S. 43.

11. Werden zwei projectivische Punktreihen mit ihren Trägern $\mathfrak{A}$ und $\mathfrak{A}_1$ beliebig auf einander gelegt, und geht man von irgend einem Punkte $\mathfrak{a}$ der ersten aus, sucht den entsprechenden Punkt $\mathfrak{a}_1$, welcher als dem ersten Träger angehörig $\mathfrak{b}$ heisse; sodann sucht man zu $\mathfrak{b}$ den entsprechenden Punkt $\mathfrak{b}_1$ auf, welcher auf dem ersten Träger $\mathfrak{c}$ heisse u. s. f.; so nähert man sich bei dieser bis ins Unendliche fortgesetzt gedachten Operation einem Doppelpunkte der beiden zusammenliegenden Gebilde, falls dieselbe reelle Doppelpunkte besitzen; wäre man von einem Punkte der zweiten Punktreihe ausgegangen, so würde man auf dieselbe Weise zu dem zweiten Doppelpunkte gelangen. Wohin führt aber die Operation, wenn die Doppelpunkte imaginär sind?

12. Es kann vorkommen, dass die in der vorigen Aufgabe beschriebene Operation nach n-maligem Fortgange wieder zu dem anfänglichen Punkte zurückführt, also eine endliche geschlossene wird. Findet dies *einmal* statt, so trifft es immer ein nach $n$maligem Fortschreiten, von welchem Anfangspunkte man auch ausgehen mag; es kann aber nur eintreten, wenn die Punktreihen gleichlaufend sind, also die Potenz der projectivischen Beziehung negativ ist $(= -p^2)$ und die Durchschnittspunkte der Parallelstrahlen ($\mathfrak{r}$ und $\mathfrak{q}_1$) um ein solches Stück $d = \mathfrak{r}\mathfrak{q}_1$ von einander abstehen, dass

$$d = 2p \cos \frac{\nu\pi}{n}$$

ist, wo n die gegebene Anzahl der Punkte des in sich zurückkehrenden Cyclus, ν eine zu n relative Primzahl (im einfachsten Falle 1) und π die halbe Kreis-Peripherie bedeutet.

Für $n = 2$ und $\nu = 1$ haben wir die Bedingung $d = 0$ d. h. den Fall der gewöhnlichen Involution oder des Punktsystems.

Für $n = 3$ und $\nu = 1$ haben wir unendlich viele Tripel von Punkten, so dass in jedem Tripel immer ein Punkt die beiden andern im doppelten Sinne zu den ihm entsprechenden hat; die Bedingung für diese Lage $(d = p)$ ist die, dass $\mathfrak{r}$ mit $\mathfrak{g}_1$ und $\mathfrak{q}_1$

mit g zusammenfällt; jedes Tripel der Art bildet mit den beiden imaginären Doppelpunkten ein *äquianharmonisches* System von fünf Punkten. (S. 63.)

13. Hat man zwei projectivische Strahlbüschel von je vier Strahlen:

$$(abcd) \text{ und } (a_1 b_1 c_1 d_1)$$

in perspectivischer Lage, so durchschneiden sich die Projectionsstrahlen ausser in den Mittelpunkten des Büschels und in den vier Punkten des perspectivischen Durchschnitts aa_1, bb_1, cc_1, dd_1 noch in 12 andern Punkten, deren Lage so beschaffen ist, dass die vier Verbindungslinien:

$$(ab_1,\ cd_1) \quad (a_1 b,\ c_1 d) \quad (ac_1,\ bd_1) \quad (a_1 c,\ b_1 d)$$

durch einen und denselben Punkt des perspectivischen Durchschnitts laufen; ebenso gehen die Verbindungslinien:

$$(ab_1,\ dc_1) \quad (a_1 b,\ d_1 c) \quad (bc_1,\ ad_1) \quad (b_1 c,\ a_1 d)$$

durch einen und denselben neuen Punkt des perspectivischen Durchschnitts und endlich die vier Verbindungslinien:

$$(ac_1,\ db_1) \quad (a_1 c,\ d_1 b) \quad (bc_1,\ da_1) \quad (b_1 c,\ d_1 a)$$

durch einen dritten Punkt des perspectivischen Durchschnitts. Welche geometrische Bedeutung haben diese drei Punkte?

14. Von den vier Kreisen, welche die Seiten eines ebenen Dreiecks berühren, haben je zwei noch eine vierte gemeinschaftliche Tangente, welche dreimal als äussere, dreimal als innere gemeinschaftliche Tangente auftritt; diese 6 Geraden laufen dreimal paarweise parallel mit den Seiten desjenigen Dreiecks, welches von den Höhenfusspunkten des ursprünglichen gebildet wird und zwar sind jedesmal eine äussere und eine innere gemeinschaftliche Tangente parallel.

Diese vierten gemeinschaftlichen Tangenten enthalten 12 Berührungspunkte; auf jedem der vier Kreise liegen je drei und bilden allemal ein Dreieck, welches mit dem ursprünglichen ähnlich und ähnlichliegend ist.

Von den vier Kreisen haben je zwei eine Dreiecksecke zum Aehnlichkeitspunkt, also ausserdem noch einen zweiten Aehnlichkeitspunkt. Diese 6 neuen Aehnlichkeitspunkte zerfallen in drei äussere und drei innere und liegen zu je dreien auf vier geraden Linien, indem einmal die drei äusseren und dreimal ein äusserer mit zwei inneren Aehnlichkeitspunkten auf je einer Geraden liegt.

Von den vier Kreisen haben je zwei eine Potenzlinie und diese 6 Potenzlinien schneiden sich zu je dreien in vier Potenzpunkten. Diese vier Potenzpunkte bilden ein solches Viereck, dass jeder von den vier Punkten der Höhenpunkt des von den drei übrigen gebildeten Dreiecks ist. Die vier Kreismittelpunkte bilden ein ähnliches und ähnlich-liegendes (inverse-liegendes) Viereck, dessen lineare Dimensionen doppelt so gross sind, als die des vorigen.

15. Sind ABC die Mittelpunkte, a, b, c beziehlich die Radien dreier Kreise eines Büschels (mit reeller oder ideeller gemeinschaftlicher Secante), so besteht zwischen den Abständen der Mittelpunkte und den Radien die Beziehung:

$$\frac{a^2}{AB\,.\,AC}+\frac{b^2}{BC\,.\,BA}+\frac{c^2}{CA\,.\,CB}=1\,.$$

16. Werden die Seiten bc, ca, ab eines Dreiseits von einer beliebigen Geraden 𝔊 in den Punkten α, β, γ getroffen, verbindet man letztere mit einem beliebigen vierten Punkte d durch die Strahlen $d\alpha$, $d\beta$, $d\gamma$ und nimmt in ihnen drei beliebige Punkte beziehlich a_1, b_1, c_1 an, so treffen die Dreiecksseiten b_1c_1, c_1a_1, a_1b_1 die Gerade 𝔊 in drei solchen Punkten α_1, β_1, γ_1, dass $a\alpha_1$, $b\beta_1$, $c\gamma_1$ sich in einem Punkte d_1 schneiden. Denkt man sich die Ebene als doppelt und dreht die eine Ebene mit den accentuirten Buchstaben um die Schnittlinie 𝔊 aus der andern heraus, so erhält man zwei Tetraëder $abcd$ und $a_1b_1c_1d_1$, deren jedes dem andern gleichzeitig ein- und umbeschrieben ist. Die drei Paare von Punkten $\alpha\alpha_1$, $\beta\beta_1$, $\gamma\gamma_1$ in der Geraden 𝔊 gehören einem Punktsysteme an.

17. Wenn man von drei reellen Elementen abc eines einfachen Gebildes (einer geraden Punktreihe oder eines ebenen Strahlbüschels) zwei cyclische Vertauschungen bildet und dieselben projectivisch setzt, so haben diese beiden projectivischen Gebilde zwei imaginäre Doppelelemente ii_1, die als die Doppelelemente einer elliptischen Involution auftreten, welche wir §. 17 construirt haben. Solche fünf Elemente heissen ein äquianharmonisches System (S. 63). Wenn man anstatt von drei reellen Elementen abc von einem reellen a und einem Paar conjugirt-imaginärer Elemente bc ausgeht, welche man durch eine gegebene elliptische Involution (mit imaginären Doppelelementen) vertreten sich denkt, so lässt sich ebenfalls fragen nach solchen Doppelelementen ii_1, welche mit den cyclisch vertauschbaren abc ein äquianharmonisches System bilden. In diesem Falle können ii_1 auch reell sein. Wie construirt man diese Doppelelemente ii_1 oder die sie vertretende (hyperbolische

oder elliptische) Involution? Ist umgekehrt von den drei cyclisch-vertauschbaren Elementen eines äquianharmonischen Systems ein reelles Element a und sind ausserdem die beiden als reell angenommenen Doppelelemente ii_1 gegeben, dann müssen bc conjugirt-imaginär sein und werden gefunden durch die cubischen Wurzeln der positiven Einheit; setzen wir die Doppelverhältnisse:

$$(ii_1ab) = y \qquad (ii_1ac) = y_1 \,,$$

so sind y und y_1 die Wurzeln der Gleichung:

$$y^2 + y + 1 = 0 = \frac{y^3 - 1}{y - 1} \,.$$

Wie lässt sich die elliptische Involution reell construiren, deren imaginäre Doppelelemente b und c sind?

18. Werden die Seiten eines Dreiecks ABC von einer beliebigen geraden Transversale $\mathfrak{L}$ beziehlich in abc getroffen und man construirt auf jeder Dreieckseite den vierten harmonischen dem Schnittpunkte zugeordneten Punkt $a'b'c'$, so treffen sich bekanntlich aa', bb', cc' in einem Punkte S. Zieht man von irgend einem Punkte P aus die Strahlen Pa' Pb' Pc', welche der Transversale $\mathfrak{L}$ in $a''b''c''$ begegnen, so schneiden sich auch aa'', bb'', cc'' in einem Punkte Q und es liegen PQS auf einer Geraden.

19. Werden die drei Seitenpaare eines vollständigen Vierecks von einer beliebigen geraden Transversale $\mathfrak{L}$ in den Punktpaaren $a\alpha$, $b\beta$, $c\gamma$ getroffen und man construirt zu diesen sechs Schnittpunkten auf jeder Seite die zugeordneten vierten harmonischen Punkte $a'\alpha'$, $b'\beta'$, $c'\gamma'$, so schneiden sich $a'\alpha'$, $b'\beta'$, $c'\gamma'$ in einem Punkt S. Ausserdem liegen diese Punkte zwölfmal zu je dreien auf einer Geraden z. B. $a'b'\gamma$, $a'b\gamma'$, $\alpha'b'c$, $\alpha'c'b$ u. s. w. Welche Beziehung haben diese 12 Geraden zu einander? Verbindet man einen beliebigen Punkt P mit den sechs Punkten $a'\alpha'$, $b'\beta'$, $c'\gamma'$ durch Strahlen, welche die Transversale $\mathfrak{L}$ in sechs neuen Punkten $a''\alpha''$, $b''\beta''$, $c''\gamma''$ treffen, so schneiden sich die 6 Verbindungslinien $a'\alpha''$, $a''\alpha'$, $b'\beta''$, $b''\beta'$, $c'\gamma''$, $c''\gamma'$ in einem Punkte Q und die drei Punkte PQS liegen auf einer Geraden, so dass P und Q harmonisch getrennt werden durch S und $\mathfrak{L}$.

20. In einem geradlinigen Dreieck ABC seien abc beziehlich die Mitten der Seiten und $a_1b_1c_1$ die Fusspunkte der Höhen, welche sechs Punkte bekanntlich auf dem *Feuerbach*'schen Kreise O liegen; sei ferner H der Höhenschnittpunkt und M der Mittelpunkt des umschriebenen Kreises; bestimmt man die Schnittpunkte der Verbindungslinien:

$$(bc_1, cb_1) = \alpha \qquad (bc, b_1c_1) = \alpha_1$$
$$(ca_1, ac_1) = \beta \qquad (ca, c_1a_1) = \beta_1$$
$$(ab_1, ba_1) = \gamma \qquad (ab, a_1b_1) = \gamma_1,$$

so liegen die drei Punkte $\alpha\beta\gamma$ auf der Geraden HM und die drei Strahlen $A\alpha_1$, $B\beta_1$, $C\gamma_1$ stehen auf HM senkrecht. Ferner liegen

$A\,\alpha\,\beta_1\,\gamma_1$ auf einer Geraden,
$B\,\beta\,\gamma_1\,\alpha_1$ - - - ,
$C\,\gamma\,\alpha_1\,\beta_1$ - - - :

die drei Strahlen $a\alpha_1$, $b\beta_1$, $c\gamma_1$ schneiden sich in einem Punkte P,
- - - $a_1\alpha_1$, $b_1\beta_1$, $c_1\gamma_1$ - - - - - Q,

Die beiden Punkte P und Q liegen auf dem *Feuerbach*'schen Kreise (O);

die drei Schnittpunkte: $(BC, \beta_1\gamma_1) = \mathfrak{a}$
$(CA, \gamma_1\alpha_1) = \mathfrak{b}$
$(AB, \alpha_1\beta_1) = \mathfrak{c}$

liegen mit P und Q auf einer Geraden;

die drei Schnittpunkte: $(b_1c_1, \beta_1\gamma_1)$
$(c_1a_1, \gamma_1\alpha_1)$
$(a_1b_1, \alpha_1\beta_1)$

liegen auf einer Geraden, die durch H geht und

die drei Schnittpunkte: $(bc, \beta_1\gamma_1)$
$(ca, \gamma_1\alpha_1)$
$(ab, \alpha_1\beta_1)$

liegen auf einer Geraden, die durch den Schwerpunkt S des Dreiecks ABC hindurchgeht u. s. w.

21. Wenn sich drei Kreise (a) (b) (c) paarweise ausschliessend berühren:

(b) und (c) im Punkte α
(c) - (a) - - β
(a) - (b) - - γ

und man zieht die Secanten:

$$\beta\gamma,\ \gamma\alpha,\ \alpha\beta,$$

welche den Kreisen ausserdem in den Paaren von Punkten:

$$\beta'\gamma',\ \gamma''\alpha'',\ \alpha'''\beta'''$$

begegnen, so giebt es drei neue Kreise, welche die gegebenen paarweise in den drei letzten Punktpaaren berühren. Diese drei neuen Kreise sind gleich gross und haben zum Radius die Summe der Radien der drei gegebenen Kreise. Welche Modificationen erleidet der Satz, wenn die paarweise Berührung der drei gegebenen Kreise nicht immer eine ausschliessende ist?

Zweiter Abschnitt.

Der Kegelschnitt als Erzeugniss projectivischer Gebilde.

---

§. 20. Zwei projectivische Punktreihen in allgemeiner Lage.

Nachdem wir in dem ersten Abschnitt aus der perspectivischen Lage zweier Gebilde nicht nur das Wesen ihrer projectivischen Beziehung abgeleitet, sondern auch besondere Elemente und eigenthümliche Verbindungen derselben genau untersucht haben, gehen wir nunmehr dazu über, zwei projectivische Gebilde in allgemeiner, d. h. nicht perspectivischer Lage zu betrachten und zwar zunächst zwei projectivische Punktreihen. Während bei der perspectivischen Lage zweier projectivischer Punktreihen sämmtliche Projectionsstrahlen durch einen festen Punkt, den Projectionspunkt, laufen, werden bei allgemeiner Lage die Projectionsstrahlen, d. h. die Verbindungsstrahlen entsprechender Punkte der beiden Punktreihen, nicht mehr durch einen und denselben Punkt laufen, vielmehr in gewisser Weise die Ebene erfüllen, und das allgemeine Gesetz, welchem dieses Chaos von Strahlen unterworfen ist, werden wir nunmehr zu erforschen haben.

Hierzu bedarf es einer einfachen Construction, um beliebig viele Projectionsstrahlen herzustellen; wir haben bereits oben (Seite 22) eine Construction angegeben, durch welche aus drei gegebenen Paaren entsprechender Punkte, die zur Bestimmung projectivischer Beziehung erforderlich sind, beliebig viele andere, also beliebig viele Projectionsstrahlen durch blosses Ziehen von geraden Linien ermittelt werden können; diese Construction enthielt noch eine gewisse Willkürlichkeit, welche passend benutzt zu ihrer Vereinfachung dient. Seien $\mathfrak{a}\mathfrak{b}\mathfrak{c}$ und $\mathfrak{a}_1\mathfrak{b}_1\mathfrak{c}_1$ drei Paare entsprechender Punkte der gegebenen Punktreihen $\mathfrak{A}\mathfrak{A}_1$ und bezeichnen wir die Projectionsstrahlen $\mathfrak{a}\mathfrak{a}_1$, $\mathfrak{b}\mathfrak{b}_1$, $\mathfrak{c}\mathfrak{c}_1$ resp. durch abc; sei ein beliebiger, noch zu ermittelnder, vierter Projectionsstrahl $\mathfrak{x}\mathfrak{x}_1$ oder x, und bezeichnen wir die Schnittpunkte:

$$(x,\, b) = B \qquad (x,\, c) = B_1\,,$$

so werden die vier Strahlen $B\mathfrak{a}$, $B\mathfrak{b}$, $B\mathfrak{c}$, $B\mathfrak{x}$ mit den vier Strahlen $B_1\mathfrak{a}_1$, $B_1\mathfrak{b}_1$, $B_1\mathfrak{c}_1$, $B_1\mathfrak{x}_1$ projectivisch sein müssen, und da diese beiden Strahlbüschel $(B)(B_1)$ in der Verbindungslinie ihrer Mittelpunkte

$(B, B_1) = x$ zwei entsprechende Strahlen vereinigt haben, so liegen sie perspectivisch, also die Schnittpunkte entsprechender Strahlen auf einer Geraden (ihrem perspectivischen Durchschnitt), d. h. die Schnittpunkte:

$$(B\mathfrak{a},\ B_1\mathfrak{a}_1)\quad (B\mathfrak{b},\ B_1\mathfrak{b}_1)\quad (B\mathfrak{c},\ B_1\mathfrak{c}_1)$$

auf einer Geraden. Es fällt aber $B\mathfrak{b}$ mit $B\mathfrak{b}_1$ zusammen (Fig. 28), also der Punkt $(B\mathfrak{b},\ B_1\mathfrak{b}_1)$ ist der Punkt $\mathfrak{b}_1$ und $B_1\mathfrak{c}_1$ fällt mit $B_1\mathfrak{c}$ zusammen, also $(B\mathfrak{c},\ B_1\mathfrak{c}_1)$ ist $\mathfrak{c}$: der perspectivische Durchschnitt jener beiden Strahlbüschel (B) (B_1) ist also die Verbindungslinie $\mathfrak{c}\mathfrak{b}_1$; es schneiden sich daher

Fig. 28.

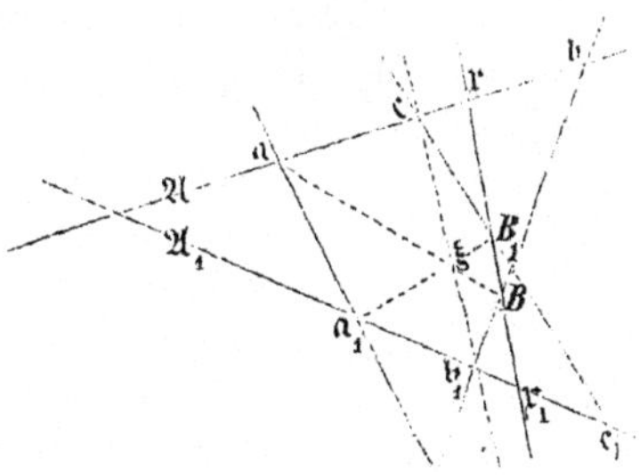

$$B\mathfrak{a}\qquad B_1\mathfrak{a}_1\qquad \mathfrak{c}\mathfrak{b}_1$$

in einem Punkte $\mathfrak{x}$. Um nun umgekehrt einen beliebigen Projectionsstrahl x zu construiren, haben wir irgend einen Punkt $\mathfrak{x}$ der Verbindungslinie $\mathfrak{c}\mathfrak{b}_1$ mit $\mathfrak{a}$ und $\mathfrak{a}_1$ zu verbinden; trifft $\mathfrak{a}\mathfrak{x}$ den Projectionsstrahl b in B und $\mathfrak{a}_1\mathfrak{x}$ den Projectionsstrahl c in B_1, so ist BB_1 ein vierter Projectionsstrahl x. Hierdurch wird es leicht, beliebig viele Projectionsstrahlen zu construiren; lassen wir den Punkt $\mathfrak{x}$ die ganze Linie $\mathfrak{c}\mathfrak{b}_1$ durchwandern, so erhalten wir sämmtliche Projectionsstrahlen; gelangt $\mathfrak{x}$ insbesondere nach $\mathfrak{c}$, so erhalten wir als Projectionsstrahl den Träger $\mathfrak{A}$ der einen gegebenen Punktreihe selbst; gelangt $\mathfrak{x}$ nach $\mathfrak{b}_1$, so tritt der Träger $\mathfrak{A}_1$ der andern Punktreihe als Projectionsstrahl auf. *Die Träger der beiden gegebenen Punktreihen sind also selbst Projectionsstrahlen.* Zugleich erkennen wir, indem wir den Punkt $\mathfrak{x}$ die ganze Gerade $\mathfrak{c}\mathfrak{b}_1$ durchlaufen lassen, dass die Strahlen $\mathfrak{a}\mathfrak{x}$ und $\mathfrak{a}_1\mathfrak{x}$ zwei perspectivische Strahlbüschel beschreiben, folglich die Punkte B und B_1 auf den beiden Geraden b und c zwei projectivische Punktreihen bilden; die Projectionsstrahlen b und c werden also von sämmtlichen Projectionsstrahlen x in zwei projectivischen Punktreihen geschnitten, gerade so, wie die Träger der beiden ursprünglich gegebenen Punktreihen selbst; da aber an Stelle der Projectionsstrahlen b und c irgend zwei andere treten können, für die dasselbe gelten muss, so haben wir das wichtige Resultat gefunden: *Die Gesammtheit der Projectionsstrahlen* (Verbindungslinien entsprechender Punkte) *zweier projectivischer Punktreihen trifft irgend zwei unter ihnen allemal in zwei projectivischen Punktreihen.* Hierdurch verlieren die Träger der ursprünglich gegebenen beiden Punktreihen, welche selbst Projectionsstrahlen sind, ihre hervorragende Stellung und treten in die Gesammtheit aller übrigen Projectionsstrahlen ein; denn es steht uns jetzt frei, irgend zwei andere Projectionsstrahlen als Träger zweier neuen erzeugenden Punktreihen aufzufassen, welche auf ihnen durch die Gesammtheit der Projectionsstrahlen fixirt werden.

Es ergiebt sich ferner, dass die *Gesammtheit der Projectionsstrahlen durch irgend fünf, die willkürlich angenommen werden dürfen, vollständig bestimmt ist*; denn man kann von diesen fünf Geraden zwei als die Träger zweier erzeugenden Punktreihen und die drei andern als drei Projectionsstrahlen auffassen, welche drei Paare entsprechender Punkte auf jenen fixiren; hierdurch ist dann die ganze projectivische Beziehung der beiden Punktreihen bestimmt. Welche von den fünf Geraden wir als Träger auffassen wollen, bleibt ganz willkürlich.

Die obige Construction eines beliebigen Projectionsstrahls x drückt andererseits eine *Bedingung zwischen irgend sechs aus der Gesammtheit der Projectionsstrahlen* aus. Die sechs Projectionsstrahlen bilden nämlich ein einfaches Sechsseit, von dem die Punkte $\mathfrak{a}\mathfrak{c}B_1$ $B\mathfrak{b}_1\mathfrak{a}_1$ als Ecken (d. h. Schnittpunkte zweier Seiten) aufgefasst werden können (s. *Steiner's* syst. Entw. geom. Gest. S. 72), indem wir die Seiten der Reihe nach so durchlaufen, dass die Ecken $\mathfrak{a}\mathfrak{c}B_1B\mathfrak{b}_1\mathfrak{a}_1$ einander folgen; die drei Verbindungslinien:

$$B\mathfrak{a} \quad B_1\mathfrak{a}_1 \quad \mathfrak{c}\mathfrak{b}_1,$$

welche nach dem Obigen sich in einem Punkte schneiden müssen, erscheinen als Verbindungslinien gegenüberliegender Ecken dieses Sechsseits (der ersten und vierten, zweiten und fünften, dritten und sechsten Ecke), und wir können demnach folgende Bedingung zwischen irgend sechs Projectionsstrahlen aussprechen:

Werden irgend sechs Projectionsstrahlen als ein einfaches Sechsseit aufgefasst, so schneiden sich die drei Verbindungslinien der gegenüberliegenden Ecken desselben (Hauptdiagonalen) *in einem Punkte.* (*Brianchon*'scher Satz.)

Aus den sechs Projectionsstrahlen lässt sich auf sechzig verschiedene Arten ein einfaches Sechsseit herstellen; auf die eigenthümlichen Beziehungen zwischen denselben gehen wir hier vorläufig nicht ein (§. 28).

Die Gesammtheit der Projectionsstrahlen besitzt ausser den bereits gefundenen Eigenthümlichkeiten noch die charakteristische Eigenschaft, dass *durch einen beliebigen Punkt der Ebene im Allgemeinen höchstens zwei Projectionsstrahlen gehen,* denn verbinden wir einen beliebigen Punkt P der Ebene mit den beiden erzeugenden Punktreihen durch Strahlen, so erhalten wir in P zwei concentrische Strahlbüschel $P(\mathfrak{a}\mathfrak{b}\mathfrak{c}\mathfrak{d}\ldots)$, und $P(\mathfrak{a}_1\mathfrak{b}_1\mathfrak{c}_1\mathfrak{d}_1\ldots)$, welche projectivisch sind; diese haben (S. 45) im Allgemeinen zwei Doppelstrahlen, welche offenbar Projectionsstrahlen sein müssen. Es kann aber auch vorkommen, dass nur einer, d. h. zwei zusammenfallende, oder auch keine Doppelstrahlen bei zwei concentrischen projectivischen Strahlbüscheln existiren. Es wird nun von der Lage des Punktes P abhängen, ob durch ihn zwei oder nur einer oder keine Projectionsstrahlen hindurchgehen, und wir werden diejenigen Gebiete der Ebene aufzusuchen haben, in denen der Punkt P liegen muss, damit der eine oder andere Fall eintritt.

Verfolgen wir auf einem Träger $\mathfrak{A}$ der beiden erzeugenden Punktreihen einen Punkt $\mathfrak{x}$, so sehen wir, dass durch ihn im Allgemeinen immer zwei Projectionsstrahlen gehen, nämlich der Träger $\mathfrak{A}$, welcher selbst ein Projectionsstrahl ist, und der Projectionsstrahl $\mathfrak{x}\mathfrak{x}_1$; nur einmal kommt es vor, dass diese beiden Projectionsstrahlen zusammenfallen, nämlich dann, wenn der Punkt $\mathfrak{x}_1$ in den Schnittpunkt der beiden Träger rückt; nennen wir diesen Schnittpunkt $\mathfrak{f}_1$, als der zweiten Punktreihe angehörig, und seinen entsprechenden der ersten Punktreihe $\mathfrak{f}$, so werden, wenn $\mathfrak{x}$ in $\mathfrak{f}$ sich befindet, die beiden durch ihn gehenden Projectionsstrahlen in dem Träger $\mathfrak{A}$ selbst zusammenfallen; durch den Punkt $\mathfrak{f}$, welchen wir den *Berührungspunkt* des Projectionsstrahls nennen wollen, (die Benennung wird durch das Folgende erklärt) und welcher entsprechend ist dem im Schnittpunkte beider Träger liegenden Punkte der andern Punktreihe, geht also nur *ein* Projectionsstrahl $\mathfrak{A}$. Ebenso verhält es sich mit dem Träger $\mathfrak{A}_1$ der zweiten Punktreihe; durch jeden Punkt dieses Trägers gehen allemal zwei Projectionsstrahlen mit Ausnahme eines einzigen $\mathfrak{e}_1$, welcher dem im Schnittpunkte beider Träger liegenden Punkt $\mathfrak{e}$ der ersten Punktreihe entsprechend ist. Durch den Berührungspunkt $\mathfrak{e}_1$ geht nur ein Projectionsstrahl, der Träger $\mathfrak{A}_1$.

Da wir nach dem Obigen an Stelle der beiden ursprünglichen Punktreihen zwei neue erzeugende Punktreihen setzen können, welche auf irgend zwei Projectionsstrahlen, als Träger aufgefasst, durch die Gesammtheit aller Projectionsstrahlen fixirt werden, so giebt es auf jedem Projectionsstrahle einen einzigen bestimmten Punkt, seinen Berührungspunkt, welcher die Eigenschaft hat, dass für ihn der Projectionsstrahl der einzige ist, welcher hindurchgeht, während durch jeden andern seiner Punkte noch ein zweiter Projectionsstrahl hindurchgeht. Der Berührungspunkt eines Projectionsstrahls ist daher auch als derjenige Punkt aufzufassen, in welchem jener von einem unendlich-nahe liegenden Projectionsstrahl geschnitten wird. Es könnte fraglich erscheinen, ob auch bei einem Projectionsstrahl, welcher mit diesem oder jenem andern als Träger projectivischer Punktreihen zur Erzeugung der Gesammtheit der Projectionsstrahlen zusammengefasst wird, immer ein und derselbe Punkt als Berührungspunkt hervorgeht; dies Bedenken erledigt sich dadurch, dass immer dieselbe Gesammtheit der Projectionsstrahlen resultirt, welche Punktreihen man auch als erzeugende annehmen mag; wenn daher bei einer Erzeugungsweise auf einem Projectionsstrahl nur ein einziger Punkt sich vorfindet von der Beschaffenheit, dass für ihn der Projectionsstrahl der allein hindurchgehende ist, so kann bei einer andern Erzeugungsweise kein neuer Punkt derselben Beschaffenheit auftreten, weil dieselbe Gesammtheit von Projectionsstrahlen wieder auftritt. Es giebt also auf jedem Projectionsstrahl nur einen einzigen bestimmten Berührungspunkt.

Fassen wir nun die Gesammtheit der Projectionsstrahlen in der Weise auf, dass wir zwei entsprechende Punkte $\mathfrak{x}\mathfrak{x}_1$ die beiden Träger continuirlich durchlaufen lassen und auf der Verbindungslinie $\mathfrak{x}\mathfrak{x}_1$, d. h. dem Projectionsstrahl x, den jedesmaligen Berührungspunkt bestimmen, so wird bei dieser Bewegung der Projectionsstrahl x ein gewisses (unendlich grosses) Gebiet der Ebene durchstreifen, welches alle solche Punkte P enthält, durch die je zwei Projectionsstrahlen gehen; dieses Gebiet wird begrenzt von einer gewissen Curve, dem Orte der Berührungspunkte auf sämmtlichen Projectionsstrahlen; durch jeden Punkt P dieses Ortes geht nur je ein Projectionsstrahl, und der übrige Theil der Ebene enthält daher das Gebiet derjenigen Punkte P der Ebene, durch welche keine Projectionsstrahlen gehen, denn dieser Theil der Ebene wird von keinem Projectionsstrahl getroffen. Es giebt also zwei Gebiete der Ebene, das eine enthält nur solche Punkte P, durch die je zwei Projectionsstrahlen gehen, das andere solche Punkte P, durch welche kein Projectionsstrahl geht, und beide Gebiete werden von einander getrennt durch den Ort derjenigen Punkte, für welche es immer nur einen hindurchgehenden Projectionsstrahl giebt; diese Grenzcurve ist der Ort sämmtlicher Berührungspunkte, sie heisst das *Erzeugniss der beiden projectivischen Punktreihen* und ist der eigentliche Gegenstand unserer Untersuchung. Wir können uns ihre Entstehung in der Weise anschaulich machen, dass wir uns die ganze unendliche Ebene schwarz denken und jeden Projectionsstrahl als unendlich lange gerade Linie von weisser Farbe; die Gesammtheit der Projectionsstrahlen wird dann einen gewissen (unendlich grossen) Theil der Ebene weiss machen und den übrigen Theil schwarz lassen; die Grenze zwischen dem schwarzen und weissen Theil der Ebene ist eben die zu untersuchende Curve.

Dass in der That die Ortscurve der Berührungspunkte die Grenze zwischen beiden Gebieten der Ebene bildet, machen wir uns noch in folgender Weise klar: Seien a und b irgend zwei Projectionsstrahlen, α und β die respectiven Berührungspunkte auf ihnen und s ihr Schnittpunkt. Halten wir den einen Projectionsstrahl a mit seinem Berührungspunkt α fest, verändern aber auf ihm den Schnittpunkt s, so verändert sich der zweite Projectionsstrahl b und der ihm zugehörige Berührungspunkt β; die Verbindungslinie $\alpha\beta$ ist eine veränderliche Sehne der Ortscurve, deren einer Endpunkt α fest bleibt, während der andere β sich auf ihr bewegt. Rücken wir nun mit dem Punkte s allmählich nach α, bis s in α hineinfällt, so wird auch der zweite Projectionsstrahl b mit a zusammenfallen müssen, denn durch α giebt es nur einen Projectionsstrahl; der Berührungspunkt β muss aber auch in α hineinfallen, denn der Projectionsstrahl a besitzt nur einen einzigen Berührungspunkt α. Der Projectionsstrahl a ist also die Grenzlage einer veränderlichen Sehne $\alpha\beta$, deren einer Endpunkt α fest bleibt, während der andere β allmählich auf der Ortscurve nach α hinrückt. Eine solche Grenzlage einer veränderlichen Sehne nennt man bekanntlich *Tangente* der Curve und den festen Punkt ihren Berührungspunkt; die sämmtlichen Projectionsstrahlen sind also Tangenten einer gewissn Ortscurve und die Punkte, in welchen sie die Ortscurve berühren, diejenigen Punkte, welchen wir vorhin den Namen *Berührungspunkte* beigelegt haben, wodurch die Benennung gerechtfertigt wird. Da jeder Projectionsstrahl Tangente an der Ortscurve ist und nur einen Punkt, den Berührungspunkt, mit ihr gemein hat, so bildet die Ortscurve der Berührungspunkte die Grenze zwischen denjenigen beiden Gebieten der Ebene, deren eines von sämmtlichen Projectionsstrahlen erfüllt wird, während das andere von keinem getroffen wird. Fassen wir das gewonnene Resultat noch einmal zusammen:

Die Gesammtheit der Projectionsstrahlen zweier projectivischer Punktreihen in allgemeiner Lage, deren Träger auch als ein Paar Projectionsstrahlen aufzufassen sind, umhüllt eine gewisse krumme Linie, welche mit jedem Projectionsstrahl nur einen Punkt, den Berührungspunkt, gemein hat und also der Ort dieser Berührungspunkte ist. Sie theilt die ganze Ebene in zwei Gebiete, deren eines von allen Projectionsstrahlen erfüllt wird, während das andere von keinem getroffen wird, oder deren eines alle solche Punkte enthält, durch welche je zwei reelle Projectionsstrahlen (Tangenten der Curve) gehen, während das andere diejenigen Punkte enthält, durch welche keine Projectionsstrahlen gehen. Durch jeden Punkt der Curve selbst geht nur ein Projectionsstrahl, die Tangente an ihr. Diese als das Erzeugniss zweier projectivischer Punktreihen definirte Curve nennen wir „Kegelschnitt"; sie ist zweiter Classe, weil von einem beliebigen Punkte der Ebene sich höchstens zwei Tangenten an dieselbe ziehen lassen.

Die vorhin für die Gesammtheit der Projectionsstrahlen gefundenen Eigenschaften lassen sich nach dieser Definition als Sätze für die Tangenten eines Kegelschnitts aussprechen, z. B.: „*Irgend zwei Tangenten eines Kegelschnitts werden von sämmtlichen in zwei projectivischen Punktreihen geschnitten.*" Oder: „*Werden irgend sechs Tangenten eines Kegelschnitts zu einem einfachen Sechsseit verbunden, so schneiden sich die drei Hauptdiagonalen desselben in einem Punkte*" u. s. w.

§. 21. Die Berührungspunkte auf den Projectionsstrahlen.

Es ist zunächst erforderlich, den Berührungspunkt auf jedem Projectionsstrahl zu construiren, um von der zu untersuchenden Curve ein deutliches Bild zu erhalten. Seien $\mathfrak{a}\mathfrak{b}\mathfrak{c}$ und $\mathfrak{a}_1\mathfrak{b}_1\mathfrak{c}_1$ drei Paare entsprechender Punkte zweier erzeugender projectivischer Punktreihen $\mathfrak{A}\mathfrak{A}_1$, also $\mathfrak{a}\mathfrak{a}_1$, $\mathfrak{b}\mathfrak{b}_1$, $\mathfrak{c}\mathfrak{c}_1$ drei Projectionsstrahlen, so können wir die auf S. 22 angegebene Construction beliebig vieler anderer Projectionsstrahlen dadurch sehr vereinfachen, dass wir die Punkte B und B_1 in ein Paar entsprechender Punkte, z. B. $\mathfrak{a}_1$ und $\mathfrak{a}$ selbst hineinverlegen, also: wir ziehen $\mathfrak{a}\mathfrak{b}_1$, $\mathfrak{a}\mathfrak{c}_1$ und $\mathfrak{a}_1\mathfrak{b}$, $\mathfrak{a}_1\mathfrak{c}$; die Schnittpunkte:

$$(\mathfrak{a}\mathfrak{b}_1,\ \mathfrak{a}_1\mathfrak{b}) \text{ und } (\mathfrak{a}\mathfrak{c}_1,\ \mathfrak{a}_1\mathfrak{c})$$

bestimmen eine gerade Linie $\mathfrak{L}$, auf welcher sämmtliche Schnittpunkte $(\mathfrak{a}\mathfrak{x}_1,\ \mathfrak{a}_1\mathfrak{x})$ liegen müssen, nämlich den perspectivischen Durchschnitt zweier Strahlbüschel, welche in $\mathfrak{a}$ und $\mathfrak{a}_1$ ihre Mittelpunkte haben und respective mit den Punktreihen $\mathfrak{a}_1\mathfrak{b}_1\mathfrak{c}_1 \ldots$ und $\mathfrak{a}\mathfrak{b}\mathfrak{c} \ldots$ perspectivisch liegen, also projectivisch mit einander sind und perspectivisch liegen, weil die Verbindungslinie der Mittelpunkte zwei entsprechende Strahlen enthält. Jeder Punkt $\mathfrak{x}$ dieser Geraden $\mathfrak{L}$ mit $\mathfrak{a}$ und $\mathfrak{a}_1$ verbunden liefert Strahlen $\mathfrak{a}\mathfrak{x}$ und $\mathfrak{a}_1\mathfrak{x}$, welche resp. $\mathfrak{A}_1$ und $\mathfrak{A}$ in zwei entsprechenden Punkten $\mathfrak{x}_1$ und $\mathfrak{x}$ treffen, also den Projectionsstrahl x liefern. Die Gerade $\mathfrak{L}$ schneidet aber die Träger der beiden Punktreihen in zwei Punkten $\mathfrak{f}$ und $\mathfrak{e}_1$, deren entsprechende nach der eben angegebenen Construction in dem Schnittpunkte der beiden Träger vereinigt liegen müssen: $\mathfrak{f}_1$ und $\mathfrak{e}$ (Fig. 29); da nun nach §. 20 diese Punkte $\mathfrak{f}$ und $\mathfrak{e}_1$, welche den im Schnittpunkte der beiden Träger

Fig. 29.

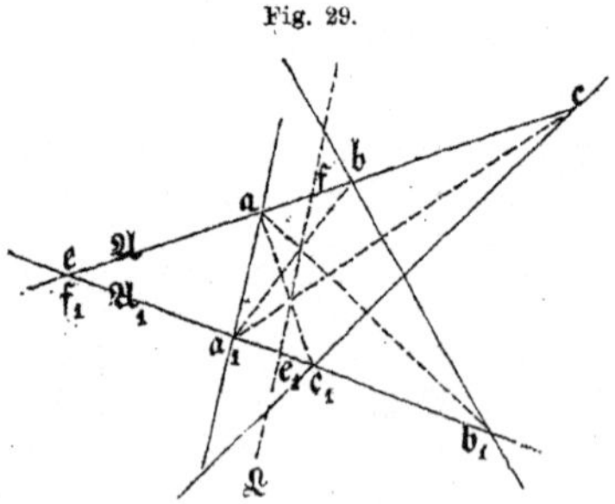

vereinigten Punkten entsprechen, die Berührungspunkte auf diesen Trägern als Projectionsstrahlen sind, so geht die gerade Linie $\mathfrak{L}$ durch die gesuchten Berührungspunkte und bestimmt dieselben; da es aber auf jedem Projectionsstrahl (wie $\mathfrak{c}\mathfrak{c}_1$ und $\mathfrak{f}\mathfrak{f}_1$) nur einen Berührungspunkt giebt, so bleibt die Gerade $\mathfrak{L}$ unverändert, wenn wir zu ihrer Construction statt der Paare $\mathfrak{a}\mathfrak{a}_1$, $\mathfrak{b}\mathfrak{b}_1$, $\mathfrak{c}\mathfrak{c}_1$ irgend welche andere Paare entsprechender Punkte nehmen; also gilt der Satz: *Wenn man aus zwei projectivischen Punktreihen irgend zwei Paare entsprechender Punkte $\mathfrak{x}\mathfrak{x}_1$ und $\mathfrak{y}\mathfrak{y}_1$ herausnimmt, so liegt der Schnittpunkt:*

$$(\mathfrak{x}\mathfrak{y}_1,\ \mathfrak{x}_1\mathfrak{y})$$

immer auf einer und derselben festen Geraden $\mathfrak{L}$, welche durch die beiden Berührungspunkte der Träger beider Punktreihen hindurchgeht, die den im Schnittpunkte vereinigt liegenden Punkten entsprechen.

Dies lässt sich auch folgendermassen als Satz aussprechen:

Sind auf einer Geraden drei beliebige Punkte $\mathfrak{a}\mathfrak{b}\mathfrak{c}$ und auf einer zweiten Geraden drei beliebige Punkte $\mathfrak{a}_1\mathfrak{b}_1\mathfrak{c}_1$ gegeben, so liegen die drei Schnittpunkte:

$$(\mathfrak{a}\mathfrak{b}_1,\ \mathfrak{a}_1\mathfrak{b})\quad(\mathfrak{b}\mathfrak{c}_1,\ \mathfrak{b}_1\mathfrak{c})\quad(\mathfrak{c}\mathfrak{a}_1,\ \mathfrak{c}_1\mathfrak{a})$$

auf einer Geraden.

Dieser Satz ist einer Erweiterung fähig, da die Zuordnung des einen Tripels von Punkten zu dem andern in sechsfacher Weise geschehen kann, weil drei Punkte sechs Vertauschungen zulassen; wir erhalten daher sechs solcher gerader Linien, die in eigenthümlichem Zusammenhange mit einander stehen; wir bezeichnen bei diesen sechs Zuordnungen die Schnittpunkte in folgender Weise:

I.	II.	III.
$\mathfrak{a}\ \mathfrak{b}\ \mathfrak{c}$	$\mathfrak{a}\ \mathfrak{b}\ \mathfrak{c}$	$\mathfrak{a}\ \mathfrak{b}\ \mathfrak{c}$
$\mathfrak{a}_1\mathfrak{b}_1\mathfrak{c}_1$	$\mathfrak{b}_1\mathfrak{c}_1\mathfrak{a}_1$	$\mathfrak{c}_1\mathfrak{a}_1\mathfrak{b}_1$
$(\mathfrak{b}\mathfrak{c}_1,\ \mathfrak{c}\mathfrak{b}_1) = \alpha_3$	$(\mathfrak{a}\mathfrak{a}_1,\ \mathfrak{c}\mathfrak{b}_1) = \alpha_2$	$(\mathfrak{a}\mathfrak{a}_1,\ \mathfrak{b}\mathfrak{c}_1) = \alpha_1$
$(\mathfrak{c}\mathfrak{a}_1,\ \mathfrak{a}\mathfrak{c}_1) = \beta_3$	$(\mathfrak{b}\mathfrak{b}_1,\ \mathfrak{a}\mathfrak{c}_1) = \beta_2$	$(\mathfrak{b}\mathfrak{b}_1,\ \mathfrak{c}\mathfrak{a}_1) = \beta_1$
$(\mathfrak{a}\mathfrak{b}_1,\ \mathfrak{b}\mathfrak{a}_1) = \gamma_3$	$(\mathfrak{c}\mathfrak{c}_1,\ \mathfrak{b}\mathfrak{a}_1) = \gamma_2$	$(\mathfrak{c}\mathfrak{c}_1,\ \mathfrak{a}\mathfrak{b}_1) = \gamma_1$
$\alpha_3\beta_3\gamma_3 = \mathfrak{L}_1$	$\alpha_2\beta_2\gamma_2 = \mathfrak{L}_2$	$\alpha_1\beta_1\gamma_1 = \mathfrak{L}_3$
IV.	**V.**	**VI.**
$\mathfrak{a}\ \mathfrak{b}\ \mathfrak{c}$	$\mathfrak{a}\ \mathfrak{b}\ \mathfrak{c}$	$\mathfrak{a}\ \mathfrak{b}\ \mathfrak{c}$
$\mathfrak{a}_1\mathfrak{c}_1\mathfrak{b}_1$	$\mathfrak{c}_1\mathfrak{b}_1\mathfrak{a}_1$	$\mathfrak{b}_1\mathfrak{a}_1\mathfrak{c}_1$
$(\mathfrak{a}\mathfrak{c}_1,\ \mathfrak{b}\mathfrak{a}_1) = a_1$	$(\mathfrak{b}\mathfrak{a}_1,\ \mathfrak{c}\mathfrak{b}_1) = b_1$	$(\mathfrak{a}\mathfrak{c}_1,\ \mathfrak{c}\mathfrak{b}_1) = c_1$
$(\mathfrak{c}\mathfrak{a}_1,\ \mathfrak{a}\mathfrak{b}_1) = a_2$	$(\mathfrak{a}\mathfrak{b}_1,\ \mathfrak{b}\mathfrak{c}_1) = b_2$	$(\mathfrak{c}\mathfrak{a}_1,\ \mathfrak{b}\mathfrak{c}_1) = c_2$
$(\mathfrak{b}\mathfrak{b}_1,\ \mathfrak{c}\mathfrak{c}_1) = a_3$	$(\mathfrak{a}\mathfrak{a}_1,\ \mathfrak{c}\mathfrak{c}_1) = b_3$	$(\mathfrak{a}\mathfrak{a}_1,\ \mathfrak{b}\mathfrak{b}_1) = c_3$
$a_1a_2a_3 = \mathfrak{L}_4$	$b_1b_2b_3 = \mathfrak{L}_5$	$c_1c_2c_3 = \mathfrak{L}_6$

Aus dem Schema I. II. III. lesen wir die Identität folgender neun Verbindungslinien ab:

$$\begin{array}{lll} \alpha_1\alpha_2 = \mathfrak{a}\mathfrak{a}_1 & \beta_1\beta_2 = \mathfrak{b}\mathfrak{b}_1 & \gamma_1\gamma_2 = \mathfrak{c}\mathfrak{c}_1 \\ \alpha_2\alpha_3 = \mathfrak{c}\mathfrak{b}_1 & \beta_2\beta_3 = \mathfrak{a}\mathfrak{c}_1 & \gamma_2\gamma_3 = \mathfrak{b}\mathfrak{a}_1 \\ \alpha_3\alpha_1 = \mathfrak{b}\mathfrak{c}_1 & \beta_3\beta_1 = \mathfrak{c}\mathfrak{a}_1 & \gamma_3\gamma_1 = \mathfrak{a}\mathfrak{b}_1 \end{array}$$

und aus dem Schema IV. V. VI. die Identität derselben neun Linien:

$$\begin{array}{lll} a_1 b_1 = \mathfrak{b}\mathfrak{a}_1 & a_2 b_2 = \mathfrak{a}\mathfrak{b}_1 & a_3 b_3 = \mathfrak{c}\mathfrak{c}_1 \\ b_1 c_1 = \mathfrak{c}\mathfrak{b}_1 & b_2 c_2 = \mathfrak{b}\mathfrak{c}_1 & b_3 c_3 = \mathfrak{a}\mathfrak{a}_1 \\ c_1 a_1 = \mathfrak{a}\mathfrak{c}_1 & c_2 a_2 = \mathfrak{c}\mathfrak{a}_1 & c_3 a_3 = \mathfrak{b}\mathfrak{b}_1 \,, \end{array}$$

folglich ist z. B. nach Schema IV.

$$\begin{aligned} (\beta_2\beta_3,\ \gamma_2\gamma_3) &= a_1 \\ (\beta_3\beta_1,\ \gamma_3\gamma_1) &= a_2 \\ (\beta_1\beta_2,\ \gamma_1\gamma_2) &= a_3 \,, \end{aligned}$$

und da die drei Punkte $a_1 a_2 a_3$ in einer geraden Linie $\mathfrak{L}_4$ liegen, so folgt, dass die beiden Dreiecke $\beta_1\beta_2\beta_3$ und $\gamma_1\gamma_2\gamma_3$ perspectivisch liegen (Seite 26), d. h. $\beta_1\gamma_1$, $\beta_2\gamma_2$, $\beta_3\gamma_3$ oder die drei Linien $\mathfrak{L}_1\mathfrak{L}_2\mathfrak{L}_3$ durch einen Punkt laufen; ebenso, weil

$$\begin{aligned} (a_1 b_1,\ a_2 b_2) &= \gamma_3 \\ (b_1 c_1,\ b_2 c_2) &= \alpha_3 \\ (c_1 a_1,\ c_2 a_2) &= \beta_3 \end{aligned}$$

und $\alpha_3\beta_3\gamma_3$ in gerader Linie $\mathfrak{L}_1$ liegen, laufen $\mathfrak{L}_4\mathfrak{L}_5\mathfrak{L}_6$ durch einen Punkt. *Es laufen also von den sechs erhaltenen Linien drei durch einen Punkt und die drei andern ebenfalls durch einen Punkt*, und es ist unmittelbar zu erkennen, dass die fünfzehn Geraden: $\mathfrak{a}\mathfrak{a}_1$, $\mathfrak{a}\mathfrak{b}_1$, $\mathfrak{a}\mathfrak{c}_1$, $\mathfrak{b}\mathfrak{a}_1$, $\mathfrak{b}\mathfrak{b}_1$, $\mathfrak{b}\mathfrak{c}_1$, $\mathfrak{c}\mathfrak{a}_1$, $\mathfrak{c}\mathfrak{b}_1$, $\mathfrak{c}\mathfrak{c}_1$ und $\mathfrak{L}_1\mathfrak{L}_2\mathfrak{L}_3$, $\mathfrak{L}_4\mathfrak{L}_5\mathfrak{L}_6$, welche sich in den zwanzig Punkten: $\alpha_1\beta_1\gamma_1$ $\alpha_2\beta_2\gamma_2$ $\alpha_3\beta_3\gamma_3$ $a_1 a_2 a_3$ $b_1 b_2 b_3$ $c_1 c_2 c_3$ und den beiden Schnittpunkten von $\mathfrak{L}_1\mathfrak{L}_2\mathfrak{L}_3$ und $\mathfrak{L}_4\mathfrak{L}_5\mathfrak{L}_6$ treffen, genau eine solche Figur bilden, wie sie auf Seite 27 beschrieben ist.

Der vorige Satz lässt sich auch in anderer Form aussprechen, wobei er als specieller Fall eines allgemeineren Satzes auftritt, von dem später die Rede sein wird. Die sechs Punkte $\mathfrak{a}\mathfrak{b}\mathfrak{c}$ $\mathfrak{a}_1\mathfrak{b}_1\mathfrak{c}_1$, von denen drei und drei auf zwei Geraden liegen, lassen sich als die Ecken eines einfachen Sechsecks auffassen, z. B. $\mathfrak{a}\mathfrak{b}_1\mathfrak{c}\mathfrak{a}_1\mathfrak{b}\mathfrak{c}_1$; in dieser Reihenfolge erscheinen $\mathfrak{a}\mathfrak{b}_1$ und $\mathfrak{a}_1\mathfrak{b}$ als gegenüber liegende Seiten, ebenso $\mathfrak{b}\mathfrak{c}_1$ und $\mathfrak{b}_1\mathfrak{c}$, endlich auch $\mathfrak{c}\mathfrak{a}_1$ und $\mathfrak{c}_1\mathfrak{a}$; der obige Satz würde also auch so lauten: *Bei einem einfachen Sechseck, dessen Ecken zu drei und drei auf zwei geraden Linien liegen, schneiden sich die gegenüberliegenden Seiten in drei Punkten, welche auf einer Geraden liegen*, und die sechs

Sechsecke, welche sich aus denselben Eck-Punkten herstellen lassen, sind folgende:

$$\begin{cases} \mathfrak{a}\,\mathfrak{b}_1\,\mathfrak{c}\,\mathfrak{a}_1\,\mathfrak{b}\,\mathfrak{c}_1 \\ \mathfrak{a}\,\mathfrak{c}_1\,\mathfrak{c}\,\mathfrak{b}_1\,\mathfrak{b}\,\mathfrak{a}_1 \\ \mathfrak{a}\,\mathfrak{a}_1\,\mathfrak{c}\,\mathfrak{c}_1\,\mathfrak{b}\,\mathfrak{b}_1 \end{cases}$$

$$\begin{cases} \mathfrak{a}\,\mathfrak{c}_1\,\mathfrak{c}\,\mathfrak{a}_1\,\mathfrak{b}\,\mathfrak{b}_1 \\ \mathfrak{a}\,\mathfrak{a}_1\,\mathfrak{c}\,\mathfrak{b}_1\,\mathfrak{b}\,\mathfrak{c}_1 \\ \mathfrak{a}\,\mathfrak{b}_1\,\mathfrak{c}\,\mathfrak{c}_1\,\mathfrak{b}\,\mathfrak{a}_1\,; \end{cases}$$

die für die ersten drei Sechsecke erhaltenen Geraden laufen durch einen Punkt und die für die andern drei Sechsecke erhaltenen Geraden durch einen andern Punkt.

Kehren wir nach dieser Abschweifung zu dem Gegenstande unserer Betrachtung zurück. Die Gerade $\mathfrak{L}$ als der Ort sämmtlicher Punkte $(\mathfrak{x}\mathfrak{y}_1,\ \mathfrak{x}_1\mathfrak{y})$ geht durch die Berührungspunkte der beiden Träger; es bleibt noch übrig, auf einem beliebigen andern Projectionsstrahl den Berührungspunkt zu ermitteln; seien $\mathfrak{A}\mathfrak{A}_1$ die beiden Träger, welche von irgend drei Projectionsstrahlen abc resp. in den Punktpaaren $\mathfrak{a}\mathfrak{a}_1$, $\mathfrak{b}\mathfrak{b}_1$, $\mathfrak{c}\mathfrak{c}_1$ getroffen werden, so wird nach der Construction auf Seite 87 ein beliebiger anderer Projectionsstrahl dadurch gefunden, dass man $\mathfrak{c}\mathfrak{b}_1$ zieht und irgend einen Punkt $\mathfrak{x}$ dieser Geraden mit $\mathfrak{a}$ und $\mathfrak{a}_1$ verbindet; $\mathfrak{a}\mathfrak{x}$ trifft b in B, $\mathfrak{a}_1\mathfrak{x}$ trifft c in B_1 und BB_1 ist ein Projectionsstrahl. Fassen wir b und c als die Träger zweier neuen Punktreihen auf, welche dieselbe Gesammtheit der Projectionsstrahlen liefern, von denen a, $\mathfrak{A}$ und $\mathfrak{A}_1$ drei zur Bestimmung erforderliche sind, so erscheinen BB_1 als entsprechende Punkte dieser beiden neuen Punktreihen, und um den Berührungspunkt auf b zu finden, müssen wir denjenigen Punkt auf b finden, welcher entsprechend ist dem Schnittpunkte (b, c) auf dem Träger c. Wir ziehen also von $\mathfrak{a}_1$ nach dem Schnittpunkte (b, c), welche Linie in $\mathfrak{x}_0$ die Gerade $\mathfrak{c}\mathfrak{b}_1$ trifft, dann wird $\mathfrak{a}\mathfrak{x}_0$ den Strahl b in dem gesuchten Berührungspunkte $\mathfrak{t}$ treffen. In gleicher Weise können wir den Berührungspunkt auf dem Projectionsstrahl c ermitteln; wir ziehen von $\mathfrak{a}$ nach dem Schnittpunkte (b, c), welche Linie in $\mathfrak{x}_0'$ die Gerade $\mathfrak{c}\mathfrak{b}_1$ trifft, dann wird $\mathfrak{a}_1\mathfrak{x}_0'$ den Strahl c in dem gesuchten Berührungspunkte $\mathfrak{t}'$ treffen. Wir können aber auch die Berührungspunkte auf b und c gleichzeitig finden, indem wir b und c als Träger und $a\mathfrak{A}\mathfrak{A}_1$ als drei Projectionsstrahlen auffassen und dann nach der vorhin angegebenen Construction jene Gerade $\mathfrak{L}$ ermitteln, welche der Ort der Punkte $(\mathfrak{x}\mathfrak{y}_1,\ \mathfrak{x}_1\mathfrak{y})$ ist, und welche durch die beiden Berührungspunkte auf b und c gehen muss. Die vorige Construction vereinfacht sich wesentlich, wenn wir statt der drei Punktpaare $\mathfrak{a}\mathfrak{a}_1$ $\mathfrak{b}\mathfrak{b}_1$ $\mathfrak{c}\mathfrak{c}_1$

folgende wählen: $\mathfrak{e}\mathfrak{e}_1$, $\mathfrak{f}\mathfrak{f}_1$ $\mathfrak{x}\mathfrak{x}_1$, welche so gewählt sind (Fig. 30), dass $\mathfrak{e}$ und $\mathfrak{f}_1$ im Schnittpunkte der beiden Träger $\mathfrak{A}\mathfrak{A}_1$ vereinigt liegen, $\mathfrak{e}_1$ und $\mathfrak{f}$ die Berührungspunkte auf $\mathfrak{A}_1$ und $\mathfrak{A}$ sind und $\mathfrak{x}\mathfrak{x}_1$ ein beliebiger Projectionsstrahl ist, dessen Berührungspunkt gesucht wird. Die Gerade $\mathfrak{c}\mathfrak{b}_1$ wird dann $\mathfrak{f}\mathfrak{x}_1$; der Schnittpunkt ($\mathfrak{b}\mathfrak{b}_1$, $\mathfrak{c}\mathfrak{c}_1$) wird ($\mathfrak{f}\mathfrak{f}_1$, $\mathfrak{x}\mathfrak{x}_1$), d. h. der Punkt $\mathfrak{x}$; $\mathfrak{a}_1$ ist der Berührungspunkt $\mathfrak{e}_1$ und $\mathfrak{a}$ ist der Schnittpunkt $\mathfrak{e}$; man ziehe also $\mathfrak{a}_1\mathfrak{x}$, d. h. $\mathfrak{e}_1\mathfrak{x}$, welches $\mathfrak{f}\mathfrak{x}_1$ in ξ treffe, dann wird $\mathfrak{e}\xi$ den Projectionsstrahl $\mathfrak{x}\mathfrak{x}_1$ in dem gesuchten Berührungspunkt treffen oder in Worten: Um auf irgend einem Projectionsstrahl $\mathfrak{x}\mathfrak{x}_1$ den Berührungspunkt zu finden, verbinde man die Punkte $\mathfrak{x}$ und $\mathfrak{x}_1$ mit den Berührungspunkten $\mathfrak{f}$ und $\mathfrak{e}_1$ der beiden Träger; der Schnittpunkt ($\mathfrak{f}\mathfrak{x}_1$, $\mathfrak{e}_1\mathfrak{x}$) mit dem Schnittpunkt $\mathfrak{e}\mathfrak{f}_1$ der Träger verbunden liefert eine Gerade, welche den Projectionsstrahl $\mathfrak{x}\mathfrak{x}_1$ in dem gesuchten Berührungspunkte trifft. Dies lässt sich auch als Satz folgendermassen aussprechen:

Fig. 30.

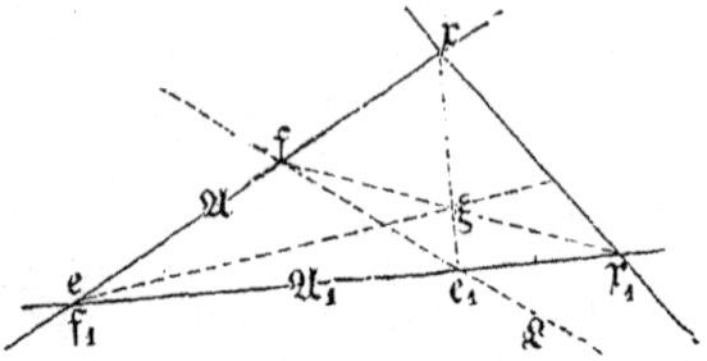

Die drei Verbindungslinien der Ecken eines von irgend drei Projectionsstrahlen gebildeten Dreiseits mit den Berührungspunkten in den gegenüberliegenden Seiten schneiden sich in einem Punkte.

Oder wenn man nach der Definition (S. 92) den Kegelschnitt als Erzeugniss der beiden projectivischen Punktreihen und die Projectionsstrahlen als seine Tangenten einführt:

Die drei Verbindungslinien der Berührungspunkte irgend dreier Tangenten eines Kegelschnitts mit den gegenüberliegenden Ecken des von denselben gebildeten Dreiecks schneiden sich in einem Punkte.

Nach der vorigen Construction lässt sich sehr einfach auf einem beliebigen Projectionsstrahl der Berührungspunkt ermitteln, da die Berührungspunkte $\mathfrak{e}_1\mathfrak{f}$ der beiden Träger durch die oben construirte Gerade $\mathfrak{L}$ bereits gefunden sind. Es ist nützlich, zu bemerken, dass der Berührungspunkt auf dem Projectionsstrahl $\mathfrak{x}\mathfrak{x}_1$ nach der obigen Construction und wegen der Eigenschaft des vollständigen Vierecks (S. 18) $\mathfrak{f}\mathfrak{x}\mathfrak{x}_1\mathfrak{e}_1$ auch als der vierte harmonische, dem Schnittpunkte der Geraden $\mathfrak{L}$ zugeordnete Punkt erscheint, während $\mathfrak{x}\mathfrak{x}_1$ das andere Paar zugeordneter Punkte sind; wir werden hierauf im Nachfolgenden genauer eingehen.

Fassen wir in den beiden projectivischen Punktreihen $\mathfrak{A}\mathfrak{A}_1$ irgend zwei Projectionsstrahlen a, b auf, welche in den entsprechenden Punkten $\mathfrak{a}\mathfrak{a}_1$ und $\mathfrak{b}\mathfrak{b}_1$ die Träger treffen, so liegt der Schnittpunkt ($\mathfrak{a}\mathfrak{b}_1$, $\mathfrak{b}\mathfrak{a}_1$)

auf derjenigen Geraden $\mathfrak{L}$, welche die Berührungspunkte der beiden Träger $\mathfrak{A}\mathfrak{A}_1$ verbindet; kehren wir jetzt aber die Auffassung in der Weise um, dass wir a und b als Träger zweier erzeugenden Punktreihen und $\mathfrak{A}\mathfrak{A}_1$ als Projectionsstrahlen ansehen, so sind nunmehr $\mathfrak{a}$ und $\mathfrak{b}$ ein Paar entsprechender Punkte, ebenso $\mathfrak{a}_1$ und $\mathfrak{b}_1$ ein zweites Paar entsprechender Punkte; folglich wird der Schnittpunkt $(\mathfrak{a}\mathfrak{b}_1, \mathfrak{a}_1\mathfrak{b})$, welcher derselbe Punkt ist, auch auf der Verbindungslinie der Berührungspunkte der beiden Projectionsstrahlen a und b liegen müssen. Wir haben daher das bemerkenswerthe Resultat:

Sind $\mathfrak{a}\mathfrak{a}_1$ *und* $\mathfrak{b}\mathfrak{b}_1$ *irgend zwei Projectionsstrahlen zweier projectivischer Punktreihen, so liegt der Schnittpunkt* $(\mathfrak{a}\mathfrak{b}_1, \mathfrak{b}\mathfrak{a}_1)$ *in gerader Linie mit den Berührungspunkten der beiden Projectionsstrahlen.*

Hieraus folgt, wenn wir den einen Projectionsstrahl $\mathfrak{a}\mathfrak{a}_1$ mit seinem Berührungspunkt α festhalten, den andern Projectionsstrahl $\mathfrak{b}\mathfrak{b}_1$ und seinen Berührungspunkt β aber, der projectivischen Beziehung gemäss, bewegen und den Schnittpunkt $(\mathfrak{a}\mathfrak{b}_1, \mathfrak{b}\mathfrak{a}_1) = \gamma_1$ bezeichnen, dass der Strahl $\alpha\beta$, welcher in γ_1 die feste Gerade $\mathfrak{L}$ trifft, und der Strahl $\mathfrak{a}\mathfrak{b}_1$, welcher auch in γ_1 der Geraden $\mathfrak{L}$ begegnet, bei der Bewegung zwei perspectivische Strahlbüschel beschreiben; also wird die Punktreihe, welche der veränderliche Projectionsstrahl $\mathfrak{b}\mathfrak{b}_1$ auf dem Träger $\mathfrak{A}_1$ oder auf irgend einem andern Projectionsstrahl, z. B. $\mathfrak{a}\mathfrak{a}_1$ fixirt, projectivisch sein müssen mit dem Strahlbüschel, welches $\alpha\beta$ beschreibt. Dies giebt folgenden Satz:

Die Punktreihe, in welcher ein beliebiger Projectionsstrahl von der Gesammtheit derselben getroffen wird, ist projectivisch mit dem Strahlbüschel, dessen Mittelpunkt der Berührungspunkt des ersteren ist, und dessen Strahlen nach den Berührungspunkten sämmtlicher Projectionsstrahlen hingehen.

Fügen wir noch einen dritten Projectionsstrahl $\mathfrak{c}\mathfrak{c}_1$ hinzu und nennen die Berührungspunkte auf den Projectionsstrahlen:

$$\begin{matrix} \mathfrak{a}\mathfrak{a}_1 & \mathfrak{b}\mathfrak{b}_1 & \mathfrak{c}\mathfrak{c}_1 \\ \alpha & \beta & \gamma \end{matrix}$$

die Schnittpunkte:

$$(\mathfrak{b}\mathfrak{c}_1, \mathfrak{c}\mathfrak{b}_1) = \alpha_1 \qquad (\mathfrak{c}\mathfrak{a}_1, \mathfrak{a}\mathfrak{c}_1) = \beta_1 \qquad (\mathfrak{a}\mathfrak{b}_1, \mathfrak{b}\mathfrak{a}_1) = \gamma_1$$

so liegen nach dem Vorigen:

$\alpha\ \beta\ \gamma_1$ in einer Geraden,
$\beta\ \gamma\ \alpha_1$ - - - ,
$\gamma\ \alpha\ \beta_1$ - - - ,
und auch $\alpha_1\ \beta_1\ \gamma_1$ - - - ,

letztere nämlich in der Geraden $\mathfrak{L}$. Diese sechs Punkte sind also die

Ecken eines vollständigen Vierseits und bilden eine Figur, wie wir sie auf Seite 68 kennen gelernt haben.

Halten wir die beiden Projectionsstrahlen $\mathfrak{a}\mathfrak{a}_1$ und $\mathfrak{b}\mathfrak{b}_1$ mit ihren Berührungspunkten α und β fest, bewegen wir aber den dritten Projectionsstrahl $\mathfrak{c}\mathfrak{c}_1$ der projectivischen Beziehung gemäss, so verändert sich auch sein Berührungspunkt γ; es bewegen sich nämlich die Punkte α_1 und β_1 auf der festen Geraden $\mathfrak{L}$ und beschreiben zwei projectivische Punktreihen, weil sie mit den von $\mathfrak{c}$ und $\mathfrak{c}_1$ beschriebenen Punktreihen perspectivisch liegen; folglich müssen auch die Strahlen $\alpha\beta_1$ und $\beta\alpha_1$ projectivische Strahlbüschel um α und β als Mittelpunkte beschreiben; nun schneiden sich aber $\alpha\beta_1$ und $\beta\alpha_1$ nach dem obigen Schema im Punkte γ, dem Berührungspunkt auf dem veränderlichen Projectionsstrahl $\mathfrak{c}\mathfrak{c}_1$, folglich erhalten wir den wichtigen Satz:

Verbindet man irgend zwei Berührungspunkte als Mittelpunkte zweier Strahlbüschel mit sämmtlichen Berührungspunkten durch Strahlenpaare, so erhält man allemal zwei projectivische Strahlbüschel.

Hiernach erscheint der Kegelschnitt, welchen wir als das Erzeugniss zweier projectivischer Punktreihen, d. h. die von der Gesammtheit der Projectionsstrahlen umhüllte Curve definirt haben, zugleich als das Erzeugniss zweier projectivischer Strahlbüschel, d. h. der Ort des Schnittpunktes sämmtlicher Paare entsprechender Strahlen. Dieselbe Curve, der Kegelschnitt, je nachdem sie als eine continuirliche Reihe von Punkten oder als eine continuirliche Aufeinanderfolge von berührenden Strahlen (Tangenten) aufgefasst wird, ist das Erzeugniss zweier projectivischer Strahlbüschel oder das Erzeugniss zweier projectivischer Punktreihen; beide Erzeugnisse, welche nach der in unseren Grundbegriffen liegenden Dualität neben einander stehen, sind also *identisch*.

§. 22. Zwei projectivische Strahlbüschel in allgemeiner Lage.

Den in den beiden vorigen Paragraphen durchgeführten Betrachtungen stehen ganz analoge zur Seite, welche ihren Ausgangspunkt nehmen von zwei projectivischen Strahlbüscheln in allgemeiner Lage; es würde ermüdend sein, diese analogen Betrachtungen in aller Ausführlichkeit zu wiederholen; vielmehr genüge es, die Resultate hervorzuheben, welche ohne jede Schwierigkeit aus dem Gange der gleichlaufenden Betrachtung sich ergeben, und welche nur kleine Modificationen dadurch erleiden, dass an Stelle von Strahl Punkt, an Stelle von Verbindungslinie (oder Projectionsstrahl) Schnittpunkt u. s. w. und umgekehrt tritt. Da wir aus dem Schluss der vorigen Betrachtung bereits wissen, dass das Erzeugniss zweier projectivischer Strahlbüschel in allgemeiner Lage identisch ist mit dem Erzeugniss zweier projectivischer Punktreihen, welches wir Kegelschnitt genannt haben, so dürfen wir diese Benennung auch für das jetzt zu untersuchende Erzeugniss in Anspruch nehmen.

Der Ort der Schnittpunkte entsprechender Strahlen zweier projectivischer Strahlbüschel in allgemeiner (nicht perspectivischer) *Lage ist ein Kegelschnitt, welcher selbst durch die Mittelpunkte B, B_1 der beiden Strahlbüschel geht;* denn dem Strahle BB_1, als dem Strahlbüschel (B) angehörig, entspricht ein bestimmter durch B_1 gehender Strahl, also ist B_1 ein Schnittpunkt zweier entsprechender Strahlen, ebenso B. Seien xx_1 zwei entsprechende Strahlen und $\mathfrak{x}$ ihr Schnittpunkt, also $(B\mathfrak{x}) = x$, $(B_1\mathfrak{x}) = x_1$, und bewegen wir den Strahl x um B herum, bis er zuletzt auf BB_1 fällt, so wird die Sehne $B_1\mathfrak{x}$ des Kegelschnitts, welche den entsprechenden Strahl bildet, sich um den festen Punkt B_1 drehen, bis sie zuletzt in die Grenzlage der Tangente des Kegelschnitts am Punkte B_1 übergeht; also *diejenigen Strahlen, welche den in der Verbindungslinie der Mittelpunkte vereinigt liegenden entsprechen, sind die Tangenten des Kegelschnitts in den Mittelpunkten der Strahlbüschel.*

Man kann irgend zwei Schnittpunkte entsprechender Strahlen als Mittelpunkte zweier neuer Strahlbüschel annehmen, deren Strahlenpaare nach sämmtlichen Schnittpunkten hingehen; solche zwei Strahlbüschel sind immer projectivisch und je zwei Strahlen entsprechend, die nach demselben Schnittpunkte gehen. Oder:

Wenn man irgend zwei Punkte eines Kegelschnitts mit sämmtlichen durch Strahlenpaare verbindet, so erhält man allemal zwei projectivische Strahlbüschel, deren entsprechende Strahlen immer zwei solche sind, welche nach demselben Punkte des Kegelschnitts gehen.

Hieraus folgt, dass *der Kegelschnitt durch fünf Punkte, welche willkürlich angenommen werden dürfen, vollkommen bestimmt ist;* um beliebig viele andere Punkte desselben allein mittelst des Lineals zu construiren, wähle man irgend zwei von den gegebenen fünf Punkten zu Mittelpunkten zweier Strahlbüschel und ziehe nach den drei übrigen die drei Paare entsprechender Strahlen; dadurch ist die projectivische Beziehung der beiden Strahlbüschel vollständig bestimmt, und beliebig viele andere Paare entsprechender Strahlen sind allein mittelst des Lineals zu construiren (Seite 23); die Schnittpunkte derselben werden Punkte des Kegelschnitts sein. Diese Construction führt zu folgender Bedingung zwischen irgend sechs Punkten eines Kegelschnitts:

Verbindet man irgend sechs Punkte eines Kegelschnitts in beliebiger Reihenfolge zu einem einfachen Sechseck, so schneiden sich die drei Paare gegenüberliegender Seiten in drei Punkten, welche in gerader Linie liegen. (*Pascal'*scher Satz.)

Ferner besitzt der Kegelschnitt die charakteristische Eigenschaft, dass *eine beliebige Gerade in der Ebene ihn im Allgemeinen in zwei Punkten trifft. Der Kegelschnitt ist daher gleichzeitig vom zweiten Grade und von der zweiten Classe,* da der Ort eines Punktes in der Ebene von solcher Beschaffenheit, dass auf einer beliebigen Geraden in der Ebene sich höchstens n Punkte des Ortes finden, eine Curve n^{ten} Grades und der Ort einer einhüllenden Geraden von solcher Beschaffenheit, dass durch einen beliebigen Punkt in der Ebene höchstens n Berührungsstrahlen des Ortes gehen, eine Curve n^{ter} Classe genannt wird. Die beiden Schnittpunkte des Kegelschnitts mit einer beliebigen Geraden können aber auch in einen zusammen fallen oder zu existiren aufhören. Die doppelte Mannigfaltigkeit von sämmtlichen geraden Linien der unendlichen Ebene zerfällt dadurch in zwei Gebiete: das eine bilden diejenigen Geraden, welche den Kegelschnitt nicht treffen, also keinen (reellen) Punkt mit ihm gemein haben, das andere diejenigen, welche den Kegelschnitt in zwei (reellen) Punkten treffen; diese beiden Gebiete werden von einander getrennt durch eine einfache Unendlichkeit solcher Geraden, welche nur einen Punkt mit dem Kegelschnitt gemein haben, oder für welche die beiden Schnittpunkte zusammen fallen; dies sind die Tangenten des Kegelschnitts.

Die Construction der Tangente in irgend einem Punkte des Kegelschnitts wird leicht ausgeführt mit Hülfe des folgenden Satzes:

Wenn xx_1 und yy_1 irgend zwei Paare entsprechender Strahlen zweier projectivischer Strahlbüschel (B) (B_1) sind, so läuft die Verbindungslinie der Schnittpunkte:

$$(xy_1,\ yx_1)$$

durch einen und denselben festen Punkt S, welcher zugleich der Schnittpunkt der beiden Tangenten des Kegelschnitts in den Mittelpunkten der Strahlbüschel B und B_1 ist; oder insbesondere:

Wenn abc irgend drei durch einen Punkt gehende Strahlen und $a_1b_1c_1$ irgend drei durch einen zweiten Punkt gehende Strahlen sind, so laufen die drei Verbindungslinien der Schnittpunkte:

$$(ab_1,\ a_1b) \qquad (bc_1,\ b_1c) \qquad (ca_1,\ c_1a)$$

durch einen und denselben Punkt.

Dieser Satz ist einer ganz analogen Erweiterung fähig, wie der gleichlautende auf Seite 93; die Ausführung sei dem Leser überlassen.

Mit Hülfe dieses Satzes wird in jedem Punkte des Kegelschnitts die Tangente zu construiren sein, wenn irgend fünf zur Bestimmung desselben erforderliche Punkte gegeben sind; sei B der Punkt, in welchem die Tangente gesucht wird, und $B_1\mathfrak{a}\mathfrak{b}\mathfrak{c}$ die vier andern, so ziehe man die drei Strahlen $B\mathfrak{a}$, $B\mathfrak{b}$, $B\mathfrak{c}$, d. h. abc und $B_1\mathfrak{a}$, $B_1\mathfrak{b}$, $B_1\mathfrak{c}$, d. h. $a_1b_1c_1$, bestimme die beiden Linien (ab_1, a_1b) (bc_1, b_1c) und verbinde ihren Schnittpunkt mit B, alsdann ist diese Verbindungslinie die gesuchte Tangente in B.

Sind die Tangenten f und e_1 in den Punkten B und B_1 gefunden, so gelangt man zu der Tangente in irgend einem Punkte $\mathfrak{x} = (xx_1)$, indem man die Verbindungslinie:

$$(xe_1, x_1f)$$

zieht und den Punkt, in welchem sie den vereinigten Strahl $e(f_1)$ oder BB_1 trifft, mit $\mathfrak{x} = (xx_1)$ verbindet. Dies führt zu folgendem Satz:

Die Seiten irgend eines dem Kegelschnitt einbeschriebenen Dreiecks treffen die Tangenten der gegenüber liegenden Ecken in drei Punkten, welche in einer Geraden liegen.

Endlich folgt noch der Satz:

Sind aa_1 und bb_1 irgend zwei Paare entsprechender Strahlen zweier projectivischer Strahlbüschel und $\mathfrak{a}$, $\mathfrak{b}$ beziehungsweise ihre Schnittpunkte, so geht die Verbindungslinie (ab_1, a_1b) durch den Schnittpunkt der beiden Kegelschnitts-Tangenten in $\mathfrak{a}$ und $\mathfrak{b}$, woraus dann die Umkehrung des analogen Satzes auf Seite 97 folgt:

Das Strahlbüschel, welches von allen Strahlen gebildet wird, die einen beliebigen Punkt mit sämmtlichen Punkten des Kegelschnitts verbinden, ist projectivisch mit der Punktreihe, welche auf der in dem ersten Punkte gezogenen Tangente durch die Tangenten in sämmtlichen Punkten des Kegelschnitts bestimmt wird.

Hieraus ergiebt sich schliesslich von entgegengesetzter Seite wiederum die Identität beider Erzeugnisse, indem wir finden, dass *sämmtliche Tangenten des Kegelschnitts irgend zwei derselben in zwei projectivischen Punktreihen treffen*, indem jede auf den beiden willkürlich herausgenommenen zwei entsprechende Punkte bestimmt.

§. 23. Identität der Erzeugnisse zweier projectivischer Punktreihen und zweier projectivischer Strahlbüschel.

Obgleich wir bereits aus dem Vorigen die Identität beider neben einander stehenden Erzeugnisse erkannt haben, so wollen wir doch dies wichtige Resultat noch einmal auf einem anderen Wege ableiten, indem wir dabei zugleich eine Figur vorführen, welche eine grosse Zahl von Eigenschaften des Kegelschnitts zur Anschauung bringt.

Wir gehen von zwei projectivischen Punktreihen aus, deren Träger

$\mathfrak{A}\mathfrak{A}_1$ seien, und nehmen in ihrem Schnittpunkte zwei nicht entsprechende Punkte $\mathfrak{b}$ und $\mathfrak{a}_1$ vereinigt liegend an; sei $\mathfrak{a}$ der dem $\mathfrak{a}_1$ entsprechende auf dem Träger $\mathfrak{A}$, so erscheint der Träger $\mathfrak{A}$ als Verbindungsstrahl $\mathfrak{a}\mathfrak{a}_1$, d. h. als Projectionsstrahl; durch jeden Punkt $\mathfrak{x}$ des Trägers $\mathfrak{A}$ gehen mithin die beiden Projectionsstrahlen $\mathfrak{x}\mathfrak{x}_1$ und der Träger $\mathfrak{A}$; die einzige Ausnahme macht der Punkt $\mathfrak{a}$; für ihn fallen beide Projectionsstrahlen zusammen; er heisst der Berührungspunkt des Projectionsstrahls $\mathfrak{A}$ und ist in der That die Grenzlage des Schnittpunktes zweier unmittelbar auf einander folgender (unendlich-naher) Projectionsstrahlen; ebenso giebt es auf dem Träger $\mathfrak{A}_1$ einen einzigen bestimmten Punkt $\mathfrak{b}_1$, welcher dem im Schnittpunkte liegenden Punkt $\mathfrak{b}$ der ersten Punktreihe entspricht; durch $\mathfrak{b}_1$ geht nur ein einziger Projectionsstrahl, der Träger $\mathfrak{A}_1$, und $\mathfrak{b}_1$ heisst sein Berührungspunkt. Wir setzen ferner die auf S. 93 unabhängig bewiesene Eigenschaft der beiden projectivischen Punktreihen voraus, dass nämlich der Schnittpunkt $(\mathfrak{x}\mathfrak{y}_1, \mathfrak{x}_1\mathfrak{y})$, wo $\mathfrak{x}\mathfrak{x}_1$ und $\mathfrak{y}\mathfrak{y}_1$ irgend zwei Paare entsprechender Punkte bedeuten, immer auf derselben festen Geraden liegt, welche durch die beiden Berührungspunkte $\mathfrak{a}\mathfrak{b}_1$ der Träger geht.

Dies vorausgeschickt, denken wir uns (Fig. 31) auf den beiden Trägern $\mathfrak{A}\mathfrak{A}_1$ drei Paare entsprechender Punkte $\mathfrak{a}\mathfrak{a}_1$, $\mathfrak{c}\mathfrak{c}_1$, $\mathfrak{d}\mathfrak{d}_1$, welche zur Bestimmung der Projectivität erforderlich sind, und wobei $\mathfrak{a}_1$ als im Schnittpunkte $(\mathfrak{A}, \mathfrak{A}_1)$ liegend angenommen wird, also $\mathfrak{a}$ der Berührungspunkt des Trägers $\mathfrak{A}$ ist, willkürlich gewählt, dann wird der dem andern im Schnittpunkte liegenden Punkte $\mathfrak{b}$ entsprechende $\mathfrak{b}_1$, d. h. der Berührungspunkt von $\mathfrak{A}_1$, in der Weise construirt, dass wir den Schnittpunkt:

Fig. 31.

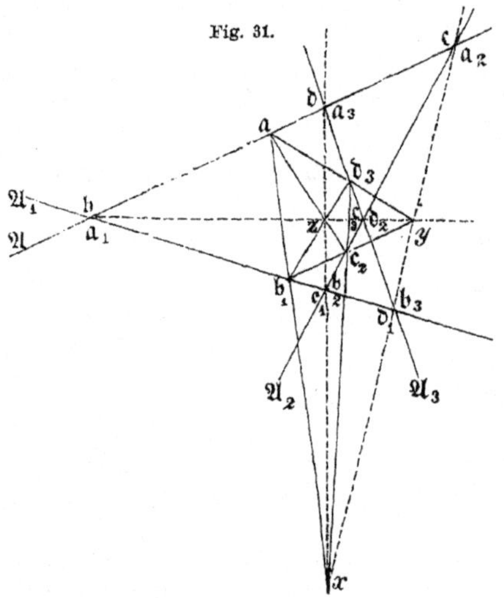

$$(\mathfrak{c}\mathfrak{d}_1, \mathfrak{c}_1\mathfrak{d}) = x$$

mit $\mathfrak{a}$ verbinden und den Punkt $\mathfrak{b}_1$ aufsuchen, in welchem diese Verbindungslinie den Träger $\mathfrak{A}_1$ trifft. Wir haben also auf den beiden Trägern $\mathfrak{A}\mathfrak{A}_1$ vier Paare entsprechender Punkte: $\mathfrak{a}\mathfrak{b}\mathfrak{c}\mathfrak{d}$ und $\mathfrak{a}_1\mathfrak{b}_1\mathfrak{c}_1\mathfrak{d}_1$, und es gilt die Gleichheit der Doppelverhältnisse $(\mathfrak{a}\mathfrak{b}\mathfrak{c}\mathfrak{d}) = (\mathfrak{a}_1\mathfrak{b}_1\mathfrak{c}_1\mathfrak{d}_1)$; der Schnittpunkt der beiden Träger hat einen doppelten Namen $\mathfrak{b}$ und $\mathfrak{a}_1$. Wir denken uns nun den Projectionsstrahl $\mathfrak{c}\mathfrak{c}_1$ als Träger einer neuen Punktreihe und bezeichnen ihn in diesem Sinne mit $\mathfrak{A}_2$; wir machen nämlich $\mathfrak{A}_1$ und $\mathfrak{A}_2$ projectivisch rücksichtlich der Punktpaare, welche die andern Projectionsstrahlen auf ihnen bestimmen; der Projectionsstrahl $\mathfrak{A}$ trifft $\mathfrak{A}_1$ und $\mathfrak{A}_2$ resp. in $\mathfrak{a}_1$ und $\mathfrak{c}$; wir legen daher dem $\mathfrak{c}$ den zweiten Namen $\mathfrak{a}_2$ bei; der Projectionsstrahl $\mathfrak{d}\mathfrak{d}_1$ trifft $\mathfrak{A}_1$ in $\mathfrak{d}_1$ und $\mathfrak{A}_2$ in demjenigen Punkte, welchen wir $\mathfrak{d}_2$ nennen; endlich liegt im Schnittpunkte $(\mathfrak{A}_1, \mathfrak{A}_2)$ derjenige Punkt, welcher dem Berührungspunkt auf dem Träger $\mathfrak{A}_1$ entspricht; dieser letztere ist der Punkt $\mathfrak{b}_1$; der Schnittpunkt $(\mathfrak{A}_1, \mathfrak{A}_2)$, welcher schon den Namen $\mathfrak{c}_1$ hatte, empfängt also jetzt in dem neuen Sinne den zweiten Namen $\mathfrak{b}_2$ und die drei Paare entsprechender Punkte $\mathfrak{a}_1\mathfrak{a}_2$, $\mathfrak{b}_1\mathfrak{b}_2$, $\mathfrak{d}_1\mathfrak{d}_2$ bestimmen die ganze projectivische Beziehung der beiden neuen Träger $\mathfrak{A}_1\mathfrak{A}_2$ so, dass jetzt der dem Punkte $\mathfrak{c}_1$, welcher im Schnittpunkte liegt, entsprechende $\mathfrak{c}_2$, d. h. der Berührungspunkt bei der neuen Beziehung von $\mathfrak{A}_1$ und $\mathfrak{A}_2$, auf die Weise gefunden wird, dass wir den Schnittpunkt $(\mathfrak{a}_1\mathfrak{d}_2, \mathfrak{d}_1\mathfrak{a}_2) = y$ mit $\mathfrak{b}_1$ verbinden und den Punkt $\mathfrak{c}_2$ aufsuchen, in welchem diese Verbindungslinie $\mathfrak{A}_2$ trifft. Wir haben dann auf den beiden Trägern $\mathfrak{A}_1\mathfrak{A}_2$ vier Paare entsprechender Punkte: $\mathfrak{a}_1\mathfrak{b}_1\mathfrak{c}_1\mathfrak{d}_1$ und $\mathfrak{a}_2\mathfrak{b}_2\mathfrak{c}_2\mathfrak{d}_2$, und es gilt die Gleichheit der Doppelverhältnisse $(\mathfrak{a}_1\mathfrak{b}_1\mathfrak{c}_1\mathfrak{d}_1) = (\mathfrak{a}_2\mathfrak{b}_2\mathfrak{c}_2\mathfrak{d}_2)$; es ist also auch $(\mathfrak{a}\mathfrak{b}\mathfrak{c}\mathfrak{d}) = (\mathfrak{a}_1\mathfrak{b}_1\mathfrak{c}_1\mathfrak{d}_1) = (\mathfrak{a}_2\mathfrak{b}_2\mathfrak{c}_2\mathfrak{d}_2)$, was auch nachträglich aus der Figur leicht verificirt werden kann; denn es ist identisch:

$$(\mathfrak{a}\mathfrak{b}\mathfrak{c}\mathfrak{d}) = (\mathfrak{b}\mathfrak{a}\mathfrak{d}\mathfrak{c})$$

(Seite 7); ferner $(\mathfrak{b}\mathfrak{a}\mathfrak{d}\mathfrak{c}) = (\mathfrak{a}_1\mathfrak{b}_1\mathfrak{c}_1\mathfrak{d}_1)$, weil diese vier Punktpaare in Bezug auf den Projectionspunkt x perspectivisch liegen; ferner $(\mathfrak{a}_1\mathfrak{b}_1\mathfrak{c}_1\mathfrak{d}_1) = (\mathfrak{d}_1\mathfrak{c}_1\mathfrak{b}_1\mathfrak{a}_1)$ (Seite 7) und $(\mathfrak{d}_1\mathfrak{c}_1\mathfrak{b}_1\mathfrak{a}_1) = (\mathfrak{a}_2\mathfrak{b}_2\mathfrak{c}_2\mathfrak{d}_2)$, weil diese vier Punktpaare in Bezug auf den Projectionspunkt y perspectivisch liegen, folglich:

$$(\mathfrak{a}\mathfrak{b}\mathfrak{c}\mathfrak{d}) = (\mathfrak{a}_1\mathfrak{b}_1\mathfrak{c}_1\mathfrak{d}_1) = (\mathfrak{a}_2\mathfrak{b}_2\mathfrak{c}_2\mathfrak{d}_2).$$

Endlich denken wir uns den vierten Projectionsstrahl $\mathfrak{d}\mathfrak{d}_1$ als Träger einer Punktreihe und nennen ihn in diesem Sinne $\mathfrak{A}_3$; wir machen jetzt $\mathfrak{A}_2$ und $\mathfrak{A}_3$ projectivisch rücksichtlich der Paare entsprechender Punkte, welche die andern Projectionsstrahlen auf ihnen bestimmen; $\mathfrak{A}$ trifft $\mathfrak{A}_2$ und $\mathfrak{A}_3$ in $\mathfrak{a}_2$ und $\mathfrak{d}$; wir legen daher dem Punkt $\mathfrak{d}$ den zweiten Namen $\mathfrak{a}_3$ bei; $\mathfrak{A}_1$ trifft $\mathfrak{A}_2$ und $\mathfrak{A}_3$ in den Punkten $\mathfrak{b}_2$ und $\mathfrak{d}_1$; wir benennen daher den Punkt $\mathfrak{d}_1$ jetzt $\mathfrak{b}_3$; endlich liegt in dem Schnittpunkt $(\mathfrak{A}_2, \mathfrak{A}_3)$, oder $\mathfrak{d}_2$, derjenige Punkt, welcher dem Berührungspunkt $\mathfrak{c}_2$ auf $\mathfrak{A}_2$ bei der vorigen Beziehung entspricht; wir nennen daher $\mathfrak{d}_2$ jetzt $\mathfrak{c}_3$ und haben drei Paare entsprechender Punkte $\mathfrak{a}_2\mathfrak{a}_3$, $\mathfrak{b}_2\mathfrak{b}_3$, $\mathfrak{c}_2\mathfrak{c}_3$, welche die projectivische Beziehung bestimmen, so dass jetzt der dem Punkte $\mathfrak{d}_2$, welcher im Schnittpunkt $(\mathfrak{A}_2, \mathfrak{A}_3)$ liegt, entsprechende Punkt $\mathfrak{d}_3$ auf $\mathfrak{A}_3$ in folgender Weise gefunden wird: Wir verbinden den Schnittpunkt $(\mathfrak{a}_2\mathfrak{b}_3, \mathfrak{a}_3\mathfrak{b}_2) = x$ mit $\mathfrak{c}_2$ und bestimmen den Schnittpunkt $\mathfrak{d}_3$ dieser Verbindungslinie mit $\mathfrak{A}_3$; dann haben wir auf den beiden Trägern $\mathfrak{A}_2$ und $\mathfrak{A}_3$ vier Paare entsprechender Punkte: $\mathfrak{a}_2\mathfrak{b}_2\mathfrak{c}_2\mathfrak{d}_2$ und $\mathfrak{a}_3\mathfrak{b}_3\mathfrak{c}_3\mathfrak{d}_3$, und es gilt die Gleichheit der Doppelverhältnisse $(\mathfrak{a}_2\mathfrak{b}_2\mathfrak{c}_2\mathfrak{d}_2) = (\mathfrak{a}_3\mathfrak{b}_3\mathfrak{c}_3\mathfrak{d}_3)$; wir haben also jetzt die vier Doppelverhältnisse einander gleich:

$$(\mathfrak{a}\mathfrak{b}\mathfrak{c}\mathfrak{d}) = (\mathfrak{a}_1\mathfrak{b}_1\mathfrak{c}_1\mathfrak{d}_1) = (\mathfrak{a}_2\mathfrak{b}_2\mathfrak{c}_2\mathfrak{d}_2) = (\mathfrak{a}_3\mathfrak{b}_3\mathfrak{c}_3\mathfrak{d}_3).$$

Hieraus folgt zuerst $(\mathfrak{a}\mathfrak{b}\mathfrak{c}\mathfrak{d}) = (\mathfrak{a}_3\mathfrak{b}_3\mathfrak{c}_3\mathfrak{d}_3)$ und, weil identisch $(\mathfrak{a}\mathfrak{b}\mathfrak{c}\mathfrak{d}) = (\mathfrak{d}\mathfrak{c}\mathfrak{b}\mathfrak{a})$ (Seite 7), auch $(\mathfrak{d}\mathfrak{c}\mathfrak{b}\mathfrak{a}) = (\mathfrak{a}_3\mathfrak{b}_3\mathfrak{c}_3\mathfrak{d}_3)$; $\mathfrak{d}$ und $\mathfrak{a}_3$ fallen aber zusammen, folglich müssen sich $\mathfrak{c}\mathfrak{b}_3$, $\mathfrak{b}\mathfrak{c}_3$ und $\mathfrak{a}\mathfrak{d}_3$ in einem Punkte schneiden, oder weil $(\mathfrak{c}\mathfrak{b}_3, \mathfrak{b}\mathfrak{c}_3) = y$ ist, liegen $\mathfrak{a}\mathfrak{d}_3 y$ in einer Geraden; zweitens $(\mathfrak{a}\mathfrak{b}\mathfrak{c}\mathfrak{d}) = (\mathfrak{a}_2\mathfrak{b}_2\mathfrak{c}_2\mathfrak{d}_2)$ und $(\mathfrak{a}\mathfrak{b}\mathfrak{c}\mathfrak{d}) = (\mathfrak{c}\mathfrak{d}\mathfrak{a}\mathfrak{b})$, also $(\mathfrak{c}\mathfrak{d}\mathfrak{a}\mathfrak{b}) = (\mathfrak{a}_2\mathfrak{b}_2\mathfrak{c}_2\mathfrak{d}_2)$; weil nun $\mathfrak{c}$ und $\mathfrak{a}_2$ zusammenfallen, so müssen sich $\mathfrak{d}\mathfrak{b}_2$, $\mathfrak{a}\mathfrak{c}_2$ und $\mathfrak{b}\mathfrak{d}_2$ in einem Punkte schneiden; bezeichnen wir den Schnittpunkt $(\mathfrak{d}\mathfrak{b}_2, \mathfrak{b}\mathfrak{d}_2) = z$, so liegen $\mathfrak{a}\mathfrak{c}_2 z$ in einer Geraden; endlich ist $(\mathfrak{a}_1\mathfrak{b}_1\mathfrak{c}_1\mathfrak{d}_1) = (\mathfrak{a}_3\mathfrak{b}_3\mathfrak{c}_3\mathfrak{d}_3)$ und $(\mathfrak{a}_1\mathfrak{b}_1\mathfrak{c}_1\mathfrak{d}_1) = (\mathfrak{c}_1\mathfrak{d}_1\mathfrak{a}_1\mathfrak{b}_1)$ also $(\mathfrak{c}_1\mathfrak{d}_1\mathfrak{a}_1\mathfrak{b}_1) = (\mathfrak{a}_3\mathfrak{b}_3\mathfrak{c}_3\mathfrak{d}_3)$; weil aber $\mathfrak{d}_1$ und $\mathfrak{b}_3$ zusammenfallen, so müssen sich $\mathfrak{c}_1\mathfrak{a}_3$, $\mathfrak{a}_1\mathfrak{c}_3$ und $\mathfrak{b}_1\mathfrak{d}_3$ in einem Punkte schneiden; nun ist der Schnittpunkt $(\mathfrak{c}_1\mathfrak{a}_3, \mathfrak{a}_1\mathfrak{c}_3) = z$, also liegen $\mathfrak{b}_1$ $\mathfrak{d}_3$ z in einer Geraden. Wir sehen, dass xyz nichts anderes sind, als die drei Diagonalpunkte des von den vier Geraden $\mathfrak{A}\mathfrak{A}_1\mathfrak{A}_2\mathfrak{A}_3$ gebildeten vollständigen Vierseits und erkennen zugleich, dass das Dreieck xyz identisch zusammenfällt mit dem Diagonaldreieck des von den vier Berührungspunkten $\mathfrak{a}\mathfrak{b}_1\mathfrak{c}_2\mathfrak{d}_3$ gebildeten vollständigen Vierecks, oder dass die Berührungspunkte paarweise mit den Punkten xyz in gerader Linie liegen.

Die in der angegebenen Weise hergestellte Figur, bei der jede der vier Geraden $\mathfrak{A}\mathfrak{A}_1\mathfrak{A}_2\mathfrak{A}_3$ vier Punkte enthält, in welchen sie von den andern und sich selbst (im Berührungspunkte) getroffen wird und irgend zwei von ihnen rücksichtlich dieser Punkte projectivisch gemacht sind, bietet noch eine zweite, nicht minder wichtige Eigenschaft dar. Fassen wir die vier Berührungspunkte $\mathfrak{a}\mathfrak{b}_1\mathfrak{c}_2\mathfrak{d}_3$ auf, so sehen wir, dass durch jeden derselben vier Strahlen gehen, nämlich einmal der Projectionsstrahl, dessen Berührungspunkt er ist, und dann die drei Strahlen nach den drei andern Berührungspunkten hin. Bezeichnen wir diese nun in folgender Weise:

$$\mathfrak{A} = a, \quad \mathfrak{a}\mathfrak{b}_1 = b, \quad \mathfrak{a}\mathfrak{c}_2 = c, \quad \mathfrak{a}\mathfrak{d}_3 = d,$$

ferner:

$$\mathfrak{b}_1\mathfrak{a} = a_1\,, \quad \mathfrak{A}_1 = b_1\,, \quad \mathfrak{b}_1\mathfrak{c}_2 = c_1\,, \quad \mathfrak{b}_1\mathfrak{d}_3 = d_1\,,$$

ebenso:

$$\mathfrak{c}_2\mathfrak{a} = a_2\,, \quad \mathfrak{c}_2\mathfrak{b}_1 = b_2\,, \quad \mathfrak{A}_2 = c_2\,, \quad \mathfrak{c}_2\mathfrak{d}_3 = d_2\,,$$

endlich:

$$\mathfrak{d}_3\mathfrak{a} = a_3\,, \quad \mathfrak{d}_3\mathfrak{b}_1 = b_3\,, \quad \mathfrak{d}_3\mathfrak{c}_2 = c_3\,, \quad \mathfrak{A}_3 = d_3\,,$$

so dass also 6 Strahlen Doppelnamen haben:

$$b = a_1\,, \quad c = a_2\,, \quad d = a_3\,, \quad c_1 = b_2\,, \quad d_1 = b_3\,, \quad d_2 = c_3$$

und

$$a = \mathfrak{A}\,, \quad b_1 = \mathfrak{A}_1\,, \quad c_2 = \mathfrak{A}_2\,, \quad d_3 = \mathfrak{A}_3\,;$$

dann findet zwischen diesen Strahlen ein ganz analoges Verhältniss statt, wie vorhin zwischen den (mit deutschen Buchstaben) gleichbenannten Punkten; es ist nämlich identisch das Doppelverhältniss: $(abcd) = (badc)$ und zugleich $(badc) = (a_1 b_1 c_1 d_1)$, weil b und a_1 zusammenfallen und die drei Schnittpunkte (ab_1), $(dc_1) = y$, $(cd_1) = z$ in gerader Linie liegen, es ist also $(abcd) = (a_1 b_1 c_1 d_1)$, und in gleicher Weise:

$$(abcd) = (a_1 b_1 c_1 d_1) = (a_2 b_2 c_2 d_2) = (a_3 b_3 c_3 d_3)\,;$$

von den vier Strahlbüscheln sind also je zwei mit einander projectivisch, und zugleich ist:

$$(abcd) = (\mathfrak{abcd})\,;$$

denn die vier Punkte, in welchen das Strahlbüschel $abcd$ von der Geraden yz getroffen wird, liegen perspectivisch mit den vier Punkten $\mathfrak{badc}$ und haben x zum Projectionspunkte, folglich ist $(abcd) = (\mathfrak{badc}) = (\mathfrak{abcd})$. Diese eigenthümliche Figur bietet mithin nur *einen einzigen* Werth des Doppelverhältnisses dar, welcher sowohl für die Punkte der vier Punktreihen, als auch für die Strahlen der vier Strahlbüschel derselbe bleibt.

Lassen wir eine Bewegung in der Figur eintreten, indem wir den Projectionsstrahl $\mathfrak{d}\mathfrak{d}_1$ oder $\mathfrak{A}_3$ gemäss der projectivischen Beziehung der beiden ursprünglich angenommenen Punktreihen $\mathfrak{A}\mathfrak{A}_1$ die ganze Schaar von Projectionsstrahlen durchlaufen lassen, so durchlaufen $\mathfrak{d}$ und $\mathfrak{d}_1$ die beiden ursprünglichen projectivischen Punktreihen; es verändern sich der Schnittpunkt $\mathfrak{d}_2$, der Berührungspunkt $\mathfrak{d}_3$ und die drei Punkte xyz; dagegen bleiben $\mathfrak{a}$ und $\mathfrak{b}_1$, die den im Schnittpunkte liegenden $\mathfrak{a}_1\mathfrak{b}$ entsprechen, fest; der Punkt x durchläuft also die feste Gerade $\mathfrak{a}\mathfrak{b}_1$; es bleiben $\mathfrak{c}$ und $\mathfrak{c}_1$ fest; es leuchtet ein, dass auch der auf die oben angegebene Weise construirte Berührungspunkt $\mathfrak{c}_2$ fest bleibt; denn wegen der bekannten Eigenschaft des vollständigen Vierecks (S. 18) $\mathfrak{a}\mathfrak{b}_1\mathfrak{c}_2\mathfrak{d}_3$ sind die vier Strahlen $x\mathfrak{b}_1$, $x\mathfrak{c}_2$, xy und xz

vier harmonische Strahlen, also die vier Punkte, in welchen $\mathfrak{c}\mathfrak{c}_1$ von ihnen geschnitten wird, vier harmonische Punkte, d. h. $\mathfrak{c}$ und $\mathfrak{c}_1$, der Schnittpunkt von $\mathfrak{c}\mathfrak{c}_1$ mit der festen Geraden $\mathfrak{a}\mathfrak{b}_1$ und der Berührungspunkt $\mathfrak{c}_2$ sind vier harmonische Punkte, und zwar $\mathfrak{c}$ und $\mathfrak{c}_1$ zugeordnete; es giebt aber nur einen einzigen vierten harmonischen Punkt zu dreien, von denen zwei als zugeordnete festgesetzt sind (§. 8); folglich bleibt der in obiger Weise construirte Berührungspunkt $\mathfrak{c}_2$ immer derselbe, wie auch der vierte Projectionsstrahl $\mathfrak{d}\mathfrak{d}_1$, welcher zu seiner Construction diente, der projectivischen Beziehung gemäss sich verändern mag. Hieraus folgt, dass der Punkt y bei der Bewegung die feste Gerade $\mathfrak{b}_1\mathfrak{c}_2$ und der Punkt z die feste Gerade $\mathfrak{a}\mathfrak{c}_2$ durchläuft; da z sich auf einer Geraden bewegt, so sind die beiden von $\mathfrak{c}_1 z$ und $\mathfrak{b} z$ beschriebenen Strahlbüschel perspectivisch, also die beiden Punktreihen, in welchen sie die Geraden $\mathfrak{A}$ und $\mathfrak{A}_2$ treffen, projectivisch; mithin durchlaufen die Punkte $\mathfrak{d}$ und $\mathfrak{d}_2$ zwei projectivische Punktreihen, oder die beiden Geraden $\mathfrak{A}$ und $\mathfrak{A}_2$ werden von der Gesammtheit der Projectionsstrahlen in zwei projectivischen Punktreihen getroffen; hätten wir andererseits $\mathfrak{A}_3$ festgehalten und $\mathfrak{A}_2$ die Gesammtheit der Projectionsstrahlen durchlaufen lassen, so würden wir in gleicher Weise gefunden haben, dass $\mathfrak{A}$ und $\mathfrak{A}_3$ von sämmtlichen Projectionsstrahlen in zwei projectivischen Punktreihen getroffen werden; folglich werden auch $\mathfrak{A}_2$ und $\mathfrak{A}_3$ von sämmtlichen Projectionsstrahlen in zwei projectivischen Punktreihen getroffen, und wir können jetzt den allgemeinen Satz aussprechen:

Irgend zwei Projectionsstrahlen zweier projectivischer Punktreihen werden von der Gesammtheit der Projectionsstrahlen immer wieder in zwei projectivischen Punktreihen getroffen (§. 20). Hierdurch verlieren die Träger der beiden ursprünglichen Punktreihen ihre scheinbare Bevorzugung und treten in die Reihe aller übrigen Projectionsstrahlen. Es giebt auf jedem Projectionsstrahl einen einzigen bestimmten Punkt (Berührungspunkt), in welchem er von dem unendlich nahen getroffen wird; fasst man irgend zwei Projectionsstrahlen als Träger zweier erzeugenden Punktreihen auf, so sind ihre Berührungspunkte diejenigen, welche den in ihrem Schnittpunkte vereinigten Punkten entsprechen. Es resultirt immer derselbe Berührungspunkt auf einem Projectionsstrahl, mit welchem andern als Träger zweier erzeugenden Punktreihen man ihn auch zusammenfassen mag. Dies Alles folgt unmittelbar aus der vorigen Betrachtung, aber noch mehr: Weil y und z auf den beiden festen Geraden $\mathfrak{b}_1\mathfrak{c}_2$ und $\mathfrak{a}\mathfrak{c}_2$ sich bewegen und beständig in gerader Linie liegen mit $\mathfrak{b}$ (oder $\mathfrak{a}_1$), so beschreiben sie zwei perspectivisch liegende Punktreihen, folglich $\mathfrak{a}y$ und $\mathfrak{b}_1 z$ zwei projectivische Strahlbüschel; es schneiden sich aber $\mathfrak{a}y$ und $\mathfrak{b}_1 z$ in $\mathfrak{b}_3$, dem Berührungspunkte auf dem veränderlichen vierten Projectionsstrahle; folglich gilt der Satz:

Die Gesammtheit der Berührungspunkte auf den Projectionsstrahlen ist von solcher Beschaffenheit, dass, wenn man irgend zwei von ihnen als Mittelpunkte zweier Strahlbüschel mit sämmtlichen durch Strahlenpaare verbindet, man allemal zwei projectivische Strahlbüschel erhält (S. 98). Demjenigen Strahl des einen Strahlbüschels, welcher auf die Verbindungslinie der Mittelpunkte fällt, entspricht im andern Strahlbüschel der Projectionsstrahl, für welchen der Mittelpunkt des letzteren Berührungspunkt ist. Hieraus ergiebt sich, wenn wir den Ort des Schnittpunkts entsprechender Strahlen der beiden projectivischen Strahlbüschel verfolgen und die continuirliche Reihe der Schnittpunkte als Curve auffassen, dass der Strahl, welcher der Verbindungslinie der Mittelpunkte in dem einen Strahlbüschel entspricht, nach der bekannten Definition der Tangente (S. 91) in die Tangente dieser Curve an dem Punkte, welcher Mittelpunkt des andern Strahlbüschels ist, übergeht. Die Projectionsstrahlen sind daher die sämmtlichen Tangenten derjenigen Curve, welche von ihren (sogenannten) Berührungspunkten gebildet wird; wir erkennen hieraus die nachzuweisende Identität beider Erzeugnisse, welchen wir den gemeinsamen Namen *Kegelschnitt* beigelegt haben:

1. Der Ort des Schnittpunkts entsprechender Strahlen zweier projectivischer Strahlbüschel ist der Kegelschnitt als continuirliche Reihe von Punkten aufgefasst.

2. Die von den sämmtlichen Verbindungsstrahlen entsprechender Punkte zweier projectivischer Punktreihen (Projectionsstrahlen) umhüllte Curve ist der Kegelschnitt als continuirliche Reihe von Berührungsstrahlen (Tangenten) aufgefasst.

Aus der obigen Gleichheit der Doppelverhältnisse:

$$(abcd) = (\mathfrak{a}\mathfrak{b}\mathfrak{c}\mathfrak{d})$$

ergiebt sich bei der Bewegung von d und $\mathfrak{d}$ schliesslich noch das Resultat:

Die Punktreihe, in welcher eine beliebige Tangente des Kegelschnitts von der Gesammtheit derselben getroffen wird, ist projectivisch mit dem Strahlbüschel, dessen Mittelpunkt der Berührungspunkt der ersteren ist und dessen Strahlen nach sämmtlichen übrigen Berührungspunkten hingehen, indem immer der Schnittpunkt einer Tangente und der Strahl nach ihrem Berührungspunkt entsprechende Elemente sind. (§§. 21 und 22).

§. 24. Der Kreis als Erzeugniss projectivischer Gebilde.

Die durch die vorige Betrachtung allgemein nachgewiesene doppelte Entstehungsweise des Kegelschnitts findet ihre Bestätigung zunächst bei dem aus der Elementargeometrie bekannten Kegelschnitt, dem *Kreise*, und die doppelte Erzeugung des Kreises durch projectivische Gebilde lässt sich aus elementaren Eigenschaften desselben unmittelbar ableiten; zugleich wollen wir auch umgekehrt hieraus die Bedingungen ermitteln, unter welchen zwei projectivische Strahlbüschel oder zwei projectivische Punktreihen einen Kreis erzeugen. Wir haben bereits in §. 15 diejenige elementare Eigenschaft des Kreises benutzt, welche ihn als Erzeugniss zweier projectivischer Strahlbüschel erscheinen lässt. Werden irgend zwei Punkte BB_1 einer Kreisperipherie mit allen übrigen Punkten derselben $\mathfrak{a}\mathfrak{b}\mathfrak{c} \ldots \mathfrak{x} \ldots$ durch Strahlenpaare aa_1, bb_1, $cc_1 \ldots xx_1 \ldots$ verbunden, so bilden diese unter sich gleiche Winkel (oder was gleichbedeutend ist, Nebenwinkel), d. h. $(ab) = (a_1 b_1)$, $(bc) = (b_1 c_1)$, weil sie über demselben Bogen stehen; es ist also das Doppelverhältniss $(abcx) = (a_1 b_1 c_1 x_1)$ oder die beiden Strahlbüschel (B) (B_1) sind rücksichtlich ihrer Strahlenpaare xx_1 projectivisch und zwar *projectivisch-gleich* (Seite 77). Sei e der Strahl des Strahlbüschels (B), welcher auf BB_1 fällt, so muss nothwendig auch $(xe) = (x_1 e_1)$ sein, d. h. nach einer bekannten Eigenschaft des Kreises ist e_1 die Tangente am Punkte B_1; sie bildet mit irgend einer durch B_1 gehenden Sehne x_1 einen Winkel, der gleich dem Peripheriewinkel über dieser Sehne ist; also die dem vereinigten Strahle BB_1 entsprechenden Strahlen beider Strahlbüschel sind die Tangenten in B und B_1. Es ist noch wesentlich für die Umkehrung zu bemerken, dass die den Kreis erzeugenden beiden Strahlbüschel nothwendig *gleichlaufend* sind, d. h. denselben Drehungssinn (S. 3) haben (wie sich aus der Anschauung ergiebt), wo wir auch die Peripheriepunkte BB_1 annehmen mögen. Nunmehr können wir umgekehrt schliessen: *Zwei projectivisch-gleiche und gleichlaufende Strahlbüschel erzeugen immer einen Kreis*, sobald sie sich nicht in perspectivischer Lage befinden; denn sie sind vollständig bestimmt durch ein Paar entsprechender Strahlen aa_1, da hinzugefügt ist, dass sie gleichlaufend sein sollen (Seite 77); legt man also durch die Mittelpunkte BB_1 und den Schnittpunkt $\mathfrak{a} = (a, a_1)$ einen Kreis, so liefert jeder Peripheriepunkt $\mathfrak{x}$ zwei entsprechende Strahlen xx_1 zweier gleicher und gleichlaufender Strahlbüschel, welche mit den angenommenen identisch zusammenfallen.

Zweitens kann der Kreis, als die Gesammtheit seiner Tangenten aufgefasst, durch zwei projectivische Punktreihen erzeugt werden.

Fig. 32.

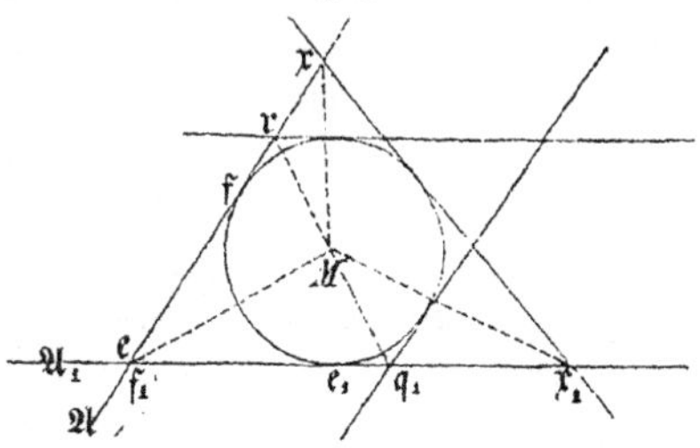

Werden irgend zwei Tangenten des Kreises $\mathfrak{A}\mathfrak{A}_1$ als Träger zweier Punktreihen genommen, (Fig. 32) und hat ihr Schnittpunkt den doppelten Namen $\mathfrak{e}\mathfrak{f}_1$, sind also $\mathfrak{e}_1$ und $\mathfrak{f}$ die Berührungspunkte und $\mathfrak{x}\mathfrak{x}_1$ die Schnittpunkte einer beliebigen dritten Tangente mit $\mathfrak{A}$ und $\mathfrak{A}_1$, so ist die projectivische Eigenschaft der von $\mathfrak{x}$ und $\mathfrak{x}_1$ durchlaufenen Punktreihen leicht zu erkennen, indem wir die Punkte $\mathfrak{r}$ und $\mathfrak{q}_1$, welche den unendlich entfernten entsprechen, (Seite 28), aufsuchen; dies geschieht dadurch, dass wir zu $\mathfrak{A}$ und $\mathfrak{A}_1$ die parallelen Tangenten ziehen, welche in $\mathfrak{r}$ und $\mathfrak{q}_1$ die ersteren schneiden; aus bekannten Eigenschaften des Kreises folgt dann, dass das von diesen vier Tangenten gebildete Parallelogramm ein Rhombus ist, dessen Diagonalen sich im Mittelpunkte M des Kreises schneiden und senkrecht auf einander stehen; folglich ist $\angle\, \mathfrak{e}\mathfrak{r}M = \angle\, \mathfrak{f}_1\mathfrak{q}_1 M$; also auch die Nebenwinkel gleich $\angle\, \mathfrak{x}\mathfrak{r}M = \angle\, M\mathfrak{q}_1\mathfrak{x}_1$; da ferner die Winkel bei $\mathfrak{x}$, $\mathfrak{x}_1$ und $\mathfrak{e}$ durch die Strahlen $M\mathfrak{x}$, $M\mathfrak{x}_1$, $M\mathfrak{e}$ halbirt werden und die Summe der Winkel des Dreiecks $= 180^0$, also die Summe der halben Winkel $= 90^0$ ist, so ist der Winkel $\angle\, \mathfrak{e}\mathfrak{r}M$ gleich der Summe der halben Winkel bei $\mathfrak{x}$ und $\mathfrak{x}_1$, folglich $\angle\, \mathfrak{x}\mathfrak{r}M = \angle\, \mathfrak{x}M\mathfrak{x}_1 = \angle\, M\mathfrak{q}_1\mathfrak{x}_1$; folglich sind die drei Dreiecke ähnlich:

$$\triangle\, \mathfrak{x}\mathfrak{r}M \sim \triangle\, \mathfrak{x}M\mathfrak{x}_1 \sim \triangle\, M\mathfrak{q}_1\mathfrak{x}_1$$

wegen der Gleichheit der Winkel; die Proportionalität der Seiten liefert daher die Beziehung:

$$\frac{\mathfrak{x}\mathfrak{r}}{\mathfrak{r}M} = \frac{M\mathfrak{q}_1}{\mathfrak{q}_1\mathfrak{x}_1} \text{ oder } \mathfrak{r}\mathfrak{x} \,.\, \mathfrak{q}_1\mathfrak{x}_1 = M\mathfrak{r} \,.\, M\mathfrak{q}_1 \,.$$

Aus der Eigenschaft der constanten Potenz: $\mathfrak{r}\mathfrak{x} \cdot \mathfrak{q}_1\mathfrak{x}_1$ erkennen wir nun (S. 29), dass die von $\mathfrak{x}\mathfrak{x}_1$ durchlaufenen Punktreihen projectivisch sind; da ferner nach bekannten Eigenschaften:

$$\triangle\, \mathfrak{r}M\mathfrak{f} \sim \triangle\, \mathfrak{q}_1\mathfrak{f}_1 M, \text{ also } \frac{\mathfrak{r}M}{\mathfrak{r}\mathfrak{f}} = \frac{\mathfrak{q}_1\mathfrak{f}_1}{\mathfrak{q}_1 M} \text{ oder } \mathfrak{r}\mathfrak{f} \cdot \mathfrak{q}_1\mathfrak{f}_1 = M\mathfrak{r} \cdot M\mathfrak{q}_1 \,,$$

so sind auch der Berührungspunkt $\mathfrak{f}$ und der Schnittpunkt der beiden Träger $\mathfrak{f}_1$ zwei entsprechende Punkte und ebenso $\mathfrak{e}\mathfrak{e}_1$.

Suchen wir umgekehrt die Bedingungen auf, welche erforderlich und ausreichend sind, damit zwei projectivische Punktreihen einen Kreis erzeugen, so sehen wir zunächst, dass beim Kreise

$$\mathfrak{e}\mathfrak{f} = \mathfrak{f}_1\mathfrak{e}_1$$

sein muss, dass also in dem Schnittpunkte der beiden erzeugenden Punktreihen zwei solche Punkte $\mathfrak{e}$ und $\mathfrak{f}_1$ vereinigt liegen müssen, welche die Endpunkte entsprechender *gleicher* Strecken sind. Es giebt aber (Seite 31) ein doppeltes System von unendlich vielen Paaren entsprechender gleicher Strecken bei zwei beliebigen projectivischen Punktreihen; die einen schliessen die Punkte $\mathfrak{r}$ und $\mathfrak{q}_1$ ein, die andern aus; zur Erzeugung des Kreises wird nur ein Paar der zweiten Art, übrigens aber beliebig gewählt werden dürfen; sodann ist der Winkel zwischen den beiden Trägern der erzeugenden Punktreihen keineswegs willkürlich, sondern von der constanten Potenz der gegebenen projectivischen Beziehung und von der Lage des im Schnittpunkte vereinigten Paares von Endpunkten entsprechender gleicher Strecken abhängig; denn bezeichnen wir denselben mit φ, so ist:

$$\mathfrak{e}\mathfrak{r} \,.\, \sin\frac{\varphi}{2} = \mathfrak{r}M$$

$$\mathfrak{f}_1\mathfrak{q}_1 \,.\, \sin\frac{\varphi}{2} = \mathfrak{q}_1 M$$

$$\mathfrak{e}\mathfrak{r} \,.\, \mathfrak{f}_1\mathfrak{q}_1 \,.\, \sin^2\frac{\varphi}{2} = \mathfrak{r}M \,.\, \mathfrak{q}_1 M = \mathfrak{r}\mathfrak{x} \,.\, \mathfrak{q}_1\mathfrak{x}_1 = \mathfrak{r}\mathfrak{e} \,.\, \mathfrak{q}_1\mathfrak{e}_1,$$

und da $\mathfrak{q}_1\mathfrak{e}_1 = \mathfrak{r}\mathfrak{f}$, so folgt:

$$\sin^2\frac{\varphi}{2} = \frac{\mathfrak{r}\mathfrak{f}}{\mathfrak{q}_1\mathfrak{f}_1};$$

dadurch ist der Winkel zwischen den beiden erzeugenden Punktreihen abhängig gemacht von den Daten der projectivischen Beziehung, und da diese Relation zwei Werthe für den Winkel φ liefert, so wird es, wenn wir den Schnittpunkt festhalten und die Richtung der Träger verändern, zweimal vorkommen, dass die Punktreihen einen Kreis erzeugen; also haben wir folgendes Resultat:

Zwei beliebige projectivische Punktreihen können immer so gelegt werden, dass sie einen Kreis erzeugen; hierzu ist es nothwendig, irgend ein Paar entsprechender gleicher Strecken der beiden Punktreihen desjenigen Systems, welche $\mathfrak{r}$ *und* $\mathfrak{q}_1$ *ausschliessen,* (S. 32) *zu wählen und zwei nicht entsprechende Endpunkte derselben in dem Schnittpunkte der beiden Träger zu vereinigen, endlich noch die Neigung der beiden Träger so zu bestimmen, dass das Quadrat des halben Abstandes der Punkte* $\mathfrak{r}$ *und* $\mathfrak{q}_1$ *von einander gleich der Potenz der projectivischen Beziehung* ($\mathfrak{r}\mathfrak{x} \,.\, \mathfrak{q}_1\mathfrak{x}_1$) *wird* (was auf doppelte Weise geschehen kann).

§. 25. Eintheilung der Kegelschnitte.

Um uns von der Gestalt des Kegelschnitts, trete er als Erzeugniss zweier projectivischer Strahlbüschel oder zweier projectivischer Punktreihen auf, ein anschauliches Bild machen zu können, müssen wir einige besondere Umstände näher ins Auge fassen, welche bei den erzeugenden Gebilden vorkommen können. Gehen wir von zwei projectivischen Strahlbüscheln BB_1 in allgemeiner Lage aus und denken uns, indem wir das eine Strahlbüschel B festhalten, das andere B_1, ohne es um seinen Mittelpunkt zu drehen, parallel mit sich fortgeschoben, bis B_1 mit B zusammenfällt (oder was dasselbe ist, ziehen wir durch B zu sämmtlichen Strahlen des Strahlbüschels B_1 Parallelen), so erhalten wir in B zwei auf einander liegende projectivische Strahlbüschel, wie sie in §. 14 genauer untersucht worden sind; dort sahen wir, dass drei Fälle eintreten können: entweder 1. haben die beiden concentrischen projectivischen Strahlbüschel zwei zusammenfallende entsprechende Strahlen (Doppelstrahlen), oder 2. nur ein Paar zusammenfallende entsprechende Strahlen, welches dann das besondere Paar g und g_1 oder h und h_1 sein muss, oder 3. sie haben keine zusammenfallende entsprechende Strahlen. Schieben wir nun das Strahlbüschel B_1 wieder parallel mit sich in seine ursprüngliche Lage zurück, so werden die vorhin zusammengefallenen Strahlen nunmehr parallel laufen oder ihren Schnittpunkt im Unendlichen haben; die Schnittpunkte aller übrigen Paare entsprechender Strahlen müssen aber im Endlichen liegen. Nach den vorigen drei Kategorieen ergeben sich daher drei Gattungen von Kegelschnitten:

1. Ein Kegelschnitt, welcher keinen unendlich-entfernten Punkt hat, dessen Punkte also sämmtlich in einem endlichen Stück der Ebene liegen, heisst eine *Ellipse*; die sie erzeugenden projectivischen Strahlbüschel müssen gleichlaufend sein (Seite 45).

2. Ein Kegelschnitt, welcher nur einen einzigen unendlich-entfernten Punkt hat, heisst eine *Parabel;* die erzeugenden projectivischen Strahlbüschel müssen ebenfalls gleichlaufend sein und so liegen, dass entweder die besonderen Strahlen g und g_1 oder h und h_1 parallel laufen; da sämmtliche unendlich-entfernte Punkte der Ebene auf einer Geraden G_∞ liegen (S. 77) und die Parabel nur einen Punkt auf G_∞ hat, so muss G_∞ Tangente (Projectionsstrahl) der Parabel sein und dieser Punkt der Berührungspunkt. Die Parabel hat also nur einen unendlich-entfernten Punkt und die unendlich-entfernte Gerade (G_∞) zur Tangente.

3. Ein Kegelschnitt, welcher zwei unendlich-entfernte Punkte hat, heisst eine *Hyperbel;* dieselbe kann sowohl durch gleichlaufende, als auch durch ungleichlaufende projectivische Strahlbüschel erzeugt werden (je nachdem ihre Mittelpunkte sich auf demselben oder auf verschie-

denen Zweigen der Hyperbel befinden, (siehe Ende des §. 26); zwei ungleichlaufende projectivische Strahlbüschel erzeugen immer eine Hyperbel.

Aus der vorigen Betrachtung geht hervor, dass durch parallele Verschiebung der Strahlbüschel BB_1 ohne Drehung um ihre Mittelpunkte die Gattung des Kegelschnitts, ihres Erzeugnisses, nicht verändert wird; fallen sie zusammen, so erscheint ihr Erzeugniss entweder als Punkt d. h. eine besondere Ellipse (als reeller Schnittpunkt eines imaginären Linienpaares), oder als eine einzige gerade Linie (aufzufassen als zwei zusammenfallende Gerade) d. h. eine besondere Parabel, oder als zwei reelle Gerade (ein Linienpaar) d. h. eine besondere Hyperbel. Liegen dagegen die Mittelpunkte beider Strahlbüschel BB_1 getrennt und drehen wir die Strahlbüschel selbst um ihre Mittelpunkte, ohne die projectivische Beziehung zu verändern, so wird nur dann, wenn die Strahlbüschel ungleichlaufend sind, ihr Erzeugniss seine Gattung nicht ändern, und beständig Hyperbel sein; es können aber dabei zwei besondere Fälle von Interesse eintreten; einmal nämlich fallen bei der Drehung zwei entsprechende Strahlen auf die Verbindungslinie der Mittelpunkte; dann werden die Strahlbüschel perspectivisch; der Ort der Schnittpunkte entsprechender Strahlen ist eine gerade Linie (der perspectivische Durchschnitt); die Punkte der Verbindungslinie der Mittelpunkte müssen auch als Punkte, welche zwei entsprechenden Strahlen gemeinschaftlich sind, angesehen werden; mithin degenerirt die Hyperbel in zwei Gerade, *ein Linienpaar*, von dem eine die Verbindungslinie der Mittelpunkte, die andere der perspectivische Durchschnitt ist.

Ein zweiter besonderer Fall tritt ein, wenn bei der Drehung die Strahlen s und s_1, folglich auch t und t_1 in parallele Lage gelangen, d. h. die Schenkel der entsprechenden rechten Winkel parallel werden; eine solche Hyperbel, bei welcher die unendlich-entfernten Punkte in zwei zu einander rechtwinkligen Richtungen liegen, heisst eine *gleichseitige Hyperbel*; sie bietet einige dem Kreise analoge Beziehungen dar; so wie z. B. der Kreis (S. 108) als das Erzeugniss zweier gleicher und gleichlaufender projectivischer Strahlbüschel auftritt, kann die gleichseitige Hyperbel als das Erzeugniss zweier gleicher und ungleichlaufender projectivischer Strahlbüschel aufgefasst werden; wenn nämlich zwei projectivisch gleiche aber ungleichlaufende Strahlbüschel ein Paar entsprechender Strahlen parallel haben, so haben sie nothwendig nur noch ein zweites Paar entsprechender Strahlen parallel, nämlich die mit jenen einen Winkel von 90^0 bilden; da aber zwei ungleichlaufende Strahlbüschel immer *zwei* Paare entsprechender Strahlen parallel haben, so stehen deren Richtungen auf einander senkrecht;

die unendlich-entfernten Punkte des Erzeugnisses zweier projectivisch-gleicher ungleichlaufender Strahlbüschel liegen also in zwei zu einander rechtwinkligen Richtungen, mithin ist dies Erzeugniss eine gleichseitige Hyperbel. Die gleichseitige Hyperbel kann indessen, wie wir gesehen haben, auch durch zwei beliebige projectivische Strahlbüschel erzeugt werden, nicht so der Kreis.

Sind andererseits die beiden erzeugenden Strahlbüschel BB_1 gleichlaufend, und drehen wir dieselben um ihre festgedachten Mittelpunkte, ohne die projectivische Beziehung zu verändern, so verändert sich der Kegelschnitt und kann Ellipse, Parabel und Hyperbel werden. Der Spielraum, innerhalb dessen diese verschiedenen Fälle eintreten, ist leicht zu übersehen, wenn wir nur das eine Strahlbüschel B_1 drehen, das andere B dagegen unverändert lassen. Bei dieser Drehung kommen einmal g und g_1 in parallele Lage; h und h_1 laufen dann aber nicht parallel, weil bei zwei gleichlaufenden projectivischen Strahlbüscheln unmöglich gleichzeitig g mit g_1 und h mit h_1 parallel laufen kann (S. 45); drehen wir alsdann, mit der parallelen Lage von g und g_1 beginnend, für welche das Erzeugniss eine Parabel wird, in beliebigem Drehungssinne das Strahlbüschel B_1 herum, so wird das Erzeugniss Ellipse oder Hyperbel, je nachdem die Richtungen von g und h durch die Richtungen von h_1 und g_1 getrennt werden oder nicht; gelangen wir endlich bei fortgesetzter Drehung in die Lage, dass h und h_1 parallel werden, so entsteht wieder eine Parabel, und bei fortgesetzter Drehung geht das Erzeugniss, wenn es früher Ellipse war, in die Hyperbel über, oder umgekehrt; es giebt also zwei Gruppen von Kegelschnitten, welche bei dieser Bewegung auftreten; die eine enthält lauter Ellipsen, die andere lauter Hyperbeln; beide Gruppen werden durch zwei Parabeln von einander getrennt. Unter der Gruppe von Hyperbeln tritt einmal das Linienpaar auf, wenn die Strahlbüschel in perspectivische Lage gelangen, und einmal die gleichseitige Hyperbel, wenn s und s_1, also auch t und t_1 parallel laufen.

§. 26. Bedingungen für die Erzeugung der verschiedenen Gattungen des Kegelschnitts durch projectivische Punktreihen.

Betrachten wir das dualistisch gegenüberstehende Erzeugniss zweier beliebiger projectivischer Punktreihen, so erkennen wir, dass dasselbe im Allgemeinen nur Ellipse oder Hyperbel sein kann, nicht aber Parabel; denn da die Parabel derjenige Kegelschnitt ist, welcher nur einen einzigen unendlich-entfernten Punkt besitzt, so muss die unendlich-entfernte Gerade G_∞, da sie nur einen Punkt mit diesem Kegelschnitt gemein hat, ein Projectionsstrahl oder eine Tangente desselben sein; irgend zwei andere Tangenten, als Träger zweier erzeugenden Punktreihen aufgefasst, werden von G_∞ in den unendlich-entfernten Punkten getroffen, welche mithin entsprechende Punkte sein müssen. Zwei Punktreihen, deren unendlich-entfernte Punkte entsprechende sind, sind aber nothwendig projectivisch-ähnlich (S. 75); also sehen wir, *dass eine Parabel nur von zwei projectivisch-ähnlichen Punktreihen erzeugt werden kann* und immer erzeugt wird, sobald sich dieselbsn nicht in perspectivischer Lage befinden; also auch umgekehrt: *Irgend zwei Tangenten einer Parabel werden von allen übrigen in zwei projectivisch-ähnlichen Punktreihen getroffen.* (Hieraus können wir uns leicht ein anschauliches Bild der Parabel durch Zeichnung herstellen, indem wir z. B. (Fig. 33) auf einer Geraden eine Anzahl von äquidistanten Punkten $\mathfrak{a}\mathfrak{b}\mathfrak{c}\mathfrak{d}\ldots$, auf einer zweiten Geraden eine gleiche Anzahl von äquidistanten Punkten $\mathfrak{a}_1\mathfrak{b}_1\mathfrak{c}_1\mathfrak{d}_1\ldots$ annehmen und die Projectionsstrahlen $\mathfrak{a}\mathfrak{a}_1$, $\mathfrak{b}\mathfrak{b}_1$, $\mathfrak{c}\mathfrak{c}_1\ldots$ ziehen.) Es ist selbstverständlich, dass a fortiori auch zwei *projectivisch-gleiche* Punktreihen immer eine Parabel erzeugen, sobald sie nicht perspectivisch liegen. Wir bemerken hierzu noch, dass die Parabel keine zwei im Endlichen gelegene parallele Tangenten haben kann; denn hätte sie zwei parallele Tangenten, und wir fassten sie als Träger zweier erzeugenden Punktreihen auf, so müsste ihr Schnittpunkt, da er die beiden unendlich-entfernten Punkte dieser Träger enthält und dieselben bei der Parabel entsprechende Punkte sein müssen, zwei entsprechende Punkte vereinigt enthalten; die Punktreihen wären also perspectivisch, und die Projectionsstrahlen liefen alle durch einen Punkt, was gegen die Voraussetzung ist, dass sie eine Parabel umhüllen. *Die Parabel hat also keine zwei* (im Endlichen liegende) *parallele Tangenten;* andererseits kann freilich jede Tangente als parallel mit der unendlich-entfernten Tangente G_∞ angesehen werden, weil ihr Schnittpunkt im Unendlichen liegt.

Fig. 33.

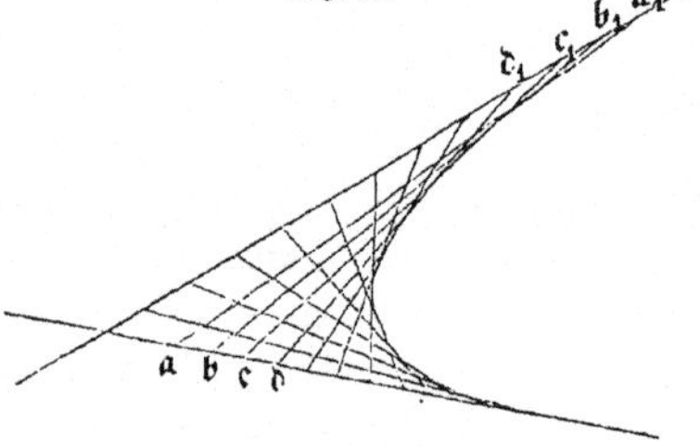

Um das Erzeugniss zweier beliebiger projectivischer Punktreihen, welche nicht ähnlich sind, genauer zu erkennen und insbesondere zu erfahren, unter welchen Bedingungen dasselbe Ellipse oder Hyperbel wird, da es Parabel nicht sein kann, suchen wir auf den erzeugenden Punktreihen $\mathfrak{A}\mathfrak{A}_1$ die den unendlich-entfernten Punkten entsprechenden (d. h. die Durchschnittspunkte der Parallelstrahlen, S. 28) $\mathfrak{r}$ und $\mathfrak{q}_1$

auf, und da diese selbst nicht in die Unendlichkeit fallen können (denn sonst wären die Punktreihen ähnlich), so werden die durch $\mathfrak{r}$ und $\mathfrak{q}_1$ zu $\mathfrak{A}_1$ und $\mathfrak{A}$ gezogenen Parallelen Projectionsstrahlen, d. h. Tangenten des Kegelschnitts sein. Da man jede beliebige Tangente als Träger einer erzeugenden Punktreihe auffassen darf, so folgern wir: *Bei Ellipse und Hyperbel treten die Tangenten paarweise parallel auf*, d. h. es giebt zu jeder Tangente eine bestimmte parallele Tangente. Seien (Fig. 34) $\mathfrak{e}$ und $\mathfrak{f}_1$ die in dem Schnittpunkte der Träger vereinigten Punkte, also $\mathfrak{e}_1$ und $\mathfrak{f}$ die Berührungspunkte, so muss, wenn $\mathfrak{r}$ und $\mathfrak{q}_1$ die den unendlich-entfernten Punkten ($\mathfrak{r}_1^\infty$ und $\mathfrak{q}^\infty$) entsprechenden sind, der Schnittpunkt ($\mathfrak{r}\mathfrak{q}_1$, $\mathfrak{q}^\infty\mathfrak{r}_1^\infty$) mit $\mathfrak{e}_1$ und $\mathfrak{f}$ in gerader Linie liegen (S. 93); dies ist der unendlich-entfernte Punkt der Verbindungslinie $\mathfrak{r}\mathfrak{q}_1$, also muss die Linie $\mathfrak{e}_1\mathfrak{f}$ mit $\mathfrak{r}\mathfrak{q}_1$ parallel laufen; die Träger $\mathfrak{A}\mathfrak{A}_1$ und die durch $\mathfrak{r}$ und $\mathfrak{q}_1$ gezogenen Parallelstrahlen bilden ein dem Kegelschnitt umschriebenes Parallelogramm, dessen Diagonale $\mathfrak{r}\mathfrak{q}_1$ der Berührungssehne $\mathfrak{f}\mathfrak{e}_1$ parallel läuft; sei $\mathfrak{s}$ die vierte Ecke dieses Parallelogramms, dann lassen sich auch auf den Parallelstrahlen die Berührungspunkte leicht ermitteln. Betrachten wir nämlich zwei parallele Tangenten $\mathfrak{r}\mathfrak{s}$ und $\mathfrak{f}_1\mathfrak{q}_1$ als Träger erzeugender Punktreihen und die beiden andern als Projectionsstrahlen, so werden für diese Beziehung $\mathfrak{r}$ und $\mathfrak{f}_1$, ebenso $\mathfrak{s}$ und $\mathfrak{q}_1$ entsprechende Punktpaare sein, also der Schnittpunkt ($\mathfrak{r}\mathfrak{q}_1$, $\mathfrak{s}\mathfrak{f}_1$), d. h. der Mittelpunkt M des Parallelogramms wird auf der Berührungssehne der beiden parallelen Tangenten liegen; $\mathfrak{e}_1 M$ trifft mithin den Parallelstrahl durch $\mathfrak{r}$ in dem gesuchten Berührungspunkt $\mathfrak{t}$ und ebenso $\mathfrak{f}M$ den Parallelstrahl durch $\mathfrak{q}_1$ in seinem Berührungspunkte, und es folgt:

Fig. 34.

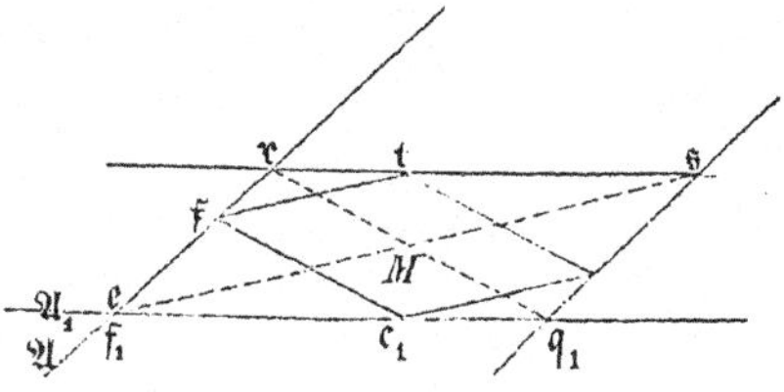

Die vier Berührungspunkte auf den Seiten eines dem Kegelschnitt umschriebenen Parallelogramms bilden selbst ein Parallelogramm, dessen Seiten den Diagonalen des ersteren parallel laufen, und dessen Mittelpunkt mit dem des ersteren zusammenfällt. Dieser Mittelpunkt des umschriebenen Parallelogramms ist zugleich Mittelpunkt des Kegelschnitts. (Seite 161.)

Um nun zu erkennen, ob der erzeugte Kegelschnitt Ellipse oder Hyperbel ist, fassen wir zunächst zwei parallele Tangenten als Träger erzeugender Punktreihen auf. Die unendlich-entfernten Punkte dieser beiden Träger liegen in ihrem Schnittpunkt vereinigt: ihre entsprechenden $\mathfrak{r}$ und $\mathfrak{q}_1$ sind also die Berührungspunkte (Fig. 35); irgend ein Projectionsstrahl $\mathfrak{x}\mathfrak{x}_1$ hinzugefügt bestimmt die ganze Beziehung; den

Fig. 35.

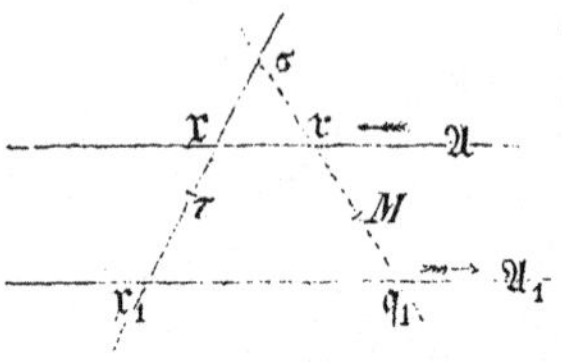

Berührungspunkt auf $\mathfrak{x}\mathfrak{x}_1$ erhält man nach der Bemerkung auf S. 96 dadurch, dass man zu dem Schnittpunkte σ des Projectionsstrahls $\mathfrak{x}\mathfrak{x}_1$ mit der Berührungssehne $\mathfrak{r}\mathfrak{q}_1$ den vierten harmonischen dem σ zugeordneten Punkt τ construirt, während $\mathfrak{x}\mathfrak{x}_1$ das andere Paar zugeordneter Punkte ist; es wird nun nachzusehen sein, ob τ in die Unendlichkeit gelangt oder nicht; im ersten Falle würde der Kegelschnitt Hyperbel, im andern Ellipse sein. Es kann (S. 14) τ nur dann in die Unendlichkeit fallen, wenn σ in die Mitte zwischen $\mathfrak{x}\mathfrak{x}_1$ zu liegen kommt; σ kann aber überhaupt nie zwischen $\mathfrak{x}$ und $\mathfrak{x}_1$, also auch nicht in die Mitte dieser variablen Strecke zu liegen kommen, sobald die beiden Punktreihen ungleichlaufend sind; denn alsdann liegen $\mathfrak{x}$ und $\mathfrak{x}_1$ immer auf gleich gerichteten Hälften von $\mathfrak{r}$ und $\mathfrak{q}_1$, nämlich entweder auf den beiden Hälften nach links oder den beiden Hälften nach rechts (S. 39); also der Schnittpunkt σ durchläuft von der Verbindungslinie $\mathfrak{r}\mathfrak{q}_1$ diejenigen beiden unendlichen Stücke, welche ausserhalb der Strecke $\mathfrak{r}\mathfrak{q}_1$ liegen, er kommt also nie zwischen die beiden Parallelen $\mathfrak{A}\mathfrak{A}_1$ und auch nie zwischen die Punkte $\mathfrak{x}\mathfrak{x}_1$ auf ihnen; der Berührungspunkt τ kann daher nie in die Unendlichkeit gelangen, also der Kegelschnitt ist nothwendig Ellipse. Wenn dagegen die beiden projectivischen Punktreihen auf den parallelen Trägern $\mathfrak{A}\mathfrak{A}_1$ gleichlaufend sind, so verhält sich die Sache umgekehrt; die Punkte $\mathfrak{x}\mathfrak{x}_1$ liegen auf entgegengesetzt gerichteten Hälften von $\mathfrak{r}$ und $\mathfrak{q}_1$; der Punkt σ durchläuft also nur die endliche Strecke zwischen $\mathfrak{r}$ und $\mathfrak{q}_1$ und liegt daher immer zwischen $\mathfrak{x}\mathfrak{x}_1$; er muss zweimal in die Mitte von $\mathfrak{x}\mathfrak{x}_1$, also auch von $\mathfrak{r}\mathfrak{q}_1$, gelangen; denn verbinden wir die Mitte M von $\mathfrak{r}\mathfrak{q}_1$ mit den beiden projectivischen Punktreihen, welche $\mathfrak{x}$ und $\mathfrak{x}_1$ durchlaufen, so erhalten wir in M zwei concentrische projectivische Strahlbüschel, welche ungleichlaufend sind, folglich (S. 45) immer zwei reelle Doppelstrahlen haben; diese sind aber zwei Projectionsstrahlen, die sich in M halbiren; ihre Berührungspunkte liegen im Unendlichen, der Kegelschnitt ist also Hyperbel.

Das Resultat dieser Betrachtung ist, *dass zwei projectivische Punktreihen, deren Träger in paralleler Lage sich befinden, eine Ellipse erzeugen, wenn sie ungleichlaufend, dagegen eine Hyperbel, wenn sie gleichlaufend sind.* (Aus der Eigenschaft der constanten Potenz $\mathfrak{r}\mathfrak{x} \,.\, \mathfrak{q}_1\mathfrak{x}_1$ ergiebt sich folgender Satz in Bezug auf den Kegelschnitt: „Wenn zwei feste parallele Tangenten desselben von einer veränderlichen dritten getroffen werden, so ist das Rechteck aus den beiden Strecken, welche auf den festen Tangenten durch die Berührungspunkte und die Schnittpunkte der veränderlichen Tangente begrenzt werden, constant.“)

Aus dem gefundenen Kriterium fliesst unmittelbar ein neues für den allgemeinen Fall, dass die beiden Träger der erzeugenden Punktreihen sich nicht mehr in paralleler Lage befinden. Stellen wir nämlich, wenn $\mathfrak{e}\mathfrak{f}_1$ in dem Schnittpunkte der Träger vereinigt liegen, $\mathfrak{e}_1$ und $\mathfrak{f}$ die Berührungspunkte und $\mathfrak{r}$ und $\mathfrak{q}_1$ die Durchschnittspunkte der Parallelstrahlen sind, wobei $\mathfrak{f}\mathfrak{e}_1$ parallel $\mathfrak{r}\mathfrak{q}_1$ wird (siehe oben Fig. 34), das Parallelogramm her, welches von den Trägern der erzeugenden Punktreihen und den Parallelstrahlen gebildet wird, so werden nach dem Vorigen die Berührungspunkte auf den Parallelstrahlen bestimmt, indem man $\mathfrak{f}$ und $\mathfrak{e}_1$ mit dem Mittelpunkte M des Parallelogramms verbindet und die Schnittpunkte dieser Verbindungslinien mit den Parallelstrahlen aufsucht. Sei $\mathfrak{t}$ der Berührungspunkt auf dem durch $\mathfrak{r}$ gehenden Parallelstrahl, so können wir die parallelen Tangenten, deren Berührungspunkte $\mathfrak{e}_1$ und $\mathfrak{t}$ sind, als Träger der erzeugenden Punktreihen auffassen und wissen aus dem vorigen Kriterium, dass der Kegelschnitt Ellipse ist, sobald $\mathfrak{r}$ und $\mathfrak{f}_1$ auf gleich gerichteten Hälften von $\mathfrak{t}$ und $\mathfrak{e}_1$ liegen; da nun $\mathfrak{t}\mathfrak{f}$ parallel der zweiten festen Diagonale des Parallelogramms läuft, so muss in diesem Fall $\mathfrak{f}$ zwischen $\mathfrak{e}$ und $\mathfrak{r}$ liegen, und wir schliessen somit:

Zwei projectivische Punktreihen in allgemeiner Lage erzeugen eine Ellipse, wenn die Berührungspunkte ihrer Träger $\mathfrak{f}$ *und* $\mathfrak{e}_1$, *welche den in ihrem Schnittpunkte vereinigten Punkten* $\mathfrak{e}$ *und* $\mathfrak{f}_1$ *entsprechen, zu den Durchschnittspunkten der Parallelstrahlen* $\mathfrak{r}$ *und* $\mathfrak{q}_1$ *so liegen, dass* $\mathfrak{f}$ *zwischen* $\mathfrak{e}$ *und* $\mathfrak{r}$, *also auch* $\mathfrak{e}_1$ *zwischen* $\mathfrak{f}_1$ *und* $\mathfrak{q}_1$ *liegt, dagegen eine Hyperbel, wenn* $\mathfrak{f}$ *ausserhalb der Strecke* $\mathfrak{e}\mathfrak{r}$, *also auch* $\mathfrak{e}_1$ *ausserhalb der Strecke* $\mathfrak{f}_1\mathfrak{q}_1$ *liegt,* oder auch: elliptische Lage findet statt, wenn der Berührungspunkt zwischen dem Schnittpunkt der beiden Träger und dem Punkte $\mathfrak{r}$ (oder $\mathfrak{q}_1$) liegt, dagegen hyperbolische Lage, wenn der Berührungspunkt ausserhalb der von jenen beiden Punkten begrenzten Strecke liegt.

Hieraus folgt, dass, wenn wir den Schnittpunkt der Träger zweier projectivischer Punktreihen festhalten und die projectivische Beziehung ungeändert lassen, die Träger selbst aber um ihren Schnittpunkt drehen, der erzeugte Kegelschnitt seine Gattung nicht verändert, d. h. Ellipse bleibt, wofern er es einmal war, und ebenso Hyperbel, wohl aber seine Form. Dagegen kann der Kegelschnitt seine Gattung verändern, wenn wir die Träger in ihrer Lage festhalten, die Punktreihen aber auf ihren Trägern verschieben, ohne die projectivische Beziehung zu verändern. Verschieben wir nur die Punktreihe $\mathfrak{A}$ auf ihrem in seiner Lage festgehaltenen Träger, so bleibt der Kegelschnitt Ellipse, so lange $\mathfrak{f}$ zwischen $\mathfrak{f}_1\mathfrak{r}$ liegt; gelangt $\mathfrak{f}$ nach $\mathfrak{f}_1$, so werden die Punktreihen perspectivisch, die Projectionsstrahlen laufen also durch einen Punkt, den Projectionspunkt, und da in dem Schnittpunkt der Träger jetzt zwei entsprechende Punkte vereinigt sind, so muss auch jede durch ihn gehende Gerade als Projectionsstrahl angesehen werden; in diesem Uebergangsfalle degenerirt der Kegelschnitt in *ein Punktpaar* und ist sowohl als Ellipse, wie auch als Hyperbel anzusehen (das endliche Stück zwischen den beiden Punkten doppelt gedacht als unendlich-schmale Ellipse, die beiden unendlichen Stücke auf der Verbindungslinie der beiden Punkte, welche zu beiden Seiten von ihnen liegen, doppelt gedacht als unendlich-schmale Hyperbel). Ebenso, wie bei der Erzeugung des Kegelschnitts durch projectivische Strahlbüschel als Uebergang von Ellipse zu Hyperbel die Parabel auftrat, zeigt sich hier, bei der Erzeugung des Kegelschnitts durch projectivische Punktreihen, ein neuer Uebergang von Ellipse zu Hyperbel durch das Punktpaar, ein Uebergang, welcher bei geometrischen Untersuchungen häufiger aufzutreten pflegt, als jener. Schieben wir nun die Punktreihe $\mathfrak{A}$ auf ihrem Träger weiter fort, so kommt $\mathfrak{f}$ ausserhalb $\mathfrak{f}_1\mathfrak{r}$ zu liegen, der Kegelschnitt ist also nach dem obigen Kriterium Hyperbel geworden; kommt dann $\mathfrak{r}$ nach $\mathfrak{f}_1$, so wird $\mathfrak{r}_1^\infty$, d. h. der unendlich entfernte Punkt des Trägers $\mathfrak{A}_1$ der Berührungspunkt, also $\mathfrak{A}_1$ die Tangente der Hyperbel in einem ihrer unendlich-entfernten Punkte. Eine solche Tangente in einem der beiden unendlich-entfernten Punkte der Hyperbel heisst *Asymptote der Hyperbel.* Wir können es leicht einrichten, dass die Träger der beiden erzeugenden Punktreihen die Asymptoten der Hyperbel werden, indem wir beide Punktreihen so auf ihren Trägern verschieben, dass die Punkte $\mathfrak{r}$ und $\mathfrak{q}_1$ in ihrem Durchschnittspunkte vereinigt werden; dann sind die ihnen entsprechenden, d. h. die unendlich entfernten Punkte die Berührungspunkte, also die Träger der erzeugenden Punktreihen die Tangenten in den unendlich-entfernten Punkten oder die Asymptoten der Hyperbel.

Mit Hülfe der Asymptoten können wir uns leicht ein anschauliches Bild der Hyperbel machen; da nämlich in ihrem Schnittpunkt die besonderen Punkte $\mathfrak{r}$ und $\mathfrak{q}_1$ vereinigt sind, und für irgend ein Paar entsprechender Punkte das Rechteck $\mathfrak{r}\mathfrak{x} \cdot \mathfrak{q}_1\mathfrak{x}_1$ constant ist (S. 29), so bleibt auch der Inhalt des Dreiecks constant, welches von den Asymptoten und einer beliebigen dritten Tangente der Hyperbel gebildet wird, oder *jede Tangente der Hyperbel schliesst mit den beiden Asymptoten ein Dreieck von constantem Inhalte ein.* Das constante Rechteck aus den auf den Asymptoten der Hyperbel durch eine veränderliche Tangente abgeschnittenen Strecken heisst *die Potenz der Hyperbel.* Denken wir uns daher die beiden Asymptoten und eine beliebige dritte Tangente $\mathfrak{x}\mathfrak{x}_1$ gegeben (Fig. 36), wodurch die projectivische Beziehung vollständig bestimmt wird, so erhalten wir leicht andere Tangenten, indem wir durch $\mathfrak{x}$ und $\mathfrak{x}_1$ in irgend einer Richtung ein Paar Parallele ziehen, welche in $\mathfrak{y}_1$ und $\mathfrak{y}$ den Asymptoten begegnen; dann ist $\mathfrak{y}\mathfrak{y}_1$ eine neue Tangente, weil das Dreieck, welches sie mit den Asymptoten bildet, denselben Inhalt hat, oder auch weil $(\mathfrak{x}\mathfrak{y}_1, \mathfrak{x}_1\mathfrak{y})$ sich auf der Berührungssehne, d. h. hier G_∞ befindet (S. 93). Auf jeder Tangente ist ferner *der Berührungspunkt der Mittelpunkt zwischen den beiden Schnittpunkten mit den Asymptoten*, weil er der vierte harmonische dem Schnittpunkt mit G_∞ zugeordnete ist. Verändern wir die Richtung der durch $\mathfrak{x}$ und $\mathfrak{x}_1$ gezogenen Parallelen, so können wir leicht so viele Tangenten und auch Punkte der Hyperbel (die Berührungspunkte) herstellen, als erforderlich sind, um uns ein Bild von ihrem Verlaufe machen zu können.

Fig. 36.

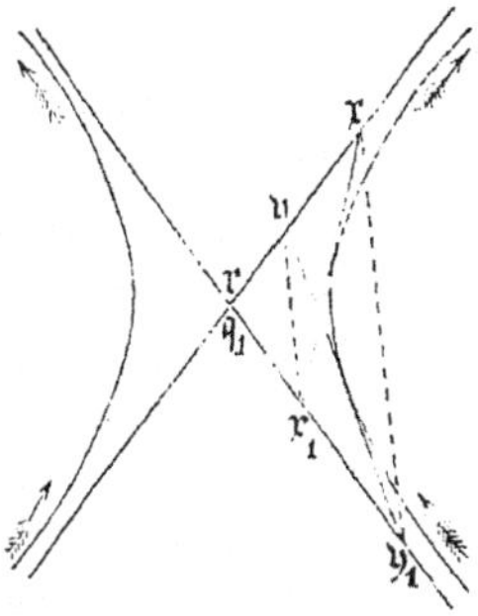

Wir sehen hieraus, dass die Hyperbel in zwei hinsichtlich des Schnittpunkts der Asymptoten $(\mathfrak{r}\mathfrak{q}_1)$ symmetrische unendliche Zweige zerfällt, welche ganz in zwei Scheitelräume der von den Asymptoten gebildeten Winkel hinein fallen, während die andern beiden Scheitelräume frei bleiben; die Zweige der Hyperbel liegen nämlich in denjenigen Winkelräumen der Asymptoten, welche von entsprechenden Hälften (S. 29, Fig. 13) der Träger der erzeugenden Punktreihen eingeschlossen werden. Die Richtungen sämmtlicher Tangenten der Hyperbel fallen in die beiden andern Scheitelräume, und je zwei parallele Tangenten berühren die Hyperbel an verschiedenen Zweigen; die Asymptoten erscheinen als je ein Paar zusammenfallender paralleler Tangenten und trennen diejenigen Winkelräume, welche solche Richtungen enthalten, in denen es Tangenten an die Hyperbel giebt, von solchen, in denen es keine Tangenten giebt. Verfolgen wir den Verlauf einer Tangente an der Hyperbel, so erkennen wir, dass sie sich von der Lage einer Asymptote continuirlich bis in die Lage der andern bewegt, dann aber gewissermassen ihren Drehungssinn ändernd wieder in die Lage der ersten Asymptote zurückkehrt; der Berührungspunkt durchläuft dabei *die beiden Zweige der Hyperbel in continuirlicher Folge*, indem er zuerst auf dem einen Zweige bis zu dem einen unendlich-entfernten Punkte der Hyperbel geht, dann aber zu dem unendlich-entfernten Punkte des andern Zweiges, welcher der unendlich-entfernte Punkt derselben Asymptote ist, übergeht (S. 3), sodann den andern Zweig durchläuft und durch den unendlich-entfernten Punkt der zweiten Asymptote zum ersten Zweige wieder zurückkehrt. In diesem Sinne haben wir uns *die Hyperbel als* (durch die unendlich-entfernten Punkte) *zusammenhängende Curve* zu denken und nicht als zwei getrennte Curven, und nur derartig haben wir sie zu durchlaufen, wie die Pfeile in Fig. 36 es andeuten. Wir erkennen zugleich bei diesem Verlaufe, dass, wenn wir uns die Hyperbel als Erzeugniss zweier projectivischer Strahlbüschel denken, die Strahlbüschel gleichlaufend sind, sobald ihre Mittelpunkte sich auf demselben Zweige der Hyperbel befinden, dagegen ungleichlaufend, wenn ihre Mittelpunkte sich auf verschiedenen Zweigen der Hyperbel befinden. (S. 110.)

Denken wir uns die vorhin begonnene Verschiebung der Punktreihe $\mathfrak{A}$ auf ihrem in seiner Lage festgehaltenen Träger fortgesetzt, so bleibt das Erzeugniss immer Hyperbel; gelangt $\mathfrak{r}$ in die Unendlichkeit, so rücken auch $\mathfrak{f}$ und $\mathfrak{e}$, wie überhaupt alle in endlichem Abstande vor $\mathfrak{r}$ liegenden Punkte in die Unendlichkeit, und es tritt der eigenthümliche auf S. 74 erwähnte Fall der parabolischen Lage beider Punktreihen ein, bei welcher das Erzeugniss in ein Punktpaar zerfällt, hier den unendlich-entfernten Punkt auf $\mathfrak{A}$ und den Punkt $\mathfrak{q}_1$ auf der Geraden $\mathfrak{A}_1$.

Es bleibt noch übrig, die Bedingungen zu ermitteln, unter welchen zwei projectivische Punktreihen eine *gleichseitige Hyperbel* zu ihrem Erzeugniss haben. Hierzu haben wir nur nöthig, die besonderen Punkte $\mathfrak{r}$ und $\mathfrak{q}_1$ in dem Schnittpunkte der beiden erzeugenden Träger zu vereinigen und die Träger selbst zu einander rechtwinklig zu legen; da sie nämlich, wenn $\mathfrak{r}$ und $\mathfrak{q}_1$ in ihrem Schnittpunkt vereinigt sind, die Asymptoten der Hyperbel werden, so hat diese ihre unendlich-entfernten Punkte in zwei zu einander rechtwinkligen Richtungen und ist daher eine gleichseitige Hyperbel (§. 25).

Wir kommen aber auch auf andere Weise zur gleichseitigen Hyperbel: Legen wir die Träger der beiden erzeugenden Punktreihen parallel und gleichlaufend, bestimmen die Punkte $\mathfrak{r}\mathfrak{q}_1$, $\mathfrak{g}\mathfrak{g}_1$, $\mathfrak{h}\mathfrak{h}_1$ und bringen die parallelen Träger in solchen Abstand von einander, dass die Entfernung $\mathfrak{r}\mathfrak{q}_1 = \mathfrak{g}\mathfrak{h} = \mathfrak{h}_1\mathfrak{g}_1$ wird, dann ist das Erzeugniss eine gleichseitige Hyperbel; denn sei M die Mitte zwischen $\mathfrak{r}\mathfrak{q}_1$, so liegen

$\mathfrak{g}$ und $\mathfrak{g}_1$ und ebenso $\mathfrak{h}$ und $\mathfrak{h}_1$ mit M in gerader Linie, weil $\mathfrak{g}\mathfrak{r} = \mathfrak{q}_1\mathfrak{g}_1 = \mathfrak{r}\mathfrak{h} = \mathfrak{h}_1\mathfrak{q}_1$ wird; folglich sind $\mathfrak{g}\mathfrak{g}_1$ und $\mathfrak{h}\mathfrak{h}_1$ nach dem Vorigen die Asymptoten des Erzeugnisses, weil ihre Berührungspunkte im Unendlichen liegen, und sie stehen auf einander senkrecht, wenn $\mathfrak{g}\mathfrak{r} = \mathfrak{r}\mathfrak{h} = \mathfrak{r}M$ ist; also ist das Erzeugniss eine gleichseitige Hyperbel. Legen wir endlich zwei beliebige projectivische Punktreihen so, dass in ihrem Schnittpunkte irgend zwei nicht entsprechende Punkte $\mathfrak{e}$ und $\mathfrak{f}_1$ vereinigt werden, deren entsprechende $\mathfrak{f}$ und $\mathfrak{e}_1$ so gelegen sind, dass $\mathfrak{f}$ ausserhalb $\mathfrak{e}\mathfrak{r}$ und daher auch $\mathfrak{e}_1$ ausserhalb $\mathfrak{f}_1\mathfrak{q}_1$ liegt, so lässt sich der Winkel φ zwischen den beiden Trägern so bestimmen, dass sie eine gleichseitige Hyperbel erzeugen; mit Hülfe des vorigen Kriteriums für zwei erzeugende Punktreihen in paralleler Lage erhalten wir für die Erzeugung einer gleichseitigen Hyperbel durch zwei gleichlaufende projectivische Punktreihen auf parallelen Trägern, deren einer $\mathfrak{A}_1$ und der andere die parallele Tangente ist, folgende Bedingung:

Fig. 37.

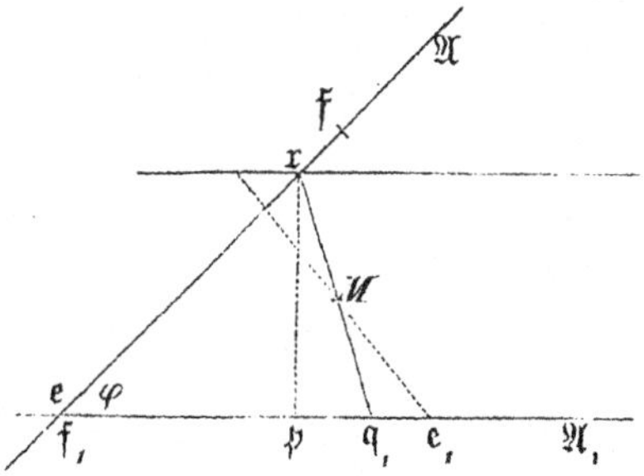

$$M\mathfrak{e}_1^2 = \mathfrak{e}_1\mathfrak{q}_1 \,.\, \mathfrak{e}_1\mathfrak{e}.$$

Denken wir uns aber über $\mathfrak{r}\mathfrak{q}_1$ als Durchmesser einen Kreis beschrieben, welcher in $\mathfrak{p}$ den Träger $\mathfrak{A}_1$ zum andern Mal trifft (Fig. 37), so ist $\mathfrak{r}\mathfrak{p}$ rechtwinklig zu $\mathfrak{A}_1$, also $M\mathfrak{p} = M\mathfrak{r}$ und die Potenz des Punktes $\mathfrak{e}_1$ in Bezug auf diesen Kreis ist:

$$M\mathfrak{e}_1^2 - M\mathfrak{r}^2 = \mathfrak{e}_1\mathfrak{q}_1 \,.\, \mathfrak{e}_1\mathfrak{p}.$$

Hieraus folgt:

$$M\mathfrak{r}^2 = \mathfrak{e}_1\mathfrak{q}_1 \cdot \{\mathfrak{p}\mathfrak{e}_1 + \mathfrak{e}_1\mathfrak{e}\} = \mathfrak{e}_1\mathfrak{q}_1 \,.\, \mathfrak{p}\mathfrak{e} = \mathfrak{e}_1\mathfrak{q}_1 \,.\, \mathfrak{r}\mathfrak{e} \,.\, \cos\varphi.$$

Die gesuchte Bedingung für die Erzeugung der gleichseitigen Hyperbel durch zwei beliebig gegebene projectivische Punktreihen wird daher:

$$M\mathfrak{r}^2 = \mathfrak{r}\mathfrak{e} \,.\, \mathfrak{e}_1\mathfrak{q}_1 \,.\, \cos\varphi,$$

wo $M\mathfrak{r}$ die halbe Entfernung der Punkte $\mathfrak{r}$ und $\mathfrak{q}_1$ von einander, $\mathfrak{r}\mathfrak{e} \,.\, \mathfrak{q}_1\mathfrak{e}_1$ die constante Potenz der projectivischen Beziehung und φ den Winkel zwischen den Trägern der beiden projectivischen Punktreihen bedeutet. Dies lässt sich in Worten so aussprechen:

Zwei beliebige projectivische Punktreihen können immer so gelegt werden, dass sie eine gleichseitige Hyperbel erzeugen; hierzu vereinige man ein Paar nicht entsprechender Punkte $\mathfrak{e}\mathfrak{f}_1$ *in ihrem Schnittpunkt, deren entsprechende* $\mathfrak{e}_1$ *und* $\mathfrak{f}$ *so liegen, dass* $\mathfrak{f}$ *ausserhalb der Strecke* $\mathfrak{e}\mathfrak{r}$ *und also auch* $\mathfrak{c}_1$ *ausserhalb der Strecke* $\mathfrak{f}_1\mathfrak{q}_1$ *liegt, und bestimme den Winkel beider Träger so, dass das Quadrat des halben Abstandes der Punkte* $\mathfrak{r}$ *und* $\mathfrak{q}_1$ *von einander gleich wird der constanten Potenz der projectivischen Beziehung* $(\mathfrak{r}\mathfrak{x}\,.\,\mathfrak{q}_1\mathfrak{x}_1)$, *multiplicirt mit dem cos des Winkels zwischen den Trägern.*

In den besonderen Fällen $\varphi = 0$ und $\varphi = 90^0$ gehen hieraus die beiden vorigen Entstehungsarten der gleichseitigen Hyperbel hervor.

Die Eigenschaft der Asymptoten einer Hyperbel ist auch die Quelle einer Erzeugung des Kegelschnitts, welche an die perspectivische Lage zweier projectivischer Punktreihen anknüpft; seien $\mathfrak{A}$ und $\mathfrak{A}_1$ die Träger zweier projectivischer Punktreihen in perspectivischer Lage, und werden die in sich festgehaltenen Punktreihen so auf ihren resp. Trägern verschoben, dass immer zwei neue entsprechende Punkte $\mathfrak{x}\mathfrak{x}_1$ in dem Schnittpunkte der Träger vereinigt werden, so wird jedesmal eine neue perspectivische Lage derselben beiden Punktreihen hervorgerufen, und es kann nach dem Ort des Projectionspunktes für alle diese perspectivischen Lagen gefragt werden. Um ihn zu bestimmen, verfolgen wir die Punkte $\mathfrak{r}$ und $\mathfrak{q}_1$, ziehen Parallele durch sie zu den festen Trägern und erhalten in deren Schnittpunkte B jedesmal den gesuchten Projectionspunkt. Weil nun der projectivischen Beziehung gemäss $\mathfrak{r}\mathfrak{x}\,.\,\mathfrak{q}_1\mathfrak{x}_1$ constant ist, so behält das gezeichnete Parallelogramm constanten Inhalt, also auch die durch die gegenüberliegende Ecke B zur Diagonale $\mathfrak{r}\mathfrak{q}_1$ gezogene Parallele bestimmt mit den Trägern $\mathfrak{A}\mathfrak{A}_1$ ein Dreieck von constantem (vierfachem) Inhalt, umhüllt also eine Hyperbel, deren Asymptoten $\mathfrak{A}\mathfrak{A}_1$ sind; da aber B in der Mitte zwischen den Schnittpunkten mit den beiden Trägern liegt, so ist B der Berührungspunkt, also wird der gesuchte Ort eine Hyperbel, welche die beiden festen Träger zu ihren Asymptoten hat. (Siehe Aufgaben und Sätze.)

§. 27. Das einem Kegelschnitte umbeschriebene Vierseit und einbeschriebene Viereck.

Die in §. 23 durchgeführte Untersuchung und die dort in Betracht gezogene Figur (Fig. 31) zeigt eine Menge von Eigenschaften des Kegelschnitts, von denen einige hier hervorgehoben werden sollen. Das dort gewonnene Resultat lässt sich mit etwas veränderter Bezeichnung so aussprechen:

Werden (Fig. 38) *irgend vier Tangenten* $\mathfrak{A}\mathfrak{B}\mathfrak{C}\mathfrak{D}$ *eines Kegelschnitts als vollständiges Vierseit aufgefasst, dessen sechs Ecken seien:*

$$(\mathfrak{A},\ \mathfrak{D}) = a \qquad (\mathfrak{B},\ \mathfrak{D}) = b \qquad (\mathfrak{C},\ \mathfrak{D}) = c$$
$$(\mathfrak{B},\ \mathfrak{C}) = \alpha \qquad (\mathfrak{C},\ \mathfrak{A}) = \beta \qquad (\mathfrak{A},\ \mathfrak{B}) = \gamma\,,$$

und dessen drei Diagonalen $a\alpha$, $b\beta$, $c\gamma$ *sich in den Punkten:*

$$(b\beta,\ c\gamma) = x \qquad (c\gamma,\ a\alpha) = y \qquad (a\alpha,\ b\beta) = z\,.$$

treffen, und werden die vier Berührungspunkte der vier Tangenten, resp. mit $\mathfrak{a}\mathfrak{b}\mathfrak{c}\mathfrak{d}$ *bezeichnet, als vollständiges Viereck aufgefasst, so fallen die drei Diagonalpunkte des letzteren mit den Punkten* xyz *zusammen,* d. h. es ist:

$$(\mathfrak{a}\mathfrak{d},\ \mathfrak{b}\mathfrak{c}) = x \qquad (\mathfrak{b}\mathfrak{d},\ \mathfrak{c}\mathfrak{a}) = y \qquad (\mathfrak{c}\mathfrak{d},\ \mathfrak{a}\mathfrak{b}) = z\,.$$

Fig. 38.

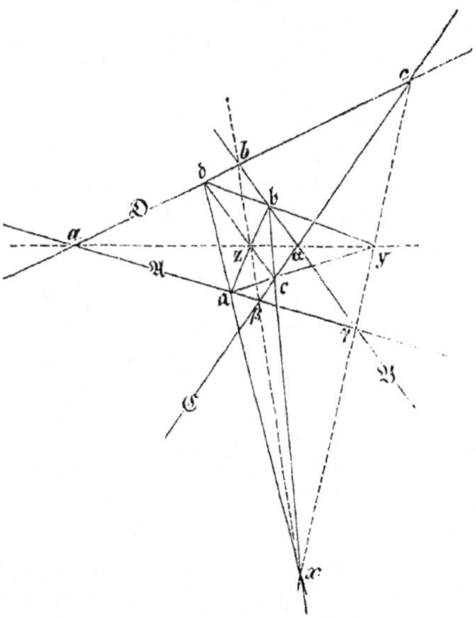

Hieraus geht hervor, dass der Kegelschnitt vollständig bestimmt ist, sobald von ihm vier Tangenten und der Berührungspunkt auf einer, oder vier Punkte und die Tangente in einem derselben gegeben sind, was auch daraus hervorgeht, dass mit diesen Bestimmungsstücken drei Paare entsprechender Elemente zweier projectivischer Punktreihen oder Strahlbüschel gegeben werden, also die ganze projectivische Beziehung bestimmt ist. Wir finden die Berührungspunkte auf den andern Tangenten, wenn $\mathfrak{a}$ auf $\mathfrak{A}$ bekannt ist, indem wir $\mathfrak{a}x$, $\mathfrak{a}y$, $\mathfrak{a}z$ ziehen und ihre Schnittpunkte mit $\mathfrak{D}$, $\mathfrak{C}$, $\mathfrak{B}$ aufsuchen, oder wir finden die Tangenten in $\mathfrak{b}\mathfrak{c}\mathfrak{d}$, wenn die Tangente $\mathfrak{A}$ in $\mathfrak{a}$ bekannt ist, indem wir die Schnittpunkte $\gamma\beta\alpha$, in welchen $\mathfrak{A}$ den Verbindungslinien xy, xz, yz begegnet, resp. mit den andern drei Ecken $\mathfrak{b}\mathfrak{c}\mathfrak{d}$ verbinden.

Wir haben ferner in §. 23 gesehen, dass irgend zwei Tangenten eines Kegelschnitts von sämmtlichen in zwei projectivischen Punktreihen getroffen werden, bei denen also vier Paare entsprechender Punkte denselben Werth des Doppelverhältnisses liefern. In unserer Figur muss also eine beliebige fünfte Tangente des Kegelschnitts von $\mathfrak{A}\mathfrak{B}\mathfrak{C}\mathfrak{D}$ in vier solchen Punkten getroffen werden, welche denselben Werth des Doppelverhältnisses liefern, wie die vier Schnittpunkte $\mathfrak{a}\gamma\beta\alpha$ oder $\gamma\mathfrak{b}\alpha b$ u. s. f., also schliessen wir umgekehrt:

Sämmtliche Gerade, welche vier feste Gerade 𝔄𝔅ℭ𝔇 *in vier solchen Punkten treffen, dass der Werth des Doppelverhältnisses derselben* (bei beliebiger, aber festgehaltener Zuordnung, §. 5) *constant bleibt, umhüllen einen bestimmten Kegelschnitt, welcher auch die vier festen Geraden berührt*, oder anderseits: *Sämmtliche Punkte, welche, mit vier festen Punkten* 𝔞𝔟𝔠𝔡 *verbunden, vier Strahlen liefern, deren Doppelverhältniss* (bei beliebiger, aber festgehaltener Zuordnung) *constant bleibt, liegen auf einem bestimmten Kegelschnitt, welcher auch durch die vier gegebenen Punkte geht.*

Ist der Werth des Doppelverhältnisses bei bestimmter Zuordnung gegeben, so ist der Kegelschnitt nach dem Vorigen eindeutig bestimmt und leicht zu ermitteln. Ein besonderer Fall ist hierbei von Interesse, nämlich wenn der Werth des Doppelverhältnisses $= -1$ ist, also harmonische Beziehung auftritt (S. 12); wir erhalten aus dem Vorigen folgende Sätze:

Sind vier beliebige Gerade 𝔄𝔅ℭ𝔇 *in der Ebene gegeben, und wird eine Gerade gesucht, welche von ihnen in vier harmonischen Punkten getroffen werde, so besteht der Ort derselben aus den sämmtlichen Tangenten von drei bestimmten Kegelschnitten, welche selbst die vier gegebenen Geraden berühren; es lassen sich nämlich die vier Geraden auf drei Arten in zwei Paare theilen, welche die gesuchte Gerade immer in zugeordneten Punkten treffen:* 𝔄𝔅 *und* ℭ𝔇, 𝔄ℭ *und* 𝔅𝔇, 𝔅ℭ *und* 𝔄𝔇; *für jede dieser drei Zuordnungen besteht der Ort der gesuchten Geraden aus den sämmtlichen Tangenten eines Kegelschnitts, welcher dem Vierseit* 𝔄𝔅ℭ𝔇 *einbeschrieben ist, und dessen Berührungspunkt auf je einer dieser vier Tangenten gefunden wird, indem man zu den drei Schnittpunkten mit den andern den vierten harmonischen Punkt aufsucht.* Oder andererseits:

Soll ein Punkt gefunden werden, dessen Verbindungsstrahlen mit vier festen Punkten 𝔞𝔟𝔠𝔡 *vier harmonische Strahlen sind, so besteht der Ort desselben aus drei bestimmten Kegelschnitten, welche dem Viereck* 𝔞𝔟𝔠𝔡 *umbeschrieben sind, je nachdem man die nach* 𝔞𝔟 *und* 𝔠𝔡, *oder nach* 𝔟𝔠 *und* 𝔞𝔡, *oder nach* 𝔞𝔠 *und* 𝔟𝔡 *hingehenden Strahlenpaare als zugeordnet annimmt. Für jeden dieser drei Kegelschnitte werden die Tangenten in den Punkten* 𝔞𝔟𝔠𝔡 *gefunden, indem man je einen derselben mit den drei andern verbindet und den vierten harmonischen Strahl aufsucht.* [Es ist leicht ersichtlich, dass von solchen drei Kegelschnitten entweder a) alle drei Hyperbeln sind, wenn nämlich die vier Punkte 𝔞𝔟𝔠𝔡 so liegen, dass einer innerhalb des von den drei andern gebildeten Dreiecks sich befindet, oder b) zwei Hyperbeln und der dritte Ellipse ist, wenn nämlich die vier Punkte $\mathfrak{abcd}$ so liegen, dass jeder ausserhalb des von den drei andern gebildeten Dreiecks sich befindet.]

Solche drei dem Vierseit einbeschriebene oder dem Viereck umbeschriebene Kegelschnitte heissen *harmonische Kegelschnitte,* und umgekehrt heissen *vier harmonische Tangenten eines Kegelschnitts* vier solche Tangenten, welche von einer beliebigen in vier harmonischen Punkten getroffen werden, und *vier harmonische Punkte eines Kegelschnitts* vier solche, welche mit einem beliebigen andern Punkt des Kegelschnitts verbunden vier harmonische Strahlen liefern. Es ist leicht, auf einem gegebenen Kegelschnitte vier harmonische Punkte oder vier harmonische Tangenten an demselben auf unzählig viele Arten zu ermitteln, und aus §. 23 geht zugleich hervor, *dass vier harmonische Tangenten eines Kegelschnitts in vier harmonischen Punkten desselben berühren* und umgekehrt. Vier harmonische Punkte auf einem Kegelschnitt müssen nämlich immer so liegen, dass die Verbindungslinie zweier zugeordneten durch den Schnittpunkt der Tangenten in den beiden andern zugeordneten Punkten hindurchgeht, und hieraus folgt, dass es zu zwei beliebigen Punkten eines Kegelschnitts, welche als zugeordnete gewählt werden, unendlich viele andere Paare zugeordneter Punkte giebt, die mit jenen beiden immer vier harmonische Punkte des Kegelschnitts bilden, und dass die Verbindungslinien (Sehnen) aller dieser Paare durch einen festen Punkt laufen.

Kehren wir zu der allgemeineren Figur von vier beliebigen Tangenten eines Kegelschnitts und den vier Berührungspunkten zurück, so können wir das Vierseit festhalten und das Viereck verändern, oder auch das Viereck festhalten und das Vierseit verändern. Ersteres geschieht, indem wir einen Berührungspunkt $\mathfrak{a}$ die feste Tangente $\mathfrak{A}$ durchlaufen lassen, letzteres, indem wir um eine Ecke $\mathfrak{a}$ die Tangente $\mathfrak{A}$ drehen. Wir erhalten dadurch eine Schaar von unendlich vielen Kegelschnitten, welche dieselben vier Tangenten haben, und ein Büschel von unendlich vielen Kegelschnitten, welche durch dieselben vier Punkte gehen, auf deren Untersuchung wir aber erst im dritten Abschnitt näher eingehen wollen. Für jetzt genüge es, indem wir die vier Tangenten $\mathfrak{ABCD}$ festhalten, zwei Kegelschnitte ins Auge zu fassen, welche in den Punkten $\mathfrak{abcd}$ und $\mathfrak{a}^1\mathfrak{b}^1\mathfrak{c}^1\mathfrak{d}^1$ dieselben vier Tangenten berühren; für das zweite Viereck $\mathfrak{a}^1\mathfrak{b}^1\mathfrak{c}^1\mathfrak{d}^1$ gilt natürlich ganz dasselbe, wie für das erste; seine Diagonalpunkte sind also auch xyz; insbesondere schneiden sich $\mathfrak{ab}$ und $\mathfrak{a}^1\mathfrak{b}^1$ in z. Weil nun $\alpha\gamma z$ vier harmonische Punkte sind, also γa, $\gamma\alpha$, γy, γz vier harmonische Strahlen und $(\mathfrak{aa}^1, \mathfrak{bb}^1) = \gamma$ ist, so muss $(\mathfrak{ab}^1, \mathfrak{ba}^1)$ auf dem vierten harmonischen Strahle, d. h. γy oder xy liegen (S. 18). Die vier von $\mathfrak{a}$ ausgehenden

Strahlen $\mathfrak{a}\,(\mathfrak{b}^1\mathfrak{a}^1\mathfrak{d}\mathfrak{c})$ treffen also die vier von $\mathfrak{b}$ ausgehenden $\mathfrak{b}\,(\mathfrak{a}^1\mathfrak{b}^1\mathfrak{c}\mathfrak{d})$ in vier Punkten derselben Geraden $xy\gamma$; wir erhalten daher zwei perspectivische Strahlbüschel, und nach Seite 7 sind mithin die beiden Strahlbüschel $\mathfrak{a}\,(\mathfrak{a}^1\mathfrak{b}^1\mathfrak{c}\mathfrak{d})$ und $\mathfrak{b}\,(\mathfrak{a}^1\mathfrak{b}^1\mathfrak{c}\mathfrak{d})$ projectivisch, folglich liegen die sechs Punkte $\mathfrak{a}\mathfrak{b}\mathfrak{c}\mathfrak{d}\mathfrak{a}^1\mathfrak{b}^1$ auf einem Kegelschnitt; in gleicher Weise zeigt sich, dass auch $\mathfrak{a}\mathfrak{b}\mathfrak{c}\mathfrak{d}\mathfrak{a}^1\mathfrak{c}^1$ auf einem Kegelschnitt liegen müssen und, da dieser durch fünf Punkte schon bestimmt ist (S. 97), auf demselben Kegelschnitt; folglich liegen alle acht Punkte $\mathfrak{a}\mathfrak{b}\mathfrak{c}\mathfrak{d}\mathfrak{a}^1\mathfrak{b}^1\mathfrak{c}^1\mathfrak{d}^1$ auf einem und demselben Kegelschnitt, oder:

Die acht Berührungspunkte von irgend zwei demselben Vierseit einbeschriebenen Kegelschnitten liegen allemal auf einem neuen Kegelschnitte.

In gleicher Weise wird der analoge Satz bewiesen:

Die acht Tangenten in vier gemeinschaftlichen Punkten zweier Kegelschnitte berühren allemal einen neuen Kegelschnitt.

Diese beiden demselben Vierseit einbeschriebenen Kegelschnitte bieten noch andere Eigenthümlichkeiten rücksichtlich der Lage ihrer Berührungspunkte zu den Gegenecken des Vierseits und den gegenseitigen Schnittpunkten der beiden Kegelschnitte dar, deren nähere Untersuchung uns hier zu weit führen würde. (Vgl. *Steiner*: Lehrsätze, Crelle's Journal für reine und angewandte Mathematik. Bd. 44 Seite 275 und Bd. 45 Seite 219.) (Siehe Aufgaben und Sätze.)

Auch wollen wir hier nicht auf eine allgemeine Eigenschaft desjenigen Kegelschnitts, welcher die acht Berührungspunkte zweier demselben Vierseit einbeschriebenen Kegelschnitte enthält, eingehen, weil dieselbe aus späteren Betrachtungen unmittelbar hervortritt (§. 31 und §. 56). Wir könnten aus der in diesem Paragraphen untersuchten Figur leicht zu den sogenannten Polar-Eigenschaften des Kegelschnitts übergehen, ziehen es indessen vor, dieselben etwas später aus ursprünglicheren Betrachtungen abzuleiten.

§. 28. Das Hexagrammum mysticum und die Steiner'sche Erweiterung desselben.

Wir haben bereits (S. 97) gesehen, dass im Allgemeinen fünf Punkte zur Bestimmung des Kegelschnitts nothwendig sind, und dass er durch dieselben eindeutig bestimmt wird. Damit sechs Punkte auf demselben Kegelschnitt liegen, ist eine Bedingung zwischen ihnen erforderlich, welche darin besteht, dass, wenn die Punkte mit $BB_1\,\mathfrak{a}\mathfrak{b}\mathfrak{c}\mathfrak{d}$ bezeichnet werden, die beiden Strahlbüschel von je vier Strahlen:

$$B\,(\mathfrak{a}\mathfrak{b}\mathfrak{c}\mathfrak{d}) = B_1\,(\mathfrak{a}\mathfrak{b}\mathfrak{c}\mathfrak{d})$$

dasselbe Doppelverhältniss haben; diese Bedingung, deren Umkehrung zulässig ist, haben wir bereits oben anders aufgefasst und daraus das von *Pascal* mit dem Namen Hexagrammum mysticum bezeichnete Theorem geschlossen, auf welches wir jetzt noch einmal näher eingehen wollen.

Ziehen wir die Verbindungslinien $\mathfrak{a}\mathfrak{b}$ und $\mathfrak{a}\mathfrak{c}$ und lassen die erstere von den vier Strahlen $B\,(\mathfrak{a}\mathfrak{b}\mathfrak{c}\mathfrak{d})$ und die letztere von den vier Strahlen $B_1\,(\mathfrak{a}\mathfrak{b}\mathfrak{c}\mathfrak{d})$ treffen, so erhalten wir, weil jene Doppelverhältnisse gleich sind, auf $\mathfrak{a}\mathfrak{b}$ und $\mathfrak{a}\mathfrak{c}$ vier Paare entsprechender Punkte zweier projectivischer Punktreihen, nämlich:

$$\begin{array}{cccc} \mathfrak{a} & \mathfrak{b} & (B\mathfrak{c},\, \mathfrak{a}\mathfrak{b}) & (B\mathfrak{d},\, \mathfrak{a}\mathfrak{b}) \\ \mathfrak{a} & (B_1\mathfrak{b},\, \mathfrak{a}\mathfrak{c}) & \mathfrak{c} & (B_1\mathfrak{d},\, \mathfrak{a}\mathfrak{c})\,; \end{array}$$

da der Schnittpunkt $\mathfrak{a}$ zwei entsprechende Punkte enthält, so sind die Punktreihen in perspectivischer Lage, also die Verbindungslinien entsprechender Punkte laufen durch einen Punkt, d. h.

$$B_1\mathfrak{b} \qquad B\mathfrak{c} \qquad [(B\mathfrak{d},\, \mathfrak{a}\mathfrak{b}),\, (B_1\mathfrak{d},\, \mathfrak{a}\mathfrak{c})]$$

laufen durch einen Punkt, oder was dasselbe sagt, die drei Punkte:

$$(B_1\mathfrak{b},\, B\mathfrak{c}) \qquad (B\mathfrak{d},\, \mathfrak{a}\mathfrak{b}) \qquad (B_1\mathfrak{d},\, \mathfrak{a}\mathfrak{c})$$

liegen auf einer Geraden; diese drei Punkte lassen sich als Schnittpunkte gegenüberliegender Seiten eines einfachen Sechsecks auffassen, dessen Ecken in gewisser Reihenfolge die sechs Punkte des Kegelschnitts sind; in der That, dieses Sechseck lautet:

$$B_1\,\mathfrak{b}\,\mathfrak{a}\,\mathfrak{c}\,B\,\mathfrak{d},$$

und wir schliessen daraus: *Werden sechs Punkte eines Kegelschnitts in beliebiger Reihenfolge zu einem einfachen Sechseck verbunden, so liegen die drei Schnittpunkte der gegenüberliegenden Seiten auf einer Geraden.*

Dieser Satz ist offenbar auch umzukehren: Liegen die drei Schnittpunkte von drei Linienpaaren auf einer Geraden und man fasst die letzteren als die gegenüberliegenden Seiten eines einfachen Sechsecks auf, so liegen die sechs Ecken desselben auf einem Kegelschnitt; denn seien die drei Linienpaare ab, $a_1 b_1$, $a_2 b_2$, deren Schnittpunkte auf einer Geraden liegen, so lassen sich dieselben als gegenüberstehende Seiten eines einfachen Sechsecks auffassen, dessen Seiten in der Reihenfolge stehen:

$$a\, b_2\, a_1\, b\, a_2\, b_1\,,$$

und dessen Ecken also sind:

$$(ab_2) \quad (b_2 a_1) \quad (a_1 b) \quad (b a_2) \quad (a_2 b_1) \quad (b_1 a)\,.$$

Diese sechs Ecken müssen nun auf einem Kegelschnitt liegen, weil die vier Strahlenpaare:

$$\begin{array}{l} (a_2 b_1)\ \{(a_1 b),\, (a_1 b_2),\, (b a_2),\, (b_1 a)\} \\ (a\, b_2)\ \{(a_1 b),\, (a_1 b_2),\, (b a_2),\, (b_1 a)\} \end{array}$$

projectivisch sind aus folgendem Grunde: die ersten vier Strahlen treffen nämlich die Gerade a_1 und die letzten vier Strahlen die Gerade b in den Punktpaaren:

$$\begin{matrix} (a_1 b) & (a_1 b_2) & (a_1 a_2) & (a_1 b_1) \\ (a_1 b) & (b\, b_2) & (b\, a_2) & (a\, b), \end{matrix}$$

und die ersten vier Punkte liegen mit den letzten vier perspectivisch: denn der Punkt $(a_1 b)$ ist gemeinschaftlich, und die drei anderen Verbindungsstrahlen:

$$b_2 \qquad a_2 \qquad (a b,\ a_1 b_1)$$

schneiden sich in einem Punkte, weil die Schnittpunkte ab $a_1 b_1$ $a_2 b_2$ in einer Geraden liegen; hierdurch ist der umgekehrte Satz erwiesen und lässt sich, wie wir aus der Bezeichnung der sechs Ecken erkennen, auch so aussprechen:

Wenn von den neun Punkten, in welchen die Seiten eines Dreiseits $a a_1 a_2$ die Seiten eines andern $b b_1 b_2$ treffen, drei in gerader Linie liegen, so liegen die übrigen sechs auf einem Kegelschnitte.

In ganz gleicher Weise wird der analoge (*Brianchon*'sche) Satz und sein umgekehrter abgeleitet und erscheint als eine andere Ausdrucksweise für die Gleichheit zweier Doppelverhältnisse:

Werden sechs Tangenten eines Kegelschnitts in irgend welcher Reihenfolge zu einem einfachen Sechsseit zusammengefasst, so laufen die drei Verbindungslinien der gegenüber-liegenden Ecken durch einen Punkt, und umgekehrt: Laufen die Verbindungslinien von drei Punktpaaren durch einen Punkt, und man fasst dieselben als gegenüberliegende Ecken eines einfachen Sechsecks auf, so berühren seine sechs Seiten einen und denselben Kegelschnitt.

Beide Sätze lassen sich in Verbindung bringen und führen dann zu einem neuen Satze. Fassen wir nämlich in dem obigen Sechseck

$$B_1 \quad \mathfrak{b} \quad \mathfrak{a} \quad \mathfrak{c} \quad B \quad \mathfrak{d}$$

die Schnittpunkte der Gegenseiten auf:

$$(B_1 \mathfrak{b},\ B \mathfrak{c}) \quad (B \mathfrak{d},\ \mathfrak{a}\mathfrak{b}) \quad (B_1 \mathfrak{d},\ \mathfrak{a}\mathfrak{c}),$$

welche in gerader Linie liegen müssen, so haben wir zugleich drei Punktpaare, deren Verbindungslinien durch einen Punkt laufen, nämlich:

$$\begin{matrix} B_1 & \text{und} & \mathfrak{b} \\ B & \text{und} & \mathfrak{c} \\ (B\mathfrak{d},\ \mathfrak{a}\mathfrak{b}) & \text{und} & (B_1\mathfrak{d},\ \mathfrak{a}\mathfrak{c}). \end{matrix}$$

Nehmen wir diese als gegenüberliegende Ecken eines einfachen Sechsseits, so lassen sich die Ecken desselben in folgender Reihe zusammenstellen:

$$B_1 \quad (B_1\mathfrak{d},\ \mathfrak{a}\mathfrak{c}) \quad \mathfrak{c} \quad \mathfrak{b} \quad (\mathfrak{b}\mathfrak{a},\ \mathfrak{d}B) \quad B$$

und hieraus folgen die auf einander folgenden Seiten:

$$B_1\mathfrak{b} \quad \mathfrak{a}\mathfrak{c} \quad \mathfrak{c}\mathfrak{b} \quad \mathfrak{b}\mathfrak{a} \quad \mathfrak{b}B \quad BB_1 .$$

Diese sechs Linien müssen nach dem vorigen Satze einen Kegelschnitt berühren; sie sind nichts anderes, als die Seiten der beiden Dreiecke $\mathfrak{a}\mathfrak{b}\mathfrak{c}$ und $BB_1\mathfrak{b}$; wir schliessen hieraus den Satz:

Wenn die sechs Ecken zweier Dreiecke auf einem Kegelschnitt liegen, so berühren die sechs Seiten derselben einen zweiten Kegelschnitt;

und zugleich den parallel laufenden Satz, welcher der umgekehrte ist:

Wenn die sechs Seiten zweier Dreiseite einen Kegelschnitt berühren, so liegen die sechs Ecken derselben auf einem zweiten Kegelschnitt.

Da der Kegelschnitt sowohl durch fünf Tangenten als auch durch fünf Punkte eindeutig bestimmt ist, so lässt sich dasselbe Ergebniss auch so aussprechen:

Haben zwei Kegelschnitte eine solche Lage zu einander, dass es *ein* Dreieck giebt, welches gleichzeitig dem einen um- und dem andern einbeschrieben ist, so giebt es unzählig viele Dreiecke derselben Beschaffenheit, indem jeder Punkt des umbeschriebenen Kegelschnitts als Ecke eines neuen Dreiecks aufgefasst werden kann, dessen Seiten Tangenten des andern Kegelschnitts sind.

Die besonderen Fälle, welche sich aus dem *Pascal*'schen und *Brianchon*'schen Satze ergeben, wenn wir zwei auf einander folgende Ecken des einbeschriebenen Sechsecks zusammenfallen lassen, also eine Seite desselben zur Tangente des Kegelschnitts machen, oder andererseits, wenn wir zwei Seiten des umbeschriebenen Sechsseits zusammenfallen lassen, also ihren Schnittpunkt zum Berührungspunkt machen, dürfen wir hier übergehen, weil ein Theil der daraus entspringenden Sätze in dem Früheren (§. 20—23, §. 27) enthalten ist; wir wollen aber die vollständige Figur eines Sechsecks im Kegelschnitt näher untersuchen und die von *Steiner* angegebenen Eigenschaften derselben herleiten.

Sechs Punkte eines Kegelschnitts, der Kürze wegen mit 123456 bezeichnet, lassen sich auf sechzig verschiedene Arten zu einem einfachen Sechseck verbinden; von sämmtlichen 1.2.3.4.5.6 Permutationen liefern nämlich immer zweimal sechs dasselbe Sechseck, nämlich z. B.

1 2 3 4 5 6	2 3 4 5 6 1	3 4 5 6 1 2	4 5 6 1 2 3	5 6 1 2 3 4	6 1 2 3 4 5
6 5 4 3 2 1	1 6 5 4 3 2	2 1 6 5 4 3	3 2 1 6 5 4	4 3 2 1 6 5	5 4 3 2 1 6,

da man die sechs Ecken in derselben Reihenfolge in einem und dem entgegengesetzten Sinne durchlaufen und ausserdem mit jeder Ecke beginnen kann. Es bleiben daher nur $\frac{1 \cdot 2 \cdot 3 \cdot 4 \cdot 5 \cdot 6}{2 \cdot 6} = 60$ Permutationen übrig, welche verschiedene Sechsecke liefern. Bei jedem derselben liegen nach dem *Pascal*'schen Satze die drei Schnittpunkte der gegenüberliegenden Seiten in einer Geraden, z. B. beim Sechseck 1 2 3 4 5 6 liegen die Schnittpunkte:

$$(12, 45) \qquad (23, 56) \qquad (34, 61)$$

in einer Geraden; solcher Geraden, welche *Pascal*'sche *Linien* heissen mögen, erhalten wir also sechzig, und diese haben einen eigenthümlichen Zusammenhang; aus dem auf S. 94 behandelten speciellen Fall des *Pascal*'schen Satzes (in welchem der Kegelschnitt durch ein Linienpaar vertreten wird) ergiebt sich nämlich zunächst auf ganz dieselbe Weise wie dort, dass die *Pascal*'schen Linien für die drei Sechsecke:

$$\left| \begin{array}{l} 1\,2\,3\,4\,5\,6 \\ 1\,4\,3\,6\,5\,2 \\ 1\,6\,3\,2\,5\,4 \end{array} \right.$$

sich in einem Punkte schneiden müssen. Bezeichnen wir die Schnittpunkte der gegenüberliegenden Seiten:

$$\begin{array}{lll} (12, 45) = p_1 & (34, 16) = p_2 & (56, 23) = p_3 \\ (45, 36) = q_1 & (16, 25) = q_2 & (23, 14) = q_3 \\ (36, 12) = r_1 & (25, 34) = r_2 & (14, 56) = r_3 \end{array}$$

so liegen $p_1 p_2 p_3$ in einer *Pascal*'schen Linie, $q_1 q_2 q_3$ in einer andern und $r_1 r_2 r_3$ in einer dritten; es ist aber aus diesem Schema ersichtlich, dass

$$\begin{array}{lll} p_1 q_1 = 45 & p_2 q_2 = 16 & p_3 q_3 = 23 \\ q_1 r_1 = 36 & q_2 r_2 = 25 & q_3 r_3 = 14 \\ r_1 p_1 = 12 & r_2 p_2 = 34 & r_3 p_3 = 56 \end{array} \text{ ist,}$$

und da in dem Sechsecke:

$$\begin{array}{cccc} & 1\,2\,5\,4\,3\,6 & & \\ (12, 34) & (36, 25) & (45, 16) & \text{oder} \\ (p_1 r_1, p_2 r_2) & (r_1 q_1, r_2 q_2). & (q_1 p_1, q_2 p_2) & \end{array}$$

in einer Geraden liegen, so müssen nach einem auf S. 26 bewiesenen Satze die Verbindungslinien:

$$p_1 p_2 \qquad q_1 q_2 \qquad r_1 r_2$$

sich in einem Punkte schneiden; die *Pascal*'schen Linien der obigen drei Sechsecke laufen also durch einen Punkt, welcher *Steiner'scher Punkt* heissen soll; ebenso laufen die *Pascal*'schen Linien der drei Sechsecke:

$$\begin{cases} 1\,2\,5\,4\,3\,6 \\ 1\,4\,5\,6\,3\,2 \\ 1\,6\,5\,2\,3\,4 \end{cases}$$

durch einen *Steiner*'schen Punkt, welcher sein *Gegenpunkt* genannt werde. (Dass ein *Steiner*'scher Punkt und sein Gegenpunkt allemal ein Paar conjugirter Punkte in Bezug auf den Kegelschnitt sind, kann erst später, S. 159, gezeigt werden.) Die eine Gruppe von drei Sechsecken ist nun so gebildet, dass die erste, dritte und fünfte Ecke festgehalten, die zweite, vierte und sechste cyclisch vertauscht werden, während bei der andern Gruppe, wenn wir sie so schreiben:

2 5 4 3 6 1
2 3 4 1 6 5
2 1 4 5 6 3

die vorhin vertauschten Ecken fest bleiben und die übrigen drei cyclisch vertauscht werden; sobald wir aus den sechs Punkten 1 2 3 4 5 6 irgend drei Punkte herausnehmen und sie an die ungeraden Stellen der Ecken versetzen, lassen sich die übrigen drei *nur* auf diese sechs Arten dazwischen als geradstellige Ecken einfügen, und die auf diese Weise erhaltenen sechs Sechsecke zerfallen in zwei Gruppen von je drei, für welche je drei *Pascal*'sche Linien in einem *Steiner*'schen Punkte und seinem Gegenpunkte zusammenlaufen. Da nun die sechs Punkte auf $\frac{6\,.\,5\,.\,4}{1\,.\,2\,.\,3} = 20$ Arten sich zu dreien combiniren lassen, so *laufen die 60 Pascal'schen Linien zu je dreien durch 20 Steiner'sche Punkte, welche in 10 Paare von Gegenpunkten zerfallen.* Wir werden in dem später folgenden Tableau die 60 Sechsecke so zusammenstellen, dass die 20 *Steiner*'schen Punkte aus ihnen vollständig und in übersichtlicher Weise hervortreten.

Theilen wir zweitens die sechs Punkte des Kegelschnitts in drei Paare ab, z. B.

12 34 56,

so lassen sich diese Paare unter einander und die Elemente jedes Paares unter sich, ohne dass ein Paar getrennt wird, auf alle möglichen Arten nur so vertauschen, dass acht verschiedene Sechsecke zum Vorschein kommen, weil von den sämmtlichen 48 hervorgehenden Sechsecken immer 6 identisch werden; diese 8 verschiedenen Sechsecke lassen sich aber in vier Paare zertheilen, welche, wenn wir sie sämmtlich mit 1 beginnen lassen, so lauten:

1 2 3 4 5 6	1 2 3 4 6 5	1 2 4 3 6 5	1 2 4 3 5 6
1 4 3 6 5 2	1 4 3 5 6 2	1 3 4 5 6 2	1 3 4 6 5 2 ,

und jedes Paar besteht, wie wir sehen, aus zwei Sechsecken, deren *Pascal*'sche Linien sich in einem *Steiner*'schen Punkte treffen. Nennen wir der Ordnung gemäss die *Pascal*'schen Linien dieser acht Sechsecke:

$$\begin{matrix} l_1 & l_2 & l_3 & l_4 \\ m_1 & m_2 & m_3 & m_4 , \end{matrix}$$

so dass also $(l_1 m_1)\,(l_2 m_2)\,(l_3 m_3)\,(l_4 m_4)$ vier *Steiner*'sche Punkte sind, und nehmen wir zuerst nur drei Paare *Pascal*'scher Linien heraus:

$$\begin{matrix} 1\,2\,3\,4\,5\,6\,(l_1) & 1\,2\,3\,4\,6\,5\,(l_2) & 1\,2\,4\,3\,6\,5\,(l_3) \\ 1\,4\,3\,6\,5\,2\,(m_1) & 1\,4\,3\,5\,6\,2\,(m_2) & 1\,3\,4\,5\,6\,2\,(m_3), \end{matrix}$$

dann wird identisch:

$$\left\{\begin{array}{ll} (l_1 l_2) & = (23\,,56) \\ (l_2 l_3) & = (34\,,51) \\ (l_3 m_1) & = (12\,,36) \\ (m_1 m_2) & = (14\,,56) \\ (m_2 m_3) & = (34\,,62) \\ (m_3 l_1) & = (12\,,45)\,. \end{array}\right.$$

Diese 6 Punkte lassen sich in doppelter Weise als die Ecken eines einfachen Sechsecks auffassen, einmal eines solchen, dessen aufeinanderfolgende Seiten sind:

$$l_1 \quad l_2 \quad l_3 \quad m_1 \quad m_2 \quad m_3\,;$$

zweitens aber auch eines solchen Sechsecks, dessen aufeinanderfolgende Seiten sind:

$$12 \quad l_1 \quad 56 \quad m_2 \quad 34 \quad l_3\,.$$

Beide Sechsecke haben drei nicht zusammenstossende Seiten gemein. Das letztere Sechseck ist nun offenbar ein *Pascal*'sches, d. h. einem Kegelschnitt einbeschrieben, denn die Schnittpunkte der Gegenseiten:

$$(12\,,\ m_2) \quad (34\,,\ l_1) \quad (56\,,\ l_3)$$

oder

$$(12\,,\ 35) \quad (34\,,\ 61) \quad (56\,,\ 24)$$

liegen auf einer Geraden, der *Pascal*'schen Linie des Sechsecks:

$$1\,2\,4\,3\,5\,6\,;$$

folglich müssen nach der oben bewiesenen Umkehrung des *Pascal*'schen Satzes auch die 3 Schnittpunkte der Gegenseiten des ersten Sechsecks, d. h.

$$(l_1 m_1) \qquad (l_2 m_2) \qquad (l_3 m_3)$$

auf einer Geraden liegen. In ganz gleicher Weise würde zu beweisen sein, dass

$$(l_1 m_1) \qquad (l_2 m_2) \qquad (l_4 m_4)$$

auf einer Geraden liegen müssen; mithin liegen alle vier *Steiner*'schen Punkte:

$$(l_1 m_1) \qquad (l_2 m_2) \qquad (l_3 m_3) \qquad (l_4 m_4)$$

auf derselben Geraden, welche wir *Steiner'sche Gerade* nennen wollen, und da sich die sechs Punkte nur auf 15 Arten in drei Paare theilen lassen, wie leicht einzusehen ist, so folgt, dass *die 20 Steiner'schen Punkte zu je vier auf 15 Geraden liegen*)*.

Die 60 Sechsecke lassen sich nun in ein Tableau bringen, aus welchem die Lage der 20 *Steiner*'schen Punkte zu den 15 *Steiner*'schen Geraden klar hervortritt; dies ist folgendes:

		p	1 2 3 4 5 6 1 4 3 6 5 2 1 6 3 2 5 4		
a_1	1 2 3 4 6 5 1 4 3 5 6 2 1 5 3 2 6 4	b_1	1 3 2 4 6 5 1 4 2 5 6 3 1 5 2 3 6 4	c_1	1 3 2 4 5 6 1 4 2 6 5 3 1 6 2 3 5 4
a_2	1 2 4 3 5 6 1 3 4 6 5 2 1 6 4 2 5 3	b_2	1 4 2 5 3 6 1 5 2 6 3 4 1 6 2 4 3 5	c_2	1 3 2 5 4 6 1 5 2 6 4 3 1 6 2 3 4 5
a_3	1 2 4 3 6 5 1 3 4 5 6 2 1 5 4 2 6 3	b_3	1 2 6 4 5 3 1 4 6 3 5 2 1 3 6 2 5 4	c_3	1 2 3 5 4 6 1 5 3 6 4 2 1 6 3 2 4 5
α_1	1 5 3 4 6 2 1 4 3 2 6 5 1 2 3 5 6 4	α_2	1 6 4 3 5 2 1 3 4 2 5 6 1 2 4 6 5 3	α_3	1 5 4 3 6 2 1 3 4 2 6 5 1 2 4 5 6 3
β_1	1 5 2 4 6 3 1 4 2 3 6 5 1 3 2 5 6 4	β_2	1 6 2 5 3 4 1 5 2 4 3 6 1 4 2 6 3 5	β_3	1 3 6 4 5 2 1 4 6 2 5 3 1 2 6 3 5 4
γ_1	1 6 2 4 5 3 1 4 2 3 5 6 1 3 2 6 5 4	γ_2	1 6 2 5 4 3 1 5 2 3 4 6 1 3 2 6 4 5	γ_3	1 6 3 5 4 2 1 5 3 2 4 6 1 2 3 6 4 5
		π	1 6 3 4 5 2 1 4 3 2 5 6 1 2 3 6 5 4		

Dieses sind sämmtliche 60 verschiedene Sechsecke; jedes derselben liefert eine *Pascal*'sche Linie. Die Punkte:

---

*) *Plücker*, über ein neues Princip der Geometrie, Crelle's Journ. Bd. V, S. 268 ff.

$$p\ \pi\ a_1\ a_2\ a_3\ b_1\ b_2\ b_3\ c_1\ c_2\ c_3\ \alpha_1\ \beta_1\ \gamma_1\ \alpha_2\ \beta_2\ \gamma_2\ \alpha_3\ \beta_3\ \gamma_3$$

sind die 20 *Steiner*'schen Punkte, in welchen sich die *Pascal*'schen Linien zu je dreien schneiden, und zwar je zwei gleichnamige aus dem lateinischen und griechischen Alphabet Gegenpunkte, wie z. B. c_2 und γ_2 u. s. f.

Fig. 39.

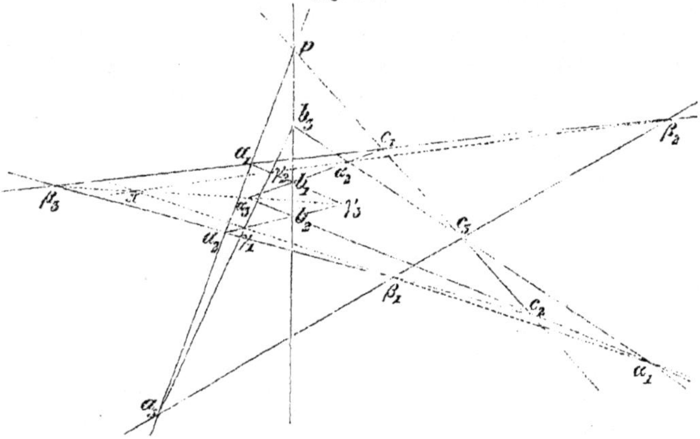

Die 15 *Steiner*'schen Geraden, auf welchen diese 20 Punkte zu je vieren liegen, sind folgende:

$p\ a_1\ a_2\ a_3$	$\pi\ \alpha_1\ \beta_1\ \gamma_1$
$p\ b_1\ b_2\ b_3$	$\pi\ \alpha_2\ \beta_2\ \gamma_2$
$p\ c_1\ c_2\ c_3$	$\pi\ \alpha_3\ \beta_3\ \gamma_3$

$a_1\ b_1\ \gamma_2\ \gamma_3$	$a_2\ b_2\ \gamma_3\ \gamma_1$	$a_3\ b_3\ \gamma_1\ \gamma_2$
$b_1\ c_1\ \alpha_2\ \alpha_3$	$b_2\ c_2\ \alpha_3\ \alpha_1$	$b_3\ c_3\ \alpha_1\ \alpha_2$
$c_1\ a_1\ \beta_2\ \beta_3$	$c_2\ a_2\ \beta_3\ \beta_1$	$c_3\ a_3\ \beta_1\ \beta_2$.

Die 15 Steiner'schen Geraden schneiden sich also zu je drei in den 20 Steiner'schen Punkten. Diese 20 Punkte und 15 Geraden bilden hiernach eine solche Figur (Fig. 39), wie sie bereits in §. 11 und §. 21 aufgetreten ist.*) Dass in der That die 20 *Steiner*'schen Punkte zu je vier auf den angegebenen 15 *Steiner*'schen Geraden liegen, erkennen wir aus dem oben zusammengestellten Tableau nach dem für einen Fall durchgeführten Beweise, wenn wir noch berücksichtigen, dass dasselbe Sechseck, immer bei dem Punkte 1 angefangen, in doppelter Weise gelesen werden kann, z. B. 163254 und 145236; dass aber die 15 *Steiner*'schen Geraden zu je dreien sich in den 20 *Steiner*'schen Punkten

*) *Hesse*, „eine Bemerkung zum *Pascal*'schen Theorem", *Crelle*'s Journal Bd. XLI, S. 269.

schneiden, sehen wir aus dem letzten Schema, bei welchem je vier in derselben Horizontalreihe stehende Punkte immer in einer Geraden liegen und jeder der 20 Punkte in drei Horizontalreihen vorkommt.

Die Bildungsweise des obigen Tableau von 60 Sechsecken ist leicht ersichtlich. Wir gehen aus von dem Sechseck 123456 und bilden, indem wir die ungeradstelligen Ecken festhalten, die geradstelligen aber cyclisch vertauschen, die drei Sechsecke, deren *Pascal*'sche Linien sich in einem *Steiner*'schen Punkte p treffen. Hieraus erhalten wir drei andere Gruppen von je drei Sechsecken, welche die *Steiner*'schen Punkte $a_1 a_2 a_3$ liefern, indem wir die sechs Punkte 123456 in drei Paare 12 34 56 theilen und sowohl die Paare unter einander, als auch die Elemente je eines Paares unter sich vertauschen, ohne aber die Paare zu trennen. Zugleich bilden wir nach der oben angegebenen Weise die Gegenpunkte $\pi \alpha_1 \alpha_2 \alpha_3$.

Eine zweite Gruppe von drei *Steiner*'schen Punkten $b_1 b_2 b_3$, die mit p auf derselben Geraden liegen, erhalten wir, indem wir die sechs ursprünglichen Punkte in die drei Paare 14 25 36 theilen und mit denselben die eben beschriebene Operation vornehmen; die in bekannter Weise zu bildenden Gegenpunkte sind $\beta_1 \beta_2 \beta_3$. Endlich theilen wir die gegebenen Punkte in die drei Paare 16 23 45 und gelangen dadurch zu den Punkten $c_1 c_2 c_3$, die ebenfalls mit p in gerader Linie liegen, und deren Gegenpunkte $\gamma_1 \gamma_2 \gamma_3$ sind. Hierdurch werden sämmtliche 60 Sechsecke erschöpft, und wir gelangen zu den 20 *Steiner*'schen Punkten, von denen ersichtlich wird, dass durch jeden drei bestimmte Gerade gehen, während jede dieser Geraden 4 Punkte enthält, wie oben angegeben ist. Die weiteren Eigenschaften dieser Figur, welche *Kirkman*, *Cayley* und *Salmon* hinzugefügt haben, übergehen wir hier (siehe Aufgaben und Sätze); auch bedarf die gleichlaufende Betrachtung eines dem Kegelschnitt umschriebenen Sechsseits und die Erweiterung des *Brianchon*'schen Satzes keiner Ausführung, weil man unter der Bezeichnung 123456 ebenso sechs Tangenten eines Kegelschnitts, wie sechs Punkte desselben verstehen kann und hiernach der Ausdruck der Eigenschaften beider Figuren völlig gleichlautend wird.

§. 29. Auftreten des Punktsystems und Strahlsystems beim Kegelschnitt.

Fassen wir den Kegelschnitt als das Erzeugniss zweier projectivischer Punktreihen $\mathfrak{a}\mathfrak{b}\mathfrak{c} \ldots \mathfrak{x} \ldots$ und $\mathfrak{a}_1 \mathfrak{b}_1 \mathfrak{c}_1 \ldots \mathfrak{x}_1 \ldots$, deren Träger $\mathfrak{A}$ und $\mathfrak{A}_1$ seien, auf, so wissen wir (§. 21), dass für irgend zwei Paare entsprechender Punkte $\mathfrak{x}\mathfrak{x}_1$ und $\mathfrak{y}\mathfrak{y}_1$ der Schnittpunkt $(\mathfrak{x}\mathfrak{y}_1, \mathfrak{x}_1\mathfrak{y})$ auf derselben festen Geraden liegt, welche durch die Berührungspunkte der beiden Träger geht (Fig. 40). Wir können aber auch umgekehrt schliessen, dass, wenn wir irgend einen Punkt P dieser Geraden mit einem Paar entsprechender Punkte $\mathfrak{x}\mathfrak{x}_1$ verbinden, diese Strahlen die Träger $\mathfrak{A}_1\mathfrak{A}$ in zwei neuen Punkten $\mathfrak{y}_1$ und $\mathfrak{y}$ treffen, welche entsprechende sein müssen. Halten wir nun den Punkt P fest und verändern das erste Paar $\mathfrak{x}\mathfrak{x}_1$ gemäss der projectivischen Beziehung auf den beiden Trägern $\mathfrak{A}\mathfrak{A}_1$, so erhalten wir in P zwei auf einander liegende projectivische Strahlbüschel, beschrieben von den Strahlen $P\mathfrak{x}$ und $P\mathfrak{x}_1$; diese beiden projectivischen Strahlbüschel liegen in der eigenthümlichen Weise auf einander, dass dem Strahl $P\mathfrak{x}$, wenn wir ihn als $P\mathfrak{y}_1$ (einen Strahl des andern Strahlbüschels) auffassen, derjenige Strahl $P\mathfrak{y}$ entspricht, welcher mit $P\mathfrak{x}_1$ coincidirt, dass also die entsprechenden gleichen Winkel $\mathfrak{x}P\mathfrak{y}$ und $\mathfrak{y}_1P\mathfrak{x}_1$ verkehrt auf einander fallen; hieraus erkennen wir (Seite 59), dass die Strahlenpaare $P\mathfrak{x}$ und $P\mathfrak{x}_1$ ein *Strahlsystem* bilden oder, was dasselbe sagt, *involutorisch* liegen. Zugleich wird auf jedem der beiden Träger, sowohl auf $\mathfrak{A}$ durch die Punkte $\mathfrak{x}\mathfrak{y}$, als auch auf $\mathfrak{A}_1$ durch die Punkte $\mathfrak{x}_1\mathfrak{y}_1$ ein Punktsystem fixirt und zwar erhalten wir zu $\mathfrak{x}$ den conjugirten Punkt $\mathfrak{y}$, indem wir den entsprechenden Punkt $\mathfrak{x}_1$ mit ein und demselben festen Punkte P der Berührungssehne beider Träger verbinden und den Schnittpunkt dieser Verbindungslinie mit $\mathfrak{A}$ aufsuchen. Durch Veränderung des Punktes P auf der Berührungssehne verändern sich das Strahlsystem und die beiden Punktsysteme auf den Trägern.

Fig. 40.

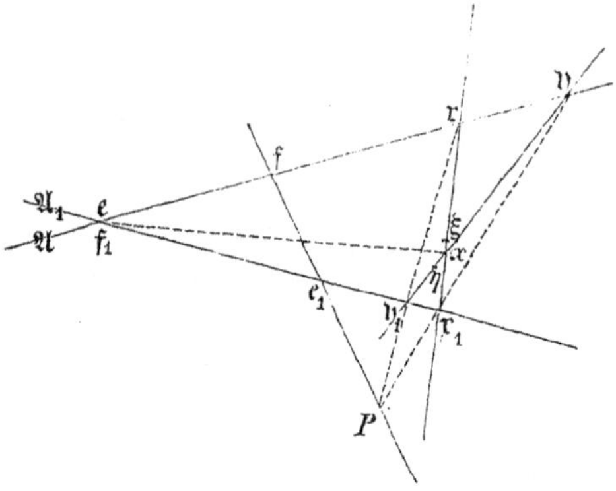

Es ist leicht zu erkennen, wann das in P entstehende Strahlsystem ein elliptisches und wann es ein hyperbolisches sein wird. Seien nämlich $\mathfrak{e}$ und $\mathfrak{f}_1$ die in dem Schnittpunkte der Träger vereinigten und $\mathfrak{e}_1$ und $\mathfrak{f}$ ihre entsprechenden Punkte; ist also $\mathfrak{f}\mathfrak{e}_1$ die Berührungssehne, so wird diese unendlich lange Gerade durch die Punkte $\mathfrak{f}$ und $\mathfrak{e}_1$ in zwei Gebiete getrennt; das eine ist die endliche Strecke zwischen $\mathfrak{f}$ und $\mathfrak{e}_1$, das andere besteht aus den beiden unendlichen Stücken ausserhalb der Strecke $\mathfrak{f}\mathfrak{e}_1$, von $\mathfrak{f}$ bis ∞ und von ∞ bis $\mathfrak{e}_1$.

Wenn nun irgend ein Projectionsstrahl $\mathfrak{x}\mathfrak{x}_1$ die Berührungssehne innerhalb der Strecke $\mathfrak{f}\mathfrak{e}_1$ trifft, so entspricht dem endlichen Stück $\mathfrak{e}\mathfrak{f}$ des Trägers $\mathfrak{A}$ das im Unendlichen zusammenhängende Stück $\mathfrak{e}_1 \infty \mathfrak{f}_1$ des Trägers $\mathfrak{A}_1$ und dem im Unendlichen zusammenhängenden Stück $\mathfrak{f} \infty \mathfrak{e}$ des ersten Trägers $\mathfrak{A}$ das endliche Stück $\mathfrak{f}_1\mathfrak{e}_1$ des Trägers $\mathfrak{A}_1$; hieraus folgt aber nach der Figur, dass sämmtliche Projectionsstrahlen die Berührungssehne $\mathfrak{f}\mathfrak{e}_1$ innerhalb der Strecke $\mathfrak{f}\mathfrak{e}_1$ treffen müssen und das andere Gebiet der Berührungssehne von keinem Projectionsstrahl getroffen wird (der Kegelschnitt ist Hyperbel nach dem auf S. 117 gegebenen Kriterium). Wenn dagegen irgend ein Projectionsstrahl $\mathfrak{x}\mathfrak{x}_1$ die Berührungssehne $\mathfrak{f}\mathfrak{e}_1$ ausserhalb der Strecke $\mathfrak{f}\mathfrak{e}_1$ trifft, so entsprechen sich die endlichen Strecken $\mathfrak{e}\mathfrak{f}$ und $\mathfrak{e}_1\mathfrak{f}_1$ und die im Unendlichen zusammenhängenden Theile $\mathfrak{e} \infty \mathfrak{f}$ und $\mathfrak{e}_1 \infty \mathfrak{f}_1$; in diesem Falle müssen sämmtliche Projectionsstrahlen die Berührungssehne $\mathfrak{f}\mathfrak{e}_1$ ausserhalb der Strecke $\mathfrak{f}\mathfrak{e}_1$ treffen, und das endliche Stück $\mathfrak{f}\mathfrak{e}_1$ wird von keinem Projectionsstrahl getroffen (der Kegelschnitt ist Ellipse oder, wenn die Punktreihen insbesondere projectivisch-ähnlich sind, Parabel).

Nehmen wir nun den ersten Fall an, so wird, wenn P zwischen $\mathfrak{f}\mathfrak{e}_1$ Berührungssehne liegt, das Strahlsystem hyperbolisch sein, weil auf der $P\mathfrak{f}$ und $P\mathfrak{f}_1$ durch $P\mathfrak{x}$ und $P\mathfrak{x}_1$ nicht getrennt werden (S. 61), dagegen, wenn P ausserhalb der Strecke $\mathfrak{f}\mathfrak{e}_1$ liegt, wird es elliptisch sein, weil $P\mathfrak{f}$ und $P\mathfrak{f}_1$ durch $P\mathfrak{x}$ und $P\mathfrak{x}_1$ getrennt werden; im zweiten Fall ist es gerade umgekehrt; liegt P zwischen $\mathfrak{f}\mathfrak{e}_1$, so ist das in ihm entstehende Strahlsystem elliptisch, liegt P dagegen ausserhalb der Strecke $\mathfrak{f}\mathfrak{e}_1$, so ist das Strahlsystem hyperbolisch. Wir können aber beide Fälle zusammenfassen, wenn wir dasjenige (unendliche) Gebiet der Ebene, welches von sämmtlichen Projectionsstrahlen erfüllt wird (S. 91), als *ausserhalb* des Kegelschnitts bezeichnen und dasjenige Gebiet der Ebene, welches von keinem Projectionsstrahl getroffen wird, als *innerhalb* des Kegelschnitts; der Kegelschnitt selbst ist die Grenze zwischen beiden Gebieten. Mit dieser Bezeichnung lassen sich beide Fälle so zusammenfassen: *Liegt P ausserhalb des Kegelschnitts, so ist das in ihm entstehende Strahlsystem hyperbolisch, liegt P innerhalb des Kegelschnitts, so ist sein Strahlsystem elliptisch.* Liegt endlich P auf dem Kegelschnitt selbst, d. h. in einem der Punkte $\mathfrak{f}$ oder $\mathfrak{e}_1$, so nimmt sein Strahlsystem den einseitigen Charakter an, dass die zu sämmtlichen conjugirten Strahlen in einen einzigen zusammenfallen. Es ist dies der auf S. 52 erwähnte Uebergangsfall eines parabolischen Strahlsystems. Wir bemerken noch, dass der Unterscheidung, ob ein Punkt ausserhalb oder innerhalb des Kegelschnitts liegt, die Unterscheidung zur Seite steht, ob eine Gerade den Kegelschnitt in zwei reellen Punkten trifft oder in keinem. Denn wenn eine Gerade den Kegelschnitt in keinem Punkte trifft, so fällt sie ganz in dasjenige Gebiet der Ebene, welches von allen Projectionsstrahlen erfüllt wird, also sämmtliche Punkte von ihr liegen dann ausserhalb des Kegelschnitts; wenn dagegen eine Gerade den Kegelschnitt in zwei reellen Punkten trifft, so begrenzen diese auf ihr eine endliche Strecke und zwei unendliche; die letzteren liegen ausserhalb des Kegelschnitts, weil sie in das von den Projectionsstrahlen erfüllte Gebiet fallen, die endliche Strecke innerhalb des Kegelschnitts.

Wenn der Punkt P ausserhalb des Kegelschnitts liegt, also sein Strahlsystem ein hyperbolisches ist, werden die beiden Asymptoten desselben offenbar Projectionsstrahlen, d. h. die aus P an den Kegelschnitt gelegten Tangenten sein, weil in diesem Falle $P\mathfrak{x}\mathfrak{y}_1$ und $P\mathfrak{x}_1\mathfrak{y}$ zusammenfallen. Das Strahlsystem ist durch die beiden Asymptoten vollständig bestimmt, und jedes Paar conjugirter Strahlen ist harmonisch zugeordnet den beiden Asymptoten (S. 60). Da nun die beiden aus P an den Kegelschnitt gelegten Tangenten immer dieselben bleiben, auf wie verschiedene Weise wir auch den Kegelschnitt als Erzeugniss zweier projectivischer Punktreihen auffassen mögen, so folgt, dass das in dem Punkte P entstehende Strahlsystem, welches aus der Erzeugung des Kegelschnitts durch zwei projectivische Punktreihen abgeleitet wurde, unabhängig ist von der besonderen Art dieser Erzeugung, d. h. immer dasselbe bleibt, welches Paar projectivischer Punktreihen wir auch als erzeugendes ansehen mögen. Dies ist allerdings nur für den Fall erwiesen, dass P ausserhalb des Kegelschnitts liegt, also ein reelles Tangentenpaar durch ihn geht; es gilt aber auch in dem andern Falle, wenn P innerhalb des Kegelschnitts liegt, und kann, wie folgt, allgemein nachgewiesen werden.

Denken wir uns auf den Projectionsstrahlen $\mathfrak{x}\mathfrak{x}_1$ und $\mathfrak{y}\mathfrak{y}_1$ die Berührungspunkte ξ und η ermittelt, so wissen wir (Seite 99), dass ξ und η mit $P = (\mathfrak{x}\mathfrak{y}_1, \mathfrak{x}_1\mathfrak{y})$ in gerader Linie liegen müssen, dass überhaupt (§. 23 und 27) das von den vier Berührungspunkten $\mathfrak{f}\mathfrak{e}_1\xi\eta$ gebildete Viereck und das von den vier Tangenten des Kegelschnitts in diesen Punkten (den vier Projectionsstrahlen) gebildete Vierseit ein und dasselbe Diagonaldreieck haben; hieraus folgt, wenn x den Schnittpunkt der beiden Projectionsstrahlen $\mathfrak{x}\mathfrak{x}_1$ und $\mathfrak{y}\mathfrak{y}_1$ bezeichnet, aus den harmonischen Eigenschaften des Vierecks und Vierseits (S. 18), dass die beiden Diagonalen $P\mathfrak{x}$ und $P\mathfrak{x}_1$ harmonisch zugeordnet sind, sowohl mit $P\mathfrak{e}$ und Px, als auch mit $P\mathfrak{e}_1$ und $P\xi$; also sind (S. 60) $P\mathfrak{x}$ und $P\mathfrak{x}_1$ als die Asymptoten eines hyperbolischen Strahlsystems aufzufassen, von welchem $P\mathfrak{e}$ und Px ein Paar und $P\mathfrak{e}_1$ und $P\xi$ ein zweites Paar conjugirter Strahlen sind; aus einem früheren Satze, welcher dem auf Seite 67 (Anmerkung) bewiesenen analog ist und so lautet: „Sind $a\alpha$ und $b\beta$ zwei Paare conjugirter Strahlen eines hyperbolischen Strahlsystems, dessen Asymptoten g und h sind, so bilden allemal die drei Strahlenpaare $a\beta$, $b\alpha$ und gh drei Paare conjugirter Strahlen eines neuen Strahlsystems“, folgt, dass die drei Strahlenpaare $P\mathfrak{e}$, $P\mathfrak{e}_1$, $P\mathfrak{x}$, $P\mathfrak{x}_1$ und $P\xi$, Px Involution bilden oder drei Strahlenpaare desselben Strahlsystems sind; dieses Strahlsystem ist das nach der ursprünglichen Erzeugung des Kegelschnitts dem Punkt P zugehörige, weil es durch die beiden Paare conjugirter Strahlen $P\mathfrak{e}$ und $P\mathfrak{e}_1$, $P\mathfrak{x}$ und $P\mathfrak{x}_1$ bestimmt wird. Fassen wir aber statt der beiden ursprünglichen Träger $\mathfrak{A}\mathfrak{A}_1$ die beiden Projectionsstrahlen $\mathfrak{x}\mathfrak{x}_1$ und $\mathfrak{y}\mathfrak{y}_1$ als Träger zweier neuen erzeugenden Punktreihen auf, so sind für sie ξ und η die Berührungspunkte, $\mathfrak{x}$ und $\mathfrak{y}$ ein Paar entsprechender Punkte und $\mathfrak{x}_1$ und $\mathfrak{y}_1$ ein zweites Paar entsprechender Punkte, also der Schnittpunkt $(\mathfrak{x}\mathfrak{y}_1, \mathfrak{x}_1\mathfrak{y}) = P$ derselbe vorhin so bezeichnete Punkt, dessen Strahlsystem bei der neuen Erzeugung des Kegelschnitts zunächst das Paar conjugirter Strahlen $P\mathfrak{x}$ und $P\mathfrak{y}$ oder, was dasselbe ist, $P\mathfrak{x}$ und $P\mathfrak{x}_1$ und dann Px und $P\xi$ als ein zweites Paar conjugirter Strahlen hat. Da nun die drei Strahlenpaare $P\mathfrak{e}$ $P\mathfrak{e}_1$, $P\mathfrak{x}$ $P\mathfrak{x}_1$, Px $P\xi$ demselben Strahlsystem angehören, welches durch zwei von ihnen schon bestimmt ist, so coincidiren die Strahlsysteme in P bei der einen und der andern Entstehungsweise des Kegelschnitts, unabhängig davon, ob P ausserhalb oder innerhalb desselben liegt. Das Resultat der vorigen Untersuchung lässt sich also folgendermassen zusammenfassen:

Jeder Punkt P in der Ebene eines Kegelschnitts ist der Mittelpunkt eines bestimmten dem Kegelschnitt zugehörigen Strahlsystems, welches dadurch erhalten wird, dass man eine beliebige Gerade durch P zieht, welche in den Punkten $\mathfrak{f}$ und $\mathfrak{e}_1$ den Kegelschnitt trifft, die Tangenten in $\mathfrak{f}$ und $\mathfrak{e}_1$ durch die sämmtlichen Tangenten des Kegelschnitts in zwei projectivischen Punktreihen schneiden lässt und immer zwei entsprechende Punkte dieser beiden Punktreihen $\mathfrak{x}$ und $\mathfrak{x}_1$ mit P verbindet, wobei $P\mathfrak{x}$ und $P\mathfrak{x}_1$ zwei conjugirte Strahlen des Strahlsystems in P werden. Dieses Strahlsystem ist unabhängig von der Lage der Punkte $\mathfrak{f}$ und $\mathfrak{e}_1$, deren Tangenten als Träger der den Kegelschnitt erzeugenden Punktreihen aufgefassst werden, wenn nur $\mathfrak{f}$ und $\mathfrak{e}_1$ mit P in gerader Linie liegen. Das Strahlsystem ist hyperbolisch oder elliptisch, je nachdem der Punkt P ausserhalb oder innerhalb des Kegelschnitts liegt; falls es hyperbolisch ist, sind seine Asymptoten die aus dem Punkte P an den Kegelschnitt zu legenden Tangenten, also jedes Paar conjugirter Strahlen zu ihnen harmonisch-zugeordnet.

Die der vorigen zur Seite stehende Betrachtung, welche von der Erzeugung des Kegelschnitts durch zwei projectivische Strahlbüschel ausgeht, bedarf keiner weiteren Ausführung, da sie der obigen unmittelbar nachgebildet werden kann; es genüge daher das Resultat anzugeben:

Jede in der Ebene eines Kegelschnitts liegende Gerade ist der Träger eines bestimmten dem Kegelschnitt zugehörigen Punktsystems, welches dadurch erhalten wird, dass man von einem ihrer Punkte das Tangentenpaar (f und e_1) an den Kegelschnitt legt und die Berührungspunkte als die Mittelpunkte zweier den Kegelschnitt erzeugender projectivischer Strahlbüschel auffasst; je zwei entsprechende Strahlen dieser beiden projectivischen Strahlbüschel treffen die gegebene Gerade in zwei conjugirten Punkten des ihr zugehörigen Punktsystems. Dasselbe ist unabhängig von der Lage des Tangentenpaares (fe_1), wenn nur sein Schnittpunkt auf der Geraden liegt; es ist hyperbolisch oder elliptisch, je nachdem die Gerade den Kegelschnitt in zwei reellen Punkten trifft oder nicht; falls es hyperbolisch ist, sind seine Asymptotenpunkte die beiden Schnittpunkte mit dem Kegelschnitt, also jedes Paar conjugirter Punkte des Punktsystems zu ihnen harmonisch zugeordnet.

Das jedem Punkte in der Ebene eines Kegelschnitts zugehörige Strahlsystem steht mit dem jeder Geraden zugehörigen Punktsystem in naher Verbindung, wie sich aus folgender Betrachtung ergiebt:

Sei X eine beliebige Gerade in der Ebene eines Kegelschnitts und a einer ihrer Punkte, von welchem sich ein Tangentenpaar an

Fig. 41.

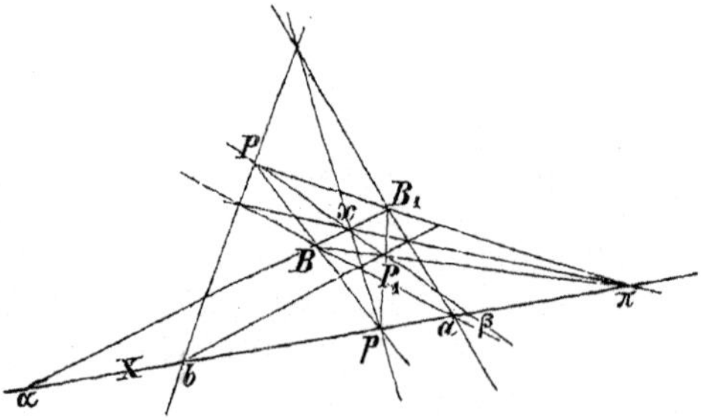

den Kegelschnitt legen lasse, welches in B und B_1 denselben berühre; wird alsdann ein beliebiger Punkt P des Kegelschnitts mit B und B_1 verbunden, so treffen nach dem letzten Satze BP und B_1P die Gerade X in einem Paare conjugirter Punkte p und π desjenigen Punktsystems, welches der Geraden X in Bezug auf den Kegelschnitt zugehört, und lassen wir den Punkt P den ganzen Kegelschnitt durchwandern, so erhalten wir das ganze Punktsystem auf X; insbesondere ist der conjugirte Punkt zu a derjenige α, in welchem die Berührungssehne BB_1 die Gerade X trifft; bei dieser Bewegung von P tritt nun jedes Punktpaar des der Geraden X zugehörigen Punktsystems zweimal auf; denn treffen BP und B_1P in p und π die Gerade X, so muss auch, wenn $B\pi$ in P_1 dem Kegelschnitt zum andern Mal begegnet, B_1P_1 in demjenigen Punkte der Geraden X begegnen, welcher der zu π conjugirte Punkt des Punktsystems ist, d. h. in p; also dasselbe Punktpaar πp wird auch durch das Strahlenpaar BP_1 und B_1P_1 hervorgerufen. Bezeichnen wir den Schnittpunkt von BB_1 und PP_1 mit x, so ist BPB_1P_1 ein vollständiges Viereck im Kegelschnitt, dessen Diagonaldreieck $xp\pi$ ist; die beiden Tangenten in B und B_1 sind bekannt; wollen wir zur Vervollständigung der Figur noch die beiden Tangenten in P und P_1 ermitteln, so verbinden wir die Schnittpunkte, in welchen die Diagonale px die Tangenten Ba und B_1a trifft, resp. mit P_1 und P und erhalten dadurch die gesuchten Tangenten; zugleich wissen wir aus §. 27, dass die Tangenten in P und P_1 sich in demjenigen Punkt b der Geraden X treffen müssen, welcher der vierte harmonische zu $p\pi a$ ist, dem a zugeordnet; und dass die Verbindungslinie PP_1 in demjenigen Punkte β der Geraden X begegnet, welcher der vierte harmonische ist zu $p\pi\alpha$, dem α zugeordnet; folglich gehören (nach S. 67, Anmerkung) die drei Punktpaare $a\alpha$, $b\beta$, $p\pi$ demselben Punktsysteme an, welches das der Geraden X zugehörige ist.

Suchen wir jetzt das dem Punkte x zugehörige Strahlsystem in Bezug auf den Kegelschnitt und betrachten zu diesem Zwecke die in den Endpunkten der durch x gehenden Sehne BB_1 gezogenen Tangenten als Träger erzeugender Punktreihen, so muss nach §. 27 die Tangente in P die letzteren in zwei solchen Punkten treffen, welche mit x verbunden die Strahlen xp und $x\pi$ geben, welche ein Paar conjugirter Strahlen des dem x zugehörigen Strahlsystems sein müssen, und da andererseits dem Punkt B des einen Trägers der Schnittpunkt a des andern entsprechend ist, so sind xB und xa oder, was dasselbe ist, $x\alpha$ und xa ein zweites Paar conjugirter Strahlen des Strahlsystems von x; in gleicher Weise sind auch xb und $x\beta$ ein drittes Paar. Wir sehen also, *dass das dem Punkte x zugehörige Strahlsystem mit dem der Geraden X zugehörigen Punktsystem perspectivisch liegt*, d. h. je zwei conjugirte Strahlen des Strahlsystems durch zwei conjugirte Punkte des Punktsystems gehen und umgekehrt. Wenn wir nun den Punkt P durch den ganzen Kegelschnitt bewegen, so wird der Punkt x dabei unverändert bleiben, weil er der vierte harmonische zu den drei festen

Punkten $BB_1\alpha$ ist, dem α zugeordnet. Bei dieser Bewegung durchläuft das Punktpaar $p\pi$ das ganze der Geraden X zugehörige Punktsystem und das Strahlenpaar xp, $x\pi$ das ganze dem Punkt x zugehörige Strahlsystem. Dieser eigenthümliche Zusammenhang des Punktes x mit der Geraden X, wonach das Strahlsystem des einen und das Punktsystem des andern in perspectivischer Lage sich befinden, soll im folgenden Paragraphen weiter ausgeführt werden.

§. 30. Pol und Polare des Kegelschnitts. Conjugirte Punkte und Strahlen in Bezug auf den Kegelschnitt. Tripel conjugirter Punkte und Strahlen.

Die in dem vorigen Paragraphen durchgeführte Untersuchung giebt eine Menge von wichtigen Eigenschaften des Kegelschnitts, welche unter dem Namen der *Polareigenschaften* bekannt sind. Die zuletzt besprochene Bewegung des Punktes P auf dem Kegelschnitt, bei welcher der Punkt x unverändert bleibt, zeigt nämlich zunächst, dass, während die veränderliche Sehne PP_1 sich um den festen Punkt x dreht, der Schnittpunkt der Tangenten in P und P_1 auf der festen Geraden X läuft, sodann folgt aus der harmonischen Eigenschaft des Vierecks, dass der vierte harmonische Punkt β zu PP_1x, der dem festen Punkt x zugeordnet ist, auf derselben Geraden X sich bewegen muss; daher gilt der Satz:

Zieht man durch einen Punkt in der Ebene eines Kegelschnitts Strahlen, welche denselben in je zwei Punkten treffen, so ist der Ort des vierten harmonischen, dem gegebenen zugeordneten Punktes auf jedem Strahl (während die Schnittpunkte das andere Paar zugeordneter Punkte bilden), eine gerade Linie, welche den Kegelschnitt nicht treffen wird, sobald der Punkt innerhalb des Kegelschnitts liegt, dagegen durch die beiden Berührungspunkte der von dem gegebenen Punkte an den Kegelschnitt zu legenden Tangenten geht, sobald der Punkt ausserhalb des Kegelschnitts liegt.

Die letzte Bemerkung geht daraus hervor, dass, wenn durch den gegebenen Punkt eine Tangente des Kegelschnitts geht, auf diesem Strahl die beiden Schnittpunkte, also zwei zugeordnete von vier harmonischen Punkten zusammenfallen, folglich auch der vierte dem festen Punkt harmonisch-zugeordnete in jene beiden hineinfallen muss (S. 14) und umgekehrt, wenn von vier harmonischen Punkten zwei nicht zugeordnete zusammenfallen, in diesen nothwendig auch einer der beiden übrigen hineinfallen muss. Hieraus ergiebt sich ein bequemes Mittel, durch einen gegebenen Punkt O Tangenten an den Kegelschnitt zu ziehen, welcher gezeichnet vorliegt: Man ziehe durch O zwei beliebige Strahlen (oder so viele, wie man will), welche in a und α, b und β

demselben begegnen; die Schnittpunkte $(a\beta,\ b\alpha)$ und $(ab,\ \alpha\beta)$ mit einander verbunden geben eine Gerade, die den Kegelschnitt in denjenigen beiden Punkten trifft, deren Verbindungslinien mit O das gesuchte Tangentenpaar sind; denn wegen der harmonischen Eigenschaft des Vierecks geht jene Gerade durch die vierten harmonischen Punkte auf den durch O gezogenen Strahlen. Trifft die so ermittelte Gerade den Kegelschnitt nicht, so giebt es keine Tangenten durch O.

Dieselbe Gerade, welche oben mit X bezeichnet wurde, ist aber andererseits auch der Ort des Punktes b, also gilt der Satz: *Zieht man durch einen Punkt in der Ebene eines Kegelschnitts Strahlen, welche denselben in je zwei Punkten treffen, und bestimmt die Tangenten an letzteren, so ist der Ort des Schnittpunktes eines jeden solchen Tangentenpaares eine gerade Linie, welche mit der im vorigen Satze erhaltenen identisch ist.*

Hiernach gehört zu jedem beliebigen Punkt x in der Ebene eines Kegelschnitts eine bestimmte Gerade X, welche immer reell vorhanden ist, weil es, wo auch der Punkt x liegen mag, immer Strahlen durch ihn giebt, welche dem Kegelschnitt in zwei reellen Punkten begegnen. Diese dem Punkte x zugehörige Gerade X heisst die *Polare* des Punktes in Bezug auf den Kegelschnitt; sie kann auf die eine oder andere angegebene Art construirt werden und besitzt nach dem Vorigen die charakteristische Eigenschaft, dass das in Bezug auf den Kegelschnitt ihr zugehörige Punktsystem mit dem dem Punkte zugehörigen Strahlsystem perspectivisch liegt. Ist der Punkt ausserhalb des Kegelschnitts gelegen, so ist seine Polare die Berührungssehne des aus ihm an den Kegelschnitt zu legenden Tangentenpaars; ist der Punkt innerhalb des Kegelschnitts gelegen, so giebt es zwar kein Tangentenpaar aus ihm an den Kegelschnitt, aber die Polare hört nicht auf zu existiren, sondern ist allemal eine bestimmte in der angegebenen Weise zu construirende Gerade, welche in diesem Falle mit dem Kegelschnitt keinen Punkt gemein hat; ihr Punktsystem ist elliptisch. Liegt endlich der Punkt auf dem Kegelschnitt selbst, so erkennen wir aus der zweiten Construction, dass seine Polare die Tangente des Kegelschnitts in diesem Punkte ist. Die Tangente des Kegelschnitts erscheint also als besonderer Fall der Polare für solche Punkte, welche auf dem Kegelschnitt selbst liegen.

Wir schliessen ferner aus der in der obigen Figur (Fig. 41) vorgenommenen Bewegung, indem wir den Punkt b auf der Geraden X fortlaufen lassen und bemerken, dass die Berührungssehne des Tangentenpaars aus ihm an den Kegelschnitt durch den festen Punkt x läuft, den folgenden Satz:

Legt man aus den Punkten einer Geraden in der Ebene eines Kegel-

schnitts die Tangentenpaare an denselben, so läuft die Verbindungslinie der Berührungspunkte durch einen festen Punkt; construirt man zu jedem Tangentenpaare und der gegebenen Geraden den vierten harmonischen Strahl, welcher der letzteren zugeordnet ist (während das Tangentenpaar das andere Paar zugeordneter Strahlen ist), so läuft dieser vierte harmonische Strahl durch denselben eben ermittelten festen Punkt. Schneidet die gegebene Gerade den Kegelschnitt in zwei reellen Punkten, so ist der feste Punkt der Schnittpunkt der beiden Tangenten in den letzteren, liegt also ausserhalb des Kegelschnitts. Trifft die gegebene Gerade den Kegelschnitt nicht, so ist der auf die eine oder andere Weise zu ermittelnde Punkt innerhalb des Kegelschnitts gelegen.

Hiernach gehört zu jeder beliebigen Geraden X in der Ebene eines Kegelschnitts ein bestimmter Punkt x, welcher immer reell vorhanden ist, wie auch die Gerade in der Ebene liegen mag, weil es immer Punkte auf ihr giebt, deren Tangentenpaare an den Kegelschnitt reell sind. Dieser Punkt heisst der „*Pol*" der Geraden in Bezug auf den Kegelschnitt. Er besitzt die charakteristische Eigenschaft, dass das ihm zugehörige Strahlsystem mit dem der Geraden zugehörigen Punktsystem perspectivisch liegt; beide sind also gleichzeitig elliptisch oder hyperbolisch. Wenn insbesondere die Gerade eine Tangente des Kegelschnitts ist, so wird ihr Pol der Berührungspunkt. Zu dem Pol einer gegebenen Geraden gelangen wir, indem wir aus zwei solchen Punkten derselben, welche ausserhalb des Kegelschnitts liegen, die Tangentenpaare an denselben legen und den Schnittpunkt der Berührungssehnen aufsuchen, oder wenn die gegebene Gerade den Kegelschnitt in zwei reellen Punkten schneidet, indem wir den Schnittpunkt der in diesen beiden Punkten gezogenen Tangenten aufsuchen.

Es geht daraus, dass gleichzeitig in unserer Figur X die Polare von x und x der Pol von X ist, ein inniger Zusammenhang zwischen Pol und Polare hervor:

Die Polare eines beliebigen Punktes hat denselben zu ihrem Pol, und der Pol einer beliebigen Geraden hat zu seiner Polare diese Gerade.

Da ferner in unserer Figur die veränderliche Sehne PP_1 die Polare des Punktes b ist, so folgt der Satz:

Bewegt sich ein Punkt y auf einer Geraden X in der Ebene eines Kegelschnitts, so läuft seine Polare Y durch einen festen Punkt x, den Pol jener Geraden, und trifft die Gerade X in demjenigen Punkte, welcher der conjugirte zu y ist im Punktsysteme, das der Geraden X in Bezug auf den Kegelschnitt zugehört, während der Verbindungsstrahl des festen Punktes x mit dem veränderlichen Punkte y der conjugirte Strahl zu der Polare Y in demjenigen Strahlsysteme ist, welches *dem Punkt x in Bezug auf den Kegelschnitt zugehört.* Um also auf einer beliebigen Geraden das ihr in Bezug auf den Kegelschnitt zugehörige Punktsystem zu erhalten, haben wir zu jedem Punkte x den Schnittpunkt $\mathfrak{x}$ seiner Polare mit der gegebenen Geraden zu bestimmen; dann sind immer $x\mathfrak{x}$ ein Paar conjugirter Punkte des gesuchten Punktsystems; in analoger Weise erhalten wir das einem gegebenen Punkte in Bezug auf den Kegelschnitt zugehörige Strahlsystem.

Zugleich gilt der gegenüberstehende Satz:

Dreht sich ein Strahl Y um einen festen Punkt x in der Ebene eines Kegelschnitts, so bewegt sich sein Pol y auf einer Geraden X, der Polare jenes Punktes x. Der Punkt y und der Schnittpunkt des Strahls Y mit der Geraden X sind conjugirte Punkte desjenigen Punktsystems, welches der Geraden X in Bezug auf den Kegelschnitt zugehört; der Strahl Y und der Verbindungsstrahl des festen Punktes x mit dem Pol y sind conjugirte Strahlen desjenigen Strahlsystems, welches dem Punkt x in Bezug auf den Kegelschnitt zugehört.

Da nun Punktsystem und Strahlsystem in sich projectivische Doppelgebilde sind (§. 16 und 17), so folgt der bemerkenswerthe Satz:

Die Polaren sämmtlicher Punkte einer geraden Punktreihe in Bezug auf einen Kegelschnitt bilden ein mit der Punktreihe projectivisches Strahlbüschel, und die Pole sämmtlicher Strahlen eines ebenen Strahlbüschels in Bezug auf einen Kegelschnitt bilden eine mit dem Strahlbüschel projectivische gerade Punktreihe.

Nehmen wir jetzt zwei beliebige projectivische Punktreihen $\mathfrak{A}$ und $\mathfrak{A}_1$, so bilden die Polaren in Bezug auf einen Kegelschnitt zwei mit jenen, also unter sich projectivische Strahlbüschel B und B_1; die Schnittpunkte entsprechender Strahlen sind die Pole der Projectionsstrahlen der Punktreihen $\mathfrak{A}\mathfrak{A}_1$; beide Erzeugnisse sind, wie wir wissen, Kegelschnitte und die Tangenten des einen die Polaren der Punkte des andern, ebenso wie die Punkte des einen die Pole der Tangenten des andern sind; daher gilt der Satz:

Wenn man von sämmtlichen Punkten eines Kegelschnitts $K^{(2)}$ die Polaren in Bezug auf einen beliebigen andern Kegelschnitt $C^{(2)}$ bestimmt, so umhüllen dieselben einen dritten Kegelschnitt $\mathfrak{K}^{(2)}$, und wenn man von sämmtlichen Tangenten des Kegelschnitts $K^{(2)}$ die Pole in Bezug auf $C^{(2)}$ bestimmt, so erhält man die Punkte desselben Kegelschnitts $\mathfrak{K}^{(2)}$, in der Weise, dass jede Tangente (und der Berührungspunkt) des einen Kegelschnitts einen Punkt (und die Tangente) des andern Kegelschnitts zum Pol (und zur Polare) in Bezug auf den Kegelschnitt $C^{(2)}$ hat. Hieraus folgt zugleich, dass, wenn man von irgend einem Punkt P die Polare L in Bezug auf den Kegelschnitt $K^{(2)}$ annimmt, auch der Pol $\mathfrak{P}$ von

L und die Polare $\mathfrak{L}$ von P rücksichtlich des Hülfskegelschnitts $C^{(2)}$ für den neuen Kegelschnitt $\mathfrak{K}^{(2)}$ Pol und Polare sein werden. Dies giebt ein leichtes Kriterium, um zu erkennen, ob der Polarkegelschnitt $\mathfrak{K}^{(2)}$ Ellipse, Parabel oder Hyperbel ist; nämlich: Liegt der Mittelpunkt von $C^{(2)}$ ausserhalb von $K^{(2)}$, so ist $\mathfrak{K}^{(2)}$ Hyperbel; liegt er auf $K^{(2)}$, so ist $\mathfrak{K}^{(2)}$ Parabel, liegt er innerhalb $K^{(2)}$, so ist $\mathfrak{K}^{(2)}$ Ellipse.

Dieser Satz gestattet eine directe Uebertragung der Eigenschaften des Kegelschnitts in andere (polare), z. B. des *Pascal*'schen Satzes in den *Brianchon*'schen Satz, und lässt eine vollkommene Dualität der Eigenschaften des Kegelschnitts erkennen, wie sie ursprünglich schon in den Grundelementen enthalten ist, von denen wir ausgegangen sind. Allgemeiner aufgefasst ist dies gegenseitige Entsprechen der Punkte einer Ebene und der Geraden in derselben mit Hülfe eines festen Kegelschnitts (Basis) ein fruchtbares Princip zur Auffindung neuer Wahrheiten (Polarisation) und der Ausgangspunkt einer umfangreichen Theorie *(théorie des polaires réciproques)* geworden.

Die Grundeigenschaft von Pol und Polare, welche wir oben gefunden haben, dass nämlich die Polare X irgend eines Punktes x immer durch den Pol y irgend einer durch x gezogenen Geraden Y geht und umgekehrt der Pol x einer beliebigen Geraden X auf der Polare Y eines beliebigen in X liegenden Punktes y sich befindet, führt uns dahin, zwei solche Punkte in der Ebene eines Kegelschnitts x und y, für welche die Polare des einen durch den andern geht, also gleichzeitig die Polare des zweiten durch den ersten, *zwei conjugirte Punkte in Bezug auf den Kegelschnitt* und in gleicher Weise zwei solche Strahlen X und Y in der Ebene eines Kegelschnitts, für welche der Pol des einen auf dem andern liegt, also auch gleichzeitig der Pol des zweiten auf dem ersten, *zwei conjugirte Strahlen in Bezug auf den Kegelschnitt* zu nennen. Mit dieser Bezeichnung sind nach dem Vorigen ein Paar conjugirter Punkte in Bezug auf den Kegelschnitt immer ein Paar conjugirter Punkte desjenigen Punktsystems, welches ihrer Verbindungslinie in Bezug auf den Kegelschnitt zugehört, und ein Paar conjugirter Strahlen in Bezug auf den Kegelschnitt nichts anderes, als ein Paar conjugirter Strahlen desjenigen Strahlsystems, welches ihrem Schnittpunkte in Bezug auf den Kegelschnitt zugehört. Dies lässt sich auch so aussprechen: Sämmtliche Paare conjugirter Punkte in Bezug auf den Kegelschnitt, welche auf derselben Geraden liegen, bilden dasjenige Punktsystem, welches dieser Geraden in Bezug auf den Kegelschnitt zugehört, und sämmtliche Paare conjugirter Strahlen in Bezug auf den Kegelschnitt, welche durch denselben Punkt gehen, bilden dasjenige Strahlsystem, welches diesem Punkte in Bezug auf den Kegelschnitt zugehört. Hieraus folgt beiläufig, dass es durch jeden beliebigen Punkt in der Ebene eines Kegelschnitts ein Paar und im Allgemeinen nur ein Paar rechtwinkliger conjugirter Strahlen in Bezug auf den Kegelschnitt giebt, die Axen des Strahlsystems, welches ihm zugehört; es sei denn, dass das Strahlsystem ein circulares wäre, bei dem sämmtliche Paare conjugirter Strahlen zu einander rechtwinklig sind. Dieser Fall wird uns später beschäftigen. (§. 35.)

Zu einem Punkte x gehören unendlich viele conjugirte Punkte in Bezug auf den Kegelschnitt, die alle auf der Polare X liegen; nehmen wir einen beliebigen Punkt y derselben, so gehören zu ihm auch unendlich viele conjugirte Punkte in Bezug auf den Kegelschnitt, die sämmtlich auf der durch x gehenden Polare Y liegen. Die beiden Polaren X und Y schneiden sich nun in einem Punkte z, dessen Polare Z nach dem Vorigen die Verbindungslinie xy sein muss. Solche drei Punkte xyz, von denen je zwei ein Paar conjugirter Punkte in Bezug auf den Kegelschnitt sind, und deren Polaren XYZ die (gegenüberliegenden) Seiten dieses Dreiecks sind: $X = (yz)$, $Y = (zx)$, $Z = (xy)$, nennt man ein *Tripel conjugirter Punkte in Bezug auf den Kegelschnitt* oder ein sich selbst conjugirtes Dreieck, oder kürzer *Polardreieck*, weil seine Seiten die Polaren seiner Ecken sind. Zugleich aber nennt man auch solche drei Strahlen XYZ, von denen je zwei ein Paar conjugirter Strahlen in Bezug auf den Kegelschnitt sind, und deren Pole die (gegenüberliegenden) Ecken dieses Dreiseits sind: $x = (Y, Z)$, $y = (Z, X)$, $z = (X, Y)$, ein *Tripel conjugirter Strahlen in Bezug auf den Kegelschnitt* oder ein sich selbst conjugirtes Dreiseit (*Polardreiseit*), weil seine Ecken die Pole seiner Seiten sind. *Die Seiten eines von einem Tripel conjugirter Punkte gebildeten Dreiecks sind zugleich ein Tripel conjugirter Strahlen und die Ecken eines von einem Tripel conjugirter Strahlen gebildeten Dreiseits ein Tripel conjugirter Punkte.* Wir bemerken noch, dass aus der angegebenen Construction von Polare und Pol unmittelbar folgt: *Das Diagonaldreieck eines dem Kegelschnitt einbeschriebenen vollständigen Vierecks oder eines demselben umbeschriebenen vollständigen Vierseits ist immer ein Tripel conjugirter Punkte und Strahlen in Bezug auf den Kegelschnitt.* Diese Tripel spielen eine wichtige Rolle in der Theorie der Kegelschnitte und sind in dreifach-unendlicher Mannigfaltigkeit vorhanden. Ein Punkt x von drei Punkten eines Tripels kann willkürlich in der ganzen Ebene angenommen werden, der zweite y ist dann auf die Polare X beschränkt und kann auf dieser auch noch willkürlich gewählt werden, der dritte z ist aber durch diese beiden bestimmt, nämlich der Schnittpunkt der Polaren X, Y; ebenso verhält es sich mit einem Tripel conjugirter Strahlen.

Zu einem beliebigen Punkte x in der Ebene eines Kegelschnitts giebt es unendlich viele Paare yz, welche mit ihm zusammen ein Tripel bilden; sie liegen sämmtlich auf der Polare X des Punktes x und bilden dasjenige Punktsystem, welches dieser Geraden in Bezug auf den Kegelschnitt zugehört. Liegt daher der Punkt x innerhalb des Kegelschnitts, so ist sein Strahlsystem elliptisch, die Punktpaare yz bilden daher auch ein elliptisches Punktsystem; die Polare X trifft den Kegelschnitt nicht; liegt aber x ausserhalb des Kegelschnitts, so ist sein Strahlsystem hyperbolisch, also auch das Punktsystem yz auf der Polare X hyperbolisch, welche in diesem Fall den Kegelschnitt trifft. In jedem der beiden Schnittpunkte fällt mithin ein Paar conjugirter Punkte zusammen, und wir haben den besondern Fall eines Tripels, dass zwei Punkte yz desselben zusammenfallen; es muss alsdann der dritte x auf der Tangente in diesem Punkte liegen, also die drei Punkte xyz liegen in gerader Linie, was sonst nie der Fall sein kann. In diesem Fall ist das Tripel unbestimmt; jeder Punkt der Tangente kann als dritter Punkt des Tripels angesehen werden, während in dem Berührungspunkte die beiden andern zusammenfallen. Ein analoger specieller Fall kann bei einem Tripel conjugirter Strahlen eintreten.

Im Allgemeinen erkennen wir leicht, dass *bei einem Tripel conjugirter Punkte von den drei ihnen zugehörigen Strahlsystemen immer zwei hyperbolisch und eines elliptisch ist* und *bei einem Tripel conjugirter Strahlen von den drei ihnen zugehörigen Punktsystemen immer zwei hyperbolisch und eines elliptisch ist*, also, dass von den drei Punkten eines Tripels immer einer innerhalb und die beiden andern ausserhalb des Kegelschnitts liegen und von den drei Strahlen eines Tripels immer zwei den Kegelschnitt in je zwei reellen Punkten treffen, während der dritte ihn nicht trifft. Dies lässt sich in folgender Weise erkennen: Wenn wir, wie früher, die beiden Gebiete der Ebene, in welche dieselbe durch den Kegelschnitt zerfällt, als *äusseres* und *inneres* von einander unterscheiden, indem das äussere Gebiet von sämmtlichen Tangenten des Kegelschnitts erfüllt, das innere von keiner getroffen wird, so können zwei conjugirte Punkte in Bezug auf den Kegelschnitt niemals zugleich in dem inneren Gebiete des Kegelschnitts liegen, sondern entweder beide in dem äusseren oder einer in dem inneren, der andere im äusseren Gebiet, denn ihre Verbindungslinie muss entweder den Kegelschnitt in zwei reellen Punkten treffen, die dann harmonisch getrennt werden durch die beiden conjugirten Punkte, oder in keinem reellen Punkte, woraus dann folgt, dass beide conjugirte Punkte im äusseren Gebiet des Kegelschnitts liegen. Nehmen wir nun 1) einen Tripelpunkt in dem inneren Gebiete des Kegelschnitts an, so sind alle seine conjugirten Punkte in dem äusseren Gebiete desselben gelegen; also wenn von den drei Strahlsystemen eines Tripels conjugirter Punkte eines elliptisch ist, so sind die beiden andern hyperbolisch. Nehmen wir aber 2) einen Tripelpunkt in dem äusseren Gebiete des Kegelschnitts an, so müssen auf der Polare desselben je zwei conjugirte Punkte harmonisch getrennt werden durch die reellen Schnittpunkte dieser Polare mit dem Kegelschnitt; also wenn von den 3 Strahlsystemen eines Tripels conjugirter Punkte eines hyperbolisch ist, so ist nothwendig von den andern beiden das eine elliptisch und das andere hyperbolisch. Es sind also im Tripel immer zwei hyperbolische und ein elliptisches System.

§. 31. Einige Folgerungen aus den Polar-Eigenschaften des Kegelschnitts.

Aus der vorigen Betrachtung ergiebt sich eine Menge von Beziehungen zwischen conjugirten Punkten eines Kegelschnitts, von denen einige hier hervorgehoben werden mögen:

Verbindet man irgend ein Paar conjugirter Punkte $p\pi$ in Bezug auf einen Kegelschnitt mit einem beliebigen Punkte B desselben, so treffen Bp und $B\pi$ den Kegelschnitt in zwei Punkten (P und P_1), deren Verbindungslinie durch den Pol der Geraden $p\pi$ geht. (Fig. 41.)

Bezeichnen wir mit x den Pol der Geraden $p\pi$, so bilden $p\pi x$ ein Tripel conjugirter Punkte in Bezug auf den Kegelschnitt, und die vorige Eigenschaft lässt sich auch so aussprechen:

Ein Tripel conjugirter Punkte besitzt immer die Eigenschaft, dass es unendlich viele dem Kegelschnitt einbeschriebene Dreiecke giebt, deren Seiten durch die Punkte des Tripels gehen. Jeder Punkt des Kegelschnitts kann eine Ecke eines solchen Dreiecks sein; wird er mit zwei Tripelpunkten verbunden, so treffen die beiden Verbindungsstrahlen den Kegelschnitt in den beiden andern Ecken dieses Dreiecks; verbinden wir ihn mit allen drei Tripelpunkten und merken die Schnittpunkte dieser Verbindungsstrahlen mit dem Kegelschnitt, so haben wir im Kegelschnitt ein Viereck, dessen vier Dreiecke (die viermal zu je dreien combinirten Ecken) ebenfalls die angegebene Eigenschaft besitzen; das Tripel ist das Diagonaldreieck dieses vollständigen Vierecks im Kegelschnitt, und auch umgekehrt; dies lässt sich so aussprechen: Sind $a\alpha$ irgend ein Paar conjugirter Punkte in Bezug auf den Kegelschnitt, und werden dieselben mit einem Peripheriepunkt o durch zwei Strahlen verbunden, welche den Kegelschnitt zum andern Male in den Punkten p und q treffen, d. h. oa trifft in p und $o\alpha$ in

q, dann muss auch der Schnittpunkt $(p\alpha, q\alpha) = r$ auf dem Kegelschnitte liegen. Hieraus folgt die Lösung der Aufgabe: *Es soll ein Kegelschnitt construirt werden, der durch drei gegebene Punkte $p_1 p_2 p_3$ geht und ein gegebenes Punktsystem (x, ξ) auf dem Träger $\mathfrak{A}$ zu dem ihm zugehörigen Punktsysteme hat* (S. 140). Ist das gegebene Punktsystem hyperbolisch, so muss der Kegelschnitt durch die beiden Asymptotenpunkte desselben gehen und ist also durch diese fünf Punkte vollständig bestimmt; wenn es aber elliptisch ist, so sind die Asymptotenpunkte imaginär, und man kann folgendermassen construiren: Trifft die Verbindungslinie $p_2 p_3$ den Träger $\mathfrak{A}$ in s_1 und ist σ_1 der zu s_1 conjugirte Punkt des Punktsystems, ferner ϱ_1 der vierte harmonische zu $s_1 p_2 p_3$, dem s_1 zugeordnet, so wird $\varrho_1 \sigma_1$ die Polare von s_1 in Bezug auf den gesuchten Kegelschnitt sein; trifft $p_3 p_1$ in s_2 den Träger $\mathfrak{A}$, ist σ_2 der conjugirte Punkt zu s_2 und ϱ_2 der vierte harmonische Punkt zu $s_2 p_1 p_3$, so ist $\varrho_2 \sigma_2$ die Polare von s_2; der Schnittpunkt $(\varrho_1 \sigma_1, \varrho_2 \sigma_2) = a$ ist der Pol von $\mathfrak{A}$ in Bezug auf den gesuchten Kegelschnitt; durch ihn muss auch die in analoger Weise construirte dritte Gerade $\varrho_3 \sigma_3$ gehen. Die Verbindungslinien $p_3 a$ und $\sigma_1 p_2$ (oder $\sigma_2 p_1$) treffen sich in π_3 d. h.

$$(\sigma_1 p_2, \sigma_2 p_1) = \pi_3$$
$$(\sigma_3 p_1, \sigma_1 p_3) = \pi_2$$
$$(\sigma_2 p_3, \sigma_3 p_2) = \pi_1 ;$$

die drei Punkte $\pi_1 \pi_2 \pi_3$ liegen auf dem gesuchten Kegelschnitt und $p_1 \pi_1$, $p_2 \pi_2$, $p_3 \pi_3$ schneiden sich in a. Um beliebig viele Punkte des Kegelschnitts zu erhalten, haben wir nur den veränderlichen Schnittpunkt $(p_1 x, \pi_1 \xi)$ aufzusuchen.

Hieran knüpft sich die Lösung der zweiten Aufgabe: *Es soll ein Kegelschnitt construirt werden, der durch einen gegebenen Punkt p geht und zwei gegebene Punktsysteme (x, ξ) auf dem Träger $\mathfrak{A}$ und (y, η) auf dem Träger $\mathfrak{B}$ zu den ihm zugehörigen Punktsystemen hat.* Sei der Schnittpunkt der beiden Träger $(\mathfrak{A}, \mathfrak{B})$ in dem ersten Punktsystem mit s, in dem zweiten mit t bezeichnet und die conjugirten zu diesen σ und τ, deren Verbindungslinie $\mathfrak{C}$ heisse; dann ist $\mathfrak{C}$ die Polare von s (oder t) in Bezug auf den gesuchten Kegelschnitt, enthält also die Pole sowohl von $\mathfrak{A}$, wie von $\mathfrak{B}$. Wir müssen nun durch den gegebenen Punkt p ein solches Strahlenpaar ziehen, welches sowohl $\mathfrak{A}$ als auch $\mathfrak{B}$ in einem Paar conjugirter Punkte trifft; dasselbe wird $\mathfrak{C}$ in den beiden Punkten des gesuchten Kegelschnitts treffen, nach unserm obigen Satze. Ein solches Paar ist immer reell vorhanden, sobald eines oder beide gegebene Punktsysteme elliptisch sind; nur wenn beide hyperbolisch wären, braucht es nicht reell zu sein; in diesem

Falle aber bestimmen die vier Asymptotenpunkte und p vollständig den gesuchten Kegelschnitt. In den andern Fällen legen wir durch p zwei concentrische Strahlsysteme mit den gegebenen Punktsystemen perspectivisch; diese haben (S. 58) ein gemeinschaftliches Paar conjugirter Strahlen, welches das gesuchte ist; trifft dasselbe die Gerade $\mathfrak{C}$ in c und γ, so liefert der veränderliche Schnittpunkt $(cx, \gamma\xi)$ alle Punkte des gesuchten Kegelschnitts. Die den obigen polar-entsprechenden Aufgaben werden in analoger Weise gelöst.

Kehren wir nunmehr zu dem Ausgangspunkte dieses Paragraphen zurück und halten die Verbindungslinie $p\pi$ fest, verändern aber das Punktpaar $p\pi$ auf ihr, indem wir an seine Stelle alle Paare conjugirter Punkte des ganzen der Geraden $p\pi$ in Bezug auf den Kegelschnitt zugehörigen Punktsystems setzen, so bleibt der Pol fest; die Durchbohrungssehne läuft also durch einen festen Punkt, und in B entsteht ein Strahlsystem; wir schliessen also:

Dreht man um einen festen Punkt in der Ebene eines Kegelschnitts einen veränderlichen Strahl, welcher den Kegelschnitt in je zwei Punkten P und P_1 trifft, und verbindet einen beliebigen aber festen Punkt B des Kegelschnitts mit dem veränderlichen Punktpaare PP_1, so beschreibt dies Strahlenpaar BP, BP_1 ein Strahlsystem. Dieser Satz lässt sich auch unmittelbar ohne Hülfe der Polartheorie so erweisen:

Seien $a\alpha$, $b\beta$, $c\gamma$ drei Sehnen eines Kegelschnitts, die sich in demselben Punkte p treffen, dann sind die beiden Strahlbüschel perspectivisch:

$$a(bc\gamma\alpha) = b(ac\gamma\beta),$$

folglich ist auch (S. 8):

$$a(bc\gamma\alpha) = b(\beta\gamma ca),$$

und wenn wir irgend einen Punkt B des Kegelschnitts mit diesen Punkten verbinden, so ist wegen der projectivischen Grundeigenschaft der den Kegelschnitt erzeugenden Strahlbüschel:

$$B(bc\gamma\alpha) = B(\beta\gamma ca),$$

folglich haben wir in B ein Strahlsystem (S. 60), dessen drei Strahlenpaare

$$Bc, B\gamma \qquad Bb, B\beta \qquad Ba, B\alpha$$

sind, und sämmtliche durch p gezogene Sehnen des Kegelschnitts liefern sämmtliche Strahlenpaare dieses Strahlsystems.

Der erhaltene Satz lässt sich auch umkehren:

Verlegt man in einen Punkt des Kegelschnitts den Mittelpunkt eines beliebigen Strahlsystems, so durchbohren je zwei conjugirte Strahlen desselben den Kegelschnitt immer in zwei neuen Punkten, deren Verbindungs-

linie durch einen festen Punkt läuft. Dieser wird ausserhalb oder innerhalb des Kegelschnitts liegen, je nachdem das Strahlsystem hyperbolisch oder elliptisch ist. Der Beweis ergiebt sich leicht; denn da zwei Paare conjugirter Strahlen das Strahlsystem vollständig bestimmen und die beiden Durchbohrungssehnen derselben sich in einem Punkte x treffen, so wird, wenn wir alle Sehnen durch x ziehen, nach dem vorigen Satze in B ein Strahlsystem entstehen, welches mit dem gegebenen identisch ist.

Hieraus erhalten wir als besonderen Fall, wenn wir für das Strahlsystem ein circulares nehmen, folgenden Satz:

Dreht man den in der Peripherie eines Kegelschnitts befindlichen Scheitel eines rechten Winkels beliebig herum, so dass die Schenkel den Kegelschnitt immer in zwei neuen Punkten treffen, so wird die Verbindungslinie derselben durch einen festen Punkt gehen, welcher mit dem Scheitel verbunden die Normale des Kegelschnitts liefert, d. h. diejenige Gerade, welche senkrecht steht auf der Tangente des Kegelschnitts.

Die den vorigen analogen Sätze, welche wir entweder durch die gleichen Schlüsse aus unserer früheren Betrachtung (Fig. 41) ableiten oder aus dem im vorigen Paragraphen angedeuteten Princip der Polarisation direct abschreiben können, lauten folgendermassen:

Legt man aus den Punkten einer beliebigen Geraden in der Ebene eines Kegelschnitts Tangentenpaare an denselben, so treffen sie irgend eine feste Tangente des Kegelschnitts in Punktpaaren eines Punktsystems. Und umgekehrt:

Fig. 42.

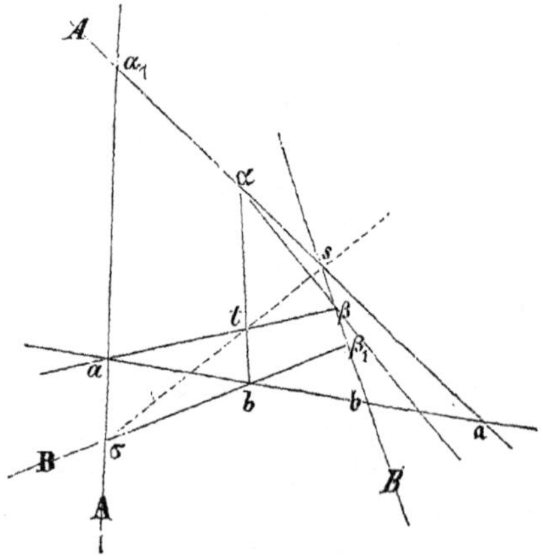

Nimmt man in einer Tangente des Kegelschnitts ein beliebiges Punktsystem ($x\xi$) an und legt aus je zwei conjugirten Punkten desselben die anderen Tangenten an den Kegelschnitt, so ist der Ort ihres Schnittpunktes eine Gerade, welche den Kegelschnitt trifft oder nicht trifft, je nachdem das angenommene Punktsystem hyperbolisch oder elliptisch war.

Fassen wir jetzt (Fig. 42) zwei beliebige Paare conjugirter Punkte in Bezug auf den Kegelschnitt: a und α, b und β, die nicht auf derselben Geraden liegen, ins Auge; sei A die Polare von a, welche mithin durch α

gehen muss, B die Polare von b, welche durch β geht, und s der Schnittpunkt von A und B. Ziehen wir die Verbindungslinie ab, welche von A in $\mathfrak{a}$ und von B in $\mathfrak{b}$ getroffen wird, so sind $a\mathfrak{a}$ und $b\mathfrak{b}$ zwei Punktpaare desjenigen Punktsystems, welches der Geraden ab in Bezug auf den Kegelschnitt zugehört; dieses Punktsystem wird aber auch bestimmt durch die Schnittpunkte der Seitenpaare eines vollständigen Vierecks mit der Transversale ab (§. 18). Bezeichnen wir den Schnittpunkt $(a\beta, b\alpha) = t$, so hat das vollständige Viereck $\alpha\beta st$, ein Seitenpaar $\alpha s = A$ und $\beta t = t\alpha$, ein zweites Seitenpaar $\beta s = B$ und $\alpha t = tb$, als drittes Seitenpaar aber $\alpha\beta$ und st; da die ersten beiden Seitenpaare die Transversale ab in Paaren conjugirter Punkte desjenigen Punktsystems treffen, welches derselben in Bezug auf den Kegelschnitt zugehört, und dies Punktsystem schon durch zwei Paare bestimmt ist, so treffen auch $\alpha\beta$ und st die Gerade ab in zwei conjugirten Punkten in Bezug auf den Kegelschnitt, oder der Schnittpunkt $(ab, \alpha\beta)$ hat zu seinem conjugirten auf ab den Punkt (ab, st). Der Punkt s ist aber der Pol von ab, weil er der Schnittpunkt der Polaren A, B ist; folglich muss st die Polare des Punktes $(ab, \alpha\beta)$ sein; sie geht nun durch den Punkt $t = (a\beta, b\alpha)$; folglich sind $(ab, \alpha\beta)$ und $(a\beta, \alpha b)$ conjugirte Punkte in Bezug auf den Kegelschnitt, und wir erhalten den folgenden Satz:*)

Hat man irgend zwei Paare conjugirter Punkte in Bezug auf einen Kegelschnitt $a\alpha$ *und* $b\beta$, *so sind die Schnittpunkte* $(ab, \alpha\beta)$ *und* $(a\beta, \alpha b)$ *allemal ein drittes Paar conjugirter Punkte.* Oder:

Wenn zwei Paar Gegenecken eines vollständigen Vierseits Paare conjugirter Punkte in Bezug auf einen Kegelschnitt sind, so ist es auch das dritte Paar. In gleicher Weise wird auch der polare Nebensatz bewiesen:

Sind a, α und b, β *irgend zwei Paare conjugirter Strahlen in Bezug auf einen Kegelschnitt, so sind auch die Verbindungslinien der Schnittpunkte* $(ab, \alpha\beta)$ *und* $(a\beta, \alpha b)$ *ein Paar conjugirter Strahlen in Bezug auf den Kegelschnitt.*

Wenn wir andererseits anstatt der Polaren A und B von a und b die Polaren **A** und **B** von α und β genommen hätten, deren Schnittpunkt σ sei, so würde in derselben Weise σt als die Polare von $(ab, \alpha\beta)$ gefunden worden sein; folglich müssen $s\sigma t$ in derselben Geraden liegen. Die beiden Polaren A und **A** schneiden sich aber in α_1, dem Pol von $a\alpha$, und $a\alpha\alpha_1$ bilden daher ein Tripel conjugirter

*) *O. Hesse:* „de curvis et superficiebus secundi ordinis," Crelle's Journal für Mathematik Bd. XX Seite 301.

Punkte in Bezug auf den Kegelschnitt; ebenso schneiden sich die Polaren B und B in β_1, und $b\beta\beta_1$ bilden ein anderes Tripel; es ist nun

$$(A, B) = s \qquad (\mathrm{A}, \mathrm{B}) = \sigma$$

d. h.

$$(a\alpha_1, \beta\beta_1) = s \qquad (a\alpha_1, b\beta_1) = \sigma$$

und

$$(a\beta, b\alpha) = t;$$

da $\sigma s t$ in gerader Linie liegen und als die Schnittpunkte der Gegenseiten eines *Pascal*'schen Sechsecks:

$$a\,\alpha_1\,\alpha\,b\,\beta_1\,\beta$$

aufgefasst werden können, so folgt (S. 127), dass die sechs Punkte $a\alpha\alpha_1$ $b\beta\beta_1$, d. h. die Ecken zweier Tripel conjugirter Punkte auf einem Kegelschnitt liegen. Wir schliessen also, da die beiden Tripel keiner Beschränkung unterworfen sind:

Zwei Tripel conjugirter Punkte in Bezug auf einen Kegelschnitt sind immer sechs Punkte eines neuen Kegelschnitts, und zugleich gilt der analoge Satz:

Zwei Tripel conjugirter Strahlen in Bezug auf einen Kegelschnitt sind immer sechs Tangenten eines neuen Kegelschnitts.

Da die Seiten eines Dreiecks, dessen Ecken ein Tripel conjugirter Punkte sind, zugleich ein Tripel conjugirter Strahlen bilden, so ergiebt sich beiläufig der auf S. 129 direct bewiesene Satz: dass, *wenn die sechs Ecken zweier Dreiecke auf einem Kegelschnitt liegen, die sechs Seiten derselben einen andern Kegelschnitt berühren und umgekehrt.*

Ferner folgt hieraus: Hat man in Bezug auf einen Kegelschnitt K zwei Tripel conjugirter Punkte, welche in einem Kegelschnitt K_1 liegen, während die Seiten dieser Tripeldreiecke einen Kegelschnitt $\mathfrak{K}_1$ berühren, so sind K_1 und $\mathfrak{K}_1$ reciproke Polarfiguren von einander in Bezug auf die Basis K, denn die sechs Seiten sind die Polaren der sechs Ecken. Nehmen wir also irgend einen Punkt p_1 auf K_1, so wird seine Polare in Bezug auf K_1 eine Tangente von $\mathfrak{K}_1$ sein; sei einer ihrer Schnittpunkte mit K_1 der Punkt q_1, so wird auch die Polare von q_1 in Bezug auf K eine Tangente von $\mathfrak{K}_1$ sein müssen, und da sie durch p_1 geht, so ist sie eine der beiden von p_1 an $\mathfrak{K}_1$ zu legenden Tangenten; ihr Schnittpunkt mit der Polare von p_1 ist der dritte Tripelpunkt r_1 zu p_1 und q_1, d. h. der Pol von p_1q_1; da nun zwei Tripel immer auf einem Kegelschnitt liegen müssen, so wird auch der Kegelschnitt K_1, welcher schon ein Tripel enthält und durch p_1q_1 geht, wodurch er unzweideutig bestimmt ist, durch r_1 gehen müssen, und der Kegelschnitt $\mathfrak{K}_1$, welcher bereits die Seiten eines der anfänglichen Tripeldreiecke und ausserdem $q_1 r_1$ und $p_1 r_1$ berührt, wird auch $p_1 q_1$ berühren müssen; der Kegelschnitt K_1 enthält also ein drittes Tripel $p_1 q_1 r_1$, dessen Seiten ebenfalls Tangenten von $\mathfrak{K}_1$ sind. *Die beiden Kegelschnitte K_1 und $\mathfrak{K}_1$ liegen also so, dass es unendlich viele Dreiecke giebt, welche gleichzeitig dem ersten einbeschrieben und dem zweiten umbeschrieben sind* (S. 129); *jedes dieser Dreiecke bildet ein Tripel conjugirter Punkte und Strahlen in Bezug auf den Kegelschnitt K.* Dies lässt sich auch so aussprechen: Jede Tangente des Kegelschnitts $\mathfrak{K}_1$ schneidet K_1 in zwei Punkten, welche conjugirte Punkte in Bezug auf K sind, und das Tangentenpaar aus jedem Punkte von K_1 an $\mathfrak{K}_1$ ist ein Paar conjugirter Strahlen in Bezug auf K. Hieraus folgt, wenn wir insbesondere eine gemeinschaftliche Tangente der Kegelschnitte K und $\mathfrak{K}_1$ auffassen, dass K_1 durch die beiden Berührungspunkte derselben gehen muss; denn zwei conjugirte Strahlen in Bezug auf einen Kegelschnitt werden immer harmonisch getrennt durch das Tangentenpaar, welches aus ihrem Schnittpunkte an den Kegelschnitt gelegt werden kann. Da nun das Tangentenpaar aus jedem Punkte p_1 des K_1 an $\mathfrak{K}_1$ ein Paar conjugirter Strahlen für K ist, so bilden die Tangentenpaare aus p_1 an K und an $\mathfrak{K}_1$ vier harmonische Strahlen; fallen von vier harmonischen Strahlen irgend zwei zusammen, so muss auch von den übrigen einer in diese beiden hineinfallen, also für eine gemeinschaftliche Tangente von K und $\mathfrak{K}_1$ muss dieser Punkt p_1 entweder in dem einen oder dem andern Berührungspunkte liegen. Wir schliessen also: *Der Kegelschnitt K_1 geht durch die acht Berührungspunkte der vier gemeinschaftlichen Tangenten der Kegelschnitte $\mathfrak{K}_1$ und K*, und hieraus folgt: *Der Kegelschnitt $\mathfrak{K}_1$ berührt die acht Tangenten, welche in den vier Schnittpunkten der Kegelschnitte K_1 und K an beiden gezogen werden können.* Dass jene acht Punkte auf einem Kegelschnitt liegen und diese acht Geraden einen Kegelschnitt berühren, haben wir schon früher (S. 126) gefunden (vgl. §. 56).

Das Resultat der obigen Betrachtung lässt sich noch anders aussprechen; es ist nämlich A die Polare von a, B die Polare von b und $\alpha\beta$ die Polare von $(\mathbf{A}, \mathbf{B}) = \sigma$; wir haben also ein Dreieck $ab\sigma$ und sein Polar-Dreiseit, gebildet von den drei Geraden A, B, $\alpha\beta$; die gegenüberliegenden Ecken dieses Dreiseits sind β, α, s und nach dem Obigen schneiden sich $a\beta$, $b\alpha$, $s\sigma$ in einem Punkte t; folglich erhalten wir den Satz:

Ein beliebiges Dreieck und sein Polardreieck liegen immer perspectivisch, d. h. sind abc drei beliebige Punkte und ABC resp. ihre Polaren (die Seiten des ersten Dreiecks: $bc = \mathfrak{A}$; $ca = \mathfrak{B}$; $ab = \mathfrak{C}$ und die Ecken des letzteren: $(B, C) = \mathfrak{a}$, $(C, A) = \mathfrak{b}$, $(A, B) = \mathfrak{c}$), so schneiden sich die drei Verbindungsstrahlen $a\mathfrak{a}$, $b\mathfrak{b}$ und $c\mathfrak{c}$ in einem Punkte, und die drei Schnittpunkte $(A, \mathfrak{A})$ $(B, \mathfrak{B})$ $(C, \mathfrak{C})$ liegen auf einer Geraden, der Polare dieses Punktes*).

Verfolgen wir diese von den Ecken eines beliebigen Dreiecks abc und deren Polaren ABC gebildete Figur weiter, so ergiebt sich daraus die Lösung einer interessanten Aufgabe:

Sind nämlich die Ecken des Polardreiecks:

$$(B, C) = \mathfrak{a}, \quad (C, A) = \mathfrak{b}, \quad (A, B) = \mathfrak{c},$$

so schneiden sich nach dem vorigen Satze $a\mathfrak{a}$, $b\mathfrak{b}$, $c\mathfrak{c}$ in einem Punkte o; möge $o\mathfrak{a}$ in α die Polare A treffen, $o\mathfrak{b}$ in β die Polare B, $o\mathfrak{c}$ in γ die Polare C, so bilden $\alpha\beta\gamma$ ein neues Dreieck, welches mit den beiden vorigen perspectivisch liegt und dessen Ecken resp. auf den Polaren ABC liegen. Nun zeigt aber die harmonische Eigenschaft des vollständigen Vierecks $\mathfrak{a}\mathfrak{b}\alpha\beta$, dessen Seiten $\alpha\mathfrak{a}$, $\beta\mathfrak{b}$ sich in o treffen, während $\alpha\mathfrak{b} = A$, $\beta\mathfrak{a} = B$ sich in $\mathfrak{c}$ treffen, dass die vier Strahlen $\alpha\beta$, $\alpha\gamma$, $\alpha\mathfrak{a}$ und A vier harmonische Strahlen sind, $\alpha\beta$ und $\alpha\gamma$ zugeordnete, $\alpha\mathfrak{a}$ und A zugeordnete Strahlen; es sind ferner a und A Pol und Polare in Bezug

Fig. 43.

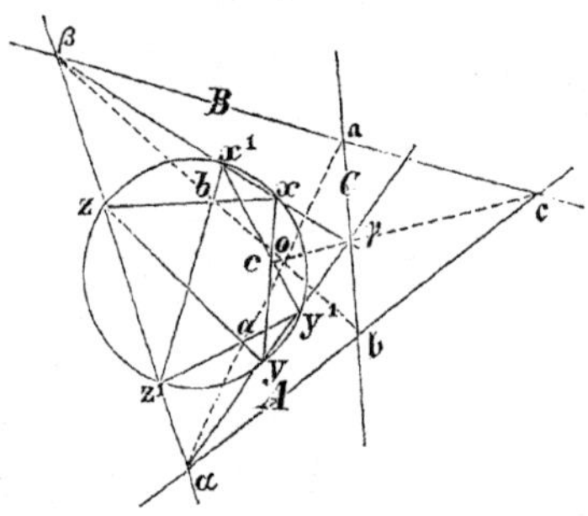

*) Folgende Bemerkung verdanke ich einer mündlichen Mittheilung des Herrn *Rosanes:* Sind abc drei beliebige Punkte in der Ebene eines Kegelschnitts, ABC ihre Polaren in Bezug auf denselben, so sagt die perspectivische Lage des Dreiecks abc mit dem Dreiseit ABC aus, dass bei der Bezeichnung:

$$bc = \mathfrak{A} \quad (B, C) = \mathfrak{a}$$
$$ca = \mathfrak{B} \quad (C, A) = \mathfrak{b}$$
$$ab = \mathfrak{C} \quad (A, B) = \mathfrak{c}$$

sowohl $a\mathfrak{a}$, $b\mathfrak{b}$, $c\mathfrak{c}$ sich in einem Punkte d treffen, als auch die Schnittpunkte:

$$(A, \mathfrak{A}) \quad (B, \mathfrak{B}) \quad (C, \mathfrak{C})$$

auf einer Geraden D liegen und dass d und D Pol und Polare sind.

Das Punktquadrupel $abcd$ ist von der eigenthümlichen Art, dass jeder der vier Punkte von den drei übrigen in gleicher Weise abhängt. Dasselbe gilt natürlich auch von dem Strahlenquadrupel $ABCD$. In der That, denken wir uns abd gegeben und die Polaren ABD, so ist:

$$(AB) = \mathfrak{c} \quad (AD) = (A\mathfrak{A}) \quad (BD) = (B\mathfrak{B})$$

endlich geht $d\mathfrak{c}$ durch c; die Verbindungslinie von b mit (AD) oder $(A\mathfrak{A})$ ist nun $\mathfrak{A}$ selbst oder bc; ebenso ist die Verbindungslinie von a mit (BD) oder $(B\mathfrak{B})$ die Gerade $\mathfrak{B}$ selbst oder ac; es schneiden sich aber $d\mathfrak{c}$, bc und ac in dem Punkte c, dem perspectivischen Centrum des Dreiecks abd und seines Polardreiseits. Es hängt daher der Punkt c von abd in ganz derselben Weise ab wie d von abc u. s. w.

auf den Kegelschnitt; begegnet daher die Gerade $\alpha\beta$ dem Kegelschnitt in zwei Punkten z und z^1, so wird, wenn wir za ziehen, der andere Schnittpunkt y dieser Verbindungslinie mit dem Kegelschnitt durch a und den Schnittpunkt mit A von z harmonisch getrennt werden, d. h. yz liegen harmonisch zu a und dem Schnittpunkt von yz mit A; folglich muss der andere Schnittpunkt y auf dem vierten harmonischen Strahl zu αz, A, αa liegen, d. h. nach dem vorigen auf $\alpha\gamma$; y liegt also auf $\alpha\gamma$; ziehen wir andererseits $z^1 a$, welches in y^1 dem Kegelschnitt zum andern Male begegnen möge, so muss auch y^1 auf $\alpha\gamma$ liegen, oder $\alpha\gamma$ trifft den Kegelschnitt in den beiden Punkten yy^1; also die beiden Seiten $\alpha\beta$ und $\alpha\gamma$ treffen den Kegelschnitt in zwei solchen Punktpaaren zz^1 und yy^1, dass zy und z^1y^1 durch a gehen, daher zy^1 und z^1y sich in a_1 auf der Polare A schneiden; in gleicher Weise treffen die beiden Seiten $\alpha\beta$ und $\beta\gamma$ den Kegelschnitt in zwei solchen Punktpaaren zz^1 und xx^1, dass zx und z^1x^1 sich in b treffen, also zx^1 und z^1x sich in b_1 auf der Polare B schneiden; endlich aber treffen die beiden Seiten $\beta\gamma$ und $\alpha\gamma$ den Kegelschnitt in zwei solchen Punktpaaren xx^1 und yy^1, dass von den beiden Schnittpunkten (xy, x^1y^1) und (xy^1, x^1y) der eine c ist und der andere c_1 auf der Polare C liegt; es fragt sich nur noch, welcher c ist und welcher c_1? Dies ist nicht schwer zu entscheiden, denn die sechs Punkte zz^1, yy^1, xx^1 auf dem Kegelschnitt bilden ein *Pascal*'sches Sechseck:

$$x\,z\,y\,x^1\,z^1\,y^1,$$

bei dem die Schnittpunkte der Gegenseiten auf einer Geraden liegen; da nun $(xz, x^1z^1) = b$ $(yz, y^1z^1) = a$, so muss der dritte $(xy^1, x^1y) = c_1$ sein, denn die willkürlich angenommenen Punkte abc liegen *nicht* in einer Geraden; folglich ist $(xy, x^1y^1) = c$. Das dem Kegelschnitt einbeschriebene Dreieck xyz hat also die Eigenschaft, dass seine drei Seiten durch die gegebenen Punkte abc gehen, und das andere Dreieck $x^1y^1z^1$ hat dieselbe Eigenschaft. Daraus fliesst die Auflösung der *Aufgabe:*

Es ist ein Kegelschnitt gegeben und drei beliebige Punkte abc, man soll ein Dreieck dem Kegelschnitt einbeschreiben, dessen Seiten durch abc gehen.

Auflösung. Man construire zu abc die Polaren ABC, deren Schnittpunkte $(B, C) = \mathfrak{a}$, $(C, A) = \mathfrak{b}$, $(A, B) = \mathfrak{c}$ seien; die Verbindungslinie $\mathfrak{a}a$ trifft A in α, $\mathfrak{b}b$ trifft B in β, $\mathfrak{c}c$ trifft C in γ. Die Seiten des Dreiecks $\alpha\beta\gamma$ treffen den Kegelschnitt in drei Punktpaaren, welche die Ecken zweier der Aufgabe genügenden Dreiecke sind, nämlich $\alpha\beta$ in z und z^1, $\beta\gamma$ in x und x^1, $\gamma\alpha$ in y und y^1 und zwar, wenn man die Schnittpunkte von $\alpha\beta$ mit dem Kegelschnitt durch z und z^1 bezeichnet hat, so trifft za in y, z^1a in y^1, zb in x und z^1b in x^1, xy und x^1y^1 schneiden sich in c; es giebt also im Allgemeinen zwei Dreiecke xyz und $x^1y^1z^1$ von der gewünschten Beschaffenheit, so dass die Seiten yz, zx, xy resp. durch abc gehen und ebenso y^1z^1, z^1x^1, x^1y^1. Diese beiden Dreiecke können auch imaginär werden, wenn nämlich eine Seite des Dreiecks $\alpha\beta\gamma$ den Kegelschnitt nicht trifft, woraus dann folgt, dass auch die andern ihn nicht treffen können; auch könnten beide Dreiecke zusammenfallen; (welche Bedingung müsste alsdann zwischen den gegebenen Punkten abc obwalten?) Sind insbesondere abc ein Tripel conjugirter Punkte in Bezug auf den Kegelschnitt, so giebt es, wie wir oben gesehen haben, nicht blos zwei Auflösungen der Aufgabe, sondern unendlich viele; sie ist unbestimmt. (Ueber die Geschichte dieses Problems vergleiche *Chasles*, Aperçu historique Note XI. Eine elegante Lösung der allgemeineren Aufgabe hat *Göpel* in dem Aufsatze: „Ueber Projectivität der Kegelschnitte als krummer Gebilde", *Crelle's* Journal Bd. XXXVI Seite 317 gegeben.)

Aus dem oben bewiesenen, bei vielen geometrischen Untersuchungen nützlichen Satze, dass die Durchbohrungssehnen der Strahlenpaare eines Strahlsystems mit einem Kegelschnitt, welcher durch den Mittelpunkt des Strahlsystems geht, in einen Punkt zusammenlaufen, folgt zugleich eine andere sehr einfache Lösung der auf S. 58 besprochenen Aufgabe: *Das gemeinschaftliche Paar conjugirter Strahlen bei zwei concentrisch liegenden Strahlsystemen zu finden*"; legen wir nämlich durch den gemeinschaftlichen Mittelpunkt beider Strahlsysteme einen beliebigen Kegelschnitt K, so bestimmen die Durchbohrungssehnen des einen Strahlsystems einen Punkt P, die des andern einen Punkt P^1, und die Sehne PP^1 trifft den Kegelschnitt K in zwei solchen Punkten, nach denen das gesuchte gemeinschaftliche Strahlenpaar der beiden Systeme hingeht. Diese beiden Schnittpunkte sind immer reell, sobald nur einer der beiden Punkte P, P^1 innerhalb des Kegelschnitts K liegt, d. h. eines der beiden Strahlsysteme elliptisch ist. Sind aber beide hyperbolisch, so braucht die Verbindungslinie PP^1 den Kegelschnitt K nicht zu treffen, weil beide Punkte ausserhalb desselben liegen. In diesem Falle gehen reelle Tangentenpaare aus P und P^1 an den Kegelschnitt K, und die Berührungspunkte, mit dem gemeinschaftlichen Centrum beider Strahlsysteme verbunden, liefern die Asymptoten derselben; die Berührungssehnen schneiden sich aber in einem Punkte p, dem Pol von PP^1, innerhalb K, sobald die Verbindungslinie PP^1 den Kegelschnitt K in keinem reellen Punkte trifft, dagegen ausserhalb K, wenn PP^1 in zwei Punkten dem Kegelschnitt begegnet; der Punkt p inducirt also selbst ein neues Strahlsystem in dem gemeinschaftlichen Centrum, dessen zwei Strahlenpaare die Asymptoten der gegebenen beiden Strahlsysteme sind. Ist dieses neue Strahlsystem elliptisch, so haben die gegebenen Strahlsysteme kein gemeinschaftliches Paar conjugirter Strahlen; ist es dagegen hyperbolisch, so haben sie ein gemeinschaftliches Paar, und dieses bilden die Asymptoten des durch die beiden Asymptotenpaare der gegebenen Strahlsysteme bestimmten neuen Strahlsystems.

Schliesslich soll noch eine Eigenschaft der *Steiner*'schen Punkte beim Hexagrammum mysticum (S. 131) nachgewiesen werden, welche mit den Polarbeziehungen des Kegelschnitts zusammenhängt, dass nämlich *ein Steiner'scher Punkt und sein Gegenpunkt allemal zwei conjugirte Punkte in Bezug auf den Kegelschnitt sind.**) Hierzu müssen wir uns die Betrachtung auf Seite 130 vergegenwärtigen:

Die beiden Sechsecke:

1 2 3 4 5 6 und 1 4 3 6 5 2

liefern zwei *Pascal*'sche Linien, welche durch die Punkte bestimmt werden:

$$\begin{matrix} (12, 45) = c_1 \\ (23, 56) = c_2 \end{matrix} \quad \text{und} \quad \begin{matrix} (12, 36) = \gamma_1 \\ (14, 56) = \gamma_2 \end{matrix}$$

und die beiden *Pascal*'schen Linien $c_1 c_2$, $\gamma_1 \gamma_2$ schneiden sich in dem *Steiner*'schen Punkte p.

Die Punkte $c_1 c_2$, $\gamma_1 \gamma_2$ erscheinen als Diagonalpunkte von vollständigen Vierecken, die dem Kegelschnitt einbeschrieben sind und deren übrige Diagonalpunkte sind:

$$\begin{matrix} (14, 25) = a_1 & (25, 36) = a_2 & (16, 23) = \alpha_1 & (16, 45) = \alpha_2 \\ (15, 24) = b_1 & (26, 35) = b_2 & (13, 26) = \beta_1 & (15, 46) = \beta_2 \end{matrix}$$

so dass also $a_1 b_1 c_1$, $a_2 b_2 c_2$, $\alpha_1 \beta_1 \gamma_1$, $\alpha_2 \beta_2 \gamma_2$ je ein Tripel conjugirter Punkte in Bezug auf den Kegelschnitt sind.

Wir sehen unmittelbar: $12 = c_1 \gamma_1 \quad 56 = c_2 \gamma_2$, also

$$(12, 56) = (c_1 \gamma_1, c_2 \gamma_2)$$

ferner $16 = \alpha_1 \alpha_2 \quad 25 = a_1 a_2$, also

$$(16, 25) = (\alpha_1 \alpha_2, a_1 a_2).$$

Da nun die Punkte (12, 56) und (16, 25) als Diagonalpunkte eines dem Kegelschnitt einbeschriebenen Vierecks conjugirt sind in Bezug auf den Kegelschnitt, so liegt

*) *Hesse:* „Ueber das geradlinige Sechseck auf dem Hyperboloid", *Crelle*'s Journal Bd. XXIV Seite 40.

$$(a_1\alpha_2,\ a_1\alpha_2) \text{ auf der Polare von } (c_1\gamma_1,\ c_2\gamma_2);$$

diese Polare ist die Verbindungslinie der Punkte:

$$(a_1b_1,\ \alpha_1\beta_1)\quad (a_2b_2,\ \alpha_2\beta_2), \text{ es liegen daher}$$
$$(a_1b_1,\ \alpha_1\beta_1)\quad (a_2b_2,\ \alpha_2\beta_2)\quad (a_1a_2,\ \alpha_1\alpha_2) \text{ auf einer Geraden,}$$

oder die beiden Dreiecke:

$$a_1\quad \alpha_1\quad (a_1b_1,\ \alpha_1\beta_1) \text{ und}$$
$$a_2\quad \alpha_2\quad (a_2b_2,\ \alpha_2\beta_2)$$

liegen perspectivisch. Hieraus folgt, dass die Schnittpunkte entsprechender Seiten d. h. die Punkte:

$$(a_1\alpha_1,\ a_2\alpha_2)\quad (a_1b_1,\ a_2b_2)\quad (\alpha_1\beta_1,\ \alpha_2\beta_2)$$

auf einer Geraden liegen; diese Gerade, welche durch die beiden Punkte:

$$(a_1b_1,\ a_2b_2)\quad (\alpha_1\beta_1,\ \alpha_2\beta_2)$$

schon bestimmt wird, ist die Polare des Schnittpunkts:

$$(c_1c_2,\ \gamma_1\gamma_2)$$

oder des Punktes p.

Der Punkt $(a_1\alpha_1,\ a_2\alpha_2)$ ist aber der Schnittpunkt der *Pascal*'schen Linien für die beiden Sechsecke:

1 4 3 2 5 6 und 1 6 3 4 5 2

oder der Punkt π; da also π auf der Polare von p liegt, so sind p und π conjugirte Punkte in Bezug auf den Kegelschnitt, und wir erhalten den Satz:

Jedes Paar Steiner'scher Gegenpunkte ist ein Paar conjugirter Punkte in Bezug auf den Kegelschnitt. Die sämmtlichen 20 *Steiner*'schen Punkte zerfallen also in 10 Paare conjugirter Punkte in Bezug auf den Kegelschnitt.

[Aus der vorigen Betrachtung ergiebt sich zugleich, weil zu

$$(12,\ 56) = (c_1\gamma_1,\ c_2\gamma_2)$$
$$(16,\ 25) = (\alpha_1\alpha_2,\ a_1a_2)$$

der dritte Tripelpunkt $(15,\ 26) = (b_1\beta_2,\ b_2\beta_1)$ ist, dass die vier Punkte:

$$(a_1b_1,\ \alpha_1\beta_1)\quad (a_2b_2,\ \alpha_2\beta_2)\quad (a_1a_2,\ \alpha_1\alpha_2)\quad (b_1\beta_2,\ b_2\beta_1)$$

auf einer und derselben Geraden liegen, woraus weiter folgt, dass auch

$$(b_1\beta_1,\ b_2\beta_2) \text{ und } (c_1\gamma_2,\ c_2\gamma_1)$$

conjugirte Punkte in Bezug auf den Kegelschnitt sind u. s. w.]*)

*) Vergleiche auch *G. Bauer:* Ueber das *Pascal*'sche Theorem. Abhdlgn. d. Bair. Acad. d. W. II. Cl. Bd. XI, Abth. III. München 1874.

§. 32. Durchmesser und Mittelpunkt, das Strahlsystem der conjugirten Durchmesser und die Axen des Kegelschnitts.

Besondere Fälle der allgemeinen Polaritätsbeziehungen des Kegelschnitts führen zu denjenigen Eigenschaften desselben, welche am bekanntesten sind und meist zum Ausgangspunkt für die Untersuchung der Kegelschnitte gewählt werden. Nehmen wir einen Punkt im Unendlichen der Ebene eines Kegelschnitts, so wird seine Polare erhalten (S. 142), indem wir durch ihn Strahlen ziehen, d. h. Parallele, welche den Kegelschnitt in je zwei Punkten treffen, und den vierten harmonischen, dem unendlich-entfernten zugeordneten Punkt construiren; dieser ist (S. 14) der Mittelpunkt zwischen den beiden Schnittpunkten, also: *Zieht man in beliebiger Richtung eine Reihe paralleler Sehnen eines Kegelschnitts, so liegen die Mitten derselben auf einer Geraden.* Eine solche Gerade heisst *Durchmesser* des Kegelschnitts und ist die Polare eines unendlich-entfernten Punktes in der Ebene desselben. *Die Tangenten in den Schnittpunkten eines Durchmessers laufen parallel,* nämlich durch den im Unendlichen liegenden Pol des Durchmessers. Nehmen wir einen zweiten Punkt im Unendlichen und ziehen durch ihn ein zweites Parallelstrahlenbüschel, so liegen die Mitten der durch den Kegelschnitt abgeschnittenen Stücke auf einem zweiten Durchmesser, der Polare des zweiten unendlich-entfernten Punktes; der Schnittpunkt beider Durchmesser ist der Pol der Verbindungslinie beider unendlich-entfernten Punkte, d. h. der unendlich-entfernten Geraden G_∞. Auf jedem durch diesen Schnittpunkt zweier Durchmesser gehenden Strahl werden also durch den Kegelschnitt zwei Punkte bestimmt, deren Mitte jener Punkt ist, oder jeder solcher Strahl ist die Polare eines bestimmten Punktes im Unendlichen, d. h.

Sämmtliche Durchmesser des Kegelschnitts laufen durch einen festen Punkt, welcher der *Mittelpunkt* des Kegelschnitts heisst und der Pol der unendlich-entfernten Geraden G_∞ ist.

Bei der Hyperbel ist der Mittelpunkt der Schnittpunkt der beiden Asymptoten (S. 118), weil dies die Polaren (Tangenten) der unendlich-entfernten Punkte des Kegelschnitts sind; er liegt also ausserhalb der Hyperbel. Bei der Ellipse liegt er innerhalb derselben; bei der Parabel tritt die Eigenthümlichkeit ein, dass ihr Mittelpunkt auf ihr selbst liegt, nämlich ihr unendlich-entfernter Punkt ist; da nämlich die unendlich-entfernte Gerade Tangente der Parabel ist (S. 114), so ist ihr Pol der Berührungspunkt; also der *unendlich-entfernte Punkt der Parabel ist zugleich der Mittelpunkt derselben,* und sämmtliche Durchmesser der

Parabel laufen parallel nach dem unendlich-entfernten Punkte derselben hin.

Wie jedem Punkte in der Ebene eines Kegelschnitts ein bestimmtes Strahlsystem und jeder Geraden ein bestimmtes Punktsystem in Bezug auf den Kegelschnitt zugehört (S. 140), so auch der unendlich-entfernten Geraden und dem Mittelpunkt; sind Punkt und Gerade Pol und Polare in Bezug auf den Kegelschnitt, so liegen Strahlsystem und Punktsystem perspectivisch, also das dem Mittelpunkt in Bezug auf den Kegelschnitt zugehörige Strahlsystem liegt mit dem der unendlich-entfernten Geraden zugehörigen Punktsystem perspectivisch. Wir erhalten daher zwei conjugirte Strahlen des dem Mittelpunkt zugehörigen Strahlsystems, indem wir einen beliebigen Durchmesser ziehen und den Pol desselben mit dem Mittelpunkte verbinden, d. h. den Ort der Mitten der zu ihm parallelen Sehnen bestimmen; zwei solche Durchmesser des Kegelschnitts, deren einer der Ort der Mitten der zu dem andern parallelen Sehnen ist, woraus zugleich folgt, dass der erste der Ort der Mitten der zu dem zweiten parallelen Sehnen ist, oder was dasselbe sagt, zwei solche Durchmesser, deren jeder seinen Pol auf dem andern hat, heissen *conjugirte Durchmesser* des Kegelschnitts; die *sämmtlichen Paare conjugirter Durchmesser des Kegelschnitts bilden ein Strahlsystem, von dem jedes Paar conjugirter Strahlen ein Paar conjugirter Durchmesser ist.* Dieses dem Mittelpunkte in Bezug auf den Kegelschnitt zugehörige Strahlsystem ist elliptisch bei der Ellipse, hyperbolisch bei der Hyperbel, weil das mit ihm perspectivisch liegende Punktsystem der unendlich-entfernten Geraden im ersten Falle elliptisch, im zweiten Falle hyperbolisch ist. Die Asymptoten des hyperbolischen Strahlsystems der conjugirten Durchmesser einer Hyperbel sind die Asymptoten der Hyperbel; je zwei conjugirte Durchmesser der Hyperbel bilden daher mit den beiden Asymptoten vier harmonische Strahlen und sind einander zugeordnet. Insbesondere stehen beim Kreise je zwei conjugirte Durchmesser auf einander senkrecht; das Strahlsystem für den Mittelpunkt eines Kreises ist also ein circulares (S. 64). Bei der gleichseitigen Hyperbel bilden je zwei conjugirte Durchmesser mit einer Asymptote gleiche Winkel; das dem Mittelpunkt der gleichseitigen Hyperbel zugehörige Strahlsystem ist ein gleichseitig-hyperbolisches. Bei der Parabel, deren Mittelpunkt im Unendlichen liegt, nimmt das ihm zugehörige Strahlsystem den einseitigen (parabolischen) Charakter an, dass die zu allen Durchmessern conjugirten in einem einzigen, der unendlich-entfernten Geraden, vereinigt sind (S. 74). Es versteht sich von selbst, dass zwei conjugirte Durchmesser des Kegelschnitts zugleich zwei conjugirte Strahlen in Bezug auf den Kegelschnitt und dass zwei conjugirte Durchmesser und die unendlich-entfernte Gerade ein Tripel conjugirter Strahlen in Bezug auf den Kegelschnitt sind oder ein Polardreieck bilden.

Jedem Durchmesser des Kegelschnitts gehört ein bestimmtes Punktsystem in Bezug auf den Kegelschnitt zu; der Mittelpunkt des Kegelschnitts ist allemal Mittelpunkt dieses Punktsystems, die beiden Schnittpunkte des Durchmessers mit dem Kegelschnitt sind die Asymptotenpunkte des Punktsystems, welche bekanntlich auf entgegengesetzten Seiten vom Mittelpunkte gleich weit abstehen. Bei der Ellipse nun sind alle diese Punktsysteme auf den Durchmessern hyperbolisch, d. h. jeder Durchmesser der Ellipse schneidet dieselbe in zwei reellen Punkten, welche gleich weit vom Mittelpunkte nach entgegengesetzten Seiten hin abstehen; denn da die unendlich-entfernte Gerade keinen Punkt der Ellipse enthält, so liegt sie ganz in dem von den Tangenten der Ellipse erfüllten Gebiet der Ebene; aus jedem ihrer Punkte giebt es also zwei reelle Tangenten an die Ellipse und die Verbindungslinie der Berührungspunkte ist ein Durchmesser; also *jeder Durchmesser der Ellipse schneidet dieselbe in zwei reellen Punkten, und in jeder beliebigen Richtung giebt es zwei parallele Tangenten der Ellipse.*

Anders verhält es sich bei der Hyperbel; hier zerfallen die Durchmesser in zwei Gruppen; die Punktsysteme auf den Durchmessern der einen Gruppe sind hyperbolisch, die andern elliptisch, und beide Gruppen werden durch die Asymptoten von einander getrennt, so dass also zwei conjugirte Durchmesser der Hyperbel immer verschiedenen Gruppen angehören. Die unendlich-entfernte Gerade enthält nämlich zwei Punkte der Hyperbel und zerfällt durch dieselben in zwei Gebiete, deren eines die Punkte ausserhalb der Hyperbel, das andere die Punkte innerhalb der Hyperbel enthält; für die ersteren ist nun das zugehörige Strahlsystem hyperbolisch, sie liefern also reelle Tangentenpaare, die beiden Berührungspunkte sind die Schnittpunkte eines Durchmessers der Hyperbel, welcher in diejenigen Asymptoten-Scheitelräume hineinfällt, in denen überhaupt die Hyperbel enthalten ist (S. 119, Fig. 36); für die unendlich-entfernten Punkte des andern Gebiets ist aber das zugehörige Strahlsystem elliptisch, also auch das auf der Polare befindliche Punktsystem, d. h. diese Durchmesser haben elliptische Punktsysteme, treffen die Hyperbel nicht und liegen in den beiden andern Asymptoten-Scheitelräumen, in denen kein Punkt der Hyperbel enthalten ist. *Diejenigen Durchmesser der Hyperbel, welche in das eine Paar Scheitelräume zwischen den Asymptoten hineinfallen, treffen dieselbe in je zwei reellen Punkten, die nach entgegengesetzten Seiten hin gleichweit vom Mittelpunkte abstehen;*

diejenigen Durchmesser aber, welche in das andere Paar Scheitelräume hineinfallen, treffen die Hyperbel nicht; zwei conjugirte Durchmesser der Hyperbel können nie in dieselben Scheitelräume hineinfallen, weil sie zugeordnet-harmonische Strahlen mit den Asymptoten sind. Hieraus folgt, *dass es nicht in allen Richtungen parallele Tangentenpaare der Hyperbel giebt, sondern nur in denjenigen Richtungen, welche in die beiden Scheitelräume zwischen den Asymptoten hineinfallen, die nicht die Zweige der Hyperbel enthalten.* Das den Asymptoten selbst zugehörige Punktsystem nimmt wieder den einseitigen parabolischen Charakter an. Bei der Parabel endlich ist das jedem Durchmesser derselben (d. h. einem durch den unendlich-entfernten Punkt der Parabel gehenden Strahl) zugehörige Punktsystem, weil sein Mittelpunkt im Unendlichen liegt (S. 52), ein gleichseitig-hyperbolisches, von dem nur ein Asymptotenpunkt im Endlichen liegt. Also *jeder Durchmesser der Parabel trifft dieselbe nur in einem endlichen Punkte,* der andere ist der unendlich-entfernte Punkt der Parabel.

Die in den Schnittpunkten zweier conjugirten Durchmesser der Ellipse gezogenen Tangenten bilden ein der Ellipse umschriebenes Parallelogramm, dessen parallele Seitenpaare den conjugirten Durchmessern parallel laufen; die Diagonalen dieses Parallelogramms bilden ein zweites Paar conjugirter Durchmesser, weil sie mit der unendlich-entfernten Geraden ein Tripel conjugirter Strahlen sind als Diagonaldreieck eines dem Kegelschnitt umschriebenen Vierseits (S. 147). Diese beiden Paare bestimmen das ganze Strahlsystem der conjugirten Durchmesser. Wir können aus demselben Grunde auch allgemeiner sagen: *Die Diagonalen irgend eines dem Kegelschnitt umbeschriebenen Parallelogramms sind allemal ein Paar conjugirter Durchmesser desselben, und die Seitenpaare eines beliebigen dem Kegelschnitt einbeschriebenen Parallelogramms laufen allemal parallel zwei conjugirten Durchmessern desselben.* Bei der Hyperbel trifft nur einer von zwei conjugirten Durchmessern dieselbe in zwei reellen Punkten P und P^1; die Tangenten in denselben laufen dem andern conjugirten Durchmesser parallel; trifft (Fig. 44) die Tangente in P die Asymptoten in den Punkten $\mathfrak{a}$ und $\mathfrak{b}$, so ist der Berührungspunkt P die Mitte von $\mathfrak{ab}$ (S. 119); trifft die Tangente in P^1 die Asymptoten in $\mathfrak{a}^1$ und $\mathfrak{b}^1$, so ist gleichfalls P^1 die Mitte von $\mathfrak{a}^1\mathfrak{b}^1$; da aber die Mitte von PP^1 der Mittelpunkt M der Hyperbel ist, so sind die vier Punkte $\mathfrak{a}\mathfrak{b}\mathfrak{a}^1\mathfrak{b}^1$ die Ecken eines Parallelogramms, dessen Seitenpaare den beiden conjugir-

Fig. 44.

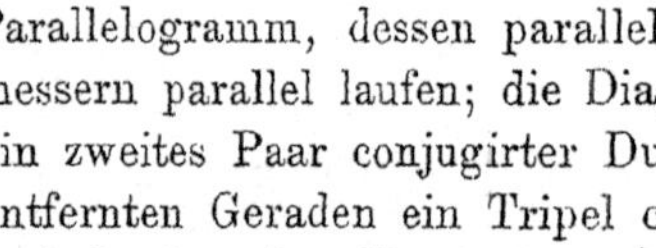

ten Durchmessern der Hyperbel parallel laufen, indem $\mathfrak{a}\mathfrak{b}^1$ und $\mathfrak{a}^1\mathfrak{b}$ mit PP^1 parallel sind. Verändern wir den durch den Mittelpunkt M gezogenen Durchmesser PP^1, so verändert sich dies Parallelogramm, dessen Seitenpaare allemal einem Paar conjugirter Durchmesser parallel laufen, und dessen Flächeninhalt constant bleibt (S. 119).

Ebenso wie das eine Seitenpaar $\mathfrak{a}\mathfrak{b}$, $\mathfrak{a}^1\mathfrak{b}^1$ die gegebene Hyperbel einhüllt, wird auch das andere parallele Seitenpaar eine neue Hyperbel einhüllen; denn betrachten wir die Asymptoten als die erzeugenden Punktreihen der gegebenen Hyperbel, so sind in ihrem Schnittpunkte die besonderen Punkte $\mathfrak{r}$ und $\mathfrak{q}_1$ vereinigt (S. 118), und es ist also $M\mathfrak{a} \,.\, M\mathfrak{b} = \text{const.}$ Nun ist aber $\mathfrak{b}^1 M = M\mathfrak{b}$; der Punkt $\mathfrak{b}^1$ durchläuft also eine mit der von $\mathfrak{b}$ durchlaufenen projectivisch-gleiche Punktreihe; also sind auch die von $\mathfrak{a}$ und $\mathfrak{b}^1$ durchlaufenen Punktreihen projectivisch und haben ebenfalls ihre besonderen Punkte $\mathfrak{r}$ und $\mathfrak{q}_1$ in M vereinigt; dies zweite Seitenpaar $\mathfrak{a}\mathfrak{b}^1$ und $\mathfrak{a}^1\mathfrak{b}$ umhüllt also gleichfalls eine Hyperbel, welche dieselben Asymptoten hat, wie die erste und ganz in die beiden andern Scheitelräume zwischen die Asymptoten hineinfällt; diese zweite heisst *die conjugirte Hyperbel* (oder complementäre Hyperbel) (Fig. 45). Die Mittelpunkte QQ^1 des zweiten parallelen Seitenpaars unseres Parallelogramms sind die Berührungspunkte der conjugirten Hyperbel; QQ^1 ist also ein Durchmesser der conjugirten Hyperbel und hat zu seinem conjugirten Durchmesser PP^1. Das ganze System der conjugirten Durchmesser ist daher für die beiden conjugirten Hyperbeln dasselbe und sie ergänzen sich in der Weise, dass diejenigen Durchmesser, welche die eine Hyperbel in zwei reellen Punkten treffen, die andere nicht treffen und umgekehrt; zwei conjugirte Hyperbeln haben nicht allein dieselben Asymptoten, sondern auch dieselbe Potenz (S. 119) und können durch dieselben beiden Punktreihen erzeugt werden, wenn man in ihrem Schnittpunkte die besonderen Punkte $\mathfrak{r}$ und $\mathfrak{q}_1$ vereinigt; die zu der einen conjugirte Hyperbel erhält man alsdann dadurch, dass man den einen der beiden Träger um den festen Schnittpunkt herumbewegt um 180^0, so dass jede Hälfte des Trägers in die Lage der andern Hälfte kommt. Wir bemerken noch, dass bei dem Parallelogramm $\mathfrak{a}\mathfrak{b}\mathfrak{a}^1\mathfrak{b}^1$, dessen Seitenpaare durch die Punkte P und P^1, Q und Q^1 halbirt werden, ebenso wie P und P^1 die Asymptotenpunkte des dem Durchmesser PMP^1 zugehörigen Punktsystems in Bezug auf die ursprüngliche Hyperbel sind, die Punkte

Fig. 45.

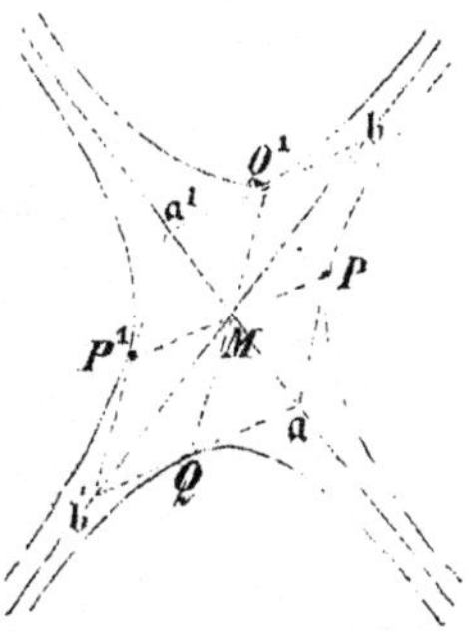

Q und Q^1 ein Paar conjugirter Punkte in Bezug auf dieselbe Hyperbel sein müssen; denn die Polare von $\mathfrak{a}$ geht durch P und läuft parallel $\mathfrak{a}\mathfrak{a}^1$, folglich durch Q^1, und ebenso ist die Polare von $\mathfrak{b}^1$ nichts anderes, als P^1Q^1, mithin $\mathfrak{a}\mathfrak{b}^1$ die Polare von Q^1; da aber die Polare von Q^1 durch Q geht, so sind Q und Q^1 conjugirte Punkte in Bezug auf die ursprüngliche Hyperbel und zwar dasjenige Punktpaar des dem Durchmesser QMQ^1 in Bezug auf die ursprüngliche Hyperbel zugehörigen Punktsystems, welches vom Mittelpunkte M nach beiden Seiten hin gleich weit absteht. Auf den beiden conjugirten Durchmessern MP und MQ repräsentiren also diese beiden Strecken, welche den Hälften der Seiten des Parallelogramms $\mathfrak{a}\mathfrak{b}\mathfrak{a}^1\mathfrak{b}^1$ gleich sind, zwei solche Längen, dass die Quadrate derselben den Inhalt der constanten Rechtecke liefern, welche dem einen und dem andern Punktsystem auf diesen Durchmessern in Bezug auf die Hyperbel zugehören, wobei aber festzuhalten ist, dass allemal das eine Punktsystem hyperbolisch, das andere elliptisch ist.

Das dem Mittelpunkte des Kegelschnitts zugehörige Strahlsystem der conjugirten Durchmesser hat, wie jedes Strahlsystem (S. 60), ein Paar zu einander rechtwinkliger conjugirter Strahlen und nur ein einziges Paar, die Axen des Strahlsystems, wofern nicht das Strahlsystem ein circulares ist. Also:

Der Kegelschnitt hat im Allgemeinen immer ein Paar zu einander rechtwinkliger conjugirter Durchmesser und nur ein einziges Paar (wenn er nicht Kreis ist); diese heissen *die Axen des Kegelschnitts.* Eine Ausnahme hiervon macht der Kreis, welcher unendlich viele Axenpaare hat. Um die Axen des Kegelschnitts zu finden, hat man also die Axen desjenigen Strahlsystems aufzusuchen, welches dem Mittelpunkt in Bezug auf den Kegelschnitt zugehört und welches durch zwei Paare conjugirter Strahlen (Durchmesser) bestimmt wird. Bei der Hyperbel sind die Axen unmittelbar zu finden; es sind nämlich die Halbirungslinien des Winkels zwischen den Asymptoten und seines Nebenwinkels, wie aus den Eigenschaften des hyperbolischen Strahlsystems hervorgeht, weil jede Asymptote ein Paar zusammenfallender conjugirter Durchmesser repräsentirt.

Fig. 46.

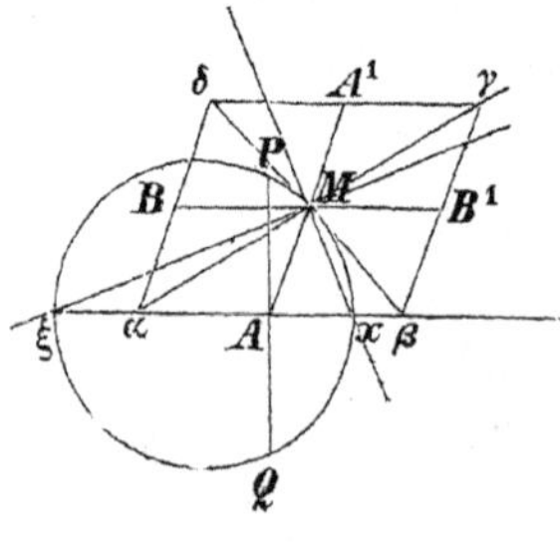

Bei der Ellipse sei ein beliebiges Paar conjugirter Durchmesser und die (stets reellen) Schnittpunkte derselben mit der Ellipse A und A^1, B und B^1 ermittelt (Fig. 46), womit zugleich zwei

Paare conjugirter Durchmesser bekannt sind; denn ziehen wir durch A und A^1 zwei Parallele zu BB^1 und durch B und B^1 zwei Parallele zu AA^1, so erhalten wir ein Parallelogramm $\alpha\beta\gamma\delta$, welches der Ellipse umbeschrieben ist, und dessen Diagonalen nach dem Obigen ein zweites Paar conjugirter Durchmesser sind; die Axen des durch diese zwei Paare conjugirter Strahlen vollständig bestimmten Strahlsystems lassen sich nun in elementarer Weise wie folgt construiren: Das Strahlsystem des Mittelpunkts M trifft die Seite $\alpha\beta$, deren Mitte A ist, in einem Punktsystem, von welchem A der Mittelpunkt (dem unendlich-entfernten entsprechend) und $\alpha\beta$ ein Paar conjugirter Punkte ist; denken wir uns über $\alpha\beta$ als Durchmesser einen Kreis geschlagen und in A ein Perpendikel auf $\alpha\beta$ errichtet, welches den Kreis in den Punkten P und Q treffen möge, so wird das ganze durch P und Q gelegte Kreisbüschel die Gerade $\alpha\beta$ in dem betrachteten Punktsystem schneiden, d. h. jeder durch PQ gelegte Kreis in zwei conjugirten Punkten dieses Punktsystems. Nun giebt es aber einen Kreis, welcher durch PQ und M geht; dieser schneidet in zwei conjugirten Punkten jenes Punktsystems $x\xi$, folglich sind Mx und $M\xi$ die Richtungen zweier conjugirten Durchmesser, und da sie auf einander senkrecht stehen, weil $x\xi$ ein Durchmesser dieses Kreises ist, so sind es die gesuchten Axen der Ellipse.

Da die Axe eines Kegelschnitts ein solcher Durchmesser desselben ist, dessen conjugirter auf ihm senkrecht steht, oder für den die Tangente in einem Schnittpunkt zu ihm rechtwinklig ist, so können wir auch für die Parabel die Axen ermitteln. Alle nach dem unendlich-entfernten Punkte der Parabel (ihrem Mittelpunkte) gehenden Parallelstrahlen sind Durchmesser derselhen; jeder schneidet sie nur noch in einem einzigen, im Endlichen liegenden Punkt, und es ist ein solcher zu suchen, dessen Tangente senkrecht auf dieser Richtung ist, d. h. wir haben eine Tangente aus demjenigen unendlich-entfernten Punkte an die Parabel zu legen, welcher in der zu der Richtung sämmtlicher Durchmesser senkrechten Richtung liegt. Da es durch jeden unendlich-entfernten Punkt (ausser der unendlich-entfernten Geraden) nur noch eine Tangente an die Parabel giebt, so giebt es auch nur eine bestimmte zu der Richtung nach dem unendlich-entfernten Punkt der Parabel senkrechte Tangente. Der Berührungspunkt, welcher *Scheitel* der Parabel heisst, mit dem unendlich-entfernten Punkt derselben verbunden liefert eine *Axe* der Parabel; die andere Axe ist die unendlich-entfernte Gerade selbst; die Parabel hat also nur *eine* im Endlichen liegende Axe. Die Construction derselben liesse sich so bewerkstelligen:

Man ziehe zwei beliebige parallele Sehnen der Parabel und verbinde deren Mitten; zu dieser Verbindungslinie ziehe man zwei senkrechte, also mit einander parallele neue Sehnen der Parabel und verbinde deren Mitten. Diese Verbindungslinie ist die gesuchte Axe der Parabel.

§. 33. Construction der Axen und einige daraus hervorgehende metrische Beziehungen.

Die Schnittpunkte der Axen mit dem Kegelschnitt heissen, wie bei der Parabel, auch bei Ellipse und Hyperbel *Scheitelpunkte*, und die endliche Strecke auf jeder Axe zwischen den beiden Scheitelpunkten wird im engeren Sinne *Axe* des Kegelschnitts genannt, die Hälfte dieser Strecke *Halbaxe*. Suchen wir zunächst bei der Ellipse die Grösse der Axen zu bestimmen: Die im vorigen Paragraphen angegebene Construction ergab nur die Richtung derselben; sie führt aber auch leicht zur Bestimmung ihrer Grösse, wenn wir berücksichtigen, dass die Scheitelpunkte die Asymptotenpunkte desjenigen Punktsystems auf der Axe sind, welches ihr in Bezug auf den Kegelschnitt zugehört; M ist Mittelpunkt dieses Punktsystems; der Punkt x (Fig. 47) und der Schnittpunkt seiner Polare bestimmen ein anderes Paar conjugirter Punkte; die Polare von x muss aber durch A gehen, weil A der Berührungspunkt einer aus x an den Kegelschnitt gehenden Tangente ist, sie muss ferner senkrecht auf Mx stehen, weil sie durch den Pol von Mx, d. h. den unendlich-entfernten Punkt des conjugirten Durchmessers oder der anderen Axe gehen muss und die beiden Axen auf einander senkrecht stehen. Die Polare von x ist also das aus A auf Mx gefällte Perpendikel; möge es in x^1 treffen, so ist $Mx \,.\, Mx^1$ das constante Rechteck für das auf der Axe befindliche Punktsystem; sei:

$$Mx \,.\, Mx^1 = a^2\,,$$

wo die Grösse a durch elementare Construction leicht zu ermitteln ist, dann sind die Scheitel auf dieser Axe der Ellipse die Endpunkte der nach entgegengesetzten Richtungen von M aufgetragenen Strecke a; also $2a$ die Länge der einen Axe; treffe gleicherweise das aus A auf $M\xi$ gefällte Perpendikel in ξ^1, und sei:

$$M\xi \,.\, M\xi^1 = b^2\,,$$

so wird die nach entgegengesetzten Richtungen von M aus auf die zweite Axe aufgetragene Strecke b die Schnittpunkte der zweiten Axe bestimmen, deren Länge $2b$ ist. Die Axen der Ellipse sind im Allgemeinen verschieden, die grössere bezeichnet man gewöhnlich mit

$2a$, die kleinere mit $2b$ und nennt erstere die „grosse Axe“, letztere die „kleine Axe“ der Ellipse; sind sie insbesondere gleich, so ist das durch die Parallelen in den Scheiteln gebildete, der Ellipse umschriebene Rechteck ein Quadrat, dessen Diagonalen also auch zu einander rechtwinklig sind; das dem Mittelpunkte zugehörige Strahlsystem hat daher zwei Paare rechtwinkliger conjugirter Strahlen, ist also (S. 64) ein circulares, und die Ellipse wird in diesem besonderen Fall ein Kreis.

Aus der vorigen Construction ergeben sich einfache metrische Beziehungen zwischen den Axen und irgend einem Paare conjugirter Durchmesser des Kegelschnitts. Betrachten wir das rechtwinklige Dreieck $xM\xi$ (Fig. 47), in dessen Hypotenuse sich der Punkt A befindet, und ziehen die Höhen der beiden Dreiecke AMx und $AM\xi$, welche sich zu je dreien in einem Punkte schneiden; die Fusspunkte der Höhen des ersten Dreiecks seien $p\ r\ x^1$, die des zweiten $p\ \varrho\ \xi^1$, dann ist:

Fig. 47.

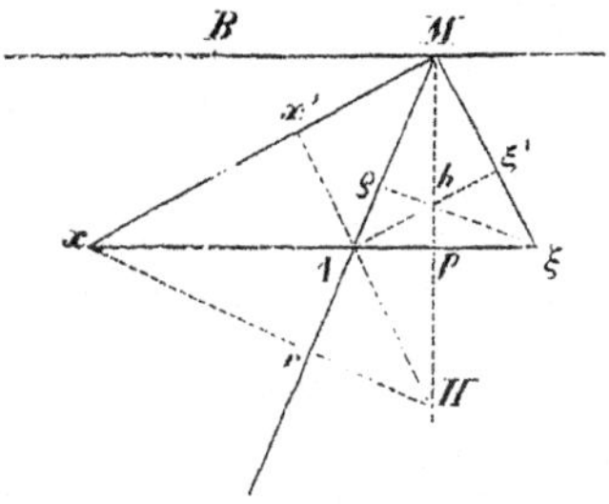

$$Mx \,.\, Mx^1 = a^2 = MA \,.\, Mr\,; \quad M\xi \,.\, M\xi^1 = b^2 = MA \,.\, M\varrho\,.$$

Wegen der Aehnlichkeit der Dreiecke $M\varrho\xi$ und xrM haben wir:

$$Mr \,.\, M\varrho = xr \,.\, \varrho\xi = (xA \sin\varphi)\,(A\xi \sin\varphi)\,,$$

wo $xA \,.\, A\xi = MB^2$ ist und φ den Winkel zwischen den beiden conjugirten Durchmessern MA und MB bedeutet: $\varphi = (A, B)$; werden $MA = A$, $MB = B$ gesetzt, so folgt:

$$\text{I.} \qquad A \,.\, B \sin\varphi = ab\,.$$

Andererseits ist $Mr = MA + Ar$, also $a^2 = MA^2 + MA \,.\, Ar = MA^2 + xA \,.\, Ap$, und da das Dreieck $MA\xi$ mit dem Höhenpunkt h ähnlich ist dem Dreieck xHM mit dem Höhenpunkt A, so sind alle ähnlich-liegenden Stücke proportional, also

$$\frac{M\varrho}{p\xi} = \frac{xr}{Mp} = \frac{xA}{MA} \text{ d. h. } M\varrho \,.\, MA = xA \,.\, p\xi = b^2,$$

woraus folgt

$$\begin{aligned} a^2 + b^2 &= MA^2 + xA\,\{Ap + p\xi\} \\ &= MA^2 + xA \,.\, A\xi = MA^2 + MB^2 \end{aligned}$$

$$\text{II.} \quad A^2 + B^2 = a^2 + b^2\,.$$

Die Relation I. sagt folgenden Satz aus:

Das von den Tangenten in den Endpunkten zweier conjugirter Durch-

messer der Ellipse gebildete Parallelogramm hat constanten Inhalt, der gleich ist dem aus den Axen der Ellipse gebildeten Rechteck.

Die Relation II. lässt sich so in Worten ausdrücken:

Die Summe der Quadrate zweier conjugirter Durchmesser der Ellipse ist constant, gleich der Summe der Quadrate ihrer Axen.

Aus diesen metrischen Beziehungen zwischen den Paaren conjugirter Durchmesser der Ellipse geht ein ausgezeichnetes Paar hervor, *die gleichen conjugirten Durchmesser der Ellipse*, welche einer gewissen Analogie wegen, die sie mit den Asymptoten der Hyperbel haben, mitunter in Betracht gezogen werden; es giebt nämlich unter den Paaren conjugirter Durchmesser eines, dessen Längen gleich werden, und welches mithin den Bedingungen genügen muss:

$$\begin{cases} \mu^2 \sin\vartheta = ab \\ 2\mu^2 \quad\;\; = a^2 + b^2, \end{cases}$$

wo μ die halbe Länge eines der beiden gleichen conjugirten Durchmesser und ϑ den Winkel bedeutet, welchen dieselben mit einander bilden. Die Länge μ kann hiernach leicht construirt werden, $\mu = \frac{\sqrt{a^2+b^2}}{\sqrt{2}}$; die Lage der gleichen conjugirten Durchmesser geht aus der Relation $\sin\vartheta = \frac{2\,ab}{a^2+b^2}$ hervor, welche $\operatorname{tg} \frac{1}{2}\vartheta = \frac{b}{a}$ ergiebt. Denkt man sich also das der Ellipse umschriebene Rechteck, gebildet von den vier Tangenten in den Schnittpunkten der Axen, so wird der Winkel zwischen den Diagonalen dieses Rechtecks $= \vartheta$ sein, und da die Diagonalen selbst ein Paar conjugirter Durchmesser sind (S. 164), so sind sie die gesuchten gleichen conjugirten Durchmesser der Ellipse ihrer Lage nach. *Die Axen der Ellipse halbiren also die Winkel zwischen den gleichen conjugirten Durchmessern derselben.*

Die Ermittelung der Länge der Axen $2a$ und $2b$ war auf die elementare Aufgabe zurückgeführt, ein gegebenes Rechteck in ein Quadrat zu verwandeln: $Mx \,.\, Mx^1 = a^2$ und $M\xi \,.\, M\xi^1 = b^2$; allein die nähere Betrachtung der vorigen Figur (Figur 47) zeigt, dass wir gar nicht nöthig haben, diese Aufgabe besonders zu lösen, sondern dass die Figur selbst auch die Länge der Axen der Ellipse liefert und zugleich zu einigen interessanten Eigenschaften derselben führt. Sei, wie im vorigen Paragraphen, M der Mittelpunkt der Ellipse, MA der Halbmesser A, die Tangente in A und die darauf Senkrechte (Normale) gezogen, auf letzterer die Länge

$$AP = AQ = MB = B$$

des halben conjugirten Durchmessers zu A nach beiden Seiten hin abgetragen, durch die Punkte PQM ein Kreis gelegt, welcher in x

und ξ die Tangente in A trifft, (also Mx und $M\xi$ die Richtungen der Axen der Ellipse) und endlich aus A auf die Katheten des rechtwinkligen Dreiecks $xM\xi$ die Perpendikel Ax^1 und $A\xi^1$ gefällt, dann ist $Mx \,.\, Mx^1 = a^2$ und $M\xi \,.\, M\xi^1 = b^2$. Ziehen wir nun noch die Linien MP und MQ (Fig 48) und möge das Perpendikel Ax^1 die Linien MP und MQ in $\mathfrak{a}$ und $\mathfrak{a}^1$, das Perpendikel $A\xi^1$ dieselben in $\mathfrak{b}$ und $\mathfrak{b}^1$ treffen, so zeigt eine einfache Betrachtung, dass $M\mathfrak{a} = M\mathfrak{a}^1 = a$ und $M\mathfrak{b} = M\mathfrak{b}^1 = b$ wird, also die Längen der Halbaxen unmittelbar aus der Figur zu entnehmen sind.

Fig. 48.

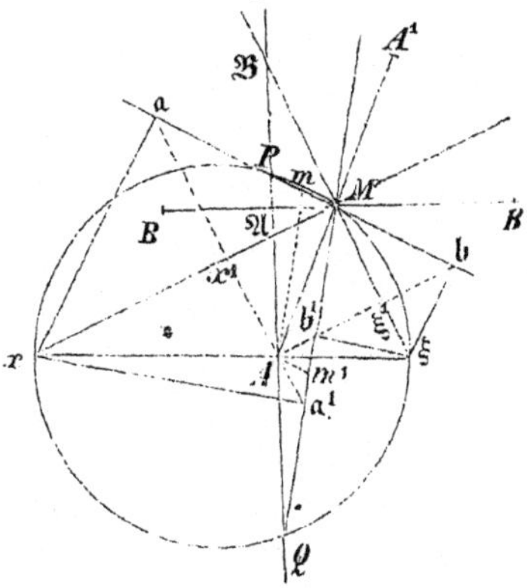

In der That zunächst ist, weil die Punkte $PQx\xi M$ auf einem Kreise liegen:

$$\angle PMx = \angle P\xi x = \angle P\xi A \text{ und } \angle QMx = \angle Q\xi A,$$

weil aber A die Mitte von PQ und $A\xi$ senkrecht auf PQ, ist $\angle P\xi A = \angle Q\xi A$, folglich auch:

$$\angle PMx = \angle QMx,$$

d. h. die Axen halbiren die Winkel zwischen den beiden Strahlen MP, MQ. Folglich hätten wir nach der Construction der Punkte P und Q nur nöthig gehabt, den Winkel und Nebenwinkel zwischen den Strahlen MP und MQ zu halbiren, um die Richtungen der Axen der Ellipse zu erhalten, ohne den Kreis durch PQM zu legen und die Schnittpunkte $x\xi$ mit der Tangente in A aufzusuchen. Aus der Gleichheit der Winkel PMx und QMx folgt, dass das Perpendikel Ax^1 auf den beiden Strahlen MP und MQ zwei gleiche Strecken $M\mathfrak{a} = M\mathfrak{a}^1$ abschneidet und ebenso das Perpendikel $A\xi^1$ zwei gleiche Strecken $M\mathfrak{b} = M\mathfrak{b}^1$; denken wir uns durch A eine Parallele zu MQ gezogen, so muss dieselbe, weil $AP = AQ$ ist, PM in m halbiren, und der Parallelität wegen ist auch $mA = m\mathfrak{a}$, also da das Dreieck $\mathfrak{a}A\mathfrak{b}$ bei A rechtwinklig ist, $m\mathfrak{a} = m\mathfrak{b} = mA = \frac{1}{2}MQ$; mithin $\mathfrak{a}\mathfrak{b} = MQ$; andererseits, wenn wir durch A eine Parallele zu MP ziehen, so muss dieselbe MQ in m^1 halbiren und $m^1\mathfrak{b}^1 = m^1A = m^1\mathfrak{a}^1$ sein, also haben wir:

$$\begin{cases} \mathfrak{a}\,\mathfrak{b} = MQ; \; M\mathfrak{a} = M\mathfrak{a}^1 = P\mathfrak{b} = Q\mathfrak{b}^1 \\ \mathfrak{a}^1\mathfrak{b}^1 = MP; \; M\mathfrak{b} = M\mathfrak{b}^1 = P\mathfrak{a} = Q\mathfrak{a}^1. \end{cases}$$

Ferner haben wir wegen der Parallelität von Ax^1 und $\mathfrak{x}M$ $\angle \mathfrak{b}M\mathfrak{x} = \angle M\mathfrak{a}x^1$ und wegen des Kreisvierecks $MPx\mathfrak{x}$:

$$\angle \mathfrak{b}M\mathfrak{x} = \angle Px\mathfrak{x} = \angle \mathfrak{x}PA, \text{ folglich:}$$

$$\triangle M\mathfrak{a}x^1 \sim \triangle \mathfrak{x}PA$$

$$\frac{Mx^1}{M\mathfrak{a}} = \frac{\mathfrak{x}A}{\mathfrak{x}P} \text{ und da } \frac{Mx^1}{Mx} = \frac{\mathfrak{x}A}{\mathfrak{x}x}, \text{ so folgt}$$

$$\frac{Mx}{M\mathfrak{a}} = \frac{\mathfrak{x}x}{\mathfrak{x}P},$$

aus dem Product beider Gleichungen folgt:

$$\frac{Mx\,.\,Mx^1}{M\mathfrak{a}^2} = \frac{\mathfrak{x}A\,.\,\mathfrak{x}x}{\mathfrak{x}P^2} = 1\,.$$

Da aber $Mx\,.\,Mx^1 = a^2$, so folgt:

$$M\mathfrak{a} = a \quad \text{und ebenso} \quad M\mathfrak{b} = b\,,$$

d. h. *auf den Strahlen MP und MQ werden von M aus durch die aus A auf die Richtungen der Axen gefällten Perpendikel Strecken abgeschnitten, welche paarweise gleich sind und die Längen der Halbaxen a und b liefern.*

Ferner ergiebt sich aus den obigen Relationen:

$$\begin{cases} MP = a - b \\ MQ = a + b: \end{cases}$$

Die Abstände des Mittelpunktes M von den beiden Punkten P und Q sind Summe und Differenz der beiden Halbaxen der Ellipse.

Oder auch:

$$\begin{cases} \mathfrak{a}\,\mathfrak{b} = a + b \\ \mathfrak{a}^1\mathfrak{b}^1 = a - b\,, \end{cases}$$

welche Relationen sich ebenso leicht in Worte kleiden lassen.

Aus der Aehnlichkeit der drei symmetrischen Vierecke: $\mathfrak{x}PxQ$, $M\mathfrak{a}x\mathfrak{a}^1$ und $\mathfrak{x}\mathfrak{b}M\mathfrak{b}^1$ ergeben sich andere metrische Beziehungen von geringerer Wichtigkeit. Wenn wir die Schnittpunkte der Geraden PQ, welche die Normale der Ellipse im Punkte A ist, mit den beiden Axen durch $\mathfrak{A}$ und $\mathfrak{B}$ bezeichnen, so folgt aus der Parallelität (Fig. 48):

$$\frac{A\mathfrak{A}}{AP} = \frac{\mathfrak{b}M}{\mathfrak{b}P} = \frac{b}{a}\,;\; \frac{A\mathfrak{B}}{QA} = \frac{\mathfrak{a}^1M}{Q\mathfrak{a}^1} = \frac{a}{b}\,.$$

Hieraus ergiebt sich:

$$1) \qquad \frac{A\mathfrak{A}}{A\mathfrak{B}} = \frac{b^2}{a^2}\,.$$

Die Normale in einem beliebigen Punkte A der Ellipse trifft die Axen derselben in zwei solchen Punkten $\mathfrak{A}$ und $\mathfrak{B}$, dass das Verhältniss der Abschnitte $A\mathfrak{A} : A\mathfrak{B}$ constant bleibt, gleich dem Verhältniss der Quadrate der Axen, und

$$2) \qquad A\mathfrak{A} \, . \, A\mathfrak{B} = B^2$$

das Rechteck aus den beiden Abschnitten auf der Normale einer Ellipse vom Peripheriepunkte A bis zu den Schnittpunkten der Normale mit den Axen ist gleich dem Quadrate desjenigen Halbmessers der Ellipse, welcher dem nach dem Punkte A hin gehenden conjugirt ist.

Die Betrachtung der obigen Figur führt auch zu einer bekannten graphischen Construction der Ellipse, welche sich für praktische Zwecke empfiehlt; lassen wir nämlich den Punkt A auf der Ellipse sich verändern, so beschreiben die Punkte $\mathfrak{a}$ und $\mathfrak{a}^1$ einen Kreis, welcher M zum Mittelpunkt und die Halbaxe a zum Radius hat; ebenso beschreiben die Punkte $\mathfrak{b}$ und $\mathfrak{b}^1$ einen Kreis, welcher M zum Mittelpunkt und b zum Radius hat; auch die Punkte P und Q beschreiben mit jenen concentrische Kreise, deren Radien $a - b$ und $a + b$ sind. Gehen wir daher umgekehrt von zwei concentrischen Kreisen um M mit den Radien a und b aus, lassen einen beliebigen Strahl durch M gehen, welcher in α und α^1 den ersten, in β und β^1 den anderen Kreis treffe, und nehmen durch M ein rechtwinkliges Axenkreuz an, welches die Richtungen der beiden Axen der Ellipse enthält, so werden die durch α auf die a-Axe, durch β auf die b-Axe gefällten Perpendikel sich in einem Punkte A der Ellipse treffen müssen (siehe Figur 49); die Benutzung der andern Schnittpunkte $\alpha^1 \beta^1$ bei dieser Construction liefert zugleich drei andere Punkte der Ellipse, deren einer der diametral gegenüberliegende und die beiden andern die zu A in Bezug auf die beiden Axen symmetrisch liegenden Punkte sind. Die Bewegung des durch M willkürlich gezogenen Strahles $M\alpha\beta$ führt successive zu sämmtlichen Punkten der Ellipse, und die einfache Construction derselben gestattet die leichte Entwerfung eines anschaulichen Bildes, wie es Fig. 49 darstellt. Dieses Bild der Ellipse lässt die Symmetrie rücksichtlich der beiden Axen erkennen und zeigt, dass die beiden Kreise die Ellipse in ihren Scheiteln berühren. Weiterhin führt dieselbe Betrachtung zur Construction der Normale und mithin auch der Tangente in dem Ellipsenpunkte A; denn trägt man auf den Strahl $M\beta\alpha$ nach derselben Richtung hin die Strecke $MQ = a + b$ auf, so ist QA die Normale der Ellipse im Punkte A; fasst man die nach entgegengesetzten Seiten hin liegenden

Fig. 49.

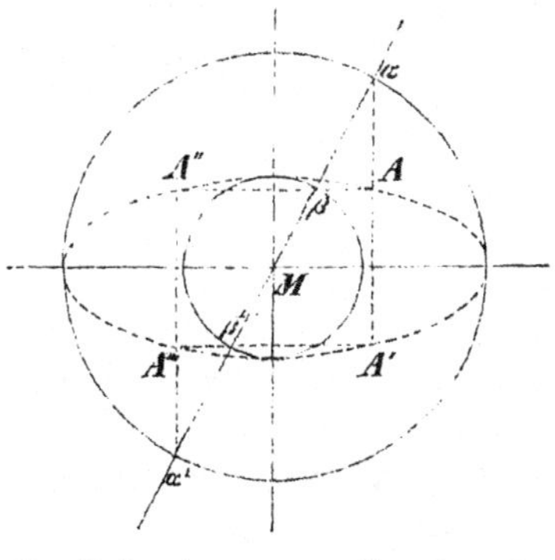

Schnittpunkte α und β^1 desselben durch M gezogenen Strahles mit den beiden Kreisen auf, welche den Punkt A^1 liefern und trägt $MP = a - b$ auf diesem Strahle ab, so ist PA^1 die Normale für den Punkt A^1; denken wir uns überhaupt zwei neue concentrische Kreise mit den Radien $a + b$ und $a - b$ um M beschrieben, die Oerter der Punkte P und Q, so bieten dieselben nach der angegebenen Construction das einfachste Mittel dar, die Normalen und also auch die Tangenten der Ellipse unmittelbar zu zeichnen. Wir gehen nicht ein auf weitere Eigenschaften der Ellipse, welche sich aus Fig. 48 folgern lassen, z. B.: Aus der Gleichheit der Winkel folgt die Aehnlichkeit der Dreiecke $MP\mathfrak{A}$ und MxQ, und daraus fliesst die Relation:

$$M\mathfrak{A} \,.\, Mx = MP \,.\, MQ = a^2 - b^2 = \text{const.},$$

d. h. *Tangente und Normale eines Punktes der Ellipse schneiden auf jeder der Axen vom Mittelpunkt aus zwei Strecken ab, deren Rechteck constant ist; die Schnittpunkte bilden also ein Punktsystem, welches auf der einen Axe hyperbolisch, auf der andern elliptisch ist* u. s. w. (Siehe §. 35.)

Wir wollen nur noch die den vorigen analogen Eigenschaften der Hyperbel kurz ableiten. Wir wissen, dass nur ein Theil der Durchmesser einer Hyperbel dieselbe in reellen Punktpaaren trifft, und dass immer der zu einem solchen conjugirte Durchmesser der Hyperbel nicht begegnet; es giebt also auch nur eine reelle Axe der Hyperbel. Nehmen wir aber die conjugirte Hyperbel (S. 165) zu Hülfe, so werden auf zwei conjugirten Durchmessern von der ersten und von der conjugirten Hyperbel Strecken abgeschnitten, welche, als die Längen zweier conjugirten Durchmesser der Hyperbel aufgefasst, ganz analoge Eigenschaften besitzen, wie die Paare conjugirter Durchmesser bei der Ellipse. In der That haben wir schon oben gesehen (Fig. 44), dass das Parallelogramm, welches von den Tangentenpaaren in den Schnittpunkten zweier conjugirten Durchmesser mit den beiden conjugirten Hyperbeln gebildet wird, constanten Inhalt besitzt, weil seine Ecken auf den Asymptoten der Hyperbel liegen; die Seiten dieses Parallelogramms vertreten die Längen zweier conjugirter Durchmesser der Hyperbel, und wir können daher auch von der conjugirten Hyperbel ganz abstrahiren, indem wir nur die Asymptoten zu Hülfe nehmen; sei A ein beliebiger Punkt der Hyperbel, treffe die Tangente in A die beiden Asymptoten in α und β (also bekanntlich $\alpha A = A\beta$), so ist $\alpha\beta$ die Länge desjenigen Durchmessers, welcher dem durch A gehenden conjugirt ist, und bezeichnen wir zur Abkürzung die absoluten Längen:

$$MA = A \qquad \alpha A = A\beta = B,$$

den Winkel dieser beiden conjugirten Richtungen mit φ, so ist

$$AB \,.\, \sin\varphi = \text{const.}$$

wegen der constanten Potenz der Hyperbel (S. 119). Wir überzeugen uns aber auch in ganz analoger Weise, wie bei der Ellipse, von der Richtigkeit dieser und der zweiten Relation zwischen den conjugirten Durchmessern der Hyperbel, indem wir die Axen derselben bestimmen; ihre Richtungen sind geradezu durch die Halbirungslinien der von den Asymptoten gebildeten Winkel gegeben; mögen sie in x und ξ die Tangente $\alpha\beta$ treffen, so ist, weil $\alpha\beta x\xi$ vier harmonische Punkte sind und A die Mitte von $\alpha\beta$ ist:

$$Ax \,.\, A\xi = A\alpha^2 = A\beta^2 = B^2 .$$

Um die Schnittpunkte der Axen mit der Hyperbel zu finden, haben wir das ihnen zugehörige Punktsystem zu ermitteln, dessen Mittelpunkt M ist; da nun die Polare von x durch A gehen muss und durch den Pol von Mx, so ist sie die Senkrechte Ax^1, aus A auf Mx gefällt (Fig. 50) und xx^1 ein Paar conjugirter Punkte des gesuchten Punktsystems; dasselbe ist hyperbolisch, weil x und x^1 auf derselben Seite von M liegen, und die Länge der einen Halbaxe a wird gefunden aus der Relation:

Fig. 50.

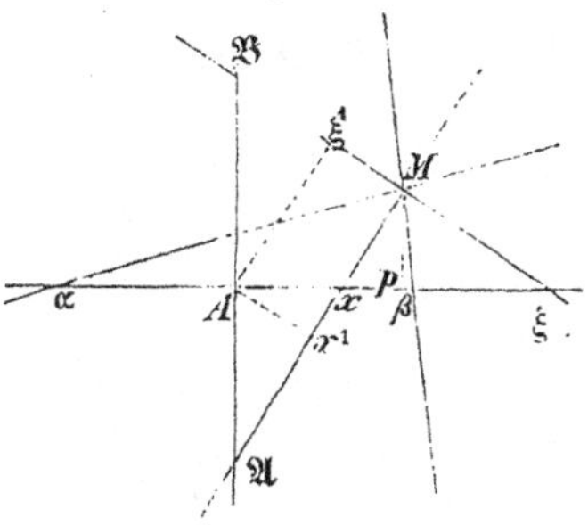

$$Mx \,.\, Mx^1 = a^2 .$$

Das aus A auf die andere Axe $M\xi$ gefällte Perpendikel trifft dieselbe in ξ^1 und ist die Polare von ξ; die Punkte ξ und ξ^1 liegen aber nothwendig nach entgegengesetzten Richtungen von M, also das Punktsystem auf der zweiten Axe ist elliptisch; nach der obigen Bemerkung (S. 166) über die conjugirte Hyperbel ist nun das constante Rechteck des dieser zweiten Axe zugehörigen Punktsystems gleich dem Quadrat des halben conjugirten Durchmessers, also:

$$\xi M \,.\, M\xi^1 = b^2 .$$

Tragen wir die hieraus zu ermittelnde Strecke b auf $M\xi$ nach beiden Seiten hin ab, so erhalten wir die Durchschnittspunkte der zweiten Axe mit der conjugirten Hyperbel.

Da die beiden Dreiecke AMx und ξMx die gemeinschaftliche Seite Mx haben, so verhalten sich ihre Flächen wie die Höhen auf diese Seite d. h.

$$\frac{\triangle AMx}{\triangle \xi Mx} = \frac{M\xi^1}{M\xi}.$$

Da aber die beiden Dreiecke $AM\xi^1$ und $AM\xi$ dieselbe Höhe $A\xi^1$ haben, so verhalten sich ihre Flächen wie die Grundlinien zu dieser Höhe, d. h.

$$\frac{\triangle AM\xi^1}{\triangle AM\xi} = \frac{M\xi^1}{M\xi};$$

folglich wird

$$\frac{\triangle AMx}{\triangle \xi Mx} = \frac{\triangle AM\xi^1}{\triangle AM\xi}$$

oder

$$\frac{AM . Ax . \sin\varphi}{Mx . M\xi} = \frac{Mx^1 . M\xi^1}{AM . A\xi . \sin\varphi}$$

oder

$$MA^2 . Ax . A\xi . \sin^2\varphi = Mx . Mx^1 . M\xi . M\xi^1,$$

d. h.

$$\text{I}^1. \qquad AB . \sin\varphi = ab.$$

Zweitens ist das Quadrat der Entfernung:

$$MA^2 = (Mx^1)^2 + (M\xi^1)^2;$$

da aber

$$\frac{Mx^1}{Mx} = \frac{\xi A}{\xi x}; \quad \frac{M\xi^1}{M\xi} = \frac{xA}{x\xi},$$

so wird

$$MA^2 = Mx . Mx^1 . \frac{\xi A}{\xi x} + M\xi . M\xi^1 . \frac{xA}{x\xi},$$

oder wenn wir setzen:

für $\xi A = \xi x + xA$ und für $xA = x\xi + \xi A$

$$MA^2 = a^2 - b^2 + Mx . Mx^1 . \frac{xA}{\xi x} + M\xi . M\xi^1 . \frac{\xi A}{x\xi},$$ woraus folgt:

$$MA^2 - (a^2 - b^2) = \frac{Mx}{\xi M} . Mx^1 . M\xi^1 + \frac{M\xi}{xM} . M\xi^1 . Mx^1 = \frac{Mx^1 . M\xi^1}{Mx . \xi M}(x\xi)^2$$
$$= A\xi . Ax = B^2; \qquad \text{also}$$

$$\text{II}^1. \qquad A^2 - B^2 = a^2 - b^2.$$

Ziehen wir noch die Normale in dem Hyperbelpunkte A, welche die Axen respective in $\mathfrak{A}$ und $\mathfrak{B}$ treffen möge, so zeigt die Aehnlichkeit der Dreiecke:

$$\frac{A\mathfrak{B}}{\mathfrak{A}A} = \frac{x^1M}{\mathfrak{A}x^1} \quad \text{und}$$

$$\frac{\mathfrak{A}x^1}{x^1A} = \frac{A\xi^1}{\xi^1B} = \frac{\xi\xi^1}{A\xi^1} = \frac{\xi M}{xM}, \quad \text{also}$$

$$\frac{\mathfrak{A}x^1}{M\xi^1} = \frac{\xi M}{xM} \text{ oder } \mathfrak{A}x^1 = \frac{\xi M . M\xi^1}{xM},$$

folglich:

$$\frac{A\mathfrak{B}}{\mathfrak{A}A} = \frac{Mx \,.\, Mx^1}{\xi M \,.\, M\xi^1} = \frac{a^2}{b^2}$$

$$1^1. \qquad \frac{A\mathfrak{B}}{\mathfrak{A}A} = \frac{a^2}{b^2} = \text{const.}$$

Da aber auch:

$$\frac{\mathfrak{A}A}{Ax} = \frac{\mathfrak{A}x^1}{x^1A} = \frac{\xi M}{xM} = \frac{\xi A}{\mathfrak{B}A}$$

$$\mathfrak{A}A \,.\, A\mathfrak{B} = Ax \,.\, A\xi = B^2$$

$$2^1. \qquad \mathfrak{A}A \,.\, A\mathfrak{B} = B^2 \,.$$

Wir übergehen die Erörterung einiger anderer metrischer Beziehungen, welche die Figur liefert, wie z. B.

$$\frac{\xi M}{M\xi^1} = \frac{\xi x}{xA} = \frac{Mx}{xx^1}$$

$$M\xi^{1^2} = xx^1 \,.\, x^1\mathfrak{A}$$

$$\xi M \,.\, M\xi^1 = Mx \,.\, x^1\mathfrak{A} = b^2$$

$$Mx \,.\, Mx^1 = a^2$$

$$\overline{Mx \,.\, M\mathfrak{A} = a^2 + b^2} = \text{const. u. s. w. (§. 35).}$$

Die Construction der Längen a und b ist vermöge der beiden Relationen $Mx \,.\, Mx^1 = a^2$ und $\xi M \,.\, M\xi^1 = b^2$ auf die elementare Aufgabe zurückgeführt: „ein gegebenes Rechteck in ein Quadrat zu verwandeln"; in der von uns betrachteten Figur (Fig. 50) treten diese Längen selbst nicht so unmittelbar auf, wie bei der Ellipse (Fig. 48), und es knüpft sich hieran auch nicht eine so einfache Construction der Hyperbel durch Punkte, wie dort; wir können dieselbe aber um so eher entbehren, als die Tangenten und Punkte der Hyperbel mit Hülfe der Asymptoten, wie wir schon früher gesehen haben, in der einfachsten Weise sich ermitteln lassen.

§. 34. Bestimmung solcher Punkte in der Ebene eines Kegelschnitts, für welche das zugehörige Strahlsystem ein gleichseitig-hyperbolisches wird.

Wir haben (Seite 139) gesehen, dass jeder Punkt in der Ebene eines Kegelschnitts als Mittelpunkt eines bestimmten dem Kegelschnitt zugehörigen Strahlsystems aufgefasst werden kann, und dass dasselbe hyperbolisch ist, wenn der Punkt ausserhalb des Kegelschnitts liegt, indem die beiden aus ihm an den Kegelschnitt gelegten Tangenten die Asymptoten dieses Strahlsystems sind; wir wollen jetzt insbesondere solche Punkte in der Ebene aufsuchen, für welche das zugehörige Strahlsystem gleichseitig-hyperbolisch wird. Da beim gleichseitig-hyperbolischen Strahlsystem die Asymptoten rechtwinklig zu einander sind, so kommt die vorliegende Frage darauf hinaus, den Ort des

Schnittpunktes zweier zu einander rechtwinkliger Tangenten des Kegelschnitts aufzusuchen. Betrachten wir zuerst

a) die *Ellipse* und fassen irgend zwei parallele Tangenten auf, welche in den Punkten $\mathfrak{r}$ und $\mathfrak{q}_1$ berühren, die den unendlich-entfernten entsprechen, so können wir diese als die Träger zweier die Ellipse erzeugenden Punktreihen ansehen, welche (S. 116) ungleichlaufend sein müssen; jede Tangente der Ellipse schneidet also die entsprechenden Hälften der beiden Träger in zwei Punkten $\mathfrak{x}$ und $\mathfrak{x}_1$ von solcher Beschaffenheit, dass das Rechteck:

$$\mathfrak{r}\mathfrak{x} \cdot \mathfrak{q}_1\mathfrak{x}_1 = \text{const.}$$

ist, und da die Punktreihen ungleichlaufend sind, so müssen die Strecken $\mathfrak{r}\mathfrak{x}$ und $\mathfrak{q}_1\mathfrak{x}_1$ gleich gerichtet sein; werden insbesondere die beiden Seiten dieses constanten Rechtecks gleich, so erhalten wir eine dem Durchmesser $\mathfrak{r}\mathfrak{q}_1$ parallele Tangente, welche mithin auf den Tangenten in $\mathfrak{r}$ und $\mathfrak{q}_1$ Stücke abschneidet, die dem halben conjugirten Durchmesser zu $\mathfrak{r}\mathfrak{q}_1$ gleich sind; bezeichnen wir diesen mit B, während $\mathfrak{r}\mathfrak{q}_1 = 2A$ ist oder, wenn M die Mitte von $\mathfrak{r}\mathfrak{q}_1$ ist, $M\mathfrak{r} = A$, so ist:

$$\mathfrak{r}\mathfrak{x} \cdot \mathfrak{q}_1\mathfrak{x}_1 = B^2.$$

Fig. 51.

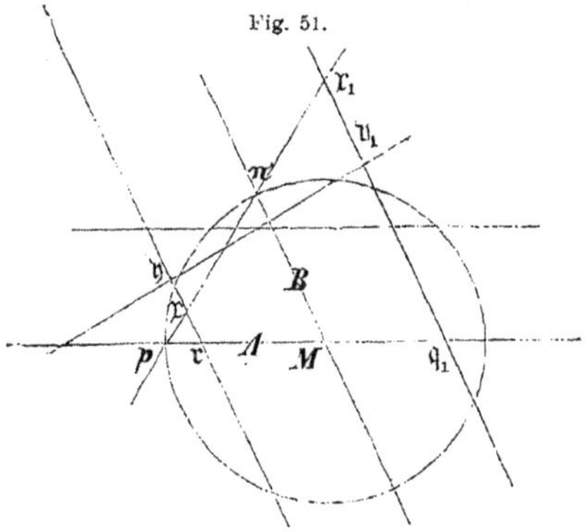

Ziehen wir noch durch M eine Parallele zu den Tangenten in $\mathfrak{r}$ und $\mathfrak{q}_1$, so sind die beiden durch M gehenden Strahlen zwei conjugirte Durchmesser der Ellipse, deren Richtungen Mp und $M\pi$ sind (Fig. 51).

Hätten wir nun zwei rechtwinklige Tangenten der Ellipse, so müssten die zu ihnen parallelen Tangenten ebenfalls rechtwinklig sein, also diese vier Tangenten ein der Ellipse umschriebenes Rechteck bilden; die Diagonalen eines Rechtecks sind aber gleich, und sie sind zugleich (S. 164) die Richtungen eines Paares conjugirter Durchmesser. Denken wir uns das vorhin beliebig angenommene Paar conjugirter Durchmesser Mp und $M\pi$ als die Diagonalen eines solchen der Ellipse umschriebenen Rechtecks, so müsste eine Seite desselben auf den beiden Durchmessern Mp und $M\pi$ gleiche Stücke abschneiden, d. h. es wäre eine Tangente zu suchen, welche die beiden conjugirten Durchmesser in zwei solchen Punkten p und π träfe, dass $Mp = M\pi$ würde; der Punkt p (und ebenso π) würde dann der Schnittpunkt zweier rechtwinkligen Tangenten der Ellipse sein, denn der Winkel zwischen den beiden durch p den conjugirten Durchmessern parallel gezogenen Strahlen würde durch die eine Tangente halbirt, und da jene ein Paar conjugirter Strahlen des dem Punkte p zugehörigen Strahlsystems sind, dessen eine Asymptote die gesuchte Tangente ist, so halbirt die andere Asymptote, d. h. die zweite durch p gehende Tangente den Nebenwinkel, steht also auf der ersten senkrecht; das dem Punkt p zugehörige Strahlsystem würde also ein gleichseitig-hyperbolisches sein. Um p zu finden, haben wir $Mp = M\pi$ und wegen der Parallelität $\mathfrak{r}p = \mathfrak{r}\mathfrak{x}$; $\mathfrak{q}_1 p = \mathfrak{q}_1 \mathfrak{x}_1$, also

$$\mathfrak{r}p \cdot \mathfrak{q}_1 p = B^2;$$

es ist aber:

$$\begin{aligned} \mathfrak{r}\,p &= Mp - A \\ \mathfrak{q}_1 p &= Mp + A \\ \hline B^2 &= Mp^2 - A^2 \\ Mp^2 &= A^2 + B^2. \end{aligned}$$

Da aber nach dem auf Seite 169 II bewiesenen Satze:

$$A^2 + B^2 = a^2 + b^2 = \text{const.},$$

so ist Mp constant, d. h. der Ort von p ein Kreis, dessen Mittelpunkt mit dem Mittelpunkte der Ellipse zusammenfällt; wir haben also den Satz:

Der Ort des Schnittpunktes zweier rechtwinkliger Tangenten der Ellipse ist ein mit derselben concentrischer Kreis, dessen Radius $= \sqrt{a^2 + b^2}$ *ist, und welcher dem Rechteck umschrieben ist, das von den Tangenten in den Scheiteln der Ellipse gebildet wird. Jeder Punkt dieses Ortskreises besitzt die Eigenschaft, dass das in Bezug auf die Ellipse ihm zugehörige Strahlsystem gleichseitig-hyperbolisch ist.*

b) Bei der *Hyperbel* muss der Beantwortung der Frage die Erörterung vorangehen, ob es überhaupt rechtwinklige Tangenten der Hyperbel giebt, eine Frage, die bei der Ellipse übrig war, weil es bei ihr in jeder Richtung ein Paar paralleler Tangenten giebt, folglich auch zu jeder Tangente zwei mit ihr rechtwinklige Tangenten. Wir haben früher (S. 119) gesehen, dass es nur in denjenigen Richtungen Tangenten an der Hyperbel giebt, welche in die beiden die Hyperbelzweige nicht enthaltenden Scheitelräume zwischen den Asymptoten hineinfallen; bezeichnen wir denjenigen Winkel, in dessen Scheitelräumen die Hyperbel liegt, durch ϑ $\left(\text{also (S. 166) nach der vorigen Definition der Axen der Hyperbel: } \operatorname{tg} \tfrac{1}{2}\vartheta = \frac{b}{a}\right)$, den Nebenwinkel also durch $180^0 - \vartheta$, und nehmen eine beliebige Tangente der Hyperbel an, deren Richtung in die Nebenscheitelräume hineinfällt, so wird es, wenn die zu ihr senkrechte Richtung auch in die Nebenscheitelräume hineinfällt, nothwendig rechtwinklige Tangenten zu der angenommenen geben; hierzu ist aber erforderlich, dass $180^0 - \vartheta > 90^0$, d. h. $\vartheta < 90^0$ ist, und umgekehrt ist ersichtlich, dass nur, wenn $\vartheta < 90^0$ ist, rechtwinklige Tangentenpaare an der Hyperbel existiren, dagegen, wenn $\vartheta > 90^0$, keine zwei zu einander rechtwinklige Tangenten der Hyperbel vorhanden sind. Wenn $\vartheta = 90^0$, d. h. die Hyperbel eine gleichseitige ist, so giebt es nur ein einziges Paar zu einander rechtwinkliger Tangenten, nämlich die Asymptoten; ihr Schnittpunkt ist der einzige Punkt der Ebene von solcher Beschaffenheit, dass das ihm zugehörige Strahlsystem in Bezug auf die Hyperbel, in diesem Falle also das System der conjugirten Durchmesser, gleichseitig-hyperbolisch ist. Wenn dagegen $\vartheta < 90^0$ oder nach dem Obigen $b < a$, so giebt es eine Menge von Rechtecken, die der Hyperbel umschrieben sind, und der Ort ihrer Ecken lässt sich ganz analog, wie bei der Ellipse ermitteln. Fassen wir nämlich wieder zwei parallele Tangenten, die in den Endpunkten eines Durchmessers $\mathfrak{r}\mathfrak{q}_1$ berühren, als Träger der die Hyperbel erzeugenden Punktreihen auf, so müssen diese (S. 116) gleichlaufend sein oder, wenn $\mathfrak{x}\mathfrak{x}_1$ irgend ein Paar entsprechender Punkte derselben sind, die Strecken $\mathfrak{r}\mathfrak{x}$ und $\mathfrak{q}_1\mathfrak{x}_1$ entgegengesetzt gerichtet sein; der absolute Werth des Rechtecks aus diesen beiden Strecken muss constant sein; eine durch den Mittelpunkt M zwischen $\mathfrak{r}\mathfrak{q}_1$ gehende Tangente, d. h. eine Asymptote der Hyperbel, schneidet auf den beiden Trägern gleiche, aber entgegengesetzt gerichtete Strecken ab, und eine solche ist nach dem Vorigen (S. 174) die Länge des halben dem Durchmesser $\mathfrak{r}\mathfrak{q}_1$ conjugirten Durchmessers der Hyperbel; bezeichnen wir diesen mit B und $M\mathfrak{r}$ mit A, so ist also:

Fig. 52.

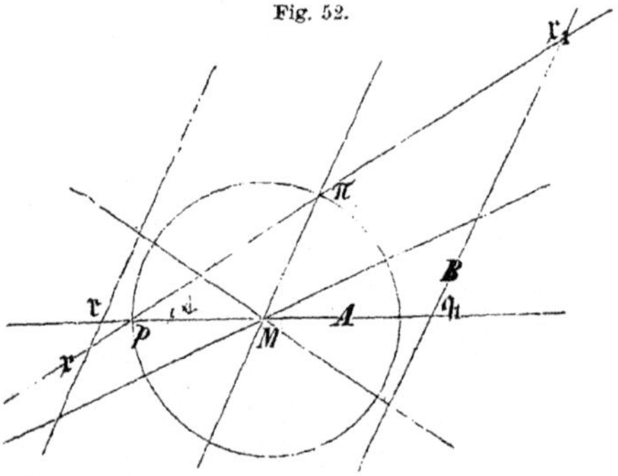

$$\mathfrak{r}\mathfrak{x} \cdot \mathfrak{x}_1\mathfrak{q}_1 = B^2 \qquad \text{(Fig. 52).}$$

Ziehen wir noch durch M eine Parallele zu den Tangenten in $\mathfrak{r}$ und $\mathfrak{q}_1$, so haben wir in M ein Paar conjugirter Durchmesser der Hyperbel, und genau ebenso, wie im vorigen Falle, ist eine solche Tangente der Hyperbel zu suchen, welche auf jenen zwei gleiche

Strecken $Mp = M\pi$ abschneidet; trifft dieselbe in $\mathfrak{x}$ und $\mathfrak{x}_1$ die Träger der beiden Punktreihen, so ist wegen der Parallelität:

$$\begin{aligned}
\mathfrak{r}p &= \mathfrak{r}\mathfrak{x} \qquad \text{und} \qquad & p\mathfrak{q}_1 &= \mathfrak{x}_1\mathfrak{q}_1\\
\mathfrak{r}p &= \mathfrak{r}M - pM & p\mathfrak{q}_1 &= pM + M\mathfrak{q}_1\\
&= A \quad - pM & &= pM + A
\end{aligned}$$

$$\mathfrak{r}p \cdot p\mathfrak{q}_1 = \mathfrak{r}\mathfrak{x} \cdot \mathfrak{x}_1\mathfrak{q}_1 = B^2 = A^2 - (pM)^2$$

$$Mp^2 = A^2 - B^2 = a^2 - b^2 = \text{const.} \qquad (\text{S. } 176, \text{II}^1),$$

folglich, da $a > b$ angenommen ist, der Ort des gesuchten Punktes p ein mit der Hyperbel concentrischer Kreis. Wir schliessen hieraus folgendes Resultat:

Der Ort des Schnittpunktes zweier rechtwinkliger Tangenten der Hyperbel ist, wenn $a > b$, ein mit der Hyperbel concentrischer Kreis, dessen Radius

$$= \sqrt{a^2 - b^2} \quad \text{ist.}$$

Jeder Punkt dieses Kreises besitzt die Eigenschaft, dass das in Bezug auf die Hyperbel ihm zugehörige Strahlsystem ein gleichseitig-hyperbolisches ist. Wenn $a = b$, d. h. die Hyperbel eine gleichseitige ist, so zieht sich dieser Kreis auf einen Punkt zusammen (hat den Radius 0), den Mittelpunkt der gleichseitigen Hyperbel; wenn $a < b$, so giebt es keine zwei zu einander rechtwinklige Tangenten der Hyperbel (der Ortskreis wird imaginär), dagegen für die conjugirte Hyperbel ist der Ort ihres Schnittpunktes ebenfalls ein Kreis mit dem Mittelpunkt M und dem Radius $\sqrt{b^2 - a^2}$.

c) Bei der *Parabel* giebt es keine zwei parallele Tangenten, sondern in jeder beliebigen Richtung eine und nur eine Tangente; folglich existiren keine der Parabel umschriebenen Rechtecke, wohl aber unzählig viele rechte Winkel, deren Schenkel die Parabel berühren; um den Ort ihrer Scheitel zu finden, haben wir das in den beiden vorigen Fällen angewendete Mittel nicht zur Verfügung, weil es keine zwei parallele Tangenten der Parabel giebt, welche als Träger der sie erzeugenden Punktreihen aufgefasst werden könnten. Die Parabel wird immer von zwei projectivisch-ähnlichen Punktreihen erzeugt, d. h. wenn $\mathfrak{x}\mathfrak{x}_1$ und $\mathfrak{y}\mathfrak{y}_1$ irgend zwei Paare entsprechender Punkte sind, so ist das Verhältniss $\frac{\mathfrak{x}\,\mathfrak{y}}{\mathfrak{x}_1\mathfrak{y}_1} = \text{const.}$ Bezeichnen wir mit $\mathfrak{e}$ und $\mathfrak{f}_1$ den Schnittpunkt der beiden Träger und mit $\mathfrak{e}_1$ und $\mathfrak{f}$ die entsprechenden Berührungspunkte, so ist also:

$$\frac{\mathfrak{f}\,\mathfrak{x}}{\mathfrak{f}_1\mathfrak{x}_1} = \frac{\mathfrak{f}\,\mathfrak{e}}{\mathfrak{f}_1\mathfrak{e}_1},$$

und wenn $\mathfrak{x}$ zwischen $\mathfrak{f}\mathfrak{e}$ liegt, so liegt $\mathfrak{x}_1$ zwischen $\mathfrak{f}_1\mathfrak{e}_1$. Wir können nun, um die Untersuchung der vorliegenden Frage zu vereinfachen, zwei solche Tangenten der Parabel als Träger zweier erzeugenden Punktreihen auswählen, für welche die projectivisch-ähnlichen Punktreihen projectivisch-gleich werden, also $\mathfrak{f}\mathfrak{x} = \mathfrak{f}_1\mathfrak{x}_1$, was immer der Fall ist, sobald $\mathfrak{f}\mathfrak{e} = \mathfrak{f}_1\mathfrak{e}_1$ ist. Verbinden wir den Schnittpunkt zweier Tangenten $\mathfrak{e}\mathfrak{f}_1$ mit der Mitte der Berührungssehne $\mathfrak{f}\mathfrak{e}_1$, so ist diese Verbindungslinie bekanntlich allemal ein Durchmesser, geht also bei der Parabel durch den unendlich-entfernten Punkt derselben; soll nun $\mathfrak{f}\mathfrak{e} = \mathfrak{f}_1\mathfrak{e}_1$ sein, so muss die Berührungssehne $\mathfrak{f}\mathfrak{e}_1$ senkrecht stehen auf dem durch den Schnittpunkt $\mathfrak{e}\mathfrak{f}_1$ gehenden Durchmesser der Parabel, also die ganze Schaar der zu $\mathfrak{f}\mathfrak{e}_1$ parallelen Sehnen, deren Mitten auf dem Durchmesser liegen, insbesondere auch die zu $\mathfrak{f}\mathfrak{e}_1$ parallele Tangente, muss senkrecht stehen auf diesem durch ihren Berührungspunkt gehenden Durchmesser, oder wie wir oben gesehen haben, dieser Durchmesser muss die *Axe der Parabel* sein. Zwei solche Tangenten der Parabel, welche sich auf ihrer Axe treffen, sind daher als die Träger zweier projectivisch-gleicher Punktreihen aufzufassen, die die Parabel erzeugen.

Das dieser Axe zugehörige Punktsystem in Bezug auf die Parabel ist natürlich ein gleichseitig-hyperbolisches, weil sein Mittelpunkt und ein Asymptotenpunkt im Unendlichen liegen; der andere endliche Asymptotenpunkt ist der *Scheitel der Parabel*. Die von irgend einem Punkte der Axe ausserhalb der Parabel an dieselbe gelegten beiden Tangenten bilden gleiche Winkel mit der Axe und haben ihre Berührungspunkte in gleichem Abstande von dem Schnittpunkte, woraus denn die vollkommene Symmetrie der Parabel in Bezug auf ihre Axe erhellt. Wir wollen aber denjenigen besonderen Punkt der Axe aufsuchen, für welchen das Tangentenpaar einen rechten Winkel bildet, der also zu dem gesuchten Orte gehört. Es giebt nur einen solchen; und er wird leicht gefunden, indem wir die zur Axe unter 45° geneigten Tangenten der Parabel aufsuchen, welche sich in diesem Punkte der Axe treffen. Diese besonderen beiden Tangenten sollen als Träger der die Parabel erzeugenden projectivisch-gleichen Punktreihen aufgefasst werden, und es ist einleuchtend, dass sie ihrer eigenthümlichen Beschaffenheit wegen am einfachsten zur Beantwortung der vorliegenden Frage führen werden. In der That, sei (Fig. 53) $\mathfrak{e}\mathfrak{f}_1$ ihr Schnittpunkt, und seien $\mathfrak{f}$ und $\mathfrak{e}_1$ ihre Berührungs-

Fig. 53.

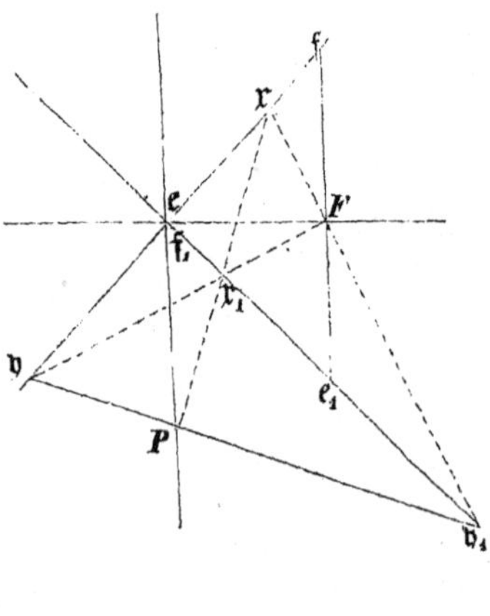

punkte, also $\mathfrak{e}\mathfrak{f} = \mathfrak{e}_1\mathfrak{f}_1$ und $\angle\, \mathfrak{f}\mathfrak{e}\mathfrak{e}_1 = 90^0$, die Mitte der Berührungssehne $\mathfrak{f}\mathfrak{e}_1$ sei F, also $\mathfrak{f}_1 F$ die Axe der Parabel und $\mathfrak{e}F = F\mathfrak{f}$, weil

$$\angle\, \mathfrak{f}\mathfrak{e}F = 45^0 \text{ ist;}$$

tragen wir ferner eine beliebige Strecke $\mathfrak{f}\mathfrak{x}$ von $\mathfrak{f}$ aus auf $\mathfrak{f}\mathfrak{e}$ ab und die gleiche Strecke $\mathfrak{f}_1\mathfrak{x}_1$ von $\mathfrak{f}_1$ auf $\mathfrak{f}_1\mathfrak{e}_1$, so ist $\mathfrak{x}\mathfrak{x}_1$ eine Tangente der Parabel. Aus dieser Construction geht die Congruenz der Dreiecke $\mathfrak{f}\mathfrak{x}F$ und $\mathfrak{f}_1\mathfrak{x}_1F$ hervor, weil sie zwei Seiten und den eingeschlossenen Winkel (45^0) gleich haben; es folgt daher $\mathfrak{x}F = \mathfrak{x}_1F$ und $\angle\, \mathfrak{x}F\mathfrak{x}_1 = 90^0$, also jeder der beiden andern Winkel des Dreiecks $\mathfrak{x}F\mathfrak{x}_1$ beträgt 45^0. Nun treffen die Verlängerungen von $F\mathfrak{x}$ und $F\mathfrak{x}_1$ die Träger der erzeugenden beiden Punktreihen, weil F auf der Berührungssehne liegt, in zwei neuen entsprechenden Punkten $\mathfrak{y}\mathfrak{y}_1$ (S. 93), deren Verbindungslinie ebenfalls eine Tangente der Parabel sein muss (was auch daraus unmittelbar erhellt, dass sich $\mathfrak{e}\mathfrak{y} = \mathfrak{e}_1\mathfrak{y}_1$ ergiebt). Die vier Punkte $\mathfrak{x}\mathfrak{x}_1$, $\mathfrak{y}\mathfrak{y}_1$ haben eine solche Lage in der Ebene, dass *jeder der Höhenpunkt des von den drei andern gebildeten Dreiecks* ist, denn in dem Dreieck $\mathfrak{x}\mathfrak{y}\mathfrak{y}_1$ steht $\mathfrak{y}_1\mathfrak{x}_1$ auf $\mathfrak{y}\mathfrak{x}$ senkrecht (in $\mathfrak{e}$), und auch $\mathfrak{y}\mathfrak{x}_1$ auf $\mathfrak{y}_1\mathfrak{x}$ (in F), also ist $\mathfrak{x}_1$ der Höhenpunkt des Dreiecks $\mathfrak{x}\mathfrak{y}\mathfrak{y}_1$, und folglich steht auch $\mathfrak{x}\mathfrak{x}_1$ auf $\mathfrak{y}\mathfrak{y}_1$ senkrecht, d. h. wir haben zwei neue zu einander senkrechte Tangenten der Parabel gefunden, die sich in P treffen. Verändern wir die willkürlich angenommene Tangente $\mathfrak{x}\mathfrak{x}_1$ der Parabel, so erhalten wir sämmtliche Paare rechtwinkliger Tangenten derselben und können nun leicht den Ort ihrer Schnittpunkte P ermitteln. Da nämlich $\mathfrak{x}_1$ der Höhenpunkt des Dreiecks $\mathfrak{x}\mathfrak{y}\mathfrak{y}_1$ ist, so liegen die vier Punkte $\mathfrak{x}\mathfrak{y}_1P\mathfrak{e}$ auf einem Kreise, und es ist $\angle\, P\mathfrak{e}\mathfrak{y}_1 = \angle\, P\mathfrak{x}\mathfrak{y}_1 = 45^0$, also liegt P auf derjenigen Halbirungslinie des Winkels zwischen den beiden Trägern, welche senkrecht auf der Parabelaxe steht; diese gerade Linie bleibt aber fest, während wir die Tangente $\mathfrak{x}\mathfrak{x}_1$ verändern, und wir erhalten daher folgendes Resultat:

Der Ort des Scheitels eines rechten Winkels, dessen Schenkel Tangentenpaare einer Parabel sind, ist eine gerade Linie, welche senkrecht steht auf der Axe der Parabel in demjenigen Punkte, in welchem die beiden unter 45^0 zur Axe geneigten Tangenten der Parabel sich treffen. Jeder Punkt dieser Geraden besitzt die Eigenschaft, dass das in Bezug auf die Parabel ihm zugehörige Strahlsystem ein gleichseitig-hyperbolisches ist.

Wollen wir dieses Resultat mit dem für Ellipse und Hyperbel gefundenen in Uebereinstimmung bringen, so können wir die gefundene Gerade auch als einen Kreis mit unendlich-grossem Radius ansehen, was denn vollständig mit dem Umstande harmonirt, dass bei der Parabel die Längen der Axen unendlich gross sind, weil ihr Mittelpunkt im Unendlichen liegt.

Wir gehen hier nicht auf weitere Eigenschaften der Parabel ein, welche sich aus der betrachteten Figur (Fig. 53) in ganz elementarer Weise ergeben, auch nicht auf die Bedeutung der gefundenen Geraden und des Punktes F, welche Pol und Polare in Bezug auf die Parabel sind (Leitlinie und Brennpunkt derselben), weil wir hierauf bald von anderer Seite kommen werden.

Nur *eine* Eigenschaft des gefundenen Ortskreises wollen wir noch berühren: Denken wir uns nämlich irgend ein Tripel conjugirter Punkte in Bezug auf den Kegelschnitt: xyz (S. 147) und den Mittelpunkt M desselben, ziehen Mx und bezeichnen den Schnittpunkt $(Mx, yz) = x_1$ (Fig. 54), so ist $Mx . Mx_1$ das constante Rechteck (die Potenz) des diesem Durchmesser des Kegelschnitts zugehörigen Punktsystems, also $= A^2$ oder $- A^2$, je nachdem x und x_1 auf derselben oder entgegengesetzten Seiten von M liegen; den conjugirten Durchmesser zu Mx erhalten wir, indem wir durch M eine Parallele zu yz ziehen; wird diese Parallele von xy in s getroffen, so muss eine durch z zu Mx gezogene Parallele dieselbe in dem conjugirten Punkte s_1 treffen, so dass $Ms . Ms_1$ das constante Rechteck auf dem conjugirten Durchmesser ist für das Punktsystem, welches diesem Durchmesser in Bezug auf den Kegelschnitt zugehört, also $= B^2$ oder $- B^2$, je nachdem der Durchmesser den Kegelschnitt trifft oder nicht. Für die Ellipse gelten die Werthe A^2 und B^2, für die Hyperbel A^2 und $- B^2$ oder B^2 und $- A^2$; in beiden Fällen aber ist die Summe constant und zwar, wie wir gesehen haben, gleich dem Quadrate des Radius R desjenigen Kreises, welcher als der Ort des Schnittpunktes zweier rechtwinkligen Tangenten des Kegelschnitts gefunden wurde, also:

Fig. 54.

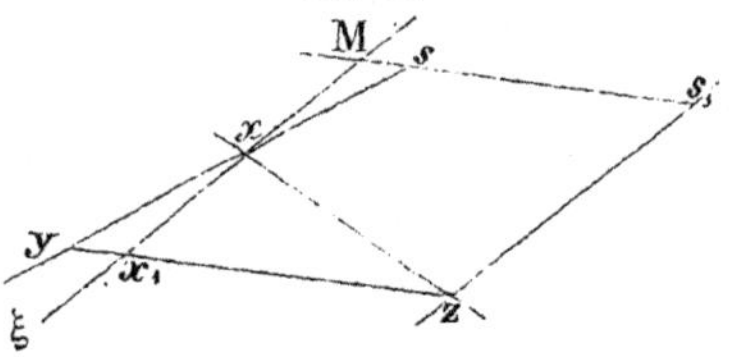

$$Mx\, Mx_1 + Ms . Ms_1 = R^2 .$$

Nun ist wegen der Parallelität:

$$\frac{Ms}{Mx} = \frac{x_1 y}{x_1 x} \quad \text{und} \quad Ms_1 = x_1 z ,$$

also:

$$\frac{Ms . Ms_1}{Mx} = \frac{x_1 y \, . \, x_1 z}{x_1 x} ,$$

welcher Ausdruck sich leicht geometrisch ausdrücken lässt, indem wir durch xyz einen Kreis legen und den andern Schnittpunkt ξ der Geraden $x_1 x$ mit diesem Kreise bestimmen; dann wird:

$$\frac{Ms \,.\, Ms_1}{Mx} = x_1 \xi \quad \text{oder} \quad Ms \,.\, Ms_1 = Mx \,.\, x_1 \xi;$$

es ist aber allgemein:

$$x_1 \xi = M\xi - Mx_1 \,,$$

also:

$$Ms \,.\, Ms_1 + Mx \,.\, Mx_1 = R^2 = Mx \,.\, M\xi$$

und da $Mx \,.\, M\xi$ die Potenz des Punktes M in Bezug auf den um xyz beschriebenen Kreis bedeutet, so folgt: *Der Mittelpunkt eines Kegelschnitts hat in Bezug auf den einem beliebigen Polardreieck des Kegelschnitts umschriebenen Kreis immer dieselbe Potenz*, welche gleich ist dem Quadrate des Radius desjenigen Ortskreises, der die Schnittpunkte der rechtwinkligen Tangenten des Kegelschnitts enthält. Oder auch: *Der Ortskreis des Schnittpunktes rechtwinkliger Tangentenpaare eines Kegelschnitts schneidet jeden, einem beliebigen Polardreieck umschriebenen Kreis rechtwinklig.*

Für die Parabel ergiebt sich dies Resultat:

Die sämmtlichen Polardreiecken in Bezug auf eine Parabel umschriebenen Kreise haben ihre Mittelpunkte auf der Leitlinie der Parabel.

In gleicher Weise ergiebt sich:

$$Mx \,.\, Mx_1 \,.\, Ms \,.\, Ms_1 \sin^2\varphi = a^2 b^2 \,,$$

wo φ den Winkel der beiden conjugirten Durchmesser bezeichnet; oder wenn man mit $p_1 p_2 p_3$ die drei Perpendikel aus M auf die Seiten des Polardreiecks bezeichnet und bemerkt, dass

$$\begin{aligned}
Mx_1 \sin\varphi &= p_1 \\
Mx \quad &= p_2 \cdot \frac{x_1 x}{x_1 z} \cdot \frac{1}{\sin(xzy)} \\
Mx \sin\varphi &= p_3 \cdot \frac{xy}{x_1 y} \qquad \text{ist}
\end{aligned}$$

$$Mx_1\, Mx^2 \,.\, \sin^2\varphi = p_1 p_2 p_3 \cdot \frac{x_1 x}{x_1 y \,.\, x_1 z} \cdot \frac{xy}{\sin(xzy)}$$

und nach dem Obigen:

$$\frac{Ms \,.\, Ms_1}{Mx} = \frac{x_1 y \,.\, x_1 z}{x_1 x}$$

so folgt:

$$\begin{aligned}
a^2 b^2 &= p_1 p_2 p_3 \cdot \frac{xy}{\sin(xzy)} \\
&= 2 \,.\, p_1 p_2 p_3 \,.\, r \,,
\end{aligned}$$

wo r den Radius des dem Polardreieck umschriebenen Kreises bedeutet, da bekanntlich im Dreieck das Verhältniss einer Seite zum Sinus des gegenüberliegenden Winkels gleich dem Durchmesser des umschriebenen Kreises ist. (Siehe Aufgaben und Sätze.)*)

---

*) Diese Sätze sind zuerst von *Faure* in den Nouvelles Annales de Mathématiques tome XIX. p. 234 und tome XX p. 55. ausgesprochen.

§. 35. Bestimmung solcher Punkte in der Ebene eines Kegelschnitts, für welche das zugehörige Strahlsystem ein circulares wird: Die Brennpunkte des Kegelschnitts.

Da jedem Punkte in der Ebene eines Kegelschnitts ein bestimmtes Strahlsystem in Bezug auf denselben zugehört, so entsteht insbesondere die Frage nach solchen Punkten, deren Strahlsystem ein circulares wird, bei welchem bekanntlich je zwei conjugirte Strahlen zu einander rechtwinklig sind. Solche Punkte müssen natürlich, falls sie vorhanden sind, innerhalb des Kegelschnitts liegen, d. h. es dürfen keine reellen Tangenten durch sie gehen, weil das circulare Strahlsystem ein besonderer Fall des elliptischen Strahlsystems ist. Wir können aber den Ort, wo wir sie überhaupt zu suchen haben, noch mehr beschränken, denn es ist leicht einzusehen, dass sie nur auf den Axen des Kegelschnitts liegen können. Wäre P irgend ein nicht auf einer Axe des Kegelschnitts liegender Punkt und M der Mittelpunkt des Kegelschnitts, so würde dem Durchmesser PM ein conjugirter Durchmesser zugehören, der nicht zu ihm rechtwinklig wäre, und zögen wir durch P zu diesem conjugirten Durchmesser eine Parallele, so hätten wir in P zwei conjugirte Strahlen des dem Punkte P zugehörigen Strahlsystems; diese wären also nicht zu einander rechtwinklig, folglich das Strahlsystem für P kein circulares Strahlsystem. Wir haben mithin die Punkte von der verlangten Eigenschaft nur auf den Axen zu suchen und zwar nur auf denjenigen Abschnitten der Axen, welche von keiner Tangente getroffen werden (innerhalb des Kegelschnitts liegen). Sei x ein beliebiger Punkt einer Axe des Kegelschnitts und X seine Polare, die in u senkrecht auf der Axe steht, dann wird das ganze dem Punkte x zugehörige Strahlsystem in folgender Weise erhalten: Wir ziehen einen beliebigen Strahl Z durch x, welcher in y die Polare X treffe, und bestimmen den Pol z von Z, welcher nothwendig auf X liegt; während sich Z bewegt, wird sich auch $xz = Y$ verändern, und (Y, Z) sind immer ein Paar conjugirter Strahlen des dem Punkte x zugehörigen Strahlsystems (S. 146); y und z sind gleichzeitig ein Paar conjugirter Punkte des der Geraden X zugehörigen Punktsystems, dessen Mittelpunkt offenbar u ist (Fig. 55); der Strahl xu und die auf ihm Senkrechte durch x sind die Axen des Strahlsystems für den Punkt x; wenn nun die beiden conjugirten Strahlen Y und Z auch zu einander rechtwinklig wären, so hätte das Strahlsystem für x zwei Paar Axen und wäre mithin ein circulares (Seite 64). Dies ist aber für einen beliebig auf der Axe angenommenen Punkt x nicht der Fall, und wir werden solche besonderen Punkte aufzusuchen haben, welche diese Eigenschaft besitzen. Verfolgen wir das dem Punkte x zugehörige Strahlsystem und das mit ihm per-

Fig. 55.

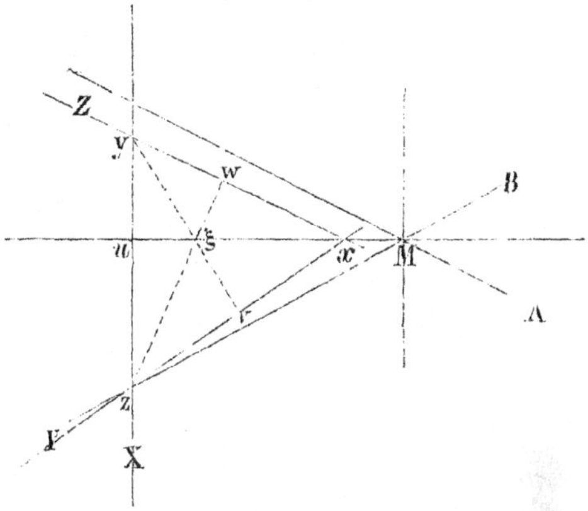

spectivisch liegende, der Polare X zugehörige Punktsystem (y, z), so ist, weil u der Mittelpunkt desselben ist, allemal:

$$uy \,.\, uz = \text{const.}$$

In dem Dreieck xyz ist xu eine Höhe, die beiden andern Höhen yv und zw schneiden sich daher in einem Punkte ξ der ersteren, d. h. der Axe des Kegelschnitts, und wir haben wegen der Aehnlichkeit der Dreiecke:

$$yu \,.\, uz = u\xi \,.\, ux = \text{const.},$$

folglich wird, wie wir auch das Punktpaar y, z auf der Polare verändern, der Höhenpunkt ξ des Tripel-Dreiecks xyz unverändert bleiben; also haben wir den Satz gefunden:

Irgend ein fester Punkt x einer Axe des Kegelschnitts kann als ein Eckpunkt von unendlich vielen Tripeln in Bezug auf den Kegelschnitt angesehen werden, dessen beide andern Eckpunkte yz auf der Polare X von x sich verändern; der Höhenpunkt dieser sämmtlichen Tripel-Dreiecke xyz ist ein und derselbe feste Punkt ξ und liegt ebenfalls auf der Axe des Kegelschnitts, auf welcher x angenommen ist.

Da ferner die Punkte v und w, die Fusspunkte der beiden aus y und z gefällten Höhen, die Eigenschaft besitzen, dass vx und vy, ebenso wie wx und wz, conjugirte Strahlen sind, und zugleich rechtwinklig auf einander stehen, so folgt, dass sie die Axen der den Punkten v und w in Bezug auf den Kegelschnitt zugehörigen Strahlsysteme sind. Die Punkte x und ξ besitzen also die Eigenschaft, dass für jeden

Punkt P des über $x\xi$ als Durchmesser beschriebenen Kreises die Strahlen Px und $P\xi$ die Axen des dem Punkte P in Bezug auf den Kegelschnitt zugehörigen Strahlsystems sind. Geht insbesondere durch x (oder ξ) eine Tangente des Kegelschnitts, deren Pol der Berührungspunkt P_0 ist, so muss $P_0\xi$ (oder P_0x) senkrecht auf der Tangente stehen, d. h. die Normale in P_0 sein; die Punkte x und ξ besitzen also auch die Eigenschaft, dass sie die Durchschnittspunkte von Tangente und Normale eines gewissen Kegelschnittpunktes mit der in Betracht gezogenen Axe sind, natürlich auch des zweiten zu der Axe symmetrisch liegenden Kegelschnittpunktes.

Verändern wir jetzt den Punkt x auf der Axe des Kegelschnitts, so verändert sich mit ihm auch ξ. Wenn aber einmal das dem Punkte x zugehörige Strahlsystem ein circulares wäre, so müsste das Dreieck yxz bei x rechtwinklig werden, oder der Höhenpunkt ξ müsste mit dem Eckpunkt x zusammenfallen, und umgekehrt, wenn der Höhenpunkt eines Dreiecks mit einem Eckpunkte zusammenfällt, so ist das Dreieck rechtwinklig. Wir werden also zunächst zu untersuchen haben, wie sich der Punkt ξ mit dem Punkte x verändert, und dann nachsehen, ob und wie oft es vorkommt, dass x und ξ zusammenfallen; diejenigen Punkte, bei denen dies eintritt, sind von der gesuchten Beschaffenheit, dass das ihnen zugehörige Strahlsystem ein circulares wird. Um zu dem Punkte x den Punkt ξ zu finden, haben wir nur nöthig, einen beliebigen Strahl Z durch x zu ziehen und aus dem Pol z ein Perpendikel auf Z zu fällen, welches die Axe in ξ trifft. Halten wir der Einfachheit wegen, indem wir x fortrücken, die Richtung von Z fest, d. h. lassen es beständig sich parallel bleiben, so wird der Pol z auf dem zu dieser Richtung conjugirten Durchmesser Mz sich bewegen, die Senkrechte zw bleibt auch sich parallel, also das Verhältniss $\frac{Mz}{M\xi} = \text{const.}$ Die Polare X von x bleibt ebenso beständig sich parallel, folglich das Verhältniss $\frac{Mu}{Mz}$ constant, mithin auch $\frac{Mu}{M\xi} = \text{const.}$ Es sind aber x und u conjugirte Punkte des der Axe zugehörigen Punktsystems, dessen Mittelpunkt M ist, daher:

$$Mx \,.\, Mu = \text{const.} \; (= a^2 \text{ oder } b^2)\,;$$

es ergiebt sich hieraus, dass auch das Rechteck $Mx \,.\, M\xi$ constant bleibt:

$$Mx \,.\, M\xi = \text{const.}$$

oder, was dasselbe sagt, dass die Punkte x und ξ conjugirte Punkte eines *neuen* auf der Axe befindlichen Punktsystems sind, dessen Asymptotenpunkte, wenn es hyperbolisch ist, die gesuchten Punkte sein werden, deren dem Kegelschnitt zugehörige Strahlsysteme circulare sind.

Auch ohne diese metrischen Beziehungen zur Hülfe zu nehmen, kann man leicht einsehen, dass bei der vorgeschriebenen Bewegung das Punktpaar $x\xi$ ein Punktsystem beschreibt. In der That, da x und u conjugirte Punkte in Bezug auf den Kegelschnitt sind, so durchlaufen x und u projectivische Punktreihen; da uz beständig senkrecht steht auf der Axe Mx, so durchläuft z auf der festen Geraden Mz eine mit (u) ähnliche Punktreihe, also durchlaufen auch z und x projectivische Punktreihen. Da ferner $z\xi$ sich ebenfalls beständig parallel bleibt, weil es auf der unveränderten Richtung von Z senkrecht steht, so durchlaufen z und ξ ähnliche Punktreihen; also müssen schliesslich auch x und ξ projectivische Punktreihen durchlaufen; dass dieselben aber auch involutorisch liegen, erhellt so: Um zu einem Punkte x den zugehörigen ξ zu finden, ziehen wir durch x einen beliebigen Strahl Z und fällen aus dem Pole desselben z ein Perpendikel auf Z, welches in ξ die Axe trifft. Da $z\xi$ durch z geht, so muss der Pol von $z\xi$ auf Z liegen. Um nun den zu ξ zugehörigen Punkt zu erhalten, zieht man durch ξ den Strahl ξz und fällt aus seinem Pol ein Perpendikel auf ξz; dies Perpendikel kann nichts anderes als Z selbst sein, trifft also in x die Axe, und es folgt, dass, wenn ξ der zu x zugehörige Punkt ist, x der zu ξ zugehörige Punkt sein muss. Die beiden von x und ξ beschriebenen projectivischen Punktreihen liegen also involutorisch, d. h. sie bilden ein Punktsystem, und die Asymptotenpunkte desselben sind die gesuchten. (Dass M der Mittelpunkt dieses Punktsystems ist, zeigt dieselbe Construction, weil er dem unendlich-entfernten Punkte entspricht.)

Es giebt also im Allgemeinen auf jeder der beiden Axen zwei solche Punkte, und es bleibt noch zu untersuchen, ob dieselben reell vorhanden, d. h. die in der angegebenen Weise auf den Axen des Kegelschnitts construirten beiden neuen Punktsysteme hyperbolisch oder elliptisch sind. Da der Mittelpunkt des Kegelschnitts M auch für diese beiden neuen Punktsysteme Mittelpunkt ist, so ist nur zu untersuchen, ob ein solches auf einer der Axen befindliches Punktpaar (x, ξ) durch M getrennt wird, oder nicht; im ersten Falle wird das Punktsystem elliptisch, im zweiten hyperbolisch sein. Um aber ein Punktpaar x, ξ zu erhalten, haben wir nach dem Vorigen nur nöthig, in irgend einem in der Ebene des Kegelschnitts gewählten Punkte P die Axen des Strahlsystems zu bestimmen, welches dem P zugehört; diese Axen treffen eine Kegelschnittaxe in zwei Punkten

x, ξ des neuen Punktsystems auf ihr; denn lassen wir umgekehrt die Punkte x, ξ das ganze neue Punktsystem durchlaufen und beschreiben jedesmal über $x\xi$ als Durchmesser einen Kreis, dessen Punkte P die oben hervorgehobene Eigenschaft besitzen, so erhalten wir ein Kreisbüschel, welches die ganze Ebene stetig erfüllt, und durch jeden beliebigen Punkt P der Ebene giebt es nur einen Kreis des Büschels. Wir schliessen hieraus beiläufig folgenden Satz:

Denkt man sich in sämmtlichen Punkten der Ebene die Axen der ihnen in Bezug auf den Kegelschnitt zugehörigen Strahlsysteme ermittelt, so schneidet jedes Axenpaar die eine (und ebenso die andere) Axe des Kegelschnitts in zwei Punkten $x\xi$, deren Gesammtheit ein Punktsystem auf dieser Axe constituirt, von welchem $x\xi$ allemal ein Paar conjugirter Punkte sind.

Hieraus folgt nothwendig, dass die in dieser Weise auf beiden Axen erhaltenen neuen Punktsysteme verschiedener Natur sein müssen, nämlich das eine hyperbolisch und das andere elliptisch. Denn wenn die Schenkel eines rechten Winkels P die Schenkel eines andern rechten Winkels M in zwei Punktpaaren $x\xi$ und $x^1\xi^1$ durchbohren, so können nicht auf den Schenkeln des letzteren 1) gleichzeitig $x\xi$ durch M getrennt werden und auch $x^1\xi^1$; ebenso wenig können 2) gleichzeitig x und ξ auf derselben Seite von M in dem einen Schenkel liegen und auch x^1 und ξ^1 auf derselben Seite von M in dem andern Schenkel, sondern es müssen 3) wenn $x\xi$ durch M getrennt werden, x^1 und ξ^1 auf derselben Seite von M liegen, oder 4) wenn x und ξ auf derselben Seite von M liegen, x^1 und ξ^1 durch M getrennt werden. Dies lehrt die unmittelbare Anschauung; folglich muss das neue Punktsystem auf der einen Kegelschnittaxe elliptisch, auf der andern hyperbolisch sein. Auch ergiebt sich aus der unmittelbar ersichtlichen metrischen Beziehung:

$$Mx \,.\, M\xi + Mx^1 \,.\, M\xi^1 = 0,$$

da $Mx\,.\,M\xi$ die Potenz des einen Punktsystems $(x\xi)$ und $Mx^1\,.\,M\xi^1$ die Potenz des andern Punktsystems $(x^1\xi^1)$ ist, dass die beiden Punktsysteme entgegengesetzter Natur sein müssen, weil ihre Potenzen entgegengesetzt sind und denselben absoluten Werth haben. Bei dem letzteren existiren nun zwei reelle Asymptotenpunkte, und wir erhalten daher als Antwort auf die vorgelegte Frage folgenden Satz:

Es giebt nur zwei reelle Punkte in der Ebene eines Kegelschnitts, für welche das zugehörige Strahlsystem ein circulares wird; diese liegen auf einer der beiden Axen des Kegelschnitts und stehen vom Mittelpunkte nach beiden Seiten hin gleich weit ab; sie heissen die „Brennpunkte" des Kegelschnitts.

Wir gelangen nach dem Vorigen zu den Brennpunkten auch durch folgende Construction:

Tangente und Normale in sämmtlichen Punkten eines Kegelschnitts treffen sowohl die eine, als auch die andere Axe desselben in Punktpaaren $x\xi$, welche auf jeder ein Punktsystem constituiren, von dem x und ξ immer ein Paar conjugirter Punkte sind, und welches den Mittelpunkt des Kegelschnitts zugleich zu seinem Mittelpunkte hat; von diesen beiden Punktsystemen ist das eine elliptisch, das andere hyperbolisch; die Asymptotenpunkte des letzteren sind die Brennpunkte des Kegelschnitts, d. h. die einzigen reellen Punkte in der Ebene desselben, welche die Eigenschaft besitzen, dass das ihnen in Bezug auf den Kegelschnitt zugehörige Strahlsystem ein circulares ist.

Suchen wir bei den drei Gattungen von Kegelschnitten die Lage der Brennpunkte näher zu ermitteln, so zeigt sich zunächst bei der Parabel, deren Mittelpunkt im Unendlichen liegt, das äusserst einfache Verhalten, dass das Punktsystem $(x\xi)$ auf der Axe der Parabel ein gleichseitig-hyperbolisches wird, also der eine Asymptotenpunkt desselben mit dem Mittelpunkte im Unendlichen liegt und nur der andere Asymptotenpunkt im Endlichen bleibt; d. h. die Parabel hat nur einen (endlichen) Brennpunkt, nämlich:

Tangente und Normale in sämmtlichen Punkten der Parabel treffen die Axe derselben in je zwei Punkten $x\xi$, deren Abstand durch einen und denselben festen Punkt, den Brennpunkt der Parabel, halbirt wird.

Der zweite Brennpunkt der Parabel liegt im Unendlichen mit dem Mittelpunkt und dem unendlich-entfernten Parabelpunkt vereinigt; die zweite Axe der Parabel ist die unendlich-entfernte Gerade selbst; das auf ihr hervorgerufene Punktsystem $(x\xi)$ ist elliptisch; seine imaginären Asymptotenpunkte sind die unendlich-entfernten imaginären Kreispunkte (S. 78).

Fig. 56.

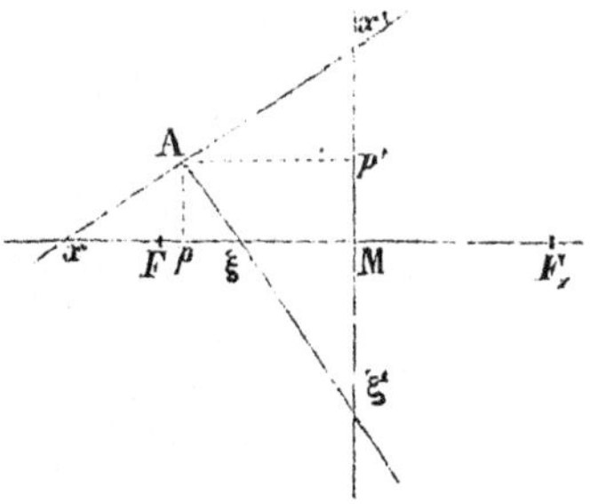

Um bei Ellipse und Hyperbel die Lage der Brennpunkte zu bestimmen, denken wir uns in irgend einem Kegelschnittpunkte A die Tangente und Normale, welche die eine Kegelschnittaxe in x und ξ, die andere in x^1 und ξ^1 treffen mögen (Fig. 56). Liegen nun x und ξ auf derselben Seite von M, so müssen x^1 und ξ^1 durch M getrennt werden; es wird also das Punktsystem $(x\xi)$ auf der Axe Mx hyperbolisch sein, und die Asymptotenpunkte desselben F und F_1 oder die Brennpunkte des Kegelschnitts werden auf dieser Axe liegen, während das Punktsystem ($x^1\xi^1$) auf der andern Axe elliptisch ist. Bezeichnen wir den Abstand der beiden Brennpunkte $FF_1 = 2c$, also $MF = c$, so ist:

$$Mx \,.\, M\xi = c^2;$$

$2c$ heisst die *Excentricität* des Kegelschnitts und lässt sich leicht ausdrücken durch die Längen der Axen desselben. Fällen wir nämlich von A die Perpendikel Ap und Ap^1 auf die Axen, so sind px und p^1x^1 zwei Paare conjugirter Punkte der den Axen in Bezug auf den Kegelschnitt zugehörigen Punktsysteme; diese sind bei der Ellipse beide hyperbolisch, bei der Hyperbel ist eines hyperbolisch, das andere elliptisch; sei das hyperbolische auf der Axe Mx befindlich, so haben wir sowohl für Ellipse, als auch für Hyperbel:

$$Mp \,.\, Mx = a^2,$$

da p und x auf derselben Seite von M liegen müssen; dagegen

$$Mp^1 \,.\, Mx^1 = b^2 \text{ für die Ellipse,}$$

und

$$Mp^1 \,.\, Mx^1 = -b^2 \text{ für die Hyperbel,}$$

weil im ersten Falle p^1 und x^1 auf derselben Seite von M liegen (wie in der Figur 56, die also den Fall der Ellipse voraussetzt), im zweiten Falle dagegen p^1 und x^1 durch M getrennt werden. Nun zeigt die Aehnlichkeit der Dreiecke:

$$\frac{Mx}{Mp} = \frac{Mx^1}{p^1x^1}, \qquad \frac{M\xi}{Mp} = \frac{M\xi^1}{p^1\xi^1},$$

und

$$Mp^2 = \xi^1p^1 \,.\, p^1x^1, \text{ woraus}$$

$$Mx \,.\, M\xi = \xi^1M \,.\, Mx^1 = c^2 \quad \text{folgt,}$$

und ferner:

$$\begin{aligned} Mx \,.\, Mp &= Mx^1 \,.\, \xi^1p^1 \\ &= Mx^1\,(\xi^1M + Mp^1) \quad \text{also} \end{aligned}$$

$$Mx \,.\, Mp - Mx^1 \,.\, Mp^1 = c^2.$$

Wir erhalten also:

$$c^2 = a^2 - b^2 \quad \text{für die Ellipse}$$

$$\text{und } c^2 = a^2 + b^2 \quad \text{für die Hyperbel.}$$

Hieraus geht hervor, dass die Brennpunkte der Ellipse auf der grossen Axe der Ellipse liegen, weil $a^2 - b^2 = c^2 > o$, also $a > b$ sein muss, und dass sie erhalten werden, wenn wir um einen der Schnittpunkte der kleinen Axe und der Ellipse mit dem Radius a der grossen Halbaxe einen Kreis schlagen, welcher die grosse Axe in den gesuchten Brennpunkten F und F_1 treffen wird, während ein mit dem Radius b der kleinen Halbaxe um einen der Scheitel der anderen Axe geschlagener Kreis die letztere nicht treffen kann. Für $a = b$ wird die Ellipse ein Kreis, und die beiden Brennpunkte jener fallen mit dem Kreismittelpunkte zusammen ($c = o$). Zweitens sehen wir, dass bei der Hyperbel die Brennpunkte auf derjenigen Axe liegen, welche dieselbe in zwei reellen Punkten, ihren Scheiteln, trifft, und dass wir sie erhalten, indem wir in den Scheiteln die Tangenten ziehen, die Schnittpunkte derselben mit den Asymptoten der Hyperbel bestimmen und mit der Entfernung eines dieser Punkte von M um den Mittelpunkt der Hyperbel einen Kreis schlagen, welcher die erste Axe in den gesuchten Brennpunkten F und F_1 trifft. Dass das Punktsystem (x^1 ξ^1) auf derjenigen Axe der Hyperbel, welche dieselbe nicht trifft, elliptisch sein muss, geht auch a priori daraus hervor, dass diese ganz ausserhalb der Hyperbel liegt, daher jedem ihrer Punkte ein hyperbolisches Strahlsystem zugehört, welches also kein circulares sein kann.

Wir haben vorhin eines Kreises erwähnt, welcher über der Strecke $x\xi$ als Durchmesser beschrieben werden kann; da nun das Punktpaar $x\xi$ ein ganzes Punktsystem durchläuft, so bilden alle diese Kreise ein Kreisbüschel, dessen Centrale eine Kegelschnittaxe ist. Beschreiben wir andererseits auch über $x^1\xi^1$ als Durchmesser einen Kreis, so erhalten wir ein zweites Kreisbüschel, welches die andere Kegelschnittaxe zur Centrale hat; diese beiden Kreisbüschel sind *conjugirte Kreisbüschel*, d. h. jeder Kreis des einen Büschels schneidet jeden des andern rechtwinklig, denn diejenigen beiden Kreise, welche (Fig. 55) über $x\xi$ und $x^1\xi^1$ als Durchmesser beschrieben werden, haben den Punkt A gemein, und die von den Mittelpunkten dieser beiden Kreise nach A hin gehenden Radien stehen offenbar senkrecht auf einander. Jedes dieser beiden Kreisbüschel hat die Centrale des andern zur Potenzlinie*) (gemeinschaftlichen Secante), und zwar das eine als ideelle, das andere als reelle gemeinschaftliche Secante, d. h. die Kreise des einen Büschels ($x\xi$) treffen die Potenzlinie nicht, die Kreise des andern Büschels ($x^1\xi^1$) gehen sämmtlich durch dieselben beiden festen Punkte F und F_1, welche die „Grenzpunkte" des ersten Kreisbüschels sind, und haben also FF_1 zur reellen gemeinschaftlichen Secante. Hiernach können wir den Satz aussprechen:

Die beiden Brennpunkte eines Kegelschnitts und die Schnittpunkte von Tangente und Normale in irgend einem Kegelschnittpunkte mit der-

*) Siehe *Steiner:* Einige geometrische Betrachtungen, *Crelle's* Journal für reine und angewandte Mathematik, Bd. I. S. 161 ff.

jenigen Axe, auf welcher die Brennpunkte nicht liegen, befinden sich allemal auf einem Kreise; woraus denn auch eine Construction der Brennpunkte sich ergiebt. Bei der Parabel geht das eine der beiden conjugirten Kreisbüschel in ein Büschel concentrischer Kreise über und das andere zerfällt.

Wir haben in der obigen Figur (Fig. 55) zwei Bewegungen mit dem Tripel xyz vorgenommen: Einmal hielten wir x fest und veränderten yz auf der Polare X; dabei blieb der Höhenpunkt ξ des Dreiecks xyz fest, und die Fusspunkte v und w zweier Höhen beschrieben einen *Kreis* über $x\xi$ als Durchmesser. Veränderten wir x auf der Kegelschnittaxe, so erhielten wir das Kreisbuschel $(x\xi)$ und für die andere Kegelschnittaxe das conjugirte Kreisbüschel $(x^1\xi^1)$. Zweitens bewegten wir aber in dem Tripel xyz den Strahl $xy = Z$ parallel mit sich fort und fällten aus z das jedesmalige Perpendikel auf Z. Der Fusspunkt w desselben beschreibt bei dieser Bewegung eine *gleichseitige Hyperbel,* welche durch die beiden reellen und die beiden imaginären Brennpunkte des Kegelschnitts hindurchgeht. Verändern wir dann die Richtung von Z, so erhalten wir ein Büschel gleichseitiger Hyperbeln, welches mit den beiden conjugirten Kreisbüscheln in engem Zusammenhange steht (siehe §. 51).

Wir können in gewissem Sinne von drei Axen eines Kegelschnitts sprechen, indem wir zu den beiden endlichen Axen die unendlich-entfernte Gerade G_∞ hinzufügen und also das Tripel conjugirter Strahlen, deren zwei die endlichen Axen des Kegelschnitts sind, vervollständigen; dann würde also der Kegelschnitt drei Mittelpunkte haben, von denen zwei im Unendlichen liegen, und sechs Brennpunkte, nämlich die Doppelpunkte der drei Punktsysteme $(x\xi)$ auf den drei Axen; von diesen Punktsystemen, welche entstehen durch die Schnittpunkte $(x\xi)$ sämmtlicher Axenpaare aller dem Kegelschnitt zugehörigen Strahlsysteme in der Ebene, sind aber immer zwei elliptisch und nur eines hyperbolisch, also von den sechs Brennpunkten nur zwei reell. Wir erwähnen diese Auffassung, weil sie bei manchen geometrischen Untersuchungen zur Aufklärung von Paradoxen dient, die sonst nicht erklärt werden können. Beim sphärischen Kegelschnitt z. B. treten diese drei Axen, weil das Operationsfeld der Kugel keine unendlich-entfernten Punkte besitzt, ganz bestimmt hervor.*)

Wir können uns auch auf der unendlich-entfernten Geraden ein Punktsystem denken, welches ihr in Bezug auf den Kegelschnitt zugehört; dies wird bestimmt durch das dem Mittelpunkte des Kegelschnitts zugehörige Strahlsystem (der conjugirten Durchmesser) und

*) Vergl. *Heinrich Vogt:* Der sphärische Kegelschnitt, Inaug.-Diss. Breslau 1871.

ist elliptisch, wenn der Kegelschnitt Ellipse, hyperbolisch, wenn er Hyperbel ist, wo dann die Asymptoten des Kegelschnitts durch die Asymptotenpunkte jenes Punktsystems auf G_∞ gehen. Da insbesondere beim Kreise das System der conjugirten Durchmesser ein circulares Strahlsystem ist, d. h. aus lauter Paaren rechtwinkliger Strahlen besteht, so wird für jeden Kreis in der Ebene auf G_∞ dasselbe Punktsystem bestimmt; da nun die Asymptotenpunkte dieses Punktsystems immer die Schnittpunkte der G_∞ mit dem Kegelschnitt sind, so können wir in gewissem Sinne sagen: *Alle Kreise der Ebene gehen durch dieselben beiden imaginären Punkte der unendlich-entfernten Geraden*, d. h. für uns nichts anderes als: Das der unendlich-entfernten Geraden für alle Kreise der Ebene zugehörige Punktsystem ist identisch dasselbe, circulare. Die beiden imaginären Kreispunkte auf der unendlich-entfernten Geraden sind bereits auf S. 78 erwähnt und erklärt worden. Nach der letzten Bemerkung sind also *die beiden imaginären Kreispunkte auf der unendlich-entfernten Geraden als ein Paar imaginärer Brennpunkte* für jeden beliebigen Kegelschnitt in der Ebene aufzufassen.

§. 36. Einige Eigenschaften der Kegelschnitte, welche sich auf ihre Brennpunkte beziehen.

Die eigenthümliche Beschaffenheit der Brennpunkte führt zu sehr einfachen Eigenschaften der Kegelschnitte, welche zu den ältesten und bekanntesten gehören. Wir wollen dieselben hier nur kurz aus unserer Definition der Brennpunkte ableiten. Da das Punktsystem $(x\xi)$, dessen Asymptotenpunkte die Brennpunkte FF_1 des Kegelschnitts sind, durch Tangente und Normale sämmtlicher Kegelschnittpunkte P auf der Axe, welche die Brennpunkte enthält, fixirt wird, so bilden die Tangente und Normale irgend eines Punktes P des Kegelschnitts und die beiden Strahlen PF, PF_1 nach den Brennpunkten hin vier harmonische Strahlen, und da Tangente und Normale zugeordnete Strahlen sind und auf einander senkrecht stehen, so halbiren sie (S. 16) die Winkel zwischen den Strahlen PF und PF_1, also erhalten wir den Satz:

Die Tangente (und Normale) in jedem Punkte des Kegelschnitts bildet gleiche Winkel mit den beiden Strahlen, welche von diesem Punkte nach den Brennpunkten des Kegelschnitts gehen.

Hieraus erklärt sich (wenigstens für Ellipse und Parabel) der Name Brennpunkte, indem nach dem bekannten Reflexionsgesetz die von einem Brennpunkte des Kegelschnitts ausgehenden (Licht- oder Wärme-) Strahlen, welche an der Peripherie des Kegelschnitts reflectirt werden, in dem andern sich wieder vereinigen. Bei der Parabel werden alle von dem (endlichen) Brennpunkte ausgehenden Strahlen durch dieselbe parallel zur Axe reflectirt, weil der zweite Brennpunkt im Unendlichen liegt. Ueberhaupt gestalten sich die Focaleigenschaften bei der Parabel am einfachsten, und wir wollen sie daher zuerst kurz ableiten. Das dem Brennpunkte zugehörige Strahlsystem der Parabel ist ein circulares; bestimmen wir die Polare des Brennpunktes, welche *Leitlinie* (Directrix) der Parabel heisst und um ein gleiches Stück, wie der Brennpunkt von dem Scheitel der Parabel nach entgegengesetzter Seite hin absteht (weil das der Axe zugehörige Punktsystem auch ein gleichseitig-hyperbolisches ist), ausserdem in diesem Punkte senkrecht auf der Axe steht, so wird die Verbindungslinie irgend eines Punktes R der Leitlinie mit dem Brennpunkt F senkrecht stehen auf der durch F gehenden Polare von R; diese schneidet aber die Parabel in zwei reellen Punkten P und P^1, weil der Brennpunkt F innerhalb der Parabel liegt, und RP und RP^1 sind die Tangenten in diesen Parabelpunkten. Ziehen wir durch P eine Parallele zur Axe, und schneidet dieselbe die Leitlinie in Q (Fig. 57), so halbirt nach dem Vorigen die Tangente PR den Winkel FPQ; PQ steht aber senkrecht auf der Leitlinie $\mathfrak{L}$, folglich sind die beiden Dreiecke RPQ und RPF, weil sie alle Winkel gleich haben und eine Seite RP gemeinschaftlich, congruent; mithin ist $PF = PQ$; dasselbe gilt vom Punkte P^1 und überhaupt von allen Punkten der Parabel, wenn wir R auf der Leitlinie fortrücken lassen. Hieraus ergiebt sich die bekannte Entstehungsweise der Parabel:

Fig. 57.

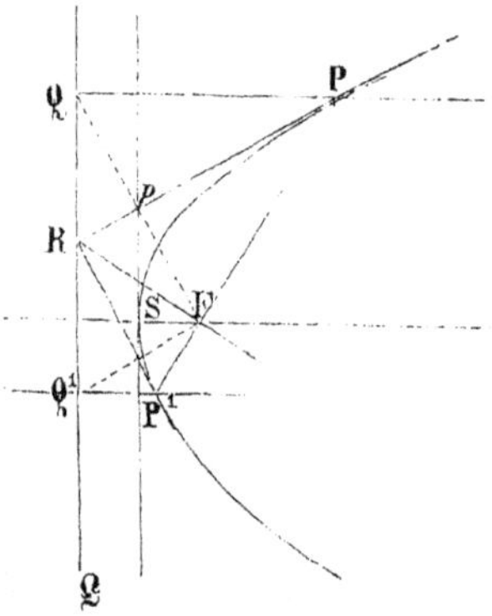

Alle Punkte der Ebene, welche von einem festen Punkt F und einer festen Geraden $\mathfrak{L}$ gleich weit abstehen, liegen auf einer Parabel, welche F zum Brennpunkt und $\mathfrak{L}$ zur Leitlinie hat.

Da ferner $RF = RQ = Q^1R$ und FQ senkrecht auf RP steht und durch diese Gerade halbirt wird in p, wie aus der Figur hervorgeht, so wird bei der Bewegung von R, weil Q auf der festen Geraden $\mathfrak{L}$ sich bewegt und immer $Fp = \frac{1}{2} FQ$ ist, der Punkt P sich auf einer mit $\mathfrak{L}$ parallelen Geraden, welche den Abstand des Brennpunktes F von $\mathfrak{L}$ halbirt, fortbewegen; diese Gerade ist die Tangente im Scheitel

S der Parabel und p der Fusspunkt eines vom Brennpunkte auf eine beliebige Tangente gefällten Perpendikels, also:

Die Fusspunkte der aus dem Brennpunkt auf sämmtliche Tangenten der Parabel gefällten Perpendikel liegen auf einer Geraden, der Tangente im Scheitel, oder:

Wenn ein rechter Winkel sich so in der Ebene bewegt, dass sein Scheitel auf einer festen Geraden fortrückt und der eine Schenkel durch einen festen Punkt läuft, so umhüllt der andere Schenkel eine Parabel.

Hieraus ergeben sich einfache Constructionen der Punkte und Tangenten der Parabel, sobald dieselbe durch Brennpunkt und Leitlinie gegeben ist, auf deren Ausführung wir hier nicht eingehen wollen.

Da ferner $\angle QRP = \angle PRF$ und ebenso $\angle Q^1RP^1 = \angle P^1RF$ und QRQ^1 in gerader Linie liegen, so ist $\angle PRP^1 = 90^0$, also *die Leitlinie der Parabel ist der Ort des Schnittpunktes aller rechtwinkligen Tangentenpaare derselben* (S. 183).

Die Construction des Tangentenpaares aus einem beliebigen Punkte O an die Parabel ergiebt sich leicht aus dem Vorigen, indem irgend ein Punkt einer Tangente gleich weit absteht vom Brennpunkte, wie vom Fusspunkte des aus dem Berührungspunkte auf die Leitlinie herabgelassenen Perpendikels; ein um O mit der Entfernung OF geschlagener Kreis trifft mithin die Leitlinie im Allgemeinen in zwei Punkten Q und Q^1, und die beiden Perpendikel aus O auf die Geraden QF und Q^1F sind also die Tangenten aus O an die Parabel. Die mannigfachen Folgerungen hieraus und die Eigenschaften der Parabel, welche sich aus der Gleichheit der in der Figur auftretenden Winkel ergeben, wollen wir hier gleichfalls übergehen, zumal die wesentlichsten, bei Ellipse und Hyperbel ganz gleichlautenden dort noch kurz angeführt werden sollen; es liegt überhaupt nicht in unserer Absicht, diesen elementaren Weg für die Ableitung der Eigenschaften der Kegelschnitte weiter zu verfolgen, sondern nur die Brücke herzustellen, welche von den allgemeinsten Eigenschaften des Kegelschnitts aus zu diesen besonderen hinüberführt.*)

Seien F und F_1 die beiden Brennpunkte eines Kegelschnitts (Ellipse oder Hyperbel) und P irgend ein Punkt desselben, so müssen, wie wir gesehen haben, die Tangente und Normale in P die Winkel zwischen den Radien-vectoren nach den Brennpunkten hin: PF und PF_1 halbiren; es bleibt aber zweifelhaft, welche von den beiden

*) Die Focaleigenschaften der Kegelschnitte bilden den Ausgangspunkt der Betrachtung in dem I. Theile der *Steiner*'schen Vorlesungen: Die Theorie der Kegelschnitte in elementarer Darstellung, bearbeitet von *C. F. Geiser*. II. Aufl. Leipzig 1876.

Halbirungslinien Tangente und welche Normale ist. Diese beiden Halbirungslinien unterscheiden sich wegen der bekannten Eigenschaft von vier harmonischen Strahlen dadurch von einander, dass sie durch PF und PF_1 getrennt werden. Fassen wir denjenigen Halbirungsstrahl, welcher zwischen F und F_1 hindurchgeht, als Tangente auf, den andern als Normale, so ist der Kegelschnitt nothwendig Hyperbel, weil jede Tangente der Hyperbel die reelle Axe zwischen ihren beiden Scheiteln trifft, mithin a fortiori auch zwischen den Brennpunkten; im andern Falle ist der Kegelschnitt nothwendig Ellipse, weil jede Tangente derselben die Axe ausserhalb ihrer beiden Scheitel trifft, mithin a fortiori auch ausserhalb der beiden Brennpunkte. In dem einen, wie im andern Falle ist der Kegelschnitt vollständig und eindeutig bestimmt, wie wir sogleich sehen werden; also:

Es giebt zwei Kegelschnitte, welche durch einen gegebenen Punkt gehen und dieselben gegebenen Brennpunkte haben; diese beiden Kegelschnitte schneiden sich rechtwinklig in dem gegebenen Punkte, und der eine ist Hyperbel, der andere Ellipse (oder beide Parabeln, wenn ein Brennpunkt im Unendlichen liegt), woraus wir allgemein schliessen: *Alle Kegelschnitte, welche dieselben Brennpunkte haben (confocal sind), schneiden sich in denjenigen Punkten, in welchen sie sich treffen, rechtwinklig.*

Fig. 58 a (Ellipse).

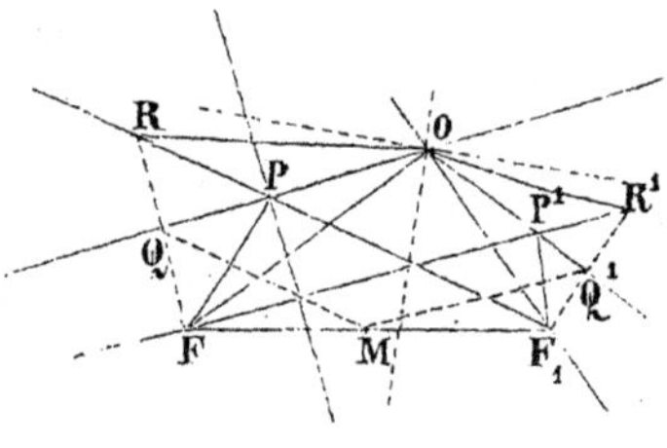

Fig. 58b (Hyperbel).

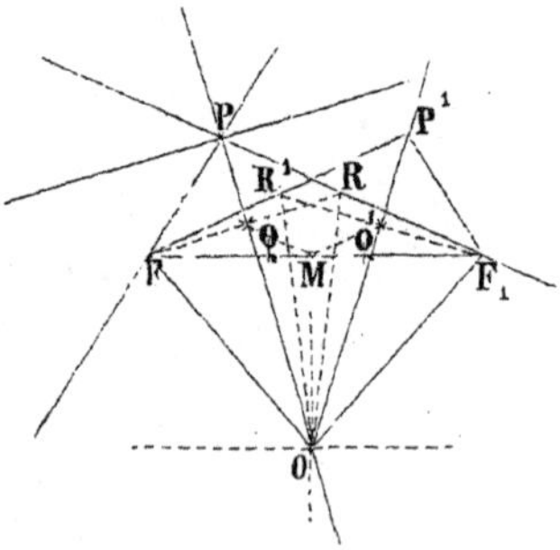

Wir wollen nun in Fig. 58a und Fig. 58b die beiden Fälle der Ellipse und Hyperbel von einander trennen. In der ersten Figur ist also die Halbirungslinie des Winkels FPF_1, welche zwischen FF_1 hindurchgeht, die Normale, die Halbirungslinie des Nebenwinkels die Tangente der Ellipse. Fällen wir von F ein Perpendikel FQ auf die Tangente, welches in R den Strahl PF_1 trifft, so ist $PF = PR$ wegen der Congruenz der Dreiecke PFQ und PRQ; jeder Punkt der Tangente steht gleich weit von F und R ab. Nehmen wir einen beliebigen Punkt O der Tangente, so ist die andere durch ihn gehende Tangente vollkommen bestimmt, denn das dem Punkte O zugehörige Strahlsystem in Bezug auf den Kegelschnitt hat zu seinen Asymptoten das Tangentenpaar aus O, die Axen dieses Strahlsystems sind aber die Halbirungslinien der Winkel zwischen den Tangenten, und diese Axen treffen, wie wir allgemein eingesehen haben, immer in einem solchen Punktpaar ($x\xi$) die Kegelschnittaxe, welches mit den Brennpunkten FF_1 harmonisch liegt; folglich sind die Axen des Strahlsystems O mit den Strahlen OF und OF_1 harmonisch gelegen, und da jene senkrecht auf einander stehen, so sind es die Halbirungslinien der Winkel zwischen den Strahlen OF und OF_1, also: *Die Halbirungslinien der Winkel des von einem beliebigen Punkte O an den Kegelschnitt gelegten Tangentenpaars und die Halbirungslinien der Winkel des von O nach den Brennpunkten FF_1 hingehenden Strahlenpaares fallen zusammen.* Stellen wir also diese Halbirungslinien her, so ist die andere durch O gehende Tangente unzweideutig bestimmt; sie bildet denselben Winkel mit OF_1 wie die erste mit OF und liegt natürlich so, dass sie wieder F und F_1 auf derselben Seite von sich hat; um den Berührungspunkt P^1 auf ihr zu ermitteln, haben wir einen solchen Punkt derselben zu suchen, dass P^1F und P^1F_1 gleiche Winkel mit ihr bilden, d. h. wir fällen aus F_1 das Perpendikel $F_1 Q^1$ auf die Tangente, verlängern es über Q^1 um sich selbst bis R^1, ziehen FR^1 und suchen den Schnittpunkt P^1 der letzten Geraden mit der Tangente auf, so ist er offenbar der gesuchte Berührungspunkt. Verändern wir aber den willkürlichen Punkt O auf der als gegeben angenommenen ersten Tangente, so erhalten wir sämmtliche Tangenten und sämmtliche Berührungspunkte derselben durch diese Construction unzweideutig bestimmt; also *der Kegelschnitt ist vollständig und eindeutig bestimmt durch seine beiden Brennpunkte und eine Tangente,* was denn auch a priori vorauszusehen war, weil jeder Brennpunkt die Stelle von zwei gegebenen Tangenten vertritt und bekanntlich fünf Tangenten den Kegelschnitt eindeutig bestimmen (S. 85); denn das einem Brennpunkte in Bezug auf den Kegelschnitt zugehörige Strahlsystem ist ein circulares, also bekannt, und die imaginären Asymptoten desselben sind als ein Tangentenpaar an den Kegelschnitt aufzufassen.

Halten wir die erste als gegeben angenommene Tangente fest und verändern den Punkt O auf ihr, so ergeben sich viele bekannte Eigenschaften des Kegelschnitts; zunächst weil $OF = OR$ und $OF_1 = OR^1$, ferner $\angle ROF_1 = \angle FOR^1$, sind die Dreiecke ROF_1 und FOR^1 congruent, also $RF_1 = FR^1$, d. h. weil $RP = FP$ und $R^1P^1 = F_1P^1$ ist (Fig. 58a), haben wir:

$$FP + F_1P = FP^1 + F_1P^1;$$

wenn wir also den Punkt O auf der ersten Tangente verändern, so bleibt die Summe der Radien-vectoren aller Punkte der Ellipse (P^1) nach den beiden Brennpunkten hin constant; diese Summe ist nun, wenn der Ellipsenpunkt insbesondere einer der Scheitel wird, $= 2a$, der grossen Axe der Ellipse, folglich gilt der Satz:

Der Ort aller solcher Punkte in der Ebene, für welche die Summe der Abstände von zwei festen Punkten F und F_1 denselben Werth hat, ist eine Ellipse, deren beide Brennpunkte F und F_1 sind und deren grosse Axe gleich der constanten Summe ist.

Etwas anders gestaltet sich diese Eigenschaft bei der Hyperbel (Fig. 58b) wegen der Lage der Tangenten, welche sämmtlich zwischen F und F_1 hindurchgehen. Auch hier sind in gleicher Weise die Dreiecke ROF_1 und FOR^1 congruent, folglich $FR^1 = RF_1$, d. h. hier $PF_1 - PF = P^1F - P^1F_1$, also

$$P^1F - P^1F_1 = \text{const.}$$

Der Ort aller derjenigen Punkte in der Ebene, für welche die Differenz der Abstände von zwei festen Punkten F und F_1 denselben (absoluten) Werth hat, ist eine Hyperbel, deren beide Brennpunkte F und F_1 sind, und deren reelle Axe gleich der constanten Differenz ist. Die beiden Zweige der Hyperbel unterscheiden sich dadurch von einander, dass für die Punkte des einen der Werth der constanten Differenz entgegengesetzt ist dem für die Punkte des andern Zweiges.

Die constante Summe oder Differenz ist durch die Länge $RF_1 = FR^1 = 2a$ gegeben; da Q die Mitte von RF und M die Mitte von FF_1, so ist $MQ = MQ^1 = a$; Q und Q^1 sind die Fusspunkte der aus den Brennpunkten auf die Tangenten herabgelassenen Perpendikel; wir erhalten daher den für Ellipse und Hyperbel gleichlautenden Satz:

Die Fusspunkte der aus den Brennpunkten auf die Tangenten eines Kegelschnitts herabgelassenen Perpendikel liegen auf einem Kreise, welcher die grosse Axe der Ellipse oder die reelle Axe der Hyperbel zu seinem Durchmesser hat, also den Kegelschnitt in zweien seiner Scheitel berührt (Fusspunktskreis).

Bei der Parabel geht der Fusspunktskreis in die Tangente am Scheitel über. Bei Ellipse und Hyperbel liefert diese Eigenschaft des Fusspunktskreises ein bequemes Mittel zur Zeichnung dieser Curven, da sie sich so aussprechen lässt:

Bewegt sich der Scheitel eines rechten Winkels auf einem Kreise, und läuft der eine Schenkel desselben durch einen festen Punkt, so umhüllt der andere Schenkel eine Ellipse oder Hyperbel, je nachdem der feste

Punkt innerhalb oder ausserhalb des Kreises liegt, und dieser Punkt ist ein Brennpunkt des Kegelschnitts.

Fällen wir aus F_1 ein Perpendikel auf die Tangente in P, so liegt sein Fusspunkt, wie leicht zu erkennen ist, auf demselben Kreise, und das Rechteck aus diesen beiden Perpendikeln ist constant, weil es der Potenz des einen (oder andern) Brennpunktes in Bezug auf den Fusspunktskreis gleich ist; diese Potenz ist für die Hyperbel $= c^2 - a^2 = b^2$ positiv, weil die Brennpunkte ausserhalb des Fusspunktskreises liegen, für die Ellipse $c^2 - a^2 = - b^2$ negativ, weil die Brennpunkte innerhalb des Fusspunktskreises liegen; abgesehen von der Lage können wir den Satz so aussprechen:

Das Rechteck aus den Abständen der Brennpunkte von einer Tangente des Kegelschnitts ist von constantem Inhalt für alle Lagen der Tangente.

Aus der Congruenz der Dreiecke ROF_1 und FOR^1 folgt auch die Gleichheit der Winkel ORF_1 und OFR^1 oder OFP und OFP^1, d. h.

Von einem Brennpunkt des Kegelschnitts aus gesehen, erscheinen die Stücke auf zwei Tangenten von ihrem Schnittpunkt bis zu den Berührungspunkten unter gleichem Winkel (oder Nebenwinkel), oder anders ausgesprochen: der Strahl von einem Brennpunkt nach dem Schnittpunkt eines Tangentenpaares ist immer ein Halbirungsstrahl des Winkels zwischen den beiden von demselben Brennpunkte nach den Berührungspunkten hingehenden Strahlen.

Hieraus folgt, wenn wir eine dritte veränderliche Tangente das feste Tangentenpaar durchschneiden lassen und für jeden der beiden Schnittpunkte den vorigen Satz in Anwendung bringen, der allgemeinere Satz:

Das von zwei festen Tangenten eines Kegelschnitts auf einer veränderlichen dritten Tangente abgeschnittene Stück erscheint, von einem Brennpunkt aus gesehen, immer unter demselben Winkel (oder Nebenwinkel). Dieser Winkel ist insbesondere gleich demjenigen, unter welchem die Stücke auf den beiden festen Tangenten vom Schnittpunkt bis zu den Berührungspunkten, aus demselben Brennpunkte gesehen, erscheinen. Denken wir uns umgekehrt die beiden festen Tangenten, den Brennpunkt und die Grösse des constanten Winkels gegeben, so ist der Kegelschnitt vollständig und eindeutig dadurch bestimmt, und wir können den vorigen Satz so umkehren:

Dreht sich ein Winkel von unveränderlicher Grösse um seinen festen Scheitel F, und begegnen die Schenkel xx_1 zwei festen Geraden $\mathfrak{L}\mathfrak{L}_1$ resp. in den Punkten $\mathfrak{x}$ und $\mathfrak{x}_1$, so hüllt die Verbindungslinie $\mathfrak{x}\mathfrak{x}_1$ einen Kegel-

schnitt ein, welcher die beiden Geraden $\mathfrak{L}\mathfrak{L}_1$ *berührt und den Punkt* F *zu einem seiner Brennpunkte hat.*

Wir unterlassen es, auf die mannigfachen Beziehungen hier einzugehen, welche aus der Gleichheit der Winkel an den Brennpunkten gefolgert werden können, und wollen nur noch eine allgemeine Eigenschaft des Kegelschnitts angeben, welche aus der Grundeigenschaft der Brennpunkte hervorgeht und eine analoge Entstehungsweise von Ellipse und Hyperbel liefert, wie wir sie bei der Parabel durch Brennpunkt und Leitlinie gefunden haben. Construiren wir nämlich auch hier die Polaren der beiden Brennpunkte und nennen dieselben die den Brennpunkten zugehörigen *Leitlinien* des Kegelschnitts, so stehen dieselben, wenn FF_1 die Brennpunkte und M der Mittelpunkt des Kegelschnitts ist, in denjenigen beiden Punkten senkrecht auf der Axe, deren Abstand von M gleich $\frac{a^2}{c}$ ist; also bei der Ellipse $(a > c)$ treffen sie die Axe ausserhalb der beiden Brennpunkte, bei der Hyperbel $(a < c)$ zwischen den beiden Brennpunkten. Nehmen wir im Fall der Ellipse (Fig. 59a) einen beliebigen Punkt P derselben und ziehen eine Parallele zur Axe MF, welche die dem Brennpunkt F zugehörige Leitlinie $\mathfrak{L}$ in Q treffen möge, so wird, weil das dem Brennpunkt F zugehörige Strahlsystem ein circulares ist, der conjugirte Strahl zu FQ senkrecht auf diesem stehen; er treffe in Q^1 die Parallele PQ, dann sind Q und Q^1 conjugirte Punkte in Bezug auf den Kegelschnitt; die Gerade PQ trifft den Kegelschnitt noch in einem zweiten Punkte P^1, welcher offenbar symmetrisch zu der durch M gehenden zweiten Kegelschnittaxe liegt, weil PQ parallel der ersten läuft, und die vier Punkte PP^1QQ^1 sind harmonisch, weil Q und Q^1 conjugirte Punkte in Bezug auf den Kegelschnitt sind. Die vier von F nach PP^1QQ^1 gehenden Strahlen sind also auch harmonisch, und da zwei zugeordnete FQ und FQ^1 auf einander senkrecht stehen, so halbiren sie die Winkel zwischen den Strahlen FP und FP^1; folglich gilt nach bekannten elementaren Sätzen im Dreieck PFP^1 die Beziehung:

Fig. 59 a.

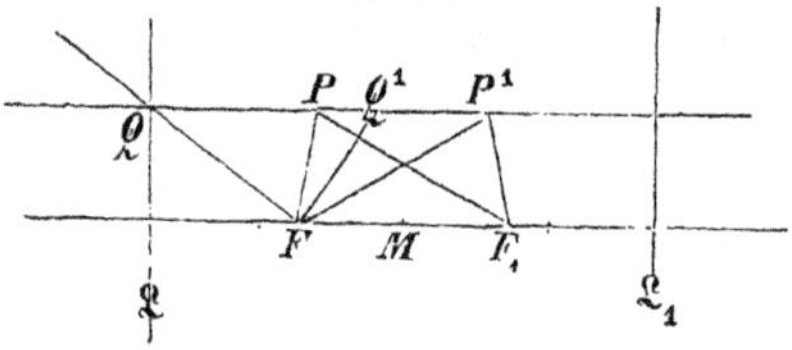

$$\frac{FP}{FP^1} = \frac{QP}{QP^1} = \frac{PQ^1}{Q^1P^1} \text{ für die Ellipse (Fig. 59a),}$$

$$= \frac{PQ}{QP^1} = \frac{Q^1P}{Q^1P^1} \text{ für die Hyperbel (Fig. 59b),}$$

weil im ersten Fall FQ den Nebenwinkel und FQ^1 den eigentlichen

Winkel PFP^1 halbirt, im andern Fall aber umgekehrt, wie sich aus der Lage der Leitlinie zu den Kegelschnittpunkten und Brennpunkten

Fig. 59 b.

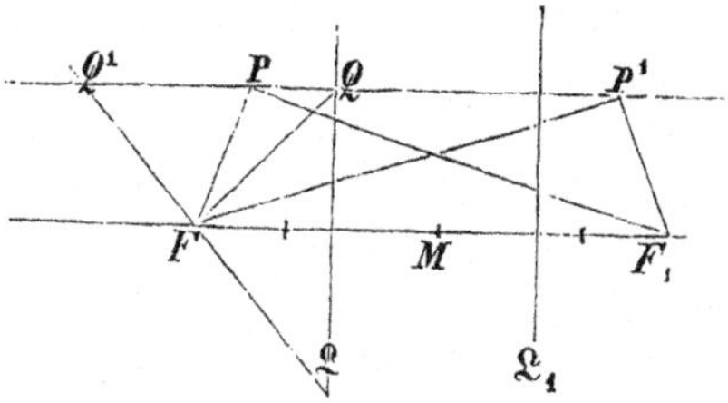

ergiebt. Es ist aber FP^1 der Symmetrie wegen gleich F_1P, also

$$\frac{FP}{F_1P} = \frac{QP}{QP^1}$$ für die Ellipse,

und da $FP + F_1P = 2a$, also

$$\frac{FP + F_1P}{FP} = \frac{QP + QP^1}{QP}$$

$QP + QP^1$ ist gleich dem Abstand der beiden Leitlinien $= 2\frac{a^2}{c}$, also

$$\frac{PF}{PQ} = \frac{c}{a} = \text{const.}\ (< 1).$$

$$\frac{FP}{F_1P} = \frac{PQ}{QP^1}$$ für die Hyperbel,

$$PF_1 - PF = 2a,$$

$$\frac{PF_1 - PF}{PF} = \frac{QP^1 - PQ}{PQ}$$

$QP^1 - PQ$ ist gleich dem Abstand der beiden Leitlinien $= 2\frac{a^2}{c}$, also

$$\frac{PF}{PQ} = \frac{c}{a} = \text{const.}\ (> 1).$$

Für alle Punkte des Kegelschnitts ist also das Verhältniss ihrer Abstände von einem Brennpunkt und der zugehörigen Leitlinie constant $(= \frac{c}{a})$, und zwar für die Ellipse < 1 und für die Hyperbel > 1, für die Parabel, wie wir vorhin gesehen haben, $= 1$; wir können daher folgende allgemein gültige Eigenschaft aller drei Kegelschnittsgattungen aussprechen:

Der Ort aller derjenigen Punkte in der Ebene, deren Abstände von einem festen Punkte und einer festen Geraden in einem gegebenen unveränderlichen Verhältnisse zu einander stehen, ist ein Kegelschnitt, welcher den Punkt zu einem Brennpunkt und die Gerade zu der ihm zugehörigen Leitlinie hat; der Kegelschnitt ist Hyperbel, Parabel oder Ellipse, je nachdem der Werth des gegebenen Verhältnisses > 1, $= 1$ oder < 1 ist.

§. 37. Das Normalenproblem.

Die Aufgabe: „*Aus einem beliebigen Punkte in der Ebene eines Kegelschnitts an denselben eine Normale zu ziehen*“ ist nicht mehr vom zweiten, sondern vom vierten Grade, d. h. geometrisch gesprochen:

sie lässt sich nicht zurückführen auf die Fundamentalaufgabe: „Die Doppelpunkte eines Punktsystems zu finden“ sondern nur auf die Fundamentalaufgabe: „Die Durchschnittspunkte zweier Kegelschnitte zu finden“. Diese Zurückführung selbst aber, oder die eigentliche Lösung des Normalenproblems ergiebt sich aus unserer Erzeugung des Kegelschnitts mittelst projectivischer Gebilde in einfachster Weise und liefert die eleganten von *Chasles* gegebenen Constructionen*), welche wir hier einfügen.

Ist M der Mittelpunkt eines Kegelschnitts (Ellipse oder Hyperbel) und P irgend ein Punkt in der Ebene desselben; ist T eine veränderliche Tangente des Kegelschnitts, t ihr Berührungspunkt, und wird durch M eine Parallele zu T gezogen $M\tau$, so sind Mt und $M\tau$ ein Paar conjugirter Durchmesser des Kegelschnitts, welche bei der Bewegung von T ein Strahlsystem beschreiben, also zwei in sich projectivische Strahlbüschel. Fällen wir aus P ein Perpendikel auf die Tangente T oder die zu ihr Parallele $M\tau$, und schneidet dies Perpendikel Mt in x, so wird bei der Bewegung von T der Punkt x einen Kegelschnitt beschreiben, denn Px durchläuft ein Strahlbüschel, welches mit dem von $M\tau$ beschriebenen gleich, also mit dem von Mt beschriebenen projectivisch ist. Dieser Kegelschnitt ist eine gleichseitige Hyperbel $H^{(2)}$, die durch P und M geht, und deren Asymptoten den Axen des Kegelschnitts parallel laufen; denn werden insbesondere Mt und $M\tau$ die Axen des Kegelschnitts, so rückt x ins Unendliche, und da also die unendlich-entfernten Punkte dieses Kegelschnitts $H^{(2)}$ in zwei zu einander rechtwinkligen Richtungen liegen, so ist derselbe eine *gleichseitige Hyperbel* $H^{(2)}$. Dieselbe wird näher noch bestimmt durch die Tangenten in M und P; ziehen wir PM und den conjugirten Durchmesser dazu, so ist das aus P auf denselben gefällte Perpendikel die Tangente in P; errichten wir auf MP ein Perpendikel in M und ziehen den conjugirten Durchmesser dazu, so ist derselbe die Tangente in M. Wir kennen also eigentlich 6 Punkte der Hyperbel $H^{(2)}$, wodurch sie mehr als bestimmt ist.

Die gleichseitige Hyperbel $H^{(2)}$ schneidet den ursprünglichen Kegelschnitt $K^{(2)}$ in solchen (vier) Punkten, welche die Lösung der Aufgabe enthalten, denn ein solcher Schnittpunkt x besitzt die Eigenschaft, dass Px senkrecht steht auf dem zu Mx conjugirten Durchmesser; da aber x auf dem gegebenen Kegelschnitt $K^{(2)}$ selbst liegt, so steht Px senkrecht auf der Tangente in x, ist also eine Normale aus P an den Kegelschnitt $K^{(2)}$. Die Aufgabe, die gemeinschaftlichen

*) *Chasles*, traité des sections coniques, n°. 219.

Punkte zweier Kegelschnitte zu finden, ist ein besonderes Problem, welches im Allgemeinen vier Lösungen hat, die indessen paarweise imaginär sein oder zusammenfallen können (vergl. §. 54). Die Discussion der besonderen Lage der Kegelschnitte $K^{(2)}$ und $H^{(2)}$ zu einander wird über die Realität der Lösungen des Normalenproblems entscheiden.

Die vorige Lösung bedarf einer geringen Modification für den Fall, dass der gegebene Kegelschnitt $K^{(2)}$ eine Parabel ist. Sei wiederum T eine beliebige Tangente der Parabel und t ihr Berührungspunkt; ziehen wir durch den gegebenen Punkt P eine Parallele zur Leitlinie der Parabel, welche die Tangente T in s schneide und betrachten das Dreieck Pts, so wird dessen Höhenpunkt x erhalten, indem wir aus P auf T und aus t auf die Leitlinie der Parabel je ein Perpendikel fällen und den Schnittpunkt x der beiden Perpendikel bestimmen. Wir wollen nun den Ort des Punktes x bei der Bewegung der Tangente T ermitteln: Die Tangente T schneidet die unendlich-entfernte Gerade G_∞, welche selbst Tangente der Parabel ist, längs einer Punktreihe, die projectivisch sein muss mit dem Parallelstrahlen-Büschel, welches die durch den veränderlichen Berührungspunkt t zu der Parabelaxe gezogenen Parallelen bilden, die sämmtlich durch den unendlich-entfernten Punkt t_∞ der Parabel gehen (S. 105); dieselbe Punktreihe auf G_∞ ist aber auch projectivisch mit dem von Px beschriebenen Strahlbüschel, weil Px auf T allemal senkrecht steht. Folglich ist x der Schnittpunkt entsprechender Strahlen zweier projectivischer Strahlbüschel (P) und (t_∞), also Punkt einer Hyperbel, die durch den unendlich-entfernten Punkt der gegebenen Parabel geht. Es ist leicht, die Tangenten dieser Hyperbel in den Punkten P und t_∞ zu bestimmen, nämlich die dem gemeinschaftlichen Strahle Pt_∞ in beiderlei Sinn entsprechenden Strahlen; wird T insbesondere die Scheiteltangente der Parabel, so ist das Perpendikel auf dieselbe Pt_∞, folglich die Parabelaxe selbst eine Asymptote der Hyperbel, die Tangente in t_∞. Trifft ferner Pt_∞ die Parabel in t_0, und ist T_0 die Tangente der Parabel in t_0, so wird das Perpendikel aus P auf T_0 die Tangente der Hyperbel im Punkte P sein. Die sämmtlichen Perpendikel aus P auf die Tangenten T der gegebenen Parabel können auch aufgefasst werden als die Verbindungsstrahlen von P mit einer Punktreihe auf G_∞, die aus den Punkten gebildet wird, welche conjugirt sind den Schnittpunkten (T, G_∞) in dem unendlich-entfernten Punktsystem, dessen Asymptotenpunkte die beiden imaginären Kreispunkte im Unendlichen sind (S. 78); wenn daher T die unendlich-entfernte Tangente T_∞ oder G_∞ wird, so wird dieser Schnittpunkt der Berührungspunkt t_∞, und der conjugirte Punkt zu ihm ist daher der unendlich-entfernte Punkt der

Leitlinie; die Verbindungslinie tt_∞ wird in diesem Falle die Tangente T_∞ oder G_∞; der Schnittpunkt x wird also der unendlich-entfernte Punkt der Leitlinie. Ziehen wir daher durch P eine Parallele zur Leitlinie der Parabel, so geht diese nach dem zweiten unendlich-entfernten Punkt der Hyperbel, woraus folgt, dass dieselbe eine *gleichseitige Hyperbel* sein muss. Diese gleichseitige Hyperbel ist nun vollständig bestimmt durch eine Asymptote (die Parabelaxe) und eine Tangente mit ihrem Berührungspunkt P und kann leicht construirt werden.

Das vorhin betrachtete Dreieck Pts, für welches der Ort des Höhenpunktes x diese gleichseitige Hyperbel $H^{(2)}$ ist, wird bei seiner Veränderung ein in t rechtwinkliges werden, sobald die Ecke t mit dem Höhenpunkt x zusammenfällt. Diejenigen Punkte, in welchen die ermittelte gleichseitige Hyperbel $H^{(2)}$ die gegebene Parabel $P^{(2)}$ schneidet, sind daher die Fusspunkte der aus P an die Parabel gezogenen Normalen, und da $H^{(2)}$ und $P^{(2)}$ den unendlich-entfernten Punkt t_∞ gemeinschaftlich haben, so treffen sie sich im Allgemeinen nur noch in drei andern Punkten, von denen zwei imaginär sein können; es giebt daher höchstens 3 Normalen aus einem Punkte an eine Parabel.

Das vorgelegte Problem lässt noch eine zweite Lösung zu, die auf folgender Betrachtung beruht:

Dreht man um den gegebenen Punkt P einen veränderlichen Strahl l und bestimmt dessen Pol p in Bezug auf den gegebenen Kegelschnitt $K^{(2)}$, so beschreibt p bei dieser Bewegung eine gerade Punktreihe auf dem Träger $\mathfrak{L}$, der Polare des Punktes p in Bezug auf $K^{(2)}$. Die Punktreihe (p) und das Strahlbüschel (l) sind projectivisch, wie wir wissen (S. 145). Fällt man aus dem jedesmaligen p ein Perpendikel auf den entsprechenden Strahl l, so wird dasselbe eine Parabel $\mathfrak{P}^{(2)}$ umhüllen. Denken wir uns nämlich das Strahlbüschel (l) um 90^0 gedreht, so fixirt es auf G_∞ eine Punktreihe, nach welcher jene aus den Punkten p auf l herabgelassenen Perpendikel hinlaufen; da diese Punktreihe mit dem Strahlbüschel (l), also auch mit der Punktreihe (p) projectivisch ist, so haben wir auf den Trägern $\mathfrak{L}$ und G_∞ zwei projectivische Punktreihen, deren Erzeugniss ein Kegelschnitt und zwar in diesem Fall eine *Parabel* ist, weil der eine Träger G_∞ Tangente desselben ist. Diese Parabel wird näher bestimmt dadurch, dass ersichtlicher Weise die Axen des Kegelschnitts $K^{(2)}$ Tangenten der Parabel $\mathfrak{P}^{(2)}$ sind, weil sie entsprechende Punkte der beiden erzeugenden Punktreihen verbinden; anderseits sind auch die Axen des Strahlsystems, welches dem Punkte P in Bezug auf den Kegelschnitt $K^{(2)}$ zugehört, Tangenten der Parabel, und da sowohl das erste als auch das zweite Tangentenpaar rechtwinklige Strahlenpaare sind, so sind P und der

Mittelpunkt M des Kegelschnitts $K^{(2)}$ Punkte der Leitlinie, PM also ist die Leitlinie der Parabel $\mathfrak{P}^{(2)}$. Fällt man aus P das Perpendikel auf die Polare $\mathfrak{L}$ und bestimmt den Pol desselben, welche auf $\mathfrak{L}$ liegt, so erhält man denjenigen Punkt t, in welchem die Gerade $\mathfrak{L}$ die Parabel $\mathfrak{P}^{(2)}$ berührt. Jetzt ist es leicht, den Brennpunkt der Parabel zu finden: man fälle aus t auf die bekannte Leitlinie der Parabel PM ein Perpendikel, vom Fusspunkt desselben wiederum ein Perpendikel auf die Tangente $\mathfrak{L}$ und verlängere letzteres um sich selbst bis F, dann ist F der Brennpunkt der Parabel $\mathfrak{P}^{(2)}$ und diese mithin durch Leitlinie und Brennpunkt völlig bestimmt.

Ist insbesondere eine Tangente der so construirten Parabel $\mathfrak{P}^{(2)}$ zugleich eine Tangente des Kegelschnitts $K^{(2)}$, so kommt ihr die Eigenschaft zu, dass das aus P auf sie herabgelassene Perpendikel die Polare eines ihrer Punkte ist, also nothwendig durch den Berührungspunkt geht; ein solches Perpendikel ist daher eine Normale des Kegelschnitts $K^{(2)}$, die durch P geht. Es giebt also so viel Normalen aus P an den Kegelschnitt $K^{(2)}$, als die beiden Kegelschnitte $K^{(2)}$ und $\mathfrak{P}^{(2)}$ gemeinschaftliche Tangenten haben d. h. im Allgemeinen vier (§. 54). Die Berührungspunkte dieser gemeinschaftlichen Tangenten mit dem Kegelschnitt $K^{(2)}$ sind die Fusspunkte der von P auf den gegebenen Kegelschnitt $K^{(2)}$ herabzulassenden Normalen.

Ist der gegebene Kegelschnitt $K^{(2)}$ selbst eine Parabel, so fällt eine von den vier Lösungen des allgemeinen Falls fort, da zwei Parabeln die unendlich-entfernte Gerade G_∞ bereits zu einer gemeinschaftlichen Tangente, mithin nur noch drei andere haben. Es gehen daher durch einen Punkt P nur drei Normalen einer Parabel.

Zwischen den beiden im Vorigen enthaltenen Lösungen des Normalenproblems durch die gleichseitige Hyperbel $H^{(2)}$ und die Parabel $\mathfrak{P}^{(2)}$ besteht ein naher Zusammenhang, der aus folgender Bemerkung hervorgeht:

Sind Mt und $M\tau$ ein Paar conjugirter Durchmesser des Kegelschnitts $K^{(2)}$, und fällen wir aus P ein Perpendikel auf $M\tau$, welches Mt in x trifft, so ist der Ort von x die gleichseitige Hyperbel $H^{(2)}$. Construiren wir jetzt die Polare X von x in Bezug auf den Kegelschnitt $K^{(2)}$, indem wir die Pole von Px und Mx ermitteln: der Pol von Mx oder Mt ist der unendlich-entfernte Punkt der Geraden $M\tau$, also ist die Polare von x parallel zu $M\tau$ oder senkrecht zu Px; der Pol von Px liegt auf der Polare von P; die Polare von x ist also dasjenige Perpendikel X, welches aus dem Pol von Px oder (l) auf diesen Strahl Px gefällt werden kann; dies Perpendikel ist nichts anderes, als eine Tangente der oben betrachteten Parabel $\mathfrak{P}^{(2)}$; während der Punkt x die gleichseitige Hyperbel $H^{(2)}$ durchläuft, wird seine Polare X die Parabel $\mathfrak{P}^{(2)}$ umhüllen, d. h.:

Die gleichseitige Hyperbel $H^{(2)}$ und die Parabel $\mathfrak{P}^{(2)}$ sind Polarfiguren von einander in Bezug auf den gegebenen Kegelschnitt $K^{(2)}$.

Hieraus tritt nun der ganze Zusammenhang beider Lösungen noch deutlicher ans Licht. Da die gleichseitige Hyperbel $H^{(2)}$ durch den Mittelpunkt der Basis $K^{(2)}$ geht, so muss ihre Polarfigur $\mathfrak{P}^{(2)}$ die unendlich-entfernte Gerade zur Tangente haben, also Parabel sein. Die Polaren der Schnittpunkte von $H^{(2)}$ und $K^{(2)}$ sind die Tangenten in diesen Punkten von $K^{(2)}$ und daher gemeinschaftliche Tangenten von $\mathfrak{P}^{(2)}$ und $K^{(2)}$.

§. 38. Der Krümmungshalbmesser.

Obwohl die Bestimmung des Krümmungshalbmessers eigentlich nicht in das Gebiet von Untersuchungen descriptiver Natur, mit denen wir es vorzugsweise zu thun haben, gehört, so glauben wir doch eine von *Steiner* angegebene Construction des Krümmungshalbmessers für den Kegelschnitt nicht unterdrücken zu dürfen, weil dieselbe zu den einfachsten und elegantesten gehört und wesentlich auf der Entstehung des Kegelschnitts durch projectivische Gebilde, insbesondere auf der Erzeugung der Parabel durch projectivisch-ähnliche Punktreihen beruht.

Unter Krümmungshalbmesser versteht man bekanntlich diejenige Strecke auf der Normale einer Curve, welche von ihrem Fusspunkte bis zu dem Schnittpunkte der unendlich-nahen Normale reicht, und die Grenzlage des Schnittpunkts zweier unendlich-naher Normalen heisst der Krümmungsmittelpunkt; der um ihn mit dem Krümmungshalbmesser als Radius beschriebene Kreis der Krümmungskreis; er ist unter allen Kreisen, welche in dem Punkte der Curve dieselbe Tangente haben, derjenige, welcher sich ihr am nächsten anschliesst, sie in diesem Punkte zugleich berührt und schneidet d. h. durch drei unendlich-nahe Punkte der Curve geht. Der reciproke Werth des Krümmungshalbmessers heisst die Krümmung der Curve und dient als Maass für dieselbe.

Für den Kegelschnitt sind aus dieser allgemeinen Definition verschiedene Constructionen des Krümmungshalbmessers abgeleitet worden; diejenige, welche hier mitgetheilt werden soll, gilt für Ellipse und Hyperbel in gleicher Weise und modificirt sich nur wenig für den Fall der Parabel; wir fassen zunächst den ersten Fall auf: Nach S. 172 (1) trifft die Normale eines Punktes A der Ellipse die beiden

Axen in zwei solchen Punkten $\mathfrak{A}$ und $\mathfrak{B}$, dass das Verhältniss der Abschnitte $\frac{A\mathfrak{A}}{A\mathfrak{B}} = \frac{b^2}{a^2}$ constant ist und die beiden Schnittpunkte $\mathfrak{A}$ und $\mathfrak{B}$ auf derselben Seite von A liegen; bei der Hyperbel liegen die beiden Schnittpunkte auf entgegengesetzten Seiten vom Hyperbelpunkte, und das Verhältniss der Abschnitte $\frac{\mathfrak{A}A}{A\mathfrak{B}} = \frac{b^2}{a^2}$ ist ebenfalls constant (S. 177, 1[1]). Diese Eigenschaft der Normale zeigt unmittelbar in dem einen, wie in dem andern Fall, dass, wenn wir in zwei beliebigen Punkten A und A^1 die Normalen construiren, welche die Axen des Kegelschnitts in $\mathfrak{A}\mathfrak{B}$ und $\mathfrak{A}^1\mathfrak{B}^1$ treffen, allemal $\frac{A\mathfrak{A}}{A\mathfrak{B}} = \frac{A^1\mathfrak{A}^1}{A^1\mathfrak{B}^1}$ sein muss, dass also die beiden Normalen durch die Sehne AA^1 und die Kegelschnittaxen projectivisch-ähnlich geschnitten werden, und hieraus folgt (Seite 112):

Die Normalen in zwei beliebigen Punkten eines Kegelschnitts, die Sehne derselben und die beiden Axen sind allemal fünf Tangenten einer Parabel.

Dies ist eine Eigenschaft der Parabel, welche schon durch vier Tangenten vollständig bestimmt wird; die unendlich-entfernte Gerade nämlich, welche Tangente jeder Parabel ist, darf als fünfte ein für allemal gegebene Tangente angesehen werden, und fünf Tangenten bestimmen den Kegelschnitt. Wenn wir nun den einen Kegelschnittpunkt A festhalten und den andern allmählich in den ersten hineinrücken, so wird die Sehne AA^1 in die Tangente für A übergehn, und die beiden zusammenfallenden Normalen werden zu ihrem Schnittpunkt den Berührungspunkt mit derjenigen Parabel erhalten, welche Tangente und Normale, sowie die beiden Kegelschnittaxen berührt; hieraus ergiebt sich also der Satz:

Hat man in einem Punkte des Kegelschnitts Tangente und Normale construirt, so giebt es eine bestimmte Parabel, welche dieselben und die beiden Kegelschnittaxen berührt; der Berührungspunkt mit der Normale ist der Krümmungsmittelpunkt für den angenommenen Punkt des Kegelschnitts.

Hieraus ergiebt sich eine sehr einfache Construction des Krümmungsmittelpunktes, denn Tangente und Normale in A sind ein Paar rechtwinkliger Tangenten dieser Parabel, und die beiden Kegelschnittaxen, welche sich im Mittelpunkte M schneiden, sind ebenfalls ein Paar rechtwinkliger Tangenten, folglich ist MA die Leitlinie der Parabel und ihr Pol in Bezug auf die Parabel der Brennpunkt derselben; da aber MA eine Diagonale des von den vier Tangenten der Parabel gebildeten Vierseits ist, so ist ihr Pol bekanntlich (S. 147) der Schnittpunkt der beiden andern Diagonalen, d. h. $(\mathfrak{A}\mathfrak{B}^1, \mathfrak{A}^1\mathfrak{B})$; bezeichnen wir diesen Schnittpunkt mit F, so ist jetzt der Krümmungsmittelpunkt leicht zu finden, da die Polare von A durch F geht und senkrecht auf AF stehen muss, zugleich aber die Normale des Kegelschnitts in dem gesuchten Krümmungsmittelpunkte (dem Berührungspunkte der Parabel) trifft; wir haben hiernach folgende Construction:

Treffen Tangente und Normale eines Punktes A des Kegelschnitts die eine Axe desselben in $\mathfrak{A}$ und $\mathfrak{A}^1$, die andere in $\mathfrak{B}$ und $\mathfrak{B}^1$, verbindet man sodann den Schnittpunkt:

$$(\mathfrak{A}\mathfrak{B}^1,\ \mathfrak{A}^1\mathfrak{B}) = F$$

mit A und errichtet in F eine Senkrechte auf dieser Verbindungslinie, so trifft dieselbe die Normale des Kegelschnitts in dem Krümmungsmittelpunkte).*

Fig. 60.

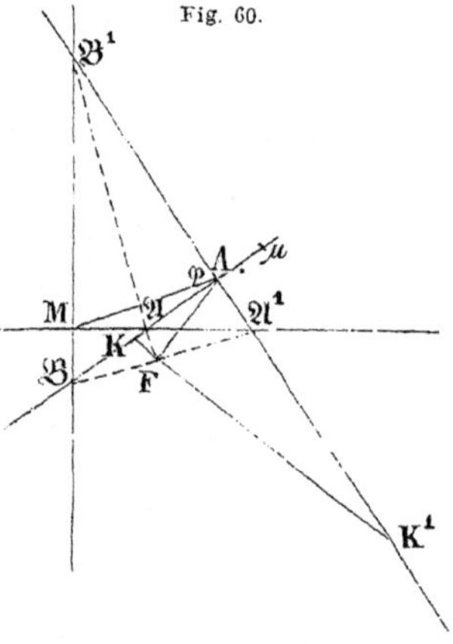

Die in F auf FA errichtete Senkrechte (Fig. 60) trifft $A\mathfrak{A}\mathfrak{B}$ in K und $A\mathfrak{A}^1\mathfrak{B}^1$ in K^1; liegen $\mathfrak{A}\mathfrak{B}$ auf derselben Seite von A, so ist der Kegelschnitt Ellipse und K der Krümmungsmittelpunkt derselben auf der in A errichteten Normalen $A\mathfrak{A}\mathfrak{B}$. Liegen dagegen die beiden Schnittpunkte der Normale mit den Kegelschnittaxen auf entgegengesetzten Seiten von A, wie hier $\mathfrak{A}^1$ und $\mathfrak{B}^1$, so ist der Kegelschnitt Hyperbel und K^1 der Krümmungsmittelpunkt derselben. Zugleich folgt hieraus ein einfacher Ausdruck für den Werth des Krümmungshalbmessers; die vier Punkte $\mathfrak{A}\mathfrak{B}\mathfrak{A}^1\mathfrak{B}^1$ liegen nämlich so, dass jeder der Höhenpunkt des von den drei andern bestimmten Dreiecks ist, und die drei Punkte AMF sind die Fusspunkte der Höhen oder die drei Diagonalpunkte jenes vollständigen Vierecks; aus der Gleichheit der Winkel folgt daher die Aehnlichkeit der Dreiecke $AF\mathfrak{A}$ und $A\mathfrak{B}M$, mithin

$$\frac{A\mathfrak{A}}{AF} = \frac{AM}{A\mathfrak{B}} \quad \text{oder} \quad A\mathfrak{A}\,.\,A\mathfrak{B} = AM\,.\,AF\,.$$

Nun ist, wenn wir den Halbmesser $MA = A$ setzen und die Länge des conjugirten Halbmessers mit B bezeichnen: (S. 173)

$$A\mathfrak{A}\,.\,A\mathfrak{B} = B^2\,,$$

also:

---

*) Eine andere Construction des Krümmungskreises siehe §. 48, Ende.

$$FA = \frac{B^2}{A}.$$

Da aber FK senkrecht auf FA steht und der Winkel AKF gleich ist dem Winkel zwischen den beiden conjugirten Halbmessern A und B, welchen wir mit φ bezeichnen wollen, so folgt der Krümmungshalbmesser r im Punkte A:

$$r \,.\, \sin\varphi = \frac{B^2}{A}.$$

Benutzen wir die Relation I. auf Seite 169 für die conjugirten Durchmesser $AB \,.\, \sin\varphi = ab$, so können wir den Krümmungshalbmesser auch so ausdrücken:

$$r = \frac{B^3}{a\,.\,b},$$

und hieraus ergiebt sich folgender Satz:

Die Krümmungshalbmesser für zwei solche Punkte der Ellipse, welche Endpunkte zweier conjugirter Durchmesser sind, verhalten sich umgekehrt wie die Cuben der diesen Punkten zugehörigen Durchmesser.

Die Werthe für die Krümmungshalbmesser in den Scheiteln der Ellipse sind, da $\varphi = 90^0$ wird, $\frac{b^2}{a}$ und $\frac{a^2}{b}$.

Die Benutzung der zweiten Relation für die conjugirten Durchmesser der Ellipse $A^2 + B^2 = a^2 + b^2$ (S. 169) führt zu einer bemerkenswerthen Eigenschaft des Krümmungshalbmessers. Der Winkel φ ist derjenige, welchen der Halbmesser MA mit der Tangente in A bildet; dieser Halbmesser bildet mit der Normale die Winkel $90^0 - \varphi$ und $90^0 + \varphi$ und zwar ersteren mit dem Theil der Normale, welcher den Krümmungsmittelpunkt enthält, und letzteren mit dem nach aussen verlängerten Theil der Normale; nun ist:

$$A^2 + A\,.\,r\sin\varphi = a^2 + b^2 = A^2 - 2A \cdot \frac{r}{2} \cdot \cos(90^0 + \varphi);$$

denken wir uns mithin auf das nach aussen verlängerte Stück der Normale eine Strecke $A\mu = \frac{r}{2}$ aufgetragen, so ist:

$$M\mu^2 = MA^2 + A\mu^2 - 2MA\,.\,A\mu\,.\cos(90^0 + \varphi), \quad \text{also}$$

$$M\mu^2 - \frac{r^2}{4} = a^2 + b^2 \quad \text{oder}$$

$$M\mu^2 = a^2 + b^2 + \frac{r^2}{4}.$$

Nach S. 179 haben wir $\sqrt{a^2 + b^2}$ gleich dem Radius desjenigen Kreises, welcher der Ort der Scheitel aller der Ellipse umschriebenen rechten Winkel ist; es muss daher derjenige Kreis, welcher um μ

mit dem halben Krümmungshalbmesser als Radius beschrieben wird, jenen Ortskreis um M rechtwinklig schneiden, weil die Summe der Quadrate ihrer Radien gleich dem Quadrate des Abstandes ihrer Mittelpunkte ist; wir erhalten hiernach folgende Eigenschaft des Krümmungshalbmessers:

Wenn man von den Krümmungsradien eines gegebenen Kegelschnitts jeden nach entgegengesetzter Seite hin um sich selbst verlängert und über den Verlängerungen, als Durchmesser, Kreise beschreibt, so schneiden alle diese Kreise jenen Ortskreis rechtwinklig, welcher die Scheitel sämmtlicher dem Kegelschnitt umschriebenen rechten Winkel enthält).*

Dass diese für die Ellipse nachgewiesene Eigenschaft in ganz gleicher Weise bei der Hyperbel stattfindet, braucht nicht erläutert zu werden; den Fall der Parabel behandeln wir nachträglich.

Bezeichnen wir den Ortskreis der Scheitel aller dem Kegelschnitt umschriebenen rechten Winkel mit $K^{(2)}$, so kommt es hiernach, um den Krümmungsradius für einen gegebenen Punkt A des Kegelschnitts zu finden, nur darauf an, einen Kreis zu construiren, welcher den Kegelschnitt in A berührt und den Ortskreis $K^{(2)}$ rechtwinklig schneidet; der Durchmesser eines solchen Kreises wird gleich dem Krümmungshalbmesser für den Punkt A sein, und wenn man den Durchmesser dieses Kreises über A hinaus um sich selbst verlängert, so erhält man den Krümmungshalbmesser seiner Grösse und Lage nach. Diese Aufgabe ist aber ganz elementar; bezeichnen wir mit R den Radius des Ortskreises $K^{(2)}$, so ist nach dem Obigen:

$$\mu M^2 - \mu A^2 = R^2;$$

fällen wir aus μ ein Perpendikel auf MA, dessen Fusspunkt μ^1 sei so ist auch:

$$(\mu^1 M)^2 - (\mu^1 A)^2 = R^2, \quad \text{also}$$
$$(\mu^1 M + R)\,(\mu^1 M - R) = (\mu^1 A)^2,$$

also μ^1 die Mitte zwischen dem Punkte A und dem Fusspunkt seiner Polare in Bezug auf den Kreis $K^{(2)}$; die Polare selbst steht senkrecht auf MA und doppelt so weit von A ab, wie μ^1, trifft also $A\mu$ in einem Punkte B, für welchen $AB = 2A\mu$, d. h. der Krümmungshalbmesser ist. Mithin erhalten wir folgende Construction für den Krümmungshalbmesser:

In dem Punkte A des Kegelschnitts errichte man die Normale, construire die Polare von A in Bezug auf den Ortskreis $K^{(2)}$; sie treffe die

*) *Steiner:* „Ueber eine Eigenschaft der Krümmungshalbmesser der Kegelschnitte", Crelle's Journal für reine und angewandte Mathematik Bd. XXX S. 271.

Normale in B, dann ist AB gleich der Länge des Krümmungshalbmessers, und die nach der entgegengesetzten Seite hin abgetragene Strecke $AK = AB$ hat zu ihrem Endpunkt den Krümmungsmittelpunkt.

Wir übergehen die geringe Modification, welche eintritt, wenn für den Fall der Hyperbel der Ortskreis $K^{(2)}$ imaginär ist (wo man sich dann des Ortskreises der conjugirten Hyperbel zu bedienen und einen Kreis zu suchen hat, welcher von diesem im Durchmesser geschnitten wird), und wollen nur noch für die Parabel die entsprechende Construction des Krümmungshalbmessers ableiten. Hier lässt uns die Eigenschaft der Normale, dass das Verhältniss ihrer Abschnitte durch die Axen constant bleibt, im Stich, weil eine der Axen im Unendlichen liegt. An die Stelle tritt aber eine andere Eigenschaft der Normale einer Parabel, welche unmittelbar aus der Entstehung derselben durch Brennpunkt und Leitlinie hervorgeht.

Fig. 61.

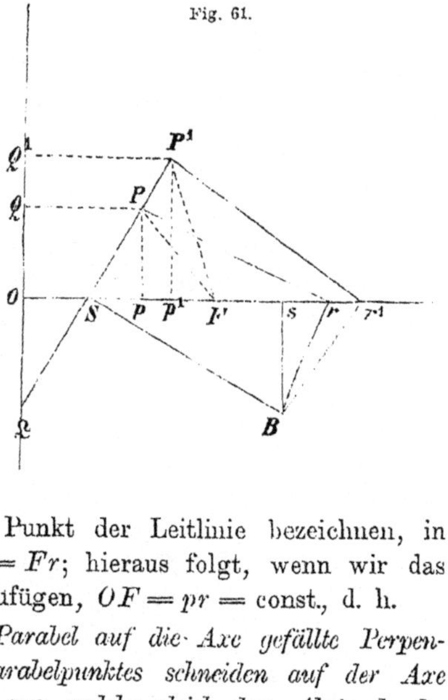

Sei P ein beliebiger Punkt der Parabel (Fig. 61), deren Brennpunkt F und Leitlinie $\mathfrak{L}$ ist, sei Q der Fusspunkt des aus P auf die Leitlinie gefällten Perpendikels, also:

$$PQ = PF,$$

so halbirt die Tangente in P die Strecke FQ und steht auf ihr senkrecht; folglich wird die Normale in P parallel FQ sein; trifft daher diese Normale die Parabelaxe in r, so muss $Fr = QP$, oder wenn wir aus P das Perpendikel Pp auf die Axe der Parabel fällen und mit O den Punkt der Leitlinie bezeichnen, in welchem die Axe sie trifft, $Op = Fr$; hieraus folgt, wenn wir das Stück pF auf beiden Seiten hinzufügen, $OF = pr =$ const., d. h.

Das aus einem Punkte der Parabel auf die Axe gefällte Perpendikel und die Normale dieses Parabelpunktes schneiden auf der Axe eine Strecke von constanter Länge aus, welche gleich dem Abstande des Brennpunktes von der Leitlinie ist.

Construiren wir für einen zweiten Punkt P^1 der Parabel die Normale P^1r^1 und das Perpendikel auf die Axe P^1p^1, so ist also $pr = p^1r^1$, oder $pp^1 = rr^1$; trifft nun die Parabelsehne PP^1 die Axe in S und wir denken uns um das Dreieck PSr einen Kreis beschrieben, bestimmen den dem Punkte P diametral gegenüberliegenden Punkt B dieses Kreises, so wird das aus B auf die Axe gefällte Perpendikel dieselbe in s treffen, so dass $Sp = sr$ ist; der dem P diametral gegenüberliegende Punkt B wird aber erhalten, indem wir in S auf SP und in r auf rP Perpendikel errichten, die sich in B schneiden, und das aus B auf die Axe gefällte Perpendikel trifft dieselbe in demjenigen Punkte s, für welchen $sr = Sp$ der Grösse und Lage nach wird. Hieraus schliessen wir umgekehrt, dass, wenn wir denjenigen Punkt s auf der Axe bestimmen, für welchen der Grösse und Lage nach $sr = Sp$ ist, sodann in s auf der Axe und in S auf SP ein Perpendikel errichten, der Schnittpunkt B derselben auch in demjenigen Perpendikel liegen muss, welches in r auf rP errichtet wird. Da nun $pp^1 = rr^1$, also $Sp^1 = sr^1$, so folgt aus dem Vorigen, dass auch das in r^1 auf r^1P^1 errichtete Perpendikel durch denselben Punkt B gehen muss. Es finden sich also die vier Scheitel von rechten Winkeln $Ssrr^1$ in einer Geraden, und von den Schenkelpaaren läuft je einer durch den festen Punkt B; die vier andern umhüllen daher eine Parabel (S. 197), welche B zum Brennpunkte und die Gerade Ss zur Tangente im Scheitel s hat; wir haben demnach folgenden Satz:

Die Normalen in zwei beliebigen Punkten einer Parabel, die Parabelsehne zwischen denselben und die Parabelaxe sind vier Tangenten einer bestimmten neuen Parabel, welche die Axe der ersten zur Scheiteltangente, ihren unendlich-entfernten Punkt also in einer rechtwinkligen Richtung zu derjenigen hat, in welcher der unendlich-entfernte Punkt der gegebenen Parabel liegt.

Dieser Satz entspricht vollständig dem oben für Ellipse und Hyperbel aufgestellten; aus ihm geht die Construction des Krümmungshalbmessers für jeden Punkt der Parabel hervor, wenn wir die beiden Normalen einander unendlich-nahe rücken. Die Parabelsehne geht dann in die Tangente über, und der Schnittpunkt der beiden unendlich-nahen Normalen, d. h. der Berührungspunkt mit der neuen Parabel wird der Krümmungsmittelpunkt, also:

Hat man in einem Punkte der Parabel Tangente und Normale construirt, so giebt es eine völlig bestimmte neue Parabel, welche diese beiden Geraden berührt und die Parabelaxe zu ihrer Scheiteltangente hat; diese zweite Parabel berührt die Normale im Krümmungsmittelpunkt.

Dass die Parabel in der That vollständig und eindeutig bestimmt ist, sobald von ihr die Scheiteltangente und zwei beliebige andere Tangenten gegeben sind, die Scheiteltangente also die Stelle von zwei Tangenten vertritt, geht daraus hervor, dass durch die Scheiteltangente zugleich der unendlich-entfernte Punkt der

Parabel gegeben und dieser der Berührungspunkt auf der unendlich-entfernten Geraden ist; es geht aber auch daraus hervor, dass das in dem Schnittpunkte jeder Tangente mit der Scheiteltangente auf der ersteren errichtete Perpendikel durch den Brennpunkt geht und durch zwei solche Perpendikel der Brennpunkt bestimmt wird. Die Construction des Krümmungsradius für einen Punkt der Parabel ergiebt sich aus dem letzten Satze sehr einfach: Da nämlich die Tangente und Normale des gegebenen Parabelpunktes A ein Paar rechtwinklige Tangenten der Hülfsparabel sind, so liegt A in der Leitlinie derselben, und da die in den Schnittpunkten von Tangente und Normale mit der Axe der gegebenen Parabel auf jenen errichteten Perpendikel sich in dem Brennpunkte B der Hülfsparabel schneiden, so wird AB durch die Axe der gegebenen Parabel halbirt; der Halbirungspunkt ist aber, wie leicht zu erkennen, nichts anderes, als der Brennpunkt F der Parabel, weil er auch das Stück der Axe halbirt, welches durch Tangente und Normale ausgeschnitten wird; das in B auf BA errichtete Perpendikel trifft die Normale in dem gesuchten Krümmungsmittelpunkt, dessen Construction sich also folgendermassen gestaltet:

Um für den Punkt A einer Parabel den Krümmungshalbmesser zu finden, construire man die Normale in A, verbinde A mit dem Brennpunkt F und verlängere AF über F hinaus um sich selbst bis B, errichte in B auf AB ein Perpendikel, welches in K der Normale begegnet, dann ist K der Krümmungsmittelpunkt und AK der Krümmungshalbmesser für den Parabelpunkt A.

Das in F auf AF errichtete Perpendikel halbirt offenbar die Strecke AK; verlängern wir daher die Normale bis zum Schnittpunkt mit der Leitlinie und berücksichtigen die Eigenschaft der Parabel, dass AF gleich dem Abstande des Parabelpunktes A von der Leitlinie ist, sowie die Gleichheit der Winkel, welche die Normale mit dem Strahl nach dem Brennpunkte AF und der Parallelen zur Parabelaxe bildet, so folgt:

Der Krümmungshalbmesser für einen Punkt A der Parabel ist doppelt so gross, als das Stück, welches auf der Normale von A aus durch die Leitlinie abgeschnitten wird.

Dies steht in vollkommener Uebereinstimmung mit der oben (S. 212) angegebenen Eigenschaft des Krümmungshalbmessers für Ellipse und Hyperbel; der dort mit $K^{(2)}$ bezeichnete Ortskreis geht bei der Parabel in die Leitlinie derselben über; der Mittelpunkt eines Kreises, welcher die Parabel in A berührt und zu seinem Radius den halben Krümmungsradius hat, der von A aus auf der Normale der Parabel nach aussen abgetragen wird, muss in der Leitlinie selbst liegen. Die Leitlinie schneidet daher alle solche Kreise rechtwinklig.

Aufgaben und Sätze.

1. Es sind fünf beliebige Punkte in der Ebene: $\mathfrak{abcde}$ und fünf durch einen Punkt o gehende Strahlen eines Strahlbüschels: $abcde$ beziehungsweise gegeben; es soll ein solcher Punkt p construirt werden, dass die fünf Strahlen $p(\mathfrak{abcde})$ mit den fünf Strahlen des gegebenen Strahlbüschels $o(abcde)$ projectivisch seien.
2. Es sind zwei projectivische Punktreihen auf den Trägern $\mathfrak{A}$ und $\mathfrak{A}_1$ gegeben; werden diese in der Ebene festgehalten, die Punktreihen selbst aber ohne Aenderung ihrer projectivischen Beziehung auf diesen Trägern so verschoben, dass in dem Schnittpunkte beider Träger allemal zwei entsprechende Punkte der projectivischen Punktreihen vereinigt werden, also jedes Mal perspectivische Lage eintritt, welches ist der Ort des Projectionspunktes für alle diese perspectivischen Lagen?
3. Dreht man zwei gegebene projectivische Strahlbüschel bei festgehaltener projectivischer Beziehung um ihre fest gedachten Mittelpunkte so herum, dass allemal in der Verbindungslinie der Mittelpunkte je ein Paar entsprechender Strahlen successive vereinigt wird, welchen Ort umhüllt der perspectivische Durchschnitt der beiden jedesmal in perspectivischer Lage befindlichen projectivischen Strahlbüschel?
4. Sind zwei projectivische Punktreihen auf den Trägern $\mathfrak{A}$ und $\mathfrak{A}_1$ gegeben, und werden durch einen festen Punkt P der Ebene Strahlen l gezogen, so schneidet jeder Strahl l die Träger im Allgemeinen in zwei nicht entsprechenden Punkten $\mathfrak{x}$ und $\mathfrak{y}_1$, deren entsprechende $\mathfrak{x}_1$ und $\mathfrak{y}$ seien; construirt man auf jedem Strahl l den zu dem Schnittpunkt $(\mathfrak{x}\mathfrak{y}_1, \mathfrak{x}_1\mathfrak{y}) = p$ zugeordneten vierten harmonischen Punkt π, während $\mathfrak{x}\mathfrak{y}_1$ das andere Paar zugeordnetharmonischer Punkte ist, dann wird bei der Bewegung von l der Punkt π eine gerade Linie $\mathfrak{L}$ durchlaufen und auf derselben als Träger eine mit dem Strahlbüschel (l) projectivische Punktreihe (π) beschreiben. Das Strahlbüschel (l) und die Punktreihe (π) befinden sich in involutorischer Lage, d. h. wenn π auf l_1 liegt, so liegt auch π_1 auf l. (π und l sind Pol und Polare in Bezug auf den von den beiden gegebenen projectivischen Punktreihen erzeugten Kegelschnitt, ebenso natürlich auch P und $\mathfrak{L}$.)

5. Es ist oben (Seite 132) gefunden worden, dass von den Durchschnittspunkten der 15 Seiten des vollständigen *Pascal*'schen Sechsecks 1 2 3 4 5 6 z. B. folgende sechs:

(12, 36) (12, 45) (34, 51) (34, 62) (56, 23) (56, 14)

auf einem Kegelschnitt liegen müssen. Wie viele solcher Sextupel von Durchschnittspunkten lassen sich überhaupt ermitteln? In welcher Beziehung stehen sie und die dadurch erhaltenen neuen Kegelschnitte zu einander und zu dem ursprünglichen Kegelschnitt?

6. Wenn man aus den sechs Punkten 1 2 3 4 5 6 eines Kegelschnitts ein bestimmtes von den 60 *Pascal*'schen Sechsecken bildet, so treten von den sämmtlichen 15 Verbindungslinien je zweier Punkte sechs als die Seiten des gewählten Sechsecks heraus, und die übrigen, neun Verbindungslinien lassen sich nur auf drei verschiedene Arten zu drei *Pascal*'schen Sechsecken zusammenfassen. Die *Pascal*'schen Linien dieser drei Sechsecke schneiden sich in einem neuen Punkt (*Kirkman*'schen Punkt) z. B. Sechseck 1 2 3 4 5 6 mit den Seiten 12 23 34 45 56 61 lässt die 9 Verbindungslinien übrig 13 14 15 24 25 26 35 36 46, und diese liefern die drei Sechsecke:

1 3 5 2 6 4
3 5 1 4 2 6
5 1 3 6 4 2.

Die drei *Pascal*'schen Linien dieser Sechsecke schneiden sich in einem *Kirkman*'schen Punkt. Auf diese Weise kann jedem bestimmten *Pascal*'schen Sechseck, also auch *jeder bestimmten Pascal'schen Linie ein bestimmter Kirkman'scher Punkt zugeordnet* werden, deren es mithin 60 giebt. Zwischen denselben findet eine eigenthümliche Beziehung statt, welche reciprok ist zu derjenigen, die früher (S. 133) zwischen den *Pascal*'schen Linien erkannt wurde:

Solchen drei *Pascal*'schen Linien, welche sich in einem *Steiner*'schen Punkte treffen, ordnen sich drei *Kirkman*'sche Punkte zu, welche auf einer Geraden liegen (*Cayley*'sche Gerade). Es giebt mithin 20 *Cayley*'sche Gerade, die den 20 *Steiner*'schen Punkten in bestimmter Weise zugeordnet sind. Ebenso wie die 20 *Steiner*'schen Punkte in 10 Paare conjugirter Punkte zerfallen, theilen sich auch die zugeordneten 20 *Cayley*'schen Geraden in 10 Paare conjugirter Gerader und es findet die merkwürdige Eigenthümlichkeit statt, dass wenn p und π ein Paar conjugirter *Steiner*'scher Punkte, l und λ das zugeordnete Paar conjugirter *Cayley*'scher Geraden ist, sowohl l durch π, als auch λ durch p geht.

[l und λ sind conjugirte Strahlen in Bezug auf den ursprünglichen Kegelschnitt.]

Die 20 *Cayley*'schen Geraden laufen zu je vieren durch 15 Punkte (*Salmon*'sche Punkte), indem allemal solche vier *Cayley*'sche Geraden, welche vier in einer Geraden liegenden *Steiner*'schen Punkten zugeordnet sind, durch einen *Salmon*'schen Punkt laufen. Die 20 *Cayley*'schen Geraden und 15 *Salmon*'schen Punkte bilden eine Figur, welche reciprok gegenübersteht der *Hesse*'schen Figur der 20 *Steiner*'schen Punkte mit ihren 15 Geraden, wie sie oben mehrfach beschrieben ist (Seite 134).

Dieses eigenthümliche reciproke Verhältniss der beiden gegenüberstehenden Figuren ist keineswegs das der gewöhnlichen Polarität in Bezug auf den gegebenen Kegelschnitt; ob es überhaupt eine Polarbeziehung ist in Bezug auf einen noch unbekannten Kegelschnitt oder eine allgemeinere Reciprocitätsbeziehung, wird zu untersuchen sein*).

7. Wird einem Dreieck abc gleichzeitig ein Kegelschnitt umschrieben und ein anderer einbeschrieben, so bilden die Berührungspunkte des letzteren ein neues Dreieck $a_1 b_1 c_1$, die Tangenten des ersteren ein Dreieck $a_2 b_2 c_2$; die beiden Dreiecke $a_1 b_1 c_1$ und $a_2 b_2 c_2$ liegen allemal perspectivisch. Die drei Projectionscentra der paarweise perspectivisch liegenden Dreiecke abc, $a_1 b_1 c_1$, $a_2 b_2 c_2$ bilden ein neues Dreieck; in welcher Beziehung steht dasselbe zu dem ursprünglichen?

8. Verbindet man die Ecken eines Dreiecks abc mit zwei beliebigen Punkten P und P_1 der Ebene, und treffen diese Verbindungslinien die gegenüberliegenden Seiten des Dreiecks in den Punkten $\mathfrak{a}\mathfrak{b}\mathfrak{c}$ $\mathfrak{a}_1\mathfrak{b}_1\mathfrak{c}_1$, so liegen diese sechs Punkte allemal auf einem Kegelschnitt.

9. Werden die Ecken eines Dreiecks abc mit einem beliebigen Punkte P der Ebene verbunden, so treffen diese Verbindungslinien die Gegenseiten des Dreiecks allemal in drei solchen Punkten $\mathfrak{a}\mathfrak{b}\mathfrak{c}$, in welchen ein bestimmter Kegelschnitt $\mathfrak{K}^{(2)}$ die Seiten des Dreiecks berührt; es sollen diejenigen Gebiete der Ebene ermittelt werden, in welchen der Punkt P liegen muss, wenn der Kegelschnitt $\mathfrak{K}^{(2)}$ Ellipse, Parabel oder Hyperbel werden soll (§. 44). (Wie lautet die reciproke Aufgabe und ihre Lösung?)

10. Sind A und B irgend ein veränderliches Paar conjugirter Durchmesser eines Kegelschnitts mit einem Mittelpunkt, und ist a eine der Axen desselben, so ist:

---

*) Vergl. *Hesse* in *Borchardt's* Journal Bd. LXVIII, S. 193 und *G. Bauer: Ueber das Pascal'sche Theorem.* Abhdlgn. d. Bair. Acad. d. W. II. Cl. Bd. XI., Abth. III. München 1874.

$$\frac{\cos(a, A) \,.\, \cos(a, B)}{\cos(A, B)} = \text{const.} \left(= \frac{a^2}{c^2}\right).$$

11. Wenn zur Bestimmung eines Kegelschnitts der Mittelpunkt m und ein Tripel conjugirter Punkte abc gegeben sind, so findet man die Richtungen der Axen des Kegelschnitts durch folgende Construction:

Man construire den Höhenpunkt h des Dreiecks abc, ziehe mh und bestimme die drei zu den Dreiecksseiten bc, ca, ab symmetrisch liegenden Geraden in Bezug auf mh; diese schneiden sich in einem Punkte f; die Halbirungslinien der Winkel zwischen den beiden Strahlen mh und mf sind die Richtungen der Axen des Kegelschnitts.

12. Wenn zur Bestimmung eines Kegelschnitts der Mittelpunkt m und drei seiner Punkte abc gegeben sind, so findet man die Richtungen der Axen des Kegelschnitts durch folgende Construction:

Man bestimme die Mitten $a_1 b_1 c_1$ der Dreiecksseiten bc, ca, ab, den Höhenpunkt h_1 des Dreiecks $a_1 b_1 c_1$, ziehe mh_1 und ermittle die drei zu den Dreiecksseiten $b_1 c_1$, $c_1 a_1$, $a_1 b_1$ symmetrisch liegenden Geraden in Bezug auf mh_1; diese schneiden sich in einem Punkte f_1; die Halbirungslinien der Winkel zwischen den beiden Strahlen mh_1 und mf_1 sind die Richtungen der Axen des Kegelschnitts.

13. Wenn zur Bestimmung eines Kegelschnitts der Mittelpunkt m und drei seiner Tangenten $\mathfrak{A}\mathfrak{B}\mathfrak{C}$ gegeben sind, so findet man die Richtungen der Axen des Kegelschnitts durch folgende Construction:

Bilden die drei gegebenen Tangenten ein Dreieck abc, so ziehe man die Strahlen ma, mb, mc, construire die zu ihnen harmonisch-zugeordneten Strahlen durch jede Dreiecksecke, welche ein neues Dreieck $a_1 b_1 c_1$ bilden und bestimme den Höhenpunkt h_1 dieses Dreiecks $a_1 b_1 c_1$. Bestimmt man zu den Dreiecksseiten $b_1 c_1$, $c_1 a_1$, $a_1 b_1$ die symmetrisch liegenden Geraden in Bezug auf mh_1, so schneiden sich dieselben in einem Punkt f_1 und die Halbirungslinien der Winkel zwischen den beiden Strahlen mh_1 und mf_1 sind die Richtungen der Axen des Kegelschnitts.

14. Ist zur Bestimmung eines Kegelschnitts sein Mittelpunkt m und ein Tripel conjugirter Punkte xyz gegeben, und sind P_a und P_b die Potenzen der auf den Axen des Kegelschnitts befindlichen Punktsysteme (Quadrate der Halbaxen), so ist:

$$\left.\begin{array}{ll} \text{I.} & P_a + P_b = P_{\mathfrak{K}} \\ \text{II.} & P_a \,.\, P_b = 2 p_1 p_2 p_3 \,.\, r \end{array}\right\},$$

wo $P_{\mathfrak{K}}$ die Potenz des Mittelpunktes m in Bezug auf den dem Polardreieck xyz umschriebenen Kreis, $p_1 p_2 p_3$ die Perpendikel von m auf die Seiten des Dreiecks xyz und r den Radius des dem Dreieck xyz umschriebenen Kreises bezeichnet. (S. 185.)

15. Sind zur Bestimmung eines Kegelschnitts sein Mittelpunkt m und drei Tangenten desselben gegeben, und sind P_a und P_b die Potenzen der auf den Kegelschnittaxen befindlichen Punktsysteme (Quadrate der Halbaxen), so ist:

$$\text{I.} \qquad P_a + P_b = P_{\mathfrak{K}}$$
$$\text{II.} \qquad P_a \,.\, P_b = 4 p_1 p_2 p_3 \,.\, r\,,$$

wo $P_{\mathfrak{K}}$ die Potenz des Mittelpunktes m in Bezug auf denjenigen Kreis bedeutet, welcher den Höhenpunkt des gegebenen Dreiseits zu seinem Mittelpunkt und die Ecken desselben zu einem Tripel conjugirter Punkte hat, ferner $p_1 p_2 p_3$ die Perpendikel von m auf die Seiten desjenigen Dreiecks bezeichnen, welches von den Mitten der Seiten des gegebenen Dreiseits gebildet wird, und endlich r der Radius des dem gegebenen Dreiseit umschriebenen Kreises ist.

16. Sind zur Bestimmung eines Kegelschnitts sein Mittelpunkt m und drei Punkte desselben gegeben, und sind P_a und P_b die Potenzen der auf den Kegelschnittaxen befindlichen Punktsysteme (Quadrate der Halbaxen), so ist:

$$\text{I.} \qquad P_a + P_b = \frac{p_1 p_2 p_3}{\pi_1 \pi_2 \pi_3} \,.\, P_{\mathfrak{K}}$$
$$\text{II.} \qquad P_a \,.\, P_b = \frac{p_1^2 p_2^2 p_3^2}{\pi_1 \pi_2 \pi_3} \,.\, r\,,$$

wo $p_1 p_2 p_3$ die drei Perpendikel von m auf die Seiten des gegebenen Dreiecks, $\pi_1 \pi_2 \pi_3$ die drei Perpendikel von m auf die Seiten des von den Mitten der Seiten des gegebenen gebildeten Dreiecks, r den Radius des dem gegebenen Dreieck umschriebenen Kreises und $P_{\mathfrak{K}}$ die Potenz des Punktes m in Bezug auf denjenigen Kreis bezeichnet, welcher durch die Mitten der Seiten des gegebenen Dreiecks geht.

17. Wenn man ein Tripel conjugirter Punkte und Strahlen in Bezug auf einen Kegelschnitt hat, so sind die drei Seiten dieses Dreiecks Träger von drei dem Kegelschnitt zugehörigen Punktsystemen (zwei hyperbolischen und einem elliptischen), deren Potenzen seien P_a P_b P_c; die drei Ecken desselben sind die Mittelpunkte von drei Strahlsystemen, deren Potenzen seien $P_A P_B P_C$. Verändert man das Tripel, indem man eine Ecke A und die gegenüberliegende Seite mit ihrem Punktsystem P_a (die Polare von A) festhält, die andern beiden Seiten aber das ganze Strahlsystem durch-

laufen lässt, welche metrischen Beziehungen bestehen dann zwischen den Potenzen P_b P_c? Hat man zwei beliebige Tripel conjugirter Strahlen und Punkte in Bezug auf einen Kegelschnitt, welche metrischen Beziehungen finden zwischen den Potenzen der ihnen zugehörigen Punkt- und Strahlsysteme statt?

18. Die vier Schnittpunkte zweier demselben Vierseit einbeschriebenen Kegelschnitte liegen mit jedem der drei Paar Gegenecken des Vierseits zusammen in einem Kegelschnitte.

19. Von den acht Berührungspunkten zweier demselben Vierseit einbeschriebenen Kegelschnitte liegen zwölfmal vier mit je zweien der vier Schnittpunkte der Kegelschnitte zusammen in einem neuen Kegelschnitte. Die dadurch bestimmten neuen zwölf Kegelschnitte ordnen sich in sechs Paare, welche einander doppelt berühren; nämlich durch je zwei der genannten vier Schnittpunkte gehen zwei neue Kegelschnitte, die sich in denselben berühren.

20. Werden einem Dreiseit ABC irgend vier Kegelschnitte einbeschrieben, so haben je zwei derselben (ausser den drei Seiten des Dreiseits) noch eine vierte gemeinschaftliche Tangente T, was zusammen 6 T giebt. Diese 6 T schneiden jede der drei Seiten ABC in sechs Punkten eines Punktsystems (Involution); nämlich die vierte Tangente je zweier Kegelschnitte und die vierte Tangente der jedesmaligen beiden andern schneiden allemal ein Paar conjugirter Punkte dieses Punktsystems aus.

21. Sind zwei Punkte PQ und ein Dreiseit gegeben, so giebt es im Allgemeinen vier Kegelschnitte, welche durch P und Q gehen und die Seiten des Dreiseits berühren. Diese vier Kegelschnitte werden selbst berührt von einem und demselben Kegelschnitt, welcher 1) durch P und Q geht und 2) durch die drei vierten harmonischen Punkte auf den Seiten des Dreiseits, welche zu den Schnittpunkten mit der Verbindungslinie PQ zugeordnet sind.

22. Wird einem Dreieck xyz ein Kegelschnitt $\mathfrak{K}^{(2)}$ umschrieben, und trifft eine beliebige Gerade $\mathfrak{L}$ die Dreiecksseiten yz, zx, xy beziehlich in den Punkten ξ η ζ; legt man aus ξ η ζ die Tangentenpaare an den Kegelschnitt $\mathfrak{K}^{(2)}$, welche in $\alpha\alpha'$, $\beta\beta'$, $\gamma\gamma'$ berühren, so schneiden sich die sechs Verbindungslinien $x\alpha$, $x\alpha'$, $y\beta$, $y\beta'$, $z\gamma$, $z\gamma'$ zu je dreien in vier Punkten und sind die sechs Seiten eines vollständigen Vierecks, dessen drei Diagonalpunkte xyz sind.

23. Welches ist der Ort eines Punktes P in der Ebene eines Kegelschnitts $K^{(2)}$, wenn die Axen des dem Punkte P in Bezug auf $K^{(2)}$ zugehörigen Strahlsystems (oder die Halbirungslinien der

Winkel zwischen dem aus P an $K^{(2)}$ zu legenden Tangentenpaar) zwei gegebene zu einander rechtwinklige Richtungen haben sollen?

24. Nimmt man in der Ebene eines Kegelschnitts $K^{(2)}$ drei beliebige Punkte ABC, welche ein Dreieck bilden, und legt aus jeder Ecke das Tangentenpaar an $K^{(2)}$, welches die gegenüberliegende Dreiecksseite in zwei Punkten trifft, dann liegen die sechs dadurch erhaltenen Schnittpunkte auf einem neuen Kegelschnitt.

25. Die Seiten eines vollständigen Vierseits bilden zu je dreien zusammengefasst, vier Dreiseite; legt man um jedes derselben und durch zwei gegebene feste Punkte P und Q einen Kegelschnitt, so gehen die dadurch erhaltenen vier Kegelschnitte noch durch einen dritten festen Punkt R.

26. Zieht man von einem beliebigen Punkte P einer Ellipse an den über der kleinen Axe als Durchmesser beschriebenen Kreis eine Tangente, so ist diese gleich der reellen Halbaxe derjenigen Hyperbel, welche durch P geht und dieselben Brennpunkte mit der Ellipse hat.

Zieht man durch einen beliebigen Punkt P einer Ellipse in dem über der grossen Axe als Durchmesser beschriebenen Kreise eine kleinste Halbsehne, so ist diese gleich der imaginären Halbaxe derjenigen Hyperbel, welche durch P geht und dieselben Brennpunkte mit der Ellipse hat.

27. Theilt man acht beliebige Punkte eines Kegelschnitts irgendwie in zwei Gruppen, welche man in beliebiger Weise einander zuordnet:

$$abcd \quad \text{und} \quad a_1 b_1 c_1 d_1 \,,$$

und bestimmt die drei Paare von Schnittpunkten:

$$(ab,\ a_1b_1) = x \quad (ac,\ a_1c_1) = y \quad (ad,\ a_1d_1) = z$$
$$(cd,\ c_1d_1) = \xi \quad (bd,\ b_1d_1) = \eta \quad (bc,\ b_1c_1) = \zeta,$$

so schneiden sich die drei Verbindungslinien $x\xi$, $y\eta$, $z\zeta$ in einem Punkte.

28. Verbindet man die drei Ecken eines Dreiecks abc mit einem beliebigen Punkte A und bezeichnet die Schnittpunkte:

$$(Aa,\ bc) = \alpha \quad (Ab,\ ca) = \beta \quad (Ac,\ ab) = \gamma$$
$$(\beta\gamma,\ bc) = \alpha' \quad (\gamma\alpha,\ ca) = \beta' \quad (\alpha\beta,\ ab) = \gamma',$$

so liegen $\alpha'\beta'\gamma'$ auf einer Geraden $\mathfrak{L}$ und es giebt einen Kegelschnitt $\mathfrak{K}^{(2)}$, welcher dem Dreieck abc umschrieben ist und die drei Strahlen $a\alpha'$ $b\beta'$ $c\gamma'$ zu Tangenten in den Ecken hat. Die beiden (immer imaginären) Tangenten aus A an diesen Kegelschnitt $\mathfrak{K}^{(2)}$ treffen die Gerade $\mathfrak{L}$ in einem solchen (immer imaginären) Punktpaar BC, dass die beiden Dreiecke abc und ABC auf alle möglichen sechs verschiedenen Arten gleichzeitig perspectivisch liegen. Die beiden imaginären Tangenten aus A an $\mathfrak{K}^{(2)}$ bilden mit den drei reellen Strahlen Aa, Ab, Ac ein äquianharmonisches System. (S. 63.)

29. In der Ebene eines gegebenen vollständigen Vierseits eine solche Transversale zu ziehen, dass das durch die Seitenpaare desselben auf ihr ausgeschnittene Punktsystem ein gleichseitig-hyperbolisches wird. Welchen Ort umhüllen sämmtliche derartige Transversalen, und welchen Ort erfüllen die Asymptotenpunkte dieser gleichseitig-hyperbolischen Punktsysteme?

30. Gehen durch einen beliebigen Punkt P in der Ebene eines Kegelschnitts drei Strahlen, welche denselben in den Punktpaaren $a\alpha$, $b\beta$, $c\gamma$ treffen und versteht man unter dem Doppelverhältniss von vier Kegelschnittpunkten dasjenige von vier Strahlen, die aus irgend einem Punkte o des Kegelschnitts nach denselben hingehen, so besteht für die Punkte $a\alpha$, $b\beta$, $c\gamma$ folgende Beziehung zwischen den Doppelverhältnissen:

$$(\alpha a b \gamma) + (\beta b c \alpha) + (\gamma c a \beta) = 1$$

und ähnliche, die aus dieser durch Vertauschung der Paare und der Elemente je eines Paares unter sich hervorgehen.

31. Durch jeden Punkt P eines Kegelschnitts gehen drei Krümmungskreise, die nicht in P osculiren; die drei Osculationspunkte derselben liegen mit dem Punkte P auf einem Kreise, und der Schwerpunkt jener drei Osculationspunkte ist der Mittelpunkt des Kegelschnitts.

32. Ist einem vollständigen Vierseit ein Kegelschnitt einbeschrieben, und man zieht von jeder der sechs Ecken desselben nach den Berührungspunkten der beiden andern Tangenten, die sich in der Gegenecke schneiden, Strahlen, so erhält man im Ganzen zwölf Strahlen, von denen dreimal je acht von einem neuen Kegelschnitt berührt werden. Welche weiteren Beziehungen walten zwischen den acht Tangenten dieses neuen Kegelschnitts ob, und in welcher Beziehung stehen die drei neuen Kegelschnitte zu einander?

33. Wie lässt sich aus der Lage von fünf gegebenen Geraden in einfacher Weise erkennen, ob der sie berührende Kegelschnitt Ellipse, Parabel oder Hyperbel ist? (Die polar-gegenüberstehende Frage.)

Dritter Abschnitt.

Kegelschnittbüschel und Kegelschnittschaar.

§. 39. Entstehung des Kegelschnittbüschels aus dem Strahlbüschel.

Die in §. 23 ausgeführte Untersuchung der Beziehung zwischen einem von vier Punkten eines Kegelschnitts gebildeten Viereck und dem von den vier Tangenten in diesen Punkten gebildeten Vierseit und eine weitere Ausführung dieses Gegenstandes in §. 27 lassen erkennen, wenn wir die vier Punkte festhalten und die Tangenten, von denen eine willkürlich angenommen werden kann, verändern, dass durch vier Punkte unendlich viele Kegelschnitte gehen, deren Gesammtheit gleich mächtig ist mit den sämmtlichen Strahlen, welche durch einen Punkt gehen; denn jeder durch einen der vier Punkte gehende Strahl, als Tangente des Kegelschnitts aufgefasst, bestimmt denselben vollständig und eindeutig; die Tangenten in den andern drei Punkten sind dadurch (§. 23) mitbestimmt, und es giebt daher so viel Kegelschnitte durch vier Punkte, als es Strahlen durch einen Punkt giebt. Die Gesammtheit der durch vier Punkte gehenden Kegelschnitte soll ein *Kegelschnittbüschel* heissen und die vier Punkte selbst die *Grundpunkte (Mittelpunkte) des Büschels.* Das Kegelschnittbüschel ist daher ein Gebilde von einfacher Unendlichkeit; hiergegen spricht scheinbar, dass durch einen in der Ebene der vier Grundpunkte willkürlich gewählten Punkt ein Kegelschnitt des Büschels vollständig und eindeutig bestimmt wird und die Ebene selbst eine doppelt-unendliche Mannigfaltigkeit von Punkten enthält. Dieser Einwurf wird aber dadurch widerlegt, dass ein solcher durch fünf Punkte bestimmter Kegelschnitt zugleich unendlich viele andere Punkte enthält und jeder von ihnen, anstatt des fünften gewählt, immer wieder denselben Kegelschnitt hervorruft. Bei der Bewegung des fünften Punktes durch das ganze doppelt-unendliche Gebiet der Ebene tritt also jeder Kegelschnitt des Büschels selbst unendlich oft auf, und die sämmtlichen von einander verschiedenen Kegelschnitte des Büschels umfassen also nur eine

Mannigfaltigkeit von einfacher Unendlichkeit. Seien $ABCD$ die vier Grundpunkte des Büschels und ein beliebiger durch A gehender Strahl $\mathfrak{A}$ die Tangente eines dem Büschel angehörigen Kegelschnitts, welcher dadurch vollständig bestimmt ist, so erhalten wir (Seite 123) die Tangenten in BCD, indem wir die Diagonalpunkte des vollständigen Vierecks $ABCD$ bestimmen:

$$(AB, CD) = x \quad (AC, BD) = y \quad (AD, BC) = z$$

und die Seiten dieses Diagonaldreiecks:

$$(y, z) = X \quad (z, x) = Y \quad (x, y) = Z$$

und bemerken, dass die Tangenten in A und B sich auf X schneiden müssen; die Diagonale X trifft also $\mathfrak{A}$ in einem Punkte, dessen Verbindungslinie mit B die Tangente in B ist; ebenso trifft $\mathfrak{A}$ die Gerade Y in einem andern Punkte, dessen Verbindungslinie mit C die Tangente in C ist, und endlich giebt die Verbindungslinie des Schnittpunktes von $\mathfrak{A}$ und Z mit D die Tangente in D. Drehen wir also den Strahl $\mathfrak{A}$ um A, wodurch wir sämmtliche Kegelschnitte des Büschels erhalten, so drehen sich auch die Tangenten $\mathfrak{B}\mathfrak{C}\mathfrak{D}$ um die resp. Punkte B, C, D und beschreiben Strahlbüschel, welche perspectivisch liegen mit demjenigen, welches $\mathfrak{A}$ beschreibt; die perspectivischen Durchschnitte sind die drei Diagonalen des vollständigen Vierecks der vier Grundpunkte des Büschels. Wir erhalten hieraus folgenden Satz:

Die Tangenten an einem Kegelschnitte des Büschels in irgend zweien der vier Grundpunkte beschreiben, wenn der Kegelschnitt das ganze Büschel durchläuft, zwei projectivische Strahlbüschel, welche perspectivisch liegen und zu ihrem perspectivischen Durchschnitt eine der drei Diagonalen des vollständigen Vierecks der vier Grundpunkte haben.

Hierdurch werden wir in den Stand gesetzt, das Kegelschnittbüschel selbst als ein neues Gebilde einfacher Unendlichkeit mit irgend einem andern von gleicher Mächtigkeit, z. B. einem ebenen Strahlbüschel, einer geraden Punktreihe oder einem andern Kegelschnittbüschel in projectivische Beziehung zu setzen, so dass die Elemente der beiden Gebilde sich eindeutig entsprechen, indem wir zur Herstellung dieser Beziehung ein Strahlbüschel verwenden, welches von den Tangenten des Kegelschnittbüschels in irgend einem der vier Grundpunkte gebildet wird, und für jede Tangente dann den Kegelschnitt des Büschels substituiren, welcher durch dieselbe eindeutig bestimmt ist. Wir gelangen durch Einführung dieses neuen Gebildes zu der projectivischen Erzeugung der allgemeinen Curven dritten und vierten Grades ebenso, wie wir durch die projectivische Beziehung zweier Strahlbüschel zum Kegelschnitt gelangen. (*Chasles*, comptes rendus 1853. tome XXXVI et XXXVII.)

Die gleiche Mächtigkeit des Kegelschnittbüschels und des Strahlbüschels deutet darauf hin, dass ersteres aus dem letzteren unmittelbar hervorgehen könnte, und in der That führt dazu folgende ebenso sinnreiche, wie nützliche Betrachtung *Steiner's**).

Denken wir uns B und B_1 als die Mittelpunkte zweier Strahlbüschel, welche die Gerade $\mathfrak{A}$ zu ihrem perspectivischen Durchschnitt haben, so ist die projectivische Beziehung derselben vollständig bestimmt durch die Lage von $\mathfrak{A}$; die Verbindungslinie der Mittelpunkte BB_1 enthält bei dieser Beziehung zwei zusammenfallende entsprechende Strahlen e und e_1. Verändern wir aber die Lage des perspectivischen Durchschnitts $\mathfrak{A}$, indem wir denselben um einen festen Punkt P drehen, so können wir uns für jede neue Lage von $\mathfrak{A}$ eine neue Beziehung zweier Strahlbüschel mit denselben Mittelpunkten BB_1 hergestellt denken, und es haben die beiden neuen Strahlbüschel alsdann die Strahlen e und e_1 ebenfalls zu entsprechenden; das Strahlenpaar, welches von B und B_1 nach dem unveränderten Punkte P der Geraden $\mathfrak{A}$ geht, p und p_1, ist für die alte Beziehung wie für die neue gleichzeitig ein Paar entsprechender Strahlen. Bei der Bewegung von $\mathfrak{A}$ beschreibt diese Gerade selbst ein Strahlbüschel, dessen Strahlen, nach einander als die perspectivischen Durchschnitte je zweier Strahlbüschel mit den festen Mittelpunkten B und B_1 aufgefasst, unendlich viele Paare von projectivischen Strahlbüscheln hervorrufen, die wir uns in B und B_1 über einander liegend denken können. Werden diese projectivischen Beziehungen festgehalten, aber die perspectivische Lage aufgehoben etwa dadurch, dass das eine oder beide Systeme von Strahlbüscheln um ihre Mittelpunkte B und B_1 beliebig gedreht oder in der Ebene verschoben und gedreht werden, so wird aus jeder Geraden $\mathfrak{A}$ und dem Strahl BB_1 nunmehr ein Kegelschnitt, den die beiden nicht mehr perspectivisch liegenden aber projectivisch bleibenden Strahlbüschel erzeugen; alle diese Kegelschnitte haben zunächst die Punkte B und B_1 (die Mittelpunkte der erzeugenden Strahlbüschel) gemein, ferner einen Punkt $\mathfrak{e}$, den Schnittpunkt der beiden Strahlen e und e_1 nach Aufhebung der perspectivischen Lage, weil diese beiden Strahlen für jede der vorigen Beziehungen entsprechende waren, und endlich aus demselben Grunde den Schnittpunkt $\mathfrak{p}$ der Strahlen p und p_1 nach Aufhebung der perspectivischen Lage.

*) Ueber diese unter dem Namen „projectivischer Drehung" von *Steiner* häufig angewendete Betrachtung vergl. *F. August* in *Borchardt's* Journal, Bd. LXVIII Seite 239.

Die sämmtlichen auf diese Weise erzeugten Kegelschnitte gehen also durch vier feste Punkte BB_1 e𝔭, d. h. sie bilden ein Kegelschnittbüschel mit vier Grundpunkten, und dieses ist unmittelbar aus dem von 𝔄 beschriebenen Strahlbüschel hervorgegangen, indem jeder Strahl desselben zu einem Kegelschnitt des Büschels wurde. Beide Gebilde sind also von gleicher Mächtigkeit.

Wir erkennen ferner, wenn wir die Bedingung, dass der perspectivische Durchschnitt 𝔄 durch einen festen Punkt P gehen solle, aufheben und ihn das ganze doppelt-unendliche Gebiet der Ebene durchstreifen lassen, dass aus den sämmtlichen Geraden der Ebene nach Aufhebung der perspectivischen Lage ebenso viele Kegelschnitte werden, die durch drei feste Punkte gehen, dass diese also ein Gebilde von doppelter Unendlichkeit (Büschel-Büschel) ausmachen. Es leuchtet die Nützlichkeit dieser Betrachtung augenscheinlich ein, weil nun umgekehrt jedes Kegelschnittbüschel mit vier Grundpunkten durch eine passende Drehung in ein Strahlbüschel verwandelt werden kann und hierdurch die Untersuchung der Eigenschaften des Kegelschnittbüschels wesentlich vereinfacht wird. Suchen wir zunächst zu ermitteln, wie sich die verschiedenen Gattungen von Kegelschnitten: Ellipsen, Hyperbeln, Parabeln in dem Büschel vertheilen.

Um die Begriffe zu fixiren, denken wir uns die Punkte B und B_1 fest bleibend, aber das ganze System von Strahlbüscheln in B um einen beliebigen Winkel δ und das ganze System von Strahlbüscheln in B_1 um einen Winkel δ^1 gedreht, wo δ und δ^1 ihrer Grösse und Drehrichtung nach gegeben sind; alsdann entsteht durch diese beiden Drehungen (von denen auch eine z. B. $\delta^1 = 0$ sein könnte) aus BB_1 und dem von 𝔄 beschriebenen Strahlbüschel (P) ein Kegelschnittbüschel mit den vier Grundpunkten BB_1 e𝔭. Es ist zuvörderst ersichtlich, dass in dem Kegelschnittbüschel drei Linienpaare (besondere Hyperbeln) vorkommen; denn unter den durch P gehenden Strahlen 𝔄 befindet sich einmal auch der Strahl PB; die beiden perspectivischen Strahlbüschel in B und B_1, welche ihn zum perspectivischen Durchschnitt haben, befinden sich in der eigenthümlichen Lage, welche wir die parabolische (S. 73) genannt haben, indem allen Strahlen des Strahlbüschels in B_1 der einzige Strahl BP in dem Strahlbüschel B und allen Strahlen des Strahlbüschels B der einzige Strahl B_1B des Strahlbüschels B_1 entspricht; nach der Drehung um die Winkel δ und δ^1 werden diese beiden besonderen Strahlbüschel einen Kegelschnitt erzeugen, dessen Punkte auf den beiden Geraden B𝔭 und B_1e liegen, also ein Linienpaar; in gleicher Weise wird aus dem besonderen durch B_1 gehenden Strahl 𝔄 ein Kegelschnitt, welcher sich in das Linienpaar $B_1\mathfrak{p}$ und $B\mathfrak{e}$ auflöst. Wir bemerken endlich, dass vor der Drehung um die Winkel δ und δ^1 zwei besondere Strahlen, welche mit der Verbindungslinie BB_1 in entgegengesetztem Drehungssinne die resp. Winkel δ und δ^1 bildeten und sich in einem Punkte ε trafen, nach der Drehung auf einander fallen müssen; wir sehen hieraus, dass aus BB_1 und demjenigen Strahl $\mathfrak{A}$, welcher durch ε geht, also $P\varepsilon$, ein Kegelschnitt wird, der wiederum in ein Linienpaar zerfällt, weil die beiden ihn erzeugenden projectivischen Strahlbüschel auch nach der Drehung perspectivisch werden; folglich enthält das Kegelschnittbüschel noch ein drittes Linienpaar BB_1 und $\mathfrak{p}\mathfrak{e}$. Aus allen übrigen Geraden $\mathfrak{A}$ werden aber allgemeine Kegelschnitte, und wir wollen nachsehen, wie viel Hyperbeln, Parabeln, Ellipsen unter ihnen vorkommen.

Hierzu müssen wir diejenigen Punkte in der Ebene aufsuchen, welche nach der Drehung in die Unendlichkeit fallen; alle Punkte im Unendlichen der Ebene liegen auf der Geraden G_∞ oder sind die Durchschnittspunkte entsprechender Strahlen zweier projectivisch-gleicher und gleichlaufender Strahlbüschel, welche sich in perspectivischer Lage befinden (S. 77); vor der Drehung müssen zwei solche in B und B_1 placirte Strahlbüschel einen Kreis erzeugen (S. 106); alle Punkte dieses Kreises gehen also nach der Drehung in die Unendlichkeit, oder vielmehr die beiden diesen Kreis erzeugenden Strahlbüschel werden nach der Drehung perspectivisch, erzeugen also ein Linienpaar, dessen einer Theil BB_1 und dessen anderer Theil G_∞ ist. Dieser Kreis, welchen wir kurzweg den *„Drehkreis“* nennen wollen, ist leicht zu ermitteln; er wird offenbar durch die drei Punkte BB_1 und ε gehen und durch dieselben bestimmt sein; ε ist aber derjenige Punkt, in welchem sich zwei Strahlen durch B und B_1 schneiden, welche nach der Drehung auf BB_1 zusammenfallen, die also um die Winkel δ und δ^1 zurückgedreht erscheinen, und $\mathfrak{e}$ ist derjenige Punkt, in welchem sich zwei Strahlen durch B und B_1 nach der Drehung treffen, welche vor der Drehung in dem Strahle BB_1 vereinigt waren; daher liegen $\mathfrak{e}$ und ε symmetrisch zu der Geraden BB_1. Ist der Drehkreis ermittelt, so wird aus einem solchen Strahle $\mathfrak{A}$, welcher ihn in zwei reellen Punkten schneidet, eine Hyperbel, weil die beiden Schnittpunkte nach der Drehung in die Unendlichkeit fallen, aus denjenigen Strahlen $\mathfrak{A}$, welche den Drehkreis berühren, je eine Parabel und aus allen Strahlen $\mathfrak{A}$, welche ihn nicht treffen, Ellipsen; ferner kommt unter den Strahlen $\mathfrak{A}$ ein einziger vor, der durch den Mittelpunkt des Drehkreises geht; aus diesem wird eine gleichseitige Hyperbel, weil die unendlich-entfernten Punkte derselben unter einem rechten Winkel erscheinen.

Liegt daher der Punkt P ausserhalb des Drehkreises, *so giebt es unter dem Büschel von Kegelschnitten unendlich viele Ellipsen, unendlich viele Hyperbeln und nur zwei Parabeln, welche diese beiden Gruppen von einander trennen; unter den Hyperbeln kommt nur eine einzige gleichseitige vor.* Wir bemerken noch einen besondern Fall: Da nämlich alle Punkte, die im Unendlichen liegen, in B und B_1 zwei gleiche und gleichlaufende projectivische Strahlbüschel hervorrufen, also nach der Drehung Punkte eines bestimmten Kreises werden, welcher zu dem Drehkreise symmetrisch liegt in Bezug auf die Axe BB_1, so folgt, dass, wenn P im Unendlichen liegt, allemal die vier Grundpunkte des Kegelschnittbüschels auf einem Kreise liegen müssen; wenn aber P im Unendlichen liegt, so sind die beiden aus ihm an den Drehkreis zu legenden Tangenten parallel, ihre Berührungssehne erscheint also von B (oder B_1) aus unter einem rechten Winkel. Aus diesen beiden Tangenten werden nach der Drehung zwei Parabeln, deren unendlich-entfernte Punkte in zwei zu einander rechtwinkligen Richtungen liegen, und dies Verhalten findet auch umgekehrt statt: Wenn die Berührungspunkte zweier Tangenten des Drehkreises unter rechtem Winkel von B (oder B_1) aus erscheinen, so liegt ihr Schnittpunkt im Unendlichen. Wir schliessen also:

Wenn in einem Kegelschnittbüschel mit vier reellen Grundpunkten zwei Parabeln vorkommen, deren unendlich-entfernte Punkte in zwei zu einander rechtwinkligen Richtungen liegen, so liegen allemal die vier Grundpunkte des Büschels auf einem Kreise. Oder:

Legt man durch drei Punkte zwei Parabeln, deren Axen auf einander senkrecht stehen, so schneiden sich dieselben noch in einem vierten Punkte, welcher mit den drei gegebenen auf einem Kreise liegt. Oder:

Zwei Parabeln, deren Axen auf einander senkrecht stehen, treffen sich im Allgemeinen in vier Punkten, welche auf einem Kreise liegen.

Liegt andererseits P innerhalb des Drehkreises, *so besteht das Büschel aus lauter Hyperbeln, unter denen sich nur eine gleichseitige findet*; weil in diesem Falle alle durch P gezogenen Strahlen $\mathfrak{A}$ den Drehkreis in zwei reellen Punkten treffen. Liegt endlich P auf dem Drehkreise selbst, so kommt in dem Büschel nur eine einzige Parabel vor, d. h. zwei zusammenfallende, alle übrigen Kegelschnitte desselben sind Hyperbeln. Ist insbesondere der Punkt P gerade der Mittelpunkt des Drehkreises, so werden alle Kegelschnitte des Büschels gleichseitige Hyperbeln; *es giebt also ein besonderes Kegelschnittbüschel, welches aus lauter gleichseitigen Hyperbeln besteht.* Suchen wir die gewonnenen Resultate in der Weise umzugestalten, dass wir von dem Drehkreise abstrahiren können und nur die das Kegelschnittbüschel bestimmenden vier Grundpunkte als gegeben annehmen. Lassen wir zu diesem Behuf den

Punkt P alle möglichen Lagen innerhalb des Drehkreises annehmen. Da die Kreisfläche durch das Dreieck $BB_1\varepsilon$ (Fig. 62) in vier Stücke

Fig. 62.

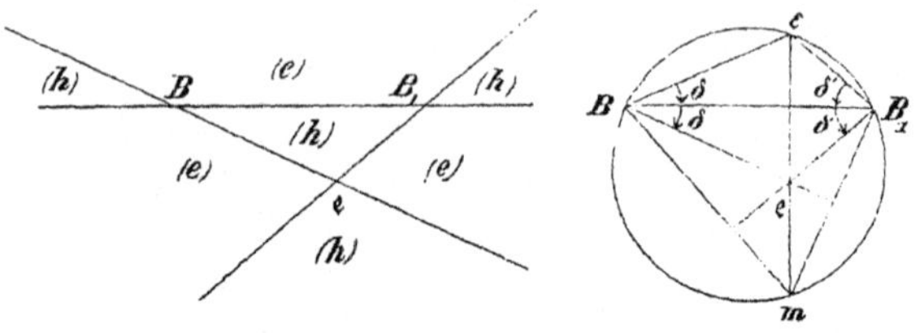

zerschnitten wird, nämlich das Dreieck und die drei Segmente über den Seiten desselben, so wird 1) wenn P innerhalb der Dreiecksfläche $BB_1\varepsilon$ liegt, nach der Drehung der Punkt $\mathfrak{p}$ in das Dreieck $BB_1\mathfrak{e}$ hineinfallen; 2) wenn P in dem Kreissegmente über $B\varepsilon$ liegt, so wird der Punkt $\mathfrak{p}$ nach der Drehung in demjenigen Scheitelraume liegen, welchen die Geraden B_1B und $B_1\mathfrak{e}$ begrenzen und der ausserhalb des Dreiecks $BB_1\mathfrak{e}$ liegt; denn von zwei Strahlen B_1P und BP, welche nach einem in diesem Kreissegmente liegenden Punkt P hingehen, fällt nach der Drehung der erste nothwendig in diesen Winkelraum, und der zweite in den Winkelraum, welchen die Geraden BB_1 und die Tangente in B nach der Drehung begrenzen; die letztere wird aber parallel $B_1\mathfrak{e}$; beide Winkelräume haben nun gemeinsam denjenigen Scheitelraum des Winkels $BB_1\mathfrak{e}$, welcher ausserhalb des Dreiecks liegt; 3) wenn P in dem Kreissegmente über $B_1\varepsilon$ liegt, so fällt nach der Drehung aus gleichem Grunde $\mathfrak{p}$ in denjenigen Scheitelraum des Winkels $B_1B\mathfrak{e}$, welcher ausserhalb dieses Dreiecks liegt, und endlich 4) wenn P in dem Kreissegmente über BB_1 angenommen wird, so muss nach der Drehung $\mathfrak{p}$ nothwendig in denjenigen Scheitelraum des Winkels $B\mathfrak{e}B_1$ hineinfallen, welcher ausserhalb dieses Dreiecks liegt, weil die Tangenten in B und B_1 nach der Drehung mit $B_1\mathfrak{e}$ und $B\mathfrak{e}$ parallel werden. Liegt daher P überhaupt innerhalb des Drehkreises, so muss nach der Drehung $\mathfrak{p}$ in einen der vier mit (h) in der Figur bezeichneten Räume, nämlich die Dreiecksfläche $BB_1\mathfrak{e}$ und die drei unendlichen Winkelräume an den Ecken des Dreiecks hineinfallen; liegt dagegen P ausserhalb des Drehkreises, so muss $\mathfrak{p}$ in einen der drei übrigen mit (e) bezeichneten, den Dreiecksseiten anliegenden unendlichen Räume hineinfallen; die ganze unendliche Ebene wird nämlich durch die Seiten des Dreiecks $BB_1\mathfrak{e}$ in 7 Räume zerschnitten, von denen die vier mit (h) bezeichneten die hyperbolischen, die drei mit (e) bezeichneten die elliptischen genannt werden können.

Befindet sich nun der vierte Grundpunkt 𝔭 des Büschels in einem der drei elliptischen Räume, so liegen die vier Grundpunkte so, dass jeder sich ausserhalb des von den drei andern gebildeten Dreiecks befindet, oder sie bilden ein convexes Viereck; liegt dagegen 𝔭 in einem der vier hyperbolischen Räume, so haben die vier Grundpunkte die charakteristische Lage, dass einer nothwendig innerhalb des von den drei andern gebildeten Dreiecks sich findet, oder sie bilden ein concaves Viereck. Wir schliessen hieraus folgenden Satz:

Wenn die vier Grundpunkte eines Kegelschnittbüschels so liegen, dass jeder ausserhalb des von den drei andern gebildeten Dreiecks sich befindet (d. h. wenn sie ein convexes Viereck bilden), *so zerfallen die Kegelschnitte des Büschels in eine Gruppe von Ellipsen, eine Gruppe von Hyperbeln und zwei Parabeln, welche die Uebergänge von der einen Gruppe zur andern bilden; unter den Hyperbeln kommt nur eine einzige gleichseitige und drei Linienpaare vor. Wenn dagegen die vier Grundpunkte des Kegelschnittbüschels so liegen, dass einer innerhalb des von den drei andern gebildeten Dreiecks sich befindet* (d. h. wenn sie ein concaves Viereck bilden), *so bestehen die Kegelschnitte des Büschels aus lauter Hyperbeln und unter diesen kommen im Allgemeinen nur eine einzige gleichseitige Hyperbel und drei Linienpaare vor.*

Einer der beiden vorigen Fälle muss, wie wir gesehen haben, immer eintreten; im letzten Falle kann insbesondere nach dem Vorigen der Punkt 𝔭 so liegen, dass alle Hyperbeln des Büschels gleichseitige werden, wenn nämlich P gerade der Mittelpunkt des Drehkreises ist; es ist leicht zu erkennen, welche eigenthümliche Lage die vier Grundpunkte des Büschels zu einander haben müssen, damit dieser specielle Fall eintrete. Aus der Figur geht nämlich hervor, wenn M der Mittelpunkt des Drehkreises ist, welcher nach der Drehung in die Lage m kommt (Fig. 62), dass:

$\angle BMB_1 = 2\delta + 2\delta^1$, also $\angle MBB_1 = \angle MB_1B = 90^0 - \delta - \delta^1$ ist,

daher wird $\angle B_1Bm = 90^0 - \delta^1$ und $\angle BB_1m = 90^0 - \delta$, also

$$\angle BmB_1 = \delta + \delta^1,$$

also liegt der Punkt m auf dem Drehkreise.

Nun ist aber:

$$\angle \mathfrak{e}Bm = 90^0 - \delta^1 - \delta \quad \text{und}$$
$$\angle \mathfrak{e}B_1m = 90^0 - \delta - \delta^1,$$

folglich steht $B\mathfrak{e}$ auf B_1m senkrecht und $B_1\mathfrak{e}$ auf Bm, d. h. $\mathfrak{e}$ ist der Höhenpunkt des Dreiecks BB_1m oder, was dasselbe sagt: Die vier Punkte $BB_1\mathfrak{e}m$ liegen so, dass jeder von ihnen der Höhenpunkt des von den drei andern gebildeten Dreiecks ist. Dies war allerdings auch durch folgendes Raisonnement vorherzusehen: Aus einem durch M, den Mittelpunkt des Drehkreises, gehenden Strahl $\mathfrak{A}$ wird nothwendig eine gleichseitige Hyperbel nach der Drehung, weil diejenigen Punkte, welche ins Unendliche gehen, unter einem rechten Winkel von B oder B_1 aus erscheinen; gehen zwei Strahlen $\mathfrak{A}$ durch M, so ist der Punkt P mit M identisch, also sämmtliche $\mathfrak{A}$ gehen durch M; mithin werden aus sämmtlichen Kegelschnitten des Büschels gleichseitige Hyperbeln, insbesondere auch aus den drei Linienpaaren des Büschels, welche specielle Hyperbeln sind und daher aus je zwei zu einander rechtwinkligen Strahlen bestehen müssen; wir schliessen also: „Wenn zwei Seitenpaare eines vollständigen Vierecks zwei Paare rechtwinkliger Strahlen sind, so ist auch das dritte Seitenpaar zu einander rechtwinklig“, was nur in anderer Form der bekannte Elementarsatz ist: „Die drei Höhen eines Dreiecks schneiden sich in einem Punkte“, da eine Dreiecksseite und die zugehörige Höhe ein Seitenpaar desjenigen vollständigen Vierecks sind, welches von den Dreiecksecken und dem Höhenpunkt gebildet wird. Wir können also folgenden Satz aussprechen:

Wenn die vier Grundpunkte eines Kegelschnittbüschels so liegen, dass einer (jeder) der Höhenpunkt des von den drei andern gebildeten Dreiecks ist, so bestehen die Kegelschnitte des Büschels aus lauter gleichseitigen Hyperbeln, von denen drei besondere die drei zu einander rechtwinkligen Seitenpaare dieses vollständigen Vierecks sind.

Oder auch:

Alle gleichseitigen Hyperbeln, welche demselben Dreieck umschrieben sind, gehen gleichzeitig durch den Höhenpunkt dieses Dreiecks.

Hieraus folgt beiläufig eine Eigenschaft der gleichseitigen Hyperbel, welche eine gewisse Analogie mit der bekannten Grundeigenschaft des Kreises darbietet:

Begegnet von zwei zu einander rechtwinkligen Strahlen, welche sich in o schneiden, der eine einer gleichseitigen Hyperbel in den Punkten a und a^1, der andere in b und b^1, so ist immer

$$oa \,.\, oa^1 + ob \,.\, ob^1 = 0,$$

d. h. es ist das Product der Abschnitte auf dem einen Schenkel des rechten Winkels gleich dem Product der Abschnitte auf dem andern; aber die Schnittpunkte liegen so, dass zwei auf derselben Seite von o sich finden und die beiden andern auf entgegengesetzten Seiten von o; denn die vier Punkte $a a^1 b b^1$ liegen immer so, dass jeder der Höhenpunkt des von den drei andern gebildeten Dreiecks ist.

Das Büschel gleichseitiger Hyperbeln, welche einem Dreieck umschrieben sind und zugleich durch den Höhenpunkt des Dreiecks gehen, besitzt unter andern folgende bemerkenswerthe Eigenschaft, welche, als besonderer Fall einer später zu erweisenden allgemeinen Eigenschaft, schon hier vorausgeschickt werden mag:

Das von den drei Ecken des Dreiecks und dem Höhenpunkt gebildete vollständige Viereck hat zu seinem Diagonaldreiecke xyz, das von den drei Fusspunkten der Höhen gebildete Dreieck, weil jede Seite und die darauf senkrecht stehende Höhe ein Seitenpaar des vollständigen Vierecks bilden. Dieses Dreieck xyz ist aber ein Tripel conjugirter Punkte für alle Kegelschnitte des Büschels (S. 147); denken wir uns um dasselbe einen Kreis gelegt, so muss dieser (S. 185) alle Kreise rechtwinklig schneiden, welche die Ortskreise der Scheitel der den Kegelschnitten des Büschels umschriebenen rechten Winkel sind; und da alle Kegelschnitte des Büschels gleichseitige Hyperbeln sind, für die jener Ortskreis sich immer auf einen Punkt, den Mittelpunkt der gleichseitigen Hyperbel reducirt, so muss der um xyz gelegte Kreis die Mittelpunkte aller gleichseitigen Hyperbeln des Büschels enthalten. Er geht also insbesondere auch durch die Mitten der sechs Seiten unseres vollständigen Vierecks d. h. durch die Mitten der Seiten des Dreiecks und die Mitten der oberen Abschnitte der Höhen (Verbindungslinien des Höhenpunkts mit den Ecken); also:

Die Mittelpunkte aller gleichseitigen Hyperbeln, welche einem Dreieck umschrieben werden können, liegen auf einem Kreise, der durch die Fusspunkte der Höhen, die Mitten der Seiten und die Mitten der drei oberen Abschnitte auf den Höhen hindurchgeht (*Feuerbach's* Kreis, Neunpunktkreis). Die Eigenschaft, dass die genannten neun Punkte auf einem Kreise liegen, ist aus den Elementen bekannt und leicht auf elementarem Wege zu beweisen*).

Der schon vorhin erwähnte Fall, dass P auf der Peripherie des Drehkreises liegt, führt zu einem Büschel von lauter Hyperbeln, welches nur eine einzige Parabel enthält, denn in diesem Falle geht der Punkt $\mathfrak{p}$, einer der vier Grundpunkte, in die Unendlichkeit und durch vier Punkte, von denen einer im Unendlichen liegt, ist nur eine einzige Parabel möglich, weil die unendlich-entfernte Gerade Tangente der Parabel ist; alle übrigen Kegelschnitte eines solchen Büschels sind aber offenbar Hyperbeln und die Gruppe Ellipsen verschwindet in diesem Falle.

---

*) Vergl. *J. Steiner*: Die geometrischen Constructionen, ausgeführt mittelst der geraden Linie und eines festen Kreises, Berlin 1833, S. 53; und *Neumann's* Math. Annalen, Bd. VII, S. 517: Der *Feuerbach*'sche Satz von den Berührungskreisen des ebenen Dreiecks von *H. Schröter*.

§. 40. Charakteristische Eigenschaft des Kegelschnittbüschels und einige Folgerungen aus derselben.

Die in dem vorigen Paragraphen gegebene Entstehungsweise des Kegelschnittbüschels führt zu einer charakteristischen Eigenschaft desselben, welche häufig benutzt wird; denken wir uns nämlich eine beliebige gerade Linie (Transversale) in der Ebene des Kegelschnittbüschels, so wird dieselbe von jedem Kegelschnitt des Büschels im Allgemeinen in zwei Punkten x, $\mathfrak{x}$ getroffen, welche ein Punktsystem bilden. In der That, seien $BB_1\mathfrak{e}\mathfrak{p}$ die vier Grundpunkte des Büschels und $\mathfrak{L}$ die gegebene Transversale, so können wir uns in B und B_1 zwei perspectivische Strahlbüschel denken, welche $\mathfrak{L}$ zu ihrem perspectivischen Durchschnitt haben und ausserdem in B und B_1 die Mittelpunkte je zweier projectivischer Strahlbüschel, welche allemal einen Kegelschnitt des Büschels erzeugen. Denken wir uns dann die ganze Gruppe von Strahlbüschelpaaren in B und B_1 so um die Mittelpunkte BB_1 herumgedreht, dass $B\mathfrak{e}$ und $B_1\mathfrak{e}$ zusammenfallen, so wird aus dem Kegelschnittbüschel ein einfaches Strahlbüschel ($\mathfrak{A}$) um den Mittelpunkt P und der Strahl BB_1; aus der Geraden $\mathfrak{L}$ wird aber ein Kegelschnitt $\mathfrak{K}^{(2)}$, da die beiden vor der Drehung perspectivischen Strahlbüschel, welche $\mathfrak{L}$ erzeugten, jetzt im Allgemeinen nicht mehr perspectivisch liegen werden; die beiden Schnittpunkte x und $\mathfrak{x}$ irgend eines Kegelschnitts $K^{(2)}$ des Büschels mit der Transversale $\mathfrak{L}$ gehen daher in die Schnittpunkte $x^1\mathfrak{x}^1$ eines Strahles $\mathfrak{A}$ mit dem Kegelschnitt $\mathfrak{K}^{(2)}$ über; lässt man nun $\mathfrak{A}$ das ganze Strahlbüschel um P durchlaufen, so werden nach einem auf Seite 151 bewiesenen Satze Bx^1 und $B\mathfrak{x}^1$ (oder auch B_1x^1 und $B_1\mathfrak{x}^1$) ein Strahlsystem beschreiben, welches also auch vor der Drehung ein Strahlsystem gewesen sein muss; die Punkte x und $\mathfrak{x}$ bilden daher ein Punktsystem, und wir erhalten den allgemeinen Satz:

Jede Gerade in der Ebene eines Kegelschnittbüschels wird von den Kegelschnitten desselben in Punktpaaren getroffen, welche die conjugirten Punkte eines Punktsystems sind.

Einen speciellen Fall dieses Satzes haben wir bereits auf Seite 66 bewiesen; wir erhalten denselben, wenn wir aus dem Kegelschnittbüschel die drei Linienpaare herausnehmen; die dort aufgesuchte Bedingung, wann das Punktsystem elliptisch und wann es hyperbolisch ist, kommt uns hier zu Statten:

Sobald von den vier Grundpunkten des Büschels eine ungerade Anzahl zu beiden Seiten von der Transversale liegt, ist das Punktsystem auf derselben elliptisch; liegt eine gerade Anzahl zu beiden Seiten, so ist das

Punktsystem hyperbolisch, falls nämlich die vier Grundpunkte so gelegen sind, dass jeder ausserhalb des von den drei andern gebildeten Dreiecks sich befindet. Liegen dagegen die vier Grundpunkte so, dass einer von ihnen in dem von den drei andern gebildeten Dreieck enthalten ist, so findet das Umgekehrte statt: Das Punktsystem auf der Transversale ist hyperbolisch, wenn eine ungerade Anzahl von den vier Grundpunkten des Büschels, dagegen elliptisch, wenn eine gerade Anzahl zu beiden Seiten der Transversale liegt.

Diese Eigenschaft des Kegelschnittbüschels, jede Transversale in einem Punktsystem zu schneiden, charakterisirt dasselbe und unterscheidet es von andern Gruppen von Kegelschnitten; sie lässt sich auch so umkehren:

Alle Kegelschnitte, welche durch drei feste Punkte und ausserdem durch je zwei conjugirte Punkte eines gegebenen Punktsystems gehen, laufen noch durch einen vierten festen Punkt und bilden also ein Kegelschnittbüschel.

Denken wir uns nämlich diese Kegelschnitte durch Paare von Strahlbüscheln erzeugt, welche in zwei von den drei festen Punkten BB_1 und $\mathfrak{e}$, nämlich in B und B_1, ihre Mittelpunkte haben, und auch die Gerade $\mathfrak{L}$, welche der Träger des gegebenen Punktsystems ist, durch zwei perspectivische Strahlbüschel in B und B_1 hervorgerufen, und drehen das ganze Gebilde so, dass $B\mathfrak{e}$ und $B_1\mathfrak{e}_1$ auf einander fallen, so werden aus sämmtlichen Kegelschnitten Gerade und aus $\mathfrak{L}$ ein Kegelschnitt $\mathfrak{K}^{(2)}$; diese Geraden müssen aber sämmtlich durch einen festen Punkt laufen, weil die Strahlenpaare von B (oder B_1) nach den Schnittpunkten jeder solchen Geraden mit dem Kegelschnitt $\mathfrak{K}^{(2)}$ ein Strahlsystem bilden (S. 151); folglich müssen denn auch, wenn wir wieder zurück drehen, die Kegelschnitte durch einen vierten festen Punkt laufen.

Die obige Eigenschaft des Kegelschnittbüschels führt uns zur Lösung der Aufgabe: „*Einen Kegelschnitt zu construiren, welcher durch vier gegebene Punkte geht und eine gegebene Gerade zur Tangente hat*“; da nämlich alle durch die vier Punkte gelegten Kegelschnitte auf der Geraden Paare conjugirter Punkte eines Punktsystems bestimmen und, falls die Gerade Tangente sein soll, die beiden Schnittpunkte zusammenfallen müssen, so werden die Asymptotenpunkte dieses Punktsystems die Berührungspunkte zweier Kegelschnitte sein, welche den Bedingungen der Aufgabe genügen. Die Aufgabe lässt also im Allgemeinen *zwei* Lösungen zu, und wir sind im Stande, nicht allein aus der Lage der vier Punkte zu der Geraden über die Realität dieser Lösungen zu entscheiden (je nachdem eine gerade oder ungerade Anzahl von Punkten zu beiden Seiten der Geraden liegt, giebt es zwei reelle Lösungen der Aufgabe oder keine), sondern auch die beiden Kegelschnitte, wenn sie reell vorhanden sind, selbst zu construiren, indem wir die Asymptotenpunkte eines bekannten Punktsystems ermitteln.

Das Punktsystem wird bestimmt durch die Schnittpunkte zweier Seitenpaare des von den vier gegebenen Punkten gebildeten vollständigen Vierecks. Die Asymptotenpunkte zu finden kommt dann auf eine (§. 14 und 15) allgemein gelöste Aufgabe hinaus.

Hieran knüpft sich die aus derselben Eigenschaft des Kegelschnittbüschels herzuleitende Lösung der Aufgabe: „*Einen Kegelschnitt zu construiren, welcher durch drei gegebene Punkte geht und zwei gegebene Gerade zu Tangenten hat*“; lässt man nämlich von den vier Grundpunkten eines Kegelschnittbüschels zwei zusammenfallen und die beiden andern auch zusamenfallen, so erhält man ein Büschel, dessen Kegelschnitte sich alle in denselben beiden festen Punkten berühren; die Tangenten in diesen beiden gemeinschaftlichen Berührungspunkten nehmen die Stelle eines der drei Linienpaare aus dem Büschel ein, die beiden andern Linienpaare fallen zusammen in die gemeinschaftliche Berührungssehne sämmtlicher Kegelschnitte des Büschels; ein so eigenthümlich gestaltetes Büschel wird nun auch von einer beliebigen Transversale in einem Punktsystem geschnitten, und dies muss immer ein hyperbolisches sein, wie aus der besonderen Lage der vier Grundpunkte hervorgeht; wir können auch sofort einen Asymptotenpunkt desselben bestimmen; ein solcher ist nämlich der Schnittpunkt der Transversale mit der Berührungssehne, weil diese als ein zusammengefallenes Linienpaar anzusehen ist oder als ein besonderer Kegelschnitt, dessen beide Schnittpunkte mit der Transversale vereinigt sind; dies ist daher ein Asymptotenpunkt des Punktsystems; das gemeinschaftliche Tangentenpaar trifft ausserdem die Transversale in zwei conjugirten Punkten desselben Punktsystems, und wir schliessen hieraus den Satz: Ein beliebiges Tangentenpaar eines Kegelschnitts und die Berührungssehne desselben treffen irgend eine Transversale in der Ebene in einem Punktpaar $a\alpha$ und einem Punkte g; die Transversale trifft den Kegelschnitt in zwei Punkten $b\beta$; alsdann ist immer g ein Asymptotenpunkt desjenigen Punktsystems, von welchem $a\alpha$ und $b\beta$ zwei Paare conjugirter Punkte sind. Diese allerdings auch unmittelbar aus den Polarbeziehungen des Kegelschnitts hervorgehende Eigenschaft löst die vorgelegte Frage.

Seien nämlich $\mathfrak{L}\mathfrak{L}_1$ die beiden gegebenen Geraden, welche den gesuchten Kegelschnitt berühren, und ABC die drei Punkte, durch welche er gehen soll, so ziehe man AB, merke die Schnittpunkte $\gamma\gamma_1$ dieser Geraden mit den gegebenen $\mathfrak{L}\mathfrak{L}_1$; durch die Paare AB und $\gamma\gamma_1$ als conjugirte Punkte wird ein Punktsystem bestimmt, dessen Asymptotenpunkte ermittelt werden müssen; sie seien g und h; ebenso ziehe man zweitens AC, merke die Schnittpunkte $\beta\beta_1$ dieser Geraden mit den beiden gegebenen $\mathfrak{L}\mathfrak{L}_1$; betrachte AC und $\beta\beta_1$ als zwei Paare conjugirter Punkte eines Punktsystems und bestimme dessen Asymptotenpunkte $g'h'$. Zieht man nun eine Verbindungslinie zweier solcher Asymptotenpunkte aus dem einen und dem andern Paar, so muss dieselbe jede der beiden Geraden $\mathfrak{L}$ und $\mathfrak{L}_1$ in zwei solchen Punkten treffen, welche die Berührungspunkte eines durch ABC gehenden und $\mathfrak{L}\mathfrak{L}_1$ berührenden Kegelschnitts sind; da aber die vier Punkte gh und $g'h'$ ausser durch die beiden Geraden AB und AC auf vier Arten verbunden werden können, nämlich durch die Geraden gg', hh', gh', hg', so giebt es im Allgemeinen *vier Kegelschnitte, welche durch drei gegebene Punkte gehen und zwei gegebene Gerade berühren.* Zögen wir noch BC, bestimmten die Schnittpunkte $\alpha\alpha_1$ mit den Geraden $\mathfrak{L}\mathfrak{L}_1$ und ermittelten die Asymptotenpunkte $g''h''$ des durch die Punktpaare BC und $\alpha\alpha_1$ bestimmten Punktsystems, so müssten dieselben auf den vorhin gefundenen vier Geraden liegen, weil der gesuchte Kegelschnitt durch jene schon vollkommen bestimmt ist; also die 6 Punkte $ghg'h'g''h''$ können sich nur auf vier Geraden schneiden, sind daher die Ecken eines vollständigen Vierseits: es muss also $g'' = (gg', hh')$, $h'' = (gh', hg')$ sein und es ist $A = (gh, g'h')$ $B = (gh, g''h'')$ $C = (g'h', g''h'')$, d. h. ABC das Diagonaldreieck des vollständigen Vierseits, was sich auch als besonderer Satz aussprechen lässt. Aus der im Vorigen erhaltenen Lösung geht hervor, dass entweder alle vier Kegelschnitte, welche der Aufgabe genügen, reell vorhanden sind oder keiner, dass ersteres nur stattfindet, wenn von den auf AB, AC, BC bestimmten Punktsystemen zwei, folglich auch das dritte hyperbolisch sind, letzteres dagegen, wenn eines dieser Punktsysteme elliptisch ist, woraus zugleich hervorgeht, dass noch ein zweites elliptisch sein muss, denn wären die beiden andern hyperbolisch, so müsste auch das erstere hyperbolisch sein. Die Betrachtung aller möglichen Lagen der Punkte ABC zu den beiden Geraden $\mathfrak{L}\mathfrak{L}_1$ zeigt, dass von den drei Punktsystemen auf den Geraden AB, AC, BC entweder alle drei hyperbolisch oder eines hyperbolisch und zwei elliptisch sein müssen; im ersten Falle sind die vier Kegelschnitte, welche der Aufgabe genügen, reell, im zweiten imaginär.

Die beiden noch übrigen Fälle, wenn zur Construction eines Kegelschnitts gegeben sind: a) drei Tangenten und zwei Punkte, b) vier Tangenten und ein Punkt, werden durch die polare Nebenbetrachtung in gleicher Weise, wie die beiden oben behandelten, gelöst, und es finden sich im Allgemeinen bei a) vier Lösungen, bei b) zwei Lösungen der Aufgabe; die nähere Ausführung darf füglich unterbleiben, weil sie der obigen ohne jede Schwierigkeit nachgebildet werden kann. Auch die Lösung der mitunter sich darbietenden Aufgabe: „*Wenn von zwei in der Ebene gegebenen Kegelschnitten drei gemeinschaftliche Punkte bekannt sind, den vierten zu finden*“, ergiebt sich leicht aus dem Vorigen; seien abc die drei bekannten gemeinschaftlichen Punkte und ausserdem de zwei Punkte des einen Kegelschnitts K, welche denselben bestimmen, $d_1 e_1$ zwei Punkte des andern Kegelschnitts K_1, so ziehe man die Verbindungslinie dd_1 und bestimme auf ihr die beiden übrigen Schnittpunkte $\delta\delta_1$ der gegebenen Kegelschnitte KK_1 vermittelst des *Pascal*'schen Satzes; die Paare d, δ; d_1, δ_1 bestimmen ein Punktsystem, welches von sämmtlichen Kegelschnitten desjenigen Büschels, dem K und K_1 angehören, auf diesem Träger ausgeschnitten wird; also auch die Linienpaare dieses Büschels treffen in conjugirten Punkten jenes Punktsystems; trifft also bc die Verbindungslinie dd_1 in ξ und ist der conjugirte Punkt von ξ in dem bekannten Punktsystem x, so ist ax eine gemeinschaftliche Secante beider Kegelschnitte; trifft ca die Gerade dd_1 in η und ist der conjugirte Punkt des Punktsystems y, so ist auch by eine gemeinschaftliche Secante, folglich der Schnittpunkt (ax, by) der gesuchte vierte gemeinschaftliche Punkt beider Kegelschnitte; dieser könnte auch dadurch gefunden werden, dass wir den andern Schnittpunkt eines der beiden Kegelschnitte K (oder K_1) mit der Geraden ax bestimmen; suchen wir noch den Schnittpunkt ζ von ab und dd_1 und seinen conjugirten z, so geht auch cz durch den gesuchten vierten gemeinschaftlichen Punkt beider Kegelschnitte, worin ein Satz enthalten ist. (Sind von den Punkten abc zwei imaginär, so tritt eine Modification in die Auflösung der Aufgabe, welche nach der auf S. 146 gemachten Bemerkung leicht zu finden ist.)

Auf derselben charakteristischen Eigenschaft des Kegelschnittbüschels beruht die Lösung der Aufgabe: *Wenn von zwei in der Ebene gegebenen Kegelschnitten zwei gemeinschaftliche Punkte bekannt sind, die beiden übrigen zu finden.* Seien ab die bekannten gemeinschaftlichen Punkte der beiden Kegelschnitte KK_1 und ausserdem vom ersten drei Punkte cde, vom andern $c_1 d_1 e_1$ zu seiner Bestimmung gegeben; dann ziehe man cc_1, bestimme die Schnittpunkte $\gamma\gamma_1$ der Kegelschnitte KK_1 mit der Geraden cc_1; die Punktpaare c, γ; c_1, γ_1 bestimmen das Punktsystem des Büschels (K, K_1); in gleicher Weise ziehe man dd_1 und bestimme die übrigen Schnittpunkte $\delta\delta_1$ mit den Kegelschnitten KK_1;

die Paare d, δ; d_1, δ_1 bestimmen ein zweites Punktsystem auf dd_1; trifft nun die Gerade ab die cc_1 in ξ und dd_1 in η, und sind x und y die conjugirten Punkte in den bekannten Punktsystemen, so ist xy eine gemeinschaftliche Secante der Kegelschnitte KK_1, und ihre Schnittpunkte mit einem derselben sind mithin die gesuchten gemeinschaftlichen Punkte beider Kegelschnitte.

Dieselbe Betrachtung, welche im Anfange dieses Paragraphen zu der charakteristischen Eigenschaft des Kegelschnittbüschels, von jeder Transversale in einem Punktsystem geschnitten zu werden, geführt hat, lässt sich noch erweitern; denken wir uns nämlich einen Kegelschnitt $\mathfrak{K}$ und zwei Punkte B und B_1 als die Mittelpunkte zweier ihn erzeugenden projectivischen Strahlbüschel: ausserdem ein beliebiges Strahlbüschel (P) in der Ebene, dessen Strahlen $\mathfrak{A}$ den Kegeschnitt $\mathfrak{K}$ in je zwei Punkten treffen, welche mit B verbunden ein Strahlsystem in dem Punkte B liefern (S. 151); fassen wir endlich den Strahl $\mathfrak{A}$ als den perspectivischen Durchschnitt zweier projectivischen Strahlbüschel mit den Mittelpunkten B und B_1 auf und drehen nun das ganze System von Strahlbüschelpaaren in B und B_1 um beliebige Drehwinkel, so wird aus dem Strahlbüschel (P) ein Kegelschnittbüschel von vier Punkten $BB_1\mathfrak{e}\mathfrak{p}$, aus dem Kegelschnitt $\mathfrak{K}$ ein gewisser anderer Kegelschnitt $\mathfrak{K}^1$ (vorhin drehten wir dergestalt, dass $\mathfrak{K}^1$ in ein Linienpaar zerfiel); jeder Kegelschnitt K des Büschels wird von $\mathfrak{K}^1$ in zwei Punkten geschnitten, welche vor der Drehung die Schnittpunkte des Strahles $\mathfrak{A}$ mit dem Kegelschnitt $\mathfrak{K}$ waren; da diese mit B verbunden zwei Strahlen gaben, welche ein Strahlsystem bilden, so wird dasselbe auch nach der Drehung stattfinden müssen; der Kegelschnitt $\mathfrak{K}^1$ geht nun selbst durch den Punkt B (und B_1); das Strahlsystem in B trifft ihn daher in Punktpaaren, deren Verbindungslinien durch einen festen Punkt laufen müssen (S. 151); wir erhalten also folgenden Satz:

Legt man durch zwei von den vier Grundpunkten eines Kegelschnittbüschels einen beliebigen Kegelschnitt, so hat derselbe mit jedem Kegelschnitte des Büschels im Allgemeinen noch zwei Punkte gemein, deren Verbindungslinie durch einen festen Punkt läuft; dieser feste Punkt liegt auf der Verbindungslinie der beiden übrigen Grundpunkte des Büschels.

Ein besonderer Fall dieses Satzes verdient noch bemerkt zu werden; wenn nämlich der Kegelschnitt, welcher durch zwei Grundpunkte des Büschels gelegt wird, insbesondere ein Linienpaar ist (was jederzeit eintritt, sobald der Kegelschnitt $\mathfrak{K}$ aus zwei Geraden besteht, deren eine durch B, die andere durch B_1 geht, wo dann die beiden diesen Kegelschnitt erzeugenden Strahlbüschel in dem sogenannten parabolischen Fall projectivischer Beziehung sich befinden, Seite 73), so wird die eine durch B gehende Gerade das Kegelschnittbüschel in einer Punktreihe treffen, welche projectivisch ist mit derjenigen Punktreihe, in welcher die andere durch B_1 gehende Gerade von dem Kegelschnittbüschel getroffen wird, und diese beiden Punktreihen müssen perspectivisch liegen. Also: *Jede Gerade, welche durch einen der vier Grundpunkte eines Kegelschnittbüschels hindurchgeht, wird von den Kegelschnitten des Büschels (ausserdem) in einer Punktreihe getroffen; irgend zwei solcher Punktreihen sind allemal projectivisch rücksichtlich derjenigen Schnittpunkte, welche derselbe Kegelschnitt auf ihnen bestimmt, und sie liegen perspectivisch, wenn die Träger derselben durch verschiedene Grundpunkte des Büschels laufen.* Alle diese Punktreihen sind projectivisch mit demjenigen Strahlbüschel (P), aus welchem das Kegelschnittbüschel entstanden gedacht werden kann, und auch projectivisch mit jedem der vier Strahlbüschel, welche von den Tangenten der Kegelschnitte des Büschels in einem der vier Grundpunkte gebildet werden; denn letztere sind, wie leicht zu sehen ist, mit dem Strahlbüschel (P) projectivisch (indem wir berücksichtigen, dass die Tangenten in B diejenigen Strahlen sind, welche dem gemeinsamen Strahl $B_1 B$ für alle Beziehungen entsprechen).

Gehen dagegen zwei Gerade durch denselben Grundpunkt B des Büschels, so sind die durch die Schnittpunkte der Kegelschnitte des Büschels auf ihnen fixirten Punktreihen offenbar auch projectivisch, liegen aber nicht mehr perspectivisch, weil ein Kegelschnitt des Büschels, welcher die erste Gerade in B berührt, nicht gleichzeitig die andere berühren kann, also in dem Schnittpunkte der beiden Geraden nicht zwei entsprechende Punkte vereinigt sind. Die Verbindungsstrahlen aller entsprechenden Punkte werden daher einen Kegelschnitt umhüllen, welcher ausser den Trägern der beiden Punktreihen, wie leicht einzusehen ist, die drei Seiten desjenigen Dreiecks zu Tangenten haben muss, welches von den drei übrigen Grundpunkten des Büschels gebildet wird; mithin haben wir den Satz:

Zieht man durch einen der vier Grundpunkte des Büschels irgend zwei Gerade, so treffen alle Kegelschnitte des Büschels dieselben in je zwei Punkten, deren Verbindungslinie einen Kegelschnitt umhüllt. Dieser Kegelschnitt berührt die beiden angenommenen Geraden selbst und ist ausserdem dem Dreiecke einbeschrieben, welches von den drei übrigen Grundpunkten des Büschels gebildet wird.

Dieser Satz ist nur ein besonderer Fall eines allgemeineren, zu welchem wir gelangen, wenn wir durch einen der vier Grundpunkte des Büschels einen beliebigen Kegelschnitt $\mathfrak{K}^{(2)}$ anstatt des Linienpaares hindurchlegen. Obgleich dieser Satz später aus allgemeineren Betrachtungen unmittelbar hervortritt, so lässt er sich auch hier in folgender Art ableiten:

Seien $PABC$ die vier Grundpunkte des Kegelschnittbüschels und sei durch einen derselben P ein beliebiger aber fester Kegelschnitt $\mathfrak{K}^{(2)}$ gelegt; möge irgend ein Kegelschnitt $K^{(2)}$ des Büschels den $\mathfrak{K}^{(2)}$ in den vier Punkten $Pxyz$ treffen, so kann ich $Pxyz$ als die vier Grundpunkte eines neuen Büschels auffassen, von welchem $K^{(2)}$ und $\mathfrak{K}^{(2)}$ zwei Individuen sind. Die Verbindungslinie AB wird von diesem neuen Büschel in einem Punktsystem geschnitten, von welchem AB ein Paar conjugirter Punkte, die beiden Schnittpunkte $c\gamma$ der Geraden AB mit dem festen Kegelschnitt $\mathfrak{K}^{(2)}$ ein zweites Paar conjugirter Punkte sind, und da durch diese beiden Paare das ganze Punktsystem bestimmt ist, so bleibt es unverändert dasselbe, wenn wir den Kegelschnitt $K^{(2)}$ des gegebenen Büschels verändern; ein drittes Punktpaar ist nun dasjenige Paar Schnittpunkte, welches von den Geraden Px und yz auf AB ausgeschnitten wird. Verändern wir aber den Kegelschnitt $K^{(2)}$ in dem gegebenen Büschel, so verändert sich dies dritte Paar und durchläuft mithin sämmtliche Paare conjugirter Punkte eines festen Punktsystems auf AB. Bezeichnen wir den Schnittpunkt $(Px, AB) = x_1$ und $(yz, AB) = \xi_1$, so sind $x_1 \xi_1$ ein Paar conjugirter Punkte eines bekannten Punktsystems und durchlaufen also bei der Veränderung von $K^{(2)}$ zwei zu einander projectivische Punktreihen (S. 52) auf derselben Geraden AB. Nehmen wir andererseits die Gerade AC, so gilt für sie ganz dieselbe Betrachtung; wird also der Schnittpunkt $(Px, AC) = x_2$ und $(yz, AC) = \xi_2$ bezeichnet, so durchlaufen auch x_2 und ξ_2 zwei projectivische Punktreihen auf dem Träger AC, weil sie conjugirte Punkte eines bestimmten festen Punktsystems sind; da aber die Punktreihen x_1 und x_2 perspectivisch liegen in dem von Px beschriebenen Strahlbüschel, so müssen die von ξ_1 und ξ_2 durchlaufenen Punktreihen projectivisch sein, also ihre Verbindungslinie, d. h. yz muss einen Kegelschnitt umhüllen, welcher zugleich die Geraden AB und AC berührt; derselbe Kegelschnitt wird zugleich von den Verbindungslinien xz und xy umhüllt, denn die Strahlen Py und xz treffen AB in zwei conjugirten Punkten desselben oben ermittelten Punktsystems auf AB und auch AC in zwei conjugirten Punkten des zweiten auf AC festen Punktsystems; es trifft also auch xz die Träger AB und AC in zwei entsprechenden Punkten der beiden auf ihnen befindlichen Punktreihen ξ_1 und ξ_2, und dasselbe gilt von xy. Die Seiten des mit dem Kegelschnitt $K^{(2)}$ veränderlichen Dreiecks xyz umhüllen daher einen und denselben Kegelschnitt, welcher, wie unmittelbar einleuchtet, nicht nur AB und AC, sondern auch BC berührt (weil die sechs Seiten zweier einem Kegelschnitt einbeschriebenen Dreiecke selbst einen andern Kegelschnitt berühren, S. 129). Wir haben hiernach folgenden Satz:

Wenn man durch einen der vier Grundpunkte eines Kegelschnittbüschels einen beliebigen (festen) Kegelschnitt hindurchlegt, so hat derselbe mit jedem Kegelschnitte des Büschels im Allgemeinen noch drei andere Punkte gemein, welche ein Dreieck bilden; die Seiten dieser sämmtlichen Dreiecke umhüllen einen und denselben neuen Kegelschnitt, welcher zugleich demjenigen Dreieck einbeschrieben ist, das von den drei übrigen Grundpunkten des Büschels gebildet wird.

Dieser Satz, welcher in dem besonderen Fall, dass der durch einen der vier Grundpunkte gelegte Kegelschnitt in ein Linienpaar zerfällt, auf den vorhin bewiesenen zurückkommt, lässt sich auch in etwas anderer Form so aussprechen:

Wenn drei Kegelschnitte einen Punkt gemein haben, so haben je zwei derselben im Allgemeinen noch drei andere Punkte gemein, welche ein Dreieck bilden; die neun Seiten der hierdurch erhaltenen drei Dreiecke berühren einen und denselben Kegelschnitt. Oder umgekehrt:

Wenn einem Kegelschnitt drei Dreiecke umschrieben werden, so liegen die sechs Ecken je zweier derselben allemal auf einem neuen Kegelschnitt (S. 129); *die auf diese Weise erhaltenen drei neuen Kegelschnitte laufen durch einen und denselben Punkt.*

Die Richtigkeit dieser Umkehrung ist ohne Schwierigkeit einzusehen. Der allgemeinste Satz, welcher aus der Verbindung eines Kegelschnittbüschels mit einem beliebig liegenden Kegelschnitt hervorgeht, kann erst später aufgesucht werden (§. 63).

Anmerkung. Es ist in den vorigen Sätzen stillschweigend vorausgesetzt worden, dass zwei Kegelschnitte vier gemeinschaftliche Schnittpunkte haben; es ist nun zwar umgekehrt nachgewiesen, dass durch vier Punkte der Ebene zwei Kegelschnitte (und zugleich ein ganzes Büschel) gehen; auch ist es an sich klar, dass zwei Kegelschnitte nicht mehr als vier gemeinschaftliche Punkte haben können, denn hätten sie fünf Punkte gemein, so würden sie identisch zusammenfallen, weil fünf Punkte den Kegelschnitt vollständig und eindeutig bestimmen (S. 99); es ist aber unentschieden, ob zwei Kegelschnitte immer vier reelle Schnittpunkte haben? Diese Frage wird im Folgenden erledigt werden, wo es sich zeigen wird, dass zwei Kegelschnitte entweder vier oder zwei oder keine reellen Schnittpunkte haben; trotzdem sagen wir, zwei Kegelschnitte haben im Allgemeinen vier Schnittpunkte, von denen zwei oder auch alle vier imaginär sein können (§. 54 und 62).

§. 41. Andere Entstehungsart des Kegelschnittbüschels.

Denken wir uns von einem Kegelschnittbüschel mit den vier Grundpunkten $ABCD$ ein beliebiges Individuum $K^{(2)}$ durch zwei Strahlbüschel erzeugt, deren eines seinen Mittelpunkt in B und das andere seinen Mittelpunkt in einem beliebigen Punkte X des Kegelschnitts $K^{(2)}$ hat, so haben wir drei Paare entsprechender Strahlen dieser beiden erzeugenden Strahlbüschel: BC und XC, BD und XD, BA und XA. Halten wir nun die Gerade XA fest, verändern aber X auf ihr, so entstehen successive sämmtliche Kegelschnitte des Büschels, und von den beiden projectivischen Strahlbüscheln, welche jeden solchen Kegelschnitt erzeugen, ist das eine B absolut unverändert, das andere verändert seinen Mittelpunkt auf einer festen Geraden AX, geht aber beständig durch eine feste Punktreihe auf der Geraden CD, welche mit dem Strahlbüschel in B projectivisch ist; die drei oben angegebenen Strahlenpaare bestimmen nämlich die projectivische Beziehung jenes Strahlbüschels mit dieser Punktreihe, und diese drei Paare entsprechender Elemente bleiben bei der Bewegung von X unverändert. Wir können also umgekehrt folgende neue Entstehungsweise des Kegelschnittbüschels aussprechen:

In der Ebene ist ein festes Strahlbüschel

$$B(a\,b\,c\,..\,x\,..)$$

und eine Gerade $\mathfrak{A}$ *als Träger einer festen mit dem Strahlbüschel projectivischen Punktreihe* $(\mathfrak{a}\mathfrak{b}\mathfrak{c}\ldots\mathfrak{x}..)$ *gegeben und es bewegt sich ein veränderlicher Punkt X auf einer gegebenen Geraden* $\mathfrak{G}$ *als Mittelpunkt eines mit der Punktreihe perspectivischen Strahlbüschels* $X(\mathfrak{a}\mathfrak{b}\mathfrak{c}\mathfrak{d}\,..\,\mathfrak{x}\,..)$; *dann wird jedesmal von den beiden projectivischen Strahlbüscheln* (B) *und* (X) *ein Kegelschnitt erzeugt; alle diese Kegelschnitte gehen durch vier feste Punkte und bilden also ein Kegelschnittbüschel.*

Die Richtigkeit hiervon erhellt unmittelbar aus der Umkehrung der vorigen Betrachtung, denn die in der angegebenen Weise construirten Kegelschnitte gehen zunächst sämmtlich durch den festen Punkt B, sodann durch die beiden Doppelpunkte C und D derjenigen beiden auf dem Träger $\mathfrak{A}$ befindlichen projectivischen Punktreihen, deren eine die gegebene $(\mathfrak{a}\mathfrak{b}\mathfrak{c}\,..\,\mathfrak{x}\,..)$ ist, und deren andere durch das feste Strahlbüschel $B\,(abc\,..\,x\,..)$ auf $\mathfrak{A}$ ausgeschnitten wird, endlich noch durch einen vierten festen Punkt A, denjenigen nämlich, in welchem die Gerade $\mathfrak{G}$ von einem Strahle des Strahlbüschels (B) getroffen wird, welcher entsprechend ist dem einzigen Punkte der Punktreihe auf $\mathfrak{A}$, der zugleich auf $\mathfrak{G}$ liegt. Diese reelle Construction der sämmtlichen Kegelschnitte eines Büschels liefert nicht nur das Kegelschnittbüschel mit vier reellen Grundpunkten, wie die frühere (§. 39), sondern auch ein Kegelschnittbüschel, von dem nur zwei Grundpunkte reell und die beiden andern imaginär sind. Die Grundpunkte A und B sind nämlich der Natur der Construction zufolge immer reell vorhanden; die Punkte C und D sind aber die Doppelpunkte zweier auf einander liegender projectivischer Punktreihen auf dem Träger $\mathfrak{A}$, deren eine die gegebene $(\mathfrak{a}\mathfrak{b}\mathfrak{c}\,..\,\mathfrak{x}\,..)$ ist und die andere durch das gegebene Strahlbüschel $B\ (abc\,..\,x\,..)$ auf $\mathfrak{A}$ ausgeschnitten wird. Ob diese beiden zusammenliegenden projectivischen Punktreihen reelle Doppelpunkte haben oder nicht, hängt von der Natur ihrer projectivischen Beziehung ab (S. 42). Wir können die das Kegelschnittbüschel bestimmenden Gebilde offenbar so annehmen, dass einmal die Doppelpunkte reell werden, das andere Mal nicht, und beide Gruppen von Kegelschnitten werden denselben Namen des Kegelschnittbüschels beanspruchen können, denn alle Eigenschaften, welche der einen zukommen, müssen unter der Modalität, dass gewisse Elemente imaginär werden, in gleicher Weise auch der andern zukommen.

Wir begnügen uns hier damit, aus der neuen Entstehungsart des Kegelschnittbüschels, welche auch zu einem *Büschel mit zwei reellen und zwei imaginären Grundpunkten* führt, die charakteristische Eigenschaft des Kegelschnittbüschels herzuleiten, dass jede Transversale der Ebene durch dasselbe in einem Punktsysteme geschnitten wird. Denken wir uns nämlich eine beliebige Transversale $\mathfrak{T}$ in der Ebene, und werde dieselbe von dem Strahlbüschel $B\ (abc\,..\,x\,..)$ in einer Punktreihe $\mathfrak{a}_1\mathfrak{b}_1\mathfrak{c}_1\,...\,\mathfrak{x}_1\,..$ geschnitten, so sind die beiden Punktreihen auf $\mathfrak{T}$ und $\mathfrak{A}$ projectivisch und die Verbindungslinie $\mathfrak{x}\mathfrak{x}_1$ wird daher einen Kegelschnitt $\mathfrak{K}^{(2)}$ umhüllen, welcher selbst $\mathfrak{T}$ und $\mathfrak{A}$ berührt. Um die Schnittpunkte eines beliebigen Kegelschnitts $K^{(2)}$ des Büschels mit der Transversale $\mathfrak{T}$ zu ermitteln, haben wir solche zwei Strahlen $X\mathfrak{x}$ und x zu ermitteln, welche sich auf $\mathfrak{T}$ schneiden, d. h. wir haben aus X an den eben ermittelten Kegelschnitt $\mathfrak{K}^{(2)}$ das Tangentenpaar zu legen; die Schnittpunkte dieser beiden Tangenten mit der Transversale $\mathfrak{T}$ werden zugleich die Schnittpunkte derselben mit dem Kegelschnitt $K^{(2)}$ sein; nun ist aber $\mathfrak{T}$ selbst eine Tangente des Kegelschnitts $\mathfrak{K}^{(2)}$ und es gilt der Satz (S. 152), dass, wenn man aus den Punkten X einer Geraden $\mathfrak{G}$ die Tangentenpaare an einen Kegelschnitt $\mathfrak{K}^{(2)}$ legt, irgend eine feste Tangente $\mathfrak{T}$ desselben allemal in den Punktpaaren eines Punktsystems von jenen Tangentenpaaren getroffen wird; folglich wird die beliebige Transversale $\mathfrak{T}$ von den Kegelschnitten $K^{(2)}$ des Büschels in Punktpaaren getroffen, welche Paare conjugirter Punkte eines Punktsystems sind, w. z. b. w. Diese Eigenschaft findet jetzt also ganz unabhängig davon statt, ob das Kegelschnittbüschel vier reelle Grundpunkte hat oder zwei reelle und zwei imaginäre.

Sobald das Kegelschnittbüschel vier reelle Grundpunkte hat, kommen, wie wir bereits von anderer Seite her wissen, drei Linienpaare unter den Kegelschnitten des Büschels vor; dasselbe zeigt sich auch hier; denn seien C und D die beiden reellen Doppelpunkte der in 𝔄 auf einander liegenden projectivischen Punktreihen, so leuchtet ein, dass für einen solchen Punkt X_0 auf G, welcher in der Linie BC sich befindet, die beiden den Kegelschnitt des Büschels erzeugenden Strahlbüschel perspectivisch werden, der Kegelschnitt selbst also in ein Linienpaar zerfällt; dasselbe gilt für denjenigen Punkt X_0', in welchem BD die Gerade 𝔊 trifft. Diese beiden Linienpaare existiren aber nicht, wenn die Doppelpunkte C und D der beiden in 𝔄 zusammenliegenden projectivischen Punktreihen imaginär sind. Es kommt aber noch ein drittes Linienpaar vor, welches der Lage X_0'' des Schnittpunktes von 𝔊 mit 𝔄 entspricht. In diesem Falle tritt die schon oft gefundene parabolische Lage ein und der Kegelschnitt löst sich in die beiden Geraden BA und 𝔄 auf. Dieses Linienpaar bleibt bestehen, auch wenn die Doppelpunkte auf dem Träger 𝔄 nicht reell sind. Wir schliessen hieraus: In einem Kegelschnittbüschel mit zwei reellen und zwei imaginären Grundpunkten giebt es nur ein *reelles Linienpaar*, und dasselbe besteht aus der Verbindungslinie der beiden reellen Grundpunkte und einer bestimmten anderen Geraden 𝔄, welche als die Verbindungslinie der beiden imaginären Grundpunkte aufgefasst werden kann und *ideelle gemeinschaftliche Secante* genannt wird.

Nimmt man irgend zwei Kegelschnitte K und K^1 des Büschels als gegeben an, und haben dieselben die beiden reellen Punkte A und B gemein, so sind wir im Stande, die andere gemeinschaftliche Secante, d. h. den andern Theil des Linienpaares, dessen einer die reelle gemeinschaftliche Secante AB ist, zu construiren, unabhängig davon, ob diese eine reelle oder ideelle gemeinschaftliche Secante ist; denn wegen der charakteristischen Eigenschaft des Büschels haben wir nur nöthig, auf einer beliebigen Transversale 𝔗 die Schnittpunktpaare a und α, a^1 und α^1 der Kegelschnitte K und K^1 zu merken und in dem Punktsystem, welches durch die beiden Paare conjugirter Punkte $a\alpha$ und $a^1\alpha^1$ bestimmt wird, denjenigen Punkt σ zu bestimmen, welcher dem Schnittpunkte s der Geraden AB mit 𝔗 conjugirt ist; alle Punkte σ, welche wir auf diese Weise construiren, müssen auf einer bestimmten Geraden 𝔄 liegen, welche die gesuchte ist; die Construction eines Punktes σ geht aus §. 16 unzweideutig hervor entweder vermittelst der Gleichheit der Doppelverhältnisse oder der bekannten Relationen für die Involution von sechs Punkten.

Diese Construction kann linear so ausgeführt werden:

Sind von dem Kegelschnitt K die Punkte $ABpqr$ und von dem Kegelschnitt K^1 die Punkte $ABp^1q^1r^1$ gegeben, so ziehe man pp^1 und ermittele die andern Schnittpunkte $\pi\pi^1$ mit den Kegelschnitten KK^1; trifft pp^1 die Gerade AB in s, und ist σ der conjugirte Punkt zu s in demjenigen Punktsystem, welches durch die beiden Paare conjugirter Punkte $p\pi$ und $p^1\pi^1$ bestimmt wird, so liegt σ auf der gesuchten Geraden. Verfährt man also mit der Geraden qq^1 ebenso wie mit pp^1, so erhält man einen zweiten Punkt derselben, und sie ist durch diese beiden Punkte schon bestimmt; aber man kann natürlich auch mehr Punkte von ihr finden und erhält dadurch neue Sätze.

Wir können uns auch anstatt der Transversale $\mathfrak{T}$ eines beliebigen Kegelschnitts bedienen, welcher nur durch A und B geht. Sei $\mathfrak{K}$ ein solcher Kegelschnitt, welcher durch A und B geht, übrigens aber ganz willkürlich ist; möge er den Kegelschnitt K in zwei Punkten treffen, deren Verbindungslinie $\mathfrak{B}$ sei, und K^1 in zwei Punkten, deren Verbindungslinie $\mathfrak{B}^1$ sei, so wird der Schnittpunkt $(\mathfrak{B}, \mathfrak{B}^1)$ auf der Geraden $\mathfrak{A}$ liegen; denn bezeichnen wir ihn mit σ und ziehen durch σ eine Transversale $\mathfrak{T}$, welche K in a und α, K^1 in a^1 und α^1 trifft, und die Gerade AB in s, endlich den Kegelschnitt $\mathfrak{K}$ in b und β, so sind erstens $a\alpha$, $b\beta$ und $s\sigma$ drei Punktpaare eines Punktsystems, zweitens auch $a^1\alpha^1$, $b\beta$ und $s\sigma$; beide Punktsysteme müssen identisch sein, weil zwei Paare conjugirter Punkte dieselben sind: $b\beta$ und $s\sigma$; folglich sind auch $a\alpha$, $a^1\alpha^1$ und $s\sigma$ drei Paare conjugirter Punkte dieses Punktsystems; also liegt σ auf der andern gemeinschaftlichen Secante $\mathfrak{A}$ der beiden Kegelschnitte K und K^1; wir können mithin folgenden Satz aussprechen:

Haben irgend drei Kegelschnitte zwei reelle Punkte gemeinschaftlich oder eine reelle gemeinschaftliche Secante, so haben je zwei derselben allemal noch eine zweite (reelle oder ideelle) gemeinschaftliche Secante (die Verbindungslinie der beiden übrigen Schnittpunkte); die auf diese Weise erhaltenen drei geraden Linien laufen durch einen Punkt.

Hierdurch ist ein einfaches Mittel gegeben, die ideelle gemeinschaftliche Secante zweier Kegelschnitte, welche nur zwei reelle Schnittpunkte haben, zu construiren; sind nämlich K und K^1 die beiden gegebenen Kegelschnitte, welche die reellen Schnittpunkte A und B haben, so lege man durch A und B einen beliebigen Kegelschnitt $\mathfrak{K}$, der K in zwei andern Punkten trifft und K^1 ebenfalls; die beiden Verbindungslinien dieser je zwei Punkte treffen sich in einem Punkte σ

derjenigen Geraden $\mathfrak{A}$, welche die gesuchte (ideelle) gemeinschaftliche Secante der gegebenen Kegelschnitte K und K^1 ist; es reicht also hin, einen zweiten Punkt σ vermittelst eines andern Kegelschnitts $\mathfrak{K}^1$ zu construiren, um die Gerade $\mathfrak{A}$ zu erhalten. Halten wir den Kegelschnitt $\mathfrak{K}$ fest und verändern K, indem wir ihn sämmtliche Kegelschnitte des Büschels durchlaufen lassen, so bleibt der Punkt σ fest und wir erkennen hieraus die Gültigkeit eines in §. 40 für den Fall eines Kegelschnittbüschels mit vier reellen Grundpunkten bewiesenen Satzes auch in dem Falle, dass nur zwei Grundpunkte reell und die beiden andern imaginär sind (S. 239).

Die Bestimmung der Gattung der einzelnen Kegelschnitte, welche in dem Büschel vorkommen, ist bei der hier zu Grunde gelegten Entstehungsart nicht schwieriger, wie bei der in §. 39 gegebenen. Um zu entscheiden, ob ein Kegelschnitt des Büschels Ellipse, Hyperbel oder Parabel ist, haben wir nur nachzusehen, wie oft in den beiden projectivischen Strahlbüscheln, welche ihn erzeugen, zwei entsprechende Strahlen parallel laufen; denken wir uns daher zu jedem Strahl x des festen Strahlbüschels (B) eine Parallele durch den entsprechenden Punkt $\mathfrak{x}$ der gegebenen Punktreihe $(\mathfrak{A})$ gezogen, so wird diese Parallele die Gerade $\mathfrak{G}$ in einem solchen Punkte X treffen, dass $X\mathfrak{x}$ und x zwei entsprechende parallele Strahlen sind, also der Kegelschnitt, welcher dieser Lage von X entspricht, einen unendlich-entfernten Punkt hat. Nun umhüllen aber alle diese Parallelen, welche durch die Punkte $\mathfrak{x}$ den Strahlen x parallel gezogen werden, eine bestimmte Parabel $P^{(2)}$, wie leicht zu erkennen ist, denn die Strahlen x des Strahlbüschels (B) treffen die unendlich-entfernte Gerade $\mathfrak{G}_\infty$ in einer Punktreihe, welche mit der vom Punkte $\mathfrak{x}$ beschriebenen projectivisch ist; die durch $\mathfrak{x}$ parallel dem Strahle x gezogene Gerade verbindet mithin entsprechende Punkte zweier projectivischer Punktreihen und umhüllt daher einen Kegelschnitt, welcher $\mathfrak{G}_\infty$ zur Tangente hat, folglich eine Parabel ist. Es ist auch auf andere Weise leicht einzusehen, *dass die durch die Punkte einer Punktreihe zu den entsprechenden Strahlen eines mit ihr projectivischen Strahlbüschels gezogenen Parallelen eine Parabel umhüllen*, indem man aus der Gleichheit der Doppelverhältnisse vermittelst der durch den Parallelismus gegebenen Proportionen nachweist, dass der gesuchte Ort das Erzeugniss zweier projectivisch-ähnlicher Punktreihen ist. Denken wir uns diese Parabel $P^{(2)}$ hergestellt, so können zwei Fälle eintreten: 1) Die Gerade $\mathfrak{G}$ schneidet die Parabel $P^{(2)}$ nicht; alsdann sind sämmtliche Kegelschnitte des Büschels Hyperbeln, weil durch jeden Punkt X der Geraden $\mathfrak{G}$ ein Tangentenpaar an die Parabel geht, also der dem Punkte X zugehörige

Kegelschnitt des Büschels zwei unendlich-entfernte Punkte hat; oder 2) die Gerade 𝔊 schneidet die Parabel $P^{(2)}$ in zwei reellen Punkten; alsdann giebt es in dem Kegelschnittbüschel eine Gruppe von Hyperbeln und eine Gruppe von Ellipsen, welche durch zwei Parabeln von einander getrennt werden; die letzteren gehören denjenigen beiden Punkten X der Geraden 𝔊 zu, in welchen dieselbe von der Parabel $P^{(2)}$ geschnitten wird; die zwischen den beiden Schnittpunkten liegenden Punkte X können nur Ellipsen hervorrufen, da durch sie keine Tangenten der Parabel $P^{(2)}$ gehen; die ausserhalb jener beiden Schnittpunkte, d. h. ausserhalb der Parabel $P^{(2)}$ liegenden Punkte X der Geraden 𝔊 liefern nur Hyperbeln. Im ersten wie im zweiten Falle giebt es nur eine gleichseitige Hyperbel in dem Kegelschnittbüschel; diese entspricht dem Schnittpunkte der Geraden 𝔊 mit der Leitlinie der Parabel $P^{(2)}$, weil die Leitlinie der Ort aller rechtwinkligen Tangentenpaare an die Parabel ist; in dem besonderen Falle, dass die Gerade 𝔊 die Leitlinie selbst ist, besteht das Büschel aus lauter gleichseitigen Hyperbeln, und in dem besonderen Falle, dass die Gerade 𝔊 die Parabel $P^{(2)}$ berührt, findet sich in dem Büschel, welches aus lauter Hyperbeln besteht, nur eine einzige Parabel vor, und die Gruppe von Ellipsen geht vollständig fort. Die Parabel $P^{(2)}$ entscheidet auch darüber, ob das Kegelschnittbüschel vier reelle oder nur zwei reelle und zwei imaginäre Grundpunkte hat, denn das aus B an diese Parabel gelegte Tangentenpaar trifft die Gerade 𝔄 offenbar in den beiden festen Punkten C und D, durch welche sämmtliche Kegelschnitte des Büschels gehen; liegt also der Punkt B ausserhalb der Parabel $P^{(2)}$, so hat das Büschel vier reelle Grundpunkte, liegt B innerhalb der Parabel, so hat es zwei reelle und zwei imaginäre Grundpunkte. Wir könnten endlich für den Fall von von vier reellen Grundpunkten auch aus der neuen Entstehungsweise das Kriterium herleiten, welches wir in §. 39 gefunden haben, und wonach aus der relativen Lage der vier Grundpunkte sofort zu entscheiden ist, welcher der beiden Fälle 1) oder 2), die nach dem Obigen eintreten können, wirklich stattfindet. Doch überlassen wir dies dem Leser, da das Kriterium aus dem Früheren bekannt ist. Wenn dagegen das Büschel zwei reelle und zwei imaginäre Grundpunkte hat, so zeigt es sich, dass der Fall 1) eintritt, sobald die Gerade 𝔄, auf welcher die beiden imaginären Grundpunkte liegen, die beiden reellen Grundpunkte von einander trennt, d. h. zu beiden Seiten von sich hat, der Fall 2) aber, sobald die Gerade 𝔄 die beiden reellen Grundpunkte auf derselben Seite von sich hat.

§. 42. Erzeugung des Kegelschnittbüschels vermittelst zweier Punktsysteme.

Wir haben im Vorigen zwei Kegelschnittbüschel kennen gelernt, die in ihren charakteristischen Eigenschaften übereinstimmen, aber in den sie bestimmenden Elementen verschieden sind, nämlich das Kegelschnittbüschel mit vier reellen Grundpunkten und das Kegelschnittbüschel mit zwei reellen und zwei imaginären Grundpunkten. Die sämmtlichen Kegelschnitte des einen, wie des anderen Büschels haben wir auf reellem Wege construiren gelehrt und uns aus diesen Constructionen von der Uebereinstimmung der wesentlichen Eigenschaften beider Büschel überzeugt; es giebt noch ein drittes *Kegelschnittbüschel mit vier imaginären Grundpunkten*, und es kommt darauf an, auch für diesen Fall sämmtliche Kegelschnitte eines solchen Büschels auf reellem Wege zu construiren. Diese Construction muss auch die beiden vorigen Fälle umfassen und wir gelangen zu ihr am kürzesten, indem wir von dem Fall, dass die vier Grundpunkte des Büschels reell sind, ausgehen. Seien g' h' g'' h'' vier beliebige Punkte in der Ebene als Grundpunkte eines Kegelschnittbüschels (Fig. 63) gewählt,

Fig. 63.

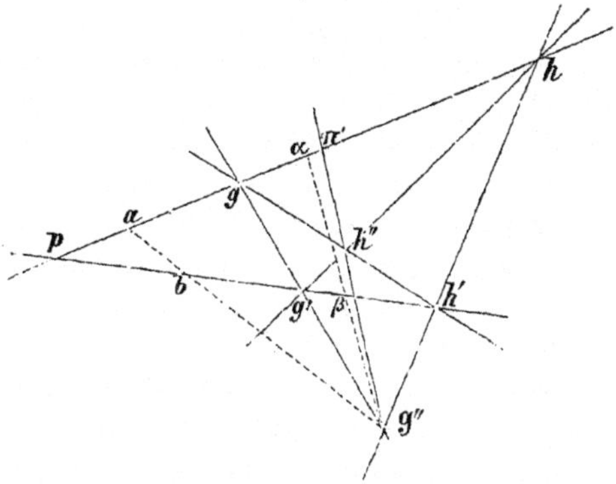

und mögen sich die Seitenpaare $g'g''$ und $h'h''$ in g, $g'h''$ und $h'g''$ in h treffen, so wird die Gerade gh von sämmtlichen Kegelschnitten des Büschels, dessen vier Grundpunkte $g'h'g''h''$ sind, in den conjugirten Punktpaaren $a\alpha$ eines Punktsystems getroffen, dessen Asymptotenpunkte g und h sind, so dass also immer $a\alpha$ zugeordnet-harmonische Punkte zu g und h sind; insbesondere trifft auch das Linienpaar $g'h'$ und $g''h''$ in zwei conjugirten Punkten p und π desselben Punktsystems. Wir können also irgend zwei conjugirte Punkte $a\alpha$ dieses Punktsystems als die Mittelpunkte zweier projectivischen Strahlbüschel annehmen, welche einen bestimmten Kegelschnitt des Büschels erzeugen, und die projectivische Beziehung dieser beiden Strahlbüschel ist vollständig bestimmt, da der Kegelschnitt durch die vier gemeinschaftlichen Grundpunkte $g'h'g''h''$ gehen soll. Diese beiden den Kegelschnitt erzeugenden projectivischen Strahlbüschel mit den Mittelpunkten a und α treffen die Gerade $g'h'$ in zwei projectivischen Punktreihen, deren Doppelpunkte g' und h' sind; die beiden sich entsprechenden Strahlen ag'' und $\alpha g''$ treffen in b und β die Gerade $g'h'$, und die Punkte $b\beta$ sind zugeordnet-harmonisch zu $g'h'$, weil $a\alpha$ zu gh harmonisch liegen. Hierdurch sind schon drei Paare entsprechender Punkte der beiden projectivischen Punktreihen auf $g'h'$ bekannt, nämlich der Doppelpunkt g', der Doppelpunkt h' und das Punktpaar $b\beta$, also die ganze projectivische Beziehung ist vollständig bestimmt. Sämmtliche Paare entsprechender Punkte dieser beiden auf einander liegenden projectivischen Punktreihen bilden, wie leicht zu erkennen ist, ein Punktsystem, dessen Asymptotenpunkte $g'h'$ sind; denn umgekehrt besteht ein solches Punktsystem aus zwei auf einander liegenden projectivischen Punktreihen, deren Doppelpunkte die Asymptotenpunkte $g'h'$ sind, und von denen zwei entsprechende Punkte $b\beta$ zugeordnet-harmonisch liegen zu $g'h'$. Dieses durch die beiden festen Grundpunkte $g'h'$ unveränderlich gegebene Punktsystem auf $g'h'$ bestimmt also die projectivische Beziehung zweier Strahlbüschel, die ihre Mittelpunkte in a und α haben und einen Kegelschnitt des Büschels erzeugen; verändern wir das Punktpaar $a\alpha$ in dem ersten Punktsysteme, dessen Asymptotenpunkte gh sind, so erhalten wir sämmtliche Kegelschnitte des Büschels, und wir gelangen daher zu folgender neuen Construction derselben, welche, allgemein aufgefasst, unabhängig davon ist, ob die Grundpunkte des Büschels reell oder imaginär sind:

Sind auf zwei geraden Trägern $\mathfrak{A}$ und $\mathfrak{B}$ zwei Punktsysteme (a, α) und (b, β) beliebig gegeben, und nimmt man irgend ein Paar conjugirter Punkte $a\alpha$ des ersten Punktsystems zu Mittelpunkten zweier Strahlbüschel, deren entsprechende Strahlen nach allen Paaren conjugirter Punkte $b\beta$ des andern Punktsystems hingehen, so erzeugen diese beiden Strahlbüschel einen Kegelschnitt $K^{(2)}$, den Ort des Schnittpunktes $(ab, \alpha\beta)$ oder auch $(a\beta, \alpha b)$. Verändert man das Punktpaar $a\alpha$ auf dem ersten Träger $\mathfrak{A}$, so gehören sämmtliche Kegelschnitte $K^{(2)}$ einem Kegelschnittbüschel an.

In der That, da zwei conjugirte Punkte eines Punktsystems immer zwei entsprechende Punkte zweier auf einander liegender projectivischer Punktreihen sind, so ist der Ort des Schnittpunktes $(ab, \alpha\beta)$ das Erzeugniss zweier projectivischer Strahlbüschel (a) und (α), also ein

Kegelschnitt $K^{(2)}$; weil aber beim Punktsystem alle Paare entsprechender gleicher Strecken verkehrt auf einander fallen (S. 49), so ist der Ort des Schnittpunktes $(a\beta,\ \alpha b)$ derselbe Kegelschnitt $K^{(2)}$. Dieser geht offenbar durch die beiden Asymptotenpunkte $g'h'$ des auf dem Träger $\mathfrak{B}$ gegebenen Punktsystems, wenn dasselbe hyperbolisch ist, und alle Kegelschnitte $K^{(2)}$, die wir bei der Veränderung von $a\alpha$ erhalten, gehen durch dieselben beiden festen Punkte $g'h'$, welche reell vorhanden sind, sobald das gegebene Punktsystem auf $\mathfrak{B}$ hyperbolisch, dagegen imaginär sind, sobald dasselbe elliptisch ist. Sei ferner in dem Schnittpunkte der beiden Träger $(\mathfrak{A},\ \mathfrak{B})$ ein Punkt p des ersten Punktsystems auf $\mathfrak{A}$ und ein Punkt $\tilde{\omega}$ des andern Punktsystems auf $\mathfrak{B}$ vereinigt, und seien die zu diesem conjugirten Punkte in dem einen und andern Punktsystem π und o, so ziehen wir $o\pi = \mathfrak{C}$, eine Gerade, die natürlich immer reell vorhanden sein muss. Nehmen wir jetzt irgend ein Punktpaar $a\alpha$ des ersten und ein beliebiges Punktpaar $b\beta$ des zweiten Punktsystems heraus, und möge die Gerade $\mathfrak{C}$ von ab in c und von $\alpha\beta$ in γ getroffen werden (Fig. 64), so werden, wenn wir zunächst a und α festhalten, aber $b\beta$ bewegen, die Punkte c und γ zwei auf einander liegende projectivische Punktreihen durchlaufen und überdies ein Punktsystem bilden, denn ebenso wie dem Punkt c der ersten Punktreihe der Punkt γ der zweiten entspricht, muss auch dem Punkt γ der ersten Punktreihe der Punkt c der zweiten entsprechen; ziehen wir nämlich $a\gamma$ und αc, so treffen dieselben die Gerade $\mathfrak{B}$ in den Punkten $b'\beta'$ eines Paares conjugirter Punkte des auf $\mathfrak{B}$ gegebenen Punktsystems, weil die drei Seitenpaare des

Fig. 64.

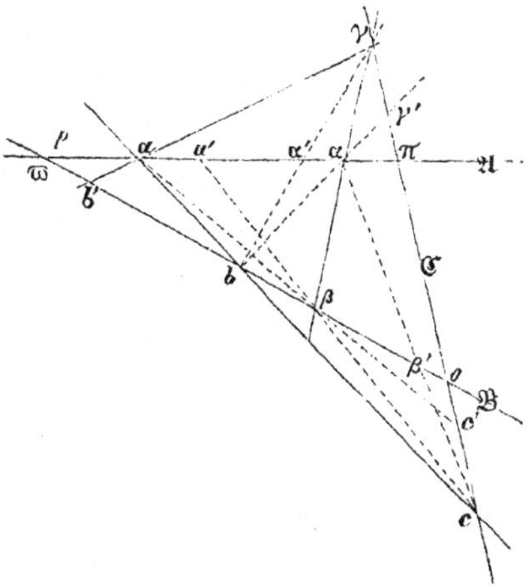

Vierecks $a\alpha c\gamma$ die Transversale $\mathfrak{B}$ in drei Punktpaaren eines Punktsystems treffen müssen, welche sind $b\beta$, $o\tilde{\omega}$, $b'\beta'$. Wir sehen also, dass bei den von c und γ beschriebenen projectivischen Punktreihen zwei entsprechende gleiche Strecken verkehrt auf einander fallen, mithin $c\gamma$ die conjugirten Punkte eines Punktsystems sind; diesem Punktsystem gehört auch o und π als ein Paar conjugirter Punkte und ebenso diejenigen Punkte $c'\gamma'$ an, in welchen $\mathfrak{C}$ von $a\beta$ und $b\alpha$

getroffen wird. Wenn daher irgend ein auf die oben angegebene Weise construirter Kegelschnitt $K^{(2)}$ als das Erzeugniss zweier projectivischer Strahlbüschel aufgefasst wird, welche in einem Paare $a\alpha$ ihre Mittelpunkte haben, so treffen zwei entsprechende Strahlen die Gerade $\mathfrak{C}$ immer in zwei conjugirten Punkten $c\gamma$ eines Punktsystems; es zeigt sich ferner, dass dieses Punktsystem für alle Kegelschnitte $K^{(2)}$ dasselbe bleibt. Denken wir uns nämlich für den Augenblick ein Paar $b\beta$ fest und verändern $a\alpha$ auf dem Träger $\mathfrak{A}$, so werden ba und $\beta\alpha$ in zwei conjugirten Punkten c und γ eines Punktsystems die Gerade $\mathfrak{C}$ treffen, weil $\mathfrak{C}$ durch den Punkt π geht, der dem im Schnittpunkte $(\mathfrak{B}, \mathfrak{A})$ liegenden p conjugirt ist; also werden auch $b\gamma$ und βc in einem Paar conjugirter Punkte $a'\alpha'$ die Gerade $\mathfrak{A}$ treffen müssen; es folgt daraus, dass dieses neue Punktsystem (c, γ), welches wir bei Festhaltung von b und β auf $\mathfrak{C}$ erhalten, mit dem vorigen identisch ist, weil ein Paar $c\gamma$ und das Paar $o\pi$, welche zur Bestimmung ausreichen, coincidiren. Nehmen wir nun irgend zwei Paare conjugirter Punkte $x\xi$ und $y\eta$ der beiden auf $\mathfrak{A}$ und $\mathfrak{B}$ gegebenen Punktsysteme willkürlich heraus, so werden, weil ba und $\beta\alpha$ in einem Paare conjugirter Punkte $c\gamma$ des eben bestimmten Punktsystems die Gerade $\mathfrak{C}$ treffen, auch bx und $\beta\xi$ in einem andern Paare desselben treffen, und weil xb und $\xi\beta$ in einem solchen Paare treffen, auch xy und $\xi\eta$ in einem neuen Paare conjugirter Punkte. Wir erhalten mithin auf der Geraden $\mathfrak{C}$ ein festes durch die beiden auf $\mathfrak{A}$ und $\mathfrak{B}$ gegebenen Punktsysteme mitbestimmtes Punktsystem (c, γ) und sehen, dass, wenn die Verbindungslinie irgend zweier Punkte x und y auf den Geraden $\mathfrak{A}$ und $\mathfrak{B}$ die dritte $\mathfrak{C}$ in z trifft, die Verbindungslinie der beiden zu x und y conjugirten Punkte ξ und η die Gerade $\mathfrak{C}$ in dem zu z conjugirten Punkte ζ trifft, so dass z und ζ ein Punktpaar des dritten Punktsystems sind.

Die drei Punktsysteme (x, ξ) (y, η) (z, ζ) auf den Trägern $\mathfrak{A}$, $\mathfrak{B}$, $\mathfrak{C}$ stehen noch in der allgemeineren Beziehung zu einander, *dass, wenn man aus jedem derselben ein beliebiges Paar conjugirter Punkte herausnimmt, diese drei Punktpaare $x\xi$, $y\eta$, $z\zeta$ immer sechs Punkte eines Kegelschnitts sind*, wovon die vorige Eigenschaft, dass, wenn xyz in einer Geraden liegen, auch die drei conjugirten $\xi\eta\zeta$ in einer Geraden liegen müssen, nur ein specieller Fall ist. Der allgemeine Fall lässt sich aber so erweisen: Seien x, ξ; y, η; z, ζ die drei willkürlich gewählten Paare conjugirter Punkte auf $\mathfrak{A}$, $\mathfrak{B}$, $\mathfrak{C}$, so treffen xy und $\eta\xi$ die Gerade $\mathfrak{C}$ in zwei conjugirten Punkten des auf $\mathfrak{C}$ bekannten Punktsystems; ein zweites Paar conjugirter Punkte sind die Schnittpunkte von $x\xi$ und ηy mit $\mathfrak{C}$, ein drittes Paar endlich z und ζ, folglich gilt die

Gleichheit der Doppelverhältnisse der Strahlbüschel:

$$x(\xi y z \zeta) = \eta(y \xi \zeta z)$$

und da nach S. 8 identisch:

$$\eta(y \xi \zeta z) = \eta(\xi y z \zeta), \quad \text{also}$$
$$x(\xi y z \zeta) = \eta(\xi y z \zeta), \quad \text{ist,}$$

so liegen die sechs Punkte $x \xi y \eta z \zeta$ auf einem Kegelschnitt (S. 126).

Hieraus folgt unmittelbar die Richtigkeit der obigen Behauptung, dass das Punktsystem $c\gamma$ für alle Kegelschnitte $K^{(2)}$ dasselbe bleibt. Ist daher dies Punktsystem auf 𝔈 ein hyperbolisches, mit den beiden Asymptotenpunkten $g''h''$, so müssen sämmtliche Kegelschnitte $K^{(2)}$ durch diese beiden festen Punkte $g''h''$ und ausserdem durch die beiden vorhin ermittelten Punkte $g'h'$, also durch vier feste Punkte gehen; sie bilden mithin ein Kegelschnittbüschel. Da das Punktsystem auf 𝔈 von den beiden gegebenen Punktsystemen auf 𝔄 und 𝔅 abhängt, so bleibt noch zu untersuchen, unter welchen Bedingungen es elliptisch oder hyperbolisch wird, um zu erkennen, wann die beiden festen Grundpunkte $g''h''$ des Büschels reell und wann sie imaginär sind. Das immer reell vorhandene, von den drei Geraden 𝔄𝔅𝔈 gebildete Dreiseit bestimmt für jedes der drei Punktsysteme ein Paar conjugirter Punkte, nämlich die beiden Schnittpunkte jeder der drei Geraden mit den beiden andern; sind also die Ecken dieses Dreiseits (Fig. 64) o, π und p (oder $\tilde{\omega}$), und wir nehmen irgend zwei Punkte a und b innerhalb der Dreiecksseiten 𝔄𝔅, so wird nach dem bekannten Kriterium (S. 56) das Punktsystem auf 𝔄 elliptisch oder hyperbolisch sein, je nachdem der conjugirte Punkt α auf der Verlängerung der Dreiecksseite 𝔄 oder zwischen πp liegt, und dasselbe gilt für das Punktsystem auf 𝔅. Die Verbindungslinie ab trifft nun die dritte Dreiecksseite 𝔈 in c, welches ausserhalb $o\pi$ liegt, die Verbindungslinie $\alpha\beta$ dagegen in dem zu c conjugirten Punkte γ; wenn daher α zwischen πp und β zwischen $o\tilde{\omega}$ liegt, so trifft $\alpha\beta$ die 𝔈 ausserhalb $o\pi$; dasselbe findet auch statt, wenn α ausserhalb πp und gleichzeitig β ausserhalb $o\tilde{\omega}$ liegt; sind also die beiden Punktsysteme auf 𝔄 und 𝔅 *gleichartig*, d. h. beide elliptisch oder beide hyperbolisch, so ist das Punktsystem auf 𝔈 hyperbolisch; sind sie dagegen *ungleichartig*, d. h. eines elliptisch und das andere hyperbolisch, so ist das dritte Punktsystem auf 𝔈 elliptisch. Wir sehen hieraus, dass von den drei Punktsystemen auf 𝔄𝔅𝔈 nothwendig entweder alle drei hyperbolisch oder eines hyperbolisch und die beiden andern elliptisch sein müssen. Wir können hiernach folgende vier Fälle unterscheiden:

Punktsystem auf $\mathfrak{A}$:	Punktsystem auf $\mathfrak{B}$:	Das Kegelschnittbüschel hat:
I. hyperbolisch	hyperbolisch	vier reelle Grundpunkte $g'h'$ $g''h$
II. hyperbolisch	elliptisch	vier imaginäre Grundpunkte
III. elliptisch	hyperbolisch	zwei reelle Grundpunkte $g'h'$
IV. elliptisch	elliptisch	zwei reelle Grundpunkte $g''h''$

und in diesen vier Fällen ist:

	das Punktsystem auf $\mathfrak{C}$:
I.	hyperbolisch
II.	elliptisch
III.	elliptisch
IV.	hyperbolisch.

Wir sehen hieraus, dass nur in dem Falle I drei reelle Linienpaare unter den Kegelschnitten des Büschels auftreten, dass aber in jedem der drei übrigen Fälle nur ein und immer ein Linienpaar $\mathfrak{B}$, $\mathfrak{C}$ in dem Büschel vorkommt. Dieses Linienpaar geht nämlich hervor, wenn das besondere Punktpaar $p\pi$ zu Mittelpunkten zweier erzeugenden Strahlbüschel gewählt wird, wobei dann wieder der parabolische Fall projectivischer Beziehung eintritt (S. 73); sonst kann der Kegelschnitt $K^{(2)}$ auf keine andere Weise in ein Linienpaar zerfallen, als wenn die Mittelpunkte der ihn erzeugenden Strahlbüschel a und α zusammenfallen, also das Punktsystem auf $\mathfrak{A}$ hyperbolisch ist, und auch dann wird ein solches Linienpaar nur reell vorhanden sein, wenn gleichzeitig das Punktsystem auf $\mathfrak{B}$ hyperbolisch ist, also im Falle (I), wie leicht zu erkennen. Zugleich sehen wir, dass in diesem vollständig reellen Falle die sechs Asymptotenpunkte zu je dreien auf vier Geraden liegen, also ein vollständiges Vierseit bilden, dessen drei Diagonalen die Geraden $\mathfrak{A}\mathfrak{B}\mathfrak{C}$ sind. Hieraus ergiebt sich beiläufig der elementare Satz: *Sind die drei Paare Gegenecken eines vollständigen Vierseits gh, $g'h'$, $g''h''$ und trifft irgend eine Gerade in der Ebene diese drei Diagonalen gh, $g'h'$, $g''h''$ beziehlich in den Punkten $ss's''$, so liegen die zugeordneten vierten harmonischen Punkte $\sigma\sigma'\sigma''$ zu jenen, indem jedes Paar Gegenecken das andere Paar zugeordnet-harmonischer Punkte ist, allemal in einer neuen Geraden.**)

Das vorhin gefundene Resultat, dass die Kegelschnitte $K^{(2)}$ des Büschels sämmtlich durch die Asymptotenpunkte der auf den Trägern $\mathfrak{B}$ und $\mathfrak{C}$ befindlichen Punktsysteme (b, β) und (c, γ) hindurchgehen, falls diese Punktsysteme oder eines von ihnen hyperbolisch sind, lässt

*) Siehe: *J. Steiner,* Aufgaben u. Lehrsätze in *Crelle's* Journal, Bd. III. S. 212.

sich anders aussprechen und wird dadurch unabhängig von der Natur der beiden Punktsysteme. Es ist ersichtlich, dass die beiden festen Punktsysteme auf 𝔅 und ℭ in Bezug auf jeden Kegelschnitt $K^{(2)}$ des Büschels diejenigen sind, welche diesem Kegelschnitt zugehören (S. 140), d. h. für alle Kegelschnitte $K^{(2)}$ sind b und β ein Paar conjugirter Punkte (S. 146), oder die Polare von b geht durch β, und ebenso ist es mit c, γ; denn nehmen wir irgend ein Paar Punkte $a\alpha$ auf 𝔄 als Mittelpunkte der den Kegelschnitt $K^{(2)}$ erzeugenden Strahlbüschel, so sind die Schnittpunkte $(ab, \alpha\beta)$ und $(a\beta, \alpha b)$ zwei Punkte dieses Kegelschnitts, der auch durch a und α geht, und das Viereck im Kegelschnitt hat b und β zu zwei Diagonalpunkten, folglich sind diese conjugirte Punkte in Bezug auf den Kegelschnitt (S. 147). Also *für sämmtliche Kegelschnitte $K^{(2)}$ des Büschels ist das auf 𝔅 befindliche Punktsystem (b, β) und ebenfalls das auf ℭ befindliche Punktsystem (c, γ) dasjenige, welches jedem Kegelschnitt zugehört.* Diese Eigenschaft involvirt die obige, dass, wenn eines oder beide Punktsysteme hyperbolisch sind, sämmtliche Kegelschnitte des Büschels durch die Asymptotenpunkte gehen müssen; sie bleibt aber auch bestehen, wenn eines oder beide Punktsysteme elliptisch sind, und ist überhaupt unabhängig von der besonderen Natur dieser Punktsysteme; sie wirft auch ein klareres Licht auf die hier betrachtete Entstehungsart des Kegelschnittbüschels, denn anstatt von den beiden willkürlich angenommenen Punktsystemen (a, α) und (b, β) auf den Trägern 𝔄 und 𝔅 auszugehen, können wir die beiden festen Punktsysteme (b, β) und (c, γ) auf den Trägern 𝔅 und ℭ als gegeben ansehen; dadurch ist das Punktsystem (a, α) auf 𝔄 vollständig mitbestimmt, wie aus der vorigen Betrachtung hervorgeht, und beliebig viele Paare conjugirter Punkte sind leicht zu construiren. Wir können also folgendes Ergebniss aussprechen: *Sind zwei feste Punktsysteme (b, β) und (c, γ) auf den geraden Trägern 𝔅 und ℭ gegeben, so bilden sämmtliche Kegelschnitte in der Ebene, für welche diese Punktsysteme die ihnen zugehörigen sind* (d. h. jedes Paar conjugirter Punkte eines Punktsystems ein Paar conjugirter Punkte in Bezug auf den Kegelschnitt ist), *ein Kegelschnittbüschel, und zwar hat dasselbe vier reelle Grundpunkte, die Asymptotenpunkte der beiden Punktsysteme, sobald dieselben hyperbolisch sind, zwei reelle und zwei imaginäre Grundpunkte, sobald eines der beiden gegebenen Punktsysteme hyperbolisch, das andere elliptisch ist, und vier imaginäre Grundpunkte, wenn beide Punktsysteme elliptisch sind. Diejenige Gerade 𝔄, welche die conjugirten Punkte zu den in dem Schnittpunkte (𝔅, ℭ) = o vereinigten Punkten verbindet, ist die Polare von o für sämmtliche Kegelschnitte des Büschels; irgend zwei Verbindungslinien bc und $\beta\gamma$ treffen 𝔄 beziehlich in zwei Punkten a und*

α, welche conjugirte Punkte eines und desselben festen Punktsystems (a, α) auf $\mathfrak{A}$ sind, und zwar desjenigen, in welchem das Kegelschnittbüschel die Gerade $\mathfrak{A}$ schneidet; hiernach lassen sich sämmtliche Kegelschnitte des Büschels auf reelle Weise construiren, wie oben angegeben ist, mögen die Grundpunkte des Büschels reell oder imaginär sein. Die Träger $\mathfrak{B}$, $\mathfrak{C}$ selbst bilden ein Linienpaar, welches ein besonderer Kegelschnitt des Büschels ist.

Die charakteristische Eigenschaft des Kegelschnittbüschels, dass eine beliebige Transversale in der Ebene desselben von jedem Kegelschnitte des Büschels in je zwei conjugirten Punkten eines Punktsystems getroffen wird, lässt sich nun auch aus dieser neuen Construction des Büschels nachweisen und bleibt bestehen, ob die Grundpunkte des Büschels alle vier reell oder nur zwei oder keiner reell vorhanden ist. Treffe (Fig. 65) eine beliebige gerade Transversale $\mathfrak{T}$ die drei Geraden $\mathfrak{A}\mathfrak{B}\mathfrak{C}$ in den resp. Punkten abc, und seien $\alpha\beta\gamma$ die zu diesen conjugirten Punkte in den drei auf $\mathfrak{A}\mathfrak{B}\mathfrak{C}$ befindlichen Punktsystemen, so liegen nach dem Vorigen $\alpha\beta\gamma$ in einer neuen Geraden $\mathfrak{T}^1$, und der Schnittpunkt der Geraden $\mathfrak{T}$ und $\mathfrak{T}^1$ sei s. Nehmen wir nun ein beliebiges Punktpaar $a^1\alpha^1$ des auf $\mathfrak{A}$ gegebenen Punktsystems zu Mittelpunkten zweier projectivischen Strahlbüschel, welche einen Kegelschnitt $K^{(2)}$ des Büschels erzeugen, so werden leicht vier Paare entsprechender Strahlen dieser beiden Strahlbüschel anzugeben sein, nämlich die folgenden:

Fig. 65.

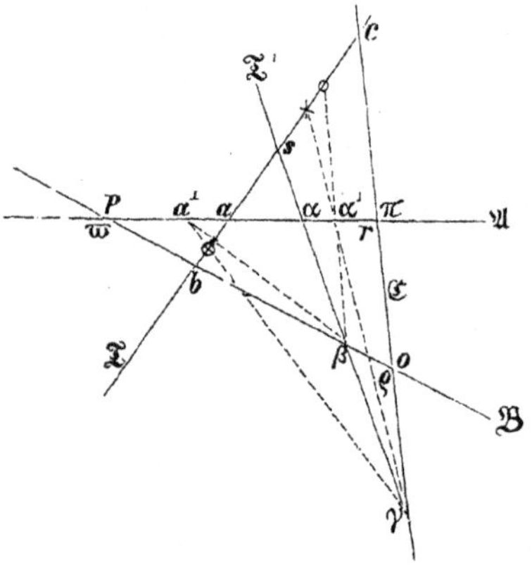

$$a^1(b\beta c\gamma) \quad \text{und} \quad \alpha^1(\beta b\gamma c).$$

Die Doppelverhältnisse dieser beiden Strahlbüschel von je vier Strahlen sind also gleich und weil identisch:

$$\alpha^1(\beta b\gamma c) = \alpha^1(b\beta c\gamma) \quad \text{ist} \quad \text{(Seite 7)},$$

so folgt:

$$a^1(b\beta c\gamma) = \alpha^1(b\beta c\gamma),$$

d. h. die sechs Punkte $a^1\alpha^1 b\beta c\gamma$ liegen auf einem Kegelschnitt $\mathfrak{K}^{(2)}$ (der offenbar nicht zum Büschel gehört). Fassen wir aber die vier Punkte $a^1\alpha^1\beta\gamma$ dieses Kegelschnitts $\mathfrak{K}^{(2)}$ auf, so lassen sich durch dieselben drei Linienpaare legen. Der Kegelschnitt $\mathfrak{K}^{(2)}$ selbst und diese drei

Linienpaare bestimmen auf der Transversale $\mathfrak{T}$ vier Paare conjugirter Punkte eines gewissen Punktsystems (S. 234), nämlich das Paar $b\,c$, das Paar $a\,s$ und die Schnittpunkte der $\mathfrak{T}$ mit den Linienpaaren $a^1\beta$, $\alpha^1\gamma$ und $a^1\gamma$, $\alpha^1\beta$, welche wir nicht besonders bezeichnen wollen. Diese beiden letzten Punktpaare, welche das Punktsystem vollständig bestimmen, liegen gleichzeitig mit denjenigen beiden Punkten xy in Involution, in denen der Kegelschnitt $K^{(2)}$ die Transversale $\mathfrak{T}$ trifft, denn wegen der Projectivität der beiden den Kegelschnitt $K^{(2)}$ erzeugenden Strahlbüschel müssen die Doppelverhältnisse gleich sein:

$$a^1(b\gamma xy) = \alpha^1(\beta cxy) \quad \text{oder}$$
$$= \alpha^1(c\beta yx)$$

Die vier Strahlen $a^1(b\gamma xy)$ treffen also $\mathfrak{T}$ in vier Punkten, deren Doppelverhältniss gleich demjenigen zwischen den vier Punkten ist, in welchen die andern vier Strahlen $\alpha^1(c\beta yx)$ dieselbe treffen, und da zwei entsprechende gleiche Strecken (xy und yx) verkehrt auf einander fallen, so erhalten wir auf $\mathfrak{T}$ ein Punktsystem, von welchem ein Paar conjugirter Punkte xy, ein zweites Paar bc und ein drittes Paar die Schnittpunkte des Linienpaares $a^1\gamma$, $\alpha^1\beta$ sind. Dieses Punktsystem ist identisch mit dem vorhin ermittelten, weil zwei Punktpaare dieselben sind; in ähnlicher Weise können wir aus der Gleichheit der Doppelverhältnisse:

$$a^1(\beta cxy) = \alpha^1(b\gamma xy) = \alpha^1(\gamma byx)$$

schliessen, dass bc, xy und die Schnittpunkte des Linienpaares $a^1\beta$, $\alpha^1\gamma$ mit $\mathfrak{T}$ sechs Punkte in Involution sind, was übrigens nicht mehr nöthig ist. Wir sehen also, dass die sechs Punkte bc, as, xy Involution bilden, und verändern wir das Punktpaar $a^1\alpha^1$, also den Kegelschnitt $K^{(2)}$, so erkennen wir, weil bc und as unverändert bleiben, dass sämmtliche Kegelschnitte $K^{(2)}$ des Büschels die Transversale $\mathfrak{T}$ in Paaren conjugirter Punkte eines Punktsystems schneiden, w. z. b. w. Die Schnittpunkte bc entsprechen dem besonderen Kegelschnitt $K^{(2)}$, welcher in das Linienpaar $\mathfrak{B}\mathfrak{C}$ degenerirt, und die Schnittpunkte as demjenigen Kegelschnitt $K^{(2)}$, welcher als das Erzeugniss zweier projectivischer Strahlbüschel auftritt, deren Mittelpunkte a und α sind.

Aus der hierdurch nachgewiesenen Haupteigenschaft des Kegelschnittbüschels ergiebt sich nun auch unabhängig davon, ob dasselbe reelle oder paarweise imaginäre Grundpunkte hat, die Folgerung, dass *durch jeden beliebigen Punkt der Ebene ein und nur ein einziger reeller Kegelschnitt geht, welcher dem Büschel angehört*; denn ziehen wir durch einen beliebigen Punkt P der Ebene eine Transversale, so fixiren die Kegelschnitte des Büschels auf ihr ein Punktsystem, welches schon durch irgend zwei Paare conjugirter Punkte bestimmt wird. Der dem

Punkte P conjugirte Punkt des Punktsystems auf dieser Transversale gehört dem einzigen Kegelschnitt des Büschels an, welcher durch P geht, und drehen wir die Transversale um P, so erhalten wir als Aufeinanderfolge der conjugirten Punkte den ganzen reell vorhandenen Kegelschnitt. Es können aber durch P keine zwei verschiedenen Kegelschnitte des Büschels gehen, denn sonst müsste es in einem Punktsystem zu irgend einem Punkte mehr als einen conjugirten Punkt geben, was der Natur des Punktsystems widerspricht.

Es folgt ferner, dass *das Kegelschnittbüschel durch zwei beliebig in der Ebene anzunehmende Kegelschnitte vollständig bestimmt ist*, weil dieselben auf jeder Transversale das Punktsystem durch zwei Paare conjugirter Punkte bestimmen. Aber eine solche Transversale $\mathfrak{T}$ in der Ebene braucht nicht von jedem Kegelschnitte des Büschels getroffen zu werden, d. h. es kann auch imaginäre Punktpaare eines Punktsystems geben. Um dieses Verhalten klarer zu übersehen, denken wir uns die beiden Schnittpunkte der Transversale $\mathfrak{T}$ mit einem Kegelschnitte des Büschels als die Asymptotenpunkte desjenigen Punktsystems, welches der Geraden $\mathfrak{T}$ in Bezug auf den Kegelschnitt $K^{(2)}$ zugehört (S. 140); ist dieses Punktsystem hyperbolisch, so sind die Schnittpunkte reell, ist es elliptisch, so sind sie imaginär. Für jeden Kegelschnitt $K^{(2)}$ erhalten wir also auf der Transversale $\mathfrak{T}$ ein anderes Punktsystem, und alle diese unendlich vielen Punktsysteme auf $\mathfrak{T}$ stehen in dem Zusammenhange mit einander, dass ihre Asymptotenpunkte selbst ein Punktsystem $(x, \mathfrak{x})$ bilden, welches von dem Kegelschnittbüschel auf $\mathfrak{T}$ ausgeschnitten wird. Nehmen wir nun einen beliebigen Hülfskegelschnitt $\mathfrak{K}^{(2)}$ in der Ebene an, und verlegen nach irgend einem Punkt B desselben die Mittelpunkte von Strahlsystemen, welche mit den auf $\mathfrak{T}$ befindlichen unendlich vielen Punktsystemen perspectivisch liegen, so wird, wenn wir ein Strahlsystem der Art bilden, jedes Paar conjugirter Strahlen eine Sehne auf $\mathfrak{K}^{(2)}$ ausschneiden, die durch einen festen Punkt P läuft (S. 151), und wir verwandeln also ein jedes Punktsystem auf $\mathfrak{T}$ in einen Punkt P oder ein einfaches Strahlbüschel (P). Ist das betrachtete Punktsystem auf $\mathfrak{T}$ hyperbolisch, so muss P ausserhalb des Hülfskegelschnittes $\mathfrak{K}^{(2)}$ liegen, nämlich der Schnittpunkt der beiden Tangenten sein in denjenigen Punkten, in welchen die Asymptoten des in B befindlichen mit jenem Punktsystem perspectivischen Strahlsystems den $\mathfrak{K}^{(2)}$ treffen. P ist also jedesmal der Pol derjenigen Geraden, welche die beiden Schnittpunkte des Hülfskegelschnitts mit den Strahlen, welche von B nach den beiden Asymptotenpunkten eines auf $\mathfrak{T}$ befindlichen Punktsystems hinlaufen, verbindet. Da nun diese Asymptotenpunkte selbst ein Punktsystem $(x, \mathfrak{x})$ bilden, welches durch das Kegelschnittbüschel ausgeschnitten wird, so laufen die Sehnen alle durch einen festen Punkt O, und der Punkt P bewegt sich also auf einer festen Geraden $\mathfrak{L}$, der Polare von O in Bezug auf den Hülfskegelschnitt $\mathfrak{K}^{(2)}$. Alle Punktsysteme auf $\mathfrak{T}$ sind also in die sämmtlichen Punkte P einer bestimmten Geraden $\mathfrak{L}$ verwandelt, der Art, dass, wenn wir nunmehr von irgend einem Punkte P der Geraden $\mathfrak{L}$ die Polare construiren und ihre Schnittpunkte auf $\mathfrak{K}^{(2)}$ mit B verbinden, dieses Strahlenpaar die Transversale $\mathfrak{T}$ in einem Punktpaar $(x, \mathfrak{x})$ trifft. Hieraus zeigt sich, dass, wenn das Punktsystem $(x, \mathfrak{x})$ auf $\mathfrak{T}$ elliptisch ist, der Punkt O innerhalb des Hülfskegelschnitts $\mathfrak{K}^{(2)}$ liegen muss, also die Gerade $\mathfrak{L}$ denselben gar nicht trifft, mithin alle unendlich vielen Punktsysteme auf $\mathfrak{T}$ hyperbolisch sind, oder was dasselbe sagt: *Alle Kegelschnitte des Büschels treffen eine Transversale $\mathfrak{T}$ in reellen Punktpaaren, sobald das Punktsystem auf $\mathfrak{T}$ elliptisch ist, welches die Schnittpunkte je eines Kegelschnitts des Büschels zu einem Paare conjugirter Punkte hat.* Wenn dagegen das Punktsystem $(x, \mathfrak{x})$ auf $\mathfrak{T}$ hyperbolisch ist, so liegt O ausserhalb des Hülfskegelschnitts $\mathfrak{K}^{(2)}$, die Gerade $\mathfrak{L}$ schneidet ihn daher in zwei reellen Punkten, welche die beiden Gebiete auf $\mathfrak{L}$ abgrenzen, innerhalb deren solche Punkte P liegen, die reelle Tangentenpaare an $\mathfrak{K}^{(2)}$ zulassen, und solche P, durch welche keine Tangente geht. Von den unendlich vielen Punktsystemen auf $\mathfrak{T}$ ist also eine Gruppe hyperbolisch und die andere elliptisch. Den Uebergang bilden zwei parabolische Punktsysteme, welche den Asymptotenpunkten des Punktsystems $(x, \mathfrak{x})$ zugehören, d. h. es giebt zwei Kegelschnitte des Büschels, welche die Transversale $\mathfrak{T}$ berühren, wie bereits bekannt ist. *Ist also das Punktsystem $(x, \mathfrak{x})$, welches von den Kegelschnitten eines Büschels auf einer Transversale $\mathfrak{T}$ ausgeschnitten wird, hyperbolisch, so treffen nicht alle Kegelschnitte desselben die $\mathfrak{T}$ in reellen Punktpaaren. Das hyperbolische Punktsystem hat also auch imaginäre Paare conjugirter Punkte*, was beim elliptischen Punktsystem nicht der Fall ist.

Ist das Punktsystem $(x, \mathfrak{x})$ auf der Transversale $\mathfrak{T}$ hyperbolisch, und sind p und q die Asymptotenpunkte desselben, so muss jedes reelle Schnittpunktpaar eines Kegelschnitts des Büschels mit $\mathfrak{T}$ ein Paar zugeordnet-harmonischer Punkte mit p und q sein; diese Eigenschaft hört aber auf, wenn das Schnittpunktpaar imaginär ist; wir können an ihre Stelle eine allgemeinere Eigenschaft setzen, welche jene nicht nur ersetzt, sondern auch von der Realität der Schnittpunkte unabhängig ist, nämlich folgende: *Die Asymptotenpunkte pq des auf der Transversale $\mathfrak{T}$ durch das Kegelschnittbüschel ausgeschnittenen Punktsystems sind ein Paar conjugirter Punkte in Bezug auf sämmtliche*

Kegelschnitte des Büschels. Hieraus folgt, wenn wir irgend zwei Kegelschnitte des Büschels auffassen, von denen jeder auf der Transversale $\mathfrak{T}$ ein bestimmtes ihm zugehöriges Punktsystem inducirt, dass diese beiden Punktsysteme ein gemeinschaftliches Paar conjugirter Punkte haben, die Asymptotenpunkte des auf $\mathfrak{T}$ durch das Kegelschnittbüschel ausgeschnittenen Punktsystems $(x, \mathfrak{x})$, und umgekehrt, sobald zwei das Kegelschnittbüschel bestimmende Kegelschnitte gegeben sind und eine Transversale $\mathfrak{T}$, von welcher nicht erforderlich ist, dass sie die beiden Kegelschnitte in reellen Punkten treffe, so wird das Punktsystem $(x, \mathfrak{x})$ auf $\mathfrak{T}$ dadurch gefunden werden können, dass wir das gemeinschaftliche Paar conjugirter Punkte der beiden auf $\mathfrak{T}$ durch die beiden gegebenen Kegelschnitte inducirten Punktsysteme aufsuchen (S. 58); ist dieses pq gefunden, so werden pq die Asymptotenpunkte des Punktsystems $(x, \mathfrak{x})$ sein, welches dadurch vollständig bestimmt ist. Das Kegelschnittbüschel besitzt also folgende Eigenschaft: *Alle Punktsysteme, welche auf einer beliebigen Transversale als den verschiedenen Kegelschnitten des Büschels zugehörig inducirt werden, haben ein gemeinschaftliches Paar conjugirter Punkte, nämlich die Asymptotenpunkte des auf der Transversale durch die Kegelschnitte des Büschels ausgeschnittenen Punktsystems* $(x, \mathfrak{x})$. Diese Eigenschaft wird später bei den Polaritäts-Beziehungen des Kegelschnittbüschels noch näher erörtert werden (§. 47).

Es drängt sich hiernach die unabweisbare Frage auf, ob aus der in diesem Paragraphen angegebenen Erzeugungsweise des Kegelschnittbüschels in allen vier oben unterschiedenen Fällen sämmtliche Kegelschnitte hervorgehen, die in dem Büschel enthalten sind. Dies ist nach dem Vorigen evident in den Fällen III und IV, wo das erzeugende Punktsystem auf $\mathfrak{A}$ elliptisch ist; in den Fällen I und II aber, wo es hyperbolisch ist, fragt es sich, ob für jeden Punkt s der Ebene der durch s gehende einzige Kegelschnitt, welcher zum Büschel gehört, durch zwei projectivische Strahlbüschel erzeugt werden kann, welche ihre Mittelpunkte in einem Paare conjugirter Punkte a und α des auf $\mathfrak{A}$ gegebenen Punktsystems haben, d. h. ob durch jeden Punkt s zwei solche Strahlen ab und $\alpha\beta$ gehen, deren Schnittpunkte mit $\mathfrak{A}$ und $\mathfrak{B}$, nämlich $a\alpha$ und $b\beta$, zwei Paare conjugirter Punkte der beiden auf $\mathfrak{A}$ und $\mathfrak{B}$ gegebenen Punktsysteme sind. Legen wir durch s zwei Strahlsysteme perspectivisch mit (a, α) und (b, β), so haben dieselben (Seite 158) ein gemeinschaftliches Paar conjugirter Strahlen, sobald eines der beiden Strahlsysteme elliptisch ist, also immer in den Fällen II, III, IV; sind dagegen beide hyperbolisch, also im Falle I, so haben sie nur dann ein gemeinsames Paar, wenn die Asymptoten des einen durch die des andern nicht getrennt werden, im andern

Falle keins. Mithin werden in der That durch unsere Construction in dem Falle I nicht sämmtliche Kegelschnitte des Büschels erhalten; dies ist aber gerade der bequemste Fall von vier reellen Grundpunkten, welcher am einfachsten durch die in §. 39 ausgeführte Betrachtung erledigt wird. In dem Falle II eines Kegelschnittbüschels mit vier imaginären Grundpunkten, für den die in diesem Paragraphen mitgetheilte Construction die einzige war, zeigt sich also, dass dieselbe sämmtliche (reellen) Kegelschnitte des Büschels liefert; denn es giebt durch irgend einen reellen Punkt s der Ebene nur einen Kegelschnitt des Büschels; dieser ist unter den von uns construirten enthalten, weil durch s ein Paar reelle Strahlen sab und $s\alpha\beta$ gehen, wenn (im Falle II) das Punktsystem auf $\mathfrak{A}$ hyperbolisch, auf $\mathfrak{B}$ elliptisch ist; die Strahlbüschel (a) (α) erzeugen aber diesen Kegelschnitt. Mithin darf ein Kegelschnitt des Büschels, dessen Schnittpunkte mit $\mathfrak{A}$ imaginär wären, überhaupt keinen reellen Punkt s haben, muss also ganz imaginär sein.

Diese eigenthümliche Erscheinung, dass durch die oben mitgetheilte reelle Construction des Kegelschnittbüschels mit vier imaginären Grundpunkten sämmtliche reellen Kegelschnitte des Büschels erhalten werden, obwohl das erzeugende Punktsystem auf $\mathfrak{A}$ hyperbolisch ist, hat ihren Grund in der besonderen Beziehung, welche die Gerade $\mathfrak{A}$ zu dem Kegelschnittbüschel hat. In diesem Kegelschnittbüschel mit vier imaginären Grundpunkten kommt nämlich ein reelles Linienpaar $\mathfrak{B}$, $\mathfrak{C}$, dessen Schnittpunkt o ist, und zwei imaginäre Linienpaare vor, deren jedes einen reellen (Doppel-) Punkt hat; die letzteren sind die Asymptotenpunkte g und h des auf $\mathfrak{A}$ gegebenen hyperbolischen Punktsystems; jeder dieser beiden Punkte ist als ein Kegelschnitt (*Null-Kegelschnitt*, analog den Null-Kreisen oder Grenzpunkten eines Kreisbüschels mit ideeller gemeinschaftlicher Secante), der sich auf einen Punkt zusammengezogen hat, oder als Schnittpunkt eines imaginären Linienpaares (S. 112) anzusehen, weil das Strahlsystem $g(b, \beta)$ elliptisch ist, ebenso $h(b, \beta)$. Die Gerade $\mathfrak{A}$ hat also die eigenthümliche Beziehung zum Kegelschnittbüschel, dass sie die beiden Nullkegelschnitte enthält. Sie ist zugleich die Polare des Punktes o für sämmtliche Kegelschnitte des Büschels, weil, wie leicht aus der angegebenen Construction zu sehen ist, die beiden Tangenten in a und α für einen Kegelschnitt des Büschels durch o gehen. Ist das Punktsystem (a, α) auf $\mathfrak{A}$ hyperbolisch, was in den Fällen (I) und (II), d. h. bei einem Kegelschnittbüschel mit vier reellen, und bei einem Kegelschnittbüschel mit vier imaginären Grundpunkten eintritt, so sind die beiden Asymptotenpunkte g und h harmonisch zugeordnet zu jedem Schnittpunktpaar $a\alpha$, also conjugirte Punkte in Bezug auf jeden Kegelschnitt des Büschels;

da nun $\mathfrak{A}$ die Polare von o ist, so bilden die drei Punkte ogh ein Tripel conjugirter Punkte oder ein Polardreieck für alle Kegelschnitte des Büschels; also ebenso wie bei dem Kegelschnittbüschel mit vier reellen Grundpunkten die drei Diagonalpunkte des von jenen gebildeten vollständigen Vierecks oder die Doppelpunkte der drei reellen in dem Kegelschnittbüschel enthaltenen Linienpaare *ein gemeinschaftliches Tripel conjugirter Punkte* für alle Kegelschnitte des Büschels sind, giebt es auch bei dem Kegelschnittbüschel mit vier imaginären Grundpunkten ein reelles gemeinschaftliches Polardreieck (o, g, h) für alle Kegelschnitte des Büschels; der eine Tripelpunkt ist der Durchschnittspunkt des einzigen reellen Linienpaares, welches in dem Büschel enthalten ist; von den beiden andern Tripelpunkten ist jeder als der Durchschnittspunkt eines imaginären Linienpaares anzusehen. Bei dem Kegelschnittbüschel mit zwei reellen und zwei imaginären Grundpunkten ist von dem gemeinschaftlichen Tripel nur ein Punkt (o), der Doppelpunkt des einzigen im Büschel enthaltenen Linienpaars, und die Polare von ihm $(\mathfrak{A})$ reell, die beiden andern Tripelpunkte auf ihr (g und h) sind imaginär.

§. 43. Ueber die besondere Natur der in einem Büschel enthaltenen Kegelschnitte.

Die Frage, ob gleichzeitig Hyperbeln, Parabeln, Ellipsen in einem Kegelschnittbüschel vorkommen, ist zwar schon in §§. 39 und 41 für den Fall, dass dasselbe vier oder wenigstens zwei reelle Grundpunkte besitzt, beantwortet worden, soll aber hier noch einmal unabhängig davon, ob die Grundpunkte reell oder paarweise imaginär sind, allgemeiner und umfassender erörtert werden, indem wir nur die charakteristische Eigenschaft des Kegelschnittbüschels voraussetzen, dass jede geradlinige Transversale von demselben in einem Punktsystem geschnitten wird, was oben für alle Fälle erwiesen ist. Nehmen wir nämlich statt einer solchen willkürlichen Transversale die unendlich-entfernte Gerade G_∞, so wird auch auf ihr durch das Büschel ein bestimmtes Punktsystem $(x, \mathfrak{x})$ fixirt. Dieses ist durch zwei Paare conjugirter Punkte vollständig bestimmt; setzen wir die Entstehungsart des Kegelschnittbüschels im vorigen Paragraphen voraus, so können wir zwei reelle Paare conjugirter Punkte des Punktsystems $(x, \mathfrak{x})$ auf G_∞ dadurch erhalten, dass wir einmal die beiden unendlich-entfernten Punkte des einen immer reellen Linienpaars $(\mathfrak{B}, \mathfrak{C})$ als ein Paar nehmen und zweitens den unendlich-entfernten Punkt des Trägers $\mathfrak{A}$ und den unendlich-entfernten Punkt derjenigen Geraden $\mathfrak{M}$ als zweites Paar wählen, welche die Mittelpunkte der drei Punktsysteme auf $\mathfrak{A}\mathfrak{B}\mathfrak{C}$ enthält; der Mittelpunkt des Punktsystems (a, α) und sein conjugirter, der unendlich-entfernte auf $\mathfrak{A}$, sind nämlich die Mittelpunkte zweier eine Hyperbel erzeugenden projectivischen Strahlbüschel und der andere unendlich-entfernte Punkt dieser Hyperbel liegt im Unendlichen der Geraden $\mathfrak{M}$, welche die Mittelpunkte der gegebenen Punktsysteme auf $\mathfrak{A}$ und $\mathfrak{B}$ verbindet. Ist das Punktsystem (x, ξ) auf G_∞ bekannt, welches von dem Kegelschnittbüschel ausgeschnitten wird, so können wir unmittelbar daraus auf die Natur der Kegelschnitte schliessen, welche in dem Büschel enthalten sind; jede Hyperbel des Büschels schneidet nämlich G_∞ in zwei reellen conjugirten Punkten dieses Punktsystems, jede Ellipse in zwei imaginären und eine Parabel in zwei zusammenfallenden. Es giebt also in dem Kegelschnittbüschel allemal *zwei Parabeln*, sobald das Punktsystem (x, ξ) auf G_∞ hyperbolisch ist; die Asymptotenpunkte desselben sind die Berührungspunkte dieser Parabeln, sie bestimmen die Richtungen ihrer Axen; es giebt dagegen *keine Parabel* in dem Büschel, sobald das Punktsystem (x, ξ) auf G_∞ elliptisch ist; ist es insbesondere parabolisch, d. h. fallen die beiden Asymptotenpunkte zusammen (S. 52), so ist dieser Punkt einer der vier Grundpunkte des Büschels selbst, welches dann nur eine Parabel enthält.

Wir haben noch ein bequemeres Mittel, um zu erfahren, wann das Punktsystem (x, ξ) auf G_∞ elliptisch und wann es hyperbolisch ist; da nämlich die Geraden $\mathfrak{B}$ und $\mathfrak{C}$ ein Paar conjugirter Richtungen und die Geraden $\mathfrak{A}$ und $\mathfrak{M}$ ein zweites Paar conjugirter Richtungen, für das Punktsystem (x, ξ) auf G_∞ bestimmen, so ist nachzusehen, ob die ersten beiden Richtungen durch die andern beiden getrennt werden oder nicht; im ersten Falle wird das Punktsystem elliptisch, im zweiten Falle hyperbolisch sein; wir haben also durch den Schnittpunkt $(\mathfrak{B}, \mathfrak{C})$ eine Parallele zu $\mathfrak{M}$ zu ziehen und nachzusehen, ob dieselbe zwischen den Punkten p und π (Fig. 65) durchgeht oder nicht; im ersten Falle ist das zu untersuchende Punktsystem elliptisch, im andern hyperbolisch. Wir werden nun alle vier (S. 254) unterschiedenen Fälle ins Auge zu fassen haben, um die Lage der Geraden $\mathfrak{M}$ zu bestimmen. Fassen wir das von den drei Geraden $\mathfrak{A}\mathfrak{B}\mathfrak{C}$ gebildete Dreiseit auf, dessen Ecken paarweise conjugirte Punkte für jedes der drei Punktsysteme auf $\mathfrak{A}\mathfrak{B}\mathfrak{C}$ sind, und bezeichnen demgemäss diese Ecken doppelt mit p und $\tilde{\omega}$, π und r, ϱ und o, so dass die Paare p und π auf $\mathfrak{A}$, o und $\tilde{\omega}$ auf $\mathfrak{B}$, r und ϱ auf $\mathfrak{C}$ conjugirte Punkte sind (Fig. 65); bezeichnen wir ferner die drei Mittelpunkte der Punktsysteme, welche in der Geraden $\mathfrak{M}$ liegen, beziehlich mit $\mathfrak{m}_a$, $\mathfrak{m}_b$, $\mathfrak{m}_c$, so wird, wenn das Punktsystem auf $\mathfrak{A}$ hyperbolisch ist, $\mathfrak{m}_a$ ausserhalb $p\pi$ liegen, wenn es elliptisch ist, zwischen $p\pi$, und ebenso bei den beiden andern; von den Asymptotenpunkten liegt aber immer einer zwischen jedem Paare conjugirter Punkte und der andere ausserhalb; endlich wird jede Seite des Dreiecks durch die beiden in ihr befindlichen Ecken in ein endliches Stück und zwei unendliche zerlegt, z. B. $\mathfrak{A}$ in die drei Strecken p bis ∞, π bis ∞ und p bis π. Dies festgehalten, haben wir jetzt:

I. Das Punktsystem auf $\mathfrak{A}$ hyperbolisch, $\mathfrak{B}$ hyperbolisch, $\mathfrak{C}$ hyperbolisch; das Kegelschnittbüschel hat vier reelle Grundpunkte, die Asymptotenpunkte auf $\mathfrak{B}$ und $\mathfrak{C}$. Die Mittelpunktslinie $\mathfrak{M}$ muss alle drei Dreiecksseiten in ihren Verlängerungen treffen, d. h. $\mathfrak{M}$ trifft entweder:

1) $\mathfrak{B}$ in der Strecke von $\tilde{\omega}$ bis ∞ und $\mathfrak{C}$ von ϱ bis ∞
oder 2) $\mathfrak{B}$ - - - - o - ∞ - $\mathfrak{C}$ - r - ∞
- 3) $\mathfrak{B}$ - - - - $\tilde{\omega}$ - ∞ - $\mathfrak{C}$ - r - ∞
- 4) $\mathfrak{B}$ - - - - o - ∞ - $\mathfrak{C}$ - ϱ - ∞;

in den beiden Fällen 1) und 2) wird eine mit $\mathfrak{M}$ parallel durch o gelegte Gerade zwischen $p\pi$ durchgehen, in den Fällen 3) und 4) ausserhalb; also in 1) und 2) ist das zu untersuchende Punktsystem elliptisch, in 3) und 4) hyperbolisch. Die beiden ersten Fälle unterscheiden sich aber von den beiden letzten rücksichtlich der Lage der vier Asymptotenpunkte (der Grundpunkte des Kegelschnittbüschels) folgendermassen: In den beiden ersten Fällen trennt die Verbindungslinie zweier die beiden andern, wogegen die Verbindungslinie der letzteren die beiden ersteren nicht trennt; in den Fällen 3) und 4) trennt die Verbindungslinie zweier die beiden andern nicht und auch die Verbindungslinie der letzteren die beiden ersteren nicht, oder es trennt gleichzeitig die Verbindungslinie zweier die beiden andern und die Verbindungslinien der letzteren die beiden ersten. Dies lässt sich auch so aussprechen: In den Fällen 1) und 2) liegen die vier Asymptotenpunkte auf $\mathfrak{B}$ und $\mathfrak{C}$ (Grundpunkte des Kegelschnittbüschels) so, dass einer innerhalb des von den drei andern gebildeten Dreiecks sich befindet, und das Punktsystem $(x, \mathfrak{x})$ auf G_∞ ist dann elliptisch; in den Fällen 3) und 4) liegen die vier Punkte so, dass jeder ausserhalb des von den drei anderen gebildeten Dreiecks sich befindet, und das Punktsystem $(x, \mathfrak{x})$ ist dann hyperbolisch. Dies stimmt mit unserem früher (§. 39) gefundenen Kriterium überein.

II. Punktsystem auf $\mathfrak{A}$ hyperbolisch, $\mathfrak{B}$ elliptisch, $\mathfrak{C}$ elliptisch; das Kegelschnittbüschel hat vier imaginäre Grundpunkte; die Gerade $\mathfrak{M}$ muss die Dreiecksseiten $\mathfrak{B}$ und $\mathfrak{C}$ in Punkten treffen, die zwischen den Ecken des Dreiecks liegen; sie selbst, daher auch die durch o zu ihr gezogene Parallele, wird nothwendig die dritte Dreiecksseite $\mathfrak{A}$ ausserhalb $p\pi$ treffen, also das zu untersuchende Punktsystem ist hyperbolisch: *Ein Kegelschnittbüschel mit vier imaginären Grundpunkten schneidet auf der unendlich-entfernten Geraden ein Punktsystem aus, welches allemal hyperbolisch ist.*

III. Punktsystem auf $\mathfrak{A}$ elliptisch, $\mathfrak{B}$ hyperbolisch, $\mathfrak{C}$ elliptisch; das Kegelschnittbüschel hat zwei reelle Grundpunkte, die Asymptotenpunkte auf $\mathfrak{B}$, und zwei imaginäre auf $\mathfrak{C}$, der ideellen gemeinschaftlichen Secante oder dem zweiten Theil des reellen Linienpaars, dessen einer Theil die reelle gemeinschaftliche Secante $\mathfrak{B}$ ist. Die Gerade $\mathfrak{M}$ trifft $\mathfrak{A}$ und $\mathfrak{C}$ zwischen den Dreiecksecken und $\mathfrak{B}$ ausserhalb; es sind hier zwei Fälle zu unterscheiden, nämlich $\mathfrak{M}$ trifft entweder

1) $\mathfrak{B}$ in der Strecke von o bis ∞

oder 2) $\mathfrak{B}$ - - - - $\tilde{\omega}$ - ∞;

im ersten Falle wird die durch o zu $\mathfrak{M}$ gezogene Parallele die Gerade $\mathfrak{A}$ zwischen p und π treffen, im zweiten Falle ausserhalb $p\pi$, also im ersten Falle ist das zu untersuchende Punktsystem elliptisch, im zweiten hyperbolisch; wir sehen aber zugleich, dass im ersten Falle die ideelle gemeinschaftliche Secante zwischen den beiden reellen Grundpunkten durchgeht, im andern Falle nicht; also:

Ein Kegelschnittbüschel mit zwei reellen und zwei imaginären Grundpunkten (auf der ideellen gemeinschaftlichen Secante) schneidet auf der unendlich-entfernten Geraden ein elliptisches Punktsystem aus, wenn die ideelle gemeinschaftliche Secante zwischen den beiden reellen Grundpunkten hindurchgeht, dagegen ein hyperbolisches Punktsystem, wenn dies nicht der Fall ist. (S. 248.)

IV. Punktsystem auf $\mathfrak{A}$ elliptisch, $\mathfrak{B}$ elliptisch, $\mathfrak{C}$ hyperbolisch; das Kegelschnittbüschel hat zwei reelle Grundpunkte, die Asymptotenpunkte auf $\mathfrak{C}$, und zwei imaginäre auf $\mathfrak{B}$. In ganz gleicher Weise, wie im Falle III. stellt sich hier dasselbe Kriterium heraus.

Die Schnittpunkte eines Kegelschnitts und einer Geraden können wir, ganz abgesehen davon, ob sie reell oder imaginär sind, durch ein immer reelles Gebilde vertreten lassen, nämlich das Punktsystem, welches der Geraden in Bezug auf den Kegelschnitt zugehört (S. 140); ist dieses hyperbolisch, so sind die Asymptotenpunkte desselben die reellen Schnittpunkte; ist es elliptisch, so sind die Schnittpunkte imaginär; ist es parabolisch, so berührt die Gerade den Kegelschnitt. Der G_∞ gehört nun in Bezug auf einen Kegelschnitt dasjenige Punktsystem zu, in welchem das System der conjugirten Durchmesser des Kegelschnitts (S. 162) dieselbe trifft; letzteres liegt im Endlichen, während die unendlich-entfernte Gerade sich der Anschauung entzieht; wir fassen daher zweckmässiger die Strahlsysteme der conjugirten Durchmesser für sämmtliche Kegelschnitte des Büschels ins Auge und ziehen durch irgend einen Punkt B der Ebene Parallele zu den Paaren conjugirter Strahlen dieser sämmtlichen Strahlsysteme oder verschieben dieselben parallel, ohne sie zu drehen, nach irgend einem gemeinschaftlichen Centrum B. Dadurch erhalten wir in B unendlich viele auf einander liegende Strahlsysteme, welche die G_∞ in denjenigen Punktsystemen treffen, die ihr in Bezug auf alle Kegelschnitte des Büschels zugehören. Diese Strahlsysteme in B haben einen leicht zu ermittelnden Zusammenhang mit einander. Legen wir nämlich durch B einen beliebigen Hülfskegelschnitt $\mathfrak{K}^{(2)}$ und fassen eines jener Strahlsysteme ins Auge, so schneidet jedes Paar conjugirter Strahlen desselben eine Sehne in $\mathfrak{K}^{(2)}$ aus, welche durch einen festen Punkt P geht und umgekehrt bestimmt der Punkt P das ganze Strahlsystem in B, indem jede durch P gehende Transversale den Kegelschnitt $\mathfrak{K}^{(2)}$ in zwei solchen Punkten trifft, dass ihre Verbindungslinien mit B ein Paar conjugirter Strahlen dieses Strahlsystems sind; das aus P an den Kegelschnitt $\mathfrak{K}^{(2)}$ gelegte Tangentenpaar liefert also, wenn man die Berührungspunkte mit B verbindet, die Asymptoten des Strahlsystems. Jedes von den nach B verlegten Strahlsystemen liefert also einen bestimmten Punkt P, und der Ort der Punkte P für sämmtliche Strahlsysteme in B kann dadurch bestimmt werden, dass wir P als den Pol derjenigen Sehne des Kegelschnitts $\mathfrak{K}^{(2)}$ auffassen, welche die beiden Asymptoten eines jener Strahlsysteme ausschneiden. Diese Asymptoten bilden aber selbst ein eigenes Strahlsystem, welches nach dem Punktsystem $(x, \mathfrak{x})$ auf G_∞ hingeht. Jene Sehnen laufen daher durch einen festen Punkt O, und der Ort des Punktes P ist die Polare von O in Bezug auf den Hülfskegelschnitt $\mathfrak{K}^{(2)}$, also eine Gerade. Wir haben hiernach zunächst folgenden Satz:

Verschiebt man alle Strahlsysteme der conjugirten Durchmesser sämmtlicher Kegelschnitte eines Büschels mit Beibehaltung der ursprünglichen Richtung ihrer Strahlenpaare nach irgend einem Punkte B der Peripherie eines beliebigen Kegelschnitts $\mathfrak{K}^{(2)}$ und macht sie dadurch concentrisch, so bestimmen die conjugirten Strahlenpaare jedes Strahlsystems für sich solche Sehnen auf $\mathfrak{K}^{(2)}$, die durch einen Punkt P laufen, und alle solche Punkte P, die den gesammten Strahlsystemen entsprechen, liegen auf einer und derselben Geraden $\mathfrak{L}$ (und erfüllen dieselbe).

Schneidet die Gerade $\mathfrak{L}$ den Hülfskegelschnitt $\mathfrak{K}^{(2)}$ nicht, *so besteht das Kegelschnittbüschel aus lauter Hyperbeln;* jedes aus einem Punkte P der Geraden $\mathfrak{L}$ an $\mathfrak{K}^{(2)}$ gelegte Tangentenpaar berührt in zwei Punkten, welche mit B verbunden die Richtungen der Asymptoten dieser Hyperbeln liefern; da der Pol der Geraden $\mathfrak{L}$ in Bezug auf $\mathfrak{K}^{(2)}$ in diesem Fall innerhalb des Kegelschnitts $\mathfrak{K}^{(2)}$ liegt, so ist das Punktsystem $(x, \mathfrak{x})$

auf G_∞ elliptisch, oder *die durch den Punkt B den Asymptoten sämmtlicher Hyperbeln des Büschels parallel gezogenen Strahlenpaare bilden selbst ein elliptisches Strahlsystem.* Berührt die Gerade $\mathfrak{L}$ den Kegelschnitt $\mathfrak{K}^{(2)}$, so zeigt dies an, dass alle Kegelschnitte des Büschels einen unendlich-entfernten Punkt gemein haben, also einer der vier Grundpunkte des Büschels im Unendlichen liegt; *das Kegelschnittbüschel enthält in diesem Fall eine einzige Parabel und lauter Hyperbeln;* das Punktsystem $(x, \mathfrak{x})$ auf G_∞ ist parabolisch.

Schneidet die Gerade $\mathfrak{L}$ den Kegelschnitt $\mathfrak{K}^{(2)}$ in zwei reellen Punkten, so besteht *das Kegelschnittbüschel aus einer Gruppe Hyperbeln, einer Gruppe Ellipsen und zwei Parabeln,* welche jene beiden Gruppen von einander trennen; denjenigen Punkten P nämlich, welche auf der Geraden $\mathfrak{L}$ ausserhalb des Kegelschnitts $\mathfrak{K}^{(2)}$ liegen, entsprechen die Hyperbeln des Büschels, denjenigen Punkten P, welche innerhalb $\mathfrak{K}^{(2)}$ liegen, die Ellipsen und den beiden Schnittpunkten der Geraden $\mathfrak{L}$ mit $\mathfrak{K}^{(2)}$ die beiden Parabeln. In der That, sobald das nach B parallel verlegte System der conjugirten Durchmesser hyperbolisch ist, ist auch der zugehörige Kegelschnitt eine Hyperbel, und sobald es elliptisch ist, eine Ellipse; der Punkt P erzeugt aber, wenn er ausserhalb $\mathfrak{K}^{(2)}$ liegt, in B ein hyperbolisches Strahlsystem, und wenn er innerhalb $\mathfrak{K}^{(2)}$ liegt, ein elliptisches, daher ist der ihm zugehörige Kegelschnitt des Büschels im ersten Falle Hyperbel, im zweiten Ellipse. Liegt P in einem der beiden Schnittpunkte der Geraden $\mathfrak{L}$ mit $\mathfrak{K}^{(2)}$, so wird das Strahlsystem in B parabolisch, weil die beiden Asymptoten zusammenfallen, und der zugehörige Kegelschnitt des Büschels aus demselben Grunde Parabel, weil seine beiden Schnittpunkte mit G_∞ zusammenfallen; es giebt also zwei Parabeln in dem Büschel. Das Punktsystem $(x, \mathfrak{x})$ auf G_∞ ist hyperbolisch, und die beiden Asymptotenpunkte desselben geben die Richtungen der Axen der beiden zum Büschel gehörigen Parabeln an.

Da jeder Punkt P der Geraden $\mathfrak{L}$ dasjenige Strahlsystem in B hervorruft, welches dem conjugirten Durchmesser-Systeme eines Kegelschnitts des Büschels parallel läuft, welcher P entspricht, und da alle Punkte P in derselben Geraden $\mathfrak{L}$ liegen, so haben alle Strahlsysteme in B ein gemeinschaftliches Paar conjugirter Strahlen, die nach den Schnittpunkten der Geraden $\mathfrak{L}$ mit dem Kegelschnitte $\mathfrak{K}^{(2)}$ hingehen, denn durch jeden Punkt P geht eben auch die Gerade $\mathfrak{L}$ selbst, welche dies Paar bestimmt, also:

Sämmtliche Kegelschnitte eines Büschels haben je ein besonderes Paar conjugirter Durchmesser, welches dieselben zwei festen Richtungen hat; diese Richtungen sind die der Axen derjenigen beiden Parabeln, welche in dem Büschel vorkommen; sie sind also mit diesen selbst reell oder imaginär. Hieraus lassen sich die beiden Parabeln eines Büschels finden, sobald dasselbe durch irgend zwei Kegelschnitte gegeben ist. Man verlege in einen beliebigen Punkt B der Ebene zwei Strahlsysteme, welche beziehungsweise parallel laufen den Systemen der conjugirten Durchmesser der beiden gegebenen Kegelschnitte, und bestimme das gemeinschaftliche Paar conjugirter Strahlen dieser beiden concentrischen Systeme (S. 158); dasselbe ist immer reell, sobald nur einer der beiden Kegelschnitte Ellipse ist, oder falls beide Hyperbeln sind, sobald die beiden Asymptoten der einen ihrer Richtung nach in denselben Winkelraum zwischen die Asymptoten der andern hineinfallen; nur wenn die Asymptoten der einen durch die der andern getrennt werden, giebt es kein reelles gemeinschaftliches Paar conjugirter Strahlen, also auch keine Parabel.

Es ist von besonderem Interesse, die vorige Betrachtung in der Weise zu specialisiren, dass man für den Hülfskegelschnitt einen Kreis annimmt; dann wird ein solcher durch den veränderlichen Punkt P gehender Strahl, welcher Durchmesser des Kreises $\mathfrak{K}^{(2)}$ ist, denselben in zwei Punkten treffen, welche mit B verbunden die Axen des zugehörigen Strahlsystems geben; das Tangentenpaar aus P an den Kreis $\mathfrak{K}^{(2)}$ (falls P ausserhalb liegt) liefert zwei Berührungspunkte, die mit B verbunden die Asymptoten des Strahlsystems geben. Der Asymptotenwinkel einer Hyperbel ϑ wird aber durch das Verhältniss der Axen bestimmt (S. 179) $\operatorname{tg} \frac{1}{2} \vartheta = \frac{b}{a}$; der Winkel des aus P an den Hülfskreis gelegten Tangentenpaars ist aber $180^0 - 2\vartheta$; nehmen wir an, die Gerade $\mathfrak{L}$ (der Ort des Punktes P) treffe den Hülfskreis $\mathfrak{K}^{(2)}$ nicht, also das ganze Kegelschnittbüschel bestehe aus Hyperbeln, so verändert sich der Winkel $180^0 - 2\vartheta$, oder sein Nebenwinkel 2ϑ, indem er von 0 (für den unendlich-entfernten Punkt) bis zu einem gewissen grössten Werthe wächst, welcher demjenigen Punkte $\mathfrak{m}$ der Geraden $\mathfrak{L}$ entspricht, der dem Kreise am nächsten liegt, also dem Fusspunkt des aus dem Kreismittelpunkte auf die Gerade $\mathfrak{L}$ gefällten Perpendikels, und ebenso wieder von diesem Maximumswerthe bis 0 abnimmt, wobei für zwei gleichweit von $\mathfrak{m}$ abstehende Punkte der Winkel 2ϑ, also auch ϑ denselben Werth annimmt. Zwei Kegelschnitte, für welche das Verhältniss der Axen $\left(\frac{b}{a}\right)$ denselben Werth hat (oder deren Asymptoten denselben Winkel bilden), heissen *ähnlich.* Wir schliessen also:

Besteht das Kegelschnittbüschel aus lauter Hyperbeln, so kommt unter ihnen eine und (im Allgemeinen) nur eine gleichseitige Hyperbel vor (sie entspricht dem unendlich-entfernten Punkte der Geraden $\mathfrak{L}$), *ferner eine Hyperbel, welche von der gleichseitigen am meisten abweicht* (sie entspricht dem Fusspunkte $\mathfrak{m}$ des aus dem Kreismittelpunkte auf $\mathfrak{L}$ herabgelassenen Perpendikels), d. h. *eine solche, für welche das Verhältniss der Axen einen Maximumswerth hat; ausserdem besteht das Büschel aus Hyperbeln, welche paarweise ähnlich sind* (indem je zwei Punkte, welche von $\mathfrak{m}$ gleichweit abstehen, zweien Hyperbeln entsprechen, deren Asymptoten denselben Winkel mit einander bilden). *Ereignet es sich insbesondere, dass die Gerade $\mathfrak{L}$ ganz im Unendlichen liegt, mit G_∞ zusammenfällt, so besteht das ganze Büschel aus gleichseitigen Hyperbeln:* die Linienpaare, welche in dem Büschel vorkommen (eines oder drei), müssen je ein Paar rechtwinkliger Strahlen sein; also wenn die vier Grundpunkte reell sind, müssen sie so liegen, dass jeder der Höhenpunkt des von den drei andern gebildeten Dreiecks ist (S. 232).

Nehmen wir andererseits an, die Gerade $\mathfrak{L}$ treffe den Kreis $\mathfrak{K}^{(2)}$ in zwei reellen Punkten, so besteht das Kegelschnittbüschel aus Hyperbeln, Ellipsen und zwei Parabeln. Einem Punkte P innerhalb des Kreises entspricht eine Ellipse; derjenige Durchmesser des Kreises, welcher durch P geht, schneidet in zwei Punkten, die mit B verbunden die Axen des Strahlsystems geben, welche den Axen des Kegelschnitts parallel laufen; die durch den Punkt P (innerhalb des Kreises) gehende kleinste Sehne des Kreises, welche auf dem Durchmesser senkrecht steht, schneidet in zwei Punkten, die mit B verbunden Strahlen geben, welche den *gleichen* conjugirten Durchmessern der Ellipse parallel laufen (S. 170), denn die Winkel zwischen den gleichen conjugirten Durchmessern werden halbirt durch die Axen und der Winkel ϑ zwischen den gleichen conjugirten Durchmessern wird bestimmt durch das Verhältniss der Axen $\left(\operatorname{tg} \frac{1}{2} \vartheta = \frac{b}{a}\right)$. Zwei Ellipsen, bei denen das Paar gleicher conjugirter Durchmesser denselben Winkel einschliesst, heissen daher ähnlich, weil das Verhältniss der Axen dasselbe ist. Bezeichnen wir nun die Schnittpunkte der Geraden $\mathfrak{L}$ mit dem Kreise $\mathfrak{K}^{(2)}$ durch $\mathfrak{p}$ und $\mathfrak{q}$, so entsprechen den Punkten zwischen $\mathfrak{p}\mathfrak{q}$ in dem Büschel Ellipsen, und unter diesen wird diejenige, welche dem Mittelpunkte $\mathfrak{m}$ zwischen $\mathfrak{p}\mathfrak{q}$ entspricht, den grössten Werth des Axenverhältnisses liefern, d. h. dem Kreise am nächsten kommen*); zwei solchen Punkten, die gleichweit von $\mathfrak{m}$

*) Vgl. *Steiner*: Auflösung einer geometrischen Aufgabe, in *Crelle*'s Journal für Mathematik, Bd. II Seite 64, und „Vermischte Sätze und Aufgaben" von *J. Steiner* im 55. Bde. des *Crelle-Borchardt*'schen Journals, Seite 372.

abstehen, entsprechen zwei ähnliche Kegelschnitte; wir schliessen also:

Besteht das Kegelschnittbüschel aus einer Gruppe von Ellipsen und einer Gruppe von Hyperbeln, welche durch zwei Parabeln von einander getrennt werden, so giebt es unter den Ellipsen eine bestimmte, welche sich dem Kreise am meisten nähert; ihre gleichen conjugirten Durchmesser sind parallel demjenigen Paare conjugirter Durchmesser, welches für alle Kegelschnitte des Büschels dieselben Richtungen hat, oder den Axen der beiden im Büschel enthaltenen Parabeln; sie entspricht der Mitte $\mathfrak{m}$ der Sehne, welche die Gerade $\mathfrak{L}$ im Kreise ausschneidet; je zweien Punkten, die gleich weit von $\mathfrak{m}$ abstehen, entsprechen zwei ähnliche Kegelschnitte des Büschels und zwar zwei Ellipsen oder zwei Hyperbeln, je nachdem jene Punkte innerhalb oder ausserhalb des Kreises liegen, *so dass also die Kegelschnitte des Büschels paarweise ähnlich sind, aber nicht ähnlich liegen; in dem Büschel kommt nur eine einzige gleichseitige Hyperbel vor,* welche dem unendlich-entfernten Punkte der Geraden $\mathfrak{L}$ entspricht. Geht die Gerade $\mathfrak{L}$ insbesondere durch den Mittelpunkt des Hülfskreises, *so befindet sich ein Kreis in dem Büschel,* welcher dem Mittelpunkte des Hülfskreises entspricht. Es muss also die eben genannte Bedingung erfüllt werden, damit unter den Kegelschnitten des Büschels ein Kreis vorkomme; sind die vier Grundpunkte des Büschels reell, so kommt sie mit derjenigen überein, welche aus den Elementen bekannt ist für die Lage von vier Punkten auf einem Kreise. Sie stimmt mit der in §. 39 gefundenen überein: *Damit unter den Kegelschnitten eines Büschels ein Kreis vorkomme, müssen die Axen der beiden Parabeln, welche das Büschel enthält, zu einander rechtwinklig sein.*

Ausser diesem einen Kreise kann in dem Kegelschnittbüschel kein zweiter vorkommen; dies steht in scheinbarem Widerspruch zu dem Umstande, dass das Kegelschnittbüschel durch zwei beliebig anzunehmende Kegelschnitte vollständig bestimmt wird; es hindert uns nämlich nichts, zwei Kreise für die das Büschel bestimmenden Kegelschnitte zu wählen. In diesem Falle wird das eine Strahlsystem in B ein circulares Strahlsystem (sämmtliche Paare rechtwinkliger Strahlen), der zugehörige Punkt P also der Mittelpunkt M des Hülfskreises $\mathfrak{K}^{(2)}$; das zweite Strahlsystem in B wird aber auch ein circulares, also identisch mit dem vorigen; der zugehörige Punkt P fällt daher mit M zusammen, und diese beiden in M zusammenfallenden Punkte P bestimmen gar keine Gerade $\mathfrak{L}$, welche als der Ort sämmtlicher Punkte P anzusehen wäre. Wir sehen aber auch, dass auf G_∞ die den beiden Kreisen zugehörigen Punktsysteme identisch werden, also ihre (imaginären) Asymptotenpunkte nothwendig als gemeinschaftliche Punkte der beiden Kreise aufgefasst werden müssen. Das Büschel hat daher auf G_∞ zwei Grundpunkte, die beiden unendlich-entfernten imaginären Kreispunkte (Seite 78 und 195), und da alle Kegelschnitte des Büschels durch dieselben vier Grundpunkte gehen, so muss das Punktsystem auf G_∞ für alle dasselbe sein, also sie sind in diesem Falle sämmtlich Kreise: *Kommen zwei Kreise in einem Kegelschnittbüschel vor, so besteht dasselbe aus lauter Kreisen, und diese bilden das aus den Elementen bekannte Kreisbüschel mit reeller oder ideeller gemeinschaftlicher Secante.* Die unendlich-entfernte Gerade G_∞ ist selbst als eine ideelle gemeinschaftliche Secante aller Kreise anzusehen und macht den einen Theil des einzigen in dem Büschel enthaltenen Linienpaars aus, dessen anderer Theil die endliche gemeinschaftliche Secante (Potenzlinie des Kreisbüschels) ist. Das Kreisbüschel zeigt sich also hier als specieller Fall des Kegelschnittbüschels.

Dieselbe Bemerkung führt zugleich zu einem allgemeineren Resultat, nämlich: *In dem Kegelschnittbüschel sind im Allgemeinen keine zwei Kegelschnitte ähnlich und ähnlich-liegend; kommen insbesondere zwei ähnliche und ähnlich-liegende Kegelschnitte in demselben vor, so besteht das ganze Büschel aus ähnlichen Kegelschnitten und hat zwei seiner Grundpunkte auf der unendlich-entfernten Geraden G_∞; sind diese beiden reell, so besteht das Büschel aus lauter ähnlichen Hyperbeln; sind sie imaginär, aus lauter ähnlichen Ellipsen (insbesondere Kreisen); je zwei Kegelschnitte des Büschels sind in diesem Fall ähnlich und ähnlich-liegend.* (Zwei Kegelschnitte heissen nämlich ähnlich und ähnlich-liegend, wenn ihnen dasselbe Punktsystem auf der unendlich-entfernten Geraden G_∞ zugehört, d. h. G_∞ eine reelle oder ideelle gemeinschaftliche Secante derselben ist. Zwei Kegelschnitte heissen dagegen nur ähnlich, wenn ihre conjugirten Durchmesser-Systeme gleich sind, ohne sich in paralleler Lage zu befinden, oder wenn ihr Axenverhältniss $\frac{b}{a}$ dasselbe ist.)

§. 44. Entstehung der Kegelschnittschaar aus der geraden Punktreihe.

Ehe wir in der Untersuchung des Kegelschnittbüschels weiter fortfahren, ist es angemessen, das polare Nebengebilde desselben, die *Kegelschnittschaar*, d. h. sämmtliche Kegelschnitte, welche dieselben vier gemeinschaftlichen Tangenten haben, näher ins Auge zu fassen. Alle Betrachtungen und Entstehungsarten des Kegelschnittbüschels, welche in den §§. 39—43 auseinandergesetzt sind, und alle dort erlangten Resultate haben ihre analogen bei der Kegelschnittschaar, und es ist diese Analogie nach den uns bereits bekannten Principien ohne Schwierigkeit herzustellen. Wir werden daher diese Uebertragung oder Wiederholung hier unterlassen (siehe Aufgaben und Sätze) und uns zunächst darauf beschränken, nur die Kegelschnittschaar mit vier reellen gemeinschaftlichen Tangenten aus der geraden Punktreihe (analog §. 39) entstehen zu lassen, wobei wir besonders die abweichenden Umstände angeben wollen.

Nehmen wir zwei gerade Träger $\mathfrak{A}$ und $\mathfrak{A}_1$ in der Ebene an und einen beliebigen Punkt B als den Projectionspunkt zweier perspectivisch liegender Punktreihen auf diesen Trägern, so bestimmt derselbe diese beiden projectivischen Punktreihen auf den Trägern $\mathfrak{A}\mathfrak{A}_1$ der Art, dass in dem Schnittpunkte $(\mathfrak{A}, \mathfrak{A}_1)$ zwei entsprechende Punkte $\mathfrak{e}\mathfrak{e}_1$ vereinigt liegen; denken wir uns, nachdem diese Beziehung durch den Punkt B hergestellt ist, die Träger fest, aber die beiden auf ihnen befindlichen Punktreihen um zwei beliebige Strecken, ohne die Beziehung in sich zu ändern, auf den beiden Trägern verschoben, so wird dadurch die vorige perspectivische Lage aufgehoben, und das Erzeugniss der beiden projectivischen Punktreihen wird ein Kegelschnitt, welcher die Träger $\mathfrak{A}\mathfrak{A}_1$ zu Tangenten hat und noch eine dritte leicht angebbare Tangente, nämlich den Verbindungsstrahl derjenigen beiden Punkte der Träger nach der Verschiebung, welche vorher im Schnittpunkte $\mathfrak{e}\mathfrak{e}_1$ vereinigt waren. Diese bestimmte Gerade $\mathfrak{E}$ ist nur von der Grösse und Richtung der „*Schiebstrecken*“ abhängig, nicht von der Lage des Projectionspunktes B. Verändern wir also die Lage des Punktes B in der ganzen Ebene, so erhalten wir dadurch immer neue Kegelschnitte bei derselben Verschiebung, und sämmtlichen Punkten B der Ebene entsprechen unendlich viele Kegelschnitte, welche dieselben drei festen Tangenten $\mathfrak{A}\mathfrak{A}_1\mathfrak{E}$ haben (Fig. 66) d. h. demselben Dreiseit einbeschrieben sind. Dies ist eine doppelte Unendlichkeit oder eine Schaar-Schaar von Kegelschnitten.

Fig. 66.

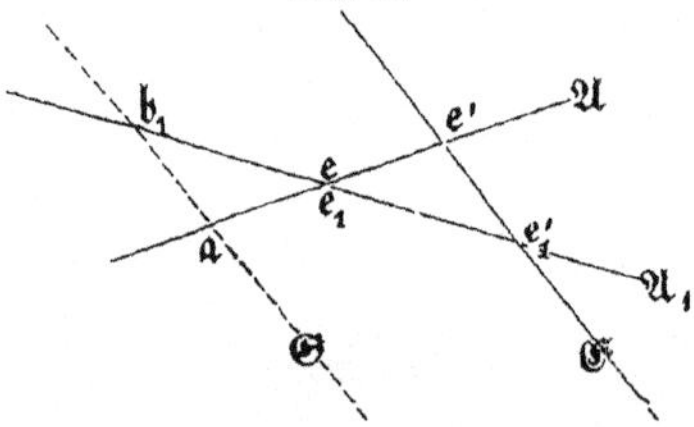

Lassen wir B nur die sämmtlichen Punkte einer Geraden $\mathfrak{L}$ durchlaufen, so werden die beiden Schnittpunkte der Geraden $\mathfrak{L}$ mit $\mathfrak{A}$ und $\mathfrak{A}_1$ ein Paar entsprechender Punkte $\mathfrak{d}$ und $\mathfrak{d}_1$ sein, wo übrigens auch B auf $\mathfrak{L}$ liegen mag; nehmen nach der Verschiebung $\mathfrak{d}$ und $\mathfrak{d}_1$ die Lagen $\mathfrak{d}^1$ und $\mathfrak{d}^1_1$ an, so ist der Verbindungsstrahl $\mathfrak{d}^1\mathfrak{d}^1_1 = \mathfrak{L}^1$ eine

Tangente für alle Kegelschnitte, welche den Punkten B auf der Geraden $\mathfrak{L}$ entsprechen; *aus einer geraden Punktreihe entsteht also eine Kegelschnittschaar mit vier festen Tangenten* ($\mathfrak{A}\mathfrak{A}_1\mathfrak{E}\mathfrak{L}^1$), und diese Kegelschnittschaar ist von einfacher Unendlichkeit, d. h. gleich mächtig mit den unendlich-vielen Punkten einer Geraden.

Um zu erkennen, ob für eine bestimmte Lage von B der durch die Verschiebung entstehende Kegelschnitt Ellipse, Hyperbel oder Parabel wird, suchen wir diejenigen beiden Punkte $\mathfrak{a}$ und $\mathfrak{b}_1$ auf den Trägern $\mathfrak{A}$ und $\mathfrak{A}_1$ auf, welche nach der Verschiebung in den Schnittpunkt der Träger hineinfallen; $\mathfrak{a}\mathfrak{e}$ und $\mathfrak{b}_1\mathfrak{e}_1$ sind also die Schiebstrecken ihrer Grösse und Richtung nach, und durch diese sind die Punkte $\mathfrak{a}$ und $\mathfrak{b}_1$ gegeben; die Verbindungslinie $\mathfrak{a}\mathfrak{b}_1$ sei die Gerade $\mathfrak{G}$; durch die drei Geraden $\mathfrak{A}\mathfrak{A}_1\mathfrak{G}$ (und die unendlich-entfernte Gerade G_∞) zerfällt die ganze Ebene in sieben Räume, den endlichen Dreiecksraum, die drei den Ecken anliegenden unendlichen Winkelräume und die drei den Seiten anliegenden unendlichen Räume; es wird sich nun zeigen, dass, wenn der Punkt B in einem der vier ersten Räume liegt, der entsprechende Kegelschnitt eine Ellipse wird, wenn B dagegen in einem der drei letzteren liegt, derselbe eine Hyperbel wird, und dass die Uebergänge in eigenthümlicher Weise durch die vier begrenzenden Geraden $\mathfrak{A}\mathfrak{A}_1\mathfrak{G}G_\infty$ vermittelt werden. Wir bedürfen zu diesem Nachweis der in §. 26 erörterten Kriterien (S. 117), welche entscheiden, ob der durch zwei projectivische Punktreihen erzeugte Kegelschnitt

Fig. 67.

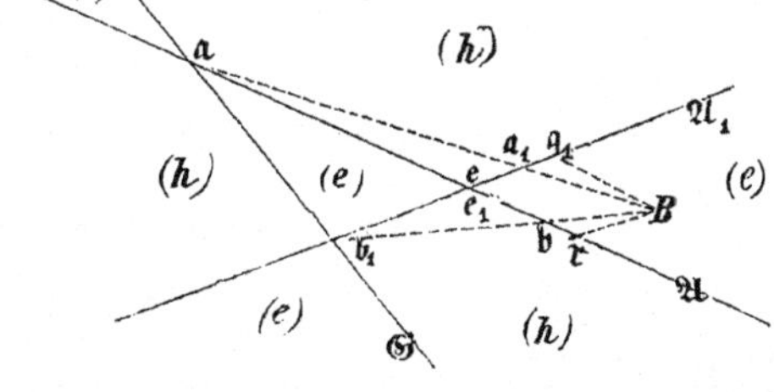

Ellipse oder Hyperbel ist. Der von zwei projectivischen Punktreihen erzeugte Kegelschnitt ist nämlich Ellipse, wenn auf jedem der beiden Träger (oder einem, was ausreichend ist) der den vereinigten Punkten entsprechende (Berührungspunkt) innerhalb der Strecke liegt zwischen dem Schnittpunkt der Träger und den Durchschnittspunkten der Parallelstrahlen ($\mathfrak{r}$ und $\mathfrak{q}_1$), dagegen Hyperbel, wenn er ausserhalb dieser Strecke liegt. Sind also (Fig. 67) $\mathfrak{A}\mathfrak{A}_1$ die beiden Träger und $\mathfrak{G}$ die Verbindungslinie derjenigen beiden Punkte $\mathfrak{a}$ und $\mathfrak{b}_1$, welche nach der Verschiebung in den Schnittpunkt der Träger gelangen, so wird, wenn B z. B. in einem der Scheitelräume (e) liegt, der Strahl $B\mathfrak{a}$ in $\mathfrak{a}_1$ die Gerade $\mathfrak{A}_1$ treffen und der Parallelstrahl zu $\mathfrak{A}$ in $\mathfrak{q}_1$, $\mathfrak{a}_1$ aber nothwendig zwischen $\mathfrak{b}_1\mathfrak{q}_1$ liegen, was denn natürlich auch nach der Verschiebung der Fall ist; $\mathfrak{a}_1$ ist aber der entsprechende zu dem im Schnittpunkte ($\mathfrak{A}$, $\mathfrak{A}_1$) befindlichen $\mathfrak{a}$, also der Berührungspunkt des erzeugten Kegelschnitts; folglich ist dieser eine Ellipse, weil $\mathfrak{a}_1$ zwischen $\mathfrak{b}_1\mathfrak{q}_1$ liegt. In gleicher Weise lehrt die unmittelbare Anschauung, dass, wenn B in einem der vier Räume (e) liegt, der Kegelschnitt immer Ellipse wird, und wenn B in einem der drei übrigen Räume (h) liegt, der Kegelschnitt Hyperbel wird. Wenn insbesondere B in die Gerade $\mathfrak{G}$ hineinfällt, so werden $\mathfrak{a}$ und $\mathfrak{b}_1$ entsprechende Punkte, welche also nach der Verschiebung in den Schnittpunkt ($\mathfrak{A}$, $\mathfrak{A}_1$) hineinfallen; in diesem Falle werden die beiden projectivischen Punktreihen auch nach der Verschiebung perspectivisch bleiben, also alle Projectionsstrahlen durch einen Punkt laufen; der Kegelschnitt löst sich in diesem Uebergangsfalle in ein Punktpaar auf: jenen Projectionspunkt und den Schnittpunkt ($\mathfrak{A}$, $\mathfrak{A}_1$), und dies Punktpaar ist in der That (S. 118) als ein Uebergang von Ellipse zu Hyperbel anzusehen, indem die Verbindungsstrecke zwischen den beiden Punkten als unendlich-schmale Ellipse oder die beiden unendlichen Strecken auf der Verbindungslinie beider Punkte ausserhalb derselben als unendlich-schmale Hyperbel aufgefasst werden können, mithin der Kegelschnitt gleichzeitig Ellipse und Hyperbel ist. Derselbe Uebergangsfall tritt auch auf, wenn B insbesondere in einen der beiden Träger $\mathfrak{A}$ oder $\mathfrak{A}_1$ hineinfällt, indem die projectivische Beziehung den besonderen parabolischen Charakter annimmt (S. 73); fällt nämlich B in $\mathfrak{A}$ hinein, so entspricht allen Punkten der Geraden $\mathfrak{A}_1$ der einzige Punkt B der Geraden $\mathfrak{A}$ und allen Punkten der Geraden $\mathfrak{A}$ der einzige Schnittpunkt ($\mathfrak{A}$, $\mathfrak{A}_1$) der Geraden $\mathfrak{A}_1$; diese Beziehung bleibt nach der Verschiebung ungeändert, und der Kegelschnitt löst sich daher in dasjenige Punktpaar auf, welches von dem Schnittpunkt ($\mathfrak{A}\mathfrak{A}_1$) und dem Punkt B nach der Verschiebung eingenommen wird; ein Gleiches tritt ein, wenn der Punkt B auf dem andern Träger $\mathfrak{A}_1$ liegt. Die Punkte B der drei abgrenzenden Geraden $\mathfrak{A}\mathfrak{A}_1\mathfrak{G}$ liefern also sämmtlich *Kegelschnitte*, welche in Punktpaare ausarten.

Es bleiben noch diejenigen Punkte B zu untersuchen, welche auf der vierten begrenzenden Geraden G_∞ liegen; hier tritt ein anderer Uebergang von Ellipse zu Hyperbel auf, nämlich durch die Parabel. Sobald B im Unendlichen liegt, wird die Beziehung der beiden Träger projectivisch-ähnlich, und dieses muss auch nach der Verschiebung bleiben, weil die entsprechenden unendlich-entfernten Punkte im

Unendlichen bleiben; das Erzeugniss nach der Verschiebung wird also eine Parabel (S. 114), und für sämmtliche Punkte B der unendlich-entfernten Geraden G_∞ wird der durch die Verschiebung hervorgehende Kegelschnitt eine Parabel; diese sämmtlichen Parabeln bilden einen besonderen Fall der Kegelschnittschaar von vier gemeinschaftlichen Tangenten, die *Parabelschaar*; sie haben nämlich die drei gemeinschaftlichen Tangenten $\mathfrak{A}\mathfrak{A}_1\mathfrak{E}$ und ausserdem selbstverständlich G_∞ zur vierten gemeinschaftlichen Tangente.

Um eine Kegelschnittschaar von vier gemeinschaftlichen Tangenten zu erhalten, haben wir den Projectionspunkt B eine Gerade $\mathfrak{L}$ durchlaufen lassen. Die Gerade $\mathfrak{L}$ muss, wie sie übrigens auch in der Ebene liegen mag, im Allgemeinen in zwei elliptischen Räumen (e) und zwei hyperbolischen Räumen (h) enthalten sein (Fig. 67), denn durch die drei Geraden $\mathfrak{A}\mathfrak{A}_1\mathfrak{G}$ und $\mathfrak{G}_\infty$ werden vier Punkte auf ihr fixirt, zwischen denen vier Strecken liegen; zwei von diesen gehören den elliptischen, die beiden andern dazwischen liegenden, den hyperbolischen Räumen an; den drei Schnittpunkten der Geraden $\mathfrak{L}$ mit den Geraden $\mathfrak{A}\mathfrak{A}_1\mathfrak{G}$ gehören insbesondere Kegelschnitte zu, welche sich in Punktpaare auflösen; dem unendlich-entfernten Punkt der Geraden $\mathfrak{L}$ entspricht die einzige Parabel, welche in der Kegelschnittschaar vorkommt. Also haben wir folgendes Ergebniss:

Die sämmtlichen Kegelschnitte einer Schaar von vier gemeinschaftlichen Tangenten zerfallen in zwei Gruppen von Ellipsen und zwei Gruppen von Hyperbeln, die mit einander abwechseln; der Uebergang von einer Gruppe zu einer andern geschieht dreimal durch ein Punktpaar (die drei Paar Gegenecken des von den vier gemeinschaftlichen Tangenten gebildeten vollständigen Vierseits) und einmal durch eine Parabel, die einzige, welche im Allgemeinen in der Kegelschnittschaar vorkommt.

Wir haben gesehen, dass die beiden durch den Projectionspunkt B parallel zu $\mathfrak{A}$ und $\mathfrak{A}_1$ gezogenen Projectionsstrahlen in den Punkten $\mathfrak{r}$ und $\mathfrak{q}_1$ dieselben treffen, und dass diese Punkte nach der Verschiebung ihre Eigenschaft behalten, Durchschnittspunkte der Parallelstrahlen zu sein, oder den unendlich-entfernten Punkten zu entsprechen; hieraus folgt, dass, während B die Gerade $\mathfrak{L}$ durchläuft, die Punkte $\mathfrak{r}$ und $\mathfrak{q}_1$ zwei projectivisch-ähnliche Punktreihen beschreiben, ihre Verbindungslinie (nach der Verschiebung) also eine Parabel umhüllt; denken wir uns nach der Verschiebung die Parallelstrahlen hergestellt, welche sich in B^1 treffen mögen, so wird der Punkt B^1 zu den Geraden $\mathfrak{A}$ und $\mathfrak{A}_1$ dieselbe relative Lage haben müssen, wie der Punkt B zu zwei durch $\mathfrak{a}$ und $\mathfrak{b}_1$ gezogenen Parallelen mit $\mathfrak{A}_1$ und $\mathfrak{A}$, denn diese gehen nach der Verschiebung in $\mathfrak{A}_1$ und $\mathfrak{A}$ über; wenn also B eine gerade Linie $\mathfrak{L}$ durchläuft, so muss auch nach der Verschiebung B^1 eine bestimmte Gerade durchlaufen, welche zu $\mathfrak{A}$ und $\mathfrak{A}_1$ dieselbe relative Lage hat, wie $\mathfrak{L}$ zu jenen beiden durch $\mathfrak{b}_1$ und $\mathfrak{a}$ gedachten Parallelen. Nun ist B^1 immer die Ecke eines Parallelogramms, welches einem Kegelschnitte der Schaar umschrieben ist und zu zwei Seiten die festen Tangenten $\mathfrak{A}$ und $\mathfrak{A}_1$ hat; die Verbindungslinie ihres Schnittpunktes $\mathfrak{e}(\mathfrak{e}_1)$ mit B^1 wird also halbirt durch den Mittelpunkt M des Kegelschnitts, welcher dem Parallelogramm einbeschrieben ist, und da B^1 eine gerade Linie durchläuft, so muss auch M eine Gerade durchlaufen, die jener parallel ist, aber halb so weit von $\mathfrak{e}(\mathfrak{e}_1)$ absteht, als sie; wir schliessen hieraus:

Die Mittelpunkte sämmtlicher Kegelschnitte einer Schaar von vier gemeinschaftlichen Tangenten liegen auf einer Geraden, welche insbesondere auch die Mittelpunkte der drei Diagonalen des von den vier gemeinschaftlichen Tangenten gebildeten vollständigen Vierseits enthält (Letzteres ist ein schon bekannter elementarer Satz). Diese Mittelpunktslinie zerfällt durch die drei Mitten der Diagonalen und den unendlich-entfernten Punkt, den Mittelpunkt der einzigen Parabel der Schaar, in vier Abschnitte, welche abwechselnd die Mittelpunkte der beiden Gruppen von Ellipsen und die Mittelpunkte der beiden Gruppen von Hyperbeln enthalten.

Dieselbe Betrachtung, aus welcher die Kegelschnittschaar entsprang, zeigt auch, wie die Berührungspunkte eines Kegelschnitts der Schaar auf zweien gemeinschaftlichen Tangenten sich verändern; denn Fig. 67 zeigt, dass $B\mathfrak{a}$ und $B\mathfrak{b}_1$ die Berührungspunkte $\mathfrak{a}_1$ und $\mathfrak{b}$ bestimmen, also wenn B eine Gerade $\mathfrak{L}$ durchläuft, so beschreiben $\mathfrak{a}B$ und $\mathfrak{b}_1 B$ zwei perspectivische Strahlbüschel, mithin $\mathfrak{a}_1$ und $\mathfrak{b}$ zwei projectivische Punktreihen auf $\mathfrak{A}_1$ und $\mathfrak{A}$, welche nach der Verschiebung in perspectivische Lage gelangen, weil auch $\mathfrak{a}$ und $\mathfrak{b}_1$ zwei entsprechende Punkte dieser beiden projectivischen Punktreihen werden und diese Punkte nachher in den Schnittpunkt $(\mathfrak{A}\mathfrak{A}_1)$ hineinfallen. Hieraus folgt der Satz:

Fasst man bei einer Kegelschnittschaar von vier festen Tangenten die Berührungspunkte ins Auge, welche der veränderliche Kegelschnitt auf irgend zweien von den vier festen Tangenten bestimmt, so sieht man, dass dieselben zwei projectivische Punktreihen bilden, welche perspectivisch liegen; ihr Projectionspunkt ist immer einer der drei Diagonalpunkte des vollständigen Vierseits, welches die vier gemeinschaftlichen Tangenten bilden.

Dieser Satz ist der analoge von dem auf Seite 225 ausgesprochenen und kann ebenso wie jener aus den Eigenschaften des einem Kegelschnitte umschriebenen Vierseits (§§. 23, 27) abgeleitet werden;

hier erkennen wir, dass jede von den Berührungspunkten gebildete Punktreihe zugleich projectivisch ist mit der erzeugenden Punktreihe, welche B auf der Geraden $\mathfrak{L}$ durchläuft.

Es bleibt noch der besondere Fall ins Auge zu fassen, dass die Gerade $\mathfrak{L}$, welche der Projectionspunkt durchläuft, die unendlich-entfernte Gerade G_∞ ist; in diesem Falle wird die projectivische Beziehung immer Aehnlichkeit, also nach der Verschiebung sind die entstehenden Kegelschnitte sämmtlich Parabeln, d. h.: *Wenn in einer Kegelschnittschaar zwei Parabeln vorkommen, so besteht die Schaar aus lauter Parabeln,* welche ausser der unendlich-entfernten Geraden G_∞, die allen Parabeln gemeinschaftliche Tangente ist, noch drei gemeinschaftliche Tangenten haben und eine specielle Kegelschnittschaar bilden, so wie das Büschel gleichseitiger Hyperbeln ein besonderes Kegelschnittbüschel bildete (S. 232). Unter diesen Parabeln giebt es drei besondere, die in je eine einzige (doppelt zu zählende) Gerade übergehen, nämlich die drei durch die Ecken des übrig bleibenden Dreiseits parallel den Seiten desselben gezogenen Geraden. Die Mittelpunktslinie dieser Parabelschaar ist natürlich ebenfalls die unendlich-entfernte Gerade. Von dem vollständigen Vierseit, dessen eine Seite G_∞ wird, bleibt nur ein Dreiseit abc im Endlichen der Ebene zurück; die Diagonalpunkte xyz des vollständigen Vierseits werden die Ecken desjenigen Dreiseits (Diagonaldreiseits), dessen Seiten durch die Ecken des ersteren abc parallel den Seiten desselben laufen (Fig. 68).

Fig. 68.

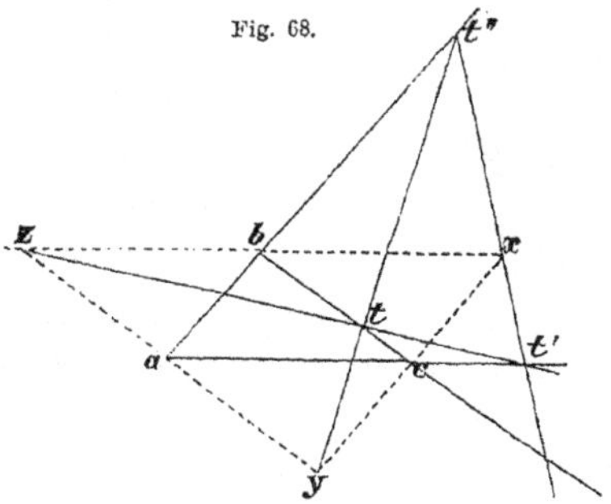

Bei jeder dem Dreiseit abc einbeschriebenen Parabel gehen die Berührungssehnen beziehlich durch drei feste Punkte, durch die Ecken des dem Dreiseit abc parallel umschriebenen Dreiseits xyz. Nimmt man einen beliebigen Punkt t auf bc als Berührungspunkt einer einbeschriebenen Parabel, so wird $(zt,\ ac) = t'$ und $(yt,\ ab) = t''$, und die Punkte $tt't''$ sind die drei Berührungspunkte, woraus zugleich folgt, dass $t't''$ durch x gehen muss. Bekanntlich laufen bei einem dem Kegelschnitt umschriebenen Dreiseit die Verbindungsstrahlen der Ecken mit den Berührungspunkten der gegenüberliegenden Seiten durch einen Punkt o (S. 96); wir können daher hier nach dem Orte des Punktes o fragen für sämmtliche dem Dreiseit einbeschriebene Parabeln. Derselbe ist leicht zu ermitteln, wenn wir den Punkt t auf der Geraden bc bewegen und den Schnittpunkt (at, bt') verfolgen; da nämlich t und t' perspectivische Punktreihen durchlaufen, so beschreiben at und bt' projectivische Strahlbüschel; der Ort des Punktes o ist also ein Kegelschnitt, und da der Verbindungslinie ab in den beiden Strahlbüscheln bz und az entsprechen, so sind dies die Tangenten des gefundenen Kegelschnitts, welcher auch durch c geht und xy berührt; der Ort des Punktes o ist also *eine Ellipse, welche dem Dreiseit* abc *um- und zugleich dem Dreieck* xyz *einbeschrieben ist, oder den gemeinschaftlichen Schwerpunkt beider Dreiecke zum Mittelpunkte hat.* (Siehe Aufgaben und Sätze.)

Denken wir uns die einzige Parabel, welche einem gegebenen Vierseit ($\mathfrak{ABCD}$) einbeschrieben werden kann, so gehört dieselbe vier verschiedenen Parabelschaaren, welche den Dreiseiten ($\mathfrak{ABC}$) ($\mathfrak{ACD}$) ($\mathfrak{ABD}$) ($\mathfrak{BCD}$) einbeschrieben sind, gleichzeitig an; die vier diesen Dreiseiten parallel umschriebenen Dreiseite haben also ihre zwölf Ecken paarweise auf sechs Geraden, welche durch die drei Diagonalpunkte xyz des vollständigen Vierseits ($\mathfrak{ABCD}$) gehen und die Berührungssehnen jener Parabel sind, wobei durch jeden Punkt xyz immer zwei von diesen sechs Geraden gehen.

Die Parabelschaar, welche einem Dreiseit einbeschrieben ist, und das Büschel gleichseitiger Hyperbeln, welche einem Dreieck umschrieben sind (und zugleich durch den Höhenpunkt dieses Dreiecks gehen), stehen in einem unmittelbaren Zusammenhange vermittelst des Princips der Polarisation (S. 146). Denken wir uns nämlich das Büschel gleichseitiger Hyperbeln und beschreiben um einen der vier Grundpunkte dieses Büschels als Mittelpunkt einen Kreis, so wird *die Polarfigur des Hyperbelbüschels in Bezug auf diesen Kreis als Basis die Parabelschaar* werden; denn aus jeder gleichseitigen Hyperbel wird ein Kegelschnitt, der vier feste Tangenten hat, die Polaren der vier Grundpunkte des Büschels, und da der Mittelpunkt des Kreises zu seiner Polare in Bezug auf den Kreis die unendlich-entfernte Gerade G_∞ hat, so muss der Polarkegelschnitt G_∞ berühren, also Parabel sein; wir erhalten daher sämmtliche Parabeln, die demselben festen Dreiseit einbeschrieben sind, welches von den drei Polaren der übrigen drei Grundpunkte des Hyperbelbüschels gebildet wird. Aus der bekannten dem Kreise zukommenden Eigenschaft, dass die Polare senkrecht steht auf der Verbindungslinie des Kreismittelpunktes mit dem Pol, weil das conjugirte Durchmessersystem des Kreises ein circulares Strahlsystem ist, geht hervor, dass der Mittelpunkt M der Kreis-Basis nicht nur Höhenpunkt des gemeinschaftlichen Dreiecks des Hyperbelbüschels, sondern auch Höhenpunkt des gemeinschaftlichen Dreiseits der Parabelschaar ist; da nun für jede gleichseitige Hyperbel die unendlich-entfernten Punkte in zwei zu einander rechtwinkligen Richtungen liegen, so werden ihre Polaren, d. h. die beiden in M sich schneidenden Tangenten einer jeden Parabel der Schaar ebenfalls zu einander rechtwinklig sein müssen; der Ort des Schnittpunktes aller rechtwinkligen Tangentenpaare einer Parabel ist aber die Leitlinie (S. 183); also gehen die Leitlinien sämmtlicher Parabeln der Schaar durch den Punkt M, d. h.: *Von sämmtlichen einem gegebenen Dreiseit einbeschriebenen Parabeln gehen die Leitlinien durch denselben festen Punkt, welcher der Höhenpunkt dieses Dreiseits ist.*

Nehmen wir jetzt die einzige Parabel, welche einem gegebenen Vierseit einbeschrieben werden kann, deren Leitlinie eine bestimmte Gerade ist, so folgt, dass in ihr die vier Höhenpunkte derjenigen vier Dreiseite liegen müssen, welche sich aus je dreien der vier gegebenen Seiten des Vierseits bilden lassen. Dies giebt einen bekannten elementaren Satz über das vollständige Vierseit, welcher einer ganzen Reihe von Eigenschaften desselben angehört, deren eine oder die andere wir gelegentlich als specielle Fälle allgemeinerer Eigenschaften erwähnen werden. Sie hängen zumeist mit der Parabel zusammen, welche dem vollständigen Vierseit einbeschrieben werden kann, oder treten als besondere Fälle der Eigenschaften unserer Kegelschnittschaar mit vier gemeinschaftlichen Tangenten auf*).

Schliesslich wollen wir noch eine Eigenschaft der Parabelschaar erwähnen, welche sich auf ihre Brennpunkte bezieht. Es war eine unmittelbare Folgerung aus der Grundeigenschaft der Brennpunkte (S. 199), dass das Strahlenpaar von irgend einem Punkte a nach den Brennpunkten eines Kegelschnitts symmetrisch liegt zu dem Tangentenpaar aus a an den Kegelschnitt. Haben wir nun irgend eine dem Dreieck abc einbeschriebene Parabel, welche einen ihrer Brennpunkte im Unendlichen hat (in der Richtung der Axe), und ziehen durch a eine Parallele zur Axe, so wird die symmetrisch liegende Gerade in Bezug auf das Tangentenpaar ab, ac durch den Brennpunkt der Parabel gehen müssen; ebenso, wenn wir durch b eine Parallele zur Axe ziehen und die symmetrisch liegende Gerade in Bezug auf das Tangentenpaar bc, ba bestimmen. Der Schnittpunkt der beiden auf diese Weise construirten Geraden ist also der Brennpunkt F der Parabel. Verändern wir die einbeschriebene Parabel, indem wir sie die ganze Parabelschaar durchlaufen lassen, so beschreiben die

*) Vergl.: Aufgaben und Lehrsätze von *J. Steiner*, *Crelle*'s Journal Bd. II. S. 97.

beiden durch a und b zur jedesmaligen Parabelaxe gezogenen Parallelen zwei projectivisch-gleiche und gleichlaufende Strahlbüschel; die symmetrisch liegende aF beschreibt aber ein mit der ersten Parallelen gleiches und ungleichlaufendes Strahlbüschel, die symmetrisch liegende bF ein mit der zweiten Parallelen gleiches und ungleichlaufendes Strahlbüschel, also aF und bF wiederum zwei gleiche und gleichlaufende Strahlbüschel, deren Erzeugniss ein Kreis ist; der Ort des Brennpunktes F ist also ein Kreis, welcher ausser durch a und b auch durch c geht, wie leicht zu sehen ist; also:

Die Brennpunkte sämmtlicher einem Dreiseit einbeschriebenen Parabeln liegen auf demjenigen Kreise, welcher dem Dreiseit umschrieben ist.

Durch dasselbe Raisonnement erhalten wir den allgemeineren Satz: *Für alle Kegelschnitte, welche einem Dreiseit einbeschrieben sind und den einen ihrer Brennpunkte auf einer geraden Linie haben, ist der Ort des andern Brennpunktes ein bestimmter Kegelschnitt, welcher dem gegebenen Dreiseit umschrieben ist**).

Hieraus folgt beiläufig, wenn wir die einzige einem vollständigen Vierseit einbeschriebene Parabel auffassen, welche zu gleicher Zeit vier Parabelschaaren angehört, dass die den vier Dreiseiten eines vollständigen Vierseits umschriebenen Kreise durch einen Punkt laufen, den Brennpunkt dieser Parabel; ferner, da die Fusspunkte der aus dem Brennpunkt auf die Tangenten einer Parabel herabgelassenen Perpendikel in einer Geraden liegen, der Scheiteltangente der Parabel, so müssen die aus einem Peripheriepunkte des einem Dreiseit umschriebenen Kreises auf die Dreiecksseiten herabgelassenen Perpendikel ihre Fusspunkte in gerader Linie haben; die weitere Folgerung fürs Vierseit übergehen wir, sowie die bekannten elementaren Sätze, welche sich hieran anschliessen.

§. 45. Charakteristische Eigenschaft der Kegelschnittschaar und einige Folgerungen aus derselben.

Der charakteristischen Eigenschaft des Kegelschnittbüschels, dass jede geradlinige Transversale in Paaren conjugirter Punkte eines Punktsystems getroffen wird, steht die gleichlaufende der Kegelschnittschaar zur Seite:

Die Tangentenpaare aus einem beliebigen festen Punkte an die Kegelschnitte einer Schaar sind Paare conjugirter Strahlen eines Strahlsystems.

---

*) Ueber den Ort der Brennpunkte sämmtlicher Kegelschnitte einer Schaar vergl. *H. Schröter:* „Ueber eine besondere Curve dritter Ordnung etc.“ Math. Ann. von *Clebsch* und *Neumann* Bd. V. S. 50.

Dies folgt unmittelbar aus der Entstehung der Kegelschnittschaar (§. 44). Denken wir uns nämlich einen gegebenen Punkt P in der Ebene als den Projectionspunkt für zwei neue projectivische Punktreihen auf den Geraden $\mathfrak{A}$ und $\mathfrak{A}_1$ in perspectivischer Lage, so werden dieselben vor der Verschiebung im Allgemeinen nicht perspectivisch gewesen sein, sondern die Projectionsstrahlen, welche jetzt alle durch P laufen, werden vor der Verschiebung einen Kegelschnitt $\mathfrak{K}^{(2)}$ umhüllt haben, welcher $\mathfrak{A}$ und $\mathfrak{A}_1$ selbst zu Tangenten hat; so oft nun zwei solche Projectionsstrahlen vor der Verschiebung sich in einem Punkte B der Geraden $\mathfrak{L}$ treffen, werden dieselben nach der Verschiebung zwei durch P laufende Tangenten des Kegelschnitts sein, welcher aus B hervorgeht. Alle Tangentenpaare aus den Punkten B einer Geraden $\mathfrak{L}$ an den Kegelschnitt $\mathfrak{K}^{(2)}$ fixiren aber auf der Tangente $\mathfrak{A}$ Punktpaare eines Punktsystems (S. 152), welches nach der Verschiebung ein Punktsystem bleibt; die von P nach den Punktpaaren desselben hingehenden Strahlen bilden daher ein Strahlsystem, also die Tangentenpaare aus P an die Kegelschnitte der Schaar bilden ein Strahlsystem, w. z. b. w.

Ein besonderer Fall dieses Satzes ist bereits auf S. 71 bewiesen worden, indem als besondere Kegelschnitte der Schaar die drei Punktpaare, welche in ihr vorkommen, oder die drei Paar Gegenecken des vollständigen Vierseits aufgefasst werden; der dort geführte Beweis des besonderen Falles lässt sich auch unmittelbar auf den allgemeinen Satz übertragen. Seien $a\alpha$ und $b\beta$ zwei Paare Gegenecken des vollständigen Vierseits und treffe irgend ein aus P an einen Kegelschnitt der Schaar gelegtes Tangentenpaar die Seite ab in x und y, die Seite $\alpha\beta$ beziehlich in ξ und η, so findet zwischen den Schnittpunkten zweier Tangenten ab und $\alpha\beta$ des Kegelschnitts durch vier andere die Gleichheit der Doppelverhältnisse statt:

$$(abxy) = (\beta\alpha\xi\eta)$$

also auch nach S. 7, 1)

$$(abxy) = (\alpha\beta\eta\xi);$$

die von P nach diesen vier Paaren von Punkten hingehenden Strahlen sind also vier Paare entsprechender Strahlen zweier projectivischen Strahlbüschel, und da dem Strahl Px der Strahl $P\eta$, dem Py der $P\xi$ entspricht, so fallen in diesen beiden auf einander liegenden projectivischen Strahlbüscheln die Schenkel zweier entsprechender gleicher Winkel verkehrt auf einander; mithin sind (S. 59) die drei Strahlenpaare: Pa, $P\alpha$; Pb, $P\beta$; Px, Py (wo letzteres das Tangentenpaar aus P an einen beliebigen Kegelschnitt der Schaar bedeutet), sechs Strahlen einer Involution oder drei Paare conjugirter Strahlen eines Strahlsystems; dieses ist schon durch zwei Paare vollständig bestimmt; lassen wir also den Kegelschnitt die ganze Schaar durchlaufen, so bleiben $a\alpha$, $b\beta$ unverändert, also die Tangentenpaare aus P an sämmtliche Kegelschnitte der Schaar liefern immer Paare conjugirter Strahlen eines und desselben Strahlsystems, w. z. b. w.

Das auf S. 71 angegebene Kriterium für die Lage des Punktes P, je nachdem das in ihm entstehende Strahlsystem elliptisch oder hyperbolisch ist, unterschied von den elf Räumen, in welche die ganze Ebene durch die vier Seiten des vollständigen Vierseits zerschnitten wird (Fig. 27), fünf hyperbolische (h) und sechs elliptische (e); die ersteren sind diejenigen, in welche die drei Diagonalen des vollständigen Vierseits hineinfallen, und letztere die übrig bleibenden, welche von keiner Diagonale getroffen werden. Wenn nun das Strahlsystem, welches von den Tangentenpaaren aus einem Punkte P an die Kegelschnitte der Schaar gebildet wird, hyperbolisch ist, so hat es zwei reelle Doppelstrahlen oder Asymptoten; jede Asymptote muss daher in P selbst eine Tangente sein für einen besonderen Kegelschnitt der Schaar, weil das Tangentenpaar aus P an diesen Kegelschnitt zusammenfällt. Wir schliessen also: *Es giebt im Allgemeinen zwei Kegelschnitte, welche vier gegebene Gerade berühren und durch einen gegebenen Punkt gehen*; sie sind aber nur dann reell vorhanden, wenn der gegebene Punkt in einem der fünf hyperbolischen Räume liegt, in welche die vier gegebenen Geraden die Ebene zerschneiden, d. h. in einem derjenigen Räume, welche die drei Diagonalen des von den vier Geraden gebildeten vollständigen Vierseits enthalten. Liegt P auf einer der vier Geraden selbst, so giebt es selbstverständlich nur einen Kegelschnitt, der sie berührt und durch diesen Punkt geht, weil dann das Strahlsystem parabolisch wird. Liegt P in einem der sechs elliptischen Räume, so sind die beiden Kegelschnitte imaginär. Die Aufgabe, diese beiden Kegelschnitte zu finden, ist also darauf zurückgeführt, die Asymptoten (oder Doppelstrahlen) eines bekannten Strahlsystems zu bestimmen, welche sich mit Hülfe eines festen Kreises lösen lässt (§. 15). Wir ersehen hieraus, *dass sämmtliche Kegelschnitte einer Schaar nicht die ganze unendliche Ebene erfüllen, sondern nur die fünf hyperbolischen Räume, während die sechs elliptischen frei bleiben.*

Es knüpft sich hieran die Frage, wo der Punkt P liegen müsse, damit das Strahlsystem, welches durch die Kegelschnittschaar in ihm hervorgerufen wird, insbesondere ein circulares werde. Da bei einem circularen Strahlsystem je zwei conjugirte Strahlen zu einander rechtwinklig sind so wäre für einen solchen Punkt P erforderlich, dass jedes Tangentenpaar aus ihm an einen Kegelschnitt der Schaar aus zwei zu einander rechtwinkligen Strahlen bestände. Nehmen wir P willkürlich in der Ebene an, so sind die Axen des in ihm bestimmten Strahlsystems ein Paar rechtwinkliger Tangenten für einen bestimmten Kegelschnitt der Schaar; damit aber in P ein circulares Strahlsystem entstehe, müsste es noch ein zweites Paar rechtwinkliger conjugirter Strahlen geben. Wir wissen aber (S. 179), dass für jeden Kegelschnitt der Ort des Schnittpunktes je zweier rechtwinkligen Tangenten ein bestimmter Kreis ist, welcher denselben Mittelpunkt wie der Kegelschnitt hat; für die ganze Kegelschnittschaar erhalten wir dadurch unendlich viele Kreise, welche ihre Mittelpunkte auf einer Geraden, der Mittelpunktslinie der Kegelschnittschaar, haben, und von welchen durch jeden Punkt der Ebene ein bestimmter geht. Nehmen wir daher zwei beliebige Kegelschnitte der Schaar (etwa zwei Paare Gegenecken des vollständigen Vierseits $a\alpha$, $b\beta$) und bestimmen die Ortskreise des Schnittpunktes der rechtwinkligen Tangenten (d. h. zwei Kreise über $a\alpha$ und $b\beta$ als Durchmesser), so schneiden sich dieselben im Allgemeinen in zwei (reellen oder imaginären) Punkten P_0 und Q_0; diese beiden besonderen Punkte, wenn sie reell sind, müssen die Eigenschaft haben, dass für jeden derselben zwei Tangentenpaare an zwei bestimmte Kegelschnitte der Schaar Paare rechtwinkliger Tangenten sind; folglich müssen die Strahlsysteme in diesen beiden Punkten circulare sein, oder alle Tangentenpaare sind rechtwinklig; sobald die beiden Punkte P_0 und Q_0 imaginär sind, giebt es überhaupt keinen reellen Punkt in der Ebene, für welchen das betreffende Strahlsystem ein circulares wird; sind die beiden Punkte P_0 und Q_0 reell, so müssen, weil die Tangentenpaare aus jedem derselben an alle Kegelschnitte der Schaar rechtwinklig sind, die sämmtlichen Ortskreise des Schnittpunktes rechtwinkliger Tangenten für die ganze Kegelschnittschaar durch P_0 und Q_0 gehen, also selbst ein Kreisbüschel bilden; insbesondere geht für die einzige Parabel, welche in der Kegelschnittschaar vorkommt, der Ortskreis in die Leitlinie über, welche also auch durch P_0 und Q_0 geht und die Potenzlinie (gemeinschaftliche Secante) dieses Kreisbüschels wird.

Aber auch wenn die Punkte P_0 und Q_0 nicht reell sind, bilden die sämmtlichen Ortskreise für die Kegelschnittschaar ein Kreisbüschel, welches die Leitlinie der einzigen in der Kegelschnittschaar enthaltenen Parabel zur Potenzlinie (ideellen gemeinschaftlichen Secante) hat; dies lässt sich auf folgende Weise erkennen: Wir wissen (S. 147), dass das Diagonaldreieck xyz des vollständigen Vierseits ein Polardreieck für jeden Kegelschnitt der Schaar ist, und (S. 185), dass der einem Polardreieck umschriebene Kreis immer den Ortskreis des Schnittpunktes rechtwinkliger Tangentenpaare unter einem rechten Winkel schneidet; folglich genügen alle Ortskreise den beiden Bedingungen, dass ihre Mittelpunkte in einer Geraden (der Mittelpunktslinie $\mathfrak{M}$) liegen, und dass sie einen festen Kreis, den um das Diagonaldreieck xyz beschriebenen, rechtwinklig schneiden, woraus nach bekannten Elementar-Sätzen folgt, dass sie ein Kreisbüschel bilden. Der um das Diagonaldreieck beschriebene Kreis, welcher seinen Mittelpunkt in der Potenzlinie des Kreisbüschels oder in der Leitlinie der einzigen Parabel der Kegelschnittschaar hat, gehört dem conjugirten Kreisbüschel an und entscheidet darüber, ob die Punkte P_0 und Q_0 reell sind, oder nicht; wenn nämlich dieser Kreis $\mathfrak{K}^{(2)}$ (xyz) die Mittelpunktslinie $\mathfrak{M}$ nicht trifft, so sind die Punkte P_0 und Q_0 reell, wenn er dagegen die Mittelpunktslinie $\mathfrak{M}$ in zwei reellen Punkten trifft, so sind P_0 und Q_0 imaginär; ein besonderer Fall von untergeordneterem Interesse ist der, dass der Kreis $\mathfrak{K}^{(2)}$ (xyz) die Mittelpunktslinie $\mathfrak{M}$ berührt, wobei P_0 und Q_0 zusammenfallen. Fassen wir das gewonnene Resultat zusammen:

Bestimmt man für jeden Kegelschnitt einer Schaar mit vier gemeinschaftlichen Tangenten den Ortskreis solcher Punkte, in welchen sich je zwei rechtwinklige Tangenten treffen, so bilden diese Kreise ein Kreisbüschel, dessen Potenzlinie die Leitlinie der einzigen in der Kegelschnittschaar vorkommenden Parabel ist. Diese Potenzlinie enthält (S. 279) die vier Höhenpunkte derjenigen vier Dreiseite, aus welchen das vollständige Vierseit der vier gegebenen Tangenten besteht; sie enthält auch den Mittelpunkt desjenigen Kreises $\mathfrak{K}^{(2)}$, welcher dem Diagonaldreieck xyz des vollständigen Vierseits umschrieben ist, und steht endlich senkrecht auf der Mittelpunktslinie $\mathfrak{M}$, welche die Mittelpunkte sämmtlicher Kegelschnitte der Schaar enthält und zugleich die Mittelpunktslinie des Kreisbüschels ist. *Die Potenzlinie ist eine reelle gemeinschaftliche Secante des Kreisbüschels, wenn der dem Diagonaldreieck xyz umschriebene Kreis $\mathfrak{K}^{(2)}$ die Mittelpunktslinie nicht trifft; in diesem Falle gehen alle Kreise des Büschels durch dieselben beiden Punkte P_0 und Q_0 der Potenzlinie, und dies sind die einzigen Punkte in der Ebene, für welche das aus den Tangentenpaaren an die Kegelschnitte der Schaar gebildete Strahlsystem ein circulares wird.* Die Potenzlinie ist dagegen eine ideelle gemeinschaftliche Secante des Kreisbüschels, d. h. es giebt keine reellen Punkte in der Ebene von der verlangten Eigenschaft, sobald der oben erwähnte Kreis $\mathfrak{K}^{(2)}$ die Mittelpunktslinie $\mathfrak{M}$ in zwei reellen Punkten R und S trifft. In diesem Falle sind die Punkte R und S selbst Nullkreise des Kreisbüschels, d. h. solche Ortskreise des Schnittpunktes rechtwinkliger Tangenten, für welche der Radius Null ist; dieser Fall tritt bekanntlich nur bei der gleichseitigen Hyperbel ein; *die Punkte R und S sind also die Mittelpunkte der beiden gleichseitigen Hyperbeln, welche in der Kegelschnittschaar vorkommen können; sobald die Punkte R und S imaginär sind, giebt es keine gleichseitige Hyperbel in der Kegelschnittschaar.*

Wir haben hieraus zu gleicher Zeit ersehen, dass in einer Kegelschnittschaar im Allgemeinen zwei gleichseitige Hyperbeln vorkommen, und wie die Mittelpunkte derselben zu finden sind. Wir können jetzt eine von den vier Seiten des vollständigen Vierseits verändern und den Ort der Mittelpunkte aller gleichseitigen Hyperbeln aufsuchen, welche einem gegebenen Dreiseit einbeschrieben sind. Sind die drei Paare von Gegenecken des vollständigen Vierseits $a\alpha$, $b\beta$, $c\gamma$ und die Diagonalpunkte xyz (Fig. 69), so können wir die Seite $\alpha\beta\gamma$ verändern

Fig. 69.

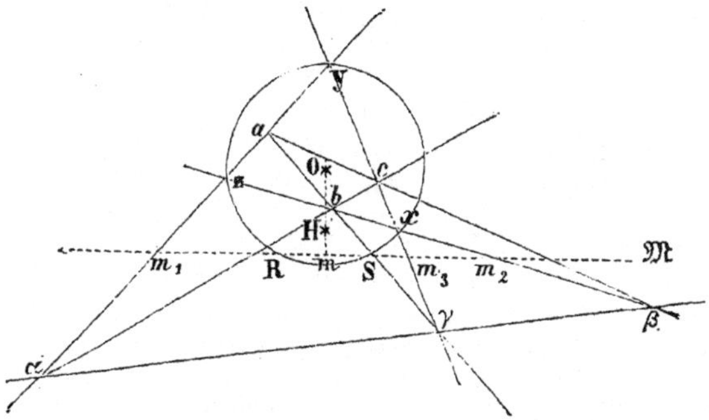

und das Dreiseit abc festhalten; ohne indessen der Allgemeinheit Eintrag zu thun, können wir die vierte Seite $\alpha\beta\gamma$ so bewegen, dass der Punkt α fest bleibt; denn welches auch die dem Dreiseit abc einbeschriebene gleichseitige Hyperbel sei, immer wird sich aus einem Punkte α der Tangente bc eine und nur eine zweite Tangente legen lassen; wir halten also den Punkt α fest und drehen die vierte Seite $\alpha\beta\gamma$ des vollständigen Vierseits um α; sind dann $m_1 m_2 m_3$ resp. die Mitten der Diagonalen $a\alpha$, $b\beta$, $c\gamma$, welche in der Mittelpunktslinie $\mathfrak{M}$ liegen, so bleibt m_1 bei der Bewegung fest; die Mittelpunktslinie $\mathfrak{M}$ dreht sich also um den festen Punkt m_1; das Tripel xyz verändert sich; sei O der Mittelpunkt des um dasselbe beschriebenen Kreises, und möge dieser Kreis die Mittelpunktslinie $\mathfrak{M}$ in den Punkten R und S treffen, so wird das Perpendikel aus O auf $\mathfrak{M}$ in m die Sehne RS halbiren; das Perpendikel Om ist aber unsere oben gefundene Potenzlinie, oder die Leitlinie der einzigen Parabel; diese Gerade enthält die Höhenpunkte der vier Dreiseite; von den vier Dreiseiten bleibt nur das Dreiseit abc fest, dessen Höhenpunkt H sei; das Perpendikel Om dreht sich also bei der Bewegung um den festen Punkt H; folglich ist der Ort des Punktes m ein Kreis, welcher die festen Punkte H und m_1 zu Endpunkten eines Durchmessers hat, also:

$$Hm^2 + m_1 m^2 = Hm_1{}^2.$$

Da nun m die Mitte der Sehne RS ist, so folgt:

$$\begin{aligned} Rm &= mS \quad \text{oder} \quad Rm + Sm = 0 \quad \text{und} \\ m_1 m &= m_1 R + Rm = m_1 S + Sm \\ m_1 m^2 &= (m_1 R + Rm)(m_1 S + Sm) \\ &= m_1 R \,.\, m_1 S + m_1 R \,.\, Sm + m_1 S \,.\, Rm + mR \,.\, mS \\ &= m_1 R \,.\, m_1 S + Rm \,.\, RS - Rm^2 \\ &= m_1 R \,.\, m_1 S + Rm^2\,, \end{aligned}$$

also haben wir:

$$Hm^2 + Rm^2 = Hm_1{}^2 - m_1 R \,.\, m_1 S$$
$$HR^2 = HS^2 = Hm_1{}^2 - m_1 R \,.\, m_1 S.$$

Es ist aber $m_1 R \,.\, m_1 S$ gleich der Potenz des Punktes m_1 in Bezug auf den Kreis O, und da dieser durch y und z geht, auch gleich $m_1 y \,.\, m_1 z$; da y und z harmonisch liegen zu dem Paar Gegenecken a und α, deren Mitte m_1 ist, so haben wir gleichzeitig $m_1 y \,.\, m_1 z = m_1 a^2 = m_1 \alpha^2$, also:

$$HR^2 = HS^2 = Hm_1{}^2 - m_1 a^2 = \text{const.}\,;$$

die Punkte R und S beschreiben also bei der Bewegung einen Kreis um den festen Punkt H, denn ihr Abstand von H bleibt unverändert, und der Radius dieses Kreises wird leicht zu ermitteln sein; schlagen wir nämlich über $a\alpha$ als Durchmesser einen Kreis, dessen Mittelpunkt m_1 und dessen Radius $m_1 a$ sein wird, so ist die Potenz des Punktes H in Bezug auf diesen Kreis gleich $Hm_1{}^2 - m_1 a^2$; es schneidet aber Ha den gedachten Kreis zum andern Male in demjenigen Punkte a^1, welcher der Fusspunkt des aus a auf bc herabgelassenen Perpendikels ist; wenn daher die Fusspunkte der Höhen des Dreiecks abc mit $a^1 b^1 c^1$ bezeichnet werden, so ist:

$$Ha \,.\, Ha^1 = Hb \,.\, Hb^1 = Hc \,.\, Hc^1 = r^2$$

und r der Radius des gesuchten Kreises. Das Quadrat des Radius dieses Kreises ist nur positiv, also der Kreis nur reell, wenn a und a^1, ebenso b und b^1, c und c^1 auf derselben Seite von H liegen, wenn also H ausserhalb des Dreiecks abc liegt, oder was dasselbe sagt, wenn das Dreieck abc stumpfwinklig ist; er reducirt sich auf einen Punkt beim rechtwinkligen Dreieck und wird imaginär beim spitzwinkligen. Dieser Kreis hat ferner, wie unmittelbar aus den Polar-Eigenschaften hervorgeht, zu dem Dreieck abc die Beziehung, dass letzteres ein Polardreieck für diesen Kreis ist, der demnach *„der dem Dreieck conjugirte Kreis“* heisst. Wir haben mithin folgenden Satz:*)

Die Mittelpunkte aller gleichseitigen Hyperbeln, welche demselben Dreiseit einbeschrieben sind, liegen auf einem Kreise, der den Höhenpunkt des Dreiseits zu seinem Mittelpunkte und die Ecken des Dreiseits zu einem Tripel conjugirter Punkte hat; dieser Kreis ist nur dann reell, wenn das Dreiseit stumpfwinklig ist, und das Quadrat seines Radius ist alsdann gleich dem constanten Rechteck aus den Abständen des Höhenpunktes von jeder Ecke und der gegenüberliegenden Seite des Dreiseits. Es kann also auch nur einem stumpfwinkligen Dreiseit eine gleichseitige Hyperbel einbeschrieben werden.

§. 46. Ueber die besondere Natur der in einer Schaar enthaltenen Kegelschnitte.

Um die Kegelschnitte einer Schaar hinsichtlich ihrer Gattung genauer zu erforschen, suchen wir das dem Mittelpunkte jedes Kegelschnitts zugehörige Strahlsystem, d. h. das System der conjugirten Durchmesser für jeden Kegelschnitt der Schaar zu bestimmen; je nachdem dasselbe elliptisch oder hyperbolisch ist, wird der Kegelschnitt Ellipse oder Hyperbel sein, und insbesondere ist er Kreis oder gleichseitige Hyperbel, wenn sein System conjugirter Durchmesser ein circulares oder ein gleichseitig-hyperbolisches Strahlsystem, endlich Parabel, wenn es ein parabolisches Strahlsystem ist. Um das System der conjugirten Durchmesser eines Kegelschnitts, dessen Mittelpunkt m gegeben ist, zu erhalten, reicht die Kenntniss eines Tripels conjugirter Punkte xyz in Bezug auf den Kegelschnitt aus; denn ziehen wir mx und durch m eine Parallele zu yz, so erhalten wir ein Paar conjugirter Durchmesser, weil es ein Paar conjugirter Strahlen in Bezug auf den Kegelschnitt ist; denn der unendlich-entfernte Punkt auf yz ist der Pol zu mx; ziehen wir zweitens my und eine Parallele durch m zu zx, so erhalten wir ein zweites Paar conjugirter Durchmesser und in gleicher Weise ein drittes Paar; zwei Paare conjugirter Durchmesser bestimmen schon das ganze Strahlsystem, und wir bedürfen des dritten Paares nicht mehr.

Sobald der Mittelpunkt m eines Kegelschnitts und ein Tripel con-

*) „Vermischte Sätze und Aufgaben“ von *J. Steiner* im 55. Bde. des *Crelle-Borchardt*'schen Journals für reine und angewandte Mathematik, Seite 371.

jugirter Punkte xyz in Bezug auf denselben gegeben ist, ist derselbe nicht nur seiner Art nach, sondern überhaupt vollständig bestimmt; denn ziehen wir mx, my, mz, welche Strahlen die Gegenseiten yz, zx, xy resp. in $\xi\eta\zeta$ treffen, so bestimmen $x\xi$ ein Punktsystem, dessen Mittelpunkt m ist; die Asymptotenpunkte der drei Punktsysteme auf mx, my, mz liegen aber auf einem Kegelschnitt, welcher m zum Mittelpunkt und xyz zum Polardreieck hat; denn da $x\xi$ und $y\eta$ zwei Paare conjugirter Punkte in Bezug auf diesen Kegelschnitt sind, so muss auch (S. 153) $z = (x\eta, y\xi)$ und der Schnittpunkt $(xy, \xi\eta)$ ein Paar conjugirter Punkte sein; andererseits sind aber z und ζ ein zweites Paar conjugirter Punkte, folglich ist xy die Polare von z u. s. f.

Der Kegelschnitt ist nun eigentlich durch die drei Punktsysteme mehr als bestimmt; da sich aber ihre Träger in demselben Punkt m treffen, welcher Mittelpunkt für alle drei Punktsysteme ist, so widersprechen sich die ihn bestimmenden Bedingungen nicht. Nur für den Fall, dass die drei Strahlsysteme alle hyperbolisch sind, galt die vorige Bestimmung des Kegelschnitts; alle drei können nicht elliptisch sein, weil nothwendig von drei Tripelpunkten xyz einer innerhalb des Kegelschnitts liegen muss, also seine Verbindungslinie mit m den Kegelschnitt in zwei reellen Punkten treffen muss (S. 148). Umgekehrt, wären bei willkürlicher Annahme von m, x, y, z alle drei Punktsysteme elliptisch, so müsste der gesuchte Kegelschnitt ganz imaginär sein; wohl aber kann von den drei Punktsystemen eines hyperbolisch und die beiden andern elliptisch, oder eines elliptisch und die beiden andern hyperbolisch sein, allerdings nur bei der Hyperbel, für welche ausserdem auch der erste Fall, dass alle drei hyperbolisch sind, eintreten kann. Für die Hyperbel muss nun das Strahlsystem der conjugirten Durchmesser, welches in m bekannt ist, hyperbolisch sein; seine beiden Asymptoten sind die Asymptoten der Hyperbel, und da ausserdem noch ein Punktpaar auf einem Durchmesser mx allemal reell ist, so ist die Hyperbel ebenfalls als bekannt anzusehen.

Bei willkürlicher Annahme von m, x, y, z gestaltet sich das Kriterium, ob der Kegelschnitt Hyperbel oder Ellipse ist, in folgender Art:

Fig. 70.

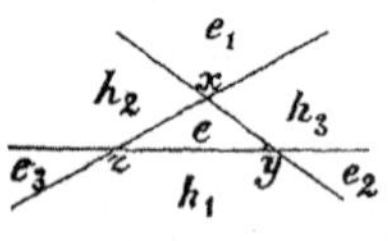

Die Seiten des Dreiecks xyz theilen die ganze Ebene in 7 Räume, den endlichen Dreiecksraum (e), die drei den Ecken anliegenden Scheitelräume $e_1 e_2 e_3$ und die drei den Seiten anliegenden Räume $h_1 h_2 h_3$. Liegt der angenommene Mittelpunkt m in e, so giebt es keinen reellen Kegelschnitt; liegt er in $e_1 e_2 e_3$, so giebt es einen, und derselbe ist Ellipse; liegt endlich m in einem der Räume $h_1 h_2 h_3$,

so giebt es ebenfalls einen reellen Kegelschnitt, und derselbe ist Hyperbel. (Vgl. §§. 58 und 62.)

Die Kegelschnittschaar hat ein allen Kegelschnitten gemeinschaftliches Tripel conjugirter Punkte: das Diagonaldreieck xyz des von den vier gemeinschaftlichen Tangenten der Schaar gebildeten vollständigen Vierseits (S. 147), und ferner liegen die Mittelpunkte m aller Kegelschnitte der Schaar auf einer Geraden $\mathfrak{M}$, der Mittelpunktslinie (S. 276), und erfüllen dieselbe; die Strahlen mx und my beschreiben also zwei perspectivische Strahlbüschel, während der Kegelschnitt, dessen Mittelpunkt m ist, die ganze Schaar durchläuft, und die conjugirten Durchmesser zu mx und my behalten constante Richtung.

Wir denken uns nun die Durchmessersysteme sämmtlicher Kegelschnitte der Schaar parallel mit sich nach einem und demselben Punkte o der Ebene hin verschoben und legen einen beliebigen Kegelschnitt $C^{(2)}$ durch den Punkt o; dann liefert jedes der nach o verlegten Strahlsysteme der conjugirten Durchmesser einen bestimmten Punkt P in der Ebene; denn bekanntlich schneiden die Paare conjugirter Strahlen eines Strahlsystems, dessen Mittelpunkt in der Peripherie eines Kegelschnitts liegt, Sehnen in dem Kegelschnitte aus, welche sämmtlich durch einen Punkt P laufen (S. 151); dieser Punkt ist schon durch zwei Strahlenpaare bestimmt; ziehen wir also durch o eine Parallele zu yz, welche den Hülfskegelschnitt $C^{(2)}$ in α trifft, eine Parallele zu zx, welche ihn in β trifft; ziehen wir ferner durch o zwei Parallele zu xm und ym, welche den Hülfskegelschnitt in α^1 und β^1 treffen, so wird der Schnittpunkt von $\alpha\alpha^1$ und $\beta\beta^1$ der Punkt P sein, welcher dem Strahlsystem der conjugirten Durchmesser für den Kegelschnitt (m) entspricht. Verändern wir jetzt m auf der Mittelpunktslinie $\mathfrak{M}$, um die ganze Schaar zu erhalten, so beschreiben xm und ym zwei perspectivische Strahlbüschel, folglich auch $o\alpha^1$ und $o\beta^1$ zwei projectivische Strahlbüschel; weil aber o und α zwei feste Punkte des Hülfskegelschnitts $C^{(2)}$ sind, so werden $o\alpha^1$ und $\alpha\alpha^1$ zwei projectivische Strahlbüschel beschreiben, ebenso $o\beta^1$ und $\beta\beta^1$, folglich beschreiben auch $\alpha\alpha^1$ und $\beta\beta^1$ zwei projectivische Strahlbüschel; der Ort ihres Schnittpunktes P ist also ein bestimmter Kegelschnitt $C_1^{(2)}$, welcher durch α und β geht; dass er auch durch γ, den Schnittpunkt eines parallel mit xy durch o gezogenen Strahles mit dem Kegelschnitte $C^{(2)}$, hindurchgeht, ist einleuchtend, da wir statt α und β auch α und γ oder β und γ hätten wählen können; es geht auch daraus hervor, dass, wenn m insbesondere in den Schnittpunkt der Mittelpunktslinie $\mathfrak{M}$ mit xy rückt, der Punkt P nach γ gelangt. Es ist nun auch leicht, den vierten Schnittpunkt der Kegelschnitte $C^{(2)}$ und $C_1^{(2)}$ zu finden; gelangt nämlich m insbesondere nach dem unendlich-entfernten Punkte der Mittelpunktslinie $\mathfrak{M}$, so wird der Punkt P die Lage eines Punktes δ annehmen, welcher der Schnittpunkt einer durch o zur Mittelpunktslinie $\mathfrak{M}$ gezogenen Parallelen mit dem Hülfskegelschnitte $C^{(2)}$ ist. Die Kegelschnitte $C^{(2)}$ und $C_1^{(2)}$ begegnen sich also in den leicht angebbaren vier Punkten $\alpha\beta\gamma\delta$. Wir haben demnach zunächst folgenden Satz gefunden:

Verschiebt man die Strahlsysteme der conjugirten Durchmesser für sämmtliche Kegelschnitte einer Schaar von vier gemeinschaftlichen Tangenten mit Beibehaltung ihrer Richtung (ohne Drehung) nach einem Punkte o eines beliebigen Kegelschnitts $C^{(2)}$, so bestimmt jedes Strahlsystem einen Punkt P in der Ebene, durch welchen die Durchbohrungssehnen jedes Paares conjugirter Strahlen laufen; der Ort sämmtlicher Punkte P für alle Kegelschnitte der Schaar ist ein bestimmter Kegelschnitt $C_1^{(2)}$, der insbesondere mit $C^{(2)}$ diejenigen vier Punkte gemein hat, in welchen die durch o mit den drei Diagonalen des Vierseits und der Mittelpunktslinie $\mathfrak{M}$ gezogenen Parallelen dem Kegelschnitt $C^{(2)}$ begegnen.

Ist der Kegelschnitt $C_1^{(2)}$ einmal ermittelt, so haben wir eine leicht übersehbare Abhängigkeit einerseits zwischen den Kegelschnitten der Schaar oder ihren Mittelpunkten m auf $\mathfrak{M}$ und ihren zugehörigen Durchmessersystemen und andererseits den sämmtlichen Punkten P des Kegelschnitts $C_1^{(2)}$; jeder Punkt dieses Kegelschnitts, als Mittelpunkt eines Strahlbüschels aufgefasst, liefert nämlich Strahlen, welche den Hülfskegelschnitt $C^{(2)}$ in Punktpaaren treffen, und diese, mit o verbunden, geben je ein Strahlsystem, welches dem Durchmessersystem eines bestimmten Kegelschnitts der Schaar parallel läuft; oder auch: Die Mittelpunktslinie $\mathfrak{M}$, welche die Mitten $m_1 m_2 m_3$ der drei Diagonalen des Vierseits enthält, und deren unendlich-entfernten Punkt wir mit m_∞ bezeichnen wollen, wird durch die vier Punkte $m_1 m_2 m_3 m_\infty$ in vier Stücke zerschnitten, und andererseits zerfällt der Kegelschnitt $C_1^{(2)}$ durch die vier in ihm enthaltenen Punkte $\alpha\beta\gamma\delta$ in vier Stücke (falls er eine Hyperbel ist, muss dieselbe als zusammenhängende Curve in dem auf Seite 120 angegebenen Sinne aufgefasst werden); alsdann enthalten die Strecken zwischen $m_1 m_2$, $m_2 m_3$, $m_3 m_\infty$, $m_\infty m_1$ die Mittelpunkte derjenigen Kegelschnitte der Schaar, deren Durchmessersysteme, nach o verlegt, Punkte P liefern, welche beziehungsweise die Stücke $\alpha\beta$, $\beta\gamma$, $\gamma\delta$, $\delta\alpha$ des Kegelschnitts $C_1^{(2)}$ erfüllen (Fig. 71). Für die besonderen Punkte $\alpha\beta\gamma\delta$ selbst wird das Strahlsystem parabolisch, die vier Kegelschnitte, welche diesen Punkten entsprechen, müssen also Parabeln sein; dies ist in der That der Fall, obwohl nur der einzige dem Punkt δ entsprechende Kegelschnitt eine eigentliche Parabel ist; die den drei Punkten $\alpha\beta\gamma$ entsprechenden Kegelschnitte der Schaar sind aber die drei Punktpaare (drei Paar Gegenecken des vollständigen Vierseits), und ein solches Punktpaar oder die doppelt gedachte Verbindungslinie desselben kann nicht blos, wie wir gesehen haben, als Ellipse oder Hyperbel (mit einer verschwindend kleinen Axe), sondern ebensowohl

Fig. 71.

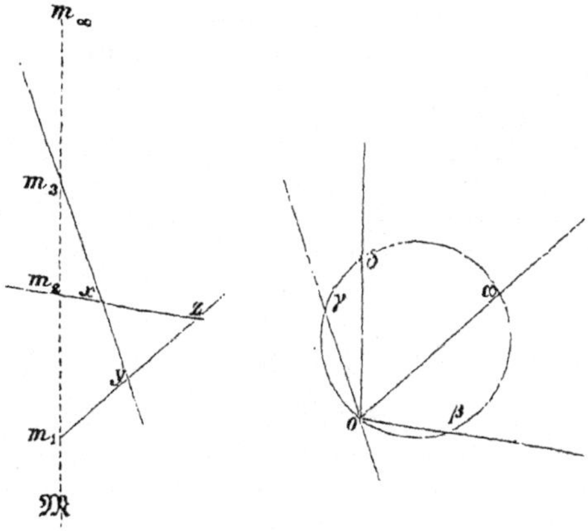

als eine specielle Parabel aufgefasst werden, denn sie hat zwei zusammenfallende unendlich-entfernte Punkte, was das charakteristische Merkmal der Parabel ist; auch trat schon bei der Betrachtung der Parabelschaar (S. 277) eine solche Doppellinie als specielle Parabel auf. Je nachdem nun der Punkt P innerhalb oder ausserhalb des Hülfskegelschnitts $C^{(2)}$ liegt, ist das Strahlsystem in o oder das mit ihm parallele Durchmessersystem des Kegelschnitts der Schaar elliptisch oder hyperbolisch, dieser Kegelschnitt selbst also auch Ellipse oder Hyperbel. Wir erkennen hieraus das bereits früher (S. 275) gefundene Resultat, dass die Kegelschnittschaar im Allgemeinen aus zwei Gruppen Ellipsen und zwei Gruppen Hyperbeln besteht, welche mit einander abwechseln, so dass auf eine Gruppe Ellipsen eine Gruppe Hyperbeln u. s. w. folgt, und dass diese vier Gruppen durch die vier erwähnten Parabeln von einander getrennt werden, denn sobald der Kegelschnitt $C_1^{(2)}$ durch einen der vier Schnittpunkte $\alpha\beta\gamma\delta$ geht, tritt er entweder aus der Region innerhalb des Kegelschnitts $C^{(2)}$ in die ausserhalb desselben oder umgekehrt (mit Ausnahme des besonderen Falles, dass zwei von den vier Punkten zusammenfallen).

Denken wir uns irgend ein Paar conjugirter Durchmesser eines beliebigen Kegelschnittes der Schaar parallel nach o verschoben, so wird die Durchschnittssehne in dem Kegelschnitt $C^{(2)}$ den Kegelschnitt $C_1^{(2)}$ im Allgemeinen und höchstens in zwei Punkten P und P^1 treffen, welche zwei bestimmten Kegelschnitten der Schaar entsprechen; *jedes Paar conjugirter Durchmesser eines Kegelschnittes der Schaar ist also im Allgemeinen mit einem Paar conjugirter Durchmesser eines der übrigen parallel; daher haben die Kegelschnitte insbesondere auch paarweise parallele Axen;* solche Paare von Kegelschnitten mit parallelen Axen erhalten wir in der Weise, dass wir nach o ein circulares Strahlsystem verlegen, dessen Durchbohrungssehnen in $C^{(2)}$ durch einen festen Punkt μ laufen; jeder durch μ gezogene Strahl trifft $C_1^{(2)}$ in zwei solchen Punkten P und P^1, deren entsprechende Kegelschnitte der Schaar parallele Axen haben, denn jede durch μ gezogene Sehne bestimmt in $C^{(2)}$ zwei Punkte, die mit o verbunden die Richtungen der Axen liefern. Es kann aber insbesondere vorkommen, dass die Schnittpunkte P und P^1 zusammenfallen oder ihre Verbindungslinie eine Tangente des Kegelschnitts $C_1^{(2)}$ ist, und zwar giebt es durch jeden Punkt P eine bestimmte Tangente an $C_1^{(2)}$; eine solche liefert als Sehne in $C^{(2)}$ zwei Schnittpunkte, die mit o verbunden ein besonderes Paar conjugirter Durchmesser des dem P entsprechenden Kegelschnitts bestimmen; mit diesem Paare wird kein Paar conjugirter Durchmesser irgend eines andern Kegelschnittes der Schaar parallel sein; also *jeder Kegelschnitt der Schaar hat ein besonderes Paar conjugirter Durchmesser, welches mit keinem Paar conjugirter Durchmesser irgend eines der übrigen parallel ist, und es giebt im Allgemeinen zwei Kegelschnitte, bei denen dies besondere Paar die Axen sind;* die beiden aus dem Punkte μ an den Kegelschnitt $C_1^{(2)}$ gelegten Tangenten haben nämlich zu Berührungspunkten die besonderen Punkte P, deren entsprechende Kegelschnitte der Schaar das besondere Paar conjugirter Durchmesser zu Axen haben.

Um zu ermitteln, ob und wie viele *gleichseitige Hyperbeln* in der Kegelschnittschaar enthalten sind, denken wir uns in den Schnittpunkten der durch μ gezogenen Sehnen mit dem Kegelschnitt $C^{(2)}$ Tangentenpaare an dem letzteren, die sich in Punkten schneiden, welche auf der Polare von μ in Bezug auf $C^{(2)}$ liegen; diese Polare $\mathfrak{L}$ wird nun den Kegelschnitt $C_1^{(2)}$ im Allgemeinen in zwei Punkten P und P^1 treffen; jeder derselben hat die Eigenschaft, dass sein Tangentenpaar an $C^{(2)}$ den Kegelschnitt in zwei Punkten berührt, die mit o verbunden zwei rechtwinklige Strahlen liefern; diese sind aber die Asymptoten des Strahlsystems, welches dem P zugehört; es ist ein gleichseitig-hyperbolisches, weil seine beiden Asymptoten rechtwinklig zu einander sind; jene beiden Schnittpunkte der Geraden $\mathfrak{L}$ mit dem Kegelschnitt $C_1^{(2)}$ bestimmen also zwei solche Punkte P, dass die ihnen entsprechenden Kegelschnitte der Schaar gleichseitige Hyperbeln werden; es giebt mithin in der Kegelschnittschaar zwei oder eine oder keine gleichseitige Hyperbel, je nachdem $\mathfrak{L}$ und $C_1^{(2)}$ sich schneiden oder berühren oder nicht treffen. (Vergl. S. 285.)

Insbesondere kann die Kegelschnittschaar einen *Kreis* enthalten, wenn der Kegelschnitt $C_1^{(2)}$ durch den Punkt μ geht, für welchen das Strahlsystem in o ein circulares wird. Sollen zwei Kreise in der Kegelschnittschaar vorkommen, so muss der Kegelschnitt $C_1^{(2)}$ in μ einen Doppelpunkt haben, d. h. in ein Linienpaar zerfallen; suchen wir überhaupt die Bedingungen auf, damit der Kegelschnitt $C_1^{(2)}$ zerfalle; dies wird dann eintreten, wenn die beiden den Kegelschnitt $C_1^{(2)}$ erzeugenden projectivischen Strahlbüschel (α) und (β) perspectivisch liegen, also in die Verbindungslinie der Mittelpunkte entsprechende Strahlen hineinfallen; dies ist aber nur dann möglich, wenn die Richtungen von m_2x und m_1y zusammenfallen oder die Mittelpunktslinie $\mathfrak{M}$ mit der Diagonale xy coincidirt; alsdann fällt m_2 in x und m_1 in y hinein, und da m_2 die Mitte zweier Gegenecken des vollständigen Vierseits ist, welche mit x und z harmonisch liegen, so muss, da x in die Mitte zwischen zwei zugeordneten Punkten fällt, der vierte harmonische Punkt z in die Unendlichkeit gehen; ebenso auf der Diagonale yz; also das ursprünglich gegebene Vierseit muss die Eigenschaft haben, dass zwei Diagonalen desselben parallel laufen, wobei die Mittelpunktslinie $\mathfrak{M}$ mit der dritten Diagonale zusammenfällt. Der Kegelschnitt $C_1^{(2)}$ reducirt sich dann, weil $\alpha\beta$ zusammenfallen und auch $\gamma\delta$ zusammenfallen, also zwei Doppelpunkte in ihm vorkommen, auf die doppelt zu zählende Verbindungslinie derselben und enthält nicht nur einen, sondern unendlich viele Doppelpunkte. Ein Doppelpunkt des Kegelschnitts $C_1^{(2)}$ liefert nun in o zwei gleiche auf einander fallende Strahlsysteme, entspricht also in der Kegelschnittschaar zwei Kegelschnitten, deren Durchmessersysteme gleich und gleichgerichtet sind; zwei solche Kegelschnitte heissen ähnlich und ähnlich-liegend; wir schliessen hieraus:

Unter den gesammten Kegelschnitten der Schaar giebt es im Allgemeinen keine zwei, welche ähnlich und ähnlich-liegend sind; wenn es aber insbesondere ein solches Paar giebt, so sind alle übrigen auch paarweise ähnlich und ähnlich-liegend; dieser besondere Fall tritt ein, wenn zwei Diagonalen des Vierseits parallel sind, wo dann die Mittelpunktslinie $\mathfrak{M}$ mit der dritten Diagonale zusammenfällt. Der Kegelschnitt $C_1^{(2)}$ degenerirt dabei in eine doppelte gerade Linie; geht diese insbesondere noch durch den Punkt μ, so giebt es *zwei Kreise* in der Kegelschnittschaar, welche ebenfalls als ein Paar ähnliche und ähnlich-liegende Kegelschnitte aufzufassen sind. (Wir überlassen dem Leser die Untersuchung eines andern Falles, in welchem gleicherweise die Richtungen

$m_2 x$ und $m_1 y$ auf einander fallen, wenn nämlich y mit x coincidirt; alsdann entsteht ein besonderes Vierseit, von welchem zwei Seiten zusammenfallen und auch zwei Diagonalen auf dieselben; die Kegelschnitte dieser speciellen Schaar berühren sämmtlich eine Gerade (das zusammenfallende Seitenpaar) in einem und demselben festen Punkte und ausserdem zwei andere Gerade; die Mittelpunktslinie $\mathfrak{M}$ enthält nur eine elliptische und zwei hyperbolische Regionen; der Kegelschnitt $C_1^{(2)}$ degenerirt in ein Linienpaar, dessen Doppelpunkt auf dem Kegelschnitt $C^{(2)}$ liegt; es giebt also keine zwei ähnliche und ähnlich-liegende Kegelschnitte u. s. w.; auch weitere Specialisirungen ergeben sich ohne Schwierigkeit aus der obigen allgemeinen Betrachtung.)

Eine besondere Einfachheit gewinnt die Untersuchung, wenn wir für den beliebig zu wählenden Hülfskegelschnitt $C^{(2)}$ einen Kreis annehmen; für den Kreis wird nämlich zunächst der Punkt μ der Mittelpunkt, und alle solche Punkte P, die gleichweit vom Mittelpunkte abstehen, also auf einem concentrischen Kreise liegen, geben in o gleiche Strahlsysteme, was aus der auf S. 268 gemachten Bemerkung hervorgeht, indem einerseits das Tangentenpaar aus P an den Kreis zwei Berührungspunkte liefert, welche mit o verbunden die Asymptoten des Strahlsystems geben, oder andererseits die durch P gezogene kleinste Sehne des Kreises denselben in zwei Punkten trifft, welche mit o verbunden das den gleichen conjugirten Durchmessern entsprechende Strahlenpaar liefern (gh_1 und hg_1), dessen Halbirungsstrahlen die Axen sind. Mit Hülfe dieser Bemerkung erkennen wir, dass irgend ein mit dem Kreise $C^{(2)}$ concentrischer Kreis im Allgemeinen den Kegelschnitt $C_1^{(2)}$ in vier solchen Punkten P treffen wird, deren entsprechende Kegelschnitte ähnlich (aber nicht ähnlich-liegend) sind, weil die diesen vier Kegelschnitten der Schaar zugehörigen Durchmessersysteme gleich sind, und zwar wird, wenn wir den Radius eines solchen mit dem ursprünglichen concentrisch angenommenen Kreises verändern, ein Kreis, dessen Radius grösser ist als der von $C^{(2)}$, im Allgemeinen in vier Punkten den Kegelschnitt $C_1^{(2)}$ treffen, welche vier ähnliche Hyperbeln der Kegelschnittschaar liefern, während ein Kreis, dessen Radius kleiner ist als der von $C^{(2)}$, immer in vier solchen Punkten trifft, welche vier ähnliche Ellipsen der Kegelschnittschaar liefern; auch ist ersichtlich, dass von diesen vier ähnlichen Kegelschnitten immer zwei einer der vier oben hervorgehobenen Gruppen und die beiden andern der zweiten gleichartigen Gruppe angehören; doch treten bei der stetigen Veränderung des mit $C^{(2)}$ concentrischen Kreises gewisse Grenzen auf, welche zu alleinstehenden Kegelschnitten führen, oder bei denen ein solches Paar in einen einzigen Kegelschnitt zusammenfällt. Im Allgemeinen wird es bei jeder der vier Gruppen in der Kegelschnittschaar einmal vorkommen, dass die beiden ähnlichen Kegelschnitte zusammenfallen, indem durch das Wachsen oder Abnehmen des Radius eines mit $C^{(2)}$ concentrischen Kreises die zwei Schnittpunkte desselben mit einem der vier Curvenstücke $\alpha\beta$, $\beta\gamma$, $\gamma\delta$, $\delta\alpha$ des Kegelschnitts $C_1^{(2)}$ einander genähert werden können, bis sie zuletzt zusammenfallen; ein solcher Kreis wird den Kegelschnitt $C_1^{(2)}$ berühren, sein nach dem Berührungspunkte gezogener Radius wird also eine Normale des Kegelschnitts $C_1^{(2)}$ sein, und jene alleinstehenden Kegelschnitte werden daher bestimmt durch die Fusspunkte der Normalen, welche sich aus dem Mittelpunkte μ des Hülfskreises $C^{(2)}$ an den Kegelschnitt $C_1^{(2)}$ ziehen lassen.*) Diese Fusspunkte können wir auf folgende Weise ermitteln: Möge ein solcher um den Mittelpunkt μ beschriebener Kreis den Kegelschnitt $C_1^{(2)}$ in zwei Punkten $\alpha^1\beta^1$ treffen, so wird die Mitte der Sehne $\alpha^1\beta^1$ einmal in dem von μ auf dieselbe gefällten Perpendikel liegen und andererseits in demjenigen Durchmesser des Kegelschnitts $C_1^{(2)}$, welcher der Richtung $\alpha^1\beta^1$ conjugirt ist; der Ort des Mittelpunkts dieser Sehne ist daher leicht zu bestimmen: Wir ziehen durch den Mittelpunkt M des gegebenen Kegelschnitts $C_1^{(2)}$ einen veränderlichen Strahl l und den conjugirten Duchmesser λ; aus dem festen Punkte μ fällen wir auf l ein Perpendikel, dessen Schnittpunkt mit λ der Mittelpunkt der Sehne ist; bei der Veränderung von l beschreiben nun l und λ ein Strahlsystem, also zwei in sich projectivische Strahlbüschel, das Perpendikel von μ auf l ebenfalls ein mit jenen projectivisches Strahlbüschel, folglich ist der Ort des Mittelpunktes der Sehne ein Kegelschnitt, welcher durch M und μ geht, und zwar *eine gleichseitige Hyperbel*, weil, wenn l und λ die Axen des Kegelschnitts $C_1^{(2)}$ werden, die beiden unendlich-entfernten Punkte des gefundenen Kegelschnitts hervorgehen, die in zwei rechtwinkligen Richtungen liegen. Diese gleichseitige Hyperbel trifft nun den Kegelschnitt $C_1^{(2)}$ in solchen Punkten, für welche die gemeinschaftliche Sehne $\alpha^1\beta^1$ den Werth Null hat, also der um μ beschriebene Kreis den Kegelschnitt $C_1^{(2)}$ berührt; es giebt daher im Allgemeinen vier solche Kreise, deren Berührungspunkte die Fusspunkte der aus μ an $C_1^{(2)}$ gezogenen Normalen sind; diese Berührungspunkte haben zugleich die Eigenthümlichkeit, dass ihr Abstand von dem Kreismittelpunkte μ unter den Abständen aller Punkte P des Kegelschnitts $C_1^{(2)}$ von dem Punkte μ ein Maximum oder Minimum ist, woraus folgt, dass die von diesen besonderen Punkten P in o hervor-

*) Vergl. §. 37.

gerufenen Strahlsysteme die Eigenthümlichkeit besitzen, dass sie entweder dem circularen Strahlsysteme am nächsten kommen oder von dem gleichseitig-hyperbolischen Strahlsystem am meisten abweichen, da (S. 269) der Winkel zwischen den gleichen conjugirten Durchmessern, oder der Winkel zwischen den Asymptoten oder das Axenverhältniss $\frac{b}{a}$ für einen solchen Punkt ein Maximum oder Minimum wird. Hieraus folgt, dass es auch in der Kegelschnittschaar *vier besondere Kegelschnitte* giebt, *deren Axenverhältniss ein Maximum oder Minimum ist*, und zwar in jeder Gruppe Ellipsen eine solche, welche unter allen dem Kreise am nächsten kommt (oder selbst ein Kreis ist), und in jeder Gruppe Hyperbeln eine solche, welche von der gleichseitigen am meisten abweicht. Die Aufgabe, diese vier ausgezeichneten Kegelschnitte der Schaar zu finden, ist nach dem Vorigen darauf zurückgeführt, aus einem gegebenen Punkte an einen gegebenen Kegelschnitt Normalen zu ziehen, oder die Durchschnittspunkte eines gegebenen Kegelschnitts mit einer gleichseitigen Hyperbel zu ermitteln; das Resultat der vorigen Untersuchung lässt sich nun folgendermassen zusammenfassen:

Unter den Kegelschnitten einer Schaar von vier gemeinschaftlichen Tangenten sind im Allgemeinen immer je vier einander ähnlich, und solche vier ähnliche Kegelschnitte gehören paarweise zwei gleichartigen Gruppen an (S. 275), *so dass man also auch sagen kann, die Kegelschnitte jeder Gruppe, für sich betrachtet, seien paarweise ähnlich. In jeder Gruppe giebt es einen einzelnen Kegelschnitt, welcher keinem andern derselben Gruppe ähnlich ist, und zwar in jeder der beiden Gruppen Ellipsen ist dies eine solche, welche unter allen dem Kreise am nächsten kommt* (oder insbesondere selbst ein Kreis ist), *in jeder der beiden Gruppen Hyperbeln eine solche Hyperbel, welche unter allen von der gleichseitigen am meisten abweicht, oder überhaupt ein solcher Kegelschnitt, für welchen das Axenverhältniss ein Maximum oder Minimum wird*).*

Wir haben bisher die Untersuchung einer Kegelschnittschaar auf den Fall von vier reellen gemeinschaftlichen Tangenten beschränkt; die den Betrachtungen in §§. 41 und 42 analogen führen aber auch zu Kegelschnittschaaren mit zwei reellen und zwei imaginären oder mit vier imaginären gemeinschaftlichen Tangenten. Für diese beiden Fälle treten mitunter Modificationen der gefundenen Eigenschaften der Kegelschnittschaar ein, welche sich aus der Uebertragung der in §§. 41 und 42 angestellten Betrachtungen ermitteln lassen; es giebt aber für die nähere Untersuchung dieser beiden Kegelschnittschaaren

*) *Steiner*, Vermischte Sätze und Aufgaben, *Crelle-Borchardt's* Journal, Bd. LV. S. 374.

noch ein einfacheres Mittel, nämlich die Polarisation eines Kreisbüschels mit einer reellen oder ideellen gemeinschaftlichen Secante (Potenzlinie); dadurch, dass man in Bezug auf irgend einen Kegelschnitt (oder Kreis) als Basis diese beiden Gebilde polarisirt, erhält man einmal eine Kegelschnittschaar mit zwei reellen und zwei imaginären gemeinschaftlichen Tangenten und das andere Mal eine Kegelschnittschaar mit vier imaginären gemeinschaftlichen Tangenten. Wir unterlassen die Ausführung dieser Untersuchung, welche sich zu geometrischen Uebungen sehr empfiehlt. Die Ergänzung der vorigen Betrachtungen für den Fall imaginärer gemeinschaftlicher Tangentenpaare der Kegelschnittschaar kann erst später (§. 50) gegeben werden, nachdem die Polareigenschaften einer Schaar ermittelt sind.

§. 47. Polar-Eigenschaften des Kegelschnittbüschels.

Das oben (S. 276) gefundene Resultat, dass die Mittelpunkte einer Kegelschnittschaar auf einer Geraden liegen, sowie das schon früher (S. 233) hervorgetretene Ergebniss, dass die Mittelpunkte eines Büschels gleichseitiger Hyperbeln auf einem Kreise liegen, führt darauf hin, sowohl für das allgemeine Kegelschnittbüschel den Ort der Mittelpunkte aufzusuchen, als auch in erweiterter Fassung, da der Mittelpunkt der Pol der unendlich-entfernten Geraden, also nur ein besonderer Fall des Poles irgend einer Geraden in der Ebene ist, die vier Fragen zu beantworten: *Was ist der Ort des Poles einer festen Geraden in Bezug auf sämmtliche Kegelschnitte eines Büschels und einer Schaar? Was ist der Ort der Polaren eines festen Punktes in Bezug auf sämmtliche Kegelschnitte einer Schaar und eines Büschels?* wovon die beiden letzteren die polaren Fragen der beiden ersteren sind, also in bekannter Weise von jenen abhängen.

Indem wir zuvörderst von einem Kegelschnittbüschel mit vier reellen Grundpunkten $ABCD$ ausgehen, wollen wir den Ort der Polaren eines festen Punktes P in Bezug auf sämmtliche Kegelschnitte des Büschels ermitteln. Ist xyz das Diagonaldreieck des vollständigen Vierecks $ABCD$ (Fig. 72), so erhalten wir (Seite 225) leicht einen Kegelschnitt des Büschels, indem wir einen beliebigen Punkt a der Diagonale yz mit A verbinden und diese Gerade als Tangente des Kegelschnitts ansehen; aB ist dann die Tangente in B, und verbinden wir den Schnittpunkt der Geraden aA und der Diagonale xz mit C, den Schnittpunkt der Geraden aB und der Diagonale xz mit D, so treffen sich diese beiden Geraden, welche die Tangenten in C und D am Kegelschnitte sind, auf der Diagonale yz in einem Punkte α; a und α liegen harmonisch zu yz u. s. w.

Um nun zu irgend einem Punkte P in der Ebene die Polare zu erhalten in Bezug auf den bestimmten Kegelschnitt des Büschels, dessen Tangente in A Aa ist, ziehe ich die Gerade aP, welche in s die Berührungssehne AB trifft, und bestimme von s den vierten harmonischen Punkt σ zu A und B; dann wird, weil a der Pol von AB ist, σ der Pol von aP sein; zweitens ziehe ich die Gerade $P\alpha$, welche in r die

Fig. 72.

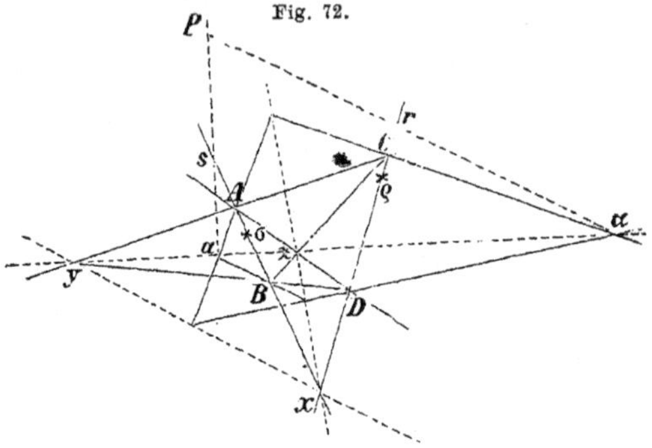

Sehne CD trifft, und bestimme zu r den vierten harmonischen Punkt ϱ auf CD; dann wird ϱ der Pol von $P\alpha$ sein, folglich $\varrho\sigma$ die Polare von P. Halten wir diese Construction fest und verändern den Kegelschnitt des Büschels, indem wir den Punkt a auf der Diagonale yz fortrücken, so beschreiben $a\alpha$ ein Punktsystem, dessen Asymptotenpunkte yz sind, weil $a\alpha$ beständig zu y und z harmonisch liegen; ebenso beschreiben $s\sigma$ ein Punktsystem, dessen Asymptotenpunkte A und B sind, und auch $r\varrho$ ein solches, dessen Asymptotenpunkte C und D sind. Jedes Punktsystem ist aber in sich projectivisch, d. h. die conjugirten Punkte eines Punktsystems bilden zwei projectivische Punktreihen (S. 52); also beschreiben a und α zwei projectivische Punktreihen, s und σ zwei solche und r und ϱ ebenfalls; nun liegen die Punktreihen s und a perspectivisch in Bezug auf den Projectionspunkt P, ebenso r und α; folglich da σ mit s, s mit a, a mit α, α mit r, r mit ϱ projectivisch sind, so ist auch σ mit ϱ projectivisch; diese beiden von ϱ und σ beschriebenen projectivischen Punktreihen liegen, wie leicht zu erkennen ist, perspectivisch, weil in den Schnittpunkt der Träger AB und CD, d. h. in den Punkt x zwei entsprechende Punkte hineinfallen (wenn a nämlich in AB hineinfällt, also α in CD u. s. w.), folglich läuft die Verbindungslinie $\varrho\sigma$ durch einen festen Punkt. Die Polaren des Punktes P in Bezug auf sämmtliche Kegelschnitte des Büschels laufen daher durch einen festen Punkt Q und bilden ein Strahlbüschel, welches projectivisch ist mit der von dem

Punkte a beschriebenen Punktreihe, d. h. mit dem von den Tangenten der Kegelschnitte des Büschels in einem der vier Grundpunkte gebildeten Strahlbüschel. Der Punkt Q kann jetzt leicht gefunden werden, indem wir P mit den Diagonalpunkten xyz verbinden und zu jedem dieser Strahlen und dem in dem Diagonalpunkte sich kreuzenden Linienpaar den vierten harmonischen Strahl construiren; diese drei Strahlen müssen sich in dem gesuchten Punkte Q treffen; die Punkte P und Q heissen *„conjugirte Punkte in Bezug auf das Kegelschnittbüschel“*, denn aus der Polartheorie (S. 144) geht hervor, dass auch die Polaren von Q in Bezug auf sämmtliche Kegelschnitte des Büschels durch P gehen, oder dass P und Q ein Paar conjugirter Punkte sind in Bezug auf alle Kegelschnitte des Büschels. Denken wir uns den bestimmten Kegelschnitt des Büschels construirt, welcher durch P geht, so muss auch die Polare von P in Bezug auf ihn, d. h. seine Tangente in P, durch Q gehen, und ebenso muss für den durch Q gehenden Kegelschnitt des Büschels die Tangente in Q durch P gehen; die Verbindungslinie PQ wird also von zwei Kegelschnitten des Büschels und zwar in den Punkten P und Q berührt oder: auf der Verbindungslinie PQ sind P und Q die Asymptotenpunkte desjenigen Punktsystems, welches von dem Kegelschnittbüschel ausgeschnitten wird (S. 234). Das gefundene Resultat lässt sich in folgenden Satz zusammenfassen:

Die Polaren eines festen Punktes P in Bezug auf sämmtliche Kegelschnitte eines Büschels von vier festen Grundpunkten $ABCD$ laufen durch einen und denselben festen Punkt Q, so dass P und Q ein Paar conjugirter Punkte sind in Bezug auf alle Kegelschnitte des Büschels und auch die Polaren von Q sämmtlich durch P laufen. Für irgend zwei Punkte P und P^1 in der Ebene bilden die Polaren zwei Strahlbüschel (Q) und (Q^1), welche allemal projectivisch sind, indem je zwei Polaren in Bezug auf denselben Kegelschnitt des Büschels entsprechende Strahlen werden. Das Strahlbüschel (Q) ist insbesondere auch projectivisch mit dem von den Tangenten der Kegelschnitte des Büschels in einem der vier Grundpunkte gebildeten und also auch (S. 235), wenn wir auf die Entstehung des Kegelschnittbüschels aus dem Strahlbüschel zurückgehen, mit demjenigen Strahlbüschel (P) (S. 226), aus welchem das Kegelschnittbüschel entspringt.

Hieraus folgt weiter, wenn wir zwei Punkte P und P^1 festhalten und die Polaren in Bezug auf einen Kegelschnitt des Büschels construiren, deren Schnittpunkt der Pol der Verbindungslinie PP^1 sein muss, dass der Ort des Poles einer festen Geraden (PP^1) in Bezug auf alle Kegelschnitte des Büschels der Ort des Schnittpunktes entsprechender Strahlen der beiden projectivischen Strahlbüschel (Q) und (Q^1), also im Allgemeinen ein *Kegelschnitt* sein wird. Dieser Kegelschnitt ist zugleich der Ort derjenigen Punkte, welche in Bezug auf das Kegelschnittbüschel den sämmtlichen Punkten der festen Geraden (PP^1) conjugirt sind; denn der conjugirte Punkt zu dem Schnittpunkte zweier entsprechender Strahlen der Strahlbüschel (Q) und (Q^1) muss auf der festen Geraden (PP^1) liegen. Hieraus folgen sofort sechs Punkte unseres Kegelschnitts, nämlich diejenigen, welche den Schnittpunkten der festen Geraden mit den sechs Seiten des vollständigen Vierecks harmonisch zugeordnet sind in Bezug auf jedes Paar Ecken. Andererseits ist ersichtlich, dass die drei Diagonalpunkte xyz ebenfalls Punkte des gefundenen Kegelschnitts sein müssen, weil sie die Pole der festen Geraden in Bezug auf die drei Linienpaare des Kegelschnittbüschels sind, und endlich können wir noch zwei Punkte dieses Kegelschnitts angeben (welche aber imaginär werden können), nämlich die Asymptotenpunkte desjenigen Punktsystems, welches das Kegelschnittbüschel auf der festen Geraden ausschneidet, denn diese Punkte sind, wie wir vorhin gesehen haben, selbst ein Paar conjugirter Punkte in Bezug auf das Kegelschnittbüschel: wir haben daher folgendes Ergebniss: *Die Pole einer festen Geraden $\mathfrak{G}$ in Bezug auf sämmtliche Kegelschnitte eines Büschels von vier festen Grundpunkten liegen im Allgemeinen auf einem Kegelschnitt $\mathfrak{K}^{(2)}$, welcher dem Diagonaldreieck xyz des von den vier Grundpunkten gebildeten vollständigen Vierecks umschrieben ist und ausserdem diejenigen sechs Punkte enthält, welche den Schnittpunkten der Geraden $\mathfrak{G}$ mit den sechs Seiten des vollständigen Vierecks harmonisch zugeordnet sind in Bezug auf jedes Eckenpaar;* durch diese neun Punkte ist der Kegelschnitt $\mathfrak{K}^{(2)}$ schon mehr als bestimmt, woraus also ein elementarer Satz folgt. *Der Kegelschnitt $\mathfrak{K}^{(2)}$ ist zugleich der Ort sämmtlicher Punkte Q, welche den Punkten P der Geraden $\mathfrak{G}$ in Bezug auf das Kegelschnittbüschel conjugirt sind.*

Die Gerade $\mathfrak{G}$ wird von den Kegelschnitten des Büschels in Paaren conjugirter Punkte eines Punktsystems geschnitten (S. 234); dieses Punktsystem auf der Geraden $\mathfrak{G}$ hat zu dem Polarkegelschnitt $\mathfrak{K}^{(2)}$ eine eigenthümliche Beziehung. Trifft nämlich irgend ein Kegelschnitt des Büschels die Gerade $\mathfrak{G}$ in dem Punktpaare P und p, so wird die Tangente des Kegelschnitts in P durch den conjugirten Punkt Q in Bezug auf das Kegelschnittbüschel gehen müssen und ebenso die Tangente in p durch den conjugirten Punkt q, und ausserdem schneiden sich die beiden Tangenten in einem Punkte s, dem Pol von $\mathfrak{G}$ in Bezug auf den angenommenen Kegelschnitt des Büschels; es leuchtet ein, dass der Kegelschnitt $\mathfrak{K}^{(2)}$ durch die drei Punkte Qq und s gehen muss, weil er einmal die conjugirten Punkte aller Punkte von $\mathfrak{G}$ in Bezug auf das Kegelschnittbüschel und andererseits die Pole der Geraden $\mathfrak{G}$ in Bezug auf alle Kegelschnitte des Büschels enthält. Da nun P und Q ein Paar conjugirter Punkte in Bezug auf alle Kegelschnitte des Büschels sind und ebenfalls p und q, so müssen nach einem oben (S. 153) bewiesenen Satze auch die Schnittpunkte (Pp, Qq) und (Pq, Qp) ein Paar conjugirter Punkte für alle Kegelschnitte des Büschels sein; der erste Punkt (Pp, Qq) liegt aber auf der Geraden $\mathfrak{G}$, folglich muss der andere, sein conjugirter in Bezug auf das Kegelschnittbüschel, auf dem Kegelschnitte $\mathfrak{K}^{(2)}$ liegen; mithin schneiden sich Pq und Qp in einem Punkte r des Kegelschnitts $\mathfrak{K}^{(2)}$. Wir haben jetzt vier Punkte $Qqsr$ auf dem Kegelschnitt $\mathfrak{K}^{(2)}$; die Schnittpunkte zweier Seitenpaare dieses Vierecks sind die Punkte P und p, folglich sind P und p ein Paar conjugirter Punkte in Bezug auf den Kegelschnitt $\mathfrak{K}^{(2)}$, und dasselbe gilt für jedes Schnittpunktpaar eines Kegelschnitts des Büschels mit der Geraden $\mathfrak{G}$; wir haben also folgenden Satz:

Die Kegelschnitte eines Büschels treffen eine Gerade $\mathfrak{G}$ in Punktpaaren, welche allemal conjugirte Punkte sind in Bezug auf denjenigen Kegelschnitt $\mathfrak{K}^{(2)}$, welcher die Pole von $\mathfrak{G}$ in Bezug auf alle Kegelschnitte des Büschels enthält; diese Schnittpunktpaare bilden also auf $\mathfrak{G}$ dasjenige Punktsystem, welches dem Kegelschnitt $\mathfrak{K}^{(2)}$ zugehört (S. 140); *ist es hyperbolisch, so geht nothwendig $\mathfrak{K}^{(2)}$ durch die beiden Asymptotenpunkte desselben.* (Hierdurch ist zugleich ein neuer Beweis für die charakteristische Eigenschaft des Kegelschnittbüschels gegeben.)

Durch das Kegelschnittbüschel wird ein eigenthümliches paarweises Entsprechen von Punkten in der Ebene vermittelt: Jedem Punkt P in der Ebene des Kegelschnittbüschels entspricht ein bestimmter conjugirter Punkt Q, welcher wiederum die Eigenschaft hat, dass sein conjugirter Punkt P ist; bewegt sich P auf einer Geraden $\mathfrak{G}$, so durchläuft der conjugirte Punkt Q einen Kegelschnitt $\mathfrak{K}^{(2)}$, welcher durch das gemeinschaftliche Tripel xyz des Kegelschnittbüschels hindurchgeht; dreht sich $\mathfrak{G}$ um einen festen Punkt P, so beschreibt der Kegelschnitt $\mathfrak{K}^{(2)}$ ein Kegelschnittbüschel von vier festen Punkten xyz und Q, dem conjugirten zu dem festen Punkte P der Geraden $\mathfrak{G}$. Allen Geraden $\mathfrak{G}$ in der Ebene entsprechen sämmtliche Kegelschnitte eines Büschel-Büschels (von doppelter Unendlichkeit), welche durch die drei Punkte xyz gehen. Es kommt im Allgemeinen in der Ebene nur viermal vor, dass zwei conjugirte Punkte P und Q zusammenfallen, und dies geschieht in den vier Grundpunkten des Kegelschnittbüschels. Nimmt insbesondere P die Lage eines der drei Diagonalpunkte z. B. x ein, so wird sein conjugirter Punkt Q unbestimmt, indem er jeder Punkt der Verbindungslinie der beiden übrigen Diagonalpunkte yz sein kann. Jeder Geraden $\mathfrak{G}$ in der Ebene entspricht im Allgemeinen ein bestimmter Kegelschnitt $\mathfrak{K}^{(2)}$; dieser zerfällt in ein Linienpaar, sobald $\mathfrak{G}$ durch einen der drei Diagonalpunkte z. B. durch x geht, und von diesem Linienpaar ist allemal der eine Theil die Verbindungslinie der beiden übrigen Diagonalpunkte yz, der andere Theil der vierte harmonische, der $\mathfrak{G}$ zugeordnete Strahl durch x, indem das durch x gehende Seitenpaar das andere Paar harmonisch-zugeordneter Strahlen ist*).

Die im Obigen entwickelten allgemeinen Polar-Eigenschaften des Kegelschnittbüschels sind nur bewiesen für den Fall eines Büschels mit vier reellen Grundpunkten; dass sie auch bestehen bleiben, wenn zwei oder alle vier Grundpunkte imaginär werden, können wir nachweisen, indem wir zu der in §. 42 angegebenen Entstehungsart des Kegelschnittbüschels zurückgehen; wir sahen dort, dass, wenn zwei Punktsysteme (b, β) und (c, γ) auf den Trägern $\mathfrak{B}$ und $\mathfrak{C}$ willkürlich gegeben sind, unendlich-viele Kegelschnitte sich auf reelle Weise construiren lassen, für welche die gegebenen beiden Punktsysteme die den Geraden $\mathfrak{B}$ und $\mathfrak{C}$ in Bezug auf jeden solchen Kegelschnitt zugehörigen sind, und dass diese sämmtlichen Kegelschnitte ein Büschel bilden, welches durch dieselben vier reellen Punkte geht, wenn die beiden gegebenen Punktsysteme hyperbolisch sind, nämlich durch die Asymptotenpunkte derselben, dagegen durch zwei reelle und zwei imaginäre gemeinschaftliche Punkte, wenn nur eines der beiden gegebenen Punktsysteme hyperbolisch, das andere elliptisch ist, oder endlich durch vier imaginäre gemeinschaftliche Punkte, wenn die beiden gegebenen Punktsysteme elliptisch sind; dieselbe in §. 42 auseinandergesetzte Construction liefert alle drei Arten von Kegelschnittbüscheln und lässt auch ebenso unmittelbar die vorhin bewiesenen Polareigenschaften derselben erkennen. Durch einen beliebigen Punkt P in der Ebene giebt es nämlich im Allgemeinen ein und nur ein einziges Strahlenpaar, welches gleichzeitig sowohl durch ein Paar conjugirter Punkte (b, β) des ersten Punktsystems, als auch durch ein Paar conjugirter Punkte (c, γ) des andern Punktsystems hindurchgeht; denn denken wir uns in P zwei auf einander liegende Strahlsysteme, welche beziehlich mit den beiden gegebenen Punktsystemen perspectivisch liegen, so haben diese beiden concentrischen Strahlsysteme ein gemein-

---

*) Eine derartige Verwandtschaft zwischen Punkten der Ebene heisst „*Steiner'sche Verwandtschaft*"; sie leistet nützliche Dienste bei der Untersuchung mancher Curven höherer Ordnung; vgl. *Durège*, Curven dritter Ordnung, Leipzig 1871, und: Ueber die Doppeltangenten der Curven vierter Ordnung mit drei Doppelpunkten von *H. Durège*, Sitzb. d. Wien. Acad. d. W. II. Abth. Oct. 1875.

sames Paar conjugirter Strahlen (S. 158), und zwar ist dies Paar immer reell vorhanden, sobald beide oder nur eines der beiden Strahlsysteme elliptisch sind; nur in dem Falle, dass beide hyperbolisch sind, braucht das gemeinschaftliche Paar nicht reell zu sein; dies ist aber gerade der Fall von vier reellen Grundpunkten des Büschels, wenn (b, β) und (c, γ) beide hyperbolisch sind, und in dem Obigen erledigt, während die beiden übrigen Fälle, wenn eines hyperbolisch und das andere elliptisch oder beide elliptisch sind, die Kegelschnittbüschel mit zwei reellen und zwei imaginären oder mit vier imaginären Grundpunkten liefern. Hier giebt es also immer durch P ein Strahlenpaar, welches durch zwei conjugirte Punkte b, β und zugleich durch zwei conjugirte Punkte c, γ geht; mögen die beiden Strahlen bc und $\beta\gamma$ sich in P schneiden, so haben wir ein Paar conjugirter Punkte b, β in Bezug auf alle Kegelschnitte des Büschels und ein zweites Paar c, γ ebenfalls conjugirter Punkte für alle Kegelschnitte des Büschels; folglich sind die Schnittpunkte $(bc, \beta\gamma) = P$ und $(b\gamma, c\beta) = Q$ auch ein Paar conjugirter Punkte für alle Kegelschnitte des Büschels (S. 153), oder die Polaren von P in Bezug auf sämmtliche Kegelschnitte des Büschels laufen durch denselben festen Punkt Q w. z. b. w.

Das Weitere ergiebt sich jetzt leicht in folgender Weise: Lassen wir einen Punkt P auf einer Geraden $\mathfrak{G}$ sich bewegen, so wird der conjugirte Punkt Q in Bezug auf das Büschel schon dadurch bestimmt, dass wir von P die Polaren in Bezug auf zwei bestimmte Kegelschnitte des Büschels $\mathfrak{A}^{(2)}$ und $\mathfrak{B}^{(2)}$ ermitteln und ihren Schnittpunkt Q aufsuchen. Die Polaren von sämmtlichen Punkten P der Geraden $\mathfrak{G}$ in Bezug auf den Kegelschnitt $\mathfrak{A}^{(2)}$ laufen aber durch einen Punkt und bilden ein Strahlbüschel, welches projectivisch ist mit der von P beschriebenen Punktreihe (S. 145); dasselbe gilt von den Polaren des veränderlichen Punktes P in Bezug auf $\mathfrak{B}^{(2)}$, folglich sind auch die beiden von den Polaren beschriebenen Strahlbüschel unter sich projectivisch, mithin der Ort des Punktes Q im Allgemeinen ein Kegelschnitt; bewegt sich also der Punkt P auf einer Geraden $\mathfrak{G}$, so durchläuft sein conjugirter Punkt Q in Bezug auf das Kegelschnittbüschel einen bestimmten Kegelschnitt $\mathfrak{K}^{(2)}$, welcher zugleich die Pole der Geraden $\mathfrak{G}$ in Bezug auf die Kegelschnitte $\mathfrak{A}^{(2)}$ und $\mathfrak{B}^{(2)}$ als Mittelpunkte der ihn erzeugenden Strahlbüschel enthält; da aber die beiden Kegelschnitte $\mathfrak{A}^{(2)}$ und $\mathfrak{B}^{(2)}$ ganz willkürlich aus dem Kegelschnittbüschel herausgenommen sind, und für jede zwei anderen derselbe Kegelschnitt $\mathfrak{K}^{(2)}$ als Ort der conjugirten Punkte Q resultiren muss, so enthält der Kegelschnitt $\mathfrak{K}^{(2)}$ gleichzeitig die Pole der Geraden $\mathfrak{G}$ in

Bezug auf sämmtliche Kegelschnitte des Büschels. Hieraus folgt umgekehrt, dass, wenn wir zu zwei beliebigen Punkten in der Ebene P und P^1 die Polaren in Bezug auf alle Kegelschnitte des Büschels construiren, dieselben zwei Strahlbüschel (Q) und (Q^1) bilden, welche allemal projectivisch sind, indem entsprechende Strahlen die Polaren von P und P^1 in Bezug auf denselben Kegelschnitt des Büschels sind, denn jene beiden Strahlbüschel erzeugen einen Kegelschnitt $\mathfrak{K}^{(2)}$. Verändern wir P^1 beliebig in der Ebene, so bleibt das Strahlbüschel (Q^1) seiner Polaren beständig projectivisch mit dem Strahlbüschel (Q) oder irgend einem andern Polaren-Strahlbüschel. Der Beweis der übrigen Polareigenschaften bleibt unverändert bestehen, ob die Grundpunkte des Büschels reell oder imaginär sind.

§. 48. Ueber den Mittelpunktskegelschnitt eines Büschels.

Wir wollen jetzt einige besondere Fälle der gewonnenen allgemeinen Resultate hervorheben; wird nämlich zuvörderst die Gerade $\mathfrak{G}$ in die Unendlichkeit verlegt $(\mathfrak{G}_\infty)$, so enthält der ihr entsprechende Kegelschnitt $\mathfrak{K}^{(2)}$ die Mittelpunkte sämmtlicher Kegelschnitte des Büschels; wir nennen ihn daher den Mittelpunktskegelschnitt $\mathfrak{M}^{(2)}$; das der Geraden $\mathfrak{G}_\infty$ in Bezug auf diesen Kegelschnitt $\mathfrak{M}^{(2)}$ zugehörige Punktsystem ist dasjenige, welches von den Richtungen des Systems der conjugirten Durchmesser des Mittelpunktskegelschnitts $\mathfrak{M}^{(2)}$ fixirt wird, und dieses muss nach dem oben bewiesenen Satze identisch sein mit demjenigen Punktsystem, welches die Kegelschnitte des Büschels auf $\mathfrak{G}_\infty$ ausschneiden; also *die Asymptoten jeder Hyperbel in dem Büschel sind einem Paare conjugirter Durchmesser des Mittelpunktskegelschnitts* $\mathfrak{M}^{(2)}$ *parallel.* Hieraus folgt weiter, wenn wir annehmen, $\mathfrak{M}^{(2)}$ sei Hyperbel, (mithin seine Asymptoten s und t mit jedem Paare conjugirter Durchmesser x, $\mathfrak{x}$ harmonisch gelegen), da $x\mathfrak{x}$ den Asymptoten eines bestimmten Kegelschnitts des Büschels parallel sind, dass auch st einem bestimmten Paare conjugirter Durchmesser dieses Kegelschnitts parallel laufen; also:

Die Asymptoten des Mittelpunktskegelschnitts $\mathfrak{M}^{(2)}$ *haben die Richtungen eines Paares conjugirter Durchmesser für jeden Kegelschnitt des Büschels.* Wir haben nun früher das von einem Kegelschnittbüschel auf $\mathfrak{G}_\infty$ ausgeschnittene Punktsystem in allen drei Fällen (S. 266) des Kegelschnittbüschels ermittelt und die Kriterien gefunden, unter welchen dasselbe elliptisch oder hyperbolisch ist; da das Strahlsystem der conjugirten Durchmesser für den Mittelpunktskegelschnitt $\mathfrak{M}^{(2)}$ mit jenem Punktsystem auf $\mathfrak{G}_\infty$ perspectivisch liegt, nach dem oben bewiesenen allgemeinen Satze, so können wir mit Berücksichtigung der angeführten Kriterien folgende Beziehungen für den Kegelschnitt $\mathfrak{M}^{(2)}$ angeben:

Die Mittelpunkte sämmtlicher Kegelschnitte eines Büschels liegen auf einem Kegelschnitt $\mathfrak{M}^{(2)}$; dieser ist:

1) wenn das Büschel vier reelle Grundpunkte hat, eine *Ellipse,* sobald diese vier Punkte so liegen, dass einer sich innerhalb des von den drei andern gebildeten Dreiecks befindet; dagegen eine *Hyperbel,* sobald sie derart liegen, dass jeder ausserhalb des von den drei andern gebildeten Dreiecks liegt; endlich eine *Parabel*, sobald einer der vier Punkte im Unendlichen liegt. Im ersten Falle besteht das Büschel aus lauter Hyperbeln; im zweiten Falle aus einer Gruppe Ellipsen und einer Gruppe Hyperbeln, welche durch zwei Parabeln von einander getrennt werden; die Asymptoten der Mittelpunktshyperbel $\mathfrak{M}^{(2)}$ haben die Richtungen der Axen dieser beiden Parabeln, oder die beiden unendlich-entfernten Punkte von $\mathfrak{M}^{(2)}$ sind die Mittelpunkte der beiden Parabeln; da sie die beiden Zweige der Hyperbel trennen, so enthält der eine Zweig der Hyperbel $\mathfrak{M}^{(2)}$ die Mittelpunkte aller Ellipsen und der andere die Mittelpunkte aller Hyperbeln des Büschels. Im dritten Falle besteht das Büschel auch aus lauter Hyperbeln und einer einzigen Parabel. Der Kegelschnitt $\mathfrak{M}^{(2)}$ geht durch die Mitten der sechs Seiten des vollständigen Vierecks, welches von den Grundpunkten des Büschels gebildet wird, und durch die drei Diagonalpunkte desselben, das gemeinschaftliche Polardreieck für alle Kegelschnitte des Büschels. Jedes Paar conjugirter Durchmesser des Kegelschnitts $\mathfrak{M}^{(2)}$ ist parallel einem Asymptotenpaar eines Kegelschnittes des Büschels, und die Axen des Kegelschnitts $\mathfrak{M}^{(2)}$ sind parallel den Asymptoten der einzigen gleichseitigen Hyperbel, welche in dem Kegelschnittbüschel vorkommt.

Ausser den *neun Punkten*, durch welche der Mittelpunktskegelschnitt $\mathfrak{M}^{(2)}$ schon mehr als bestimmt ist, können wir noch andere Elemente zu seiner Construction angeben; es lässt sich nämlich leicht der Mittelpunkt von $\mathfrak{M}^{(2)}$ bestimmen. Gehen wir von der allgemeinsten Erzeugung des Kegelschnittbüschels aus (§. 42), und seien entsprechend der früheren Bezeichnung $\mathfrak{B}$ und $\mathfrak{C}$ die Träger zweier Punktsysteme, die für sämmtliche Kegelschnitte des Büschels die zugehörigen sind; sei der unendlich-entfernte Punkt auf $\mathfrak{B}$: b_∞ und auf $\mathfrak{C}$: c_∞, und die ihnen conjugirten, d. h. die Mittelpunkte beider Punktsysteme auf $\mathfrak{B}$ und $\mathfrak{C}$, mögen m_b und m_c heissen, dann sind m_b und b_∞ ein Paar conjugirter Punkte für das ganze Büschel, ebenso m_c und c_∞, folglich (Seite 153) auch die Schnittpunkte $(m_b m_c, b_\infty c_\infty)$ und

$(m_b c_\infty, m_c b_\infty)$, also: wenn wir durch m_b und m_c Parallelen zu $\mathfrak{C}$ und $\mathfrak{B}$ ziehen, die sich in s treffen mögen, so ist s der conjugirte Punkt zu dem unendlich-entfernten auf der Verbindungslinie $m_b m_c$; folglich muss s auf dem Mittelpunktskegelschnitt $\mathfrak{M}^{(2)}$ liegen, denn s ist der conjugirte zu einem unendlich-entfernten Punkte in Bezug auf das Büschel. Mithin bilden der Schnittpunkt o der Träger $\mathfrak{B}$, $\mathfrak{C}$, die Punkte m_b und m_c und der Punkt s ein dem Kegelschnitt $\mathfrak{M}^{(2)}$ einbeschriebenes Parallelogramm, dessen Mittelpunkt zugleich der Mittelpunkt von $\mathfrak{M}^{(2)}$ sein muss; hieraus folgt, dass die Mitte μ zwischen den beiden Punkten m_b und m_c der Mittelpunkt des Kegelschnitts $\mathfrak{M}^{(2)}$ ist; dieser lässt sich immer reell construiren, ob die Grundpunkte des Büschels reell vorhanden sind oder nicht. Hat das Kegelschnittbüschel vier reelle Grundpunkte, so folgt hieraus zugleich der bekannte elementare Satz: *Wenn man in einem vollständigen Viereck die Mitten jedes der drei Paare Gegenseiten mit einander verbindet, so schneiden sich diese drei Linien in einem Punkte und halbiren sich in demselben; dies ist der Mittelpunkt desjenigen Kegelschnitts, welcher die Mittelpunkte sämmtlicher dem vollständigen Viereck umschriebenen Kegelschnitte enthält und sowohl durch die Mitten der sechs Seiten, als auch durch die drei Diagonalpunkte des vollständigen Vierecks hindurchgeht.*

2) Wenn das Büschel zwei reelle Grundpunkte hat und zwei imaginäre, welche auf der zweiten (ideellen) gemeinschaftlichen Secante liegen, so ist der Kegelschnitt $\mathfrak{M}^{(2)}$ *Ellipse*, sobald die ideelle gemeinschaftliche Secante zwischen den beiden reellen Grundpunkten hindurchgeht, dagegen *Hyperbel*, sobald dieselbe die beiden reellen Grundpunkte nicht trennt, endlich *Parabel*, wenn einer der beiden reellen Grundpunkte im Unendlichen liegt; im ersten Falle besteht wiederum das Büschel aus lauter Hyperbeln, im zweiten Falle aus einer Gruppe Ellipsen, einer Gruppe Hyperbeln und zwei Parabeln, im dritten Falle aus lauter Hyperbeln und einer einzigen Parabel. Denken wir uns dies Kegelschnittbüschel nach §. 42 durch die beiden Punktsysteme auf dem einzig reellen Linienpaar ($\mathfrak{B}$, $\mathfrak{C}$), welche allen Kegelschnitten gleichzeitig zugehören, erzeugt, so geht der Kegelschnitt $\mathfrak{M}^{(2)}$ durch den Schnittpunkt dieses Linienpaares (den einzig reellen Punkt des gemeinschaftlichen Tripels) und durch die Mittelpunkte der beiden Punktsysteme auf $\mathfrak{B}$ und $\mathfrak{C}$; durch diese drei Punkte ist er aber noch nicht völlig bestimmt; nehmen wir die Gerade $\mathfrak{A}$, die einzig reelle Seite des gemeinschaftlichen Tripels, und das Punktsystem (a, α) auf ihr, welches von den Kegelschnitten des Büschels ausgeschnitten wird und in diesem Falle nothwendig elliptisch ist, so ist der Kegelschnitt $\mathfrak{M}^{(2)}$ vollständig bestimmt durch die drei genannten Punkte

und dadurch, dass das bekannte Punktsystem (a, α) das ihm zugehörige sein soll. (Siehe Seite 150).

3) Wenn das Kegelschnittbüschel vier imaginäre Grundpunkte hat, so ist der Mittelpunktskegelschnitt $\mathfrak{M}^{(2)}$ allemal *Hyperbel* und völlig bestimmt durch den Schnittpunkt des einzig reellen Linienpaares $(\mathfrak{B}, \mathfrak{C})$, durch die Mittelpunkte der beiden (elliptischen) Punktsysteme auf diesen Trägern, welche gleichzeitig allen Kegelschnitten des Büschels zugehören, und durch die beiden übrigen reellen Tripelpunkte des gemeinschaftlichen Tripels, nämlich die Asymptotenpunkte des auf der Polare $(\mathfrak{A})$ des Schnittpunktes $(\mathfrak{B}, \mathfrak{C})$ befindlichen hyperbolischen Punktsystems, welches auf dieser Geraden von den Kegelschnitten des Büschels ausgeschnitten wird. Das Kegelschnittbüschel besteht also in diesem Falle immer aus einer Gruppe Ellipsen, einer Gruppe Hyperbeln und zwei Parabeln; die Mittelpunkte der letzteren sind die unendlich-entfernten Punkte der Hyperbel $\mathfrak{M}^{(2)}$ und trennen die beiden Zweige derselben, deren einer die Mittelpunkte der Ellipsengruppe, der andere die der Hyperbelgruppe enthält; das Büschel enthält nur ein reelles Linienpaar und zwei imaginäre Linienpaare (Nullkegelschnitte), deren jedes sich auf einen Punkt zusammenzieht; dies sind die beiden Asymptotenpunkte des hyperbolischen Punktsystems auf $\mathfrak{A}$ oder zwei Tripelpunkte des ganz reellen gemeinschaftlichen Tripels.

Der Mittelpunktskegelschnitt $\mathfrak{M}^{(2)}$ kann in den Fällen 1) und 2) insbesondere ein *Kreis* werden; alsdann besteht das Kegelschnittbüschel aus lauter gleichseitigen Hyperbeln (S. 233); in dem Falle 1), wo die vier Grundpunkte des Büschels reell sind, also drei Linienpaare in dem Büschel existiren, deren jedes ein Paar rechtwinkliger Geraden sein muss, folgt die schon oben gefundene Bedingung: die vier Grundpunkte müssen so liegen, dass einer (jeder) der Höhenpunkt des von den drei andern gebildeten Dreiecks ist. Diese Bedingung lässt sich aber etwas anders fassen, so dass sie auch in dem Falle 2) von nur zwei reellen Grundpunkten bestehen bleibt; seien nämlich $ABCD$ die vier Grundpunkte und x der Schnittpunkt (AB, CD) zwischen A und B gelegen, was nothwendig wenigstens einmal unter den drei Linienpaaren vorkommen muss, sobald $\mathfrak{M}^{(2)}$ Ellipse ist, dann kommt die vorige Bedingung darauf hinaus, dass CD auf AB senkrecht stehe und

$$xA \,.\, xB + xC \,.\, xD = 0 \quad \text{sei} \quad (\text{S. } 232).$$

Anstatt der Punkte C und D, welche die Asymptotenpunkte des allen Kegelschnitten des Büschels gemeinschaftlich zugehörigen Punktsystems auf CD sind, können wir zwei andere Punkte einführen, die

Mitte zwischen CD, d. h. den Mittelpunkt dieses gemeinschaftlichen Punktsystems, und den dem Punkte x conjugirten Punkt ξ desselben, d. h. den vierten harmonischen zu x, C, D, der dem x zugeordnet ist; denn nach Seite 13. V. haben wir:

$$xC \,.\, xD = xm \,.\, x\xi, \quad \text{also auch}$$
$$xA \,.\, xB + xm \,.\, x\xi = 0,$$

d. h. die vier Punkte $ABm\xi$ müssen so liegen, dass jeder der Höhenpunkt des von den drei andern gebildeten Dreiecks ist. Soll nun in dem Falle 2) das Kegelschnittbüschel mit zwei reellen und zwei imaginären Grundpunkten ein Büschel gleichseitiger Hyperbeln werden (oder $\mathfrak{M}^{(2)}$ ein Kreis), und denken wir uns dasselbe durch die beiden den Kegelschnitten zugehörigen Punktsysteme auf dem einzig reellen Linienpaar erzeugt (§. 42), so ist zunächst erforderlich, dass die ideelle gemeinschaftliche Secante zwischen den beiden reellen Grundpunkten AB hindurchgehe und dieselbe in x rechtwinklig schneide; ist ξ der conjugirte Punkt zu x in dem auf dieser ideellen Secante gegebenen (elliptischen) Punktsystem, welches allen Kegelschnitten des Büschels gleichzeitig zugehört, und m der Mittelpunkt desselben, so muss:

$$xA \,.\, xB + xm \,.\, x\xi = 0$$

sein, oder die vier Punkte $ABm\xi$ müssen so liegen, dass jeder der Höhenpunkt des von den drei andern gebildeten Dreiecks ist; natürlich wird, während im Falle 1) m ausserhalb $x\xi$ lag, im Falle 2) m zwischen $x\xi$ liegen. Dass in der That zwei so gelegte Punktsysteme ein Büschel gleichseitiger Hyperbeln erzeugen, lässt sich auch a posteriori leicht nachweisen, indem wir zeigen, dass ein Kegelschnitt, welcher durch die Mittelpunkte der beiden Punktsysteme, den Schnittpunkt x ihrer Träger geht und das (elliptische) Punktsystem auf der gemeinschaftlichen Polare von x zu dem ihm zugehörigen hat, ein Kreis sein muss.

Es bleibt noch der Fall zu erörtern übrig, wenn der Mittelpunktskegelschnitt $\mathfrak{M}^{(2)}$ in ein *Linienpaar* zerfällt. Sind die vier Grundpunkte des Büschels reell, so sind auch die sechs Mitten der Seiten dieses vollständigen Vierecks reell; der Kegelschnitt $\mathfrak{M}^{(2)}$ enthält aber dieselben, und damit er in ein Linienpaar zerfalle, müssen wenigstens drei jener Mitten auf einer Geraden liegen; dies ist nur auf zwei Arten möglich: entweder haben drei in einer Ecke zusammenstossende Seiten ihre Mitten in einer Geraden, dann müssen die drei übrigen Ecken des Vierecks selbst auf einer Geraden liegen, also alle Kegelschnitte des Büschels zerfallen in Linienpaare, und das Kegelschnittbüschel löst sich in eine feste Gerade und ein gewöhnliches Strahlbüschel auf; dieser Fall kann uns weiter nicht interessiren, weil wir es dann nicht mit einem

Kegelschnittbüschel im eigentlichen Sinne des Wortes zu thun haben; oder zweitens: drei nicht zusammenstossende Seiten des vollständigen Vierecks haben ihre Mitten auf einer Geraden; bilden diese ein Dreieck, so haben wir wieder den vorigen Fall; sind es aber z. B. folgende AB, BC, CD, so folgt daraus, dass das Seitenpaar AC, BD parallel sein muss, also *einer der drei gemeinschaftlichen Tripelpunkte im Unendlichen* liegt. Der Kegelschnitt $\mathfrak{M}^{(2)}$ zerfällt dann in der That in ein Linienpaar, dessen einer Theil die Verbindungslinie der beiden übrigen im Endlichen bleibenden Tripelpunkte und dessen anderer Theil diejenige Gerade ist, welche zwischen den beiden parallelen Seiten des Vierecks in gleichem Abstande von beiden selbst mit ihnen parallel läuft. Diese gerade Linie enthält aber eigenthümlicher Weise keinen einzigen Mittelpunkt eines eigentlichen Kegelschnitts dieses Büschels; vielmehr muss jeder Punkt von ihr als der Mittelpunkt desjenigen Kegelschnitts angesehen werden, der aus dem parallelen Seitenpaar besteht, für welches eben der Mittelpunkt unbestimmt wird. Alle übrigen (eigentlichen) Kegelschnitte des Büschels haben ihre Mittelpunkte allein auf derjenigen Geraden, welche die beiden im Endlichen liegenden Eckpunkte des gemeinschaftlichen Tripels verbindet, und jeder Punkt dieser Geraden ist der Mittelpunkt eines bestimmten Kegelschnitts dieses Büschels. Wird noch ein zweites Seitenpaar parallel, also das Viereck ein Parallelogramm, so tritt aufs Neue der eigenthümliche Umstand ein, dass für zwei Kegelschnitte des Büschels, die beiden parallelen Seitenpaare, der Mittelpunkt unbestimmt wird, indem er jeder Punkt der durch den Mittelpunkt des Parallelogramms zu einem Seitenpaare parallel gezogenen Geraden sein kann, während alle übrigen (eigentlichen) Kegelschnitte des Büschels den einzigen Mittelpunkt des Parallelogramms zu ihrem Mittelpunkt haben. Der Kegelschnitt $\mathfrak{M}^{(2)}$ löst sich in dasjenige Linienpaar auf, welches von den durch den Mittelpunkt des Parallelogramms zu den Seiten gezogenen Parallelen gebildet wird, aber dieses Linienpaar ist illusorisch als Ort für die Mittelpunkte der Kegelschnitte des Büschels, weil diese sich alle auf einen Punkt concentriren.

Auch für ein Büschel mit zwei reellen und zwei imaginären Grundpunkten oder mit vier imaginären Grundpunkten kann der Mittelpunktskegelschnitt $\mathfrak{M}^{(2)}$ nur zerfallen, wenn das einzig reelle Linienpaar, welches in dem Büschel vorkommt, zu einem Paar Parallellinien wird, also ihr Schnittpunkt, d. h. ein Punkt des gemeinschaftlichen Tripels, in die Unendlichkeit geht; der Mittelpunktskegelschnitt $\mathfrak{M}^{(2)}$ zerfällt dann in ein Linienpaar, dessen einer Theil die Verbindungslinie der beiden übrigen Tripelpunkte ist, während der andere Theil wieder illusorisch wird, weil der Mittelpunkt eines Kegelschnitts, welcher aus einem Paar Parallellinien besteht, unbestimmt ist. Noch mehr specialisirt sich das Kegelschnittbüschel, wenn ein Theil des Linienpaares, welches in demselben vorkommt, in die Unendlichkeit geht (zu $\mathfrak{G}_\infty$ wird); alsdann müssen, weil das auf dieser Geraden befindliche Punktsystem allen Kegelschnitten des Büschels gleichzeitig zugehört, sämmtliche Kegelschnitte in dem Büschel ähnlich und ähnlich-liegend sein, denn die Systeme der conjugirten Durchmesser, welche mit dem auf $\mathfrak{G}_\infty$ befindlichen, den Kegelschnitten zugehörigen Punktsystem perspectivisch liegen, werden alle gleich; ist das Punktsystem auf $\mathfrak{G}_\infty$ hyperbolisch, so sind sie ähnliche Hyperbeln, ist es elliptisch, so sind sie ähnliche Ellipsen. Hierher gehören die beiden *Kreisbüschel* mit reeller oder ideeller gemeinschaftlicher Secante, deren zweite (ideelle) gemeinschaftliche Secante $\mathfrak{G}_\infty$ ist; das auf ihr befindliche Punktsystem ist ein solches, dass je zwei conjugirte Punkte in rechtwinkligen Richtungen liegen, oder die beiden imaginären Kreispunkte auf $\mathfrak{G}_\infty$ die imaginären Asymptotenpunkte dieses (elliptischen) Punktsystems sind. Der Mittelpunktskegelschnitt $\mathfrak{M}^{(2)}$ zerfällt natürlich ebenfalls in eine gerade Linie, die Verbindungslinie der übrigen beiden (reellen oder imaginären) Punkte des gemeinschaftlichen Tripels, welche sämmtliche Mittelpunkte der (eigentlichen) Kegelschnitte des Büschels enthält, und in einen illusorischen Theil, welcher mit $\mathfrak{G}_\infty$ zusammenfällt.

Schliesslich möge noch der besondere Fall in Betracht gezogen werden, wenn der Mittelpunktskegelschnitt $\mathfrak{M}^{(2)}$ eine *gleichseitige Hyperbel* wird; das Punktsystem auf $\mathfrak{G}_\infty$, welches von dem Kegelschnittbüschel ausgeschnitten wird, muss in diesem Fall hyperbolisch sein und seine beiden Asymptotenpunkte in zwei zu einander rechtwinkligen Richtungen haben; aus der in §. 43 angestellten Betrachtung folgt, dass die Gerade $\mathfrak{L}$ durch den Mittelpunkt des Hülfskreises $\mathfrak{K}^{(2)}$ gehen muss; und da jeder Punkt in der Geraden $\mathfrak{L}$ ein Strahlsystem in dem Peripheriepunkte B des Kreises $\mathfrak{K}^{(2)}$ hervorruft, welches dem System der conjugirten Durchmesser eines Kegelschnitts des Büschels parallel läuft, so muss unter den Kegelschnitten des Büschels ein Kreis vorkommen, weil unter jenen Strahlsystemen ein circulares vorkommt; wir schliessen daher: Der Mittelpunktskegelschnitt $\mathfrak{M}^{(2)}$ wird gleichseitige Hyperbel, sobald in dem Büschel ein Kreis vorkommt oder diejenige Ellipse des Büschels, welche unter allen dem Kreise am nächsten kommt, selbst ein Kreis wird. Da wir aus dem Obigen wissen, dass die Asymptoten des Mittelpunktskegelschnitts $\mathfrak{M}^{(2)}$ allemal die Richtungen zweier conjugirten Durchmesser für jeden Kegelschnitt des Büschels haben, so folgt, weil diese für die gleichseitige Hyperbel zu einander rechtwinklig sind, dass sie den Richtungen der Axen sämmtlicher Kegelschnitte des Büschels parallel laufen. Wir haben daher folgenden Satz:

Wenn unter den Kegelschnitten des Büschels ein Kreis enthalten ist, so sind die Axen sämmtlicher Kegelschnitte des Büschels zwei bestimmten zu einander rechtwinkligen Richtungen parallel, welche zugleich mit den Richtungen der Axen der beiden in dem Büschel enthaltenen Parabeln zusammenfallen oder auch mit den Richtungen der Asymptoten derjenigen gleichseitigen Hyperbel $\mathfrak{M}^{(2)}$, *welche die Mittelpunkte aller Kegelschnitte des Büschels enthält.* Nehmen wir insbesondere die vier Grundpunkte des Büschels reell an und berücksichtigen die drei Linienpaare des Büschels, deren Axen die Halbirungslinien ihres Winkels und Nebenwinkels sind, so resultirt der bekannte elementare Satz: *Halbirt man in einem Kreisviereck die Winkel und Nebenwinkel jedes der drei Seitenpaare, die sich in den Diagonalpunkten schneiden, so sind von diesen sechs Halbirungslinien drei und drei parallel, und die drei ersten stehen auf den drei letzten senkrecht**). Diese beiden zu einander rechtwinkligen Richtungen sind zugleich die der Axen sämmtlicher Kegelschnitte, welche durch die vier Ecken des Kreisvierecks gehen.

Hiervon lässt sich beiläufig eine nützliche Anwendung machen: Ist ein Kegelschnitt in der Ebene gezeichnet, so findet man hiernach leicht die Richtungen seiner Axen, indem man einen beliebigen Kreis hindurchlegt und die vier Schnittpunkte paarweise durch Linienpaare verbindet; die Halbirungslinien von Winkel und Nebenwinkel eines solchen Linienpaares sind den Axen des gegebenen Kegelschnitts parallel. Halten wir den Kegelschnitt fest und zwei von den Schnittpunkten mit dem Kreise, verändern aber den Kreis selbst, so dass er ein Kreisbüschel mit zwei reellen Grundpunkten durchläuft, dann wird, weil von einem Linienpaar der eine Theil und die Halbirungslinie unveränderte Richtung behalten, auch der andere Theil beständig sich parallel bleiben; also: Legt man durch zwei feste Punkte eines Kegelschnitts beliebig viele Kreise, so hat jeder derselben mit dem Kegelschnitt noch eine zweite (reelle oder ideelle) gemeinschaftliche Secante, deren Richtung constant bleibt. Dies ist ein specieller Fall eines auf S. 239 allgemein bewiesenen Satzes. Lassen wir die beiden Punkte des Kegelschnitts, durch welche das Kreisbüschel gelegt wurde, zusammenfallen, so dass die gemeinschaftliche Secante eine Tangente in einem Punkte P des Kegelschnitts wird und die Kreise in demselben Punkte diese Gerade berühren, also ihre Mittelpunkte auf der Normale des

---

*) Geometrische Aufgaben und Lehrsätze von *J. Steiner*, *Crelle*'s Journal, Bd. II, S. 97.

Kegelschnitts in dem angenommenen Punkte haben, so folgt: Zieht man in einem Punkte P eines Kegelschnitts Tangente und Normale und beschreibt eine Reihe von Kreisen, welche ihre Mittelpunkte in der Normale haben und durch den angenommenen Punkt P des Kegelschnitts gehen, so hat ein jeder derselben mit dem Kegelschnitt noch eine zweite (reelle oder ideelle) gemeinschaftliche Secante, welche beständig sich parallel bleibt und mit den Axen des Kegelschnitts dieselben Winkel bildet, wie die Tangente in dem angenommenen Punkte P des Kegelschnitts, aber in symmetrischer Lage sich befindet. Fasst man nur diejenigen Kreise dieses besonderen Büschels auf, welche den Kegelschnitt in noch zwei reellen Punkten schneiden, deren Verbindungslinie die constante Richtung hat, so wird man einen solchen ausgezeichneten Kreis auffinden können, für welchen von den beiden noch übrigen Schnittpunkten mit dem Kegelschnitte einer P selbst wird, und dieser muss der Krümmungskreis für den Punkt P des Kegelschnitts sein, weil er durch drei unendlich-nahe Punkte desselben geht (S. 208); man findet hieraus folgende einfache Construction des Krümmungskreises, welche von der in §. 38 angegebenen wesentlich verschieden ist: Um für einen Punkt P eines gegebenen Kegelschnitts den Krümmungskreis zu erhalten, ziehe man die Tangente in P und eine zweite Gerade durch P, welche zu einer der Axen des Kegelschnitts dieselbe Neigung, aber symmetrische Lage hat wie die Tangente; trifft diese zweite Gerade den Kegelschnitt zum andern Male in P', so lege man durch P und P' einen Kreis, welcher seinen Mittelpunkt auf der Normale für P hat; dies ist der gesuchte Krümmungskreis an dem Punkte P des Kegelschnitts. Hieran knüpft sich der elegante *Joachimsthal*'sche Beweis eines auf die Krümmungskreise eines Kegelschnitts bezüglichen Theorems von *Steiner**). (Siehe Aufgaben und Sätze zum zweiten Abschnitt.)

§. 49. Polar-Eigenschaften der Kegelschnittschaar.

Den im §. 47 bewiesenen allgemeinen Polar-Eigenschaften des Kegelschnittbüschels stehen gleichlaufende der Kegelschnittschaar zur Seite, deren Beweis dem dort geführten ohne Schwierigkeit nachgebildet werden kann. Um indessen die dem §. 42 zu Grunde liegende Betrachtung noch klarer hervortreten zu lassen, geben wir die polare Nebenbetrachtung in etwas anderer Form und leiten daraus die Polar-Eigenschaften der Kegelschnittschaar mit zum Theil anderen Beweisen direct ab. *Sind A und B die Mittelpunkte zweier beliebigen Strahlsysteme in der Ebene und (a, α) irgend ein Paar conjugirter*

---

*) Siehe *Crelle*'s Journal Bd. XXXVI, S. 95.

Strahlen des ersten, (b, β) ein Strahlenpaar des zweiten Strahlsystems, so bilden sämmtliche Kegelschnitte in der Ebene, für welche diese beiden Strahlsysteme die ihnen zugehörigen sind (S. 139), *d. h. je zwei conjugirte Strahlen der Strahlsysteme $a\alpha$ und $b\beta$ zwei conjugirte Strahlen in Bezug auf den Kegelschnitt sind, eine Kegelschnittschaar.*

Die Kegelschnitte dieser Schaar haben vier reelle gemeinschaftliche Tangenten, sobald die beiden gegebenen Strahlsysteme hyperbolisch sind, nämlich die Asymptoten g, h des einen und g^1, h^1 des andern Strahlsystems, und es können beliebig viele Kegelschnitte der Schaar vermittelst dieser vier reellen gemeinschaftlichen Tangenten auf bekannte Weise construirt werden. Wenn dagegen nur eines der beiden Strahlsysteme hyperbolisch, das andere elliptisch ist, so haben die Kegelschnitte nur zwei reelle gemeinschaftliche Tangenten, die Asymptoten des hyperbolischen Strahlsystems, und man sagt der Analogie wegen, sie haben ausserdem zwei imaginäre gemeinschaftliche Tangenten; endlich wenn beide gegebenen Strahlsysteme elliptisch sind, so sagt man, die Kegelschnitte der Schaar haben vier imaginäre gemeinschaftliche Tangenten; in diesen beiden letzten Fällen lassen sich sämmtliche Kegelschnitte der Schaar auf folgendem reellen Wege construiren: Die Verbindungslinie AB ist ein Strahl, der sowohl dem einen, als dem andern Strahlsystem angehört; im ersten Strahlsystem möge er durch l und sein conjugirter durch λ, im zweiten Strahlsystem durch μ und sein conjugirter durch m bezeichnet werden; die Strahlen λ und m treffen sich in einem Punkte C, welcher zum Mittelpunkte eines dritten, vollständig bestimmten, von den beiden gegebenen Strahlsystemen abhängigen Strahlsystems wird; treffen sich nämlich irgend zwei Strahlen a und b der beiden ersten Strahlsysteme in dem Punkt (a, b) und die conjugirten in dem Schnittpunkt (α, β), so sind die Verbindungslinien dieser beiden Punkte mit C zwei Strahlen c und γ des dritten Strahlsystems (c, γ), welches wir in seiner Totalität erhalten, wenn wir die Paare (a, α) und (b, β) beliebig verändern. In der That, halten wir zuerst a und α fest und verändern b und β, so beschreiben die Strahlen c und γ zwei auf einander liegende projectivische Strahlbüschel, bei denen die Schenkel entsprechender gleicher Winkel verkehrt auf einander fallen; denn die vier Strahlen $a\alpha c\gamma$ bilden allemal ein vollständiges Vierseit, dessen drei Paar Gegenecken mit B verbunden drei Strahlenpaare eines Strahlsystems liefern; von diesen ist das eine b, β, das andere μm, also auch das dritte ein solches, welches dem gegebenen Strahlsystem (B) angehört; hieraus folgt, dass, wenn ein Strahl γ^1 auf c fällt, nothwendig c^1 auf γ fallen muss, folglich bilden $c\gamma$ ein Strahlsystem (S. 59). Dasselbe Strahlsystem geht auch hervor, wenn wir b, β fest halten und a, α verändern; denn die Strahlen CA, CB sind in dem einen und dem andern Falle ein Paar conjugirter Strahlen, und ein zweites gemeinschaftliches Paar ist selbstverständlich dasjenige, welches nach den Schnittpunkten der festgehaltenen Strahlen (a, b) und (α, β) hingeht; folglich coincidiren die in beiden Fällen erhaltenen Strahlsysteme (c, γ). Da CA und CB ein Paar conjugirter Strahlen dieses dritten Strahlsystems sind, so wollen wir sie mit n und ν bezeichnen, so dass also $CA = n = \lambda$; $CB = m = \nu$ und $AB = l = \mu$ ist, und (l, λ) (m, μ) (n, ν) drei Paare conjugirter Strahlen beziehlich in den drei Strahlsystemen (A) (B) (C) sind. Diese drei Strahlsysteme stehen daher in dem eigenthümlichen Zusammenhange mit einander, dass, wenn irgend drei Strahlen abc derselben, durch einen Punkt gehen, die conjugirten Strahlen $\alpha\beta\gamma$ ebenfalls durch einen Punkt gehen.

Hieraus folgt ein weiterer bemerkenswerther Zusammenhang der drei Strahlsysteme (A) (B) (C). Denken wir uns um das Dreieck ABC einen beliebigen Kegelschnitt $\mathfrak{K}^{(2)}$ gelegt, so schneidet bekanntlich jedes Strahlsystem Sehnen in dem Kegelschnitt aus, die durch einen Punkt laufen (S. 151); nennen wir diesen der Kürze wegen den „*Sehnenpol*" des Strahlsystems, dann müssen die drei Sehnenpole $\mathfrak{a}$, $\mathfrak{b}$, $\mathfrak{c}$ der resp. Strahlsysteme (A) (B) (C) in einer Geraden liegen. Denn nehmen wir irgend einen Punkt P des Kegelschnitts $\mathfrak{K}^{(2)}$ und ziehen AP, BP, CP, so müssen die conjugirten Strahlen sich in einem Punkte Π treffen; mögen $A\Pi$, $B\Pi$, $C\Pi$ dem Kegelschnitt $\mathfrak{K}^{(2)}$ resp. in abc begegnen, dann werden AP, Aa ein Paar, AB, AC ein zweites Paar conjugirter Strahlen des Strahlsystems (A), also Pa und BC zwei Durchbohrungssehnen, der Schnittpunkt $(Pa, BC) = \mathfrak{a}$ der Sehnenpol des Strahlsystems (A) sein; ebenso $(Pb, CA) = \mathfrak{b}$ der Sehnenpol des Strahlsystems (B), und endlich $(Pc, AB) = \mathfrak{c}$ der Sehnenpol des Strahlsystems (C). Wir haben nun das *Pascal*'sche Sechseck:

$$a\,P\,b\,B\,C\,A,$$

also die Schnittpunkte:

$$\begin{array}{ccc} (Pa,\ BC) & (Pb,\ CA) & (Aa,\ Bb) \\ \mathfrak{a} & \mathfrak{b} & \Pi \end{array} \qquad \text{oder}$$

in gerader Linie; andererseits das *Pascal*'sche Sechseck:

$$b\,P\,c\,C\,A\,B,$$

also die Schnittpunkte:

$$\begin{array}{ccc} (Pb,\ CA) & (Pc,\ AB) & (Bb,\ Cc) \\ \mathfrak{b} & \mathfrak{c} & \Pi \end{array} \qquad \text{d. h.}$$

in gerader Linie; da nun beide Geraden die Punkte $\mathfrak{b}$ und Π gemein haben, so fallen sie zusammen, folglich liegen $\mathfrak{abc}$ in einer Geraden w. z. b. w., also gilt der Satz:

Die drei in Betracht kommenden Strahlsysteme (A) (B) (C) *haben den eigenthümlichen Zusammenhang, dass, wenn man einen beliebigen Kegelschnitt um* ABC *legt und die Sehnenpole (d. h. Durchschnittspunkte der Durchbohrungssehnen) der drei Strahlsysteme für den Kegelschnitt bestimmt, dieselben allemal in einer Geraden liegen.*

Mit Berücksichtigung der oben (S. 252) bemerkten Eigenschaft, dass irgend drei Paar Strahlen aus solchen drei Strahlsystemen $(A)(B)(C)$ allemal sechs Tangenten eines Kegelschnitts sind, können wir folgenden Satz aussprechen:

Haben wir ein Dreieck ABC *im Kegelschnitt und eine beliebige Transversale, welche die Dreiecksseiten* BC, CA, AB *resp. in* $\mathfrak{abc}$ *trifft; ziehen wir durch* $\mathfrak{abc}$ *drei beliebige Strahlen, deren erster in* α *und* α^1, *der zweite in* β *und* β^1, *der dritte in* γ *und* γ^1 *dem Kegelschnitte begegnet, so berühren die sechs Strahlen* $A\alpha$, $A\alpha^1$, $B\beta$, $B\beta^1$, $C\gamma$, $C\gamma^1$, *einen neuen Kegelschnitt.*

Wenn wir nun irgend zwei conjugirte Strahlen c, γ des Strahlsystems (C) als die Träger zweier projectivischer Punktreihen auffassen, welche von zwei veränderlichen conjugirten Strahlen x, ξ des ersten Strahlsystems (A) fixirt werden [oder auch von einem Strahlenpaar y, η des zweiten Strahlsystems (B)], so erzeugen diese beiden projectivischen Punktreihen einen Kegelschnitt, welcher die Träger c und γ berührt und die Strahlen $x\xi$ zu einem Paar conjugirter Strahlen hat; denn es sind die Schnittpunkte (c, x), (γ, ξ) ein Paar entsprechender Punkte der beiden projectivischen Punktreihen, aber auch gleichzeitig (c, ξ), (γ, x) sind entsprechende Punkte; die beiden Projectionsstrahlen und c, γ bilden ein dem Kegelschnitt umschriebenes Vierseit, dessen zwei Diagonalen x und ξ sind; folglich sind x und ξ conjugirte Strahlen in Bezug auf den Kegelschnitt; da dasselbe von jedem Paar $x\xi$ gilt, so ist das ganze Strahlsystem (A) dasjenige, welches dem construirten Kegelschnitte zugehört, und da dieselben beiden erzeugenden Punktreihen auf c und γ auch durch y, η fixirt werden, so gilt die genannte Eigenschaft auch für das zweite gegebene Strahlsystem (B). Der Kegelschnitt hat also die beiden gegebenen Strahlsysteme zu den ihm zugehörigen und gehört daher nach unserer Definition der Schaar an. Verändern wir das willkürlich gewählte Paar c, γ des dritten Strahlsystems, so erhalten wir sämmtliche Kegelschnitte der Schaar durch reelle Construction. Die Strahlenpaare z, ζ des dritten Strahlsystems sind die Tangentenpaare aus dem

Punkte C an die Kegelschnitte der Schaar; die Verbindungslinie AB ist die Polare des Punktes C für sämmtliche Kegelschnitte der Schaar und das Punktpaar A, B ein specieller Kegelschnitt derselben. Die drei Strahlsysteme (A) (B) (C) stehen hinsichtlich ihrer Natur in folgendem Zusammenhange:

Strahlsystem (A)	Strahlsystem (B)	Strahlsystem (C)	Kegelschnittschaar von
I. elliptisch	elliptisch	hyperbolisch	vier imag. gem. Tangenten
II. elliptisch	hyperbolisch	elliptisch	zwei reellen, zwei imag. Tang.
III. hyperb.	elliptisch	elliptisch	zwei imag., zwei reellen Tang.
IV. hyperb.	hyperbolisch	hyperbolisch	vier reellen gem. Tangenten.

Sind x, ξ und y, η zwei Paare conjugirter Strahlen aus den beiden Strahlsystemen (A) und (B) und, wie wir wissen, zugleich zwei Paare conjugirter Strahlen in Bezug auf jeden Kegelschnitt der Schaar, so erhalten wir aus ihnen nach dem auf S. 153 bewiesenen Satze ein drittes Paar $(xy, \xi\eta)$ und $(x\eta, \xi y)$, welches ebenfalls ein Paar conjugirter Strahlen sein muss für sämmtliche Kegelschnitte der Schaar, d. h. die Pole von einer dieser beiden Geraden für alle Kegelschnitte der Schaar liegen auf der andern, und solcher Paare conjugirter Geraden können wir durch Veränderung der Paare x, ξ und y, η unendlich viele in doppelter Mannigfaltigkeit herstellen. Irgend zwei Paare von diesen gefundenen lassen sich wieder zur Herstellung eines neuen dritten Paares verwenden, und diese Operation hat einen netzartigen Fortgang bis ins Unendliche. Es entsteht die *Frage, ob jede beliebig gegebene Gerade einmal mit dem einen Theil eines solchen Linienpaares zusammenfällt?* Diese Frage wollen wir indirect beantworten: Wir wissen, dass, wenn wir irgend einen Punkt p in der Ebene mit ABC durch drei Strahlen abc verbinden, die drei conjugirten Strahlen $\alpha\beta\gamma$ sich in einem correspondirenden Punkte π treffen; wir verändern jetzt p auf einer Geraden $\mathfrak{G}$ und suchen den Ort des Punktes π auf; derselbe ist offenbar ein Kegelschnitt, welcher dem Dreieck ABC umschrieben ist; denn da a und b zwei perspectivische Strahlbüschel beschreiben und α ein mit a, β ein mit b projectivisches Strahlbüschel durchläuft (wegen der Strahlsysteme), so sind auch die Strahlbüschel, welche α und β beschreiben, projectivisch; ihr Erzeugniss oder der Ort des Punktes π ist also ein Kegelschnitt $\mathfrak{K}^{(2)}$, der durch A und B und ebenso auch durch C geht, und dessen Tangenten in diesen Punkten leicht zu ermitteln sind. Wenn nun der Kegelschnitt $\mathfrak{K}^{(2)}$ die Gerade $\mathfrak{G}$ in zwei Punkten s und t schneidet, so muss für einen derselben, z. B. s, wenn wir uns p in denselben hineinfallend denken, der correspondirende π sowohl im Kegelschnitt $\mathfrak{K}^{(2)}$ liegen, als auch in der Geraden $\mathfrak{G}$, weil s sowohl in der Geraden, als auch im Kegelschnitt liegt; der correspondirende Punkt zu s muss also t sein und umgekehrt, d. h. es ist sowohl As und At, als auch Bs und Bt je ein Paar conjugirter Strahlen der beiden gegebenen Strahlsysteme (A) und (B). Hieraus folgt nach dem obigen Satze: die Gerade $\mathfrak{G}$ als Verbindungslinie der Schnittpunkte $[(As, Bs), (At, Bt)]$ und die Gerade $\mathfrak{H}$ als Verbindungslinie der Schnittpunkte $[(As, Bt), (At, Bs)]$ sind ein neues Paar conjugirter Strahlen in Bezug auf sämmtliche Kegelschnitte der Schaar, d. h. *die Pole der Geraden* $\mathfrak{G}$ *in Bezug auf alle Kegelschnitte der Schaar liegen auf der Geraden* $\mathfrak{H}$.

Wenn dagegen der Kegelschnitt $\mathfrak{K}^{(2)}$ die Gerade $\mathfrak{G}$ nicht trifft, so hören die Punkte s und t zu existiren auf, wohl aber bleibt die Gerade $\mathfrak{H}$ bestehen, denn sie ist nach der vorigen Construction nichts anderes, als die Polare desjenigen Punktes, in welchem die Verbindungslinie AB die Gerade $\mathfrak{G}$ trifft, in Bezug auf den Kegelschnitt $\mathfrak{K}^{(2)}$. Es ist also zu vermuthen, dass die geometrische Eigenschaft der gefundenen Geraden $\mathfrak{H}$ fortbestehen wird, aber der oben gegebene Beweis ist nicht mehr zulässig, und wir werden uns für diesen Fall nach einem andern Beweise umsehen müssen. Um zunächst die Gerade $\mathfrak{H}$ unabhängig von der Realität der Punkte s und t zu construiren, bezeichnen wir (Fig. 73) den Schnittpunkt von AB mit $\mathfrak{G}$ durch $\mathfrak{c}$, den vierten harmonischen Punkt zu den dreien $\mathfrak{c}$, A, B, wobei A und B als zugeordnete aufgefasst werden, durch $\mathfrak{c}_1$ und endlich denjenigen Punkt auf der Geraden $\mathfrak{G}$, welcher in Bezug auf den Kegelschnitt $\mathfrak{K}^{(2)}$ dem $\mathfrak{c}$ conjugirt ist, durch $\mathfrak{c}_2$, dann geht $\mathfrak{H}$ durch $\mathfrak{c}_1$ und $\mathfrak{c}_2$ und ist durch diese beiden immer reellen Punkte bestimmt; bezeichnen wir noch die Schnittpunkte von BC und AC mit $\mathfrak{G}$ durch $\mathfrak{a}$ und $\mathfrak{b}$, so wird, weil das in B befindliche Strahlsystem BC und BA zu conjugirten Strahlen hat, der zu $A\mathfrak{a}$ conjugirte Strahl des Strahlsystems (A) die Tangente in A am Kegelschnitt $\mathfrak{K}^{(2)}$ sein und ebenso der zu $B\mathfrak{b}$ conjugirte Strahl des Strahlsystems (B) die Tangente in B am Kegelschnitt $\mathfrak{K}^{(2)}$. Wir haben also in A und in B zwei Strahlenpaare der beiden gegebenen Strahlsysteme; da nun sämmtliche Strahlenpaare in dem Kegelschnitt $\mathfrak{K}^{(2)}$ Durchbohrungssehnen ausschneiden,

Fig. 73.

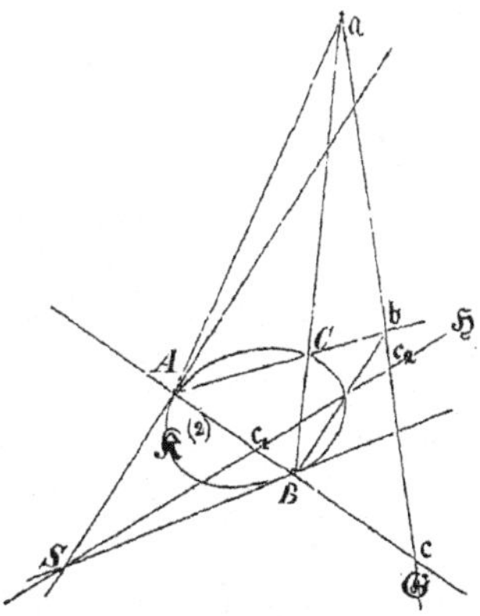

welche für das ganze Strahlsystem durch einen festen Punkt laufen, so erkennen wir, dass das in A gegebene Strahlsystem als solchen Durchschnittspunkt der Durchbohrungssehnen mit $\mathfrak{K}^{(2)}$ den Punkt $\mathfrak{a}$ liefert, und ebenso das in B gegebene Strahlsystem den Punkt $\mathfrak{b}$; also auch umgekehrt: jede durch $\mathfrak{a}$ gehende Sehne trifft $\mathfrak{K}^{(2)}$ in zwei solchen Punkten, welche mit A verbunden ein Paar conjugirter Strahlen des Strahlsystems (A) liefern und ebenso für $\mathfrak{b}$. Liegt also $\mathfrak{a}$ ausserhalb des Kegelschnitts $\mathfrak{K}^{(2)}$, so geben die Berührungspunkte des aus $\mathfrak{a}$ an $\mathfrak{K}^{(2)}$ gelegten Tangentenpaares mit A verbunden die Asymptoten des Strahlsystems (A), welches in diesem Falle hyperbolisch sein muss, und ebenso für $\mathfrak{b}$. Die Berührungssehne des aus $\mathfrak{a}$ an $\mathfrak{K}^{(2)}$ gelegten Tangentenpaars geht aber durch den Pol von $\mathfrak{G}$ in Bezug auf $\mathfrak{K}^{(2)}$, folglich treffen die beiden Asymptoten des Strahlsystems (A) die Gerade $\mathfrak{G}$ in zwei solchen Punkten, welche ein Paar conjugirter Punkte desjenigen Punktsystems auf $\mathfrak{G}$ sind, welches dem Kegelschnitt $\mathfrak{K}^{(2)}$ zugehört; ebenso treffen die beiden Asymptoten des Strahlsystems (B) die Gerade $\mathfrak{G}$ in zwei conjugirten Punkten des dem Kegelschnitt $\mathfrak{K}^{(2)}$ zugehörigen Punktsystems, und dieses Punktsystem ist durch die beiden Punktpaare vollständig bestimmt.

Wir müssen nun untersuchen, unter welchen Umständen die oben mit s und t bezeichneten Schnittpunkte des Kegelschnitts $\mathfrak{K}^{(2)}$ mit der Geraden $\mathfrak{G}$ reell oder imaginär werden; da die von A und B nach ihnen hingehenden Strahlenpaare für beide Strahlsysteme (A) und (B) je ein Paar conjugirter Strahlen sind, so sehen wir, dass s und t das gemeinschaftliche Paar conjugirter Punkte zweier auf $\mathfrak{G}$ zusammenliegender Punktsysteme sind, welche durch die gegebenen Strahlsysteme (A) und (B) ausgeschnitten werden; es existirt aber (S. 58) immer ein reelles gemeinschaftliches Paar, sobald wenigstens eins der beiden Punktsysteme, also auch eins der beiden Strahlsysteme (A) oder (B) elliptisch ist, oder was dasselbe bewirkt, sobald wenigstens einer der beiden Punkte $\mathfrak{a}$ oder $\mathfrak{b}$ innerhalb des Kegelschnitts $\mathfrak{K}^{(2)}$ liegt; d. h. in den oben mit I., II., III. bezeichneten Fällen ist das Punktpaar st reell, also für eine Kegelschnittschaar mit vier imaginären oder zwei imaginären und zwei reellen gemeinschaftlichen Tangenten; nur in dem Falle IV., also für eine Kegelschnittschaar mit vier reellen gemeinschaftlichen Tangenten, können die Punkte s und t imaginär werden. Für diesen Fall lässt sich aber andererseits aus den Eigenschaften des einem Kegelschnitt umschriebenen Vierseits (§. 27) direct nachweisen, dass die Pole einer Geraden $\mathfrak{G}$ in Bezug auf sämmtliche Kegelschnitte einer Schaar, die einem Vierseit einbeschrieben ist, auf einer zweiten Geraden liegen, und dann, was noch erforderlich ist, zeigen, dass diese Gerade mit der oben construirten Geraden $\mathfrak{H}$ identisch ist. Das Erstere geschieht auf analoge Weise, wie in §. 47 (S. 299):

Ist nämlich das vollständige Vierseit, dessen drei Paar Gegenecken AB, $A'B'$, $A''B''$ und dessen drei Diagonalpunkte xyz sind (Fig. 74), gegeben, so liegen die Berührungspunkte irgend eines dem-

Fig. 74.

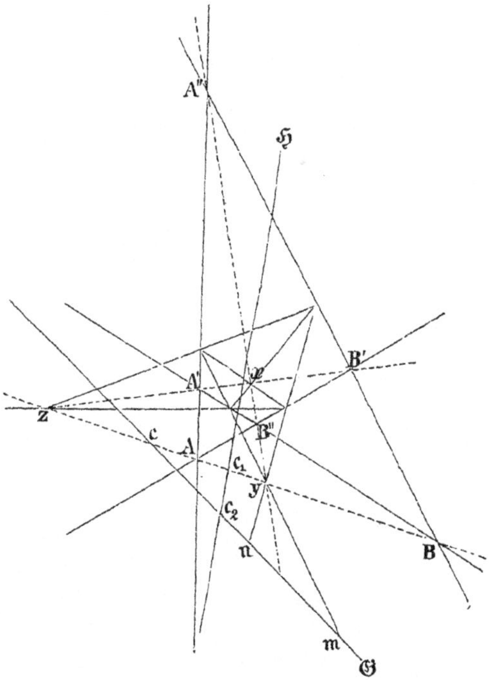

selben einbeschriebenen Kegelschnitts (S. 123) paarweise mit den Diagonalpunkten in gerader Linie und bilden also ein vollständiges Viereck, dessen Diagonaldreieck ebenfalls xyz ist. Wenn nun irgend eine Gerade $\mathfrak{G}$ in der Ebene gegeben ist, so construiren wir den Pol derselben in Bezug auf einen dem Vierseit einbeschriebenen Kegelschnitt, indem wir die Berührungssehne des durch A' gehenden Tangentenpaars die Gerade $\mathfrak{G}$ in $\mathfrak{m}$ und die Berührungssehne des durch B' gehenden Tangentenpaares die Gerade $\mathfrak{G}$ in $\mathfrak{n}$ treffen lassen, sodann zu dem Tangentenpaar in A' und $A'\mathfrak{m}$ den vierten harmonischen Strahl, ebenso zu dem Tangentenpaar in B' und $B'\mathfrak{n}$ den vierten harmonischen Strahl herstellen und den Schnittpunkt $\mathfrak{p}$ dieser beiden vierten harmonischen Strahlen aufsuchen; dann ist $\mathfrak{p}$ der Pol von $\mathfrak{G}$ in Bezug auf denjenigen dem Vierseit einbeschriebenen Kegelschnitt, dessen Berührungssehnen für die Construction verwendet sind. Diese beiden Berührungssehnen schneiden sich in dem Diagonalpunkte y und sind zu yx und yz harmonisch; bei der Veränderung des Kegelschnitts beschreiben also $\mathfrak{m}$ und $\mathfrak{n}$ ein Punktsystem, d. h. zwei auf einander liegende projectivische Punktreihen, folglich $A'\mathfrak{m}$ und $B'\mathfrak{n}$ zwei projectivische Strahlbüschel. Ferner sind $A'\mathfrak{m}$ und $A'\mathfrak{p}$ zugeordnet harmonisch mit dem Tangentenpaar durch A', also beschreiben bei der Veränderung des Kegelschnitts die Strahlen $A'\mathfrak{m}$ und $A'\mathfrak{p}$ zwei projectivische Strahlbüschel, ebenso auch $B'\mathfrak{n}$ und $B'\mathfrak{p}$, folglich auch $A'\mathfrak{p}$ und $B'\mathfrak{p}$, deren Schnittpunkt der gesuchte Pol $\mathfrak{p}$ ist. Diese beiden von $A'\mathfrak{p}$ und $B'\mathfrak{p}$ beschriebenen projectivischen Strahlbüschel liegen aber perspectivisch, weil auf der Verbindungslinie ihrer Mittelpunkte zwei entsprechende Strahlen zusammenfallen; dies tritt nämlich in dem besonderen Fall ein, wenn die eine Berührungssehne durch A' selbst geht, also $A'y$ wird, die andere $B'y$, der Kegelschnitt der Schaar aber in das Punktpaar $A'B'$ ausartet. Der Ort des Pols $\mathfrak{p}$ ist daher der Durchschnitt zweier perspectivischen Strahlbüschel d. h. eine Gerade.

Diese Gerade geht durch diejenigen drei Punkte der Diagonalen AB, $A'B'$, $A''B''$, welche den Schnittpunkten mit $\mathfrak{G}$ harmonisch-zugeordnet sind; insbesondere also auch durch den oben mit $\mathfrak{c}_1$ bezeichneten Punkt auf AB; den Punkt, in welchem sie die Gerade $\mathfrak{G}$ trifft, können wir ebenfalls angeben. Unter den Kegelschnitten der Schaar giebt es nämlich einen, welcher zugleich die Gerade $\mathfrak{G}$ berührt; der Pol von $\mathfrak{G}$ in Bezug auf ihn ist der Berührungspunkt, und da dieser in der gefundenen Ortsgeraden von $\mathfrak{p}$ liegen muss, so ist er der Schnittpunkt derselben mit $\mathfrak{G}$. Diesen Punkt $\mathfrak{c}_2$ können wir mit Hülfe des besonderen Kegelschnitts, welcher dem Vierseit einbeschrieben ist und zugleich $\mathfrak{G}$ berührt, noch anders definiren. Bekanntlich (S. 152) bestimmen die Tangentenpaare aus den Punkten einer Geraden an einen Kegelschnitt auf einer festen Tangente desselben ein Punktsystem; betrachten wir den dem Vierseit einbeschriebenen Kegelschnitt, welcher gleichzeitig $\mathfrak{G}$ berührt, so bestimmt das Tangentenpaar aus A und das aus B zwei Punktpaare auf $\mathfrak{G}$, welche dies Punktsystem constituiren. Alle Punkte der Geraden AB geben also Tangentenpaare, die $\mathfrak{G}$ immer in je zwei conjugirten Punkten dieses Punktsystems treffen, insbesondere auch der Schnittpunkt $\mathfrak{c}$ von AB mit $\mathfrak{G}$; von seinem Tangentenpaar ist aber eine $\mathfrak{G}$ selbst, also der eine Schnittpunkt der Berührungspunkt $\mathfrak{c}_2$ und der andere $\mathfrak{c}$; hiernach bestimmen die Schnittpunkte des Seitenpaares durch A und des Seitenpaares durch B auf $\mathfrak{G}$ ein Punktsystem, von welchem $\mathfrak{c}$ und $\mathfrak{c}_2$ ein

Paar conjugirter Punkte ist. Nach dem Früheren sind nun die Punkte $\mathfrak{c}_1$ und $\mathfrak{c}_2$ dieselben, welche dort zur Bestimmung der Geraden $\mathfrak{H}$ dienten; folglich coincidirt die früher construirte Gerade $\mathfrak{H}$ auch für den Fall einer Kegelschnittschaar von vier reellen gemeinschaftlichen Tangenten mit der jetzt gefundenen Ortsgeraden der Pole von $\mathfrak{G}$ in Bezug auf alle Kegelschnitte der Schaar, und somit ist für alle Fälle die Gültigkeit des Satzes erwiesen: *Die Pole einer Geraden* $\mathfrak{G}$ *in Bezug auf sämmtliche Kegelschnitte einer Schaar liegen auf einer neuen Geraden* $\mathfrak{H}$, *und also auch die Pole von* $\mathfrak{H}$ *auf der Geraden* $\mathfrak{G}$, oder: Die Geraden $\mathfrak{G}$ und $\mathfrak{H}$ sind ein Paar conjugirter Strahlen in Bezug auf sämmtliche Kegelschnitte der Schaar und heissen daher *„conjugirte Gerade in Bezug auf die Kegelschnittschaar"*.

Zu jeder Geraden $\mathfrak{G}$ in der Ebene einer Kegelschnittschaar gehört demnach eine bestimmte conjugirte Gerade, insbesondere zu der unendlich-entfernten Geraden $\mathfrak{G}_\infty$ die Mittelpunktslinie $\mathfrak{M}$, auf welcher die Mittelpunkte sämmtlicher Kegelschnitte der Schaar liegen. Die Paare von conjugirten Geraden erfüllen also auf doppelte Art die ganze Ebene. Fassen wir irgend ein solches Paar von conjugirten Geraden $\mathfrak{G}$ und $\mathfrak{H}$ ins Auge und nennen P ihren Schnittpunkt, so wird die Polare von P in Bezug auf irgend einen Kegelschnitt der Schaar mit $\mathfrak{G}$ und $\mathfrak{H}$ zusammen ein Tripel conjugirter Strahlen in Bezug auf diesen Kegelschnitt bilden; alle Kegelschnitte der Schaar haben ausserdem das Tripel conjugirter Strahlen gemeinschaftlich, welches von den Seiten des Diagonaldreiecks xyz gebildet wird, und da zwei Tripel conjugirter Strahlen in Bezug auf einen Kegelschnitt allemal einen neuen Kegelschnitt berühren (S. 154), so berührt die Polare von P in Bezug auf einen Kegelschnitt der Schaar einen gewissen neuen Kegelschnitt, welcher durch die fünf Tangenten: die Seiten des Diagonaldreiecks xyz und die Geraden $\mathfrak{G}$ und $\mathfrak{H}$ vollständig bestimmt ist; also: Die Polaren des Punktes P in Bezug auf sämmtliche Kegelschnitte der Schaar umhüllen einen Kegelschnitt, welcher dem Diagonaldreiseit einbeschrieben ist.

Diese Eigenschaft gilt ganz allgemein für jeden Punkt P der Ebene, auch wenn das Diagonaldreieck nicht vollständig reell ist und der Punkt P nicht als Schnittpunkt eines reellen Paares conjugirter Geraden $\mathfrak{G}$, $\mathfrak{H}$ aufgefasst werden kann, denn die Schnittpunkte sämmtlicher Paare von conjugirten Geraden $\mathfrak{G}$, $\mathfrak{H}$ erfüllen nicht die ganze Ebene. Um die Allgemeingültigkeit der genannten Eigenschaft darzuthun, bemerken wir, dass, wenn wir zu einem gegebenen Punkte P die Polare in Bezug auf irgend einen Kegelschnitt der Schaar construiren und zu ihr wiederum die conjugirte Gerade in Bezug auf die

Kegelschnittschaar, die letztere Gerade nothwendig durch P gehen muss; verändern wir also den Kegelschnitt der Schaar, so laufen diese letzteren Geraden sämmtlich durch P, und auch umgekehrt, wenn wir irgend eine Gerade 𝔊 durch P ziehen, so muss die ihr conjugirte Gerade 𝔋 in Bezug auf die Kegelschnittschaar nothwendig die Polare von P in Bezug auf einen bestimmten Kegelschnitt der Schaar sein; denn construiren wir von dem Schnittpunkte (𝔊, 𝔋) die Polaren in Bezug auf sämmtliche Kegelschnitte der Schaar, so umhüllen dieselben nach dem Obigen einen gewissen Kegelschnitt, welcher 𝔊 und 𝔋 berührt, und die Schnittpunkte sämmtlicher Tangenten dieses Kegelschnitts mit 𝔊 sind die Pole von 𝔋 in Bezug auf alle Kegelschnitte der Schaar; diese erfüllen aber die Gerade 𝔊 ganz, und unter ihnen kommt also auch P vor; es sind mithin P und 𝔋 Pol und Polare für einen bestimmten Kegelschnitt der Schaar. Hieraus geht hervor, dass der Ort der Polaren des Punktes P in Bezug auf alle Kegelschnitte der Schaar identisch ist mit dem Ort derjenigen Geraden 𝔋, welche sämmtlichen durch P gehenden Geraden 𝔊 in Bezug auf die Kegelschnittschaar conjugirt sind. Wir werden also, um jenen Ort zu bestimmen, eine veränderliche Gerade 𝔊 um den festen Punkt P drehen und den Ort der conjugirten Geraden 𝔋 aufsuchen.

Nach dem Früheren erschien die Gerade 𝔋 als die Polare desjenigen Punktes $\mathfrak{c}$, in welchem 𝔊 von AB getroffen wird, in Bezug auf den Kegelschnitt $\mathfrak{K}^{(2)}$ (Fig. 73). Dieser Kegelschnitt verändert sich mit 𝔊; läuft nämlich 𝔊 beständig durch einen festen Punkt P, und haben die Strahlen AP, BP zu ihren conjugirten in den beiden erzeugenden Strahlsystemen (A) und (B) die Strahlen $A\Pi$, $B\Pi$, welche sich in Π treffen, so geht der veränderliche Kegelschnitt $\mathfrak{K}^{(2)}$ durch den festen Punkt Π und ausserdem durch ABC, beschreibt also ein Büschel mit vier reellen Grundpunkten. Die beiden Tangenten in A und B an dem Kegelschnitt $\mathfrak{K}^{(2)}$ treffen sich in einem Punkte S, dessen Ort eine feste Gerade sein wird, eine Diagonale des vollständigen Vierecks $ABC\Pi$, nämlich die Verbindungslinie der Schnittpunkte $(A\Pi, BC)$ und $(B\Pi, AC)$. Die Polare von $\mathfrak{c}$ in Bezug auf $\mathfrak{K}^{(2)}$ geht aber durch S und den vierten harmonischen Punkt $\mathfrak{c}_1$ zu $\mathfrak{c}$, A, B, während A und B zugeordnete Punkte sind; durch die beiden Punkte S und $\mathfrak{c}_1$ ist 𝔋 bestimmt, und wir erkennen jetzt leicht, dass bei der Bewegung von 𝔊 die Punkte S und $\mathfrak{c}_1$ zwei projectivische Punktreihen auf ihren Trägern durchlaufen; zu der Tangente AS ist nämlich im Strahlsystem (A) der Strahl $A\mathfrak{a}$ conjugirt und $\mathfrak{a}$ der Schnittpunkt von 𝔊 mit BC. Wenn sich also 𝔊 um den festen Punkt P dreht, so beschreiben $\mathfrak{c}$ und $\mathfrak{a}$ perspectivische gerade Punktreihen auf BC und AB, folglich der vierte harmonische Punkt $\mathfrak{c}_1$ eine mit $\mathfrak{c}$ projectivische Punktreihe, weil $\mathfrak{c}$ und $\mathfrak{c}_1$ ein hyperbolisches Punktsystem auf AB constituiren; ferner beschreibt $A\mathfrak{a}$ ein Strahlbüschel, welches projectivisch ist mit der Punktreihe $\mathfrak{c}$ und AS ein mit $A\mathfrak{a}$ projectivisches Strahlbüschel, weil AS und $A\mathfrak{a}$ immer zwei conjugirte Strahlen des Strahlsystems (A) sind; also werden endlich die von S und $\mathfrak{c}_1$ durchlaufenen geraden Punktreihen projectivisch sein, und der Ort der Verbindungslinie $S\mathfrak{c}_1 = \mathfrak{H}$ wird ein Kegelschnitt, welcher insbesondere auch AB, sowie $A\Pi$ und $B\Pi$ berührt. Dieser Kegelschnitt heisst der *Polarkegelschnitt des Punktes P in Bezug auf die Kegelschnittschaar* und besitzt folgende Eigenschaft:

Die Polaren eines Punktes P in Bezug auf alle Kegelschnitte einer Schaar umhüllen einen Kegelschnitt, welcher zugleich der Ort aller Geraden $\mathfrak{H}$ ist, die zu sämmtlichen durch P gehenden Geraden $\mathfrak{G}$ in Bezug auf die Kegelschnittschaar conjugirt sind. Hat die Kegelschnittschaar vier reelle gemeinschaftliche Tangenten, so berührt dieser Polarkegelschnitt von P allemal die drei Diagonalen des von den vier gemeinschaftlichen Tangenten gebildeten vollständigen Vierseits und ausserdem diejenigen sechs Strahlen, welche man erhält, wenn man durch jede der sechs Ecken des vollständigen Vierseits den vierten harmonischen Strahl construirt zu dem Seitenpaar und dem Verbindungsstrahl der Ecke mit P, diesem letzteren zugeordnet. Liegt P ausserhalb des Polarkegelschnitts, so ist das aus ihm an denselben gelegte Tangentenpaar ein Paar conjugirter Strahlen in Bezug auf die Schaar, und es giebt zwei reelle Kegelschnitte der Schaar, welche durch P gehen, und deren Tangenten in P eben diese beiden Strahlen sind.

Aus der Eigenschaft des Polarkegelschnitts folgt zugleich eine nützliche Bemerkung: Die Pole einer Geraden $\mathfrak{G}$ in Bezug auf die Kegelschnitte einer Schaar liegen auf einer Geraden $\mathfrak{H}$ und bilden eine gerade Punktreihe; die Pole einer zweiten Geraden $\mathfrak{G}'$ bilden eine zweite gerade Punktreihe auf $\mathfrak{H}'$. Betrachten wir in diesen beiden Punktreihen als entsprechende Punkte die Pole von $\mathfrak{G}$ und $\mathfrak{G}'$ in Bezug auf denselben Kegelschnitt der Schaar, so sind die beiden Punktreihen auf $\mathfrak{H}$ und $\mathfrak{H}'$ allemal *projectivisch*, wie auch $\mathfrak{G}$ und $\mathfrak{G}'$ angenommen werden mögen; denn die Verbindungslinie je zweier entsprechender Punkte umhüllt den Polarkegelschnitt des Schnittpunktes $(\mathfrak{G}, \mathfrak{G}')$ in Bezug auf die Schaar, welcher zugleich $\mathfrak{H}$ und $\mathfrak{H}'$ zu Tangenten hat, folglich schneiden alle übrigen Tangenten $\mathfrak{H}$ und $\mathfrak{H}'$ in zwei projectivischen Punktreihen.

Ferner lässt der Polarkegelschnitt die charakteristische Eigenschaft der Kegelschnittschaar in unmittelbarer Weise hervortreten; der Polarkegelschnitt eines beliebigen Punktes P heisse $C^{(2)}$; nehmen wir zuerst an, dass P ausserhalb $C^{(2)}$ liegt, so geht durch P ein Tangentenpaar an $C^{(2)}$, welches zugleich ein Paar conjugirter Geraden in Bezug auf die Schaar ist, also für jeden Kegelschnitt der Schaar zu dem Tangentenpaar aus P an letzteren harmonisch gelegen ist. Die sämmtlichen Tangentenpaare aus P an die Kegelschnitte der Schaar bilden daher ein hyperbolisches Strahlsystem, welches zusammenfällt mit demjenigen Strahlsystem, das dem Punkt P in Bezug auf den Polarkegelschnitt $C^{(2)}$ zugehört, und dessen Asymptoten eben aus dem Tangentenpaar von P an $C^{(2)}$ bestehen. Wenn dagegen P innerhalb des Polarkegelschnitts $C^{(2)}$ liegt, so existirt kein reelles Tangentenpaar an $C^{(2)}$, aber trotzdem bilden die Tangentenpaare aus P an die Kegelschnitte der Schaar ein elliptisches Strahlsystem, welches mit demjenigen zusammenfällt, das dem Punkt P in Bezug auf $C^{(2)}$ zugehört. Um dies zu erkennen, denken wir uns ein Tangentenpaar aus P an einen Kegelschnitt der Schaar, es sei $\mathfrak{G}$ und $\mathfrak{G}'$; die Polare von P in Bezug auf denselben sei $\mathfrak{L}$, welche die beiden Berührungspunkte auf $\mathfrak{G}$ und $\mathfrak{G}'$ verbindet; sei ferner $\mathfrak{H}$ die conjugirte Gerade von $\mathfrak{G}$ in Bezug auf die Schaar, und $\mathfrak{H}'$ die von $\mathfrak{G}'$, so geht $\mathfrak{H}$ durch den Berührungspunkt von $\mathfrak{G}$, und $\mathfrak{H}'$ durch den Berührungspunkt von $\mathfrak{G}'$, d. h. die Verbindungslinie $(\mathfrak{G}\mathfrak{H}, \mathfrak{G}'\mathfrak{H}')$ ist identisch mit $\mathfrak{L}$. Der Polarkegelschnitt $C^{(2)}$ muss aber die drei Geraden $\mathfrak{H}\mathfrak{H}'$ und $\mathfrak{L}$ berühren, weil $\mathfrak{L}$ die Polare von P ist in Bezug auf einen Kegelschnitt der Schaar und $\mathfrak{H}$ und $\mathfrak{H}'$ conjugirte Gerade von $\mathfrak{G}$ und $\mathfrak{G}'$ sind, welche sich in P treffen. Da nun $\mathfrak{G}$, $\mathfrak{H}$ und $\mathfrak{G}'$, $\mathfrak{H}'$ zwei Paare conjugirter Geraden in Bezug auf die Schaar sind, so werden auch (S. 153) $(\mathfrak{G}\mathfrak{G}', \mathfrak{H}\mathfrak{H}')$ und $(\mathfrak{G}\mathfrak{H}', \mathfrak{H}\mathfrak{G}')$ ein drittes Paar conjugirter Geraden in Bezug auf die Schaar sein, und weil von diesen die erstere durch P geht, so wird die letztere $C^{(2)}$ berühren; wir haben also jetzt vier Tangenten von $C^{(2)}$, nämlich:

$$\mathfrak{H} \quad \mathfrak{H}' \quad (\mathfrak{G}\mathfrak{H}, \mathfrak{G}'\mathfrak{H}') \quad (\mathfrak{G}\mathfrak{H}', \mathfrak{G}'\mathfrak{H}) .$$

Von diesem dem Kegelschnitt $C^{(2)}$ umschriebenen Vierseit sind offenbar die Geraden $\mathfrak{G}$ und $\mathfrak{G}'$ zwei Diagonalen, wie aus dem Anblick der Buchstaben hervorgeht, folglich sind $\mathfrak{G}$ und $\mathfrak{G}'$ ein Paar conjugirter Strahlen in Bezug auf den Polarkegelschnitt $C^{(2)}$, und da alle durch P gehende Paare conjugirter Strahlen in Bezug auf denselben ein Strahlsystem bilden, so folgt der Satz:

Die Tangentenpaare aus einem beliebigen Punkte P an die Kegelschnitte einer Schaar bilden ein Strahlsystem, welches identisch ist mit demjenigen, das dem Punkte P in Bezug auf seinen Polarkegelschnitt $C^{(2)}$ zugehört; also je zwei Tangenten aus P an einen Kegelschnitt der Schaar sind ein Paar conjugirter Strahlen in Bezug auf den Polarkegelschnitt $C^{(2)}$.

Der Polarkegelschnitt $C^{(2)}$ eines Punktes P in Bezug auf die Kegelschnittschaar ist insbesondere, wie wir gesehen haben, dem gemeinschaftlichen Tripel conjugirter Strahlen für alle Kegelschnitte der Schaar einbeschrieben; dieses Tripel ist aber nur reell, wenn das Strahlsystem (C) hyperbolisch ist, und besteht alsdann aus den Asymptoten desselben und der Verbindungslinie AB, welche die drei Diagonalen sind. Ist dagegen das Strahlsystem (C) elliptisch, so tritt an die Stelle der genannten Eigenschaft die mit ihr gleichbedeutende, dass *das Strahlsystem* (C) *allemal dasjenige ist, welches dem Punkte* C *in Bezug auf irgend einen Polarkegelschnitt* $C^{(2)}$ *zugehört.* Um diese Behauptung zu rechtfertigen, denken wir uns den Polarkegelschnitt $C^{(2)}$ eines beliebigen Punktes P auf etwas andere Weise hergestellt. Construiren wir die den Strahlen AP, BP, CP conjugirten Strahlen in den drei Strahlsystemen (A) (B) (C), so schneiden sich dieselben in einem Punkte Π, und ziehen wir durch P irgend eine Gerade $\mathfrak{G}$, welche AB in $\mathfrak{c}$ trifft (Fig. 75), so wird $\Pi\mathfrak{c}$ die feste Gerade CP in einem Punkte X treffen, so dass durch die fünf Punkte $ABC\Pi X$ der oben mit $\mathfrak{K}^{(2)}$ bezeichnete Kegelschnitt bestimmt wird, denn da CP und $C\Pi$ ein Paar conjugirter Strahlen des Strahlsystems (C) sind, so muss die Durchbohrungssehne ΠX mit dem Kegelschnitt $\mathfrak{K}^{(2)}$ durch den Punkt $\mathfrak{c}$ gehen, wie es schon oben für die Punkte $\mathfrak{a}$ und $\mathfrak{b}$ nachgewiesen ist und in gleicher Weise für den Punkt $\mathfrak{c}$ gilt; wir sehen also umgekehrt, dass CP und $\Pi\mathfrak{c}$ sich in einem Punkte X des Kegelschnitts $\mathfrak{K}^{(2)}$ treffen müssen, und können jetzt von diesem Kegelschnitte ganz abstrahiren, indem wir den zu seiner Bestimmung dienenden Punkt X allein ins Auge fassen; verbinden wir die Schnittpunkte $(AX, \Pi B) = \alpha$ und $(BX, \Pi A) = \beta$, so ist die Verbindungslinie $\alpha\beta = \mathfrak{H}$ die conjugirte Gerade zu $\mathfrak{G}$ in Bezug auf die Schaar, und indem wir die Gerade $\mathfrak{G}$ um den festen Punkt P drehen, umhüllt die in der angegebenen Weise construirte Gerade $\mathfrak{H}$ den Polarkegelschnitt $C^{(2)}$. Diese Construction gestattet, leicht die Veränderung zu überblicken, welche die Figur durch die Drehung von $\mathfrak{G}$ erfährt; es beschreibt nämlich $\mathfrak{c}$ eine gerade Punktreihe auf AB, X

Fig. 75.

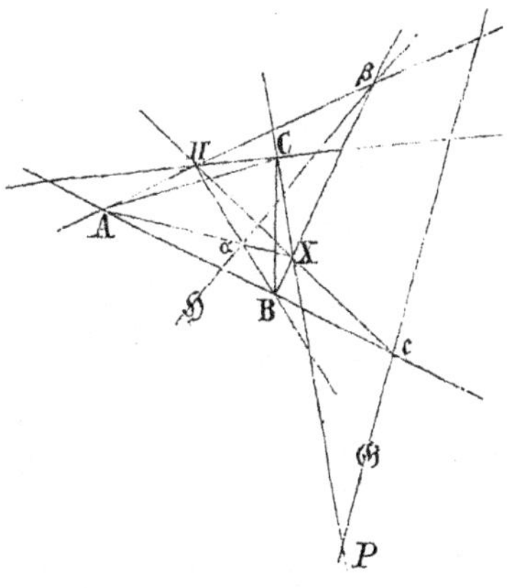

eine mit ihr projectivische gerade Punktreihe auf CP, α und β mit X, also auch mit einander projectivische Punktreihen auf ΠB und ΠA, folglich umhüllt $\mathfrak{H}$ einen Kegelschnitt $C^{(2)}$, welcher ΠA und ΠB berührt; auch ist leicht zu erkennen, dass er AB zur Tangente hat, dies geht daraus hervor, dass, wenn $\mathfrak{G}$ mit PC zusammenfällt, $\mathfrak{H}$ auf AB zu liegen kommt. Auf den beiden Trägern ΠA und ΠB sind mithin einmal A und B und dann β und α je ein Paar entsprechender Punkte der beiden projectivischen Punktreihen, folglich liegt der Schnittpunkt $(A\alpha, B\beta) = X$ auf der Verbindungslinie der Berührungspunkte der beiden Träger (S. 93), oder, da X die Gerade PC durchläuft, so ist PC die Polare von Π in Bezug auf den Polarkegelschnitt $C^{(2)}$; ferner bilden ΠA, ΠB, AB, $\alpha\beta$ ein dem Kegelschnitt umschriebenes Vierseit, dessen zwei Diagonalen XA, XB sind; XA und XB sind also stets ein Paar conjugirter Strahlen in Bezug auf den Polarkegelschnitt $C^{(2)}$; insbesondere also auch CA und und CB, und auch CP und $C\Pi$, weil Π der Pol von CP ist; folglich bestimmen diese beiden Paare conjugirter Strahlen das dem Kegelschnitt $C^{(2)}$ zugehörige Strahlsystem in C und dieses coincidirt mit dem Strahlsystem (C), welches, wie früher angegeben ist, von den beiden gegebenen Strahlsystemen (A) und (B) abhängt, indem CA und CB ein Paar und CP und $C\Pi$ ein zweites Paar conjugirter Strahlen desselben sind. Die oben ausgesprochene Behauptung ist also erwiesen und der Polarkegelschnitt $C^{(2)}$ des Punktes P in Bezug auf die Schaar ist nunmehr dadurch bestimmt, dass er dem Dreieck $AB\Pi$ einbeschrieben ist und ΠA und ΠB in denjenigen beiden Punkten berührt, in welchen sie von PC getroffen werden.

§. 50. Die Kegelschnittschaar mit zwei reellen und zwei imaginären gemeinschaftlichen Tangenten.

Die in §. 46 durchgeführte Untersuchung, welche über die besondere Natur der in einer Kegelschnittschaar enthaltenen Kegelschnitte Aufschluss gab, beruhte wesentlich darauf, dass die Kegelschnittschaar ein reelles gemeinschaftliches Tripel xyz besitzt, behält also nur ihre Gültigkeit, wenn die Kegelschnittschaar entweder vier reelle gemeinschaftliche Tangenten hat oder vier imaginäre; es bleibt daher eine Lücke für den Fall, wenn die Schaar zwei reelle und zwei imaginäre gemeinschaftliche Tangenten besitzt, und diese Lücke auszufüllen ist der gegenwärtige Paragraph bestimmt, in welchem die dort gewonnenen Resultate von einem neuen Gesichtspunkte aus den allgemeinen Polareigenschaften der Kegelschnittschaar nochmals abgeleitet werden sollen, unabhängig davon, ob das gemeinsame Tripel xyz ganz oder nur zum Theil reell ist.

Gehen wir von der allgemeinsten Erzeugung der Kegelschnittschaar aus vermittelst der beiden Strahlsysteme (A) und (B), von welchen das Strahlsystem (C) in bestimmter Weise abhängt (S. 313), und nehmen insbesondere die unendlich-entfernte Gerade $\mathfrak{G}_\infty$, so wird deren conjugirte Gerade $\mathfrak{M}$ in Bezug auf die Schaar die Mittelpunkte $\mathfrak{m}$ sämmtlicher Kegelschnitte der Schaar enthalten. Der unendlich-entfernte Punkt $\mathfrak{m}_\infty$ dieser Geraden $\mathfrak{M}$ ist der Mittelpunkt der einzigen in der Schaar vorkommenden Parabel; von diesem Punkte $\mathfrak{m}_\infty$ wollen wir den Polarkegelschnitt $\mathfrak{P}^{(2)}$ in Bezug auf die Schaar bestimmen; derselbe muss eine *Parabel* sein, weil die Polare von $\mathfrak{m}_\infty$ in Bezug auf die einzige in der Schaar vorkommende Parabel $\mathfrak{G}_\infty$ selbst ist und mithin $\mathfrak{G}_\infty$ eine Tangente von $\mathfrak{P}^{(2)}$ ist; folglich ist $\mathfrak{P}^{(2)}$ eine Parabel; sie berührt $\mathfrak{M}$, weil $\mathfrak{M}$ die conjugirte Gerade zu $\mathfrak{G}_\infty$ ist und $\mathfrak{G}_\infty$ durch $\mathfrak{m}_\infty$ geht; sie berührt ebenfalls AB; das Strahlsystem (C) ist das ihr zugehörige, wie bei jedem Polarkegelschnitt $C^{(2)}$ (S. 325). Jede Tangente der Parabel $\mathfrak{P}^{(2)}$ trifft $\mathfrak{M}$ in einem Punkte $\mathfrak{m}$, welcher Mittelpunkt eines bestimmten Kegelschnitts der Schaar ist, und bildet mit $\mathfrak{M}$ zusammen ein Paar conjugirter Durchmesser dieses Kegelschnitts, weil diese beiden Strahlen und $\mathfrak{G}_\infty$ ein Tripel conjugirter Strahlen für einen solchen Kegelschnitt sind. Ziehen wir ferner $\mathfrak{m}C$ und eine Parallele durch $\mathfrak{m}$ zu AB, so haben wir ein zweites immer reelles Paar conjugirter Durchmesser dieses Kegelschnitts der Schaar, weil C und die Verbindungslinie AB Pol und Polare für sämmtliche Kegelschnitte der Schaar sind. Durch diese beiden Paare conjugirter Durchmesser ist das ganze Strahlsystem der conjugirten Durchmesser für den Kegelschnitt der Schaar, dessen Mittelpunkt $\mathfrak{m}$ ist, vollständig bestimmt, und die Natur dieses Strahlsystems giebt Aufschluss über die Natur des Kegelschnitts, ob er Ellipse oder Hyperbel ist. Wir können hiernach, indem wir eine veränderliche Tangente an der Parabel $\mathfrak{P}^{(2)}$ herumbewegen, den Verlauf jenes Strahlsystems, also die Natur der Kegelschnitte der Schaar verfolgen und gelangen unabhängig von der Realität des gemeinsamen Tripels, von welchem C und AB immer reell sind, zu den Resultaten des §. 46, die aber für den Fall nur zweier reeller gemeinschaftlicher Tangenten der Schaar eine Modification erleiden.

Zuvörderst ist es nun nöthig, die Construction der Geraden $\mathfrak{M}$ und der Parabel $\mathfrak{P}^{(2)}$, wovon Alles abhängt, genauer anzugeben. Die Gerade $\mathfrak{M}$ wird nach §. 49 so gefunden: Ein durch A zu BC gezogener Parallelstrahl hat zu seinem conjugirten in dem Strahlsystem (A) den Strahl AS, und ein durch B zu AC gezogener Parallelstrahl hat zu seinem conjugirten in dem Strahlsystem (B) den Strahl BS; bezeichnet S den Schnittpunkt der beiden so gefundenen Strahlen und o die Mitte von AB, so ist oS die gesuchte Mittelpunktslinie $\mathfrak{M}$.

Ziehen wir sodann durch A und B Parallelen zu $\mathfrak{M}$ und die zu ihnen conjugirten Strahlen in den Strahlsystemen (A) und (B), welche sich in Π_0 treffen, endlich durch C eine Parallele zu $\mathfrak{M}$, welche $\Pi_0 A$ und $\Pi_0 B$ in α und β trifft, so ist derjenige Kegelschnitt, welcher dem Dreiseit $\Pi_0 AB$ einbeschrieben ist und die Seiten $\Pi_0 A$, $\Pi_0 B$ in den Punkten α und β berührt, die gesuchte Parabel $\mathfrak{P}^{(2)}$; sie berührt auch $\mathfrak{M}$ und zwar, wie leicht zu erkennen ist, in demjenigen Punkte $\mathfrak{m}_h$, welcher die Mitte des Abschnittes ist, den $\Pi_0 A$ und $\Pi_0 B$ auf $\mathfrak{M}$ ausschneiden; dieser Punkt $\mathfrak{m}_h$ ist der Mittelpunkt derjenigen Hyperbel, welche der Schaar angehört und die Gerade $\mathfrak{M}$ zu einer Asymptote hat, also durch den Punkt $\mathfrak{m}_\infty$ geht, denn $\mathfrak{m}_h$ ist der Schnittpunkt zweier zusammenfallenden Tangenten der Parabel $\mathfrak{P}^{(2)}$, also zweier zusammenfallenden conjugirten Durchmesser eines Kegelschnitts der Schaar. Die Verbindungslinie $\Pi_0 \mathfrak{m}_h$ geht daher nach dem unendlich-entfernten Punkte der Parabel $\mathfrak{P}^{(2)}$ d. h. ist parallel mit der Axe derselben. Hierdurch ist die Parabel $\mathfrak{P}^{(2)}$ mehr als bestimmt, und es lässt sich der vorhin angedeutete Vorgang deutlich verfolgen, wenn man aus den sämmtlichen Punkten $\mathfrak{m}$ der Geraden $\mathfrak{M}$ die noch übrige zweite Tangente an die Parabel $\mathfrak{P}^{(2)}$ legt. Bezeichnen wir mit $\mathfrak{p}_\infty$ den jedesmaligen unendlich-entfernten Punkt derselben, so beschreiben $\mathfrak{m}$ auf $\mathfrak{M}$ und $\mathfrak{p}_\infty$ auf $\mathfrak{G}_\infty$ zwei projectivische Punktreihen, weil $\mathfrak{M}$ und $\mathfrak{G}_\infty$ selbst Tangenten eines Kegelschnitts (der Parabel $\mathfrak{P}^{(2)}$) sind und daher von allen übrigen Tangenten desselben projectivisch geschnitten werden; bezeichnen wir noch den unendlich-entfernten Punkt von AB durch $\mathfrak{c}_\infty$, so sind nach dem Obigen $\mathfrak{m}C$ und $\mathfrak{m}\mathfrak{c}_\infty$ ein Paar, $\mathfrak{m}\mathfrak{m}_\infty$ und $\mathfrak{m}\mathfrak{p}_\infty$ ein zweites Paar conjugirter Durchmesser desjenigen Kegelschnitts der Schaar, dessen Mittelpunkt $\mathfrak{m}$ ist, und durch diese beiden Paare ist das ganze Durchmessersystem bestimmt. Um zu entscheiden, ob ein Strahlsystem elliptisch oder hyperbolisch ist, haben wir nachzusehen, ob ein Paar conjugirter Strahlen durch ein zweites und dieses durch jenes getrennt wird oder nicht; dies lässt sich leicht bei der obigen Figur verfolgen.

Wir können uns aber auch des in §. 46 angewendeten Hülfsmittels bedienen, indem wir das Strahlsystem parallel mit sich nach irgend einem Punkte O eines Hülfskegelschnitts $\mathfrak{C}^{(2)}$ verlegen; die Durchbohrungssehne je zweier conjugirter Strahlen mit dem Kegelschnitt $\mathfrak{C}^{(2)}$ läuft dann durch einen festen Punkt P, und je nachdem dieser Punkt ausserhalb, innerhalb oder auf dem Kegelschnitte $\mathfrak{C}^{(2)}$ liegt, ist das Strahlsystem hyperbolisch, elliptisch oder parabolisch. Verschieben wir nun, wie in §. 46, sämmtliche Durchmessersysteme der Schaar ohne Drehung nach einem beliebigen Punkte O eines Hülfskegelschnitts $\mathfrak{C}^{(2)}$, so bestimmt jedes derselben einen Punkt P, und den Ort sämmtlicher Punkte P für die ganze Schaar ermitteln wir folgendermassen: Die durch O zu $\mathfrak{m}\mathfrak{m}_\infty$ und $\mathfrak{m}\mathfrak{c}_\infty$ gezogenen Parallelen treffen $\mathfrak{C}^{(2)}$ in den festen Punkten δ und γ; die zu $\mathfrak{m}\mathfrak{p}_\infty$ durch O gezogene Parallele beschreibt ein Strahlbüschel, welches perspectivisch liegt mit der Punktreihe $\mathfrak{p}_\infty$, und die zu $\mathfrak{m}C$ gezogene Parallele durch O beschreibt ein Strahlbüschel, welches mit der Punktreihe $\mathfrak{m}$ projectivisch ist; da nun die Punktreihen $\mathfrak{m}$ und $\mathfrak{p}_\infty$ projectivisch sind, weil $\mathfrak{m}\mathfrak{p}_\infty$ die veränderliche Tangente der Parabel $\mathfrak{P}^{(2)}$ ist, so durchbohren die beiden letzten Strahlbüschel den Kegelschnitt $\mathfrak{C}^{(2)}$ in Punkten, welche resp. mit den festen Punkten δ und γ auf $\mathfrak{C}^{(2)}$ verbunden zwei projectivische Strahlbüschel liefern müssen; der Schnittpunkt je zweier entsprechender Strahlen derselben ist aber P, folglich ist der Ort der Punkte P ein neuer Kegelschnitt $\mathfrak{C}_1^{(2)}$, welcher mit $\mathfrak{C}^{(2)}$ die beiden Punkte γ und δ gemein hat. Die Punkte P dieses Kegelschnitts $\mathfrak{C}_1^{(2)}$ bestimmen Sehnen auf $\mathfrak{C}^{(2)}$, deren Schnittpunkte mit O verbunden Strahlsysteme in O liefern, welche den Durchmessersystemen der Kegelschnittschaar parallel laufen; denjenigen Punkten von $\mathfrak{C}_1^{(2)}$, welche ausserhalb $\mathfrak{C}^{(2)}$ liegen, entsprechen also Hyperbeln in der Kegelschnittschaar, denjenigen Punkten innerhalb $\mathfrak{C}^{(2)}$ Ellipsen und den beiden Punkten γ und δ Parabeln, und zwar ist nur die dem Punkte δ entsprechende eine eigentliche Parabel, während die dem Punkte γ entsprechende die Doppellinie AB ist, welche als Parabel aufgefasst werden kann.

Zur weiteren Untersuchung müssen nun zwei Fälle unterschieden werden, nämlich ob der Punkt C 1) innerhalb oder 2) ausserhalb der Parabel $\mathfrak{P}^{(2)}$ liegt. Da das dem Punkte C in Bezug auf die Parabel $\mathfrak{P}^{(2)}$ zugehörige Strahlsystem dasjenige ist, welches von den beiden als gegeben angenommenen Strahlsystemen (A) und (B) abhängt (S. 313), und es im Falle 1) elliptisch, im Falle 2) hyperbolisch ist, so hat die Kegelschnittschaar im ersten Falle zwei reelle und zwei imaginäre gemeinschaftliche Tangenten (II und III), im zweiten Falle entweder vier imaginäre oder vier reelle gemeinschaftliche Tangenten (I und IV). Im ersten Falle können nun die Kegelschnitte $\mathfrak{C}^{(2)}$ und $\mathfrak{C}_1^{(2)}$ ausser den Punkten γ und δ keinen Punkt weiter gemeinschaftlich haben, oder es kann weiter keins von den Durchmessersystemen parabolisch werden; denn damit ein Strahlsystem parabolisch sei, müssen zwei beliebige Strahlen desselben ein und denselben conjugirten Strahl haben, welcher dann zu allen Strahlen der conjugirte ist; es müssten also auch $\mathfrak{m}\mathfrak{m}_\infty$ und $\mathfrak{m}\mathfrak{c}_\infty$ denselben conjugirten Strahl haben, d. h. eine durch $\mathfrak{m}$ gehende Tangente der Parabel müsste mit $\mathfrak{m}C$ zusammenfallen; da aber C innerhalb der Parabel $\mathfrak{P}^{(2)}$ liegt, so geht keine Tangente durch ihn, also schliessen wir: *Eine Kegelschnittschaar mit zwei reellen und zwei imaginären gemeinschaftlichen Tangenten zerfällt nur in eine Gruppe Ellipsen und eine Gruppe Hyperbeln, welche von einander getrennt werden einmal durch die einzige in der Schaar vorkommende Parabel und das andere Mal durch das einzige in ihr vorkommende Punktpaar.* Im zweiten Falle dagegen haben die beiden Kegelschnitte $\mathfrak{C}^{(2)}$ und $\mathfrak{C}_1^{(2)}$ ausser den Punkten γ und δ noch zwei andere Punkte gemein, welche parabolischen Strahlsystemen entsprechen; die beiden aus C an die Parabel $\mathfrak{P}^{(2)}$ gelegten Tangenten sind nämlich selbst, jede doppelt gedacht, als zwei besondere Parabeln der Schaar aufzufassen und bilden mit AB zusammen das reelle gemeinschaftliche Tripel d. h. sind die drei Diagonalen des entweder ganz reellen oder ganz imaginären vollständigen Vierseits, welchem die Kegelschnittschaar einbeschrieben ist. In diesem Falle bleiben die im §. 46 gefundenen Resultate bestehen: Die Kegelschnittschaar besteht aus zwei Gruppen Ellipsen und zwei Gruppen Hyperbeln, welche durch vier Parabeln von einander getrennt werden u. s. f. Auch die interessanten Folgerungen, welche sich aus der Untersuchung des Kegelschnitts $\mathfrak{C}_1^{(2)}$ in §. 47 ergaben, bleiben hier bestehen mit der Modification, welche aus der abweichenden Beschaffenheit der Kegelschnittschaar von zwei reellen und zwei imaginären gemeinschaftlichen Tangenten sich von selbst ergiebt.

Es ist der Vollständigkeit wegen noch der Uebergangsfall zu untersuchen, wenn der Punkt C auf der Parabel $\mathfrak{P}^{(2)}$ selbst liegt; in diesem Fall ist das Strahlsystem (C) parabolisch, die beiden Asymptoten fallen zusammen in eine Gerade, die Tangente in C an der Parabel $\mathfrak{P}^{(2)}$; diese Asymptoten sind aber zwei Diagonalen des vollständigen Vierseits, welchem die Kegelschnittschaar einbeschrieben ist, und da sie zugeordnete harmonische Strahlen mit CA und CB sind, so muss der Strahl, in welchem sie zusammenfallen, entweder durch A oder durch B gehen; nehmen wir an, er gehe durch B, so zeigt sich, dass das durch B gehende Seitenpaar des vollständigen Vierseits zusammenfällt, also das Strahlsystem (B) ebenfalls parabolisch wird, d. h. die Kegelschnittschaar den speciellen Charakter annimmt, in einem festen Punkte B beständig dieselbe feste Tangente BC und ausserdem zwei reelle oder imaginäre gemeinschaftliche Tangenten, die durch A gehen, zu besitzen, je nachdem das gegebene Strahlsystem (A) hyperbolisch oder elliptisch ist. Die Kegelschnittschaar specialisirt sich also in diesem Uebergangsfalle derart, dass zwei von den gemeinschaftlichen Tangenten zusammenfallen.

§. 51. Conjugirte Kegelschnittbüschel.

Die in §. 42 angegebene Erzeugung des Kegelschnittbüschels aus zwei beliebig in der Ebene angenommenen geraden Punktsystemen, welche gleichzeitig sämmtlichen Kegelschnitten des Büschels zugehören, führt unmittelbar zu einer eigenthümlichen Verbindung von drei Kegelschnittbüscheln, welche conjugirt genannt werden und ganz dieselben Eigenschaften besitzen, wie zwei conjugirte Kreisbüschel*) und ein von ihnen abhängiges Büschel gleichseitiger Hyperbeln. Indem wir bei der folgenden Untersuchung dieser Eigenschaften nur einen Fall ins Auge fassen und zwar der Einfachheit wegen denjenigen, für welchen die wesentlichsten Theile der Figur reell werden, wird es nach Anleitung der vorigen Auseinandersetzungen keine Schwierigkeit mehr haben, die übrigen Fälle, in welchen gewisse Theile der Figur imaginär werden, gleicherweise auszuführen und die dabei eintretenden Modificationen zu ermitteln.

Wir gehen von zwei hyperbolischen Punktsystemen (x, ξ) und (y, η) auf den Trägern $\mathfrak{A}$ und $\mathfrak{B}$ aus, mit den Asymptotenpunkten g, h und $g'h'$ (Fig. 76), also von einem Kegelschnittbüschel mit vier

Fig. 76.

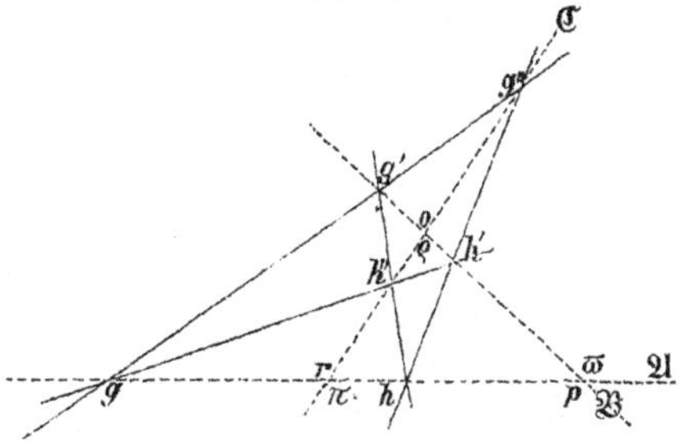

reellen Grundpunkten $ghg'h'$. Von diesen beiden als gegeben angenommenen Punktsystemen hängt nun ein drittes in gewisser Weise ab; dem Schnittpunkt ($\mathfrak{A}$, $\mathfrak{B}$) $= p$, im ersten Punktsystem aufgefasst, entspricht nämlich der conjugirte Punkt π und als ϖ im zweiten Punktsystem der conjugirte Punkt o; die Verbindungslinie πo, welche $\mathfrak{C}$ heisse, ist der Träger eines bestimmten dritten Punktsystems (z, ζ), welches

*) *J. Steiner:* Einige geometrische Betrachtungen, *Crelle's* Journal f. Math. Bd. I, Seite 168.

dadurch entsteht, dass wir die Schnittpunkte von $\mathfrak{C}$ mit den Verbindungslinien xy und $\xi\eta$ oder auch $x\eta$ und $y\xi$ als je ein Paar conjugirter Punkte z und ζ auffassen. Es ist in §. 42 bewiesen, dass, wie auch die beiden Paare $x\xi$ und $y\eta$ aus den ersten beiden Punktsystemen gewählt werden mögen, $z\zeta$ immer einem und demselben dritten Punktsystem angehören, und dass dieses insbesondere hyperbolisch ist in dem unserer Betrachtung zu Grunde gelegten Falle, wenn (x, ξ) und (y, η) hyperbolische Punktsysteme sind; seine Asymptotenpunkte $g''h''$ sind diejenigen Punkte, in welchen gg' und gh' oder auch hh' und hg' die Gerade $\mathfrak{C}$ treffen, so dass also:

$$(gg', hh') = g'' \qquad (gh', hg') = h''$$

und die sechs Asymptotenpunkte $ghg'h'g''h''$ die Ecken eines vollständigen Vierseits sein müssen, als dessen drei Diagonalen die Träger $\mathfrak{A}\mathfrak{B}\mathfrak{C}$ auftreten. Die beiden Punktsysteme auf $\mathfrak{A}$ und $\mathfrak{B}$ erzeugen ein Kegelschnittbüschel, welches die vier Grundpunkte $ghg'h'$ hat; die Kegelschnitte dieses Büschels treffen $\mathfrak{C}$ in je zwei Punkten $z\zeta$ ihres Punktsystems d. h. haben $g''h''$ zu conjugirten Punkten; nehmen wir irgend ein Paar $z\zeta$ als Mittelpunkte zweier Strahlbüschel, die nach den Punkten $x\xi$ eines veränderlichen Punktpaares auf $\mathfrak{A}$ (oder auch nach $y\eta$, einem veränderlichen Paare auf $\mathfrak{B}$) hingehen, so erzeugen diese beiden projectivischen Strahlbüschel einen Kegelschnitt des Büschels $(ghg'h')$ und $pg''h''$ ist das gemeinschaftliche Tripel dieses Büschels. Die Schnittpunkte von $\mathfrak{C}$ mit $\mathfrak{A}$ und $\mathfrak{B}$, welche wir π und o genannt haben, sind aber auch gleichzeitig ein Paar conjugirter Punkte des Systems (z, ζ), und in diesem Sinne bezeichnen wir sie mit r und ϱ.

Es liegt jetzt nahe, ebenso wie das durch die beiden Punktsysteme (x, ξ) und (y, η) hervorgerufene Kegelschnittbüschel ein zweites Kegelschnittbüschel aus den beiden Punktsystemen (x, ξ) und (z, ζ) und ein drittes aus den Systemen (y, η) und (z, ζ) hervorgehen zu lassen; diese drei Kegelschnittbüschel wollen wir durch:

$[\mathfrak{A}]$	mit den Grundpunkten	$g'h'g''h''$
$[\mathfrak{B}]$	- - -	$g''h''gh$
$[\mathfrak{C}]$	- - -	$ghg'h'$

bezeichnen und *conjugirte Kegelschnittbüschel* nennen. Solche drei Kegelschnittbüschel hängen in eigenthümlicher Weise mit einander zusammen und bieten eine Reihe von merkwürdigen Eigenschaften dar, welche im Folgenden abgeleitet werden sollen.

Durch einen beliebigen Punkt s in der Ebene gehen drei Kegelschnitte ABC, deren jeder beziehungsweise einem der drei conjugirten Büschel angehört; von diesen drei Kegelschnitten schneiden sich je zwei ausser in den drei ersichtlichen Punkten noch in einem jedesmaligen vierten, nämlich:

B	und C	in den Punkten	$g\ h\ s$	und	σ
C	- A	- - -	$g'\ h'\ s$	-	σ'
A	- B	- - -	$g''\ h''\ s$	-	σ''

Die drei Punkte $\sigma\sigma'\sigma''$ liegen in gerader Linie; durch den Punkt s giebt es nämlich im Allgemeinen zwei Strahlen, die sowohl $\mathfrak{A}$ wie $\mathfrak{B}$ in je einem Paare conjugirter Punkte der auf ihnen befindlichen Punktsysteme, folglich auch $\mathfrak{C}$ in einem Paare seines Punktsystems treffen; allerdings können, da die beiden Punktsysteme (x, ξ) und (y, η) hyperbolisch angenommen sind, jene beiden Strahlen durch s auch imaginär werden, welchen Fall wir nachher untersuchen wollen; seien zuerst die beiden Strahlen durch s reell und so beschaffen, dass, wenn der eine die Träger $\mathfrak{A}\mathfrak{B}\mathfrak{C}$ in abc trifft, der andere ihnen in den conjugirten Punkten $\alpha\beta\gamma$ begegnet, dann sind die Schnittpunkte:

$$(a\beta,\ b\alpha) = \sigma'' \qquad (a\gamma,\ c\alpha) = \sigma' \qquad (b\gamma,\ c\beta) = \sigma$$

und liegen in gerader Linie (Seite 100). Da nämlich $a\alpha$ und $b\beta$ zwei Paare conjugirter Punkte sind für das Büschel $[\mathfrak{C}]$, so sind auch (Seite 153) $(ab,\ \alpha\beta) = s$ und $(a\beta,\ b\alpha) = \sigma''$ ein Paar conjugirter Punkte für das ganze Büschel $[\mathfrak{C}]$; ebenso ist σ der conjugirte Punkt zu s für das Büschel $[\mathfrak{A}]$ und σ' für das Büschel $[\mathfrak{B}]$. Die Tangenten in s an den drei Kegelschnitten ABC gehen also resp. durch $\sigma\sigma'\sigma''$; es trifft aber der Kegelschnitt A die Gerade $\mathfrak{A}$ in den obigen Punkten a und α, denn die beiden Strahlbüschel mit den Mittelpunkten a und α, welche nach den Paaren conjugirter Punkte (y, η) oder (z, ζ) hingehen, erzeugen den Kegelschnitt A, weil ab und $\alpha\beta$ sich in s treffen und durch diesen einen Punkt der Kegelschnitt des Büschels $[\mathfrak{A}]$ schon bestimmt ist; hieraus folgt, dass auch $(a\beta,\ \alpha b) = \sigma''$ ein Punkt des Kegelschnitts A sein muss; andererseits trifft der Kegelschnitt B die Gerade $\mathfrak{B}$ in den Punkten b und β, folglich ist auch $(b\alpha,\ \beta a) = \sigma''$ ein Punkt des Kegelschnitts B, und da die Kegelschnitte A und B bereits die drei Punkte $sg''h''$ gemein haben, so ist σ'' ihr vierter gemeinschaftlicher Punkt; in gleicher Weise folgt, dass $(b\gamma,\ c\beta) = \sigma$ der vierte Schnittpunkt der Kegelschnitte B und C, und endlich, dass $(c\alpha,\ a\gamma) = \sigma'$ der vierte Schnittpunkt der Kegelschnitte A und C ist. Wir haben also folgendes Ergebniss:

Hat man drei conjugirte Kegelschnittbüschel, so geht durch einen beliebigen Punkt s in der Ebene aus jedem Büschel je ein Kegelschnitt; diese drei Kegelschnitte ABC haben zu je zweien noch einen vierten *gemeinschaftlichen Punkt, und zwar B und C den Punkt* σ, *C und A den Punkt* σ', *A und B den Punkt* σ''; *die drei Punkte* $\sigma\sigma'\sigma''$ *liegen in einer Geraden* $\mathfrak{L}$, *und die drei Strahlen* $s\sigma$, $s\sigma'$, $s\sigma''$ *sind die Tangenten der drei Kegelschnitte ABC im Punkte s; die Punkte* $\sigma\sigma'\sigma''$ *sind ferner die conjugirten Punkte von s in Bezug auf die drei conjugirten Büschel. Die drei Kegelschnitte ABC treffen endlich im Allgemeinen die Träger* $\mathfrak{A}\mathfrak{B}\mathfrak{C}$ *der drei erzeugenden Punktsysteme in drei conjugirten Punktpaaren* $a\alpha$, $b\beta$, $c\gamma$, *und von diesen sechs Punkten liegen zweimal drei in je einer Geraden:* abc *und* $\alpha\beta\gamma$, *welche beiden Geraden selbst durch s gehen; diese drei Punktpaare sind entweder alle drei reell oder alle drei imaginär. Die sechs Grundpunkte der drei conjugirten Kegelschnittbüschel bilden ein vollständiges Vierseit, und es giebt eine Kegelschnittschaar, welche dem letzteren einbeschrieben ist; von den beiden möglichen Kegelschnitten dieser Schaar, welche durch s gehen, sind die beiden Tangenten in s die vorigen Geraden* abc *und* $\alpha\beta\gamma$ *und daher die Asymptoten desjenigen Strahlsystems, welches von den Tangentenpaaren aus s an die Kegelschnittschaar gebildet wird. Der Polarkegelschnitt von s in Bezug auf diese Kegelschnittschaar berührt die Geraden* abc *und* $\alpha\beta\gamma$ *und ist ausserdem dem Diagonaldreieck opr des vollständigen Vierseits einbeschrieben; die Punkte* $\sigma\sigma'\sigma''$ *sind die Pole der drei Strahlen so, sr, sp in Bezug auf den genannten Polarkegelschnitt, und die Gerade* $\mathfrak{L}$ *ist also die Polare von s in Bezug auf denselben.* Das Letztere folgt unmittelbar daraus, dass $a\alpha b\beta$ ein diesem Polarkegelschnitt umschriebenes Viereck ist, dessen Diagonaldreieck $s\sigma''p$ ein Tripel in Bezug auf denselben bildet.

Wir müssen jetzt dieselben Resultate auch für den andern möglichen Fall nachweisen, wenn nämlich die beiden durch den angenommenen Punkt s gehenden Strahlen, welche die Träger der drei Punktsysteme (x, ξ) (y, η) (z, ζ) gleichzeitig in drei Paaren conjugirter Punkte treffen, *nicht* reell sind. Hierzu construiren wir den dem s conjugirten Punkt in Bezug auf das Büschel $[\mathfrak{A}]$, dessen Grundpunkte $g'h'g''h''$ sind und dessen gemeinschaftliches Tripel gho ist; wenn wir also sg, sh, so ziehen und die vierten harmonisch-zugeordneten Strahlen bestimmen, indem jedes Seitenpaar des vollständigen Vierecks $g'h'g''h''$ das andere Paar zugeordneter Strahlen ist, so sind diese drei vierten Harmonischen die Polaren von s in Bezug auf die drei Linienpaare des Büschels $[\mathfrak{A}]$ und schneiden sich in dem zu s conjugirten Punkte σ; also sind die vier Strahlen $g\,(g'h's\sigma)$ vier harmonische Strahlen, ebenso auch $h\,(g'h's\sigma)$ und in gleicher Weise $g\,(g''h''s\sigma)$ und $h\,(g''h''s\sigma)$; aus der Gleichheit der Doppelverhältnisse:

$$g\,(g'h's\sigma) = h\,(g'h's\sigma)$$

folgt aber, dass die sechs Punkte $ghg'h's\sigma$ auf einem Kegelschnitt liegen, und aus der Gleichheit der Doppelverhältnisse:

$$g\,(g''h''s\sigma) = h\,(g''h''s\sigma)\,,$$

dass die sechs Punkte $ghg''h''s\sigma$ auf einem Kegelschnitt liegen; diese beiden Kegelschnitte B und C, welche den Büscheln [𝔅] und [ℭ] angehören und durch s gehen, schneiden sich also in dem vierten Punkte σ, welcher der conjugirte ist zu s in Bezug auf das Büschel [𝔄] und also in der Tangente eines durch die fünf Punkte $g'h'g''h''s$ gelegten Kegelschnitts A an dem Punkte s sich befindet. Die in gleicher Weise für die Kegelschnitte A und B, A und C ersichtliche Eigenschaft bestätigt somit den ersten Theil des obigen Satzes. Da die fünf Punkte $g'h'g''h''s$ auf einem Kegelschnitte A liegen, dessen Tangente $s\sigma$ ist, so werden, wenn wir die Strahlen sg', sh' als ein Paar conjugirter Strahlen, sg'', sh'' als ein zweites Paar eines neuen Strahlsystems auffassen, deren Durchbohrungssehnen $g'h'$ und $g''h''$ mit A sich in o treffen, so und $s\sigma$ ein drittes Paar dieses Strahlsystems (s) sein (S. 151). Dieses Strahlsystem (s), welches durch die beiden Strahlenpaare sg', sh' und sg'', sh'' bestimmt wird, hat auch sg und sh zu einem Paare conjugirter Strahlen und ist dasjenige, welches von den Tangentenpaaren aus s an die Kegelschnittschaar gebildet wird, welche dem vollständigen Vierseit $ghg'h'g''h''$ einbeschrieben ist, oder (Seite 324) dasjenige Strahlsystem, welches dem Polarkegelschnitt des Punktes s in Bezug auf diese Kegelschnittschaar zugehört; folglich sind so und $s\sigma$ ein Paar conjugirter Strahlen für den genannten Polarkegelschnitt; andererseits berührt dieser Polarkegelschnitt die Seiten des Diagonaldreiecks orp, und $o\sigma$ ist, wie wir gesehen haben, der vierte harmonische Strahl zu os, or, op, dem os zugeordnet, also sind auch os und $o\sigma$ conjugirte Strahlen in Bezug auf den Polarkegelschnitt und daher σ der Pol von so in Bezug auf denselben; in gleicher Weise folgt, weil der Polarkegelschnitt von s in Bezug auf die dem vollständigen Vierseit einbeschriebene Schaar unverändert bleibt, dass der Pol von rs der Punkt σ' und von ps der Punkt σ'' ist, und da die drei Strahlen os, rs, ps durch einen Punkt s gehen, so müssen die drei Pole $\sigma\sigma'\sigma''$ in einer Geraden 𝔏 liegen, welche die Polare von s ist. Hierdurch ist der zweite Theil des obigen Satzes erwiesen und damit zugleich ein elementarer Satz gewonnen:

Wenn man die drei Paare der Gegenecken eines vollständigen Vierseits gh, $g'h'$, $g''h''$ mit einem beliebigen Punkte s der Ebene verbindet und zu jedem dieser Strahlen den vierten harmonischen Strahl construirt, z. B. zu gs und den beiden sich in g kreuzenden Seiten des Vierseits den vierten harmonischen, welcher gs zugeordnet ist, ebenso zu hs u. s. f., so *schneiden sich solche Strahlen, die durch je zwei Gegenecken, z. B. g und h gehen, in einem Punkte σ, die vierten harmonischen Strahlen durch g′ und h′ in σ′ und die durch g″ und h″ in σ″ dergestalt, dass die drei Schnittpunkte σσ′σ″ in einer Geraden liegen.*

Ein besonderer Fall des polaren Nebensatzes ist sehr bekannt, nämlich: „*Die Verbindungslinien der Mitten der drei Seitenpaare eines vollständigen Vierecks laufen durch einen Punkt*“ (*Schwerpunkt*).

Die drei conjugirten Kegelschnittbüschel [𝔄] [𝔅] [ℭ] haben weitere bemerkenswerthe Eigenschaften: Legt man aus irgend einem Punkte a der Geraden 𝔄 das Tangentenpaar an einen Kegelschnitt B des Büschels [𝔅], dessen Grundpunkte $ghg''h''$ sind, und mögen die Berührungspunkte tt' heissen, so geht die Polare tt' von a in Bezug auf B durch den conjugirten Punkt α des Punktsystems (x, 𝔵), weil α der vierte harmonische, dem a zugeordnete Punkt zu agh ist. Die vier Punkte $ghtt'$ auf dem Kegelschnitt B besitzen aber die Eigenschaft, dass sie mit irgend einem andern Punkte dieses Kegelschnitts verbunden vier harmonische Strahlen liefern (S. 125), folglich sind ebensowohl g'' $(ghtt')$, als auch h'' $(ghtt')$ je vier harmonische Strahlen und aus der Gleichheit der Doppelverhältnisse:

$$g''\,(ghtt') = h''\,(hgtt') \quad . \quad . \quad . \quad . \quad . \quad . \qquad \text{(S. 12)}$$

ergiebt sich, dass die Schnittpunkte entsprechender Strahlen, also die vier Punkte $g'h'tt'$ mit $g''h''$ auf einem Kegelschnitt A liegen und dass die Punkte $g'h'tt'$ vier harmonische Punkte dieses Kegelschnitts A sind (S. 125), folglich tt' durch den Pol von $g'h'$ gehen muss; der Pol von $g'h'$ in Bezug auf den Kegelschnitt A muss aber auf gh liegen, weil ogh ein Tripel in Bezug auf diesen Kegelschnitt ist, also ist der Schnittpunkt von tt' mit gh, d. h. der Punkt α der Pol von $g'h'$ und $\alpha g'$ und $\alpha h'$ sind Tangenten des Kegelschnitts A in den Punkten $g'h'$. Da ferner ogh das Diagonaldreieck des vollständigen Vierecks $g'h'g''h''$ ist und die Tangenten des dem letzteren umschriebenen Kegelschnitts A in $g'h'$ sich auf der Diagonale gh im Punkte α treffen, so müssen auch die Tangenten des Kegelschnitts A in $g''h''$ sich auf der Diagonale gh schneiden in dem zu $gh\alpha$ harmonisch liegenden, dem α zugeordneten Punkte, also in a. Der Kegelschnitt A hat also ag'' und ah'' zu Tangenten in den Punkten g'' und h''. Fassen wir das Gefundene zusammen, so ergiebt sich: Legt man aus irgend einem Punkte a der Geraden 𝔄 das Tangentenpaar an einen Kegelschnitt des Büschels [𝔅], so liegen die Berührungspunkte auf einem Kegelschnitt A, welcher durch die vier Punkte $g'h'g''h''$ geht und ag'', ah'' zu Tangenten hat; verändern wir daher den Kegelschnitt B des

Büschels [𝔅], halten aber den Punkt a fest, so verändern sich die Berührungspunkte tt', während der Kegelschnitt A, auf welchem sie liegen müssen, derselbe bleibt, also:

Legt man aus irgend einem Punkte a der Geraden 𝔄 an sämmtliche Kegelschnitte des Büschels [𝔅] die Tangentenpaare, so ist der Ort ihrer Berührungspunkte ein bestimmter Kegelschnitt A des Büschels [𝔄], welcher ag'', ah'' zu Tangenten hat. Weil dieser Kegelschnitt A aber auch $\alpha g'$ und $\alpha h'$ zu Tangenten hat, so folgt: *Legt man aus irgend einem Punkte α der Geraden 𝔄 an sämmtliche Kegelschnitte des Büschels [ℭ] die Tangentenpaare, so ist der Ort ihrer Berührungspunkte ein bestimmter Kegelschnitt A des Büschels [𝔄], welcher $\alpha g'$, $\alpha h'$ zu Tangenten hat, und zwar entsteht, wenn a und α harmonisch liegen zu g, h, für den Punkt a und das Büschel [𝔅] derselbe Kegelschnitt A, wie für den Punkt α und das Büschel [ℭ], ebenso auch für den Punkt a und das Büschel [ℭ] derselbe Kegelschnitt* **A**, *wie für den Punkt α und das Büschel [𝔅]; die Kegelschnitte A und* **A** *sind aber verschieden; sie gehören beide dem Büschel [𝔄] an, aber der erstere hat ag'', ah'' zu Tangenten, der andere ag', ah' und zugleich der erstere $\alpha g'$, $\alpha h'$, der andere $\alpha g''$, $\alpha h''$.*

Verändern wir jetzt den Punkt a (und α) auf 𝔄, so durchläuft der Kegelschnitt A (und **A**) das ganze Büschel [𝔄], und die Kegelschnitte A und **A** erfüllen dasselbe auf doppelte Weise. Wir sehen hieraus, wie das Büschel [𝔄] aus dem conjugirten Büschel [𝔅] oder [ℭ] hervorgeht; in gleicher Weise entsteht das Büschel [𝔅] auf doppelte Art aus den Büscheln [𝔄] und [ℭ] und endlich das Büschel [ℭ] aus den Büscheln [𝔄] und [𝔅]. Geht man andererseits von einem beliebigen Kegelschnittbüschel mit vier Grundpunkten aus, so kann man die beiden andern zu ihm conjugirten Büschel dadurch ableiten, dass man ein Linienpaar des ersten Kegelschnittbüschels auffasst, in der einen gemeinschaftlichen Secante dieses Linienpaars einen Punkt a annimmt und aus a die Tangentenpaare an sämmtliche Kegelschnitte des Büschels legt; dann liegen die Berührungspunkte auf einem Kegelschnitt, welcher mit der Veränderung von a das eine conjugirte Büschel erzeugt; in gleicher Art liefert die andere gemeinschaftliche Secante das dritte conjugirte Büschel. Kommen in dem anfänglich angenommenen Büschel drei reelle Linienpaare vor, so giebt es dreimal solche je drei conjugirte Büschel, im Ganzen also sieben Kegelschnittbüschel, da das ursprüngliche dreimal zählt.

Die beiden oben betrachteten Kegelschnitte A und **A** stehen mit den beiden Punkten a und α, welchen sie entsprechen, in einem eigenthümlichen Zusammenhange: Da der Ort der Berührungspunkte aller an die Kegelschnitte des Büschels [𝔅] aus dem Punkte a gelegten Tangentenpaare der Kegelschnitt A ist, so wird es, wenn irgend eine durch a gelegte Transversale den Kegelschnitt A in den Punkten t und τ trifft, zwei Kegelschnitte des Büschels [𝔅] geben, welche die Transversale in den Punkten t und τ berühren, und es werden daher t und τ die Asymptotenpunkte desjenigen Punktsystems sein, welches von den Kegelschnitten des Büschels [𝔅] auf der Transversale ausgeschnitten wird. Betrachten wir nun den Kegelschnitt **A**, der durch $g'h'g''h''$ geht, und dessen Tangenten ag', ah' sind; möge die vorige durch a gezogene Transversale ihn in r und ϱ treffen, so sind $g'h'r\varrho$ vier harmonisch gelegene Punkte dieses Kegelschnitts (S. 124), folglich

$$g''(g'h'r\varrho) \quad \text{und} \quad h''(g'h'r\varrho)$$

je vier harmonische Strahlen; aus der Gleichheit der Doppelverhältnisse, welche den Werth — 1 haben:

$$g''(g'h'r\varrho) = h''(h'g'r\varrho)$$

folgt aber, dass die sechs Punkte $ghr\varrho g''h''$ auf einem Kegelschnitte liegen, welcher natürlich dem Büschel [𝔅] angehört; es sind daher r, ϱ ein Paar conjugirter Punkte jenes Punktsystems auf der Transversale, welches t und τ zu Asymptotenpunkten hat; r, ϱ liegen daher zu t, τ harmonisch, und diese vier Punkte sind in der Art paarweise zugeordnet, dass je zwei Schnittpunkte mit einem der Kegelschnitte A und **A** zugeordnete Punkte sind; jede durch den Punkt a gezogene Transversale trifft demnach die beiden Kegelschnitte A und **A** in vier harmonisch gelegenen Punkten, von denen je zwei Schnittpunkte mit demselben Kegelschnitt zugeordnete sind; dasselbe gilt offenbar für den Punkt α. Das Verhalten der beiden Kegelschnitte A und **A** zu den Punkten a und α ist mithin genau dasselbe, wie es in der Kreistheorie bei zwei sich rechtwinklig schneidenden Kreisen und ihren Mittelpunkten sich darbietet; hat man zwei sich rechtwinklig schneidende Kreise, so ist aus den Elementen bekannt, dass jede durch einen der beiden Kreismittelpunkte gehende Transversale die Kreise in vier harmonisch gelegenen Punkten trifft, von denen die Schnittpunkte mit je einem Kreise zugeordnete sind. Die Verallgemeinerung dieser Eigenschaft besteht nunmehr in folgendem Satze:

Legt man aus irgend einem Punkte a einer gemeinschaftlichen Secante eines Kegelschnittbüschels die Tangentenpaare an dasselbe, so liegen die Berührungspunkte auf einem Kegelschnitt A; legt man aus dem conjugirten Punkte α zu a in Bezug auf das Büschel ebenfalls die Tangentenpaare an die Kegelschnitte des Büschels, so liegen die Berührungspunkte auf einem andern Kegelschnitt **A**; *die beiden Kegelschnitte A*

und A *haben zu den Punkten a und α die eigenthümliche Lage, dass jede durch a oder α gehende Transversale von den beiden Kegelschnitten in vier harmonischen Punkten getroffen wird, von denen je zwei Schnittpunkte desselben Kegelschnitts zugeordnete sind.*

Weitere Eigenschaften, welche conjugirte Kegelschnittbüschel darbieten (wenn z. B. aus einem beliebigen Punkte der Ebene die Tangentenpaare an die Kegelschnitte der Büschel gelegt werden, wobei die Berührungspunkte auf einer Curve dritten Grades liegen, und diese drei Curven dritten Grades in Bezug auf die conjugirten Kegelschnittbüschel in eigenthümliche Verbindung treten), müssen wir hier übergehen, um nicht die Grenzen, welche diesem Buche gesteckt sind, zu überschreiten. Es bleibt noch übrig, den im Eingange dieses Paragraphen berührten besonderen Fall von drei conjugirten Kegelschnittbüscheln, welcher schon in den Elementen auftritt, mit dem hier behandelten allgemeinen Falle in Verbindung zu setzen. Nehmen wir nämlich an, dass von den drei erzeugenden Punktsystemen (x, ξ) (y, η) und (z, ζ) eines den besonderen Charakter hat, dass sein Träger die unendlich-entfernte Gerade $\mathfrak{G}_\infty$ ist und dasselbe aus allen Paaren unendlich-entfernter Punkte besteht, welche in je zwei zu einander rechtwinkligen Richtungen liegen, also dasjenige Punktsystem auf $\mathfrak{G}_\infty$, dessen Asymptotenpunkte die beiden imaginären Kreispunkte auf der unendlich-entfernten Geraden sind (Seite 78); ist (x, ξ) dieses besondere Punktsystem, dessen Träger $\mathfrak{A}$ also $\mathfrak{G}_\infty$ ist, dagegen (y, η) ein beliebiges, etwa hyperbolisches Punktsystem mit den Asymptotenpunkten $g'h'$ auf dem Träger $\mathfrak{B}$, so wird der Träger $\mathfrak{C}$ des dritten Punktsystems diejenige Gerade sein, welche in dem Mittelpunkte o des Punktsystems (y, η), der dem unendlich-entfernten conjugirt ist, d. h. in der Mitte o zwischen $g'h'$ senkrecht steht auf $\mathfrak{B}$, und das dritte Punktsystem (z, ζ) auf $\mathfrak{C}$, welches nothwendig ein elliptisches sein muss (S. 254), wird erhalten, indem wir durch y einen beliebigen Strahl yz, und durch η einen darauf senkrechten $\eta\zeta$ ziehen, welche $\mathfrak{C}$ in z und ζ treffen; o wird ebenfalls der Mittelpunkt dieses Punktsystems sein, und $z\zeta$ liegen nach entgegengesetzten Seiten von o so, dass

$$oy \cdot o\eta + oz \cdot o\zeta = 0$$

ist, d. h. die Potenzen der beiden Punktsysteme auf $\mathfrak{B}$ und $\mathfrak{C}$ gleich aber entgegengesetzt werden. Die von solchen drei Punktsystemen erzeugten conjugirten Kegelschnittbüschel nehmen einen besonders einfachen Charakter an, indem zwei von ihnen *conjugirte Kreisbüschel* werden, und das dritte ein *Büschel gleichseitiger Hyperbeln* wird, welches in den Elementen unerwähnt zu bleiben pflegt. In der That, das Büschel

[$\mathfrak{C}$] wird ein gewöhnliches Kreisbüschel, welches durch die beiden reellen gemeinschaftlichen Punkte $g'h'$ geht, weil die imaginären Kreispunkte auf $\mathfrak{G}_\infty$ allen Kegelschnitten dieses Büschels gemeinschaftlich sind, letztere also alle Kreise werden; diese Kreise haben ihre Mittelpunkte auf $\mathfrak{C}$ und treffen $\mathfrak{C}$ in je zwei conjugirten Punkten des Punktsystems (z, ζ). Das Büschel [$\mathfrak{B}$] wird ebenfalls ein Kreisbüschel mit der ideellen gemeinschaftlichen Secante $\mathfrak{C}$; es hat nämlich seine Mittelpunkte auf $\mathfrak{B}$, und jeder Kreis desselben trifft $\mathfrak{B}$ in je zwei conjugirten Punkten y, η des gegebenen Punktsystems; die Kreise dieses Büschels haben also die Strecken zwischen je zwei conjugirten Punkten $y\eta$ zu Durchmessern. Die Asymptotenpunkte $g'h'$ repräsentiren insbesondere die Nullkreise dieses Büschels. Die beiden genannten Kreisbüschel heissen bekanntlich conjugirte Kreisbüschel, indem jeder Kreis des einen jeden des andern rechtwinklig schneidet. Das dritte Büschel [$\mathfrak{A}$] besteht endlich aus lauter gleichseitigen Hyperbeln, welche die reellen Punkte $g'h'$ zu reellen Grundpunkten haben und das Punktsystem (z, ζ) auf dem Träger $\mathfrak{C}$ zu demjenigen, welches allen Kegelschnitten dieses Büschels zugehört; dadurch ist es schon bestimmt und besteht offenbar aus lauter gleichseitigen Hyperbeln, da es den oben (S. 308) aufgestellten Bedingungen dafür genügt, dass ein Büschel mit zwei reellen und zwei imaginären Grundpunkten ein Büschel gleichseitiger Hyperbeln sei; je zwei unendlich-entfernte Punkte in zwei zu einander rechtwinkligen Richtungen sind also die unendlich-entfernten Punkte einer Hyperbel dieses Büschels; der Punkt o ist der Mittelpunkt aller dieser Hyperbeln; der Mittelpunktskreis reducirt sich daher auf einen Punkt o, und je zwei durch o gehende rechtwinklige Strahlen sind die Asymptoten einer Hyperbel dieses Büschels; da die Hyperbeln ausserdem durch die reellen Punkte $g'h'$ gehen, so sind sie leicht zu construiren. (S. 120.) (Vgl. §. 61.)

Wir erwähnen noch im Allgemeinen, dass bei drei conjugirten Kegelschnittbüscheln hinsichtlich ihrer besonderen Beschaffenheit überhaupt nur zwei Fälle eintreten können; entweder 1) hat jedes der drei conjugirten Büschel vier reelle Grundpunkte, was der von uns behandelte Fall ist, oder 2) eines der drei conjugirten Büschel hat zwei reelle und zwei imaginäre Grundpunkte, das andere ebenfalls, und das dritte vier imaginäre Grundpunkte, wovon die beiden Kreisbüschel und das Büschel gleichseitiger Hyperbeln einen besonderen Fall bilden; denn nach §. 42 (S. 254) hängen die drei erzeugenden Punktsysteme (x, ξ) (y, η) (z, ζ) immer so mit einander zusammen, dass entweder alle drei hyperbolisch oder eines hyperbolisch und die beiden andern elliptisch sind.

Der in diesem Paragraphen durchgeführten Betrachtung steht die gleichlaufende polare Nebenbetrachtung zur Seite, welche von zwei beliebig angenommenen Strahlsystemen ausgeht (wie auf S. 312), von denen ein drittes in bestimmter Weise abhängt; diese drei Strahlsysteme bestimmen, zu je zweien in Verbindung gebracht, *drei conjugirte Kegelschnittschaaren*, deren Eigenschaften in ganz gleicher Weise, wie die obigen der conjugirten Büschel, abgeleitet werden können. Da diese Uebertragung ohne alle Schwierigkeit ausgeführt werden kann, so übergehen wir dieselbe, sowie die Wiederholung der gewonnenen Resultate, welche fast gleichlautend ausgesprochen werden können unter der bekannten Veränderung in der Bedeutung der angewendeten Bezeichnung. (Siehe Aufgaben und Sätze.)

§. 52. Besondere Fälle von Kegelschnitt-Büscheln und -Schaaren: Kegelschnitte, die sich doppelt berühren, confocale Kegelschnitte.

Kegelschnitt-Büschel und -Schaaren bieten eine Anzahl von besonderen Fällen dar, welche hervorgehen aus der besonderen Beschaffenheit und Lage der sie erzeugenden Gebilde oder bestimmenden Elemente, und welche von grösserem oder geringerem Interesse sind. Wir haben bereits als besondere Schaar die einem Dreiseit einbeschriebene Parabelschaar gefunden, welche die unendlich-entfernte Gerade zur vierten gemeinschaftlichen Tangente hat, ferner das Büschel gleichseitiger Hyperbeln, dessen vier Grundpunkte in eigenthümlicher Verbindung stehen, endlich das Kreisbüschel, welches aus den Elementen bekannt ist, aber auch aus der allgemeinen Erzeugung durch zwei Punktsysteme hervorgeht, wenn das eine derselben dasjenige ist, welches auf der unendlich-entfernten Geraden durch je zwei in rechtwinkligen Richtungen liegende Punkte bestimmt wird, und dessen Asymptotenpunkte die imaginären Kreispunkte sind. In diesem Paragraphen sollen noch einige besondere Fälle anderer Art untersucht werden.

Wenn von den beiden erzeugenden Punktsystemen $(x, \mathfrak{x})$ und (y, η) auf den Trägern $\mathfrak{A}$ und $\mathfrak{B}$, welche sämmtlichen Kegelschnitten des Büschels gleichzeitig zugehören, eines parabolisch ist, d. h. seine beiden Asymptotenpunkte zusammenfallen (es seien g und h auf $\mathfrak{A}$), so hat dieser Punkt zu seinem conjugirten jeden beliebigen andern des Trägers und jeder beliebige Punkt des Trägers wiederum g zu seinem conjugirten (S. 52); die Gerade $\mathfrak{C}$, welche die conjugirten Punkte des Schnittpunktes $(\mathfrak{A}, \mathfrak{B})$ in beiden Punktsystemen verbindet, geht also durch g, und das dritte Punktsystem (z, ζ) auf $\mathfrak{C}$ wird folglich auch parabolisch und hat ebenfalls seine zusammenfallenden Asymptotenpunkte in g. *Alle Kegelschnitte des Büschels berühren daher die Gerade 𝔄 in dem Punkte g und gehen ausserdem durch die reellen oder imaginären Asymptotenpunkte des andern gegebenen Punktsystems* (y, η). Das gemeinschaftliche Tripel des Büschels reducirt sich in diesem Falle auf den Schnittpunkt p der Geraden 𝔄, 𝔅 und den doppelt zu zählenden Punkt g, in welchem sich sämmtliche Kegelschnitte des Büschels berühren; von den drei unter den Kegelschnitten des Büschels vorkommenden Linienpaaren ist das eine 𝔄, 𝔅; die beiden andern coincidiren und gehen von g nach den beiden Asymptotenpunkten des Punktsystems auf 𝔅. Der Mittelpunktskegelschnitt des Büschels geht durch den Schnittpunkt p der beiden Träger 𝔄 und 𝔅, durch den Mittelpunkt m_b des Punktsystems auf 𝔅, durch den Punkt g, in welchem er die Gerade ℭ zur Tangente hat und, falls das Punktsystem auf 𝔅 hyperbolisch ist und zu Asymptotenpunkten $g'h'$ hat, auch durch die Mitten der beiden Strecken gg' und gh'; wenn es dagegen elliptisch ist, so ist er durch die vorigen Bedingungen noch nicht vollständig bestimmt; wir wissen aber, dass die Mitte von gm_b der Mittelpunkt des gesuchten Kegelschnitts sein muss; es wird also die Tangente in m_b parallel laufen mit ℭ, und hierdurch ist der Mittelpunktskegelschnitt unzweideutig bestimmt; zugleich erkennen wir, dass er Hyperbel sein muss, das Büschel also aus einer Gruppe Ellipsen und einer Gruppe Hyperbeln besteht, welche durch zwei Parabeln von einander getrennt werden.

Aehnlich verhält es sich mit einer Kegelschnittschaar, bei welcher eines der beiden erzeugenden Strahlsysteme parabolisch angenommen wird, und *deren Kegelschnitte eine und dieselbe Gerade in einem festen Punkte berühren, während sie ausserdem zwei reelle oder imaginäre gemeinschaftliche Tangenten haben.* Wir unterlassen hier die nähere Ausführung, weil sowohl jenes specielle Büschel, als auch diese besondere Schaar von geringerem Interesse ist, als eine noch speciellere, zu der wir gelangen, wenn wir beide erzeugenden Punktsysteme oder beide erzeugenden Strahlsysteme parabolisch annehmen; hier tritt nämlich in beiden Fällen dasselbe Gebilde auf, welches *gleichzeitig als Kegelschnitt-Büschel und -Schaar* angesehen werden muss und daher auch die Eigenschaften beider Gebilde mit einigen Modificationen in sich vereinigt. Sind nämlich zwei parabolische Punktsysteme auf den Trägern 𝔄 und 𝔅 gegeben und die zusammenfallenden Asymptotenpunkte des ersten in g, die des zweiten in g' vereinigt, so besteht das *Kegelschnittbüschel aus sämmtlichen Kegelschnitten, welche in g und g' dieselben Tangenten 𝔄 und 𝔅 haben, also sich selbst in diesen* *beiden Punkten (doppelt) berühren.* Wir können gleichzeitig die Punkte g und g' als Mittelpunkte zweier parabolischen Strahlsysteme auffassen, deren zusammenfallende Asymptoten beziehlich die Strahlen $\mathfrak{A}$ und $\mathfrak{B}$ sind; die Kegelschnitte der durch diese beiden Strahlsysteme erzeugten Schaar berühren sämmtlich $\mathfrak{A}$ und $\mathfrak{B}$ beziehlich in den Punkten g und g' und werden daher mit den Kegelschnitten jenes Büschels identisch. In dieser *Schaar einander doppelt berührender Kegelschnitte* kommt sowohl das Punktpaar gg' vor, dessen Verbindungslinie doppelt gezählt als specieller Kegelschnitt angesehen werden muss, als auch das Linienpaar $\mathfrak{A}\mathfrak{B}$, dessen Schnittpunkt p sei. Aus den bekannten Eigenschaften des Büschels und der Schaar folgt hier insbesondere: *Jede Gerade $\mathfrak{L}$ in der Ebene eines Büschels sich doppelt berührender Kegelschnitte wird in einem Punktsystem geschnitten von den Kegelschnitten, und die Tangentenpaare aus jedem Punkte P an dieselben bilden ein Strahlsystem.* Das Punktsystem ist stets hyperbolisch und hat einen Asymptotenpunkt auf der gemeinschaftlichen Berührungssehne; der andere Asymptotenpunkt ist der vierte harmonische, dem Schnittpunkt mit der Berührungssehne zugeordnete, während die Schnittpunkte mit den beiden gemeinschaftlichen Tangenten das andere Paar zugeordneter Punkte sind; es giebt daher nur einen einzigen Kegelschnitt dieser Schaar, welcher die Transversale $\mathfrak{L}$ berührt, und zwar in dem eben construirten vierten harmonischen Punkte; ebenso ist das Strahlsystem in dem Punkte P immer hyperbolisch und Pp eine Asymptote desselben, Pg und Pg' ein Paar conjugirter Strahlen, so dass der vierte harmonische, zu Pp zugeordnete Strahl Pt die Tangente an dem einzigen Kegelschnitte dieses Büschels ist, welcher durch P geht; die Mittelpunkte sämmtlicher Kegelschnitte dieses Büschels liegen auf derjenigen Geraden, welche durch p und die Mitte der Berührungssehne gg' geht. Diese Gerade ist zugleich der eine Theil des Mittelpunktskegelschnitts, welchen jedes Büschel besitzt, und der hier in ein Linienpaar zerfällt; der andere Theil ist die Berührungssehne gg' selbst; denn da diese als ein zusammengefallenes Linienpaar aufzufassen ist, so kann jeder Punkt von ihr als Mittelpunkt angesehen werden.

Die Kegelschnitte dieser sich doppelt berührenden Schaar zerfallen im Allgemeinen in eine Gruppe Ellipsen und eine Gruppe Hyperbeln, welche von einander getrennt werden einmal durch das Punktpaar gg' und das andere Mal durch die einzig vorkommende Parabel, deren Mittelpunkt der unendlich-entfernte Punkt der vorhin construirten Mittelpunktslinie ist. Die sämmtlichen Kegelschnitte dieses Büschels haben ersichtlicher Weise den Punkt p und die Verbindungslinie gg' zum Pol und zur Polare, und das Strahlsystem, welches dem ersteren, das

Punktsystem, welches der letzteren in Bezug auf die Kegelschnitte des Büschels zugehört, ist für alle dasselbe, und beide Systeme liegen perspectivisch. Hiernach lässt sich diese Kegelschnittschaar auch in anderer Weise erzeugen:

Wenn ein Punktsystem auf dem Träger $\mathfrak{L}$ und ein mit jenem perspectivisches Strahlsystem, dessen Mittelpunkt o ist, gegeben sind, so bilden sämmtliche Kegelschnitte, in Bezug auf welche diese beiden Gebilde die dem Punkte o und der Geraden $\mathfrak{L}$ zugehörigen Systeme sind, eine Schaar von Kegelschnitten, die sich doppelt berühren. Ist das gegebene Punktsystem und also auch das mit ihm perspectivische Strahlsystem hyperbolisch, so berühren sich sämmtliche Kegelschnitte in den beiden Asymptotenpunkten jenes Punktsystems und haben in diesen Punkten die Asymptoten des Strahlsystems zu gemeinschaftlichen Tangenten; sind dagegen beide Systeme elliptisch, so ist die Kegelschnittschaar nichtsdestoweniger vollständig bestimmt und kann reell construirt werden; in diesem Falle sagen wir der Analogie wegen: Die Kegelschnitte haben eine *imaginäre doppelte Berührung.* Die oben angegebenen Eigenschaften behalten ihre Gültigkeit; denn da für alle Kegelschnitte der Schaar o und $\mathfrak{L}$ Pol und Polare sind, so wird, wenn wir irgend einen Punkt s auf der Geraden $\mathfrak{L}$ annehmen und den conjugirten Punkt σ zu s in dem gegebenen Punktsysteme mit o verbinden, $o\sigma$ die Polare von s für sämmtliche Kegelschnitte der Schaar sein; wenn also irgend eine durch s gezogene Gerade in t die Polare $o\sigma$ trifft, so werden s und t harmonisch liegen zu sämmtlichen Schnittpunktpaaren, in welchen die Transversale st von den Kegelschnitten der Schaar getroffen wird; und wenn wir andererseits irgend einen Punkt in der Polare $o\sigma$ annehmen, so werden diese und die Verbindungslinie mit s harmonisch liegen zu allen Tangentenpaaren aus dem angenommenen Punkte an die Kegelschnitte der Schaar; jene Punktpaare auf der Transversale bilden also ebenso ein Punktsystem, wie diese Tangentenpaare aus dem Punkte ein Strahlsystem, woraus denn das Weitere sich von selbst ergiebt.

Die reelle Construction dieser einander doppelt berührenden Kegelschnitte für den Fall, dass die beiden Berührungspunkte und also auch die gemeinschaftlichen Tangenten imaginär sind, lässt sich so ausführen: Zieht man irgend einen Strahl durch o, welcher die Berührungssehne $\mathfrak{L}$ in s treffen mag, und nimmt auf demselben ein Paar harmonisch-zugeordneter Punkte p und π zu o und s als Mittelpunkte zweier Strahlbüschel an, welche nach den Paaren conjugirter Punkte x, ξ des auf $\mathfrak{L}$ gegebenen Punktsystems hingehen, so erzeugen dieselben einen Kegelschnitt der Schaar, welcher der Ort des Schnittpunktes $(px, \pi\xi)$ oder $(\pi x, p\xi)$ ist; verändern wir das Paar p und

π, so erhalten wir sämmtliche Kegelschnitte dieser Schaar. Diese Schaar einander doppelt berührender Kegelschnitte entspringt also auch aus der Annahme zweier Punktsysteme, von denen das eine hyperbolisch ist und einen Asymptotenpunkt in dem Träger des andern hat. Auch ist es wichtig zu bemerken, dass die Kegelschnitte dieser Schaar nicht blos ein *einziges*, sondern unendlich viele gemeinsame Polardreiecke haben, welchen eine Ecke (o) und die gegenüberliegende Seite ($\mathfrak{L}$) gemeinschaftlich ist.

Einige sehr einfache Fälle solcher Schaaren gehen aus besonderer Annahme von o und $\mathfrak{L}$ hervor: 1) liegt o im Unendlichen, so ist $\mathfrak{L}$ ein Durchmesser sämmtlicher Kegelschnitte der Schaar, und diese sind alle concentrisch, da sie den Mittelpunkt des Punktsystems auf $\mathfrak{L}$ zu ihrem gemeinschaftlichen Mittelpunkte m haben; ist das Punktsystem auf $\mathfrak{L}$ hyperbolisch, so berühren sich also sämmtliche Kegelschnitte in den Endpunkten eines allen gemeinschaftlichen Durchmessers; ist dasselbe elliptisch, so müssen sämmtliche Kegelschnitte Hyperbeln sein, welche m zum gemeinschaftlichen Mittelpunkt haben, und da mo und $\mathfrak{L}$ ein Paar conjugirter Durchmesser aller dieser Hyperbeln sind, so bilden die Asymptoten dieser Hyperbelschaar mit imaginärer doppelter Berührung selbst ein Strahlsystem, welches $\mathfrak{L}$ und mo zu Asymptoten hat; 2) geht $\mathfrak{L}$ in die Unendlichkeit, so ist o gemeinschaftlicher Mittelpunkt sämmtlicher Kegelschnitte der Schaar und das gegebene Strahlsystem (o) das System der conjugirten Durchmesser; ist dieses also hyperbolisch, so besteht die Schaar aus lauter Hyperbeln, welche denselben Mittelpunkt und dieselben Asymptoten haben, nämlich die Asymptoten des Strahlsystems (o); ist dasselbe dagegen elliptisch, so besteht die Kegelschnittschaar aus ähnlichen und ähnlich-liegenden concentrischen Ellipsen; ist insbesondere das Strahlsystem (o) ein circulares, so wird die Kegelschnittschaar mit doppelter imaginärer Berührung im Unendlichen eine Schaar concentrischer Kreise.*)

Aus dem Vorstehenden geht u. a. die Lösung der Aufgabe hervor: *Durch drei gegebene Punkte einen Kegelschnitt zu legen, welcher einen gegebenen Kegelschnitt* $K^{(2)}$ *doppelt berührt***). Es giebt vier Kegelschnitte, welche diesen Bedingungen genügen, doch zeigt es sich, dass dieselben nur dann reell vorhanden sind, wenn entweder alle drei gegebenen Punkte pqr innerhalb oder alle drei ausserhalb des gegebenen Kegelschnitts liegen; zieht man nämlich die drei Verbindungslinien pq, qr, rp,

*) *Poncelet*, traité des propriétés projectives des figures pag. 228.

**) Siehe *Steiner*: „Allgemeine Betrachtungen über einander doppelt berührende Kegelschnitte"; *Crelle's* Journal Bd. XLV S. 222.

so trifft jede derselben den Kegelschnitt $K^{(2)}$ in zwei andern Punkten, welche als ein zweites Paar conjugirter Punkte eines Punktsystems aufgefasst werden können; liegen nun pqr innerhalb des Kegelschnitts $K^{(2)}$, so werden auf den drei Verbindungslinien pq, qr, rp durch je zwei dieser Punkte und die beiden Schnittpunkte mit $K^{(2)}$ drei hyperbolische Punktsysteme bestimmt; diese befinden sich genau in derselben Lage, wie die drei zusammengehörigen Punktsysteme (x,ξ) (y,η) (z,ζ) auf den Trägern $\mathfrak{ABC}$ in §. 42; die drei Paar Asymptotenpunkte gh, $g'h'$, $g''h''$ liegen daher zu je dreien auf vier geraden Linien: $gg'g''$, $gh'h''$, $hg'h''$, $hh'g''$. Jede dieser vier Geraden trifft nun den Kegelschnitt $K^{(2)}$ in zwei solchen Punkten, in welchen ihn ein durch pqr und diese Punkte selbst gelegter Kegelschnitt doppelt berührt (reell oder imaginär), denn es ist ersichtlich, dass ein Kegelschnitt, welcher durch p gelegt wird und $K^{(2)}$ in den beiden Schnittpunkten einer dieser vier Geraden doppelt berührt, nothwendig durch q und r gehen muss; also hat die vorgelegte Aufgabe im Allgemeinen vier Lösungen, sobald die drei Punktsysteme auf pq, qr, rp hyperbolisch sind; dies ist aber der Fall, sobald entweder die drei Punkte pqr innerhalb des Kegelschnitts $K^{(2)}$ liegen, oder alle drei ausserhalb; sollte in dem letzteren Falle die Verbindungslinie pq den Kegelschnitt $K^{(2)}$ nicht treffen, so können wir doch leicht die Asymptotenpunkte gh auf ihr bestimmen, indem wir nämlich zwei auf einander liegende Punktsysteme: das erste, elliptische, welches der Geraden pq in Bezug auf den Kegelschnitt $K^{(2)}$ zugehört, das andere hyperbolische mit den Asymptotenpunkten p und q auffassen und das gemeinschaftliche Paar conjugirter Punkte (S. 58 und 158) beider Punktsysteme bestimmen, welches nothwendig reell ist; dies ist das gesuchte Punktpaar g, h; sobald also pqr alle drei ausserhalb des Kegelschnitts $K^{(2)}$ liegen, sind ebenfalls die drei Punktsysteme auf pq, qr, rp hyperbolisch, und die Aufgabe hat vier reelle Lösungen. Sobald aber von den drei gegebenen Punkten pqr einer innerhalb und die beiden andern ausserhalb des Kegelschnitts $K^{(2)}$ liegen, oder umgekehrt, ist nur eines von den drei Punktsystemen auf pq, qr, rp hyperbolisch, die beiden andern sind elliptisch; von den sechs Ecken des vollständigen Vierseits $gg'g''hh'h''$ ist also nur ein Paar Gegenecken reell, und die vier Seiten sind imaginär; die Aufgabe lässt also keine reelle Lösung zu.

Fassen wir aus der Schaar Kegelschnitte mit doppelter (reeller oder imaginärer) Berührung nur zwei ins Auge, $K^{(2)}$ und $K_1^{(2)}$, so erkennen wir interessante Beziehungen, welche dieselben darbieten. Sind o und $\mathfrak{L}$ das besondere Paar Pol und Polare für beide Kegelschnitte, denen dasselbe Strahl- und Punktsystem in Bezug auf beide Kegelschnitte zugehören, und welche wir kurz die Berührungssehne und ihren Pol nennen wollen, so liegt o innerhalb beider Kegelschnitte, und $\mathfrak{L}$ trifft keinen von beiden, wenn die doppelte Berührung eine imaginäre ist; dagegen liegt o ausserhalb beider, und $\mathfrak{L}$ trifft beide in denselben zwei reellen Punkten, wenn die Kegelschnitte eine reelle doppelte Berührung haben. Nehmen wir nun irgend eine Transversale, welche den Kegelschnitt $K^{(2)}$ in den Punkten t und t_1, die Berührungssehne $\mathfrak{L}$ in s treffen möge, so schneiden sich die Tangenten in t und t_1 an dem Kegelschnitt $K^{(2)}$ in einem Punkte r, und ro ist die Polare von s für beide Kegelschnitte; die vier Strahlen rt, rt_1, ro und rs sind harmonisch, die ersteren beiden und die letzteren beiden zugeordnet; trifft nun die Tangente für t den andern Kegelschnitt $K_1^{(2)}$ in zwei Punkten $x\xi$, die zweite Tangente für t_1 aber in dem Punktpaar $x_1\xi_1$, und wir denken uns die Verbindungslinie xs gezogen, so wird dieselbe den Kegelschnitt $K_1^{(2)}$ in demjenigen zweiten Punkte treffen, welcher der vierte harmonische, dem x zugeordnete ist, während s und der Schnittpunkt (xs, ro) das andere Paar zugeordneter Punkte ist. Dieser vierte harmonische Punkt muss aber auf dem vierten harmonischen Strahl zu rx, ro, rs liegen, und da dieses der Strahl rt_1 ist, welcher den Kegelschnitt $K_1^{(2)}$ in x_1 und ξ_1 trifft, so muss xs den Kegelschnitt $K_1^{(2)}$ in x_1 oder ξ_1 treffen; gehe also xx_1 durch s, so muss auch ersichtlicherweise $\xi\xi_1$ durch s gehen, und es schneiden sich $x\xi_1$ und $x_1\xi$ in einem Punkte p der Geraden ro, indem prs ein Tripel in Bezug auf den Kegelschnitt $K_1^{(2)}$ sind. Wir haben hieraus folgenden Satz:

Hat man zwei einander doppelt berührende Kegelschnitte und zieht zwei beliebige Tangenten an dem einen, welche den andern in den Punktpaaren $x\xi$ *und* $x_1\xi_1$ *treffen, so liegt von den drei Schnittpunkten* $(xx_1, \xi\xi_1)$ $(x\xi_1, x_1\xi)$ $(x\xi, x_1\xi_1)$ *der eine auf der gemeinschaftlichen Berührungssehne* $\mathfrak{L}$ *und die beiden andern auf der Polare des ersteren, welche durch den gemeinschaftlichen Pol* o *der Berührungssehne geht.* Der erste Punkt liegt mit den beiden Berührungspunkten in gerader Linie.

Halten wir jetzt eine der beiden Tangenten fest und bewegen die andere am Kegelschnitt $K^{(2)}$ herum, so bleibt der Berührungspunkt t_1 und die Punkte $x_1\xi_1$ fest; s beschreibt eine gerade Punktreihe auf $\mathfrak{L}$ und x_1s, ξ_1s also projectivische Strahlbüschel, die zugleich mit dem von t_1t beschriebenen Strahlbüschel projectivisch sind. Wir schliessen daraus folgenden Satz:

Bewegt sich bei zwei einander doppelt berührenden Kegelschnitten $K^{(2)}$ *und* $K_1^{(2)}$ *eine veränderliche Tangente an dem einen* $K^{(2)}$ *herum und schneidet jedesmal den andern* $K_1^{(2)}$ *in den Punktpaaren* x *und* ξ, *so beschreiben* x *und* ξ *zwei krumme Punktreihen auf diesem Kegelschnitt,* *welche mit irgend zwei Peripheriepunkten B und $\mathfrak{B}$ auf $K_1^{(2)}$ verbunden zwei projectivische Strahlbüschel liefern, und die Berührungspunkte der Tangente des ersten Kegelschnitts bilden gleichfalls eine Punktreihe auf demselben, welche mit einem seiner Peripheriepunkte verbunden ein mit jenen beiden projectivisches Strahlbüschel liefert.* Solche zwei krumme Punktreihen x und ξ, welche auf demselben Kegelschnitt ausgeschnitten werden durch die Strahlen zweier projectivischen Strahlbüschel, die ihre Mittelpunkte in zwei beliebigen Peripheriepunkten des Kegelschnitts haben, und deren entsprechende Strahlen immer zwei entsprechende Punkte x, ξ auf dem Kegelschnitt bestimmen, heissen *krumm-projectivische Punktreihen*, und es zeigt sich für dieselben die Umkehrung des vorigen Satzes als allgemein gültig: *Hat man zwei krumm-projectivische Punktreihen, auf demselben Kegelschnitt, so umhüllt die Verbindungslinie entsprechender Punkte einen neuen Kegelschnitt, welcher mit dem gegebenen eine doppelte (reelle oder imaginäre) Berührung hat.*

In der That, da drei Paar willkürlich als entsprechend auf dem Kegelschnitt angenommene Punkte a und α, b und β, c und γ die beiden krumm-projectivischen Gebilde bestimmen und für jedes vierte Paar entsprechender Punkte x, ξ die Strahlbüschel $B(abcx)$ und $\mathfrak{B}(\alpha\beta\gamma\xi)$ dasselbe Doppelverhältniss haben, wenn B und $\mathfrak{B}$ zwei beliebige Peripheriepunkte des Kegelschnitts bedeuten, so beschreiben auch $a\xi$ und αx

Fig. 77.

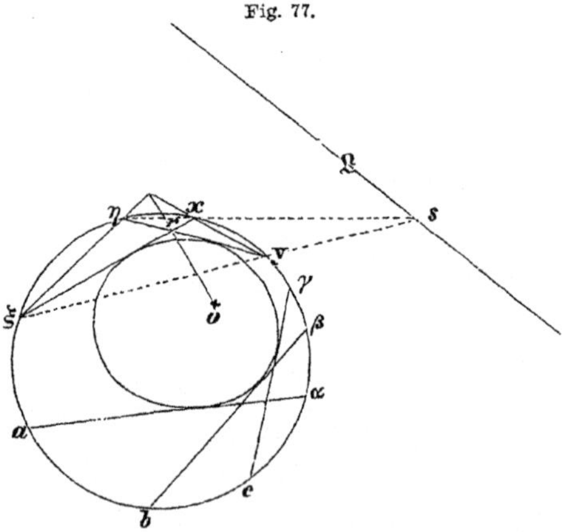

zwei projectivische Strahlbüschel, während wir $a\alpha$ festhalten und $x\xi$ verändern (Fig. 77); diese liegen aber perspectivisch, weil in die Verbindungslinie ihrer Mittelpunkte zwei entsprechende Strahlen hineinfallen; der Ort des Schnittpunkts $(a\xi, \alpha x)$ ist also eine gerade Linie;

nehmen wir anstatt a und α ein anderes Paar $b\beta$, so erhalten wir dieselbe gerade Linie, weil sowohl $(a\beta, \alpha b)$ als auch $(a\gamma, \alpha c)$ und $(b\gamma, \beta c)$ auf derselben Geraden liegen (wegen des *Pascal*'schen Sechsecks $a\beta c\alpha b\gamma$); es ist daher, wenn $x\xi$ und $y\eta$ irgend zwei Paare entsprechender Punkte der beiden krumm-projectivischen Gebilde bedeuten, der Ort des Schnittpunktes $(x\eta, y\xi)$ eine feste Gerade $\mathfrak{L}$, und die Verbindungslinie der beiden andern Schnittpunkte $(x\xi, y\eta)$ und $(xy, \xi\eta)$ läuft daher durch einen festen Punkt o, den Pol der Geraden $\mathfrak{L}$ in Bezug auf den Kegelschnitt. Der Punkt o und die Gerade $\mathfrak{L}$ sind vollständig und eindeutig bestimmt, sobald die Beziehung der beiden krumm-projectivischen Gebilde durch drei Paar als entsprechend festgesetzte Punkte des Kegelschnitts gegeben wird; jeder Punkt des Kegelschnitts gehört sowohl der einen, als auch der andern krummen Punktreihe an, der ihm entsprechende in dem einen und dem andern Sinne ist aber nicht derselbe zweite Punkt des Kegelschnitts, sondern es sind verschiedene; die Punkte, in welchen $\mathfrak{L}$ den Kegelschnitt trifft, sind zusammenfallende entsprechende Punkte der beiden Gebilde und können reell oder imaginär sein. Bezeichnen wir den Schnittpunkt $(x\eta, y\xi) = s$ auf der Geraden $\mathfrak{L}$ und $(x\xi, y\eta) = r$, so ist or die Polare von s wegen der Eigenschaft des Vierecks im Kegelschnitt; dem Punkte o gehört ein bestimmtes Strahlsystem, seiner Polare $\mathfrak{L}$ ein bestimmtes mit jenem perspectivisches Punktsystem in Bezug auf den Kegelschnitt zu; von jenem sind os und or ein Paar conjugirter Strahlen, von diesem die Schnittpunkte der Linien rs und ro mit $\mathfrak{L}$ ein Paar conjugirter Punkte.

Denken wir uns nun einen Kegelschnitt, welchem dasselbe Strahlsystem in o und dasselbe Punktsystem auf $\mathfrak{L}$ zugehört, und welcher ausserdem $x\xi$ berührt, wodurch dieser vollständig und eindeutig bestimmt ist (Seite 344), oder mit andern Worten, welcher den gegebenen Kegelschnitt in denjenigen beiden Punkten berührt, in welchen $\mathfrak{L}$ ihn schneidet, und der ausserdem $x\xi$ zur Tangente hat, so müssen auch für ihn ro und rs conjugirte Strahlen sein, also da rx eine Tangente ist, so muss die andere der vierte harmonische, dem rx zugeordnete Strahl sein, d. h. (wegen des Vierecks $x\xi y\eta$) die Gerade ry oder $y\eta$; wir sehen hieraus, dass dieser Kegelschnitt auch $y\eta$ berührt, und verändern wir $y\eta$, so verändern sich zwar r und s, aber der oben bestimmte Kegelschnitt, welchem das Strahlsystem in o und das Punktsystem auf $\mathfrak{L}$ zugehört, bleibt derselbe; es berühren daher alle Verbindungsstrahlen $y\eta$ entsprechender Punkte der beiden krumm-projectivischen Gebilde einen Kegelschnitt, welcher den Träger der beiden Gebilde doppelt berührt, w. z. b. w.; jeder Strahl hat zum Berührungspunkte den vierten harmonischen Punkt, der dem Schnittpunkte mit der Berührungssehne $\mathfrak{L}$ zugeordnet ist.

Auf die zahlreichen Folgerungen, welche aus dieser Grundeigenschaft einander doppelt berührender Kegelschnitte hervortreten, gestattet der Raum nicht, näher einzugehen*). Wir bemerken nur, dass zwei besondere Fälle dieser allgemeineren Betrachtung in dem Laufe unserer Untersuchungen von besonderer Wichtigkeit geworden sind; nämlich erstens, wenn der Kegelschnitt aus einem Linienpaar besteht, wo dann die beiden krummen Gebilde zwei gewöhnliche gerade projectivische Punktreihen werden und ihr Erzeugniss ein Kegelschnitt ist, welcher mit dem Linienpaar der beiden Träger eine doppelte Berührung hat (§. 21); zweitens, wenn die beiden krummen Gebilde auf dem Kegelschnitt die besondere *involutorische Lage* haben, dass einem Punkte des Kegelschnitts, als Element beider Gebilde aufgefasst, in dem jedesmaligen andern ein und derselbe Punkt entspricht; in diesem Falle laufen alle Verbindungslinien entsprechender Punkte durch einen festen Punkt, und die entsprechenden Punkte mit einem Peripheriepunkte des Kegelschnitts verbunden liefern ein Strahlsystem (S. 151); der doppelt berührende Kegelschnitt zerfällt in ein Punktpaar.

In gleicher Weise, wie die Punkte eines Kegelschnitts eine krumme Punktreihe, bilden die Tangenten desselben ein krummes Strahlbüschel, und die Punktreihe, in welcher sie eine beliebige feste Tangente treffen, lässt sich mit der Punktreihe, in welcher sie irgend eine zweite feste Tangente treffen, in projectivische Beziehung setzen der Art, dass die Tangenten des Kegelschnitts einander paarweise entsprechen und man an demselben Kegelschnitt zwei krumm-projectivische Strahlbüschel erhält; der Ort des Schnittpunktes je zweier entsprechender Tangenten wird wieder ein Kegelschnitt, welcher den Träger der beiden Tangentenbüschel doppelt berührt. Dies tritt in ganz analoger Weise zu Tage, wie das oben bewiesene Resultat und bedarf keiner weiteren Auseinandersetzung.

Unter den besonderen Fällen von Kegelschnitt-Büscheln und Schaaren, von denen die eben betrachtete Schaar einander doppelt berührender Kegelschnitte eine hervorragende Bedeutung hat, könnten

---

*) Wir verweisen in dieser Beziehung auf die Abhandlung *Goepel's*: „Ueber Projectivität der Kegelschnitte als krummer Gebilde", *Crelle's* Journal Bd. XXXVI S. 317 und die Erweiterung derselben: „Ueber die Erzeugnisse krummer projectivischer Gebilde" von *H. Schröter* in dem *Crelle-Borchardt'*schen Journal Bd. LIV S. 31; sowie „Erzeugnisse krumm-projectivischer Gebilde von *A. Milinowski* in *Schlömilch's* Zeitschrift (1873) und „Kegelschnitte in doppelter Berührung" von *A. Milinowski*, Gymn.-Progr. Tilsit 1870.

wir noch diejenigen untersuchen, bei welchen die Kegelschnitte des Büschels in einem gegebenen Punkte eine dreipunktige Berührung haben und a) durch einen vierten gemeinschaftlichen Punkt gehen, oder b) eine vierte gemeinschaftliche Tangente haben; endlich, wenn die Kegelschnitte des Büschels in einem gegebenen Punkte eine vierpunktige Berührung haben. Doch wollen wir die nähere Untersuchung dieser besonderen Fälle dem Leser überlassen und nur noch eine specielle Kegelschnittschaar erwähnen, welche häufiger auftritt.

Wenn nämlich die beiden erzeugenden Strahlsysteme einer Kegelschnittschaar (S. 312) (A) und (B) zwei circulare Strahlsysteme sind, so haben die Kegelschnitte dieser Schaar die Mittelpunkte A und B zu gemeinschaftlichen Brennpunkten, denn es giebt in der Ebene eines Kegelschnitts nur zwei reelle Punkte, für welche die zugehörigen Strahlsysteme in Bezug auf den Kegelschnitt circulare sind, und dies sind die Brennpunkte des Kegelschnitts (S. 190); also bilden sämmtliche Kegelschnitte, welche A und B zu ihren gemeinschaftlichen Brennpunkten haben, eine besondere Kegelschnittschaar mit vier imaginären Tangenten; die Brennpunkte sind als das einzig reelle Paar Gegenecken dieses imaginären Vierseits anzusehen. Wir nennen diese Kegelschnittschaar eine *Schaar confocaler Kegelschnitte* und können zur reellen Construction derselben nach den früheren allgemeinen Betrachtungen auf folgende Weise gelangen: Das dritte, von den beiden gegebenen circularen Strahlsystemen (A) und (B) abhängige Strahlsystem (C) wird nämlich besonderer Art, indem sein Mittelpunkt in die Unendlichkeit geht und derjenige unendlich-entfernte Punkt C_∞ wird, welcher in senkrechter Richtung zu AB liegt. Das Strahlsystem (C_∞) wird ein gleichseitig-hyperbolisches, dessen beide Asymptoten die in der Mitte m zwischen AB errichtete Senkrechte und die unendlich-entfernte Gerade $\mathfrak{G}_\infty$ sind; je zwei conjugirte Strahlen desselben sind zwei solche, die zu der Geraden mC_∞ parallel laufen und gleichweit von ihr abstehen. Die beiden Asymptoten des Strahlsystems (C_∞) und die Gerade AB sind das gemeinschaftliche Tripel conjugirter Strahlen für alle Kegelschnitte der Schaar, folglich ist m der Mittelpunkt, und die beiden Senkrechten mC_∞ und AmB sind die Axen für sämmtliche Kegelschnitte, was auch a priori klar ist. Denken wir uns irgend ein Paar conjugirter Strahlen des Strahlsystems (C_∞), d. h. zwei von m gleich weit abstehende parallele Gerade, welche senkrecht auf AB stehen, und drehen um A (oder B) einen rechten Winkel, dessen Schenkel jene beiden Parallelen in den Punkten $\mathfrak{z}\zeta$ (und $\mathfrak{z}'\zeta'$) durchbohren, so umhüllt die Verbindungslinie $\mathfrak{z}\zeta$ einen Kegelschnitt der Schaar, dessen Tangenten in zwei gegenüberliegenden Scheiteln das angenommene Paar von Parallelen ist (Fig. 78). Verändern wir dieses Paar, so erhalten wir sämmtliche Kegelschnitte der confocalen Schaar; diese zerfällt demnach in eine Gruppe Ellipsen und eine Gruppe Hyperbeln, je nachdem jenes Parallelenpaar ausserhalb der Strecke AB liegt oder zwischen A und B hindurchgeht. Die beiden Gruppen werden von einander getrennt einmal durch das Punktpaar AB, oder deren doppelt gedachte Verbindungslinie, welche als Parabel aufgefasst werden kann, und zweitens durch die doppelt gedachte unendlich-entfernte Gerade $\mathfrak{G}_\infty$, in welche diejenige Parabel, die in der Schaar vorkommen muss, übergeht; die doppelt gedachte Gerade mC_∞ ist zwar auch als ein besonderer Kegelschnitt der Schaar aufzufassen; er steht aber isolirt da in der Hyperbelgruppe. Die Mittelpunktslinie der Schaar wird unbestimmt, was denn auch damit übereinstimmt, dass m der Mittelpunkt sämmtlicher Kegelschnitte der confocalen Schaar ist. Die Polar-Eigenschaften dieser besonderen Kegelschnittschaar zeigen einige Eigenthümlichkeiten, welche sich sowohl aus der allgemeinen Betrachtung (§. 49), als auch aus den Focaleigenschaften des Kegelschnitts (§. 36) ergeben. Die Winkel zwischen dem Tangentenpaar aus einem Punkte P an einen Kegelschnitt der Schaar haben nämlich dieselben beiden zu einander rechtwinkligen Halbirungsstrahlen, wie die Winkel zwischen den Strahlen PA und PB; folglich bilden sämmtliche Tangentenpaare aus P an die Kegelschnitte der confocalen Schaar ein *gleichseitig-hyperbolisches Strahlsystem*, dessen Asymptoten die beiden zu einander senkrechten Halbirungsstrahlen der Winkel zwischen dem Strahlenpaar PA, PB sind. Es giebt also durch den beliebig angenommenen Punkt P immer zwei reelle Kegelschnitte der Schaar, von denen einer Ellipse, der andere Hyperbel ist; sie schneiden sich rechtwinklig in diesem Punkte; wir erkennen hieraus, dass in der confocalen Kegelschnittschaar weder zwei Ellipsen, noch zwei Hyperbeln einen reellen gemeinschaftlichen Punkt haben können, dass aber jede Ellipse jede Hyperbel in vier reellen (zu m symmetrisch liegenden) Punkten trifft, und dass sie sich überall rechtwinklig durchschneiden. Dies lässt sich auch so aussprechen: *Je zwei conjugirte Gerade in Bezug auf die Schaar confocaler Kegelschnitte stehen auf einander*

Fig. 78.

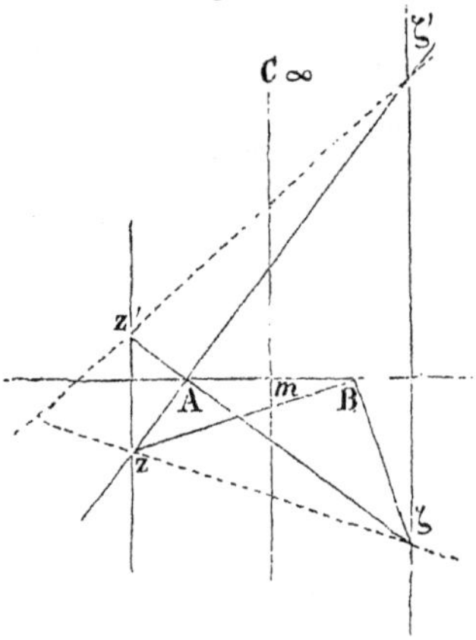

senkrecht. Ermitteln wir von irgend einem Punkte P den Polarkegelschnitt in Bezug auf die Schaar, so erkennen wir, dass derselbe eine *Parabel* sein muss, weil er allemal dem gemeinschaftlichen Tripel conjugirter Strahlen für die Schaar einbeschrieben ist und dasselbe hier aus den drei Geraden AB, mC_∞ und $\mathfrak{G}_\infty$ besteht; ein Kegelschnitt, der $\mathfrak{G}_\infty$ zur Tangente hat, ist aber Parabel (S. 114). Diese Parabel hat die Verbindungslinie Pm zur Leitlinie, weil die durch m gehenden Axen jedes Kegelschnitts der Schaar und die durch P gehenden Halbirungsstrahlen der Winkel zwischen PA und PB zwei Paare zu einander rechtwinkliger Tangenten dieser Parabel sind; der Brennpunkt derselben findet sich also auch leicht, indem man von diesem der Parabel umschriebenen vollständigen Vierseit denjenigen Diagonalpunkt aufsucht, welcher nicht in der Diagonale mP liegt. Die beiden conjugirten Kegelschnittschaaren (§. 51), welche zu der confocalen Kegelschnittschaar gehören und durch die drei Strahlsysteme (A) (B) (C_∞) erzeugt werden, bestehen, wie leicht zu sehen ist, aus Parabeln, weil $\mathfrak{G}_\infty$ eine Asymptote von (C_∞) ist, und zwar wird die eine Schaar gebildet von sämmtlichen Parabeln, welche A zum Brennpunkt und jede durch B gehende Gerade zur Leitlinie haben, die andere Schaar von sämmtlichen Parabeln, welche B zum Brennpunkt und jede durch A gehende Gerade zur Leitlinie haben; diese Parabeln berühren gemeinschaftlich die in der Mitte m auf AB senkrecht stehende zweite Asymptote des Strahlsystems (C_∞) u. s. w. — Im Allgemeinen ist noch zu erwähnen, dass, wenn von den beiden erzeugenden Strahlsystemen (A) und (B) nur *eines* ein circulares Strahlsystem, das andere ein beliebiges hyperbolisches oder elliptisches Strahlsystem ist, alsdann eine Kegelschnittschaar zum Vorschein kommt, welche einen Brennpunkt gemeinschaftlich hat und ausserdem zwei reelle oder imaginäre gemeinschaftliche Tangenten, je nachdem das andere Strahlsystem hyperbolisch oder elliptisch ist; auch diese Kegelschnittschaaren bieten manche Eigenthümlichkeiten dar.

§. 53. Gemischte Kegelschnittschaaren.

Wenn wir Punkte und Tangenten eines Kegelschnitts als Bestimmungsstücke desselben annehmen, so ist der Kegelschnitt im Allgemeinen durch fünf dieser Elemente ein- oder mehrdeutig bestimmt und zwar: Durch fünf Punkte oder fünf Tangenten eindeutig (S. 99), durch vier Punkte und eine Tangente oder durch vier Tangenten und einen Punkt zweideutig (S. 235), endlich durch drei Punkte und zwei Tangenten oder durch drei Tangenten und zwei Punkte vierdeutig (S. 236). Durch vier dieser Bestimmungsstücke ist der Kegelschnitt nicht bestimmt, sondern es giebt eine unendliche Reihe von Kegelschnitten, welche vier Bedingungen genügen, indem sie durch gegebene Punkte gehen oder gegebene Gerade berühren. Von solchen unendlichen Reihen von Kegelschnitten haben wir bisher nur zwei einander gegenüberstehende in Betracht gezogen: Das Kegelschnittbüschel als die Totalität aller durch vier Punkte gehenden Kegelschnitte und die Kegelschnittschaar als die Totalität aller vier Gerade berührenden Kegelschnitte mit Berücksichtigung auch der Fälle, in denen von den vier gemeinschaftlichen Punkten oder Tangenten Paare imaginär sind. Obwohl nun diese beiden Gebilde von hervorragender Bedeutung sind, so lassen sich doch noch andere derartige Reihen von Kegelschnitten bilden, nämlich zunächst wieder zwei einander gegenüberstehende Gebilde: a) sämmtliche Kegelschnitte, welche durch drei feste Punkte gehen und eine feste Gerade berühren, und b) sämmtliche Kegelschnitte, welche drei feste Gerade berühren und durch einen festen Punkt gehen; sodann ein sich selbst gegenüberstehendes, also alleinstehendes Gebilde: c) sämmtliche Kegelschnitte, welche zwei feste Gerade berühren und durch zwei feste Punkte gehen. Diese drei Gebilde, welche „*gemischte Kegelschnittschaaren*“ heissen mögen, sollen jetzt näher untersucht werden.

Ebenso wie *Steiner* durch projectivische Drehung (S. 226) das Kegelschnittbüschel aus dem Strahlbüschel entstehen lässt, kann man eine gemischhte Kegelschnittschaar von drei Punkten und einer Tangente aus einem Tangentenbüschel (Seite 350), d. h. den sämmtlichen Tangenten eines Kegelschnitts erzeugen in folgender Art: Denken wir uns einen Kegelschnitt $K^{(2)}$ und zwei beliebige Punkte desselben B und B_1 als die Mittelpunkte von Strahlbüscheln, eine beliebige Tangente t des Kegelschnitts $K^{(2)}$ als den perspectivischen Durchschnitt zweier Strahlbüschel, welche in B und B_1 ihre Mittelpunkte haben, so wird die projectivische Beziehung dieser beiden Strahlbüschel (B) und (B_1) durch die Gerade t vollständig bestimmt, und durch die Veränderung der Tangente t am Kegelschnitt $K^{(2)}$ erhalten wir unendlich-viele Paare von projectivischen Strahlbüscheln mit den Mittelpunkten B und B_1, deren paarweise Beziehung jedesmal unzweideutig festgestellt ist. Endlich haben wir noch zwei projectivische Strahlbüschel in B und B_1, welche den Kegelschnitt $K^{(2)}$ selbst erzeugen. Denken wir uns nun diese unendlich-vielen Paare projectivischer Beziehungen in sich festgehalten, aber um die Mittelpunkte B und B_1 so gedreht, dass die beiden den Kegelschnitt $K^{(2)}$ erzeugenden Strahlbüschel in perspectivische Lage kommen, also die Schnittpunkte entsprechender Strahlen auf einer Geraden $\mathfrak{L}$ liegen, alsdann werden zwei solche Strahlbüschel, welche vor der Drehung eine Tangente t zum perspectivischen Durchschnitt hatten, sich im Allgemeinen nicht mehr in perspectivischer Lage befinden, also einen Kegelschnitt erzeugen; alle diese Kegelschnitte gehen durch B und B_1; sie gehen ausserdem durch einen dritten festen Punkt C, den Schnittpunkt derjenigen beiden Strahlen, welche vor der Drehung in der Verbindungslinie BB_1 vereinigt waren, und welche für alle projectivischen Beziehungen (bei der perspectivischen Lage) ein Paar entsprechender Strahlen waren; endlich berühren diese Kegelschnitte sämmtlich die Gerade $\mathfrak{L}$, weil vor der Drehung alle t den Kegelschnitt $K^{(2)}$ berührten; aus den gemeinschaftlichen Punkten von t und K werden nämlich nach der Drehung die gemeinschaftlichen Punkte des aus t entspringenden Kegelschnitts mit $\mathfrak{L}$, und da jene beiden zusammenfallen, so müssen auch diese beiden zusammenfallen. Wir erhalten also in der That eine gemischte Kegelschnittschaar von drei Punkten BB_1C und einer Tangente $\mathfrak{L}$ gewissermassen auf organischem Wege aus den sämmtlichen Tangenten eines Kegelschnitts.

In ganz analoger Weise kann die gegenüberstehende gemischte Kegelschnittschaar von drei Tangenten und einem Punkte, welche allen Kegelschnitten gemeinschaftlich sein sollen, aus einer krummen Punktreihe (§. 51), d. h. den sämmtlichen Punkten eines Kegelschnitts erzeugt werden. Nehmen wir zwei feste Tangenten $\mathfrak{A}$ und $\mathfrak{A}_1$ eines Kegelschnitts $K^{(2)}$ und betrachten einen veränderlichen Punkt p desselben als Projectionspunkt für zwei projectivische Punktreihen auf $\mathfrak{A}$ und $\mathfrak{A}_1$, welche sich in perspectivischer Lage befinden, so erhalten wir mit der Veränderung von p unendlich-viele Paare projectivischer Punktreihen auf $\mathfrak{A}$ und $\mathfrak{A}_1$, deren Beziehung vollständig bestimmt ist; endlich werden $\mathfrak{A}$ und $\mathfrak{A}_1$ noch von den Tangenten des Kegelschnitts $K^{(2)}$ in zwei projectivischen Punktreihen getroffen, die sich nicht in perspectivischer Lage befinden. Denken wir uns nun diese unendlich-vielen Paare projectivischer Beziehungen in sich festgehalten, aber die Träger $\mathfrak{A}\mathfrak{A}_1$, ohne ihre Lage zu verändern, auf sich selbst so verschoben, dass die beiden letzten den Kegelschnitt $K^{(2)}$ erzeugenden Punktreihen in perspectivische Lage gelangen (was bekanntlich auf unendlich-viele Arten geschehen kann), so werden nach der Verschiebung je zwei vorhin perspectivische Punktreihen auf $\mathfrak{A}$ und $\mathfrak{A}_1$ sich im Allgemeinen nicht mehr in perspectivischer Lage befinden, sondern einen Kegelschnitt erzeugen; alle so erhaltenen Kegelschnitte berühren $\mathfrak{A}$ und $\mathfrak{A}_1$ und eine dritte Gerade $\mathfrak{C}$, die Verbindungslinie derjenigen beiden Punkte auf den Trägern nach der Verschiebung, welche vorher in ihrem Schnittpunkte vereinigt waren und für jedes Paar der unendlich-vielen projectivischen Beziehungen bei perspectivischer Lage ein Paar entsprechender Punkte sind und also auch bleiben; endlich gehen sämmtliche aus den Punkten p entspringende Kegelschnitte durch einen festen Punkt P, den Projectionspunkt der beiden projectivischen Punktreihen auf $\mathfrak{A}$ und $\mathfrak{A}_1$, welche vor der Verschiebung den Kegelschnitt $K^{(2)}$ erzeugten und nach der Verschiebung perspectivisch zu liegen kommen. Wir erhalten also eine gemischte Kegelschnittschaar von drei gemeinschaftlichen Tangenten $\mathfrak{A}\mathfrak{A}_1\mathfrak{C}$ und einem gemeinschaftlichen Punkte P, hervorgegangen aus den sämmtlichen Punkten p eines Kegelschnitts.

Auch umgekehrt können wir, sobald die bestimmenden Elemente einer solchen gemischten Kegelschnittschaar, also a) drei Punkte BB_1C und eine Gerade $\mathfrak{L}$ oder b) drei Gerade $\mathfrak{A}\mathfrak{A}_1\mathfrak{C}$ und ein Punkt P gegeben sind, den Kegelschnitt $K^{(2)}$ herstellen, aus dessen Tangenten oder Punkten das ganze Gebilde durch Drehung oder Verschiebung hervorgeht. Wir denken uns nämlich im Falle a) in B und B_1 zwei perspectivische Strahlbüschel, welche die Gerade $\mathfrak{L}$ zum perspectivischen Durchschnitt haben, und drehen diese beiden Strahlbüschel, deren projectivische Beziehung also bestimmt ist, um solche Winkel, dass die Strahlen BC und B_1C zusammenfallen, dann erzeugen jene Strahlbüschel den Kegelschnitt $K^{(2)}$; oder b) wir denken uns $\mathfrak{A}$ und $\mathfrak{A}_1$ als die Träger zweier perspectivischer Punktreihen, welche P zu ihrem Projectionspunkte haben, und verschieben, indem wir diese projectivische Beziehung festhalten, die Träger auf sich selbst um solche Strecken, dass die Schnittpunkte $(\mathfrak{A}, \mathfrak{C})$ und $(\mathfrak{A}_1, \mathfrak{C})$ in den Schnittpunkt $(\mathfrak{A}, \mathfrak{A}_1)$ hineinfallen; dann erzeugen jene beiden nicht mehr perspectivischen Punktreihen den Kegelschnitt $K^{(2)}$.

Diese Entstehung der beiden gemischten Kegelschnittschaaren giebt ebensowohl Aufschluss über ihre Mächtigkeit, welche gleich ist der von den Tangenten oder Punkten eines Kegelschnitts, wie über die Eigenschaften beider Gebilde. Bezeichnen wir zur Abkürzung die Schaar Kegelschnitte, welche durch drei Punkte gehen und eine gerade Linie berühren, mit $S\,(3p,\ 1l)$ und die Schaar Kegelschnitte, welche drei gerade Linien berühren und durch einen Punkt gehen, mit $S\,(3l,\ 1p)$, so zeigt sich zunächst der Doppelsatz:

Durch einen beliebigen Punkt der Ebene gehen im Allgemeinen zwei Kegelschnitte der Schaar $S\,(3p,\ 1l)$.	*Eine beliebige Gerade in der Ebene berühren im Allgemeinen zwei Kegelschnitte der Schaar* $S\,(3l,\ 1p)$.

Denn fassen wir zum Beweise des Satzes links irgend zwei Tangenten t des erzeugenden Kegelschnitts $K^{(2)}$ auf, so entspringen aus diesen beiden Tangenten zwei Kegelschnitte der Schaar $S(3p, 1l)$, welche ausser den drei gemeinschaftlichen Punkten BB_1C noch denjenigen vierten Punkt gemein haben müssen, in welchem sich nach der Drehung die beiden Strahlen von B und B_1 treffen, welche zum Schnittpunkte der beiden Tangenten t hingehen; also umgekehrt, da durch einen beliebigen Punkt o nur zwei Tangenten t an den Kegelschnitt $K^{(2)}$ möglich sind, so gehen auch durch einen beliebigen Punkt o' der Ebene nur zwei Kegelschnitte der Schaar $S(3p, 1l)$; und analog rechts. Ferner zeigt sich:

Eine beliebige Gerade in der Ebene wird im Allgemeinen von vier Kegelschnitten der Schaar $S(3p, 1l)$ berührt.	*Durch einen beliebigen Punkt der Ebene gehen im Allgemeinen vier Kegelschnitte der Schaar $S(3l, 1p)$.*

Denn denken wir uns zum Beweise des Satzes links eine Gerade $\mathfrak{G}$ als den perspectivischen Durchschnitt noch zweier projectivischer Strahlbüschel, deren Mittelpunkte in B und B_1 placirt sind, und welche mit jener Gruppe von Strahlbüschelpaaren unveränderlich zusammenhängen, so werden dieselben vor der Drehung einen Kegelschnitt $\mathfrak{K}^{(2)}$ erzeugt haben, und soviel Tangenten t, als die Kegelschnitte $K^{(2)}$ und $\mathfrak{K}^{(2)}$ gemeinschaftlich haben, werden durch die Drehung in Kegelschnitte verwandelt, welche die Gerade $\mathfrak{G}$ berühren; also im Allgemeinen vier; das Analoge zeigt sich bei dem Satze rechts.

Auch über die Natur der in der Schaar $S(3p, 1l)$ vorkommenden Kegelschnitte giebt die obige Entstehungsweise Aufschluss; da nämlich alle Punkte, welche nach der Drehung in die Unendlichkeit gelangen, vor derselben auf einem Kreise liegen (dem „Drehkreise“ S. 228), welcher das Erzeugniss zweier gleicher und gleichlaufender Strahlbüschel ist, so werden alle diejenigen Tangenten t des erzeugenden Kegelschnitts $K^{(2)}$, welche den Drehkreis in zwei reellen Punkten schneiden, in Hyperbeln, diejenigen, welche ihn berühren, in Parabeln und diejenigen, welche ihn nicht treffen, in Ellipsen verwandelt; solche Tangenten t, welche durch den Mittelpunkt des Drehkreises gehen, werden nach der Drehung in gleichseitige Hyperbeln übergehen, weil die unendlich-entfernten Punkte unter rechtwinkligen Richtungen erscheinen. Wir haben also folgendes Ergebniss:

In der gemischten Kegelschnittschaar $S(3p, 1l)$ kommen im Allgemeinen vier Parabeln vor, welche zwei Gruppen Ellipsen und zwei Gruppen Hyperbeln von einander trennen; unter letzteren befinden sich *im Allgemeinen nur zwei gleichseitige Hyperbeln; insbesondere enthält die Schaar drei Linienpaare*, welche ihre Doppelpunkte in der Geraden $\mathfrak{L}$ haben und jedesmal aus zwei Geraden bestehen, deren eine die Verbindungslinie zweier von den $3p$ ist und die andere die Verbindungslinie des dritten mit dem Schnittpunkte der Geraden $\mathfrak{L}$ und der vorigen Verbindungslinie. Diese drei Linienpaare entspringen nämlich aus denjenigen beiden Tangenten t des Kegelschnitts $K^{(2)}$, welche in den Punkten BB_1 berühren, weil die projectivische Beziehung hier den parabolischen Charakter annimmt, und drittens aus der Tangente des Kegelschnitts $K^{(2)}$ in demjenigen Punkte D, in welchem sich vor der Drehung zwei Strahlen schnitten, welche nach derselben in die Verbindungslinie BB_1 hineinfallen, weil für diese t die perspectivische Lage erhalten bleibt.

Für die Schaar $S(3l, 1p)$ lässt sich leicht der Ort der Mittelpunkte sämmtlicher Kegelschnitte ermitteln; ziehen wir nämlich durch irgend einen Punkt p des erzeugenden Kegelschnitts $K^{(2)}$ ein Paar von Parallelen zu den Trägern $\mathfrak{A}$ und $\mathfrak{A}_1$, so treffen dieselben in den Punkten $\mathfrak{r}$ und $\mathfrak{q}_1$, und diese behalten ihre Eigenschaft, Durchschnittspunkte der Parallelstrahlen (S. 28) zu sein, auch nach der Verschiebung. Wir erhalten dadurch nach der Verschiebung ein dem jedesmaligen Kegelschnitte der Schaar umbeschriebenes Parallelogramm, dessen Mittelpunkt der Mittelpunkt dieses Kegelschnitts wird. Der Ort des Mittelpunktes des ersten Parallelogramms ändert aber durch die Verschiebung nur seine Lage in der Ebene, indem er sich selbst congruent bleibt, und dieser Ort ist, wie leicht zu sehen, ein dem erzeugenden Kegelschnitt $K^{(2)}$ ähnlicher Kegelschnitt; denn bezeichnen wir den Schnittpunkt der Träger $\mathfrak{A}\mathfrak{A}_1$ mit $\mathfrak{e}$ (oder $\mathfrak{f}_1$), als Punkte der beiden den Kegelschnitt $K^{(2)}$ erzeugenden Punktreihen, und die Berührungspunkte mit $\mathfrak{f}$ und $\mathfrak{e}_1$, so erzeugen bei der Bewegung von p die Strahlbüschel $\mathfrak{f}p$ und $\mathfrak{e}_1 p$ den Kegelschnitt $K^{(2)}$; bezeichnen wir aber mit ε und φ_1 die Mitten der Strecken $\mathfrak{e}\mathfrak{f}$ und $\mathfrak{e}_1\mathfrak{f}_1$, mit π die Mitte von $\mathfrak{e}p$, so sind $\varepsilon\pi$ $\varphi_1\pi$ parallel resp. mit $\mathfrak{f}p$ und $\mathfrak{e}_1 p$, erzeugen also einen ähnlichen und ähnlich-liegenden Kegelschnitt, welcher in ε und φ_1 die Träger $\mathfrak{A}\mathfrak{A}_1$ berührt; nach der Verschiebung nimmt dieser Kegelschnitt zwar eine andere Lage ein, bleibt aber dem $K^{(2)}$ ähnlich; wir haben mithin folgendes Resultat:

Sämmtliche Kegelschnitte der gemischten Schaar $S(3l, 1p)$ haben ihre Mittelpunkte auf einem Kegelschnitte, welcher ähnlich ist dem erzeugenden Kegelschnitt $K^{(2)}$. Stellen wir uns noch die Gerade $\mathfrak{D}$ her, welche diejenigen beiden entsprechenden Punkte auf den Trägern $\mathfrak{A}$ und $\mathfrak{A}_1$ der den Kegelschnitt $K^{(2)}$ erzeugenden Punktreihen verbindet, die nach der Verschiebung in dem Schnittpunkte $(\mathfrak{A}\mathfrak{A}_1)$ vereinigt werden, d. h. die Gerade $\mathfrak{D}$, welche parallel zu $\mathfrak{C}$ und symmetrisch rücksichtlich des Schnittpunktes $(\mathfrak{A}\mathfrak{A}_1)$ liegt, und welche nothwendig eine Tangente des erzeugenden Kegelschnitts $K^{(2)}$ ist, so können wir nach dem oben (S. 273) gefundenen Kriterium leicht entscheiden, welcher Art die Kegelschnitte der gemischten Schaar $S(3l, 1p)$ sein werden; der Kegelschnitt $K^{(2)}$, welcher die drei Geraden $\mathfrak{A}\mathfrak{A}_1\mathfrak{D}$ berührt, liegt entweder ganz innerhalb oder ganz ausserhalb des von jenen drei Geraden gebildeten Dreiseits. In dem ersten Falle liegt er ganz in einem der Räume (e) (S. 273, Fig. 67) und ist nothwendig Ellipse; die Kegelschnitte der Schaar bestehen also in diesem Falle aus lauter Ellipsen, und auch der Mittelpunktskegelschnitt ist eine Ellipse. Im zweiten Falle ist der Kegelschnitt $K^{(2)}$ entweder Ellipse und liegt dann ganz in einem der Räume (h), welche den Seiten des Dreiseits anliegen; die Kegelschnitte der Schaar bestehen in diesem Falle aus lauter Hyperbeln, und der Mittelpunktskegelschnitt ist Ellipse; oder der Kegelschnitt $K^{(2)}$ ist Hyperbel und liegt dann mit einem Zweige in einem Raume (h) und mit dem andern in dem gegenüberliegenden Raume (e); die Kegelschnitte der Schaar bestehen aus einer Gruppe Ellipsen und einer Gruppe Hyperbeln, welche durch zwei Parabeln von einander getrennt werden; der Mittelpunktskegelschnitt ist Hyperbel, und die beiden unendlich-entfernten Punkte derselben sind die Mittelpunkte der beiden in der Schaar vorkommenden Parabeln.

Das auf S. 273 angegebene Kriterium giebt auch unmittelbar Aufschluss über die Natur der gemischten Kegelschnittschaar je nach der Lage der sie bestimmenden Elemente, nämlich der drei Geraden $\mathfrak{A}\mathfrak{A}_1\mathfrak{C}$ und des Punktes P. Es theilen nämlich die drei Geraden $\mathfrak{A}\mathfrak{A}_1\mathfrak{C}$ das Gebiet der ganzen Ebene in 7 Räume: den endlichen Raum des von ihnen gebildeten Dreiseits, die drei unendlichen den Seiten anliegenden Räume und die drei unendlichen den Ecken anliegenden Scheitelräume; je nachdem der Punkt P in dem einen oder andern dieser Räume liegt, ändert sich die Natur der gemischten Kegelschnittschaar, und zwar: 1) Wenn der gegebene Punkt P innerhalb des endlichen Dreiecksraumes, den die drei gegebenen Geraden $\mathfrak{A}\mathfrak{A}_1\mathfrak{C}$ begrenzen, gelegen ist, so besteht die Schaar aus lauter Ellipsen, und auch der Mittelpunktskegelschnitt ist eine Ellipse; 2) wenn der Punkt P in einem der drei unendlichen Scheitelräume, welche an die Ecken des Dreiseits anstossen, gelegen ist, so besteht die Schaar aus lauter Hyperbeln, und der Mittelpunktskegelschnitt ist wiederum eine Ellipse; 3) wenn der Punkt P in einem der drei den Seiten des Dreiseits anliegenden unendlichen Räume gelegen ist, so zerfällt die

Schaar in eine Gruppe Ellipsen und eine Gruppe Hyperbeln, welche durch zwei Parabeln von einander getrennt werden; der Mittelpunktskegelschnitt ist Hyperbel, und der eine Zweig derselben enthält die Mittelpunkte der Ellipsen, der andere die der Hyperbeln, während die beiden unendlich-entfernten Punkte dieser Mittelpunktshyperbel die Mittelpunkte der beiden Parabeln der Schaar sind.

Wir brechen hier die Betrachtung der beiden noch wenig untersuchten Kegelschnittschaaren $S(3p, 1l)$ und $S(3l, 1p)$ ab und überlassen die vielen noch unerledigten Fragen, welche sich hieran knüpfen, dem Leser. Die hier gegebene Entstehungsweise derselben scheint eine ergiebige und empfehlenswerthe Quelle für ihre Untersuchung; sie lässt uns aber in dem Falle im Stich, wenn von den $3p$ oder $3l$ ein Paar imaginär wird, d. h. a) wenn ein Punkt p, eine Gerade l und ein (elliptisches) Punktsystem gegeben ist und alle Kegelschnitte, welche durch p gehen, l berühren und das gegebene Punktsystem zu ihrem zugehörigen haben, die gemischte Kegelschnittschaar bilden; oder b) wenn eine Gerade l, ein Punkt p und ein (elliptisches) Strahlsystem gegeben ist und alle Kegelschnitte, welche l berühren, durch p gehen und das gegebene Strahlsystem zu dem ihnen zugehörigen zu haben, die gemischte Kegelschnittschaar bilden. Zur Construction der Kegelschnitte dieser Schaaren können wir gelangen, indem wir a) einen veränderlichen Punkt $\mathfrak{p}$ die Gerade l durchlaufen lassen und jedesmal den Kegelschnitt construiren, welcher in $\mathfrak{p}$ die l berührt, durch p geht und das gegebene Punktsystem zu seinem zugehörigen hat (S. 150); b) indem wir einen veränderlichen Strahl $\mathfrak{t}$ um p drehen und jedesmal den Kegelschnitt construiren, welcher in p die $\mathfrak{t}$ berührt, ausserdem l berührt und das gegebene Strahlsystem zu dem ihm zugehörigen hat. Diese Constructionen gestatten, wenn auch nicht einen so unmittelbaren Einblick, wie die obige organische Entstehungsweise, doch eine Anschauung dieser gemischten Kegelschnittschaaren und bieten eine Handhabe für ihre Untersuchung, die übrigens zum Theil schon auf Curven höheren Grades führt.

Wir haben noch die dritte gemischte Kegelschnittschaar $S(2p, 2l)$ von zwei festen Punkten und zwei festen Tangenten in Betracht zu ziehen oder, wenn wir uns von der Realität dieser Paare unabhängig machen wollen, *alle Kegelschnitte* aufzusuchen, *welche gleichzeitig ein gegebenes Punktsystem und ein gegebenes Strahlsystem zu den ihnen zugehörigen haben.* Das Verhalten dieser gemischten Kegelschnittschaar lässt sich leicht aus einem speciellen Falle erkennen, wenn wir nämlich alle Kreise in Betracht ziehen, welche zwei gegebene Gerade berühren, da diese auf der unendlich-entfernten Geraden $\mathfrak{G}_\infty$ ausserdem zwei imaginäre gemeinschaftliche Punkte haben (S. 195); aber auch allgemein zeigt sich leicht Folgendes:

Sind gegeben ein Strahlsystem $(x, \mathfrak{x})$, dessen Mittelpunkt B ist, und ein Punktsystem (y, η) auf dem Träger $\mathfrak{A}$, so wird es im Allgemeinen einmal vorkommen, dass ein Paar conjugirter Strahlen des Strahlsystems durch ein Paar conjugirter Punkte des Punktsystems hindurchgeht (S. 58 und 158); ein solches gemeinschaftliches Paar ist immer reell vorhanden, sobald eines oder beide Systeme elliptisch sind, oder wenn beide Systeme hyperbolisch sind mit den Asymptoten g, h und den Asymptotenpunkten $\mathfrak{g}$, $\mathfrak{h}$, falls die letzteren durch die ersteren nicht getrennt werden, d. h. die Punkte $\mathfrak{g}$, $\mathfrak{h}$ entweder in demselben Winkelraume oder in zwei Scheitelräumen von den vier durch g und h gebildeten Winkelräumen enthalten sind; wenn aber $\mathfrak{g}$ und $\mathfrak{h}$ in zwei neben einander liegenden Winkelräumen enthalten sind (Fig. 79), so giebt es kein solches perspectivisch liegendes Paar conjugirter Elemente. Dann giebt es aber überhaupt gar keinen reellen Kegelschnitt der Schaar; denn ein Kegelschnitt, welcher g, h berührt und durch $\mathfrak{g}$ geht, ist vollständig in dem Winkel- und seinem Scheitelraume enthalten, in welchem $\mathfrak{g}$ liegt, mag er Ellipse, Hyperbel oder Parabel sein; er kann also nie durch einen Punkt $\mathfrak{h}$ gehen, welcher in einem der Neben-Scheitelräume liegt. Die Schaar enthält also in diesem Falle keinen einzigen reellen Kegelschnitt.

Fig. 79.

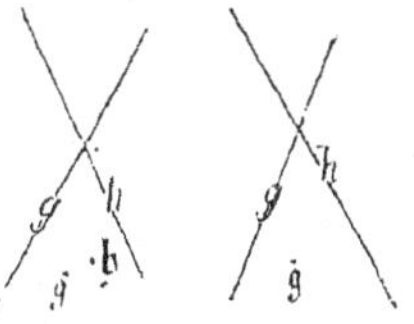

Sehen wir daher von diesem illusorischen Falle ab, so giebt es ein Strahlenpaar l und λ des Strahlsystems (B), welches den Träger $\mathfrak{A}$ in einem Paare conjugirter Punkte p und π des auf ihm gegebenen Punktsystems trifft, und dasselbe ist nach dem Obigen leicht zu construiren. Diese besonderen perspectivisch-liegenden Paare l, λ und p, π conjugirter Elemente beider gegebenen Systeme beherrschen diese gemischte Kegelschnittschaar. Geht nämlich l durch p und λ durch π, so wird, weil p und π ein Paar conjugirter Punkte in Bezug auf jeden Kegelschnitt dieser Schaar sein müssen, die Polare von p durch π gehen; sie muss aber andererseits auch den Pol von l enthalten, weil l durch p geht; der Pol von l muss ferner auf der Geraden λ liegen, weil l und λ conjugirte Gerade für alle Kegelschnitte der Schaar sind; es sind also nur zwei Möglichkeiten vorhanden, entweder ist π selbst der Pol von l, oder wenn er es nicht ist, so muss λ die Polare von p sein; die Kegelschnitte der Schaar zerfallen daher in zwei Gruppen: für die erste Gruppe sind p und λ Pol und Polare, für die zweite Gruppe sind π und l Pol und Polare. Bezeichnen wir diese beiden Gruppen, in welche die gemischte Kegelschnittschaar zerfällt, durch $[p, \lambda]$ und $[\pi, l]$, so ergiebt sich folgendes Verhalten: Weil in der Gruppe $[p, \lambda]$ die Polare λ von p durch B geht, so muss auch die Polare von B durch p gehen, und weil der Pol p von λ auf $\mathfrak{A}$ liegt, so muss auch der Pol von $\mathfrak{A}$ auf λ liegen, dagegen in der Gruppe $[\pi, l]$ geht die Polare von B beständig durch π, und der Pol von $\mathfrak{A}$ liegt immer auf l. Wir haben also folgendes Resultat:

Die gemischte Kegelschnittschaar von zwei festen Tangenten, deren Schnittpunkt B, und zwei festen Punkten, deren Verbindungslinie $\mathfrak{A}$ sei, zerfällt in zwei Gruppen von Kegelschnitten; für jede derselben geht die Polare von B (Berührungssehne der beiden festen Tangenten) durch je einen festen Punkt p und π, welche auf $\mathfrak{A}$ liegen, und der Pol der Geraden $\mathfrak{A}$ (Schnittpunkt der Tangenten in den beiden festen Punkten) liegt auf je einer festen Geraden λ und l, welche durch B gehen; die Geraden λ und l gehen resp. durch die Punkte π und p und sind zugeordnet-harmonische Strahlen zu den beiden festen Tangenten, sowie p und π zugeordnet-harmonische Punkte zu den beiden festen Punkten der Schaar sind.

Für den vollständig reellen Fall, wenn beide Systeme (B) und $(\mathfrak{A})$ hyperbolisch sind, also die Asymptoten gh des Strahlsystems die beiden festen Tangenten und die Asymptotenpunkte $\mathfrak{g}\mathfrak{h}$ des Punktsystems die beiden festen Punkte der gemischten Kegelschnittschaar sind, ist zu bemerken, dass die Kegelschnitte von jeder der beiden Gruppen paarweise mit einander zusammenhängen: Ziehen wir nämlich

Fig. 80.

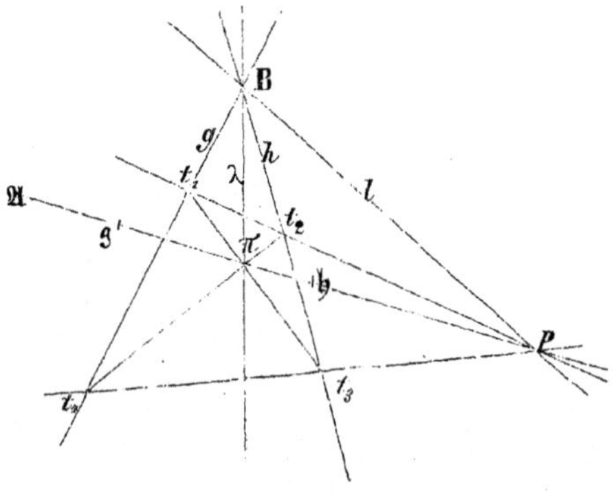

irgend einen Strahl durch p, welcher g und h in den Punkten t_1 und t_2 trifft, so wird auch, wenn wir t_1 und t_2 mit π verbinden und die Schnittpunkte dieser Verbindungsstrahlen mit h und g durch t_3 und

t_4 bezeichnen, die Verbindungslinie $t_3 t_4$ durch p laufen müssen (Fig. 80), denn die Strahlen $g h l \lambda$ sind harmonisch, und aus der harmonischen Eigenschaft des Vierecks folgt die Richtigkeit der obigen Behauptung. Es giebt hiernach zwei Kegelschnitte der Gruppe $[p, \lambda]$, von denen der eine in $t_1 t_2$, der andere in $t_3 t_4$ die Geraden gh berührt und durch $\mathfrak{g}\mathfrak{h}$ geht; andererseits giebt es aber auch zwei Kegelschnitte der Gruppe $[\pi, l]$, deren einer in $t_1 t_3$, der andere in $t_2 t_4$ die Geraden gh berührt und ausserdem durch $\mathfrak{g}\mathfrak{h}$ geht; diese vier Kegelschnitte, welche paarweise den beiden Gruppen angehören, berühren sich in den vier Punkten $t_1 t_2 t_3 t_4$ derartig, dass jeder aus der einen Gruppe die beiden andern aus der andern Gruppe berührt; die vier Punkte $t_1 t_2 t_3 t_4$ liegen ferner mit den festen Punkten $\mathfrak{g}\mathfrak{h}$ in einem Kegelschnitt $\mathfrak{K}^{(2)}$, weil $\mathfrak{g}$ und $\mathfrak{h}$ zugeordnete Punkte sind zu p und π, zwei Diagonalpunkten des vollständigen Vierecks $t_1 t_2 t_3 t_4$. Dieser Kegelschnitt $\mathfrak{K}^{(2)}$ hat $Bp\pi$ zu einem Tripel conjugirter Punkte, folglich ist $p\pi$ die Polare von B in Bezug auf ihn, und daher sind $B\mathfrak{g}$ und $B\mathfrak{h}$ seine Tangenten in den Punkten $\mathfrak{g}$ und $\mathfrak{h}$. Verändern wir den willkürlich durch p gezogenen Strahl, so verändert sich auch das Viereck der vier Berührungspunkte $t_1 t_2 t_3 t_4$ und der Kegelschnitt $\mathfrak{K}^{(2)}$; ersteres behält das feste Diagonaldreieck $Bp\pi$ und ein Seitenpaar gh unverändert, der Kegelschnitt $\mathfrak{K}^{(2)}$ beschreibt eine Schaar sich doppelt berührender Kegelschnitte, welche in den Punkten $\mathfrak{g}$ und $\mathfrak{h}$ die gemeinsamen Tangenten $B\mathfrak{g}$ und $B\mathfrak{h}$ haben.

In analoger Weise ordnen sich die Kegelschnitte der gemischten Schaar zu zwei und zwei Paaren, wenn man auf l einen beliebigen Punkt $\mathfrak{p}$ nimmt, ihn mit $\mathfrak{g}$ und $\mathfrak{h}$ verbindet und die Schnittpunkte dieser Verbindungsstrahlen mit λ abwechselnd mit $\mathfrak{h}$ und $\mathfrak{g}$ verbindet, welche beiden Linien sich wiederum auf l schneiden; man erhält dadurch ein Vierseit, dessen Diagonaldreiseit $\mathfrak{A} l \lambda$ ist, und von dem ein Paar Gegenecken $\mathfrak{g}$ und $\mathfrak{h}$ sind; die vier Seiten dieses Vierseits sind die Tangenten von vier Kegelschnitten, welche paarweise den beiden Gruppen $[p, \lambda]$ und $[\pi, l]$ angehören und sich derartig berühren, dass jeder aus der einen Gruppe die beiden andern aus der andern Gruppe berührt. Die vier Seiten dieses Vierseits und die beiden Geraden g und h sind sechs Tangenten eines Kegelschnitts, der $\mathfrak{A} l \lambda$ zum Tripel conjugirter Strahlen hat und daher die Geraden g und h in denjenigen beiden Punkten berührt, in welchen sie von $\mathfrak{A}$ geschnitten werden; verändern wir den willkürlich angenommenen Punkt $\mathfrak{p}$ auf der Geraden l, so verändert sich sowohl jenes Vierseit, als auch dieser Kegelschnitt und letzterer durchläuft eine Schaar einander doppelt berührender Kegelschnitte, deren beide Berührungspunkte die Schnittpunkte von g und h mit der Geraden $\mathfrak{A}$ sind.

§. 54. Die gemeinschaftlichen Punkte, Tangenten und das gemeinsame Tripel conjugirter Punkte und Strahlen für zwei beliebig angenommene Kegelschnitte.

Zwei willkürlich in der Ebene angenommene Kegelschnitte können höchstens vier gemeinschaftliche Punkte und vier gemeinschaftliche Tangenten haben, denn durch fünf dieser Elemente ist der Kegelschnitt im Allgemeinen eindeutig bestimmt, d. h. zwei Kegelschnitte, welche z. B. fünf Punkte gemeinschaftlich haben, müssen identisch zusammenfallen. Die Frage nach der Realität dieser gemeinschaftlichen Punkte und Tangenten sowie die Construction derselben ist für viele geometrische Untersuchungen unerlässlich, insbesondere für die Construction des Kegelschnittbüschels und der Kegelschnittschaar, welche beiden Gebilde durch zwei Kegelschnitte vollständig und eindeutig bestimmt werden. Es soll daher diese Frage nachträglich beantwortet werden.

Ein Kegelschnitt theilt die unendliche Ebene in zwei Gebiete, welche wir das äussere und innere Gebiet nennen; ersteres wird erfüllt von sämmtlichen Tangenten des Kegelschnitts, letzteres von keiner getroffen. Denken wir uns eine veränderliche Tangente an dem Contour eines Kegelschnitts herumbewegt, so durchstreift dieselbe das ganze äussere Gebiet doppelt; denn halten wir den Berührungspunkt in der Tangente fest, so theilt er jedesmal dieselbe in zwei unendliche Hälften, und während der Berührungspunkt den Contour des Kegelschnitts einmal durchläuft, durchstreift jede der beiden Hälften das ganze äussere Gebiet. Bei der Hyperbel bildet das äussere Gebiet ein zusammenhängendes Ganze von unendlicher Ausdehnung; das innere Gebiet besteht aus zwei getrennten (im Unendlichen zusammenhängenden) Theilen ebenfalls von unendlicher Ausdehnung. Die Bewegung der Tangente mit ihrem Berührungspunkt längs des Contours der Hyperbel zeigt den Zusammenhang der beiden Hyperbelzweige im Unendlichen (S. 120). Das innere Gebiet der Ellipse ist von endlicher Ausdehnung, das äussere von unendlicher; bei der Parabel sind beide von unendlicher Ausdehnung und jedes in sich zusammenhängend.

Wenn wir zwei Kegelschnitte $K^{(2)}$ und $K_1^{(2)}$ in der Ebene willkürlich annehmen, so können drei wesentlich verschiedene Fälle rücksichtlich ihrer gegenseitigen Lage eintreten, nämlich 1) ist das innere Gebiet des einen ganz in dem inneren Gebiete des anderen enthalten und zugleich enthält das äussere Gebiet des ersteren ganz das äussere Gebiet des letzteren, d. h. der eine Kegelschnitt liegt ganz innerhalb des anderen, oder 2) das innere Gebiet des einen liegt ganz in dem äusseren Gebiet des anderen und zugleich das äussere Gebiet des ersteren enthält ganz das innere des anderen, d. h. der eine Kegelschnitt liegt ganz ausserhalb des anderen, oder 3) das innere Gebiet des einen greift theilweise über in das innere Gebiet des anderen. In den Fällen 1) und 2) können die Kegelschnitte keinen reellen Punkt gemeinschaftlich haben, im Falle 3) müssen sie gemeinschaftliche Punkte haben und zwar nothwendig zwei oder vier; denn verfolgen wir den Contour des einen, so muss ein auf demselben sich bewegender Punkt aus dem äusseren Gebiete des anderen in das innere Gebiet desselben übertreten bei der Annahme, dass ein Theil der inneren Gebiete sich deckt; der sich bewegende Punkt muss aber auch wiederum aus dem inneren Gebiet in das äussere zurückkehren, von wo wir ihn ausgehen liessen, bei dem continuirlichen Durchlaufen des zusammenhängenden (bei der Hyperbel durchs Unendliche zusammenhängenden) Contours; er muss also mindestens zweimal die Grenze überschreiten, kann es aber auch viermal thun, d. h. *zwei Kegelschnitte haben entweder keinen oder zwei oder vier gemeinschaftliche Punkte; haben sie einen gemeinschaftlichen Punkt, so müssen sie noch einen zweiten reellen Punkt gemeinschaftlich haben, können aber auch noch drei haben; haben sie drei reelle Punkte gemein, so müssen sie noch einen vierten reellen gemeinschaftlichen Punkt haben* (S. 238). Hieraus folgt unmittelbar das polargegenüberstehende Ergebniss: *Haben zwei Kegelschnitte eine reelle gemeinschaftliche Tangente, so müssen sie noch eine zweite haben, können aber auch noch drei andere gemeinschaftliche Tangenten haben;* denn wenn wir zwei Kegelschnitte mit einer reellen gemeinschaftlichen Tangente in Bezug auf irgend einen Kegelschnitt als Basis polarisiren (S. 146), so erhalten wir zwei neue Kegelschnitte, welche einen reellen Punkt gemein haben, folglich nothwendig noch einen zweiten oder drei andere gemeinschaftliche Punkte; die ursprünglichen beiden Kegelschnitte haben daher nothwendig noch eine zweite gemeinschaftliche Tangente, oder auch drei; hieraus folgt: *Zwei Kegelschnitte haben entweder keine oder zwei oder vier gemeinschaftliche Tangenten.*

Wie nun gemeinschaftliche Punkte und Tangenten bei zwei Kegelschnitten zusammen auftreten, erkennen wir am deutlichsten, indem wir das gemeinschaftliche Tripel conjugirter Punkte und Strahlen in Bezug auf beide Kegelschnitte aufsuchen. Irgend ein Punkt in der Ebene hat in Bezug auf jeden der beiden gegebenen Kegelschnitte $K^{(2)}$ und $K_1^{(2)}$ eine bestimmte Polare; suchen wir solche Punkte in der Ebene auf, für welche die beiden Polaren zusammenfallen; und andererseits, jede Gerade in Bezug auf einen Kegelschnitt hat einen bestimmten Pol; suchen wir solche Gerade auf, welche für beide Kegelschnitte denselben Pol haben; eine Lösung der ersten Frage giebt zugleich eine Lösung der zweiten, wie ersichtlich ist, und zwei Lösungen geben sofort eine dritte, denn seien x und X, y und Y zwei Paar Pole und Polaren in Bezug auf beide Kegelschnitte, so muss der Schnittpunkt (X, Y) und die Verbindungslinie xy ein drittes Paar Pol und Polare für beide Kegelschnitte sein. Mehr als drei Lösungen der Frage können aber im Allgemeinen nicht existiren, sobald die gegebenen Kegelschnitte von einander verschieden sind, denn wären x und X, y und Y, $(X, Y) = z$ und $xy = Z$ diese drei Paare Pole und Polaren und noch ein viertes Paar u und U, so liessen sich unendlich-viele neue Paare herstellen, nämlich $xu = V$ und $(X, U) = v$ u. s. f., und aus diesen wieder neue, was einen netzartigen Fortgang hat; auf jeder Verbindungslinie wie z. B. xy wäre ein Punktsystem bekannt, welches beiden Kegelschnitten gleichzeitig zugehörte, und die beiden Asymptotenpunkte wären allemal ein Paar gemeinschaftlicher Punkte beider Kegelschnitte (reell oder imaginär), die beiden Kegelschnitte hätten also unendlich-viele gemeinschaftliche Punkte und wären somit identisch.

Nach dieser vorläufigen Bemerkung kommt es darauf an, jene besonderen Punkte zu finden, deren Polaren in Bezug auf beide Kegelschnitte zusammenfallen; bewegen wir zu diesem Zwecke einen veränderlichen Punkt $\mathfrak{p}$ auf einer beliebigen Geraden $\mathfrak{G}$, so wird seine Polare in Bezug auf den ersten Kegelschnitt $K^{(2)}$ ein Strahlbüschel beschreiben, welches um den Pol o der Geraden $\mathfrak{G}$ sich dreht und projectivisch ist mit der von $\mathfrak{p}$ beschriebenen Punktreihe auf dem Träger $\mathfrak{G}$ (S. 145); ebenso die Polaren von den Punkten $\mathfrak{p}$ in Bezug auf den zweiten Kegelschnitt $K_1^{(2)}$; diese beiden projectivischen Strahlbüschel, deren Mittelpunkte o und o_1 sind, erzeugen selbst einen Kegelschnitt $\mathfrak{K}^{(2)}$, welcher durch o und o_1 geht und die Eigenschaft besitzt, dass sich in jedem Punkte $\mathfrak{q}$ desselben die Polaren eines gewissen Punktes $\mathfrak{p}$ der Geraden $\mathfrak{G}$ in Bezug auf beide Kegelschnitte $K^{(2)}$ und $K_1^{(2)}$ schneiden, also auch umgekehrt: Die Polaren eines jeden Punktes $\mathfrak{q}$ des Kegelschnitts $\mathfrak{K}^{(2)}$ in Bezug auf beide Kegelschnitte $K^{(2)}$ und $K_1^{(2)}$ treffen sich in einem Punkte $\mathfrak{p}$ der Geraden $\mathfrak{G}$; wenn wir jetzt eine zweite Gerade $\mathfrak{G}_1$ annehmen und von einem veränderlichen Punkte $\mathfrak{p}_1$ durchlaufen lassen, so erhalten wir in derselben Weise einen zweiten Kegelschnitt $\mathfrak{K}_1^{(2)}$, welcher durch die beiden Pole m und m_1 der Geraden $\mathfrak{G}_1$ rücksichtlich der Kegelschnitte $K^{(2)}$ und $K_1^{(2)}$ hindurchgeht und alle Punkte $\mathfrak{q}_1$ enthält, deren Polaren in Bezug auf $K^{(2)}$ und $K_1^{(2)}$ sich in einem Punkte $\mathfrak{p}_1$ der

Geraden $\mathfrak{G}_1$ treffen. Die beiden Kegelschnitte $\mathfrak{K}^{(2)}$ und $\mathfrak{K}_1^{(2)}$ haben nun einen unmittelbar anzugebenden Punkt gemein; der Schnittpunkt P der Geraden $\mathfrak{G}$, $\mathfrak{G}_1$ hat nämlich in Bezug auf $K^{(2)}$ und $K_1^{(2)}$ zwei Polaren, welche sich in Q treffen, und durch Q müssen offenbar beide Kegelschnitte $\mathfrak{K}^{(2)}$ und $\mathfrak{K}_1^{(2)}$ hindurchgehen; sie haben nach dem Obigen nothwendig noch einen oder drei andere gemeinschaftliche Punkte, welche die Lösung der vorgelegten Frage darbieten; sei x ein gemeinschaftlicher Punkt der Kegelschnitte $\mathfrak{K}^{(2)}$ und $\mathfrak{K}_1^{(2)}$ ausser dem bekannten Q, so müssen, weil x in $\mathfrak{K}^{(2)}$ liegt, seine Polaren rücksichtlich $K^{(2)}$ und $K_1^{(2)}$ sich in einem Punkte $\mathfrak{x}$ der Geraden $\mathfrak{G}$ treffen, und weil x in $\mathfrak{K}_1^{(2)}$ liegt, müssen sie sich in einem Punkte $\mathfrak{x}_1$ der Geraden $\mathfrak{G}_1$ treffen; die Punkte $\mathfrak{x}$ und $\mathfrak{x}_1$ fallen aber nicht zusammen in P, weil sonst x in Q läge; folglich müssen die Polaren von x rücksichtlich beider Kegelschnitte $K^{(2)} K_1^{(2)}$ in die Gerade $\mathfrak{x}\mathfrak{x}_1$ hineinfallen, d. h. x ist ein Punkt der gesuchten Art. Wir schliessen also: *Es giebt in der Ebene im Allgemeinen drei Punkte xyz der Art, dass für jeden derselben die Polaren rücksichtlich zweier gegebenen Kegelschnitte $K^{(2)}$ und $K_1^{(2)}$ zusammenfallen; von diesen drei Punkten muss einer immer reell sein.* Nehmen wir an, es wären alle drei reell, so zeigt sich ein merkwürdiger Zusammenhang zwischen ihnen und ihren Polaren für die Kegelschnitte $K^{(2)}$ und $K_1^{(2)}$. Wenn nämlich die Polare von x in Bezug auf $K^{(2)}$ und $K_1^{(2)}$ in $\mathfrak{x}$ und $\mathfrak{x}_1$ resp. die Geraden $\mathfrak{G}\mathfrak{G}_1$ trifft und die Polare von y in η und η_1, so muss auch der Schnittpunkt $(\mathfrak{x}\mathfrak{x}_1, \eta\eta_1)$ ein solcher Punkt sein, dass er dieselbe Polare xy in Bezug auf beide Kegelschnitte $K^{(2)} K_1^{(2)}$ hat; es giebt aber nur noch einen einzigen dritten Punkt dieser Art, nämlich z, den vierten Schnittpunkt der beiden Kegelschnitte $\mathfrak{K}^{(2)}$ und $\mathfrak{K}_1^{(2)}$, folglich muss der Punkt $(\mathfrak{x}\mathfrak{x}_1, \eta\eta_1)$ mit z coincidiren, und seine Polare, welche in ζ und ζ_1 resp. die Geraden $\mathfrak{G}$ und $\mathfrak{G}_1$ trifft, muss die Verbindungslinie xy sein; es ist also z der Pol von xy und in gleicher Weise x der Pol von yz und y der Pol von zx; *die drei Punkte xyz liegen daher so, dass jeder der Pol der Verbindungslinie der beiden andern ist, d. h. sie bilden ein Tripel conjugirter Punkte für beide Kegelschnitte* $K^{(2)}$ und $K_1^{(2)}$, und die Verbindungslinien:

$$(yz) = X \qquad (zx) = Y \qquad (xy) = Z$$

ein Tripel conjugirter Strahlen. Hierdurch ist zugleich die zweite oben aufgestellte Frage beantwortet, nämlich solche Gerade in der Ebene zweier gegebenen Kegelschnitte $K^{(2)}$ $K_1^{(2)}$ zu finden, deren Pole in Bezug auf beide zusammenfallen; denn eine solche Gerade muss die Träger $\mathfrak{G}$ und $\mathfrak{G}_1$ in zwei derartigen Punkten $\mathfrak{p}$ und $\mathfrak{p}_1$ treffen, dass der Schnittpunkt der Polaren von $\mathfrak{p}$ in Bezug auf $K^{(2)}$ und $K_1^{(2)}$

mit dem Schnittpunkt der Polaren von $\mathfrak{p}_1$ zusammenfällt, und solcher Geraden giebt es, wie wir gesehen haben, nur die drei $\xi\xi_1$, $\eta\eta_1$, $\zeta\zeta_1$ oder X, Y, Z. Wir haben also folgendes Resultat:

Es giebt in der Ebene im Allgemeinen drei Gerade XYZ der Art, dass für jede derselben die Pole rücksichtlich zweier gegebenen Kegelschnitte $K^{(2)}$ und $K_1^{(2)}$ zusammenfallen; von diesen drei Geraden muss eine immer reell sein; sind alle drei reell, so bilden sie ein Tripel conjugirter Strahlen für beide Kegelschnitte $K^{(2)}$ und $K_1^{(2)}$, d. h. der Pol jeder ist der Schnittpunkt der beiden andern.

Da von dem gemeinschaftlichen Polardreieck, dessen Ecken xyz und gegenüberliegende Seiten XYZ gleichzeitig beziehungsweise ein Tripel conjugirter Punkte und Strahlen für beide gegebenen Kegelschnitte sind, entweder alle Ecken und Seiten reell sind oder nur eine Ecke x und die gegenüberliegende Seite X, so brauchen wir auch nur diese beiden immer reellen Elemente, deren Construction oben angegeben ist, zu ermitteln und können die übrigen auf folgende Art aus ihnen finden: Die Polare X von x ist der Träger zweier verschiedenen Punktsysteme, welche beziehungsweise den Kegelschnitten $K^{(2)}$ und $K_1^{(2)}$ zugehören; haben dieselben ein gemeinschaftliches Paar conjugirter Punkte (Seite 58 und 158), so muss dasselbe aus den Punkten y und z bestehen; dieses Punktpaar kann also nur dann imaginär sein, wenn die auf X befindlichen Punktsysteme, welche den Kegelschnitten $K^{(2)}$ und $K_1^{(2)}$ zugehören, beide hyperbolisch sind und die Asymptotenpunkte derselben sich gegenseitig trennen, oder mit andern Worten, wenn die Gerade X beide Kegelschnitte $K^{(2)}$ und $K_1^{(2)}$ in je zwei reellen Punkten schneidet, von denen das eine Paar durch das andere und zugleich dieses durch jenes getrennt wird. Wenn die Kegelschnitte $K^{(2)}$ und $K_1^{(2)}$ keinen reellen Punkt gemein haben, also in der oben mit 1) und 2) bezeichneten Lage sich befinden, bei welcher entweder der eine ganz innerhalb oder ganz ausserhalb des andern gelegen ist, dann ist es ersichtlich, dass jede Gerade, welche beide in reellen Punktpaaren schneidet (also auch X), sie nothwendig so treffen muss, dass die Schnittpunktpaare nicht durch einander getrennt werden; also schliessen wir: *Zwei Kegelschnitte, welche keinen reellen Punkt gemein haben, müssen nothwendig ein reelles Tripel conjugirter Punkte xyz gemeinschaftlich haben*, denn es giebt überhaupt keine Gerade in der Ebene zweier so gelegener Kegelschnitte, welche dieselben in Punktpaaren träfe, die einander trennen, also auch kein X der Art. Andererseits haben zwei Kegelschnitte, welche vier reelle gemeinschaftliche Punkte haben, immer ein reelles gemeinsames Tripel xyz, welches a priori zu bestimmen von früher her bekannt ist, nämlich das Diagonaldreieck des von den vier Schnittpunkten gebildeten vollständigen Vierecks; also bleibt dafür, dass die beiden Kegelschnitte $K^{(2)}$ und $K_1^{(2)}$ von dem gemeinsamen Tripel allein x und X reell haben, der einzige Fall übrig, dass die beiden Kegelschnitte nur zwei reelle Schnittpunkte haben; wir schliessen also: *Wenn zwei Kegelschnitte nur zwei reelle Schnittpunkte haben, so ist von dem gemeinschaftlichen Tripel nur ein Punkt x und seine Polare X* (die Verbindungslinie der beiden andern) *reell.* Denn wäre das Tripel xyz vollständig reell und die Kegelschnitte hätten nur einen reellen Punkt α gemeinschaftlich, so würde, wenn der Schnittpunkt $(\alpha x, X) = \mathfrak{x}$ ist, der vierte harmonische Punkt zu $\alpha x \mathfrak{x}$, dem α zugeordnet, nothwendig auch ein gemeinschaftlicher Punkt beider Kegelschnitte, also der zweite Punkt β sein müssen; in gleicher Weise würden wir aber noch zwei andere reelle gemeinschaftliche Punkte erhalten, indem wir α mit y und z verbinden und die gleiche Construction ausführen; wenn also die Kegelschnitte ein reelles gemeinschaftliches Tripel und nur einen Punkt gemein hätten, so müssten sie vier reelle gemeinschaftliche Punkte haben; es kann mithin, wenn sie nur zwei reelle Schnittpunkte haben, das Tripel nicht vollständig reell sein, sondern nur x und X, und zugleich müssen die beiden reellen gemeinschaftlichen Punkte mit x in gerader Linie liegen; und umgekehrt: Wenn von dem gemeinschaftlichen Tripel zweier Kegelschnitte allein ein Tripelpunkt x und seine zugehörige Polare X reell sind, so müssen die beiden Kegelschnitte zwei und nur zwei reelle gemeinschaftliche Punkte haben.

Ganz ähnlich verhält es sich mit den gemeinschaftlichen Tangenten zweier Kegelschnitte. Wenn zwei Kegelschnitte vier reelle gemeinschaftliche Tangenten haben, so haben sie ein vollständig reelles gemeinschaftliches Polardreieck, nämlich das Diagonaldreieck des von jenen vier Tangenten gebildeten vollständigen Vierseits. Ebenso: *Wenn zwei Kegelschnitte keine reelle gemeinschaftliche Tangente haben, so müssen sie ein reelles Tripel conjugirter Strahlen (und Punkte) besitzen.* Dies folgt durch Polarisation aus dem oben Nachgewiesenen: dass, wenn zwei Kegelschnitte keinen reellen Punkt gemein haben, ihr gemeinsames Tripel vollständig reell sein muss. Denn polarisiren wir die beiden gegebenen Kegelschnitte $K^{(2)}$ und $K_1^{(2)}$, von welchen angenommen wird, dass sie keine reelle gemeinschaftliche Tangente haben, so erhalten wir zwei neue Kegelschnitte, welche keinen reellen Punkt gemein haben, und da diese ein reelles gemeinschaftliches Tripel haben, so müssen auch jene ein solches haben, indem aus Pol und Polare eines Kegelschnitts durch Polarisation allemal wieder Polare und Pol des Polarerzeugnisses wird (S. 146), also auch aus einem Tripel conjugirter

Punkte ein Tripel conjugirter Strahlen, was ja gleichzeitig ein Tripel conjugirter Punkte giebt. Wenn endlich die gegebenen Kegelschnitte $K^{(2)}$ und $K_1^{(2)}$ nur zwei reelle gemeinschaftliche Tangenten haben, so kann ihr gemeinschaftliches Tripel nicht ganz reell sein, sondern nur X und x; denn wären alle drei conjugirten Strahlen XYZ des Tripels reell, so müssten die Kegelschnitte, sobald sie nur eine reelle gemeinschaftliche Tangente hätten, alle vier reell haben; wir finden nämlich, wenn α die erste wäre, die drei übrigen, indem wir durch jeden Schnittpunkt derselben mit X, Y, Z den vierten harmonischen, ihr zugeordneten Strahl construiren, während je ein Tripelstrahl und die Verbindungslinie jenes Schnittpunktes mit dem Pol dieses Tripelstrahls das andere Paar zugeordneter Strahlen sind. Also: *Wenn zwei Kegelschnitte nur zwei reelle gemeinschaftliche Tangenten haben, so ist von ihrem gemeinschaftlichen Tripel allein ein Tripelstrahl X und sein Pol x* (der Schnittpunkt der beiden andern) *reell;* und auch umgekehrt: Wenn allein X und x reell sind, so müssen die Kegelschnitte zwei und nur zwei reelle gemeinschaftliche Tangenten haben. Hieraus folgt in Verbindung mit dem Obigen: *Zwei Kegelschnitte, welche nur zwei reelle Schnittpunkte haben, müssen zwei und nur zwei reelle gemeinschaftliche Tangenten besitzen, und umgekehrt.* (Vgl. §. 62.)

Hieraus ersehen wir, dass bei zwei beliebig angenommenen Kegelschnitten $K^{(2)}$ und $K_1^{(2)}$ rücksichtlich ihrer gemeinschaftlichen Punkte und Tangenten überhaupt nur folgende 5 Fälle eintreten können:

A) Das gemeinschaftliche Tripel xyz und $X = (yz)$, $Y = (zx)$, $Z = (xy)$ ist vollständig reell:

I. *Die beiden Kegelschnitte haben keinen reellen Punkt und keine reelle Tangente gemeinschaftlich.*

II. *Die beiden Kegelschnitte haben keinen reellen Punkt, aber vier reelle Tangenten gemeinschaftlich.*

III. *Die beiden Kegelschnitte haben vier reelle Punkte, aber keine reelle Tangente gemeinschaftlich.*

IV. *Die beiden Kegelschnitte haben vier reelle Punkte und vier reelle Tangenten gemeinschaftlich.*

B) Von dem gemeinschaftlichen Tripel ist nur ein Tripelpunkt x und ein Tripelstrahl X, seine Polare, reell:

V. *Die beiden Kegelschnitte haben nur zwei reelle Punkte und gleichzeitig nur zwei reelle Tangenten gemeinschaftlich.*

Wie in diesen fünf Fällen das gemeinsame Tripel rücksichtlich der beiden gegebenen Kegelschnitte gelegen ist, lässt sich auf folgende Weise erkennen: Ein Tripel conjugirter Punkte für einen Kegelschnitt liegt (S. 148) immer so zu demselben, dass ein Tripelpunkt in dem inneren Gebiete des Kegelschnitts, die beiden anderen in dem äusseren Gebiete enthalten sind d. h. von den drei conjugirten Strahlen zwei den Kegelschnitt in zwei reellen Punktpaaren und der dritte nicht schneidet. Das gemeinschaftliche Tripel zweier Kegelschnitte kann demnach, wenn es vollständig reell ist, nur auf zwei Arten zu demselben gelegen sein:

	entweder (α)		oder (β)
x	innerh. $K^{(2)}$, innerh. $K_1^{(2)}$	x	ausserh. $K^{(2)}$, ausserh. $K_1^{(2)}$
y	ausserh. $K^{(2)}$, ausserh. $K_1^{(2)}$	y	innerh. $K^{(2)}$, ausserh. $K_1^{(2)}$
z	ausserh. $K^{(2)}$, ausserh. $K_1^{(2)}$	z	ausserh. $K^{(2)}$, innerh. $K_1^{(2)}$
X	trifft weder $K^{(2)}$, noch $K_1^{(2)}$	X	trifft $K^{(2)}$ und $K_1^{(2)}$
Y	trifft $K^{(2)}$ und $K_1^{(2)}$	Y	trifft nicht $K^{(2)}$, aber $K_1^{(2)}$
Z	trifft $K^{(2)}$ und $K_1^{(2)}$	Z	trifft $K^{(2)}$, aber nicht $K_1^{(2)}$

In dem Falle I. *liegt das Tripel nach der Art* (α); da von den beiden Kegelschnitten der eine ganz in dem innern Gebiete des andern enthalten ist (s. S. 364, 1)), so kann der Fall (β) nicht eintreten, denn läge $K_1^{(2)}$ ganz innerhalb $K^{(2)}$, so müsste jeder Punkt innerhalb $K_1^{(2)}$ a fortiori auch innerhalb $K^{(2)}$ liegen, folglich wäre kein z möglich, es muss daher der Fall (α) eintreten.

Im Falle II. *liegt das Tripel nach der Art* (β); da der eine Kegelschnitt ganz ausserhalb des andern liegen muss (s. S. 364, 2)), so giebt es keinen Punkt, der innerhalb beider liegt; der Fall (α) kann also nicht stattfinden, weil es kein x giebt, folglich muss der Fall (β) eintreten.

In dem Falle III. *liegt das Tripel nach der Art* (β); dies folgt aus dem vorigen Falle durch Polarisation; denn das polarisirte Gebilde des vorigen giebt zwei Kegelschnitte, welche keine reellen Tangenten, aber vier reelle Punkte gemein haben, und das Tripel conjugirter Punkte geht in das Tripel conjugirter Strahlen über; es ist aber offenbar, dass beide übereinstimmend liegen müssen, folglich liegt das Tripel im Falle III. so wie im Falle II. nach der Art (β).

In dem Falle IV. *liegt das Tripel nach der Art* (α); denken wir uns, da die vier gemeinschaftlichen Tangenten reell sind, die ganze Schaar der dem Vierseit einbeschriebenen Kegelschnitte, so erfüllen dieselben, wie wir wissen (S. 282), nur die fünf elliptischen Räume (e), während die sechs hyperbolischen Räume (h) frei bleiben

(Fig. 81), und auf diese fünf elliptischen Räume vertheilen sich die Kegelschnitte der Schaar in zwei Gruppen Ellipsen und zwei Gruppen Hyperbeln der Art, dass die eine Gruppe Ellipsen ganz in dem Raume (e), die eine Gruppe Hyperbeln ganz in den Räumen (e_1) und (e_2), die

Fig. 81.

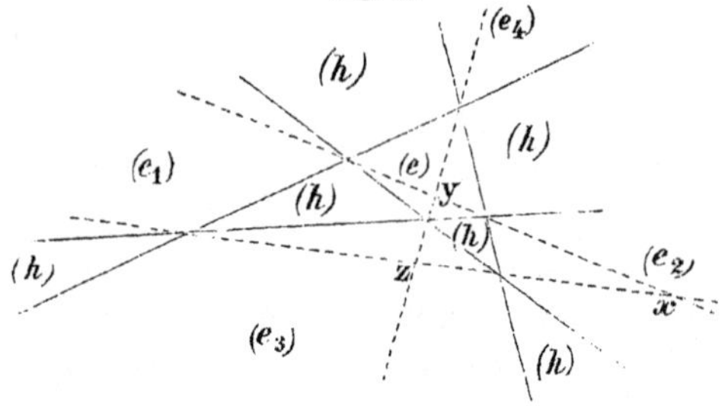

andere Gruppe Ellipsen ganz in dem Raume (e_3) und die letzte Gruppe Hyperbeln ganz in den Räumen (e_3) und (e_4) enthalten ist. Wenn also zwei Kegelschnitte dieser Schaar $K^{(2)}$ und $K_1^{(2)}$ reelle Schnittpunkte haben sollen, wie in IV., so müssen sie entweder beide im Raume (e), oder beide in (e_1) und (e_2), oder beide in (e_3), oder beide in (e_3) und (e_4), oder einer in (e_3) und der andere in (e_3) und (e_4) enthalten sein, denn diese Räume e schliessen sich gegenseitig aus; bei diesen fünf Annahmen liegt aber immer das Tripel xyz nach der Art (α); liegen nun beide Kegelschnitte im Raume (e), so liegt x ausserhalb beider und auch z; sind beide in (e_1) und (e_2) enthalten, so liegen y und z ausserhalb beider; sind sie in (e_3) enthalten, so liegt x und y ausserhalb beider; sind beide in (e_3) und (e_4) enthalten, so liegen wiederum x und y ausserhalb beider, und endlich auch, wenn einer in (e_3), der andere in (e_3) und (e_4) enthalten ist. Unter allen möglichen Annahmen liegt also im Falle IV. das Tripel xyz nach der Art (α).

In dem Falle V. liegt der reelle Tripelpunkt x ausserhalb beider Kegelschnitte, und seine Polare X schneidet beide Kegelschnitte in reellen Punktpaaren, welche einander trennen, wie wir dies schon oben gesehen haben.

Es ist noch zu bemerken, dass, während die Lage der Fälle I., II., IV., V. bei jeder Art von zwei Kegelschnitten (Ellipse, Parabel, Hyperbel) auftreten kann, der Fall III. nur möglich ist, wenn wenigstens einer der beiden Kegelschnitte Hyperbel ist. Dies folgt wiederum durch Polarisation des Falles II., wo jeder Kegelschnitt ganz in dem äusseren Gebiet des andern liegt, also kein Punkt existirt, welcher gleichzeitig innerhalb beider sich befindet. Das Polar Erzeugniss eines Kegelschnitts $K^{(2)}$ wird aber nur Ellipse, wenn der Mittelpunkt der Basis innerhalb $K^{(2)}$ liegt (S. 146), und da es im Falle II. keinen Punkt giebt, welcher gleichzeitig innerhalb $K^{(2)}$ und $K_1^{(2)}$ liegt, so muss das Polarerzeugniss der Art sein, dass wenigstens einer der beiden erzeugten Kegelschnitte Hyperbel ist (oder auch beide); weil aber durch Polarisation des Falles II. der Fall III. hervorgeht, so muss von zwei Kegelschnitten, welche vier reelle Punkte, aber keine reelle Tangente gemein haben, wenigstens einer Hyperbel sein.

Wir müssen noch eines besonderen Falles Erwähnung thun, welcher eine Ausnahme macht. Aus der vorigen Untersuchung geht nämlich hervor, dass im Allgemeinen zwei Kegelschnitte nur *ein einziges Tripel conjugirter Punkte gemeinschaftlich* haben, von dem entweder alle drei Punkte $x\,y\,z$ oder nur einer x und seine Polare X reell sind; die beiden auf X befindlichen Punktsysteme, welche den beiden Kegelschnitten zugehören, haben als gemeinschaftliches Paar conjugirter Punkte y und z und können, so lange sie von einander verschieden sind, nur ein einziges gemeinschaftliches Paar besitzen; es kann aber der besondere Fall eintreten, dass diese beiden Punktsysteme identisch sind; alsdann haben sie unendlich-viele Paare conjugirter Punkte gemeinschaftlich, und die beiden Kegelschnitte haben *unendlich-viele Tripel conjugirter Punkte gemeinschaftlich*, welche indessen eine Ecke x und die gegenüberliegende Seite X gemein haben. Die Kegelschnitte haben dann (S. 344) eine reelle oder ideelle doppelte Berührung, und es folgt hieraus, dass zwei Kegelschnitte, auch ohne identisch zu sein, mehr als ein gemeinschaftliches Tripel haben können; dass sie dann aber eine (reelle oder ideelle) *doppelte Berührung* haben müssen und den unendlich-vielen gemeinschaftlichen Tripeln eine Ecke und die gegenüberliegende Seite (Polare) gemeinsam ist.

Nachdem wir vermittelst des aufgefundenen gemeinschaftlichen Tripels zweier Kegelschnitte alle möglichen Fälle hinsichtlich der Realität ihrer gemeinschaftlichen Punkte und Tangenten erörtert haben, bleibt es noch übrig, eine directe Construction der letzteren aufzufinden, indem das gemeinschaftliche Tripel, dessen Construction oben gegeben wurde, als bereits ermittelt angenommen wird. Um gemeinschaftliche Punkte zweier Kegelschnitte $K^{(2)}$ und $K_1^{(2)}$ aufzufinden, kommt es darauf an, solche Gerade in der Ebene zu ermitteln, welchen in Bezug auf beide Kegelschnitte dasselbe Punktsystem zugehört, denn eine solche Gerade muss reelle oder ideelle gemeinschaftliche Secante beider Kegelschnitte sein, je nachdem jenes Punktsystem hyperbolisch oder elliptisch ist; um andererseits gemeinschaftliche Tangenten zweier Kegelschnitte zu finden, kommt es darauf an, solche Punkte in der Ebene zu ermitteln, denen in Bezug auf beide Kegelschnitte dasselbe

Strahlsystem zugehört; denn die Asymptoten eines solchen Strahlsystems, wenn es hyperbolisch ist, müssen gemeinschaftliche Tangenten beider Kegelschnitte sein, und wenn es elliptisch ist, so nennen wir einen solchen Punkt den Durchschnittspunkt zweier imaginärer gemeinschaftlicher Tangenten beider Kegelschnitte.

Jene Geraden und diese Punkte aufzufinden giebt uns das gemeinschaftliche Tripel ein Hülfsmittel an die Hand; denn ein Tripelpunkt x und seine Polare X besitzen die Eigenschaft, dass auf irgend einem durch x gezogenen Strahl der Schnittpunkt $\mathfrak{x}$ mit X und der Punkt x ein Paar conjugirter Punkte für beide Kegelschnitte sind, also die beiden Punktsysteme auf diesem durch x gezogenen Strahl, welche den beiden Kegelschnitten zugehören, das Punktpaar $x\mathfrak{x}$ zu einem gemeinschaftlichen Paar conjugirter Punkte haben; drehen wir jetzt einen Strahl um x, so kann es vorkommen, dass auf ihm noch ein zweites Paar conjugirter Punkte beiden Punktsystemen gemeinschaftlich wird, und dann müssen sie identisch sein, weil zwei Paare conjugirter Punkte das Punktsystem bestimmen; also eine gemeinschaftliche Secante wäre gefunden. Lassen wir wie am Anfange unserer Betrachtung einen Punkt $\mathfrak{p}$ eine beliebige Gerade $\mathfrak{G}$ durchlaufen, und treffen sich die Polaren von $\mathfrak{p}$ rücksichtlich der beiden Kegelschnitte $K^{(2)}$ und $K_1^{(2)}$ in dem veränderlichen Punkte $\mathfrak{q}$, so beschreibt $\mathfrak{q}$, wie wir gesehen haben, einen bestimmten Kegelschnitt $\mathfrak{K}^{(2)}$, welcher dem gemeinschaftlichen Tripel xyz umschrieben ist, und jedem Punkte $\mathfrak{p}$ der Geraden $\mathfrak{G}$ entspricht ein bestimmter Punkt $\mathfrak{q}$ des Kegelschnitts $\mathfrak{K}^{(2)}$ von der Beschaffenheit, dass $\mathfrak{p}$ und $\mathfrak{q}$ ein Paar conjugirter Punkte beider gegebenen Kegelschnitte $K^{(2)}$ und $K_1^{(2)}$ sind. Dem Punkte x entspricht der Schnittpunkt $\mathfrak{x}$ der Geraden $\mathfrak{G}$ mit X, den Punkten yz (wenn sie reell sind) die Schnittpunkte $\eta\zeta$ der Geraden $\mathfrak{G}$ mit Y und Z. Da $\mathfrak{p}$ und $\mathfrak{q}$ immer ein Paar conjugirter Punkte sind für $K^{(2)}$ und $K_1^{(2)}$, und x und $\mathfrak{x}$ ein zweites Paar, so folgt aus dem auf S. 153 bewiesenen Satze, dass die Schnittpunkte $(x\mathfrak{p}, \mathfrak{x}\mathfrak{q}) = \mathfrak{q}^1$ und $(x\mathfrak{q}, \mathfrak{x}\mathfrak{p}) = \mathfrak{p}^1$ ebenfalls ein Paar conjugirter Punkte für beide Kegelschnitte sein müssen; weil aber der letztere $\mathfrak{p}^1$ auf $\mathfrak{G}$ liegt, so muss der erstere auf $\mathfrak{K}^{(2)}$ liegen, d. h. die Verbindungsstrahlen $x\mathfrak{p}$ und $\mathfrak{x}\mathfrak{q}$ treffen sich in einem Punkte $\mathfrak{q}^1$ des Kegelschnitts $\mathfrak{K}^{(2)}$, dessen conjugirter Punkt $\mathfrak{p}^1$ auf $\mathfrak{G}$ derjenige ist, in welchem $x\mathfrak{q}$ die Gerade $\mathfrak{G}$ trifft, oder mit andern Worten: Verbinden wir x mit einem Paar conjugirter Punkte $\mathfrak{p}$ und $\mathfrak{q}$, resp. auf $\mathfrak{G}$ und $\mathfrak{K}^{(2)}$, so treffen die Verbindungsstrahlen $\mathfrak{G}$ und $\mathfrak{K}^{(2)}$ zum andern Male in einem neuen Paar conjugirter Punkte $\mathfrak{p}^1$ und $\mathfrak{q}^1$. Hieraus geht hervor, dass die beiden Verbindungsstrahlen $x\mathfrak{p}$ und $x\mathfrak{q}$ bei der gleichzeitigen Bewegung von $\mathfrak{p}$ und $\mathfrak{q}$ ein Strahlsystem erzeugen. Sind nämlich o und o_1 die Pole der Geraden $\mathfrak{G}$ in Bezug auf die Kegelschnitte $K^{(2)}$ und $K_1^{(2)}$, so beschreiben $o\mathfrak{q}$ und $o_1\mathfrak{q}$, die Polaren von $\mathfrak{p}$, zwei projectivische Strahlbüschel mit der von $\mathfrak{p}$ durchlaufenen Punktreihe, erzeugen also jenen Kegelschnitt $\mathfrak{K}^{(2)}$, der durch x geht; folglich beschreibt auch $x\mathfrak{q}$ ein mit $o\mathfrak{q}$, also mit der Punktreihe $(\mathfrak{p})$ projectivisches Strahlbüschel; $x\mathfrak{p}$ und $x\mathfrak{q}$ beschreiben mithin zwei concentrische projectivische Strahlbüschel, welche so auf einander liegen, dass die Schenkel entsprechender gleicher Winkel verkehrt auf einander fallen; denn wir haben gesehen, dass, wenn $x\mathfrak{p}$ mit $x\mathfrak{q}^1$ coincidirt, $x\mathfrak{q}$ auf $x\mathfrak{p}^1$ fallen muss; nach S. 60 bilden daher $x\mathfrak{p}$ und $x\mathfrak{q}$ ein Strahlsystem; dieses Strahlsystem lässt sich leicht anschauen, sobald die Gerade $\mathfrak{G}$ und der Kegelschnitt $\mathfrak{K}^{(2)}$ bekannt sind; denn wir haben gesehen, dass zwei conjugirte Strahlen $x\mathfrak{p}$ und $x\mathfrak{q}$ desselben den Kegelschnitt $\mathfrak{K}^{(2)}$ in den Punkten $\mathfrak{q}$ und $\mathfrak{q}^1$ durchbohren, deren Verbindungssehne durch den festen Punkt $\mathfrak{x}$ geht, woraus noch einfacher folgt, dass $x\mathfrak{p}$ und $x\mathfrak{q}$ ein Strahlsystem erzeugen; jeder durch $\mathfrak{x}$ gehende Strahl trifft also den Kegelschnitt $\mathfrak{K}^{(2)}$ in solchen zwei Punkten $\mathfrak{q}$ und $\mathfrak{q}^1$, welche mit x verbunden zwei Strahlen liefern, die in den conjugirten Punkten $\mathfrak{p}^1$ und $\mathfrak{p}$ der Geraden $\mathfrak{G}$ begegnen. Hieraus wird es leicht, die eigentlich vorgelegte Frage zu beantworten; denn ist das eben ermittelte Strahlsystem $[x]$ hergestellt, und wir drehen einen veränderlichen Strahl um x, indem wir den jedesmal ihm conjugirten Strahl aus diesem Strahlsystem hinzufügen, so trifft ersterer den Kegelschnitt $\mathfrak{K}^{(2)}$ und letzterer die Gerade $\mathfrak{G}$ (und zugleich umgekehrt) allemal in zwei Punkten $\mathfrak{q}$ und $\mathfrak{p}$, welche für $K^{(2)}$ und $K_1^{(2)}$ gleichzeitig conjugirt sind; sobald daher zwei solche conjugirte Strahlen des Strahlsystems $[x]$ zusammenfallen, müssen auf diesem Doppelstrahl nicht allein die Punkte $\mathfrak{p}$ und $\mathfrak{q}$, sondern auch die Punkte x und der Schnittpunkt $\mathfrak{x}$ mit X je ein Paar conjugirter Punkte für $K^{(2)}$ und $K_1^{(2)}$ sein, und da durch zwei Paare conjugirter Punkte ein Punktsystem vollständig und eindeutig bestimmt ist, so muss diesem Doppelstrahl in Bezug auf $K^{(2)}$ und $K_1^{(2)}$ dasselbe Punktsystem zugehören, d. h. er muss (reelle oder ideelle) gemeinschaftliche Secante der Kegelschnitte $K^{(2)}$ und $K_1^{(2)}$ sein. Es kommt also Alles darauf an, die Asymptoten des Strahlsystems $[x]$ zu finden; dieselben werden dadurch leicht ermittelt, dass wir durch $\mathfrak{x}$ das Tangentenpaar an den Kegelschnitt $\mathfrak{K}^{(2)}$ legen und die Berührungspunkte $\alpha\alpha^1$ mit x verbinden. Die vollständige Auflösung der Aufgabe: „*Die gemeinschaftlichen Punkte zweier beliebig gegebenen Kegelschnitte $K^{(2)}$ und $K_1^{(2)}$ zu finden*“, lässt sich also folgendermassen zusammenfassen:

Man nehme von den Punkten $\mathfrak{p}$ einer beliebigen Geraden $\mathfrak{G}$ die

Polaren in Bezug auf $K^{(2)}$ und $K_1^{(2)}$, welche sich paarweise in einem veränderlichen Punkte $\mathfrak{q}$ *treffen, dessen Ort ein bestimmter Kegelschnitt* $\mathfrak{K}^{(2)}$ *ist; dasselbe mache man mit einer zweiten Geraden* $\mathfrak{G}_1$, *dadurch erhält man einen zweiten Kegelschnitt* $\mathfrak{K}_1^{(2)}$. *Die Kegelschnitte* $\mathfrak{K}^{(2)}$ *und* $\mathfrak{K}_1^{(2)}$ *haben einen reellen Punkt Q gemein, den Schnittpunkt der Polaren von* $(\mathfrak{G}, \mathfrak{G}_1) = P$ *in Bezug auf beide Kegelschnitte $K^{(2)}$ und $K_1^{(2)}$. Sie haben daher im Allgemeinen noch drei andere Punkte xyz gemein, (von denen wenigstens einer x und die Gerade X, auf welcher die beiden andern liegen, reell sein muss). Die drei Verbindungslinien* $(yz) = X$, $(zx) = Y$, $(xy) = Z$ *treffen* $\mathfrak{G}$ *in den Punkten* $\xi\eta\zeta$; *die Tangentenpaare aus diesen Schnittpunkten an den Kegelschnitt* $\mathfrak{K}^{(2)}$ *gelegt mögen die Berührungspunkte* $\alpha\alpha^1$, $\beta\beta^1$, $\gamma\gamma^1$ *haben, dann sind die sechs Linien* $x\alpha$, $x\alpha^1$, $y\beta$, $y\beta^1$, $z\gamma$, $z\gamma^1$ *sechs gemeinschaftliche Secanten der beiden Kegelschnitte $K^{(2)}$ und $K_1^{(2)}$ und müssen sich zu je dreien in vier Punkten treffen, welche die gesuchten sind.*

Hieraus ergiebt sich beiläufig ein Satz, welcher auch auf directem Wege zu verificiren ist:

Hat man einem Dreieck xyz einen Kegelschnitt $\mathfrak{K}^{(2)}$ *umschrieben, und werden die Seiten des Dreiecks yz, zx, xy von einer beliebigen Transversale resp. in den Punkten* $\xi\eta\zeta$ *getroffen; legt man aus* $\xi\eta\zeta$ *die Tangentenpaare an* $\mathfrak{K}^{(2)}$ *und bestimmt die Berührungspunkte derselben:* $\alpha\alpha^1$, $\beta\beta^1$, $\gamma\gamma^1$, *so schneiden sich die sechs Verbindungsstrahlen* $x\alpha$, $x\alpha^1$, $y\beta$, $y\beta^1$, $z\gamma$, $z\gamma^1$ *zu je dreien in vier Punkten und sind die sechs Seiten eines vollständigen Vierecks, dessen drei Diagonalpunkte xyz sind.*

[*Anmerkung.* Wir bemerken noch, dass die Lösung unserer Aufgabe nur eine Zurückführung derselben auf eine andere ist; um nämlich die vier Schnittpunkte zweier beliebig gegebenen Kegelschnitte $K^{(2)} K_1^{(2)}$ zu finden, müssen wir drei Schnittpunkte xyz zweier andern Kegelschnitte $\mathfrak{K}^{(2)} \mathfrak{K}_1^{(2)}$ ermitteln, welche einen bekannten vierten Punkt Q gemein haben. Diese Zurückführung ist in der Natur der Sache begründet und nicht zu eliminiren; sie ist gleichbedeutend mit der Zurückführung der Lösung der biquadratischen auf die der cubischen Gleichung; wie denn überhaupt in unserer Untersuchung eine geometrische Lösung der biquadratischen vermittelst einer cubischen und quadratischer Gleichungen enthalten ist.]

Die analoge Construction der gemeinschaftlichen Tangenten der Kegelschnitte $K^{(2)}$ und $K_1^{(2)}$ ist nach dem bekannten Uebertragungsprincip unmittelbar herzustellen; mit den bereits construirten Linien und Punkten können wir sie ein wenig abkürzen, wie folgt: Von dem Punkte $P = (\mathfrak{G}, \mathfrak{G}_1)$ werden die beiden Polaren in Bezug auf $K^{(2)}$ und $K_1^{(2)}$, die sich in Q treffen, und ein Kegelschnitt $\mathfrak{C}^{(2)}$ construirt, welcher dieselben berührt und dem Dreiseit XYZ einbeschrieben ist, also durch diese fünf Tangenten vollständig bestimmt wird; zieht man die drei Strahlen Px, Py, Pz; dann schneiden dieselben den Kegelschnitt $\mathfrak{C}^{(2)}$ in sechs Punkten, deren Tangenten an $\mathfrak{C}^{(2)}$ beziehlich $\mathfrak{a}\mathfrak{a}^1$, $\mathfrak{b}\mathfrak{b}^1$, $\mathfrak{c}\mathfrak{c}^1$ heissen mögen; die Schnittpunkte $(X\mathfrak{a})$ $(X\mathfrak{a}^1)$ $(Y\mathfrak{b})$ $(Y\mathfrak{b}^1)$ $(Z\mathfrak{c})$ $(Z\mathfrak{c}^1)$ sind die sechs Ecken (drei Paar Gegenecken) eines vollständigen Vierseits, welches aus den vier gemeinschaftlichen Tangenten der beiden Kegelschnitte $K^{(2)} K_1^{(2)}$ gebildet wird und zu seinen drei Diagonalen XYZ hat. Die Kegelschnitte $\mathfrak{K}^{(2)}$ und $\mathfrak{C}^{(2)}$ haben die Beziehung zu einander, dass ersterer den beiden Dreiecken xyz, Qoo_1 zugleich umschrieben ist und der letztere diesen beiden Dreiecken gleichzeitig einbeschrieben ist.

Die gegebene allgemeine Lösung ist nun hinsichtlich der Realität der construirten gemeinschaftlichen Punkte und Tangenten der Kegelschnitte $K^{(2)}$ und $K_1^{(2)}$ zu discutiren, und es sind dabei die obigen Fälle A) und B) zu unterscheiden. (Seite 370.)

A) Ist das Tripel xyz und XYZ vollständig reell, so kann eine gerade Linie $\mathfrak{G}$ in der Ebene zu diesem Dreieck nur auf zwei wesentlich verschiedene Arten gelegen sein: entweder sie trifft alle drei Seiten desselben in ihren Verlängerungen (d. h. ausserhalb der Strecken yz, zx, xy) oder nur eine in der Verlängerung und die beiden andern zwischen den Ecken des Dreiecks; da der Kegelschnitt $\mathfrak{K}^{(2)}$ dem Dreieck xyz umschrieben ist, so müssen die drei Schnittpunkte $\xi\eta\zeta$ der Geraden $\mathfrak{G}$ mit den Dreiecksseiten entweder alle drei ausserhalb $\mathfrak{K}^{(2)}$ liegen oder nur einer ausserhalb und die beiden andern innerhalb; von den sechs Berührungspunkten $\alpha\alpha^1$ $\beta\beta^1$ $\gamma\gamma^1$ sind mithin entweder alle oder nur zwei reell, und es giebt daher auch entweder sechs reelle gemeinschaftliche Secanten oder nur zwei für die beiden Kegelschnitte $K^{(2)}$ und $K_1^{(2)}$, d. h. die beiden Kegelschnitte haben entweder vier reelle Schnittpunkte oder keinen, in dem letzten Falle aber zwei angebbare ideelle gemeinschaftliche Secanten.

Andererseits kann ein Punkt P zu einem Dreiseit XYZ nur auf zwei wesentlich verschiedene Arten gelegen sein: entweder seine Verbindungslinien mit den Ecken xyz des Dreiseits treffen alle drei Seiten in Punkten zwischen den Ecken desselben, oder von diesen Schnittpunkten liegt nur einer zwischen den Ecken des Dreiseits und die beiden andern in den Verlängerungen der Seiten. Hiernach können wir beurtheilen, in welche Räume die drei zusammengehörigen Strahlen Px, Py, Pz hineinfallen, wie auch der Punkt P in der Ebene liegen mag, und müssen dazu sechszehn verschiedene Fälle unterscheiden. Die Seiten des Dreiecks xyz theilen nämlich die ganze Ebene in sieben von einander getrennte Räume, den endlichen Dreiecksraum e, die drei an die Ecken xyz anstossenden Scheitelräume $e_1 e_2 e_3$ von unendlicher Ausdehnung und die drei den gegenüberliegenden Seiten anliegenden Räume $h_1 h_2 h_3$ ebenfalls von unendlicher Ausdehnung (Fig. 82). Da nun jede durch eine der drei Ecken des Dreiecks gezogene Gerade immer nur zwei zusammengehörige Räume e_1 und h_1, oder e_2 und h_2, oder e_3 und h_3 und ausserdem einen von den vier Räumen $e h_1 h_2 h_3$ treffen kann, so vertheilen sich drei zusammengehörige Strahlen $Px\ Py\ Pz$ nur auf dreizehn von einander verschiedene Arten auf diese Räume in folgender Weise:

Fig. 82.

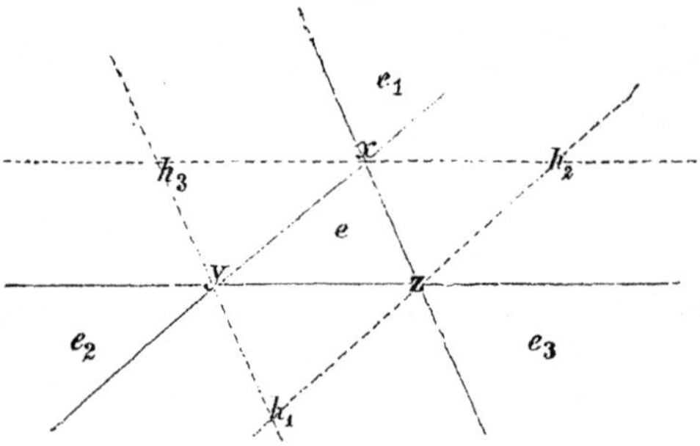

Räume	1	2	3	4	5	6	7	8	9	10	11	12	13
$e_1 h_1 e$	Px	Px	Px	Px	Px								
$e_2 h_2 e$	Py					Py	Py	Py	Py				
$e_3 h_3 e$	Pz									Pz	Pz	Pz	Pz
$e_1 h_1 h_2$		Pz		Pz			Pz	Pz					
$e_1 h_1 h_3$		Py	Py								Py	Py	
$e_2 h_2 h_3$						Px		Px			Px		Px
$e_2 h_2 h_1$			Pz		Pz	Pz			Pz				
$e_3 h_3 h_1$				Py	Py					Py			Py
$e_3 h_3 h_2$							Px		Px	Px		Px	

Ziehen wir nämlich durch xyz drei Parallelen zu den Dreiecksseiten, so wird dadurch jeder der drei Räume h in vier Räume zerlegt, wodurch wir im Ganzen $3 \cdot 4h + 4e = 16$ Räume erhalten. Der Lage des Punktes P in je einem dieser 16 Räume entsprechen 16 Fälle, die sich aber auf die obigen 13 reduciren, weil dreimal die Lage des Punktes P in zwei verschiedenen Räumen eine gleiche Lage von Px, Py, Pz hervorruft; sobald nämlich P in dem Scheitelraum

e_1 und in dem Scheitelraum von h_1 zwischen den beiden durch y und z gezogenen Parallelen sich befindet, wird die Lage von Px, Py, Pz gleichartig.

Der Kegelschnitt $\mathfrak{C}^{(2)}$, welcher dem Dreieck xyz einbeschrieben ist, kann nur so gelegen sein, dass er ganz enthalten ist in einem der Räume:

1)	2)	3)	4) oder	5)	6)	7)
e	h_1	h_2	h_3,	in e_1 und h_1,	in e_2 und h_2,	in e_3 und h_3.

Von den drei Strahlen Px, Py, Pz müssen ihn daher solche in reellen Punkten treffen, welche in diese Räume hineinfallen; aus dem obigen Tableau erkennen wir aber leicht, dass, welcher dieser 7 Fälle auch angenommen wird, die drei Strahlen Px, Py, Pz den Kegelschnitt $\mathfrak{C}^{(2)}$ entweder alle drei in reellen Punktpaaren treffen, oder nur einer von ihnen; von den sechs Tangenten $\mathfrak{a}\mathfrak{a}^1$ $\mathfrak{b}\mathfrak{b}^1$ $\mathfrak{c}\mathfrak{c}^1$ sind also auch entweder alle oder nur zwei reell, und von dem vollständigen Vierseit der vier gemeinschaftlichen Tangenten existiren daher entweder nur ein Paar Gegenecken oder drei Paar, d. h. die beiden Kegelschnitte haben entweder 4 reelle gemeinschaftliche Tangenten oder keine; in dem letzten Falle existiren aber zwei angebbare Punkte, welche als ein Paar Gegenecken des imaginären vollständigen Vierseits anzusehen sind. Wir erkennen hieraus, dass bei A) in der That nur die vier oben mit I., II., III., IV. bezeichneten Fälle auftreten können und auch wirklich auftreten müssen, wie die angegebene Construction es erheischt. (Wir sehen dabei von speciellen Fällen ab, indem einige der construirten Punkte oder Linien zusammenfallen können, welche dann als doppelt aufzufassen sind.)

B) Ist von dem gemeinschaftlichen Tripel der gegebenen Kegelschnitte $K^{(2)}$ und $K_1^{(2)}$ nur ein Tripelpunkt x und ein Tripelstrahl X, seine Polare d. h. die Verbindungslinie der beiden andern imaginären Tripelpunkte reell, so schneidet X den Kegelschnitt $\mathfrak{K}^{(2)}$ nicht (denn schnitte sie ihn, so wären die Schnittpunkte $y\,z$ reell, was nicht der Fall ist); alle Punkte der Geraden X liegen also ausserhalb des Kegelschnitts $\mathfrak{K}^{(2)}$, mithin auch der Punkt $\mathfrak{x}$, in welchem $\mathfrak{G}$ von X getroffen wird; es giebt also aus $\mathfrak{x}$ ein reelles Tangentenpaar an $\mathfrak{K}^{(2)}$, und die Berührungspunkte $\alpha\alpha^1$ mit x verbunden geben ein Seitenpaar des vollständigen Vierecks der vier gemeinschaftlichen Punkte von $K^{(2)}$ und $K_1^{(2)}$. Von den beiden Geraden $x\alpha$ und $x\alpha^1$ muss nun die eine in zwei reellen gemeinschaftlichen Punkten die Kegelschnitte $K^{(2)}$ und $K_1^{(2)}$ treffen, die andere in zwei imaginären. Denn wir können die beiden Punktsysteme auf den Geraden $x\alpha$ und $x\alpha^1$ bestimmen, deren jedes beiden Kegelschnitten gleichzeitig zugehört, und werden finden, dass das eine hyperbolisch, das andere elliptisch sein muss; mögen nämlich (Fig. 83) die Geraden $x\alpha$ und $x\alpha^1$ der Geraden X in $\mathfrak{x}$ und $\mathfrak{x}^1$ begegnen und der Geraden $\mathfrak{G}$ in $\mathfrak{b}$ und $\mathfrak{b}^1$, so bestimmen die Punktpaare $x\mathfrak{x}$ und $\alpha\mathfrak{b}$ auf der ersten, $x\mathfrak{x}^1$ und $\alpha^1\mathfrak{b}^1$ auf der zweiten die Punktsysteme, welche den Kegelschnitten $K^{(2)}$ und $K_1^{(2)}$ gleichzeitig zugehören. Die Geraden $\mathfrak{G}$ und X treffen sich in ξ, und $\alpha\alpha^1$ ist die Polare von ξ in Bezug auf den Kegelschnitt $\mathfrak{K}^{(2)}$; trifft diese also die X in ξ^1, so sind $\mathfrak{x}\mathfrak{x}^1$ und $\xi\xi^1$ zwei Punktpaare desjenigen Punktsystems, welches der Geraden X in Bezug auf den Kegelschnitt $\mathfrak{K}^{(2)}$ zugehört; dieses ist nothwendig elliptisch, weil die Schnittpunkte yz von X und $\mathfrak{K}^{(2)}$ imaginär sind, folglich müssen $\mathfrak{x}\mathfrak{x}^1$ durch $\xi\xi^1$ getrennt werden, d. h. wenn ξ zwischen $\mathfrak{x}\mathfrak{x}^1$ liegt, so liegt ξ^1 ausserhalb dieser Strecke und umgekehrt. Nun liegen $\alpha\alpha^1\xi^1$ in einer Geraden und $\mathfrak{b}\mathfrak{b}^1\xi$ in einer zweiten Geraden, und diese Punkte sind je drei Schnittpunkte mit den Seiten des Dreiecks $x\mathfrak{x}\mathfrak{x}^1$; von den Schnittpunkten $\xi\xi^1$ wissen wir, dass sie getrennt werden durch die Dreiecksecken $\mathfrak{x}\mathfrak{x}^1$; von den Schnittpunkten irgend einer Geraden in der Ebene wissen wir, dass nothwendig entweder keiner oder zwei zwischen den Ecken eines Dreiecks liegen müssen; hieraus folgt: Wenn wir in einem Dreieck $x\mathfrak{x}\mathfrak{x}_1$ auf jeder Seite das Eckenpaar als *ein* Paar conjugirter Punkte eines Punktsystems auffassen, und zwei beliebige gerade Linien X und $\mathfrak{G}$ in der Ebene des Dreiecks jede Dreiecksseite in einem zweiten Paar conjugirter Punkte treffen lassen, so müssen die drei dadurch hervorgerufenen Punktsysteme auf den Dreiecksseiten entweder *a*) alle drei hyperbolisch oder *b*) zwei elliptisch und eins hyperbolisch sein. Es können aber nie alle drei elliptisch oder eines elliptisch und die beiden andern hyperbolisch sein. Da von unsern drei Punktsystemen auf den Seiten des Dreiecks $x\mathfrak{x}\mathfrak{x}_1$, welche durch die Geraden X und $\mathfrak{G}$ bestimmt werden, das eine $\mathfrak{x}\mathfrak{x}_1$, $\xi\xi_1$ bekanntermassen elliptisch ist, so müssen die beiden andern verschiedener Art, d. h. eines elliptisch, das andere hyperbolisch sein, folglich müssen die Kegelschnitte $K^{(2)}$ und $K_1^{(2)}$ in dem Falle B) zwei reelle und zwei imaginäre Schnittpunkte, aber ein reelles Paar gemeinschaftlicher Secanten haben, welches durch x geht.

Fig. 83.

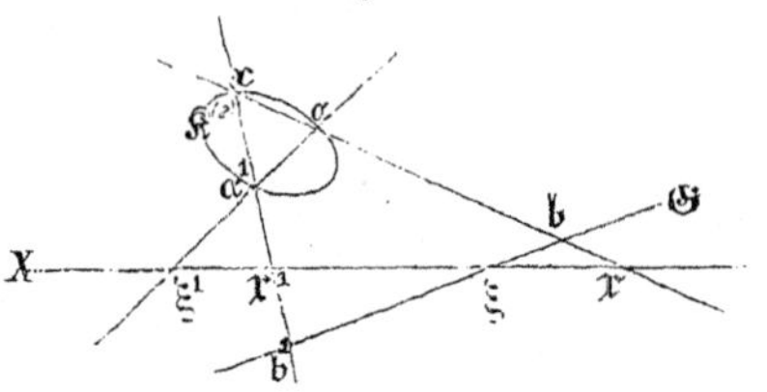

Wir können in ähnlicher Weise zeigen, dass in diesem Falle B) andererseits auf der Geraden X zwei solche reelle Punkte existiren, dass für jeden derselben die in Bezug auf die Kegelschnitte $K^{(2)}$ und $K_1^{(2)}$ zugehörigen Strahlsysteme identisch werden, und dass von den dadurch erhaltenen zwei Strahlsystemen nothwendig das eine hyperbolisch und das andere elliptisch ist; die Asymptoten des ersteren sind die beiden reellen gemeinschaftlichen Tangenten von $K^{(2)}$ und $K_1^{(2)}$, während die anderen beiden imaginär sind, aber als reellen Schnittpunkt auf X den Mittelpunkt des andern elliptischen Strahlsystems haben. Allein es bedarf hier keines so umständlichen Nachweises mehr, weil durch Polarisation des bereits gefundenen Resultates das andere unmittelbar zu Tage tritt; denn das Polarerzeugniss zweier Kegelschnitte, für welche von dem gemeinschaftlichen Tripel allein x und X reell sind, wird aus zwei neuen Kegelschnitten bestehen, für welche von dem gemeinschaftlichen Tripel allein X und x reell sind; da jene zwei reelle und zwei imaginäre gemeinschaftliche Punkte haben müssen, so müssen diese zwei reelle und zwei imaginäre gemeinschaftliche Tangenten haben; das Polar-Gebilde ist aber derselben Gattung B), wie das polarisirte, folglich tritt in der That für den Fall B) nur die einzige oben mit V. bezeichnete Möglichkeit ein, dass die Kegelschnitte $K^{(2)}$ und $K_1^{(2)}$ allein zwei reelle Schnittpunkte und zugleich zwei reelle gemeinschaftliche Tangenten haben.

Wir sind durch diese Untersuchung in den Stand gesetzt, wenn zwei beliebige Kegelschnitte $K^{(2)}$ und $K_1^{(2)}$ gegeben sind, sowohl das Büschel, als auch die Schaar Kegelschnitte herzustellen, welche durch jene beiden bestimmt werden. Hierzu bedarf es nur der oben angegebenen Construction eines immer reellen gemeinschaftlichen Paares von Pol und Polare, x und X, und dann des reellen Linienpaares durch x und des reellen Punktpaares auf X, deren ersteres ein Paar gemeinschaftlicher Secanten der beiden Kegelschnitte und letzteres ein Paar Schnittpunkte gemeinschaftlicher Tangenten ist (d. h. ersteres enthält zwei Punktsysteme, letzteres zwei Strahlsysteme, welche für beide Kegelschnitte zugleich die zugehörigen sind). Diese beiden Punktsysteme und Strahlsysteme, mögen sie nun elliptisch oder hyperbolisch sein, geben, wie wir in §§. 42 und 49 gesehen haben, eine unmittelbare reelle Construction an die Hand für alle Kegelschnitte einerseits des Büschels und andererseits der Schaar, welche durch die beiden gegebenen $K^{(2)}$ und $K_1^{(2)}$ bestimmt werden. Auch zur Entstehung gemischter Kegelschnittschaaren (§. 53) geben $K^{(2)}$ und $K_1^{(2)}$ Anlass. Schliesslich bemerken wir noch, dass durch die vorstehende Untersuchung zu den aus den Elementen bekannten Figuren des vollständigen Vierecks und Vierseits neue hinzutreten, indem Ecken und Seiten, Diagonalpunkte und Diagonalen derselben paarweise imaginär,

d. h. durch elliptische Punkt- und Strahlsysteme vertreten werden, und zwar giebt es drei wesentlich verschiedene Arten dieser beiden Figuren, wie aus dem Obigen hervorgeht:

Das vollständige Viereck hat:

I. vier reelle Ecken, sechs reelle Seiten oder drei Paar Gegenseiten, welche sich in drei reellen Diagonalpunkten paarweise treffen.

II. keine reelle Ecke, zwei reelle Seiten, d. h. ein reelles Paar Gegenseiten, die sich in einem reellen Diagonalpunkte treffen; die beiden andern Paare Gegenseiten sind imaginär, aber ihre Durchschnittspunkte sind reell und bilden die beiden übrigen reellen Diagonalpunkte.

III. zwei reelle Ecken und zwei imaginäre Ecken, ein reelles Paar Gegenseiten, von denen eine die beiden reellen, die andere die beiden imaginären Ecken enthält; einen reellen Diagonalpunkt, den Schnittpunkt jenes reellen Paares Gegenseiten; die beiden andern Paare Gegenseiten sind imaginär und auch die beiden andern Diagonalpunkte, aber die Verbindungslinie der letzteren ist reell.

Das vollständige Vierseit hat:

I. vier reelle Seiten, sechs reelle Ecken oder drei Paar Gegenecken, welche paarweise verbunden drei reelle Diagonalen liefern.

II. keine reelle Seite, zwei reelle Ecken, d. h. ein reelles Paar Gegenecken, deren Verbindungslinie eine reelle Diagonale ist; die beiden andern Paare Gegenecken sind imaginär, aber ihre Verbindungslinien sind reell und bilden die beiden übrigen reellen Diagonalen.

III. zwei reelle Seiten und zwei imaginäre Seiten, ein reelles Paar Gegenecken, von denen die eine der Schnittpunkt der beiden reellen, die andere der Schnittpunkt der beiden imaginären Seiten ist; eine reelle Diagonale, die Verbindungslinie dieses reellen Paares Gegenecken; die beiden andern Paare Gegenecken sind imaginär und auch die beiden andern Diagonalen, aber der Schnittpunkt der letzteren ist reell.

Da das vollständige Viereck (links) in allen drei Fällen ein reelles Paar Gegenseiten hat, so können wir diese als die Träger zweier Punktsysteme ansehen, deren Doppelpunkte die Ecken des vollständigen Vierecks sind, und hiernach tritt der Fall I. ein, wenn beide Punktsysteme hyperbolisch, der Fall II., wenn beide elliptisch, und der Fall III., wenn eines elliptisch, das andere hyperbolisch ist; ebenso kann das vollständige Vierseit (rechts) als gebildet von den Doppelstrahlen zweier Strahlsysteme angesehen werden, und es treten die drei oben angeführten Fälle ein, je nachdem beide Strahlsysteme hyperbolisch, beide elliptisch oder eines hyperbolisch und das andere elliptisch ist.

§. 55. Harmonisch-zugeordnete Kegelschnitte.

Wenn man einen Kegelschnitt $\mathfrak{C}^{(2)}$ und ein Tripel conjugirter Punkte xyz in Bezug auf denselben hat, so müssen von den Verbindungslinien $(yz) = X$, $(zx) = Y$, $(xy) = Z$ zwei den Kegelschnitt $\mathfrak{C}^{(2)}$ in reellen Punktpaaren treffen, während die dritte ihn nicht trifft (S. 148); möge X in a und α, Y in b und β den $\mathfrak{C}^{(2)}$ schneiden (Fig. 84),

Fig. 84.

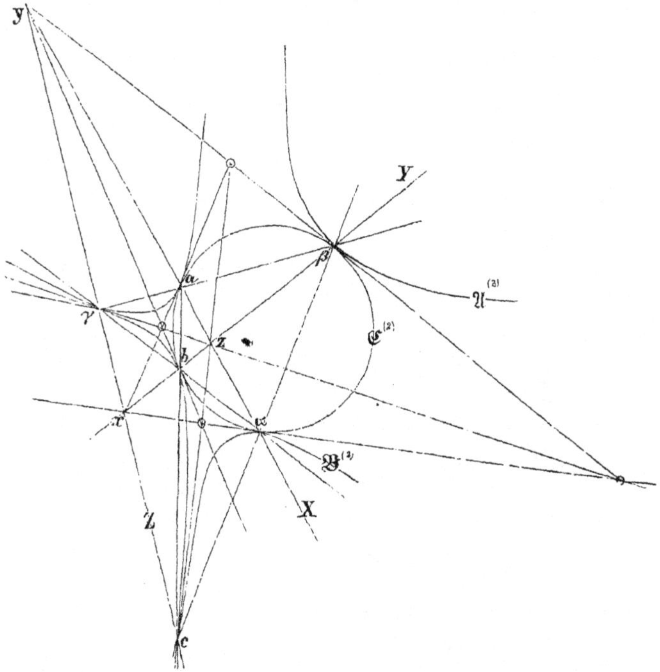

dann weiss man, dass der Schnittpunkt $(ab, \alpha\beta) = c$ und der Schnittpunkt $(a\beta, \alpha b) = \gamma$ beide auf der Polare Z von $z = (a\alpha, b\beta)$ liegen müssen, und dass $zc\gamma$ ein zweites Tripel conjugirter Punkte in Bezug auf den Kegelschnitt $\mathfrak{C}^{(2)}$ bilden, weil sie die Diagonalpunkte des dem Kegelschnitt einbeschriebenen vollständigen Vierecks $a\alpha b\beta$ sind; wir erkennen ferner, dass die vier Punkte $a\alpha b\beta$ vier harmonisch gelegene Punkte auf $\mathfrak{C}^{(2)}$ sind, und dass auf den drei Geraden XYZ sowohl $a\alpha yz$, als auch $b\beta zx$ und endlich $c\gamma xy$ je vier harmonisch gelegene Punkte sind. Die hierdurch hergestellte Figur bietet interessante Eigenschaften dar.

Ebenso, wie der Kegelschnitt $\mathfrak{C}^{(2)}$ durch die vier Punkte $a\alpha b\beta$ geht und in diesen xa, $x\alpha$, yb, $y\beta$ zu Tangenten hat, lassen sich zwei andere Kegelschnitte $\mathfrak{A}^{(2)}$ und $\mathfrak{B}^{(2)}$ herstellen, von denen der erstere durch $b\beta c\gamma$ geht und in diesen Punkten die Tangenten yb, $y\beta$, zc, $z\gamma$ hat, der andere aber durch $c\gamma a\alpha$ geht und die Tangenten zc, $z\gamma$, xa, $x\alpha$ hat. Denn der Kegelschnitt $\mathfrak{A}^{(2)}$, welcher in b und β die Tangenten yb und $y\beta$ hat und ausserdem durch c geht, wodurch er vollständig bestimmt ist, muss, weil er y und Y zu Pol und Polare hat und γ der vierte harmonische Punkt zu yxc ist, auch durch γ gehen; er muss ferner, weil $xzb\beta$ vier harmonische Punkte sind, auch x und X zu Pol und Polare haben, folglich auch z und Z, also xyz zu einem Tripel conjugirter Punkte; da die Gerade Z den Kegelschnitt $\mathfrak{A}^{(2)}$ in c und γ trifft, so müssen die Tangenten in diesen Punkten durch den Pol z gehen; der Kegelschnitt $\mathfrak{A}^{(2)}$ besitzt also die behauptete Eigenschaft und in gleicher Weise $\mathfrak{B}^{(2)}$. Solche drei Kegelschnitte:

$\mathfrak{A}^{(2)}$	durch	die	Punkte	$b\beta c\gamma$	mit	den	Tangenten	yb, $y\beta$, zc, $z\gamma$
$\mathfrak{B}^{(2)}$	"	"	"	$c\gamma a\alpha$	"	"	"	zc, $z\gamma$, xa, $x\alpha$
$\mathfrak{C}^{(2)}$	"	"	"	$a\alpha b\beta$	"	"	"	xa, $x\alpha$, yb, $y\beta$

heissen *harmonisch-zugeordnete Kegelschnitte* und treten mehrfach bei geometrischen Untersuchungen auf; jeder von ihnen berührt die beiden andern doppelt, und die Berührungspunkte sind die drei Paar Gegenecken des vollständigen Vierseits $a\alpha$, $b\beta$, $c\gamma$; das Diagonaldreieck xyz desselben ist gemeinschaftlich für alle drei Kegelschnitte ein Tripel conjugirter Punkte; die vier Punkte auf jedem der drei Kegelschnitte, welche allemal zwei Paar Gegenecken des vollständigen Vierseits sind, bilden immer ein Quadrupel von vier harmonisch gelegenen Punkten auf jedem der drei Kegelschnitte (S. 125), d. h. irgend ein Punkt des Kegelschnitts mit diesen vier Punkten verbunden liefert allemal vier harmonische Strahlen. Die drei Kegelschnitte $\mathfrak{A}^{(2)}\mathfrak{B}^{(2)}\mathfrak{C}^{(2)}$ erscheinen mithin als drei harmonische Kegelschnitte, welche bei gehöriger Zuordnung den drei Vierecken $b\beta c\gamma$, $c\gamma a\alpha$, $a\alpha b\beta$ umschrieben sind (S. 125); aus diesem Grunde heissen sie harmonisch-zugeordnete Kegelschnitte. Gleichzeitig erscheinen dieselben drei Kegelschnitte $\mathfrak{A}^{(2)}\mathfrak{B}^{(2)}\mathfrak{C}^{(2)}$ aber auch als drei harmonische Kegelschnitte, welche bei gehöriger Zuordnung den drei Vierseiten eingeschrieben sind, die in einem vollständigen Viereck liegen; bezeichnen wir nämlich die sechs Strahlen:

xa	$x\alpha$	yb	$y\beta$	zc	$z\gamma$	mit
A	A	B	B	C	Γ,	so ist

ersichtlich, dass diese sechs Strahlen ein vollständiges Viereck bilden,

d. h. zu je dreien sich in vier Punkten treffen, wobei A und A, B und B, C und Γ die drei Paare von Gegenseiten sind; denn ebenso wie

abc in einer Geraden liegen, treffen sich $AB\Gamma$ in einem Punkt,
$\alpha\beta\gamma$ „ „ „ „ „ „ $\mathrm{A}\mathrm{B}C$ „ „ „
$\alpha b\gamma$ „ „ „ „ „ „ $\mathrm{A}BC$ „ „ „
$\alpha\beta c$ „ „ „ „ „ „ $\mathrm{A}\mathrm{B}\Gamma$ „ „ „

weil

$$\left.\begin{array}{l} a\ \alpha\ b\ \beta\ c\ \gamma \\ A\mathrm{A}B\mathrm{B}\Gamma C \end{array}\right\} \text{Pole und Polaren in Bezug auf den Kegelschnitt } \mathfrak{C}^{(2)},$$

in gleicher Weise

$$\left.\begin{array}{l} a\ \alpha\ b\ \beta\ c\ \gamma \\ \mathrm{A}AB\mathrm{B}C\Gamma \end{array}\right\} \begin{array}{c}\text{Pole und} \\ \text{Polaren}\end{array} \text{ in Bezug auf } \mathfrak{A}^{(2)},$$

und endlich

$$\left.\begin{array}{l} a\ \alpha\ b\ \beta\ c\ \gamma \\ A\mathrm{A}\mathrm{B}BC\Gamma \end{array}\right\} \begin{array}{c}\text{Pole und} \\ \text{Polaren}\end{array} \text{ in Bezug auf } \mathfrak{B}^{(2)} \text{ sind.}$$

Der Kegelschnitt $\mathfrak{A}^{(2)}$ ist also ein dem Vierseit $B\mathrm{B}C\Gamma$ einbeschriebener harmonischer Kegelschnitt, für welchen die Seitenpaare B und B, C und Γ als zugeordnete aufgefasst sind; ebenso ist $\mathfrak{B}^{(2)}$ ein dem Vierseit $C\Gamma A\mathrm{A}$ einbeschriebener harmonischer Kegelschnitt und $\mathfrak{C}^{(2)}$ ein dem Vierseit $A\mathrm{A}B\mathrm{B}$ einbeschriebener. Es giebt aber (S. 124) nur einen einzigen harmonischen Kegelschnitt, welcher bei gegebener Zuordnung einem gegebenen Vierseit einbeschrieben oder einem Viereck umschrieben ist, und zugleich ersehen wir aus der letzten Zusammenstellung, dass das vollständige Viereck und das vollständige Vierseit Polarfiguren rücksichtlich jedes der drei Kegelschnitte $\mathfrak{A}^{(2)}\mathfrak{B}^{(2)}\mathfrak{C}^{(2)}$ sind, indem nur die drei einfachen Vierecke, aus denen das vollständige Vierseit besteht, den drei einfachen Vierseiten, aus welchen das vollständige Viereck besteht, in verschiedener Weise entsprechen bei $\mathfrak{A}^{(2)}\mathfrak{B}^{(2)}$ und $\mathfrak{C}^{(2)}$; da also auch die einfachen Vierseite die Polarfiguren der einfachen Vierecke sind, so müssen die jenen einbeschriebenen harmonischen Kegelschnitte die Polarfiguren der diesen umschriebenen Kegelschnitte sein; es folgt hieraus, *dass die drei harmonisch-zugeordneten Kegelschnitte* $\mathfrak{A}^{(2)}\mathfrak{B}^{(2)}\mathfrak{C}^{(2)}$ *die merkwürdige Eigenschaft besitzen, dass jeder als seine eigene Polarfigur erscheint, wenn er in Bezug auf einen der beiden andern polarisirt wird.*

Um z. B. die Polarfigur des Kegelschnitts $\mathfrak{A}^{(2)}$ in Bezug auf $\mathfrak{B}^{(2)}$ zu erhalten, müssen wir von den vier Punkten $b\beta c\gamma$ und den in ihnen gezogenen Tangenten $B\mathrm{B}C\Gamma$ die Polaren und Pole rücksichtlich $\mathfrak{B}^{(2)}$ nehmen; erstere sind beziehlich $\mathrm{B}BC\Gamma$ und letztere $\beta bc\gamma$; der Polarkegelschnitt geht also durch dieselben vier Punkte und hat dieselben vier Tangenten in ihnen, wie der zu polarisirende; er coincidirt daher mit ihm. Dasselbe geht hervor, wenn wir den dritten Kegelschnitt $\mathfrak{C}^{(2)}$ als Basis nehmen. Dieser eigenthümliche Zusammenhang der drei Kegelschnitte $\mathfrak{A}^{(2)}\mathfrak{B}^{(2)}\mathfrak{C}^{(2)}$, wonach jeder sich selbst wieder erzeugt, lässt sich noch deutlicher überblicken, wenn wir von den Punkten eines dieser Kegelschnitte die Polaren in Bezug auf einen zweiten aufsuchen, welche selbst Tangenten des ersten sein müssen, und wenn wir zugleich die Berührungspunkte der letzteren ermitteln.

Nehmen wir irgend einen Punkt $\mathfrak{a}$ auf dem Kegelschnitt $\mathfrak{A}^{(2)}$ an, so muss seine Polare in Bezug auf $\mathfrak{B}^{(2)}$ eine Tangente von $\mathfrak{A}^{(2)}$ sein; sie möge den Berührungspunkt $\mathfrak{a}'$ haben; dann wird die Polare von $\mathfrak{a}'$ in Bezug auf $\mathfrak{B}^{(2)}$ ebenfalls eine Tangente von $\mathfrak{A}^{(2)}$ sein und offenbar den zuerst angenommenen Punkt $\mathfrak{a}$ zum Berührungspunkt haben; nennen wir für den Augenblick $\mathfrak{t}_{\mathfrak{a}}$ und $\mathfrak{t}_{\mathfrak{a}'}$ diese beiden Tangenten in $\mathfrak{a}$ und $\mathfrak{a}'$ am Kegelschnitt $\mathfrak{A}^{(2)}$ und ihren Schnittpunkt $\mathfrak{s}$, so sind in Bezug auf den Kegelschnitt $\mathfrak{B}^{(2)}$: $\mathfrak{a}$ und $\mathfrak{t}_{\mathfrak{a}'}$ Pol und Polare, ebenso auch $\mathfrak{a}'$ und $\mathfrak{t}_{\mathfrak{a}}$, folglich auch $\mathfrak{s}$ und $\mathfrak{a}\mathfrak{a}'$; in Bezug auf den Kegelschnitt $\mathfrak{A}^{(2)}$ sind aber ebenfalls $\mathfrak{s}$ und $\mathfrak{a}\mathfrak{a}'$ Pol und Polare, weil seine Tangenten in $\mathfrak{a}$ und $\mathfrak{a}'$ durch $\mathfrak{s}$ gehen. Der Punkt $\mathfrak{s}$ und die Gerade $\mathfrak{a}\mathfrak{a}'$ sind daher gemeinschaftlich für beide Kegelschnitte $\mathfrak{A}^{(2)}$ und $\mathfrak{B}^{(2)}$ Pol und Polare, sie müssten also dem gemeinschaftlichen Tripel angehören; dies ist aber xyz, also haben die Kegelschnitte $\mathfrak{A}^{(2)}$ und $\mathfrak{B}^{(2)}$ zwei und somit unendlich-viele gemeinschaftliche Tripel, und dies ist (S. 345) nicht anders möglich, als wenn sie eine doppelte Berührung haben; sie haben nun in der That eine doppelte Berührung in den Punkten c und γ; z und Z sind Pol und Polare für beide Kegelschnitte gleichzeitig und haben in Bezug auf beide dasselbe Strahl- und Punktsystem; alle Tripel conjugirter Punkte, welche beiden Kegelschnitten gemeinschaftlich sind, müssen daher eine Ecke in z und eine Seite in Z haben, und es folgt daraus, dass der Punkt $\mathfrak{s}$ in Z liegen und die Verbindungslinie $\mathfrak{a}\mathfrak{a}'$ durch z laufen muss. Um also die Polare eines beliebigen Punktes $\mathfrak{a}$ des Kegelschnitts $\mathfrak{A}^{(2)}$ in Bezug auf $\mathfrak{B}^{(2)}$ zu erhalten, ziehen wir $\mathfrak{a}z$, welches in $\mathfrak{a}'$ dem $\mathfrak{A}^{(2)}$ zum andern Male begegnet; dann ist die Tangente in $\mathfrak{a}'$ an $\mathfrak{A}^{(2)}$ die Polare von $\mathfrak{a}$ in Bezug auf $\mathfrak{B}^{(2)}$; um gleicherweise die Polare von $\mathfrak{a}$ in Bezug auf $\mathfrak{C}^{(2)}$ zu erhalten, ziehen wir $\mathfrak{a}y$, welches in $\mathfrak{a}''$ dem $\mathfrak{A}^{(2)}$ zum andern Male begegnet; die Tangente in $\mathfrak{a}''$ an $\mathfrak{A}^{(2)}$ ist dann die Polare von $\mathfrak{a}$ in Bezug auf $\mathfrak{C}^{(2)}$; hieraus folgt zugleich, dass die Verbindungslinie $\mathfrak{a}'\mathfrak{a}''$ durch x gehen muss (S. 149). *Jeder durch x gehende Strahl trifft also den Kegelschnitt $\mathfrak{A}^{(2)}$ in zwei solchen Punkten, dass die Tangenten* *derselben die Polaren in Bezug auf $\mathfrak{B}^{(2)}$ und $\mathfrak{C}^{(2)}$ von einem und demselben dritten Punkte des Kegelschnitts $\mathfrak{A}^{(2)}$ sind*, und das Analoge gilt von y und z.

Ferner lassen sich die Mittelpunkte der drei Kegelschnitte $\mathfrak{A}^{(2)}\mathfrak{B}^{(2)}\mathfrak{C}^{(2)}$ leicht ermitteln; da $a\alpha$ die Berührungssehne und x ihr Pol für die Kegelschnitte $\mathfrak{B}^{(2)}$ und $\mathfrak{C}^{(2)}$ ist, so muss, wenn wir mit μ die Mitte der Berührungssehne $a\alpha$ bezeichnen, $x\mu$ durch die Mittelpunkte der Kegelschnitte $\mathfrak{B}^{(2)}$ und $\mathfrak{C}^{(2)}$ gehen; ist μ' die Mitte der Sehne $b\beta$, so muss $y\mu'$ durch die Mittelpunkte der Kegelschnitte $\mathfrak{C}^{(2)}$ und $\mathfrak{A}^{(2)}$ gehen, folglich ist der Schnittpunkt $(x\mu, y\mu')$ der Mittelpunkt des Kegelschnitts $\mathfrak{C}^{(2)}$; ist endlich μ'' die Mitte der Sehne $c\gamma$, so geht $z\mu''$ durch die Mittelpunkte der Kegelschnitte $\mathfrak{A}^{(2)}$ und $\mathfrak{B}^{(2)}$, und daher ist:

$(y\mu', z\mu'') = \mathfrak{M}$ der Mittelpunkt des Kegelschnitts $\mathfrak{A}^{(2)}$,
$(z\mu'', x\mu) = \mathfrak{M}'$ „ „ „ „ $\mathfrak{B}^{(2)}$,
$(x\mu, y\mu') = \mathfrak{M}''$ „ „ „ „ $\mathfrak{C}^{(2)}$.

Die drei Punkte $\mu\mu'\mu''$ liegen als die Mitten der drei Diagonalen eines vollständigen Vierseits auf einer Geraden (S. 276). Da wir von den drei harmonisch-zugeordneten Kegelschnitten ein ihnen gemeinsames Tripel xyz und die Mittelpunkte $\mathfrak{M}\mathfrak{M}'\mathfrak{M}''$ kennen, so lässt sich nach der auf S. 288 gemachten Bemerkung auch die Gattung der Kegelschnitte bestimmen. Wir sehen nämlich, dass die drei Mitten $\mu\mu'\mu''$ der Diagonalen $a\alpha$, $b\beta$, $c\gamma$ des vollständigen Vierseits nothwendig ausserhalb der Seiten des Diagonaldreiecks xyz liegen müssen, denn es sind yz zu $a\alpha$ harmonisch gelegen, und die Mitte des einen Paares zugeordneter Punkte $a\alpha$ liegt offenbar ausserhalb des andern Paares (wegen der hyperbolischen Natur des Punktsystems); wenn aber eine Transversale die Seiten eines Dreiecks xyz so trifft, dass die drei Schnittpunkte $\mu\mu'\mu''$ ausserhalb der drei Seiten yz, zx, xy zu liegen kommen, so wird in dem vollständigen Vierseit, dessen drei Paar Gegenecken $x\mu$, $y\mu'$, $z\mu''$. und dessen Diagonalpunkte $\mathfrak{M}\mathfrak{M}'\mathfrak{M}''$ sind, nothwendig einer zwischen $x\mu$, ein anderer zwischen $y\mu'$, der dritte aber ausserhalb $x\mu$ und $y\mu'$ liegen. Von den 7 Räumen, in welche die Ebene durch die Seiten des Dreiecks xyz zertheilt wird, müssen also zwei hyperbolische Räume (h) zwei von den Mittelpunkten enthalten, während der dritte entweder in den dritten hyperbolischen oder den gegenüberliegenden elliptischen Raum hineinfallen wird, also: *Von drei harmonisch-zugeordneten Kegelschnitten müssen entweder alle drei Hyperbeln, oder einer Ellipse und die beiden andern Hyperbeln sein.*

Als besonderen Fall der letzten Art giebt es ein sehr einfaches Beispiel von drei harmonisch-zugeordneten Kegelschnitten: Ist nämlich insbesondere z der Mittelpunkt des als Ellipse angenommenen Kegelschnitts $\mathfrak{C}^{(2)}$, und sind die Tripelstrahlen X und Y die Axen der Ellipse, so werden die beiden andern zugeordnet harmonischen Kegelschnitte zwei Hyperbeln, deren eine die Ellipse in den Scheiteln der grossen Axe, die andere in den Scheiteln der kleinen Axe doppelt berührt, indem die beiden Hyperbeln dieselben Asymptoten haben, also conjugirte Hyperbeln sind, und die Asymptoten dieser Hyperbeln in die Richtungen der beiden gleichen conjugirten Durchmesser der Ellipse fallen. Dies ist der einfachste Fall dreier harmonisch-zugeordneter Kegelschnitte, welche, in Bezug auf einander polarisirt, sich selbst wiedererzeugen. Wählt man für $\mathfrak{C}^{(2)}$ einen Kreis, so bestehen $\mathfrak{B}^{(2)}$ und $\mathfrak{A}^{(2)}$ aus gleichseitigen Hyperbeln, welche in den Endpunkten zweier zu einander rechtwinkligen Durchmesser den Kreis berühren und dieselben Asymptoten haben.

In eigenthümlicher Art tritt zu den harmonisch-zugeordneten Kegelschnitten $\mathfrak{A}^{(2)}\mathfrak{B}^{(2)}\mathfrak{C}^{(2)}$ noch ein *vierter imaginärer Kegelschnitt* $\mathfrak{D}^{(2)}$, von dem man sagen kann, dass er dieselben Beziehungen darbietet, wie die drei reellen (vgl. §. 57). Wir haben nämlich oben drei Zuordnungen der Punkte $a\alpha$, $b\beta$, $c\gamma$ zu den Geraden $A\mathrm{A}$, $B\mathrm{B}$, $C\Gamma$ erkannt, wonach diese Polaren jener sind; durch jede dieser Zuordnungen wurde ein Kegelschnitt bestimmt, indem eigentlich mehr Bedingungen dadurch gesetzt waren, die sich aber nicht widersprachen; jetzt können wir noch eine vierte Zuordnung festsetzen, nämlich:

$$\left.\begin{array}{l} a\,\alpha\,b\,\beta\,c\,\gamma \text{ Pole und} \\ \mathrm{A}A\mathrm{B}B\Gamma C \text{ Polaren} \end{array}\right\}$$

in Bezug auf einen unbekannten zu suchenden Kegelschnitt $\mathfrak{D}^{(2)}$; für diesen Kegelschnitt müssen sowohl $xa\alpha$ als auch $yb\beta$ und ebenso $zc\gamma$, endlich auch xyz je ein Tripel conjugirter Punkte sein. Auf den drei Tripelstrahlen XYZ kennen wir also die drei Punktsysteme, welche dem Kegelschnitt $\mathfrak{D}^{(2)}$ zugehören müssen; da diese alle drei elliptisch sind (wegen der harmonischen Eigenschaft des vollständigen Vierseits), so ist es ersichtlich, dass der ganze Kegelschnitt imaginär sein muss; wir erkennen dies aber auch, indem wir seinen Mittelpunkt aufsuchen; das elliptische Punktsystem, von dem yz und $a\alpha$ zwei Paare conjugirter Punkte sind, hat nämlich zum Mittelpunkt denjenigen Punkt $\mathfrak{m}$, in welchem yz von $x\mathfrak{M}$ getroffen wird, denn dasselbe Punktsystem gehört auch dem Kegelschnitt $\mathfrak{A}^{(2)}$ zu, und da x und X Pol und Polare sind, so muss $x\mathfrak{M}$ durch $\mathfrak{m}$ gehen; die drei auf diese Weise erhaltenen Linien $x\mathfrak{M}$, $y\mathfrak{M}'$, $z\mathfrak{M}''$ schneiden sich in einem Punkte $\mathfrak{M}'''$ (nach bekannten harmonischen Eigenschaften), dem Mittelpunkte des Kegelschnitts $\mathfrak{D}^{(2)}$; durch diesen Mittelpunkt und das Tripel

xyz ist der Kegelschnitt vollständig bestimmt; es zeigt sich aber, dass er imaginär sein muss, weil $\mathfrak{M}'''$ in das Innere des Dreiecks xyz hineinfällt (S. 288), denn die drei Punkte $\mu\ \mu'\ \mu''$ liegen, wie wir oben gesehen haben, in einer geraden Linie, welche die Seiten des Dreiecks xyz in ihren Verlängerungen trifft. Da nun (Fig. 85) die Punkte $x\mu$, $y\mu'$, $z\mu''$ die drei Paar Gegenecken eines vollständigen Vierseits sind, dessen Diagonalen sich in $\mathfrak{M}\mathfrak{M}'\mathfrak{M}''$ schneiden, so werden $x\mathfrak{M}$ und $x\mathfrak{M}'$ harmonisch getrennt durch xy und xz, und da $x\mathfrak{M}'$ die Linie yz im Punkte μ ausserhalb yz trifft, so muss $x\mathfrak{M}$ dieselbe zwischen yz treffen, ebenso muss $y\mathfrak{M}'$ die Seite zx zwischen ihren Endpunkten treffen und gleicherweise die dritte $z\mathfrak{M}''$; der Schnittpunkt $\mathfrak{M}'''$ liegt daher nothwendig innerhalb des Dreiecks xyz, und der Kegelschnitt $\mathfrak{D}^{(2)}$, für welchen xyz ein Tripel und $\mathfrak{M}'''$ der Mittelpunkt ist, wird also imaginär. Aus dem Umstande, dass die drei Strahlen $x\mathfrak{M}$, $y\mathfrak{M}'$, $z\mathfrak{M}''$ sich in einem Punkte $\mathfrak{M}'''$ schneiden oder xyz das Diagonaldreieck des vollständigen Vierecks $\mathfrak{M}\mathfrak{M}'\mathfrak{M}''\mathfrak{M}'''$ ist, geht hervor, dass für den durch den Mittelpunkt $\mathfrak{M}'''$ und das Tripel xyz bestimmten imaginären Kegelschnitt $\mathfrak{D}^{(2)}$ in der That

Fig. 85.

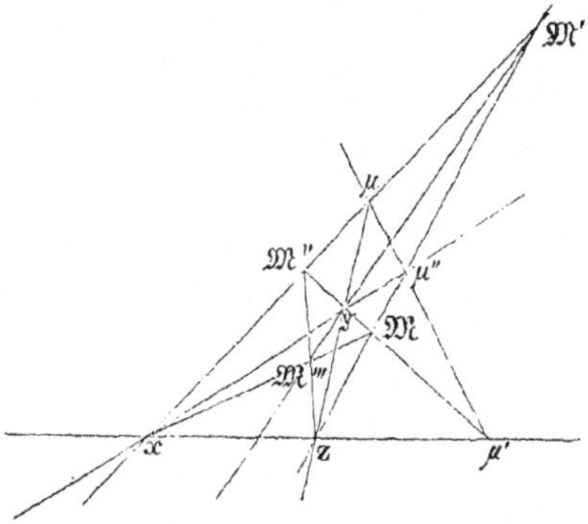

$$\left.\begin{matrix} a\ \alpha\ b\ \beta\ c\ \gamma \\ \mathrm{A}A\mathrm{B}B\Gamma C \end{matrix}\right\} \begin{matrix}\text{Pole und} \\ \text{Polaren}\end{matrix} \text{ in Bezug auf } \mathfrak{D}^{(2)}$$

sind. Fügen wir diesen vierten imaginären Kegelschnitt den oben untersuchten dreien hinzu, so haben wir für diese *vier harmonisch-zugeordneten Kegelschnitte* folgende Zusammengehörigkeit von Pol und Polare:

für	$\mathfrak{A}^{(2)}$	$\mathfrak{B}^{(2)}$	$\mathfrak{C}^{(2)}$	$\mathfrak{D}^{(2)}$
Pol	$a\ \alpha\ b\ \beta\ c\ \gamma$	$a\ \alpha\ b\ \beta\ c\ \gamma$	$a\ \alpha\ b\ \beta\ c\ \gamma$	$a\ \alpha\ b\ \beta\ c\ \gamma$
Polare	$\mathrm{A}AB\mathrm{B}C\Gamma$	$A\mathrm{AB}BC\Gamma$	$A\mathrm{A}B\mathrm{B}\Gamma C$	$\mathrm{A}A\mathrm{B}B\Gamma C$

Aus dieser Zusammenstellung tritt es aber klar vor Augen, dass jeder der vier Kegelschnitte als Polarfigur in Bezug auf einen der übrigen selbst wieder hervorgeht, denn durch Polarisation wird aus Pol und Polare für die eine Figur Polare und Pol für die Polarfigur;

wenn wir daher einen der vier Kegelschnitte in Bezug auf einen andern polarisiren wollen, so suchen wir von den Punkten $a\alpha$.. und den Geraden $A\mathsf{A}$..., wie sie bei dem gewählten Kegelschnitte zusammengehören, die Polaren und Pole in Bezug auf die gewählte Basis und gelangen dadurch wieder zu denselben Geraden und denselben zugehörigen Punkten; der Kegelschnitt muss also seine eigene Polarfigur sein, weil er durch diese sechs Paare von Polen und Polaren schon mehr als bestimmt ist. Auch für den imaginären Kegelschnitt $\mathfrak{D}^{(2)}$ tritt die Eigenschaft der doppelten Berührung zu Tage; er hat nämlich mit dem Kegelschnitt $\mathfrak{A}^{(2)}$ den Punkt x und die Gerade X als Pol und Polare gemeinschaftlich, und das Punktsystem auf X, welches von den Paaren yz und $a\alpha$ bestimmt wird, ist ebenfalls beiden Kegelschnitten zugehörig; sie haben daher eine ideelle doppelte Berührung (S. 344) und X zur gemeinschaftlichen Berührungssehne, x zum Durchschnittspunkt der gemeinschaftlichen Tangenten; ebenso $\mathfrak{D}^{(2)}$ und $\mathfrak{B}^{(2)}$: Y und y, $\mathfrak{D}^{(2)}$ und $\mathfrak{C}^{(2)}$: Z und z. Wir können hiernach die vier Kegelschnitte $\mathfrak{A}^{(2)}\mathfrak{B}^{(2)}\mathfrak{C}^{(2)}\mathfrak{D}^{(2)}$ auf dreierlei Art in Paare je zweier gewissermassen zusammengehöriger Kegelschnitte theilen, nämlich: Die Kegelschnitte $\mathfrak{B}^{(2)}$ und $\mathfrak{C}^{(2)}$ haben eine reelle doppelte Berührung in den Punkten $a\alpha$, sie haben also X zur gemeinschaftlichen Berührungssehne und x zum Pol derselben; dagegen $\mathfrak{A}^{(2)}$ und $\mathfrak{D}^{(2)}$ haben eine ideelle doppelte Berührung mit derselben Berührungssehne X und dem Pol x; dies ist die erste Art und ähnlich die übrigen; es gehören also zusammen:

$\mathfrak{B}^{(2)}$	und	$\mathfrak{C}^{(2)}$, $\mathfrak{A}^{(2)}$	und	$\mathfrak{D}^{(2)}$	in	Bezug	auf	x und	X,
$\mathfrak{C}^{(2)}$	"	$\mathfrak{A}^{(2)}$, $\mathfrak{B}^{(2)}$	"	$\mathfrak{D}^{(2)}$	"	"	"	y "	Y,
$\mathfrak{A}^{(2)}$	"	$\mathfrak{B}^{(2)}$, $\mathfrak{C}^{(2)}$	"	$\mathfrak{D}^{(2)}$	"	"	"	z "	Z.

Aus dem Obigen geht hervor, wie die vier harmonisch-zugeordneten Kegelschnitte bei dem völlig reellen vollständigen Vierseit, dessen drei Paar Gegenecken $a\alpha$, $b\beta$, $c\gamma$ und dessen Diagonalpunkte xyz sind, zum Vorschein kommen; eine sehr einfache und natürliche Entstehungsweise solcher vier harmonisch-zugeordneter Kegelschnitte siehe §. 57. Wir übergehen hier die Erörterung der Modificationen, welche eintreten, wenn das vollständige Vierseit nicht mehr völlig reell angenommen wird, sondern nach der Art II. oder III. auf S. 382 beschaffen ist.

In dem von uns angenommenen Fall tritt zu der bereits erwähnten Eigenschaft, dass jeder der vier harmonisch-zugeordneten Kegelschnitte seine eigene Polarfigur ist, noch eine allgemeinere; bezeichnen wir nämlich das vollständige Vierseit, dessen vier Seiten abc, $a\beta\gamma$,

$\alpha b\gamma$, $\alpha\beta c$ sind, mit $\mathfrak{V}$ und das vollständige Viereck, dessen vier Ecken $\mathrm{AB\Gamma}$, $\mathrm{A}BC$, $A\mathrm{B}C$, $AB\Gamma$ sind, mit V, so sind $\mathfrak{V}$ und V Polarfiguren in Bezug auf jeden der vier harmonisch-zugeordneten Kegelschnitte, aber jedesmal entsprechen sich Ecken und Seiten in anderer Weise, was unmittelbar aus dem oben zusammengestellten Schema von Polen und Polaren der vier Kegelschnitte abzulesen ist. Es zeigt sich nun weiter, *dass irgend ein dem Vierseit $\mathfrak{V}$ einbeschriebener Kegelschnitt zu seiner Polarfigur in Bezug auf jeden der vier harmonisch-zugeordneten Kegelschnitte einen und denselben dem Viereck V umschriebenen Kegelschnitt hat.* Da nämlich vier Punkte einer Geraden dasselbe Doppelverhältniss haben, wie ihre vier Polaren in Bezug auf einen Kegelschnitt, so wird, wenn irgend ein dem Vierseit $\mathfrak{V}$ einbeschriebener Kegelschnitt die Seite abc in p berührt, die Polare von p in Bezug auf $\mathfrak{A}^{(2)}$ diejenige Gerade $\mathfrak{L}$ sein, welche aus der Gleichheit der Doppelverhältnisse $(abcp) = (\mathrm{A}BC\mathfrak{L})$ construirbar ist; diese Gerade ist gleichzeitig die Polare eines Punktes p' der Geraden $\alpha\beta c$ in Bezug auf $\mathfrak{B}^{(2)}$, wenn

$$(\mathrm{A}BC\mathfrak{L}) = (\alpha\beta cp') \text{ ist;}$$

aus der Gleichheit:

$$(abcp) = (\alpha\beta cp')$$

folgt, dass sich $a\alpha$, $b\beta$, pp' in einem Punkte schneiden müssen oder $p\mathfrak{z}p'$ in einer Geraden liegen; der angenommene Kegelschnitt, welcher dem Vierseit $\mathfrak{V}$ einbeschrieben ist und abc in p berührt, muss aber (S. 123) $\alpha\beta c$ in p' berühren, und die Polare von p in Bezug auf $\mathfrak{A}^{(2)}$ ist identisch mit der Polare von p' in Bezug auf $\mathfrak{B}^{(2)}$, nämlich die Gerade $\mathfrak{L}$; folglich ist die Polarfigur des angenommenen Kegelschnitts in Bezug auf die Basis $\mathfrak{A}^{(2)}$ und in Bezug auf die Basis $\mathfrak{B}^{(2)}$ derselbe dem Viereck V umschriebene Kegelschnitt; und Gleiches folgt für die andern Basen.

Hieran knüpft sich umgekehrt die Aufgabe: *Zu zwei in der Ebene beliebig gegebenen Kegelschnitten einen solchen dritten zu finden, in Bezug auf welchen der eine gegebene Kegelschnitt die Polarfigur des andern ist**). Es liegt nach dem Obigen nahe, zu vermuthen, dass es im Allgemeinen vier Basen geben wird, welche die gegenseitige Lage von vier harmonisch-zugeordneten Kegelschnitten besitzen, und diese Vermuthung bestätigt sich leicht. Zuvörderst ist klar, dass, wenn die beiden ge-

---

*) Diese Aufgabe hat *Steiner* in einer am 26. März 1846 in der Berliner Akademie der Wissenschaften gehaltenen Vorlesung behandelt, wovon nur die Anzeige in den Monats-Berichten und in *Crelle*'s Journal, Bd. 32, S. 79 sich findet. Eine analytische Behandlung des Problems hat Herr *J. Rosanes* in seiner Inaugural-Dissertation: de polarium reciprocarum theoria observationes, Breslau 1865, geliefert.

gebenen Kegelschnitte $K^{(2)}$ und $K_1^{(2)}$, deren einer die Polarfigur des andern sein soll, eine reelle gemeinschaftliche Tangente haben, sie nothwendig auch einen reellen Schnittpunkt haben müssen, denn der Pol jener in Bezug auf die angenommene Basis muss sowohl ein Punkt von $K^{(2)}$, wie von $K_1^{(2)}$ sein; es folgt hieraus, dass von den auf S. 370 unterschiedenen Fällen, welche allein bei der gegenseitigen Lage zweier Kegelschnitte eintreten können, die Fälle II. und III. (sobald $K^{(2)}$ und $K_1^{(2)}$ vier reelle Schnittpunkte und keine reelle gemeinschaftliche Tangente, oder sobald sie vier reelle gemeinschaftliche Tangenten und keinen reellen Schnittpunkt haben) sofort auszuschliessen sind, also nur die Fälle I. und IV., wo das reelle gemeinschaftliche Tripel nach der Art (α) liegt, und andererseits der Fall V., wo es nur theilweise reell ist, übrig bleiben.

Die Fälle I. und IV. (wo die beiden Kegelschnitte $K^{(2)}$ und $K_1^{(2)}$ keinen reellen Schnittpunkt und keine reelle gemeinschaftliche Tangente, oder vier reelle Schnittpunkte und vier reelle gemeinschaftliche Tangenten haben) lassen sich zusammen behandeln; wir ermitteln nämlich zunächst das reelle gemeinschaftliche Tripel xyz und bemerken, dass Pol und Polare eines Kegelschnitts, in Bezug auf irgend eine Basis polarisirt, nothwendig Polare und Pol für die Polarfigur werden; wenn also x und X gleichzeitig für beide Kegelschnitte $K^{(2)}$ und $K_1^{(2)}$, deren einer die Polarfigur des andern sein soll, Pol und Polare sind, so müssen in Bezug auf eine solche Basis die entsprechenden Elemente X' und x' auch für $K^{(2)}$ und $K_1^{(2)}$ gleichzeitig Polare und Pol sein; dasselbe gilt von y und Y, z und Z, deren entsprechende Elemente in Bezug auf die Basis Y' und y', Z' und z' seien; da nun xyz und XYZ ein Tripel bilden, so bilden auch $X'Y'Z'$ und $x'y'z'$ ein Tripel und zwar ein solches, welches beiden Kegelschnitten $K^{(2)}$ und $K_1^{(2)}$ gemeinschaftlich sein muss; nun haben aber $K^{(2)}$ und $K_1^{(2)}$ nur ein gemeinschaftliches Tripel, es coincidirt daher $x'y'z'$ mit xyz, d. h. *das gemeinschaftliche Tripel xyz der beiden Kegelschnitte $K^{(2)}$ und $K_1^{(2)}$ muss zugleich ein Tripel für die unbekannte Basis sein.*

Wir wissen ferner (S. 370), dass in den Fällen I. und IV. von dem gemeinschaftlichen Tripel xyz nothwendig ein Tripelpunkt z innerhalb beider Kegelschnitte liegt und die durch ihn gehenden beiden Tripelstrahlen XY die Kegelschnitte $K^{(2)}$ und $K_1^{(2)}$ in reellen Punktpaaren schneiden, während der dritte Tripelstrahl Z, welcher die Punkte x und y enthält, keinen von beiden Kegelschnitten trifft. Möge der Tripelstrahl X dem Kegelschnitte $K^{(2)}$ in p und π, dem $K_1^{(2)}$ in p_1 und π_1, dagegen Y dem Kegelschnitte $K^{(2)}$ in r und ϱ, dem $K_1^{(2)}$ in r_1 und ϱ_1 begegnen; die Punkte p und π, p_1 und π_1 sind

Paare conjugirter Punkte eines hyperbolischen Punktsystems, dessen Asymptotenpunkte z und y sind, und ebenso r und ϱ, r_1 und ϱ_1 Paare conjugirter Punkte eines zweiten Punktsystems, dessen Asymptotenpunkte z und x sind. Die Tangenten in den Punkten $p\pi p_1\pi_1$ sind xp, $x\pi$, xp_1, $x\pi_1$ und in den Punkten $r\varrho r_1\varrho_1$ die Verbindungslinien: yr, $y\varrho$, yr_1, $y\varrho_1$. Wenn nun der Kegelschnitt $K_1^{(2)}$ die Polarfigur von $K^{(2)}$ sein soll in Bezug auf eine noch zu suchende Basis, so muss die Polare von p in Bezug auf diese Basis, welche mit $K^{(2)}$ und $K_1^{(2)}$ das Tripel xyz gemeinsam hat, einmal durch x gehen, weil p auf X liegt, und andererseits eine Tangente der Polarfigur $K_1^{(2)}$ sein; sie muss also eine der beiden Tangenten xp_1 oder $x\pi_1$ sein, und ebenso muss die Polare von π in Bezug auf die zu suchende Basis eine der beiden Tangenten $x\pi_1$ oder xp_1 sein. Das Gleiche gilt für den andern Strahl Y. Die Polare von r in Bezug auf die noch unbekannte Basis muss yr_1 oder $y\varrho_1$ sein und die Polare von ϱ: $y\varrho_1$ oder yr_1; hiernach stellen sich nur vier Möglichkeiten heraus: Für die unbekannte Basis sind:

$$1)\quad \left.\begin{matrix}p\\p_1\end{matrix}\right\}\ \left.\begin{matrix}\pi\\\pi_1\end{matrix}\right\}\ \left.\begin{matrix}r\\r_1\end{matrix}\right\}\ \left.\begin{matrix}\varrho\\\varrho_1\end{matrix}\right\}\ \text{je zwei conjugirte Punkte}$$

$$2)\quad \left.\begin{matrix}p\\p_1\end{matrix}\right\}\ \left.\begin{matrix}\pi\\\pi_1\end{matrix}\right\}\ \left.\begin{matrix}r\\\varrho_1\end{matrix}\right\}\ \left.\begin{matrix}\varrho\\r_1\end{matrix}\right\}\ \text{- - - -}$$

$$3)\quad \left.\begin{matrix}p\\\pi_1\end{matrix}\right\}\ \left.\begin{matrix}\pi\\p_1\end{matrix}\right\}\ \left.\begin{matrix}r\\r_1\end{matrix}\right\}\ \left.\begin{matrix}\varrho\\\varrho_1\end{matrix}\right\}\ \text{- - - -}$$

$$4)\quad \left.\begin{matrix}p\\\pi_1\end{matrix}\right\}\ \left.\begin{matrix}\pi\\p_1\end{matrix}\right\}\ \left.\begin{matrix}r\\\varrho_1\end{matrix}\right\}\ \left.\begin{matrix}\varrho\\r_1\end{matrix}\right\}\ \text{- - - -}$$

Dem entsprechend werden sich vier Basen ermitteln lassen, indem auf den Tripelstrahlen XY die Punktsysteme bekannt sind, welche einer jeden zugehören müssen; auf X bilden nämlich die vier Punkte $p\pi p_1\pi_1$ zwei Punktpaare $p\pi$, $p_1\pi_1$ eines hyperbolischen Punktsystems, dessen Asymptotenpunkte y und z sind; andererseits rufen dieselben vier Punkte $p\pi p_1\pi_1$ paarweise als conjugirte Punkte aufgefasst noch zwei neue Punktsysteme hervor (S. 56), von denen nothwendig eines elliptisch, das andere hyperbolisch ist; dasjenige, bei welchem p und p_1, π und π_1 conjugirte Punkte sind, sei das hyperbolische (h_1), und dasjenige, bei welchem p und π_1, π und p_1 conjugirte sind, sei das elliptische Punktsystem (e_1); in gleicher Weise werden auf dem Tripelstrahl Y durch die vier Punkte $r\varrho r_1\varrho_1$ drei Punktsysteme hervorgerufen, deren erstes durch die Paare r und ϱ, r_1 und ϱ_1 bestimmt wird und hyperbolisch ist mit den Asymptotenpunkten z und x, während von den beiden übrigen nothwendig eines, hyperbolisch (h_2), durch die Punktpaare r und r_1, ϱ und ϱ_1, das andere, elliptisch (e_2), durch die Punktpaare r und ϱ_1, ϱ und r_1 bestimmt wird. Die gesuchte Basis hat daher auf den beiden Tripelstrahlen X und Y

entweder	die Punktsysteme:	
	1) . . . . . (h_1) (h_2)	zu zugehörigen.
oder	2) . . . . . (h_1) (e_2)	
	3) . . . . . (e_1) (h_2)	
	4) . . . . . (e_1) (e_2)	

Die beiden hyperbolischen Punktsysteme (h_1) und (h_2) auf X und Y haben Asymptotenpunkte, welche wir beziehungsweise mit $a\alpha$ und $b\beta$ bezeichnen wollen; diese Asymptotenpunkte sind in bekannter Weise zu ermitteln, da die Punktsysteme durch die bekannten Paare conjugirter Punkte vollständig bestimmt sind; sie stehen auch zu den elliptischen Punktsystemen (e_1) und (e_2) in eigenthümlicher Beziehung; weil $a\alpha$ die Asymptotenpunkte des durch die Paare conjugirter Punkte p und p_1, π und π_1 bestimmten Punktsystems (h_1) sind, so findet die Gleichheit der Doppelverhältnisse statt:

$$(p\pi a\alpha) = (p_1\pi_1 a\alpha) = (\pi_1 p_1 \alpha a),$$

folglich sind a und α ein Paar conjugirter Punkte desjenigen Punktsystems, welches durch die Paare p und π_1, π und p_1 bestimmt wird, d. h. des Punktsystems (e_1), weil entsprechende gleiche Strecken $a\alpha$ und αa auf einander fallen (S. 49). Ferner folgt daraus, dass yz die Asymptotenpunkte des durch p und π, p_1 und π_1 bestimmten hyperbolischen Punktsystems sind,

$$(pp_1yz) = (\pi\pi_1yz) = (\pi_1\pi zy),$$

also auch yz sind ein Paar conjugirter Punkte des Punktsystems (e_1); durch die beiden Paare a und α, y und z ist daher das Punktsystem (e_1) bestimmt, sowie das Punktsystem (h_1) durch die Asymptotenpunkte a und α bestimmt wird; endlich bemerken wir noch, dass auch y und z ein Paar conjugirter Punkte des Punktsystems (h_1) sind, also zu $a\alpha$ harmonisch liegen, was aus der Gleichheit der Doppelverhältnisse:

$$(p\pi_1 a\alpha) = (p_1\pi a\alpha) = (\pi p_1 \alpha a)$$

folgt; denn hieraus geht hervor, dass $a\alpha$ ein Paar conjugirter Punkte für das durch p und π, p_1 und π_1 bestimmte Punktsystem ist, dessen Asymptotenpunkte yz sind.

In ganz gleicher Weise besitzen die Asymptotenpunkte $b\beta$ auf dem zweiten Tripelstrahl Y die Eigenschaft, harmonisch zu xz zu liegen, und die beiden Punktpaare b und β, x und z bestimmen das elliptische Punktsystem (e_2), während b und β als Asymptotenpunkte das hyperbolische Punktsystem (h_2) bestimmen. Endlich folgt noch, weil $a\alpha$ harmonisch liegen zu zy und $b\beta$ zu zx, dass die Verbindungslinien ab und $\alpha\beta$ sich in einem Punkte c der Geraden xy und ebenso $a\beta$, αb sich in einem Punkte γ der vorigen Geraden xy treffen müssen; also die Punkte $a\alpha$, $b\beta$, $c\gamma$ sind die sechs Ecken (drei Paar Gegenecken) eines vollständigen Vierseits $\mathfrak{V}$, dessen Diagonaldreieck xyz ist.

Nach diesen Erörterungen werden sich jetzt die vier Basen ergeben, in Bezug auf welche $K^{(2)}$ und $K_1^{(2)}$ Polarfiguren sein sollen. Fassen wir zunächst den ersten Fall der beiden hyperbolischen Punktsysteme (h_1) und (h_2) ins Auge, so muss die gesuchte Basis die Eigenschaft besitzen, dass in Bezug auf dieselbe von p die Polare xp_1, von π die Polare $x\pi_1$ und auch von p_1 die Polare xp, von π_1 die Polare $x\pi'$ wird; eine solche Basis muss also xa und $x\alpha$ in den Punkten a und α berühren; zweites muss sie analoger Weise yb und $y\beta$ in den Punkten b und β berühren; es giebt nun aber einen solchen reellen Kegelschnitt $\mathfrak{C}^{(2)}$, wie wir aus der obigen Betrachtung harmonisch-zugeordneter Kegelschnitte wissen, und derselbe ist durch die geforderten Bedingungen zwar mehr als bestimmt, aber jene Bedingungen widersprechen sich nicht. In Bezug auf eine solche Basis ist, wie leicht zu sehen, in der That der Kegelschnitt $K_1^{(2)}$ die Polarfigur von $K^{(2)}$ und umgekehrt, denn durch die vier Punkte $p\pi r\varrho$ und ihre Tangenten ist $K^{(2)}$ mehr als bestimmt.

Im zweiten Falle giebt es einen reellen Kegelschnitt $\mathfrak{B}^{(2)}$, welcher xa and $x\alpha$ in den Punkten a und α berührt und gleichzeitig das Punktsystem (e_2), welches durch die Paare $b\beta$, zx bestimmt wird, sowie das mit ihm perspectivische Strahlsystem durch y zu zugehörigen hat; im dritten Falle giebt es einen reellen Kegelschnitt $\mathfrak{A}^{(2)}$, welcher yb und $y\beta$ in den Punkten b und β berührt und das elliptische Punktsystem (e_1), durch die Paare $a\alpha$, zy bestimmt, sowie das mit ihm perspectivische Strahlsystem durch x zu zugehörigen hat; endlich im vierten Falle giebt es einen imaginären Kegelschnitt $\mathfrak{D}^{(2)}$, welcher die beiden elliptischen Punktsysteme (e_1) und (e_2) und die mit ihnen perspectivischen Strahlsysteme durch x und y zu den zugehörigen hat. Für jeden dieser vier Kegelschnitte als Basen müssen $K^{(2)}$ und $K_1^{(2)}$ Polarfiguren sein, was in derselben Art, wie für den Kegelschnitt $\mathfrak{C}^{(2)}$, nachzuweisen ist. Diese vier Basen haben aber die Eigenschaft von vier harmonisch-zugeordneten Kegelschnitten, welche sich auf das vollständige Vierseit beziehen, dessen drei Paar Gegenecken $a\alpha$, $b\beta$, $c\gamma$, und dessen Diagonaldreieck xyz ist. Nach dem Früheren ist daher von den vier Basen eine imaginär, die drei andern sind reell und entweder alle drei Hyperbeln oder eine Ellipse und die beiden übrigen Hyperbeln. Die Construction dieser Kegelschnitte ist in der Herleitung selbst enthalten: Wir können nunmehr folgendes Resultat aussprechen:

Sind zwei beliebige Kegelschnitte $K^{(2)}$ *und* $K_1^{(2)}$ *in der Ebene gegeben, so können im Allgemeinen vier andere Kegelschnitte von der Beschaffenheit gefunden werden, dass für jeden von ihnen als Basis die gegebenen Kegelschnitte Polarfiguren von einander sind. Diese vier Basen sind vier harmonisch-zugeordnete Kegelschnitte. Haben* $K^{(2)}$ *und* $K_1^{(2)}$ *entweder vier reelle Schnittpunkte und keine reelle gemeinschaftliche Tangente, oder vier reelle gemeinschaftliche Tangenten und keinen reellen Schnittpunkt, so ist keine der Basen reell; haben dagegen* $K^{(2)}$ *und* $K_1^{(2)}$ *entweder vier reelle Schnittpunkte und vier reelle gemeinschaftliche Tangenten, oder keinen reellen Schnittpunkt und keine reelle gemeinschaftliche Tangente, so sind von den vier Basen drei reell und eine imaginär; die drei reellen Basen sind entweder alle drei Hyperbeln, oder eine Ellipse und die beiden andern Hyperbeln. Haben* $K^{(2)}$ *und* $K_1^{(2)}$ *endlich zwei reelle Schnittpunkte und zwei reelle gemeinschaftliche Tangenten, so sind von den vier Basen nur zwei reell, und eine ist Ellipse, die andere Hyperbel.*

Die letzte Behauptung, welche wir anticipirt haben, ist noch nachzuweisen; in dem Falle B) (S. 370), wenn die beiden Kegelschnitte $K^{(2)}$ und $K_1^{(2)}$ nur zwei reelle Schnittpunkte und zwei reelle gemeinschaftliche Tangenten haben, giebt es von dem gemeinschaftlichen Tripel nur einen Punkt x und dessen Polare X, die beiden Kegelschnitten gemeinschaftlich ist und den einen in p und π, den andern in p_1 und π_1 trifft; diese Punktpaare müssen reell sein und einander trennen, so dass p_1 zwischen p und π, π_1 ausserhalb $p\pi$ liegt, wie auf S. 368 gezeigt ist; die Kegelschnitte haben ferner eine reelle gemeinschaftliche Secante, welche durch ihre beiden reellen Schnittpunkte PQ und durch x geht, und eine ideelle gemeinschaftliche Secante ebenfalls durch x; die erstere treffe X in o, die letztere in $\tilde{\omega}$; endlich haben $K^{(2)}$ und $K_1^{(2)}$ zwei reelle gemeinschaftliche Tangenten $\mathfrak{P}$ und $\mathfrak{Q}$, welche sich in einem Punkte s der Geraden X treffen, während die beiden andern imaginären gemeinschaftlichen Tangenten nur ihren reellen Schnittpunkt σ auf X haben (d. h. dem Punkte σ gehört in Bezug auf beide Kegelschnitte $K^{(2)}$ und $K_1^{(2)}$ dasselbe elliptische, dem Punkt s dasselbe hyperbolische Strahlsystem zu). Die Punkte $p\pi p_1\pi_1$ stehen nun zu den vier Punkten $o\tilde{\omega}s\sigma$ in einer eigenthümlichen Beziehung, auf welche wir vorher nicht aufmerksam zu machen Veranlassung hatten, deren wir aber hier bedürfen. Es sind nämlich zunächst o und $\tilde{\omega}$ ein Paar conjugirter Punkte des durch die beiden

Paare $p\pi$ und $p_1\pi_1$ bestimmten elliptischen Punktsystems, weil xo und $x\tilde{\omega}$ das einzig reelle Linienpaar des durch $K^{(2)}$ und $K_1^{(2)}$ bestimmten Büschels ist, und andererseits sind auch s und σ ein Paar conjugirter Punkte desselben Punktsystems, weil sie das einzig reelle Punktpaar der durch $K^{(2)}$ und $K_1^{(2)}$ bestimmten Schaar bilden; X schneidet aber das Büschel in einem Punktsystem, und die von x an die Kegelschnitte der Schaar gelegten Tangentenpaare bilden ein Strahlsystem.

Hierzu kommt noch ein weiterer Zusammenhang: Die vier Punkte $p\pi$, $p_1\pi_1$ bestimmen nämlich ausser dem erwähnten elliptischen Punktsysteme, in anderer Weise zu Paaren geordnet, zwei hyperbolische Punktsysteme (S. 56), wenn wir einmal p und p_1, π und π_1, das andere Mal p und π_1, π und p_1 als je zwei Paare conjugirter Punkte zur Bestimmung eines Punktsystems auffassen, und es zeigt sich, dass

1) für das elliptische Punktsystem (e) conjugirte Punkte sind:

$$\left.\begin{matrix}p\\ \pi\end{matrix}\right\} \quad \left.\begin{matrix}p_1\\ \pi_1\end{matrix}\right\} \quad \left.\begin{matrix}o\\ \tilde{\omega}\end{matrix}\right\} \quad \left.\begin{matrix}s\\ \sigma\end{matrix}\right\},$$

2) für das eine hyperbolische Punktsystem (h) conjugirte Punkte sind:

$$\left.\begin{matrix}p\\ p_1\end{matrix}\right\} \quad \left.\begin{matrix}\pi\\ \pi_1\end{matrix}\right\} \quad \left.\begin{matrix}o\\ s\end{matrix}\right\} \quad \left.\begin{matrix}\tilde{\omega}\\ \sigma\end{matrix}\right\},$$

3) für das andere hyperbolische Punktsystem (h') conjugirte Punkte sind:

$$\left.\begin{matrix}p\\ \pi_1\end{matrix}\right\} \quad \left.\begin{matrix}\pi\\ p_1\end{matrix}\right\} \quad \left.\begin{matrix}o\\ \sigma\end{matrix}\right\} \quad \left.\begin{matrix}s\\ \tilde{\omega}\end{matrix}\right\}.$$

Um dies nachzuweisen, wollen wir umgekehrt den Punkt s für den Fall 2) als conjugirten Punkt von o im Punktsysteme (h) construiren und zeigen, dass für den so construirten Punkt s das ihm zugehörige Strahlsystem rücksichtlich beider Kegelschnitte $K^{(2)}K_1^{(2)}$ dasselbe wird, woraus folgt, dass er der Schnittpunkt zweier gemeinschaftlicher Tangenten sein muss. Die auf S. 66 angegebene Construction des sechsten Involutionspunktes, sobald fünf gegeben sind, lässt sich hier folgendermassen benutzen: Wir bestimmen die Schnittpunkte:

$$(P\pi,\ Qp) = \xi, \qquad (Pp_1,\ Q\pi_1) = \xi_1, \qquad \text{(Fig. 86)}$$

dann trifft $\xi\xi_1$ den Träger X in demjenigen Punkte s, welcher dem o conjugirt ist für das Punktsystem (h); wir erhalten denselben Punkt s auch in anderer Weise, indem wir die Schnittpunkte:

$$(Pp,\ Q\pi) = \eta \quad \text{und} \quad (P\pi_1,\ Qp_1) = \eta_1$$

aufsuchen und $\eta\eta_1$ ziehen, welche Linie auch durch s gehen muss.

Fig. 86.

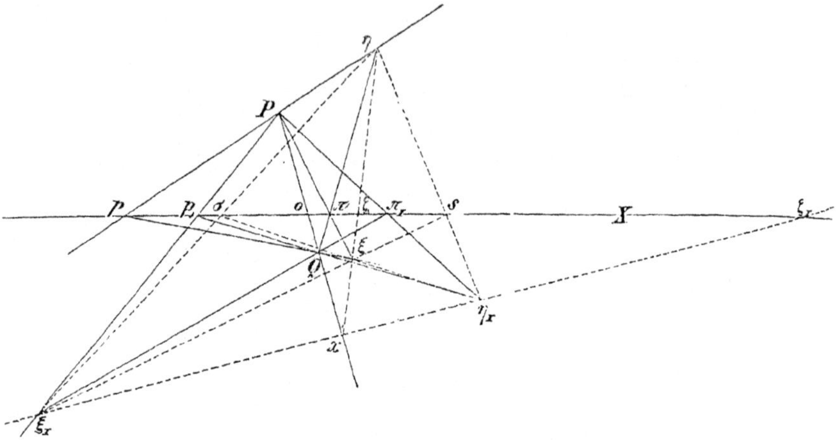

Gleichzeitig erhalten wir den Punkt σ, indem wir $\xi\eta_1$ ziehen, welche Verbindungslinie die Gerade X in σ trifft, oder auch indem wir die Gerade $\xi_1\eta$ ziehen, die ebenfalls durch σ geht; wir haben also:

$$(\xi\xi_1,\ \eta\eta_1) = s \qquad (\xi\eta_1,\ \xi_1\eta) = \sigma\,.$$

Dass $\xi\eta$ und $\xi_1\eta_1$ durch x gehen, ist selbstverständlich, weil $PQox$ vier harmonische Punkte sein müssen. Wir bezeichnen noch die Schnittpunkte:

$$(\xi\eta,\ X) = \zeta \qquad (\xi_1\eta_1,\ X) = \zeta_1\,.$$

Nun hat das dem Kegelschnitt $K^{(2)}$ einbeschriebene Viereck $PQp\pi$ zum Diagonaldreieck $o\xi\eta$; dies ist also ein Tripel conjugirter Punkte in Bezug auf $K^{(2)}$; ferner ist $ox\zeta$ ebenfalls ein Tripel; es sind daher xp, $x\pi$, $P\zeta$, $Q\zeta$ die vier Tangenten von $K^{(2)}$ in den Punkten $p\pi PQ$; da s auf der Berührungssehne des aus x an $K^{(2)}$ gelegten Tangentenpaares liegt, so lässt sich leicht Seite 136 das dem Punkte s in Bezug auf $K^{(2)}$ zugehörige Strahlsystem ermitteln, indem wir xp und $x\pi$ als Träger der den Kegelschnitt $K^{(2)}$ erzeugenden Punktreihen von den andern Tangenten (in P und Q) treffen lassen; die Schnittpunkte:

$$(xp,\ P\zeta) \quad \text{und} \quad (x\pi,\ P\zeta)$$

geben mit s verbunden ein Paar conjugirter Strahlen des dem Punkt s in Bezug auf $K^{(2)}$ zugehörigen Strahlsystems, und die Punkte:

$$(xp,\ Q\zeta) \quad \text{und} \quad (x\pi,\ Q\zeta)$$

mit s verbunden geben ein zweites Strahlenpaar dieses Strahlsystems.

Ein ganz analoges Verhältniss findet beim Kegelschnitt $K_1^{(2)}$ statt: xp_1, $x\pi_1$, $P\xi_1$, $Q\xi_1$ sind vier Tangenten desselben und die Schnittpunkte:

$$(xp_1,\ P\xi_1) \quad \text{und} \quad (x\pi_1,\ P\xi_1)$$

geben mit s verbunden ein Paar conjugirter Strahlen des dem Punkt s in Bezug auf $K_1^{(2)}$ zugehörigen Strahlsystems, die Punkte:

$$(xp_1,\ Q\xi_1) \quad \text{und} \quad (x\pi_1,\ Q\xi_1)$$

mit s verbunden ein zweites Strahlenpaar dieses Strahlsystems.

Es zeigt sich aber, dass diese beiden Strahlenpaare in dem einen Strahlsystem rücksichtlich des Kegelschnitts $K^{(2)}$ und in dem andern rücksichtlich des Kegelschnitts $K_1^{(2)}$ identisch zusammenfallen; denn da $\xi\xi_1 s$ in gerader Linie liegen, so liegen die beiden Strahlbüschel:

$$P(\pi p_1 o s) \quad \text{und} \quad x(\xi\xi_1 o s)$$

perspectivisch, folglich sind die Punktreihen projectivisch:

$$(\pi p_1 o s) \quad \text{und} \quad (\xi\xi_1 o s),$$

mithin auch die Strahlbüschel:

$$x(\pi p_1 o s) \quad \text{und} \quad P(\xi\xi_1 o s),$$

und da Pox in einer Geraden liegen, so liegen diese beiden Strahlbüschel perspectivisch d. h. die Punkte:

$$(x\pi,\ P\xi) \quad (xp_1,\ P\xi_1) \quad \text{und} \quad s$$

liegen in einer Geraden und in gleicher Weise

$$(xp,\ P\xi) \quad (x\pi_1,\ P\xi_1) \quad \text{und} \quad s$$

in einer zweiten Geraden; diese beiden Strahlen sind aber nach dem Vorigen einerseits conjugirte Strahlen in Bezug auf den Kegelschnitt $K^{(2)}$ und andererseits in Bezug auf $K_1^{(2)}$, folglich für beide Kegelschnitte gleichzeitig conjugirt. In ganz derselben Weise zeigen wir, dass die Punkte:

$$(x\pi,\ Q\xi) \quad (xp_1,\ Q\xi_1) \quad \text{und} \quad s$$

in einer Geraden liegen und andererseits

$$(xp,\ Q\xi) \quad (x\pi_1,\ Q\xi_1) \quad \text{und} \quad s$$

in einer zweiten Geraden liegen, und dass diese beiden Geraden ebenfalls ein Paar conjugirter Strahlen in Bezug auf beide Kegelschnitte gleichzeitig sind. Wir haben also durch s zwei Paare conjugirter Geraden in Bezug auf beide Kegelschnitte (auch ist X und xs ein drittes Paar), mithin hat der Punkt s für beide Kegelschnitte dasselbe zugehörige Strahlsystem d. h. ist der Schnittpunkt zweier gemeinschaftlicher Tangenten von $K^{(2)}$ und $K_1^{(2)}$.

In analoger Weise zeigt sich für den Punkt $\sigma = (\xi\eta_1, \xi_1\eta)$, dass sowohl

$$(x\pi,\ P\xi) \text{ und } (x\pi_1,\ P\xi_1) \text{ mit } \sigma$$

als auch

$$(xp,\ P\xi) \text{ und } (xp_1,\ P\xi_1) \text{ mit } \sigma$$

in je einer Geraden liegen, sowie auch

$$(x\pi,\ Q\xi) \text{ und } (x\pi_1,\ Q\xi_1) \text{ mit } \sigma$$

und

$$(xp,\ Q\xi) \text{ und } (xp_1,\ Q\xi_1) \text{ mit } \sigma$$

in je einer Geraden liegen; also ist auch der Punkt σ ein solcher, dass ihm rücksichtlich beider Kegelschnitte $K^{(2)}$ und $K_1^{(2)}$ dasselbe Strahlsystem zugehört.

Endlich ist leicht zu erkennen, dass von den beiden Strahlsystemen (s) und (σ) das erstere hyperbolisch, das letztere elliptisch ist; denn die aus den vier Punkten $p\pi p_1\pi_1$ abgeleiteten drei Punktsysteme:

das elliptische	(e), bestimmt durch die Paare	$p\pi$	$p_1\pi_1$,
das hyperbolische	(h), - - - -	pp_1	$\pi\pi_1$,
das hyperbolische	(h'), - - - -	$p\pi_1$	πp_1,

stehen in der eigenthümlichen Verbindung mit einander, wie sie auf Seite 57 beschrieben ist: wenn zu dem Punkte o

im Strahlsystem	(e)	der conjugirte	$\tilde{\omega}$	ist,	
- -	(h)	- -	s	- ,	
- -	(h')	- -	σ	- ,	
so sind auch	s und σ	conjugirte in	(e),		
- - -	σ - $\tilde{\omega}$	- -	(h),		
- - -	$\tilde{\omega}$ - s	- -	(h'),		

und das neue Quadrupel $o\tilde{\omega}s\sigma$ hängt von dem alten $p\pi p_1\pi_1$ ebenso ab, wie umgekehrt letzteres vom ersteren. Da aber s und σ conjugirte Punkte im Strahlsystem (e) sind, so werden s und σ durch p und π von einander getrennt; also da xp und $x\pi$ Tangenten des Kegelschnitts $K^{(2)}$ sind, dessen Berührungssehne $p\pi$ ist, so sind die beiden Strahlsysteme, welche den Punkten s und σ in Bezug auf $K^{(2)}$ zugehören, verschiedener Natur, das eine hyperbolisch, das andere elliptisch. Die Asymptoten des hyperbolischen Strahlsystems sind die beiden reellen gemeinschaftlichen Tangenten $\mathfrak{P}$ und $\mathfrak{Q}$ der Kegelschnitte $K^{(2)}$ und $K_1^{(2)}$.

Sind die beiden Kegelschnitte $K^{(2)}$ und $K_1^{(2)}$ Kreise, so sind s und σ ihre Aehnlichkeitspunkte, X die Centrale, o der Schnittpunkt der letzteren mit der Potenzlinie und $\tilde{\omega}$ unendlich-entfernt; die hier allgemein ausgesprochene Eigenschaft führt in diesem Fall auf die bekannte Eigenschaft der sogenannten „*gemeinschaftlichen Potenz*“ zweier Kreise*).

Nach dieser vorausgeschickten Auseinandersetzung bemerken wir, dass, wenn es eine Basis geben soll, für welche der Kegelschnitt $K_1^{(2)}$ die Polarfigur von $K^{(2)}$ ist und also auch umgekehrt, für eine solche Basis die Polare des Punktes p nothwendig durch x gehen und zugleich eine Tangente von $K_1^{(2)}$ sein muss, also entweder xp_1 oder $x\pi_1$, und die Polare von π alsdann die Gerade $x\pi_1$ oder xp_1 ist; da nun x und X gleichzeitig Pol und Polare für die gesuchte Basis sein müssen, wie wir früher erkannt haben, so stellen sich für dieselbe folgende Bedingungen heraus: 1) entweder der Basis gehört das Punktsystem (h) zu, d. h. p und p_1, π und π_1 sind conjugirte Punkte, und da dieses Punktsystem ein hyperbolisches ist, dessen Asymptotenpunkte a und α heissen mögen, so geht die gesuchte Basis durch a und α und hat xa und $x\alpha$ zu ihren Tangenten in diesen Punkten; oder 2) der Basis gehört das Punktsystem (h') zu, d. h. p und π_1, π und p_1 sind conjugirte Punkte in Bezug auf die gesuchte Basis, und da dieses Punktsystem ebenfalls hyperbolisch ist (seine Asymptotenpunkte mögen $a'\alpha'$ heissen), so muss die Basis durch $a'\alpha'$ gehen und xa', $x\alpha'$ zu Tangenten an diesen Punkten haben. Durch diese Bedingungen ist die Basis noch nicht vollkommen bestimmt. Fügen wir aber hinzu, dass für eine reelle Basis die Polare eines Schnittpunktes der Kegelschnitte $K^{(2)}$ und $K_1^{(2)}$ nothwendig eine gemeinschaftliche Tangente derselben sein muss, so ist entweder $\mathfrak{P}$ die Polare von P und $\mathfrak{Q}$ von Q, oder $\mathfrak{Q}$ die Polare von P und $\mathfrak{P}$ von Q; in jedem der beiden Fälle ist also nothwendig s der Pol von PQ, d. h. s und o sind conjugirte Punkte und ebenso σ und $\tilde{\omega}$; hieraus erkennen wir, dass der zweite Fall des Punktsystems (h') keine reelle Basis liefern kann, denn für ihn wären s und $\tilde{\omega}$, σ und o je zwei conjugirte Punkte, was nicht möglich ist. Es bleibt hiernach nur der Fall 1) übrig: das Punktsystem (h) hat o und s, $\tilde{\omega}$ und σ zu conjugirten, a und α zu Asymptotenpunkten; die Punkte o und s liegen also harmonisch zu $a\alpha$ und werden durch diese getrennt. Um nun eine Basis zu erhalten, für welche $K^{(2)}$ und $K_1^{(2)}$ Polarfiguren von einander sind, müssen entweder P und $\mathfrak{P}$ und gleichzeitig Q und $\mathfrak{Q}$ oder andererseits P und $\mathfrak{Q}$ und gleichzeitig Q und $\mathfrak{P}$ Pol und Polare in Bezug auf die Basis sein; die reelle gemeinschaftliche Secante xo, welche durch P und Q geht, treffe $\mathfrak{P}$ und $\mathfrak{Q}$ in den Punkten $\mathfrak{p}$ und $\mathfrak{q}$; dann müssen sowohl P und Q zugeordnet-harmonische Punkte zu x und o

*) *J. Steiner:* Einige geometrische Betrachtungen, *Crelle*'s Journal f. Math. Bd. I. S. 175.

sein, als auch $\mathfrak{p}$ und $\mathfrak{q}$, wie ersichtlich ist; es sind daher x und o die Asymptotenpunkte eines hyperbolischen Punktsystems, von dem zwei Paare conjugirter Punkte P und Q, $\mathfrak{p}$ und $\mathfrak{q}$ sind; diese vier Punkte bestimmen noch zwei andere Punktsysteme, von denen eines nothwendig elliptisch, das andere hyperbolisch ist; wenn nämlich P und $\mathfrak{p}$, Q und $\mathfrak{q}$ als conjugirte Punkte aufgefasst werden, so sei dies das hyperbolische Punktsystem und habe die Asymptotenpunkte b und β; werden dagegen P und $\mathfrak{q}$, Q und $\mathfrak{p}$ als conjugirte Punkte aufgefasst, so sei dies das elliptische Punktsystem; für beide sind x und o ein Paar conjugirter Punkte, denn da:

$$(PQxo) = -1 \quad \text{und} \quad (\mathfrak{p}\mathfrak{q}xo) = -1 \text{ ist,}$$

so folgt:

$$(PQxo) = (\mathfrak{p}\mathfrak{q}ox) \quad \text{und auch}$$
$$(PQxo) = (\mathfrak{q}\mathfrak{p}ox);$$

es liegen daher x und o harmonisch zu b und β, und andererseits sind $P\mathfrak{q}$, $Q\mathfrak{p}$, xo drei Paare conjugirter Punkte des elliptischen Punktsystems. Hieraus geht hervor, dass der Kegelschnitt, welcher durch $a\alpha$, $b\beta$ geht und xa, $x\alpha$ zu Tangenten hat, nothwendig die eine Basis, derjenige Kegelschnitt aber, welcher durch $a\alpha$ geht, in diesen Punkten von xa und $x\alpha$ berührt wird und das elliptische Punktsystem, dessen zwei Paare conjugirter Punkte b und β, x und o sind, zu dem ihm zugehörigen hat, die zweite Basis ist, für welche $K^{(2)}$ und $K_1^{(2)}$ Polarfiguren sind. Durch diese sich nicht widersprechenden Bedingungen sind die beiden reellen Basen vollständig bestimmt, und es bleibt nur nachzuweisen, dass nothwendig die eine von ihnen Ellipse, die andere Hyperbel ist; dies erhellt aus folgender Bemerkung: Ziehen wir $(ab, \alpha\beta) = c$ und $(a\beta, \alpha b) = \gamma$, so liegen c und γ auf xs und werden durch diese Punkte harmonisch getrennt; während die erste Basis durch b und β geht, muss die zweite durch c und γ gehen, und die beiden reellen Basen sind daher harmonisch-zugeordnete Kegelschnitte. Da nun auch a und α zu o und s harmonisch liegen, so wird entweder o zwischen und s ausserhalb $a\alpha$ liegen oder umgekehrt; im ersten Falle wird diejenige Basis, welche durch b und β geht, Ellipse, die andere Hyperbel werden, im zweiten Falle umgekehrt; denn wir wissen, dass in dem S. 372 untersuchten Falle B) für die Lage der beiden Kegelschnitte $K^{(2)}$ und $K_1^{(2)}$ nothwendig x ausserhalb beider liegen und X beide in reellen Punktpaaren schneiden muss; es werden daher P und Q zwischen sich o und ausserhalb x haben und in gleicher Weise auch $\mathfrak{p}$ und $\mathfrak{q}$, folglich können die vier Punkte $PQ\mathfrak{p}\mathfrak{q}$ nur auf eine der beiden Arten gelegen sein:

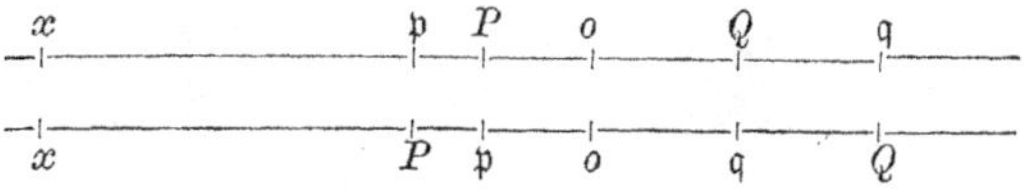

und hieraus folgt, dass die beiden Asymptotenpunkte b und β des durch die Punktpaare P und $\mathfrak{p}$, Q und $\mathfrak{q}$ bestimmten hyperbolischen Punktsystems nothwendig ebenfalls den Punkt o zwischen sich und x ausserhalb haben müssen; der durch x gehende Strahl xo hat also beide Punkte b und β auf derselben Seite von x. Wenn nun xo zwischen a und α hindurchgeht, so ist der durch $b\beta$ gelegte Kegelschnitt, welcher xa und $x\alpha$ in a und α berührt, nothwendig Ellipse und der andere Kegelschnitt, welcher durch c und γ geht und xa und $x\alpha$ in a und α berührt, Hyperbel; wenn dagegen xo ausserhalb $a\alpha$ diese Gerade X trifft, so geht xs zwischen $a\alpha$ hindurch, und der durch $a\alpha c\gamma$ gelegte Kegelschnitt wird Ellipse, der durch $a\alpha b\beta$ gelegte Hyperbel; einer von beiden Fällen kann aber nur eintreten; von den beiden reellen Basen ist daher immer eine Ellipse, die andere Hyperbel; der oben ausgesprochene Satz ist dadurch vollständig erwiesen.

Aufgaben und Sätze.

1. Sind in der Ebene eine Punktreihe $\mathfrak{A}(\mathfrak{a}\mathfrak{b}\mathfrak{c}\ldots\mathfrak{x}\ldots)$ und ein mit derselben projectivisches Strahlbüschel $B(abc\ldots x\ldots)$ in fester Lage gegeben, und dreht sich um einen festen Punkt P eine veränderliche Gerade $\mathfrak{A}_1$, welche von dem Strahlbüschel in der Punktreihe $\mathfrak{a}_1\mathfrak{b}_1\mathfrak{c}_1\ldots\mathfrak{x}_1\ldots$ geschnitten wird, so erzeugen die beiden projectivischen Punktreihen $(\mathfrak{a}\mathfrak{b}\mathfrak{c}\ldots\mathfrak{x}\ldots)$ und $(\mathfrak{a}_1\mathfrak{b}_1\mathfrak{c}_1\ldots\mathfrak{x}_1\ldots)$ einen Kegelschnitt $\mathfrak{K}^{(2)}$. Die sämmtlichen Kegelschnitte $\mathfrak{K}^{(2)}$ bilden eine Schaar, deren Eigenschaften untersucht werden sollen.
2. Es sollen folgende drei Gruppen von Kegelschnitten:

   α) alle Kegelschnitte, welche gleichzeitig durch einen gegebenen Punkt P gehen, eine gegebene Gerade $\mathfrak{L}$ berühren und denen ein gegebenes Strahlsystem $B(l, \lambda)$ zugehört;

   β) alle Kegelschnitte, welche gleichzeitig eine gegebene Gerade $\mathfrak{L}$ berühren, durch einen gegebenen Punkt P gehen und denen ein gegebenes Punktsystem $\mathfrak{A}(p, \pi)$ zugehört;

   γ) alle Kegelschnitte, denen gleichzeitig ein gegebenes Strahlsystem $B(l, \lambda)$ und ein gegebenes Punktsystem $\mathfrak{A}(p, \pi)$ zugehört, einer Untersuchung unterzogen werden hinsichtlich der verschiedenen Gattungen der Kegelschnitte, welche bei ihnen auftreten, hinsichtlich des Ortes ihrer Mittelpunkte, Brennpunkte, Axen, Asymptoten und hinsichtlich der Polaritäts-Beziehungen, welche sie darbieten. Die Punkt- und Strahl-Systeme $\mathfrak{A}\ (p,\ \pi)$ und $B\ (l,\ \lambda)$ können hyperbolisch oder elliptisch angenommen werden.

3. Sind zwei Punkte P^0, Π^0 und ein Dreieck ABC gegeben, so kann man $A\ B\ C$ als die Mittelpunkte dreier Strahlsysteme annehmen, welche so hergestellt werden:

Wir bezeichnen in doppeltem Sinne:

die Seite AB durch a und β,
- - BC - γb - ,
- - CA - c - α;

ferner die Strahlen $P^0A = x^0$, $\Pi^0 A = \xi^0$,
$P^0B = y^0$, $\Pi^0 B = \eta^0$,
$P^0C = z^0$, $\Pi^0 C = \zeta^0$,

alsdann bestimmen die Strahlenpaare $a\alpha$ und $x^0\,\xi^0$ das Strahlsystem in (A),
ebenso - - - $b\beta$ - $y^0\eta^0$ - - - (B),
endlich - - - $c\gamma$ - $z^0\zeta^0$ - - - (C),

und diese drei Strahlsysteme sind in der Weise von einander abhängig, dass, wenn irgend ein Punkt P der Ebene mit ABC verbunden die drei Strahlen $PA = x$, $PB = y$, $PC = z$ liefert, die drei conjugirten Strahlen $\xi\eta\zeta$ in jenen drei Strahlsystemen sich allemal in einem correspondirenden Punkte Π treffen. Hierdurch wird eine Verwandtschaft der beiden mit den Punkten P und Π erfüllten Ebenen hergestellt, deren Natur und Eigenschaften untersucht werde. Auch sind irgend drei Strahlenpaare jener drei Strahlsysteme allemal sechs Tangenten eines Kegelschnitts. Wie hängen alle solche Kegelschnitte in der Ebene mit einander zusammen?

Die drei Strahlsysteme lassen sich zu je zweien auf drei Arten zusammenfassen; alle Kegelschnitte, welche zwei gegebene Strahlsysteme zu den ihnen zugehörigen haben, bilden eine Kegelschnittschaar, und die drei dadurch erhaltenen Schaaren heissen *conjugirte Kegelschnittschaaren;* ihr Zusammenhang und ihre Eigenschaften sollen aufgesucht werden (vgl. §. 51).

4. Wenn zwei gegebene projectivische Strahlbüschel (B) und (B_1) in ihrer Beziehung unverändert bleiben und das eine (B) auch seine Lage unverändert beibehält, während das andere (B_1) sich continuirlich um den festgehaltenen Mittelpunkt dreht, so ver-

ändert sich der von (B) und (B_1) erzeugte Kegelschnitt $K^{(2)}$ und beschreibt eine Kegelschnittgruppe (§. 25). Die Bedingungen, denen die Kegelschnitte dieser Gruppe unterworfen sind, und die Eigenschaften derselben sollen aufgesucht werden.

5. Auf zwei gegebenen Trägern $\mathfrak{A}$ und $\mathfrak{A}_1$ werden durch ein beliebiges Strahlbüschel (B) mit dem Mittelpunkte B zwei perspectivisch liegende, also projectivische Punktreihen ausgeschnitten. Ist eine solche projectivische Beziehung durch den Punkt B hergestellt und werden die beiden Punktreihen auf ihren festgehaltenen Trägern $\mathfrak{A}$ und $\mathfrak{A}_1$ um zwei der Grösse und Richtung nach gegebene Strecken (Schiebstrecken) verschoben, so erzeugen sie nach der Verschiebung im Allgemeinen einen Kegelschnitt. Es wird gefragt:

   1) Wo muss der Punkt B liegen, damit nach der gegebenen Verschiebung der entstehende Kegelschnitt ein Kreis wird?

   2) Welches ist der Ort des Punktes B, damit nach der gegebenen Verschiebung der entstehende Kegelschnitt eine gleichseitige Hyperbel wird?

6. Welches ist der Ort sämmtlicher Asymptoten der Kegelschnitte einer Schaar von vier (reellen oder imaginären) gemeinschaftlichen Tangenten?

7. Unter den einem gegebenen Vierseit einbeschriebenen Kegelschnitten (Kegelschnittschaar) haben je drei gleichen Inhalt d. h. gleiches Axenproduct; es giebt unter denselben zwei, eine Ellipse und eine Hyperbel, welchen ein Maximum des Axenproductes zukommt. Wie sind die Mittelpunkte dieser beiden Kegelschnitte zu finden?

8. Unter den einem gegebenen Viereck umschriebenen Kegelschnitten (Kegelschnittbüschel) haben im Allgemeinen je sechs gleichen Inhalt d. h. gleiches Axenproduct. Es giebt unter denselben drei solche, deren Axenproducte relative Maxima oder Minima sind, und zwar sind dieselben je nach der Beschaffenheit des gegebenen Vierecks entweder alle drei Hyperbeln, deren Axenproducte Maxima sind, oder eine Ellipse, deren Inhalt ein Minimum, und zwei Hyperbeln, deren Axenproducte Maxima sind. Die Mittelpunkte dieser drei ausgezeichneten Kegelschnitte zu finden.

9. Die Axen aller einem gegebenen Dreieck einbeschriebenen Parabeln umhüllen eine specielle Curve dritter Klasse und vierten Grades, welche die unendlich-entfernte Gerade $\mathfrak{G}_\infty$ zur ideellen Doppeltangente und drei Rückkehrpunkte hat; nämlich die Curve

ist eine bestimmte dreibogige oder dreispitzige Hypocycloide; ihre drei Rückkehrtangenten treffen sich im Mittelpunkt des dem Dreieck umschriebenen Kreises unter gleichen Winkeln ($= 120^0$) und sind gleich lang und zwar dem dreifachen Radius des Kreises gleich; die drei Rückkehrpunkte liegen daher auf einem mit dem letztern concentrischen Kreise; derselbe ist die Basis der Hypocycloide, und der sie erzeugende rollende Kreis ist dem erstgenannten Kreise gleich.

10. Wie müssen zwei Kegelschnitte zu einander gelegen sein, damit jedem derselben solche Dreiecke umschrieben werden können, welche zugleich dem andern einbeschrieben sind?

11. Einen Kegelschnitt zu finden, welcher zwei gegebene Kegelschnitte doppelt berührt und ausserdem entweder a) eine gegebene Gerade berührt oder b) durch einen gegebenen Punkt geht.

12. Einen Kegelschnitt zu finden, welcher einen gegebenen Kegelschnitt doppelt berührt und ausserdem entweder a) drei gegebene Gerade berührt, oder b) zwei gegebene Gerade berührt und durch einen gegebenen Punkt geht, oder c) eine gegebene Gerade berührt und durch zwei gegebene Punkte geht, oder d) durch drei gegebene Punkte geht.

13. Eine Gerade, welche in zwei gegebenen festen Kreisen solche Sehnen ausschneidet, deren Verhältniss irgend einen gegebenen constanten Werth k hat, umhüllt einen bestimmten Kegelschnitt; lässt man den Werth k nach einander alle Grössen durchlaufen, so erhält man eine Kegelschnittschaar von vier (reellen oder imaginären) gemeinschaftlichen Tangenten, und zwar gehören die gegebenen Kreise selbst zu dieser Schaar, indem sie den Werthen $k = 0$ und $k = \infty$ entsprechen; dem Werthe $k = 1$ entspricht die einzige Parabel der Schaar.

14. Wenn man in einen beliebigen Peripheriepunkt P eines Kegelschnitts den Mittelpunkt eines Strahlsystems hineinverlegt, so durchbohren die Strahlenpaare desselben den Kegelschnitt in Punktpaaren, deren Sehnen durch einen festen Punkt O (Sehnenpol) laufen (S. 152). Nimmt man insbesondere für das Strahlsystem ein circulares (d. h. die Schenkel aller rechten Winkel mit dem gemeinsamen Scheitel P), so gehört zu dem Punkte P ein bestimmter Punkt O. Welches ist der Ort von O, während P die ganze Peripherie des Kegelschnitts durchläuft? Der Punkt O liegt offenbar auf der Normale des Punktes P für den gegebenen Kegelschnitt. Giebt es solche besondere Punkte P, für

welche O der Krümmungsmittelpunkt wird, und wie findet man diese?

15. Für sämmtliche Parabeln, welche ein gegebenes Dreieck zu einem Tripel conjugirter Punkte haben, gehen die Leitlinien durch den Mittelpunkt des umschriebenen Kreises; der Ort der Brennpunkte ist derjenige Kreis, welcher durch die Mitten der Seiten und die Fusspunkte der Höhen des gegebenen Dreiecks geht. (*Feuerbach*'scher Kreis.)

16. Wie viel Kegelschnitte einer Schaar (und eines Büschels) haben eine gegebene Gerade zur Normale, und wie findet man sie?

17. Sind zwei projectivische Punktreihen $\mathfrak{A}(\mathfrak{a}\mathfrak{b}\mathfrak{c}..\mathfrak{x}..)$ und $\mathfrak{A}_1(\mathfrak{a}_1\mathfrak{b}_1\mathfrak{c}_1..\mathfrak{x}_1..)$ gegeben, und bewegen sich zwei veränderliche Punkte x und x_1 so, dass sie auf zwei andern geraden Trägern $\mathfrak{L}$ und $\mathfrak{L}_1$ zwei projectivische Punktreihen beschreiben, dann erzeugen die beiden Strahlbüschel:

$$x(\mathfrak{a}\mathfrak{b}\mathfrak{c}\ldots\mathfrak{x}..) \quad \text{und} \quad x_1(\mathfrak{a}_1\mathfrak{b}_1\mathfrak{c}_1\ldots\mathfrak{x}_1..)$$

allemal einen Kegelschnitt $K^{(2)}$, welcher sich verändert mit der Veränderung der Mittelpunkte xx_1 der erzeugenden Strahlbüschel Welchen Bedingungen ist die dadurch erhaltene Gruppe von Kegelschnitten unterworfen, und welcher Art sind die in ihr enthaltenen Kegelschnitte? Wie vereinfacht sich die Kegelschnittgruppe, wenn die von x und x_1 beschriebenen Punktreihen perspectivisch liegen?

18. Wenn man ein Kegelschnittbüschel hat und verlegt in einen der vier Grundpunkte desselben den Mittelpunkt eines beliebigen Strahlsystems, so bestimmt dieses für jeden Kegelschnitt des Büschels einen gewissen Punkt O (Sehnenpol), durch welchen die sämmtlichen Durchbohrungssehnen für jedes Strahlenpaar des Strahlsystems gehen. Welches ist der Ort des Punktes O für alle Kegelschnitte des Büschels?

19. Legt man durch den Mittelpunkt eines beliebigen Strahlsystems (x, ξ) zwei Kegelschnitte $K^{(2)}$ und $K_1^{(2)}$, so durchbohrt jedes Strahlenpaar $x\xi$ den ersten Kegelschnitt in einem Punktpaar, dessen Sehne durch einen festen Punkt P läuft und ein Strahlbüschel (P) beschreibt; in gleicher Weise erhält man für den zweiten Kegelschnitt ein Strahlbüschel (P_1). Die beiden Strahlbüschel (P) und (P_1) sind projectivisch und erzeugen einen neuen Kegelschnitt $\mathfrak{K}^{(2)}$, welcher durch die drei übrigen gemeinschaftlichen Punkte der Kegelschnitte $K^{(2)}$ und $K_1^{(2)}$, aber nicht durch den Mittelpunkt des Strahlsystems hindurchgeht. Bezeichnet man

die Schnittpunkte irgend eines Strahlenpaares des gegebenen Strahlsystems mit dem Kegelschnitte $K^{(2)}$ durch $\alpha\beta$ und mit dem Kegelschnitte $K_1^{(2)}$ durch $\alpha_1\beta_1$, so laufen $\alpha\beta$ durch P und $\alpha_1\beta_1$ durch P_1; die vier Schnittpunkte lassen sich aber noch durch zwei andere Linienpaare verbinden: $\alpha\alpha_1$, $\beta\beta_1$, $\alpha\beta_1$, $\alpha_1\beta$. Welchen Ort umhüllen diese Geraden bei der Veränderung des Strahlenpaares in dem gegebenen Strahlsystem?

20. Es sind fünf Gerade als Träger von fünf bestimmten Punktsystemen gegeben; es soll ein Kegelschnitt gefunden werden, welcher jede Gerade in einem Paare conjugirter Punkte des auf ihr gegebenen Punktsystems trifft.

21. Es giebt vier Kegelschnitte, welche einem gegebenen Dreieck umschrieben sind und zugleich zwei gegebene Gerade $\mathfrak{L}\mathfrak{L}_1$ berühren. Die sechs übrigen Schnittpunkte dieser vier Kegelschnitte liegen paarweise auf drei Geraden, welche durch den Schnittpunkt $(\mathfrak{L}\mathfrak{L}_1)$ hindurchgehen.

22. Es giebt unendlich-viele Kegelschnitte, welche einem gegebenen Dreieck umschrieben sind und eine gegebene Gerade $\mathfrak{L}$ berühren. Wenn man vier Kegelschnitte dieser Gruppe festhält und einen fünften verändert, so bestimmen die ersteren vier Durchschnittspunkte auf dem letzteren, deren Doppelverhältniss von constantem Werthe ist, nämlich gleich dem der vier Berührungspunkte der vier festen Kegelschnitte mit der Geraden $\mathfrak{L}$.

23. Sind $\mathfrak{K}^{(2)}$ und $\mathfrak{K}_1^{(2)}$ zwei Kegelschnitte, welche einem Dreieck ABC umschrieben sind und eine Gerade $\mathfrak{L}$ berühren, und ist $K^{(2)}$ derjenige Kegelschnitt, welcher durch ABC und die beiden Berührungspunkte gelegt werden kann, so werden die Tangenten von $K^{(2)}$ in den Punkten ABC die Gerade $\mathfrak{L}$ in denjenigen drei Punkten treffen, in welchen dieselbe von den übrigen drei gemeinschaftlichen Tangenten der Kegelschnitte $\mathfrak{K}^{(2)}$ und $\mathfrak{K}_1^{(2)}$ getroffen wird.

24. Die beiden Kegelschnitte, welche vier Gerade berühren und durch einen gegebenen Punkt P gehen, sind, wenn sie reell sind, beide Ellipsen oder beide Hyperbeln, sobald der Punkt P ausserhalb derjenigen Parabel liegt, welche die vier gegebenen Geraden berührt; dagegen ist einer der Kegelschnitte Ellipse und der andere Hyperbel, sobald der Punkt P innerhalb jener Parabel liegt.

25. Sind in der Ebene eines Dreiecks ABC zwei beliebige Gerade $\mathfrak{L}\mathfrak{L}_1$ gegeben, so bestimmen auf jeder Dreiecksseite die beiden

Ecken und die beiden Schnittpunkte mit $\mathfrak{L}$ und $\mathfrak{L}_1$ als zwei Paare conjugirter Punkte aufgefasst, ein gewisses Punktsystem. Diese drei Punktsysteme auf den Dreiecksseiten sind entweder 1) alle drei hyperbolisch, oder 2) es ist eines hyperbolisch und die beiden andern sind elliptisch. Wie lässt sich aus der Lage der gegebenen Stücke der Figur das Eintreten des einen oder des andern Falles entscheiden? Im ersten Falle liegen die sechs Asymptotenpunkte der drei hyperbolischen Punktsysteme zu je dreien auf vier Geraden und bilden die drei Paar Gegenecken eines vollständigen Vierseits, dessen Diagonaldreieck das gegebene Dreieck ABC ist. Seien s und t die Asymptotenpunkte eines dieser drei Punktsysteme (und eines muss immer hyperbolisch sein); drehen wir um s einen beliebigen Strahl, welcher in a und b die beiden andern Dreiecksseiten trifft, und sind α und β die conjugirten Punkte in den auf diesen Seiten befindlichen Punktsystemen, so muss auch $\alpha\beta$ durch s gehen. Welchen Ort umhüllen aber $a\beta$ und $b\alpha$?

26. Welchen Ort wird eine veränderliche Gerade $\mathfrak{L}$ umhüllen, welche zwei gegebene Kegelschnitte $K^{(2)}$ und $K_1^{(2)}$ beziehlich in zwei solchen Punktpaaren s und t, s_1 und t_1 trifft, dass das Doppelverhältniss:

$$(s\,t\,s_1\,t_1)$$

einen gegebenen constanten Werth k hat? Wie vereinfacht sich der gefundene Ort, wenn $k = -1$ ist?

27. Wenn man drei Polardreiecke in Bezug auf einen Kegelschnitt hat, so liegen die sechs Ecken je zweier derselben auf einem neuen Kegelschnitt; in welchem Zusammenhange stehen die auf diese Weise erhaltenen drei neuen Kegelschnitte mit einander?

28. Gegeben sei ein Dreieck ABC und zwei beliebige Punkte PQ; die Verbindungslinie PQ treffe die Dreiecksseiten BC, CA, AB in Punkten, deren zugeordnete vierte harmonische Punkte $A_1B_1C_1$ seien; alsdann lassen sich durch die beiden Punkte P und Q drei Kegelschnitte legen, von denen der erste durch ABC, der zweite durch $A_1B_1C_1$ gehe und der dritte das gegebene Dreieck ABC zum Polardreieck habe. Diese drei Kegelschnitte gehören einem und demselben Büschel an, d. h. gehen ausser durch P und Q durch dieselben beiden (reellen oder imaginären) Punkte, deren (stets reelle) Verbindungslinie construirt werde.

29. Wenn zwei Kegelschnitte $\mathfrak{K}^{(2)}$ und $\mathfrak{K}_1^{(2)}$ so liegen, dass es einmal ein Dreieck giebt, welches gleichzeitig dem $\mathfrak{K}^{(2)}$ ein- und dem

$\mathfrak{K}_1^{(2)}$ umbeschrieben ist, so giebt es bekanntlich unzählig viele solcher Dreiecke xyz. Nimmt man irgend drei Punkte ABC des Kegelschnitts $\mathfrak{K}^{(2)}$, so berühren die sechs Seiten der beiden Dreiecke ABC und xyz einen Kegelschnitt $K^{(2)}$, welcher bei der Veränderung des Dreiecks xyz eine Kegelschnittschaar durchläuft d. h. beständig ausser den Dreiecksseiten BC, CA, AB noch eine feste Gerade berührt, die zugleich eine Tangente von $\mathfrak{K}_1^{(2)}$ ist.

30. Durch einen gegebenen Punkt P in der Ebene eines Kegelschnitts $\mathfrak{K}^{(2)}$ gehen im Allgemeinen vier solche Sehnen desselben, die eine gegebene Länge l haben. Die Mitten dieser vier Sehnen liegen allemal auf einem Kreise. Wie verändert sich der Kreis, wenn bei festgehaltenem Punkte P die Länge l variirt? Man kann an Stelle der Entfernung der beiden Schnittpunkte eines Strahles mit einem Kegelschnitt die Potenz desjenigen Punktsystems einführen, welches dem Strahl in Bezug auf den Kegelschnitt zugehört, und sich allgemeiner die folgende Frage stellen:

31. Wenn sich ein Strahl in der Ebene eines Kegelschnitts $\mathfrak{K}^{(2)}$ um einen festen Punkt P dreht, wie verändert sich die Potenz desjenigen Punktsystems, welches dem Strahle in Bezug auf den Kegelschnitt zugehört? Wie oft und wann erreicht diese Potenz ein relatives Maximum oder Minimum?

32. Wenn man von den Punkten a eines Kegelschnitts $A^{(2)}$ in Bezug auf einen Basis-Kegelschnitt $\mathfrak{K}^{(2)}$ die Polaren construirt, so umhüllt die Polare $\mathfrak{B}$ des Punktes a in Bezug auf $\mathfrak{K}^{(2)}$ einen Kegelschnitt $B^{(2)}$, welcher in dem Punkte b von der Geraden $\mathfrak{B}$ berührt wird; die Polare $\mathfrak{A}$ des Punktes b in Bezug auf $\mathfrak{K}^{(2)}$ ist die Tangente $\mathfrak{A}$ im Punkte a am Kegelschnitt $A^{(2)}$. Bezeichnen wir die Verbindungslinie $(ab) = X$ und den Schnittpunkt $(\mathfrak{A}, \mathfrak{B}) = x$, welche Ortscurven werden bei der Veränderung von a auf $A^{(2)}$ die Gerade X und der Punkt x beschreiben? Und in welchem Zusammenhange stehen dieselben mit einander und mit den Kegelschnitten $A^{(2)}$ und $B^{(2)}$?

33. Welches ist der Ort der Berührungspunkte sämmtlicher Tangentenpaare aus einem festen Punkte P an die Kegelschnitte einer gegebenen Schaar und eines gegebenen Büschels? In welchem Zusammenhange stehen drei solche Ortscurven, welche bei drei conjugirten Kegelschnittbüscheln (§. 51) auftreten?

Vierter Abschnitt.

Netze:

Das Involutions-Netz (Polarsystem) und das Kegelschnitt-Netz.

§. 56. Erklärung und Construction des Polarsystems.

Die in den §§. 29 und 30 auseinandergesetzten Polar-Eigenschaften des Kegelschnitts haben eine eigenthümliche Beziehung von sämmtlichen Punkten der Ebene zu sämmtlichen Geraden in ihr und eine paarweise Verkettung der Punkte einer Geraden zu einem Punktsystem, sowie der Strahlen durch einen Punkt zu einem Strahlsystem ans Licht gebracht, nämlich: Jeder Punkt in der Ebene eines Kegelschnitts wird durch denselben in ein bestimmtes Strahlsystem, jede Gerade in ein bestimmtes Punktsystem verwandelt, dessen Construction aus der projectivischen Erzeugung des Kegelschnitts hervorgeht. Dreht man eine Gerade um einen festen Punkt, so verändert sich das Punktsystem auf ihr; die zu dem festen Punkt conjugirten Punkte für jedes dieser Punktsysteme liegen auf einer Geraden (Polare des festen Punktes); nehmen wir auf dieser Geraden verschiedene Punkte und fassen die ihnen zugehörigen Strahlsysteme auf, so laufen die zu der Geraden in jedem Strahlsystem conjugirten Strahlen durch einen festen Punkt (Pol der Geraden), der mit dem zuerst angenommenen Punkte zusammenfällt. Diese Zusammengehörigkeit der Punkte und Geraden einer Ebene lässt sich nun auch unabhängig vom Kegelschnitt herstellen und führt zu dem Begriff des Involutions-Netzes oder Polarsystems.

Sämmtliche Punkte und Gerade in einer Ebene sollen derartig mit einander in ein *Netz**) verflochten werden, dass auf jeder Geraden die Punkte sich paarweise zu einem bestimmten Punktsystem und zugleich die durch jeden Punkt gehenden Strahlen sich paarweise zu einem bestimmten Strahlsystem ordnen; je zwei conjugirte Punkte und Strahlen eines solchen Punkt- und Strahlsystems sollen *conjugirte Punkte und conjugirte Strahlen des Netzes* heissen. Ferner sollen für alle durch einen Punkt B gehende Strahlen diejenigen Punkte,

*) Wir wollen zur Abkürzung das Wort „Netz" statt des längeren „Polarsystem" beibehalten, verstehen aber darunter eben nur ein solches Involutionsnetz von Punkten und Strahlen in der Ebene, wie es beschrieben wird.

welche dem B conjugirt sind, rücksichtlich der auf diesen Strahlen befindlichen Punktsysteme auf einer und derselben Geraden $\mathfrak{A}$ liegen und zugleich alle diejenigen Strahlen, welche dem Strahl $\mathfrak{A}$ conjugirt sind, in denjenigen Strahlsystemen, deren Mittelpunkte auf $\mathfrak{A}$ liegen, durch einen und denselben Punkt und zwar durch den vorgenannten Punkt B gehen. Der Punkt B und die Gerade $\mathfrak{A}$ sollen *Pol und Polare des Netzes* heissen. Dass eine solche Verflechtung der Punkte und Geraden einer Ebene *möglich* ist, wird die sogleich anzugebende Construction lehren; zuvörderst bemerken wir, dass aus der gegebenen Erklärung unmittelbar folgt: *Jedes einem Punkte B zugehörige Strahlsystem liegt mit dem seiner Polare $\mathfrak{A}$ zugehörigen Punktsystem perspectivisch;* denn seien a und α irgend ein Paar conjugirter Punkte des Punktsystems auf dem Träger $\mathfrak{A}$, und B der Pol desselben (Fig. 87),

Fig. 87.

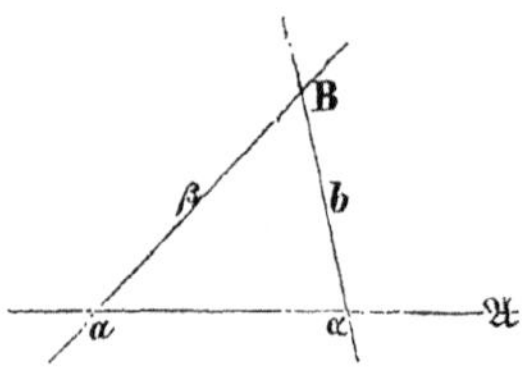

so sind B und a auf dem Strahl Ba, ein Paar conjugirter Punkte, weil gleichzeitig $\mathfrak{A}$ die Polare von B ist nach dem Obigen; zweitens sind auch α und a conjugirte Punkte, folglich ist $B\alpha$ die Polare von a und ebenso Ba die Polare von α; wenn aber a der Pol von $B\alpha$ ist, so müssen Ba und $B\alpha$ conjugirte Strahlen sein; denn alle zu $B\alpha$ conjugirten Strahlen müssen durch a gehen; also liefert das beliebig angenommene Paar conjugirter Punkte $a\alpha$ auf dem Träger $\mathfrak{A}$, mit B verbunden, ein Paar conjugirter Strahlen $B\alpha$ und Ba des Strahlsystems, welches dem Punkte B zugehört, und es liegen daher Punktsystem und Strahlsystem perspectivisch.

Die drei Punkte $a\alpha B$ sind in der Weise mit einander verknüpft, dass je zwei von ihnen conjugirte Punkte des Netzes sind, oder jeder der Pol des Verbindungsstrahles der beiden andern ist; sowie auch das von den Verbindungslinien solcher drei Punkte gebildete Dreiseit die Eigenschaft besitzt, dass je zwei Seiten conjugirte Strahlen des Netzes sind, oder jede Seite die Polare des Schnittpunktes der beiden übrigen ist; solche drei Punkte sollen *ein Tripel conjugirter Punkte* und ihre drei Verbindungslinien *ein Tripel conjugirter Strahlen des Netzes,* oder auch *Polardreieck* und *Polardreiseit* heissen. Wir können die vorige Eigenschaft auch umkehren: Sind b und β irgend zwei conjugirte Strahlen, die sich in B treffen, und sind auf diesen als Trägern von Punktsystemen die dem Punkte B conjugirten Punkte resp. α und a, so ist α der Pol von β und a der Pol von b, also $a\alpha B$ ein Tripel conjugirter Punkte und $b\beta\mathfrak{A}$ ein Tripel conjugirter Strahlen. Ferner folgt aus dem Obigen: *Die Polaren b von sämmtlichen Punkten a einer Geraden $\mathfrak{A}$ laufen durch einen und denselben Punkt B, den Pol der Geraden $\mathfrak{A}$ und beschreiben ein*

Strahlbüschel, welches mit der von a durchlaufenen Punktreihe projectivisch ist (weil der Punkt a und der Schnittpunkt α seiner Polare b mit dem Träger $\mathfrak{A}$ das diesem zugehörige Punktsystem bilden), und umgekehrt: *Die Pole α sämmtlicher durch einen Punkt B gehenden Strahlen β liegen auf einer Geraden $\mathfrak{A}$, der Polare des Punktes B, und beschreiben eine mit dem von β beschriebenen Strahlbüschel projectivische Punktreihe.*

Das Polarsystem oder Netz kann auf folgende Art construirt werden: *Wenn zwei conjugirte Strahlen des Netzes und auf jedem das ihm zugehörige Punktsystem, oder wenn zwei conjugirte Punkte des Netzes und in jedem das ihm zugehörige Strahlsystem gegeben sind, so ist das Netz vollständig bestimmt.* Seien $\mathfrak{A}$ und $\mathfrak{A}_1$ zwei beliebige Gerade, welche conjugirte Strahlen des Netzes sein sollen, und sei auf jeder derselben ein Punktsystem durch zwei Paare conjugirter Punkte gegeben, so wird dem Schnittpunkt B_2 der Geraden $\mathfrak{A}\mathfrak{A}_1$ in der ersten Geraden $\mathfrak{A}$ ein bestimmter Punkt B_1, und in der zweiten $\mathfrak{A}_1$ ein bestimmter Punkt B für jedes der beiden Punktsysteme conjugirt sein (Fig. 88); die Verbindungslinie $BB_1 = \mathfrak{A}_2$ wird die Polare von B_2, und die Punkte B und B_1 werden die Pole von $\mathfrak{A}$ und $\mathfrak{A}_1$ sein. Um zu einer beliebigen Geraden $\mathfrak{A}_3$ den Pol B_3 zu finden, suchen wir zu den Schnittpunkten a und a_1, in welchen $\mathfrak{A}_3$ die Geraden $\mathfrak{A}$ und $\mathfrak{A}_1$ trifft, die conjugirten Punkte α und α_1 auf; dann sind $B\alpha$ und $B_1\alpha_1$ die Polaren von a und a_1, folglich der Schnittpunkt $(B\alpha, B_1\alpha_1) = B_3$ der gesuchte Pol von $\mathfrak{A}_3$; es ist klar, dass derselbe hierdurch unzweideutig bestimmt wird, und rückwärts findet man durch dieselbe Construction zu jedem beliebigen Punkte B_3 die Polare $\mathfrak{A}_3$. Diese Construction zeigt ferner, dass, wenn wir einen veränderlichen Punkt B_4 auf $\mathfrak{A}_3$ bewegen, seine Polare $\mathfrak{A}_4$ beständig durch B_3 läuft; denn BB_4 und B_1B_4 treffen $\mathfrak{A}$ und $\mathfrak{A}_1$ in den Punkten b und b_1, und da jene zwei perspectivische Strahlbüschel beschreiben, so sind auch die von b und b_1 durchlaufenen Punktreihen projectivisch; die zu b und b_1 conjugirten Punkte β und β_1, deren Verbindungslinie die gesuchte Polare $\mathfrak{A}_4$ ist, beschreiben also auch zwei projectivische Punktreihen, weil im Punktsystem b und β, b_1 und β_1 projectivische Punktreihen be-

Fig. 88.

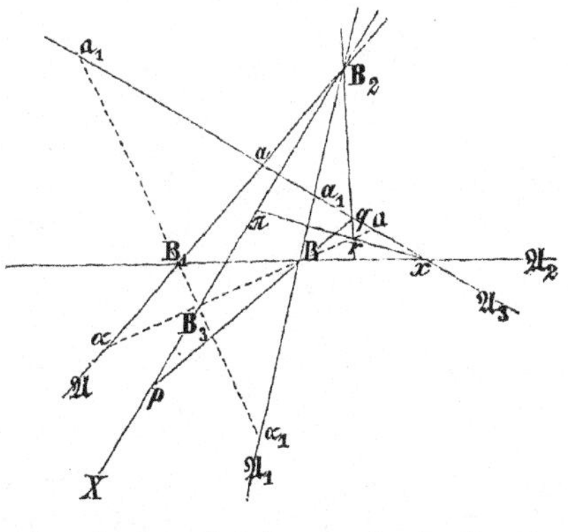

schreiben; die von β und β_1 beschriebenen Punktreihen liegen aber perspectivisch, weil, wenn B_4 in den Schnittpunkt ($\mathfrak{A}_2$, $\mathfrak{A}_3$) fällt, b nach B_1 und b_1 nach B gelangt und die zu ihnen conjugirten β und β_1 in B_2 zusammenfallen; die Polare $\mathfrak{A}_4$ läuft also durch einen festen Punkt, und dass dieser B_3 ist, erhellt unmittelbar; denn gelangt B_4 nach a, so ist seine Polare $B\alpha$, und gelangt B_4 nach a_1, so ist seine Polare $B_1\alpha_1$, also der Schnittpunkt beider, d. h. B_3, ist der feste Punkt, durch welchen die veränderliche Polare $\mathfrak{A}_4$ läuft. Es ist zugleich ersichtlich, dass die von B_4 durchlaufene Punktreihe mit dem von $\mathfrak{A}_4$ beschriebenen Strahlbüschel projectivisch ist, denn jene liegt perspectivisch mit der Punktreihe b, und diese ist perspectivisch mit der Punktreihe β; b und β sind aber conjugirte Punkte eines Punktsystems, also in sich projectivisch (S. 52); folglich ist auch die von B_4 beschriebene Punktreihe mit dem von $\mathfrak{A}_4$ beschriebenen Strahlbüschel projectivisch, oder wenn wir mit B_4 den Schnittpunkt der Polare $\mathfrak{A}_4$ mit der von B_4 durchlaufenen Geraden $\mathfrak{A}_3$ bezeichnen, so durchlaufen B_4 und B_4' auf einander liegende projectivische Punktreihen; es erhellt ferner, dass diese ein Punktsystem erzeugen, denn die Polare von B_4' muss, wie wir eben bewiesen haben, durch den Pol von $\mathfrak{A}_4$ gehen, dieser ist aber B_4 nach der oben angegebenen Construction; folglich fallen bei den beiden auf einander liegenden projectivischen Punktreihen entsprechende gleiche Strecken verkehrt auf einander; wir haben also ein Punktsystem auf $\mathfrak{A}_3$ (S. 49), dessen conjugirte Punkte B_4 und B_4' sind; auf gleiche Weise erhalten wir ein Strahlsystem in B_3, welches mit diesem Punktsystem perspectivisch liegt. Jede Gerade $\mathfrak{A}_3$ wird also durch die angegebene Construction in ein Punktsystem, jeder Punkt B_3 in ein Strahlsystem verwandelt, und beide Systeme liegen perspectivisch, wenn B_3 und $\mathfrak{A}_3$ Pol und Polare sind; hierdurch werden alle für das Netz geforderten Bedingungen erfüllt und die obige Construction leistet in der That dasjenige, was wir vom Polarsystem forderten. Wir können auch kürzer sagen: *Im Polarsystem haben allemal eine gerade Punktreihe* ($\mathfrak{A}_3$) *und das von den Polaren ihrer Punkte gebildete Strahlbüschel* (B_3) *involutorische Lage; ebenso haben ein beliebiges Strahlbüschel* (B_3) *und die von den Polen seiner Strahlen gebildete gerade Punktreihe* ($\mathfrak{A}_3$) *involutorische Lage* (Seite 65).

Nur für eine einzige Lage der Geraden $\mathfrak{A}_3$ wird die vorige Construction illusorisch. Wenn nämlich $\mathfrak{A}_3$ mit $\mathfrak{A}_2$ zusammenfällt, also a nach B_1 und a_1 nach B kommt, mithin α und α_1 in B_2 zusammenliegen, so ergiebt sich zwar B_2 als der Pol von $\mathfrak{A}_2$, aber das Punktsystem auf $\mathfrak{A}_2$ und das Strahlsystem in B_2 werden nicht unmittelbar durch die obige Construction erhalten. Bedenken wir indessen, dass, wenn für irgend eine andere Gerade $\mathfrak{A}_3$ der Pol B_3 construirt ist, auch für den Schnittpunkt $(\mathfrak{A}_2, \mathfrak{A}_3)$ die Polare die Verbindungslinie $B_2 B_3$ sein muss, so sehen wir, wie zu jedem Punkte der Geraden $\mathfrak{A}_2$ der conjugirte in dem ihr zugehörigen Punktsystem construirt werden kann, also auch wie das ganze Punktsystem auf $\mathfrak{A}_2$ und das mit ihm perspectivische Strahlsystem in B_2 erhalten wird; hieraus lässt sich folgende Construction ableiten:

Um zu einem beliebigen Punkte a_2 der Geraden $\mathfrak{A}_2$ den conjugirten α_2 zu erhalten, ziehe man durch a_2 irgend einen Strahl, welcher in a und a_1 die Träger $\mathfrak{A}$ und $\mathfrak{A}_1$ trifft; sind α und α_1 die conjugirten Punkte zu a und a_1 auf diesen, so suche man den Schnittpunkt von $\alpha\alpha_1$ mit $\mathfrak{A}_2$ und nehme den ihm zugeordneten vierten harmonischen Punkt α_2, indem B und B_1 das andere Paar zugeordneter Punkte bilden; dann ist α_2 der gesuchte conjugirte Punkt zu a_2. Diese Construction lehrt zugleich zu irgend einem durch B_2 gehenden Strahl $\mathfrak{A}_3$ den Pol B_3 zu construiren, welcher auf $\mathfrak{A}_2$ liegen muss; sobald nämlich das dem Punkte B_2 zugehörige Strahlsystem ermittelt ist, wird der gesuchte Pol B_3 der Schnittpunkt des zu $\mathfrak{A}_3$ conjugirten Strahls in diesem Strahlsystem mit der Geraden $\mathfrak{A}_2$ sein.

Wir erhalten nach dem Vorigen das einem beliebigen Strahle $\mathfrak{A}_3$ des Netzes zugehörige Punktsystem sehr einfach dadurch, dass wir die den Schnittpunkten $(\mathfrak{A}, \mathfrak{A}_3) = a$ und $(\mathfrak{A}_1, \mathfrak{A}_3) = a_1$ conjugirten Punkte α und α_1 aufsuchen und αB, $\alpha_1 B_1$ ziehen, welche Strahlen $\mathfrak{A}_3$ beziehungsweise in $\mathfrak{a}$ und $\mathfrak{a}_1$ treffen mögen; dann sind a und $\mathfrak{a}$, a_1 und $\mathfrak{a}_1$ zwei Paare conjugirter Punkte des gesuchten Punktsystems auf $\mathfrak{A}_3$, und $B\alpha$, $B_1\alpha_1$ schneiden sich in dem Pole B_3; da nun a und $\mathfrak{a}$, a_1 und $\mathfrak{a}_1$ die Schnittpunkte von zwei Paar Gegenseiten des vollständigen Vierecks $BB_1B_2B_3$ sind, so muss jeder durch diese vier Punkte gelegte Kegelschnitt die Transversale $\mathfrak{A}_3$ in einem Paar conjugirter Punkte ihres durch die genannten beiden Paare bestimmten Punktsystems treffen, oder umgekehrt irgend ein Paar conjugirter Punkte auf dem Strahl $\mathfrak{A}_3$ liegt mit den vier Punkten $BB_1B_2B_3$ auf einem Kegelschnitt. Es sind aber B_3 und irgend ein Paar conjugirter Punkte B_4 und B_4' (auf $\mathfrak{A}_3$) ein Tripel conjugirter Punkte des Netzes, und die drei Punkte BB_1B_2 sind auch ein Tripel des Netzes, welches zwar zur Construction desselben verwendet ist, aber durchaus nichts vor jedem andern Tripel hinsichtlich der Eigenschaften des Netzes voraus hat; wir schliessen daher den Satz:

Irgend zwei Tripel conjugirter Punkte des Netzes liegen allemal auf einem Kegelschnitt, und die Seiten dieser beiden Dreiecke berühren zugleich einen andern Kegelschnitt.

Das Letztere ist bekanntlich eine unmittelbare Folge des Ersteren (S. 129); es ergiebt sich aber auch hier aus der Bemerkung, dass die sechs Seiten dieser beiden Dreiecke die Polaren ihrer Ecken sind. Denn wir wissen, dass die Polaren einer geraden Punktreihe ein Strahlbüschel bilden, welches mit jener projectivisch ist, und umgekehrt; nehmen wir zwei projectivische gerade Punktreihen, deren Erzeugniss ein Kegelschnitt ist, so werden die beiden Strahlbüschel ihrer Polaren auch projectivisch sein, also einen neuen Kegelschnitt erzeugen; dieser ist der Ort der Pole von den Tangenten des ersteren, und der Reprocität wegen sind seine Tangenten zugleich die Polaren von den Punkten des ersteren, also:

Von allen Punkten des Netzes, welche auf einem Kegelschnitt liegen, umhüllen die Polaren einen neuen Kegelschnitt, und die Punkte des letzteren sind zugleich die Pole von den Tangenten des ersteren; solche zwei Kegelschnitte sind (reciproke) Polarfiguren von einander in Bezug auf das Netz. Ein Kegelschnitt $K^{(2)}$, der durch zwei Tripel des Netzes geht, hat daher zu seiner Polarfigur einen neuen Kegelschnitt $\mathfrak{K}^{(2)}$, welcher von den sechs Seiten der beiden Polardreiecke berührt wird. *Ein solcher Kegelschnitt $K^{(2)}$ enthält unendlich viele Tripel des Netzes;* denn nehmen wir von irgend einem Punkte p desselben die Polare des Netzes, so muss sie eine Tangente von $\mathfrak{K}^{(2)}$ sein, und schneidet sie den ersten Kegelschnitt $K^{(2)}$ in den Punkten s und σ, so muss die Polare des Punktes s einmal durch p gehen und andererseits eine Tangente von $\mathfrak{K}^{(2)}$ sein, und ebenso muss die Polare von σ eine der beiden von p an den Kegelschnitt $\mathfrak{K}^{(2)}$ gelegten Tangenten sein; der durch das erste Tripel und die beiden Punkte p und s gehende Kegelschnitt $K^{(2)}$ muss auch den dritten Tripelpunkt zu p und s enthalten, also ist $p\sigma$ die Polare von s und ebenso ps die Polare von σ; der Kegelschnitt $\mathfrak{K}^{(2)}$ ist also dem Dreiseit $ps\sigma$ einbeschrieben, sowie der Kegelschnitt $K^{(2)}$ diesem Tripel umschrieben ist; *überhaupt schneidet jede Tangente des Kegelschnitts $\mathfrak{K}^{(2)}$ den $K^{(2)}$ in zwei conjugirten Punkten des Netzes, und jedes Tangentenpaar aus einem Punkte von $K^{(2)}$ an $\mathfrak{K}^{(2)}$ ist ein Paar conjugirter Strahlen des Netzes.* Diese Eigenschaft gilt in noch allgemeinerer Weise, indem auf einem beliebigen Kegelschnitt in der Ebene eines Netzes im Allgemeinen unendlich-viele Paare conjugirter Punkte liegen, deren Verbindungsstrahlen einen andern Kegelschnitt umhüllen, und andererseits unter den Tangenten eines beliebigen Kegelschnitts in der Ebene eines Netzes unendlich-viele Paare conjugirter Strahlen desselben vorkommen, deren Schnittpunkte auf einem neuen Kegelschnitt liegen.

Denken wir uns einen beliebigen Kegelschnitt $K^{(2)}$ in der Ebene des Netzes und nehmen irgend einen Punkt B desselben, so wird die Polare $\mathfrak{A}$ von B den $K^{(2)}$ im Allgemeinen in zwei Punkten b und b' treffen von solcher Beschaffenheit, dass sowohl B und b als auch B und b' je ein Paar conjugirter Punkte des Netzes sind, welche auf dem gegebenen Kegelschnitte $K^{(2)}$ liegen; verändern wir B auf dem Kegelschnitt $K^{(2)}$, so erhalten wir unendlich-viele solcher Strahlenpaare Bb und Bb', deren Umhüllungscurve ermittelt werden soll. Zunächst zeigt sich, dass, wenn wir drei solcher Paare (B und $\mathfrak{A}$, B_1 und $\mathfrak{A}_1$, B_2 und $\mathfrak{A}_2$ seien Pole und Polaren des Netzes, und $\mathfrak{A}$ treffe $K^{(2)}$ in b und b', $\mathfrak{A}_1$ in b_1 und b_1', $\mathfrak{A}_2$ in b_2 und b_2') beliebig herausnehmen, diese sechs Geraden Bb, Bb', B_1b_1, B_1b_1', B_2b_2, B_2b_2' einen Kegelschnitt umhüllen; das Dreieck BB_1B_2 liegt nämlich mit dem von den Polaren $\mathfrak{A}\mathfrak{A}_1\mathfrak{A}_2$ gebildeten Dreieck perspectivisch, wie aus den Polareigenschaften des Kegelschnitts (S. 155) bekannt ist und in gleicher Weise für das Netz nachgewiesen werden kann (§. 58), so dass die Schnittpunkte:

$$(B_1B_2, \mathfrak{A}) = \alpha \quad (B_2B, \mathfrak{A}_1) = \alpha_1 \quad (BB_1, \mathfrak{A}_2) = \alpha_2$$

auf einer Geraden liegen; nun ist früher bei anderer Gelegenheit (S. 315) der Satz gefunden worden:

„Ist einem Kegelschnitt $K^{(2)}$ ein Dreieck BB_1B_2 einbeschrieben, und werden die Seiten desselben B_1B_2, B_2B, BB_1 von einer beliebigen Geraden in den Punkten $\alpha\alpha_1\alpha_2$ getroffen, wird endlich durch jeden dieser Punkte ein beliebiger Strahl gezogen, der den Kegelschnitt $K^{(2)}$ beziehlich in dem Punktpaar bb'; b_1b_1'; b_2b_2' trifft, so berühren die sechs Strahlen Bb, Bb'; B_1b_1, B_1b_1'; B_2b_2, B_2b_2' einen neuen Kegelchnitt."

Nachdem hierdurch bewiesen ist, dass irgend drei Strahlenpaare von der beschriebenen Art denselben Kegelschnitt berühren, denken wir uns zum Punkte b die Polare des Netzes construirt, welche durch B gehen muss und ausserdem in c den $K^{(2)}$ treffe; nach dem eben bewiesenen Satze werden dann auch

$$\left.\begin{matrix} bB & B_1b_1 & B_2b_2 \\ b\,c & B_1b_1' & B_2b_2' \end{matrix}\right\} \text{ sechs Tangenten eines Kegelschnitts sein, wie vorhin:}$$

$$\left.\begin{matrix} Bb & B_1b_1 & B_2b_2 \\ Bb' & B_1b_1' & B_2b_2' \end{matrix}\right\}.$$

Diese beiden Kegelschnitte haben aber fünf Tangenten gemein: B_1b_1, B_1b_1', B_2b_2, B_2b_2' und Bb, welches identisch ist mit bB; folglich sind die Kegelschnitte selbst identisch, und alle sieben Geraden: Bb, Bb', bc, B_1b_1, B_1b_1', B_2b_2, B_2b_2' berühren einen und denselben Kegelschnitt. Nehmen wir endlich an Stelle des willkürlich gewählten Paares B_2b_2 und B_2b_2' irgend ein anderes Paar, so gelten dieselben Schlüsse, und der vorhin erhaltene Kegelschnitt tritt wieder hervor, weil er durch die fünf übrigen Tangenten schon bestimmt ist; also berühren alle möglichen Strahlenpaare $B_2 b_2$, $B_2 b_2'$ einen und denselben Kegelschnitt, d. h.: *Sämmtliche Geraden* Bb, *welche je zwei conjugirte Punkte des Netzes, die auf einem gegebenen Kegelschnitt* $K^{(2)}$ *liegen, verbinden, umhüllen einen andern Kegelschnitt* $\mathfrak{K}^{(2)}$. Nehmen wir für das Netz das bekannte Polarsystem in Bezug auf einen Kegelschnitt $C^{(2)}$, so sind Bb harmonisch gelegen zu den Schnittpunkten der Geraden Bb mit dem Kegelschnitt $C^{(2)}$, und der vorige Satz lässt sich so aussprechen:

Sind zwei beliebige Kegelschnitte in der Ebene gegeben, so können im Allgemeinen unendlich-viele Gerade von solcher Beschaffenheit gefunden werden, dass ihre zwei Paar Schnittpunkte mit den beiden Kegelschnitten harmonisch liegen und je zwei Schnittpunkte desselben Kegelschnitts zugeordnet sind; alle diese Geraden umhüllen einen und denselben neuen Kegelschnitt, welcher insbesondere auch die acht Tangenten in den vier gemeinschaftlichen Punkten der beiden gegebenen Kegelschnitte berührt (S. 126).

Die angegebene Construction des Netzes lässt alle wesentlichen Eigenschaften, welche wir als Polareigenschaften eines Kegelschnitts kennen gelernt haben, unabhängig von diesem Kegelschnitt selbst hervortreten; es möge hier noch eine häufiger benutzte angeführt werden. Die obige Construction für ein beliebiges Paar von Pol (B_3) und Polare ($\mathfrak{A}_3$) liefert für den Schnittpunkt $(\mathfrak{A}_2, \mathfrak{A}_3) = x$ die Polare $(B_2, B_3) = X$, und das dieser Geraden X zugehörige Punktsystem wird durch zwei Paare conjugirter Punkte bestimmt, indem den Punkten B_2 und B_3 die Schnittpunkte von X mit $\mathfrak{A}_2$ und $\mathfrak{A}_3$ conjugirt sind (Fig. 88); zu einem beliebigen Punkt p auf X wird sich also der conjugirte π folgendermassen finden lassen: Man ziehe pB, welches $\mathfrak{A}_3$ in q treffe, qB_2, welches BB_3 in r treffe, und xr, welches durch π gehen muss; denn in dem vollständigen Viereck $Bqrx$ treffen zwei Seitenpaare: Bx und qr, Br und xq die Transversale B_2B_3 in zwei Paaren conjugirter Punkte des obigen Punktsystems; folglich trifft auch das dritte Seitenpaar Bq und rx dieselbe in einem Paar conjugirter Punkte desselben Punktsystems; es ist daher rx die Polare von p, weil sie durch x, den Pol von X, und den conjugirten Punkt π geht; hieraus folgt, dass auch p und r conjugirte Punkte des Netzes sind. Nun sind aber die Punkte p und r so auszudrücken:

$$(Bq, B_2B_3) = p \qquad (B_2q, BB_3) = r,$$

und da B auf der Polare von B_2, q auf der Polare von B_3 liegt, so sind B und B_2, ebenso wie q und B_3 zwei Paare conjugirter Punkte des Netzes; diese beiden Paare conjugirter Punkte sind übrigens ganz unabhängig von einander, und jede zwei anderen Paare können willkürlich an ihre Stelle gesetzt werden, daher schliessen wir den Satz:

Hat man irgend zwei Paare conjugirter Punkte des Netzes a und α, b und β, so bilden allemal die Schnittpunkte:

$$(ab,\ \alpha\beta) = c \qquad (a\beta,\ \alpha b) = \gamma$$

ein drittes Paar conjugirter Punkte, und diese drei Paare sind die sechs Ecken eines vollständigen Vierseits. (*Hesse*'s Satz.)

Die der auseinandergesetzten Construction des Netzes gleichlaufende, welche von zwei beliebigen Strahlsystemen, deren Mittelpunkte B und B_1 als conjugirte Punkte angenommen werden, ausgeht, bedarf keiner näheren Auseinandersetzung.

Anmerkung. Wir machen noch auf eine Betrachtung aufmerksam, welche zwar nicht in den systematischen Gang unserer Untersuchung passt, weil sie das Operationsfeld der Ebene verlässt und auf die Kugeloberfläche übergeht, aber besonders geeignet erscheint, das Wesen des Netzes an einem sehr einfachen Falle anschauen und aus diesem auf die Eigenschaften des ebenen Netzes schliessen zu lassen. Wir nennen auf der Kugelfläche je zwei solche Punkte conjugirt, welche einen Abstand von 90^0 von einander haben; zu einem beliebigen Punkte x der Kugelfläche gehören also unendlich-viele conjugirte, die auf einem grössten Kreise X, dem Aequator zu dem Pole x, liegen; auf diesem grössten Kreise bilden sodann solche Punktpaare, die um 90^0 von einander abstehen, ein (elliptisches) Punktsystem; ein Tripel conjugirter Punkte bilden solche drei, welche die Ecken eines Kugeloctanten sind; je zwei grösste Kreise, deren Ebenen rechtwinklig zu einander stehen, heissen conjugirt; zu einem grössten Kreise giebt es daher unendlich-viele conjugirte, welche alle durch dieselben beiden diametral gegenüber liegenden Punkte der Kugelfläche (Pole) hindurchgehen; alle Paare rechtwinkliger Ebenen, die durch denselben Durchmesser gehen, bilden ein involutorisches Ebenensystem und ihre Schnitte mit der Kugelfläche ein Strahlsystem grösster Kreise; ein Tripel conjugirter Strahlen begrenzt einen Octanten der Kugelfläche; zu einem Pol x gehört eine bestimmte Polare X, der zugehörige Aequator, zu diesem aber Pol und Gegenpol, die Endpunkte des auf der Ebene des Aequators senkrechten Kugeldurchmessers. Projiciren wir vom Mittelpunkte der Kugel das Netz der Kugelfläche auf eine beliebige Ebene, so erhalten wir ein Involutions-Netz (besonderer Art); Pol und Polare werden bestimmt durch einen Durchmesser und die darauf senkrechte Diametralebene der Kugel, und hieraus finden die Eigenschaften des Involutions-Netzes unmittelbar ihre Bestätigung. Nehmen wir insbesondere für die Projectionsebene die unendlich-entfernte Ebene (E_∞), so erhalten wir ein Polarsystem von besonderer Wichtigkeit: *das unendlich-entfernte circulare Polarsystem*; jeder Strahl im Raume und die darauf senkrechte Ebene schneiden E_∞ in einem Punkt und einer Geraden, einem Paar von Pol und Polare dieses besonderen circularen Polarsystems. Je drei unendlich-entfernte Punkte, die in drei zu einander rechtwinkligen Richtungen liegen, bilden ein Tripel conjugirter Punkte desselben; seine Kerncurve (§ 57) ist der imaginäre unendlich-entfernte Kreis, durch welchen alle Kugeln des Raumes gehen.

§. 57. Der Kern-Kegelschnitt; hyperbolisches und elliptisches Netz.

Es ist von besonderem Interesse, vermittelst der im vorigen Paragraphen angegebenen Construction des Netzes solche Punkte in der Ebene desselben, deren Polaren durch sie selbst gehen, oder solche Strahlen, deren Pole auf ihnen selbst liegen, sowie den Ort dieser und jener zu ermitteln. Wir treffen jeden Punkt der Ebene, indem wir eine doppelte Bewegung ausführen, einmal auf einer beliebigen Geraden 𝔊 einen veränderlichen Punkt bewegen und dann diese Gerade um einen beliebigen in ihr festgehaltenen Punkt herumdrehen. Wenn nun der Punkt B auf der Geraden 𝔊 sich bewegt, so beschreibt seine Polare 𝔄 ein Strahlbüschel, welches im veränderlichen Punkte B die Gerade 𝔊 trifft. Die Punkte B und B bilden ein Punktsystem, und wenn dasselbe hyperbolisch ist, so sind seine Asymptotenpunkte von der verlangten Beschaffenheit, dass ihre Polaren durch sie selbst hindurchgehen. Ist *ein* solcher Asymptotenpunkt s gefunden, so wird für jede durch ihn gehende Gerade hinsichtlich desjenigen Punktsystems auf ihr, welches dem Netze zugehört, dieser Punkt s allemal ein Asymptotenpunkt sein, und indem wir die Gerade 𝔊 um den Punkt s drehen, haben wir nur den Ort des andern Asymptotenpunktes aufzusuchen, um sämmtliche Punkte in der Ebene des Netzes zu erhalten, deren Polaren durch sie hindurchgehen.

Seien s und t die beiden Asymptotenpunkte auf der zuerst angenommenen Geraden 𝔊 (Fig. 89); sei p ein beliebiger Punkt derselben, und treffe seine Polare 𝔏 die Gerade 𝔊 in q, dann sind p und q conjugirte Punkte des Netzes, liegen also harmonisch zu den Asymptotenpunkten s und t; ziehen wir eine beliebige andere Gerade durch s, welche in a der 𝔏 begegnen mag, und sei $p\alpha$ die Polare von a, d. h. α der conjugirte Punkt zu a in dem der Geraden 𝔏 zugehörigen Punktsystem des Netzes, so wird der Schnittpunkt von sa und $p\alpha$ der conjugirte Punkt zu a in dem auf sa befindlichen Punktsystem sein; also der vierte harmonische, dem s zugeordnete Punkt x muss der andere Asymptotenpunkt dieses Punktsystems sein, von dem s einer ist; um den vierten harmonischen Punkt x zu finden, brauchen wir nur αt zu ziehen; denn da $pqst$ harmonisch liegen und sa von αp und αq in einem Paar zugeordneter Punkte getroffen wird, s aber der Schnittpunkt von pq und sa ist, so wird der vierte harmonische, dem s zugeordnete Punkt der Schnittpunkt $(sa, t\alpha)$ sein; drehen wir jetzt den Strahl sa um den festen Punkt s, so ergiebt sich leicht der Ort des

Fig. 89.

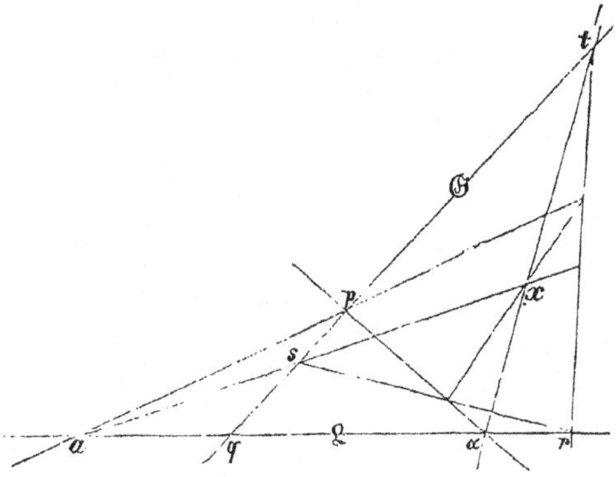

Punktes x; denn a und α sind conjugirte Punkte des auf $\mathfrak{L}$ befindlichen Punktsystems im Netze, beschreiben also zwei auf einander liegende projectivische Punktreihen, sa und $t\alpha$ beschreiben mithin zwei projectivische Strahlbüschel, und der Ort des Punktes $x = (sa, t\alpha)$ ist daher ein Kegelschnitt $K^{(2)}$.

Die Tangenten dieses Kegelschnitts in den Punkten s und t erhalten wir, indem wir in den beiden ihn erzeugenden projectivischen Strahlbüscheln diejenigen Strahlen aufsuchen, welche den in der Verbindungslinie der Mittelpunkte st zusammenliegenden Strahlen entsprechen; wir suchen also den Punkt r in $\mathfrak{L}$ auf, welcher dem q conjugirt ist, oder den Pol von pq im Netze, dann sind rs und rt die Tangenten des Kegelschnitts $K^{(2)}$; dies sind offenbar die Polaren der Punkte s und t in dem Netze, welche durch s und t selbst hindurchgehen müssen; folglich ist pqr ein Tripel conjugirter Punkte nicht nur für das Netz, sondern auch für den Kegelschnitt $K^{(2)}$; auch ist $p\alpha$ die Polare von a und pa die Polare von α für den Kegelschnitt $K^{(2)}$, wie für das Netz; hieraus folgt, dass, wenn wir den Schnittpunkt $(sr, p\alpha)$ mit x verbinden, diese Verbindungslinie die Tangente im Punkte x für den Kegelschnitt $K^{(2)}$ sein muss, auf derselben Linie also auch der Schnittpunkt (tr, pa) liegen muss; der Punkt $(sr, p\alpha)$ hat im Netze zu seiner Polare sa, und der Punkt (tr, pa) hat im Netze zu seiner Polare $t\alpha$, und da sich sa und $t\alpha$ in x treffen, so ist die Verbindungslinie der Schnittpunkte $(sr, p\alpha)$ und (tr, pa) die Polare des Punktes x im

Netze, welche nothwendig durch x selbst hindurchgehen muss und, wie wir eben gesehen haben, die Tangente in x am Kegelschnitt $K^{(2)}$ ist. Hieraus ersehen wir, dass für sämmtliche Punkte x des gefundenen Kegelschnitts $K^{(2)}$ die Polare im Netze allemal die Tangente dieses Punktes x an $K^{(2)}$ ist, und hiernach können wir folgendes Resultat aussprechen:

Der Ort solcher Punkte des Netzes, deren Polaren durch sie selbst gehen, ist im Allgemeinen ein bestimmter Kegelschnitt, und alle solche Strahlen in der Ebene des Netzes, deren Pole auf ihnen selbst liegen, umhüllen denselben Kegelschnitt, indem ein Punkt und die zugehörige Tangente dieses Kegelschnitts Pol und Polare des Netzes von der verlangten Art sind. Dieser Kegelschnitt enthält die Asymptotenpunkte aller Punktsysteme, welche auf sämmtlichen Geraden in der Ebene des Netzes vorkommen, und die Tangenten dieses Kegelschnitts sind zugleich die Asymptoten sämmtlicher Strahlsysteme des Netzes. Er heisst der Kern des Netzes, und letzteres ist nichts anderes, als das gesammte Polarsystem für den Kern-Kegelschnitt, d. h. Pol und Polare des Kegelschnitts sind allemal Pol und Polare für das Netz.

Die vorige Untersuchung ging von der Voraussetzung aus, dass das auf der willkürlich angenommenen Geraden $\mathfrak{G}$ befindliche Punktsystem ein hyperbolisches sei mit den Asymptotenpunkten s und t; wenn dies Punktsystem aber elliptisch ist, so fällt die Untersuchung, welche sich wesentlich auf die Realität der Asymptotenpunkte stützte; wir werden also, um den Kernkegelschnitt zu finden, überhaupt eine solche Gerade $\mathfrak{G}$ in der Ebene aufzusuchen haben, deren Punktsystem im Netze ein hyperbolisches ist; wenn nur *eine* solche existirt, so giebt es unendlich viele, und der Ort ihrer Asymptotenpunkte ist der Kernkegelschnitt, welcher auf die angegebene Art construirt werden kann. Ob es aber immer eine solche Gerade geben muss, oder ob unter Umständen gar kein hyperbolisches Punktsystem im Netze vorkommt, werden wir aus den zur Construction des Netzes erforderlichen Daten erkennen können (S. 413).

Sind die auf den Trägern $\mathfrak{A}$ und $\mathfrak{A}_1$, welche conjugirte Strahlen des Netzes sein sollen, angenommenen Punktsysteme beide hyperbolisch oder auch nur eines von ihnen, so hat nach dem Vorigen das Netz einen reellen Kern; wenn dagegen beide gegebenen Punktsysteme elliptisch sind, so ist die Frage zu entscheiden, ob sonst in dem Netze hyperbolische Punktsysteme vorkommen, oder nicht. Sei der Construction des Netzes gemäss B_2 der Schnittpunkt der beiden Träger $\mathfrak{A}\mathfrak{A}_1$, und seien die beiden ihm conjugirten Punkte in den gegebenen Punktsystemen: B auf $\mathfrak{A}_1$ und B_1 auf $\mathfrak{A}$, also $(BB_1) = \mathfrak{A}_2$ die Polare von B_2, so wird, wenn die gegebenen beiden Punktsysteme elliptisch sind, auch das dem Strahle $\mathfrak{A}_2$ zugehörige Punktsystem des Netzes elliptisch sein. Um dasselbe zu bestimmen, nehmen wir auf $\mathfrak{A}$ einen beliebigen Punkt a zwischen $B_2 B_1$ und auf $\mathfrak{A}_1$ einen beliebigen Punkt a_1 zwischen $B_2 B$, so dass die Verbindungslinie aa_1 also nothwendig in einem Punkte a_2 ausserhalb BB_1 den Strahl $\mathfrak{A}_2$ trifft (Fig. 90); die conjugirten Punkte α und α_1 zu a und a_1 auf den Trägern $\mathfrak{A}\mathfrak{A}_1$ der beiden gegebenen Punktsysteme müssen, da diese elliptisch sind, ausserhalb $B_2 B_1$ und ausserhalb $B_2 B$ liegen; ihre Verbindungslinie muss also auch die dritte Dreiecksseite BB_1 in einem Punkte ausserhalb BB_1 treffen, und der vierte harmonische, welcher α_2 ist, liegt daher zwischen B und B_1; da nun BB_1, ein Paar conjugirter Punkte, getrennt wird durch $a_2 \alpha_2$, ein zweites Paar conjugirter Punkte des auf $\mathfrak{A}_2$ befindlichen Punktsystems, so ist das letztere elliptisch; in gleicher Weise würden wir gesehen haben, dass, wenn beide gegebenen Punktsysteme auf $\mathfrak{A}$ und $\mathfrak{A}_1$ hyperbolisch sind, das dritte Punktsystem auf $\mathfrak{A}_2$ elliptisch sein muss, wenn dagegen eines von beiden gegebenen Punktsystemen auf $\mathfrak{A}$ oder $\mathfrak{A}_1$ hyperbolisch, das andere elliptisch ist, alsdann das dritte auf $\mathfrak{A}_2$ hyperbolisch sein muss. Wir schliessen hieraus:

Fig. 90.

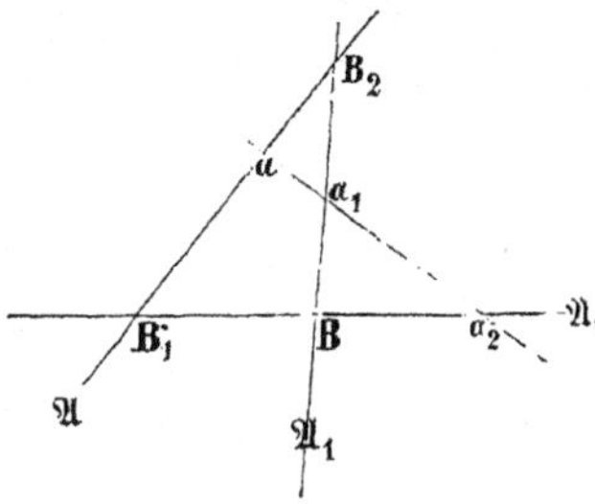

Von den drei auf einem Tripel conjugirter Strahlen des Netzes befindlichen Punktsystemen müssen entweder alle drei elliptisch, oder eines elliptisch und die beiden andern hyperbolisch sein; und daher auch: *Von den drei einem Tripel conjugirter Punkte zugehörigen Strahlsystemen müssen entweder alle drei elliptisch, oder eines elliptisch und die beiden andern hyperbolisch sein.*

In dem zu untersuchenden Falle, wo alle drei den Tripelstrahlen $\mathfrak{A}\mathfrak{A}_1\mathfrak{A}_2$ zugehörigen Punktsysteme elliptisch sind, zeigt sich nun, dass auf jeder Geraden in der Ebene des Netzes das ihr zugehörige Punktsystem elliptisch sein muss, also überhaupt kein reeller Punkt des Kernkegelschnitts existirt. Wir können von dem Tripeldreieck $B_2 B_1 B$, dessen drei Seiten die drei elliptischen Punktsysteme enthalten, irgend zwei der letzteren mit ihren Punktsystemen als zur Construction des Netzes gegeben ansehen; irgend eine Gerade $\mathfrak{A}_3$ in der Ebene kann alsdann nur zwei wesentlich verschiedene Lagen zu dem Dreieck $B_2 B_1 B$ haben; nämlich 1) sie schneidet zwei Dreiecksseiten zwischen den Eckpunkten, die dritte in der Verlängerung, oder

2) sie schneidet alle drei Seiten in ihren Verlängerungen. Untersuchen wir zunächst den ersten Fall und nehmen an, $\mathfrak{A}_3$ treffe B_2B_1 in a und B_2B in a_1 zwischen den Eckpunkten des Dreiecks (Fig. 91); das Punktsystem des Netzes auf $\mathfrak{A}_3$ wird dadurch bestimmt, dass wir zu a und a_1 die conjugirten Punkte α und α_1 nehmen und die Schnittpunkte der Verbindungslinien αB mit $\mathfrak{A}_3$ (den Punkt $\mathfrak{a}$) und $\alpha_1 B_1$ mit $\mathfrak{A}_3$ (den Punkt $\mathfrak{a}_1$) aufsuchen; die beiden Paare a, $\mathfrak{a}$ und a_1, $\mathfrak{a}_1$ sind conjugirte Punkte des Punktsystems auf $\mathfrak{A}_3$. Da nun α nothwendig ausserhalb der Strecke B_2B_1 liegen muss, weil das auf $\mathfrak{A}$ gegebene Punktsystem elliptisch ist, so kann $B\alpha$ die Gerade $\mathfrak{A}_3$ nur in der endlichen Strecke zwischen a_1 und a_2 treffen (a_2 ist der Schnittpunkt von $\mathfrak{A}_2$ und $\mathfrak{A}_3$), und da ebenso α_1 ausserhalb B_2B

Fig. 91.

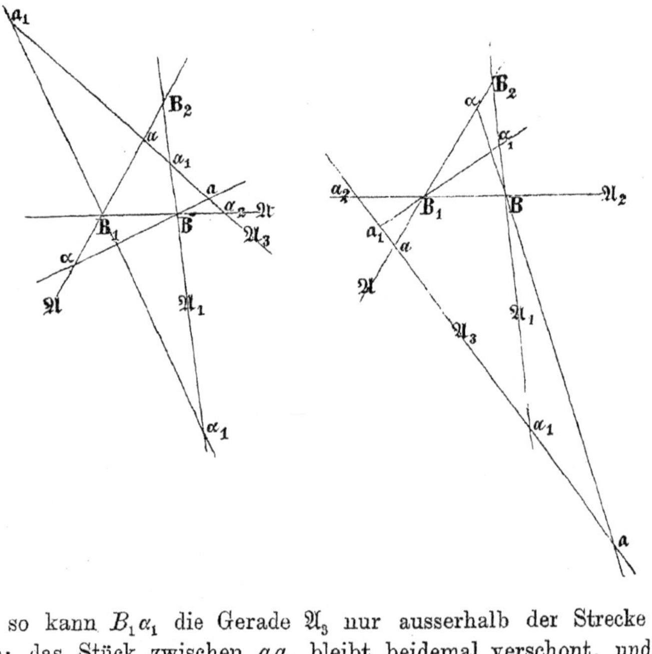

liegt, so kann $B_1\alpha_1$ die Gerade $\mathfrak{A}_3$ nur ausserhalb der Strecke aa_2 treffen; das Stück zwischen aa_1 bleibt beidemal verschont, und die Punkte $\mathfrak{a}\mathfrak{a}_1 aa_1$ liegen so, dass das eine Paar conjugirter Punkte $a\mathfrak{a}$ durch das andere $a_1\mathfrak{a}_1$ getrennt wird; das Punktsystem auf $\mathfrak{A}_3$ ist also elliptisch. Dasselbe Raisonnement bleibt bestehen, wenn $\mathfrak{A}_3$ eine solche Lage hat, dass sie zwei andere Seiten des Tripeldreiecks B_2B_1B zwischen den Ecken und die dritte in der Verlängerung trifft. Im zweiten Falle, wenn die Punkte a und a_1 ausserhalb B_2B_1 und

B_2B liegen, müssen α und α_1 zwischen B_2B_1 und B_2B liegen; der Strahl $B\alpha$ kann also $\mathfrak{A}_3$ nur ausserhalb der Strecke a_1a_2 treffen und $B_1\alpha_1$ nur innerhalb der Strecke a_2a; der Theil aa_1 bleibt also wiederum verschont, und die Schnittpunkte $\mathfrak{a}$ und $\mathfrak{a}_1$ liegen, wie früher, so, dass das eine Paar conjugirter Punkte $a\mathfrak{a}$ durch das andere Paar $a_1\mathfrak{a}_1$ getrennt wird; das Punktsystem auf $\mathfrak{A}_3$ ist also wieder elliptisch; da aber die Gerade $\mathfrak{A}_3$, wie sie auch in der Ebene liegen mag, nothwendig eine der beiden untersuchten Lagen haben muss, so folgt, dass alle Punktsysteme, die im Netze vorkommen, elliptisch sind und also auch alle Strahlsysteme.

Wir unterscheiden hiernach zwei wesentlich verschiedene Arten des Netzes:

a) *Das elliptische Netz* enthält nur elliptische Punktsysteme auf allen Geraden und daher auch nur elliptische Strahlsysteme in allen Punkten der Ebene (da jedes Strahlsystem mit dem ihm zugehörigen Punktsystem auf der Polare perspectivisch liegt, daher gleichartig ist).

b) *Das hyperbolische Netz* enthält theils elliptische, theils hyperbolische Punktsysteme und ebenso Strahlsysteme; bei einem Tripel conjugirter Strahlen und Punkte sind immer zwei Systeme hyperbolisch und das dritte elliptisch; die Asymptotenpunkte aller Punktsysteme liegen auf dem Kernkegelschnitt, und die Asymptoten aller Strahlsysteme berühren denselben Kernkegelschnitt; das Netz ist das bekannte Polarsystem für diesen Kegelschnitt.

Ein Punktsystem hat, wenn es hyperbolisch ist, zwei reelle Asymptotenpunkte, welche dasselbe vollkommen bestimmen, und umgekehrt zwei reelle Punkte einer Geraden, als die Asymptotenpunkte eines hyperbolischen Punktsystems aufgefasst, werden durch dieses Punktsystem vertreten; wenn dagegen das Punktsystem elliptisch ist, hat es keine reellen Asymptotenpunkte und ist nichtsdestoweniger ein völlig reelles, in ganz gleicher Weise construirbares Gebilde, von dem wir der Uebereinstimmung wegen sagen, dass es zwei imaginäre Asymptotenpunkte hat; durch das elliptische Punktsystem wird also ein imaginäres Punktpaar vertreten. Analogerweise haben wir in dem Involutionsnetz ein völlig reelles, immer in derselben Art construirbares Gebilde, welches, wenn es hyperbolisch ist, einen reellen Kegelschnitt, seinen Kern, vertritt, und von dem wir wiederum der Uebereinstimmung wegen, wenn es elliptisch ist, sagen, es habe einen imaginären Kern, so dass das elliptische Netz einen *imaginären Kegelschnitt* vertritt. Wir verstehen hiernach unter einem imaginären Kegelschnitt den Kern eines elliptischen Netzes und operiren mit dem Netze, dessen wesentliche Eigenschaften bestehen bleiben unabhängig davon, ob der Kern reell oder imaginär ist. Es ist ersichtlich, dass es für die synthetische Behandlung geometrischer Probleme von grosser Bedeutung ist, ein völlig reelles Gebilde zu besitzen, welches an Stelle eines imaginären Kegelschnitts zu setzen ist.

Nehmen wir zur Bestimmung eines Netzes zwei hyperbolische Punktsysteme auf den Trägern $\mathfrak{A}\mathfrak{A}_1$, die conjugirte Strahlen des Netzes sein sollen, und sei dem Schnittpunkt z der Träger auf dem ersten der Punkt y, auf dem andern der Punkt x conjugirt; seien ferner die Asymptotenpunkte des ersten Punktsystems $a\alpha$, die des zweiten $b\beta$, so kann man zwei neue Punktsysteme aus denselben Punkten bilden, die elliptisch sind, indem man einmal z und y, a und α, das andere Mal z und x, b und β als Paare conjugirter Punkte auffasst, die jedesmal ein elliptisches Punktsystem erzeugen, weil sie harmonisch gelegen sind. Dadurch hat man auf jedem der Träger zwei Punktsysteme, ein hyperbolisches und ein elliptisches, und indem man zwei auf verschiedenen Trägern befindliche zur Bildung eines Netzes verwendet, was auf vier Arten geschehen kann, erhält man vier verschiedene Netze, die in eigenthümlicher Verbindung mit einander stehen; ihre Kernkegelschnitte sind nämlich vier *harmonisch-zugeordnete Kegelschnitte* (§. 55), von denen drei reell, der vierte imaginär ist. Wenn wir demgemäss die Punktsysteme auf den beiden Trägern durch (h) (e) (h_1) (e_1) bezeichnen und die vier Verbindungen:

$$(h)(h_1), \qquad (h)(e_1), \qquad (e)(h_1), \qquad (e)(e_1)$$

auf den conjugirten Trägern $\mathfrak{A}\mathfrak{A}_1$ zur Erzeugung der Netze verwenden, so werden die drei ersten Netze hyperbolisch, das letzte elliptisch.

Die Richtigkeit der obigen Behauptung folgt unmittelbar aus der Construction der vier Mittelpunkte dieser Netze; denn da xyz ein gemeinschaftliches Tripel für alle ist, so sind sie vollkommen bestimmt, sobald man noch den Mittelpunkt kennt; seien μ und μ_1 die Mittelpunkte von (h) und (h_1), so ergiebt sich (nach S. 59), dass der Mittelpunkt ν des Systems (e) der vierte harmonische zu $zy\mu$, dem μ zugeordnete und ebenso der Mittelpunkt ν_1 des Systems (e_1) der vierte harmonische zu $zx\mu_1$, dem μ_1 zugeordnete Punkt ist; folglich haben wir:

$$(x\mu,\ y\mu_1) = \mathfrak{M} \qquad (x\mu,\ y\nu_1) = \mathfrak{M}'$$
$$(x\nu,\ y\mu_1) = \mathfrak{M}'' \qquad (x\nu,\ y\nu_1) = \mathfrak{M}'''$$

als Mittelpunkte dieser vier Netze. Dies ist aber nach S. 389 (Fig. 85) genau die Lage der vier Mittelpunkte von vier harmonisch-zugeordneten Kegelschnitten, welche das Tripel xyz gemeinschaftlich haben.

Wir müssen jetzt noch einige besondere Fälle erwähnen: Beim hyperbolischen Netz wird die doppelt-unendliche Schaar von Geraden in der Ebene, welche theils elliptische, theils hyperbolische Punktsysteme enthalten, in diese beiden Gattungen getrennt durch eine einfach-unendliche Reihe von solchen Geraden, welche parabolische Punktsysteme enthalten; wir haben ein parabolisches Punktsystem einen solchen besonderen Fall des hyperbolischen genannt, bei welchem die beiden Asymptotenpunkte zusammenfallen; es hat die Eigenthümlichkeit, dass zu diesem Doppelpunkte jeder beliebige andere Punkt der Geraden als conjugirter und wiederum zu jedem beliebigen Punkt der Geraden der Doppelpunkt als conjugirter anzusehen ist; für alle diejenigen Geraden, welche Tangenten des Kernkegelschnitts sind, ist also das zugehörige Punktsystem ein parabolisches, und sie bilden die genannte Grenze. Andererseits giebt es unter den doppelt unendlichvielen Punkten der Ebene, deren Strahlsysteme theils elliptisch, theils hyperbolisch sind, eine einfach-unendliche Reihe solcher Punkte, deren Strahlsysteme parabolisch werden; dies sind die Punkte des Kernkegelschnitts, und sie bilden die Grenze zwischen dem einen und dem andern Gebiet; in jeder Tangente des Kegelschnitts, welche ein parabolisches Punktsystem des Netzes enthält, ist der Berührungspunkt der Doppelpunkt des Systems, und für jeden Punkt des Kernkegelschnitts, welcher ein parabolisches Strahlsystem enthält, ist die Tangente der Doppelstrahl desselben.

In besonderer Weise vereinfacht sich das hyperbolische Netz, wenn wir von den beiden erzeugenden Punktsystemen eines parabolisch annehmen; sei das Punktsystem auf $\mathfrak{A}$ parabolisch, so ist B_1 der Doppelpunkt desselben (Fig. 92), weil er zu jedem beliebigen Punkte der conjugirte ist, mithin auch zu B_2, dem Schnittpunkte ($\mathfrak{A}$, $\mathfrak{A}_1$); die Polare $\mathfrak{A}_2$ von B_2, welche $B_1 B$ verbindet, wird alsdann nach der Construction des Netzes ein Punktsystem enthalten, welches ebenfalls parabolisch ist und seinen Doppelpunkt in B_1 hat; um den Kern eines solchen besonderen Netzes zu finden, kommt es darauf an, zu wissen, ob das zweite auf $\mathfrak{A}_1$ gegebene Punktsystem hyperbolisch oder elliptisch ist; wenn es hyperbolisch ist mit den Asymptotenpunkten s und t, so zeigt die frühere Construction des Kernkegelschnitts, dass derselbe in das Linienpaar $B_1 s$ und $B_1 t$ zerfällt; von jeder beliebigen Geraden in der Ebene wird der Pol der feste Punkt B_1 und von jedem beliebigen Punkte in der Ebene

Fig. 92.

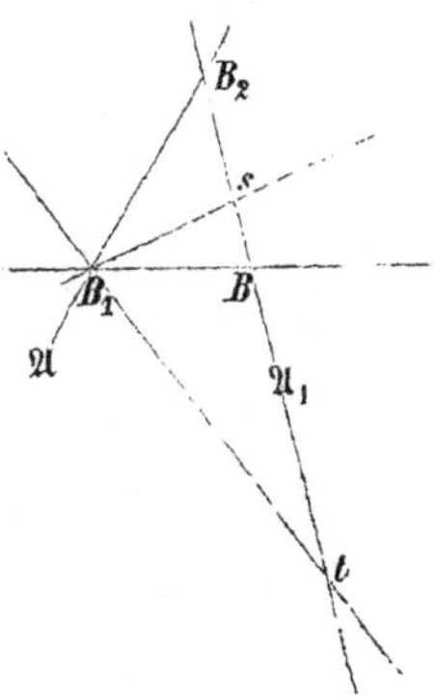

geht die Polare durch B_1; das Strahlsystem, welches in B_1 seinen Mittelpunkt hat und mit dem auf $\mathfrak{A}_1$ gegebenen Punktsystem perspectivisch liegt, schneidet daher sämmtliche Geraden in der Ebene in denjenigen Punktsystemen, welche ihnen im Netze zugehören; wenn dagegen zweitens das auf $\mathfrak{A}_1$ gegebene Punktsystem elliptisch ist, so reducirt sich der Kernkegelschnitt auf den einzigen Punkt B_1; alle Punktsysteme sind elliptisch mit Ausnahme derjenigen, welche auf den durch B_1 laufenden Strahlen liegen, und diese sind sämmtlich parabolisch; wir können auch sagen, dass sich in diesem Falle der Kernkegelschnitt auf ein *imaginäres Linienpaar* reducirt, dessen reeller Doppelpunkt B_1 ist, indem dieses Linienpaar von den imaginären Asymptoten des in B_1 befindlichen elliptischen Strahlsystems gebildet wird. In dem Falle, wo der Kernkegelschnitt des Netzes sich auf ein reelles Linienpaar oder einen Punkt (Schnittpunkt eines imaginären Linienpaares) reducirt, heisst das Netz ein *parabolisches*. Das parabolische Netz besteht also eigentlich aus nichts anderem, als einem gewöhnlichen ebenen Strahlsystem.

Werden beide erzeugenden Punktsysteme parabolisch angenommen mit den Doppelpunkten $B_1 B$, so zieht sich der Kernkegelschnitt anstatt auf ein Linienpaar auf eine einzige doppelt zu zählende Gerade BB_1 zusammen; nehmen wir an, dass von den beiden erzeugenden Punktsystemen eines parabolisch mit dem Doppelpunkt B_1, das andere hyperbolisch sei und einen Asymptotenpunkt in B_1 habe, dieser also der Schnittpunkt der beiden Träger wird, so ist das Netz unbestimmt und verlangt zu seiner völligen Bestimmung noch ein weiteres Datum. Gehen wir von der Bestimmung des Netzes durch zwei Strahlsysteme aus, deren Mittelpunkte zugeordnete Punkte sein sollen, so ergeben sich analoge besondere Fälle, wenn wir eines derselben parabolisch wählen. Der Kernkegelschnitt reducirt sich auf ein reelles oder imaginäres Punktpaar, dessen Träger immer reell ist, oder wenn beide Strahlsysteme parabolisch sind, auf einen einzigen doppelt zu zählenden Punkt. Wir kehren nach diesen besonderen Fällen wieder zu dem allgemeinen Involutionsnetz zurück.

§. 58. Verschiedene Bestimmungs-Arten des Netzes.

Wenn wir als bestimmende Elemente des Netzes annehmen: 1) ein Paar conjugirter Punkte oder Strahlen, 2) ein Punktsystem, welches zwei Paare conjugirter Punkte vertritt, oder ein Strahlsystem, 3) ein Paar von Pol und Polare, welches ebenfalls zwei Paare conjugirter Punkte oder Strahlen vertritt, endlich 4) ein Tripel conjugirter Punkte oder Strahlen, welches drei Paare conjugirter Punkte oder Strahlen vertritt, so lassen sich diese Elemente in mannigfacher Weise zur Bestimmung des Netzes zusammenstellen; von diesen Bestimmungsarten wollen wir einige hier anführen, und zwar nur solche, die das Netz eindeutig bestimmen.

Die auf S. 413 zur Construction des Netzes angenommenen Bestimmungsstücke waren:

1) *zwei conjugirte Strahlen des Netzes* ($\mathfrak{A}$ *und* $\mathfrak{A}_1$) *und auf jedem das Punktsystem, welches dem Netze zugehören soll,* oder auch zwei conjugirte Punkte und in jedem das zugehörige Strahlsystem des Netzes. Hieraus ergiebt sich sofort eine zweite Bestimmungsart durch

2) *ein Tripel conjugirter Punkte* BB_1B_2 *des Netzes und eine beliebige Gerade* $\mathfrak{A}_3$ *mit dem ihr zugehörigen Punktsystem*; denn die drei Verbindungslinien $(B_1B_2) = \mathfrak{A}$, $(B_2B) = \mathfrak{A}_1$, $(BB_1) = \mathfrak{A}_2$ mögen die Gerade $\mathfrak{A}_3$ beziehlich in den Punkten aa_1a_2 treffen; seien die drei conjugirten Punkte zu diesen in dem auf $\mathfrak{A}_3$ gegebenen Punktsystem $\alpha\alpha_1\alpha_2$, so treffen sich αB, α_1B_1, α_2B_2 in einem Punkte B_3, dem Pol von $\mathfrak{A}_3$, und zugleich treffen sie $\mathfrak{A}\mathfrak{A}_1\mathfrak{A}_2$ in solchen Punkten $\mathfrak{a}\mathfrak{a}_1\mathfrak{a}_2$, welche auf diesen drei Geraden conjugirt sind den Punkten aa_1a_2; da nun je zwei Tripelpunkte ausserdem ein zweites Paar conjugirter Punkte sind, so kennen wir die Punktsysteme auf zwei conjugirten Strahlen des Netzes, also nach 1) das ganze Netz. In analoger Weise ist das Netz bestimmt durch ein Tripel conjugirter Strahlen und ein beliebiges Strahlsystem B_3, welches dem Netze zugehören soll. Ferner ergiebt sich, dass es auch bestimmt wird durch

3) *ein Tripel conjugirter Punkte* BB_1B_2 *und ein beliebiges Paar von Pol und Polare:* B_3 *und* $\mathfrak{A}_3$; denn möge $\mathfrak{A}_3$ die beiden Verbindungslinien B_2B_1 und B_2B in a und a_1 treffen, und seien die Schnittpunkte $(BB_3, B_2B_1) = \alpha$, $(B_1B_3, B_2B) = \alpha_1$, so sind a und α, sowie a_1 und α_1 conjugirte Punkte des Netzes, und da auch zwei Tripelpunkte immer conjugirt sind, so kennen wir die Punktsysteme auf zwei conjugirten Strahlen des Netzes, mithin nach 1) das ganze Netz. Umständlicher wird die Bestimmung des Netzes durch

4) *ein Tripel conjugirter Punkte* BB_1B_2 *und zwei beliebige Paare* p *und* π, p_1 *und* π_1, *welche conjugirte Punkte sein sollen.* Hier können wir so verfahren, dass wir durch π eine beliebige Gerade ziehen, dieselbe als Polare von p auffassen, wodurch dann nach 3) das Netz bestimmt ist, und für das so bestimmte Netz die Polare zu p_1 construiren; verändern wir dann die durch π angenommene Gerade, so verändert sich auch die zuletzt construirte Polare; sobald es vorkommt, dass sie durch den gegebenen Punkt π_1 geht, ist das Netz den gegebenen Bedingungen gemäss bestimmt. Die dabei eintretende

Veränderung lässt sich aber leicht überschauen, wenn wir folgende Bemerkung vorausschicken: Das Punktsystem auf einer Geraden ist durch zwei Paare conjugirter Punkte a und α, b und β bestimmt, und zu einem dritten Punkte c kann der conjugirte γ nach S. 66 so gefunden werden (Fig. 93): durch c ziehe man eine beliebige Gerade, nehme

Fig. 93.

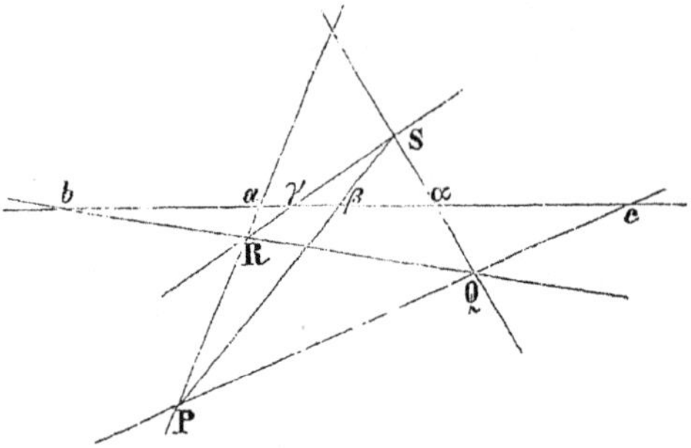

auf ihr zwei Punkte P und Q an, suche die Schnittpunkte:

$$(Pa,\ Qb) = R \qquad (P\beta,\ Q\alpha) = S\,,$$

dann geht RS durch γ, wegen der Eigenschaft des vollständigen Vierecks $PQRS$, dessen Seiten eine Transversale in sechs Punkten einer Involution schneiden. Wenn wir nun von den vier zur Bestimmung des Punktsystems erforderlichen Punkten $a\alpha b\beta$ drei $a\alpha$ und b festhalten, den vierten β aber verändern, so variirt das Punktsystem, und zu dem festen Punkt c gehört jedesmal ein anderes γ; aus der Construction geht aber hervor, dass bei der Bewegung von β, während die Punkte $a\alpha bcPQ$ festgehalten werden, auch R fest bleibt, S dagegen sich verändert, indem es auf $Q\alpha$ eine mit β perspectivisch liegende Punktreihe durchläuft; γ durchläuft wiederum eine mit S perspectivische Punktreihe, also beschreiben auch β und γ zwei aufeinanderliegende projectivische Punktreihen, deren Doppelelemente a und α werden.

Dies vorausgeschickt, sei nun BB_1B_2 das gegebene Tripel, also $(B_2B_1) = \mathfrak{A}$ und $(B_2B) = \mathfrak{A}_1$ sind conjugirte Strahlen; $\mathfrak{A}$ werde von pB und p_1B in a und b getroffen, $\mathfrak{A}_1$ dagegen von pB_1 und p_1B_1 in a_1 und b_1; wenn wir durch π eine beliebige Gerade $\mathfrak{L}$ ziehen, welche $\mathfrak{A}$ und $\mathfrak{A}_1$ in α und α_1 trifft, und auf $\mathfrak{A}$ das durch die Paare B_2B_1 und $a\alpha$, dagegen auf $\mathfrak{A}_1$ das durch die Paare B_2B und $a_1\alpha_1$ bestimmte Punktsystem auffassen und in dem ersten zu b den conjugirten Punkt β, in dem andern zu b_1 den conjugirten Punkt β_1 bestimmen, so ist $\beta\beta_1$ die Polare von p_1; indem wir nunmehr die Gerade

$\mathfrak{L}$ um den Punkt π drehen, verändern sich α und α_1 und mit ihnen β und β_1; aus der vorausgeschickten Hülfsbetrachtung geht hervor, dass β und α projectivische Punktreihen beschreiben, deren Doppelelemente B_2 und B_1 sind; ebenso beschreiben β_1 und α_1 projectivische Punktreihen mit den Doppelpunkten B_2 und B; α und α_1 durchlaufen aber perspectivische Punktreihen, deren Projectionspunkt π ist, folglich beschreiben auch β und β_1 projectivische Punktreihen auf den Trägern $\mathfrak{A}$ und $\mathfrak{A}_1$, und dieselben liegen perspectivisch; denn sobald α nach B_2 kommt, geht auch α_1 dahin, nach dem Vorigen aber auch β und β_1, mithin fallen in den Schnittpunkt der Träger entsprechende Punkte der projectivischen Punktreihen, diese liegen daher perspectivisch, also $\beta\beta_1$ läuft durch einen festen Punkt o, der durch zwei beliebig gewählte Lagen für $\mathfrak{L}$ leicht zu construiren ist. Auch sehen wir, dass diese Polare $\beta\beta_1 = \mathfrak{L}_1$ des Punktes p_1 ein Strahlbüschel beschreibt, welches projectivisch ist mit dem von $\mathfrak{L}$ beschriebenen. Durch den letzten gegebenen Punkt π_1 giebt es also nur eine einzige Gerade $\mathfrak{L}_1$, nämlich die Verbindungslinie $\pi_1 o$ (es müsste denn der besondere Fall eintreten, dass π_1 mit o zusammenfiele, dann wäre das Netz unbestimmt); ziehen wir nach der Construction des Punktes o den Strahl $\pi_1 o$ und nehmen diese Gerade als Polare von p_1, so ist das Netz durch dieses Paar von Pol und Polare und durch das Tripel BB_1B_2 nach 3) völlig bestimmt und genügt offenbar den verlangten Bedingungen; das Netz ist also im Allgemeinen vollkommen und eindeutig bestimmt durch die gegebenen Bestimmungsstücke und die Construction desselben aus der vorigen Betrachtung, wenn auch etwas umständlich, doch allein mittelst des Lineals ausführbar. Am einfachsten gestaltet sich diese Construction, wenn wir für die eine Lage von $\mathfrak{L}$ die Gerade πB und für die andere Lage πB_1 nehmen; dann fällt das eine Mal α_1 nach B, folglich auch β_1 nach B, das andere Mal α nach B_1 und auch β nach B_1, und der Punkt o wird auf folgende Art gefunden:

Sind das Tripel B_2B_1B und das Paar conjugirter Punkte p, π gegeben, so ziehe man BB_2, BB_1 und Bp, $B\pi$, wodurch man zwei Paar Strahlen erhält, welche ein Strahlsystem bestimmen, und suche den zu Bp_1 conjugirten Strahl dieses Strahlsystems; zweitens ziehe man B_1B_2, B_1B und B_1p, $B_1\pi$, wodurch man zwei Strahlenpaare eines andern Strahlsystems erhält, in welchem man den dem Strahle B_1p_1 conjugirten aufsuche; dieser und der vorige in dem Strahlsystem (B) schneiden sich im gesuchten Punkt o; man erhält auch ein drittes Strahlsystem in B_2 durch die Strahlenpaare B_2B, B_2B_1 und B_2p, $B_2\pi$, und der zu B_2p_1 conjugirte Strahl des letzten Strahlsystems muss ebenfalls durch o gehen. Hieraus ergiebt sich der Satz: *Für alle Netze, welche ein Tripel* BB_1B_2 *und ein Paar conjugirter Punkte* p, π *gemeinschaftlich haben, laufen die Polaren eines und desselben Punktes* (p_1) *durch einen festen Punkt* (o) (§. 62).

Eine einfachere Construction dieser Aufgabe ergiebt sich aus der Bemerkung, dass die sechs Ecken zweier Polardreiecke eines Polarsystems allemal auf einem Kegelschnitt liegen und gleichzeitig die sechs Seiten dieser beiden Dreiecke einen Kegelschnitt berühren (S. 415). Sind demnach das Polardreieck BB_1B_2 und zwei Paare conjugirter Punkte $p\pi$ und $p_1\pi_1$ gegeben, so legen wir durch $BB_1B_2p\pi$ einen Kegelschnitt $K^{(2)}$ und durch $BB_1B_2p_1\pi_1$ einen Kegelschnitt $K_1^{(2)}$; dieselben haben noch einen vierten gemeinschaftlichen Punkt x, welcher linear zu construiren ist (Seite 238). Alle Kegelschnitte $\mathfrak{K}^{(2)}$, welche dem Dreiseit BB_1B_2 einbeschrieben sind und gleichzeitig die Verbindungslinie $p\pi$ berühren, bilden eine Kegelschnittschaar $S(\mathfrak{K}^{(2)})$ von vier gemeinschaftlichen Tangenten und die Tangentenpaare aus dem Punkte x an die Kegelschnitte dieser Schaar bilden ein Strahlsystem (Seite 280), dessen Strahlenpaare den Kegelschnitt $K^{(2)}$ in Punktpaaren durchbohren; die Durchbohrungssehnen derselben laufen durch einen festen Punkt (Sehnenpol) o (Seite 151). In gleicher Weise werden alle Kegelschnitte $\mathfrak{K}_1^{(2)}$, welche dem Dreiseit BB_1B_2 einbeschrieben sind, und zugleich die Verbindungslinie $p_1\pi_1$ berühren, eine Kegelschnittschaar $S(\mathfrak{K}_1^{(2)})$ von vier gemeinschaftlichen Tangenten bilden, und die Tangentenpaare aus dem Punkte x an die Kegelschnitte dieser Schaar werden ebenfalls ein Strahlsystem bilden, dessen Strahlenpaare den Kegelschnitt $K_1^{(2)}$ in Punktpaaren durchbohren; diese Durchbohrungssehnen laufen gleichfalls durch einen festen Punkt (Sehnenpol) o_1. Die Verbindungslinie $oo_1 = X$ ist alsdann die Polare von x in dem durch die gegebenen Stücke bestimmten Polarsysteme und dieses ist daher vollständig bekannt, da man ein Tripel BB_1B_2 und ein Paar von Pol und Polare desselben kennt, nach der Construction 3). Man kann noch die dritten Tripelpunkte zu $p\pi$ und $p_1\pi_1$ finden, indem man den besonderen Kegelschnitt construirt, welcher die Seiten des Dreiecks BB_1B_2 und die Geraden $p\pi$ und X berührt; die Tangenten aus p und π an diesen Kegelschnitt treffen sich in dem dritten Tripelpunkt zu $p\pi$. In ähnlicher Weise findet man den dritten Tripelpunkt zu $p_1\pi_1$.

5) *Zwei Tripel conjugirter Punkte* BB_1B_2 und $B^1B_1{}^1B_2{}^1$ enthalten mehr Elemente, als zur Bestimmung des Netzes erforderlich und ausreichend sind; wenn diese sechs Punkte aber der Bedingung genügen, dass sie auf einem Kegelschnitt liegen (S. 415), so ist wiederum das

Netz vollkommen und eindeutig durch sie bestimmt; es genügt alsdann, zu seiner Construction das Tripel BB_1B_2 und das Paar von Pol und Polare: B^1 und $B_1{}^1B_2{}^1$ zu wählen, wodurch nach 3) das Netz bestimmt wird, dann müssen $B_1{}^1$ und $B_2{}^1$ von selbst ein Paar conjugirter Punkte sein.

An die in 1) enthaltene Entstehungsweise des Netzes durch zwei Punktsysteme, deren Träger, oder zwei Strahlsysteme, deren Mittelpunkte conjugirte Elemente sind, knüpft sich noch eine neue Bestimmungsart durch ein Punktsystem und ein Strahlsystem, welche perspectivisch liegen und Pol und Polare des Netzes liefern; hierdurch allein ist aber das Netz noch nicht völlig bestimmt; zu seiner Bestimmung ist noch erforderlich ein Paar conjugirter Punkte oder Strahlen; also:

6) *ein Strahlsystem mit dem Mittelpunkt B, das auf einer beliebigen Geraden $\mathfrak{A}$ durch das Strahlsystem ausgeschnittene Punktsystem, die Bedingung, dass B und $\mathfrak{A}$ Pol und Polare des Netzes seien mit den ihnen zugehörigen Systemen, und endlich noch ein beliebiges Paar conjugirter Punkte p, π* bestimmen das Netz vollständig; treffe nämlich $p\pi$ die Gerade $\mathfrak{A}$ in s, und sei σ der conjugirte Punkt in dem auf $\mathfrak{A}$ gegebenen Punktsystem, so wird $B\sigma$ die Polare von s sein, also $p\pi$ in einem solchen Punkte σ' treffen, dass $p\pi$, $s\sigma'$ zwei Paare conjugirter Punkte sind, welche das dem Netze zugehörige Punktsystem auf dieser Geraden bestimmen; nehmen wir daher irgend ein Paar conjugirter Punkte B_1B_2 des auf $\mathfrak{A}$ gegebenen Punktsystems, so haben wir ein Tripel BB_1B_2 und ausserdem ein Punktsystem auf $p\pi$, wodurch das Netz nach 2) bestimmt ist. In gleicher Weise ist das Netz bestimmt, sobald Pol und Polare mit ihren Systemen und ein beliebiges Paar conjugirter Strahlen gegeben sind.

7) *Zwei beliebige Paare von Pol und Polare: B und $\mathfrak{A}$, B_1 und $\mathfrak{A}_1$, und ein Paar conjugirter Punkte p, π* bestimmen das Netz ebenfalls eindeutig; sei der Schnittpunkt $(\mathfrak{A}, \mathfrak{A}_1) = B_2$ und die Verbindungslinie $(BB_1) = \mathfrak{A}_2$, so sind auch B_2 und $\mathfrak{A}_2$ ein Paar von Pol und Polare; bezeichnen wir die Schnittpunkte $(\mathfrak{A}\mathfrak{A}_2) = \mathrm{B}$ und $(\mathfrak{A}_1\mathfrak{A}_2) = \mathrm{B}_1$, so haben wir auf $\mathfrak{A}_2$ zwei Paare conjugirter Punkte $B\mathrm{B}$ und $B_1\mathrm{B}_1$, also das ganze dem Netze zugehörige Punktsystem und zugleich das mit ihm perspectivische Strahlsystem in B_2, welches dem Netze zugehört, weil B_2 der Pol von $\mathfrak{A}_2$ ist; wir haben nun ausserdem noch ein Paar conjugirter Punkte $p\pi$, wodurch nach dem vorigen Falle 6) das Netz vollständig und eindeutig bestimmt wird.

8) *Drei beliebige Paare von Pol und Polare: B und $\mathfrak{A}$, B_1 und $\mathfrak{A}_1$, B_2 und $\mathfrak{A}_2$* enthalten mehr Elemente, als zur Bestimmung des Netzes

erforderlich sind; wir können indessen die Abhängigkeit ermitteln, in welcher diese sechs Stücke zu einander stehen müssen, damit sie das Netz bestimmen. Nehmen wir B und $\mathfrak{A}$, B_1 und $\mathfrak{A}_1$ und den Punkt B_2 willkürlich an (Fig. 94), so ist die Verbindungslinie $(BB_1) = \mathfrak{A}_3$ die Polare des Schnittpunktes $(\mathfrak{A}, \mathfrak{A}_1) = B_3$; das Punktsystem auf $\mathfrak{A}_3$ ist bestimmt durch zwei Paare conjugirter

Fig. 94.

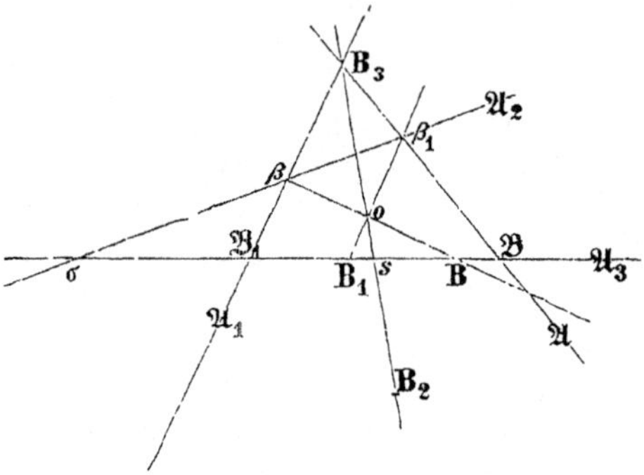

Punkte: B und den Schnittpunkt $\mathfrak{B} = (\mathfrak{A}, \mathfrak{A}_3)$, B_1 und den Schnittpunkt $\mathfrak{B}_1 = (\mathfrak{A}_1, \mathfrak{A}_3)$; ziehen wir $B_2 B_3$, so muss der Pol dieser Geraden auf $\mathfrak{A}_3$ liegen und der conjugirte Punkt σ zu dem Schnittpunkte s sein, in welchem $B_2 B_3$ die $\mathfrak{A}_3$ trifft; es sind also B_2 und σ conjugirte Punkte, d. h. die Polare von B_2 muss durch σ gehen; sie ist mithin nicht mehr vollkommen frei, sondern muss durch einen bestimmten, von den beiden andern Paaren: B und $\mathfrak{A}$, B_1 und $\mathfrak{A}_1$ und dem Punkt B_2 abhängigen festen Punkt σ gehen; ziehen wir durch σ eine beliebige Gerade $\mathfrak{A}_2$ als Polare von B_2, so ist jetzt das Netz bestimmt, und die Abhängigkeit der drei Punkte BB_1B_2 und ihrer Polaren $\mathfrak{A}\mathfrak{A}_1\mathfrak{A}_2$ von einander stellt sich in folgender Weise heraus: sei der Schnittpunkt $(\mathfrak{A}, \mathfrak{A}_2) = \beta_1$, der Schnittpunkt $(\mathfrak{A}_1, \mathfrak{A}_2) = \beta$ und $(B\beta, B_1\beta_1) \doteq o$, dann gehen in dem vollständigen Viereck $\beta o \beta_1 B_3$ zwei Seitenpaare durch die Punkte $B\mathfrak{B}$ und $B_1\mathfrak{B}_1$ des auf $\mathfrak{A}_3$ befindlichen Punktsystems, vom dritten Seitenpaar geht ein Theil $\beta\beta_1$ durch σ, folglich der andere $B_3 o$ durch den conjugirten Punkt s, d. h. $B\beta$, $B_1\beta_1$, B_2B_3 schneiden sich in einem Punkte o; nun sind aber BB_1B_2 die Ecken eines Dreiecks und $B_3\beta\beta_1$ die Ecken des von den drei Polaren $\mathfrak{A}\mathfrak{A}_1\mathfrak{A}_2$ gebildeten Dreiseits; diese beiden Dreiecke liegen also perspectivisch (S. 155), und es gilt der Satz: *Hat man in einem Netze drei beliebige Punkte BB_1B_2 und deren drei Polaren $\mathfrak{A}\mathfrak{A}_1\mathfrak{A}_2$, welche sich paarweise in den Punkten* $(\mathfrak{A}, \mathfrak{A}_1) = \mathrm{B}_2$, $(\mathfrak{A}_1, \mathfrak{A}_2) = \mathrm{B}$, $(\mathfrak{A}_2, \mathfrak{A}) = \mathrm{B}_1$ *schneiden, so liegen die beiden Dreiecke BB_1B_2*

und BB_1B_2 *perspectivisch, d. h.* BB, B_1B_1, B_2B_2 *schneiden sich in einem Punkte.* Hieraus folgt die gleichbedeutende Bedingung, dass die Schnittpunkte: $(\mathfrak{A}, B_1B_2)$, $(\mathfrak{A}_1, B_2B)$ und $(\mathfrak{A}_2, BB_1)$ drei Punkte in gerader Linie sein müssen. Um dann zu irgend einem Punkte P in der Ebene die Polare $\mathfrak{L}$ zu construiren, kann man, wie leicht nachzuweisen ist, in folgender Weise verfahren: Man ziehe PB, welches $\mathfrak{A}_1$ in β_1 treffe, und PB_1, welches $\mathfrak{A}$ in β treffe, dann wird $(\beta\beta_1, BB_1) = x$ ein Punkt der Polare $\mathfrak{L}$ sein; bestimmt man in gleicher Weise die Schnittpunkte:

$$(PB_1, \mathfrak{A}_2) \qquad (PB_2, \mathfrak{A}_1),$$

so trifft ihre Verbindungslinie B_1B_2 in y, einem zweiten Punkte der gesuchten Polare $\mathfrak{L}$; diese ist also schon bekannt; man kann noch einen dritten Punkt z von ihr finden, indem man die Schnittpunkte:

$$(PB_2, \mathfrak{A}) \qquad (PB, \mathfrak{A}_2)$$

verbindet und diese Verbindungslinie bis zum Schnittpunkte mit BB_2 verlängert, welcher z ist. Dies liefert einen Satz, welcher unabhängig vom Netze gilt. Nun können wir auch rückwärts schliessen: Wenn die zur Bestimmung des Netzes gegebenen drei Paare B und $\mathfrak{A}$, B_1 und $\mathfrak{A}_1$, B_2 und $\mathfrak{A}_2$ der Bedingung genügen, dass die beiden Dreiecke BB_1B_2 und $\mathfrak{A}\mathfrak{A}_1\mathfrak{A}_2$ beziehlich perspectivisch liegen, dann ist ein Netz durch sie vollständig und eindeutig bestimmt.

9) *Zwei beliebige Punktsysteme auf den Trägern* $\mathfrak{A}$ *und* $\mathfrak{A}_1$, *welche nicht conjugirte Strahlen sein sollen, und irgend ein Paar conjugirter Punkte* p, π bestimmen das Netz. Sei B_2 der Schnittpunkt der beiden Geraden $\mathfrak{A}\mathfrak{A}_1$, dann ist die Verbindungslinie derjenigen beiden Punkte der Träger, welche ihrem Schnittpunkte in den gegebenen Punktsystemen conjugirt sind, die Polare von B_2; auf der Verbindungslinie $p\pi$ kennen wir nur dies eine Paar conjugirter Punkte; wäre uns das ganze Punktsystem auf dieser Geraden bekannt, und bezeichnen wir ihren Schnittpunkt mit $\mathfrak{A}$ durch B_1, mit $\mathfrak{A}_1$ durch B, so hätten wir auch die Polaren von B und B_1, indem wir die ihnen conjugirten Punkte in den beiden Paaren von Punktsystemen verbinden, deren Träger sich einmal in B, das andere Mal in B_1 treffen; wir hätten dann also drei Paare von Polen und Polaren, welche der in 8) gefundenen Bedingung Genüge leisten. Sei nämlich (Fig. 95) in dem auf $\mathfrak{A}$ gegebenen Punktsystem dem B_2 conjugirt β_2, dem B_1 conjugirt b_1, in dem auf $\mathfrak{A}_1$ gegebenen Punktsystem dem B_2 conjugirt b_2, dem B conjugirt β und endlich in dem auf der Verbindungslinie $(BB_1) = \mathfrak{A}_2$ angenommenen Punktsystem dem B conjugirt b, dem B_1 conjugirt β_1, dann sind $b\beta$, $b_1\beta_1$, $b_2\beta_2$ beziehlich die Polaren von BB_1B_2; es müssen nun die Seiten dieses Polardreiseits die entsprechenden Seiten des Dreiecks BB_1B_2 in

drei Punkten einer Geraden treffen, nämlich $(b_2\beta_2, BB_1) = o_2$, $(b\beta, B_1B_2) = o$, $(b_1\beta_1, B_2B) = o_1$; von diesen drei auf einer Geraden liegenden Punkten $o_2 o o_1$ ist einer, nämlich o_2, gegeben als der Schnittpunkt der durch die beiden Punktsysteme auf $\mathfrak{A}\mathfrak{A}_1$ bekannten Polare von B_2 mit der Verbindungslinie $p\pi$. Wir können also durch den bekannten Punkt o_2 eine veränderliche Gerade $\mathfrak{L}$ ziehen, durch welche dann das Netz völlig bestimmt wird, und für dieses so bestimmte Netz zu dem gegebenen festen Punkte p den conjugirten Punkt auf $\mathfrak{A}_2$ bestimmen; mit der Veränderung von $\mathfrak{L}$ verändert sich auch der zuletzt construirte Punkt, und es wird nur einmal vorkommen, dass er mit dem gegebenen Punkte π zusammenfällt; durch diese besondere Lage der Geraden $\mathfrak{L}$ ist alsdann das Netz allen Bedingungen der Aufgabe gemäss bestimmt.

Fig. 95.

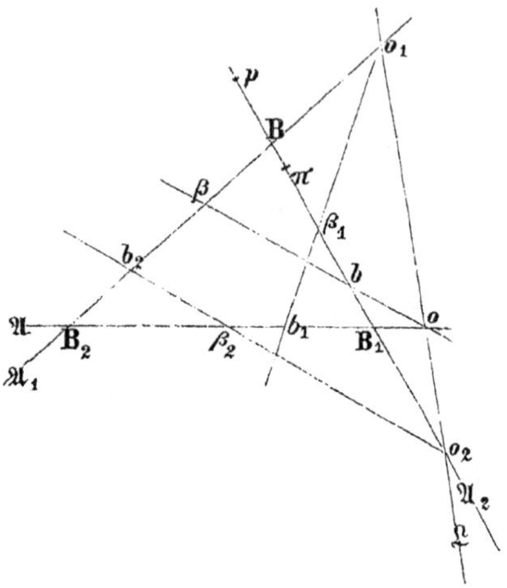

Es ist leicht in der Figur zu verfolgen, wie sich mit der Drehung von $\mathfrak{L}$ um o_2 das durch sie bestimmte Punktsystem auf $\mathfrak{A}_2$, also auch der dem festen Punkt p jedesmal conjugirte Punkt $\mathfrak{p}$ verändert. In der That o und o_1 beschreiben zwei perspectivische Punktreihen auf $\mathfrak{A}$ und $\mathfrak{A}_1$, also $b_1 o_1$ und bo zwei projectivische Strahlbüschel, die Punkte β_1 und b zwei projectivische Punktreihen auf $\mathfrak{A}_2$ der Art, dass, wenn β_1 nach B gelangt, b nach B_1 kommt und zugleich, wenn β_1 nach B_1 kommt, b nach B gelangt; also β_1 und b erzeugen bei der Bewegung selbst ein neues Punktsystem, von dem B und B_1 ein Paar conjugirter Punkte bilden. Nun bestimmen die beiden Paare Bb und $B_1\beta_1$ dasjenige Punktsystem auf $\mathfrak{A}_2$, für welches der dem festen Punkt p conjugirte $\mathfrak{p}$ bestimmt werden muss; nach der bekannten, schon öfters angewendeten Construction eines sechsten Punktes der Involution ziehen wir durch p irgend eine Gerade, nehmen zwei beliebige Punkte P und Q derselben, bestimmen die Schnittpunkte:

$$(PB,\ QB_1) = R\,; \quad (P\beta_1,\ Qb) = S\,,$$

dann trifft RS die Gerade $\mathfrak{A}_2$ in dem gesuchten Punkte $\mathfrak{p}$. Bei der auszuführenden Bewegung wird R fest bleiben und S einen Kegelschnitt beschreiben, weil b und β_1 projectivische Punktreihen durchlaufen; dieser Kegelschnitt geht durch P und Q, aber auch durch R, weil, wenn β_1 nach B gelangt, b nach B_1 kommt; folglich beschreibt RS ein Strahlbüschel, welches mit PS projectivisch ist, also auch mit der Punktreihe β_1 und b, daher mit o_1, o und schliesslich mit dem von der Geraden $\mathfrak{L}$ erzeugten Strahlbüschel; der Schnittpunkt $\mathfrak{p}$ der Geraden RS mit $\mathfrak{A}_2$ beschreibt daher eine Punktreihe, welche mit dem durch die Bewegung von $\mathfrak{L}$ hervorgerufenen Strahlbüschel projectivisch ist. Nachdem diese projectivische Beziehung erkannt und durch eine einfache Construction, zu welcher man nur des Lineals bedarf, hergestellt ist, leuchtet es ein, dass nur für eine einzige bestimmte Lage von $\mathfrak{L}$ der veränderliche Punkt $\mathfrak{p}$ mit dem gegebenen π zusammenfallen kann, und diese Lage von $\mathfrak{L}$ ist durch die bekannte projectivische Beziehung allein mittelst des Lineals zu ermitteln, indem man zu dem gegebenen Punkte π, als der Punktreihe $(\mathfrak{p})$ angehörig, den entsprechenden Strahl des Strahlbüschels $(\mathfrak{L})$ aufsucht. Hierdurch wird nun die letzte gegebene Bedingung erfüllt, dass p und π conjugirte Punkte des Netzes seien; das Netz ist also vollständig und eindeutig durch die oben angegebenen Stücke bestimmt. Die Construction wird zwar in vollständiger Ausführung etwas umständlich, aber ohne Schwierigkeit und ist allein mittelst des Lineals zu bewerkstelligen.

In analoger Weise ist das Netz durch zwei beliebige Strahlsysteme (B) und (B_1), deren Mittelpunkte nicht conjugirte Punkte sein sollen, und ein beliebiges Paar conjugirter Strahlen l, λ vollständig und eindeutig bestimmt.

Eine einfachere und weit übersichtlichere, wenn auch nicht mehr lineare Construction lässt sich auf folgende Weise ableiten:

Sei $x\xi$ ein veränderliches Punktpaar des auf dem Träger $\mathfrak{A}$ gegebenen Punktsystems, $x_1\xi_1$ ein solches auf dem Träger $\mathfrak{A}_1$ und $p\pi$ das einzeln gegebene Paar conjugirter Punkte; denken wir uns den ersten Punkt p mit den Paaren $x\xi$ und $x_1\xi_1$ durch Strahlenpaare verbunden, so erhalten wir in p zwei auf einander liegende Strahlsysteme, welche im Allgemeinen ein gemeinschaftliches Strahlenpaar haben. (S. 58 und 158). Dieses kann nur dann imaginär werden, wenn beide Punktsysteme $(x\xi)$ und $(x_1\xi_1)$ hyperbolisch sind; ein Fall, den wir nachträglich erledigen wollen. Ist das gemeinschaftliche Strahlenpaar durch p ermittelt und trifft es $\mathfrak{A}$ und $\mathfrak{A}_1$ in den Punktpaaren $x^p\xi^p$, $x_1^p\xi_1^p$, so dass also

$$(x^p x_1^p,\ \xi^p \xi_1^p) = p \quad \text{ist,}$$

dann bestimmen wir den Punkt:

$$(x^p \xi_1^p,\ \xi^p x_1^p) = \pi^1$$

und erhalten, da p und π^1 nach *Hesse's* Satz (S. 419) conjugirte

Punkte des Netzes sein müssen, die Verbindungslinie $\pi\pi^1$ als Polare von p.

In gleicher Weise operiren wir, indem wir den Punkt π an Stelle von p setzen d. h. die beiden durch π mit den gegebenen Punktsystemen $(x\mathfrak{x})$ und $(x_1\mathfrak{x}_1)$ perspectivisch liegenden Strahlsysteme und deren gemeinschaftliches Strahlenpaar ermitteln, welches $\mathfrak{A}$ und $\mathfrak{A}_1$ in den Punktpaaren $x^\pi \mathfrak{x}^\pi$, $x_1^\pi \mathfrak{x}_1^\pi$ trifft, so dass

$$(x^\pi x_1^\pi,\ \mathfrak{x}^\pi \mathfrak{x}_1^\pi) = \pi$$

$$\text{und}\quad (x^\pi \mathfrak{x}_1^\pi,\ \mathfrak{x}^\pi x_1^\pi) = p^1 \quad \text{wird;}$$

dann ist pp^1 die Polare von π; der Schnittpunkt:

$$(\pi\pi^1,\ pp^1) = \mathfrak{p}$$

ist also der Pol der Verbindungslinie $p\pi$ und wir haben ein Tripel $p\pi\mathfrak{p}$ und ausserdem eines der beiden Punktsysteme $\mathfrak{A}(x\mathfrak{x})$ oder $\mathfrak{A}_1(x_1\mathfrak{x}_1)$, wodurch das Netz nach 2) vollständig bestimmt ist.

Nur in dem Falle, dass beide Punktsysteme $\mathfrak{A}(x\mathfrak{x})$ und $\mathfrak{A}_1(x_1\mathfrak{x}_1)$ hyperbolisch sind, kann die Construction wegen imaginärer Elemente illusorisch werden; dies ist aber gerade der einfachste Fall; dann muss nämlich das Netz hyperbolisch sein und der Kernkegelschnitt (S. 422) durch die vier Asymptotenpunkte der beiden gegebenen hyperbolischen Punktsysteme $a\alpha$, $a_1\alpha_1$ hindurchgehen. Betrachten wir ausserdem $p\pi$ als die Asymptotenpunkte eines hyperbolischen Punktsystems auf der Verbindungslinie $p\pi = \mathfrak{L}$, so können wir durch drei Punkte $a\alpha a_1$ und je zwei conjugirte Punkte dieses hyperbolischen Punktsystems auf $\mathfrak{L}$ Kegelschnitte legen, welche nothwendig durch einen vierten festen Punkt s laufen müssen (S. 235); ist s ermittelt, so wird der durch $a\alpha$ $a_1\alpha_1$ und s gelegte Kegelschnitt der Kernkegelschnitt des Netzes, also dieses vollständig bestimmt sein.

10) *Drei beliebige Punktsysteme auf den Trägern* $\mathfrak{A}\mathfrak{A}_1\mathfrak{A}_2$ enthalten mehr Elemente, als zur Bestimmung des Netzes ausreichend sind; wir können indessen aus dem Vorigen die Bedingung ermitteln, welche erfüllt werden muss, damit das Netz durch dieselben bestimmt wird und die Bestimmungsstücke keinen Widerspruch enthalten. Es ist nämlich schon in 9) angegeben, dass, wenn für den Schnittpunkt $(\mathfrak{A}_1, \mathfrak{A}_2)$ die beiden conjugirten Punkte auf diesen Trägern b und β, für den Schnittpunkt $(\mathfrak{A}_2, \mathfrak{A})$ die conjugirten Punkte b_1 und β_1, endlich für den Schnittpunkt $(\mathfrak{A}, \mathfrak{A}_1)$ die conjugirten Punkte b_2 und β_2 sind, die drei Verbindungslinien $b\beta$, $b_1\beta_1$, $b_2\beta_2$ die Polaren jener drei Schnittpunkte sein werden und daher die drei Punkte:

$$(b\beta,\ \mathfrak{A}) \qquad (b_1\beta_1,\ \mathfrak{A}_1) \qquad (b_2\beta_2,\ \mathfrak{A}_2)$$

in einer Geraden liegen müssen. Ist diese Bedingung für die Lage der drei Punktsysteme erfüllt, so bestimmen sie ein Netz, dessen Construction aus 8) sich ergiebt.

11) *Ein Punktsystem auf dem Träger* $\mathfrak{A}$, *ein Paar von Pol und Polare:* B_1 *und* $\mathfrak{A}_1$ *und ein Paar conjugirter Punkte* p *und* π bestimmen das Netz. Sei nämlich der Schnittpunkt $(\mathfrak{A}\mathfrak{A}_1) = s$ und σ sein conjugirter Punkt in dem auf $\mathfrak{A}$ gegebenen Punktsystem, so wird $B_1\sigma$ die Polare von s sein und $\mathfrak{A}_1$ in einem solchen Punkte t treffen, dass $B_1 s t$ ein Tripel conjugirter Punkte ist; nehmen wir auf $\mathfrak{A}$ irgend ein Paar conjugirter Punkte $\pi_1 p_1$ des gegebenen Punktsystems, so haben wir zur Construction des Netzes ein Tripel und zwei Paare conjugirter Punkte, wodurch also das Netz bestimmt wird und nach 4) zu construiren ist; dass dabei die Punkte $p_1\pi_1$ mit einem Tripelpunkte (s) in gerader Linie liegen, ändert im Wesentlichen nichts in der Construction.

In analoger Weise wird das Netz bestimmt durch ein Paar von Pol und Polare, ein Strahlsystem und ein beliebiges Paar conjugirter Strahlen.

Wir können auch in folgender Weise construiren:

Ist $x\xi$ ein veränderliches Paar conjugirter Punkte des auf $\mathfrak{A}$ gegebenen Punktsystems, so sind die Schnittpunkte:

$$(px,\ \pi\xi) = y \quad \text{und} \quad (p\xi,\ \pi x) = \eta$$

ebenfalls conjugirte Punkte nach dem *Hesse*'schen Satze (S. 419) und beschreiben bei der Veränderung von $x\xi$ einen Kegelschnitt $K^{(2)}$, während die Verbindungslinie $y\eta$ durch einen festen Punkt o der Geraden $p\pi$ läuft, den vierten harmonischen, dem Schnittpunkte $(\mathfrak{A},\ p\pi)$ zugeordneten Punkt. Ist der Kegelschnitt $K^{(2)}$ ermittelt, so wird die Verbindungslinie oB_1 ihn in einem besonderen Punktpaar $y^0\eta^0$ treffen; diese Gerade oB_1 trifft ferner $\mathfrak{A}_1$ in einem Punkte b_1 und die beiden Punktpaare $y^0\eta^0$ und $B_1 b_1$ bestimmen ein Punktsystem, welches dem Netze zugehört. Wir haben also zwei Gerade mit den ihnen zugehörigen Punktsystemen im Netze, und ausserdem ein Paar von Pol und Polare, wodurch das Netz mehr als bestimmt ist und auf verschiedene Arten leicht hergestellt werden kann.

12) *Ein Punktsystem auf dem Träger* $\mathfrak{A}$ *und drei beliebige Paare conjugirter Punkte* p *und* π, p_1 *und* π_1, p_2 *und* π_2 bestimmen das Netz. Um es zu construiren, können wir in folgender Weise verfahren: Nach dem oben (Seite 419) bewiesenen Satze sind, wenn p, π und x, ξ irgend zwei Paare conjugirter Punkte sind, allemal die Schnittpunkte:

$$(px,\ \pi\xi) = y \qquad (p\xi,\ \pi x) = \eta$$

ein drittes Paar conjugirter Punkte, und in dem vollständigen Viereck $p\pi x\xi$ geht die Verbindungslinie $y\eta$ durch die beiden vierten harmonischen Punkte, welche zu dem Schnittpunkte der beiden Geraden $p\pi$

und $x\xi$ zugeordnet harmonisch liegen, indem das zweite Paar zugeordneter Punkte einmal $p\pi$, das andere Mal $x\xi$ ist; wählen wir nun für $p\pi$ das erste gegebene Paar conjugirter Punkte und für $x\xi$ ein beliebiges Paar conjugirter Punkte des auf dem Träger $\mathfrak{A}$ gegebenen Punktsystems, so werden, indem wir das letztere Paar verändern, sich auch die Punkte y und η verändern, ihre Verbindungslinie aber wird durch einen festen Punkt o auf $p\pi$, den vierten harmonischen, dem Schnittpunkte mit $\mathfrak{A}$ zugeordneten Punkt gehen. Die Punkte y und η beschreiben, wie leicht zu sehen ist, einen und denselben bestimmten Kegelschnitt $\mathfrak{K}^{(2)}$, weil px und $\pi\xi$ projectivische Strahlbüschel beschreiben und in ihnen auch $p\xi$ und πx entsprechende Strahlen sind; jeder durch o gehende Strahl trifft daher diesen vollständig bestimmten und leicht herzustellenden Kegelschnitt $\mathfrak{K}^{(2)}$ in einem Paare conjugirter Punkte des zu construirenden Netzes. Setzen wir an Stelle des Punktpaares $p\pi$ das zweite gegebene Punktpaar $p_1\pi_1$ und operiren wir mit ihm in ganz derselben Weise, so erhalten wir einen zweiten Kegelschnitt $\mathfrak{K}_1^{(2)}$ und einen Punkt o_1 auf $p_1\pi_1$ von solcher Beschaffenheit, dass jeder durch o_1 gehende Strahl den Kegelschnitt $\mathfrak{K}_1^{(2)}$ in einem Paare conjugirter Punkte des Netzes trifft. Ziehen wir nun die Verbindungslinie oo_1, und möge sie den Kegelschnitt $\mathfrak{K}^{(2)}$ in s und σ, den $\mathfrak{K}_1^{(2)}$ in s_1 und σ_1 treffen, so haben wir auf oo_1 zwei Paare conjugirter Punkte des Netzes, welche auf dieser Geraden das ganze dem Netze zugehörige Punktsystem bestimmen; da ausserdem die Gerade $\mathfrak{A}$ mit dem ihr zugehörigen Punktsysteme gegeben ist, so haben wir nunmehr zwei bekannte Punktsysteme auf den Trägern $\mathfrak{A}$ und oo_1, ausserdem noch ein Paar conjugirter Punkte $p_2\pi_2$, und durch diese Stücke ist das Netz nach 9) vollkommen bestimmt.

Es ist hierbei noch der Fall zu berücksichtigen, dass eines oder beide Punktpaare $s\sigma$, $s_1\sigma_1$, welche zur Bestimmung des Punktsystems auf oo_1 dienen, imaginär werden; in diesem Falle werden sie vertreten durch die elliptischen Punktsysteme, welche dem Träger oo_1 in Bezug auf die bekannten Kegelschnitte $\mathfrak{K}^{(2)}$ und $\mathfrak{K}_1^{(2)}$ zugehören; auch in dem reellen Falle können die Punktpaare $s\sigma$, $s_1\sigma_1$ durch die hyperbolischen Punktsysteme vertreten werden, welche dem Träger oo_1 in Bezug auf die beiden Kegelschnitte $\mathfrak{K}^{(2)}$ und $\mathfrak{K}_1^{(2)}$ zugehören; diese beiden Punktpaare haben nun im Allgemeinen ein gemeinschaftliches Paar conjugirter Punkte, welches sowohl zu $s\sigma$, als auch zu $s_1\sigma_1$ harmonisch liegen muss, also die Asymptotenpunkte des neuen Punktsystems liefert, dessen Bestimmung durch die Paare $s\sigma$ und $s_1\sigma_1$ gegeben wird. Wir schliessen daher: Wenn die beiden Punktsysteme auf dem Träger oo_1 — oder auch nur eines — elliptisch sind, so suchen wir ihr gemeinschaftliches Paar conjugirter Punkte (S. 58 und 158); dieses ist nothwendig reell, sobald eines oder beide Punktsysteme elliptisch sind; wir nehmen dieses Paar zu den Asymptotenpunkten eines dritten hyperbolischen Punktsystems, welches auf dem Träger oo_1 dem zu bestimmenden Netze zugehört, und haben daher in jedem Falle eine völlig reelle Construction des Netzes.

In analoger Weise wird das Netz bestimmt durch ein Strahlsystem und drei beliebig liegende Paare conjugirter Strahlen.

13) *Ein Paar von Pol und Polare: B und $\mathfrak{A}$, und ausserdem drei beliebige Paare conjugirter Punkte p und π, p_1 und π_1, p_2 und π_2* bestimmen das Netz. Um es zu construiren, bemerken wir, dass zu dem Punkte B jeder beliebige Punkt der Polare $\mathfrak{A}$ als conjugirter zu betrachten ist; nehmen wir daher einen beliebigen Punkt $\mathfrak{p}$ auf der Geraden $\mathfrak{A}$ und bestimmen die Schnittpunkte $(Bp, \pi\mathfrak{p}) = x$, $(B\pi, p\mathfrak{p}) = \xi$, so sind nach dem oben angezogenen Satze auch x und ξ conjugirte Punkte des Netzes, und wenn wir $\mathfrak{p}$ auf der Geraden $\mathfrak{A}$ verändern, so erhalten wir unendlich-viele Paare conjugirter Punkte x und ξ, von denen der eine eine Punktreihe auf Bp, der andere auf $B\pi$ durchläuft, und beide Punktreihen sind offenbar projectivisch, weil sie beide mit der von $\mathfrak{p}$ beschriebenen Punktreihe perspectivisch liegen. Die Verbindungslinie $x\xi$ umhüllt daher einen Kegelschnitt $\mathfrak{K}^{(2)}$, welcher, wie leicht zu sehen ist, die Geraden Bp und $B\pi$ in denjenigen Punkten berührt, in welchen sie von $\mathfrak{A}$ getroffen werden; da der Kegelschnitt $\mathfrak{K}^{(2)}$ ausserdem $p\pi$ berührt, so ist er durch diese Bedingungen vollständig bestimmt. Wir können ihn umgekehrt benutzen, um den Verlauf des veränderlichen Paares conjugirter Punkte $x\xi$ des gesuchten Netzes besser zu übersehen. Verbinden wir irgend einen Punkt o der Berührungssehne $\mathfrak{A}$, welche die Berührungspunkte auf den Trägern der erzeugenden Punktreihen Bp und $B\pi$ verbindet, mit einem Paar entsprechender Punkte $x\xi$, so erhalten wir nach S. 136 durch o Strahlenpaare, die ein Strahlsystem bilden und zwar dasjenige, welches dem Punkte o in Bezug auf den Kegelschnitt $\mathfrak{K}^{(2)}$ zugehört. Es wird also jedes Strahlenpaar dieses bekannten Strahlsystems Bp und $B\pi$ in je zwei conjugirten Punkten des gesuchten Netzes treffen. Dies Strahlsystem in (o) wird hyperbolisch oder elliptisch sein je nach der Lage des Punktes o auf der Berührungssehne $\mathfrak{A}$. Wir können aber, da die Berührungspunkte reell sind, o immer so wählen, dass es elliptisch wird.

Wenn wir nun das zweite gegebene Paar $p_1\pi_1$ nehmen und in ganz derselben Weise verfahren, wie eben mit dem Paare $p\pi$, so erhalten wir einen zweiten Kegelschnitt $\mathfrak{K}_1^{(2)}$, welcher $p_1\pi_1$ zur Tangente hat und Bp_1 und $B\pi_1$ in denjenigen beiden Punkten berührt, in welchen sie von $\mathfrak{A}$ getroffen werden. Jedem Punkte o der Berührungssehne $\mathfrak{A}$ gehört ein bestimmtes Strahlsystem in Bezug auf den Kegelschnitt $\mathfrak{K}_1^{(2)}$ zu, und wenn man ein beliebiges Strahlenpaar dieses Strahlsystems nimmt, so trifft der eine Strahl desselben Bp_1 in x_1, der andere $B\pi_1$ in ξ_1, so dass $x_1\xi_1$ ein Paar conjugirter Punkte des gesuchten Netzes sein müssen.

Die beiden Strahlsysteme, welche demselben Punkte o auf $\mathfrak{A}$ in Bezug auf beide Kegelschnitte $\mathfrak{K}^{(2)}$ und $\mathfrak{K}_1^{(2)}$ zugehören, haben aber im Allgemeinen ein gemeinschaftliches Strahlenpaar (S. 58 und 158), und es ist leicht, o so zu wählen, dass dieses reell wird, indem man nur nöthig hat ein solches o zu nehmen, für welches ein Strahlsystem elliptisch wird, was nach dem Obigen immer möglich ist. Haben wir aber dies gemeinschaftliche Strahlenpaar gefunden, und trifft der eine Strahl desselben Bp und Bp_1 in x und x_1, der andere in $B\pi$ und $B\pi_1$ in ξ und ξ_1, so liegt der Schnittpunkt:

$$(xx_1,\ \xi\xi_1) = o$$

auf $\mathfrak{A}$, und da $x\xi$ und $x_1\xi_1$ zwei Paare conjugirter Punkte des gesuchten Netzes sind, so sind auch o und der Schnittpunkt

$$(x\xi_1,\ \xi x_1) = \tilde{\omega}$$

conjugirte Punkte nach dem *Hesse*'schen Satze; folglich da B und $\mathfrak{A}$ Pol und Polare sind, so werden auch o und $B\tilde{\omega}$ Pol und Polare sein. Wir können also für verschiedene Lagen von o das ganze Punktsystem auf $\mathfrak{A}$ und das Strahlsystem in B herstellen, welches dem gesuchten Netze zugehört, und da wir ausserdem noch ein drittes bisher nicht benutztes Paar conjugirter Punkte $p_2\pi_2$ zur Bestimmung des Netzes gegeben haben, so ist dasselbe nach 6) bekannt und leicht zu construiren.

Es bleibt uns jetzt noch die allgemeinste Aufgabe zu lösen übrig, wenn

14) *fünf beliebige Paare conjugirter Punkte zur Bestimmung des Netzes gegeben* sind. Um das Netz aus diesen gegebenen Bestimmungsstücken auf eindeutige Weise zu construiren, wiederholen wir noch einmal die Fälle 7) und 13), welche die Construction vorbereiten, und bedienen uns dabei einer etwas abgeänderten, mehr symmetrischen Bezeichnung:

a) Zur Bestimmung des Netzes sind gegeben: Zwei Punkte B und B_1, ihre resp. Polaren $\mathfrak{A}$ und $\mathfrak{A}_1$ und ein Paar conjugirter Punkte B_2 und b_2; die Polare $\mathfrak{A}_2$ von B_2 soll also durch b_2 gehen; betrachten wir das Dreieck BB_1B_2 und das von den drei Polaren $\mathfrak{A}\mathfrak{A}_1\mathfrak{A}_2$ dieser Punkte gebildete Dreiseit, so müssen bekanntlich diese beiden Figuren perspectivisch liegen, d. h. die drei Schnittpunkte:

$$(B_1 B_2, \mathfrak{A}) \qquad (B_2 B, \mathfrak{A}_1) \qquad (B B_1, \mathfrak{A}_2)$$

liegen auf einer Geraden (S. 434). Durch die beiden ersten Punkte ist diese Gerade schon bestimmt; der Punkt, in welchem sie BB_1 trifft, muss auf $\mathfrak{A}_2$ liegen, also seine Verbindungslinie mit b_2 die Polare $\mathfrak{A}_2$ sein. Haben wir sonach drei Paare von Polen und Polaren: $B\mathfrak{A}$; $B_1\mathfrak{A}_1$; $B_2\mathfrak{A}_2$, so können wir zu einem beliebigen Punkte B_3 die Polare $\mathfrak{A}_3$ nach demselben Princip construiren, indem wir uns das Dreieck BB_1B_3 und sein Polardreiseit, ferner BB_2B_3 und sein Polardreiseit, endlich noch $B_1B_2B_3$ und sein Polardreiseit in der nothwendigen perspectivischen Lage denken und dadurch für $\mathfrak{A}_3$ drei Punkte finden, von denen zwei schon zur Bestimmung dieser Geraden ausreichen. Die Construction lässt sich also folgendermassen hinschreiben:

Gegeben: B und $\mathfrak{A}$, B_1 und $\mathfrak{A}_1$, B_2 und b_2;

Bestimme:

$$(B_1 B_2, \mathfrak{A}) = s_{12} \; (B_2 B, \mathfrak{A}_1) = s_{20} \; (B B_1, s_{12} s_{20}) = s_{01}$$
$$(b_2 s_{01}) = \mathfrak{A}_2$$
$$(B_1 B_3, \mathfrak{A}) = s_{13} \; (B_3 B, \mathfrak{A}_1) = s_{30} \; (B B_1, s_{13} s_{30}) = \sigma_{01}$$
$$(B_2 B_3, \mathfrak{A}) = s_{23} \; (B_3 B, \mathfrak{A}_2) = \sigma_{30} \; (B B_2, s_{23} \sigma_{30}) = \sigma_{02}$$
$$(B_2 B_3, \mathfrak{A}_1) = \sigma_{23} \; (B_3 B_1, \mathfrak{A}_2) = \sigma_{31} \; (B_1 B_2, \sigma_{23} \sigma_{31}) = \sigma_{12},$$

dann liegen die drei Punkte $\sigma_{01}\sigma_{02}\sigma_{12}$ auf der Geraden $\mathfrak{A}_3$, der Polare des Punktes B_3 für das oben bestimmte Netz. Da durch zwei dieser Punkte die Gerade $\mathfrak{A}_3$ schon bestimmt wird, so liegt hierin ein geometrischer Satz, den wir nicht weiter hervorheben wollen.

Wir denken uns jetzt von den zur Bestimmung des Netzes gegebenen Stücken die Gerade $\mathfrak{A}_1$ um einen festen Punkt b_1 gedreht, so dass für jede Lage von $\mathfrak{A}_1$ ein anderes Netz entsteht, und ermitteln nach der vorigen Construction für jedes derselben die dem Punkte B_3 zugehörige Polare $\mathfrak{A}_3$; es wird sich zeigen, dass alsdann auch $\mathfrak{A}_3$ um einen festen Punkt p_3 sich dreht und ein Strahlbüschel beschreibt, welches mit dem von $\mathfrak{A}_1$ beschriebenen projectivisch ist. In der That, bei der Bewegung von $\mathfrak{A}_1$ um den festen Punkt b_1 bleiben die Punkte $s_{12}s_{13}s_{23}$ fest, der Punkt s_{20} durchläuft eine gerade Punktreihe auf dem Träger B_2B, ebenso s_{01} auf dem Träger BB_1, die Gerade $\mathfrak{A}_2$ beschreibt also ein Strahlbüschel um b_2, welches mit dem von $\mathfrak{A}_1$ beschriebenen projectivisch ist; s_{30} und σ_{30} durchlaufen daher auf dem Träger B_3B Punktreihen, die gleichfalls mit dem Strahlbüschel $(\mathfrak{A}_1)$ projectivisch sind, und die Punkte $\sigma_{01}\sigma_{02}$ durchlaufen endlich auf den Trägern B_1B und B_2B projectivische Punktreihen; diese beiden Punktreihen liegen aber perspectivisch, weil in den Schnittpunkt B ihrer Träger ein Paar entsprechende Punkte hineinfallen. Nehmen wir nämlich insbesondere an, dass die bewegliche Gerade $\mathfrak{A}_1$ durch B geht, so gelangt unter dieser Annahme s_{30} nach B, ebenso auch s_{20} und s_{01}, also geht auch $\mathfrak{A}_2$ durch B, mithin kommen in diesem Falle auch σ_{01}, σ_{30} und σ_{02} nach B; es fallen daher zwei entsprechende Lagen der Punkte σ_{01} und σ_{02} nach B, und die von $\sigma_{01}\sigma_{02}$ durchlaufenen Punktreihen liegen daher perspectivisch; die Verbindungslinie entsprechender Punkte, d. h. die Gerade $\mathfrak{A}_3$, läuft folglich durch einen festen Punkt p_3 und beschreibt ein mit $(\mathfrak{A}_1)$ projectivisches Strahlbüschel. Fügen wir jetzt zur Bestimmung des Netzes noch die neue Bedingung hinzu, dass die Polare von B_3 durch einen gegebenen Punkt b_3 gehen soll d. h. B_3 und b_3 conjugirte Punkte seien, so giebt es unter den unzählig vielen Netzen nur ein einziges, welches den Bedingungen genügt, dass

$b)$ $\begin{cases} B \text{ und } \mathfrak{A} \text{ Pol und Polare,} \\ B_1 \text{ und } b_1,\ B_2 \text{ und } b_2,\ B_3 \text{ und } b_3 \text{ conjugirte Punkte des Netzes} \end{cases}$

seien, und wir gelangen zur Bestimmung dieses Netzes, indem wir den vorhin ermittelten Punkt p_3 mit b_3 verbinden und $(p_3 b_3) = \mathfrak{A}_3$ als Polare von B_3 annehmen, so dass alsdann das Netz auf die vorige Art durch die Bestimmungsstücke B und $\mathfrak{A}$, B_3 und $\mathfrak{A}_3$, B_2 und b_2 (oder auch B_1 und b_1) construirt wird. Es bleibt nun übrig, für das durch die gegebenen Stücke bestimmte Netz zu einem gegebenen Punkte B_4 die Polare $\mathfrak{A}_4$ zu construiren, und hierzu ist es erforderlich, den Punkt p_3 zu kennen, welchen wir so ermitteln, dass wir zwei beliebige Lagen von $\mathfrak{A}_1$ durch den Punkt b_1 annehmen und vermöge der obigen Construction die zugehörigen Lagen von $\mathfrak{A}_3$ bestimmen, deren gemeinschaftlicher Punkt p_3 sein wird. Diese Construction wird allerdings etwas weitläufig, aber ohne alle Schwierigkeit, und wir werden uns die Mühe nicht ersparen können, sie hinzuschreiben:

Gegeben B und $\mathfrak{A}$, B_1 und b_1, B_2 und b_2, B_3 und b_3; es soll zu B_4 die Polare $\mathfrak{A}_4$ construirt werden; wir ziehen durch b_1 zwei beliebige Gerade $\mathfrak{A}_1'$ und $\mathfrak{A}_1''$, und bestimmen folgende Schnittpunkte und Verbindungslinien:

$$(B_1 B_2, \mathfrak{A}) = s_{12} \quad (B_2 B, \mathfrak{A}_1') = s_{20}' \quad (B\,B_1, s_{12}\, s_{20}') = s_{01}'; \quad (b_2 s_{01}') = \mathfrak{A}_2'$$

$$(B_1 B_2, \mathfrak{A}) = s_{12} \quad (B_2 B, \mathfrak{A}_1'') = s_{20}'' \quad (B\,B_1, s_{12}\, s_{20}'') = s_{01}''; \quad (b_2 s_{01}'') = \mathfrak{A}_2''$$

$$\left.\begin{array}{lll} (B_1 B_3, \mathfrak{A}) = s_{13} & (B_3 B, \mathfrak{A}_1') = s_{30}' & (B\,B_1, s_{13}\, s_{30}') = \sigma_{01}' \\ (B_2 B_3, \mathfrak{A}_1') = s_{23}' & (B_3 B_1, \mathfrak{A}_2') = \sigma_{31}' & (B_1 B_2, s_{23}'\sigma_{31}') = \sigma_{12}' \end{array}\right\}$$

$$(\sigma_{01}'\sigma_{12}') = \mathfrak{A}_3'$$

$$\left.\begin{array}{lll}(B_1 B_3, \mathfrak{A}\ ) = s_{13} & (B_3 B\ , \mathfrak{A}_1'') = s_{30}'' & (B\ B_1, s_{13} s_{30}'') = \sigma_{01}'' \\ (B_2 B_3, \mathfrak{A}_1'') = s_{23}'' & (B_3 B_1, \mathfrak{A}_2'') = \sigma_{31}'' & (B_1 B_2, s_{23}'' \sigma_{31}'') = \sigma_{12}''\end{array}\right\}$$

$$(\sigma_{01}'' \sigma_{12}'') = \mathfrak{A}_3''$$

$$(\mathfrak{A}_3', \mathfrak{A}_3'') = p_3 \qquad\qquad (b_3 p_3) = \mathfrak{A}_3$$

$$(B_2 B_3, \mathfrak{A}\ ) = s_{23} \quad (B\ B_2, \mathfrak{A}_3\ ) = s_{02} \quad (B_3 B\ , s_{23} s_{02}) = s_{30}$$

$$(b_2 s_{30}) = \mathfrak{A}_2$$

$$\left.\begin{array}{lll}(B_3 B_4, \mathfrak{A}\ ) = s_{34} & (B_4 B\ , \mathfrak{A}_3\ ) = s_{40} & (B\ B_3, s_{34} s_{40}) = \sigma_{03} \\ (B_4 B_2, \mathfrak{A}\ ) = s_{42} & (B\ B_4, \mathfrak{A}_2\ ) = \sigma_{04} & (B_2 B\ , s_{42} \sigma_{04}) = \sigma_{02}\end{array}\right\}$$

$$(\sigma_{03} \sigma_{02}) = \mathfrak{A}_4 .$$

Dies ist die Construction der gesuchten Geraden $\mathfrak{A}_4$, möglichst kurz ausgedrückt und mit Aufgabe vollkommener Symmetrie, indem von den Geraden $\mathfrak{A}_3' \mathfrak{A}_3'' \mathfrak{A}_4$ nur je zwei zu ihrer Bestimmung erforderliche Punkte ermittelt sind, der dritte, leicht angebbare, aber fortgelassen ist.

Wir denken uns jetzt diese Figur einer neuen, letzten Veränderung unterworfen, indem wir die Gerade $\mathfrak{A}$ um einen festen Punkt b drehen, und untersuchen die von dieser Bewegung abhängige Veränderung der Geraden $\mathfrak{A}_4$; es wird sich dabei zeigen, dass $\mathfrak{A}_4$ um einen festen Punkt p_4 sich dreht und ein Strahlbüschel beschreibt, welches mit dem von $\mathfrak{A}$ beschriebenen projectivisch ist. Hieraus wird dann folgen, dass, wenn zur vollständigen Bestimmung des Netzes noch die neue Bedingung hinzutritt: $\mathfrak{A}_4$ solle durch einen gegebenen Punkt b_4 gehen, das Netz, wie oben angegeben, durch fünf Paare conjugirter Punkte: B und b, B_1 und b_1, B_2 und b_2, B_3 und b_3, B_4 und b_4 völlig bestimmt ist und in eindeutiger Weise hergestellt werden kann. Das Verfolgen der Bewegung von $\mathfrak{A}$ in der zuletzt ausgeführten Construction ist ohne Schwierigkeit, wenn auch etwas umständlich, was in der Natur der Sache liegt. Aus dem obigen Schema erkennen wir zunächst, dass s_{12}, s_{13} und s_{23} gerade Punktreihen durchlaufen, welche mit dem von der Geraden $\mathfrak{A}$ beschriebenen Strahlbüschel projectivisch sind; die Punkte s_{20}', s_{20}'', s_{30}', s_{30}'', s_{23}' und s_{23}'' bleiben fest; daher werden s_{01}', s_{01}'' projectivische Punktreihen auf BB_1, also $\mathfrak{A}_2'$ und $\mathfrak{A}_2''$ projectivische Strahlbüschel beschreiben, die mit dem Strahlbüschel $(\mathfrak{A})$ projectivisch sind; hiernach durchlaufen auch σ_{01}' und σ_{12}' projectivische Punktreihen auf den Trägern BB_1 und B_1B_2; in den Schnittpunkt B_1 dieser Träger fallen aber zwei entsprechende Punkte hinein; denn sobald der veränderliche Strahl $\mathfrak{A}$ durch B_1 geht, fallen σ_{01}' und σ_{12}' ebenfalls in B_1 hinein; die Verbindungslinie $\sigma_{01}' \sigma_{12}'$ oder $\mathfrak{A}_3'$ läuft also durch einen festen Punkt π_3' und in ganz gleicher Weise die Gerade $\mathfrak{A}_3''$ durch einen festen Punkt π_3'', und beide beschreiben Strahlbüschel, welche mit dem ursprünglichen Strahlbüschel $(\mathfrak{A})$, also auch unter einander projectivisch sind. Es zeigt sich aber noch weiter, dass dieselben perspectivisch liegen; denn sobald insbesondere $\mathfrak{A}$ durch B_1 geht, fallen, wie wir gesehen haben, $\mathfrak{A}'_2$ und $\mathfrak{A}''_2$ zusammen in die Gerade $b_2 B_1$; $\mathfrak{A}'_3$ und $\mathfrak{A}''_3$ müssen auch durch B_1 gehen; ausserdem können wir von der Geraden $\mathfrak{A}'_3$ noch einen dritten Punkt σ'_{02} bestimmen, nämlich:

$$(B_2 B_3, \mathfrak{A}) = \sigma'_{23} \quad (B_3 B, \mathfrak{A}'_2) = \sigma'_{30} \quad (B B_2, \sigma'_{23}\sigma'_{30}) = \sigma'_{02}$$

und von der Geraden $\mathfrak{A}''_3$ den Punkt σ''_{02}:

$$(B_2 B_3, \mathfrak{A}) = \sigma'_{23} \quad (B_3 B, \mathfrak{A}''_2) = \sigma''_{30} \quad (B B_2, \sigma'_{23}\sigma''_{30}) = \sigma''_{02}.$$

Da nun in dem Falle, dass $\mathfrak{A}$ durch B_1 geht, die Geraden $\mathfrak{A}'_2$ und $\mathfrak{A}''_2$ zusammenfallen, so werden die Punkte σ'_{30} und σ''_{30} offenbar auch zusammenfallen und hiernach auch σ'_{02} und σ''_{02}; da die Geraden $\mathfrak{A}'_3$ und $\mathfrak{A}''_3$ in dem genannten Falle schon den Punkt B_1 gemein haben und ausserdem noch diesen leicht zu construirenden Punkt σ'_{02}, welchen wir so erhalten:

$$(B_2 B_3, b B_1) = \sigma'_{23} \quad (B_3 B, b_2 B_1) = \sigma'_{30} \quad (B B_2, \sigma'_{23}\sigma'_{30}) = \sigma'_{02},$$

so fallen sie ganz zusammen, und es liegen daher die beiden Strahlbüschel $(\mathfrak{A}'_3)$ und $(\mathfrak{A}''_3)$ perspectivisch, weil zwei entsprechende Strahlen auf einander fallen; die Punkte π'_3 und π''_3 müssen daher in gerader Linie liegen mit B_1, und das Erzeugniss der beiden von $\mathfrak{A}'_3$ und $\mathfrak{A}''_3$ beschriebenen Strahlbüschel d. h. der Ort des Punktes p_3 wird eine gerade Linie oder der Träger einer geraden Punktreihe, welche mit dem ursprünglichen Strahlbüschel $(\mathfrak{A})$ projectivisch ist. (Wir können das vorige Resultat auch aus der Bemerkung schliessen, dass das Netz in dem Falle parabolisch wird, wenn wir $\mathfrak{A}$ durch B_1 legen, also der Pol jeder nicht durch B_1 gehenden Geraden sich in B_1 befindet, während die Polare jedes Punktes der Ebene durch B_1 geht u. s. f.) Da hiernach $\mathfrak{A}_3 = (b_3 p_3)$ ein mit $(\mathfrak{A})$ projectivisches Strahlbüschel beschreibt, so durchlaufen s_{23} und s_{02} projectivische Punktreihen auf den Trägern $B_2 B_3$ und $B B_2$; die Verbindungslinie $s_{23} s_{02}$ umhüllt daher einen Kegelschnitt, welcher $B_2 B_3$ und $B B_2$ berührt; dieser Kegelschnitt berührt gleichzeitig $B B_3$; denn sobald $\mathfrak{A}$ durch B_3 geht, muss $\mathfrak{A}_3$ durch B gehen; dies folgt sowohl aus der Grundeigenschaft des Involutionsnetzes, als auch aus dem obigen Constructionsschema, weil in dem Falle, dass $\mathfrak{A}$ durch B_3 geht, die Punkte σ'_{01} und σ''_{01} nach B gelangen, also zwei entsprechende $\mathfrak{A}_3$ und $\mathfrak{A}''_3$ sich in B treffen, p_3 nach B gelangt und $\mathfrak{A}_3$ durch B geht. Der Kegelschnitt, welchen die Verbindungslinie $s_{23} s_{02}$ umhüllt, ist also dem Dreieck $B_2 B_3 B$ einbeschrieben, und die Tangente $B_3 B$ wird von der veränderlichen Tangente $s_{23} s_{02}$ in einem Punkte s_{30} getroffen, welcher eine gerade Punktreihe durchläuft, die mit der von s_{23} oder s_{02} durchlaufenen Punktreihe projectivisch ist (S. 88). Hieraus folgt, dass auch $\mathfrak{A}_2$ ein mit $(\mathfrak{A})$ projectivisches Strahlbüschel beschreibt; endlich ergiebt sich in gleicher Weise, dass s_{34} und s_{40} und auch σ_{03}, s_{42}, σ_{04} und σ_{02} projectivische Punktreihen durchlaufen; die beiden von σ_{03} und σ_{02} auf den Trägern BB_3 und BB_2 durchlaufenen Punktreihen liegen aber perspectivisch, weil in den Schnittpunkt B der Träger zwei entsprechende Punkte der beiden Punktreihen hineinfallen, denn sobald $\mathfrak{A}$ durch B_4 geht, gelangen sowohl σ_{03} als auch σ_{02} nach B, fallen also in diesem Punkte zusammen; hieraus schliessen wir, dass die Verbindungslinie $(\sigma_{03}\sigma_{02}) = \mathfrak{A}_4$ durch einen festen Punkt p_4 läuft und ein Strahlbüschel beschreibt, welches mit dem von $\mathfrak{A}$ beschriebenen projectivisch ist. Dieses Resultat lässt sich als Satz so aussprechen:

Es giebt unendlich-viele Netze von der Beschaffenheit, dass vier gegebene Punktpaare B und b, B_1 und b_1, B_2 und b_2, B_3 und b_3 conjugirte Punkte derselben sind. Wenn man zu irgend einem festen Punkte B_4 für jedes Netz die Polare $\mathfrak{A}_4$ construirt, so laufen diese sämmtlichen Geraden $\mathfrak{A}_4$ durch einen festen Punkt p_4 und bilden ein Strahlbüschel; irgend zwei solcher Strahlbüschel sind allemal projectivisch und entsprechende Strahlen derselben je zwei Polaren in Bezug auf dasselbe Netz. Eine solche Gruppe von Netzen besitzt also dieselbe Eigenschaft, wie ein Kegelschnittbüschel mit vier Grundpunkten (S. 299), und in der That bilden die Kernkegelschnitte dieser Netze ein solches Büschel (vgl. §. 62). Fügen wir nun noch die fünfte Bedingung hinzu, dass die Polare des gegebenen Punktes B_4 durch einen gegebenen Punkt b_4 gehen soll, so giebt es nur ein einziges Netz, welches diesen fünf Bedingungen gleichzeitig genügt, dass *c) B und b, B_1 und b_1, B_2 und b_2, B_3 und b_3, B_4 und b_4 fünf Paare conjugirter Punkte eines Netzes seien.* Die Construction dieses Netzes geschieht auf reellem und eindeutigem Wege durch Ermittelung des Punktes p_4, und derselbe wird gefunden, indem wir die vorhin angegebene Construction zweimal ausführen für zwei beliebige durch den Punkt b gezogene Gerade $\mathfrak{A}'$ und $\mathfrak{A}''$, zwei besondere Lagen von $\mathfrak{A}$; wir erhalten dadurch zwei bestimmte Gerade $\mathfrak{A}'_4$ und $\mathfrak{A}''_4$, welche sich in dem gesuchten Punkte p_4 schneiden; die Verbindungslinie $(b_4\, p_4) = \mathfrak{A}_4$ ist dann die Polare des Punktes B_4 in dem zu bestimmenden Netze, und indem wir die vorige Construction noch einmal anwenden unter Annahme der Bestimmungsstücke: B_4 und $\mathfrak{A}_4$, B_3 und b_3, B_2 und b_2, B_1 und b_1 (oder B und b), sind wir im Stande, zu jedem beliebigen Punkte der Ebene B_5 die rücksichtlich des Netzes zugehörige Polare $\mathfrak{A}_5$ zu construiren, also das ganze Netz herzustellen. Die Ausführung dieser Construction wird zwar sehr weitläufig, ist aber ohne theoretische Schwierigkeit, und wir glauben sie übergehen zu dürfen, weil der Verlauf derselben aus dem oben angegebenen, nur dreimal zu wiederholenden Constructionsschema sich ergiebt. Uebrigens würde sich die Construction durch eine passender gewählte Bezeichnung wohl symmetrischer machen und vereinfachen lassen, was wir als eine zweckmässige Uebung dem Leser empfehlen.

§. 59. Durchmesser und Mittelpunkt, System der conjugirten Durchmesser und die Axen des Netzes.

Es giebt einige besondere Elemente des Netzes, welche dieselbe Bedeutung haben, wie die gleichnamigen besonderen Elemente des Kegelschnitts. Da der Mittelpunkt eines Punktsystems derjenige ist, dessen conjugirter der unendlich-entfernte ist, so wird jeder Punkt m in der Ebene eines Netzes als der Mittelpunkt *einer*, aber im Allgemeinen nur einer einzigen Geraden $\mathfrak{A}$ rücksichtlich des auf ihr befindlichen Punktsystems auftreten, nämlich derjenigen, welche mit der Polare des Punktes m im Netze parallel durch m gezogen wird. Gäbe es insbesondere einen solchen Punkt M in der Ebene des Netzes, welcher Mittelpunkt für die Punktsysteme zweier durch ihn gehenden Geraden wäre, so müsste seine Polare durch die beiden unendlich-entfernten Punkte jener beiden Geraden gehen, mithin ganz im Unendlichen liegen d. h. $\mathfrak{G}_\infty$ sein; dann würde M zugleich der Mittelpunkt sämmtlicher durch ihn gehenden Geraden rücksichtlich der auf ihnen befindlichen Punktsysteme sein; und umgekehrt, der Pol der unendlich-entfernten Geraden $\mathfrak{G}_\infty$ ist Mittelpunkt für alle Punktsysteme der durch ihn gehenden Geraden (wofern er nicht selbst unendlich-entfernt liegt). Um den so beschaffenen Punkt M zu finden, sei m der Mittelpunkt einer bestimmten durch m gehenden Geraden $\mathfrak{A}$, und A der conjugirte Strahl für das dem Punkte m zugehörige Strahlsystem des Netzes, dann wird A durch den Mittelpunkt derjenigen Geraden $\mathfrak{M}$ gehen, welche die Polare von m ist, und zugleich die Polare desjenigen unendlich-entfernten Punktes sein, nach welchem die parallelen Geraden $\mathfrak{A}$ und $\mathfrak{M}$ gerichtet sind; sucht man nun den Mittelpunkt M der Geraden A, so wird dieser die verlangte Eigenschaft besitzen, zugleich Mittelpunkt der Geraden zu sein, welche durch ihn parallel zu $\mathfrak{A}$ (oder $\mathfrak{M}$) gezogen wird; er wird also der Mittelpunkt für jede durch ihn gehende Gerade sein.

Dieser Punkt M soll *Mittelpunkt des Netzes* genannt werden; dass es nur einen solchen Punkt geben kann, ist klar; denn gäbe es zwei, so müsste die Gerade, welche beide verbände, jeden dieser Punkte zum Mittelpunkt, also zwei Mittelpunkte haben, was dem Wesen des Punktsystems widerstreitet. Ferner sollen sämmtliche Gerade, welche durch den Mittelpunkt M gehen, *Durchmesser des Netzes*, die conjugirten Strahlen des dem Punkte M rücksichtlich des Netzes zugehörigen Strahlsystems *conjugirte Durchmesser* und die Axen dieses Strahlsystems die *Axen des Netzes* genannt werden. Hiernach ist die Construction des Mittelpunktes M und des ihm zugehörigen Strahlsystems durch folgende Eigenschaft gegeben:

Wenn man in einer beliebigen Richtung zwei oder mehrere parallele Gerade in der Ebene eines Netzes zieht, so liegen die Mittelpunkte der ihnen zugehörigen Punktsysteme allemal auf einem Durchmesser des Netzes; verändert man die angenommene Richtung, so laufen alle Durchmesser durch einen festen Punkt, den Mittelpunkt des Netzes, und je zwei Durchmesser, von denen einer der angenommenen Richtung parallel ist, der andere die Mittelpunkte aller zu dieser Richtung parallelen Geraden enthält, sind ein Paar conjugirter Strahlen eines Strahlsystems oder conjugirte Durchmesser, indem auch umgekehrt die dem letzteren parallelen Geraden ihre Mittelpunkte sämmtlich auf dem ersteren haben.

Dies lässt sich mit anderen Worten auch so aussprechen: *Der Mittelpunkt M des Netzes ist der Pol der unendlich-entfernten Geraden $\mathfrak{G}_\infty$, das conjugirte Durchmesser-System das diesem Punkte zugehörige Strahlsystem des Netzes.* Fällt insbesondere der Mittelpunkt M des Netzes selbst ins Unendliche, so liegt er auf seiner Polare und ist also ein Punkt des Kerns vom Netze; das Netz ist also ein hyperbolisches und der Kernkegelschnitt offenbar eine Parabel. Liegt dagegen der Mittelpunkt M des Netzes nicht im Unendlichen, so wird das ihm zugehörige Strahlsystem entweder ein hyperbolisches oder ein elliptisches sein; ist es ein hyperbolisches, so enthält jede der beiden Asymptoten zwei zusammenfallende conjugirte Strahlen, und da der unendlich-entfernte Punkt des einen Strahls der Pol des conjugirten Strahls ist, so liegt der unendlich-entfernte Punkt der Asymptote zugleich auf seiner Polare, ist daher ein Punkt des Kerns vom Netze; das Netz ist also ein hyperbolisches und der Kernkegelschnitt eine Hyperbel. Ist das Strahlsystem des Mittelpunktes M dagegen ein elliptisches, so können zwei Fälle eintreten: Entweder ist das Netz ein hyperbolisches und der Kernkegelschnitt eine Ellipse, oder das Netz ist ein elliptisches und der Kernkegelschnitt imaginär; der erste Fall tritt ein, sobald das auf irgend einem Durchmesser befindliche Punktsystem des Netzes ein hyperbolisches, der letzte Fall, sobald es ein elliptisches ist; alsdann sind auch die Punktsysteme sämmtlicher Durchmesser im ersten Fall hyperbolisch, im letzten elliptisch.

Wir bemerken noch, dass das einem beliebigen Punkte B in der Ebene des Netzes zugehörige Strahlsystem immer ein Paar conjugirter Strahlen besitzt, welche einem Paar conjugirter Durchmesser parallel laufen, und dass sogar der eine jener Strahlen mit dem einen dieser Durchmesser zusammenfällt; denn ziehen wir BM, so läuft der conjugirte Durchmesser parallel mit dem zu BM conjugirten Strahle des Strahlsystems (B); hieraus folgt, dass alle Strahlsystéme, deren Mittelpunkte auf einem und demselben Durchmesser liegen, ein System paralleler conjugirter Strahlen haben, von denen die eine Hälfte auf diesen Durchmesser fällt.

Zwischen den verschiedenen Punktsystemen auf sämmtlichen Durchmessern des Netzes bestehen ganz analoge Beziehungen, wie zwischen den conjugirten Durchmessern des Kegelschnitts (S. 169). Dieselben lassen sich auf analogem Wege aus der Construction der Axen ableiten; nehmen wir zu diesem Zweck ein Paar conjugirter Durchmesser mit den auf ihnen befindlichen Punktsystemen als gegeben an; diese sind bekanntlich zur Bestimmung des Netzes erforderlich und ausreichend; stellen wir uns dann die Aufgabe, die Axen mit den auf ihnen befindlichen Punktsystemen zu construiren. Durch den Mittelpunkt und den unendlich-entfernten Punkt ist auf jedem Durchmesser bereits ein Paar conjugirter Punkte gegeben; durch ein zweites Paar wird also das Punktsystem vollständig bestimmt. Seien (Fig. 96)

Fig. 96.

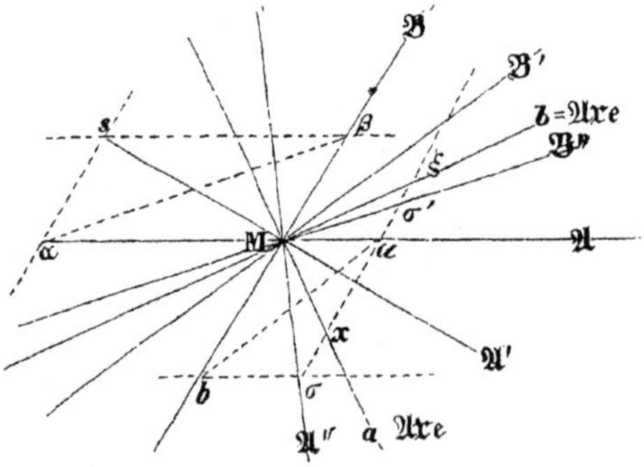

$\mathfrak{A}$ und $\mathfrak{B}$ die sich in M schneidenden gegebenen conjugirten Durchmesser, auf dem ersteren das Paar conjugirter Punkte a und α, auf dem letzteren b und β gegeben, und setzen wir den Fall eines *elliptischen Netzes* voraus, weil dieser in dem Früheren nicht enthalten ist; dann müssen a und α und ebenso b und β auf entgegengesetzten Seiten von M liegen; das Product $Ma \cdot M\alpha$ heisst die Potenz des auf dem Durchmesser $\mathfrak{A}$ befindlichen Punktsystems und ist eine negative Grösse, weil Ma und $M\alpha$ entgegengesetzte Richtung haben (der Gang der Untersuchung bleibt im Wesentlichen ungeändert für jede andere Annahme hinsichtlich der Lage der Punkte $a\alpha$, $b\beta$). Wir bezeichnen die Potenz des auf dem Durchmesser $\mathfrak{A}$ befindlichen Punktsystems durch $P_{\mathfrak{A}} = Ma \,.\, M\alpha$ und ebenso die auf $\mathfrak{B}$ durch $P_{\mathfrak{B}} = Mb \,.\, M\beta$. Wäre das Punktsystem auf $\mathfrak{A}$ hyperbolisch, so wäre die Potenz $P_{\mathfrak{A}}$ positiv und gleich dem Quadrat des halben Abstandes der beiden Asymptotenpunkte von einander, also gleich dem Halbmesser des Kernkegelschnitts auf dem Durchmesser $\mathfrak{A}$.

Um die Axen des Netzes zu finden, müssen wir das dem Mittelpunkte M zugehörige Strahlsystem des Netzes, von dem wir bis jetzt nur ein Paar conjugirter Strahlen haben, vollständig kennen und seine Axen ermitteln, welche die gesuchten Axen des Netzes sind. Die Polare des Punktes a ist nun die durch α zu $\mathfrak{B}$ gezogene Parallele und die Polare von b die durch β zu $\mathfrak{A}$ gezogene Parallele, der Schnittpunkt s dieser beiden Parallelen also der Pol von ab; der unendlich-entfernte Punkt von ab hat zu seiner Polare offenbar Ms; ziehen wir also durch M eine Parallele zu ab, nennen dieselbe $\mathfrak{B}'$, während $Ms = \mathfrak{A}'$ ist, so sind $\mathfrak{A}'$ und $\mathfrak{B}'$ ein neues Paar conjugirter Durchmesser, d. h. ein zweites Paar conjugirter Strahlen des Strahlsystems (M), und dieses ist hierdurch vollständig bestimmt; wir können noch ein drittes Paar conjugirter Duchmesser erhalten, indem wir durch a und b ein Paar Parallelen zu $\mathfrak{B}$ und $\mathfrak{A}$ ziehen, die sich in σ treffen, dann sind $M\sigma$ ($= \mathfrak{A}''$) und die durch M zu $\alpha\beta$ gezogene Parallele $\mathfrak{B}''$ ein drittes Paar conjugirter Durchmesser des Netzes. Um die Axen des Strahlsystems (M) zu finden, lassen wir dasselbe von einer Geraden (Transversale) schneiden, welche durch a parallel zu $\mathfrak{B}$ gezogen ist; auf dieser Transversale wird durch das Strahlsystem (M) ein Punktsystem ausgeschnitten, dessen Mittelpunkt offenbar a ist. Die Kreise, welche über den Strecken zwischen je zwei conjugirten Punkten dieses Punktsystems als Durchmesser beschrieben werden können, bilden ein Kreisbüschel mit zwei reellen gemeinschaftlichen Punkten oder einer ideellen gemeinschaftlichen Secante, und es giebt einen einzigen, leicht construirbaren Kreis dieses Büschels, welcher durch M geht; dieser Kreis schneidet die Transversale offenbar in zwei solchen conjugirten Punkten ihres Punktsystems, welche mit M verbunden zwei conjugirte Strahlen des Strahlsystems (M) liefern, und da diese Strahlen einen Peripherie-Winkel über einem Halbkreise einschliessen, also zu einander rechtwinklig sind, so sind sie die gesuchten Axen a und b des Netzes. Seien Mx und $M\xi$ die so construirten Axen, x und ξ ihre Schnittpunkte mit der Transversale durch a, so ist zu bemerken, dass wegen der constanten Potenz $ax \,.\, a\xi$ gleich ist dem analogen Producte für irgend zwei andere conjugirte Punkte des Punktsystems auf der Transversale, also auch für ihre beiden Schnittpunkte mit $\mathfrak{A}''$ und $\mathfrak{B}''$, d. h. $= a\sigma \,.\, a\sigma'$; nun ist aber $a\sigma = Mb$ und wegen der Parallelität verhält sich:

$$\frac{a\sigma'}{Ma} = \frac{M\beta}{\alpha M}, \quad \text{also}$$

$$xa \,.\, a\xi = Mb \,.\, M\beta \,.\, \frac{Ma}{M\alpha},$$

eine Relation, von welcher wir sogleich Gebrauch machen werden. Es bleibt jetzt übrig, nachdem die Axen des Netzes gefunden sind, die auf ihnen befindlichen Punktsysteme zu ermitteln. Dies kann auf folgende Art geschehen: Die Polare von x muss parallel laufen zu $M\xi$ (Fig. 97), also senkrecht stehen auf Mx, ferner muss sie durch den Punkt α gehen, weil x auf der Polare von α liegt, nämlich auf der durch a parallel zu $\mathfrak{B}$ gezogenen Geraden; folglich wird das aus α auf Mx gefällte Perpendikel die Polare von x sein und Mx in dem Punkte x' treffen, welcher der conjugirte von x ist für das auf der a-Axe befindliche Punktsystem des Netzes; ebenso trifft das aus α auf die b-Axe herabgelassene Perpendikel dieselbe in ξ', dem conjugirten Punkte zu ξ in dem der b-Axe zugehörigen Punktsystem. Da wir ausserdem den Mittelpunkt M für diese beiden Punktsysteme kennen, so ist uns ihre Potenz:

Fig. 97.

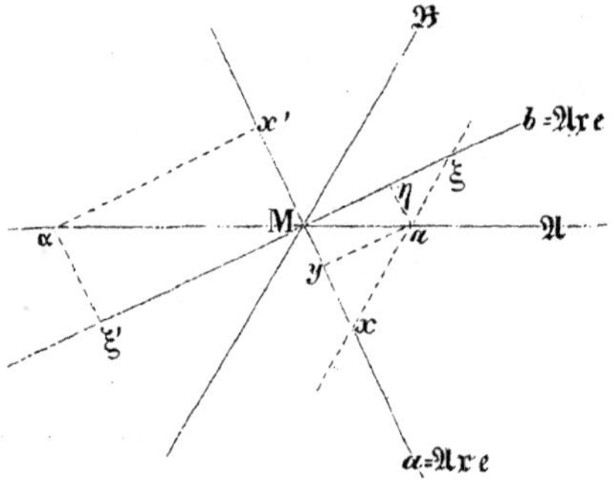

$$Mx \,.\, Mx' = P_a \quad \text{und} \quad M\xi \,.\, M\xi' = P_b$$

bekannt und hierdurch auch jedes der beiden Punktsysteme selbst. Zugleich ergeben sich die erwähnten Beziehungen zwischen den Grössen $P_{\mathfrak{A}} P_{\mathfrak{B}} P_a P_b$, wie folgt:

Wir haben bereits auf S. 176 auf zwei elementare Hülfssätze über das rechtwinklige Dreieck aufmerksam gemacht, welche so lauten: Wenn das rechtwinklige Dreieck $xM\xi$ in M den rechten Winkel hat und a irgend ein Punkt seiner Hypotenuse ist, die Perpendikel, aus a auf Mx und $M\xi$ gefällt, die Katheten in y und η treffen, so ist allemal:

$$\text{I.} \quad Mx \,.\, My \;\;.\;\; M\xi \,.\, M\eta = xa \,.\, a\xi \; Ma^2 \sin^2 (Ma, a\xi)$$

$$\text{II.} \quad Mx \,.\, My + M\xi \,.\, M\eta = Ma^2 + xa \,.\, a\xi$$

Der ganz elementare Beweis dieser Sätze kann hier unterdrückt werden; der zweite Satz ist die Verallgemeinerung eines bekannten Satzes für den besonderen Fall, dass a in der Mitte der Hypotenuse liegt.

Die Strecken My und $M\eta$ können wir nun, indem wir diese Sätze auf unsere Figur anwenden, ersetzen durch Mx' und $M\xi'$, denn die Parallelität liefert folgende Verhältnisse:

$$\frac{My}{Mx'} = \frac{Ma}{M\alpha} = \frac{M\eta}{M\xi'};$$

dies in die vorigen Relationen substituirt giebt:

$$Mx \,.\, Mx' \,.\, M\xi \,.\, M\xi' = xa \,.\, a\xi \,.\, M\alpha^2 \,.\, \sin^2(\mathfrak{A}, \mathfrak{B})$$
$$Mx \,.\, Mx' + M\xi \,.\, M\xi' = Ma \,.\, M\alpha + xa \,.\, a\xi \,.\, \frac{M\alpha}{Ma},$$

oder, wenn nach dem Obigen für $xa \,.\, a\xi = Mb \,.\, M\beta \,.\, \frac{Ma}{M\alpha}$ gesetzt wird, und die Producte durch die eingeführte Bezeichnung der Potenz ersetzt werden:

$$\text{I.} \quad P_{\mathfrak{A}} \,.\, P_{\mathfrak{B}} \,.\, \sin^2(\mathfrak{A}, \mathfrak{B}) = P_a \,.\, P_b$$
$$\text{II.} \quad P_{\mathfrak{A}} + P_{\mathfrak{B}} = P_a + P_b, \quad \text{d. h.}$$

I) „*Das Product aus den Potenzen der auf einem Paar conjugirter Durchmesser des Netzes befindlichen Punktsysteme multiplicirt mit dem Quadrat des sinus des eingeschlossenen Winkels ist constant.*“

II) „*Die Summe der Potenzen der auf einem Paar conjugirter Durchmesser des Netzes befindlichen Punktsysteme ist constant.*“

Diese Sätze sind gleichlautend mit den bekannten Eigenschaften der conjugirten Durchmesser des Kegelschnitts; sie bleiben bestehen für das Netz, auch wenn dasselbe elliptisch ist, also keinen reellen Kernkegelschnitt besitzt, wofern wir nur an die Stelle der Durchmesser den allgemeineren Begriff der Potenz des zugehörigen Punktsystems setzen. In dem Falle eines elliptischen Netzes sind allemal beide Werthe $P_{\mathfrak{A}}$ und $P_{\mathfrak{B}}$ negativ, in dem Falle eines hyperbolischen Netzes entweder beide positiv (Kernkegelschnitt = Ellipse) oder einer positiv, der andere negativ (Kernkegelschnitt = Hyperbel). Für zwei conjugirte Hyperbeln, welche dasselbe Strahlsystem der conjugirten Durchmesser haben (S. 165), findet allemal ein derartiges Verhalten statt, dass, wenn bei der einen $P_{\mathfrak{A}}$ positiv und $P_{\mathfrak{B}}$ negativ, bei der andern umgekehrt $P_{\mathfrak{A}}$ negativ und $P_{\mathfrak{B}}$ positiv ist, übrigens aber die absoluten Werthe dieser Potenzen beziehlich dieselben sind. In diesem Sinne können wir uns auch *zu der Ellipse den conjugirten Kegelschnitt*, der vollständig imaginär ist, denken, indem wir ihm dasselbe Strahlsystem der conjugirten Durchmesser zuweisen, aber auf jedem Paar conjugirter Durchmesser die Potenzen der zugehörigen Punktsysteme gleich und entgegengesetzt annehmen, also die hyperbolischen Punktsysteme in gleichwerthige elliptische verwandeln. Solche vier Netze (Kegelschnitte), welchen die Werthe:

$$\begin{array}{c|c|c|c} +P_a & +P_a & -P_a & -P_a \\ +P_b & -P_b & +P_b & -P_b \end{array}$$

zukommen, sind vier *harmonisch-zugeordnete Netze*, wie auf Seite 426 nachgewiesen ist.

Sind insbesondere die Werthe von P_a und P_b einander gleich, so lässt die obige Construction erkennen, dass, wenn beide positiv oder beide negativ sind, das dem Mittelpunkte M zugehörige Strahlsystem des Netzes (das System der conjugirten Durchmesser) ein circulares Strahlsystem wird, also je zwei conjugirte Durchmesser auf einander rechtwinklig sind, woraus denn folgt, dass der Kernkegelschnitt des Netzes ein reeller oder imaginärer Kreis wird. Hieraus folgt die bekannte Eigenschaft eines solchen besonderen Netzes, dass die Polare irgend eines Punktes p senkrecht steht auf der Verbindungslinie (pM) desselben mit dem Mittelpunkte des Netzes, und zwar in demjenigen Punkte π dieses Durchmessers pM, für welchen $Mp\,.\,M\pi$ gleich ist dem festen (positiven oder negativen) Werthe der Potenz $P_a\ (= P_b)$. Sind dagegen die Werthe von P_a und P_b gleich und entgegengesetzt, so ist das Netz hyperbolisch und der Kernkegelschnitt eine gleichseitige Hyperbel, indem das dem Mittelpunkte M zugehörige Strahlsystem des Netzes ein gleichseitig-hyperbolisches wird.

§. 60. Die Brennpunkte des Netzes.

Es bietet sich uns als nächste Aufgabe dar, solche Punkte in der Ebene des Netzes aufzusuchen, deren zugehörige Strahlsysteme circulare werden; ein circulares Strahlsystem ist ein besonderes elliptisches Strahlsystem, welches nicht nur *ein* Paar, sondern unendlich-viele Paare von Axen hat d. h. bei welchem je zwei conjugirte Strahlen zu einander rechtwinklig sind; dies ist der Fall, sobald es zwei Paare zu einander rechtwinkliger conjugirter Strahlen giebt, durch welche das Strahlsystem bestimmt wird. Es ist nun leicht einzusehen, dass, wenn es überhaupt Punkte in der Ebene des Netzes giebt, deren zugehörige Strahlsysteme circulare sind, diese nothwendig auf den Axen des Netzes liegen müssen. Denn wäre B irgend ein nicht auf einer Axe liegender Punkt und M der Mittelpunkt des Netzes, so würde dem Durchmesser BM ein conjugirter Durchmesser zugehören, welcher nicht senkrecht auf ihm stände; zögen wir nämlich durch B eine Parallele zu letzterem, so hätten wir den conjugirten Strahl zu BM in dem Strahlsystem (B); wir hätten also zwei conjugirte Strahlen dieses Strahlsystems, welche nicht rechtwinklig zu einander wären; das Strahlsystem (B) wäre also augenscheinlich kein circulares. Hiervon macht allerdings der Fall eine Ausnahme, wenn das dem Punkte (M) zugehörige Strahlsystem selbst ein circulares ist; in diesem Falle ist es indessen leicht einzusehen, dass das so construirte Paar das einzige Paar rechtwinkliger conjugirter Strahlen des Strahlsystems (B) ist; denn ziehen wir durch B einen beliebigen zweiten Strahl, so wird dessen Pol auf der aus M auf ihn herabgelassenen Senkrechten liegen und im Allgemeinen nicht im Unendlichen; verbinden wir ihn mit B, so haben wir also wieder ein Paar conjugirter Strahlen des Strahlsystems (B), die nicht zu einander rechtwinklig sind, und das Strahlsystem (B) ist also kein circulares.

Wir haben demnach die Punkte von der verlangten Eigenschaft nur auf den Axen des Netzes zu suchen; wir nehmen einen beliebigen Punkt x auf einer Axe (Fig. 98), ermitteln seine Polare X, welche in x' senkrecht auf dieser Axe steht, dann sind $x'M$ und X die Axen des dem Punkte x' zugehörigen Strahlsystems, ebenso xM und die Senkrechte in x die Axen des dem Punkte x zugehörigen Strahlsystems; andere Paare conjugirter Strahlen des letzteren können wir dadurch finden, dass wir das Punktsystem auf X ermitteln, welches mit dem Strahlsystem (x) perspectivisch liegt. Ziehen wir durch x einen beliebigen Strahl Y, welcher in z die Polare X trifft, und bestimmen den Pol y von Y, welcher auf X liegen muss, so ist $(xy) = Z$ die Polare von z; y und z sind ein Paar conjugirter Punkte des dem Netze zugehörigen Punktsystems auf X, und Z und Y sind ein Paar conjugirter Strahlen des dem Punkte x zugehörigen Strahlsystems im Netze. Die beiden Strahlen Y und Z werden aber im Allgemeinen nicht rechtwinklig auf einander stehen, und das Strahlsystem (x) wird also im Allgemeinen kein circulares sein; verändern wir indessen den Punkt x auf der Axe, so kann es sich ereignen, dass diese Perpendicularität eintritt, und ein solcher Punkt x, für welchen dies der

Fig. 98.

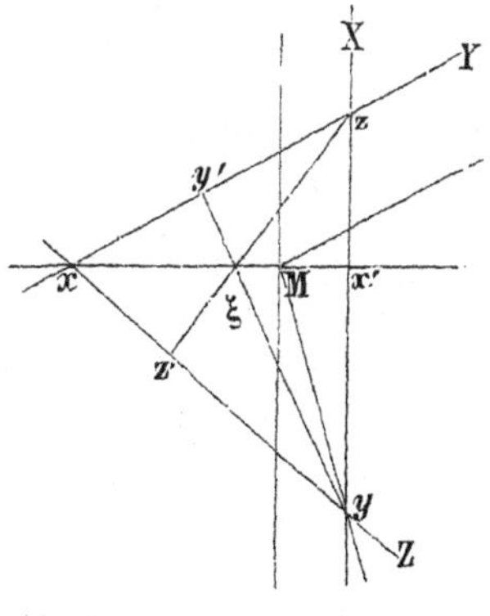

Fall ist, muss die Eigenschaft besitzen, dass sein Strahlsystem ein circulares wird. Bei der Bewegung von x können wir noch die Richtung der durch ihn gehenden Geraden Y ganz willkürlich annehmen, es wird aber für die Betrachtung zweckmässig sein, für Y eine (übrigens beliebige) Richtung unverändert beizubehalten und also Y nur parallel mit sich zu verschieben; die Allgemeinheit der Betrachtung wird dadurch nicht beeinträchtigt; in dem Punktsystem auf X, von welchem y und z ein Paar conjugirter Punkte sind, ist offenbar x' der Mittelpunkt, und wegen der Eigenschaft der constanten Potenz eines Punktsystems haben wir:

$$x'y \, . \, x'z = \text{const.}$$

In dem Dreieck xyz ist xx' eine Höhe, die beiden andern Höhen yy' und zz' schneiden sich also in einem Punkte ξ der ersteren, d. h. der in Betracht gezogenen Axe des Netzes. Die Aehnlichkeit der Dreiecke giebt ferner:

$$x'y \, . \, x'z = x'x \, . \, \xi x' = \text{const.}$$

Wenn wir also den Punkt x festhalten und das Paar conjugirter Punkte y, z auf seiner Polare X beliebig verändern, d. h. das ganze Punktsystem durchlaufen lassen, so bleibt der Höhenpunkt ξ des Tripeldreiecks xyz immer derselbe feste Punkt.

Die Fusspunkte y' und z' der aus y und z auf die Seiten des Tripeldreiecks xyz gefällten Perpendikel besitzen die Eigenschaft, dass $y'y$ und $y'z$, ebenso $z'y$ und $z'z$ je zwei conjugirte Strahlen des Netzes sind und, da diese auf einander senkrecht stehen, die Axen der den Punkten y' und z' zugehörigen Strahlsysteme des Netzes. Bei der Veränderung von y und z beschreiben nun y' und z' einen Kreis, dessen Durchmesser $x\xi$ ist. Jeder Punkt dieses Kreises mit x und ξ verbunden liefert die Axen des ihm zugehörigen Strahlsystems im Netze.

Um die Veränderung zu verfolgen, welche mit der Bewegung des Punktes x eintritt, müssen wir ermitteln, wie der Punkt ξ mit x sich verändert; mit x verändert sich zunächst X, indem es sich beständig parallel bleibt und

$$Mx \, . \, Mx' = \text{const.}$$

ist; die durch x gezogene Gerade Y soll auch, wie oben bestimmt ist, in ihrer Richtung festgehalten werden, der Pol y wird also auf dem zu dieser Richtung conjugirten Durchmesser My sich bewegen; das Perpendikel yy' bleibt beständig sich parallel, und es bleiben daher die Verhältnisse constant:

$$\frac{My}{M\xi} = \text{const.}, \quad \frac{Mx'}{My} = \text{const.},$$

und hieraus auch:

$$\frac{Mx'}{M\xi} = \text{const.}$$

Diese Relation mit der obigen verbunden giebt:

$$Mx \,.\, M\xi = \text{const.},$$

und hieraus schliessen wir, dass die Punkte x und ξ conjugirte Punkte eines bestimmten *neuen* auf der Axe befindlichen Punktsystems sind, welches denselben Mittelpunkt M hat. [Wollten wir die kleine Rechnung vermeiden, so wäre ebenso leicht zu zeigen, dass bei der Bewegung von x der Punkt ξ eine mit ihm projectivische Punktreihe durchläuft, und dass entsprechende gleiche Strecken der beiden projectivischen Punktreihen verkehrt auf einander fallen, d. h. wenn ξ nach x gelangt, x nach ξ kommt, woraus dann ebenfalls die involutorische Eigenschaft des Punktpaares (x, ξ) erhellt.]

Nachdem diese Abhängigkeit der Punkte x und ξ von einander ermittelt ist, wird die ursprünglich vorgelegte Frage leicht zu beantworten sein. Soll nämlich das dem Punkte x zugehörige Strahlsystem ein circulares werden, so muss das Tripeldreieck xyz bei x rechtwinklig sein, d. h. der Höhenpunkt ξ dieses Dreiecks muss mit der Ecke x zusammenfallen, und umgekehrt: Wenn der Höhenpunkt ξ mit x zusammenfällt, nur dann werden Y und Z rechtwinklig zu einander sein. Da nun x und ξ conjugirte Punkte eines bestimmten und aus dem Obigen leicht zu ermittelnden Punktsystems sind, so kommt es darauf an, die Asymptotenpunkte dieses Punktsystems zu finden. Diese sind nur reell, wenn das Punktsystem hyperbolisch ist, im andern Falle werden sie durch dieses bestimmte (elliptische) Punktsystem vertreten. Es kann also auf jeder Axe des Netzes höchstens zwei Punkte von solcher Beschaffenheit geben, dass die ihnen zugehörigen Strahlsysteme des Netzes circulare werden. Um zu erfahren, ob diese Punkte reell sind, müssen wir das oben ermittelte Punktsystem (x, ξ) auf jeder Axe genauer zu bestimmen suchen. Da die Punkte x, ξ auf der in Betracht gezogenen Axe des Netzes ein Punktsystem bilden, so werden sämmtliche über den Strecken $x\xi$ als Durchmesser beschriebenen Kreise ein Kreisbüschel bilden und zwar mit einer reellen gemeinschaftlichen Secante, wenn das Punktsystem (x, ξ) elliptisch ist, dagegen mit einer ideellen gemeinschaftlichen Secante, wenn das Punktsystem (x, ξ) hyperbolisch ist, indem die beiden Asymptotenpunkte desselben die Grenzpunkte (Null-Kreise) des Kreisbüschels werden. Welcher Art aber auch dieses Kreisbüschel sei, immer giebt es durch einen Punkt B der Ebene nur einen einzigen, stets reellen Kreis, welcher dem Büschel angehört, oder mit andern Worten, das Kreisbüschel erfüllt die ganze unendliche Ebene. Wir haben oben gesehen, dass jeder Punkt B eines solchen Kreises, welcher über $x\xi$ als Durchmesser beschrieben ist, mit x und ξ verbunden zwei rechtwinklige Strahlen liefert, welche die Axen des Strahlsystems für B im Netze sind. Da aber jedem Punkte B in der Ebene des Netzes nur ein bestimmtes Strahlsystem zugehört und auch durch jeden Punkt B nur ein bestimmter Kreis des Kreisbüschels hindurchgeht, so können wir umgekehrt schliessen:

Denkt man sich in sämmtlichen Punkten B der Ebene eines Netzes die Axen der ihnen im Netze zugehörigen Strahlsysteme ermittelt, und trifft ein solches Axenpaar eine (oder die andere) Axe des Netzes in dem Punktpaar x, ξ, so bildet die Gesammtheit dieser Paare x, ξ ein bestimmtes Punktsystem auf der Axe des Netzes, d. h. x, ξ sind allemal ein Paar conjugirter Punkte eines und desselben Punktsystems, wo auch der Punkt B in der Ebene angenommen werden mag.

Hierdurch wird das Punktsystem (x, ξ) auf eine zweite, sehr einfache Weise bestimmt und zwar für jede der Axen des Netzes in gleichartiger Weise, denn die eine der Betrachtung zu Grunde gelegte Axe hat vor der anderen nichts voraus, und durch einen bestimmten Punkt B giebt es nur ein einziges Paar Axen desjenigen Strahlsystems, welches dem Punkte B im Netze zugehört. Denken wir uns also einen beliebigen Punkt B in der Ebene und die Axen seines Strahlsystems, welche in x und ξ die eine, in y und η die andere Axe des Netzes treffen mögen, so bestimmen x, ξ und der Mittelpunkt M das eine, y, η und der Mittelpunkt M das andere Punktsystem auf den Axen des Netzes, und es ist jetzt leicht ersichtlich, dass von diesen beiden Punktsystemen nothwendig eines hyperbolisch und das andere elliptisch sein muss; denn sobald x und ξ auf derselben Seite von M gelegen sind, müssen y und η auf entgegengesetzten Seiten von M liegen und umgekehrt (Fig. 99). Die vier Punkte $x\xi y\eta$ liegen nämlich so, dass jeder von ihnen der Höhenpunkt des von den drei andern gebildeten Dreiecks ist, und es findet demzufolge die Bedingung statt:

Fig. 99.

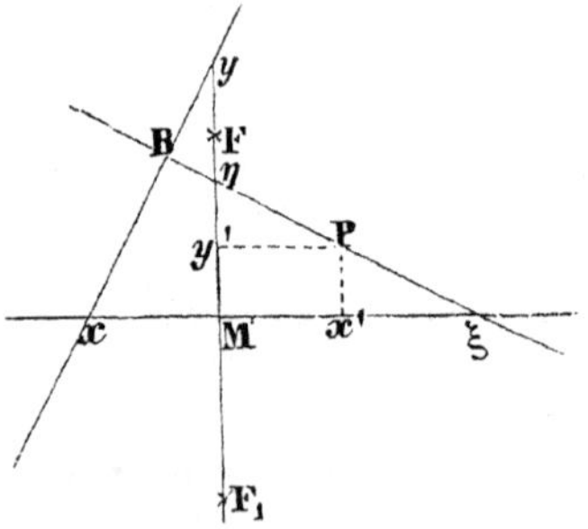

$$Mx \,.\, M\xi + My \,.\, M\eta = 0;$$

das eine dieser beiden Producte ist also gleich, aber entgegengesetzt dem andern, d. h. wenn das eine positiv ist, muss das andere negativ sein und umgekehrt. Von den beiden auf den Axen des Netzes hervorgerufenen Punktsystemen ist also eines nothwendig hyperbolisch, das andere elliptisch. Die Asymptotenpunkte des hyperbolischen Punktsystems, F und F_1, sind die einzigen reellen Punkte in der Ebene des Netzes, für welche das zugehörige Strahlsystem ein circulares wird; sie heissen die *Brennpunkte des Netzes*; auf der andern Axe giebt es ein bestimmtes elliptisches Punktsystem, dessen Potenz den gleichen aber entgegengesetzten Werth hat, und dessen imaginäre Asymptotenpunkte als das zweite Paar Brennpunkte des Netzes aufgefasst werden können. Wollen wir noch die unendlich-entfernte Gerade $\mathfrak{G}_\infty$ als dritte Axe des Netzes gelten lassen, insofern sie der dritte Tripelstrahl zu den beiden endlichen Axen des Netzes ist und gewissermassen als auf jeder Geraden in der Ebene senkrecht stehend angenommen werden kann, so wird auf dieser dritten Axe ebenfalls ein Punktsystem (z, ζ) durch die Axen eines jeden Strahlsystems im Netze bestimmt werden, und dieses Punktsystem ist ein für allemal dasselbe (circulare), indem es von je zwei unendlich-entfernten Punkten in zwei zu einander rechtwinkligen Richtungen erzeugt wird. Die imaginären Asymptotenpunkte desselben sind die imaginären Kreispunkte der unendlich-entfernten Geraden (S. 78) und können allemal als ein Paar imaginäre Brennpunkte für jedes Netz angesehen werden.

Es bleibt jetzt noch übrig, die Potenz des Punktsystems (x, ξ), welche gleich und entgegengesetzt der des andern Punktsystems (y, η) ist, zu bestimmen oder, was dasselbe ist, den Abstand jedes der Brennpunkte FF_1 von dem Mittelpunkte M des Netzes zu ermitteln; dieser ist leicht auszudrücken durch die Potenzen P_a und P_b derjenigen beiden Punktsysteme, welche den Axen des Netzes zugehören. Nehmen wir von den beiden Axen des dem Punkte B zugehörigen Strahlsystems eine, welche in x und y die Axen des Netzes treffen möge, so wird ihr Pol P auf der andern liegen müssen (Fig. 99), also in der durch B auf ihr gezogenen Senkrechten, welche in ξ und η die Axen des Netzes trifft; die Polare von x muss nun durch P gehen und senkrecht stehen auf Mx, also, wenn das aus P auf Mx herabgelassene Perpendikel diese Gerade in x' trifft, so ist $Mx \,.\, Mx' = P_a$ und ebenso $My \,.\, My' = P_b$, wo y' den Fusspunkt des aus P auf My herabgelassenen Perpendikels, d. h. der Polare von y bedeutet. Aus der Aehnlichkeit der Dreiecke folgt aber:

$$\frac{M\eta}{M\xi} = \frac{y'\eta}{y'P} = \frac{y'\eta}{Mx'} = \frac{M\eta - My'}{Mx'},$$

und setzen wir dies Verhältniss in die oben gefundene Relation:

$$Mx \,.\, M\xi + My \,.\, M\eta = 0$$

ein, so folgt:

$$Mx \,.\, Mx' - My \,.\, My' = - My \,.\, M\eta = Mx \,.\, M\xi$$

oder:
$$\begin{cases} Mx \,.\, M\xi = P_a - P_b \\ My \,.\, M\eta = P_b - P_a. \end{cases}$$

Die Potenz desjenigen Punktsystems, dessen Asymptotenpunkte die Brennpunkte des Netzes sind, ist hiernach gefunden, also auch die Entfernung der Brennpunkte FF_1 vom Mittelpunkte, deren Quadrat gleich dem absoluten Werthe von $(P_a - P_b)$ ist.

Es ist vorhin erwähnt worden, dass die Kreise, welche über je einer Strecke $x\xi$ zwischen zwei conjugirten Punkten des Punktsystems (x, ξ) als Durchmesser beschrieben werden, ein Kreisbüschel bilden, dessen Grenzpunkte (Nullkreise) die Brennpunkte des Netzes sind. Wir erhalten hiernach für die beiden endlichen Axen des Netzes zwei Kreisbüschel, deren eines zur idęellen, das andere zur reellen gemeinschaftlichen Secante die eine und die andere Axe des Netzes und zur Centrale die jedesmalige zweite Axe hat; da die Potenz des Punktes M in Bezug auf die Kreise des einen Büschels gleich aber entgegengesetzt der Potenz desselben Punktes in Bezug auf die Kreise des andern Büschels ist, so schneidet jeder Kreis des einen jeden des andern Büschels rechtwinklig, und die Kreise über $x\xi$ und $y\eta$ als Durchmesser stehen daher in der bekannten Beziehung zu einander, dass sie zwei *conjugirte Kreisbüschel* bilden. Wir können dies als Satz folgendermassen aussprechen:

Die beiden Brennpunkte auf der einen Axe des Netzes und die Schnittpunkte der andern mit irgend einem Axenpaar des Strahlsystems, welches einem beliebigen Punkte in der Ebene des Netzes zugehört, liegen allemal auf einem Kreise.

Das dritte zu den beiden conjugirten Kreisbüscheln zugehörige Kegelschnittbüschel, welches aus sämmtlichen gleichseitigen Hyperbeln besteht, die M zum Mittelpunkt haben und durch die Brennpunkte FF_1 gehen (S. 339), tritt bei dieser Betrachtung ebenfalls hervor, wenn man $\mathfrak{G}_\infty$ als dritte Axe des Netzes hinzunimmt. Wenn man die Axen des einem beliebigen Punkte P in Bezug auf das Netz zugehörigen Strahlsystems hat und durch M Parallele zu denselben zieht, so giebt es eine gleichseitige Hyperbel, welche diese beiden Parallelen zu Asymptoten hat und durch P geht; alle diese Hyperbeln bilden ein Büschel gleichseitiger Hyperbeln mit zwei reellen (FF_1) und zwei imaginären Grundpunkten. Wir erhalten eine solche gleichseitige Hyperbel, wenn wir (Fig. 98) bei dem obigen Tripel xyz die Bewegung eintreten lassen, dass wir Y parallel mit sich verschieben und aus dem jedesmaligen Pole y von Y das Perpendikel auf Y fällen, dessen Fusspunkt y' die gleichseitige Hyperbel beschreibt.

§. 61. Einige Eigenschaften der Axen sämmtlicher Strahlsysteme, welche den Punkten in der Ebene eines Netzes zugehören.

Wir haben oben (S. 422) das Gesetz aufgesucht, welchem die Asymptoten sämmtlicher Strahlsysteme, die den Punkten in der Ebene eines Netzes zugehören, unterworfen sind, sowie den Ort sämmtlicher Asymptotenpunkte auf allen Geraden in der Ebene des Netzes; letzterer war der Kern des Netzes und sämmtliche Asymptoten Tangenten dieses Kernkegelschnitts. Es bietet sich jetzt die Frage dar, welchem Gesetze die Axen sämmtlicher Strahlsysteme im Netze unterworfen sind? Jede Gerade $\mathfrak{A}$ in der Ebene ist Axe eines bestimmten Strahlsystems; denn treffe sie eine Axe X des Netzes in x und sei $\mathfrak{x}$ der conjugirte Punkt in demjenigen Punktsystem (x, $\mathfrak{x}$) auf dieser Axe (S. 458), dessen Asymptotenpunkte die reellen (oder imaginären) Brennpunkte des Netzes sind, so wird das Perpendikel aus $\mathfrak{x}$ auf die Gerade $\mathfrak{A}$ dieselbe in demjenigen Punkte p treffen, für welchen die Gerade $\mathfrak{A}$ und die darauf Senkrechte die Axen des dem Punkte p zugehörigen Strahlsystems im Netze sind. Durch einen beliebigen Punkt P in der Ebene gehen also unendlich-viele Gerade $\mathfrak{A}$, welche als Axen für bestimmte dem Netze zugehörige Strahlsysteme auftreten; suchen wir den Ort der zugehörigen zweiten Axe $\mathfrak{B}$ zu bestimmen. Das von der Geraden $\mathfrak{A}$ beschriebene Strahlbüschel (P) trifft die Axe X des Netzes in der Punktreihe (x) und die unendlich-entfernte Gerade $\mathfrak{G}_\infty$ in einer Punktreihe, die mit der Punktreihe (x) perspectivisch liegt; denken wir uns das Strahlbüschel (P) um 90^0 gedreht, so trifft es die $\mathfrak{G}_\infty$ in einer neuen Punktreihe, welche ebenfalls mit dem Strahlbüschel (P) projectivisch ist; der dem x conjugirte Punkt $\mathfrak{x}$ beschreibt bei der Bewegung von x eine Punktreihe ($\mathfrak{x}$), welche wegen der projectivischen Natur des Punktsystems (S. 52) ebenfalls mit der Punktreihe (x) projectivisch ist, und die Perpendikel aus $\mathfrak{x}$ auf den jedesmaligen Strahl $\mathfrak{A}$ sind nichts anderes, als Verbindungsstrahlen entsprechender Punkte zweier projectivischer Punktreihen auf den Trägern X und $\mathfrak{G}_\infty$, indem letztere von dem um 90^0 gedrehten Strahlbüschel (P) auf $\mathfrak{G}_\infty$ ausgeschnitten wird. Die der Axe $\mathfrak{A}$ zugehörige zweite Axe $\mathfrak{B}$ umhüllt daher einen Kegelschnitt und zwar eine *Parabel*, weil $\mathfrak{G}_\infty$ eine Tangente desselben ist; diese Parabel berührt die beiden endlichen Axen X und Y des Netzes, und der Mittelpunkt M des Netzes ist daher ein Punkt der Leitlinie dieser Parabel, weil durch ihn zwei rechtwinklige Tangenten an dieselbe gehen. Da ferner dem festen Punkte P selbst ein bestimmtes Strahlsystem im Netz zugehört, dessen Axen ein besonderes Axenpaar $\mathfrak{A}$, $\mathfrak{B}$ sind, so liegt auch P in der Leitlinie, und PM ist daher die Leitlinie der Parabel. Wir können auch leicht den Brennpunkt dieser Parabel ermitteln; die Axen des dem Punkte P zugehörigen Strahlsystems mögen X in $x_0 \xi_0$ und Y in $y_0 \eta_0$ treffen (Fig. 100), dann gehören die beiden über $x_0 \xi_0$ und $y_0 \eta_0$ als Durchmesser beschriebenen Kreise den beiden vorhin (S. 460) erwähnten conjugirten Kreisbüscheln an; diese beiden Kreise haben aber ausser dem Punkte P noch einen zweiten (reellen) Punkt Φ gemein, und Φ ist der Brennpunkt unserer Parabel; denn da der Brennpunkt einer Parabel, welche einem Dreiseit einbeschrieben ist, allemal auf dem dem Dreiseit umschriebenen Kreise liegt (S. 280) und wir hier zwei der Parabel umschriebene Dreiecke $Px_0\xi_0$ und $Py_0\eta_0$ haben, so muss der gemeinschaftliche Punkt der ihnen umschriebenen Kreise der gesuchte Brennpunkt der Parabel sein; da aber P dieser Punkt offenbar nicht sein kann, so ist Φ der Brennpunkt der Parabel. Es ist ferner leicht zu sehen, dass $\Phi = (x_0\eta_0, y_0\xi_0)$ der Schnittpunkt der beiden Geraden $x_0\eta_0$ und $y_0\xi_0$ ist, und dass dieselben auf einander senkrecht stehen, oder dass Φ der dritte Diagonalpunkt des vollständigen Vierecks $x_0 y_0 \xi_0 \eta_0$ ist, dessen beide andern P und M sind. Die Gerade, welche die Fusspunkte der aus Φ auf die Axen XY gefällten Perpendikel verbindet, ist also nach bekannten Eigenschaften der Parabel die Tangente am Scheitel derselben und läuft parallel der Leitlinie PM. Die hier auftretende Parabel ist uns also jetzt durch Leitlinie und Brennpunkt vollständig bekannt, und wir können das Ergebniss der vorigen Untersuchung folgendermassen zusammenfassen:

Fig. 100.

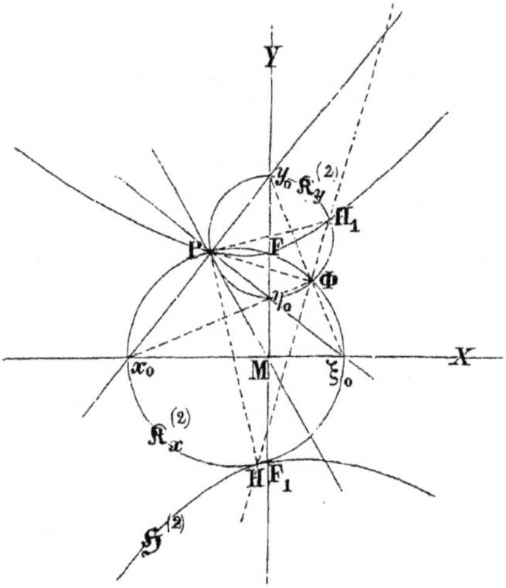

Jede Gerade $\mathfrak{A}$ in der Ebene eines Netzes ist eine Axe eines bestimmten dem Netze zugehörigen Strahlsystems; die andere Axe $\mathfrak{B}$ wird gefunden, indem man den Schnittpunkt x der Geraden $\mathfrak{A}$ mit einer Axe X des Netzes aufsucht, den conjugirten Punkt ξ desjenigen Punktsystems bestimmt, welches die (reellen oder imaginären) Brennpunkte des Netzes

auf dieser Axe zu Asymptotenpunkten hat, und aus $\mathfrak{x}$ *ein Perpendikel auf* $\mathfrak{A}$ *herablässt; dieses Perpendikel ist die andere Axe* $\mathfrak{B}$ *und der Schnittpunkt* $(\mathfrak{A}, \mathfrak{B}) = p$ *derjenige Punkt von* $\mathfrak{A}$, *dessen Strahlsystem im Netze* $\mathfrak{A}$ *und* $\mathfrak{B}$ *zu Axen hat. Bewegt man die Gerade* $\mathfrak{A}$ *um einen beliebigen festen Punkt P, so verändert sich auch* $\mathfrak{B}$ *und umhüllt eine Parabel* $\mathfrak{P}^{(2)}$. *Diese Parabel hat PM, die Verbindungslinie des festen Punktes P mit dem Mittelpunkte M des Netzes, zur Leitlinie und berührt sowohl die beiden Axen des Netzes, als auch die beiden Axen des besonderen Strahlsystems, welches dem Punkte P im Netze zugehört. Jedem Punkte P in der Ebene entspricht also eine bestimmte Parabel* $\mathfrak{P}^{(2)}$; *bewegt sich P auf einer Geraden* $\mathfrak{A}_0$, *so durchläuft* $\mathfrak{P}^{(2)}$ *eine Parabelschaar von vier festen Tangenten; dies sind die unendlich-entfernte Gerade* $\mathfrak{G}_\infty$, *die beiden Axen XY des Netzes und diejenige Gerade* $\mathfrak{B}_0$, *welche zur anderen Axe* $\mathfrak{A}_0$ *hat; die Leitlinien dieser Parabelschaar laufen durch den festen Punkt M* (S. 279) u. s. f.

Halten wir den Punkt P fest und suchen den Zusammenhang der Parabel $\mathfrak{P}^{(2)}$ mit den beiden conjugirten Kreisbüscheln zu erkennen, denen wir noch das dritte conjugirte Büschel gleichseitiger Hyperbeln hinzufügen, so zeigen sich die in §. 51 allgemein gefundenen Eigenschaften dreier conjugirten Kegelschnittbüschel für diesen besonderen Fall vollständig bestätigt. Ein Kegelschnitt, welchem die beiden Punktsysteme (x, ξ) und (y, η) auf den Axen X und Y des Netzes zugehören, ist allemal eine gleichseitige Hyperbel, welche M zum Mittelpunkte hat; denn nach der auf S. 150 angegebenen Construction geht durch einen gegebenen Punkt P nur ein einziger bestimmter Kegelschnitt, welcher die Punktsysteme (x, ξ) und (y, η) zu zugehörigen hat, und dieser Kegelschnitt wird gefunden, indem man das einzige Strahlenpaar durch P aufsucht, welches gleichzeitig sowohl das eine, wie das andere Punktsystem in einem Paare conjugirter Punkte trifft. In unserm Falle ist nun dieses Strahlenpaar immer reell, nämlich das Axenpaar des dem Punkte P im Netze zugehörigen Strahlsystems, welches in $x_0\xi_0$ die Axe X und in $y_0\eta_0$ die Axe Y trifft. Die Punkte, in welchen diese beiden Strahlen die Polare des Schnittpunkts $(X, Y) = M$, d. h. $\mathfrak{G}_\infty$ treffen, also die unendlich-entfernten Punkte jener beiden rechtwinkligen, durch P gehenden Strahlen sind Punkte des gesuchten Kegelschnitts, und dieser ist also eine gleichseitige Hyperbel, weil er zwei unendlich-entfernte Punkte in zwei zu einander rechtwinkligen Richtungen hat. Diese beiden Punkte, die Brennpunkte FF_1 des Netzes, und der Punkt P bestimmen vollständig den Kegelschnitt. Nennen wir zur Abkürzung die beiden Kreise, welche $x_0\xi_0$ und $y_0\eta_0$ zu Durchmessern haben, $\mathfrak{K}_x^{(2)}$ und $\mathfrak{K}_y^{(2)}$, die gleichseitige Hyperbel $\mathfrak{H}^{(2)}$ (Fig. 100), so hat $\mathfrak{H}^{(2)}$ mit jedem der beiden Kreise noch einen reellen gemeinschaftlichen Punkt ausser P, und diese Punkte HH_1 sind leicht zu finden; $x_0\,\xi_0$ sind nämlich ein Paar conjugirter Punkte für die Hyperbel $\mathfrak{H}^{(2)}$ und P ein Punkt derselben; die Strahlen Px_0 und $P\xi_0$ treffen die Hyperbel $\mathfrak{H}^{(2)}$ in den beiden unendlich-entfernten Punkten, deren Verbindungslinie ($\mathfrak{G}_\infty$) den Pol von $x_0\xi_0$ in Bezug auf die Hyperbel enthält, weil $x_0\xi_0$ durch M geht; folglich müssen (S. 149) die durch x_0 und ξ_0 parallel zu $P\xi_0$ und Px_0 gezogenen Geraden sich in einem Punkte H der Hyperbel $\mathfrak{H}^{(2)}$ treffen; dieser liegt gleichzeitig auf dem Kreise $\mathfrak{K}_x^{(2)}$, denn er ist der diametral gegenüberliegende Punkt zu P auf diesem Kreise oder, was dasselbe bedeutet, der zweite Schnittpunkt der Tangente in P am Kreise $\mathfrak{K}_y^{(2)}$, mit dem Kreise $\mathfrak{K}_x^{(2)}$; in gleicher Weise trifft die Tangente in P am Kreise $\mathfrak{K}_x^{(2)}$ den Kreis $\mathfrak{K}_y^{(2)}$ in einem Punkte H_1 der Hyperbel $\mathfrak{H}^{(2)}$; die beiden Punkte H und H_1 liegen in gerader Linie mit Φ, dem zweiten Schnittpunkte der Kreise $\mathfrak{K}_x^{(2)}$ und $\mathfrak{K}_y^{(2)}$, denn die Mittelpunkte dieser beiden Kreise sind die Mitten der Strecken PH und PH_1, und die Centrale halbirt die gemeinschaftliche Secante $P\Phi$; da sie zugleich auf ihr senkrecht steht, so ist auch die Gerade, in welcher die Punkte $HH_1\Phi$ liegen, zur Geraden $P\Phi$ rechtwinklig. Ferner zeigt sich, dass $P\Phi$ die Tangente im Punkte P an der Hyperbel $\mathfrak{H}^{(2)}$ ist, denn da $x_0\xi_0$ ein Paar conjugirter Punkte sind in Bezug auf $\mathfrak{H}^{(2)}$ und $y_0\eta_0$ ein zweites Paar, so ist (S. 153) das Paar $(x_0y_0,\ \xi_0\eta_0) = P$ und $(x_0\eta_0,\ \xi_0y_0) = \Phi$ ein drittes Paar conjugirter Punkte für die Hyperbel $\mathfrak{H}^{(2)}$; und da P selbst auf ihr liegt, so ist $P\Phi$ Tangente in P. Die Gerade $HH_1\Phi$ ist die Polare des Punktes P in Bezug auf die ihm entsprechende Parabel $\mathfrak{P}^{(2)}$, denn P liegt in der Leitlinie dieser Parabel, deren Pol der Brennpunkt Φ derselben ist; ferner steht HH_1 senkrecht auf $P\Phi$; folglich ist nach bekannten Eigenschaften der Parabel HH_1 die Polare von P in Bezug auf die Parabel $\mathfrak{P}^{(2)}$; die Schnittpunkte von HH_1 mit den beiden durch P gehenden rechtwinkligen Strahlen Px_0 und $P\xi_0$ sind daher deren Berührungspunkte mit der Parabel $\mathfrak{P}^{(2)}$, und hieraus folgt, dass H und H_1 die Pole der durch P zu X und Y gezogenen Parallelen in Bezug auf die Parabel $\mathfrak{P}^{(2)}$ sind, ebenso wie Φ der Pol von PM ist. Wir können hiernach folgendes Ergebniss zusammenstellen:

Die auf den Geraden X, Y, Z ($= \mathfrak{G}_\infty$) des Netzes befindlichen Punktsysteme (x, ξ) (y, η) (z, ζ), welche von den Axenpaaren sämmtlicher Strahlsysteme im Netze ausgeschnitten werden, bestimmen paarweise zusammengefasst drei conjugirte Kegelschnittbüschel, sodass die Kegelschnitte eines Büschels je zwei von den Punktsystemen zu zugehörigen haben; diese drei Büschel bestehen aus zwei conjugirten Kreisbüscheln, *welche über $x\xi$ und $y\eta$ als Durchmesser beschrieben sind, und einem Büschel gleichseitiger Hyperbeln, welche durch je zwei unendlich-entfernte Punkte z, ζ, die in rechtwinkligen Richtungen zu einander liegen, sowie durch die beiden reellen Brennpunkte des Netzes FF_1 gehen und den Mittelpunkt M des Netzes zu ihrem gemeinschaftlichen Mittelpunkte haben. Durch einen beliebigen Punkt P des Netzes gehen drei bestimmte Kegelschnitte dieser Büschel: zwei Kreise $\mathfrak{K}_x^{(2)}\mathfrak{K}_y^{(2)}$ und eine gleichseitige Hyperbel $\mathfrak{H}^{(2)}$; treffen nämlich die dem Punkte P im Netze zugehörigen Axen in $x_0\xi_0$ die Axe X, in $y_0\eta_0$ die Y, in $z_\infty\zeta_\infty$ die Axe Z ($\mathfrak{G}_\infty$), so ist $\mathfrak{K}_x^{(2)}$ der über $x_0\xi_0$ als Durchmesser beschriebene Kreis, $\mathfrak{K}_y^{(2)}$ der über $y_0\eta_0$ als Durchmesser beschriebene Kreis und $\mathfrak{H}^{(2)}$ die durch $z_\infty\zeta_\infty FF_1$ und P gelegte gleichseitige Hyperbel. Die drei Kegelschnitte $\mathfrak{K}_x^{(2)}\mathfrak{K}_y^{(2)}\mathfrak{H}^{(2)}$ haben zu je zweien noch einen vierten reellen Punkt gemein, nämlich $\mathfrak{K}_x^{(2)}$ und $\mathfrak{K}_y^{(2)}$ den Punkt Φ, $\mathfrak{K}_x^{(2)}$ und $\mathfrak{H}^{(2)}$ den Punkt H, $\mathfrak{K}_y^{(2)}$ und $\mathfrak{H}^{(2)}$ den Punkt H_1. Die drei Punkte $HH_1\Phi$ liegen in einer Geraden, welche die Polare des Punktes P in Bezug auf die oben betrachtete Parabel $\mathfrak{P}^{(2)}$ ist, und die drei Strahlen PH, PH_1, $P\Phi$ sind die Tangenten der beiden Kreise $\mathfrak{K}_x^{(2)}\mathfrak{K}_y^{(2)}$ und der gleichseitigen Hyperbel $\mathfrak{H}^{(2)}$ in dem gemeinschaftlichen Punkte P. Die Punkte $HH_1\Phi$ sind auch die Pole der drei Strahlen, welche von P nach den Schnittpunkten der Seiten des Dreiseits XYZ hingehen, in Bezug auf die Parabel $\mathfrak{P}^{(2)}$.*

Da jede Gerade $\mathfrak{A}$ in der Ebene des Netzes eine Axe für ein bestimmtes dem Netze zugehöriges Strahlsystem ist und der Punkt p, welchem dieses Strahlsystem zugehört, nach dem Obigen leicht gefunden wird als Schnittpunkt der zweiten Axe $\mathfrak{B}$ mit $\mathfrak{A}$, so bietet sich die Frage dar, welches der Ort des Punktes p ist, wenn wir die Gerade $\mathfrak{A}$ um einen festen Punkt P drehen. Da die Gerade $\mathfrak{B}$ bei dieser Bewegung eine bestimmte Parabel $\mathfrak{P}^{(2)}$ beschreibt, wie wir gesehen haben, so ist der Ort des Punktes p der Ort der Fusspunkte von allen Perpendikeln, welche aus P auf die Tangenten dieser Parabel herabgelassen werden können, d. h. die *Fusspunktscurve für die Parabel* in Bezug auf den Punkt P. Diese ist eine Curve dritten Grades $C^{(3)}$, welche in P einen Doppelpunkt hat, denn sie ist das Erzeugniss zweier projectivischer Gebilde: eines Strahlbüschels (P) und eines krummen Tangentenbüschels (der Parabel)*); wir können aber auch direct nachweisen, dass sie vom dritten Grade ist, indem wir zeigen, dass es auf jeder beliebigen Geraden in der Ebene im Allgemeinen und höchstens drei Punkte des gesuchten Ortes giebt. Lassen wir auf

*) Siehe *Crelle-Borchardt*'sches Journal für Mathematik Bd. LIV, Seite 31 ff.: „Ueber die Erzeugnisse krummer projectivischer Gebilde" von *H. Schröter*.

einer beliebigen Geraden $\mathfrak{L}$ einen veränderlichen Punkt $\mathfrak{x}$ sich bewegen, ziehen $P\mathfrak{x}$ und die darauf Senkrechte in $\mathfrak{x}$, so umhüllt die letztere offenbar eine zweite Parabel $\mathfrak{P}_1^{(2)}$, welche P zum Brennpunkte und $\mathfrak{L}$ zur Tangente am Scheitel hat; die beiden Parabeln $\mathfrak{P}^{(2)}$ und $\mathfrak{P}_1^{(2)}$ haben in der unendlich-entfernten Geraden $\mathfrak{G}_\infty$ bereits eine gemeinschaftliche Tangente, mithin im Allgemeinen und höchstens noch drei andere; die Schnittpunkte derselben mit der Geraden $\mathfrak{L}$ sind offenbar Punkte des gesuchten Ortes, dieser ist also vom dritten Grade. Denken wir uns continuirlich den Strahl $\mathfrak{A}$ um den festen Punkt P gedreht, so trifft ihn die jedesmal zu seiner Richtung senkrechte (einzige) Tangente der Parabel $\mathfrak{P}^{(2)}$ in dem Punkte p, welcher continuirlich die ganze Curve $C^{(3)}$ beschreibt; auf jedem durch P gehenden Strahl $\mathfrak{A}$ giebt es also nur einen solchen Punkt p des Ortes $C^{(3)}$; insbesondere aber gelangt der Strahl $\mathfrak{A}$ bei seiner continuirlichen Drehung nothwendig einmal in die Lage $\mathfrak{A}_0$ einer der beiden Axen des Strahlsystems, welches dem Punkte P in Bezug auf das Netz zugehört; die andere Axe $\mathfrak{B}_0$ trifft ihn dann in P selbst, und P ist daher auch ein Punkt des Ortes; zweitens gelangt aber auch der veränderliche Strahl $\mathfrak{A}$ in die Lage von $\mathfrak{B}_0$, und der veränderliche Punkt p fällt also zum zweiten Mal nach P; hieraus erkennen wir, dass der Punkt P ein *Doppelpunkt* der Curve $C^{(3)}$ ist; die Verbindungslinie Pp ist immer Sehne der Curve $C^{(3)}$ und geht also bei der continuirlichen Drehung um P, sobald $\mathfrak{A}$ in die Lage von $\mathfrak{A}_0$ oder $\mathfrak{B}_0$ kommt, in die Tangente an $C^{(3)}$ für den Doppelpunkt P über, weil in jedem dieser Fälle P mit p zusammenfällt. Die beiden Tangenten in dem Doppelpunkte der Curve $C^{(3)}$ stehen daher auf einander senkrecht.

Es ist leicht, einige besondere Punkte der Curve $C^{(3)}$ anzugeben; offenbar geht sie durch die Brennpunkte FF_1 des Netzes, denn die Gerade PF und die darauf Senkrechte in F sind auch ein Paar Axen des dem Punkte F zugehörigen Strahlsystems, weil dieses ein circulares ist. (Hieraus schliessen wir, dass sie in gleicher Weise durch die beiden imaginären Brennpunkte auf der zweiten Axe und die beiden unendlich-entfernten imaginären Kreispunkte auf der dritten Axe $\mathfrak{G}_\infty$ geht.) Ferner geht $C^{(3)}$ durch die Fusspunkte der beiden Perpendikel, welche von P aus auf die beiden endlichen Axen XY des Netzes herabgelassen werden, weil die Parabel $\mathfrak{P}^{(2)}$ die Axen XY zu Tangenten hat; sodann geht $C^{(3)}$ durch den unendlich-entfernten Punkt der Leitlinie der Parabel $\mathfrak{P}^{(2)}$, weil $\mathfrak{G}_\infty$ als die einzige Tangente der Parabel, welche auf dieser senkrecht steht, anzusehen ist. Endlich sind noch zwei Punkte der Curve $C^{(3)}$ in dem Falle anzugeben, dass das Netz ein hyperbolisches ist. Dann kann es nämlich zwei reelle Tangenten aus P an den

Kernkegelschnitt des Netzes geben, deren Berührungspunkte offenbar der $C^{(3)}$ angehören, weil Tangente und Normale allemal als ein Axenpaar eines dem Kegelschnitt zugehörigen Strahlsystems anzusehen sind. Der Polare von P im Netze gehört also ein Punktsystem zu, dessen Asymptotenpunkte auf der Curve $C^{(3)}$ liegen.

Noch zu erwähnen sind einige besondere Fälle, in denen die betrachtete Curve $C^{(3)}$ zerfällt. Wenn nämlich P insbesondere auf einer Axe des Netzes angenommen wird, z. B. auf X, und wir nennen x diese besondere Lage des Punktes P, so treffen alle durch x gehenden Strahlen $\mathfrak{A}$ die Axe X in demselben Punkte x, und die Perpendikel aus dem conjugirten Punkte $\mathfrak{x}$ des Punktsystems $(x, \mathfrak{x})$ schneiden jene Strahlen $\mathfrak{A}$ in solchen Punkten p, welche auf einem Kreise liegen, der $x\mathfrak{x}$ zum Durchmesser hat; dieser Kreis $\mathfrak{K}_x^{(2)}$ ist ein Theil der Curve $C^{(3)}$, und der andere ist die Axe X selbst, denn für jeden ihrer Punkte ist die Axe X und die darauf Senkrechte ein Axenpaar des dem Netze zugehörigen Strahlsystems und X geht beständig durch den angenommenen Punkt x. Die Curve dritten Grades zerfällt also in diesem Falle in einen Kreis $\mathfrak{K}_x$ und eine Gerade X; die Parabel $\mathfrak{P}^{(2)}$ zieht sich dabei auf zwei Punkte, den Punkt $\mathfrak{x}$ und den unendlich-entfernten Punkt von Y, oder auf deren doppelt zu zählende Verbindungslinie zusammen. In ganz analoger Weise zerfällt $C^{(3)}$ in einen Kreis $\mathfrak{K}_y^{(2)}$ und eine Gerade Y, falls der angenommene Punkt P auf der Axe Y des Netzes liegt. Wird endlich P insbesondere auf der unendlich-entfernten Geraden $\mathfrak{G}_\infty$ (der dritten Axe Z des Netzes) angenommen, so zerfällt die Curve $C^{(3)}$ in diese Gerade selbst und eine gleichseitige Hyperbel $\mathfrak{H}^{(2)}$, denn sobald P im Unendlichen liegt, werden sämmtliche durch ihn gehende Strahlen parallel; suchen wir zu jedem Schnittpunkt x der Geraden $\mathfrak{A}$ mit X den conjugirten Punkt $\mathfrak{x}$ des Punktsystems $(x, \mathfrak{x})$ und fällen aus ihm ein Perpendikel auf $\mathfrak{A}$, so bleiben auch diese Perpendikel $\mathfrak{B}$ sich beständig parallel, und da x, $\mathfrak{x}$ ein Punktsystem bilden, also projectivische Punktreihen durchlaufen, so beschreiben $\mathfrak{A}$ und $\mathfrak{B}$ zwei projectivische Strahlbüschel, deren Mittelpunkte im Unendlichen in zwei zu einander rechtwinkligen Richtungen liegen. Ihr Erzeugniss ist daher eine gleichseitige Hyperbel $\mathfrak{H}^{(2)}$, und $\mathfrak{K}_x^{(2)}\,\mathfrak{K}_y^{(2)}\,\mathfrak{H}^{(2)}$ gehören den oben erwähnten drei conjugirten Büscheln an; denn es ist ersichtlich, dass die Hyperbel $\mathfrak{H}^{(2)}$ durch die Brennpunkte des Netzes FF_1 geht und die Tangenten in ihren unendlich-entfernten Punkten sich in M, dem Mittelpunkte des Netzes, schneiden, dieser also zugleich Mittelpunkt von $\mathfrak{H}^{(2)}$ ist. Wir können die gewonnenen Resultate folgendermassen zusammenfassen:

Jede Gerade $\mathfrak{A}$ in der Ebene des Netzes ist Axe für ein bestimmtes *dem Netze zugehöriges Strahlsystem; der Mittelpunkt p desselben beschreibt, während* $\mathfrak{A}$ *sich um einen festen Punkt P dreht, eine bestimmte Curve dritten Grades* $C^{(3)}$, *welche P zum Doppelpunkt und in diesem zwei zu einander rechtwinklige Tangenten hat, nämlich die Axen desjenigen Strahlsystems, welches dem Punkte P im Netze zugehört; die Curve* $C^{(3)}$ *geht durch die Brennpunkte des Netzes, durch die Fusspunkte der aus P auf die beiden endlichen Axen des Netzes herabgelassenen Perpendikel, durch den unendlich-entfernten Punkt der Verbindungslinie PM des festen Punktes P mit dem Mittelpunkte M des Netzes, durch die beiden unendlich-entfernten imaginären Kreispunkte und durch die beiden Asymptotenpunkte desjenigen Punktsystems, welches der Polare des Punktes P im Netze zugehört. Insbesondere zerfällt die Curve* $C^{(3)}$, *sobald der Punkt P auf einer der drei Axen des Netzes X, Y, Z* ($= \mathfrak{G}_\infty$) *angenommen wird, und zwar in die jedesmalige Axe und einen Kegelschnitt, welcher für die Axen X und Y je ein Kreis* $\mathfrak{K}_x^{(2)}$ *und* $\mathfrak{K}_y^{(2)}$, *für die Axe Z* ($= \mathfrak{G}_\infty$) *eine gleichseitige Hyperbel* $\mathfrak{H}^{(2)}$ *wird. Die drei Kegelschnitte* $\mathfrak{K}_x^{(2)} \mathfrak{K}_y^{(2)} \mathfrak{H}^{(2)}$ *gehören drei conjugirten Kegelschnittbüscheln an* (§. 51).

Schliesslich wollen wir noch die Frage beantworten, welchen Ort die Axen der dem Netze zugehörigen Strahlsysteme aller solchen Punkte umhüllen, welche auf einer beliebigen Geraden $\mathfrak{G}$ liegen; wir brauchen, um die Klasse dieses Ortes zu bestimmen, nur zu untersuchen, wie viele solcher Axen durch einen beliebigen Punkt P des Netzes gehen. Denken wir uns zu diesem Zweck die vorhin betrachtete Curve $C^{(3)}$, welche dem Punkte P entspricht, construirt, so schneidet dieselbe die Gerade $\mathfrak{G}$ im Allgemeinen und höchstens in drei Punkten, welche offenbar die verlangte Eigenschaft besitzen, dass ihre Verbindungslinien mit P drei Axen solcher Strahlsysteme sind, welche ihnen im Netze zugehören. Da durch den beliebig angenommenen Punkt P drei Axen der verlangten Art gehen, so ist der gesuchte Ort eine *Curve dritter Klasse* $K^{(3)}$; dieselbe berührt die angenommene Gerade $\mathfrak{G}$ selbst und zwar in demjenigen Punkte p, in welchem sie von der zweiten Axe des Strahlsystems getroffen wird, welches die Gerade $\mathfrak{G}$ zu einer Axe hat; denn da $\mathfrak{G}$ Axe eines einzigen bestimmten Strahlsystems im Netze ist, so berührt sie $K^{(3)}$, und durch jeden Punkt von $\mathfrak{G}$ gehen also drei Tangenten, von denen die eine $\mathfrak{G}$ fest bleibt; bewegt sich nun ein veränderlicher Punkt auf $\mathfrak{G}$, so fallen, wenn er nach p gelangt, zwei unendlich-nahe Tangenten zusammen, und es ist also p der Berührungspunkt von $\mathfrak{G}$ mit $K^{(3)}$. Tangenten von $K^{(3)}$ sind ferner die beiden endlichen Axen X, Y des Netzes und die in den Schnittpunkten derselben mit $\mathfrak{G}$ zu den Axen gezogenen Parallelen; auch die unendlich-entfernte Gerade $\mathfrak{G}_\infty$ berührt $K^{(3)}$. Insbesondere zerfällt diese Curve, wenn die angenommene Gerade $\mathfrak{G}$ durch einen der beiden Brennpunkte des Netzes, z. B. F, hindurchgeht. In diesem Falle ist nämlich jedes durch F gehende Paar zu einander rechtwinkliger Strahlen ein Axenpaar des Netzes, weil das Strahlsystem für den Brennpunkt F ein circulares ist; die Curve $K^{(3)}$ zerfällt daher in einen Punkt F und einen Kegelschnitt, nämlich eine *Parabel*, welche den andern Brennpunkt des Netzes F_1 zu ihrem Brennpunkt und die Gerade $\mathfrak{G}$ zur Leitlinie hat.

In der That zeigt sich dies in folgender ganz elementaren Weise: Sei P ein beliebiger Punkt der durch F gehenden Geraden $\mathfrak{G}$ (Fig. 101), so finden wir die Axen des dem Punkte P im Netze zugehörigen

Fig. 101.

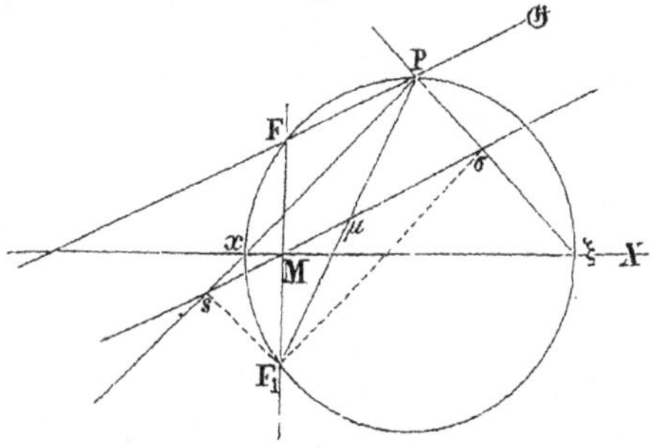

Strahlsystems dadurch, dass wir durch PFF_1 einen Kreis legen; derselbe treffe die andere Axe X des Netzes, welche die Brennpunkte nicht enthält, in den Punkten x und ξ; dann sind Px und $P\xi$ die Axen des Strahlsystems für P, deren Ort, während P sich auf $\mathfrak{G}$ bewegt, gesucht wird. Da nun X in der Mitte M zwischen FF_1 senkrecht darauf steht, so sind in dem Kreise die Winkel $\angle FPx$ und $\angle xPF_1$ einander gleich; ziehen wir durch M eine Parallele zu $\mathfrak{G}$, welche Px und $P\xi$ in s und σ, PF_1 in μ treffe, so wird also $\angle FPx = \angle Ps\mu = \angle sP\mu$; folglich $\mu s = \mu P$ und, weil das Dreieck $sP\sigma$ bei P rechtwinklig ist, $s\mu = \mu P = \mu\sigma$; ferner ist, weil M die Mitte von FF_1, auch μ die Mitte von F_1P, und hieraus folgt, dass F_1s und $F_1\sigma$ senkrecht stehen auf Px und $P\xi$ und auch auf einander; um nun zu erkennen, wie die Geraden Px und $P\xi$ (oder nur eine von ihnen) sich verändern, wenn P auf der Geraden $\mathfrak{G}$ fortrückt, brauchen wir nur zu bemerken, dass s und σ auf der festen Geraden, welche durch M parallel zu $\mathfrak{G}$ gezogen ist, sich bewegen und die auf F_1s und $F_1\sigma$ errichteten Perpendikel in s und σ eben jene Strahlen Px und $P\xi$ sind. Hieraus erkennen wir, dass dieselben eine Parabel umhüllen, welche F_1 zum Brennpunkt und $\mathfrak{G}$ zur Leitlinie hat, auch die Axe X des Netzes berührt (Seite 197). Verändern wir die Gerade $\mathfrak{G}$, indem wir sie um den Punkt F drehen, so verändert sich auch die entsprechende Parabel, behält aber immer denselben Brennpunkt F_1 und die Tangente X; ihre Tangenten am Scheitel gehen durch den festen Punkt M, und die Scheitel liegen auf einem Kreise, welcher MF_1 zum Durchmesser hat.

Das Ergebniss der letzten Betrachtung lässt sich demgemäss so zusammenfassen:

Die Axen der Strahlsysteme im Netze für alle solche Punkte, welche auf einer beliebigen Geraden $\mathfrak{G}$ liegen, umhüllen eine Curve dritter Klasse $K^{(3)}$, welche die Gerade $\mathfrak{G}$ selbst in demjenigen Punkte berührt, für welchen $\mathfrak{G}$ eine Axe des ihm zugehörigen Strahlsystems im Netze ist; die Curve $K^{(3)}$ berührt auch die drei Axen X, Y und Z $(= \mathfrak{G}_\infty)$ des Netzes. Sie zerfällt allemal, sobald $\mathfrak{G}$ durch einen der beiden Brennpunkte des Netzes, z. B. F, geht, in diesen Punkt F und eine Parabel, welche den andern Brennpunkt F_1 zu ihrem Brennpunkt und die Gerade $\mathfrak{G}$ zu ihrer Leitlinie hat.

Wir bemerken noch, dass die ganze Betrachtung dieses Paragraphen allein abhängt von den drei Axen des Netzes X, Y und Z $(= \mathfrak{G}_\infty)$ und den auf ihnen befindlichen Punktsystemen (x, ξ) (y, η) (z, ζ), deren Asymptotenpunkte die Brennpunkte des Netzes sind. Von diesen drei Punktsystemen ist das eine (z, ζ) auf $\mathfrak{G}_\infty$ ein für allemal bekannt, seine Asymptotenpunkte die imaginären unendlich-entfernten Kreispunkte, die beiden andern auf den beiden endlichen Axen des Netzes haben gleiche, aber entgegengesetzte Potenz, und nur eines von ihnen ist also hyperbolisch und hat zu seinen Asymptotenpunkten die reellen Brennpunkte F und F_1 des Netzes. Durch diese Stücke ist aber das Netz nicht vollkommen bestimmt, sondern es giebt unendlich-viele Netze, welchen dieselben zugehören; diese bilden eine *Schaar von confocalen Netzen.* Das Netz ist erst völlig bestimmt, sobald wir noch eine Gerade $\mathfrak{L}$ senkrecht auf derjenigen Axe des Netzes X, welche die reellen Brennpunkte FF_1 enthält, willkürlich als die Polare eines Brennpunktes F annehmen (die *Leitlinie* für den Brennpunkt F). Die Gerade $\mathfrak{L}$ kann dabei noch parallel mit sich willkürlich verschoben werden; der Mittelpunkt des Netzes M theilt die Axe X in zwei unendliche Hälften; trifft die Gerade $\mathfrak{L}$ diejenige Hälfte, welche nicht den Brennpunkt F enthält, so ist das Netz allemal elliptisch, trifft sie die andere Hälfte, so ist es hyperbolisch, und zwar ist alsdann der Kernkegelschnitt Hyperbel, sobald $\mathfrak{L}$ die Axe X zwischen M und F trifft, dagegen Ellipse, sobald $\mathfrak{L}$ diese Hälfte der

Axe ausserhalb MF trifft. In der Schaar von confocalen Netzen ist also ausser der Schaar confocaler Kegelschnitte (Kernkegelschnitte), welche sich in eine Gruppe Ellipsen und eine Gruppe Hyperbeln trennen (S. 352), noch eine Unendlichkeit von elliptischen Netzen (imaginären Kegelschnitten) enthalten. In der ganzen Schaar von confocalen Netzen ist nun nach der obigen Untersuchung für einen beliebigen Punkt P das Axenpaar des Strahlsystems, welches ihm in jedem der Netze zugehört, allemal dasselbe, und es bleiben ebenso die conjugirten Kreisbüschel $(\mathfrak{K}_x^{(2)})$, $(\mathfrak{K}_y^{(2)})$ und das conjugirte Büschel gleichseitiger Hyperbeln $(\mathfrak{H}^{(2)})$ ungeändert, sowie auch sämmtliche Parabeln $\mathfrak{P}^{(2)}$, welche den Punkten P entsprechen, und die Curven $C^{(3)}$ und $K^{(3)}$. Hieraus folgt u. A. nach den oben gefundenen Resultaten der Satz:

Die Berührungspunkte sämmtlicher Tangentenpaare aus einem festen Punkte P an die Kegelschnitte einer confocalen Kegelschnittschaar liegen auf einer Curve dritten Grades $C^{(3)}$, welche P zum Doppelpunkt und in diesem zwei zu einander rechtwinklige Tangenten hat.

§. 62. Zwei Netze in der Ebene. Netzbüschel und Netzschaar.

Nehmen wir zwei Involutionsnetze (Polarsysteme) in derselben Ebene gelegen an, so entsprechen jedem Punkte P in der Ebene zwei Polaren für das eine und das andere Netz; mögen sich diese beiden Polaren in dem Punkte Q schneiden, dann müssen offenbar auch die Polaren von Q für beide Netze sich in dem Punkte P schneiden; P und Q heissen daher *conjugirte Punkte* und sind auch in dem früheren Sinne conjugirte Punkte für beide Netze gleichzeitig; zu jedem Punkte P der Ebene gehört demgemäss *ein* bestimmter conjugirter Punkt Q und umgekehrt zu Q der conjugirte Punkt P. Bewegen wir den Punkt P auf einer beliebigen Geraden $\mathfrak{G}$, so durchläuft der conjugirte Punkt Q einen bestimmten Kegelschnitt $\mathfrak{K}^{(2)}$, und jedem Punkte der Geraden $\mathfrak{G}$ ist ein bestimmter Punkt dieses Kegelschnitts $\mathfrak{K}^{(2)}$ conjugirt. Denn die Polaren der Punkte P auf der Geraden $\mathfrak{G}$ in Bezug auf das erste Netz laufen durch einen festen Punkt π und beschreiben ein Strahlbüschel, welches mit der Punktreihe, die P durchläuft, projectivisch ist. Ebenso beschreiben die Polaren der Punktreihe (P) in Bezug auf das zweite Netz ein Strahlbüschel (π_1), welches mit der Punktreihe (P) projectivisch ist. Die Strahlbüschel (π) und (π_1) sind daher unter sich projectivisch, und je zwei entsprechende Strahlen schneiden sich in demjenigen Punkte Q, welcher dem jedesmaligen P conjugirt ist. Der Ort sämmtlicher conjugirten Punkte Q zu den auf der Geraden $\mathfrak{G}$ liegenden Punkten P

ist daher das Erzeugniss zweier projectivischen Strahlbüschel, d. h. ein Kegelschnitt $\mathfrak{K}^{(2)}$, der durch die Pole π und π_1 der Geraden $\mathfrak{G}$ rücksichtlich beider gegebenen Netze hindurchgeht. Jeder Geraden $\mathfrak{G}$ in der Ebene gehört hiernach ein bestimmter Kegelschnitt $\mathfrak{K}^{(2)}$ zu, der diejenigen Punkte Q enthält, welche den Punkten P der Geraden $\mathfrak{G}$ rücksichtlich beider gegebenen Netze conjugirt sind. Nehmen wir zwei beliebige Gerade $\mathfrak{G}$ und $\mathfrak{G}_1$ an, welche sich in dem Punkte P_0 schneiden mögen, so gehören ihnen beziehungsweise zwei bestimmte Kegelschnitte $\mathfrak{K}^{(2)}$ und $\mathfrak{K}_1^{(2)}$ zu, welche die conjugirten Punkte von den Punkten jener Geraden enthalten. Die Kegelschnitte $\mathfrak{K}^{(2)}$ und $\mathfrak{K}_1^{(2)}$ müssen nothwendig einen reellen, leicht angebbaren Punkt Q_0 gemeinschaftlich haben, nämlich denjenigen, welcher dem gemeinschaftlichen Punkte $P_0 = (\mathfrak{G}, \mathfrak{G}_1)$ conjugirt ist. Sie haben daher noch einen zweiten reellen Punkt x, oder noch drei reelle Punkte xyz gemeinschaftlich. Diese besitzen eine besondere Eigenschaft in Bezug auf die beiden gegebenen Netze.

Weil nämlich der Punkt x auf dem Kegelschnitte $\mathfrak{K}^{(2)}$ liegt, so müssen seine beiden Polaren rücksichtlich der beiden gegebenen Netze sich in einem Punkte der Geraden $\mathfrak{G}$ treffen; weil er gleichzeitig auf dem Kegelschnitte $\mathfrak{K}_1^{(2)}$ liegt, so müssen seine beiden Polaren sich auch in einem Punkte der Geraden $\mathfrak{G}_1$ treffen; in dem Punkte P_0, dem einzigen, der $\mathfrak{G}$ und $\mathfrak{G}_1$ gemeinschaftlich ist, treffen sie sich aber nicht, denn x ist verschieden von Q_0, folglich müssen die beiden Polaren von x für beide Netze zusammenfallen, denn zwei Gerade, die zwei verschiedene Schnittpunkte haben, fallen zusammen. Folglich besitzt der Punkt x (und ebenso auch y und z, wenn sie reell sind) die Eigenschaft, dass seine Polare in Bezug auf beide Netze dieselbe Gerade ist. Diese drei Punkte xyz und ihre für beide Netze zusammenfallenden Polaren XYZ hängen nun in gewisser leicht zu erkennender Weise mit einander zusammen. Sie machen eine besondere Ausnahme von allen übrigen Punkten der Ebene; während nämlich im Allgemeinen jedem Punkte P der Ebene nur ein einziger bestimmter Punkt Q rücksichtlich beider Netze conjugirt ist, darf dem Punkte x jeder Punkt von X als conjugirt angesehen werden, weil seine Polaren für beide Netze auf X zusammenfallen und mithin jeder Punkt der beiden zusammenfallenden Geraden als ihr Schnittpunkt gelten kann. Mehr Punkte von solcher Beschaffenheit, als die gefundenen drei: xyz, von denen nothwendig einer reell sein muss, kann es überhaupt in der ganzen Ebene nicht geben; denn gäbe es noch einen vierten Punkt u, dessen Polare U für beide Netze dieselbe Gerade wäre, so müsste diese $\mathfrak{G}$ und $\mathfrak{G}_1$ in zwei solchen Punkten treffen, deren conjugirte in

u zusammenfielen, also beiden Kegelschnitten $\mathfrak{K}^{(2)}$ und $\mathfrak{K}_1^{(2)}$ gemeinschaftlich wären; die Kegelschnitte $\mathfrak{K}^{(2)}$ und $\mathfrak{K}_1^{(2)}$ haben aber ausser dem schon berücksichtigten Punkte Q_0 keine anderen Punkte gemeinschaftlich als xyz, wenn sie nicht ganz zusammenfallen. Es giebt daher im Allgemeinen keine Punkte weiter in der Ebene, als xyz, von der Beschaffenheit, dass ihre Polaren XYZ in beiden Netzen dieselben Geraden sind.

Dies festgestellt, nehmen wir den einen immer reellen Punkt x und seine reelle Polare X für beide Netze; der Geraden X gehören dann in den beiden Netzen zwei (im Allgemeinen verschiedene) Punktsysteme zu, welche ein (reelles oder imaginäres) gemeinschaftliches Paar conjugirter Punkte besitzen; ist dasselbe reell, so ist es mit den Punkten y und z identisch, denn dem Punkt y gehört dann in beiden Netzen sowohl der Punkt z als auch der Punkt x zu, und zx ist also die Polare Y von y für beide Netze; ebenso $(xy) = Z$ die Polare von z für beide Netze; die Punkte y und z besitzen also die obige Beschaffenheit und müssen mit den noch einzig möglichen der Art identisch sein. Es folgt hieraus, dass die drei Punkte xyz ein Tripel bilden, welches beiden Netzen gemeinschaftlich ist, und dass ihre Polaren die gegenüberliegenden Seiten des von ihnen gebildeten Dreiecks sind:

$$(yz) = X;\ (zx) = Y;\ (xy) = Z;\ (Y, Z) = x;\ (Z, X) = y;\ (X, Y) = z.$$

Umgekehrt sind die Geraden XYZ, von denen nothwendig eine reell sein muss, die einzigen Geraden in der Ebene von solcher Beschaffenheit, dass ihre Pole für beide gegebenen Netze zusammenfallen, und sie bilden ein Tripel conjugirter Strahlen, welches beiden Netzen gemeinschaftlich ist. Dass zwei beliebig gegebene Netze ausser einem *Tripel conjugirter Punkte und Strahlen* nicht noch ein Paar von Pol und Polare gemeinschaftlich haben können, geht auch daraus hervor, dass das Netz vollständig und eindeutig bestimmt ist durch ein Tripel und ein beliebiges Paar von Pol und Polare, (S. 429) und dass zwei Netze, welche diese Stücke gemeinschaftlich haben, identisch sein müssen.

Was die Realität des gemeinschaftlichen Tripels zweier Netze betrifft, so ist, wie wir gesehen haben, einer seiner drei Punkte x und dessen Polare X, die Gerade, auf welcher die beiden andern liegen, allemal reell; diese selbst y und z sind stets reell, sobald eines oder beide gegebenen Netze elliptisch sind, weil einer jeden Geraden in Bezug auf ein elliptisches Netz ein elliptisches Punktsystem zugehört und zwei auf einander liegende Punktsysteme allemal ein reelles gemeinschaftliches Paar conjugirter Punkte haben, wenn wenigstens eines von beiden Systemen elliptisch ist; wenn dagegen beide Netze hyperbolisch sind, so können y und z imaginär werden; dies ist aber der Fall zweier reellen Kegelschnitte, welcher in §. 54 genau discutirt ist. *Zwei imaginäre Kegelschnitte haben daher immer ein reelles gemeinschaftliches Tripel.*

Aus der ausgezeichneten den Punkten xyz allein zukommenden Eigenschaft folgt, dass die Kegelschnitte $\mathfrak{K}^{(2)}$, welche sämmtlichen Geraden $\mathfrak{G}$ in der Ebene der beiden Netze entsprechen, durch die drei festen Punkte xyz gehen müssen; denn weil irgend eine Gerade $\mathfrak{G}$ die X in einem Punkte trifft, dessen conjugirter rücksichtlich beider Netze x ist, muss der Kegelschnitt $\mathfrak{K}^{(2)}$ durch x gehen u. s. f. Auch umgekehrt wird irgend ein durch die Punkte xyz gelegter Kegelschnitt $\mathfrak{K}^{(2)}$ die Eigenschaft besitzen, dass alle Punkte der Ebene, welche seinen Punkten conjugirt sind, auf einer Geraden $\mathfrak{G}$ liegen (eigentlich auf einer Curve vierten Grades, welche sich in vier Gerade auflöst, von denen drei allemal XYZ sind). Dies lässt sich sehr einfach umgekehrt nachweisen: Nehmen wir zwei beliebige Punkte $Q'Q''$ eines dem Dreieck xyz umschriebenen Kegelschnitts $\mathfrak{K}^{(2)}$, und seien deren conjugirte Punkte P' und P'', so hat die Verbindungslinie $P'P''$, als Gerade $\mathfrak{G}$ aufgefasst, sämmtliche Punkte Q, welche ihren Punkten P conjugirt sind, auf dem durch die fünf Punkte $Q'Q''xyz$ eindeutig bestimmten Kegelschnitt $\mathfrak{K}^{(2)}$, und es liegen also auch umgekehrt diejenigen Punkte, welche den Punkten des Kegelschnitts $\mathfrak{K}^{(2)}$ conjugirt sind, auf der Geraden $\mathfrak{G}$.

Durch die beiden in der Ebene gegebenen Netze ist nicht allein das eben angedeutete Beziehungssystem hergestellt, wonach jedem Punkte P ein bestimmter Punkt Q conjugirt ist und jeder Geraden $\mathfrak{G}$ in der Ebene ein durch drei feste Punkte xyz gehender Kegelschnitt $\mathfrak{K}^{(2)}$ entspricht, sondern auch zugleich das polare Verhalten, wonach jeder Geraden eine Gerade und jedem Punkte ein dem festen Dreiseit XYZ einbeschriebener Kegelschnitt entspricht, denn eine beliebige Gerade $\mathfrak{G}$ hat zu Polen in den beiden Netzen zwei Punkte π und π_1, deren Verbindungslinie $\mathfrak{H}$ die Eigenschaft besitzt, dass ihre Pole für beide Netze wiederum auf $\mathfrak{G}$ liegen; $\mathfrak{G}$ und $\mathfrak{H}$ heissen daher *conjugirte Strahlen*, und wenn $\mathfrak{G}$ sich um einen festen Punkt P dreht, so umhüllt $\mathfrak{H}$ einen Kegelschnitt $\mathfrak{C}^{(2)}$, welcher dem festen Dreiseit XYZ einbeschrieben ist. Das Ergebniss der bisherigen Untersuchung kann daher folgendermassen zusammengefasst werden:

Sind zwei Netze in der Ebene gegeben, so schneiden sich die Polaren eines beliebigen Punktes P in Bezug auf beide Netze in dem conjugirten Punkte Q, dessen Polaren sich wiederum in P treffen. Bewegt sich der

Punkt P auf einer beliebigen Geraden 𝔊, so durchläuft der conjugirte Punkt Q einen bestimmten Kegelschnitt $\mathfrak{K}^{(2)}$. Sämmtliche Kegelschnitte $\mathfrak{K}^{(2)}$ laufen durch drei feste Punkte xyz. Diese bilden das beiden Netzen gemeinschaftliche Tripel conjugirter Punkte; ihre Polaren sind:

$$X = (yz); \quad Y = (zx); \quad Z = (xy).$$

Die Punkte xyz sind die einzigen in der Ebene von solcher Beschaffenheit, dass für sie die Polaren rücksichtlich beider Netze zusammenfallen. Die drei Punkte xyz sind allemal reell, sobald beide oder eines der beiden gegebenen Netze elliptisch ist; sind beide Netze hyperbolisch, so können zwei Tripelpunkte yz imaginär sein, während der dritte x und seine Polare X immer reell ist; die der Geraden X rücksichtlich beider Netze zugehörigen Punktsysteme haben als gemeinschaftliches Paar conjugirter Punkte y und z. Andererseits gehören einer beliebigen Geraden 𝔊 in der Ebene rücksichtlich beider Netze zwei Pole zu, deren Verbindungslinie 𝔋 der conjugirte Strahl zu 𝔊 heisst, und zur Verbindungslinie ihrer Pole wiederum 𝔊 hat. Dreht sich 𝔊 um einen festen Punkt P, so umhüllt 𝔋 einen bestimmten Kegelschnitt $\mathfrak{C}^{(2)}$. Sämmtliche Kegelschnitte $\mathfrak{C}^{(2)}$ berühren drei feste Gerade XYZ, welche das beiden Netzen gemeinschaftliche Tripel conjugirter Strahlen bilden und die einzigen Geraden von solcher Beschaffenheit sind, dass ihre Pole rücksichtlich beider Netze zusammenfallen. Das Tripel XYZ coincidirt mit dem Tripel xyz.

Es ist nicht ohne Interesse, insbesondere solche Lagen der Geraden 𝔊 aufzusuchen, für welche der zugehörige Kegelschnitt $\mathfrak{K}^{(2)}$ eine Parabel, gleichseitige Hyperbel, ein Kreis oder Linienpaar wird. Geht die Gerade 𝔊 in die Unendlichkeit, wird sie also $𝔊_\infty$, so geht der Kegelschnitt $\mathfrak{K}^{(2)}$ in einen besonderen Kegelschnitt $\mathfrak{M}^{(2)}$ über, welcher die Mittelpunkte mm_1 beider Netze und das gemeinschaftliche Tripel xyz enthält und durch diese fünf Punkte vollständig bestimmt ist. Der Kegelschnitt $\mathfrak{M}^{(2)}$ enthält diejenigen Punkte, welche sämmtlichen unendlich-entfernten Punkten rücksichtlich beider Netze conjugirt sind, und umgekehrt liegen die den Punkten des Kegelschnitts $\mathfrak{M}^{(2)}$ conjugirten Punkte im Unendlichen; er entscheidet also über die Natur des Kegelschnitts $\mathfrak{K}^{(2)}$. Jeder Geraden 𝔊, welche den Kegelschnitt $\mathfrak{M}$ in zwei reellen Punkten trifft, entspricht als Kegelschnitt $\mathfrak{K}^{(2)}$ eine *Hyperbel*, jeder Geraden 𝔊, welche $\mathfrak{M}^{(2)}$ nicht trifft, eine *Ellipse* und allen Geraden 𝔊, welche $\mathfrak{M}^{(2)}$ berühren, *Parabeln;* den sämmtlichen Tangenten des Kegelschnitts $\mathfrak{M}^{(2)}$ entsprechen also Kegelschnitte $\mathfrak{K}^{(2)}$, welche sämmtlich Parabeln sind, und auch umgekehrt sämmtlichen Parabeln, die dem Dreieck xyz umschrieben sind, Gerade 𝔊, welche den Kegelschnitt $\mathfrak{M}^{(2)}$ umhüllen.

Um zweitens eine solche Gerade $\mathfrak{G}$ zu finden, deren entsprechender Kegelschnitt $\mathfrak{K}^{(2)}$ eine gleichseitige Hyperbel wird, nehmen wir auf $\mathfrak{G}_\infty$ zwei solche Punkte z und ζ, die in zwei zu einander senkrechten Richtungen liegen; alle solche Punktpaare bilden auf $\mathfrak{G}_\infty$ das bekannte Punktsystem, dessen Asymptotenpunkte die beiden imaginären unendlich-entfernten Kreispunkte sind. Das Punktpaar z, ζ hat zu Polaren im ersten Netz zwei bestimmte durch den Mittelpunkt m gehende Strahlen, welche bei der Veränderung von z, ζ ein bestimmtes Strahlsystem beschreiben; in der That, da z und ζ conjugirte Punkte eines Punktsystems sind, so beschreiben ihre Polaren projectivische Strahlbüschel, die auf einander liegen und bei denen, wie leicht zu sehen ist, entsprechende gleiche Winkel verkehrt auf einander fallen (S. 59); sie constituiren also ein Strahlsystem. Je zwei conjugirte Strahlen desselben treffen den Kegelschnitt $\mathfrak{M}^{(2)}$ in zwei solchen Punkten, deren Verbindungslinie durch einen festen Punkt P_0 läuft (S. 151), derselbe Punkt würde natürlich resultiren, wenn wir die Polaren von z, ζ in Bezug auf das zweite Netz zu Hülfe nehmen. Hiernach lässt sich der Punkt P_0 in leichter Weise finden: Die Axen des ersten Netzes durchbohren den Kegelschnitt $\mathfrak{M}^{(2)}$ nur noch in zwei Punkten, deren Verbindungslinie bestimmt wird; ebenso liefern die Axen des zweiten Netzes eine Durchbohrungssehne in $\mathfrak{M}^{(2)}$, und der Schnittpunkt dieser beiden Durchbohrungssehnen ist der gesuchte Punkt P_0; jede durch P_0 gehende Gerade trifft den Kegelschnitt $\mathfrak{M}^{(2)}$ in zwei solchen Punkten, deren conjugirte im Unendlichen in zwei zu einander rechtwinkligen Richtungen liegen; einer solchen Geraden entspricht allemal eine gleichseitige Hyperbel als Kegelschnitt $\mathfrak{K}^{(2)}$. Es giebt daher unendlich-viele Gerade $\mathfrak{G}$, deren entsprechende Kegelschnitte $\mathfrak{K}^{(2)}$ *gleichseitige Hyperbeln* werden; dieselben gehen durch einen festen Punkt P_0, dessen Construction oben angegeben ist. Der conjugirte Punkt Q_0 zu P_0 muss der Höhenpunkt des Dreiecks xyz sein, weil alle gleichseitigen Hyperbeln, welche einem Dreieck umschrieben sind, zugleich durch den Höhenpunkt desselben gehen (S. 232), woraus eine neue einfache Construction von P_0 sich ergiebt.

Hiernach wird es auch möglich, eine solche Gerade $\mathfrak{G}$ zu finden, deren entsprechender Kegelschnitt $\mathfrak{K}^{(2)}$ ein Kreis wird. Seien nämlich t und τ zwei solche Punkte auf dem Kegelschnitt $\mathfrak{M}^{(2)}$, deren conjugirte z und ζ unendlich-entfernt in zwei zu einander rechtwinkligen Richtungen liegen, oder $t\tau$ irgend eine durch P_0 gehende Sehne des Kegelschnitts $\mathfrak{M}^{(2)}$, so entsprechen den beiden Tangenten in t und τ am Kegelschnitt $\mathfrak{M}^{(2)}$ zwei Parabeln, deren unendlich-entfernte Punkte in zwei rechtwinkligen Richtungen liegen. Diese beiden Parabeln, welche durch xyz gehen, haben als vierten gemeinschaftlichen Punkt einen solchen, der nothwendig mit xyz auf einem Kreise liegt (S. 229), und der conjugirte Punkt zu diesem rücksichtlich der beiden Netze ist der Schnittpunkt der beiden Tangenten in t und τ am Kegelschnitte $\mathfrak{M}^{(2)}$. Dieser liegt auf der Polare des Punktes P_0, und jeder Punkt dieser Polare $\mathfrak{G}_0$ des Punktes P_0 in Bezug auf den Kegelschnitt $\mathfrak{M}^{(2)}$ besitzt umgekehrt die Eigenschaft, dass sein conjugirter auf dem dem Dreieck xyz umschriebenen Kreise liegt. Es giebt also nur eine einzige bestimmte Gerade $\mathfrak{G}_0$ in der Ebene von solcher Beschaffenheit, dass der ihr entsprechende Kegelschnitt $\mathfrak{K}^{(2)}$ ein *Kreis* wird, und diese besondere Gerade $\mathfrak{G}_0$ ist die Polare des vorhin ermittelten Punktes P_0 in Bezug auf den Kegelschnitt $\mathfrak{M}^{(2)}$.

Suchen wir endlich solche Gerade $\mathfrak{G}$ in der Ebene auf, deren entsprechende Kegelschnitte $\mathfrak{K}^{(2)}$ in Linienpaare zerfallen. Den Punkten einer derartigen Geraden müssen in den beiden gegebenen Netzen zwei Strahlbüschel von Polaren (π) und (π_1) zugehören, welche perspectivisch liegen, also in der Verbindungslinie ihrer Mittelpunkte zwei entsprechende Strahlen vereinigt haben; eine derartige Gerade $\mathfrak{G}$ muss aber nothwendig einen solchen Punkt enthalten, dessen Polaren im Netze zusammenfallen; es giebt in der ganzen Ebene nur drei Punkte der Art xyz; der Kegelschnitt $\mathfrak{K}^{(2)}$ kann mithin nur dann in ein *Linienpaar* zerfallen, wenn die Gerade $\mathfrak{G}$ durch einen der drei Eckpunkte des gemeinschaftlichen Tripels hindurchgeht, und umgekehrt: Sobald die Gerade $\mathfrak{G}$ durch einen Punkt des gemeinschaftlichen Tripels, z. B. x hindurchgeht, zerfällt der entsprechende Kegelschnitt $\mathfrak{K}^{(2)}$ in ein Linienpaar, dessen einer Theil die Gerade X ist. Suchen wir den andern Theil desselben auf; dieser muss eine Gerade $\mathfrak{g}$ sein, welche durch x geht; denn demjenigen Punkte von $\mathfrak{G}$, welcher zugleich in X liegt, entspricht als conjugirter Punkt x. Die Gerade $\mathfrak{g}$ ist also bestimmt, sobald wir nur irgend einen Punkt der durch x gehenden Geraden $\mathfrak{G}$ kennen, indem sein conjugirter mit x verbunden den Strahl $\mathfrak{g}$ liefert. Wenn wir die Gerade $\mathfrak{G}$ um x drehen, so verändert sich auch $\mathfrak{g}$, indem es sich um x dreht; es ist leicht zu erkennen, dass $\mathfrak{G}$ und $\mathfrak{g}$ conjugirte Strahlen eines bestimmten neuen Strahlsystems sind, dessen Mittelpunkt x ist, d. h.: Wenn wir einen beliebigen Punkt P und seinen conjugirten Punkt Q mit x verbinden, so sind allemal $xP = \mathfrak{G}$ und $xQ = \mathfrak{g}$ zwei conjugirte Strahlen eines bestimmten Strahlsystems (x); in der That, wir haben nur nöthig, P auf einer beliebigen Geraden $\mathfrak{H}$ so zu bewegen, dass Q den ihr entsprechenden Kegelschnitt $\mathfrak{K}^{(2)}$ durchläuft, welcher durch x (y und z) geht und von zwei projectivischen Strahlbüscheln (π) und (π_1) erzeugt wird, die zugleich mit der von P durchlaufenen Punktreihe projectivisch sind; da x auf dem Kegelschnitte $\mathfrak{K}^{(2)}$ liegt, so beschreibt auch xQ ein mit πQ oder $\pi_1 Q$, also auch mit xP projectivisches Strahlbüschel; es beschreiben also xP und xQ zwei auf einander liegende projectivische Strahlbüschel; dieselben erzeugen nun ein Strahlsystem, weil sowohl Q der conjugirte Punkt zu P ist, als auch P der conjugirte Punkt zu Q (S. 59). Dieses bestimmte Strahlsystem (x), welches von dem Strahlenpaar $\mathfrak{G}$, $\mathfrak{g}$ erzeugt wird, hat auch die durch x gehenden beiden Geraden Y und Z zu einem Paar conjugirter Strahlen, denn sobald für P irgend ein Punkt auf Y genommen wird, ist sein conjugirter allemal y, mithin sind Y und $(xy) = Z$ ein Paar conjugirter Strahlen des Strahlsystems (x). In ganz gleicher Weise erhalten wir zwei Strahlsysteme (y) und (z), deren Mittelpunkte y und z sind, und für welche wir immer zwei conjugirte Strahlen erhalten, indem wir ihren Mittelpunkt mit irgend einem Paare conjugirter Punkte P und Q in der Ebene verbinden.

Die drei Strahlsysteme (x) (y) (z) hängen in der Weise von einander ab, dass durch zwei von ihnen das dritte mitbestimmt ist; denn sobald das gemeinschaftliche Tripel xyz beider gegebenen Netze und irgend ein Paar conjugirter Punkte P und Q für dieselben bekannt sind, sind auch die drei Strahlsysteme (x) (y) (z) vollständig bekannt, weil je zwei Seiten des Tripeldreiecks und die von einer Ecke nach P und Q hingehenden Strahlen allemal zwei Paare conjugirter Strahlen eines solchen Strahlsystems sind, welches durch diese beiden Paare vollständig bestimmt wird. Sobald wir nun in zweien dieser Strahlsysteme, z. B. (x) und (y), ausser den selbstverständlichen Paaren Y, Z und Z, X noch je ein Paar conjugirter Strahlen kennen, $\mathfrak{G}$ und $\mathfrak{g}$ in (x), $\mathfrak{G}'$ und $\mathfrak{g}'$ in (y), dann sind die Schnittpunkte $(\mathfrak{G}, \mathfrak{G}') = P$ und $(\mathfrak{g}, \mathfrak{g}') = Q$ allemal conjugirte Punkte und geben mit z verbunden zwei conjugirte Strahlen des dritten Strahlsystems (z), welches dadurch vollständig bestimmt wird; [auch die Schnittpunkte $(\mathfrak{G}, \mathfrak{g}') = P'$ und $(\mathfrak{G}', \mathfrak{g}) = Q'$ sind natürlich conjugirte Punkte, und wir erhalten daher zugleich ein zweites Paar conjugirter Strahlen des Strahlsystems (z)]. Wir können den gegenseitigen Zusammenhang der drei Strahlsysteme (x) (y) (z) auch so aussprechen: *Wenn wir irgend drei Strahlen dieser drei Systeme (x) (y) (z) durch einen Punkt P ziehen, so treffen sich die conjugirten Strahlen zu ihnen allemal wieder in einem Punkte Q, welcher der conjugirte Punkt zu P ist in Bezug auf die beiden gegebenen Netze.* Hieraus können wir auf die besondere Natur dieser drei Strahlsysteme schliessen und erkennen, dass, sobald das gemeinschaftliche Tripel xyz reell ist, von den drei Systemen entweder 1) alle hyperbolisch oder 2) eines hyperbolisch und die beiden andern elliptisch sein müssen. Die Seiten XYZ des Tripeldreiecks theilen nämlich die ganze unendliche Ebene in sieben Räume (Fig. 102), von denen, wie schon früher bemerkt (S. 230), einer, der endliche Dreiecksraum (e), und die drei den Seiten anliegenden unendlichen Räume (e_1) (e_2) (e_3) die elliptischen, die drei an die Ecken anstossenden unendlichen Räume (h_1) (h_2) (h_3) aber die hyperbolischen Räume genannt werden; je nachdem nun das eine Paar conjugirter Punkte P und Q, welches zur Bestimmung der drei Strahlsysteme (x) (y) (z) ausreicht, in diesen Räumen gelegen ist, wird sich nach dem bekannten Kriterium (S. 61) sofort entscheiden lassen,

Fig. 102.

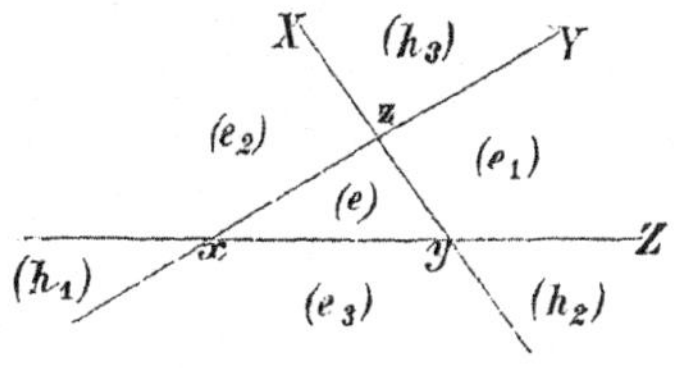

ob die Strahlsysteme hyperbolisch oder elliptisch sind, und hiernach ergiebt sich folgende Tabelle, welche alle möglichen Fälle enthält: Bedeuten nämlich 𝔢 = elliptisch und 𝔥 = hyperbolisch, und drei neben einander gestellte Buchstaben, z. B. 𝔢𝔥𝔢, den Charakter der drei Strahlsysteme (x) (y) (z) in dieser Reihenfolge, so haben wir:

Liegt P in dem Raume:

Liegt Q in dem Raume:	(e)	(e_1)	(e_2)	(e_3)	(h_1)	(h_2)	(h_3)
(e)	𝔥𝔥𝔥	𝔥𝔢𝔢	𝔢𝔥𝔢	𝔢𝔢𝔥	𝔥𝔢𝔢	𝔢𝔥𝔢	𝔢𝔢𝔥
(e_1)	𝔥𝔢𝔢	𝔥𝔥𝔥	𝔢𝔢𝔥	𝔢𝔥𝔢	𝔥𝔥𝔥	𝔢𝔢𝔥	𝔢𝔥𝔢
(e_2)	𝔢𝔥𝔢	𝔢𝔢𝔥	𝔥𝔥𝔥	𝔥𝔢𝔢	𝔢𝔢𝔥	𝔥𝔥𝔥	𝔥𝔢𝔢
(e_3)	𝔢𝔢𝔥	𝔢𝔥𝔢	𝔥𝔢𝔢	𝔥𝔥𝔥	𝔢𝔥𝔢	𝔥𝔢𝔢	𝔥𝔥𝔥
(h_1)	𝔥𝔢𝔢	𝔥𝔥𝔥	𝔢𝔢𝔥	𝔢𝔥𝔢	𝔥𝔥𝔥	𝔢𝔢𝔥	𝔢𝔥𝔢
(h_2)	𝔢𝔥𝔢	𝔢𝔢𝔥	𝔥𝔥𝔥	𝔥𝔢𝔢	𝔢𝔢𝔥	𝔥𝔥𝔥	𝔥𝔢𝔢
(h_3)	𝔢𝔢𝔥	𝔢𝔥𝔢	𝔥𝔢𝔢	𝔥𝔥𝔥	𝔢𝔥𝔢	𝔥𝔢𝔢	𝔥𝔥𝔥

Es treten also überhaupt nur zwei verschiedene Fälle ein: *entweder sind alle drei Strahlsysteme hyperbolisch oder eines hyperbolisch und die beiden andern elliptisch,* und zwar tritt der letzte Fall ungefähr dreimal so oft ein, als der erste (strenge in dem Verhältniss von 36 : 13). Ferner erkennen wir aus dem obigen Schema, dass der Fall dreier hyperbolischer Strahlsysteme (x) (y) (z) nur dann eintritt, wenn die beiden conjugirten Punkte P, Q entweder beide in demselben Raume von jenen sieben oder gleichzeitig in einem Paar von Räumen: e_1 und h_1 | e_2 und h_2 | e_3 und h_3 | enthalten sind; für jede andere Lage tritt der zweite Fall ein, dass eines der drei Strahlsysteme hyperbolisch, die beiden andern elliptisch sind. Hieraus folgt ferner, dass, wenn eines oder beide gegebenen Netze elliptisch sind (der Kernkegelschnitt imaginär), allemal nur der zweite Fall eintreten kann, indem von den Strahlsystemen (x) (y) (z) eines hyperbolisch, die beiden andern elliptisch werden. Wir erkennen dies nämlich sofort, wenn wir uns des Kriteriums für das elliptische Netz erinnern (S. 423): Sobald auf zwei conjugirten Strahlen die beiden dem Netze zugehörigen Punktsysteme elliptisch sind, ist das Netz elliptisch. Wir haben nun das den beiden Netzen gemeinschaftliche Tripel xyz, dessen Seiten conjugirte Strahlen sind, und welches in dem Falle reell ist, wo eines oder beide Netze elliptisch sind. Die Ebene wird durch die Seiten XYZ des Tripeldreiecks in sieben Regionen $e e_1 e_2 e_3 h_1 h_2 h_3$ getheilt; nehmen wir in dem Raume (e) einen beliebigen Punkt P, so treffen Py und Pz resp. die Geraden Y und Z zwischen den Punkten xz und xy; soll das Netz elliptisch sein, so muss also die Polare von P die Seiten xz und xy in ihren Verlängerungen treffen, d. h. sie darf in die Region (e) nicht eintreten; wo also auch der Punkt Q auf dieser Polare angenommen werden mag, er kann nicht in (e) liegen, also kann nach dem obigen Schema der Fall $\mathfrak{h}\mathfrak{h}\mathfrak{h}$ nicht eintreten. Nehmen wir zweitens P in der Region (e_1) an, so muss seine Polare, wenn das Netz elliptisch sein soll, xz und xy zwischen diesen Eckpunkten des Tripels treffen; sie darf also in die Regionen (e_1) und (h_1) nicht eintreten, und es kann daher wiederum nach unserm Schema der Fall $\mathfrak{h}\mathfrak{h}\mathfrak{h}$ nicht stattfinden; dasselbe gilt, wenn P in der Region (h_1) angenommen wird, und in gleicher Weise erkennen wir es für die Regionen (e_2) und (h_2), (e_3) und (h_3). Es ist also klar, dass, *wofern wenigstens eines der beiden gegebenen Netze elliptisch ist, allemal von den drei Strahlsystemen (x) (y) (z) eines hyperbolisch und die beiden andern elliptisch* sein müssen.

Wenn beide Netze hyperbolisch sind und von dem gemeinschaftlichen Tripel nur ein Eckpunkt x reell, die beiden andern y und z (auf X) imaginär sind, so lässt sich erkennen, dass das Strahlsystem (x) nothwendig hyperbolisch sein muss. Lassen wir nämlich einen veränderlichen Punkt P eine beliebige Gerade $\mathfrak{G}$ durchlaufen und verfolgen den conjugirten Punkt Q auf dem entsprechenden Kegelschnitt $\mathfrak{K}^{(2)}$, welcher durch x geht, so beschreiben xP und xQ das Strahlsystem (x), und je zwei conjugirte Strahlen desselben durchbohren den Kegelschnitt $\mathfrak{K}^{(2)}$ in Punktpaaren, deren Verbindungslinie durch einen festen Punkt $\mathfrak{x}$ laufen muss (S. 151); trifft nun xP den Kegelschnitt $\mathfrak{K}^{(2)}$ zum andern Male in Q', so ist QQ' eine solche Durchbohrungssehne; andererseits hat aber der Punkt Q' zu seinem conjugirten einen Punkt P', welcher nothwendig auf $\mathfrak{G}$ liegen muss (weil Q' auf $\mathfrak{K}^{(2)}$ liegt) und zugleich auf dem zu $xQ' = xP$ conjugirten Strahl des Systems (x), d. h. auf xQ; also ist P' der Schnittpunkt von $\mathfrak{G}$ mit xQ; wir haben daher zwei Paare conjugirter Punkte rücksichtlich beider Netze: P und Q, P' und Q', und finden vermittelst derselben unmittelbar ein drittes Paar: (PP', QQ') und $(PQ', P'Q)$ (S. 419); es ist aber $(PQ', P'Q)$ nichts anderes als der Punkt x, folglich muss sein conjugirter (PP', QQ') auf X liegen und, da $PP' = \mathfrak{G}$ ist, der Schnittpunkt $(\mathfrak{G}, X)$ sein; dieser Punkt bleibt fest, während P und Q sich auf $\mathfrak{G}$ und $\mathfrak{K}^{(2)}$ verändern; es läuft also die Durchbohrungssehne QQ' durch den festen Punkt $\mathfrak{x} = (\mathfrak{G}, X)$, woraus sich nachträglich eine Bestätigung dafür ergiebt, dass xP und xQ das Strahlsystem erzeugen. Wenn nun die Punkte y und z, d. h. die Schnittpunkte der Geraden X mit dem Kegelschnitt $\mathfrak{K}^{(2)}$, imaginär sind, so muss X ausserhalb des Kegelschnitts $\mathfrak{K}^{(2)}$ (ganz in dem von seinen Tangenten erfüllten Gebiete) gelegen sein, d. h. durch jeden Punkt von X müssen zwei reelle Tangenten an $\mathfrak{K}^{(2)}$ möglich sein, mithin auch durch den Punkt $\mathfrak{x}$; das Strahlsystem (x) ist daher hyperbolisch, indem seine Asymptoten die aus x nach den Berührungspunkten gezogenen Strahlen sind, in welchen die Tangenten aus $\mathfrak{x}$ den Kegelschnitt $\mathfrak{K}^{(2)}$ berühren.

Die Strahlsysteme (x) (y) (z) haben eine ganz besondere Bedeutung für die beiden in der Ebene gegebenen Netze. Da nämlich irgend zwei conjugirte Strahlen $\mathfrak{G}$ und $\mathfrak{g}$ des Strahlsystems (x) nach dem Obigen von solcher Beschaffenheit sind, dass zu den Punkten P des einen die conjugirten Punkte Q auf dem andern liegen und P, Q immer conjugirte Punkte rücksichtlich beider gegebenen Netze sind, so folgt, dass, wenn das Strahlsystem (x) hyperbolisch ist, jede seiner Asymptoten s, t die Eigenschaft besitzen muss, dass ihr rücksichtlich beider Netze dasselbe Punktsystem zugehört, oder mit andern Worten, dass sie eine gemeinschaftliche Secante für die Kernkegelschnitte beider Netze ist; denn eine solche Asymptote enthält zwei zusammenfallende conjugirte Strahlen $\mathfrak{G}$, $\mathfrak{g}$, und die Punkte P der einen haben ihre conjugirten Q rücksichtlich beider Netze auf der andern; also P, Q bilden auf dieser Asymptote ein Punktsystem, welches beiden Netzen zugehört. Nehmen wir den Fall an, dass zwei Strahlsysteme (x) und (y) hyperbolisch seien und das erste die Asymptoten s, t, das zweite die Asymptoten s_1, t_1 habe, dann wird der Schnittpunkt S zweier Asymptoten, z. B. s und s_1, seinen conjugirten rücksichtlich beider Netze sowohl in s haben, als auch in s_1; folglich muss dieser S selbst sein; es fallen also in S zwei conjugirte Punkte P, Q zusammen, und es muss daher auch zS eine Asymptote des Strahlsystems (z) sein, was mit der vorhin gemachten Bemerkung übereinstimmt, dass die drei Punktsysteme (x) (y) (z) entweder sämmtlich hyperbolisch sein müssen, oder nur eines hyperbolisch und die beiden andern elliptisch. Schneiden sich t und t_1 in dem Punkte S_1, so ist zS_1 die zweite Asymptote des Strahlsystems (z); da aber ein Strahlsystem nur zwei Asymptoten haben kann, so müssen in diesen auch die Schnittpunkte:

$$(s,\ t_1) = S_2 \quad \text{und} \quad (s_1, t) = S_3$$

liegen, d. h.: die sechs Asymptoten der drei Strahlsysteme (x) (y) (z) schneiden sich, wenn sie reell sind, zu je dreien in vier Punkten $SS_1S_2S_3$, deren jeder die Eigenschaft besitzt, dass er mit seinem conjugirten rücksichtlich beider Netze zusammenfällt. Diese vier Punkte sind offenbar zugleich die Asymptotenpunkte der Punktsysteme auf denjenigen sechs Geraden, welche von den Asymptoten der drei Strahlsysteme (x) (y) (z) gebildet werden und deren zugehörige Punktsysteme rücksichtlich beider Netze identisch sind. Die Punkte $SS_1S_2S_3$ sind daher den Kernkegelschnitten beider Netze gemeinschaftlich d. h. deren Schnittpunkte, und das Diagonaldreieck des vollständigen Vierecks $SS_1S_2S_3$ ist das gemeinschaftliche Tripel xyz. Dies stimmt mit der oben gemachten Bemerkung überein, dass sie nur reell sein können, wenn beide Netze hyperbolisch sind, weil nur in diesem Falle drei hyperbolische Strahlsysteme (x) (y) (z) eintreten können; aber nicht für jede zwei hyperbolischen Netze (reelle Kegelschnitte) müssen die Strahlsysteme (x) (y) (z) alle drei hyperbolisch sein; die Untersuchung dieses reellen Falles ist in §. 54 durchgeführt worden. Hier zeigt sich indessen der bemerkenswerthe Umstand, dass auch zwei elliptische Netze (imaginäre Kegelschnitte) allemal *ein* reelles Paar gemeinschaftlicher Secanten, d. h. zwei solche sich in x schneidende Gerade [die Asymptoten s, t des Strahlsystems (x)] besitzen, deren zugehörige Punktsysteme für die Netze identisch sind. Diese beiden Punktsysteme müssen immer elliptisch sein, sobald eines oder beide gegebenen Netze elliptisch sind, sie können aber auch beide elliptisch sein, sobald beide Netze hyperbolisch sind; im letzteren Fall kann indessen auch eines elliptisch und das andere hyperbolisch, oder beide hyperbolisch sein, d. h. die Kernkegelschnitte können keinen, zwei oder vier Punkte gemein haben (S. 365).

Gehen wir von einem stets reellen Tripelpunkte x aus, dessen Strahlsystem (x) hyperbolisch ist und die Asymptoten s, t hat, so können wir aus der Annahme, dass von den Punktsystemen auf s und

t 1) beide elliptisch, 2) eines elliptisch und das andere hyperbolisch, 3) beide hyperbolisch sind, auf die Realität der beiden übrigen Tripelpunkte y, z auf X schliessen; nehmen wir nämlich von dem beiden Netzen gleichzeitig zugehörigen Punktsysteme auf s irgend ein Paar conjugirter Punkte PQ und auf der andern Asymptote t irgend ein Paar $P_1 Q_1$ (Fig. 103), so können wir die Verbindungslinie PP_1 als $\mathfrak{G}$ auffassen, deren entsprechender Kegelschnitt $\mathfrak{K}^{(2)}$ durch xQQ_1 gehen muss und zum Schnittpunkte der Tangenten in Q und Q_1 den Punkt

Fig. 103.

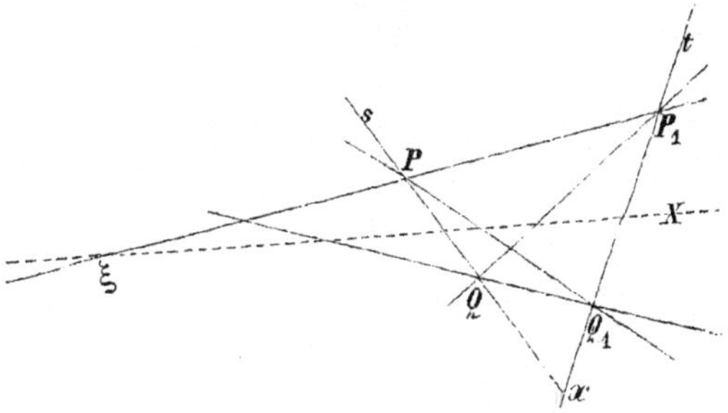

ξ haben wird, in welchem $PP_1 = \mathfrak{G}$ der Polare X begegnet, wie aus dem Obigen erhellt; X trifft also PP_1 in dem Pol der Geraden QQ_1 rücksichtlich des Kegelschnitts $\mathfrak{K}^{(2)}$, oder PP_1 und QQ_1 treffen X in zwei conjugirten Punkten desjenigen Punktsystems, welches der Geraden X in Bezug auf den Kegelschnitt $\mathfrak{K}^{(2)}$ zugehört; dies ist nun, wie wir wissen, für alle möglichen Kegelschnitte $\mathfrak{K}^{(2)}$ immer ein und dasselbe; seine Asymptotenpunkte sind die beiden übrigen Tripelpunkte y und z; ein zweites Paar conjugirter Punkte dieses Punktsystems erhalten wir in ganz gleicher Weise, indem wir die Schnittpunkte von PQ_1 und QP_1 mit X bestimmen, und hieraus folgt denn auch ein drittes Paar nach der bekannten Eigenschaft des vollständigen Vierecks (S. 66), nämlich die Schnittpunkte von PQ und $P_1 Q_1$ mit X. Die drei Seitenpaare des vollständigen Vierecks PQP_1Q_1 treffen demnach die Gerade X in drei Paaren conjugirter Punkte desjenigen Punktsystems, dessen Asymptotenpunkte y, z sind, und dies ist immer dasselbe, wie übrigens die Paare PQ und $P_1 Q_1$ auf den Asymptoten s und t gewählt werden.

Um zu entscheiden, ob das Punktsystem auf X hyperbolisch oder elliptisch wird, haben wir das bekannte Kriterium (Seite 67) anzuwenden, wonach das von den Seitenpaaren eines vollständigen Vierecks auf einer Transversale X bestimmte Punktsystem hyperbolisch ist, sobald eine gerade Anzahl, elliptisch, sobald eine ungerade Anzahl von Ecken zu beiden Seiten der Transversale liegt, oder umgekehrt, je nachdem die vier Ecken so liegen, dass jede ausserhalb des von den drei andern gebildeten Dreiecks sich befindet, oder eine innerhalb des von den andern gebildeten Dreiecks gelegen ist. Die beiden Punktsysteme auf den Geraden s und t werden nun durch je zwei Paare conjugirter Punkte bestimmt, von denen PQ das eine auf s, $P_1 Q_1$ auf t, das andere aber der gemeinschaftliche Punkt x und der jeweilige Schnittpunkt mit X ist; beim elliptischen Punktsystem muss von zwei Paaren conjugirter Punkte das eine durch das andere getrennt werden, beim hyperbolischen schliesst das eine Paar das andere ein oder aus, je nachdem beide Paare denselben oder verschiedene Asymptotenpunkte zwischen sich enthalten. Der Punkt x ist ein Diagonalpunkt des vollständigen Vierecks PQP_1Q_1, nämlich der Schnittpunkt des Seitenpaars PQ und P_1Q_1; sollen also die genannten Punktsysteme beide elliptisch sein, so lehrt die unmittelbare Anschauung, dass von den vier Punkten PQP_1Q_1 eine gerade oder ungerade Anzahl auf beiden Seiten von X liegen muss, je nach der Lage derselben; es können nämlich hinsichtlich der Lage der vier Punkte PQP_1Q_1 zu x drei Fälle eintreten: entweder a) liegt x innerhalb beider Strecken PQ und P_1Q_1, oder b) zwischen der einen und ausserhalb der andern, oder c) ausserhalb beider (Fig. 104). In dem Falle a) wird, damit

Fig. 104.

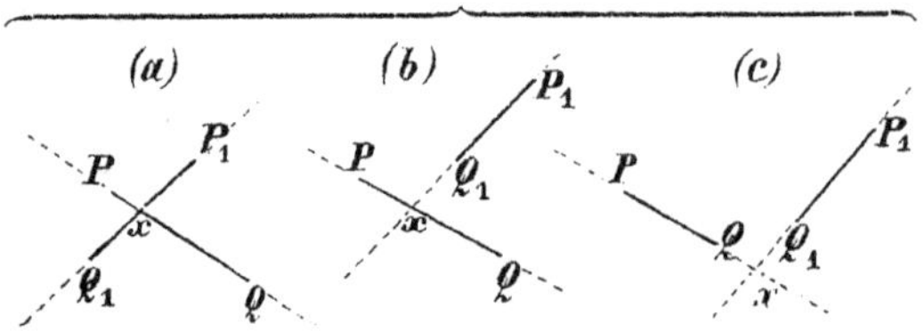

beide Punktsysteme auf s und t elliptisch seien, X ausserhalb PQ und ausserhalb P_1Q_1 die Geraden s und t treffen müssen, also nothwendig alle vier Punkte PQP_1Q_1 auf der einen und keinen auf der andern Seite von sich haben; in dem Falle b), wenn x zwischen PQ und ausserhalb P_1Q_1 angenommen wird, muss, damit beide Punktsysteme elliptisch seien, X die Strecke PQ ausserhalb und P_1Q_1 innerhalb treffen, also eine ungerade Anzahl von Punkten zu beiden Seiten von sich haben; dann ist aber das Punktsystem auf X wiederum hyperbolisch, weil PQP_1Q_1 so liegen, dass einer innerhalb des von den drei andern gebildeten Dreiecks sich befindet; in dem Falle c) endlich, wo x ausserhalb beider Strecken PQ und P_1Q_1 liegt, also die vier Punkte so gelegen sind, dass jeder ausserhalb des von den andern gebildeten Dreiecks sich befindet, muss, damit beide Punktsysteme elliptisch seien, X sowohl PQ, als auch P_1Q_1 zwischen diesen Punkten treffen, also zwei Punkte auf der einen und zwei auf der andern Seite von sich haben; das Punktsystem auf X ist daher wiederum hyperbolisch, und wir erkennen daraus, dass es allemal hyperbolisch wird, sobald die Punktsysteme auf s und t beide elliptisch sind. Die Punkte y und z sind also in diesem Falle reell.

In ähnlicher Weise können wir leicht einsehen, dass, wenn die Punktsysteme auf s und t beide hyperbolisch sind, ebenfalls für alle drei Lagen a), b), c) das Punktsystem auf X hyperbolisch wird, also y und z ebenfalls reell sind, was auch von vorn herein klar ist, weil dann alle vier Punkte $SS_1S_2S_3$ reell sind und xyz zum Diagonaldreieck haben. Wenn dagegen drittens von den Punktsystemen auf s und t eines hyperbolisch, das andere elliptisch ist, so wird für alle drei Lagen a), b), c) das Punktsystem auf X elliptisch, also y und z imaginär, wie die unmittelbare Anschauung lehrt, während von den vier Punkten $SS_1S_2S_3$ nur zwei reell, die beiden andern imaginär sind. Die eben ausgeführte Betrachtung kommt auch mit der auf S. 253 bei einer andern Veranlassung angestellten überein. Die erlangten Resultate lassen sich nunmehr in folgender Weise zusammenfassen:

Unter den sämmtlichen Kegelschnitten $\mathfrak{K}^{(2)}$, *welche den Geraden* $\mathfrak{G}$ *in der Ebene rücksichtlich beider gegebenen Netze entsprechen, giebt es Ellipsen, Parabeln und Hyperbeln. Denken wir uns denjenigen Kegelschnitt* $\mathfrak{M}^{(2)}$ *construirt, welcher der unendlich-entfernten Geraden* $\mathfrak{G}_\infty$ *entspricht und durch das gemeinschaftliche Tripel* xyz *und die Mittelpunkte* mm_1 *beider Netze bestimmt wird, so entsprechen sämmtlichen Tangenten dieses Kegelschnitts* $\mathfrak{M}^{(2)}$ *Parabeln, solchen Geraden* $\mathfrak{G}$, *welche* $\mathfrak{M}^{(2)}$ *in zwei reellen Punkten schneiden, Hyperbeln und solchen Geraden* $\mathfrak{G}$, *welche* $\mathfrak{M}^{(2)}$ *nicht schneiden, Ellipsen. Unter den Hyperbeln giebt es unendlich-viele gleichseitige; sie entsprechen allen solchen Geraden* $\mathfrak{G}$, *welche durch einen bestimmten Punkt* P_0 *gehen; dies ist der Durchschnittspunkt der beiden Durchbohrungs-Sehnen des Kegelschnitts* $\mathfrak{M}^{(2)}$ *durch die Axenpaare der gegebenen beiden Netze; sein conjugirter Punkt* Q_0, *durch welchen alle gleichseitigen Hyperbeln ausserdem gehen, ist der Höhenpunkt des Dreiecks* xyz. *Unter den Ellipsen giebt es einen einzigen Kreis; er entspricht derjenigen Geraden* $\mathfrak{G}_0$, *welche die Polare des Punktes* P_0 *in Bezug auf den Kegelschnitt* $\mathfrak{M}^{(2)}$ *ist.*

Geht die veränderliche Gerade $\mathfrak{G}$ *insbesondere durch einen der Punkte des gemeinschaftlichen Tripels, z. B. durch* x, *so zerfällt der entsprechende*

Kegelschnitt $\mathfrak{K}^{(2)}$ *in ein Linienpaar, dessen einer Theil jedesmal die Polare* X *dieses Tripelpunktes und dessen anderer Theil eine bestimmte Gerade* $\mathfrak{g}$ *ist, welche ebenfalls durch* x *geht. Diejenigen Punkte* Q, *welche den Punkten* P *einer solchen durch* x *gehenden Geraden* $\mathfrak{G}$ *conjugirt sind, liegen auf der Geraden* $\mathfrak{g}$ *und umgekehrt. Drehen wir die Gerade* $\mathfrak{G}$ *um den festen Punkt* x, *so dreht sich auch* $\mathfrak{g}$ *um denselben, und* $\mathfrak{G}$, $\mathfrak{g}$ *sind conjugirte Strahlen eines bestimmten Strahlsystems* (x). *Zwei conjugirte Strahlen eines solchen Strahlsystems erhalten wir auch, indem wir* x *mit irgend einem Paare conjugirter Punkte* P, Q *in der Ebene verbinden; insbesondere sind die beiden durch* x *gehenden Tripelstrahlen ein Paar conjugirter Strahlen des Systems* (x). *Wir erhalten auf diese Weise, wenn die Tripelpunkte* xyz *alle drei reell sind, drei bestimmte Strahlsysteme* (x) (y) (z), *welche entweder alle drei hyperbolisch oder von denen nur eines hyperbolisch und die beiden andern elliptisch sind. Wenn von den Tripelpunkten nur einer,* x, *reell ist, so ist das Strahlsystem* (x) *allemal hyperbolisch.*

Die beiden Asymptoten s, t *eines solchen Strahlsystems sind allemal solche Gerade in der Ebene, für welche die den beiden Netzen zugehörigen Punktsysteme identisch werden; es giebt also nur zwei oder sechs solcher Geraden. In dem letzteren Falle schneiden sich die sechs Asymptoten* st, $s_1 t_1$, $s_2 t_2$ *der drei hyperbolischen Strahlsysteme* (x) (y) (z) *zu je dreien in vier Punkten* $SS_1 S_2 S_3$, *die mithin ein vollständiges Viereck bilden, dessen Diagonaldreieck* xyz *ist. Die Punkte* $SS_1 S_2 S_3$ *sind die einzigen in der Ebene von solcher Beschaffenheit, dass jeder von ihnen mit seinem conjugirten rücksichtlich beider Netze zusammenfällt; sie sind zugleich die Asymptotenpunkte derjenigen Punktsysteme, welche den Asymptoten* $st\ldots$ *rücksichtlich des einen (oder anderen) Netzes zugehören (da sie für beide identisch sind). Von diesen vier ausgezeichneten Punkten* $SS_1 S_2 S_3$ *sind entweder alle vier oder nur zwei oder keiner reell.*

Gehen wir von einem allemal reellen Tripelpunkte x *aus, dessen Strahlsystem* (x) *hyperbolisch ist und die Asymptoten* s, t *hat, so können die beiden Punktsysteme auf* s *und* t *entweder beide elliptisch sein, dann sind alle vier Punkte* $SS_1 S_2 S_3$ *imaginär, aber die beiden übrigen Tripelpunkte* y *und* z *reell; oder von jenen beiden Punktsystemen auf* s *und* t *ist eines hyperbolisch und das andere elliptisch, dann sind zwei Punkte* SS_1 *reell, die beiden andern* $S_2 S_3$ *imaginär und die beiden übrigen Tripelpunkte* y *und* z *auch imaginär; oder drittens beide Punktsysteme auf* s *und* t *sind hyperbolisch, dann sind alle vier Punkte* $SS_1 S_2 S_3$ *reell und auch die übrigen Tripelpunkte* y, z. *Wenn die beiden Netze hyperbolisch sind, so sind die Punkte* $SS_1 S_2 S_3$ *die Durchschnittspunkte ihrer Kernkegelschnitte,* xyz *ihr gemeinschaftliches Tripel und die Asymptoten*

st, s_1t_1, s_2t_2 der drei Strahlsysteme (x) (y) (z) die sechs gemeinschaftlichen Secanten beider Kegelschnitte; aber auch wenn eines oder beide Netze elliptisch sind, ist das gemeinschaftliche Tripel xyz immer reell und von den drei Strahlsystemen (x) (y) (z) eines hyperbolisch, die beiden andern elliptisch, also ein Paar gemeinschaftlicher Secanten st immer reell, d. h. in diesem Falle zwei solche Gerade, für deren jede die den Netzen zugehörigen beiden Punktsysteme identisch sind.

Es ist noch zu bemerken, dass aus der vorigen Betrachtung auch das umgekehrte Resultat sich ergiebt: Wenn von dem beiden Netzen gemeinschaftlichen Tripel allein x und X reell (y und z imaginär) sind, ein Fall, der nur bei zwei hyperbolischen Netzen eintreten kann und zur Folge hat, dass immer das Strahlsystem (x) hyperbolisch ist, also die reellen Asymptoten s und t hat, so muss von den beiden Punktsystemen auf s und t, welche den Netzen gemeinschaftlich zugehören, das eine hyperbolisch, das andere elliptisch sein, denn wäre dies nicht, so müssten y und z reell sein. Also die beiden Kernkegelschnitte der Netze müssen, damit y und z imaginär seien, zwei reelle und zwei imaginäre Schnittpunkte haben.

Vermöge der dem Netze innewohnenden Polarität lässt sich eine der vorigen gleichlaufende Betrachtung anstellen, indem man die Paare conjugirter Geraden $\mathfrak{G}$, $\mathfrak{H}$ in Bezug auf beide Netze auffasst und die Kegelschnitte $\mathfrak{C}^{(2)}$ untersucht, welche allen Punkten P in der Ebene entsprechen und sämmtlich dem Dreiseit XYZ einbeschrieben sind. Diese Betrachtung ist der obigen nach dem bekannten Uebertragungsprincip so gleichförmig nachzubilden, dass es genügt, die Resultate hervorzuheben und nur die abweichenden Punkte etwas näher zu beleuchten.

Die Pole einer beliebigen Geraden $\mathfrak{G}$ in Bezug auf die beiden gegebenen Netze bestimmen die conjugirte Gerade $\mathfrak{H}$, und wenn $\mathfrak{G}$ sich um einen festen Punkt P dreht, so umhüllt $\mathfrak{H}$ einen bestimmten Kegelschnitt $\mathfrak{C}^{(2)}$. Insbesondere ist der unendlich-entfernten Geraden $\mathfrak{G}_\infty$ diejenige Gerade $\mathfrak{M}_0$ conjugirt, welche die Mittelpunkte beider Netze verbindet, und allen Punkten P dieser Geraden $\mathfrak{M}_0$ entsprechen daher Kegelschnitte $\mathfrak{C}^{(2)}$, welche *Parabeln* sind. Einem solchen Punkte P, welcher auf einem Strahle des gemeinschaftlichen Tripels liegt, z. B. auf X, entspricht jedesmal ein Kegelschnitt $\mathfrak{C}^{(2)}$, welcher sich in ein Punktpaar auflöst, dessen einer Theil immer derselbe Punkt x, der Pol der Geraden X, und dessen anderer Theil ein gewisser Punkt p ist, welcher auf X liegt. Verändern wir den Punkt P auf der Geraden X, so verändert sich auch p auf derselben, und es erzeugt das Punktpaar P, p ein bestimmtes Punktsystem (X). Irgend zwei conjugirte Gerade $\mathfrak{G}$, $\mathfrak{H}$ treffen einen Tripelstrahl X immer in einem solchen Paar conjugirter Punkte P, p des Punktsystems (X), und die Gerade $\mathfrak{M}_0$ trifft daher die X in dem Mittelpunkt $\mathfrak{m}$ desselben. Hieraus folgt, dass, wenn die drei Strahlen des gemeinschaftlichen Tripels XYZ sämmtlich reell sind, von den drei Punktsystemen (X) (Y) (Z) nothwendig entweder alle drei hyperbolisch, oder eins hyperbolisch und die beiden andern elliptisch sein müssen; denn auf jedem Tripelstrahl, z. B. X, sind immer die beiden Eckpunkte y, z des gemeinschaftlichen Tripels ein Paar conjugirter Punkte des Punktsystems (P, p), und die Gerade $\mathfrak{M}_0$ kann die Seiten des Dreiecks xyz immer nur in drei solchen Punkten $\mathfrak{m}\mathfrak{m}_1\mathfrak{m}_2$ treffen, welche entweder alle drei auf den Verlängerungen der Dreiecksseiten, oder von denen nur einer auf der Verlängerung und die beiden andern auf den Dreiecksseiten selbst liegen; da nun $\mathfrak{m}\mathfrak{m}_1\mathfrak{m}_2$ die Mittelpunkte der drei Punktsysteme (X) (Y) (Z) und y, z; z, x; x, y je ein Paar conjugirter Punkte derselben sind, so müssen von den drei Punktsystemen entweder alle oder nur eins hyperbolisch sein.

In dem Falle, dass von den drei Tripelstrahlen nur einer X und der Schnittpunkt x der beiden andern, der Pol von X, reell ist, lässt sich leicht zeigen, dass das Punktsystem (X) hyperbolisch sein muss. Denken wir uns nämlich einen beliebigen Punkt P und den entsprechenden Kegelschnitt $\mathfrak{C}^{(2)}$ hergestellt, so wird in dem Falle, dass Y, Z imaginär sind, ihr Schnittpunkt x innerhalb des Kegelschnitts $\mathfrak{C}^{(2)}$ liegen müssen, weil das Tangentenpaar aus x an den Kegelschnitt $\mathfrak{C}^{(2)}$ imaginär ist. Ziehen wir nun durch P irgend eine Gerade $\mathfrak{G}$ und construiren die conjugirte Gerade $\mathfrak{H}$, Tangente des Kegelschnitts $\mathfrak{C}^{(2)}$, so bestimmen $\mathfrak{G}$, $\mathfrak{H}$ ein Paar conjugirte Punkte des Punktsystems (X). Bezeichnen wir dieselben für den Augenblick: $(\mathfrak{G}, X) = s$ und $(\mathfrak{H}, X) = \sigma$, so wird durch s eine zweite Tangente $\mathfrak{H}'$ an $\mathfrak{C}^{(2)}$ gehen, deren conjugirte Gerade $\mathfrak{G}' = P\sigma$ sein muss. Wir haben also zwei Paare conjugirter Geraden $\mathfrak{G}$, $\mathfrak{H}$ und $\mathfrak{G}'$, $\mathfrak{H}'$, finden aus ihnen ein drittes Paar $(\mathfrak{G}\mathfrak{G}', \mathfrak{H}\mathfrak{H}')$ und $(\mathfrak{G}\mathfrak{H}', \mathfrak{H}\mathfrak{G}')$, und da von diesen beiden Geraden die erstere durch $P = (\mathfrak{G}, \mathfrak{G}')$ geht, so muss die letztere $(\mathfrak{G}\mathfrak{H}', \mathfrak{H}\mathfrak{G}')$ den Kegelschnitt $\mathfrak{C}^{(2)}$ berühren. In der That ist $(\mathfrak{G}, \mathfrak{H}')$ nichts anderes als s und $(\mathfrak{H}, \mathfrak{G}')$ nichts anderes als σ, folglich $(\mathfrak{G}\mathfrak{H}', \mathfrak{H}\mathfrak{G}') = s\sigma = X$, und die conjugirte Gerade muss daher durch x gehen, d. h. $(\mathfrak{H}, \mathfrak{H}')$ auf der Verbindungslinie Px liegen. Diese Gerade Px bleibt nun fest, während wir die Gerade $\mathfrak{G}$, also auch $\mathfrak{H}$, $\mathfrak{G}'$ und $\mathfrak{H}'$ verändern; wenn wir aus den Punkten der Geraden Px die Tangentenpaare $\mathfrak{H}\mathfrak{H}'$ an den Kegelschnitt $\mathfrak{C}^{(2)}$ legen, so treffen dieselben die feste Tangente X dieses Kegelschnitts in Punktpaaren s, σ des vorhin gefundenen Punktsystems

(X) (S. 152). Wir wissen aber im Allgemeinen, dass dieses von der Geraden Px abhängende Punktsystem ein elliptisches ist, wenn die Gerade Px den Kegelschnitt $\mathfrak{C}^{(2)}$ nicht schneidet, ein hyperbolisches, wenn sie denselben in zwei reellen Punkten trifft, weil im letzteren Falle zweimal je ein Tangentenpaar zusammenfällt. Da nach dem Früheren der Punkt x in unserem Falle innerhalb des Kegelschnitts $\mathfrak{C}^{(2)}$ liegt, so muss Px denselben in zwei reellen Punkten schneiden, also das Punktsystem (X) hyperbolisch sein, w. z. b. w.

Wenn wir sämmtliche Punkte P in der Ebene auffassen und schnell entscheiden wollen, ob der entsprechende Kegelschnitt $\mathfrak{C}^{(2)}$ Ellipse oder Hyperbel wird, so brauchen wir jetzt nur diejenigen Punkte P in der Ebene zu verfolgen, für welche der entsprechende Kegelschnitt $\mathfrak{C}^{(2)}$ in einen jener beiden Grenzübergänge zwischen Ellipse und Hyperbel: eine Parabel oder ein Punktpaar ausartet; diese Orte kennen wir aber aus dem Vorigen, nämlich die Gerade $\mathfrak{M}_0$, deren Punkten P lauter Parabeln als Kegelschnitte $\mathfrak{C}^{(2)}$ entsprechen, und die drei Tripelstrahlen XYZ (wenn sie sämmtlich reell sind), deren Punkten P Kegelschnitte $\mathfrak{C}^{(2)}$ entsprechen, welche in Punktpaare ausarten. Die vier Geraden $XYZ\mathfrak{M}_0$ theilen das ganze unendliche Gebiet der Ebene in elf Regionen, welche durch jene von einander getrennt werden, und den Punkten P innerhalb derselben Region entsprechen immer Kegelschnitte derselben Art; wir haben aber zu untersuchen, welchen Regionen Hyperbeln und welchen Ellipsen entsprechen. Hierüber erhalten wir unter der Annahme, dass alle drei Tripelstrahlen XYZ reell sind, Auskunft, indem wir die Punktsysteme (X) (Y) (Z) ins Auge fassen, welche bestimmt sind durch je ein Paar conjugirter Punkte: y, z; z, x; x, y und die Mittelpunkte: $\mathfrak{m}\,\mathfrak{m}_1\mathfrak{m}_2$, nämlich die Schnittpunkte von $\mathfrak{M}_0$ mit XYZ (Fig. 105). Denken wir uns um

Fig. 105.

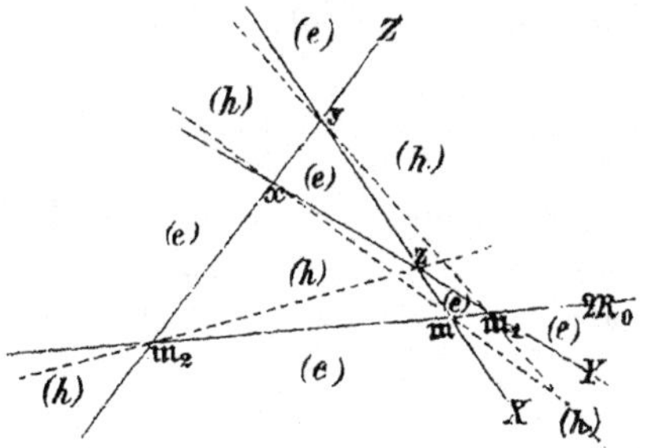

einen beliebigen Punkt P eine Gerade $\mathfrak{G}$ gedreht, welche XYZ in den Punkten abc treffe, und seien $\alpha\beta\gamma$ die conjugirten Punkte in den drei Systemen (X) (Y) (Z), so liegen $\alpha\beta\gamma$ auf der Geraden $\mathfrak{H}$, welche den Kegelschnitt $\mathfrak{C}^{(2)}$ umhüllt. Wir können denselben auch als das Erzeugniss zweier projectivischer Punktreihen, z. B. auf den Trägern Y und Z auffassen, indem wir die Punkte β und γ verfolgen; um dann den Berührungspunkt des Kegelschnitts $\mathfrak{C}^{(2)}$ mit der Geraden Y zu erhalten, ziehen wir $P\gamma$, welches Y in τ treffe, und nehmen den zu τ conjugirten Punkt t des Punktsystems (Y), welches der gesuchte Berührungspunkt sein wird. Um denjenigen Punkt β zu finden, welcher dem unendlich-entfernten auf Z entspricht, ziehen wir $P\mathfrak{m}_2$, welches in b die Gerade Y treffe, und bestimmen den conjugirten β zu b des Punktsystems (Y). Jetzt können wir das auf S. 117 angegebene Kriterium in Anwendung bringen: Liegt nämlich t zwischen $x\beta$, so ist der Kegelschnitt $\mathfrak{C}^{(2)}$ Ellipse, liegt t ausserhalb $x\beta$, so ist er Hyperbel. Durchmustern wir mit Hülfe dieses Kriteriums die ganze Ebene, indem wir den Punkt P dieselbe durchwandern lassen, so erkennen wir leicht, dass von den elf Regionen, in welche sie durch die Geraden $XYZ\mathfrak{M}_0$ zertheilt wird, fünf den hyperbolischen (h) und die übrigen sechs den elliptischen Charakter (e) haben, indem der dem Punkte P entsprechende Kegelschnitt $\mathfrak{C}^{(2)}$ allemal Hyperbel wird, sobald P in einem der Räume (h) liegt, dagegen Ellipse, sobald P in einem der Räume (e) liegt; die Räume (h) sind aber diejenigen, in welche die drei Diagonalen des von den Geraden $XYZ\mathfrak{M}_0$ gebildeten vollständigen Vierseits ganz hineinfallen, während die Räume (e) von den Diagonalen nicht getroffen werden; um jeden Eckpunkt des vollständigen Vierseits gruppiren sich immer zwei Scheitelräume elliptischen und die beiden Neben-Scheitelräume hyperbolischen Charakters (Fig. 105). Wir unterlassen der Kürze wegen die Untersuchung des Falles, in welchem von den drei Tripelstrahlen nur einer X und der Schnittpunkt der x beiden andern reell ist; die beiden Geraden X und $\mathfrak{M}_0$ theilen dann das ganze Gebiet der Ebene nur in vier unendliche Räume, zwei Paar Scheitelräume; dasjenige Paar Scheitelräume, in deren einem x liegt, enthält alle solche Punkte P, deren entsprechende Kegelschnitte $\mathfrak{C}^{(2)}$ Hyperbeln werden, das andere Paar Scheitelräume diejenigen Punkte P, deren entsprechende Kegelschnitte $\mathfrak{C}^{(2)}$ Ellipsen sind. Auch möge dem Leser die Aufsuchung derjenigen besonderen Punkte P überlassen bleiben, deren entsprechende Kegelschnitte $\mathfrak{C}^{(2)}$ Kreise oder gleichseitige Hyperbeln werden.

Die drei Punktsysteme (X) (Y) (Z), von denen entweder eines oder alle drei hyperbolisch sein müssen, haben zu Asymptotenpunkten: $\mathfrak{s}$, $\mathfrak{t}$; $\mathfrak{s}_1$, $\mathfrak{t}_1$; $\mathfrak{s}_2$, $\mathfrak{t}_2$, Punkte von besonderer Eigenthümlichkeit in Bezug auf die beiden gegebenen Netze; das Strahlsystem, welches einem dieser sechs Punkte in Bezug auf die beiden Netze zugehört, ist nämlich ein und dasselbe; wenn es hyperbolisch ist, so sind seine beiden Asymptoten sowohl Tangenten des einen als auch des andern Kernkegelschnitts, d. h. gemeinschaftliche Tangenten. Von den sechs Punkten $\mathfrak{s}\mathfrak{t}\,\mathfrak{s}_1\mathfrak{t}_1\,\mathfrak{s}_2\mathfrak{t}_2$ sind entweder zwei oder alle sechs reell; im letzteren Falle liegen sie zu je dreien auf vier geraden Linien, welche die vier gemeinschaftlichen Tangenten der Kernkegelschnitte beider Netze sind; das von denselben gebildete vollständige Vierseit hat XYZ zu seinen drei Diagonalen. Wenn dagegen nur zwei Punkte $\mathfrak{s}$ und $\mathfrak{t}$ reell sind auf X, so müssen die ihnen zugehörigen Strahlsysteme, welche rücksichtlich beider Netze dieselben sind, entweder beide elliptisch sein, und dann sind auch Y und Z reell, oder eines elliptisch und das andere hyperbolisch sein, dann sind Y und Z imaginär. Im ersteren Fall sind entweder beide oder ein Netz elliptisch, oder falls beide Netze hyperbolisch sind, haben ihre Kernkegelschnitte keine reelle gemeinschaftliche Tangente; im letzteren Fall, der nur eintreten kann, wenn beide Netze hyperbolisch sind, haben die Kernkegelschnitte zwei reelle und zwei imaginäre gemeinschaftliche Tangenten, jedes Paar aber einen reellen Schnittpunkt $\mathfrak{s}$ und $\mathfrak{t}$ auf dem Tripelstrahl X. Sobald also umgekehrt von dem gemeinschaftlichen Tripel nur ein Strahl X und der Schnittpunkt x der beiden andern reell, diese selbst aber imaginär sind, müssen beide Netze hyperbolisch sein und ihre Kernkegelschnitte nur zwei reelle gemeinschaftliche Tangenten haben. Halten wir dies mit dem analogen früher gefundenen Resultat zusammen, so folgt aus der Identität und zusammengehörigen Realität des Tripeldreiecks xyz mit dem Tripeldreiseit XYZ, dass, *wenn zwei Kegelschnitte nur zwei reelle Schnittpunkte haben, sie auch nothwendig zwei reelle gemeinschaftliche Tangenten und nur zwei solche haben müssen und umgekehrt.* (S. 370.)

Das in dem Vorstehenden betrachtete doppelte Beziehungssystem, welches durch die beiden in der Ebene gegebenen Netze hergestellt wird — indem einerseits jedem Punkte P in der Ebene ein bestimmter Punkt Q conjugirt ist und den Punkten P einer Geraden $\mathfrak{G}$ Punkte Q eines Kegelschnitts $\mathfrak{K}^{(2)}$ entsprechen, welcher durch drei unveränderliche Punkte xyz geht, andererseits jeder Geraden $\mathfrak{G}$ eine bestimmte Gerade $\mathfrak{H}$ conjugirt ist und sämmtlichen durch einen Punkt P gehenden Geraden $\mathfrak{G}$ Gerade $\mathfrak{H}$ entsprechen, die einen Kegelschnitt $\mathfrak{C}^{(2)}$ umhüllen, welcher demselben festen Dreiseit XYZ einbeschrieben ist — erfordert zu seiner Bestimmung nicht die vollständige Kenntniss der beiden Netze, sondern nur des gemeinschaftlichen Tripels xyz oder XYZ und einerseits irgend eines Paares conjugirter Punkte P, Q

oder andererseits conjugirter Strahlen $\mathfrak{G}$, $\mathfrak{H}$ in Bezug auf beide Netze. In der That nehmen wir zuerst das Tripel xyz und irgend ein Paar conjugirter Punkte P, Q als gegeben an, so ist das Beziehungssystem der ersten Art vollständig bestimmt; indem wir nämlich P und Q mit xyz und diese Punkte unter sich verbinden, erhalten wir durch jeden von ihnen zwei Strahlenpaare, welche ein Strahlsystem bestimmen, z. B. in x werden die Strahlen xP und xQ, xy und xz als zwei Paare conjugirter Strahlen des Strahlsystems (x) aufgefasst, welches dadurch vollständig bestimmt ist; haben wir auf diese Weise die drei Strahlsysteme (x) (y) (z) hergestellt, so finden wir zu jedem andern Punkte P in der Ebene den conjugirten Q, indem wir xP und yP ziehen und in den Strahlsystemen (x) und (y) die beiden conjugirten Strahlen zu jenen aufsuchen, welche sich in dem gesuchten Punkte Q treffen. Hierdurch ist nun auch zu jeder Geraden $\mathfrak{G}$ der entsprechende Kegelschnitt $\mathfrak{K}^{(2)}$ leicht herzustellen.

Andererseits ist durch das Tripel XYZ und irgend ein Paar conjugirter Strahlen $\mathfrak{G}$, $\mathfrak{H}$ das Beziehungssystem der zweiten Art vollständig bestimmt; die Schnittpunktpaare von X einmal mit Y, Z und zweitens mit $\mathfrak{G}$, $\mathfrak{H}$ bestimmen das Punktsystem (X), und in gleicher Weise erhalten wir die Punktsysteme (Y) und (Z); sind diese ermittelt, so erhalten wir zu jeder andern Geraden $\mathfrak{G}$ die conjugirte $\mathfrak{H}$, indem wir die Schnittpunkte der ersteren mit X, Y (oder Z) aufsuchen und die zu denselben conjugirten Punkte in den Punktsystemen (X) (Y) (oder Z)· mit einander verbinden, welche die Gerade $\mathfrak{H}$ bestimmen. Zu jedem beliebigen Punkte P können wir dann in bekannter Weise den entsprechenden Kegelschnitt $\mathfrak{C}^{(2)}$ herstellen, indem wir zu allen durch P gehenden Strahlen $\mathfrak{G}$ die conjugirten $\mathfrak{H}$ construiren. Als ein besonderes Paar conjugirter Strahlen, welches neben dem Tripel XYZ zur Bestimmung dieses Beziehungssystems dient, empfiehlt sich $\mathfrak{G}_\infty$ und $\mathfrak{M}_0$; die drei Schnittpunkte von X, Y, Z mit $\mathfrak{M}_0$ sind dann die drei Mittelpunkte der Punktsysteme (X) (Y) (Z).

Wir müssen noch den andern möglichen Fall in Betracht ziehen, dass von dem Tripel nur ein Eckpunkt x und die gegenüberliegende Seite X (Polare von x), auf dieser aber ein elliptisches Punktsystem gegeben ist, dessen Asymptotenpunkte y, z imaginär sind; fügen wir dann noch ein Paar conjugirter Punkte P, Q hinzu, so ist das Beziehungssystem der ersten Art wiederum vollständig bestimmt, aber die vorhin angegebene Construction beliebig vieler anderer Paare conjugirter Punkte P, Q ist nicht mehr in Anwendung zu bringen, weil die Punkte y, z selbst nicht reell existiren. Wir werden uns in diesem Falle zunächst das Strahlsystem (x) herzustellen haben, von welchem unmittelbar nur das einzige Paar conjugirter Strahlen xP und xQ gegeben ist; die Asymptoten s, t dieses Strahlsystems (x) müssen sowohl harmonisch liegen mit xP und xQ, als auch mit xy und xz, falls die letzteren beiden reell sind; dies lässt sich aber auch unabhängig von ihrer Realität so aussprechen: Die Asymptoten s und t sind das gemeinschaftliche Paar conjugirter Strahlen für zwei concentrisch liegende Strahlsysteme in x, deren eines hyperbolisch ist und xP, xQ zu Asymptoten hat, während das andere die Strahlen xy und xz zu Asymptoten hat; wenn nun y und z imaginär sind, so wird das zweite Strahlsystem erhalten, indem wir durch x ein Strahlsystem perspectivisch mit dem auf X gegebenen Punktsystem legen, welches elliptisch ist und die imaginären Punkte y, z zu Asymptotenpunkten hat. Die beiden concentrischen Strahlsysteme in x sind also bekannt, und sie müssen ein reelles Paar conjugirter Strahlen gemeinschaftlich haben, weil eines von ihnen elliptisch ist (S. 58). Dieses Paar s, t bildet die Asymptoten des Strahlsystems (x), welches, wie wir auch von früher wissen, nothwendig hyperbolisch sein muss.

Ist das Strahlsystem (x) also ermittelt, so lässt sich jetzt zu jeder durch den gegebenen Punkt P gehenden Geraden $\mathfrak{G}$ der entsprechende Kegelschnitt $\mathfrak{K}^{(2)}$ herstellen; dieser muss nämlich durch x und Q gehen, das auf X gegebene elliptische Punktsystem zu seinem zugehörigen haben und endlich von dem Strahlsystem (x) in solchen Punktpaaren durchbohrt werden, deren Verbindungssehne durch den Schnittpunkt $(\mathfrak{G}, X)$ läuft; verbinden wir daher x mit diesem Schnittpunkte $(\mathfrak{G}, X)$ und suchen den conjugirten Strahl in dem Strahlsystem (x) auf, so muss derselbe den Kegelschnitt $\mathfrak{K}^{(2)}$ in x berühren; wir kennen daher jetzt fünf Punkte des Kegelschnitts $\mathfrak{K}^{(2)}$, wodurch derselbe vollständig bestimmt wird, nämlich den Punkt Q, die beiden in x zusammenfallenden Punkte, d. h. die Tangente in x und das zugehörige Punktsystem auf X, d. h. die beiden imaginären Punkte y und z. Die Construction des durch diese Bestimmungsstücke gegebenen Kegelschnitts ist auf S. 150 ausgeführt. Wir sind demnach im Stande, zu jeder durch P gezogenen Geraden $\mathfrak{G}$ den entsprechenden Kegelschnitt $\mathfrak{K}^{(2)}$ herzustellen und ebenso zu jeder durch Q gehenden Geraden $\mathfrak{G}_1$ den entsprechenden Kegelschnitt $\mathfrak{K}_1^{(2)}$ zu finden; jeder beliebige Punkt in der Ebene kann nun als der Schnittpunkt zweier solcher Geraden $\mathfrak{G}$, $\mathfrak{G}_1$ angesehen werden; die beiden entsprechenden Kegelschnitte $\mathfrak{K}^{(2)}\mathfrak{K}_1^{(2)}$ haben dann zu ihrem vierten gemeinschaftlichen Punkte ausser xyz denjenigen, welcher dem Schnittpunkte $(\mathfrak{G}, \mathfrak{G}_1)$ conjugirt ist. Wie der vierte gemeinschaftliche Punkt der beiden Kegelschnitte $\mathfrak{K}^{(2)}\mathfrak{K}_1^{(2)}$ gefunden wird, ist auf S. 238 angegeben worden.

Wir sind nunmehr im Stande, zu jedem Punkte der Ebene den conjugirten Punkt zu construiren, mithin auch zu jeder beliebigen Geraden 𝔊 den entsprechenden Kegelschnitt $\mathfrak{K}^{(2)}$; wir haben also das ganze Beziehungssystem der ersten Art auch für den angenommenen Fall herzustellen gelehrt. In ganz analoger Weise wird das Beziehungssystem der zweiten Art hergestellt, wenn zur Bestimmung desselben neben einem beliebigen Paar conjugirter Strahlen 𝔊, 𝔋 von dem Tripel allein ein reeller Strahl X und der Schnittpunkt x der beiden andern mit dem elliptischen Strahlsystem gegeben ist, dessen imaginäre Asymptoten Y und Z sind.

Erwägen wir, dass durch ein Paar conjugirter Punkte P, Q und ein Tripel xyz das Netz nicht vollkommen bestimmt wird, sondern dass es unendlich-viele Netze giebt, welche diese Stücke gemein haben, so steht es uns frei, anstatt der beiden als gegeben angesehenen Netze, von welchen wir ausgingen, andere zu setzen, für welche P, Q conjugirte Punkte und xyz ein Tripel ist; durch je zwei solche Netze wird immer dasselbe Beziehungssystem der ersten Art bestimmt, und für diese Netze gelten daher genau dieselben Eigenschaften, wie für die beiden ursprünglich angenommenen. Wir können uns sämmtliche Netze der Art auf die Weise hergestellt denken, dass wir um Q eine Gerade 𝔏 drehen und zur Bestimmung des Netzes immer das Tripel conjugirter Punkte xyz und das Paar Pol und Polare P und 𝔏 nehmen, wodurch das Netz jedesmal vollständig und eindeutig bestimmt wird. Die Gesammtheit dieser Netze nennen wir ein *Netz-Büschel*; die Mächtigkeit desselben ist gleich gross mit der eines Strahlbüschels, denn es giebt so viel Netze im Netzbüschel, als Strahlen 𝔏 durch einen Punkt Q. Irgend ein Paar conjugirter Punkte $P_1 Q_1$ des Beziehungssystems, welches durch xyz und P, Q bestimmt wird, muss nun auch ein Paar conjugirter Punkte sein für irgend zwei andere Netze des Büschels, welche wir beliebig herausnehmen können, oder mit andern Worten: *Die Polaren eines beliebigen Punktes in Bezug auf sämmtliche Netze eines Netz-Büschels laufen durch einen festen (conjugirten) Punkt*, welcher Satz bereits oben (S. 447) auf directem Wege nachgewiesen ist. Da wir irgend zwei Netze des Büschels zur Hervorbringung des Beziehungssystems wählen können, so folgt ferner: Denken wir uns von zwei beliebigen Punkten P_1 und P_2 die Polaren in Bezug auf irgend ein Netz des Büschels ermittelt, so geht die erste durch den conjugirten Punkt Q_1, die zweite durch Q_2, und sie schneiden sich in einem Punkte Q_3, dessen Polare in Bezug auf das gewählte Netz die Verbindungslinie $P_1 P_2$ ist; der conjugirte Punkt P_3 zu Q_3 muss also auf $P_1 P_2$ liegen. Verändern wir das aus dem Büschel gewählte

Netz, so verändert sich Q_3 und beschreibt denjenigen Ort, welcher alle Punkte enthält, die den Punkten der Geraden $P_1 P_2 = \mathfrak{G}$ conjugirt sind, d. h. den Kegelschnitt $\mathfrak{K}^{(2)}$.

Hieraus folgt: *Die Pole einer Geraden $\mathfrak{G}$ in Bezug auf sämmtliche Netze eines Büschels liegen auf einem Kegelschnitt $\mathfrak{K}^{(2)}$, welcher dem gemeinschaftlichen Tripel xyz umschrieben ist.* Dies lässt sich auch so aussprechen: *Die Polaren zweier beliebigen Punkte P_1 und P_2 in Bezug auf sämmtliche Netze eines Büschels beschreiben allemal zwei projectivische Strahlbüschel (Q_1) und (Q_2), welche zu je zwei entsprechenden Strahlen die Polaren in Bezug auf dasselbe Netz haben.* Nehmen wir für $\mathfrak{G}$ insbesondere die unendlich-entfernte Gerade $\mathfrak{G}_\infty$, so enthält der entsprechende Kegelschnitt $\mathfrak{K}^{(2)}$ die Mittelpunkte aller Netze des Büschels, also: *Die Mittelpunkte sämmtlicher Netze eines Büschels liegen auf einem bestimmten Kegelschnitt $\mathfrak{M}^{(2)}$, welcher dem Tripel xyz umschrieben ist.* Dieser Kegelschnitt $\mathfrak{M}^{(2)}$ entscheidet zugleich über die Natur der in dem Büschel enthaltenen Netze, d. h. ob dieselben hyperbolisch oder elliptisch sind. Zuvörderst ist nämlich klar, dass, wenn die vorhin ermittelten ausgezeichneten Punkte $S\, S_1\, S_2\, S_3$, in deren jeden zwei conjugirte Punkte P, Q zusammenfallen, entweder alle vier reell sind oder, wenn auch nur zwei von ihnen reell sind, offenbar alle Netze des Büschels hyperbolisch sein müssen und ihre Kernkegelschnitte nichts anderes, als ein gewöhnliches Kegelschnittbüschel mit vier oder zwei reellen Grundpunkten bilden. Sobald daher von dem gemeinschaftlichen Tripel nur x und X reell sind, y und z imaginär, sind alle Netze des Büschels hyperbolisch, und die Kernkegelschnitte haben zwei reelle und zwei imaginäre gemeinschaftliche Grundpunkte. Wenn dagegen das Tripel xyz völlig reell ist, so können entweder die oben bestimmten Strahlsysteme (x) (y) (z) alle drei hyperbolisch, oder nur eines hyperbolisch und die beiden anderen elliptisch sein; im ersteren Falle enthält das Netz-Büschel wiederum lauter hyperbolische Netze, deren Kernkegelschnitte ein gewöhnliches Kegelschnittbüschel mit vier reellen Grundpunkten $S\, S_1\, S_2\, S_3$ bilden; im letzteren Falle wird das Büschel theils hyperbolische, theils elliptische Netze enthalten; die Kernkegelschnitte der hyperbolischen Netze bilden ein Kegelschnittbüschel mit vier imaginären Grundpunkten; dies ist aber, wie wir jetzt sehen, nur ein unvollständiges Gebilde, zu dessen Ergänzung noch die *imaginären Kegelschnitte* hinzutreten müssen, welche den elliptischen Netzen eines solchen Netzbüschels entsprechen.

Wir sehen die Richtigkeit der letzten Behauptung leicht ein, wenn wir für den Fall des reellen Tripels und, falls von den Strahlsystemen (x) (y) (z) eines hyperbolisch und die beiden andern elliptisch sind, genauer untersuchen, in welcher Weise die conjugirten Punkte P, Q die verschiedenen Gebiete der Ebene bedecken. Die ganze unendliche Ebene wird nämlich, wie wir wissen, durch die Seiten des Dreiecks xyz in die sieben Regionen e, e_1 h_1, e_2 h_2, e_3 h_3 (Fig. 106) getheilt; nehmen wir an, es sei das Strahlsystem (x) hyperbolisch, dagegen (y) und (z) elliptisch, dann ist mit Berücksichtigung des bekannten Kriteriums für das elliptische und hyperbolische Strahlsystem (S. 61) ersichtlich, dass,

Fig. 106.

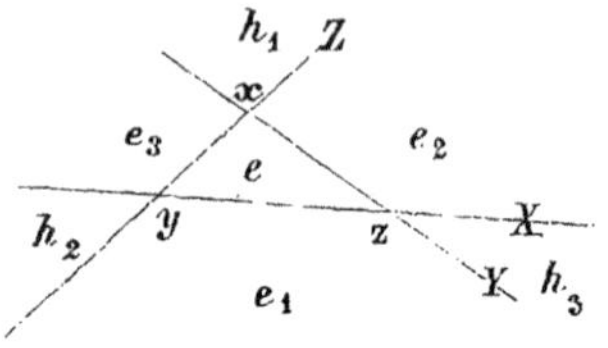

wenn P in der Region (e) liegt, der conjugirte Punkt Q in den Regionen (e_1) oder (h_1) liegen muss;

wenn P in den Regionen (e_1) oder (h_1) liegt, der conjugirte Punkt Q in der Region (e) liegen muss;

wenn P in den Regionen (e_2) oder (h_2) liegt, der conjugirte Punkt Q in den Regionen (e_3) oder (h_3) liegen muss;

wenn P in den Regionen (e_3) oder (h_3) liegt, der conjugirte Punkt Q in den Regionen (e_2) oder (h_2) liegen muss.

Obgleich es zunächst nicht weiter benutzt wird, bemerken wir noch, dass in dem andern Fall, wenn (x) (y) (z) alle drei hyperbolische Strahlsysteme sind, die Vertheilung in folgender Weise stattfindet:

wenn P in der Region (e) liegt, so muss auch der conjugirte Punkt Q in der Region (e) liegen;

wenn P in den Regionen (e_1) oder (h_1) liegt, so muss auch der conjugirte Punkt Q in den Regionen (e_1) oder (h_1) liegen;

wenn P in den Regionen (e_2) oder (h_2) liegt, so muss auch der conjugirte Punkt Q in den Regionen (e_2) oder (h_2) liegen; und

wenn P in den Regionen (e_3) oder (h_3) liegt, so muss auch der conjugirte Punkt Q in den Regionen (e_3) oder (h_3) liegen.

Ferner wissen wir, dass den unendlich-entfernten Punkten P der Ebene die Punkte Q des Kegelschnitts $\mathfrak{M}^{(2)}$ conjugirt sind. Jeder Punkt m dieses Kegelschnitts ist der Mittelpunkt eines Netzes vom Büschel, und dieses Netz ist vollständig bestimmt durch das Tripel xyz und den Mittelpunkt m, dessen Polare $\mathfrak{G}_\infty$ bekannt ist. Die Anschauung lehrt ferner, dass, wenn m in der Region (e) liegt, das Netz nothwendig elliptisch sein muss, weil die drei dem Netze zugehörigen Punktsysteme auf den Tripelstrahlen XYZ alle drei elliptisch werden, wie dies bereits auf S. 288 gelegentlich bemerkt worden ist; wenn dagegen m in einer der andern Regionen liegt, muss das Netz allemal hyperbolisch sein, weil von jenen drei Punktsystemen immer zwei hyperbolisch werden und das dritte elliptisch (S. 423), und zwar zeigt sich, indem wir das dem Punkte m zugehörige Strahlsystem des Netzes ermitteln, dass, wenn m in einem der drei Räume $e_1 e_2 e_3$ liegt, der Kernkegelschnitt des hyperbolischen Netzes eine Hyperbel, wenn dagegen m in einem der drei Räume $h_1 h_2 h_3$ liegt, derselbe eine Ellipse ist, weil sein Strahlsystem (System der conjugirten Durchmesser) in dem ersten Falle hyperbolisch, in dem zweiten elliptisch wird. Halten wir dies fest und bedenken, dass die unendlich-entfernten Punkte nur in den Regionen $e_1 h_1 e_2 h_2 e_3 h_3$ vorkommen, so werden die ihnen conjugirten, welche auf dem Kegelschnitt $\mathfrak{M}^{(2)}$ liegen, unter der gemachten Annahme, dass das Strahlsystem (x) hyperbolisch, (y) und (z) elliptisch sind, nur in den Regionen $e\ e_2\ h_2\ e_3\ h_3$ vorkommen können und müssen, d. h. der Kegelschnitt $\mathfrak{M}^{(2)}$, welcher dem Dreieck xyz umschrieben ist, trifft die Regionen $e e_2 e_3 h_2 h_3$ (dagegen nicht e_1 und h_1). Hieraus folgt zunächst, dass der Kegelschnitt $\mathfrak{M}^{(2)}$ in diesem Falle Hyperbel sein muss, weil er Punkte hat, die in dem Raume e, d. h. innerhalb des Dreieck xyz liegen (S. 231), ferner, dass diejenigen seiner Punkte m, welche in den Raum (e) hineinfallen, die Mittelpunkte der elliptischen Netze des Büschels, die übrigen die Mittelpunkte der hyperbolischen Netze desselben sind, welche selbst wieder in zwei Kategorien zerfallen: Diejenigen, welche in den Räumen e_2 und e_3 enthalten sind, werden die Mittelpunkte von hyperbolischen Netzen sein, deren Kernkegelschnitte Hyperbeln sind, während die in den Räumen h_2 und h_3 enthaltenen Punkte der Hyperbel $\mathfrak{M}^{(2)}$ die Mittelpunkte von hyperbolischen Netzen des Büschels sind, deren Kernkegelschnitte Ellipsen sind. Wenn aber vier Punkte $xyzm$ einer Hyperbel $\mathfrak{M}^{(2)}$ so liegen, dass einer m innerhalb des von den drei andern xyz gebildeten Dreiecks sich befindet, so müssen immer drei von diesen Punkten auf einem Zweige der Hyperbel und einer auf dem andern Zweige derselben liegen; da nun der Zweig der Mittelpunktshyperbel $\mathfrak{M}^{(2)}$, welcher durch x geht, den Raum h_1 nicht treffen darf, so kann er auch den Raum e nicht treffen, sondern muss ganz in den Räumen e_2 und e_3 enthalten sein, während der andere Zweig durch die Punkte y und z geht und die Räume $e h_2 h_3$ durchstreift. Der eine Zweig der Hyperbel $\mathfrak{M}^{(2)}$ enthält also die Mittelpunkte sämmtlicher hyperbolischen Netze des Büschels, deren Kernkegelschnitte Hyperbeln sind, der andere Zweig derselben wird durch die Punkte y und z in drei Stücke getheilt: Das endliche Stück zwischen y und z enthält die Mittelpunkte der elliptischen Netze (imaginären Kegelschnitte), die beiden übrigen unendlichen Stücke die Mittelpunkte der hyperbolischen Netze des Büschels, deren Kernkegelschnitte Ellipsen sind.

Hierbei tritt der bemerkenswerthe Uebergang von einem reellen Kegelschnitte (einer Ellipse) zum imaginären Kegelschnitt durch einen Punkt, d. h. Nullkegelschnitt (jeden der Punkte y und z) auf. Endlich sind die beiden unendlich-entfernten Punkte der Hyperbel $\mathfrak{M}^{(2)}$ die Mittelpunkte zweier hyperbolischen Netze des Büschels, deren Kernkegelschnitte zwei Parabeln sind (S. 267). Hierdurch ist also die obige Behauptung gerechtfertigt.

Auch für den andern Fall, dass die drei Strahlsysteme (x) (y) (z) hyperbolisch sind, zeigt die letzte Betrachtung eine vollkommene Uebereinstimmung mit dem bei der Untersuchung des Kegelschnittbüschels Gefundenen. Der Mittelpunktskegelschnitt $\mathfrak{M}^{(2)}$ darf nämlich in diesem Fall den Raum (e) nicht treffen und kann sowohl Ellipse, als auch Hyperbel sein; ist er Ellipse, so trifft er nur die Räume $e_1 e_2 e_3$; die Kernkegelschnitte aller Netze des Büschels sind also Hyperbeln; ist er Hyperbel, so muss er die Räume $e_1 e_2 e_3$ treffen, welche den einen ganzen Zweig der Hyperbel enthalten, während der andere Zweig ganz in einem der Räume h_1 oder h_2 oder h_3 enthalten ist; die Kernkegelschnitte zerfallen also in eine Gruppe Ellipsen, welche ihre Mittelpunkte auf einem Zweige der Hyperbel $\mathfrak{M}^{(2)}$ haben, und in eine Gruppe Hyperbeln, welche ihre Mittelpunkte auf dem andern Zweige der Hyperbel $\mathfrak{M}^{(2)}$ haben, und beide Gruppen werden durch zwei Parabeln von einander getrennt, deren Mittelpunkte die unendlich-entfernten Punkte von $\mathfrak{M}^{(2)}$ sind, wie wir es früher von anderer Seite her (S. 267) erkannt haben.

Die Ausführung der gegenüberstehenden Betrachtung ist ohne weitere Schwierigkeit; durch ein Tripel conjugirter Strahlen XYZ und ein beliebiges Paar $\mathfrak{G}$, $\mathfrak{H}$ ist nicht nur ein, sondern es sind unendlich-viele Netze bestimmt, welche eine *Netz-Schaar* bilden, deren Mächtigkeit gleich gross ist mit der einer geraden Punktreihe. Die Pole einer beliebigen Geraden in Bezug auf sämmtliche Netze der Schaar liegen auf einer andern (conjugirten) Geraden; daher liegen insbesondere die Mittelpunkte sämmtlicher Netze der Schaar auf einer Geraden $\mathfrak{M}_0$, welche der unendlich-entfernten Geraden $\mathfrak{G}_\infty$ conjugirt ist. Die Polaren eines Punktes in Bezug auf sämmtliche Netze einer Schaar umhüllen einen Kegelschnitt $\mathfrak{C}^{(2)}$, welcher dem gemeinschaftlichen Tripel XYZ einbeschrieben ist. Die Netze einer Schaar sind sämmtlich hyperbolisch, sobald a) von dem gemeinschaftlichen Tripel allein ein Strahl X und der Schnittpunkt x der beiden andern Y, Z reell, diese selbst aber imaginär sind; die Kernkegelschnitte bilden eine Kegelschnittschaar mit zwei reellen und zwei imaginären gemeinschaftlichen Tangenten; b) sobald das Tripel XYZ völlig reell und die oben ermittelten Punktsysteme (X) (Y) (Z) auf ihnen alle drei hyperbolisch sind; die Kernkegelschnitte bilden eine Kegelschnittschaar mit vier reellen gemeinschaftlichen Tangenten; wenn dagegen c) das Tripel XYZ völlig reell und von den Punktsystemen (X) (Y) (Z) nur eines hyperbolisch (X), die beiden andern elliptisch sind, so besteht die Netzschaar theils aus hyperbolischen, theils aus elliptischen Netzen; die Kernkegelschnitte der hyperbolischen Netze bilden eine Schaar mit vier imaginären gemeinschaftlichen Tangenten; dieses Gebilde wird aber erst zu einem vollständigen durch Hinzufügung der imaginären Kegelschnitte, welche durch die elliptischen Netze einer solchen Schaar vertreten werden. Nach dem Obigen muss in diesem Falle c) die Gerade $\mathfrak{M}_0$ die Seiten des von den Geraden XYZ gebildeten Dreiecks so treffen, dass von den Schnittpunkten zwei in den Seiten selbst und nur einer in der Verlängerung einer Dreiecksseite liegt, also ein Stück der Geraden $\mathfrak{M}_0$ in den endlichen Dreiecksraum (e) hineinfällt. Dieses Stück enthält die Mittelpunkte der elliptischen Netze der Schaar, während diejenigen Stücke von $\mathfrak{M}_0$, welche in $e_1 e_2 e_3$ enthalten sind, die Mittelpunkte von hyperbolischen Netzen mit Hyperbeln als Kernkegelschnitten und die Stücke, welche in die Räume $h_1 h_2 h_3$ fallen, die Mittelpunkte von hyperbolischen Netzen mit Ellipsen als Kernkegelschnitten enthalten.

Schliesslich ermitteln wir noch, in welcher Weise bei diesem durch die Netzschaar hervorgerufenen Beziehungssystem der zweiten Art die conjugirten Geraden $\mathfrak{G}$, $\mathfrak{H}$ im Allgemeinen die Ebene erfüllen, wenn wir das gemeinschaftliche Tripel XYZ als vollständig reell annehmen; jede Gerade in der Ebene kann dabei überhaupt nur zwei wesentlich verschiedene Lagen haben: entweder trifft sie alle drei Seiten des von den Geraden XYZ gebildeten Dreiecks in ihren Verlängerungen; in diesem Falle wollen wir sie durch einen einfachen Accent (′) bezeichnen; oder sie trifft eine Dreiecksseite in der Verlängerung und die beiden andern zwischen den Ecken des Dreiecks; in diesem Falle soll sie einen doppelten Accent erhalten (″); unterscheiden wir nun die beiden möglichen Fälle:

1) Die drei Punktsysteme (X) (Y) (Z) sind alle hyperbolisch; dann wird einer Geraden $\mathfrak{G}'$ nothwendig eine Gerade $\mathfrak{H}'$ conjugirt sein und einer Geraden $\mathfrak{G}''$ eine Gerade $\mathfrak{H}''$.

2) Von den drei Punktsystemen (X) (Y) (Z) ist eines hyperbolisch und die beiden andern elliptisch, und zwar nennen wir das hyperbolische (X), die beiden elliptischen (Y) und (Z); dann ist

jeder Geraden $\mathfrak{G}'$ nothwendig eine Gerade $\mathfrak{H}''$ conjugirt, aber einer Geraden $\mathfrak{G}''$ nur dann eine Gerade $\mathfrak{H}'$, wenn sie X ausserhalb der Dreiecksseite, Y und Z innerhalb trifft; dagegen, wenn sie X innerhalb, Y innerhalb und Z ausserhalb trifft, eine Gerade $\mathfrak{H}''$, welche X innerhalb, Y ausserhalb und Z innerhalb trifft; endlich, wenn $\mathfrak{G}''$ X innerhalb, Y ausserhalb, Z innerhalb trifft, muss die conjugirte $\mathfrak{H}''$ X innerhalb, Y innerhalb und Z ausserhalb treffen. —

Das Netzbüschel und die Netzschaar oder das damit zusammenhängende Beziehungssystem der ersten und zweiten Art kann auch anstatt durch das gemeinschaftliche Tripel und ein beliebiges Paar conjugirter Punkte oder Strahlen allgemeiner definirt werden, einerseits durch vier Paare conjugirter Punkte P, Q und andererseits durch vier Paare conjugirter Strahlen $\mathfrak{G}$, $\mathfrak{H}$. Fassen wir nur die erste Art ins Auge, so zeigt die in §. 58 ausgeführte Untersuchung, dass sich zwei Netze herstellen lassen, welche vier beliebig gegebene Paare conjugirter Punkte P, Q gemeinschaftlich haben; solche zwei Netze bestimmen ein Netzbüschel, und jedes Paar conjugirter Punkte P, Q für jene beiden Netze ist zugleich ein Paar für jedes beliebige Netz des Büschels, wie wir es oben (S. 447) direct nachgewiesen haben; folglich müssen umgekehrt alle Netze, welche jene vier Paare conjugirter Punkte gemeinschaftlich haben, demselben Büschel angehören; ebenso bilden alle Netze, welche vier Paare conjugirter Strahlen $\mathfrak{G}$, $\mathfrak{H}$ gemeinschaftlich haben, eine Netzschaar; ähnliche Gruppen von Netzen erhalten wir, indem wir vier Paare theils conjugirter Punkte, theils conjugirter Strahlen zur Bestimmung eines solchen Gebildes von einfacher Unendlichkeit auswählen; die nähere Untersuchung derartiger Gebilde bleibe aber dem Leser überlassen.

§. 63. Drei Netze in der Ebene. Die Tripelcurve. Das Kegelschnittnetz.*)

Nehmen wir drei beliebige Netze in der Ebene an, so gehört zu einem Punkte P in Bezug auf jedes derselben eine Polare, und diese drei Polaren werden sich im Allgemeinen nicht in einem Punkte schneiden; es ist aber von Interesse, den Ort solcher besonderen Punkte P in der Ebene aufzusuchen, für welche die Polaren durch einen und denselben Punkt Q laufen. Suchen wir, um den Grad dieses Ortes zu bestimmen, auf einer beliebigen Geraden $\mathfrak{G}$ die Punkte P von der verlangten Beschaffenheit zu ermitteln. Bezeichnen wir zu

*) Vergl. „Ueber die *Steiner*'sche Fläche vierten Grades“ von *H. Schröter*. Monatsbericht der Berliner Academie vom 26. November 1863.

diesem Zwecke die drei gegebenen Netze durch (A) (B) (C) oder auch, falls die Netze hyperbolisch sind, die Kernkegelschnitte derselben durch diese Buchstaben, so werden, wenn wir einen veränderlichen Punkt die Gerade $\mathfrak{G}$ durchlaufen lassen, seine Polaren abc in den drei Netzen (A) (B) (C) drei projectivische Strahlbüschel um die Mittelpunkte $\alpha\beta\gamma$ beschreiben; die von a und b beschriebenen Strahlbüschel (α) und (β) erzeugen also einen Kegelschnitt $\mathfrak{K}^{(2)}$, welcher durch $\alpha\beta$ und das gemeinschaftliche Tripel der Netze (A) und (B) hindurchgeht und durch diese fünf Punkte völlig bestimmt ist. Die Strahlen b und c erzeugen in gleicher Weise einen Kegelschnitt $\mathfrak{K}_1^{(2)}$, welcher durch $\beta\gamma$ und das gemeinschaftliche Tripel von (B) und (C) hindurchgeht. Die beiden Kegelschnitte $\mathfrak{K}^{(2)}$ und $\mathfrak{K}_1^{(2)}$ haben nun im Allgemeinen ausser dem gemeinschaftlichen Punkte β noch drei Punkte $QQ'Q''$ zu Schnittpunkten, und weil ein solcher Punkt Q auf beiden Kegelschnitten $\mathfrak{K}^{(2)}$ und $\mathfrak{K}_1^{(2)}$ zugleich liegt, müssen αQ, βQ, γQ die drei Polaren eines und desselben Punktes P der Geraden $\mathfrak{G}$ sein, d. h. P und Q werden ein solches besonderes Paar von Punkten sein, welche gleichzeitig für alle drei gegebenen Netze conjugirt sind. Da nun die Kegelschnitte $\mathfrak{K}^{(2)}$ und $\mathfrak{K}_1^{(2)}$ ausser dem Punkte β höchstens noch drei Punkte $QQ'Q''$ gemein haben (von denen auch zwei imaginär sein können), so giebt es im Allgemeinen drei Punkte $PP'P''$ auf der willkürlich gewählten Geraden $\mathfrak{G}$, welche dem gesuchten Orte angehören; dieser ist also eine *Curve dritten Grades.*

Die drei Punkte $QQ'Q''$ stehen, wenn sie alle drei reell sind, mit ihren conjugirten Punkten $PP'P''$ in einem sehr einfachen Zusammenhange, vermöge dessen sie aus jenen unmittelbar gefunden werden können. Fassen wir nämlich nur zwei Paare von ihnen PQ und $P'Q'$ auf, so müssen (S. 419) die Schnittpunkte (PP', QQ') und (PQ', QP') ein drittes Paar conjugirter Punkte für alle drei gegebenen Netze sein; da der erste Punkt auf der Geraden $\mathfrak{G}$ liegt und es nur noch einen solchen P'' giebt, so muss dieser mit ihm identisch sein und daher der andere mit Q'', also:

$$(PP', QQ') = P'' \qquad (PQ', QP') = Q'',$$

d. h. die Punkte P, P', P'' sind die drei Schnittpunkte der Dreiecksseiten $Q'Q''$, $Q''Q$, QQ' mit der Geraden $\mathfrak{G}$, oder *die sechs Punkte $PP'P''QQ'Q''$ liegen zu je dreien auf vier geraden Linien, welche ein vollständiges Vierseit bilden.*

Es ist klar, dass die gefundene Ortscurve dritten Grades durch die drei gemeinschaftlichen Tripel je zweier der gegebenen Netze (B) und (C), (C) und (A), (A) und (B) hindurchgehen muss und durch diese neun Punkte vollständig bestimmt wird. In der That, sei xyz das gemeinschaftliche Tripel von (B) und (C), so ist die Polare von x für beide Netze (B) und (C) dieselbe Gerade $(yz) = X$, also schneiden sich die Polaren von x für alle drei gegebenen Netze (B), (C) und (A) in einem Punkte, und x ist also ein Punkt des gesuchten Ortes; sein conjugirter ist der Schnittpunkt von X mit der Polare von x in Bezug auf (A); dasselbe gilt für y und z; da aber bekanntlich die Polaren der Ecken eines Dreiecks xyz in Bezug auf ein Netz (A) die Gegenseiten desselben resp. yz, zx, xy in drei Punkten treffen, welche auf einer Geraden liegen, so müssen auch die conjugirten Punkte zu den Punkten xyz eines gemeinschaftlichen Tripels von je zwei Netzen auf derselben Geraden sich befinden. [Durch diese neun Punkte der drei gemeinschaftlichen Tripel ist unsere Ortscurve vollständig bestimmt, d. h. es giebt keine zwei Curven dritten Grades, welche gleichzeitig durch diese neun Punkte hindurchgehen; denn wäre dies der Fall, so müsste ein ganzes Büschel von Curven dritten Grades durch dieselben neun Grundpunkte gehen, und da zwei Tripel desselben Netzes allemal auf einem Kegelschnitt liegen, so würden besondere Curven jenes Büschels zerfallen in Kegelschnitte und Gerade, d. h. die drei Tripelpunkte des dritten Tripels müssten auf einer Geraden liegen. Die Punkte eines Tripels können aber im Allgemeinen nie auf einer Geraden liegen, folglich geht durch jene neun Punkte nur eine einzige Curve dritten Grades.]

Durch die drei als gegeben angenommenen Netze (A) (B) (C) sind zugleich drei Büschel von Netzen gegeben, da je zwei derselben ein Büschel bestimmen; bezeichnen wir diese drei Büschel durch (B, C) (C, A) (A, B) und bemerken, dass ein Paar conjugirter Punkte P, Q für zwei Kegelschnitte (oder Netze) eines Büschels zugleich für sämmtliche Kegelschnitte (oder Netze)*) desselben conjugirt sind, so folgt, dass, wenn wir aus den drei Büscheln (B, C) (C, A) (A, B) irgend drei neue Kegelschnitte resp. $A'B'C'$ herausnehmen und dieselben an Stelle der ursprünglichen ABC setzen, für den Ort solcher Paare conjugirter Punkte P, Q, welche in Bezug auf diese drei gleichzeitig conjugirt sind, nothwendig dieselbe vorhin gefundene Ortscurve resultirt; diese Curve enthält daher auch die gemeinschaftlichen Tripel der neuen Kegelschnittpaare $B'C'$, $C'A'$, $A'B'$, und diese bestimmen drei neue Büschel, aus denen wir wiederum je einen beliebigen $A''B''C''$

*) Wir werden uns im Folgenden der Einfachheit wegen nur des Ausdrucks „Kegelschnitt“ statt des allgemeineren „Netz“ bedienen, indem wir unter jenem auch den imaginären Kegelschnitt, welcher durch das elliptische Netz vertreten wird, mitverstehen.

herausnehmen können u. s. f. Wir erhalten dadurch einen netzartigen Fortgang bis ins Unendliche, immer neue Büschel von Kegelschnitten und neue Tripel xyz. Alle diese Tripel liegen auf einer und derselben Ortscurve dritten Grades, welche die *Tripelcurve* genannt werden soll; sämmtliche Kegelschnitte (oder Netze) von doppelt-unendlicher Mächtigkeit, welche allen jenen Büscheln angehören, bilden ein *Kegelschnittnetz* von der Beschaffenheit, dass je zwei Punkte P, Q, welche in Bezug auf irgend drei Kegelschnitte des Netzes gleichzeitig conjugirt sind, auf der Tripelcurve liegen; solche zwei Punkte sollen *conjugirte Punkte der Tripelcurve* heissen und sind in Bezug auf sämmtliche Kegelschnitte des Netzes conjugirt; auch soll irgend ein Tripel xyz, welches zweien Kegelschnitten des Netzes gemeinschaftlich ist und daher auf der Tripelcurve liegt, ein *Tripel der Tripelcurve* genannt werden. Die Tripelcurve kann daher doppelt aufgefasst werden, erstens als der Ort solcher Punkte P, deren Polaren in Bezug auf die drei gegebenen Kegelschnitte (A) (B) (C) sich in einem Punkte Q treffen, welcher ebenfalls auf der Tripelcurve liegt, und zweitens als der Ort aller gemeinschaftlichen Tripel xyz irgend zweier Kegelschnitte aus den drei Büscheln (B, C) (C, A) (A, B).

Fassen wir irgend einen Punkt P der Tripelcurve auf, welcher nicht gerade ein Eckpunkt eines gemeinschaftlichen Tripels xyz der Büschel (B, C) (C, A) (A, B) ist, so werden die Polaren von P in Bezug auf alle Kegelschnitte des Büschels (B, C) durch den conjugirten Punkt Q laufen und ein Strahlbüschel beschreiben dergestalt, dass jedem Kegelschnitt des Büschels eine und nur *eine* bestimmte Gerade durch Q entspricht und auch umgekehrt für jede durch Q gezogene Gerade nur ein einziger Kegelschnitt aus dem Büschel (B, C) existirt, in Bezug auf welchen sie die Polare von P ist; dasselbe gilt für das zweite Büschel (C, A); ziehen wir also durch Q eine beliebige Gerade $\mathfrak{G}$, so giebt es einen bestimmten Kegelschnitt A' aus dem Büschel (B, C) und einen bestimmten Kegelschnitt B' aus dem Büschel (C, A) dergestalt, dass jene Gerade $\mathfrak{G}$ und der Punkt P Polare und Pol für beide Kegelschnitte A' und B' gleichzeitig sind. Wenn aber zwei Kegelschnitte ein Paar von Pol und Polare gemeinschaftlich haben, so gehört dies ihrem gemeinsamen Tripel an; folglich ist jeder Punkt P der Tripelcurve zugleich als Eckpunkt eines Tripels anzusehen, welches zweien Kegelschnitten des Netzes gemeinsam ist, d. h. die Tripelcurve ist der Ort aller gemeinsamen Tripel irgend zweier Kegelschnitte des Netzes.

Halten wir die vorhin durch Q willkürlich gezogene Gerade $\mathfrak{G}$ fest und denken uns die beiden Kegelschnitte A' und B' resp. aus den Büscheln (B, C) und (C, A) ermittelt, für welche P ein Eckpunkt des gemeinschaftlichen Tripels ist, so lassen sich auch die beiden andern Tripelpunkte desselben leicht ermitteln; sie liegen natürlich auf $\mathfrak{G}$ und auf der Tripelcurve selbst, müssen daher die beiden übrigen Schnittpunkte der Geraden $\mathfrak{G}$ mit der Tripelcurve sein, denn der Punkt Q ist im Allgemeinen kein Punkt des gemeinschaftlichen Tripels von A' und B'; die Gerade $\mathfrak{G}$ ist nämlich ganz willkürlich durch Q gezogen; verändern wir sie, so erkennen wir, dass nur ein einziges Mal P und Q Tripelpunkte des gemeinschaftlichen Tripels zweier Kegelschnitte A' und B' werden können, weil durch diese beiden auch der dritte Tripelpunkt unzweideutig mitbestimmt ist; käme es also zweimal vor, so müsste auch der dritte Tripelpunkt derselbe sein und doch auf zwei verschiedenen durch Q gehenden Geraden liegen, was ein Widerspruch ist; folglich sind die beiden übrigen Schnittpunkte der Geraden $\mathfrak{G}$ mit der Tripelcurve die Tripelpunkte des gemeinsamen Tripels von A' und B', dessen erster P ist; nur einmal, wenn die Gerade $\mathfrak{G}$ Tangente an der Tripelcurve im Punkte Q wird, fällt einer jener beiden Tripelpunkte nach Q; hieraus schliessen wir folgende Eigenschaft der Tripelcurve:

Jeder beliebige Punkt P der Tripelcurve kann als ein Tripelpunkt von einfach unendlich-vielen Tripeln des Kegelschnittnetzes angesehen werden; die Verbindungslinie der jedesmaligen andern beiden Tripelpunkte läuft durch einen festen Punkt Q der Tripelcurve, den conjugirten Punkt von P. Ferner, wenn ein Paar conjugirter Punkte P, Q der Tripelcurve zugleich zwei Punkte eines Tripels vom Kegelschnittnetze sein sollen, so muss der dritte auf der Tangente in Q an der Tripelcurve und daher auch auf der Tangente in P an derselben gelegen sein, d. h.:

Die Tangenten in zwei conjugirten Punkten P, Q der Tripelcurve schneiden sich in einem dritten Punkte R derselben, und PQR bilden das gemeinschaftliche Tripel eines in dem Kegelschnittnetze vorkommenden Büschels. Hierin liegt eine charakteristische Eigenschaft eines Paares conjugirter Punkte auf der Tripelcurve. Eine Tangente in einem beliebigen Punkte der Tripelcurve dritten Grades schneidet nothwendig dieselbe noch in einem dritten Punkte, weil von ihren drei Schnittpunkten zwei in dem Berührungspunkte zusammenfallen; nennt man diesen dritten Schnittpunkt der Tangente den *Tangentialpunkt*, welcher dem Berührungspunkte zugehört, so erscheinen *zwei conjugirte Punkte PQ der Tripelcurve als solche Punkte derselben, welche denselben Tangentialpunkt haben.*

Nehmen wir zwei beliebige Punkte der Tripelcurve Q und Q', welche nicht conjugirte Punkte derselben sein sollen, so ist es immer erlaubt, diese als zwei Tripelpunkte eines Tripels anzusehen, welches in dem Kegelschnittnetze als gemeinschaftliches Tripel eines Büschels auftritt; denn um den dritten Tripelpunkt Q'' zu finden, haben wir nur nöthig, die conjugirten Punkte P und P' zu Q und Q' aufzusuchen, dann muss $Q'P$ durch Q'' gehen und ebenso auch QP', also der Schnittpunkt $(QP', Q'P) = Q''$ sein; der conjugirte Punkt von Q'' muss nun bekanntlich der Schnittpunkt $(PP', QQ') = P''$ sein, weil die beiden Paare P, Q und P', Q' das dritte Paar conjugirter Punkte $P''Q''$ mitbestimmen.

Um zu den beiden willkürlich auf der Tripelcurve angenommenen Punkten QQ' den dritten Tripelpunkt Q'' zu finden, haben wir also nur nöthig, den dritten Schnittpunkt der Verbindungslinie QQ' mit der Tripelcurve, den Punkt P'', zu bestimmen und seinen conjugirten Punkt Q'' zu ermitteln. Dieses Ergebniss lässt sich auch so ausdrücken:

Verbindet man ein beliebiges Paar conjugirter Punkte P, Q der Tripelcurve mit irgend einem dritten Punkte Q' derselben, so treffen diese beiden Strahlen die Tripelcurve zum dritten Male in zwei neuen Punkten, welche wieder ein Paar conjugirter Punkte $Q''P''$ der Tripelcurve sind.

Solche drei Paare conjugirter Punkte der Tripelcurve $PQ, P'Q', P''Q''$ sind also die sechs Ecken eines vollständigen Vierseits, und je drei nicht in einer Geraden liegende Ecken desselben allemal ein Tripel xyz in dem Kegelschnittnetze. Wir schliessen hieraus folgenden Satz:

Die Seiten eines auf der Tripelcurve liegenden Tripeldreiecks, welches das gemeinschaftliche Tripel xyz eines in dem Kegelschnittnetze auftretenden Büschels ist, schneiden die Tripelcurve immer in drei neuen Punkten, welche auf einer Geraden liegen, und die drei Schnittpunkte sind zugleich die conjugirten Punkte der Tripelcurve zu den drei Eckpunkten des Tripels, indem je eine Ecke und der dritte Schnittpunkt der gegenüberliegenden Seite des Tripeldreiecks mit der Tripelcurve einander conjugirt sind. Wir können auch umgekehrt sagen:

Wenn irgend eine Gerade der Tripelcurve in den drei Punkten $PP'P''$ begegnet, so bilden die zu ihnen conjugirten Punkte $QQ'Q''$ allemal ein Tripel, welches einem in dem Kegelschnittnetze auftretenden Büschel gemeinschaftlich ist.

Um die vorige Betrachtung noch zu vervollständigen, denken wir uns ein beliebiges Paar conjugirter Punkte P, Q der Tripelcurve und durch P eine Gerade $\mathfrak{G}$ gezogen; dann giebt es in dem Büschel (B, C) einen einzigen bestimmten Kegelschnitt A', welcher Q und $\mathfrak{G}$ zu Pol und Polare hat, in dem Büschel (C, A) einen einzigen bestimmten Kegelschnitt B', welcher ebenfalls Q und $\mathfrak{G}$ zu Pol und Polare hat, und endlich auch in dem Büschel (A, B) einen solchen Kegelschnitt C'. Die Gerade $\mathfrak{G}$ schneidet die Tripelcurve ausser in P noch in zwei Punkten Q' und Q'' von solcher Beschaffenheit, dass $QQ'Q''$ das gemeinschaftliche Tripel der Kegelschnitte A' und B' ist; aus gleichem Grunde muss aber auch $QQ'Q''$ das gemeinschaftliche Tripel der Kegelschnitte B' und C', sowie C' und A' sein; hieraus folgt, dass $A'B'C'$ einem und demselben Büschel angehören müssen; denn gehörte C' nicht dem Büschel (A', B') an, so hätten C' und A' noch ein zweites von $QQ'Q''$ verschiedenes gemeinschaftliches Tripel; es ist aber nicht möglich, dass zwei verschiedene Kegelschnitte mehr als *ein* gemeinschaftliches Tripel haben (wofern sie sich nicht doppelt berühren), folglich gehören die drei Kegelschnitte $A'B'C'$ zu demselben Büschel. Dieses Resultat lässt sich auch unabhängig von den Eigenschaften des Kegelschnittnetzes als Satz aussprechen:

Hat man drei Kegelschnitte CBA' eines Büschels und ACB' eines zweiten Büschels, welches mit dem ersten den Kegelschnitt C gemeinschaftlich hat, so bestimmen auch die Kegelschnittpaare A, B und $A'B'$ zwei Büschel, welche einen Kegelschnitt $\mathfrak{C}$ gemeinschaftlich haben, d. h. die acht Grundpunkte der beiden Büschel (A, B) und (A', B') liegen auf einem und demselben Kegelschnitte. Oder mit andern Worten:

Wenn man drei beliebige Kegelschnitte ABC hat und legt einmal durch die Schnittpunkte von B und C einen beliebigen Kegelschnitt A', dann durch die Schnittpunkte von C und A einen beliebigen Kegelschnitt B', so liegen die vier Schnittpunkte von A' und B' mit den vier Schnittpunkten von A und B auf einem und demselben Kegelschnitt. Dies lässt sich auch folgendermassen aussprechen:

Wenn man drei beliebige Kegelschnitte ABC hat und legt durch irgend einen Punkt P der Ebene drei neue Kegelschnitte, welche ausserdem durch die vier Schnittpunkte je zweier der gegebenen B, C; C, A; A, B hindurchgehen, so treffen sich diese neuen Kegelschnitte ausser in P noch in denselben drei Punkten.

Diese Sätze sind ihrer Allgemeinheit wegen bemerkenswerth und enthalten viele besondere Fälle in sich, welche anzuführen hier unterbleiben muss. Für den gegenwärtigen Zweck giebt uns der obige Satz das Mittel an die Hand, zu einem beliebigen Tripel der Tripelcurve $QQ'Q''$ dasjenige Büschel des Kegelschnittnetzes zu finden, dessen gemeinschaftliches Tripel das gegebene $QQ'Q''$ ist; denn zur Bestimmung dieses Büschels haben wir nach dem Obigen nur nöthig, die beiden Kegelschnitte A' und B' zu ermitteln, durch welche dies Büschel bestimmt wird. Dass sämmtliche Kegelschnitte des Netzes, welche ein Tripel der Tripelcurve $QQ'Q''$ gemein haben, umgekehrt ein Büschel bilden müssen, ist von vorn herein klar, weil sie ausserdem noch ein beliebiges anderes Paar conjugirter Punkte der Tripelcurve $P_1 Q_1$ gemein haben und daher einem Büschel angehören (S. 447). Zu jedem Tripel $QQ'Q''$ der Tripelcurve gehört daher ein bestimmtes Büschel des Kegelschnittnetzes. Nehmen wir zwei beliebige Tripel der Tripelcurve $QQ'Q''$ und $Q_1 Q_1' Q_1''$, so lassen sich die zugehörigen Büschel des Kegelschnittnetzes so ermitteln, dass wir denjenigen Kegelschnitt A' aus dem Büschel (B, C), für welchen Q und $Q'Q''$ Pol und Polare sind, und denjenigen Kegelschnitt B' aus dem Büschel (C, A), für welchen ebenfalls Q und $Q'Q''$ Pol und Polare sind, aufsuchen; die beiden Kegelschnitte $A'B'$ bestimmen das Büschel des Kegelschnittnetzes, für welches $QQ'Q''$ das gemeinschaftliche Tripel ist; in ganz analoger Weise werden zwei Kegelschnitte $A_1' B_1'$ gefunden, deren gemeinschaftliches Tripel das gegebene $Q_1 Q_1' Q_1''$ ist. Nun haben wir aber drei Kegelschnitte $CA'A_1'$, welche einem Büschel (B, C) angehören, und drei Kegelschnitte $CB'B_1'$, welche einem zweiten Büschel (C, A) angehören; jene beiden Büschel haben den Kegelschnitt C gemein, folglich müssen nach unserm obigen Satze auch die beiden durch die Kegelschnittpaare $(A'B')$ und $(A_1' B_1')$ bestimmten Büschel einen Kegelschnitt $\mathfrak{C}$ gemein haben; für diesen sind daher die gemeinschaftlichen Tripel jener beiden Büschel, d. h. $QQ'Q''$ und $Q_1 Q_1' Q_1''$ ebenfalls Tripel conjugirter Punkte, und da bekanntlich zwei Tripel conjugirter Punkte in Bezug auf einen und denselben Kegelschnitt immer sechs Punkte eines neuen Kegelschnitts sind (S. 415), so schliessen wir folgenden Doppel-Satz:

Irgend zwei Büschel des Kegelschnittnetzes haben allemal einen Kegelschnitt gemeinschaftlich, und

Irgend zwei Tripel der Tripelcurve liegen allemal auf einem Kegelschnitt.

Dieser Satz lässt sich auch umkehren: Legt man durch irgend ein Tripel der Tripelcurve einen beliebigen Kegelschnitt, so schneidet derselbe die Curve im Allgemeinen in drei neuen Punkten, welche wieder ein Tripel bilden; denn da zwei Eckpunkte eines Tripels der Tripelcurve willkürlich gewählt werden dürfen und durch das erste Tripel und zwei Punkte der Tripelcurve ein Kegelschnitt bestimmt wird, so muss der dem zweiten Tripel angehörige einzige dritte Tripelpunkt sowohl auf dem Kegelschnitt als auch auf der Tripelcurve liegen, d. h. der sechste Schnittpunkt beider sein. Hieraus folgt mit Berücksichtigung der oben gefundenen Eigenschaft der Tripelcurve der Satz:

Wenn man durch drei Punkte eines Tripels der Tripelcurve und einen beliebigen Punkt Q derselben ein Büschel von Kegelschnitten legt, so trifft jeder Kegelschnitt desselben die Tripelcurve im Allgemeinen noch in zwei neuen Punkten, deren Verbindungslinie durch einen festen Punkt

P der Tripelcurve läuft, welcher der dem Punkte Q conjugirte ist. Dieser Satz gilt auch allgemein, unabhängig von den Eigenschaften der Tripel, und führt zu einer Erzeugung der Curve dritten Grades durch ein Kegelschnittbüschel und ein Strahlbüschel, welche in projectivische Beziehung zu einander gesetzt werden.*)

Hieran knüpft sich eine weitere bemerkenswerthe Eigenschaft der Tripelcurve; seien $RR'R''$ die Punkte des ersten Tripels, und das Büschel von Kegelschnitten mit den vier Grundpunkten $[QRR'R'']$ schneide die Tripelcurve in der veränderlichen Sehne $Q'Q''$, welche durch den festen Punkt P läuft, so wird der vierte harmonische zu P zugeordnete Punkt, indem $Q'Q''$ das andere Paar zugeordneter Punkte bilden, derjenige Punkt sein, in welchem die Polare von P in Bezug auf den Kegelschnitt des Büschels $[QRR'R'']$, welcher durch $Q'Q''$ geht, den Strahl $PQ'Q''$ trifft. Die Polaren von P in Bezug auf sämmtliche Kegelschnitte des Büschels $[QRR'R'']$ laufen aber bekanntlich durch einen festen Punkt Π und beschreiben ein Strahlbüschel, welches projectivisch ist mit dem Kegelschnittbüschel und auch mit dem Strahlbüschel, welches der veränderliche Strahl $Q'Q''P$ beschreibt; das Erzeugniss der beiden projectivischen Strahlbüschel ist ein Kegelschnitt, und wir erhalten folgenden Satz:

Zieht man durch irgend einen Punkt P der Tripelcurve Strahlen, welche dieselbe ausserdem in Punktpaaren $Q'Q''$ treffen, und construirt man den zu P zugeordneten vierten harmonischen Punkt, so ist der Ort desselben ein bestimmter Kegelschnitt, welcher in P die Tripelcurve berührt und durch die Berührungspunkte der übrigen (vier) aus P an die Tripelcurve zu legenden Tangenten geht.

Fig. 107.

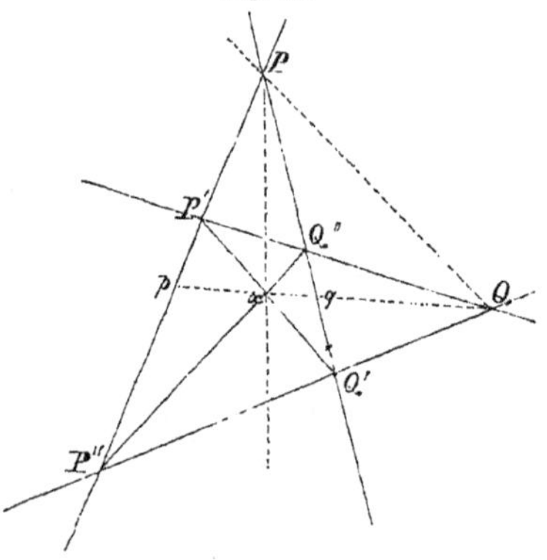

Wir vervollständigen noch die Figur, indem wir zu Q' und Q'' die conjugirten Punkte P' und P'' bestimmen, welche mit P auf einer Geraden liegen müssen und zwar so, dass PQ $P'Q'$ $P''Q''$ die drei Paar Gegenecken eines vollständigen Vierseits sind; dann wissen wir, dass von dem obigen Kegelschnittbüschel $[QRR'R'']$ ein Kegelschnitt durch $Q'Q''$ und ein anderer durch $P'P''$ geht. Die vierten harmonischen zu P zugeordneten Punkte auf

*) *Chasles*, Comptes rendus t. XLI, 1853.

allen durch P gezogenen Sehnen liegen, wie wir gesehen haben, auf einem bestimmten Kegelschnitt $P^{(2)}$, den wir den *Polarkegelschnitt* des Punktes P nennen wollen. Auf diesem liegen daher auch p und q (Fig. 107), welche mit Hülfe des vollständigen Vierseits $PQP'Q'P''Q''$ leicht construirt werden; bezeichnet man nämlich den Schnittpunkt:

$$(P'Q', P''Q'') = x,$$

und zieht die Gerade Qx, so begegnet dieselbe den Strahlen $PP'P''$ und $PQ'Q''$ in den beiden Punkten p und q.

Lassen wir nun den durch die vier Grundpunkte $QRR'R''$ gelegten Kegelschnitt des Büschels sich verändern, so verändern sich auch $Q'Q''P'P''$, während P fest bleibt; die Punkte p und q bewegen sich auf dem Polarkegelschnitt $P^{(2)}$, und die Sehne pq läuft durch den festen Punkt Q; folglich beschreibt das Strahlenpaar $PP'P''$ und und $PQ'Q''$ ein Strahlsystem (P), und wir erhalten den Satz:

Wenn man einen beliebigen Punkt P der Tripelcurve mit allen möglichen Paaren conjugirter Punkte $P'Q'$ derselben verbindet, so bilden diese Strahlenpaare ein Strahlsystem, welches dem Punkte P zugehört.

Ebenso erhält man ein bestimmtes dem Punkte Q zugehöriges Strahlsystem. Die Strahlsysteme (P) und (Q) zweier conjugirter Punkte stehen aber in eigenthümlicher Verbindung mit einander. Der Punkt $x = (P'Q', P''Q'')$ liegt nämlich auf der Polare von Q in Bezug auf den Polarkegelschnitt $P^{(2)}$, und da diese Polare ungeändert bleibt bei der Veränderung des Büschelkegelschnitts, so ist der Ort von x eine gerade Linie. Beiläufig erkennen wir den Satz:

Die Polare des Punktes Q in Bezug auf den Polarkegelschnitt $P^{(2)}$ ist identisch mit der Polare des Punktes P in Bezug auf den Polarkegelschnitt $Q^{(2)}$.

Durch die gerade Punktreihe x werden die beiden Strahlsysteme (P) und (Q) eindeutig auf einander bezogen; x ist nämlich der Ort des Schnittpunktes zweier vierten harmonischen der Verbindungslinie PQ zugeordneten Strahlen, die von P und Q ausgehen, indem je ein Strahlenpaar des Strahlsystems (P) und das entsprechende Strahlenpaar des Strahlsystems (Q) die andern Paare zugeordnet-harmonischer Strahlen bilden, d. h. es sind:

$$P(QxP'Q') \quad \text{und} \quad Q(PxP'Q')$$

je vier harmonische Strahlen. Durch die Annahme des Punktes x auf der Geraden, welche x durchläuft, werden die entsprechenden Strahlenpaare der Strahlsysteme (P) und (Q) vollständig bestimmt. Hierauf gründet sich eine Erzeugung der Tripelcurve und einfache Constructionen derselben durch zwei in projectivische Beziehung gesetzte

Strahlsysteme, die in eigenthümlicher Verbindung mit einander stehen*). Aus der obigen Bemerkung, dass zwei Tripel der Tripelcurve allemal auf einem Kegelschnitt liegen, folgt eine charakteristische Eigenschaft eines solchen Tripels in Rücksicht auf die Tripelcurve selbst. Denken wir uns nämlich durch das Tripel $QQ'Q''$ der Tripelcurve insbesondere einen solchen Kegelschnitt gelegt, welcher in Q und Q' dieselben Tangenten mit der Tripelcurve hat, so hat er bereits fünf Punkte mit der Tripelcurve gemein, welche ihn zugleich bestimmen; sein sechster Schnittpunkt mit der Tripelcurve muss daher der dritte Tripelpunkt zu Q und Q' sein, d. h. Q''; es müssen daher auch in Q'' zwei Punkte des Kegelschnitts und der Tripelcurve zusammenfallen oder dieser Punkt muss ein Berührungspunkt beider Curven sein; wir schliessen also:

Die drei Punkte eines Tripels der Tripelcurve liegen allemal so, dass ein Kegelschnitt die Tripelcurve in denselben berühren kann.

Da zwei Eckpunkte eines Tripels der Tripelcurve willkürlich auf derselben angenommen werden dürfen, der dritte Tripelpunkt dann aber vollständig und eindeutig bestimmt ist, so können wir, wenn ein Tripel $QQ'Q''$ als bekannt angesehen wird, nach dem obigen Satze die Totalität der übrigen Tripel leicht überschauen, indem wir alle möglichen Kegelschnitte durch die drei Punkte $QQ'Q''$ legen, von denen jeder durch seine drei übrigen Schnittpunkte mit der Tripelcurve immer ein neues Tripel derselben bestimmt. Kennen wir daher zwei Tripel der Tripelcurve $QQ'Q''$ und $Q_1Q_1'Q_1''$ und wollen zu zwei auf der Tripelcurve willkürlich angenommenen Punkten SS' als zwei Eckpunkten eines Tripels derselben den dritten Eckpunkt S'' finden, so haben wir nur nöthig, zwei Kegelschnitte durch die resp. fünf Punkte $QQ'Q''SS'$ und $Q_1Q_1'Q_1''SS'$ zu legen, welche sich in dem gesuchten Punkte S'' auf der Tripelcurve schneiden müssen. Nach dem Früheren sind nun, wenn wir zwei beliebige Paare conjugirter Punkte auf der Tripelcurve P, Q und P', Q' haben, die Schnittpunkte:

$$(PQ',\ P'Q) = Q'' \qquad (PP',\ QQ') = P''$$

ein drittes Paar conjugirter Punkte, und diese sechs Ecken des von den vier Geraden:

$$\begin{matrix} P & P' & P'' \\ P & Q' & Q'' \\ P' & Q'' & Q \\ P' & Q & Q' \end{matrix}$$

gebildeten vollständigen Vierseits, welches der Tripelcurve einbeschrieben

*) Vgl. Ueber Curven dritter Ordnung von *H. Schröter*, Math. Annalen von *Clebsch* und *Neumann*. Bd. V. S. 50. Bd. VI. S. 85.

ist, haben zu ihren conjugirten Punkten beziehungsweise:

$$\left.\begin{matrix} Q & Q' & Q'' \\ Q & P' & P'' \\ Q' & P'' & P \\ Q'' & P & P' \end{matrix}\right\} \text{vier Tripel der Tripelcurve.}$$

Um jetzt zu zwei willkürlich auf der Tripelcurve gewählten Punkten SS' als Eckpunkten eines Tripels der Tripelcurve den dritten Tripelpunkt S'' zu finden, haben wir nur durch die resp. fünf Punkte $QQ'Q''SS'$ und $QP'P''SS'$ einen Kegelschnitt zu legen; der vierte Schnittpunkt dieser beiden Kegelschnitte muss der gesuchte Punkt S'' der Tripelcurve sein. Wir haben hierdurch beiläufig folgenden Satz gefunden:

Wenn man ein vollständiges Vierseit hat, dessen sechs Ecken zu je dreien auf vier Geraden liegen, so kann man auf vier Arten je drei derselben herausnehmen, welche ein Dreieck bilden, während die drei übrigen auf einer Geraden liegen. Umschreibt man diesen vier Dreiecken vier Kegelschnitte, welche ausserdem durch zwei beliebig gegebene feste Punkte gehen, so laufen alle vier Kegelschnitte durch einen und denselben neuen Punkt. Ein besonderer Fall dieses Satzes ist aus den Elementen bekannt, nämlich, dass die den vier Dreiecken, welche sich aus den sechs Ecken eines vollständigen Vierseits bilden lassen, umschriebenen Kreise durch einen und denselben Punkt gehen (den Brennpunkt der Parabel, welche dem Vierseit einbeschrieben werden kann).

Wir können auch sehr einfach den vorigen Satz direct beweisen. Seien nämlich die drei Paar Gegenecken des vollständigen Vierseits PQ, $P'Q'$, $P''Q''$, so dass die vier Geraden je drei Punkte: $PP'P''$, $PQ'Q''$, $P'Q''Q$, $P''QQ'$ enthalten und ausserdem zwei beliebige Punkte SS' gegeben, so werden die beiden durch je fünf Punkte $QQ'Q''SS'$ und $PP'Q''SS'$ gelegten Kegelschnitte einen vierten Punkt S'' gemein haben; da nun bekanntlich die Seiten zweier Dreiecke, welche einem Kegelschnitt einbeschrieben sind, selbst einen andern Kegelschnitt berühren (S. 129), so müssen die Seiten der beiden Dreiecke $QQ'Q''$ und $SS'S''$ einen Kegelschnitt berühren und ebenso die Seiten der beiden Dreiecke $PP'Q''$ und $SS'S''$; diese beiden Kegelschnitte sind aber identisch, weil sie fünf Tangenten gemein haben, die drei Seiten des Dreiecks $SS'S''$ und die Geraden $Q''QP'$ und $Q''Q'P$; folglich berühren auch $QQ'P''$ und $PP'P''$ diesen Kegelschnitt, d. h. derselbe berührt alle vier Seiten des vollständigen Vierseits und die drei Seiten des Dreiecks $SS'S''$; da aber die Seiten der beiden Dreiecke $QP'P''$ und $SS'S''$ einen Kegelschnitt berühren, so liegen auch die sechs Ecken derselben auf einem andern Kegelschnitt (S. 129), d. h.

der durch $QP'P''SS'$ gelegte Kegelschnitt geht durch S'' und endlich aus demselben Grunde der durch $Q'P''PSS'$ gelegte Kegelschnitt; also laufen die vier angegebenen Kegelschnitte durch einen und denselben Punkt, w. z. b. w.

Der Kegelschnitt, welcher die vier Seiten des vollständigen Vierseits und die drei Seiten des Dreiecks $SS'S''$ berührt, kann auch als bestimmt angesehen werden durch zwei beliebige Tripel $QQ'Q''$ und $SS'S''$, deren sechs Seiten ihn berühren; da nun die Gerade, welche die drei zu $QQ'Q''$ conjugirten Punkte $PP'P''$ enthält, denselben Kegelschnitt berührt, so muss auch diejenige Gerade, welche die zu $SS'S''$ conjugirten Punkte $RR'R''$ enthält, ihn berühren, und wir erkennen also, dass die acht Seiten zweier solcher vollständigen Vierseite einen und denselben Kegelschnitt berühren. Dies giebt folgenden Satz:

Die Seiten zweier Tripel der Tripelcurve berühren einen Kegelschnitt, der auch diejenigen beiden Geraden zu Tangenten hat, welche die den Eckpunkten der Tripel conjugirten Punkte der Tripelcurve enthalten, so dass also die Seiten zweier solcher vollständigen Vierseite, wie oben eines ($PQP'Q'P''Q''$) *in Betracht gekommen ist, allemal acht Tangenten eines und desselben Kegelschnitts sind.*

Von besonderem Interesse für die vorliegende Betrachtung ist es, die beiden willkürlichen Punkte SS' auf zwei Diagonalen des vollständigen Vierseits anzunehmen: S auf der Diagonale PQ und S' auf der Diagonale $P'Q'$, dann muss auch der dritte Punkt S'' auf der Diagonale $P''Q''$ liegen. In der That, durch die vier Seiten des vollständigen Vierseits und die Gerade SS' als Tangenten ist derjenige Kegelschnitt $\mathfrak{K}^{(2)}$ bestimmt, welcher zugleich SS'' und $S'S''$ berührt. Das Diagonaldreieck des einem Kegelschnitt umschriebenen vollständigen Vierseits ist immer ein Tripel in Bezug auf diesen Kegelschnitt (S. 147); folglich bilden die drei Geraden PQ, $P'Q'$, $P''Q''$ ein Tripel conjugirter Strahlen in Bezug auf den Kegelschnitt $\mathfrak{K}^{(2)}$; da nun SS' eine Tangente desselben ist, welche PQ in S trifft, so wird die andere durch S gehende Tangente der vierte harmonische dem SS' zugeordnete Strahl sein, während SP und der von S nach dem Schnittpunkte ($P'Q'$, $P''Q''$) hingehende Strahl das andere Paar zugeordneter Strahlen ist; in gleicher Weise construiren wir die zweite durch S' gehende Tangente des Kegelschnitts $\mathfrak{K}^{(2)}$; diese Tangente, sowie die vorige müssen durch den vierten harmonischen Punkt auf $P''Q''$ gehen, welcher dem Schnittpunkte mit SS' zugeordnet ist, während die beiden andern zugeordneten die Punkte (PQ, $P''Q''$) und ($P'Q'$, $P''Q''$) sind; also ist dieser vierte harmonische Punkt der Schnittpunkt jener beiden Tangenten, d. h. der Punkt S''. Wir haben mithin gesehen, dass, wenn von den beiden willkürlich anzunehmenden Punkten SS' der eine S auf der Diagonale PQ und der andere S' auf $P'Q'$ liegt, dann der dritte S'' auf der dritten Diagonale $P''Q''$ des vollständigen Vierseits liegen muss.

Wählen wir nun, indem wir zu unserer Tripelcurve zurückkehren, auf welcher das vollständige Vierseit liegt, dessen drei Paar Gegenecken PQ, $P'Q'$, $P''Q''$ drei Paare conjugirter Punkte der Tripelcurve sind, die beiden Punkte S und S' so, dass S der dritte Schnittpunkt der Geraden PQ mit der Tripelcurve und gleichzeitig S' der dritte Schnittpunkt von $P'Q'$ mit derselben wird, dann muss S'' auf der Geraden $P''Q''$ liegen und zugleich auf der Tripelcurve, weil $SS'S''$ ein Tripel der Tripelcurve bilden, folglich ist S'' der dritte Schnittpunkt der Geraden $P''Q''$ mit der Tripelcurve; wir erhalten hieraus folgenden Satz:

Wenn man ein beliebiges Tripel der Tripelcurve $QQ'Q''$ hat, so treffen die Seiten desselben $Q'Q''$, $Q''Q$, QQ' die Curve zum dritten Male in drei neuen Punkten $PP'P''$, welche die conjugirten Punkte der Tripelcurve zu den ersteren sind und in gerader Linie liegen; die drei Verbindungslinien PQ, $P'Q'$, $P''Q''$ treffen aber die Tripelcurve in drei neuen Punkten $SS'S''$, welche ein neues Tripel der Tripelcurve bilden.

Da wir ferner wissen, dass die Tangenten in zwei conjugirten Punkten PQ an der Tripelcurve sich in einem dritten Punkte R derselben (dem Tangentialpunkte) treffen und die drei Punkte PQR ein Tripel der Tripelcurve bilden, so muss der conjugirte Punkt zu R der dritte Schnittpunkt S der Geraden PQ mit der Tripelcurve sein; die dritten Schnittpunkte der Tangenten in $PP'P''$ oder in $QQ'Q''$ mit der Tripelcurve sind also die drei Punkte $RR'R''$ und conjugirte Punkte zu den obigen Punkten $SS'S''$; da diese ein Tripel bilden, so müssen jene auf einer geraden Linie liegen; d. h.:

Die drei Tangenten der Tripelcurve in den drei Eckpunkten eines Tripels derselben treffen sie in drei neuen Punkten, welche auf einer Geraden liegen.

Schneidet eine beliebige Gerade die Tripelcurve in drei Punkten, und man zieht die Tangenten in denselben, so treffen sie die Tripelcurve in drei neuen Punkten, welche wieder auf einer Geraden liegen.

Diese Sätze gestatten ein eigenthümliches Fortschreiten in einem Cyklus, indem man einerseits von einer Geraden $PP'P''$ zu einer folgenden $RR'R''$ u. s. f. oder andererseits von einem Tripel $QQ'Q''$ zu einem folgenden $SS'S''$ und so weiter geht; die Frage, ob ein solcher Cyklus sich schliesst oder bis ins Unendliche fortläuft, ist dabei von hohem Interesse, erfordert jedoch tiefer gehende Untersuchungen*).

Nehmen wir zwei beliebige Tripel der Tripelcurve $QQ'Q''$, $Q_1Q'_1Q''_1$ und ihre conjugirten Punkte $PP'P''$, $P_1P'_1P''_1$, so haben wir zwei vollständige Vierseite, die der Tripelcurve einbeschrieben sind, und deren acht Seiten, wie wir gesehen haben, einen und denselben Kegelschnitt berühren; bezeichnen wir diese acht Geraden:

$$\begin{array}{ll} Q'Q''P = \mathfrak{A} & Q'_1Q''_1P_1 = \mathfrak{A}_1 \\ Q''QP' = \mathfrak{B} & Q''_1Q_1P'_1 = \mathfrak{B}_1 \\ QQ'P'' = \mathfrak{C} & Q_1Q'_1P''_1 = \mathfrak{C}_1 \\ PP'P'' = \mathfrak{D} & P_1P'_1P''_1 = \mathfrak{D}_1 . \end{array}$$

Zugleich haben wir acht Tripel der Tripelcurve, nämlich:

$$\begin{array}{lcl} P'P''Q & \text{und} & P'_1P''_1Q_1 \\ P''PQ' & & P''_1P_1Q'_1 \\ PP'Q'' & & P_1P'_1Q''_1 \\ QQ'Q'' & & Q_1Q'_1Q''_1 . \end{array}$$

Da irgend zwei Tripel der Tripelcurve immer sechs Punkte eines Kegelschnitts sind, also auch die Seiten zweier Tripeldreiecke immer sechs Tangenten eines Kegelschnitts sind, so haben wir ein *Brianchon*'sches Sechsseit:

$$\mathfrak{A}\mathfrak{D}\mathfrak{B}\mathfrak{A}_1\mathfrak{D}_1\mathfrak{B}_1 ,$$

dessen Hauptdiagonalen sich in einem Punkte schneiden; diese sind:

$$PP_1 \qquad P'P'_1 \qquad (\mathfrak{A}\mathfrak{B}_1, \mathfrak{B}\mathfrak{A}_1) .$$

Der Schnittpunkt:

$$(PP_1, P'P'_1)$$

liegt also in der Geraden $(\mathfrak{A}\mathfrak{B}_1, \mathfrak{B}\mathfrak{A}_1)$; andererseits haben wir das *Brianchon*'sche Sechsseit:

$$\mathfrak{B}\mathfrak{C}\mathfrak{A}\mathfrak{B}_1\mathfrak{C}_1\mathfrak{A}_1 ,$$

dessen Hauptdiagonalen:

$$QQ_1 \qquad Q'Q'_1 \qquad (\mathfrak{A}\mathfrak{B}_1, \mathfrak{B}\mathfrak{A}_1)$$

sich ebenfalls in einem Punkte treffen, also liegt auch der Schnittpunkt:

$$(QQ_1, Q'Q'_1) \text{ in der Geraden } (\mathfrak{A}\mathfrak{B}_1, \mathfrak{B}\mathfrak{A}_1);$$

folglich ist die Verbindungslinie:

$$[(PP_1, P'P'_1), (QQ_1, Q'Q'_1)]$$

identisch mit der Geraden $(\mathfrak{A}\mathfrak{B}_1, \mathfrak{B}\mathfrak{A}_1)$.

---

*) Vergl. *Steiner*, geometrische Lehrsätze, *Crelle*'s Journal Bd. XXXII. S. 182 und 300.

In gleicher Weise zeigen die beiden *Brianchon*'schen Sechsseite:

$$\mathfrak{B}\mathfrak{D}\mathfrak{C}\mathfrak{B}_1\mathfrak{D}_1\mathfrak{C}_1 \quad \text{und} \quad \mathfrak{C}\mathfrak{A}\mathfrak{B}\mathfrak{C}_1\mathfrak{A}_1\mathfrak{B}_1,$$

dass die Verbindungslinie:

$$[(P'P'_1,\ P''P''_1),\ (Q'Q'_1,\ Q''Q''_1)]$$

identisch mit der Geraden $(\mathfrak{B}\mathfrak{C}_1,\ \mathfrak{C}\mathfrak{B}_1)$ ist, und endlich die beiden *Brianchon*'schen Sechsseite:

$$\mathfrak{C}\mathfrak{D}\mathfrak{A}\mathfrak{C}_1\mathfrak{D}_1\mathfrak{A}_1 \quad \text{und} \quad \mathfrak{A}\mathfrak{B}\mathfrak{C}\mathfrak{A}_1\mathfrak{B}_1\mathfrak{C}_1,$$

dass die Verbindungslinie:

$$[(P''P''_1,\ PP_1),\ (Q''Q''_1,\ QQ_1)]$$

identisch mit der Geraden $(\mathfrak{C}\mathfrak{A}_1,\ \mathfrak{A}\mathfrak{C}_1)$ ist. Aus dem *Brianchon*'schen Sechsseit:

$$\mathfrak{A}\mathfrak{B}_1\mathfrak{C}\mathfrak{A}_1\mathfrak{B}\mathfrak{C}_1$$

folgt aber, dass die drei Hauptdiagonalen:

$$(\mathfrak{A}\mathfrak{B}_1,\ \mathfrak{B}\mathfrak{A}_1)\quad(\mathfrak{B}\mathfrak{C}_1,\ \mathfrak{C}\mathfrak{B}_1)\quad(\mathfrak{C}\mathfrak{A}_1,\ \mathfrak{A}\mathfrak{C}_1)$$

sich in einem Punkte treffen, also auch die mit ihnen identischen durch die $PP'P''$ und $QQ'Q''$ ausgedrückten Geraden; sehen wir die letzteren an, so erkennen wir, dass es die Verbindungslinien correspondirender Ecken zweier Dreiseite sind, gebildet von den Geraden

einerseits	PP_1	$P'P'_1$	$P''P''_1$
und andererseits	QQ_1	$Q'Q'_1$	$Q''Q''_1$;

folglich müssen die correspondirenden Seiten selbst sich in drei Punkten treffen, die auf einer Geraden liegen (S. 26), d. h. die drei Schnittpunkte:

$$(PP_1,\ QQ_1)\qquad(P'P'_1,\ Q'Q'_1)\qquad(P''P''_1,\ Q''Q''_1)$$

liegen auf einer Geraden; diese drei Punkte:

$$P_2 \qquad P'_2 \qquad P''_2$$

sind nach dem Früheren nichts anderes, als die dritten Schnittpunkte der Geraden PP_1, $P'P'_1$, $P''P''_1$ mit der Tripelcurve; also haben wir den Satz:

Schneidet irgend eine Gerade die Tripelcurve in den drei Punkten $PP'P''$ und eine zweite Gerade in $P_1P'_1P''_1$, so treffen die drei Geraden PP_1, $P'P'_1$, $P''P''_1$ die Tripelcurve in drei neuen Punkten $P_2P'_2P''_2$, welche wiederum auf einer Geraden liegen. (Die Zuordnung ist dabei ganz willkürlich und giebt zu weiteren Betrachtungen Anlass.)

Oder:

Hat man irgend zwei Tripel der Tripelcure $QQ'Q''$ und $Q_1Q'_1Q''_1$ (die allemal auf einem Kegelschnitt liegen), so treffen die drei Verbindungslinien QQ_1, $Q'Q'_1$, $Q''Q''_1$ die Tripelcurve in drei neuen Punkten, die alle-

mal auf einer Geraden liegen. (Die Zuordnung ist dabei ganz gleichgültig.) Da die drei Punkte:

$$P_2 = (PP_1, QQ_1) \quad P'_2 = (P'P'_1, Q'Q'_1) \quad P''_2 = (P''P''_1, Q''Q''_1)$$

auf einer Geraden liegen, so müssen ihre conjugirten:

$$Q_2 = (PQ_1, QP_1) \quad Q'_2 = (P'Q'_1, Q'P'_1) \quad Q''_2 = (P''Q''_1, Q''P''_1)$$

ein Tripel bilden, also:

Hat man irgend ein Tripel $QQ'Q''$ *der Tripelcurve und eine beliebige Gerade, welche derselben in den Punkten* $P_1P'_1P''_1$ *begegnet, so treffen die drei Verbindungslinien* QP_1, $Q'P'_1$, $Q''P''_1$ *die Tripelcurve in drei neuen Punkten* $Q_2Q'_2Q''_2$, *welche allemal ein Tripel der Tripelcurve bilden.* (Die Zuordnung ist dabei ganz gleichgültig.)

Aus den verschiedenen Zuordnungen, welche hierbei möglich sind, werden sich neue Beziehungen ergeben, deren Aufsuchung hier zu weit führen würde. Der vorige Satz lässt aber noch einige andere Folgerungen zu, die wir kurz hervorheben wollen.

Da von den Schnittpunkten zweier Geraden $PP'P''$ und $P_1P'_1P''_1$ mit der Tripelcurve die Verbindungslinien PP_1, $P'P'_1$ und $P''P''_1$ der Curve in drei neuen Punkten $P_2P'_2P''_2$ begegnen, welche wieder auf einer Geraden liegen, so werden auch die Verbindungslinien PP'_1, $P'P_1$ und $P''P''_1$ in drei Punkten $R_2R'_2P''_2$ der Tripelcurve begegnen, die auf einer Geraden liegen, oder anders ausgesprochen:

Durch vier Punkte $PP'P_1P'_1$ *einer Tripelcurve lassen sich drei Linienpaare legen; jedes derselben begegnet der Curve in einem neuen Punktpaar, dessen Sehne man ziehe; diese drei Sehnen laufen durch einen und denselben Punkt* P''_2 *der Tripelcurve.* Wir können die drei Linienpaare, welche durch vier beliebig auf der Tripelcurve gewählte Punkte gelegt sind, als drei Individuen eines Kegelschnittbüschels $[PP'P_1P'_1]$ auffassen und die drei zugehörigen Durchbohrungssehnen als drei Individuen eines Strahlbüschels $[P''_2]$; die Elemente dieser beiden Gebilde können wir eindeutig auf einander beziehen, wozu die drei bekannten Paare entsprechender Elemente ausreichend und erforderlich sind. Dann wird sich zu jedem Kegelschnitt des Büschels ein bestimmter entsprechender Strahl des Strahlbüschels construiren lassen (S. 225) und umgekehrt, und der Ort der Schnittpunkte entsprechender Elemente dieser beiden Gebilde ist eine allgemeine Curve dritten Grades. Da dieselbe mit der Tripelcurve bereits 11 Punkte gemeinschaftlich hat, so fällt sie ganz mit ihr zusammen. Umgekehrt schliessen wir hieraus den Satz:

Jeder durch vier Punkte $PP'P_1P'_1$ *einer Tripelcurve gelegte Kegel-*

schnitt begegnet derselben im Allgemeinen in zwei neuen Punkten, deren Sehne durch einen und denselben festen Punkt P''_2 der Curve hindurchgeht.

Oder:

Liegen irgend sechs Punkte $PP'P_1P'_1P_2P'_2$ einer Curve dritten Grades auf einem Kegelschnitt, so schneiden drei sie verbindende Sehnen PP', $P_1P'_1$, $P_2P'_2$ dieselbe in drei neuen Punkten einer Geraden. (Die Zuordnung ist dabei ganz gleichgültig.) Oder auch umgekehrt:

Zieht man durch jeden von drei in einer Geraden befindlichen Punkten einer Tripelcurve je einen Strahl, welcher derselben in zwei neuen Punkten begegnet, so liegen diese sechs neuen Punkte auf einem Kegelschnitt.

Da endlich der durch die vier Punkte $PP'P_1P'_1$ der Tripelcurve gelegte Kegelschnitt eine Sehne $P_2P'_2$ auf ihr ausschneidet, welche immer durch denselben festen Punkt P''_2 läuft, und da die zu P_2 und P'_2 conjugirten Punkte $Q_2Q'_2$ nach dem Obigen auch eine Sehne $Q_2Q'_2$ geben, welche durch P''_2 läuft, so liegen auch $PP'P_1P'_1Q_2Q'_2$ auf einem Kegelschnitt· aus demselben Grunde aber auch $PP'Q_1Q'_1Q_2Q'_2$ und endlich auch $QQ'Q_1Q'_1Q_2Q'_2$; wir erhalten also folgenden Satz:

Liegen irgend sechs Punkte der Tripelcurve auf einem Kegelschnitt, so liegen auch die sechs conjugirten Punkte auf einem Kegelschnitt.

Wir kehren jetzt zur Betrachtung des Kegelschnitt-Netzes zurück.

Um die Totalität sämmtlicher Kegelschnitte, welche in einem Netze enthalten sind und sich zu Büscheln ordnen, in anschaulicher Weise zu übersehen, denken wir uns, indem wir von den drei willkürlich angenommenen Kegelschnitten ABC, welche nicht einem Büschel angehören, ausgehen, zunächst ein Büschel (B, C) aus den beiden Kegelschnitten B und C hergestellt und verfolgen einen veränderlichen Kegelschnitt $\mathfrak{A}$, welcher das ganze Büschel (B, C) durchläuft; der dritte feste Kegelschnitt A und der veränderliche $\mathfrak{A}$ constituiren nun ein veränderliches Büschel $(A, \mathfrak{A})$, und alle Kegelschnitte desselben bilden die Gesammtheit der Kegelschnitte des Netzes, d. h. wenn wir an Stelle von ABC drei beliebige andere Kegelschnitte des Netzes, welche nicht demselben Büschel angehören, in der angegebenen Weise zur Bildung des Netzes verwenden, so treten keine neuen Kegelschnitte mehr auf, sondern nur die früheren, aber *in anderer Anordnung zu Büscheln vereinigt.* Nehmen wir nämlich zunächst aus dem Büschel (C, A) einen beliebigen Kegelschnitt $\mathfrak{B}$ und bilden das veränderliche Büschel $(B, \mathfrak{B})$, so wird jeder Kegelschnitt X desselben gleichzeitig in einem der vorigen Büschel $(A, \mathfrak{A})$ enthalten sein und umgekehrt; denn weil $B\mathfrak{B}X$ einem Büschel angehören und $C\mathfrak{B}A$ einem andern, so wird nach dem oben (S. 506) bewiesenen Satze ein Kegelschnitt $\mathfrak{A}$ existiren müssen, welcher gleichzeitig dem Büschel (B, C)

und dem Büschel (A, X) angehört, d. h. die Grundpunkte dieser beiden Büschel müssen auf einem und demselben Kegelschnitte $\mathfrak{A}$ liegen; folglich gehört X einem Büschel $(A, \mathfrak{A})$ an, bei welchem $\mathfrak{A}$ aus dem Büschel (B, C) genommen ist; also jeder Kegelschnitt aus dem veränderlichen Büschel $(B, \mathfrak{B})$ ist gleichzeitig unter den aus dem veränderlichen Büschel $(A, \mathfrak{A})$ hervorgehenden Kegelschnitten enthalten und umgekehrt. Es gehen daher dieselben Kegelschnitte des Netzes hervor, ob wir (B, C) und A, oder (C, A) und B, oder endlich auch (A, B) und C in der angegebenen Weise zur Bildung des Netzes verwenden. Nehmen wir ferner einen beliebigen Kegelschnitt D aus einem der unendlich-vielen Büschel $(A, \mathfrak{A})$ heraus, z. B. aus dem Büschel $(A, \mathfrak{A}_0)$, so liegen einmal $DA\mathfrak{A}_0$ in einem Büschel, zweitens $B\mathfrak{A}\mathfrak{A}_0$ in einem Büschel, folglich haben die Büschel (D, B) und $(A, \mathfrak{A})$ einen Kegelschnitt gemein; dieser bestimmt mit A das veränderliche Büschel $(A, \mathfrak{A})$ und kann also jedesmal auch aus dem Büschel (B, D) genommen werden, d. h. verwenden wir (B, D) und A zur Bildung des Netzes, so erhalten wir dieselben Kegelschnitte, als wenn wir (B, C) und A in gleicher Weise dazu verwenden; hieraus folgt weiter, dass auch (B, A) und D dieselben Kegelschnitte des Netzes liefern, folglich auch (B, E) und D und endlich auch (D, E) und F, wenn DEF irgend drei nicht demselben Büschel angehörige Kegelschnitte bezeichnen, welche aus der Gesammtheit $(A, \mathfrak{A})$ entnommen sind. Aus dem Vorigen ergiebt sich unmittelbar, dass *durch einen willkürlich angenommenen Punkt p der Ebene unendlich-viele Kegelschnitte des Netzes gehen, welche ein Büschel bilden*, denn man braucht nur durch p den einzigen bestimmten Kegelschnitt $\mathfrak{A}_0$ zu legen, welcher dem Büschel (B, C) angehört, und den einzigen bestimmten Kegelschnitt $\mathfrak{B}_0$, welcher dem Büschel (C, A) angehört; die beiden Kegelschnitte $\mathfrak{A}_0\mathfrak{B}_0$ bestimmen ein Büschel, welches sämmtliche Kegelschnitte des Netzes enthält, die durch p gehen. Bestimmen wir noch den Kegelschnitt $\mathfrak{C}_0$, welcher durch p geht und dem Büschel (A, B) angehört, so gehört er, wie wir oben gesehen haben, gleichzeitig dem Büschel $(\mathfrak{A}_0, \mathfrak{B}_0)$ an. Ferner folgt hieraus, dass *durch zwei willkürlich in der Ebene angenommene Punkte p und p_1 nur ein einziger bestimmter Kegelschnitt des Netzes hindurchgeht*, denn es giebt in dem vorhin bestimmten Büschel $(\mathfrak{A}_0, \mathfrak{B}_0)$ nur einen einzigen bestimmten Kegelschnitt, welcher durch den gegebenen Punkt p_1 geht. Das Kegelschnittnetz ist also ein Gebilde von doppelter Mannigfaltigkeit, weil jeder Kegelschnitt desselben zwei Willkürlichkeiten enthält.

Die vorige Bemerkung giebt zugleich Aufschluss über die besondere Natur der in einem Netze enthaltenen Kegelschnitte. Es giebt nämlich *unendlich-viele gleichseitige Hyperbeln* in dem Netze, welche ein besonderes Büschel des Netzes bilden; nehmen wir die beiden obigen Punkte pp_1 im Unendlichen in zwei zu einander rechtwinkligen Richtungen an, so geht durch sie eine bestimmte gleichseitige Hyperbel des Netzes; nehmen wir ein zweites Paar unendlich-entfernter Punkte pp_1 in zwei rechtwinkligen Richtungen an, so bestimmt dasselbe eine zweite gleichseitige Hyperbel; diese beiden bestimmen ein ganzes Büschel von gleichseitigen Hyperbeln (S. 232), welche dem Netze angehören; weiter giebt es im Allgemeinen keine gleichseitige Hyperbel in dem Netze; denn käme noch eine dritte vor, welche nicht dem vorigen Büschel angehörte, so würde sie mit jeder der früheren ein neues Büschel von lauter gleichseitigen Hyperbeln erzeugen und es müssten daher alle Kegelschnitte des Netzes gleichseitige Hyperbeln sein; sind daher die Kegelschnitte ABC, welche wir als gegeben ansehen, nicht alle drei gleichseitige Hyperbeln, so giebt es in dem Netze nur ein einziges bestimmtes Büschel gleichseitiger Hyperbeln; wenn aber die drei gegebenen Kegelschnitte ABC selbst gleichseitige Hyperbeln sind, so besteht *das Netz aus lauter gleichseitigen Hyperbeln* und hat daher einen speciellen Charakter. Unter den Kegelschnitten des Netzes giebt es ferner im Allgemeinen unendlich-viele *Parabeln*; lassen wir nämlich die willkürlich anzunehmenden Punkte pp_1 in einen Punkt der unendlich-entfernten Geraden $\mathfrak{G}_\infty$ zusammenfallen, so wird der durch jene bestimmte Kegelschnitt des Netzes eine Parabel, weil er $\mathfrak{G}_\infty$ berührt. Jeder Punkt von $\mathfrak{G}_\infty$ ist also der Mittelpunkt einer bestimmten dem Netze angehörigen Parabel, welche nach dem Obigen leicht herzustellen ist. Denken wir uns zwei solche Parabeln des Netzes construirt, deren unendlich-entfernte Punkte p, π in zwei zu einander rechtwinkligen Richtungen liegen, so bestimmen dieselben ein Büschel des Netzes, in welchem nothwendig ein Kreis vorkommen muss, d. h. die vier Schnittpunkte dieser beiden Parabeln liegen auf einem Kreise (S. 229); dies ist im Allgemeinen *der einzige Kreis* unter den Kegelschnitten des Netzes; denn construiren wir ein anderes Paar Parabeln, deren unendlich-entfernte Punkte p' und π' ebenfalls in zwei zu einander rechtwinkligen Richtungen liegen, so müssen ihre Schnittpunkte auf demselben Kreise liegen; seien nämlich P und Π die beiden ersten, P' und Π' die beiden andern Parabeln, so können wir $P\Pi P'$ für die drei ursprünglichen das Netz erzeugenden Kegelschnitte ABC setzen; in dem Büschel (P, Π) ist der Kreis $\mathfrak{K}$ enthalten; $\mathfrak{K}$ und P' bestimmen ein zweites Büschel des Netzes, in welchem nothwendig noch eine Parabel ausser P' enthalten sein muss, welche ihren unendlich-entfernten Punkt in einer rechtwinkligen Richtung zu derjenigen des unendlich-entfernten Punktes von P' hat; ist p' der letztere und π' der erstere, so giebt es durch π' nur eine einzige Parabel des Netzes Π', welche die eben genannte ist; daher haben auch umgekehrt die beiden Parabeln $P'\Pi'$ ihre Schnittpunkte auf dem Kreise $\mathfrak{K}$, d. h. $\mathfrak{K}$ ist gemeinschaftlich den beiden Büscheln (P, Π) und (P', Π').

Endlich kommen unter den Kegelschnitten des Netzes auch *Linienpaare* in unendlicher Menge vor; jedes Büschel enthält im Allgemeinen drei Linienpaare, von denen eines immer reell ist. Der von allen diesen Geraden umhüllte Ort ist eine bestimmte *Curve dritter Klasse* $\mathfrak{K}^{(3)}$, welche mit der Tripelcurve in innigem Zusammenhange steht. Da nämlich durch einen beliebigen Punkt p der Ebene nur einfach unendlich-viele Kegelschnitte des Netzes gehen, welche ein Büschel $(\mathfrak{A}_0\mathfrak{B}_0)$ bilden, so gehen durch den Punkt p im Allgemeinen nur drei gerade Linien, welche Theile von Linienpaaren sind, die, als Kegelschnitte betrachtet, dem Netze angehören; also ist der Ort von diesen Geraden eine Curve dritter Klasse $\mathfrak{K}^{(3)}$. Vermöge der obigen Erzeugung des Netzes können wir die Curve $\mathfrak{K}^{(3)}$ in der Weise construiren, dass wir einen veränderlichen Kegelschnitt $\mathfrak{A}$ das Büschel (B, C) durchlaufen lassen und für die beiden Kegelschnitte A und $\mathfrak{A}$ jedesmal die sechs gemeinschaftlichen Secanten ermitteln, welche den gesuchten Ort $\mathfrak{K}^{(3)}$ umhüllen.

Dieses Resultat lässt sich in Form eines Satzes aussprechen, der zu vielen interessanten speciellen Fällen Veranlassung bietet:

Drei beliebige Kegelschnitte haben zu zweien zusammengefasst dreimal je sechs gemeinschaftliche Secanten; diese achtzehn Geraden sind Tangenten einer und derselben Curve dritter Klasse.

Zu der Tripelcurve hat die gefundene Curve $\mathfrak{K}^{(3)}$ eine besondere leicht erkennbare Beziehung; eine gemeinschaftliche Secante zweier Kegelschnitte des Netzes hat nämlich die Eigenschaft, dass die beiden Punktsysteme, welche ihr in Bezug auf beide Kegelschnitte zugehören, identisch sind (S. 480); nehmen wir nun irgend einen dritten Kegelschnitt des Netzes, welcher nicht mit den beiden vorigen demselben Büschel angehört, so gehört in Bezug auf ihn jener Geraden ein zweites Punktsystem zu, und die beiden auf einander liegenden Punktsysteme haben im Allgemeinen ein gemeinschaftliches Paar conjugirter Punkte P, Q. Da dies conjugirte Punkte für drei Kegelschnitte des Netzes sind, welche nicht demselben Büschel angehören, so sind es conjugirte Punkte für sämmtliche Kegelschnitte des Netzes, also ein Paar conjugirter Punkte der Tripelcurve; eine gemeinschaftliche Secante zweier Kegelschnitte des Netzes ist mithin allemal die Verbindungslinie zweier conjugirten Punkte P, Q der Tripelcurve und auch umgekehrt; denn ziehen wir die Verbindungslinie irgend eines Paares conjugirter Punkte der Tripelcurve P, Q und nehmen einen beliebigen Punkt p derselben, so geht durch p ein einziger bestimmter Kegelschnitt $\mathfrak{A}$ aus dem Büschel (B, C) und ein einziger bestimmter Kegelschnitt $\mathfrak{B}$ aus dem Büschel (C, A); die beiden Kegelschnitte $\mathfrak{B}$ und $\mathfrak{A}$ müssen PQ ausser in p in einem und demselben Punkte π treffen, welcher der vierte harmonische, dem p zugeordnete ist, während P und Q die beiden andern zugeordneten Punkte sind; folglich ist PQ eine gemeinschaftliche Secante der beiden Kegelschnitte $\mathfrak{A}$ und $\mathfrak{B}$ des Netzes. Wir haben also folgenden Satz:

Die Verbindungslinien sämmtlicher Paare conjugirter Punkte PQ der Tripelcurve umhüllen eine Curve dritter Klasse, welche identisch ist mit derjenigen, die von sämmtlichen Linienpaaren, welche unter den Kegelschnitten des Netzes auftreten, berührt wird.

Aus dieser Construction der durch den beliebig gewählten Punkt p gehenden drei Strahlen, welche Paare conjugirter Punkte PQ verbinden oder der drei Tangenten aus p an die Curve $\mathfrak{K}^{(3)}$, folgt noch ein anderer Satz: Die beiden durch p gelegten Kegelschnitte $\mathfrak{A}$ und $\mathfrak{B}$ des Netzes bestimmen ein ganzes Kegelschnittbüschel, welches dem Netze angehört, und die drei Linienpaare desselben, von denen drei Gerade durch p gehen, kreuzen sich in einem Tripel des Büschels, welches auch ein Tripel der Tripelcurve ist. Also:

Solche drei Verbindungsstrahlen conjugirter Punkte PQ, welche durch einen gegebenen Punkt p der Ebene gehen, d. h. die drei aus p an die Curve $\mathfrak{K}^{(3)}$ gelegten Tangenten, treffen die Tripelcurve noch in drei neuen Punkten, welche ein Tripel derselben bilden.

Die Verbindungslinie PQ zweier conjugirter Punkte der Tripelcurve schneidet im Allgemeinen jeden Kegelschnitt des Netzes in zwei Punkten, welche harmonisch liegen mit P, Q und zugeordnet sind, also immer in Punktpaaren eines und desselben Punktsystems, dessen Asymptotenpunkte PQ sind. Wir können daher folgenden Satz aussprechen:

Eine Gerade von solcher Beschaffenheit, dass sie drei beliebig in der Ebene gegebene Kegelschnitte ABC in drei Punktpaaren eines Punktsystems (sechs Punkten einer Involution) trifft, umhüllt eine Curve dritter Klasse $\mathfrak{K}^{(3)}$, welche zugleich die achtzehn gemeinschaftlichen Secanten je zweier der gegebenen drei Kegelschnitte berührt. Die Asymptotenpunkte der Punktsysteme auf allen solchen Geraden liegen auf einer Curve dritten Grades (der Tripelcurve von den drei Kegelschnitten ABC).

Es ist leicht, den Berührungspunkt einer Geraden PQ mit der von ihr eingehüllten Curve $\mathfrak{K}^{(3)}$ zu ermitteln; denken wir uns ein der Tripelcurve einbeschriebenes vollständiges Vierseit, wie es früher in Betracht gezogen ist: $PQP'Q'P''Q''$, dessen drei Paar Gegenecken aus drei Paaren conjugirter Punkte der Tripelcurve bestehen, in der Weise verändert, dass wir ein Paar PQ festhalten und das zweite Paar $P'Q'$ ihm allmählich nähern, indem wir zuletzt P' mit P und also auch Q' mit Q zusammenfallen lassen, dann geht P'' in den Schnittpunkt der beiden Tangenten an der Tripelcurve in P und Q, und Q'' also in den dritten Schnittpunkt der Verbindungslinie PQ mit der Tripelcurve über; es ist aber $Q'' = (PQ', P'Q)$; um nun den Schnittpunkt $(PQ, P'Q')$ für den Grenzfall des Zusammenfallens von P, Q mit $P'Q'$ zu ermitteln, haben wir nur die harmonische Eigenschaft des vollständigen Vierecks zu berücksichtigen und erkennen, dass der gesuchte Berührungspunkt der vierte harmonische, dem dritten Schnittpunkt Q'' zugeordnete Punkt sein wird; also: *Die veränderliche Verbindungslinie PQ zweier conjugirter Punkte der Tripelcurve berührt die von ihr eingehüllte Curve dritter Klasse in dem vierten harmonischen Punkt, welcher dem dritten Schnittpunkt von PQ mit der Tripelcurve zugeordnet ist, während P und Q das andere Paar harmonisch-zugeordneter Punkte sind.*

Dieser dritte Schnittpunkt Q'' der Verbindungslinie PQ mit der Tripelcurve hat zu seinem conjugirten Punkte P'' den gemeinschaftlichen Tangentialpunkt für die beiden conjugirten Punkte P und Q; hieraus folgt die Construction der Tangente in einem beliebigen Punkte P der Tripelcurve: Man suche zu P den conjugirten Punkt Q, ferner den dritten Schnittpunkt Q'' der Verbindungslinie PQ mit der Tripelcurve, endlich den conjugirten Punkt P'' zu Q'', dann ist PP'' die gesuchte Tangente.

Schneidet die Verbindungslinie PQ zweier conjugirten Punkte der Tripelcurve dieselbe in Q'', so gehen durch Q'' ausser der Tangente PQ noch zwei andere Tangenten an die Curve $\mathfrak{K}^{(3)}$ d. h. Strahlen, welche $C^{(3)}$ in je einem Paare conjugirter Punkte treffen. Werden diese vier Punkte mit P'' verbunden, so erhalten wir die Tangenten in ihnen an $C^{(3)}$. Da nun jedes dieser Punktpaare mit P'' zusammen ein Tripel der Tripelcurve bilden und zwei Tripel allemal auf einem Kegelschnitt liegen, so folgt der Satz:

Aus einem Punkte (P'') der Tripelcurve lassen sich ausser der Tangente in ihm selbst im Allgemeinen noch vier andere Tangenten an dieselbe legen; die vier Berührungspunkte liegen mit dem ursprünglichen

Punkte auf einem Kegelschnitt, welcher die Tripelcurve in dem letzteren berührt.

Dies ist nur ein Theil des oben (S. 508) allgemein ausgesprochenen Satzes über den Polarkegelschnitt.

Aus dem Vorhergehenden folgt, *dass die Tripelcurve $C^{(3)}$ und die Curve $\mathfrak{K}^{(3)}$ sich in denjenigen Punkten, in welchen sie sich treffen, auch berühren, d. h. dieselben Tangenten haben,* oder anders ausgedrückt, dass die sämmtlichen Schnittpunkte beider Curven paarweise zusammenfallen. Denn sei Q ein gemeinschaftlicher Punkt der beiden Curven $C^{(3)}$ und $\mathfrak{K}^{(3)}$, und denken wir uns die Tangente in Q an der Curve $\mathfrak{K}^{(3)}$ gezogen, so muss von ihren beiden übrigen Schnittpunkten mit der Tripelcurve, die P und P' heissen mögen, einer der conjugirte Punkt P zu Q sein, weil $\mathfrak{K}^{(3)}$ der von sämmtlichen Verbindungslinien PQ umhüllte Ort ist, und der andere P' muss mit Q zusammenfallen, weil Q der Berührungspunkt mit $\mathfrak{K}^{(3)}$ ist, also der vierte harmonische Punkt zu PQP'; da nun dieser mit Q zusammenfällt, so muss auch P' in Q hineinfallen (S. 14); der übrigens noch denkbare Fall, dass P und P' conjugirte Punkte der Tripelcurve sein könnten, zeigt sich als unzulässig; denn da Q der Berührungspunkt mit $\mathfrak{K}^{(3)}$ ist, so müsste sein zugeordneter vierter harmonischer Punkt zu PP' der dritte Schnittpunkt mit der Tripelcurve sein, also wiederum Q; wenn aber von vier harmonischen Punkten zwei zugeordnete zusammenfallen, so muss auch von dem andern Paare zugeordneter Punkte einer hineinfallen; fiele der vierte harmonische Punkt aber nicht auf Q, so hätte die Gerade vier Schnittpunkte mit der Tripelcurve, was unmöglich ist; folglich muss P oder P' mit Q zusammenfallen, wie oben behauptet ist. Ein solcher Schnittpunkt Q_0 der beiden Curven $C^{(3)}$ und $\mathfrak{K}^{(3)}$ besitzt also die Eigenthümlichkeit, dass die Tangente in ihm für beide Curven dieselbe ist; diese Tangente schneidet die Tripelcurve $C^{(3)}$ zum dritten Mal in dem Punkte P_0, welcher der conjugirte zu Q_0 ist. Nun ist früher bewiesen worden, dass die Tangente in P_0 die Tripelcurve $C^{(3)}$ zum dritten Male in demjenigen Punkte schneidet, der conjugirt ist dem dritten Schnittpunkte von P_0Q_0 mit $C^{(3)}$; da dieser aber Q_0 selbst ist, so ist sein conjugirter wieder P_0, d. h. die Tangente in P_0 schneidet die Tripelcurve $C^{(3)}$ in *drei* zusammenfallenden Punkten; sie ist daher eine *Wendetangente* und ihr Berührungspunkt P_0 ein *Wendepunkt* der Tripelcurve. Die weitere Ausführung dieser Betrachtung lässt die Anzahl und gegenseitige Lage der Wendepunkte einer Curve dritten Grades $C^{(3)}$ erkennen:

Ist Q_0 ein Schnittpunkt der Curven $C^{(3)}$ und $\mathfrak{K}^{(3)}$, in welchem sich dieselben, wie wir gesehen haben, berühren, so trifft die Tangente in Q_0 die Curve $C^{(3)}$ zum dritten Mal in P_0, dem conjugirten Punkte zu Q_0, und P_0 ist ein Wendepunkt der Curve $C^{(3)}$; sei ferner Q_0' ein zweiter Schnittpunkt beider Curven und sein conjugirter P_0', ein zweiter Wendepunkt, dann folgt aus den beiden Paaren conjugirter Punkte $P_0 Q_0$ $P_0' Q_0'$ ein drittes Paar:

$$(Q_0 Q_0', P_0 P_0') = P_0'' \qquad (Q_0 P_0', P_0 Q_0') = Q_0'',$$

und $P_0'' Q_0''$ liegen auf der Curve $C^{(3)}$, während ihre Verbindungslinie die Curve $\mathfrak{K}^{(3)}$ berührt. Ferner wissen wir, dass $Q_0 Q_0' Q_0''$ ein Tripel der Tripelcurve bilden und die Tangenten in diesen Punkten der Curve $C^{(3)}$ in drei neuen Punkten begegnen müssen, welche auf einer Geraden liegen; da aber die Tangente in Q_0 die $C^{(3)}$ in P_0 und die Tangente in Q_0' die $C^{(3)}$ in P_0' trifft, und da $P_0 P_0' P_0''$ in einer Geraden liegen, so muss auch die Tangente in Q_0'' der $C^{(3)}$ in P_0'' begegnen. Von den drei Schnittpunkten der Verbindungslinie $P_0'' Q_0''$ mit der Curve $C^{(3)}$ fallen also zwei in Q_0'' zusammen; der Berührungspunkt des Strahles $P_0'' Q_0''$ mit der Curve $\mathfrak{K}^{(3)}$ muss daher auch nach Q_0'' fallen, oder Q_0'' muss ein dritter Schnittpunkt der beiden Curven $C^{(3)}$ und $\mathfrak{K}^{(3)}$ sein, folglich P_0'' ein dritter Wendepunkt der Curve $C^{(3)}$; wir haben daher folgende beiden Sätze:

Die Verbindungslinie zweier Wendepunkte der Tripelcurve trifft dieselbe allemal in einem dritten Wendepunkt, oder: *Die Wendepunkte einer Curve dritten Grades liegen zu je dreien auf geraden Linien;* und zweitens:

Aus zwei Schnittpunkten der beiden Curven $C^{(3)}$ und $\mathfrak{K}^{(3)}$ kann man allemal einen dritten ableiten, indem man sie als Eckpunkte eines Tripels ansieht und den zugehörigen dritten Tripelpunkt construirt, wie oben angegeben ist.

Die Anzahl der Wendepunkte ist gleich der Anzahl der gemeinschaftlichen Punkte der beiden Curven $C^{(3)}$ und $\mathfrak{K}^{(3)}$; da letztere von der dritten Klasse ist, so ist sie allgemein vom sechsten Grade, schneidet also $C^{(3)}$ in $6 \cdot 3 = 18$ Punkten, die paarweise zusammenfallen. *Die Curve dritten Grades hat also neun Wendepunkte.*

Die Lage der Wendepunkte tritt am klarsten hervor aus einer Bemerkung von *Clebsch**): Da die Wendepunkte zu je dreien auf geraden Linien liegen, so wird, wenn wir einen Wendepunkt herausnehmen und ihn mit vier anderen verbinden, jede dieser Verbindungslinien noch einen der übrigen vier Wendepunkte enthalten müssen, d. h.: *Durch jeden Wendepunkt gehen vier gerade Linien, deren jede drei Wendepunkte enthält.* Hiernach scheint es, als ob sich $9 \cdot 4 = 36$

*) *Crelle-Borchardt's* Journal Bd. LXIII S. 120. *A. Clebsch*: „Ueber einen Satz von *Steiner* und einige Punkte der Theorie der Curven dritter Ordnung."

Gerade durch je drei der Wendepunkte legen liessen. Diese reduciren sich aber auf zwölf, weil jede solche Gerade dreimal auftritt, je nachdem man von einem ihrer drei Wendepunkte ausgeht. Also *die neun Wendepunkte liegen zu je dreien auf zwölf geraden Linien.*

Nehmen wir nun drei Wendepunkte, welche in gerader Linie liegen, heraus, so gehen von den zwölf Geraden, die überhaupt vorhanden sind, durch die Wendepunkte der ersten Geraden nur zehn, nämlich durch jeden derselben die erste Gerade selbst und noch drei andere, d. h. $1 + 3 . 3 = 10$; es bleiben also noch 2 Gerade übrig, die durch keinen der drei ersten Wendepunkte gehen. Nehmen wir von den letzteren eine, so gehen durch ihre drei Wendepunkte und die drei Wendepunkte der ersten Geraden nur elf von den sämmtlichen zwölf; nämlich ausser den beiden Geraden selbst nur die neun Verbindungslinien je eines Wendepunktes der ersten mit einem Wendepunkte der zweiten Geraden; es bleibt mithin als zwölfte Gerade noch eine solche übrig, welche die drei letzten Wendepunkte enthält, die auf keiner der beiden ersten Geraden liegen. So erhalten wir ein *Wendepunktsdreiseit,* von dem jede Seite drei verschiedene, also die drei Seiten sämmtliche neun Wendepunkte enthalten. Solcher Wendepunktsdreiseite giebt es *vier,* und sie werden erhalten, indem man der Reihe nach mit denjenigen vier Geraden beginnt, die sich in einem Wendepunkte treffen. Bezeichnen wir die drei Wendepunkte auf der ersten Geraden

$$a_1^1 \quad a_1^2 \quad a_1^3\,,$$

auf der zweiten

$$a_2^1 \quad a_2^2 \quad a_2^3\,,$$

so liegen die drei übrigen Wendepunkte auf der dritten

$$a_3^1 \quad a_3^2 \quad a_3^3\,;$$

ziehen wir jetzt $a_1^1 a_2^1$, so geht diese Verbindungslinie durch einen der drei letzten Wendepunkte, den wir mit a_3^1 bezeichnen, so dass

$$a_1^1 \quad a_2^1 \quad a_3^1$$

auf einer Geraden liegen; ziehen wir ferner $a_1^1 a_2^2$, so geht diese Verbindungslinie durch einen der beiden übrigen Wendepunkte auf der dritten Geraden; bezeichnen wir denselben mit a_3^3, dann kann die Verbindungslinie $a_1^1 a_2^3$ nur noch durch a_3^2 gehen. Jetzt ziehen wir $a_1^2 a_2^1$, welche Gerade durch einen der drei letzten Wendepunkte gehen muss; dies kann aber nur a_3^3 sein, denn wäre es einer der beiden andern, so lägen vier Wendepunkte in einer Geraden, was unmöglich ist; fahren wir so fort, so ergeben sich die zwölf Geraden, auf welchen die neun Wendepunkte liegen, folgendermassen:

$$\begin{matrix} a_1^1 & a_1^2 & a_1^3 & \quad & a_1^1 & a_2^1 & a_3^1 & \quad & a_1^1 & a_2^2 & a_3^3 & \quad & a_1^1 & a_2^3 & a_3^2 \\ a_2^1 & a_2^2 & a_2^3 & & a_1^2 & a_2^2 & a_3^2 & & a_1^2 & a_2^3 & a_3^1 & & a_1^2 & a_2^1 & a_3^3 \\ a_3^1 & a_3^2 & a_3^3 & & a_1^3 & a_2^3 & a_3^3 & & a_1^3 & a_2^1 & a_3^2 & & a_1^3 & a_2^2 & a_3^1 \end{matrix}.$$

Dies sind zugleich die zwölf Geraden, auf denen die neun Wendepunkte liegen und die vier Wendepunktsdreiseite, deren jedes auf seinen Seiten sämmtliche neun Wendepunkte enthält.

Diese Lagenverhältnisse führen auf den Zusammenhang der Wendepunkte einer Curve 3. Ordnung mit äquianharmonischen Systemen und geben dadurch Aufschluss über die Realität der Wendepunkte. Denken wir uns von dem ersten der vier Wendepunktsdreiseite die Seite, welche die drei Wendepunkte $a_1^1 a_1^2 a_1^3$ und die beiden Ecken $A_{12} A_{13}$ des Dreiseits enthält, dessen dritte Ecke A_{23} sei, successive von den Punkten a_2^1, a_2^2, a_2^3 aus, welche auf der zweiten Dreiecksseite liegen, perspectivisch projicirt auf die dritte Dreiecksseite $A_{13} A_{23}$, so erhalten wir nach dem obigen Schema:

von a_2^1 aus die Punkte: $a_3^1\ a_3^3\ a_3^2\ A_{23}\ A_{13}$,
- a_2^2 - - - : $a_3^3\ a_3^2\ a_3^1\ A_{23}\ A_{13}$,
- a_2^3 - - - : $a_3^2\ a_3^1\ a_3^3\ A_{23}\ A_{13}$,

und hieraus folgt, dass auf der Seite $A_{23} A_{13}$ des Wendepunktsdreiseits die fünf Punkte $a_3^1 a_3^2 a_3^3 A_{13} A_{23}$ ein äquianharmonisches System bilden, von dem die drei Wendepunkte die cyklisch-vertauschbaren, die beiden Ecken des Dreiseits die Doppelelemente sind. Da dies offenbar für jede Seite jedes der vier Wendepunktsdreiseite gilt, so haben wir den Satz:

Auf jeder Seite eines Wendepunktsdreiseits bilden die drei Wendepunkte und die beiden Ecken des Dreiseits ein äquianharmonisches System, von welchem die drei Wendepunkte die cyklisch-vertauschbaren, die beiden Ecken des Dreiseits die Doppelelemente sind.

Um nun über die Realität der Wendepunkte Aufschluss zu erlangen ist die genauere Kenntniss des äquianharmonischen Systems erforderlich, wie sie S. 63 und in den „Aufgaben und Sätzen" zum ersten Abschnitt (Nr. 17) angedeutet ist. Bemerken wir zunächst, dass einer der Wendepunkte nothwendig reell sein muss, weil ihre Anzahl eine ungerade ist, und sei a_1^1 dieser reelle Wendepunkt, von dem wir ausgehen, dann können wir uns a_1^1 als den Mittelpunkt eines Büschels von fünf äquianharmonischen Strahlen denken, von denen einer der Doppelstrahlen eine durch a_1^1 gehende Wendepunktslinie, die cyklisch-vertauschbaren die drei übrigen Wendepunktslinien durch a_1^1 sind und der zweite Doppelstrahl der Verbindungsstrahl von a_1^1 mit der Gegenecke des Wendepunktsdreiseits ist, dessen eine Seite der erste Doppelstrahl war. Da von den drei cyklisch-vertauschbaren Elementen eines äquianharmonischen Systems nothwendig eines reell sein muss, so muss wenigstens eine der Wendepunktslinien durch a_1^1 reell sein. Diese sei $a_1^1 a_1^2 a_1^3$, wobei die Realität der Punkte $a_1^2 a_1^3$ noch dahingestellt bleibt. Wählen wir aber diese reelle Gerade als eine Seite eines Wendepunktsdreiseits, so tritt sie in dem von a_1^1 ausgehenden Büschel als ein reeller Doppelstrahl des von a_1^1 ausgehenden äquianharmonischen Systems auf, folglich muss auch der andere Doppelstrahl $a_1^1 A_{23}$ reell sein und ausserdem eines der drei cyklisch-vertauschbaren Elemente; dies sei $a_1^1 a_2^1 a_3^1$, während die beiden andern Strahlen $a_1^1 a_2^2 a_3^3$ und $a_1^1 a_2^3 a_3^2$ nothwendig conjugirt-imaginär sein müssen; also *von den vier durch einen reellen Wendepunkt gehenden Wendepunktslinien müssen zwei reell und zwei conjugirt-imaginär sein.*

Da der imaginäre Strahl $a_1^1 a_2^2 a_3^3$ bereits einen reellen Punkt a_1^1 enthält, so müssen die beiden andern a_2^2 und a_3^3 conjugirt-imaginär sein; ebenso müssen a_2^3 und a_3^2 conjugirt-imaginär sein. Wir haben also vier imaginäre Wendepunkte $a_2^2 a_3^3 a_2^3 a_3^2$; fassen wir diese als die imaginären Durchschnittspunkte zweier reellen oder imaginären Kegelschnitte auf, welche ein Büschel bestimmen, so muss, wie wir aus dem Früheren (S. 473) wissen, das gemeinschaftliche Tripel desselben reell sein, d. h. die drei Diagonalpunkte des vollständigen Vierecks, dessen Ecken die vier imaginären Punkte sind, müssen reell sein, und von den drei Seitenpaaren des vollständigen Vierecks muss eines reell, die beiden andern imaginär sein. Es ist also der Schnittpunkt:

$$(a_2^2 a_2^3,\ a_3^2 a_3^3) = A_{23}$$

reell und ebenso

$$(a_2^2 a_3^2,\ a_2^3 a_3^3) = A_{00},$$

den wir mit A_{00} bezeichnen wollen; der dritte Diagonalpunkt ist

$$(a_2^2 a_3^3,\ a_2^3 a_3^2) = a_1^1.$$

Es können nun zwei Fälle eintreten: entweder ist das erste Linienpaar, dessen reeller Durchschnittspunkt A_{23} ist, reell, dann muss das zweite Linienpaar, dessen reeller Durchschnittspunkt A_{00} ist, conjugirt-imaginär sein, oder umgekehrt. Beide Fälle haben aber hinsichtlich der Realität der Wendepunkte denselben Effect. Ist das erste Linienpaar reell, so sind $A_{12} A_{13}$ reell, folglich $a_1^2 a_1^3$ conjugirt-imaginär und $a_2^1 a_3^1$ zwei reelle Wendepunkte, als die Durchschnittspunkte der reellen Geraden $a_1^1 a_2^1 a_3^1$ mit den beiden Geraden $A_{12} A_{23}$ und $A_{13} A_{23}$. Ist dagegen das zweite Linienpaar reell, so sind umgekehrt $a_1^2 a_1^3$ reell als die Durchschnittspunkte desselben mit der reellen Geraden $a_1^1 a_1^2 a_1^3$; dagegen $A_{12} A_{23}$ und $A_{13} A_{23}$ conjugirt-imaginär, und da sie bereits einen reellen Punkt A_{23} haben, so müssen ihre übrigen

Punkte imaginär sein, also sind a_2^1 und a_3^1 conjugirt-imaginär. In beiden Fällen haben wir also dasselbe Ergebniss:

Von den neun Wendepunkten einer $C^{(3)}$ sind drei in gerader Linie liegende reell, die übrigen sechs paarweise conjugirt-imaginär; diese sechs imaginären Wendepunkte liegen zu je dreien auf zwei imaginären Geraden, deren Durchschnittspunkt (A_{00}) *allemal reell ist. Von den zwölf Wendepunktslinien sind vier reell und acht imaginär, nämlich reell: die Gerade, auf welcher die drei reellen Wendepunkte liegen, und die drei Seiten eines der vier Wendepunktsdreiseite* ($A_{12}A_{13}A_{23}$), *deren jede einen reellen und zwei conjugirt-imaginäre Wendepunkte enthält.*

Die gemeinschaftlichen Punkte der Curven $C^{(3)}$ und $\mathfrak{K}^{(3)}$, in welchen sich dieselben berühren, führen in derselben Weise, wie zu den Wendepunkten der Curve $C^{(3)}$, so auch zu den *Rückkehrtangenten* der Curve $\mathfrak{K}^{(3)}$. Wir haben oben (Seite 509) bewiesen, dass alle Strahlenpaare, welche einen beliebigen Punkt o der Tripelcurve mit Paaren conjugirter Punkte P, Q verbinden, ein Strahlsystem bilden, welches dem Punkte (o) zugehört. Die Asymptoten dieses Strahlsystems müssen zwei Tangenten von $\mathfrak{K}^{(3)}$ sein, welche durch o gehen; die dritte wird die Verbindungslinie des Punktes o mit seinem conjugirten Punkte sein; diese Verbindungslinie und die Tangente in o an $C^{(3)}$ werden ein besonderes Strahlenpaar desselben Strahlsystems sein, also harmonisch getrennt werden durch die beiden Asymptoten. Die Asymptoten des Strahlsystems wollen wir zwei *conjugirte* Tangenten der Curve $\mathfrak{K}^{(3)}$ nennen; sie besitzen nämlich die Eigenschaft, dass ihre Berührungssehne auch eine Tangente von $\mathfrak{K}^{(3)}$ ist. Sind nämlich $P'Q'$ und $P''Q''$ die Paare conjugirter Punkte, welche auf den Asymptoten des Strahlsystems (o) liegen, so werden die Schnittpunkte ($P'Q''$, $P''Q'$) und ($P'P''$, $Q'Q''$) ebenfalls conjugirte Punkte des $C^{(3)}$ sein, und ihre Verbindungslinie geht durch die beiden vierten harmonischen Punkte auf den Strahlen $oP'Q'$ und $oP''Q''$; da diese die Berührungspunkte mit $\mathfrak{K}^{(3)}$ sind, so ist die Berührungssehne zweier conjugirter Tangenten von $\mathfrak{K}^{(3)}$ selbst eine Tangente von $\mathfrak{K}^{(3)}$. Ebenso wie die Punkte der Curve $C^{(3)}$ sich in Paare conjugirter Punkte ordnen, deren Tangenten sich auf $C^{(3)}$ selbst schneiden, ordnen sich auch die Tangenten der Curve $\mathfrak{K}^{(3)}$ in Paare conjugirter Tangenten, deren Berührungssehne selbst eine dritte Tangente ist. Wenn nun insbesondere P_0 und Q_0 ein solches Paar conjugirter Punkte der $C^{(3)}$ mit dem gemeinschaftlichen Tangentialpunkte R_0 sind, dass die Tangente in Q_0 durch P_0 geht, dann fällt auch R_0 nach P_0, und P_0 ist ein Wendepunkt der $C^{(3)}$ und die Tangente in ihm eine Wendetangente, weil sie drei zusammenfallende Punkte der Curve enthält. Wenn andererseits bei zwei conjugirten

Tangenten der $\mathfrak{K}^{(3)}$ die Berührungssehne mit einer derselben zusammenfällt, dann ist diese eine Rückkehrtangente der $\mathfrak{K}^{(3)}$ und ihr Berührungspunkt ein Rückkehrpunkt, weil für ihn drei Tangenten der $\mathfrak{K}^{(3)}$ zusammenfallen. Wenn nun Q_0 ein gemeinschaftlicher Punkt der Curven $C^{(3)}$ und $\mathfrak{K}^{(3)}$ ist und wir ziehen in demselben die Tangente an $\mathfrak{K}^{(3)}$, in welche von den drei im Allgemeinen aus Q_0 an $\mathfrak{K}^{(3)}$ zu legenden Tangenten zwei hineinfallen, so giebt es nur noch eine dritte Tangente durch Q_0 an $\mathfrak{K}^{(3)}$; diese sei $\mathfrak{T}_0$; sie enthält ein Paar conjugirter Punkte $P'Q'$, und der vierte harmonische, zu Q_0 zugeordnete sei r_0, ihr Berührungspunkt mit $\mathfrak{K}^{(3)}$. Da nun Q_0 auch auf $C^{(3)}$ liegt, so wird, wenn P_0 sein conjugirter Punkt ist, P_0Q_0 eine Tangente an $\mathfrak{K}^{(3)}$ sein; es giebt aber nur zwei Tangenten aus Q_0 an $\mathfrak{K}^{(3)}$, die eine ist $\mathfrak{T}_0$; sie kann P_0 nicht enthalten, denn sonst hätte sie vier Punkte mit $C^{(3)}$ gemein, was unmöglich ist. Die andere ist die Tangente in Q_0 an $\mathfrak{K}^{(3)}$; folglich muss diese P_0 enthalten; da Q_0P_0 die Tangente an $\mathfrak{K}^{(3)}$ in Q_0 ist, so erhalten wir ihren dritten Schnittpunkt mit $C^{(3)}$, indem wir den vierten harmonischen Punkt aufsuchen, der dem Berührungspunkt zugeordnet ist. Da letzterer aber nach Q_0 fällt, so fällt auch der vierte harmonische Punkt in Q_0 hinein; der dritte Schnittpunkt von P_0Q_0 mit $C^{(3)}$ fällt also selbst nach Q_0, d. h. P_0Q_0 berührt $C^{(3)}$ in Q_0. Die Curven $C^{(3)}$ und $\mathfrak{K}^{(3)}$ haben also in Q_0 dieselbe Tangente Q_0P_0, wie es bereits oben gefunden ist. Da aber die Tangente in Q_0 an $C^{(3)}$ durch P_0 geht, so ist P_0 ein Wendepunkt der $C^{(3)}$. Da ferner die Tangente in Q_0 an $C^{(3)}$ und der Strahl Q_0P_0 zusammenfallen, so bilden sie eine Asymptote des Strahlsystems, welches dem Punkte Q_0 in Bezug auf die Curve $C^{(3)}$ zugehört; die andere Asymptote ist $\mathfrak{T}_0$. Diese beiden Asymptoten sind conjugirte Tangenten der $\mathfrak{K}^{(3)}$; ihre Berührungssehne ist Q_0r_0, d. h. $\mathfrak{T}_0$ selbst, folglich ist $\mathfrak{T}_0$ eine Rückkehrtangente der $\mathfrak{K}^{(3)}$. Wir haben also folgendes Resultat:

Die beiden Curven $C^{(3)}$ und $\mathfrak{K}^{(3)}$ haben in ihren gemeinschaftlichen Punkten dieselben Tangenten. Eine solche Tangente trifft $C^{(3)}$ nur noch in einem dritten Punkte, welcher ein Wendepunkt der $C^{(3)}$ ist, und es lässt sich aus jenen gemeinschaftlichen Berührungspunkten beider Curven nur noch je eine dritte Tangente an $\mathfrak{K}^{(3)}$ legen, welche eine Rückkehrtangente derselben ist.

Wir brechen hier die allgemeine Betrachtung des Kegelschnittnetzes ab, da eine weitere Ausführung die dem Buche gesteckten Grenzen überschreiten und zu einer Theorie der Curven dritten Grades führen würde, hinsichtlich deren wir auf *L. Cremona's* Introduzione ad una teoria geometrica delle curve piane, Bologna 1862 und auf die neuerdings publicirte Schrift von *H. Durège*: Die ebenen Curven dritter Ordnung, Leipzig 1871, verweisen, wo auch die den Gegenstand betreffende Literatur in vollständigster Weise angeführt ist. Wir wollen nur noch auf einen besonderen Fall des Kegelschnittnetzes hinweisen, welcher zu vielen Beziehungen zwischen Kegelschnitten und, noch weiter specialisirt, zu bekannten Resultaten aus der Kreistheorie führt. Wenn nämlich die drei zur Bestimmung des Netzes erforderlichen Kegelschnitte ABC die besondere Lage haben, dass zwei (reelle oder imaginäre) Punkte ihnen gemeinschaftlich sind, d. h. wenn eine gemeinschaftliche Secante aller drei Kegelschnitte existirt, dann muss die Tripelcurve zerfallen in diese Gerade und einen Kegelschnitt; denn da der gemeinschaftlichen Secante dasselbe Punktsystem rücksichtlich aller drei Kegelschnitte zugehört, so ist jedes Paar conjugirter Punkte desselben ein Paar conjugirter Punkte P, Q der Tripelcurve; dieser gehört also die ganze Gerade an, und der übrige Theil kann nur noch ein Kegelschnitt sein; letzterer geht auch durch die beiden gemeinschaftlichen Punkte der drei Kegelschnitte ABC, d. h. hat dasselbe Punktsystem auf der gemeinschaftlichen Secante von ABC zu seinem zugehörigen, weil die Asymptotenpunkte desselben als ein besonderes zusammenfallendes Paar conjugirter Punkte P, Q der Tripelcurve anzusehen, also die beiden Doppelpunkte derselben sind. Jeder dieser Punkte ist zugleich als ein Theil der Curve dritter Klasse $\mathfrak{K}^{(3)}$ anzusehen, welche von allen Verbindungsstrahlen PQ umhüllt wird. Diese Curve zerfällt daher in drei Punkte; der dritte Punkt ist der Schnittpunkt derjenigen drei gemeinschaftlichen Secanten der Kegelschnittpaare B, C; C, A; A, B, welche den übrigen Theil des Linienpaares im Büschel bilden, zu dem die eine gemeinschaftliche Secante aller drei Kegelschnitte ABC gehört (S. 239). Die Verbindungslinien aller Paare conjugirter Punkte PQ auf dem Kegelschnitt, welcher von der Tripelcurve übrig bleibt, laufen daher sämmtlich durch einen Punkt. Wir können also folgenden Satz aussprechen:

Wenn drei Kegelschnitte ABC eine (reelle oder ideelle) gemeinschaftliche Secante s haben, so haben je zwei derselben B und C, C und A, A und B noch eine gemeinschaftliche Secante $t t' t''$, den übrigen Theil des Linienpaares, welches in je einem der drei Büschel (B, C) (C, A) (A, B) vorkommt, und von welchem s ein Theil ist. Die drei Geraden $t t' t''$ schneiden sich in einem Punkte O. Von den drei gemeinschaftlichen Tripeln der drei Büschel liegen drei Eckpunkte auf s, die sechs übrigen auf einem Kegelschnitt $\mathfrak{K}^{(2)}$, welcher die Eigenschaft besitzt, dass von jedem Punkte P desselben die drei Polaren in Bezug auf ABC sich *wieder in einem Punkte Q dieses Kegelschnitts $\mathfrak{K}^{(2)}$ treffen; die Verbindungslinie PQ läuft durch den festen Punkt O, der zugleich der Pol der Geraden s in Bezug auf den Kegelschnitt $\mathfrak{K}^{(2)}$ ist.*

Zu ganz bekannten Resultaten werden wir geführt durch weitere Specialisirung der allgemeinen Betrachtung; nehmen wir nämlich insbesondere für die drei beliebig zu wählenden Kegelschnitte ABC drei Kreise an, so haben dieselben die unendlich-entfernte Gerade zu einer gemeinschaftlichen (ideellen) Secante s; der Punkt O wird der Punkt der gleichen Potenzen der drei Kreise ABC, der Kegelschnitt $\mathfrak{K}^{(2)}$ der die drei angenommenen Kreise rechtwinklig schneidende Kreis und O sein Mittelpunkt. Das Kegelschnittnetz besteht in diesem Falle aus lauter Kreisen, was mit dem oben gefundenen Resultat, dass in dem allgemeinen Kegelschnittnetz nur *ein* Kreis vorkommt, in keinem Widerspruch steht.

Die Durchführung der polar-gegenüberstehenden Betrachtung, welche, gleichfalls von drei beliebigen Kegelschnitten ABC ausgehend, die drei Schaaren (B, C) (C, A) (A, B) und die durch sie bestimmte Tripelcurve dritter Klasse ins Auge fasst, darf dem Leser überlassen bleiben, da sie in allen wesentlichen Punkten der in diesem Paragraphen durchgeführten Untersuchung nachgebildet werden kann. Diese besondere Betrachtung ist aber überflüssig, weil sie schon von selbst in die vorige sich hineinverwebt. Die dort auftretende Curve $\mathfrak{K}^{(3)}$ ist selbst Tripelstrahlencurve für ein *Kegelschnitt-Gewebe*, welches mit dem ursprünglichen Kegelschnittnetze in nächstem Zusammenhang steht, so dass also die beiden polar-gegenüberstehenden Figuren mit einander vereinigt auftreten. Wir müssen aber hinsichtlich der weiteren Ausführung dieser Untersuchung auf die schon oben angeführten Abhandlungen in den Mathematischen Annalen Bd. V und VI verweisen.

Wenn wir die Betrachtung des Kegelschnittnetzes, welche von drei beliebig in der Ebene gegebenen Kegelschnitten ausging, in der Weise fortführen, dass wir vier beliebige Kegelschnitte $K_1^{(2)} K_2^{(2)} K_3^{(2)} K_4^{(2)}$, die nicht demselben Netze angehören, annehmen, so lässt sich auch dann noch nach solchen Punkten P fragen, deren vier Polaren in Bezug auf $K_1^{(2)} K_2^{(2)} K_3^{(2)} K_4^{(2)}$ sich in einem und demselben Punkte Q schneiden? Construirt man die Tripelcurve $C_{123}^{(3)}$ für das durch die Kegelschnitte $K_1^{(2)} K_2^{(2)} K_3^{(2)}$ bestimmte Netz und die Tripelcurve $C_{124}^{(3)}$ für die Kegelschnitte $K_1^{(2)} K_2^{(2)} K_4^{(2)}$, so müssen wegen der Eigenschaft der Tripelcurve die gemeinschaftlichen Punkte der Curve $C_{123}^{(3)}$ und $C_{124}^{(3)}$ die verlangte Eigenschaft besitzen. Diese beiden Curven haben aber das gemeinschaftliche Tripel der Kegelschnitte $K_1^{(2)}$ und $K_2^{(2)}$ gemein, und diese drei Punkte besitzen offenbar nicht diese Eigenschaft, folglich bleiben im Allgemeinen nur noch sechs Punkte übrig, die der gestellten Forderung genügen. Diese zerfallen offenbar in drei Paare conjugirter Punkte, denn sobald P die Beschaffenheit hat, dass seine Polaren in Bezug auf $K_1^{(2)} K_2^{(2)} K_3^{(2)} K_4^{(2)}$ sich in Q treffen, wird auch Q dieselbe haben, also wenn P zu jenen sechs Schnittpunkten gehört, muss auch Q dazu gehören; gehört ferner P_1 dazu, so gehört auch sein conjugirter Punkt Q_1 dazu; sind aber diese beiden Paare bekannt, so erhalten wir durch die Verbindung derselben:

$$(PP_1, QQ_1) = P_2 \quad \text{und} \quad (PQ_1, QP_1) = Q_2$$

ein drittes Paar, welches ebenfalls zu jenen sechs Durchschnittspunkten gehören muss; da es aber nur sechs giebt, so erhalten wir den Satz:

Hat man irgend vier Kegelschnitte $K_1^{(2)} K_2^{(2)} K_3^{(2)} K_4^{(2)}$, die nicht demselben Netze angehören, und construirt zu je dreien derselben die zugehörigen Tripelcurven $C_{123}^{(3)}, C_{124}^{(3)}, C_{134}^{(3)}, C_{234}^{(3)}$, so laufen diese vier Curven dritten Grades durch dieselben sechs Punkte, welche zu je dreien auf vier geraden Linien liegen und die sechs Ecken eines vollständigen Vierseits bilden, dessen drei Paar Gegenecken gleichzeitig drei Paare conjugirter Punkte in Bezug auf alle vier gegebenen Kegelschnitte sind.

Die sechs Durchschnittspunkte dieser vier Tripelcurven oder das vollständige Vierseit, als dessen drei Paar Gegenecken dieselben auftreten, lassen sich sehr einfach vermittelst der gegebenen vier Kegelschnitte $K_1^{(2)} K_2^{(2)} K_3^{(2)} K_4^{(2)}$ construiren, wenn man die oben bewiesene Eigenschaft der Tripelcurve zu Hülfe nimmt (Seite 512), wonach die acht Seiten zweier der Tripelcurve einbeschriebenen vollständigen Vierseite, für welche jedes Paar Gegenecken ein Paar conjugirter Punkte der Tripelcurve ist, allemal einen und denselben Kegelschnitt berühren*). Durch die drei Kegelschnitte $K_1^{(2)} K_2^{(2)} K_3^{(2)}$ werde die Tripelcurve $C_{123}^{(3)}$ und durch die drei Kegelschnitte $K_1^{(2)} K_2^{(2)} K_4^{(2)}$ die Tripelcurve $C_{124}^{(3)}$ bestimmt. Die beiden Tripelcurven haben offenbar als gemeinschaftliche Punkte das gemeinsame Tripel der beiden Kegelschnitte $K_1^{(2)}$ und $K_2^{(2)}$, welches wir $\mathfrak{Q}\mathfrak{Q}_1\mathfrak{Q}_2$ bezeichnen wollen; die übrigen sechs gemeinschaftlichen Punkte bilden als drei Paar Gegenecken das gesuchte Vierseit und liegen, wenn wir sie mit PQ, $P_1 Q_1$ $P_2 Q_2$ bezeichnen, derart, dass

$$(PP_1, QQ_1) = P_2 \quad \text{und} \quad (PQ_1, QP_1) = Q_2$$

wird. Bezeichnen wir die zu den Punkten des Tripels $\mathfrak{Q}\mathfrak{Q}_1\mathfrak{Q}_2$ con-

---

*) Vergl. *Siebeck:* De triangulo, cujus latera continent polos respectu quatuor sectionum conicarum conjugatos, Annali di Matematica da *F. Brioschi* e *L. Cremona.* Ser. II, Tom. II. p. 65.

jugirten Punkte der Tripelcurve $C^{(3)}_{123}$ durch $\mathfrak{P}\mathfrak{P}_1\mathfrak{P}_2$ und die der Tripelcurve $C^{(3)}_{124}$ durch $\mathfrak{P}'\mathfrak{P}'_1\mathfrak{P}'_2$, so liegen bekanntlich sowohl $\mathfrak{P}\mathfrak{P}_1\mathfrak{P}_2$, als auch $\mathfrak{P}'\mathfrak{P}'_1\mathfrak{P}'_2$ auf je einer Geraden. Nach dem oben angezogenen Satze müssen nun sowohl die acht Seiten der beiden Vierseite, deren Gegenecken $PQP_1Q_1P_2Q_2$ und $\mathfrak{P}\mathfrak{Q}\mathfrak{P}_1\mathfrak{Q}_1\mathfrak{P}_2\mathfrak{Q}_2$ sind, als auch die acht Seiten der beiden Vierseite, deren Gegenecken $PQP_1Q_1P_2Q_2$ und $\mathfrak{P}'\mathfrak{Q}\mathfrak{P}'_1\mathfrak{Q}_1\mathfrak{P}'_2\mathfrak{Q}_2$ sind, je einen Kegelschnitt berühren. Es leuchtet aber ein, dass diese beiden Kegelschnitte identisch sind, denn beide berühren die Seiten der beiden Dreiecke QQ_1Q_2 und $\mathfrak{Q}\mathfrak{Q}_1\mathfrak{Q}_2$, wodurch jeder Kegelschnitt schon mehr als bestimmt ist. Nennen wir diesen Kegelschnitt $\mathfrak{K}^{(2)}$, so können wir ihn dadurch ermittelt denken, dass wir die Seiten des gemeinsamen Tripels der beiden Kegelschnitte $K^{(2)}_1$ und $K^{(2)}_2$ und ausserdem die beiden Geraden, in welchen $\mathfrak{P}\mathfrak{P}_1\mathfrak{P}_2$ und $\mathfrak{P}'\mathfrak{P}'_1\mathfrak{P}'_2$ liegen, als fünf Tangenten zur Bestimmung von $\mathfrak{K}^{(2)}$ auffassen.

Gehen wir in gleicher Weise von den beiden Kegelschnitten $K^{(2)}_1$ und $K^{(2)}_3$ aus, ermitteln das gemeinschaftliche Tripel derselben und die beiden Geraden, welche die conjugirten Punkte dieses Tripels auf den beiden Tripelcurven $C^{(3)}_{123}$ und $C^{(3)}_{134}$ enthalten, so bestimmen diese fünf Geraden als Tangenten einen neuen Kegelschnitt $\mathfrak{K}^{(2)}_1$. Die beiden gefundenen Kegelschnitte $\mathfrak{K}^{(2)}$ und $\mathfrak{K}^{(2)}_1$ haben im Allgemeinen vier gemeinschaftliche Tangenten, welche ein vollständiges Vierseit bilden, und die drei Paar Gegenecken desselben sind die gesuchten sechs gemeinschaftlichen Punkte aller vier Tripelcurven.

Aus der bekannten Eigenschaft des einer Tripelcurve einbeschriebenen vollständigen Vierseits, dessen drei Paar Gegenecken Paare conjugirter Punkte der Tripelcurve sind, ergiebt sich nunmehr folgende Construction der gesuchten sechs Durchschnittspunkte:

Man ermittele das gemeinschaftliche Tripel der beiden Kegelschnitte $K^{(2)}_1$ und $K^{(2)}_2$; die Polaren der Ecken dieses Dreiecks in Bezug auf den dritten Kegelschnitt $K^{(2)}_3$ treffen die Gegenseiten desselben in drei Punkten einer Geraden $\mathfrak{L}$; die Polaren der Ecken desselben Dreiecks in Bezug auf den vierten Kegelschnitt $K^{(2)}_4$ treffen die Gegenseiten desselben in drei Punkten einer Geraden $\mathfrak{L}'$. Man beschreibe einen Kegelschnitt $\mathfrak{K}^{(2)}$, welcher die Seiten des ersten Tripeldreiecks und die beiden Geraden $\mathfrak{L}$ und $\mathfrak{L}'$ berührt, wodurch dieser gerade bestimmt wird. In gleicher Weise ermittele man zweitens das gemeinschaftliche Tripel der beiden Kegelschnitte $K^{(2)}_1$ und $K^{(2)}_3$; die Polaren der Ecken desselben in Bezug auf $K^{(2)}_2$ treffen die Gegenseiten in drei Punkten einer Geraden $\mathfrak{L}_1$; die Polaren der Ecken in Bezug auf $K^{(2)}_4$ treffen die Gegenseiten in drei Punkten einer Geraden $\mathfrak{L}'_1$. Man beschreibe einen Kegelschnitt $\mathfrak{K}^{(2)}_1$, welcher die Seiten dieses *zweiten Tripeldreiecks und die beiden Geraden* $\mathfrak{L}_1$ *und* $\mathfrak{L}'_1$ *berührt, wodurch dieser ebenfalls vollständig bestimmt ist. Die beiden Kegelschnitte* $\mathfrak{K}^{(2)}$ *und* $\mathfrak{K}_1^{(2)}$ *haben im Allgemeinen vier gemeinschaftliche Tangenten, die ein vollständiges Vierseit bilden. Die drei Paar Gegenecken sind die gesuchten sechs Durchschnittspunkte* $PQP_1Q_1P_2Q_2$ *der vier Tripelcurven* $C_{123}^{(3)}, C_{124}^{(3)}, C_{134}^{(3)}, C_{234}^{(3)}$.

Durch andere Combination der gegebenen vier Kegelschnitte kann man anstatt $\mathfrak{K}^{(2)}$ und $\mathfrak{K}_1^{(2)}$ andere Kegelschnitte erhalten; für alle möglichen sechs Verbindungen erhält man im Ganzen sechs solche Kegelschnitte, welche nothwendig einer und derselben Schaar von vier gemeinschaftlichen Tangenten angehören. Zu dieser Schaar gelangt man von allgemeinerem Gesichtspunkte aus folgendermassen:

Wenn man ein Kegelschnittnetz hat und auf der durch dasselbe hervorgerufenen Tripelcurve irgend ein Tripel QQ_1Q_2 nimmt, so liegen die drei conjugirten Punkte PP_1P_2 bekanntlich auf einer Geraden, und man kann eine Schaar von Kegelschnitten herstellen, welche diese Gerade und die Seiten des ersten Tripels berührt. Solcher Kegelschnittschaaren enthält man unendlich-viele, wenn man das erste Tripel QQ_1Q_2 auf der Tripelcurve verändert; alle Kegelschnitte dieser sämmtlichen Schaaren bilden ein *Kegelschnitt-Gewebe*, ein Gebilde von gleicher Mächtigkeit mit dem Kegelschnittnetz und nach dem Princip der Polarität aus diesem hervorgegangen. *Irgend zwei Schaaren des Gewebes haben allemal einen Kegelschnitt gemeinschaftlich,* und das Gewebe ist daher durch drei seiner Kegelschnitte, welche nicht derselben Schaar angehören, vollständig bestimmt, indem man aus der Verbindung je zweier immer neue Schaaren des Gewebes bildet. Alle Kegelschnitte des Gewebes, welche in Punktpaare zerfallen, liefern als Verbindungslinien derselben diejenigen Geraden, welche die Curve $\mathfrak{K}^{(3)}$ umhüllen, und die Punktpaare selbst erfüllen die Tripelcurve $C^{(3)}$. Das Kegelschnitt-Gewebe steht daher mit dem zu ihm gehörigen Kegelschnittnetz in innigstem Zusammenhange, und die Kegelschnitte des Gewebes können aus denen des Netzes, wie auch umgekehrt, unmittelbar abgeleitet werden.

Gehen wir nun von vier Kegelschnitten aus, so bestimmen dieselben zu je dreien verbunden vier Kegelschnittnetze, zu deren jedem ein bestimmtes Gewebe gehört. *Diese vier Gewebe haben eine Kegelschnittschaar gemeinschaftlich,* welche mit der oben ermittelten zusammenfällt. Wir können aber noch unendlich-viele andere Kegelschnitt-Netze und zugehörige Gewebe bilden, indem wir aus jenen ersten vier Netzen irgend drei Kegelschnitte herausnehmen, welche nicht demselben Netze angehören, und sie zur Bildung eines neuen Netzes verwenden. Die Tripelcurven für alle diese Netze laufen durch dieselben sechs oben ermittelten Punkte, und die sämmtlichen zugehörigen Kegelschnittgewebe haben eine Schaar gemeinschaftlich. Nehmen wir zu den vier gegebenen Kegelschnitten $K_1^{(2)} K_2^{(2)} K_3^{(2)} K_4^{(2)}$ noch einen fünften $K_5^{(2)}$ hinzu, so erhalten wir zunächst fünf solcher Kegelschnittschaaren, wie oben, indem wir die fünf gegebenen Kegelschnitte in Gruppen zu vieren zusammenfassen. Diese fünf Schaaren müssen aber *einen* Kegelschnitt gemeinschaftlich haben, der dann auch gleichzeitig allen möglichen Geweben gemeinschaftlich ist, welche vermittelst der gegebenen fünf Kegelschnitte sich herstellen lassen.

Verbesserungen:

S. 23 Z. 14 v. u. lies: $(\beta\beta_1, \gamma\gamma_1)$ anstatt $(\beta\gamma, \beta_1\gamma_1)$.

S. 83 „ 2 v. u. soll es heissen: „In diesem Falle müssen ii_1 rell sein. Wie construirt man diese reellen Punkte?“

S. 137 „ 19 v. o.: Die Worte „auf der“ sind an den Anfang anstatt ans Ende dieser Zeile zu setzen.

S. 154 „ 10 v. u. lies: K anstatt K_1.

S. 225. In der Ueberschrift lies: „Dritter“ anstatt „Zweiter“.

S. 248 Z. 12 v. u. lies: „von“ anstatt „von von“.

S. 295 „ 21 v. o. lies: „Durchmesser“ anstatt „Duchmesser“.

S. 354 „ 18 v. u. lies: „gemischte“ anstatt „gemischhte“.

S. 404 „ 12 v. o. lies: „b und γ“ anstatt γb.

S. 414 „ 15 v. o. lies: B'_4 anstatt B_4.

S. 451 „ 8 v. o. lies: „Quadrate des Halbmessers“ anstatt „Halbmesser“.

S. 467 „ 18 v. o. lies: $\mathfrak{K}_x^{(2)}$ anstatt $\mathfrak{K}_x$.

S. 475 „ 7 v. u. lies: $\mathfrak{M}^{(2)}$ anstatt $\mathfrak{M}$.

S. 515 „ 3 v. u. lies: „Tripelcurve“ anstatt „Tripelcure“.

S. 528 „ 14 v. u. lies: „der“ anstatt „des“.

Printed in Dunstable, United Kingdom

87839408R00312